# 中国治水通运史

## Water Control and Canal Transportation in Ancient China

赵维平 著

中国社会科学出版社

**图书在版编目(CIP)数据**

中国治水通运史／赵维平著．—北京：中国社会科学出版社，2019.12

ISBN 978－7－5203－5369－4

Ⅰ.①中…　Ⅱ.①赵…　Ⅲ.①水利史—中国—古代　Ⅳ.①TV－092

中国版本图书馆 CIP 数据核字（2019）第 230622 号

---

出 版 人　赵剑英
责任编辑　耿晓明
特约编辑　吴丽平
责任校对　张依婧
责任印制　王　超

---

出　　版　中国社会科学出版社
社　　址　北京鼓楼西大街甲 158 号
邮　　编　100720
网　　址　http://www.csspw.cn
发 行 部　010－84083685
门 市 部　010－84029450
经　　销　新华书店及其他书店

---

印　　刷　北京君升印刷有限公司
装　　订　廊坊市广阳区广增装订厂
版　　次　2019 年 12 月第 1 版
印　　次　2019 年 12 月第 1 次印刷

---

开　　本　710×1000　1/16
印　　张　51.5
插　　页　2
字　　数　923 千字
定　　价　238.00 元

---

# 国家社科基金后期资助项目

## 出 版 说 明

后期资助项目是国家社科基金设立的一类重要项目，旨在鼓励广大社科研究者潜心治学，支持基础研究多出优秀成果。它是经过严格评审，从接近完成的科研成果中遴选立项的。为扩大后期资助项目的影响，更好地推动学术发展，促进成果转化，全国哲学社会科学工作办公室按照“统一设计、统一标识、统一版式、形成系列”的总体要求，组织出版国家社科基金后期资助项目成果。

全国哲学社会科学工作办公室

# 目　　录

# 绪　论

本书所谓治水，是指运河开掘与运道保障相关的水利工程、水利事业，以黄河治理为主；所谓通运，是指与运河相关的水上运输，以漕粮运输为主。由于海运是河运的延伸，水战是水运的极端形式，造船是水运的基石，所以本书在研究中国古代治水通运的同时，也附带研究中国古代的海运、水战和造船进步史。

先前学者，将中国古代运河和漕运史分为四期或三期。汪胡桢 1935 年发表的《运河之沿革》，从工程技术进步角度将研究对象分为四期：春秋至隋代不用船闸只用堰埭；唐宋两代试用船闸；元、明至清中叶全河用闸；晚清为海运和铁路时期。谭其骧 1955 年发表的《黄河与运河的变迁》根据有无中心点和中心点在哪里将研究对象分为三期：先隋没有中心点；隋唐宋三朝有中心点，但中心点在西部；元明清三朝中心点在东北部。本书用可持续发展理论审视中国古代治河通运史，将研究对象分为两期：先秦至元朝为古代中国人不断追求水运梦想且水运基本可持续时期，明清两朝为在不可持续中追求持续时代。这一划分比汪胡桢、谭其骧要合理得多，而且有充分的历史根据。

隋唐南部运河与黄河之间有汴渠做缓冲，汴渠在洛阳、郑州之间接入黄河，这里土质坚实、堤岸高厚，汴口易于控制，而且过水泥沙由汴渠吸附消化；北部运河从支流沁水出入黄河，黄河水位低于支流，不会倒灌运河。元代漕运以海运为主，河运虽然在淮安切过黄淮，但南方漕船翻坝入黄淮，黄淮不会倒灌运河；当时黄、淮河床尚低于运河，河运漕运尚可持续。

明清运河是在淮安过闸直入黄淮，且运行于黄河入淮数百年之后，河水渐欲东去北冲期间，尤其是嘉靖前期黄河干流直接在淮安入淮后，黄、淮、运三河又交会于清口，超越中国江河水情许可和超越水利技术承受能力过多。加上吏治贪墨积重难返，河漕不可持续弊端暴露，对前代河漕运量超越的光环逐渐暗淡，不可持续的质变带来的治河通漕麻烦让社会不堪重负。

总之，中国古代水运、漕运持续两千多年。各朝漕运有数量消长和运程伸缩，但本质上呈现先明可持续和明清不可持续两种形态。本书只把中国古代水运史分为先明和明清两个阶段，认为前者不断圆古代中国水运梦，而本质上具有可持续性，后者在不可持续中锐意追求河运持续。

## 一　前期治水通运筑梦进程

先秦至元朝治水通运，是一部不断追求梦想和连续成就梦想的历史。各朝各代仁人志士认知水情、把握规律、征服江河、开拓运道，都做出了可歌可泣的业绩，不断把水运自然推向水运自由。

（一）三代征服自然江河，开启水运初程

大禹奠先民生存、华夏立国之基。活下去是人类的第一梦想。华夏先民遭遇滔天洪水，“当尧之时，水逆行，泛滥于中国，蛇龙居之，民无所定”。[①] 当时生存环境的恶劣，至今仍让人不寒而栗。洪水和禽兽横行，不治水就无法生存下去。于是，大禹临危受命，率先民迎战并且最终战胜了洪水，圆了先民生存梦想。

大禹治水，是先民众志筑梦之举。奉舜命治水的还有益和后稷，他们“命诸侯百姓兴人徒以傅土，行山表木，定高山大川”。兴众发役，刊木疏凿，改造山河。其中大禹对治水起主导作用，他“伤先人父鲧功之不成受诛，乃劳身焦思，居外十三年，过家门不敢入”[②]。从司马迁关于禹“道九山”“道九川”内容的揭示，参以其他典籍相关记载，可知大禹治水范围之广，足迹达到黄河上中下游、淮河上中游、济水上中下游和长江中下游。其中于治理黄河用力为多，“东过洛汭，至于大伾，北过降水，至于大陆，又北播为九河，同为逆河，入于海”。[③] 他江河并治，“凿龙门，辟伊阙，决江浚河，东注之海”。[④] 经过十多年艰苦奋战，“九州攸同，四奥既居，九山刊旅，九川涤原，九泽既陂，四海会同”。[⑤] 山有行道，江河无壅，湖泊不决，先民得以安居。

---

① （汉）赵岐注：《孟子注疏》，《四库全书》，经部，第195册，上海古籍出版社1987年版，第150页。

② 《史记》卷2，中华书局2000年版，第38页。

③ （宋）史浩：《尚书讲义》，《四库全书》，经部，第56册，上海古籍出版社1987年版，第216页。

④ （西汉）刘安：《淮南鸿烈解》，《四库全书》，子部，第848册，上海古籍出版社1987年版，第740页。

⑤ 《史记》卷2，中华书局2000年版，第56页。

治水之后，大禹又“令益予众庶稻，可种卑湿。命后稷予众庶难得之食”。益和后稷把水稻种植推广于低湿之地，解决人民吃饭问题。各地粮食生产不平衡，“食少，调有余相给，以均诸侯。禹乃行相地宜所有以贡，及山川之便利”。[①] 大禹继而解决调剂余缺和贡运夏都问题，圆通运于自然江河梦想。为此，他踏勘山川，分天下为九州，根据各自土质物产和山川地势确定各地向王朝进贡物品及其水运路线。治水，先民才有生存空间；种稻，苍生才有衣食之资；通运，天下才有一统之感。这一切，始于治水而成于水运。禹舜告成功于天下的那一刻，中华民族初圆安居生存梦想。

大禹治水是先民勇于寻梦、善于筑梦的壮歌。治水装备极为简陋，而战胜洪水的经验极具普遍意义。大禹治水奠定了古代中国重视科技、尊重规律，对自然江河避害趋利，以实现水上通行自由的传统。他凭借自己对江河水情和自然规律的认识，反思以堵治水的惨痛教训，用疏导入海的办法治理洪水。他在此基础上调查各州物产，本着就近入河的原则，以夏都为终点、以黄河为干道，规划了天下贡运路线，极富创新精神。

夏都在今山西南部近河处。贡运无须涉海的六州，以黄河为干道。自西至东分别是：雍州由积石至龙门沿河而下，梁州由潜入沔、由沔入渭、由渭入河，豫州由雒水入河，荆州由江、沱、涔、汉诸水会于雒水入河，青州通过汶、济二水入河，兖州通过济、漯二水入河。贡运需要经由海道的二州，冀州岛夷的皮服在碣石入海，然后入黄河口西上；扬州出江入海、由海入淮，再由泗入河，路线合理。

大禹在治水中表现出的高风亮节，“薄衣食，致孝于鬼神。卑宫室，致费于沟淢”。[②] 方里为井，井间有沟；十里有成，成间有淢。大禹不仅治河，还从事田野规划。其传统美德，成为后代治水通运的榜样力量和先驱激励。

大禹通运，充分利用自然江河并有条件地接入些许海道，直到春秋之前基本延续着这一水运模式。当然，商、周二代在夏代基础上又有各自水运创新方向。商代对海洋漂流有相当的认识和利用，与海外保持着有效的人、物交流，国内形成相当规模的内河水运业；周代内河运兵能力大增，数次通过自然江河大规模运兵，有效地维护了国家统一。

---

① 《史记》卷2，中华书局2000年版，第38页。

② 《史记》卷2，中华书局2000年版，第38页。

（二）春秋战国放慢海运探索脚步，重视开掘运河

到了春秋战国，诸侯割据、争战愈演愈烈，大禹奠定的三代治水通运大一统格局，已经不能适应时代条件；只利用自然江河的通运模式，也极大限制了诸侯的水运手脚。随着周王日益失去号令天下的实力，天下再度步入四分五裂。重新统一天下、再建大一统王朝，机会均等地落在较大诸侯的肩上。水运梦作为统一梦、强国梦的一部分，开拓水运成为增强实力、统一天下的必由之路，开拓运河成为担当天下的时代主旋律。诸侯通过人工挖掘运河争取发展空间，“自是之后，荥阳下引河东南为鸿沟，以通宋、郑、陈、蔡、曹、卫，与济、汝、淮、泗会。于楚，西方则通渠汉水、云梦之野，东方则通（鸿）沟江淮之间。于吴，则通渠三江、五湖。于齐，则通菑济之间。于蜀，蜀守冰凿离碓，辟沫水之害，穿二江成都之中。此渠皆可行舟，有余则用溉浸，百姓飨其利”。[①] 司马迁此言涵盖了春秋战国开成的主要运河和魏国、齐国、楚国、吴国、秦国等主要诸侯的开河业绩。

立国于江淮流域的吴、楚，开凿运河领天下之先。早在西周初，吴人就开成长 81 里的泰伯渎，以灌溉为主兼有通舟之利。春秋后期，伍子胥开凿从苏州过宜兴、溧阳至芜湖达长江的胥溪，以便对楚国展开军事行动；开凿西接太湖、东入大海的胥浦，加强对越国的防御。后来又在江、淮间城邗开沟，在黄河、济水之间开菏水，使吴国水军得以过江行邗沟入淮，沿淮泗经菏水溯黄河而西，与齐、晋北方强国争一日之长。楚国幅员辽阔，文王都江陵，庄王在位期间凿渠于江陵东南的漳水与扬水之间，成沟通长江与汉水的运河六百里。

早期楚国依托江汉运河通漕运兵，兼并汉上诸国；后期楚国先后迁都于陈、于巨阳、于寿春，依托鸿沟水系灭越，把势力扩张到东海。

立国于黄、济二渎中下游的魏、齐二国，治水通运奋起直追，梁惠王迁都大梁的次年开河于荥阳至中牟，引黄河水至圃水，“入河水于圃田，又为大沟而引圃水”[②] 至大梁。梁惠王二十九年（前 341），又从大梁“为大沟于北郛，以行圃田之水”[③] 东向接丹水，南向过陈地接颍水，最后形成沟通黄河、淮河与济水的人工运河——鸿沟，先后惠及魏、楚、齐等

---

① 《史记》卷 29，中华书局 2000 年版，第 1196 页。

② （南朝梁）沈约注：《竹书纪年》，《四库全书》，史部，第 303 册，上海古籍出版社 1987 年版，第 38 页。

③ （南朝梁）沈约注：《竹书纪年》，《四库全书》，史部，第 303 册，上海古籍出版社 1987 年版，第 39 页。

国。齐国都城偏在海滨，开河于淄水、济水之间，由淄济运河入济、泗，连通黄河和鸿沟，得逐鹿中原之利。

立国于江、河上游的秦国，注重开河大兴农业之利。秦昭王后期，蜀守李冰开都江堰，“壅江作堋，穿郫江、检江，别支流双过郡下，以行舟船”。[①] 离碓复凿之艰、分水鱼嘴之精、灌溉良田之广、发挥功效之久，让今人叹为观止。秦王政初年，秦人开郑国渠，“凿泾水自中山西邸瓠口为渠，并北山东注洛三百余里，欲以溉田。……渠就，用注填阏之水，溉泽卤之地四万余顷，收皆亩一钟”。[②] 于是，秦国北部关中、南部巴蜀皆成沃野，日益富强，最终一统六国，成就大一统梦想。

春秋战国时期，中华民族的最大梦想是建立大一统的国家。所以，当时列国所行无论何种形式的兼并战争，都是在有意无意地圆统一之梦。而开凿运河，是列国获得统一天下实力和优势的必由之路。

（三）秦汉整合列国运道，初圆大一统漕运梦想，再启寻梦海洋征程

秦始皇统一天下后四次巡海，汉武帝七次巡海，体现了秦汉大一统王朝继殷商之后重新放眼四海、重振征服海洋雄风的志向。

秦始皇、汉武帝出于北击匈奴、安定边防的需要，都曾整合、整治北方运道，扩大和强化大一统漕运，秦始皇通过渤海运山东半岛之粟至北河，汉武帝把以黄河为干道的漕运功效发挥到极致。

秦国蚕食六国期间，开河主要着眼于农业灌溉；灭掉六国后对匈奴和百越用兵，侧重水运转运粮草。蒙恬率军30万对匈奴用兵，击退匈奴后修筑长城，粮草需要浩繁，仅靠关中陆路接济是远远不够的，于是“使天下蜚刍挽粟，起于黄、腄、琅邪负海之郡，转输北河，率三十钟而致一石”[③]。以山东半岛的黄县、福山县和青岛等地为基地，跨渤海运至碣石入北河到达军前和工地，运输成本非常高昂。在南方，“又使尉（佗）屠睢将楼船之士南攻百越，使监禄凿渠运粮，深入越，越人遁逃”。[④] 所凿之渠即灵渠。《广西通志》卷63名宦“秦史禄”条，言灵渠来龙去脉和关键技术较为详尽：“始皇时，以史禄监郡。始皇伐百粤，史禄转饷，凿渠通粮道。自海阳山疏水源，以湘水北入于楚，而融江为牂牁下流南入于海，远

---

① （晋）常璩：《华阳国志》，《四库全书》，史部，第463册，上海古籍出版社1987年版，第156页。

② 《史记》卷29，中华书局2000年版，第1197页。

③ （明）梅鼎祚：《西汉文纪》，《四库全书》，集部，第1396册，上海古籍出版社1987年版，第409页。

④ 《史记》卷112，中华书局2000年版，第2259页。

不相谋。为矶以激水于砂碛中，叠石作铧，派湘之流而注之融，激行六十里，置陡门三十六，使水积渐进，故能循崖而上，建瓴而下，既通舟楫又利灌溉，号为灵渠。”① 有了此渠，粮饷由湘江入漓水送达前线，得以完成统一大业。

汉武帝不愿以和亲输币的方式维护北方边疆安全，选择以战争方式打垮匈奴、一劳永逸地削除边患，这是所有汉朝人的梦想。黄渭运道是西汉立国命脉，关东漕粮西运长安，除了三门之险，还有渭水梗阻，都严重制约着漕运规模。武帝年间，弃渭道而开长安至潼关间漕渠，极大提高了黄河来船过三门西入长安的效率；桑弘羊贵粟重漕，激发州县和民间漕运潜能，实现岁运600万石梦想。

东汉建都洛阳，主要靠黄河和汴河漕运黄淮流域。两汉之交河崩汴坏，漕运东方的运道命悬一线。明帝永平年间，王景、王吴奉命治河，“修渠筑堤，自荥阳东至千乘海口千余里。景乃商度地势，凿山阜，破砥绩，直截沟涧，防遏冲要，疏决壅积，十里立一水门，令更相洄注，无复溃漏之患。景虽简省役费，然犹以百亿计”。② 二王治河通漕，导引黄河下游从千乘入海，新道选择极具战略眼光，且大筑高筑两岸大堤，从而保证此后黄河千年不再改道，保证汴渠漕运畅通两百年无大反复。这是明君贤臣风云际会、相得益彰的完美治河行动，体现了封建社会前期治水通运的筑梦伟力。

（四）三国再寻运河强国梦，六朝坚挺水战远航海外

三国虽然彼此割据对峙，但魏吴两国独立开凿运河，为统一战争提供水运支持，作为颇大。曹魏为统一北方、巩固边防，先后兴修多条运河，在淇水入河处，用大木筑堰遏淇水会菀水入白沟，并在菀水与淇水交会处、淇水与宿胥故渎相接处修建石堰，构成白沟运河体系，有力地支援了灭袁战事。其后北征乌桓，“患军粮难致，凿平虏、泉州二渠入海通运”③。平虏渠自滹沱入泒水，泉州渠从泃河入潞河，由潞河出渤海转进前线，所成功业超越秦始皇跨渤海运北河。于戎马倥偬之际，连兴高难度运河开凿工程，反映曹魏集团水运强国意志之坚。统一和巩固了北方之后，曹魏后期又在淮河流域接近东吴地区先后开凿睢阳渠、贾侯渠、讨虏渠、广漕渠，漕运兼屯田，积粮并运兵，逐渐对东吴形成威慑和进取之势。

东吴以秣陵为中心构设运道。建都秣陵后，于外围开破岗渎，以改善

---

① 《广西通志》，《四库全书》，史部，第567册，上海古籍出版社1987年版，第16—17页。

② 《后汉书》卷76，中华书局2000年版，第1666页。

③ 《三国志》卷14，中华书局2000年版，第331页。

江浙漕船抵京行船条件。赤乌八年（245）八月“遣校尉陈勋将屯田及作士三万人凿句容中道，自小其至云阳西城，通会市，作邸阁”[①]。小其位于句容境秦淮河上源，从此开河至云阳西城接江南运河，总长50里。因中段凿开宁镇山脉，又名破岗渎。破岗渎靠十四埭分段拦蓄水位，船舶过埭要用人牛拉过。尽管如此，此河沟通秦淮河和江南运河，加强了秣陵与太湖、钱塘江水系的联系。还先后在秣陵城外开凿、疏通运渎、潮沟。原来漕粮卸船秦淮河，至京师仓城有十来里车盘转般，“赤乌三年，使御史郗俭凿城西南自秦淮北抵仓城，名运渎”。[②] 凿成后，漕粮可直达仓城。“潮沟，吴大帝所开。以引江潮接青溪抵秦淮，西通运渎，北连后湖。”[③] 开成后，四周河湖相通并与京城内河相连。东吴不仅光大了春秋吴越两国的水运传统，而且北至辽东、南至台湾，都有相当活跃的航海活动。

北朝多为游牧民族入主中原，治水通运较曹魏大为倒退。南朝治水通运不能出东吴窠臼，且整体水平有所倒退，但发扬战国吴越长于水战传统，继承东吴重视水战和关注海外衣钵，延续了东吴水战和航海辉煌。

水战的基础是战舰制造和运道开拓，从一定意义上可以说水战是水运极端化表现。楚昭王十二年（前505），“吴大子终累败楚舟师。舟师水战，获潘子臣、小惟子及大夫七人”。[④] 其时吴楚水战参战战船不过数百艘，水军不过数千。六朝水战较之规模要大得多，孙刘联军与曹军赤壁之战，仅刘表降曹水军就多达8万，孙刘联军水军不下3万，参战战舰仅刘表降曹战船就“以千数”，孙刘联军战舰不会少于千艘。萧梁末期平定侯景作乱，陈霸先、王僧辩各率水军数万、战船数千，叛军数量与之相当，可谓规模空前。

南朝航海较东吴有长足进展。东晋高僧法显从海路赴印度、斯里兰卡，著《佛国记》记印度洋航线，反映当时对海洋季风规律的认识和利用。刘宋时期，与印度支那半岛的林邑、扶南常有使节来往、方物交换，与南亚、西亚和波斯湾的师子国、安息、大秦、天竺等有商使来往。萧齐、萧梁二朝，延续刘宋海外贸易“舟舶继路”“商使往返”局面，使古

---

① 《三国志》卷47，中华书局2000年版，第847页。

② （南宋）周应合：《景定建康志》，《四库全书》，史部，第489册，上海古籍出版社1987年版，第29页。

③ （南宋）周应合：《景定建康志》，《四库全书》，史部，第489册，上海古籍出版社1987年版，第87页。

④ （晋）杜预：《春秋左传注疏》，《四库全书》，经部，第144册，上海古籍出版社1987年版，第556页。

代中国的海外贡物交换和民间贸易进入经常化时代。

（五）隋唐初圆大一统、可持续漕运水运梦想

隋代首创以洛阳为中心、长安为终点，北至涿郡、南达杭州，纵贯南北、横通东西的运河水运体系，唐代强化、完善这一体系，将其水运漕运潜能发挥到极致。而且接黄河于中游河岸坚实之处，黄河与淮扬运河之间有通济渠做缓冲，黄河与洛阳之间衔接以洛水，黄河与永济渠之间衔接以沁水，洛水、沁水皆黄河支流，不受黄河倒灌。隋炀帝开通济渠、永济渠，主要动因固然出于个人出巡甚至游玩方便，但也绝非没有一点开运河助军国的考虑。隋代大运河之开，客观上反映中华民族征服江河、实现水运自由的执着。

唐代在继承隋人河运体系的同时，既坚持以长安为起点的丝绸之路，维持和扩大陆地与中亚、西亚、南亚甚至欧洲的贸易，又以广州、泉州等地为口岸广开与东北亚、南洋和西洋海上贸易，其开放心态和气度超越秦汉甚多。内河水运可持续、外部海陆贸易无远不至，创造古代中国治水通运又一巅峰。

（六）宋人追求无险漕运、谋利海运，器局虽小但效率颇高

北宋建都汴梁，主要在黄河下游入海通道的东南一侧展开漕运，对黄河依赖较隋唐大大降低。京城南有惠民河、蔡河沟通陈、颍，西有黄河漕运关中，东北有五丈河沟通齐鲁，东南有汴河沟通江淮，“漕引江、湖，利尽南海，半天下之财赋，并山泽之百货，悉由此路而进”。[①] 上述漕运水网不须逆行三门之险，每年漕运军粮达六七百万石，深得水运便利。南宋都城临安地在江南水网密集之处，东可自由出入大海，西、南有水道交通闽、赣、粤、桂，北有江南运河连接长江，无须治水通运巨额投入即可安享水运之利。两宋内河水运皆可持续，但受国土狭小局限，缺乏汉唐辐射四方气度。

与陆地无心开疆拓土相一致，宋人也无扬威海外雄心，其航海和外贸相当务实，唯利是图特色明显。两宋先后开放广州、泉州、杭州、密州、福州、温州等口岸，对海外番商和本土出海商船抽分、禁榷，从中获得巨额利益，用以支持国内财政开销，此外并无高远追求。

（七）元人首创漕粮海运为主、河运为辅崭新格局，漕粮海运规模巨大，河运体系可以持续，既广纳四海蕃船来华贸易，又组织船队出海经商，把古代中国治水通运推向最高境界

元朝统治者是马背上的民族，对水运原本陌生；又定都北京，漕运东

---

① 《宋史》卷93，中华书局2000年版，第1560页。

南路途之远超越前朝，开拓漕运无法循规蹈矩。起初也想沿袭唐宋旧制，但初试河运举步维艰，转而重用归顺海盗以行海运，经数番摸索新道、多方改进，海运效率大增，“当舟行风信有时，自浙西至京师，不过旬日而已”[①]，年运量也由最初的数万石猛增至300万石。

元代统治者高明之处在于破天荒地寻梦、圆梦于漕粮海运，也破天荒地寻梦、圆梦于开济州河、会通河，更高明之处还在既大行海运，又坚持河运，而且坚持在淮安盘坝入黄淮，尊重中国江河水情和水运规律，可持续地构建水运框架。

## 二　中国治水通运史前后两期的形近质异

专门史研究者还不曾关注明清河运体制与先明河运体制的本质差异，不曾审视先明运道在黄河中游接入黄河与明清运道在下游接入黄河的本质不同，不曾关注元代河运在淮安翻坝入黄淮与永乐十三年以后漕船过闸直入黄淮对河运可持续与否的巨大影响，这是以往运河、漕运、治河研究的局限。本书有幸撰写于中国梦和可持续理论提出之后，得以在研究视角上后来居上，在研究结论上有所进步。

### （一）前后两期接入黄河形近而质异，失之毫厘而差之千里

先明河运在黄河中游洛阳、郑州之间土岸坚实之处通过支流或汴渠接入黄河，有用河之利而无坏运之害，体现古人尊重中国江河水情的明智。两汉建都黄河流域的长安、洛阳，主要靠黄河、鸿沟水系（东汉主要是汴河）漕运东方。长安以渭水衔接黄河，洛阳以洛水衔接黄河，渭、洛皆支流，黄河对其不能倒灌。隋唐以洛阳为中心、长安为终点漕运。南、北运河通过汴渠、沁水接入黄河，沁水水位高于黄河；汴渠虽以黄河为水源，但过水泥沙由渠身吸附，故而具有可持续性。

北宋建都汴梁，漕运较汉唐为简易。汴梁南有惠民河、蔡河沟通陈、颍，西有黄河漕运关中，东北有五丈河沟通齐鲁，东南有汴渠沟通江淮，其中汴渠独运江淮漕粮500万石，深得水运之利。汴渠引黄水浮舟，开口于中游河道稳定、土质坚实之处。尽管这些与隋唐并无不同，但随着河水行汴时间加长，吸收泥沙能力降低，宋人通过汴渠持续漕运，较汉唐难度加大。

首先，河口控制有难度。“汴水每年口地，有拟开、次拟开、拟备开之名，凡四五处。虽旧河口势别无变移，而壕塞等人亦必广为计度，盖岁

① 《宋史》卷93，中华书局2000年版，第1571页。

调夫，动及四五万。”[①] 经常开了堵、堵了再开。其次，汴河治沙通运耗费巨大。大中祥符八年（1015）浚部分水段，用工即86万之多。“于沿河作头踏道擗岸，其浅处为锯牙，以束水势，使其浚成河道。”[②] 锯牙、木岸之设开销非小。

尽管如此，仍可通过不断治理汴渠消除运道接入黄河的不可持续因素。况且，宋人后来还实施过清汴工程，引洛水入汴代替黄河水源，更具有可持续意义。如果不是后来因为洛水不足以支撑汴渠行船而放弃清汴工程，而是广建闸座、多设水柜、严格管理，或者小造漕船，则清汴工程可长期坚持。

元朝定都北京，开创海运为主、河运为辅的漕运格局。其河运虽不高效，但江南漕船在淮安翻坝入黄淮，尊重水情许可。洪武年间对北方坚持河、海并运，直到永乐十三年以前，河运延续元人盘坝入黄淮做法，具有可持续性。

河运体系质变，发生在永乐年间。永乐君臣过分追求平安漕运和高效河运，运道在淮安接入黄淮而又去坝用闸、过闸直航，改盘坝入黄淮为过闸直入。陈瑄在淮安开清江浦河，“自淮安城西管家湖，凿渠二十里，为清江浦，导湖水入淮，筑四闸以时宣泄”。[③] 其后漕船过四闸直入淮河北上，在黄、淮、运水文条件下尚可维持。因为当时黄淮河床尚低，黄河干流在洪泽湖以西数百里夺颍、夺涡入淮，会通河虽有黄河支流济运但流量有限，河沙一时不会来到清口。

但是，从长远看，永乐君臣奠定的河运体系不可持续，因为它没有把黄河入淮的变化趋势考虑进去，一旦黄河干流在清口直接入淮，日益抬高的河床会给洪泽湖和淮扬运河带来无穷倒灌之灾。这背弃了先明运道有条件、可控制地接入黄河的传统。清代统治者也是马背上的民族，但却没有元人那么喜欢海洋和善于利用海洋，而是毫不犹豫地继承明人的漕粮河运。明清两代坚持黄、淮、运在清口交会的河运体制，在黄河害运、河运难以维持情况下，都固守永乐河漕体制，不思恢复先明传统，更不力行海运，陷入与黄河苦斗泥潭不能自拔，真是一大悲剧。

---

① （宋）李焘：《续资治通鉴长编》，《四库全书》，史部，第317册，上海古籍出版社1987年版，第813页。

② （宋）李焘：《续资治通鉴长编》，《四库全书》，史部，第315册，上海古籍出版社1987年版，第353页。

③ 《明史》卷153，中华书局2000年版，第2798页。

（二）明清黄河含沙量越来越大，决多害大，河工难度急增

明清河漕的自然基础，是黄河含沙量越来越大，频繁决口又使两岸地质日益沙化，治理黄河、畅通漕运难度日大，蓄清敌黄、保持三河水势平衡日益艰难。

嘉靖年间，黄绾《治河理漕杂议》有言："三代行井田之制。井田之间必有沟洫，沟洫之水必引源泉以足之，故泾、渭……汾、浐皆分于雍、豫、梁、冀平野沟洫之间，则水之入河者少，水小则河势自弱。故黄河冲决之患不在三代之前。自商鞅开阡陌，李悝尽地力，井田既废，则沟洫俱废。故泾、渭、伊、洛诸水皆归于河，水之入河者众，水众则河势自盛。故黄河冲决之患，特甚于秦汉之后。"① 东周以来井田遭到破坏，水土保持渐不如初，黄河含沙量越来越大，至汉初即有黄河之名。其后东汉末年社会动荡，西晋五胡乱华，唐代安史之乱，金灭北宋，元蒙灭金，黄河流域都是战乱重灾区，黄河得不到有效治理。另外，汉唐都关中，西、北开边战事连连得手，不少游牧民族归附，农耕区扩张游牧区收缩，森林草原破坏严重，也促使黄河含沙量与日俱增。

故而北宋以前黄河由渤海入海而少决，南宋以后河渐南徙而多决。明代中期，黄河干流自开封取道徐州、淮安一线，夺淮河下游入海。至万历初，"以今日之时言之，河自孟津而下，经中州平坦之地迤逦而东，泄于徐、沛之间，大河南北悉皆故道，土杂泥沙，善崩易决"。② 不仅河身高出地面很多，而且多次决口和改道，两岸黄泛区沙化日重。决口之后并不能马上堵塞，决水所及遍地皆沙，浅者数尺深者丈余；而决水一旦夺溜，便成为正河。河道如此滚来滚去，大河下游南北悉皆故道、所在皆沙，筑堤束水困难重重。

永乐十三年（1415）决策放弃海运、专事河运时，会通河就切过多条黄河故道；嘉靖前期黄河全流在清口入淮后，开封、徐州、淮安一线黄河两岸土壤早就沙化并且与日增重。隆庆四年（1570），潘季驯开复邳河，筑堤欲取红土，或掘沙丈余，或从远山输送。靳辅治河筑堤严格行夯，堤身必坚实而后止，别的河工无人如此严控质量，河堤多用浮沙虚筑，故而明清黄河易决多决大决，与汉唐运道接黄河中游、河行北方时条件迥然不同。

---

① （明）黄绾：《治河理漕杂议》，《明文海》，《四库全书》，集部，第1453册，上海古籍出版社1987年版，第737页。

② （明）章潢：《图书编》，《四库全书》，子部，第970册，上海古籍出版社1987年版，第391页。

（三）封建社会吏治腐败积重难返，使明清河运更加不可持续

明清河运的社会基础，是封建官场贪墨积重难返，具体表现为清官循吏越来越少、贪官污吏越来越多，大官大贪，小吏小贪，无官不贪。同时，偷工减料，大发河害国难财，河工质量越来越差，黄河害运无有止境、愈演愈烈。

古代中国吏治大坏于元朝。元朝政治诸制，如斡耳朵宫帐制、投下分封制、怯薛制度、诸色户籍制度、断事官制度，本质是蒙古人、色目人任意宰割天下，一方面他们很少有清廉行政意识，另一方面对属吏很少施以遵纪守法约束。元末“自秦王伯颜专政，台宪官皆谐价而得，往往至数千缗；及其分巡，竞以事势相渔猎而偿其直，如唐债帅之比。于是有司承风，上下贿赂公行如市，荡然无复纪纲矣。肃政廉访司官所至州县，各带库子检钞秤银，殆同市道矣”[①]。足见元代吏德低劣，官场暗无天日。

在漕运领域，朱清、张瑄居功自肆，“父子致位宰相，弟姪甥婿皆大官，田园宅馆遍天下，库藏仓庾相望，巨艘大舶帆交蕃夷中，与骑塞隘门巷，故与敬德等夷皆佩于菟金符为万户千户，累爵积赀，气意自得”。[②] 张瑄之子张慰，“官参政，富过封君，珠宝番赁，以巨万计。每岁海运诈称没于风波，私自转入外番货卖，势倾朝野。江淮之间，田土屋宅，鬻者必售于二家，他人不敢得也”。[③] 足见海运领域吏治之黑。

明太祖对元末吏治黑暗深恶痛绝，开国后惩贪反腐至于剥皮囊草。加上以水军从事海运，以粮长主办漕运，一定程度上阻断了元末贪墨向明初的浸染。故而明代前期治河和漕运相当清廉，基本与黄河夺涡入淮、不直接在清口入淮相同步。后代子孙缺少惩贪反腐自觉和意志，宪宗、武宗在位期间紊乱朝纲、放任贪墨，尤其嘉靖、万历二帝昏庸，天启君臣败坏朝纲之后，明末吏治贪风日盛一日。

清朝靠大量收用明官得以一统天下，未能对明末河漕贪墨做隔断性处置，康乾盛世靠皇帝洞察秋毫和铁腕惩贪遏制河漕职务犯罪，仅能维持治河通漕起码的吏治清廉。乾隆末年和珅招贿乱政、大坏吏治。嘉庆初虽赐死和珅，却未能清除和氏余党，以致后来吏治贪腐变本加厉，迅速蔓延，

---

① （明）叶子奇：《草木子》，《四库全书》，子部，第866册，上海古籍出版社1987年版，第793页。

② （元）苏天爵：《元文类》，《四库全书》，集部，第1367册，上海古籍出版社1987年版，第905页。

③ （明）长谷真逸：《农田余话》，《四库全书存目丛书》，子部，第239册，齐鲁书社1995年版，第327页。

万劫不复，构成明清河漕不可持续的社会原因。

## 三 明清河运在不可持续中追求持续

明清河运较汉唐有三处重大改变：其一在淮安接入黄河，这里河窄岸虚、多决易崩；其二为缩短运程，开会通河穿行鲁西多黄河故道之地，上游决水极易冲断运道；其三南北运河之间，借黄行运数百里。明清较元代河运重大改变在于，为追求直航在清口弃坝用闸，使黄、淮、运三河在清口交会，从而形成明清河运不可持续的险恶水情，成为明清两代志士仁人持续河运所要攻克的主要难题。

（一）黄、淮、运三河在清口交会，是明清河运不可持续的主要原因

永乐十三年（1415），陈瑄鉴于“江南漕舟抵淮安，率陆运过坝，逾淮达清河，劳费其巨”[①]。开通清江浦河，筑四闸以送江南漕船入淮河。不过图一时的行船便利、成本降低，忽略了原来盘坝入淮的合理性，而且没有做将来黄河干流在清口入淮并且外河河床日益抬高、倒灌运河和洪泽湖的应对预案。其时黄河干流在淮河中游夺颍入淮，次年黄河夺涡入淮，一时不会危及清口。而且，一河独运即可年运四五百万石，满足京城和北方需要。明人梦寐以求的平安漕运、高效漕运梦圆功成，且基本维持河安漕通长达数十年。

明初淮扬运河水位高于淮河，“嘉靖以前，水由里河出清口而入外河，形势内高，故建新旧清江等闸，蓄高、宝诸湖清水济运”。[②] 然黄河多决善崩、改道频繁，于永乐十四年黄河夺涡百多年后，嘉靖前期黄河干流东趋徐州在淮安入淮，外河河床迅速抬高，渐有倒灌里河和洪湖之害。隆庆、万历之交，“里河一带，渐致积淤。年勤捞浚，方能疏利”。[③] 当时洪泽湖水位也低，至万历五年“向来湖水不踰五尺，堤仅七尺，今堤加至一丈二尺，而水更过之”[④]。黄河倒灌运河和洪泽湖之害日重。

嘉靖前期黄河干流在清口入淮几十年后，万历四年河崩漕坏，“河决崔镇，黄水北流，清河口淤淀，全淮南徙，高堰湖堤大坏，淮、扬、高邮、宝应间皆为巨浸”。[⑤] 明人深陷与黄河苦斗泥潭。

---

① 《明史》卷153，中华书局2000年版，第2798页。

② 天启《淮安府志》，方志出版社2009年版，荀德麟等点校，第573页。

③ 天启《淮安府志》，方志出版社2009年版，荀德麟等点校，第573页。

④ 《明神宗实录》卷63，第1册，线装书局2005年版，第372—373页上栏　万历五年六月甲戌。

⑤ 《明史》卷223，中华书局2000年版，第3915页。

明廷任命潘季驯治河，“筑堰起武家墩经大小涧至阜宁湖，以捍淮东侵；筑堤起清江浦沿钵池山柳浦湾迤东，以制河南溢；虑河内冲闸而蚀漕也，严五闸启闭，独以待漕艘，六月运尽筑坝，官民船只由坝车盘，沙无内灌；自徐抵淮亘六百余里，筑南北两堤蜿蜒相望。于是淮毕趋清口，会大河入于海，海口不浚而通”。[①] 取得了河治漕通成就。并将上述实践进行理论概括，高筑黄河大堤，迫使黄淮并流一向通过清口会淮入海，叫以堤束水、以水刷沙；加高加固高家堰，抬高洪泽湖水位与清口外的黄河水势抗衡，叫蓄清敌黄，这是潘季驯找到的河运持续之路。

但是，明人蓄清敌黄有淹没洪湖彼岸的明祖陵的顾虑。潘季驯蓄清敌黄十多年，祖陵开始受水。万历二十四年（1596）改由杨一魁行“分黄导淮”，暂时取得“泗陵水患平，而淮、扬安”[②] 的效果。杨一魁分黄，甚至坚持不塞黄河黄堌口之决，反而加快河床、湖底抬高，万历三十年“帝以一魁不塞黄堌口，致冲祖陵，斥为民”[③]。此后，明人在蓄清敌黄和分黄导淮之间左右摇摆，治河效率越来越低。

清初治河通漕不得要领。杨方兴、朱之锡任总河期间，基本延续着明末蓄清敌黄和分黄导淮左右摇摆状态，后来经过长期摸索，总结河崩漕坏教训，特别是康熙十五年爆发的空前河决，清口上下运道水利瘫痪，统治者才幡然悔悟，认识到持续河运必须回归潘季驯蓄清敌黄、以堤束水、以水刷沙之路。于是靳辅被清圣祖推到总河岗位，潘季驯治河通漕思想重新付诸实践。

其时清圣祖从平定三藩要务中解脱出来，明君贤臣风云际会。康熙十六年（1677）靳辅力行以堤束水、以水刷沙和蓄清敌黄方略，以调整清口一带水利要素提挈治河通漕全局，迁运口于湖水势力范围之内，开中河以压缩借黄行运水程仅剩数里；放手淹没泗州城，无限制地加高洪泽湖大堤，强化蓄清敌黄效果；大筑特筑黄河堤防，迫使黄河并流一向过清口会淮入海。但运、淮、黄三河仍在清口交会，日后治河通漕费用与日俱增，成为社会不堪之负。

（二）会通河相交鲁西多条黄河故道，且有两处引黄济运

为缩短运程，永乐年间宋礼所开会通河穿过鲁西多条黄河故道，而且

---

① （明）朱国盛：《南河全考》，《续修四库全书》，史部，第729册，上海古籍出版社2003年版，第48页上栏。

② 《明史》卷84，中华书局2000年版，第1375页。

③ 《明史》卷84，中华书局2000年版，第1378页。

还有两处人为引黄济运，以解会通河水源不足之困，可见明人没有认识到黄河害运的潜在威胁。后代子孙为此吃尽苦头才认识到必须结束引黄济运，花大力气改造鲁南运河使之远离黄河。

永乐九年（1411）宋礼等人重开会通河时，不仅没虑及元末河决白茅、金堤，“水势北侵安山，沿入会通、运河，延袤济南、河间”[①] 悲剧重演会有何等危害，而且有意安排两处引黄济运。一为中段张秋、沙湾一带，嘉靖《山东通志》卷6兖州府山川“会通河”条言之甚明：“国朝永乐九年，工部尚书宋礼建议疏凿。惟开河南至沙湾，北徙二十余里，余皆循故道。自济宁则引汶泗洸及徂徕诸山水注之，至沙湾则引黄河支流自金龙口者合之，总名会通河。”[②] 二为鱼台塌场口，永乐“九年七月，河复故道，自封丘金龙口，下鱼台塌场，会汶水，经徐、吕二洪南入于淮。是时，会通河已开，黄河与之合，漕道大通”[③]。这种状况一起延续至明代后期，万历《兖州府志》卷19曹州“双河口”条下载：“黄河自曹县入境，至州城东折而北流，分为二支。其一支入雷泽，其一支入于郓城，谓之双河口。黄陵冈既塞，涸枯不常，双河口水又东南流为牛头河，经嘉祥、济宁至鱼台塌场口入漕。”[④] 引黄济运，无异饮鸩止渴。

正统十三年至万历三十二年，绝大多数河决都害及会通河。正统十三年（1448）“秋，新乡八柳树口亦决，漫曹、濮，抵东昌，冲张秋，溃寿张沙湾，坏运道，东入海”。[⑤] 其后的46年间，相近河决多次，都堵而复决、决而复堵，会通河北段备受其害。直至弘治七年刘大夏筑堤引沙湾黄河支流南下徐州，结束张秋、沙湾引黄济运。此后，黄河害运又集中在会通河南段。嘉靖五年（1526），“黄河上流骤溢，东北至沛县庙道口，截运河，注鸡鸣台口，入昭阳湖。汶、泗南下之水从而东，而河之出飞云桥者漫而北，淤数十里”[⑥]，直接瘫痪了运道。当时会通河南段在昭阳湖西，这一带地势低下。按《山东通志》，嘉靖六年、七年、八年、九年、十三年、三十六年、三十八年、四十四年、四十五年，万历二十一年，黄河决水主流或支流都曾直接冲向昭阳湖，瘫痪漕运。明人经过漫长争论和不断试

① 《元史》卷66，中华书局2000年版，第1093页。

② 嘉靖《山东通志》，《四库全书存目丛书》，史部，第187册，齐鲁书社1996年版，第797页。

③ 《明史》卷83，中华书局2000年版，第1344页。

④ 万历《兖州府志》，第3册，齐鲁书社1984年版，第34页。

⑤ 《明史》卷83，中华书局2000年版，第1344页。

⑥ 《明史》卷83，中华书局2000年版，第1353页。

开，最终于万历三十二年开成泇河，避黄行漕于昭阳湖东，黄河危害会通河才有缓解。

清人不曾在会通河引黄济运，但黄河袭扰会通河张秋、沙湾段在顺治、康熙末年和嘉庆年间形成三次高潮，危害之大不亚于明代。顺治七年河决荆隆口冲断张秋运道，顺治九年黄河决水再次冲断。康熙六十年八月河决武陟，大溜北趋至张秋，由五空桥入盐河归海；六十一年复决武陟马营口，冲张秋注大清河。嘉庆八年九月河决封丘衡家楼，嘉庆二十四年九月河决马营坝，先后冲向张秋入海。说明河行徐州、淮安一线入淮既久，河床过高，黄河下游渐欲改道。

（三）运河接入黄河与隋唐相比有本质差异

隋唐北方运河通过沁水接入黄河，南方运河过通济渠接入黄河。通济渠虽以黄河为水源浮送漕船，但其河阴入河处岸基坚实，漫长河身吸附、消化过水泥沙；北岸沁水是黄河支流，水位高于黄河，黄水对沁水形不成倒灌，具有可持续性。而明清运河在下游直接接入黄河，这里土质沙化、堤防薄弱、多决善崩，黄、淮、运三河在清口交会，清口以北借黄行运数百里。维持三河水势平衡、确保河安漕通势比登天。

嘉靖前期黄河干流在清口直接入淮，几十年后问题积重难返。首先是借黄行运险象环生。嘉靖末隆庆初徐州至邳州间运道多次蒙受黄河决口困扰，决水瘫痪运道、冲入昭阳湖，为害甚广。嘉靖“四十四年秋七月，河尽北徙，决沛之飞云桥，横截逆流，东行踰漕，入昭阳湖，泛滥而东。平地水丈余，散漫徐促，沙河至二洪浩渺无际，而河变极矣”[①]。隆庆三年七月“河决沛县，自考城、虞城、曹、单、丰、沛抵徐，俱罹其害。漂没田庐不可胜数，漕舟二千余皆阻邳州不得进”[②]。其次是清口蓄清敌黄机制崩溃，“河水溢自清河抵淮安城西，淤者三十余里，决方、信二坝出海，平地水深丈余。宝应湖堤崩坏”。[③] 当局开河下泄洪水，治标而不及本。隆庆四年秋，河又决睢宁，“自曹家口至祁之直河九十里，胥为平陆。淤运艘九百三十只，粮四十余万石，官民船又数百”。[④] 万历五年（1577），更是

---

① （清）谷应泰：《明史纪事本末》，《四库全书》，史部，第364册，上海古籍出版社1987年版，第463页。

② （清）傅泽洪：《行水金鉴》，《四库全书》，史部，第580册，上海古籍出版社1987年版，第405页。

③ （清）傅泽洪：《行水金鉴》，《四库全书》，史部，第580册，上海古籍出版社1987年版，第407页。

④ （明）冯敏公：《开复邳河记》，《江南通志》，《四库全书》，史部，第508册，上海古籍出版社1987年版，第523页。

河决崔镇，河崩漕坏，空前大灾。

明人面临河崩漕坏，既不力行海运，也不恢复汉唐在中游接入黄河，而是选择继续河运。

一方面大修河道，高筑河堤，部分河段推行遥、缕二堤双重束水制。潘季驯隆庆五年修复邳河，全力治本，发丁夫五万开匙头湾，塞决口11个，筑缕堤3万丈，挑浚淤塞运道80里，有效收拾了乱局。其后继续大筑河堤，隆庆六年正月准行工部尚书朱衡建议，“修筑徐州至宿迁长堤凡三百七十里，并缮治丰、沛大黄堤”。二月又准行直隶总督建议，“地势最下者如徐州青田浅，吕梁达曲头集六十里，直河至宿迁小河口七十里，皆宜修筑大堤，工最急。自小河口至桃源清河一百四十里，宜筑缕水堤，清河草湾决口宜塞，工次之。徐州至茶城四十里，宜接补小堤，茶城而上接曹县界”。[①] 万历六年潘季驯出面治河，筑堤浚河，大治河崩漕坏乱局。如果继续河运方针不错，这些工程十分必要。内而缕堤，外而遥堤，汛期洪水冲出缕堤，至遥堤而成强弩之末，不能破遥堤为害堤外。此制为后期明人渐行之，清人大行力行之。

另一方面，不断新开运河，压缩借黄行运水程。万历三十二年(1604)，总河李化龙启动开泇工程。至三十三年三月“开过泇河二百六十里，行运二年计船一万六千以上”[②]。继李化龙为总河的曹时聘继续推动开泇后续工程以毕全功。万历三十四年又挑河自朱旺、坚城集达小浮桥，长百七十里，规范了昭阳湖东的黄河水道。上述工程，使漕船过清口至邳州入泇北上，不再绕行邳州以西黄河。

清人靳辅继续这一思路治河通漕。其超越明人之处在于，放手淹没泗州城和明祖陵以蓄清敌黄，在此基础上继续压缩借黄行运距离。他改挑皂河后，鉴于自清口达张庄运口，借黄行运尚200多里，重运漕船北上险象环生，慢者经行耗时两月，于是上接张庄运口，下历桃、清、山、安四县入安东之平旺河，开成中河约长270里，使江南漕船一出清口，即横截黄河由仲家庄进中河入皂河接泇河，压缩借黄行运水程仅剩7里。

(四) 明清两朝勉力维持河运，对抗自然，整体上看得不偿失

黄河与运河的不兼容，黄河对运河和洪泽湖的填埋淤塞之害，中外有

---

① (清) 傅泽洪：《行水金鉴》，《四库全书》，史部，第580册，上海古籍出版社1987年版，第413页。

② (清) 傅泽洪：《行水金鉴》，《四库全书》，史部，第580册，上海古籍出版社1987年版，第590页。

识之士有略同之见：

> 黄河者，运河之贼也。用之一里则有一里之害，避之一里则有一里之利。[①]（李化龙《议开泇河疏》）
>
> 大运河的危险地段就在黄河流域。它很快就要在这里消失。它的河床很容易被泥沙填满。沟渠会被折断，航路会被阻断。整个大运河会因此而被彻底抛弃。[②]（D. 盖达《运河帝国》）

明清固守河运、拒绝海运，无视黄河多沙善淤水情，倔强地要在黄、淮、运在清口交会的情况下持续漕运，以人力对抗自然规律，靠烦难河工勉强维持三河在清口的水势平衡，尽管以治理清口一带水利设施提挈治河通漕之纲领，力所能及地把当时人们所能认识到的水利科学、所能采用的治河通漕技术发挥到淋漓尽致、无以复加的程度，并且连续不断地取得一些惊人突破，得以延续河运到实在不能再延续的地步，其抗争精神可歌可泣，但是付出的代价是灾难性的，沉重而痛苦。假如最高统治者在河崩漕坏之际，适时恢复海运，或让运道在中游接入黄河，或发展近畿和北方农业生产以减少对河运漕粮的依赖，那才是治水通漕应寻之梦、该圆之梦。

明人治河费用尚低，重大河工不过几十万两。万历六年潘季驯治河“筑高家堰堤六十余里，归仁集堤四十余里，柳浦湾堤东西七十余里，塞崔镇等决口百三十，筑徐、睢、邳、宿、桃、清两岸遥堤五万六千余丈，砀、丰大坝各一道，徐、沛、丰、砀缕堤百四十余里，建崔镇、徐昇、季泰、三义减水石坝四座，迁通济闸于甘罗城南，淮、扬间堤坝无不修筑”，如此众多项目总共才“费帑金五十六万有奇”[③]。康熙十六至二十七年靳辅治河 11 年，“计前后各工共估银三百三十三万余两者，实该用银三百零三万余两，今臣工完核算实止用银二百七十六万余两”。[④] 治河通漕成本尚低。

后来治河费用一路疯长。乾隆“四十四年，仪封决河之塞，拨银五百六十万两。四十七年，兰阳决河之塞，自例需工料外，加价至九百四十五万三千两。……大率兴一次大工，多者千余万，少亦数百万。嘉庆中，如衡工加

---

① 《御选明臣奏议》，《四库全书》，史部，第 445 册，上海古籍出版社 1987 年版，第 566 页。

② 〔美〕黄仁宇：《明代的漕运》，张皓等译，九州出版社 2012 年版，第 6 页。

③ 《明史》卷 84，中华书局 2000 年版，第 1369 页。

④ 《靳文襄奏疏》，《四库全书》，史部，第 430 册，上海古籍出版社 1987 年版，第 575 页。

价至七百三十万两。十年至十五年，南河年例岁修抢修及另案专案各工，共用银四千有九十九万两，而马家港大工不与。二十年睢工之成，加价至三百余万两。道光中，东河、南河于年例岁修外，另案工程，东河率拨一百五十余万两，南河率拨二百七十余万两。逾十年则四千余万。（道光）六年，拨南河王营开坝及堰、盱大堤银，合为五百一十七万两。二十一年，东河祥工拨银五百五十万两。二十二年，南河扬工拨六百万两。二十三年，东河牟工拨五百十八万两，后又有加”①。其中固然有黄河河床越来越高、黄河决口越来越难堵的因素，但更主要的原因则是官吏层层贪污中饱。

包世臣《郭君传》披露嘉庆年间贪官污吏所做河工，拨款的五分之四到八分之七为官吏贪污。郭大昌所做河工费省工好，乾隆后期老坝工决口，总河愿拿出50万两让郭大昌用50天工期全权办工，郭大昌仅用10万两、20天即完工；嘉庆初河决丰工，预算堵塞用帑120万两，南河总督怕郭大昌嫌多，砍去一半交郭大昌兴工，“君曰：‘再半之足矣。’河督有难色。君曰：‘以十五万办工，十五万与众员工共之，尚以为少乎？’河督怫然。”② 河督有难色，继而大怒，是因为郭大昌用钱越少，暴露河工贪污比例越大。

其实，明清很多有识之士都曾建议开沁通卫，恢复唐宋于洛、郑之间切过黄河的可持续状态。景泰四年（1453），江良材欲通河于卫，经河南境过河北运，“今导河注卫，冬春水平，漕舟至河阴，顺流达卫。夏秋水迅，仍从徐、沛达临清，以北抵京师”。③ 清顺治十七年（1660），部司姜天枢也曾提及“昔佥事江良材欲导河注卫，增一运道”④ 之事，但统治集团因循守旧，无意回归可持续状态。

## 四 古代中国治水通漕缺憾

（一）封建社会末期统治阶级因循守旧，故步自封

中华民族素来向往大海。北京山顶洞人、山东大汶口人、浙江河姆渡人，都傍河面海而居。按《史记》，黄帝曾东至于海，大禹曾于碣石入海，秦始皇曾“并勃海以东，过黄、腄，穷成山，登之罘，立石颂秦德焉而去”⑤。经行今山东滨海的黄县、牟平、文登，绕成山角至青岛。

---

① 《清史稿》，第13册，中华书局1977年版，第3710—3711页。

② 《中衢一勺·艺舟双辑》，《包世臣全集》，黄山书社1991年版，第36—37页。

③ 《明史》卷87，中华书局2000年版，第1422页。

④ 《清史稿》，第13册，中华书局1977年版，第3770页。

⑤ 《史记》卷6，中华书局2000年版，第173页。

中华民族素有航海实践。大禹时代扬州贡运路线沿“江海通淮泗”，即顺江出海北上入淮，逆行淮泗进入黄河，运送贡物至黄河之滨的夏都。按《诗经·商颂》，商的祖先夏朝后期就发展到渤海沿岸，并靠武力使岛夷宾服；近代殷墟考古表明，商朝开国后曾从海上获取海贝、龟甲。按《史记》所载汉人追述，秦始皇曾通过渤海运粮饷至北河。按杜甫诗歌记述，盛唐曾从吴越海运丝绸、稻米至幽燕，元代一直坚持漕粮海运大都，而且始终保持远洋航海对外贸易。

明代永乐年间郑和七下西洋，创当时世界多项航海之最。数万人、上百只巨船组成第二次世界大战前世界上存在过的最大规模的船队，数度往返于中国与阿拉伯世界、非洲东海岸之间，满载而往，平安而归。且此前还有每年海运北平和辽东粮食数十万石的近海漕运实践。但是永乐十三年一旦京杭运河年可一河独运三四百万石，成祖即下诏停止海运、专事河运，此后又宣布禁海。这是何等自甘懦弱，以致后代子孙在河崩漕坏时想海运因手段和经验断档而却步，或浅尝辄止，只配固守河运。隆庆、万历之交，“王宗沐督漕，请行海运。诏令运十二万石自淮入海”。因在“即墨福山岛坏粮运七艘，漂米数千石，溺军丁十五人”，受到“给事、御史交章论其失”，被最高统治者“罢不复行”[①]。表面上看，似乎统治者非常在乎人丁、漕粮损失，但是漕粮河运也会人死粮失，因坚持河运扭曲河性导致的黄河决口淹死人口动辄以万、十万、百万数，因河灾粮食减产甚至绝收动辄以百万石、千万石数，治河通漕大工银两投入动辄以万两、十万两、百万两数，统治者对此心知肚明，他们何尝在意？况且，王宗沐试海运所损，较之元人重用归顺海盗初试海运时人粮损失为小。王宗沐没有魄力寻找海盗参与试运已经不如元人，明廷因小有损失就停止试行海运更是神经衰弱，进取精神严重退化。

清人是有现成的海运资源和经验而不愿漕粮海运。清代在康熙年间即海运沿海之粮接济辽东和漠北，整个康乾盛世官方坚持着在沿海海运粮食赈灾或平抑粮价；江浙民间则长期有沙船至辽东运豆返销江南，养成雄厚海运实力和技术经验。如此海运基础，不仅康乾盛世遇到河崩漕坏时，没人决策力行海运，而且河运到了山穷水尽地步时，道光六年琦善、陶澍等封疆大吏把江苏漕粮 180 万石海运到天津，如此完美的海运行动丝毫没让清宣宗欣喜若狂。当大臣上书道光七年再行海运时，清宣宗却以河运恢复有望，断然下诏停止海运、恢复河运，因循守旧到了利令智昏的地步。

---

① 《明史》卷 86，中华书局 2000 年版，第 1411—1412 页。

（二）治河通运经验未能充分传承，治河技术断档

唐宋运河接黄河于中游河岸高实之处，而元明清不理解这样做的必要性，却硬要在下游淮安接入黄河；元人运道虽接入黄淮于淮安却坚持翻坝入黄淮，明清不理解这样做的必要性，非要漕船过四闸直入黄淮；元代漕粮海运为主、河运为辅，明清两朝不理解这样做的合理性、必要性，非要漕粮全部河运、拒绝海运。前代成功经验不为后代所遵循，后代反而反其道而行之，为追求所谓平安漕运、高效漕运，而陷入不可持续的误区，是古代中国治水通运的最大、最明显的遗憾。

此外，还有另外两大遗憾。

其一，前代最成功治河通漕经验没有被后代吃透精神、再创范例；后代反而对那些未曾付诸实施的大而空的治河议论大加推崇。两汉治河通漕成功无过于王景治河，其成功经验一是根据黄河改道规律，为它选择一条入海最通利的路线并用大堤把它稳定在那里，让它并流一向入海；二是认识黄河与运河的不相容，大筑其堤坚决地把汴渠同黄河分开，把运河所受黄河影响降至最低限度；三是采用十里立一水门，让黄水更相回注，以消解黄河汛期洪峰的技术。虽然也有几位学者在学术著作中盛赞王景治河功施千年，但身负治河重任的河道总督们很少有人潜心研究其成功精髓，更没有在新的水情条件下复制其成功。

北宋是黄河的多事之秋，改道频繁，决口更频繁，正宜发扬王景治河实事求是和勇于创新精神，文官们却乐于大谈经义治河，拿大禹治水和西汉贾让治河三策套北宋河情。如陈舜禹当横垅、商胡决而难堵、河复故道挽而不回之际，撰《说河》试图从经义演绎出治河结论，“孟子曰：禹之行水也，行于地中。智者行其所无事，所恶于智者为其凿也。孔子作，禹之法常存；孟氏出，禹之法益明。呜呼！不以禹之法而治者，皆拂其性也”。连他也觉得这样说太空洞，文末抱住西汉贾让治河上策佛脚，建议皇帝“则徙民宽闲，而纵其流，当世之善计也”①。这等于说不治就是治，决水流到哪里，就把哪里的老百姓迁走。实在迂腐之极。

明代中期多次面临河崩漕坏，既不能弃河从海，又不愿恢复隋唐运道在中游接入黄河，也离不开借黄行运500里水程，在这种情况下只有筑堤束黄过清口会淮入海。但当时河臣大多于该学王景治河之际却奉贾让治河三策为圭臬，以为河分则势弱，势弱则过清口不易倒灌运口和湖口。殊不

① （宋）陈舜俞：《都官集》，《四库全书》，集部，第1096册，上海古籍出版社1987年版，第475—476页。

知河分则流缓、流缓则沙停，会加快河床抬高，加速三河交会漕运机制的崩溃。

其二，具体河工、水利技术的失传也让人十分痛心。北宋的复闸技术，在水位落差较大的运河，相距十来丈或几十丈处建两座单闸，开上闸进船，闭上闸启下闸出船，可有效节省水源。但是历经元代百年，漕粮绝大多数海运，运河水利设施无人讲究，至明初复闸技术已经失传。宋礼、陈瑄在会通河所建数十闸、清江浦河所建四闸都是单闸，直到清末都没有改建复闸。请看典籍所载：

> 淮安西门外直至河口六十里，运渠高垫，舟行地面。昔日河岸，今为漕底，而闸水湍激，粮运一艘非七八百人不能牵挽过闸者。[①]（潘季驯《查复旧规疏》）
>
> 清江浦天妃闸以入黄河……重运出口牵挽者，每艘常七八百或至千人，鸣金合噪，穷日之力出口不过二三十艘，而浊流奔赴，直至高宝城下，河水俱黄。居民至澄汲以饮。[②]（靳辅《南运口》）

假如是复闸，漕船出运入黄时，不临黄河的闸面下板封闭，黄河水位再高也不能长流直灌，何以往外拖拉漕船如此费力？技术断代和失传让人扼腕而叹、触目惊心。清代文学作品有形象、动情的描写：

> 黄河怒流动地轴，十舟九舟愁翻覆。临矶作闸为通舟，水急还忧石相触。挽舟泝浪似升天，千夫力尽舟不前。巫师跳叫作神语，舟人胆落输金钱。[③]（施闰章《天妃闸歌在清河县为诸闸险峻之首》）
>
> 黄河如山挟沙走，清淮雪浪殷雷吼。白日风雨斗两龙，涛声五月清河口。小舟飘忽若凫鹜，大船嵬垒如山岳。若鸦衔尾车接轴，北人腾笑南人哭。突然一掷如破竹，粟米流脂膏鱼腹。……风狂雨骤向昏黑，欲上不上船头裂，欲退不退船尾折。千夫力尽指流血，一唱督护

① （明）潘季驯：《河防一览》，《四库全书》，史部，第576册，上海古籍出版社1987年版，第273页。

② （清）靳辅：《治河奏续书》，《四库全书》，史部，第579册，上海古籍出版社1987年版，第726页。

③ （清）施闰章：《学余堂诗集》，《四库全书》，集部，第1313册，上海古籍出版社1987年版，第498—499页。

心断绝。[①]（吴以諴《观黄淮交汇粮艘竞渡感而有作》）

从清初到清中叶，漕船由淮扬运河出闸入河，纤夫牵挽之难如出一辙，可见天妃以单闸临黄河，且多数时间闸后无闸。陈瑄当年隔数里建一闸，过四闸入淮也没有很好地坚持。

总之，先秦以来古代中国人治水通运，不断寻梦筑梦，梦圆成真，且大体具有可持续性，至元朝河、海两运而登峰造极。中国古代治水通运文明，是当时中国经济和科技领先世界的一个缩影。明代郑和七下西洋，永乐年间实现平安、高效河运之后，放弃海运专事河运，表明封建统治者丧失进取精神，坠入背弃可持续传统，陷入在下游接入黄河、在三河交会情况下固守河运泥潭而不可自拔，是古代中国治水通运可持续到不可持续、遵循规律不断圆梦到因循守旧日渐衰败的转折点。明清两代尽管也在与黄河苦斗中把维持黄、淮、运三河水势平衡技术发挥到极致，有一定的筑梦不已的精神价值。但整体上看，其漕粮河运是盛极而衰、不可复振，很大程度地反映了封建社会没落的必然性，有助于解读鸦片战争战败的社会原因。

① （清）徐世昌：《清诗汇》（下），北京出版社1996年版，第2384页。

# 第一章　中国治水通运研究史述评

所谓治水通运研究史，就是指五四运动以来对古代中国治水通运的研究历程，主要包括治河、漕运和运河三个方面。先明运道有条件地接入黄河，黄河就是运道一部分；明清运河在淮安接入黄河干流，通运更依赖于治河。故而治水通运研究史述评只能治河、通漕、运河三者分说，略于先明、详于明清。

## 第一节　中华人民共和国成立以前治水通运研究成果

五四运动到中华人民共和国成立，是现代河漕研究起步阶段。旧中国积贫积弱，分崩离析，战乱频仍。北洋政府、国民政府全无文治，学术研究不受重视，学者只能根据个人学术自觉和良知爱好选择研究方向，各自为战地靠顽强毅力做成一些学术成果。当时战乱之外，国人面临的最大自然威胁是黄河决口。故而治黄史研究最先起步，进而带动运河和漕运研究也小有进展。

### 一　治黄史研究

民国治黄史研究主要集中在学术著作上。1926 年，山东省河务总局印行林修竹《历代治黄史》，总目录表明该书内容由古今黄河图和历代治黄大事年表两部分构成。前者包括历代河流流变图、豫河图、直隶河图、最近测勘鲁省下游现势图、最近测勘黄河入海尾闾图、最近黄河堤岸实测图六图，后者记历代治黄大事，分为唐虞至五代、宋、金元、明、清、中华民国六卷。总纂林修竹，是山东河务局长兼运河工程局总办，实际撰稿为局秘书徐振声，插图由局工程科长潘镒芬完成。该书用文言写成、线装竖排格式排版。唯黄河图用近代测绘技术精勘实测制出，大事表和治黄史传统纪年与西历纪元并列，透露些许现代学术气息。但整体上看，未脱《行水金鉴》窠臼，还不是完全现代意义治黄史研究著作。

1937年，国立编译馆和商务印书馆推出《治河论丛》。作者张含英任职黄河水利委员会总工程师，因“幼年饱受河惊，深知其害，因患思治，于是研究之念油然而生”①。后来留学国外专攻治水，学成回国后供职治河，“十余年间，业余之暇，乃专致力于黄河问题；偶有所得，辄录而存之，或发表于报章杂志，以供时人参考”②。由此成书。《治河论丛》收治河策略之历史观、黄河答客问、论黄河水灾与国难、黄河改道之原因、黄河之冲积、黄河最大流量之试估、民国二十三年黄河水文之研究、黄河河口及其在工程上经济上之重要、杜串沟说、黄河凌汛之根本治法、五十年黄河话沧桑、李升屯黄河决口调查记和视察黄河杂记等专题论文15篇。用铅活字竖排，有治理黄河的现时考察结论，也有历代治黄经验教训总结，该书可基本视为治河史的现代著述。

后来又有两部治河史著作问世，标志民国黄河水利研究的新成果。其一吴君勉纂辑《古今治河图说》，作为当时水利委员会水政丛书之一于1942年出版。全书分禹河、河大徙、近代大河、黄河利病及治法等11章，有插图40余幅。附黄河水利委员会《勘查下游三省黄河报告》、李仪祉《黄河根本法之商榷》、张一烈《黄河中牟堵口概况》等9篇文章。其二张含英《历代治河方略述要》，1946年由商务印书馆出版。该书不仅是完全现代意义的治河史研究著作，而且部分章节言治河论及漕运。全书共十章：首章绪言，介绍著述意旨；第八章余论，论述当代治河若干要领；末章附录《防洪方略》，论述当代防治河决工程技术问题；中间六章分论中国历史上大禹、贾让、贾鲁、潘季驯、陈潢和李仪祉6位治河大家的理论建树和实践业绩，其中贾让章有“多穿漕渠于冀州地”一节，潘季驯章有“河道形势与漕运及祖陵之关系”一节。这样，全书便初露古今关联、河漕合说之端倪。

学术论文也很大程度上体现民国治黄史研究成果。“1933年的黄河洪水暴涨、下游多处决口事件又将研究推向了高潮……仅1934年发表在《黄河水利月刊》上的文章就有十余篇；1936年，《水利》杂志‘为前车借鉴计，乃有纂辑清代黄河决口史之发起’，前后刊载论文七篇。”③ 其中沈怡《黄河与治乱之关系》发表在当年《黄河水利月刊》第1卷第2期，

---

① 张含英：《自序》，《治河论丛》，国立编译馆1937年版，第2页。

② 张含英：《自序》，《治河论丛》，国立编译馆1937年版，第2页。

③ 贾国静：《二十世纪以来清代黄河史研究述评》，《清史研究》2008年第3期，第146页。

张含英《黄河改道之原因》发表在《陕西水利月刊》当年第3卷第4期，影响为大。这些论文着眼于为消除黄河现实水患寻求历史借鉴，侧重研究黄河为害和治理规律。

## 二 运河和漕运研究

运河史研究，中华人民共和国成立以前有两文两书建树非小。汪胡桢发表在《水利》1935年8月第2期第9卷的《运河之沿革》，从工程技术进步层面把中国古代运河开发史分为四期。（1）春秋至隋代“所施工事不过就平原沮洳之区，将湖泊沟通连贯，以渡舟楫而已。遇水量易泄或水流湍急之处，则建筑堰埭以障其流，运舟至此，必须转般”。（2）唐宋两代为闸河萌芽时代，“江都之伊娄河（今瓜洲运河），淮安之末口（昔时运渠通淮之处）均有其例”。（3）元至清中叶为闸河时代，技术标志是“就水面倾斜甚巨之水道，间段设闸，分成多级，以节水量而利舟楫”。作者考证中唐宝历初，李渤在灵渠设斗门十八为其滥觞，用于东部运河则始于金代高良河，元代大用于京杭运河，至元末“于高良河置坝闸二十座”，大德初“于会通河建闸八，闸河之制始渐广”，明清两代“南北运河自淮阴至南旺，由南旺至临清，地势高下，相差最巨，自有闸河之制，舟楫始得往来”①。（4）晚清日益衰微，让位于海运和铁路。在此基础上把运河分为平津、津济、黄淮、淮江、镇苏、苏杭六段，分别论述其大致情形。形式虽远未达现代论文规范，但行文言简而意赅，少现代论文的铺排陋习。发表在《地学杂志》1919年第9—10期的张景贤《北运河考略》一文，学术价值不在北运河历史沿革和流域河流源流考证，而在于述评黄河决铜瓦厢以来北运河水毁灾大、修复功少，以致北京失去通航天下优势的现状。

学术著作方面，全汉升《唐宋帝国与运河》（商务印书馆版）和史念海《中国的运河》（史学书局版）两部学术专著，同在1944年出版，于古代运河研究有奠基之功。前者十章，绪论述评隋朝开运河对唐宋的巨大影响，在此后的600多年内变为唐宋帝国的大动脉。第二至第六章述评唐代运河，把唐代运河兴衰分为高宗武后朝、开元盛世、安史之乱和肃代德三宗复兴、宪宗中兴、晚唐五个阶段分别写出；第七至第九章述评两宋运河嬗变，第七章述评北宋以汴梁为中心构建运河体系，第八章述评徽、钦期间国势和运河同时衰退，第九章述评宋金运河阻隔、南荣北枯史实。第十

① 汪胡桢：《运河之沿革》，《水利》1935年8月第2期第9卷，第120页。

章为全书结论，指出隋代奠定的运河体系影响唐宋，适应中国第二个大一统时期政治军事重心在北而经济中心南移的客观需求，地在运河关键点的洛阳、汴梁得以成为王朝都城。该书无论内容还是形式，都堪称现代意义上的河漕研究学术专著。《中国的运河》于勾勒中国运河沿革史上与前者有大致相同建树。由于作者1988年重新研究、扩充内容、精确表述后以相同书名重新出版，所以此处不做深入介绍。

漕运研究有吴士贤《清代以前的漕运概况》（《天津益世报》食货专栏第42期，1937年5月18日）为民国时期漕运史研究开山之作。全文分秦汉漕运、隋唐漕运、宋金漕运、元代漕运和明代漕运五部分，论述各代漕运基本问题，勾勒古代漕运史的大体轮廓。尽管该文史料来源无非三通和二十四史，并无太多个人真知灼见，但各朝漕运嬗变来龙去脉言之有据，对日后相关研究有抛砖引玉作用。

## 第二节　中华人民共和国成立后十七年治水通运研究成果

中华人民共和国成立后，学者受人民当家做主时代潮流激发，关注和参与社会进步的积极性空前高涨；同时，社会主义意识形态和辩证唯物主义、历史唯物主义日益深入人心，研究方法和研究视角面目一新，效率大幅度提高，视野大为开阔。故而20世纪五六十年代黄河治理史研究方兴未艾，漕运和运河研究又兴旺一时，成果如雨后春笋，新鲜喜人。

### 一　治黄史研究

1952年10月，人民领袖毛泽东第一次出京视察就来到了黄河边，做出“一定要把黄河的事情办好”的题词。1955年第一届全国人民代表大会第二次会议对根治黄河水害和开发黄河水利做出综合规划。随着治理黄河、兴修水利工程波澜壮阔地开展，黄河治理历史和现状研究有多部专著问世。

1955年出版专著三部，侧重记述中华人民共和国治理黄河成就，但也涉及治黄史研究，古为今用、服务时政色彩很重。黄河水利委员会编著的《征服黄河的伟大事业》由河南人民出版社出版，对历史上的治黄情况有所述评。王维屏、胡英楣合著的《伟大的黄河》由新知识出版社出版，论及黄河历史变迁和流域自然状况，考证了历代对黄河河源的探求。张含英《征服黄河》由中国青年出版社出版，该书围绕落实党和政府根治黄河水害和开发黄河水利的综合规划，分别介绍了黄河的自然面貌、历史灾害和治理情况，以及今天根治黄河的斗争。书中汇集 8 篇文章，大都在报刊上发表过，充满新的时代气息。

1957 年，相关学术研究出现学术化、专业化势头。张含英《中国古代水利事业的成就》由科学普及出版社出版，与两年前《征服黄河》的服务时政不同，该书着重述评中国古代水利事业悠久历史、光辉成就和丰富遗产，介绍古代灌溉、航运、水能利用、治河防洪、水土保持、水工技术和治河思想，学术性较强。

岑仲勉《黄河变迁史》由人民出版社出版，为中华人民共和国成立后十七年黄河治理史研究的扛鼎之作。

首先，体现学术研究古为今用的要求。作者受 1950 年中华人民共和国大举治淮启发，认为治淮之后必然大举治黄，而治黄需要掌握黄河规律。黄河的自然规律，总要从黄河历史和治河历史中显现出来。要发现它，就不能完全丢开黄河历史和治理历史。于是，他慨然以发现治河规律为己任，在可能范围内继续努力发掘黄河变迁史，略尽为人民、为广大群众服务的责任。同时也体现了严谨而高效的治学精神，作者“一九五二年七月二十三日，广州中山大学北轩，修正去年底的写稿。一九五五年全稿再度补完”①。仅用 1 年多时间拿出初稿，其后 3 年多时间两易其稿，精雕细琢，反复斟酌。初稿紧张高效，修改精益求精。

其次，内容博大精深，超越前人甚多。全书由导言、主体十五节（相当于通常的章）和附录附图三部分构成。导言总论全书学术观点，主体十五节论述各朝黄河变迁情况，附录参考书目、地名摘要索引和河源问题之外，另有贾鲁、惠济二河当代防洪将来水运价值一文，附商代至晚清黄河图十幅，穿插安排在相应章节中。主体十五节内容又可分三部分：前三节分别论述黄河重源说及其被打破和《禹贡》成书年代，为下文具体论述各朝黄河变迁做必要铺垫；第四至十二节依次述评元代以前黄河变迁和治河历史；第十三至十五节论述明代至民国河患河防。尽管作者有意把研究重点放在元代以前，“详古而略今”，但实际上因为明清有许多治河专著传世，研究资料较元以前丰富得多，倒是唐宋以后章节相关内容更为详尽而确凿。例如关于黄河经行州县、决水走向、堵决工程等内容唐代始有较为详尽的条述，至宋代方用表格列出分年河患和治理大事，元明清三朝河患和治理情况则不仅用图表分述历年大事记，而且把若干年份归为一个分

① 岑仲勉：《导言》，《黄河变迁史》，人民出版社 1957 年版，第 29 页。

期，总论各个分期黄河走向和治河特点，其规模宏大、内容深厚，超越同时代治河专著不少。

最后，该书虽名为黄河专史，但很多章节言及运河和漕运。如第九节中关于水运的“三国至北魏之河事遗闻”，分年条述曹魏、两晋、南朝的开河和漕运大事；“隋代的间接治河”中论述通济渠、永济渠开凿详情和漕运功用。第十节五代及北宋黄河中的“清汴工程”论及宋代汴河漕运水路，黄河来水含沙量较前朝增大导致清淤保通投入巨大，不得已弃黄引洛力行清汴工程。第十三节明代河患中的“会通河”和“开泇河”内容，实际上属于治水通漕范畴。第十四节清代河防中“清代河患的分期”所言与运道重叠部分河道，尤其是清口蓄清敌黄、防止倒灌问题，无不事关运河通塞和漕运命脉，为民国相关专著所不及。

学术论文方面，谭其骧《黄河与运河的变迁》文分上下，分别发表在1955年《地理知识》8、9两期。全文由前言、黄河改道的简史、历史上黄河情况的改变、运河的变迁、关于恢复已废运河的两点意见五部分组成，发表在第8期的部分主要论述黄河变迁，理论建树有二。(1) 对清人胡渭黄河改道五大徙之说进行补正，指出“胡渭倡五大徙之说，咸丰五年(1855) 铜瓦厢决口改道后，加上一徙，就称‘六大徙’”①。然后阐明每一大改道的来龙去脉，并用地图把大改道后的河道清晰地标示出来。(2) 提出黄河性质变迁概念，指出“从第十世纪以后这千年中，黄河确是以决徙为常态，安流为变态，确是华北大平原人民生活的严重威胁”。之所以如此，是因为“泥沙量和洪水量是黄河决徙的两大自然因素。……黄河河床里的泥沙量和洪水量却是古少今多，愈来愈多，这可不是自然的变化，而是由于人为的原因”②。谭先生认为人为原因有森林的破坏、草原的破坏、沟洫的破坏、湖泊和支津的淤塞。文中有鸿沟、隋代运河和元明清运河三幅插图，相当精准。

1962年，张家驹《论康熙之治河》发表在《光明日报》8月1日，赵世暹《清顺治初年黄河并未自复故道》发表在《中华文史论丛》11月的第2辑。二文发表意义有二：一是把黄河研究具体至一个朝代；二是把治黄河与漕运关联起来加以研究。前者由时代背景、治河的成就、康熙的作用、存在的问题四部分构成。第一部分论述治河、导淮和济运三位一体是康熙治河的总特点，第二部分把康熙治河依河道总督分为靳辅、于成龙董

---

① 谭其骧：《黄河与运河的变迁》(上)，《地理知识》1955年第8期，第243页。

② 谭其骧：《黄河与运河的变迁》(上)，《地理知识》1955年第8期，第245页。

安国、张鹏翮三段。首段反乱为治，“见到显著的成效”，次段低迷，守成且不可得，于成龙“继任总河，虽还能勉力督修，但也干了一些不应有的改作”。其后接任的董安国，“庸碌无能，河工日废，不特海口淤垫，下游复塞”；末段复振，恢复并光大了靳辅治河的局面，康熙四十三年“两河宣告‘大治’”。作者还概括出康熙朝治河通漕工程都集中在清口、高家堰和海口三处工地，并分别述评各处主要工程及其成果。第三部分指出康熙六次南巡目的“很大程度上是寓于对河工的现场勘察上”。并具体论述清圣祖对高家堰泄水坝启闭、清口导黄出清和海口开通泄水诸问题具体指导意见及其实践效果。第四部分论述康熙治河失误和不足，一是靳辅总河期间没有注意“上游水土流失”，只治理淮安上下河道；二是开海口以泄里下河积水治理，清圣祖碍于靳辅作梗，没有力持己见，以至于张鹏翮总河下河才得到彻底治理；三是洪泽湖大堤六泄水坝开而复塞，黄河入海口拦黄坝筑而复拆，清圣祖都有失察之责。后者考订《清史稿·河渠志》关于“顺治元年夏，黄河自复故道”① 记载之误，作者根据清内阁大库所藏《黄河图》说明文字，指出明崇祯十五年黄河决口至顺治五年才人工堵塞成功。

## 二　漕运和运河研究

### （一）运河研究

朱偰《大运河的变迁》1961 年由江苏人民出版社出版。这部书立足江苏说全国，为配合党和政府对大运河“统一规划、综合利用”整治计划而追溯运河历史，讴歌运河在社会主义社会的新生命。全书由大运河的历史、大运河的地理和大运河的宏伟规划三大篇构成。第一篇两章说历史，其一讲述大运河起源，六节分别从隋、唐、宋、元说到明清、民国，每一节论述一个朝代的运河沿革；其二论述大运河对封建社会经济、政治、军事、文化上的影响。第二篇用六章的篇幅依次介绍北京天津段运河（包括通惠河、北运河），天津到黄河（铜瓦厢改道以前的黄河）间运河（包括南运河和会通河），从黄河到陇海铁路间运河，从陇海铁路到长江间运河（包括中运河、里运河），从长江到杭州的江南运河。古今合说，以今人的口气述评古代形成的各段运河。第三篇以“大运河的宏伟规划”为题，记述中华人民共和国对大运河统一规划、综合利用的宏大计划和改建速度。首章记述改建运河的惊人速度，在当时是新闻写实，又成为今天认识当日

① 《清史稿》，第 13 册，中华书局 1977 年版，第 3716 页。

的珍贵史料；第二、三章分别论述大运河对社会主义的经济建设、交通建设的重要意义；第四章展示“大运河改建后宏伟美丽的景象”，充满热火朝天的时代气息。

朱偰《中国运河史料选辑》1962 年由中华书局出版，整体上呈现纯学术研究色彩。全书九编二十五章，依朝代先后为序，依次安排运河史料。第一编辑先秦运河史料，主要指向鸿沟、邗沟。第二编三章，辑汉魏南北朝运河史料。首章指向汉代运河，次章指向曹魏、东吴运河，末章指向两晋及南北朝运河。第三编四章，辑隋代运河史料。以年代为序，首章指向隋文帝所开广通渠和山阳渎，后三章分别指向炀帝大业元年、四年、六年所开通济渠、永济渠和江南运河。第四编三章，辑唐代运河史料。各章以地域为序，首章指向关中运道和三门运道，次章指向江淮间运道，末章指向运河对本朝经济政治和文化影响。第五编三章，辑五代两宋运河史料。首章指向后周运河，次章指向北宋黄河流域运河，末章指向北宋长江流域运河。第六编两章，辑元代运河史料，首章指向北方运河经营，次章指向开通京杭运河。第七编四章，辑明代运河史料，首章侧重整个明代运河总体记载，后三章分别指向明初、明中叶和明末运河。第八编三章，辑清代运河史料。首章截取康熙和同治两个断面，辑运河总体史料，后两章分别指向乾隆以前和嘉庆以后运河史料。第九编辑清代里下河地区受灾史料。书末附不同朝代运河图。该书主要从二十五史和方志辑取史料，偶及《玉海》《文选》等书。需要特别指出的是，书中不时穿插编者按，表明作者对所辑史料的意见，并非一味辑录研究史料。

学术论文方面，谭其骧《黄河与运河的变迁》（下）发表在 1955 年《地理知识》第 9 期，主要论述运河的变迁。该文根据有无中心点和中心点在哪里，把中国古代运河变迁史分为三期。第一期即先隋。春秋时期运河分散在楚、吴境内，可视作运河萌芽期；战国时期鸿沟之开，“把当时所有中原地区河、淮之间的重要水道如济、濮、汴、睢、颍、涡、汝、沙、泗、菏等水，都连接了起来……鸿沟系统成了全国水道交通的核心地区”。[①] 南接吴楚原有之邗沟和扬水、淝水运河，东连齐国所开菑济运河。其后秦汉、魏晋、南北朝沿袭战国运河旧规而略有延展，汉开漕渠而西运长安，魏开白沟等渠而北运燕赵而已。此期运河“因为事先没有通盘计划，所以组成鸿沟系统的各条运河不分主次，迭为轻重，在整个系统中也

① 谭其骧：《黄河与运河的变迁》（下），《地理知识》1955 年第 9 期，第 276 页。

没有一个中心地点”。[①] 言之成理，让人信服。

第二期即隋唐宋三朝，隋代运河以洛阳为中心，有计划地开凿通济渠、永济渠，前者沟通江淮至杭州，后者沟通河海至涿郡。这一在短短20年形成的运河系统，“以洛阳为中心，西通关中盆地，北抵河北平原的极边，南达太湖流域”。作者认为，唐宋两代沿用隋代运河，时加局部改造，只是永济渠不能全部通航，而通济渠备受青睐，“中唐以后，江淮地区即负担了中央政府赋税来源几达十分之九，汴渠的通塞，关系着江淮租赋能否送达中央，也就是关系着政权的能否维持”。[②] 五代至北宋都城从洛阳再迁开封，原因是洛阳离江淮粮税重心太远。唐宋两朝虽说都高度依赖汴渠，但唐人维持汴河费用低而宋人很高，因为“宋代黄河坏了，洪水量挟沙量远较唐代为多，汴河当然跟着也就坏了”[③]。不为无见之言。

第三期即元明清三朝，三朝都北京，运河只须把政治中心和东南经济中心打通即可。作者归纳本期运河与前两期运河的不同有二：一是前两期中原既是政治中心又是经济中心，或至少是政治中心，故而当时运河从中原指向四方，而第三期运河开凿时，中原既非政治中心也非经济中心，运河可以不经中原；二是前两期运河是多枝形的，分布地区很广，而第三期运河“成了偏在东部的单线形”。较之汪胡桢1935年发表的《运河之沿革》，根据运河开通方式和通航技术进化，把古代运河分为四期，有独到学术见解。

黎国彬《历代大运河的修治情形》发表在《历史教学》1953年第2期，虽然发表时间和提出中国运河三期划分在前，但该文是《历史教学》杂志社为“洛宁县中学教学组所提关于大运河修治情形问题”请作者代答而写的，无法与谭文学术深邃相比。

（二）漕运研究

于耀文《漕运史话》作为中国历史小丛书的一集，1962年由中华书局出版。全书由八个章节组成，其中“漫话漕运”，介绍古代漕运起因和沿革，着重介绍唐宋以来漕粮来源、组运和用途；“河流与船”，介绍古代漕运依托的江河水情和造船技术，运河沟通东西向的自然河流，造船技术的不断进步为水运提供了物质基础；“漕运干线——大运河”，以隋朝和元朝为重点，介绍古代运河的重大变迁，并述及晚清民国运河衰落和中华人

---

① 谭其骧：《黄河与运河的变迁》（下），《地理知识》1955年第9期，第276页。

② 谭其骧：《黄河与运河的变迁》（下），《地理知识》1955年第9期，第276—277页。

③ 谭其骧：《黄河与运河的变迁》（下），《地理知识》1955年第9期，第277页。

民共和国运河振兴；“唐宋时代的漕运”，介绍唐宋两朝不断改进运道和扩大漕运的努力，以及宋代以汴梁为漕运终点较唐代的优越性；“以海运为主元代漕运”，介绍元朝分段开凿京杭运河的六次工程，介绍海运的不断改进完善，最后指出元代漕运特点是“海运、河运并行而以海运为主”；“以河运为主的明代漕运”，介绍明代重开会通河，贯通京杭河运的巨大成就；“清代的商船漕运”，重在介绍道光五年官督商办的海运尝试；“漕丁、漕夫生活的侧面”，介绍漕运实际操作者的生存状态。虽然是历史普及读物，但并不缺乏学术严谨，如关于明代遮洋船的规格说明：“底长六丈，头长一丈一尺，梢长一丈一尺，底阔一丈一尺，底梢阔六尺，底头阔七尺五寸；每船还规定配备大桅、头桅各一，索缆六副、橹四枝、舵一扇、铁锚一只。”① 就颇具学术准确性。

樊树志《明清漕运述略》发表在《学术月刊》1962 年第 10 期，内容深厚而论述严谨，为中华人民共和国成立后十七年研究古代漕运的重要论文。全文分四部分。其中引言论述古代漕运起止，“漕运始于秦汉，而终于清朝，贯穿于整个封建社会乃至半殖民地半封建社会的漫长历史中”。②漕运产生的条件是官僚和军队需要用赋税征收和转运来养活，漕运方向经历由东向西到由南向北的渐变，漕运方式有秦汉隋唐明清河运为主和元朝海运为主之别。在此基础上，第二部分专论明清漕运沿革。明永乐年间重开会通河，继开清江浦，引漕船过鲁西运河直达于卫河，“形成了南起杭州北至北京的纵贯南北的大运河系统。于是河运大为便利，运量逐渐增多”③。其为明清放弃海运专事河运提供了物质基础。组运方式，明朝由军民支运至改兑军运而定型，清初，漕运一仍明制，用屯丁长运。道光六年（1826）试行海运，道光二十八年（1848）再行海运。第三部分论漕运是封建王朝的经济命脉，作者从明清两朝江南漕粮占天下的比重、治河通漕支付的巨额费用，强调“京师仰食于江南，漕运更见重要”④。第四部分论述漕运所反映的封建关系，指出官俸、军饷和宫用都来自漕运，“明显地表现在为了转输漕粮，而在漕粮之外出现的种种附加”。⑤ 该文页下注明引文出处，具当代学术论文格式要素，对后来河漕研究产生重大影响。

---

① 于耀文：《漕运史话》（中国历史小丛书），中华书局 1962 年版，第 9—10 页。
② 樊树志：《明清漕运述略》，《学术月刊》1962 年第 10 期，第 23 页。
③ 樊树志：《明清漕运述略》，《学术月刊》1962 年第 10 期，第 24 页。
④ 樊树志：《明清漕运述略》，《学术月刊》1962 年第 10 期，第 26 页。
⑤ 樊树志：《明清漕运述略》，《学术月刊》1962 年第 10 期，第 27 页。

## 第三节　改革开放以来治水通运研究成果

党的十一届三中全会以来，学术研究日益繁荣昌盛，古代治水通运研究也取得了前所未有的进展。

### 一　治河史研究

关于新时期治河史研究，老学者焕发学术青春，接连推出治河专著。张含英1982年、1986年和1992年相继由水利电力出版社推出《历代治河方略探讨》《明清治河概论》和《治河论丛续篇》三部力作。《历代治河方略探讨》并非是1945初版同名书的再版，而是中华人民共和国成立后对原作的改写和升华，“十余年来，结合学习，试以唯物史观，对于历代治河方略从头进行推敲分析，肯定其成绩和正确观点，批判其错误和落后思潮，成笔记若干篇。经此番连贯整理，思路顿开，特修改补充辑为此书”。[①] 书末结束语，分析历代治河落后于人民希望的社会和自然原因，让人耳目一新。《明清治河概论》“引用了丰富的史料，以治河的策略措施为纲，进行章节安排。而在陈述各家议论时，则以年代为序，冀以了解前后的演变过程”。[②] 首章概述先明治黄史实，次两章论述明清黄河概况和治河主要目标，第四至十二章分述治河各专项问题，第十三章分析明清治河正反两方面经验，尾附地名注释和参考书目。据作者追忆，该书初稿1966年初即完成，1972年开始校订文字、变动章节安排，以后又时有修补，至1986年才付梓。《治河论丛续篇》收作者《治河论丛》出版后，1947年至1990年有关黄河治理文章46篇。其内容有黄河治理纲要、新旧中国水利发展状况对比、重大水利工程回顾等，相当于一部五十三年治河大事年表。

除张含英之外，水利部黄河水利委员会编写组编写的《黄河水利史述要》由水利出版社在1984年出版，姚汉源的《黄河水利史研究》由黄河水利出版社在2003年出版，二书特点是治河与运河、漕运结合着述评，每章都设专节论述借黄资运和引黄济运。《黄河水利史述要》第二章先秦治河事业，其第三节论述当时黄河水系航运和鸿沟开凿；第三章汉代治黄

① 张含英：《序》，《历代治河方略探讨》，水利出版社1982年版，第2页。
② 张含英：《自序》，《明清治河概论》，水利电力出版社1986年版，第2页。

事业，其第四节论述东汉王景治河理汴的历史功绩；第四章魏晋南北朝时期的黄河，其第三节论及曹魏以黄河为中心的运渠开凿和航运，司马懿执政改善河、洛漕运的努力，论及东晋桓温、刘裕北伐的水上运道，论及北魏对黄河水系漕运的开发；第五章隋唐五代的黄河水利建设，其第二节论及通济渠、永济渠之开挖和隋唐五代漕运；第六章北宋时期的治河斗争，其第四节论述北宋以汴河为主体的漕运；第七章金元两代治河活动，其第四节论及元代开凿京杭运河；第八章明代治河事业，其第三节论述与黄河密切相关的大运河。《黄河水利史研究》的作者认为："运河，名虽无黄名而引水以济，亦不乏可研究者。"[①] 故而该书专设第三篇黄河与水运史，其中论及京杭运河史，先秦鸿沟水道，隋唐三门水道通漕，唐代幽州至营州漕运，元明胶莱运河开浚，明代济宁西河及沙颍运道，明代会通河引黄济运，明清京杭运河的南旺分水枢纽。附录京杭运河南段见闻，则相当于南运河现状考察记。二书都将治河与运河或漕运加以关联研究。

新时期学术论文，部分作者依然执着于黄河通史研究，并有高屋建瓴的论述。邹逸麟着力于下游黄河改道研究，其《黄河下游河道变迁及其影响概述》发表于《复旦学报》1980年历史地理专辑，把黄河下游河道变迁分为四期：春秋战国至北宋末年由渤海湾入海时期；金元至明嘉靖前期下游河道分成数股汇淮入海时期；明嘉靖后期至清咸丰四年下游河道单股会淮入海时期；清咸丰五年以后河道由山东利津入海时期。在此基础上，论述黄河对豫、鲁、皖、苏自然环境的巨大影响：一是洪水和泥沙吞没了农田和城镇，留下了大片碱地沙荒；二是黄淮平原上河流的淤浅和水运交通的衰落；三是平原洼地的湖陆变迁，中游原有湖泊被填埋，下游形成新湖泊。该文引证史料丰富，对所持观点形成较为有力的支撑。徐福龄《黄河下游河道历史变迁概述》发表于《人民黄河》1982年第3期，把黄河下游河道变迁分为三期，并相应归纳出其特点。汉初至北宋末，黄河下游河道大都在现今河道以北，变化特点是河南浚县、滑县以下尾部摆来摆去。其变迁范围在西北界漳水，东南不出大清河，均东注渤海，入海的地点一是天津，二是千乘，三是海丰。南宋至晚清咸丰五年，黄河下游河道大都在现今河道以南，变化特点是河南延津、原阳以下尾部逐渐南滚，变迁范围北不出大清河，南不出颍、淮。南流的泛道为汴水、泗水、涡水、濉水、颍水，会淮河入于海。咸丰五年以后，黄河下游行现今河道。铜瓦厢决口后，夺大清河入海，是当时入海最近一条流路，又是山东比较低洼

---

① 姚汉源：《自序》，《黄河水利史研究》，黄河水利出版社2003年版，第1页。

的地区。与邹文相比，徐文仅把其 2、3 两期合为一期，且所分三期及其各自特点以现今河道为观察点，易于识记。

20 世纪 90 年代以来，黄河改道影响研究不断有成果问世，其中彭安玉《试论黄河夺淮及其对苏北的负面影响》（《江苏社会科学》1997 年第 1 期），从北宋以前苏北经济发展一直领先于苏南、南宋至明清苏北经济逐渐滞后于苏南的史实出发，研究黄河的南徙并夺淮入海给苏北带来的负面影响。吴海涛《历史时期黄河泛淮对淮北地区社会经济发展的影响》（《中国历史地理论丛》2002 年第 1 辑），研究黄河夺淮入海对皖北的负面影响，淤平了河湖，吞没了良田、村庄、城市和道路，在很大程度上改变了当地的自然地理环境，使原本发达的经济区变为经济相对落后区，研究视角独特。

谢永刚把研究触角伸向黄河危害运河，指出“中国历史上沟通黄淮海之间的运河，大都与黄河相接，不可避免地受黄河水沙的影响，因而运河工程的建设具有突出的防沙特点”。[①] 战国时代的鸿沟，“北接黄河，南与淮河的几条支流相连。为调节水量，控制泥沙淤积，先把黄河水引入圃田泽，以圃田泽作为运河的天然水柜和沉沙池”。东汉汴渠“采用多水口引水的措施，以适应黄河河势及主流变化”。隋唐运河针对黄河易淤，采用“开引河、挖减水河减沙分洪入运的方法”。[②] 全文用三个小标题，领起北宋、金元和明清运河水系所受黄河泥沙危害及应对措施，其中汴渠黄河取水量控制和冰凌防治、渠身泥沙处理和水文知识进步论述较充分，金元时期运河改建、明清避黄通漕及清口泥沙处理论述欠充分。

更多的新生代学者，多研究一个朝代河情且把治河与通漕关联起来研究，比较出色的有：张兴兆《魏晋南北朝时期河北平原内河航运》（《河北师范大学学报》2008 年第 6 期），所论邺城与黄河水运连接、河北平原人工运渠、海河水系航运，皆外延具体、内涵丰富。郭志安、张春生《北宋黄河的漕粮运营》（《保定学院学报》2009 年第 1 期），述评宋初黄河从陕西运汴京粮 20 万—50 万石，中后期成本增加，漕运渐趋衰落史实。究其原因，一是黄河运道险恶，二是中后期宋夏关系紧张。王质彬《明清大运河兴废与黄河关系考》（《人民黄河》1983 年第 6 期），论述大运河建成通船后，由于要横穿黄河，几百年内黄河、运河结下了不解之缘，从初期

① 谢永刚：《历史上运河受黄河水沙影响及其防御工程技术特点》，《人民黄河》1995 年第 10 期，第 52 页。

② 谢永刚：《历史上运河受黄河水沙影响及其防御工程技术特点》，《人民黄河》1995 年第 10 期，第 52 页。

引黄济运和遏黄保运，到后期的另开新道避黄通漕，明清两代下了很大功夫，但到头来运河仍然无法彻底摆脱黄河干扰、破坏的厄运。曹志敏《清代黄河河患加剧与通运转漕之关系探析》（《浙江社会科学》2008年第5期），认为黄河一直困扰清代漕运，至嘉道时期更是河患频仍、漕难为继，固然有吏治腐败因素，但就清代黄河、淮河、运河交会情形而言，清代河患的加剧与其围绕通漕来治河关联更紧。为了通漕，清人强迫黄河南行，而蓄清敌黄加大了黄河的治理难度。

## 二　运河史研究

新时期运河研究，著书立说如火如荼，成果如雨后春笋。有研究通史的，如常征《中国运河史》（北京燕山出版社1989年版），岳国芳《中国大运河》（山东友谊出版社1989年版），庄明辉《大运河》（上海古籍出版社1997年版），姚汉源《京杭运河史》（水利电力出版社1998年版），陈璧显《中国大运河史》（中华书局2001年版），安作璋《中国运河文化史》（山东教育出版社2006年版），陈桥驿《中国运河开发史》（中华书局2008年版），嵇果煌《中国三千年运河史》（中国大百科全书出版社2008年版），吴顺鸣《大运河》（黄山书社2014年版），夏坚勇《大运河传》（江苏文艺出版社2014年版）。有研究断代史或专门史的，如傅崇兰《中国运河城市发展史》（四川人民出版社1985年版），潘镛《隋唐时期的运河和漕运》（三秦出版社1987年版），邹宝山《京杭运河的治理与开发》（水利电力出版社1990年版），王明德《从黄河时代到运河时代：中国古都变迁研究》（巴蜀书社2008年版）。有研究运河某一段落或流域的，如张纪成《京杭运河江苏史料选编》（人民交通出版社1997年版），徐从法《京杭运河志（苏北段）》（上海社会科学院出版社1998年版），于德普《山东运河文化文集》（山东科学技术出版社1998年版），王云《明清山东运河区域社会变迁》（人民出版社2006年版）。有考察运河现状的，如唐宋运河考察队《运河访古》（上海人民出版社1986年版），鞠继武《京杭运河巡礼》（上海教育出版社1985年版），徐立峰《运河漫记》（百家出版社2010年版），傅崇兰《运河史话》（中国大百科全书出版社2000年版），中央电视台《话说运河》（中国青年出版社1987年版）。

其中成就较大的，要数姚汉源和安作璋两家。姚汉源《京杭运河史》系统而详细地叙述京杭运河开凿、完善、鼎盛、衰败全过程。全书共分八编，第一编绪论，第一章略述先元各朝运河开凿和利用情况，第二章论述历代运河布局与政治经济关系，第三章论述先元运河与黄河关系，第四章总论京杭运河的创修史、元明清三代对运河开凿完善所做贡献、运河工程设施、漕运与商运及其行政管理、运河衰落等。第二编述评京杭运河各段开凿简史，作者把三千里京杭运河分为江南运河、江淮运河、泗济运河、卫河运道、津京运河五段。每段运河自成一章，分别追述春秋至西晋、东晋至唐末、五代和两宋的开发利用。第三编论述元代开通京杭运河全线，四章内容地域上先北后南，第十章写最北端通惠河开凿和修治，第十一章写与通惠河相接的北运河、南运河开凿和修治，第十二章写济州河和会通河开凿和修治，第十三章写会通河以南运道的修治完善。第四编写明代京杭运河，由十章内容构成，第十四章写通惠河，第十五章写卫白河，第十六章写会通河，第二十一、二十二章写前后期的淮扬运河，第二十三章写江南运河。因为明代河运最大挑战在如何接入黄河，所以第十七至二十章分别写会通河与黄河、泗洳运道与黄河、明后期新河洳河与黄河衔接，以及会通河的泉源水柜建设。第五编写清代早中期运河，由四章内容构成。第二十四章写顺康间直隶、山东运河恢复，第二十五章写顺康年间清口一带黄淮运崩坏及大修，第二十六章写雍乾年间北河，第二十七章写雍乾年间的南河。第六编写运河的衰落，展现了清后期运河衰败的过程。第七编写运河工程及漕运管理，介绍运河的工程措施及管理制度。第八编写人物及文献，介绍历代对运河建设有贡献的人物及关于运河的论著。整部书，体例比较完备、规模相当宏大，兼容近百年诸家运河研究专著之长，但略于先元而详于元明清，为其不足。

安作璋《中国运河文化史》是一部全面论述运河文化的开创性和集大成著作，所述运河文化包括运道治理、漕运制度、政治形势、经济发展、学术成就、文学艺术、科学技术、科举教育、宗教会社、民俗变化。其与姚汉源《京杭运河史》比有很大不同：一是内容不局限于运河开凿和利用，还大写特写与运河相关的历史文化；二是于各朝运河文化都力所能及地加于表述，不像《京杭运河史》那样略于先元而详于元明清三朝。但两书也有相同之处：其一由于离当今近的王朝史料丰富，所以上古若干王朝合在一起做一编篇幅还不敌近古一个王朝长；其二尽量铺排结构框架，使内容达到无所不包的程度。

其他运河史专著也有各自特色。岳国芳《中国大运河》从春秋运河说到中华人民共和国运河新生，一朝一章，章节内容安排匀称；对各朝代运河特点概括独具匠心，如隋朝“建成一统天下的大运河”，南宋“政治中心与经济中心相结合”。章下节目或以事为序，如唐朝运河区域工程分“开凿三门运道的失败”“对汴渠、山阳渎的整修”“唐朝江南运河”“唐朝永济渠”“重开灵渠”；或以人为序，如明代开河治水的名家，分“水利工程学家宋礼”“治水重臣潘季驯”“汶上老人白英”；或以人带事，如“邓艾开广漕渠”“邓艾开淮阳、百尺二渠”“曹丕开讨虏渠”“贾逵开贾侯渠”，进退自如而所在皆宜。陈桥驿《中国运河开发史》侧重谈开凿运河，全书八篇，依次述评河北运河、山东运河、苏北运河、关中豫东皖北运河、江南运河、杭州段运河、浙东运河和灵渠开凿历史，各篇之内再按朝代先后讲本段运河开凿修治历史，顺序独特。嵇果煌《中国三千年运河史》把中国运河史源头上推至商周之际，提出运河史三千年的概念。全书十八章，从商周之际一直写到清朝的运河，分段较他书为细，其中三国、两晋南北朝、五代、辽金单独成章，唐宋两朝各分两章写出。另外，该书谈运河而连带漕运，相关章中有“秦朝的漕运”“唐朝的漕运（安史之乱前）”“唐朝的漕运（安史之乱后）”“金朝的漕运”“明朝的漕运”“清朝的漕运”等节，宋朝的漕运则单独成章。陈璧显《中国大运河史》内容安排略于古而详于今，全书十章，其中鸦片战争至辛亥革命、民国时期、新中国时期、新世纪大运河展望各占一章，加上首章大运河形成及自然条件古今合说，占了全书半壁江山。而先秦至南北朝、隋唐五代、明清运河各安排一章。该书序言两个小标题：一为“大运河历史回顾：雄视百代的奇迹，千年漕运，封建王朝的生命线”；二为“大运河未来展望：重铸千年的辉煌，南水北调，时代赋予的新使命”，足见其古今合说特色。

学术论文同样精彩纷呈，表明20世纪七八十年代运河研究方兴未艾。朱玲玲《明代对大运河的治理》（《中国史研究》1980年第2期）全文三部分：其一论述明初京杭运河的开通，其二论述明中期淮安、徐州间借黄行运运道的治通工程，其三论述明后期在昭阳湖东另开运道以避黄河袭扰。魏崇山《胥溪运河形成的历史过程》（《复旦学报增刊》1980年历史地理专辑），旨在辨明胥溪史实，指出胥溪河道的形成应是地质时期的事，是一条自然河流。80年代中期研究运河多关联经济，邢淑芳《古代运河与临清经济》[《聊城师范学院学报》（哲学社会科学版）1984年第2期］论述元明清因为运河经过，促成临清经济日益繁荣。柴俊星《北宋汴河的经济地位》（《武汉水利电力学院学报》1984年第4期），论述汴河漕运对北宋建都汴梁立国的决定性作用。潘绍良《北宋时期初创的几项运河工程技术》（《武汉水利电力学院学报》1984年第4期），介绍北宋保持汴运畅通的船闸、澳闸、束水攻沙、清沙船、破冰船等技术应用。

20世纪90年代以来，学者习惯于把运河当作学问来研究。

首先，明确了运河文化和运河学概念。运河文化研究课题组提出运河文化的带状文明精华说，“运河文化有着广深的内容。从先秦以来，由于各家文化思想的争鸣和吸纳，形成了多个文化圈，以东部地区而言，自北向南，形成燕赵文化圈、齐鲁文化圈、荆楚文化圈、吴越文化圈，大运河恰好像一条丝带将这些文化珍珠串联起来，形成一条独特的运河文化带。这条文化带反映了封建后期传统文化融会的轨迹，容纳了各个文化圈的特色，呈现出中华文明的精髓”。[①] 在横向列举外延的基础上，明确运河文化的精髓。李泉《中国运河文化的形成及其演进》（《东岳论丛》2008 年第 5 期），提出运河文化酝酿于隋至元、形成于明清。隋唐宋元运河走向稳定，长期的经济文化交流，由运河交通带来的异地文化与本土源文化的融会碰撞，使运河区域与周边其他区域产生了文化上的差异。明清时期，京杭运河日益完善，在它所流经和辐射的地区，形成了前后传承的与其他区域明显不同的文化。纵向勾勒运河文化形成历程，揭示其包容万象、融会南北的属性。张强《运河学研究范围与对象》（《江苏社会科学》2010 年第 5 期），阐明了运河学要研究的十大内容，认为“通过研究运河与政治、经济、文化、交通、城市的关系，可以充分认识运河在历史进程中的价值以及它对中国社会各个层面的影响”[②]，极具理论思辨和学术前瞻功力。

其次，与运河有关的政治、经济、文化、文学都成为研究热点，而且研究内容的学科纵深掘进和广度拓宽明显。

一是运河史研究成果，潘镛《隋运河通济渠段的变迁》考证了隋代通济渠的开凿及其路线，唐代对通济渠的疏浚和修整，宋代对隋唐通济渠的改造，以及当今通济渠故道的考古发现。其中所论宋代运河对隋唐通济渠的衍变强化，“宋汴河从河阴县（今河南荥泽县西）南面开始，引黄河水，东流到东京城下，再从东京城东疏浚汴河，宽五丈，分为三支：一支为五丈河即广济河，历曹州、济州郓城，东通齐、鲁一带；一支是汴河主道即通济渠，由河阴受黄河水历东京、陈留、宋州，下通江淮；一支由东京东南下为惠民河即蔡水，合闵河、洧水、溵水由东京经陈州下达寿春，通淮河流域一带”[③]。其学术进步相当明显。王健《古代大运河入海通道考述》着眼“古代京杭大运河沿线主要有三大入海通道：天津通道，北运河、南运河在此与海河联结，通向渤海；江浙通道，大运河沟通淮河、

---

① 运河文化研究课题组：《运河文化论纲》，《山东大学学报》1997 年第 1 期，第 69 页。

② 张强：《运河学研究范围与对象》，《江苏社会科学》2010 年第 5 期，第 228 页。

③ 潘镛：《隋运河通济渠段的变迁》，《云南师范大学学报》（哲学社会科学版）1985 年第 1 期，第 21 页。

长江、太湖三江、钱塘江入海水道；宁波通道，浙东运河北接大运河，东与涌江、姚江相汇后在宁波入海”。[①] 其把运河的功能研究拓展到与海运衔接领域。

二是运河的经济和社会发展带动效应研究成果，王瑞成《运河和中国古代城市的发展》研究运河对古代中国都市发展的带动作用，指出春秋战国时期运河开凿在都市附近，刺激都市繁荣；秦汉唐宋运道连接都城和区域中心城市，元明清运河连接南北政治中心和经济中心，并促成这些城市繁荣。运河漕运体系是中国古代城市体系的重要基础。许檀《明清时期运河的商品流通》研究明清京杭大运河“南北物资交流的大动脉”功能，指出“明中叶直至清中叶的三四百年间，运河的商品流通量远远超过其漕粮运输量，它在全国商品流通中发挥了极为重要的作用”[②]。正文用表格展示历史数据，给人印象至深。

三是运河与文学关系研究成果，王沂《中国戏曲与运河文化》提出“运河滋润了戏曲，戏曲激活了运河”的命题，元代大运河北端的政治中心大都、南端的经济中心杭州，同时又都是戏曲中心，元杂剧沿运河从北端兴起到南端收官，靠的是运河文化滋养。明清两代扬州、苏州、北京戏曲中心地位突出，促成了昆曲和京剧的生长和成熟。作者进而得出结论，“一条全长三千六百华里、纵贯古中国经济腾飞的东部地区的大运河，对中国戏曲的发展起着举足轻重的作用”。[③] 苗菁《唐宋诗词与大运河》[《聊城大学学报》（社会科学版）2014 年第5 期］指出，隋代运河开凿与唐宋漕运对唐宋诗词创作影响，主要体现在三个方面：其一，出现了不少反思运河开凿和运行功过的作品；其二，出现了较多的描写运河行船感受与心绪的作品；其三，对诗词体式与表达产生过一定影响。文中所引诗词有运河文化认识价值。

## 三　漕运史研究

新时期漕运史研究，通史开创之功应归李治亭《中国漕运史》，作为大陆学者主编的《中国文化史丛书》的一册，1986 年由台北文津出版社出版。作者在当时大陆尚无一部漕运史问世，专论漕运的文章亦属罕见的情况下，筚路蓝缕，破天荒地用大量史料勾勒出“漕运始兴于秦汉。其

---

① 王健：《古代大运河入海通道考述》，《江海学刊》2006 年第6 期，第159 页。

② 许檀：《明清时期运河的商品流通》，《历史档案》1992 年第1 期，第80 页。

③ 王沂：《中国戏曲与运河文化》，《艺术百家》1995 年第2 期，第25 页。

后，历代相沿，盛于唐宋，发展于元明，再极盛于清。盛极而衰”[①] 的华夏漕运史。全书共八章，第一章论先秦漕运之起，第二章论秦汉漕运开创，第三章论魏晋南北朝漕运发展，第四章论隋唐漕运空前发展，第五章论两宋漕运繁荣，第六章论元明漕运新发展，第七章论清代漕运盛衰，第八章论清末漕运终结。书稿结构完整而论述公允，表现出相当深厚的学术功力。吴琦《漕运与中国社会》由华中师范大学出版社在 1999 年出版。该书基于从纷繁历史现象中提炼社会意义的思路，“从总体上把握漕运的特性及其社会功能，从社会史的角度研究漕运与封建社会各个领域的关系，力求探索漕运的理论界定，漕运与封建经济的发展，漕运与封建政治，漕运与社会制衡，漕运与人文以及漕运与封建社会的长期延续等一系列问题，发掘漕运与中国社会的内在联系，并通过对漕运的社会意义的研究，进一步揭示中国封建社会的特性与机制”。[②] 作者根据上述写作目的，把全书以“漕运与……”为标题分为八章，论述较为全面而松于彼此关联，前后不够协调的缺陷也比较明显。

关于漕运断代史研究，潘镛《隋唐时期的运河与漕运》由三秦出版社在 1987 年出版，问世较早。作者 1984 年暑假参加唐宋运河考察队活动，“对考察所得资料，加以研究考证，写成《隋唐时期的运河和漕运》这本书”[③]。全书由隋唐以前河运的历史回顾、隋代南北大运河的形成及其漕运、唐代的运河与漕运、运河线上的明珠、结语五章和 17 幅插图构成。运河与漕运合说，于隋唐两代漕运史创建不为无功。

1995 年，明清漕运史研究诞生了两部重要专著。彭云鹤《明清漕运史》由首都师范大学出版社出版，作者于“春秋中期便已有了漕运，并一直发展沿用到清朝光绪二十七年（1901）漕粮全部改折时为止，足足存在了 2548 年之久”[④] 的历史长河中，截取明清两代漕运加以研究。全书由两编十三章构成。首编三章分论隋唐以前的漕运、隋唐宋三代漕运和元朝的漕运。次编十章论明清两代漕运，内容涉及两朝漕运繁荣的原因和条件、运道修治和管理、漕粮征解和漕运制度、漕运社会效益、漕运害民和漕弊整顿、漕运兴衰对王朝的影响。作者写此书经过数十年积累，故而每章之下节目很细，学养可谓深厚。李文治、江太新《清代漕运》由中华书局出版，全书十四章，首章追述宋元明三代漕运；第二至四章论清代江南农业

---

① 李治亭：《序言》，《中国漕运史》（中国文化史丛书），文津出版社 1986 年版，第 1 页。

② 吴琦：《前言》，《漕运与中国社会》，华中师范大学出版社 1999 年版，第 4 页。

③ 潘镛：《前言》，《隋唐时期的运河与漕运》，三秦出版社 1987 年版，第 1 页。

④ 彭云鹤：《前言》，《明清漕运史》，首都师范大学出版社 1995 年版，第 1—2 页。

发展、漕运社会功能和漕粮赋税制度，为漕运提供社会背景；第五至八章分别论述清代前期漕粮征兑和上仓、官制和船制、运丁和屯丁、漕运水道；第九至十二章分别论述清中叶以后漕运腐败、农村凋敝冲击漕运、道光漕运改制；第十三章论清末漕运的停止；第十四章论漕运与商品经济。其中对清代漕粮与田赋关系、江浙漕重与封建制依存关系探讨尤精。

此外，还有蔡泰彬《明代漕河之整治与管理》资料性强，美籍华人黄仁宇《明代的漕运》研究角度新，也各有其独特之处。

漕运研究的学术论文，20世纪80年代不过偶一见之。其中潘镛《中晚唐漕运史略》重点不在论述唐代整治运道的努力，如四疏汴渠、五浚山阳渎、三治江南运河以及二凿丹灞水道、三治褒斜水道、两疏嘉陵江故道，而主要论述的是“唐人利用这些水道在中晚唐时期的漕运状况及其对唐王朝经济政治的积极作用”[①]。其中论述刘晏对漕运八项改革，尤其是他改漕运直达为分段转般五大好处，宪宗对漕运四大改善措施，都深有条分缕析功力，以史料丰富、分析精辟见长。

至20世纪90年代，漕运研究有风起云涌之势。吴琦先后在《中国农史》《华中师范大学学报》发表漕运与社会研究论文8篇，构成其学术专著《漕运与中国社会》的基本架构。同时代其他学者，多研究某一朝代的漕运问题，而以研究宋代漕运的成果居多，仅以有代表性者论之。陈峰《略论北宋的漕粮》论述北宋运河漕运量居高不下原因及其对北宋社会的影响，指出：“漕运自秦汉兴起后，历千余年演进，至北宋达到极盛之时，运河网密布，管理制度及机构发达，而每年调运到都城的漕粮量更达到了罕见的水平，不仅远过于前代，也为后世诸朝所不及。”[②] 立论中肯。袁一堂《南宋的供漕体制与总领所制度》用表格形式展现南宋四大总领所的置司、编制、供军、钱粮、和籴和附属机构设施，展示北宋供漕体制和南宋的发展变化，有令人耳目一新之感；所得结论“南宋的总领所是在特殊的背景条件下形成的以供军为主要目的、兼有多方面职能的综合性财赋管理机构。从职能范围上说，它包含了户部、太府寺、司农寺、军器监、转运司等许多政府机构和路级监司的职能内容。除此之外，总领所还拥有一项重要的非理财性职能，那就是代皇帝‘监察军政’”,[③] 有其根据。

---

① 潘镛：《中晚唐漕运史略》，《云南师范大学学报》1986年第1期，第16页。

② 陈峰：《略论北宋的漕粮》，《贵州社会科学》1997年第2期，第95页。

③ 袁一堂：《南宋的供漕体制与总领所制度》，《中州学刊》1995年第4期，第135页。

研究明清两朝漕运的也不少，也以有代表性者论之。鲍彦邦《明代漕粮折征的数额、用途及影响》（《暨南学报》1994年第1期）全文分三部分考证明代漕粮折征情况：其一指出明代漕粮折征始于成化而盛于正德、嘉靖，并以表格列出嘉靖年间七大有漕省份漕折10万石以至50万石的次数，考证有据，数字准确；其二漕折银用途，于解部送仓、解部济边、修造漕船、协济河工和赈济灾伤五大去处皆以数字和事实说明各自规模和效益；其三漕粮改折的影响，作者特别强调京边仓储匮乏，由此影响到国家根本重地的稳定，导致北方边卫粮饷供应紧张，加剧社会矛盾。研究问题透彻，史实分析精辟。张照东《清代漕运与南北物资交流》鉴于“清代漕运在沟通南北物资交流方面的作用，却很少被人们所论及”①，大力研究清代运河非漕粮物流水运。为加大学术信息密度，作者多处以表格形式展示史实。运河上南北物流数量，分顺治二年至雍正六年、雍正七年至乾隆元年、乾隆二年至嘉庆三年、嘉庆四年至道光三年四个时期，分别列出各自漕船数量、重运附载、回空运输等物流规模及其资料来源和测算根据；道光以后清人漕粮渐行海运，又用表格列出道光六年至咸丰十年海运附载货物数量和资料来源。在此基础上得出结论：清代漕粮河运、海运衍生的南北物流兴衰，“对于运河沿线的南北物资交流，以及中央和各地区之间的经济联系，有着十分密切的关联，其客观上的经济影响是不可低估的”②。问题关注很有价值。

进入21世纪，漕运研究有三个趋势：

一是在先隋漕运研究上出成果。隋朝以前史料保存稀少，做出一个研究成果实属不易。然而王万盈《北朝仓廪系统探研》，张晓东《秦汉漕运的军事功能研究——以秦汉时期的漕仓为中心》《隋朝的漕运系统与政治经济地理格局》，徐海亮《隋唐大运河、洛汭与洛口仓研究中需解读的几个问题》皆有学术独到发现。马晓峰《魏晋南北朝时期的漕运与管理》用表格列出魏晋南北朝时期整修或所开凿漕渠的主持者、开挖时间和资料来源，归纳这些漕渠的主要功用为用于军队与辎重的输送、农业区的租赋运输和商业运输三种。其认为魏晋南北朝运河开挖和漕运管理机制，是皇帝和权臣共同决策，地方郡守和军事将领实施。管理机构形成以度支尚书为中心的中央管理机构，以专门职官与地方郡守组成的地方管理机构，大司农为代表的关涉机构居间协调，指出“由于该时期军事斗争的频繁，使得

---

① 张照东：《清代漕运与南北物资交流》，《清史研究》1992年第3期，第67页。

② 张照东：《清代漕运与南北物资交流》，《清史研究》1992年第3期，第72页。

军事将领对漕运从决策到执行到管理各个环节都产生了巨大影响”[①]。见解相当深刻。

二是突破漕运研究的局部关键问题。关键问题突破需要有很强的史料收集和开掘功力，孙彩红《“用斗钱运斗米”辨——关于唐代漕运江南租米的费用》、何汝泉《唐代河南漕路续论》、王尊旺《明代遮洋总的沿革与运输路线》、李巨澜《略论明清时期的卫所漕运》、张小也《健讼之人与地方公共事务——以清代漕讼为中心》皆能因难见巧、有所突破。尤以何汝泉研究唐代转运使演进为坚忍执着，作者继 1987 年出版《唐代转运使初探》之后，发现书中对运使和转运使所做区分有不当之处，2003 年在《西南师范大学学报》上发表《唐代地方运使述略》一文，指出唐代地方运使有三种类型：其一是陕州和河南运使，是保证漕达于京师而足国用的相对固定的地方运使；其二是河西、朔方、代北、范阳和平卢淄青运使，职在保障边境方镇的物资供应，多由节度使本人充任；其三是鄂州运使、淮颍水运使，介于一、二两类之间。其对问题的探讨也很精详。

三是结合着社会经济研究漕运。研究城镇兴起与漕运关系的，有王瑞成《运河和中国古代城市的发展》，李俊丽《明清漕运对运河沿岸城市的影响》；研究漕运对沿线经济的带动的，有王兴文《北宋漕运与商品经济的发展》，叶美兰、张可辉《清代漕运兴废与江苏运河城镇经济的发展》。较之黄河史、运河史研究，有后来居上之势。尤以王兴文《北宋漕运与商品经济的发展》论述北宋漕运对沿运商品经济和市镇繁荣的带动，“随着漕运业的大发展，商人们开始长途贩运粮食和茶叶，而来自各方的其他物资也得到了广泛流通。这不仅加强了南北之间的经济联系，扩大了商品流通范围，而且促成了一批商业城市的发展和市镇的复苏，从而刺激了商品经济的发展”,[②] 既有客观分析，又有典型案例。“北宋时期，南方各地运往开封的物品，先集中在真、扬、楚、泗四州，再转运北方。由于真州是距长江最近的港埠，其繁盛又在扬、楚、泗三地之上”[③]，从而成为王朝发运使的治所，取代了扬州在唐代的地位，很有说服力。

---

① 马晓峰：《魏晋南北朝时期的漕运与管理》，《西北师范大学学报》2003 年第 5 期，第 59 页。

② 王兴文：《北宋漕运与商品经济的发展》，《学术交流》2004 年第 7 期，第 138 页。

③ 王兴文：《北宋漕运与商品经济的发展》，《学术交流》2004 年第 7 期，第 141 页。

# 第二章　先秦黄河与先秦水运

## 第一节　夏代贡运和商末漕运

夏代始有信史，治水通运始于大禹治水。司马迁《史记·河渠书》对大禹治水概述道：

> 夏书曰：禹抑洪水十三年，过家不入门。陆行载车，水行载舟，泥行蹈毳，山行即桥。以别九州，随山浚川，任土作贡。通九道，陂九泽，度九山。然河灾衍溢，害中国也尤甚。唯是为务。故道河自积石历龙门，南到华阴，东下砥柱，及孟津、雒汭，至于大邳。于是禹以为河所从来者高，水湍悍，难以行平地，数为败，乃厮二渠以引其河。北载之高地，过降水，至于大陆，播为九河，同为逆河，入于勃海。九川既疏，九泽既洒，诸夏艾安，功施于三代。①

《尚书·夏书》共两篇，其中《甘誓》内容不涉及黄河和治河，故而司马迁所谓《夏书》实即《夏书》的另一篇《禹贡》。但又和今本《禹贡》有出入，其中“禹抑洪水十三年，过家不入门。陆行载车，水行载舟，泥行蹈毳，山行即桥”，在今本《禹贡》中无原句甚至无此意，但班固《汉书·沟洫志》引用时有相近文句；“以别九州”以下内容在今本《禹贡》中有此意但非原文，疑司马迁、班固时代另有其他版本《尚书》或《禹贡》者在。

20世纪30年代和70年代，有学者两次提出《禹贡》篇成书在战国时代，后来不少学者赞同“战国说”，但并不质疑其“我国最早的地理名

---

① 《史记》卷29，中华书局2000年版，第1195页。

著”的地位，或不至于以此否定其内容的信史性，或多或少暗含那样成熟地理名著不可能产生在夏朝的意思。这种情况很像清末民初有人怀疑中国是否有五千年信史，必待1935年司母戊大鼎出土始释其疑一样。2012年，上海学者金宇飞发表《〈禹贡〉成书年代新论》，对《禹贡》成书战国说的论据提出反质疑，指出把《禹贡》放在“夏商时期甚至是龙山时代”，“九州的排序和贡赋的分析”才合情入理，从而认定《禹贡》“恰是舜禹时期的真实反映”[①]。本书十分赞同这一观点，故而把《禹贡》及《史记》相关转述当作信史来解读。

按《河防一览》的全河图，积石在甘肃境内。按《史记·河渠书》张守节正义，龙门在同州韩城县（今属陕西）北50里，大禹凿河广80步，黄河至此稍宽。华阴，地属陕西，在陕、晋、豫交界黄河急转弯处。砥柱，即三门山。孟津，在洛州河阳县南门外，地属今河南洛阳。雒汭，在河南省巩县洛水入黄河处。大邳，地在古黎阳（今河南浚县）境内。按张守节《史记正义》，禹河下游所过大陆为泽名，在邢州、赵州界，又名广河泽、巨鹿泽。其下九河归一流入渤海。可见大禹治水历时13年，足迹遍布大江南北、黄河上下，四海之内几乎所有江河都被他治理过，而以治河用功为大。大禹治理过的河道，上游起积石、龙门至华阴；中游经砥柱、孟津、雒汭至大伾；过降水、大陆入海。

大禹治水，功效延续于三代。至少周定王五年改道之前，黄河一直是安澜的；尽管东周至汉初农耕区扩张日益加剧，但汉初才有黄河之名，文帝年间黄河才开始大决泛滥。大禹治水之后，沿着山体的走势砍削树木作为标记，以高山与大河来确定九州的疆界，规划各州向夏都贡运土产的水运路线。

其一，冀州。“既载壶口，治梁及岐。既修太原，至于岳阳。覃怀底绩，至于衡漳。厥土惟白壤。厥赋惟上上，错。厥田惟中中。恒、卫既从，大陆既作。岛夷皮服，夹右碣石入于河。”[②] 当时冀州的范围，西起壶口，南至覃怀、漳水，东抵大陆、岛夷。壶口在河东屈县东南，岳阳即太岳的南坡，覃怀即河内怀县，衡漳即横流入河的漳水，大陆在巨鹿县北。冀州四境略等于今山西、河北加河南北部。夏朝都城在今晋、豫之间的黄河北岸，冀州相当于夏朝的京兆府。其进贡路线沿恒、卫、漳之水入黄

① 金宇飞：《〈禹贡〉成书年代新论》，《重庆文理学院学报》2012年第6期，第25页。

② （汉）孔安国：《尚书注疏》，《四库全书》，经部，第54册，上海古籍出版社1987年版，第114—117页。

河，岛夷则在接近碣石的地方入黄河。

其二，兖州。“济、河惟兖州：九河既道，雷夏既泽，灉、沮会同，桑土既蚕，是降丘宅土。厥土黑坟，厥草惟繇，厥木惟条，厥田惟中下，厥赋贞，作十有三载乃同。厥贡漆丝，其篚织文。浮于济、漯，达于河。”① 当时的兖州北界大河，东南跨济水，是洪水泛滥的重灾区。大禹治水分河为徒骇、太史、马颊、覆釜、胡苏、简、洁、钩槃、鬲津共九道；灉、沮二水合流入雷夏泽。治水成功后，人们下山就原，耕作 13 年后与他州物产同样丰富。兖州贡品是漆和丝，船运由济水、漯水进入黄河。

其三，青州。“海、岱惟青州：嵎夷既略，潍、淄其道。厥土白坟，海滨广斥。厥田惟上下，厥赋中上。厥贡盐、絺，海物惟错。岱畎丝、枲，铅、松、怪石。莱夷作牧，厥篚檿丝。浮于汶，达于济。”② 当时青州在渤海与泰山之间。嵎夷即莱夷所居海隅，潍水北至都昌县入海，淄水东北至千乘入海。青州贡品是盐和葛布，各种海产和丝、麻、松、铅，竹筐陆运然后自汶水入济水。

其四，徐州。“海、岱及淮惟徐州：淮、沂其乂，蒙、羽其艺，大野既猪，东原底平。厥土赤埴坟，草木渐包。厥田惟上中，厥赋中中。厥贡惟土五色，羽畎夏翟，峄阳孤桐，泗滨浮磬，淮夷蠙珠暨鱼。厥篚玄纤缟。浮于淮、泗，达于河。”③ 当时徐州东至黄海、北至泰山、南至淮河，淮河、沂水经过治理，沂蒙之地可以耕种；大野泽收聚洪水，东平洪水得以平定。徐州贡品有五色土、桐树、磬石、珍珠、鱼、绢、绸，从淮河、泗水进入黄河。

其五，扬州（见图 2－1）。“淮、海惟扬州：彭蠡既猪，阳鸟攸居。三江既入，震泽底定。筱簜既敷，厥草惟夭，厥木惟乔。厥土惟涂泥，厥田惟下下，厥赋下上，上错。厥贡惟金三品，瑶、琨、筱、簜、齿、革、羽、毛，惟木。岛夷卉服。厥篚织贝，厥包橘柚锡贡。沿于江、海，达于淮、泗。”④ 当时扬州地在彭蠡以东，淮河以南，东海以西，震泽（太湖）以北。治水期间，彭蠡蓄水功能得到强化，三江入海顺畅，太湖洪水不再

---

① （汉）孔安国：《尚书注疏》，《四库全书》，经部，第 54 册，上海古籍出版社 1987 年版，第 117—119 页。

② （汉）孔安国：《尚书注疏》，《四库全书》，经部，第 54 册，上海古籍出版社 1987 年版，第 119—120 页。

③ （汉）孔安国：《尚书注疏》，《四库全书》，经部，第 54 册，上海古籍出版社 1987 年版，第 120—121 页。

④ （汉）孔安国：《尚书注疏》，《四库全书》，经部，第 54 册，上海古籍出版社 1987 年版，第 121—122 页。

泛滥。扬州物产丰富，贡品有金银铜、玉石、大小竹子、象牙、犀牛皮、鸟羽、牦尾和木材，沿长江入东海，再入淮河溯泗水，进入黄河。

其六，荆州（见图2－1）。“荆及衡阳惟荆州：江、汉朝宗于海，九江孔殷。沱、潜既道，云上梦作乂。厥土惟涂泥，厥田惟下中，厥赋上下。厥贡羽、毛、齿、革，惟金三品，杶榦栝柏，砺砥砮丹，惟箘簵、楛。三邦厎贡厥名。包匦菁茅，厥篚玄纁玑组，九江纳锡大龟。浮于江、沱、潜、汉，逾于洛，至于南河。”[①] 当时荆州在荆山以南、衡山南坡以北。治水后，长江、汉水东入大海，九江得其当行之道。水自江出为沱，自汉出为潜，长江和汉水得到疏导，云梦泽四周有了农业耕作。荆州贡品有羽毛、旄牛尾、象牙、犀牛皮、金银铜三金、椿柘桧柏四木、磨刀石、石镞、朱砂、箘竹、楛条、大龟，船载经长江、沱水、潜水、汉水，由陆路达洛水，由洛水入黄河。

其七，豫州。“荆、河惟豫州：伊、洛、瀍、涧既入于河，荥波既猪。导菏泽，被孟猪。厥土惟壤，下土坟垆。厥田惟中上，厥赋错上中。厥贡漆、枲、絺、纻，厥篚纤、纩，锡贡磬错。浮于洛，达于河。”[②] 当时豫州南抵荆山、北接黄河，境内河流伊、瀍、涧三河入洛，洛入河。济水上源称沇水。治水期间沇水入河溢为荥泽，疏导了济阴的菏泽，睢阳附近的孟渚，三湖的蓄水功能得到强化。豫州贡品有漆、麻、细葛布、麻布、绸、细棉絮，由洛水入黄河。

其八，梁州（见图2－1）。“华阳、黑水惟梁州：岷、嶓既艺，沱、潜既道。蔡、蒙旅平，和夷厎绩。厥土青黎，厥田惟下上，厥赋下中、三错。厥贡璆、铁、银、镂、砮、磬，熊、罴、狐、狸织皮。西倾因桓是来，浮于潜，逾于沔，入于渭，乱于河。”[③] 梁州地在华山和墨水之间，境内沱水、潜江发源于岷山、嶓冢二山，而至荆州入江。治水期间蔡、蒙二山水患平定，西南夷人安居乐业。梁州贡品有美玉、铁、银、镂器、石镞、石磬、熊罴、狐狸、山猫、毛织品，装船沿潜水入沔水，经陆路转运渭水入黄河。

其九，雍州。“黑水、西河惟雍州：弱水既西，泾属渭汭，漆沮既从，

---

① （汉）孔安国：《尚书注疏》，《四库全书》，经部，第54册，上海古籍出版社1987年版，第122—125页。

② （汉）孔安国：《尚书注疏》，《四库全书》，经部，第54册，上海古籍出版社1987年版，第125页。

③ （汉）孔安国：《尚书注疏》，《四库全书》，经部，第54册，上海古籍出版社1987年版，第125—126页。

沣水攸同。荆、岐既旅，终南惇物，至于鸟鼠。原隰厎绩，至于猪野。三危既宅，三苗丕叙。厥土惟黄壤，厥田惟上上，厥赋中下。厥贡惟球琳琅玕。浮于积石，至于龙门、西河，会于渭汭。”① 当时雍州西起黑水、东至西河，治水期间境内河流都得到治理，弱水向西流，泾水、漆水、沮水、沣水都入渭进而入河；重要山脉荆、岐、终南都有路相通；高原湿地和猪野泽也得到治理。这一带贡品美玉、宝石，从积石下黄河至龙门，与渭水来船会合后沿河东下。

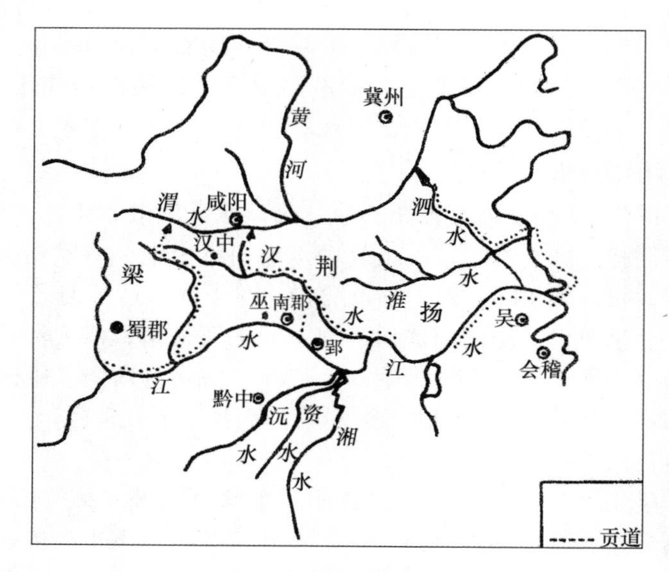


图 2－1　夏代荆扬梁三州贡运示意图

图 2－1 反映夏代荆扬梁三州贡运水道。夏代梁州相当于今陕南、四川之地，夏都先在今晋南后在今豫西黄河岸边。梁地贡物由长江逆嘉陵江北上，然后陆运过秦岭西端再进入黄渭水道。夏代荆州相当于今湖南湖北，其贡物由长江水系集中，再溯汉水北上，陆运过秦岭东端入黄渭水道。夏代扬州在今长江下游，贡物沿江东出江口，然后由海道北上再入淮河口西进，由泗水北上进入黄河。虚线上端小箭头表示经过陆运入黄河。

夏代所行是贡运，而不是漕运。因为虽然以土产定所运，但所运物品中没有粮食。其一，夏都所在汾河下游是天下粮食高产区，不需要其他地

① （汉）孔安国：《尚书注疏》，《四库全书》，经部，第 54 册，上海古籍出版社 1987 年版，第 126—128 页。

区粮食支援。有学者分析《禹贡》对天下土壤的划分道："以壤、坟、涂泥三种类型为主，基本上涵盖了我国湿润地区、半干旱地区、干旱地区三种主要气候区域类型的土壤。如雍州包含了黄土高原大部，其土黄壤，质地疏松而肥沃。冀州多为山前冲积平原，黄河多次在此改道泛滥，湖沼斥卤之地较多，盐碱含量大，地呈白色，为白壤。兖、豫、徐州多处黄河中下游冲积地带，淤积层厚，富含腐殖质，肥沃而松软，壤称坟。荆、扬等南方地处水乡，土壤水分含量大，以泥称之。"[①] 可知被列入"壤"的唯有雍、冀二州，冀州虽然被称白壤，明显不如雍州黄壤，但汾河下游邻近雍州，应该是黄、白壤过渡地带，土地肥沃而无盐碱之害。其二，夏代水运都是利用自然江河，穿插近距离陆运，没有运河开凿，与后世所言漕运有明显区别。

中国古代真正意义的漕运萌芽，应该确定出现在商末。殷商统治中心东移，岑仲勉《黄河变迁史》论商之迁都，"比较显著的为商丘、亳、相和北蒙"[②]，并将之分为邻近安阳和邻近归德两个中心，较夏都确实东移数百里，但都离黄河不远。其贡运不会完全沿袭夏人衣钵，肯定有自己的特色。如积极开拓海外，《诗经·商颂·长发》称："相土烈烈，海外有截。"相土是早期商王，比较重视海路开拓。又如逐渐从四方运粮到都城，《史记·殷本纪》：纣"厚赋税以实鹿台之钱，而盈钜桥之粟"[③]。《史记·周本纪》：灭商后武王"命南宫括散鹿台之财，发钜桥之粟，以振贫弱萌隶"[④]。都说明纣钱粮积聚规模之大。钱粮积聚过程就是运输，运输依赖舟河就是原始漕运。前人解巨桥为有巨鹿水之桥，纣立仓于桥旁，粮食从巨鹿水运来。巨鹿水就是运道，可视为漕运滥觞。

## 第二节　商周水运和航海活动

商朝疆域辽阔，"天命玄鸟，降而生商，宅殷土芒芒。古帝命武汤，正域彼四方。方命厥后，奄有九有。受命不殆，在武丁孙子。武丁孙子，武王靡不胜。龙旂十乘，大糦是承。邦畿千里，维民所止。肇域彼四海，

---

① 黄富成：《先秦时代黄河流域洪灾与农田环境治理》，《华北水利水电学院学报》2010 年第 2 期，第 85 页。

② 岑仲勉：《黄河变迁史》，人民出版社 1957 年版，第 119 页。

③ 《史记》卷 3，中华书局 2000 年版，第 76 页。

④ 《史记》卷 4，中华书局 2000 年版，第 92 页。

四海来假。来假祁祁，景员维河。殷受命咸宜，百禄是何。”[1] 商取代夏为天下大宗，东到渤海、黄海及东海北部，西到今陕西，西南达到今日之四川，南及湖北、湖南江西，北到今内蒙古，东北到辽东，皆商及其属国势力范围。

商重视商业，长于水运，后期尤其如此。盘庚最后迁都于洹水南岸的北蒙（今安阳殷墟所在小屯）后称殷。坐落在洹水南岸的殷墟，是中国历史上有确切指定位置的较早都城。当年殷都的宫殿区沿洹河而建，这里地势高，近水源。截至1982年，考古发现宫殿遗址56座，分布在南北长约280米、东西宽约150米的范围内。村西约200米处有一条晚商的壕沟，宽7—12米、深5—10米，与紧邻的洹水弯曲部分构成一个环形的防御设施。它既是保卫殷都宫殿区的“护城河”，又是当时殷都对外通航的水道，黄河来船可以通过洹河至此停泊。这一水利条件是当时建都殷墟的重要因素。至殷商末年，这里已是宫城建筑林立，商业繁荣发达。“《六韬》曰：武王伐殷，得二丈夫而问之曰，殷国将亡，亦有妖灾乎？其一人对曰，殷君善治室，大者百里，中有九市。”[2] 说纣王所建宫城墙围百里，今人一听肯定以为有夸张，但实为实录。《尚史》卷4引《帝王世纪》曰：“自盘庚徙殷至纣，更不徙都。纣时稍大其邑，南距朝歌，北据邯郸及沙邱，皆为离宫别馆。”[3] 殷末所建宫城有九市，足见其重视商业。今人考证：甲骨卜辞有“易贝”“取贝”“囚贝”的记载，铜器铭文中还有“赏贝”的记事。甲骨文、金文中“买”“贮”“宝”等字都从贝字立意，说明贝在当时普遍充当商品交换的一般等价物，商代具备商业运营条件。

从甲骨文和金文的研究结果来看，商代的水运是非常发达的，当时水上交通已普遍使用木板船，甲骨文有“舟”字30多个，字形很像数块木板拼成的船；驱动力来源于帆和桨，甲骨文有近30个“凡”字，字形像受风之状；甲骨文有“方”字近300个，方即方舟，并两舟为一，水上行进更稳；甲骨文的“般”字，字形像一人持桨转动船只，相当于后代的舵。船只制造技术的进步，使商王武丁在征伐方国部落中如鱼得水，“挞彼殷武，奋伐荆楚。罙入其阻，裒荆之旅”。[4] 荆蛮水网沼泽地带，没有舟

① 葛培岭注译：《诗经》，中州古籍出版社2005年版，第306页。

② （宋）李昉：《太平御览》，《四库全书》，子部，第900册，上海古籍出版社1987年版，第368页。

③ （清）李锴：《尚史》，《四库全书》，史部，第404册，上海古籍出版社1987年版，第64页。

④ 葛培岭注译：《诗经》，中州古籍出版社2005年版，第307页。

船、水师之助深入其国是不可想象的。

当代有学者认定殷商已经具备航海能力。赵全鹏根据“现代考古人员在河南安阳殷墟妇好墓出土的器物中发现有海螺、鲸骨、海贝等海洋物品”，断定殷商“中原地区对包括南海在内的海洋物产消费已经形成习尚”[①]。这一结论告诉今人，不仅东南沿海有水运能力向殷都运海产品，而且沿海居民为获取这些海产品出海有船只，驾船有能力。房仲甫、李二和甚至根据“郑州和殷墟出土了海产的鲟鱼、鲻鱼、鲸鱼、海蚌、海贝等遗骨和遗物”，断定“当时其航海能力之强。捕鲸是在远海进行的，如无大船和相应的驾驶技术，是难以成功的”[②]。殷商海运，于典籍也不为无稽。姜尚《六韬》载：“文王囚于羑里，散宜生得大贝，如车渠，献纣。”[③] 宋人沈括解说：“海物有车渠，蛤属也。大者如箕，背有渠垄如蚶榖，故以为器，致如白玉，生南海。”[④] 南海之物，簸箕大小，商末由南海辗转万里运到周地，有水运支持散宜生才能取南海之珍品献纣，换得文王生还。

商周兴亡之际，不愿称臣于周的殷商遗民，正是凭借其世代积累的海洋知识和航海技能，进行艰难的海外大迁徙而到达北美，成为印第安人的。现代海洋学认定，北太平洋存在副热带环流又称黑潮及同向季风。它们可以将人船毫不费力地从亚洲东海岸送到北美西海岸。殷遗民利用已有木板船、帆、舵，乘着顺向海流和季风一路漂流到了北美。目前，国际史学界有人研究哥伦布发现美洲之前古人“横跨太平洋之谜”，其关注点之一即中国商朝和墨西哥奥尔麦克、秘鲁查比因文明祭祀仪式和祭品相似，认为“向东方航海的亚洲人民，可能对新大陆的文化作出若干贡献”[⑤]。其也包括殷商遗民的黑潮迁徙。

周人有倚重水运传统。《大雅·大明》写文王迎娶大姒，在渭河上联舟为浮桥：“大邦有子，伣天之妹。文定厥祥，亲迎于渭。造舟为梁，不显其光。”[⑥] 武王伐纣时，周已积聚相当规模的水运力量，“师行，师尚父左杖黄钺，右把白旄以誓，曰：‘苍兕苍兕，总尔众庶，与尔舟楫，后至

① 赵全鹏：《先秦时期南海海洋物产向中原的流通》，《南海学刊》2015 年第 2 期，第85 页。

② 房仲甫、李二和：《中国水运史》，新华出版社 2003 年版，第 35 页。

③ （清）朱鹤龄：《尚书埤传》，《四库全书》，经部，第 66 册，上海古籍出版社 1987 年版，第 941 页。

④ （宋）沈括：《梦溪笔谈》，《四库全书》，子部，第 862 册，上海古籍出版社 1987 年版，第 832 页。

⑤ 〔美〕雷纳德：《古代美洲》，高瑞武译，纽约时代公司 1979 年版，第 83 页。

⑥ 葛培岭注译：《诗经》，中州古籍出版社 2005 年版，第 222—223 页。

者斩！’遂至盟津。”[①] 伐纣大军及其后勤保障依赖舟楫渡河。

西周开国后，在中央专门设置管理舟船的官吏——苍兕、舟牧，以加强对造船业的领导。同时规定“天子造舟，诸侯维舟，大夫方舟，士特舟。……造舟为梁，文王所制，而周世遂以为天子之礼也”。《尔雅》注释曰：“造舟，比船为桥；维舟，维连四船；方舟，并两船；特舟，单船。”[②] 把统治阶级用船规格按等级差别列出，其中造舟略等于连船为浮桥，只有周王才能使用；诸侯过河，只能维系四船而渡；大夫过河可并两船为舫而行；士渡河则单舟。注重水行前检查船只，“命舟牧覆舟，五覆五反，乃告舟备具于天子焉。天子始乘舟，荐鲔于寝庙，乃为麦祈实”。[③] 可见周天子水上出行的慎重其事。

古文字研究成果表明，甲骨文中只有“舟”字，“船”字始见于西周钟鼎文。“古代的舟和船是具有不同的含义的，舟是用于江河两岸的摆渡工具，而船则是沿岸上下的航行工具。”[④] 可能殷船多用于两岸摆渡，周船多用于远行。

西周都关中，其势力扩张以黄河为主轴，以其他江河为辐条，向东、向南和向东北呈扇面推进。在黄河尾闾封建燕国，循济水封建齐国和鲁国，沿颍水、汝水封建陈国、蔡国和许国，沿汉水封建楚国和汉上诸姬，沿汾水封建晋国。

其后对分裂势力用兵注重发挥水运优势，周公平定三监之叛依托黄河进兵，召公平定淮夷作乱、周昭王征荆楚则靠汉水运兵制胜，“江汉浮浮，武夫滔滔。匪安匪游，淮夷来求”。[⑤] 舟船由汉中取汉水入长江，败东夷服南蛮。

关中是当时农业高产区，周人不事挥霍，无须运关东之粟，故无漕运。进入东周，秦晋之间著名的“泛舟之役”，开周代侯国间漕运先声。鲁僖公十三年：“秦输晋，自渭、雍逆流至汾、绛。”秦船从都城雍行渭水入黄河是顺水行船，过黄河入汾水是逆水。事情起因是晋国发生饥荒，向秦国提出救济请求，“秦于是乎输粟于晋，自雍及绛，相继。雍，秦国都；

① 《史记》卷32，中华书局2000年版，第1244页。

② （元）刘瑾：《诗传通释》，《四库全书》，经部，第76册，上海古籍出版社1987年版，第634页。

③ （宋）张虑：《月令解》，《四库全书》，经部，第116册，上海古籍出版社1987年版，第553页。

④ 杨钊：《先秦时期舟船暨水战》，《人文杂志》1998年第6期，第98页。

⑤ 葛培岭注译：《诗经》，中州古籍出版社2005年版，第268页。

绛，晋国都。命之曰汎舟之役”。[1] 秦国都城雍临渭水，晋国都城绛临汾水。渭水经雍东流，至弘农华阴县入河；汾水经绛西流，至汾阴县入河。这是利用自然河流的漕运。

西周维持着基本的航海活动，“《周书》曰：周成王时，于越献舟”。[2] 周成王时江淮间不通航，越人要驾船至东都，只能绕道东海，入济或入河逆河而上，说明当时河、海通航。东汉王充有言：“周时天下太平，越裳献白雉，倭人贡鬯草。”[3] 可见越人海道贡献方物相当经常，至于倭人贡献方物，很可能是周人先行至倭，导引倭人来周，可见周代东洋航线初通。

## 第三节　春秋战国开河与水战

当利用自然河流水运不能满足争霸和统一天下需要的时候，东周列国人工开凿运河时代到来，中国古代治水通运在其时发生重大质变。《史记·河渠书》综述其间各国运河开凿努力和效果有言：“此渠皆可行舟，有余则用溉浸，百姓飨其利。至于所过，往往引其水益用溉田畴之渠，以万亿计，然莫足数也。”[4] 列国开河皆出于通运和灌溉，说得未免绝对。实际上大多数运河的开凿直接目的是服务于战争。

楚国于西周时，不过荆山脚下子爵小国。至东周逐渐强大起来，版图扩张尽有长江中游广袤土地，境内河流纵横，是开凿运河最着先鞭的诸侯。楚文王迁都于郢：“江陵西北有纪南城，楚文王自丹阳徙此，平王城之。”[5] 郢位于长江北岸，对汉水流域形成进取态势。楚庄王于鲁文公十四年（前613）即位后，任用孙叔敖为令尹，出于与晋争霸和北上会盟的需要，开凿了沟通江、汉的“荆汉运河”和连接江、淮的“巢肥运河”。

荆汉运河（见图2－2中“郢”与“潜江”之间那条横线）又称云梦通渠。开渠前从郢都到汉水边防重镇襄阳，需要先沿江东下，再由汉水西

---

① （宋）魏了翁：《春秋左传要义》，《四库全书》，经部，第153册，上海古籍出版社1987年版，第423—424页。

② 《御定渊监类函》，《四库全书》，史部，第992册，上海古籍出版社1987年版，第447页。

③ （汉）王充：《论衡》，《四库全书》，子部，第862册，上海古籍出版社1987年版，第103页。

④ 《史记》卷29，中华书局2000年版，第1196页。

⑤ （北魏）郦道元：《水经注》，《四库全书》，史部，第573册，上海古籍出版社1987年版，第440页。

行，绕道多达千里。楚庄王在位期间凿渠于郢都东南的漳水与扬水之间，形成沟通长江与汉水的运河600里，因南临云梦泽，被称为云梦通渠。《史记·河渠书》所说“于楚，西方则通渠汉水、云梦之野”①。云梦通渠西端近郢都，沿渠东行可在泽口进入汉水，水程仅约顺江行至汉口的五分之一。工程的关健是在郢都附近，拦蓄沮、漳二水为湖，迫使其水东北行，循扬水进入汉水，运河所经正在云梦泽北部边缘，沟通荆江与汉水。此后，郢都成为楚国水运中心。靠云梦通渠，楚灵王才建起章华台豪华宫殿，“左丘明曰：楚筑台于章华之上。……灵王立台之日，漕运所由也”。②章华台在离湖东岸，建筑材料皆由船运而来。

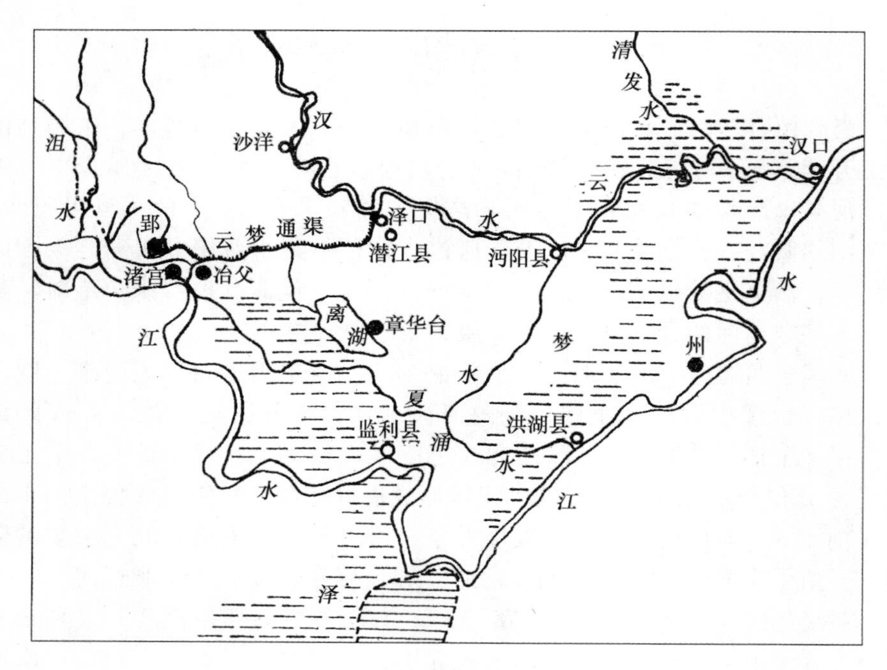


图2－2　荆汉运河示意图

巢肥运河（见图2－3）包括肥水、施水和濡须水三段，地在今安徽中部的淮南、江北，北自寿县中经合肥、巢湖抵江，开凿时间当稍晚于云梦通渠。寿县地居淮河中游，北有汝、颍、涡、肥诸水，可以联络梁、宋、

① 《史记》卷29，中华书局2000年版，第1196页。

② （北魏）郦道元：《水经注》，《四库全书》，史部，第573册，上海古籍出版社1987年版，第441页。

许、陈；合肥近有肥水和施水，将之沟通可以逾巢湖直达大江。工程要领是，在寿县境内遏泄水使之东入芍陂，再由芍陂引水入东肥水，开渠使东肥水接通施水，在江、淮之间形成运道。其原理近于秦人开灵渠，不过秦灵渠沟通的是湘江和漓水，巢肥运河沟通的是肥水和施水。巢肥运河开通后，起先成为楚国对付日渐强盛的吴国的军事进攻运兵水道，后来在灭越之战中也发挥了漕运之用。

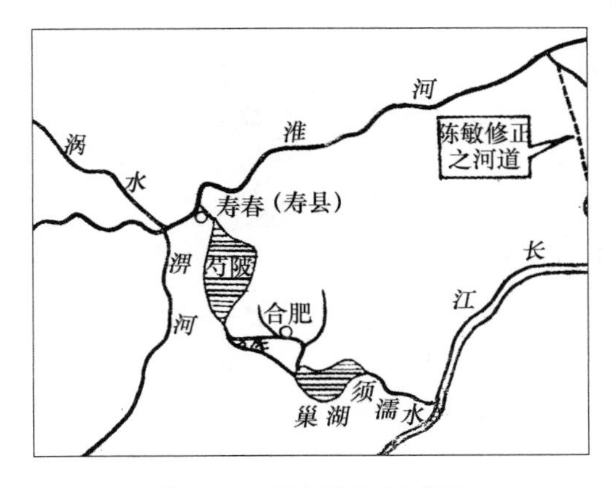


图 2－3　巢肥运河示意图

吴国开凿运河来势猛、持续时间长，先天条件优越且人的作为大，较楚国更为积极高效，对后代影响也远远大于楚国。公元前 514—前 477 年，阖闾、夫差父子在吴国当政近 40 年，先后重用一个叫吴子胥的楚国人，前后开凿运河数条，配合其西伐楚国、南败越国、北与齐晋争霸中原大业，把开河运兵发挥到极致，在当时天下诸侯中称雄一时。

吴国所开第一条运河胥溪（见图 2－4），又名堰渎，开凿的目的是伐楚。阖闾当政时，吴国为了替吴子胥报父仇，常常与楚国交战。吴水军攻楚，或由吴淞江出海，北上进入淮河口溯淮西进；或从笠泽出海，溯长江至濡须口穿过巢湖，进入淮南，均须出海，风险很大。阖闾九年（前 506），吴子胥于溧阳、高淳间，利用已有陵水自然河道开为运河，因名胥溪。“春秋时阖闾伐楚，用伍员计开渠运粮。今尚名胥溪。镇西有固城邑遗址，则吴所筑以拒楚者也。自是湖流相通，东南连两浙，西入大江。”[①] 吴船得以由太湖经胥溪至芜湖进入长江。“芜湖中江水古不入震泽，胥溪

① 《江南通志》，《四库全书》，史部，第 508 册，上海古籍出版社 1987 年版，第 738 页。

开而后通。”[1] 胥溪开成，吴人有了进攻楚国淮南的捷径。开成后，“吴王阖庐请伍子胥、孙武……悉兴师，与唐、蔡西伐楚，至于汉水。楚亦发兵拒吴，夹水陈。吴王阖庐弟夫概欲战，阖庐……遂以其部五千人袭冒楚，楚兵大败，走。于是吴王遂纵兵追之。比至郢，五战，楚五败。楚昭王亡出郢，奔郧”。[2] 可见吴人经胥溪入江进兵江北的便利。

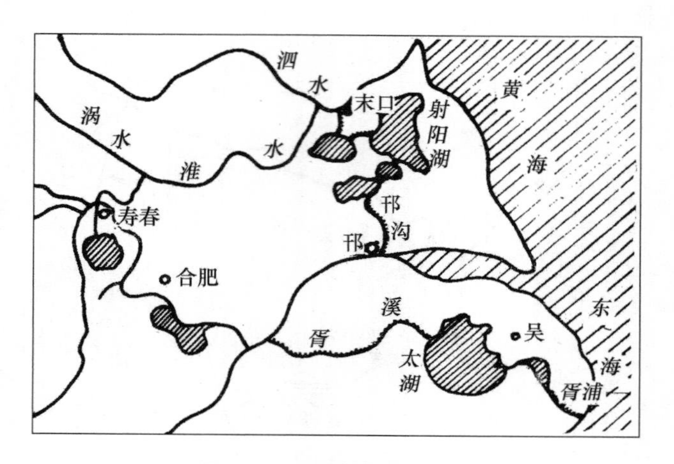


图 2－4　胥溪胥浦示意图

吴国所开第二条运河叫胥浦（见图 2－4）。太湖与钱塘江之间原无通道，先前吴越水军交战进兵由东海绕行。胥浦开凿目的是便于进攻越国、替父报仇。夫差元年（前 495），“吴行人伍员凿河自长泖接界泾而东，尽纳惠高、彭巷、处士、沥渎诸水，后人名曰胥浦”。[3] 地在今江、浙交界，在太湖泄水入海水道基础上疏浚而成。渠成后次年，吴王悉起精兵，由胥浦出海转进钱塘江水系攻击越国，在夫椒大败越军，迫使勾践俯首称臣。勾践臣服若干年后，吴人在都城以南取捷径开百尺渎，才沟通了太湖流域与钱塘江水系。百尺渎即后来苏州、杭州运河的前身。

胥溪指震泽（太湖）以西经宜兴、溧阳、东坝、高淳到芜湖水段，胥浦指震泽以东入海水段。

吴国所开第三条、第四条运河可以合称春秋江南运河（见示意图 2－5）。

---

① （清）胡渭：《禹贡锥指》，《四库全书》，经部，第 67 册，上海古籍出版社 1987 年版，第 400 页。

② 《史记》卷 31，中华书局 2000 年版，第 1235—1236 页。

③ 《江南通志》，《四库全书》，史部，第 508 册，上海古籍出版社 1987 年版，第 795 页。

时间在夫差大败勾践之后，地域在长江、钱塘江之间，渠身由南北两段构成。南段自吴都至钱塘江北岸的盐官镇称百尺浦，《咸淳临安志》卷36盐官县："百尺浦在县西四十里。《舆地志》云：越王起百尺楼于浦上望海，因以为名，今废。"[①] 大概这段运河是吴人所开，而为后来勾践灭吴提供了大便利。勾践十四、十八、二十一年三次伐吴，应该都借助于百尺浦。北段自吴都至长江北岸的广陵，《越绝书》卷2载："吴古故水道，出平门，上郭池，入渎，出巢湖，上历地，过梅亭，入杨湖，出渔浦，入大江，奏广陵。"[②] 当今学者王育考定：平门即吴国都城苏州的北门；郭池是吴城外廓的护城河；渎指下通长荡（在今苏州西十里）的射渎；巢湖当即漕湖，也就是苏州西北的蠡湖；历地即蠡地；梅亭即古梅里（今无锡市东南的梅村）；杨湖当指今常州、无锡之间的阳湖；渔浦即今江阴县西利港；广陵在今扬州市西北蜀岗上。今人考证：这条渠道（见图2－5）"当自今苏州西北行，穿过漕湖、阳湖，在常州以北、江阴以西的利港入于长江，以达扬州。……其开凿时间，当在周敬王三十四年（前486）吴王夫差为争霸中原，继续向北开凿邗沟之前"[③]，乃深入钻研加实地踏勘的深思熟虑之言。

图2－5中"吴"以南虚线为百尺渎，基本与今运河重合；"吴"以北实线为古江南河，在今运河以东。与两段虚实线并行的锯齿钱是明清运河。

吴国所开第五条运河是邗沟（见图2－6）。吴王夫差十年（前486）"秋，吴城邗沟，通江淮"。注："于邗江筑城穿沟，东北通射阳湖，西北至末口入淮，通粮道也。今广陵邗江是。"[④] 南起长江北岸，中间接入射阳湖，终点在末口入淮，沟通了长江和淮河。关于邗沟开凿动机、后世别名、起止所经，清人胡渭解析甚明："吴将伐齐，自广陵掘江通淮。亦曰渠水，《汉志》：江都县有渠水，首受江，北至射阳入湖是也。又名中渎水，《水经注》：中渎水首受江于江都县县城，临江。昔吴将伐齐，北霸中国，自广陵城东南筑邗城，城下掘深沟，谓之韩江；亦曰邗溟沟，自广陵

---

① （元）潜说友：《咸淳临安志》，《四库全书》，史部，第490册，上海古籍出版社1987年版，第398页。

② （东汉）《越绝书》，《四库全书》，史部，第463册，上海古籍出版社1987年版，第79页。

③ 王育：《先秦时期运河考略》，《上海师范大学学报》1984年第3期，第117页。

④ （晋）杜预：《春秋左传注疏》，《四库全书》，经部，第144册，上海古籍出版社1987年版，第620页。

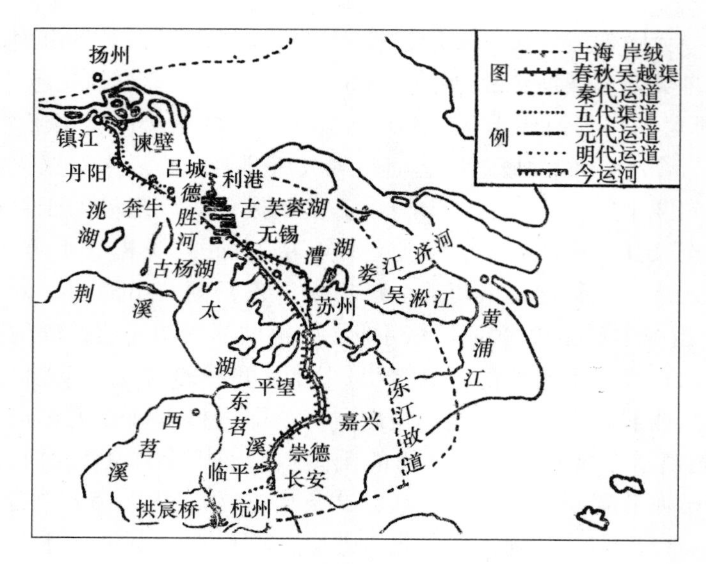


图 2－5　春秋江南运河示意图

出山阳白马湖，迳山阳城西又东，谓之山阳浦；又东入淮，谓之山阳口是也。山阳，本汉射阳县，属临淮郡。晋义熙中改曰山阳县。射阳湖在县东南八十里，县西有山阳渎，即古邗沟。其县北五里之北神堰，即古末口也。”① 同一条运河，《汉书・地理八》称之为渠水，《水经注》称之为中渎水、韩江、邗溟沟，胡渭本人又称它为山阳渎。

邗沟开成前，江、淮间水上交通，要出江口行经东海再入淮口，夫差七年，“闻齐景公死而大臣争宠，新君弱，乃兴师北伐齐。……败齐师于艾陵。……因留略地于齐鲁之南。九年，为驺伐鲁，至，与鲁盟乃去”。②其时，邗沟未开，吴师仍旧由江南河入长江，然后由长江出海北上黄海，至淮河口入淮西行，然后由淮水溯泗水至齐鲁间。夫差在位第十年开邗沟，“十一年，复北伐齐”。起因是“齐鲍氏弑齐悼公。吴王闻之，哭于军门外三日，乃从海上攻齐。齐人败吴，吴王乃引兵归”③。可见当年尚未完工，仍旧从海上往返。

邗沟开成后，先后成为吴越两国北上争霸的水上通道。夫差“十四

① （清）胡渭：《禹贡锥指》，《四库全书》，经部，第 67 册，上海古籍出版社 1987 年版，第 419—420 页。

② 《史记》卷 31，中华书局 2000 年版，第 1239 页。

③ 《史记》卷 31，中华书局 2000 年版，第 1240 页。

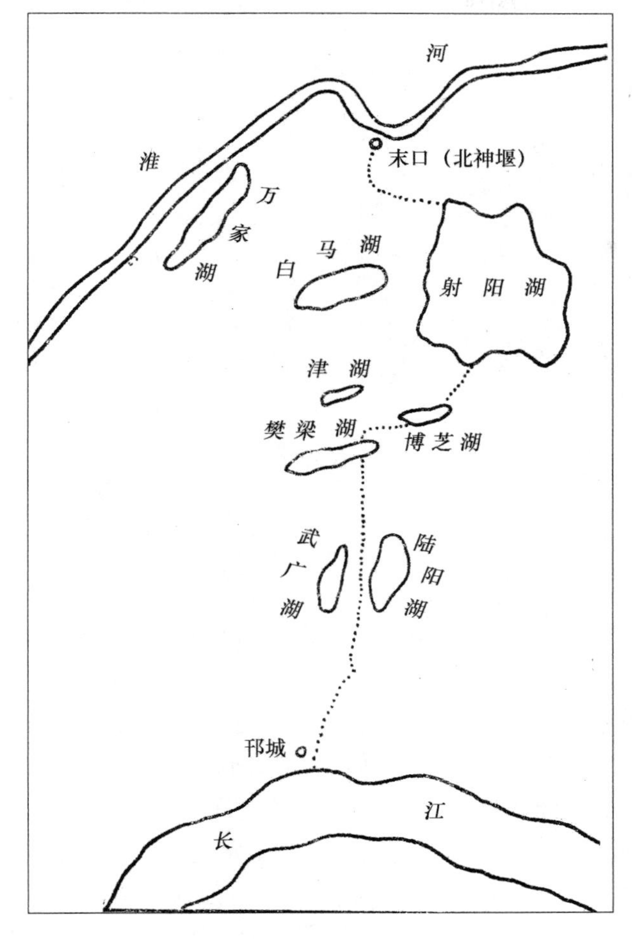


图2－6　邗沟示意图

年春，吴王北会诸侯于黄池，欲霸中国以全周室。”① 往返不再经行东海。夫差二十三年（前473），越灭吴尽有吴地后，“乃以兵北渡淮，与齐、晋诸侯会于徐州，致贡于周。周元王使人赐句践胙，命为伯。句践已去，渡淮南，以淮上地与楚，归吴所侵宋地于宋，与鲁泗东方百里。当是时，越兵横行于江、淮东，诸侯毕贺，号称霸王”。② 邗沟运兵之功自在其中。

① 《史记》卷31，中华书局2000年版，第1241页。
② 《史记》卷41，中华书局2000年版，第1426页。

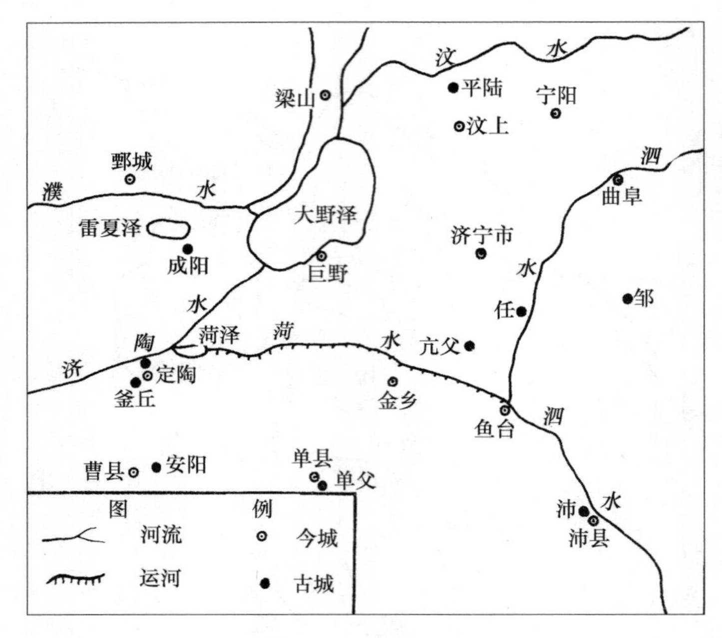


图 2－7　菏水示意图

吴国所开最后一条运河是菏水（见图 2－7），又名黄沟、宋鲁运河。时在开成邗沟之后的鲁哀公十三年，地在宋国、鲁国之间。《国语·吴语》载："吴王夫差既杀申胥，不稔于岁。乃起师北征，阙为深沟于商、鲁之间，北属之沂，西属之济，以会晋公午于黄池。于是，越王勾践乃命范蠡、舌庸率师沿海泝淮，以绝吴路。"① 沂水发源于泰山，流于鲁国之境；济水从宋国流来，宋国殷商后裔，故谓之宋鲁运道。但《国语》所载并不完全确切，准确地说菏水沟通的是济水与泗水，沂水在菏水接入泗水点的下游数百里外。夫差北上黄池，黄池在陈留封丘县南，近济水。今人刘德岑考定："黄沟西起今封丘境内的黄池；东南流经葵丘，在今旧考城东；又东经今定陶城武等县，到今沛县东而注入于泗水。当时吴王夫差自邗沟北上入淮，渡淮入泗，由泗水开黄沟以趋黄池参加会盟，这是非常便利的。"② 将古代水利工程对应当今地名，语语中肯，拉近古今认知距离。

齐国开淄济运河（见图 2－8）。进入战国时代，开挖运河的热点转移至地处中原的魏、齐两国。齐国的首都临淄位于山东半岛滨海平原，但与

① 《国语》，《四库全书》，史部，第 406 册，上海古籍出版社 1987 年版，第 170 页。

② 刘德岑：《先秦时代运河沿革初探》，《西南大学学报》1980 年第 2 期，第 123 页。

邻国没有直接的水路交通，国力辐射受到限制。临淄城南有一条发源于泰山东北的淄水，北面还有下游注入淄水的时水，一起东流入海。淄、时二水距离济水很近，齐国便在淄水与济水之间开淄济运河（见图2－8那条锯齿短线）。齐国的船只由淄入济、由济入河，也就可以通往中原各地。

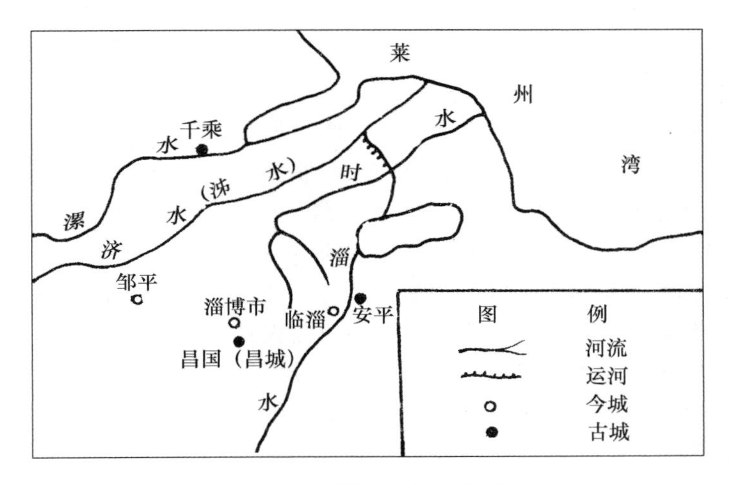


图2－8　淄济运河示意图

淄济运河只是便利了齐国，并未给天下水运带来大的改观。促成天下运道连在一起、产生妙手一着全盘皆活效应的是魏国人开的鸿沟（见图2－9）。魏惠王九年（前361）迁都大梁，次年便着手鸿沟一期工程。开渠两道：其一北引河水南行横过济水，注入甫田泽；其二在酸枣引河水经濮渎过阳武县南行，名曰十字沟。三十一年启动二期工程，引圃田泽水东流大梁城北，绕过大梁城东折而南下，注入沙水，利用沙水河道至陈，再向南开河至项县东北注入颍水，颍水下流即入淮水，完成历史上有名的鸿沟运河水系。

鸿沟北与黄河相通，引来黄河丰富的水量，又有圃田泽调节其流量，吸收其沉沙，不仅本身航运通畅，还将河、济、淮、泗诸运道联为一体，与楚国所开巢肥运河、齐国所开淄济运河、吴国所开邗沟诸运河联通起来，相得益彰。它通过涡、颍可南入淮水，然后再通过巢肥运河、邗沟以入长江，复经堰渎、胥浦、古江南河和百尺渎，东南抵太湖、东海及钱塘江。沿济水东下经淄济运河可通齐都临淄。由济入河，由河入洛，可远及洛阳；由河入渭，可达秦都咸阳；由河入汾，可进入河东。对天下水运体系，真正起到妙棋一着、全盘皆活的作用。

鸿沟水系有两大特点：一是西北渠首从黄河引水东南行，引水口不止一处。起初开口于荥阳境内黄河，“荥阳下引河东南为鸿沟”[①]，此之为荥口。后来有阴沟口或圈口：“阴沟首受大河于卷县，故渎东南迳卷县故城，南又东迳蒙城北。”[②] 卷县即今河南原阳县圈城，此可称为阴沟口或圈口。还有十字沟又名濮渎口，“又有一渎自酸枣受河，导自濮渎，历酸枣迳阳武县南出，世谓之十字沟，而属于渠。或谓是渎为梁惠之年所开”，[③] 谓之十字沟或濮渎口。

二是与多个湖泊串联。引水的荥口附近有荥泽，《水经注》卷7：“荥泽在荥阳县东南，与济隧合。济隧上承河水于卷县北，河南迳卷县故城东。”[④] 荥泽是个近河大湖。“泽在中牟西，西限长城，东极官渡，北佩渠水，东西四十里许，南北二百里许。中有沙冈上下二十四浦，津流迳通，渊潭相接。”[⑤] 大梁城北有圃关泽，“泽方一十五里，俗谓之蒲关泽”。[⑥] 大梁以南有逢泽，“逢泽亦名逢池，在汴州浚仪县东南十四里”。[⑦] 这些湖泊涵养鸿沟水源，调剂丰歉。

图2－9反映鸿沟水系，鸿沟本身仅荥阳、大梁到陈那条折线，直接沟通的是黄河、丹水、睢水、沙水、涡水、颍水。

水战的基础是水运，进军路线也即漕运路线，故从水战可观漕运。长江中下游的吴、越、楚三国凭借水运优势，互相攻防交战。吴楚之间交战互有胜负，但不至亡国。鲁昭公十七年（前525），吴军溯江而上伐楚，楚师反击，“战于长岸，子鱼先死，楚师继之，大败吴师，获其乘舟余皇”。[⑧] 此战是典型的水运和水战较量。鲁定公四年（前506）“冬，吴王

---

① 《史记》卷29，中华书局2000年版，第1196页。

② （北魏）郦道元：《水经注》，《四库全书》，史部，第573册，上海古籍出版社1987年版，第355页。

③ （北魏）郦道元：《水经注》，《四库全书》，史部，第573册，上海古籍出版社1987年版，第344页。

④ （北魏）郦道元：《水经注》，《四库全书》，史部，第573册，上海古籍出版社1987年版，第126页。

⑤ （清）张尚瑗：《三传折诸》，《四库全书》，经部，第177册，上海古籍出版社1987年版，第133页。

⑥ （清）沈炳巽：《水经注集释订讹》，《四库全书》，史部，第574册，上海古籍出版社1987年版，第398页。

⑦ （唐）张守节：《史记正义》，《四库全书》，史部，第247册，上海古籍出版社1987年版，第87页。

⑧ （晋）杜预：《春秋左传注疏》，《四库全书》，经部，第144册，上海古籍出版社1987年版，第411页。

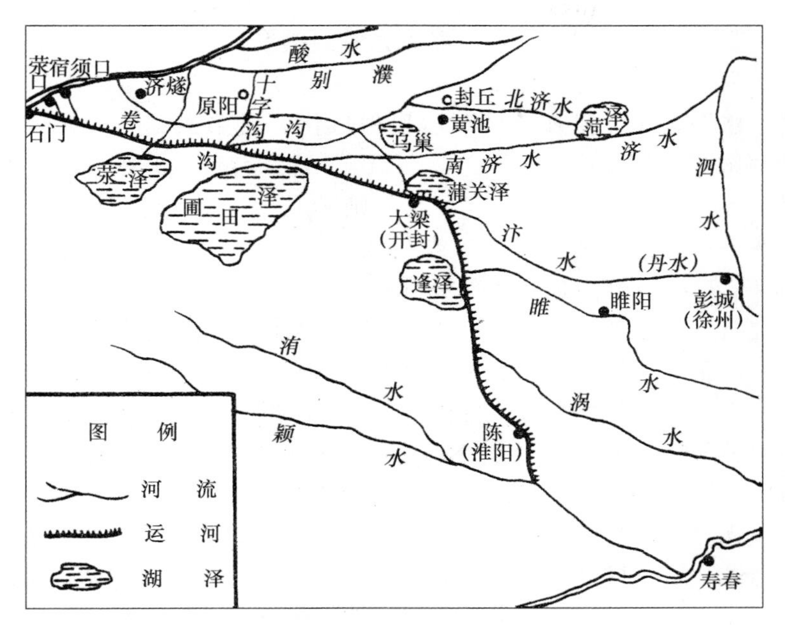


图 2－9　鸿沟示意图

阖闾、伍子胥、伯嚭与唐、蔡俱伐楚，楚大败，吴兵遂入郢，辱平王之墓，以伍子胥故也。吴兵之来，楚使子常以兵迎之，夹汉水阵。吴伐败子常，子常亡奔郑。楚兵走，吴乘胜逐之，五战及郢。己卯，昭王出奔"[1]。水上决战虽少，但行军主要靠船舶。

吴越之间交战，吴先胜而后亡。《国语·吴语》记吴越兴亡甚详。鲁定公十四年（前 496），吴伐越，战败于槜李，阖庐伤而死。三年后，"吴王夫差起师伐越，越王勾践起师逆之江"。[2] 在夫椒大败越军，吴军乘胜进军，合围越王于都城会稽。其后夫差接受越人求和，给勾践以最终翻盘的机会。夫差十四年（前 482），趁夫差率军北上之机，"勾践乃命范蠡、舌庸率师沿海泝淮，以绝吴路。败王子友于姑熊夷。越王勾践乃率中军，泝江以袭吴。入其郛，焚其姑苏，徙其大舟"，[3] 沉重地削弱了吴国实力。数年后越国又趁夫差"沿江泝淮，阙沟深水，出于商鲁之间，以彻于兄弟之国"[4] 的机会，发动对吴国最后致命一击，"乃至于吴，越师遂入吴国，围

① 《史记》卷 40，中华书局 2000 年版，第 1404 页。
② 《国语》，《四库全书》，史部，第 406 册，上海古籍出版社 1987 年版，第 166 页。
③ 《国语》，《四库全书》，史部，第 406 册，上海古籍出版社 1987 年版，第 170 页。
④ 《国语》，《四库全书》，史部，第 406 册，上海古籍出版社 1987 年版，第 173 页。

王宫”,[①] 灭了吴国。吴越之战，基本是水路进军、舟船制胜。水路进军虽不全行运河，但运河是水行要道。

楚、越先为抗吴盟友，吴亡后反目成仇、兄弟操戈。最初 70 多年，楚、越两国在长江交战，越国总占上风，“楚人与越人舟战于江，楚人顺流而进，迎流而退；见利而进，见不利则其退难。越人迎流而进，顺流而退；见利进，见不利则其退速。越人因此若执函败楚人”。楚惠王五十七年（前 432）公输班为楚国发明一种叫作钩强的兵器，“为舟战之器，作为钩强之备，退者钩之，进者强之，量其钩强之长而制为之兵，楚之兵节，越之兵不节。楚人因此若执函败越人”。[②] 楚国得以扭转不利局面。此后维持一百多年的势均力敌。直到“楚威王兴兵而伐之，大败越，杀王无强，尽取故吴地至浙江”[③]。从此越国一蹶不振。

战国末期，越国被压缩到浙东一角。楚国在江淮中下游独领风骚，占尽水运风光。著名的《鄂君启节》铭文通过启的船队活动，反映了楚地水运四通八达，从“鄂出发，或横渡长江，西北入黄冈的武湖、白水湖、西湖进入汉水上溯，沿途经棘阳、谷城等地。途中还可转入夏水，或循江经彭泽，过枞阳，一直到淮安。或溯江西上，入湘江，经长沙到达�阳，入耒水到达郴县。也可入资水、沅水、澧水、油水。或溯江西航，到达木关，或直达郢都”[④]。尽得水运之利。

---

① 《国语》，《四库全书》，史部，第 406 册，上海古籍出版社 1987 年版，第 176 页。
② 《墨子》，《四库全书》，子部，第 848 册，上海古籍出版社 1987 年版，第 124 页。
③ 《史记》卷 41，中华书局 2000 年版，第 1429 页。
④ 罗传栋主编：《长江航运史》，人民交通出版社 1991 年版，第 57 页。

# 第三章　先秦水运社会和自然基础

## 第一节　先秦田制和赋役

从夏朝开始，田制与赋役就紧密联系在一起。三代赋役的基础是井田制。班固《汉书》描述井田制有言："理民之道，地著为本。故必建步立畮，正其经界。六尺为步，步百为亩，亩百为夫，夫三为屋，屋三为井，井方一里，是为九夫。八家共之，各受私田百亩，公田十亩，是为八百八十亩，余二十亩以为庐舍。出入相友，守望相助，疾病相救，民是以和睦，而教化齐同，力役生产可得而平也。"① 这种境界在儒家那里堪称大同世界，夏商西周时期的赋役制度都建立在这种田制基础之上。《司马法》介绍西周按井田征收军赋实情：

> 四井为邑，四邑为丘，出马一匹、牛三头，是为匹马牛。四丘为甸，甸六十四井，出长毂一乘马四匹，牛十二头，甲士三人，步卒七十二人，戈盾具，谓之乘马。②

一丘十六井，一百四十四夫，耕一万四千四百亩田，出一马三牛供徭役；一甸六十四井，五百七十六夫，耕五万七千六百亩田，出战车一乘、战马四匹、甲士三人、步兵七十二人，自备相应兵器。

至于先秦一般赋役，董仲舒有言："古者税民不过什一，其求易共；使民不过三日，其力易足。民财内足以养老尽孝，外足以事上共税，下足

---

① 《汉书》卷24，中华书局2000年版，第944页。

② （宋）王与之：《周礼订义》，《四库全书》，子部，第94册，上海古籍出版社1987年版，第5—6页。

以蓄妻子极爱，故民说从上。”① 井田制以900亩为一单元，分九份各100亩，八夫分别耕周围八份之一，而共耕中间一份以供上赋，约十税其一；使民三日如果是每月三日，则与《司马法》出马牛供役相当。

“夏后氏五十而贡，殷人七十而助，周人百亩而彻。”② 孟子提出夏贡、商助、周彻三个概念，却并不能将其辨识清楚。明确这三个概念的是今人，近年来，历史学者对夏商周三代建立在井田制基础上的贡、助、彻赋役征收制度进行深入研究，有了令人满意的结论。夏代赋役征派方法是“任土作贡”，即国家授田给平民，平民以贡纳土地收获物或贡献劳动力的形式来换取土地使用权，以向夏都进贡的方式完纳。由于夏初统治阶级消耗粮食有限，所以大禹确定各州的贡物多为稀有土特产，中后期夏朝的贡恐怕要包括粮食和力役。商代的助是借八家之力同耕公田，以公田收获完纳赋税，另按一定比例完纳各自应承担的兵役劳役。西周赋役征派改行彻，推行八家同井通力共耕，计亩而分土地收获，国家按九一税率向八家征派田赋，各家按一定比例完纳应承担兵役劳役。贡、助、彻提供了天子和诸侯赖以水运的劳动力和货物基础。

进入东周，井田制日益受到开垦私田的挑战。鲁僖公十五年（前645），“晋于是乎作爰田”。杜预注：“分公田之税应入公者，爰之于所赏之众。”孔颖达疏：“……爰，易也。赏众以田，易其疆畔。……谓旧入公者，乃改易与所赏之众。”③ 可以认为作爰田就是将大量公田分赏众人，改变旧有田土界限，改变田土耕作三年一次爰土易居模式，田制上的这种改革说明以往盛行的井田制已在瓦解。晋国继而又“作州兵”，杜预注：“五党为州，州二千五百家也。因此，又使州长各缮甲兵。”④ 这实际上是把原属侯国财政负担转嫁给地方，变相的赋税改革。井田制是土地公有，因为人夫所有土地均等，基本上可以对人头征税；公有井田奖赏个人做了私田，或者个人开垦私田的大量存在，都会使公田无人耕种，导致国家税收逐渐减少。春秋侯国兼并形势严峻，容不得赋税减少，赋税按地亩多少征收是大势所趋。

---

① 《汉书》卷24，中华书局2000年版，第957页。
② （汉）赵岐：《孟子注疏》，《四库全书》，经部，第195册，上海古籍出版社1987年版，第119页。
③ （晋）杜预：《春秋左传注疏》，《四库全书》，经部，第143册，上海古籍出版社1987年版，第293页。
④ （晋）杜预：《春秋左传注疏》，《四库全书》，经部，第143册，上海古籍出版社1987年版，第293—294页。

故而鲁宣公十五年（前594）鲁国公开实行“初税亩”，近年有学者解释“履亩而税”为丈量土地计税，即按个人拥有土地多少征税。鲁昭公四年（前538），郑国继而“郑子产作丘赋”。杜预注：“丘十六井，当出马一匹，牛三头，今子产别赋其田，如鲁之田赋。”[①] 郑国在晋、楚两大国夹缝中生存维艰，不得不常赋之外别赋其田。其他侯国紧步鲁、郑之后改革图存。

进入战国，李悝在魏国、吴起在楚国、商鞅在秦国先后变法，分别对井田制及三代赋役进行最后颠覆。李悝变法主要内容一是“尽地力”，二是“平籴法”，主要精神是在增加农业生产的基础上，侯国通过适时、适量、适价的粮食购买、储存和出粜，调剂余缺、以丰补歉，达到“使民毋伤而农益劝”的目的。这一国家行政以漕运为基础，激发人们对运河开凿的关注，故而后来魏国开成鸿沟，成为当时水运大国。战国中期吴起在楚国推行新政，虽然不曾在经济体制上有大动作，但其锐意力行“禁游客之民，精耕战之士，南收杨越，北并陈、蔡”[②]，也一定程度促进了楚人的开河水运事业。商鞅变法总的精神是奖励耕战，政治上推行连保加强对百姓控制，经济上力行土地私有，强令分户以增广国家赋役和兵员来源，军事上重奖军功信赏必罚。新法大行，既刺激了农业的发展，也刺激了水利和漕运的发展。

总体上看，从三代、春秋而战国，随着人口增加和单产提高，列国竞争和兼并的加剧，赋役发展趋势是越来越重。战国时期，农耕文明大为进步，但农民终年劳作而不足衣食。李悝为魏文侯谋国有言：“一夫挟五口，治田百亩，岁收亩一石半，为粟百五十石，除十一之税十五石，余百三十五石。食，人月一石半，五人终岁为粟九十石，余有四十五石。石三十，为钱千三百五十，除社闾尝新春秋之祠，用钱三百，余千五十。衣，人率用钱三百，五人终岁用千五百，不足四百五十。不幸疾病死丧之费，及上赋敛，又未与此。”[③] 入不敷出，触目惊心。贫富差距拉大，赋役之征贪多务得。班固论商鞅变法有言：“庶人之富者累巨万，而贫者食糟糠；有国强者兼州域，而弱者丧社稷。至于始皇，遂并天下，内兴功作，外攘夷狄，收泰半之赋，发闾左之戍。男子力耕不足粮饟，女子纺绩不足衣服。

---

① （晋）杜预：《春秋左传注疏》，《四库全书》，经部，第144册，上海古籍出版社1987年版，第289页。

② 《史记》卷79，中华书局2000年版，第1893页。

③ 《汉书》卷24，中华书局2000年版，第948页。

竭天下之资财以奉其政，犹未足以澹其欲也。海内愁怨，遂用溃畔。”① 故而春秋战国政治、经济、军事进步，包括运河和漕运的日新月异，以当时农业文明、水利科学、开河造船技术为支撑，建立在广大农民勤劳节俭和赋役奉献基础之上。

## 第二节 先秦水运津渡和重镇

水运津渡和水利城市是水运发达程度的晴雨表和观察点。春秋以前，三代组织水运带有远程和跨江河性质，但由于当时生产力和经济水平低下，水运津渡简陋，水运城邑狭小。春秋以后，周王丧失组织远程水运的资格，开发运河、组织水运转由各大侯国主导，起初带有地区性、局部性，只在一侯国内部进行；后来诸侯在兼并战争中拓土坐大，运河开挖和通运兵粮开始跨侯国、跨江河，水运津渡和水利城市数量越来越多，规模越来越大，规格越来越高。另外，由于所存三代信史资料奇缺，认知夏、商、西周津渡城邑有待于更多的考古发现，而春秋战国信史资料相对丰富得多，故而论先秦水运津渡和都市难免略于夏商而详于春秋战国。

第一，雍、梁、冀三州怀抱黄河，秦国地跨雍、梁二州，与地在冀州的晋国隔黄河相望。河西为秦国，河东为晋国。河东、河西重要津渡有蒲坂津和少梁渡。蒲坂津位于陕西省大荔县朝邑镇附近，秦时为临晋县，置临晋关，对岸为山西省的永济县，历史上曾置蒲州，境内的蒲坂津为秦晋间要渡，又称河曲。大约这里河势曲缓，便于船渡。《左传折诸》卷9“以从秦师于河曲”条：“成汤伐桀，升自陑。即河曲之南，地属蒲坂县之南。秦师自雍以伐河东，凡六百五十余里至河曲。”② 春秋时秦晋两国攻防和交往，蒲坂津是其必经之地。鲁文公十二年（前615），“晋人、秦人战于河曲。注云：在河东蒲坂县南，秦师夜遁，复侵晋入瑕，则瑕必在河外”。③ 上年秦人渡河袭蒲坂，发现晋人有备，连夜渡河返回河西，顺手牵羊地入侵晋在河西的瑕城，晋侯派人守桃林塞。可见当时从蒲坂津、临晋关之间渡河习以为常。少梁渡位于陕西省韩城县境，河对岸有临晋关。这

① 《汉书》卷24，中华书局2000年版，第949页。

② （清）张尚瑗：《左传折诸》，《四库全书》，经部，第177册，上海古籍出版社1987年版，第210页。

③ （清）顾炎武：《左传杜解补正》，《四库全书》，经部，第174册，上海古籍出版社1987年版，第306页。

一带黄河岸低水缓，易于乘船绝河而过，一直到秦末都是河东与河西的交通要道。《陕西通志》载："少梁渡在县东南二十里。魏王豹盛兵蒲坂，塞临晋。信乃益为疑兵，陈船欲渡临晋，而伏兵从夏阳，以木罂缻渡军。"① 可见少梁渡对韩信出奇制胜意义重大。蒲坂津和少梁渡连接秦晋两国都城，串联起由秦都入渭水，在二津渡过黄河入汾水至晋都的交通线。

第二，豫州位于天下之中。黄河中游从豫、冀二州接合部穿行，夏、商二朝之都多在黄河中下游的豫、冀二州境。豫州为当时天下交通便利之地。"夏桀之国，左天门之阴，而右天溪之阳，卢睪在其北，伊洛出其南，有此险也，然为政不善，而汤伐之。殷纣之国，左孟门而右漳滏，前带河，后被山。有此险也，然为政不善，而武王伐之。"② 夏桀都晋南临河处，纣都豫北临河处。

周虽都关中，然周公、召公犹营建洛邑，"此天下之中，四方入贡道里均"。③ 洛邑建成，成为西周控制东方的前进基地。东方有事，可从洛邑由洛水入河，利用黄河水系进军、漕运。洛水入河处，有著名渡口孟津，是武王大会诸侯然后渡河伐纣要地，"遂率戎车三百乘，虎贲三千人，甲士四万五千人，以东伐纣。十一年十二月戊午，师毕渡盟津，诸侯咸会"。④ 武王所率是陆军，从关中出发，绕过三门之险始渡河。"颜师古曰：孟津在洛阳之北，都道所凑，故号孟津。……孔颖达曰：孟，地名；津，是所渡处水。河流至此其势稍缓，可以横舟而渡。武王伐商，渡师于此。"⑤ 故又有盟津之名。周军伐纣进军路线，反映了当时水运情况。

战国初期，魏国开成鸿沟后，豫州东部崛起水运要津大梁和陈，与西部的洛邑鼎足而三。魏人在荥阳开荥口引黄河水至大梁，又于大梁开沟南下至陈（今河南淮阳）以下接颍水通淮河。洛阳是东周之都，大梁是魏国之都，陈是鸿沟重镇。"洛阳东贾齐、鲁，南贾梁、楚。"⑥ "陈在楚夏之交，通鱼盐之货，其民多贾。"⑦ 大梁是鸿沟中枢，魏国都城，更得水运之利。此外，战国后期的宛居韩、楚、秦三国交界，境内有沘、淯、丹等水，沘、淯二水是楚国北上中原必经水道，丹水为秦、楚之间攻防要道，

---

① 《陕西通志》，《四库全书》，史部，第551册，上海古籍出版社1987年版，第886页。

② 《战国策》，《四库全书》，史部，第406册，上海古籍出版社1987年版，第388页。

③ 《史记》卷4，中华书局2000年版，第97页。

④ 《史记》卷4，中华书局2000年版，第88页。

⑤ （宋）毛晃：《禹贡指南》，《四库全书》，经部，第56册，上海古籍出版社1987年版，第40页。

⑥ 《史记》卷129，中华书局2000年版，第2469页。

⑦ 《史记》卷129，中华书局2000年版，第2470页。

处在江、河、淮三大水系水运连接点，备受司马迁赞誉：“南阳西通武关、郧关，东南受汉、江、淮。宛亦一都会也。俗杂好事，业多贾。其任侠，交通颍川。”① 俨然水陆都会。

第三，青、兖二州居济渎尾闾，青州有济水通河，兖州有泗水通淮。不仅是三代文明重要发祥地，而且在先秦水运格局中也举足轻重。

先秦青、兖二州境内的运河，一为淄济运河，一为鲁宋运河（又称菏水），促成了齐都临淄和商业中心陶进一步繁荣。临淄东临淄水，淄水原不通济水，齐人开通之，由淄水进入济水，由济水进入黄河，而有连接鸿沟之利。战国前中期战场主要在韩、魏、楚与秦接壤地区，齐国境内一派歌舞升平。苏秦描述临淄的繁华和富有道：“临淄之中七万户，臣窃度之，下户三男子，三七二十一万，不待发于远县而临淄之卒固以二十一万矣。临淄甚富而实，其民无不吹竽、鼓瑟、击筑、弹琴、斗鸡、走犬、六博、踏踘者；临淄之途，车毂击，人肩摩，连衽成帷，举袂成幕，挥汙成雨。”② 虽不无夸张，但本质不虚。

陶居济水之中、鲁宋运河之西。陶原本名不见经传，春秋末吴王夫差开菏水，沟通泗水和济水，以通船鲁、宋二国之间，陶成为四方货物集散中心。《史记·越世家》言范蠡灭吴后“浮海出齐，变姓名，自谓鸱夷子皮，耕于海畔，苦身勠力，父子治产。居无几何，致产数十万。齐人闻其贤，以为相。范蠡喟然叹曰：‘居家则致千金，居官则至卿相，此布衣之极也。久受尊名，不祥。’乃归相印，尽散其财，以分与知友乡党，而怀其重宝，间行以去。止于陶，以为此天下之中，交易有无之路通，为生可以致富矣。于是自谓陶朱公。复约要父子耕畜，废居，候时转物，逐什一之利。居无何，则致赀累巨万。天下称陶朱公”③。范蠡经商暴富原因固然有其善于经商，但也深得陶地的水运发达之地利。

第四，扬州、荆州水运条件优越，吴越和楚国境内拥有众多津渡和都会。

盘龙城。20 世纪 70 年代，武汉北郊盘龙湖畔，考古发现商代古城遗址。城垣南北长 290 米，东西宽 260 米，周长 1100 米，占地面积约 1 平方公里，距今约 3500 年。城内有 3 座大型宫殿基址，城外有手工业作坊区，城东、西、北为墓葬区，学者推断为殷商时期建立在长江中游的方国都邑

---

① 《史记》卷 129，中华书局 2000 年版，第 2472 页。

② 《战国策》，《四库全书》，史部，第 406 册，上海古籍出版社 1987 年版，第 301—302 页。

③ 《史记》卷 41，中华书局 2000 年版，第 1430 页。

盘龙城。这说明商代统治者，已经有效控制长江中游。遗址还发现青铜器159件，青铜冶炼作坊都在滨水地带，表明铜矿石由水运而来，说明商代长江流域水运有相当规模。

楚国早期都丹阳，“熊绎当周成王之时，举文、武勤劳之后嗣，而封熊绎于楚蛮，封以子男之田，姓芈氏，居丹阳”。[①] 所都丹阳先后有二：其一扼长江三峡之尾，在今鄂西秭归；其二处峡江之东，在今宜昌与沙市之间的枝城。《湖广通志》卷27：“丹阳在今秭归。《水经》：江水又东过秭归县之南，又东迳城北。《注》云：其城北对丹阳，楚熊绎始封丹阳之所都也。后徙枝江，亦曰丹阳。”[②] 皆在长江两岸，皆得水运之利。

楚国中期都郢。《史记·楚世家》载：楚武王“五十一年，周召随侯，数以立楚为王。楚怒，以随背己，伐随。武王卒师中而兵罢。子文王熊赀立，始都郢”[③]。其后楚庄王在郢地开通云梦通渠，郢成为当时长江中游水运中心。司马迁称“江陵故郢都，西通巫、巴，东有云梦之饶”[④]。20世纪50年代以来，陆续发掘楚国郢都遗址，1961年被国务院授予国家文物保护单位。考古结果表明：郢都水陆城门已探明7座，其中水门至少有3座。南垣西边水门门道3个，每个净宽达3.4米。城区内发现古河道，其中3条大体上即今仍通水的朱河、新桥河、龙桥河，分别穿越北、南、东垣而过。引流入城，水运直达城内，布局独特。

扬州地在江淮下游，鲁哀公九年开通邗沟，邗城因临邗沟而地位日益重要。吴国都城姑苏，处太湖之滨，西北由胥溪至芜湖入江，东南由胥浦出海，“城厚而崇，池广以深，甲坚器选，士饱弩劲，又使明大夫守之”。[⑤] 足见姑苏经济实力之厚。越都会稽，连钱塘而通东海，为东南水运要冲，繁荣一时。

这一地区有巨阳、寿春、合肥、彭城等临水都会。战国后期，楚人把都城从长江中游迁至淮河中游。楚考烈王十年（前269），“楚徙都巨阳”，其地在今阜阳市北泉河与颍水会合处，扼颍水入淮咽喉。后来又由陈迁都寿春，“始皇六年，春申君用朱英策，去陈徙寿春”。[⑥] 寿春地在肥水与淮

① 《史记》卷40，中华书局2000年版，第1389页。

② 《湖广通志》，《四库全书》，史部，532册，上海古籍出版社1987年版，第90页。

③ 《史记》卷40，中华书局2000年版，第1391页。

④ 《史记》卷129，中华书局2000年版，第2470页。

⑤ （汉）赵煜：《吴越春秋》，《四库全书》，史部，第463册，上海古籍出版社1987年版，第26页。

⑥ （宋）吕祖谦：《大事记》，《四库全书》，史部，第324册，上海古籍出版社1987年版，第248页。

河交会处，“郢之后徙寿春，亦一都会也。而合肥受南北潮，皮革、鲍、木输会也”。[①] 合肥虽不曾为楚都，然南临巢湖，北近瓦埠湖，也是货物集散地。总之，先秦水运津渡和都会，是先秦水道的筋骨和关节，支撑起先秦漕运和水运。

## 第三节 先秦造船用船技术

古代中国人的水行文明，最初利用自然漂浮物，如“遂人以匏济水，伏羲氏始乘桴”[②] 即是。后来捉摸自然漂浮物原理，“世本云：古观落叶因以为舟。淮南子云：古人见窾木浮而知为舟”。受落叶漂水、空木浮动启发，模仿着而造船，最初造的只能是独木舟，即《周易》所说“刳木为舟，剡木为楫，舟楫之利，以济不通”[③]。《史记·夏本纪》说大禹治水陆行乘车水行乘船，禹船很可能就是独木舟，顶多是木筏。

20 世纪中国出土了一些独木舟，不少被确定为三代之物。其中 1965 年，江苏武进县淹城乡出土了两只独木舟，其中一只尖头敞尾，好似半截木船，长 4.5 米，宽 0.46 米，敞尾，剜挖起来比较容易。航行时人坐船首，开敞的尾部翘在水面之上，亦无进水之患。武进淹城相传为商末周初奄君住地。1982 年，山东荣成县近海处出土一只独木舟，舟体用一段原木，上部剖去约四分之一，下部剖去约五分之一，再凿挖修整而成，切削相当规整。舟体平面近似梯形，纵剖面略呈弧形，这种结构可增加浮力，减少航行阻力，被认定为商代航海用品。这说明商代后期和周代初年独木舟仍在制造和使用。

古代木板船最早出现在殷商后期，这可以从甲骨文中得到证明。殷商甲骨文的“舟”字的象形，很像三块木板组合而成的“三板船”：侧板两块，底板两端经火烘弯后向上翘起，两块侧板合入船底板，用钉子固定。由于甲骨文是象形文字，必先有实物而后可象其形造其字，足以断定商代后期已出现解木为板、结板为舟的船。今人芦金峰经过研究甲骨文卜辞含有“洀”字数条，如“辛未卜，今日王洀，不风”，对商人造船用船活动

---

① 《史记》卷 129，中华书局 2000 年版，第 2471 页。

② （清）陈元龙：《格致镜原》，《四库全书》，子部，第 1031 册，上海古籍出版社 1987 年版，第 389 页。

③ （明）冯复京：《六家诗名物疏》，《四库全书》，经部，第 80 册，上海古籍出版社 1987 年版，第 113 页。

得出结论："早在殷商时期，商王水上出行用舟就十分广泛，从卜辞中可知，商王在制作舟船、巡视舟船、使用舟船上已经形成了一个较完整的系统。说明殷商王朝已经拥有了自己的造船厂，并建有自己的船队或水师。"① 可信度较高。

武王伐纣前，周部落造船技术和水运能力早有长期积累。武王伐纣时，"遂率戎车三百乘，虎贲三千人，甲士四万五千人，以东伐纣。十一年十二月戊午，师毕渡盟津，诸侯咸会"。② 如此庞大的队伍和装备都得以毕渡黄河，船只不足或操作不熟是不可想象的。"《太公六韬》曰：殷君喜为酒池，回船牛饮者三千人。又曰：武王伐殷，先出于河，吕尚为后将，以 47 艘船济于河。"③ 殷纣王能满足 3000 人回船牛饮，用船不会太少；吕尚所将后军用船 47 只可渡，这些船肯定不会太小。

西周武王伐纣时，周军专设苍兕一职，统领军船。灭商后设舟牧一职，负责周王水上出行事宜，"命舟牧覆舟，五覆五反，乃告舟备具于天子焉。注：舟牧，主舟之官也。覆反舟者，备倾侧也"。④ 覆反，是周初检测船体安全性的程序。周礼规定统治阶级用船等级制度有言："天子造舟，诸侯维舟，大夫方舟，士特舟，庶人乘泭。"⑤ 大夫和士两个阶层，人数加起来成千上万，人人有舟，需要一定造船能力加以保障。而且周人舟船的造、用绝不仅限于王畿。1960 年，河南省信阳县孙寨西周遗址考古发掘，在 400 平方米的范围内，出土 72 件木器和 65 件竹器，其中有船桨 8 件、船舵 2 件。信阳地属淮河流域，当时也有舟船建造作坊，足见西周造船业普遍。

《诗经》诞生于西周初年至春秋中叶，反映周人的用船文化。《大雅·大明》："大邦有子，伣天之妹。文定厥祥，亲迎于渭。造舟为梁，不显其光。"⑥ 文王迎娶大姒，在渭河上连舟为浮桥。连舟造桥，为文王创制；天子造舟，为周礼内容。《卫风·竹竿》："淇水滺滺，桧楫松舟。驾言出游，

① 芦金峰：《从甲骨文游、泳、舟、鱼的构形看商代的水上运动》，《成都体育学院学报》2012 年第 11 期，第 44 页。

② 《史记》卷 4，中华书局 2000 年版，第 88 页。

③ （唐）欧阳询：《艺文类聚》，《四库全书》，子部，第 888 册，上海古籍出版社 1987 年版，第 510 页。

④ （汉）郑玄：《礼记注疏》，《四库全书》，经部，第 115 册，上海古籍出版社 1987 年版，第 330 页。

⑤ （晋）郭璞：《尔雅注疏》，《四库全书》，经部，第 221 册，上海古籍出版社 1987 年版，第 262 页。

⑥ 葛培岭注译：《诗经》，中州古籍出版社 2005 年版，第 222—223 页。

以写我忧。”[1] 船只制造用料讲究，出行者是贵族。

春秋战国，楚、吴、越三国都有相当规模的造船业。按《左传》，楚国有雄厚的造船实力，能源源不断装备水军，征伐他国。如鲁襄公二十四年楚子为舟师伐吴，昭公十九年楚子为舟师伐濮，二十四年楚子为舟师略吴疆。楚国民间所造之船，仅《楚辞》提到的就有杭、舲。《惜诵》：“魂中道而无杭。”[2] 杭亦作航，方两舟而并济。《涉江》：“乘舲船余上沅。”[3] 舲船是一种有窗牖的小型船舶，船体轻巧。20 世纪 50 年代在安徽寿县丘家园出土的《鄂君启节》，反映战国后期楚怀王年间一支“屯三舟为一舿，五十舿”[4] 的商船队伍的水运营生。他们并三舟为一艘大船，将 150 只船并为 50 艘大船。其船可运载马牛远航一年不事大修，足见当时长江中下游造船的精良。

吴越两国造船业更有规模特色。其一造船厂称船宫、舟室或石塘。吴国造船实力雄厚，“欐溪城者，阖庐所置船宫也。阖庐所造”。[5] 船宫有一座城那样大，故又名欐溪城。越国造船后来居上，“舟室者，勾践船宫也。去县五十里”。[6] 此造船场在山阴县城 50 里外；“石塘者，越所害军船也。塘广六十五步，长三百五十三步，去县 40 里”。[7] 此造船场在山阴城 40 里外。越国于常备造船工匠之外，还不时使用军队助力，《越绝书》载，勾践“初徙琅琊，使楼船卒二千八百人伐松柏以为桴”[8]。越人在海滩上筑起土堤，在堤内施工造船。船舶建成后，再掘渠破堤通海，顺渠放船入海试航。越人进山伐木，将采伐的木材编成木排，随钱塘江漂运到海边船厂。越国凭借雄厚的造船实力，高潮时水军阵容强大，“勾践伐吴，霸关东，从琅琊起观台，台周七里，以望东海。死士八千人，戈船三百艘”，[9] 成一

---

① 葛培岭注译：《诗经》，中州古籍出版社 2005 年版，第 51 页。

② 马茂元选注：《楚辞选》，人民文学出版社 1998 年版，第 91 页。

③ 马茂元选注：《楚辞选》，人民文学出版社 1998 年版，第 95 页。

④ 于省吾：《“鄂君启节”考释》，《考古》1963 年第 8 期，第 443 页。

⑤ （东汉）《越绝书》，《四库全书》，史部，第 463 册，上海古籍出版社 1987 年版，第 81 页。

⑥ （东汉）《越绝书》，《四库全书》，史部，第 463 册，上海古籍出版社 1987 年版，第 107 页。

⑦ （东汉）《越绝书》，《四库全书》，史部，第 463 册，上海古籍出版社 1987 年版，第 107 页。

⑧ （东汉）《越绝书》，《四库全书》，史部，第 463 册，上海古籍出版社 1987 年版，第 106—107 页。

⑨ （清）马骕：《绎史》，《四库全书》，史部，第 367 册，上海古籍出版社 1987 年版，第 303 页。

时大观。

吴越两国造船用船目的十分广泛，诸如居住、出行、捕捞、航海等。但主要是用以组建强大的舰队。“阖闾问子胥曰：敢问船军之备何如？对曰：船名大翼、小翼、突冒、楼船、桥船。今船军之教比陵军之法，乃可用之。大翼者，当陵军之重车；小翼者，当陵军之轻车；突冒者，当陵军冲车；楼船者，当陵军之行楼车也；桥船者，当陵车之轻足骠骑也。”[①] 伍子胥是楚国逃亡之臣，所言乃楚国水军编成，后来成为吴国水军现实，越国水军编成与之相近。所造军船不仅种类多，而且规格很高，性能优良，“《越绝书》曰：伍子胥水战法，大翼一艘广丈六尺，长十二丈。容战士二十六人，擢五十人，舳舰三人，操长钩、矛斧者四，吏仆、射长各一人，凡九十一人。当用长钩矛、长斧各四，弩各三十四，矢三千三百，甲、兜鍪各三十二”。[②] 战舰形体狭长，航速很高。

## 第四节　先秦的生态和水情

先秦时期自然植被尚好，森林覆盖率和水面覆盖率尚高，黄河水含沙量尚低，江河湖泊数量尚多。

先秦农耕区，前期仅局限于黄河中下游，集中在今天陕西、山西、河南、河北、山东境内；后期逐渐扩展到长江中下游，其他地区都是游牧区。有学者考证：“当时森林资源丰富，草原广阔……今天的毛乌素沙漠地区，在战国时期曾是一片‘卧马草地’，并有相当数量森林分布。据史书记载，直到公元前2世纪汉武帝时期，塔克拉玛干沙漠南缘的楼兰、且末……若羌等地仍是人口兴旺的绿洲。内蒙古、河西走廊都是广阔的草原。”[③] 按中央电视台文化专题片《森林之歌》第二集《绿满天涯》的解说词，公元前两千年时中国森林覆盖率高达64%，东南丘陵地带高达80%—90%；夏朝建立时中国森林覆盖率下降到60%；夏朝建立到秦始皇统一中国，人口从140万左右增加到2000万，森林覆盖率由60%下降到46%左右；从秦至隋唐，中国人口由2000万增加到8300万，森林覆盖率

① （清）陈厚耀：《春秋战国异辞》，《四库全书》，史部，第403册，上海古籍出版社1987年版，第734页。

② （宋）李昉：《太平御览》，《四库全书》，子部，第895册，上海古籍出版社1987年版，第813页。

③ 樊宝敏：《先秦时期的森林资源与生态环境》，《学术研究》2007年第12期，第116页。

由46%下降到33%。伴随着农耕区扩张、人口膨胀，森林、草原覆盖率下降，江河泥沙量剧增。古代中国生态状况的确是今不如昔，而先秦时期是最好的。

黄河含沙量尚小，且河道相对稳定，不至危害运道。清人胡渭有“黄河五大徙”之说，说的是大禹治水之后至清末咸丰年间河决铜瓦厢夺济入海之前，有五次大改道。第一大徙为“周定王五年，河徙自宿胥口东行漯川，至长寿津与漯别，行而东北合漳水至章武入海”。第二大徙为“王莽始建国三年，河徙魏郡，泛清河、平原、济南，至千乘入海”①。此前虽有西汉文帝、武帝年间多次大决口，但最终都堵决复归旧道。春秋战国开凿运河时，正处于黄河两次大改道之间的相对稳定期。况且，河到汉代始有黄河之名，春秋战国时期河水含沙量尚小，故菏水、淄济运河虽通黄河，鸿沟虽引河水而不闻有黄河淤塞运道之事。

湖泊众多，使运河广得水柜之利。《尔雅·释地》有言：“鲁有大野，晋有大陆，秦有杨陓，宋有孟诸，楚有云梦，吴越之间有具区，齐有海隅，燕有昭余祁，郑有圃田。”② 大野在鲁地巨野境，大陆又名广河泽在巨鹿境，杨陓在扶风郡汧县西，孟诸在睢阳县东北，云梦在南郡华容县东南，具区又名震泽即今太湖，海隅又名营州薮在胶东半岛，昭余祁在并州，圃田在荥阳中牟县西，皆先秦大湖。此外，还有无数规模较小湖泊，这为运河开凿提供了减小工程量和水柜调节之便。如楚国的云梦通渠就开在云梦泽北边，巢肥运河衔接了巢湖；吴国的胥溪衔接了震泽和固城湖，古江南河衔接了古阳湖、古漕湖等，邗沟衔接了射阳湖、古陆阳等。

自然河流密集，使运河开掘有画龙点睛、点石成金之妙。先秦运河无不开凿于自然河流之间，开河短而通运广，尤以鸿沟为典型。魏国境内一马平川、河流众多，比较著名的有汴水（又名汳水、卞水），在先秦是自然河流，发源于荥阳而东流入泗；睢水发源陈留，东流入泗；涣水发源于陈留境，东南入淮；涡水经淮阳入淮；颍水发源于颍川阳乾山，东流入淮；此外还有鲁沟水、沙水，鸿沟就开凿于其间，将众河沟通起来，形成覆盖广大地域的水运网络。

上述先秦时期生态和水情，为运河开凿和运道保持提供了良好环境，与明清时期治河通漕面临的恶劣生态、水情有如天壤。

---

① （清）胡渭：《禹贡锥指》，《四库全书》，经部，第67册，上海古籍出版社1987年版，第221页。

② （晋）郭璞：《尔雅注疏》，《四库全书》，经部，第221册，上海古籍出版社1987年版，第259页。

# 第四章　秦的水利与水运

## 第一节　秦国治水和通漕

秦国开凿河道，起初基本着眼于灌溉富民。《史记·河渠书》载：“韩闻秦之好兴事，欲罢之，毋令东伐，乃使水工郑国间说秦，令凿泾水自中山西邸瓠口为渠，并北山东注洛三百余里，欲以溉田。”① 中山，地在冯翊谷口醴原、屯留二县境。瓠口，即栎阳焦获泽，“焦获泽，在县北，亦名瓠口。《尔雅》：十薮周有焦获。郭璞曰：今扶风池阳县瓠中是也。《诗》曰：玁狁匪茹，整居焦获。谓此也”。② 开渠从冯翊谷口的东仲山起，至栎阳焦获泽止，引泾水沿北山东行注洛水，长三百余里，工程量相当大。颜师古注《汉书》有言：“引淤浊之水灌咸卤之田，更令肥美。故一亩之收至六斛四斗。”③ 淤灌农田增收明显。

这一宏大强国工程居然是韩国替秦国设计好，并派本国水工郑国至秦国游说秦人动工兴建的。郑国渠开凿意义重大和主持者目的卑下形成矛盾，“中作而觉，秦欲杀郑国。郑国曰：‘始臣为间，然渠成亦秦之利也。’秦以为然，卒使就渠。渠就，用注填阏之水，溉泽卤之地四万余顷，收皆亩一钟。于是关中为沃野，无凶年，秦以富强，卒并诸侯，因命曰郑国渠”。④ 引泾河泥浊之水，灌低洼盐碱之田，经过淤灌地一亩之收至六斛四斗，可见郑国渠农田效益之大。韩国本欲以此消耗秦国，使之无暇东顾，没有想到开成后却给秦国带来巨大利益，使秦国实力大增，

---

① 《史记》卷29，中华书局2000年版，第1197页。

② （宋）宋敏求：《长安志》，《四库全书》，史部，第587册，上海古籍出版社1987年版，第206页。

③ 《汉书》卷29，中华书局2000年版，第1335页。

④ 《汉书》卷29，中华书局2000年版，第1197页。

统一六国。

关于郑国渠引水方式和工程技术，今人李令福《论秦郑国渠的引水方式》一文有实事求是的论断，“从实际遗存、文献记载、当时泾河水文特点及引浑淤灌性质来看，郑国渠初修时采取的是筑导流土堰壅水入渠的引水方式”[①]（见图4－1）。主体工程由导流堰、引洪口和渠道三部分组成，导流堰、引洪口选择十分有战略眼光。郑国渠投入使用，经过淤灌把4万余顷盐碱土地变成高产良田。

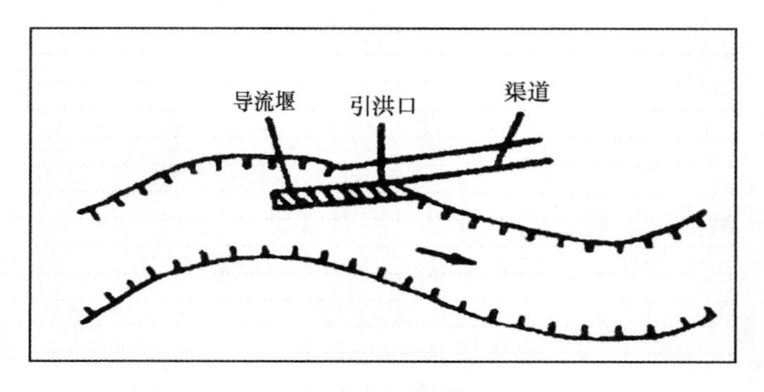


**图4－1　郑国渠引水方式示意图**

秦国第二项水利工程是在蜀中开都江堰（见图4－2）。公元前329年秦灭巴蜀，“蜀王弟苴侯私亲于巴，蜀王伐苴，苴侯奔巴，巴为求救于秦。秦遣张仪等救苴，遂灭蜀。仪贪巴道之富田，取巴执王以归。巴国遂亡”。[②] 其后，为了开发蜀地水运水利，“蜀守冰凿离碓，辟沫水之害，穿二江成都之中”。注：“杜预《益州记》云：二江者，郫江、流江也。《风俗通》云：秦昭王使李冰为蜀守，开成都县两江，溉田万顷。”[③] 后人称之为都江堰工程。

都江堰是秦代水利杰作。它由鱼嘴分流工程、宝瓶口引水工程和飞沙堰工程组成，鱼嘴分流岷江来水，宝瓶口控制进入内江流量，飞沙堰泄洪排沙。按照因地制宜、避害取利的原则，适宜适量地取岷江无害之水入内江下成都平原灌溉兴利，而让多余有害洪水并沙石进入外江流走。这一设计理念，靠三大措施来保障：一是水分四六，枯水

① 李令福：《论秦郑国渠的引水方式》，《中国历史地理论丛》2001年第2辑，第10页。
② 《四川通志》，《四库全书》，史部，第560册，上海古籍出版社1987年版，第594页。
③ （唐）张守节：《史记正义》，《四库全书》，史部，第247册，上海古籍出版社1987年版，第427页。

期取岷江水十之六入内江；洪水期让岷江水十之六泄外江。二是弯道环流，洪水期利用石块的离心力大于水的特点，过弯道时甩到外江去。三是洪水出沙，洪水期无石之水进入内江后，经过弯道时江沙可以随溢水过飞沙堰入外江。加上按照“深挖滩，低作堰”精神，每年都要对都江堰进行整修，挖河沙，堆堤岸，砌鱼嘴，从而保证它常用常新、永葆青春。

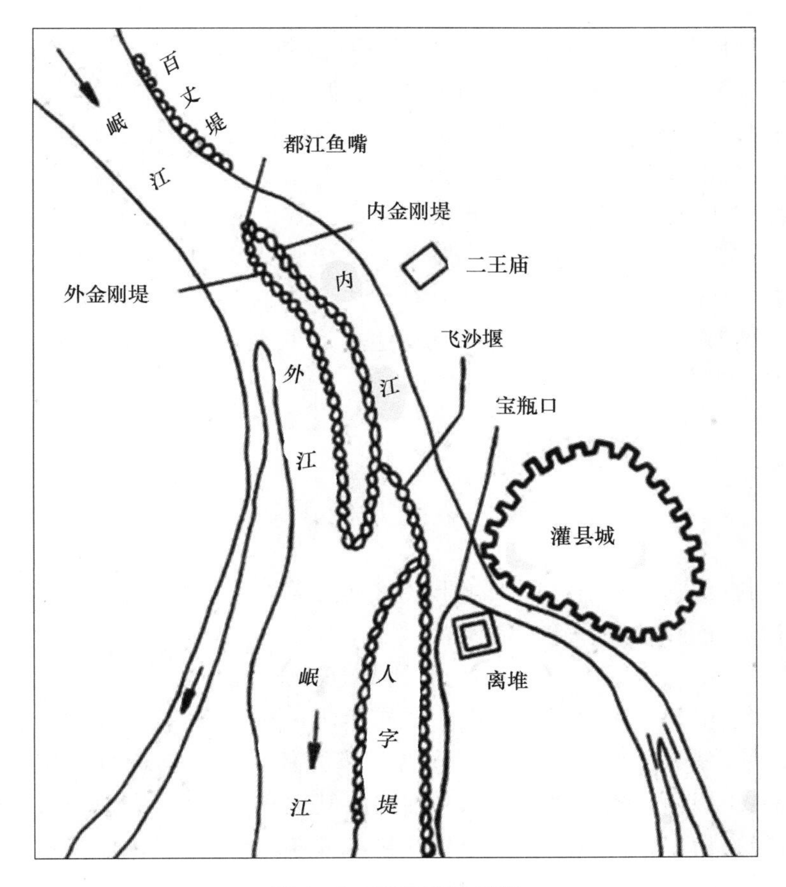


图 4－2　都江堰示意图

秦人拥有关中、汉中和巴蜀，灭周而建三川郡，尽得江河上流之利。一是顺江而下，吞食楚国，《战国策·燕策二》：“蜀地之甲，轻舟浮于汶，乘夏水而下江，五日而至郢；汉中之甲，乘舟出于巴，乘夏水而下汉，四日而至五渚；寡人积甲宛，东下随。知者不及谋，勇者不及怒，寡人如射隼矣。"① 这是苏代对燕王所说代秦国恫吓楚王之词，反映了秦国对楚国顺流而下的水运优势。"秦西有巴蜀，方船积粟，起于汶山循江而下，至郢三千余里。舫船载卒，一舫载五十人与三月之粮，下水而浮，一日行三百余里，里数虽多，不费马汗之劳，不至十日而距扞关，扞关惊则从竟陵以东尽城守矣。黔中、巫郡非王之有已。"② 这是秦相张仪对楚王谈秦军顺流而下的潜在威胁，虽有虚张声势成分，但多少反映了秦国水军的编成、战力和配备。

二是顺河而下，威胁齐晋。《战国策·齐策一》陈轸说齐王有言："今秦欲攻梁绛、安邑，秦得绛、安邑以东下河，必表里河山而东攻齐。"③ 此为秦国对三晋和齐国用兵的水运优势。秦国在吞食诸侯中也确实发挥了其顺流而下的后勤保障之便，秦攻韩上党，上党欲降赵，赵平阳君劝赵王勿受上党："且夫秦以牛田之水通粮蚕食，上乘倍战者，裂上国之地，其政行，不可与为难。必勿受也。"张守节《史记正义》曰："牛耕田种谷，至秋则收之……言秦伐韩上党，胜有日矣，若牛田之必冀收获矣。……秦从渭水漕粮东入河、洛，军击韩上党也。"④ 可见，秦攻韩国，陆运以外，还有渭、河、洛三河联运。

## 第二节　秦朝开创正规漕运

中国古代真正的漕运，酝酿于秦始皇巡幸天下的跋涉途中，起发于秦始皇对四方的经营和开拓的需要。

其一，秦始皇开辟了从渤海绕过长城的海、陆、河兼运，"遂使蒙恬将兵攻胡，辟地千里，以河为境。地固泽卤，不生五谷。然后发天下丁男以守北河。暴兵露师十有余年，死者不可胜数，终不能逾河而北"。北河在今包头市以西，指乌梁素海和乌加河，其地多水泽，又有盐碱，气候恶劣，难以屯田。只好从中原漕运粮秣接济戍守之众，"又使天下蜚刍挽粟，

① （元）吴师道：《战国策校注》，《四库全书》，史部，第407册，上海古籍出版社1987年版，第308页。

② （元）吴师道：《战国策校注》，《四库全书》，史部，第407册，上海古籍出版社1987年版，第147—148页。

③ （元）吴师道：《战国策校注》，《四库全书》，史部，第407册，上海古籍出版社1987年版，第106页。

④ 《史记》卷43，中华书局2000年版，第1480页。

起于黄、腄、琅邪负海之郡，转输北河，率三十钟而致一石。男子疾耕不足于粮饷，女子纺绩不足于帷幕”。[①] 按《中国历史地图集》先秦卷，黄县、东莱（腄）在山东半岛面向渤海的一面，琅邪在山东半岛面向黄海的一面。秦人征粮山东半岛，海运过渤海在山海关以北转进北河。海、陆、河交替递运，效率自然很低。30 钟才送达 1 石。钟、斛、斗是春秋战国量器，1 钟通常六斛四斗，一石通常十斗，1 斛一说 5 斗，一说 10 斗，姑且按 5 斗计，34 斗仅送达 10 斗，其他粮食都消耗在路上了。

其二，整合天下水道，漕运囤积粮食。秦始皇在位，特别关注这一大政。“三十二年，始皇之碣石。……刻碣石门。坏城郭，决通堤防。其辞曰：……堕坏城郭，决通川防，夷去险阻。地势既定，黎庶无繇，天下咸抚。”[②] 诸侯割据时代水道阻断不通，决通堤防以便水运。在此基础上，秦人每从济水、鸿沟流域通过黄河运粮关中，或存储于沿河粮仓。其中筑敖仓于河、汴之交，敖仓存粮至楚汉相争时还食之不尽。《史记·项羽本纪》载：“汉军荥阳，筑甬道属之河，以取敖仓粟。”[③] 敖山，在荥阳西北，临河临汴，秦人于山上建仓，屯聚黄河、汴水运来之粮。

其三，开曲阿运河，加强对江南的控制和开发。春秋时吴国所开古江南河，从常州、江阴一线入江，接轨邗沟稍觉回远。秦始皇开曲阿运河，从常州、镇江一线入江。曲阿运河凿龙目湖之山，沟通江南运河与长江联系，“龙目湖，秦王东游观地势云：此有天子气。使赭衣徒凿湖中长冈，使断。因改为丹徒，今水北注江也”。[④] 迷信色彩，难以掩盖其便于巡幸江南的实用价值。秦始皇三十七年（前 210）“十月癸丑，始皇出游。……十一月，行至云梦，望祀虞舜于九疑山。浮江下，观籍柯，渡海渚。过丹阳，至钱唐。临浙江，水波恶，乃西百二十里从狭中渡。上会稽，祭大禹，望于南海，而立石刻颂秦德”[⑤]。通过曲阿运河进入江南，直达会稽。

其四，开灵渠（见图 4－3）于湘水与漓江之间，解决岭南秦军粮饷供应难题。秦始皇二十八年（前 219）做出开灵渠的决策，西汉学者叙述其事有言：秦始皇“又利越之犀角、象齿、翡翠、珠玑，乃使尉屠睢发卒五十万为五军，一军塞镡城之岭，一军守九嶷之塞，一军处番禺之都，一军

① 《史记》卷 112，中华书局 2000 年版，第 2256 页。
② 《史记》卷 6，中华书局 2000 年版，第 179 页。
③ 《史记》卷 7，中华书局 2000 年版，第 230 页。
④ （三国）刘桢：《东阳记》，《太平御览》，《四库全书》，子部，第 893 册，上海古籍出版社 1987 年版，第 670 页。
⑤ 《史记》卷 6，中华书局 2000 年版，第 185 页。

守南野之界，一军结余干之水。三年不解甲弛弩，使监禄无以转饷，又以卒凿渠而通粮道”①。清人胡渭考证灵渠来龙去脉甚精：“监御史名禄也。其所凿之渠今名灵渠，在广西桂林府兴安县北五里，又西南经灵州县界，合大融水入漓江。范成大《桂海虞衡志》曰：灵渠在桂之兴安县，湘水于此下融江，融江为牂牁下流，本南下兴安，地势最高，二水远不相谋。秦监禄始作此渠，派湘之流而注之融，使北水南合、北舟逾岭。其作渠之法，于湘流沙磕中垒石作铧嘴，锐其前逆分湘流为两，激之六十里行渠中以入融江，与俱南。渠绕兴安界，深不数尺，广丈余。六十里间置斗门三十六，土人但谓之斗。舟入一斗，则复闸斗，俟水积渐进，故能循崖而上，建瓴而下，千斛之舟亦可往来。治水巧妙无如灵渠者。”② 兴安县境，湘水北流、漓江南流，监禄于分水岭凿灵渠，引湘水入漓江以通漕运。使北船得以南入漓江，粮饷得以运达岭南前线。所谓用三十六斗门节级蓄水行船，可能是胡渭追述后代（如唐宋）对灵渠的技术改造，不一定是秦人初开灵渠即行之事。

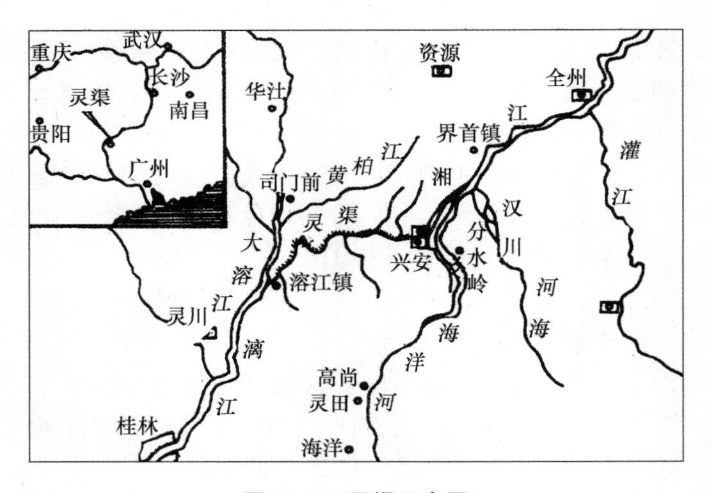


图 4－3 灵渠示意图

其五，形成分布合理、自成体系的水次仓储，奠定分段漕运格局。关

① （西汉）刘安：《淮南鸿烈解》，《四库全书》，子部，第 848 册，上海古籍出版社 1987 年版，第 722 页。

② （清）胡渭：《禹贡锥指》，《四库全书》，经部，第 67 册，上海古籍出版社 1987 年版，第 508 页。

中近畿有咸阳仓、栎阳仓、霸上仓。三仓都在渭河沿岸，是秦朝漕运的终点。敖仓位于黄河与鸿沟交汇处的漕运中心，向东北可由黄河漕运环渤海地区，向东南由鸿沟入淮河，再出邗沟入长江，过长江至江浙。偏远地方，山东半岛有黄腄仓，长江上游有成都仓，收储周围粮食，或过海运北河，或顺江而下，进退自如。秦代的粮仓管理，《睡虎地秦墓竹简·秦律十八种·仓律》言之较详。一般来说，秦代设中央、县和乡三级粮仓，中央仓由治粟内史掌管，县仓由县丞或县啬夫管理，乡仓也有专管人员验收、检查。

秦朝开拓军运的动力是经营四方。西北、西南用兵以陆运支持之，东北和南方用兵以水运支持之。陆路开拓方面：（1）长安至九原直道，秦始皇“三十五年，除道，道九原抵云阳，堑山堙谷，直通之”[①]。穿山越岭、工程浩大，道路宽阔，并行三辆马车，是向西北转运粮食的主要通道。如此浩大工程，只有秦始皇治下的秦民做得成。（2）扬越新道，这是秦始皇平定南越后修建的驰道。南海尉任嚣对赵佗说：“闻陈胜等作乱，豪桀叛秦相立，南海辟远，恐盗兵侵此。吾欲兴兵绝新道，自备待诸侯变[②]。”颜师古注新道曰：“秦所开越道也。”[③] 番禺本属禹所划扬州，故称扬越新道。（3）五尺道，通向西南滇池，“秦时尝破，略通五尺道，诸此国颇置吏焉”。[④] 路在崇山峻岭中，故宽度仅为5尺。

## 第三节　秦朝漕运布局和漕粮来源

从楚汉相争情势逆推秦朝漕运机制。秦朝二世而亡，司马迁《史记》中的“秦本纪”和“秦始皇本纪”相当于汉人所作秦史，前者勾勒秦作为周之诸侯筚路蓝缕、发展壮大的历程，后者记载秦作为战国七雄之一统一天下的丰功伟绩，都没有详细记录秦王朝的漕运布局和细节。但是相关内容在楚汉相争的人物和事件中有断续流露，使今人得以窥探当年漕运梗概。

汉六年，张良论都关中之利有言：“夫关中左殽函，右陇蜀，沃野千里，南有巴蜀之饶，北有胡苑之利，阻三面而守，独以一面东制诸侯。诸

① 《史记》卷6，中华书局2000年版，第181页。
② 《汉书》卷95，中华书局2000年版，第2839页。
③ 《汉书》卷95，中华书局2000年版，第2840页。
④ 《汉书》卷95，中华书局2000年版，第2834页。

侯安定，河渭漕挽天下，西给京师；诸侯有变，顺流而下，足以委输。”①此前，楚汉相争5年，山东漕粮粒米未运关中，则张良所言“河渭漕挽天下，西给京师”，明显地指向秦朝所为。至于“诸侯有变，顺流而下，足以委输”，恐怕主要来自对“夫汉与楚相守荥阳数年，军无见粮，萧何转漕关中，给食不乏”②的实践概括。

无独有偶。汉三年，刘、项两军在荥阳东西拉锯式攻守进退之际，郦生说刘邦曰：“王者以民人为天，而民人以食为天。夫敖仓，天下转输久矣，臣闻其下乃有藏粟甚多。楚人拔荥阳，不坚守敖仓，乃引而东，令戍卒分守成皋，此乃天所以资汉也。方今楚易取而汉反却，自夺其便，臣窃以为过矣。且两雄不俱立，楚汉久相持不决，百姓骚动，海内摇荡，农夫释耒，工女下机，天下之心未有所定也。愿足下急复进兵，收取荥阳，据敖仓之粟，塞成皋之险，杜大行之道，距蜚狐之口，守白马之津，以示诸侯效实形制之势，则天下知所归矣。”③说明秦朝漕运山东粟在荥阳附近的敖仓存储，敖仓是秦时的运道枢纽、仓储要地。

陈留扼鸿沟中腰，也为漕粮集散之地。刘邦进兵近陈留，郦生言夺陈留必要性，“夫陈留，天下之冲，四通五达之郊也，今其城又多积粟”。④可见陈留在秦朝水陆交通和鸿沟漕运中的枢纽地位。

刘邦剿灭项羽，最初称帝于“汜水之阳”的曹州济阴县，近于定陶；继而“都雒阳，诸侯皆臣属”，在黄河中腰；最后“入都关中”⑤，在渭水之滨。三都两迁，恰好彰显了秦汉之际运道关键点位，当然也是秦朝运道的关键点位。

秦人的漕运干道。今人姚汉源对秦代水运运道和规模有相当乐观的估计，“秦代全国可能通航的水道，自秦都咸阳经渭水入黄河、汴渠，通淮泗、长江至太湖、钱塘；或溯江经湘水、漓江通珠江至岭南；或由黄通济水、淄水至山东临淄；或溯黄西去甘宁；或沿黄通海河水系至幽、冀或溯江入巴蜀。南北水运可走近海，亦可经黄、汴、泗、淮、江、湘等内河至岭南”。⑥这不仅是一种相当客观的推测，而且也有历史资料依据。其中漕运粮食到都城或敖仓，倚重的是渭水、黄河、鸿沟、济水水系。

---

① 《史记》卷55，中华书局2000年版，第1632页。
② 《史记》卷53，中华书局2000年版，第1613页。
③ 《史记》卷97，中华书局2000年版，第2081页。
④ 《史记》卷97，中华书局2000年版，第2080页。
⑤ 《史记》卷8，中华书局2000年版，第268—269页。
⑥ 姚汉源：《京杭运河史》，中国水利水电出版社1998年版，第5页。

秦都咸阳是全国政治中心，周围的关中平原是当时粮食生产高产区，水平与山东不相上下。但都城和九原边防粮食消费巨大，关中平原人口密集，不漕运关东难以支持西北军国之需。统一六国之前，关中粮食缺口主要靠南运巴蜀之粮来解决，水陆交替，车载畜驮，翻山越岭，险山恶水，运输十分艰难。统一六国后，秦人清除东方水道障碍，整合运道，统筹漕运，形成济水、鸿沟、黄河、渭水漕运干道，将渭水岸边的政治中心咸阳与山东粮食高产区联系起来。

所谓山东，就是指殽山、函谷关以东除今山西省以外的广大地区。西起太行山东南山麓，北至海河流域，东至沿海，西南至鸿沟流域，在当时是农业高产区。

黄河、济水、鸿沟是其水运干道，定陶是其经济中心，位于济水、鸿沟和黄河交会处的荥阳为其漕运枢纽，敖仓是漕粮的主要集散仓。

# 第五章　两汉运道及其治理

## 第一节　两汉近畿运道治理

西汉定都长安。张良为刘邦定策，“阻三面而守，独以一面东制诸侯。诸侯安定，河渭漕挽天下，西给京师；诸侯有变，顺流而下，足以委输”。[①] 可知河渭漕挽是西汉立国命脉，长安是西汉的漕运终点。定都长安，还因为长安有优越的水利条件。司马相如《上林赋》写道：“丹水更其南，紫渊径其北。终始霸产，出入泾渭，酆镐潦潏，纡余委蛇，经营其内。荡荡乎八川分流，相背异态，东西南北，驰骛往来。”[②] 这段话被后人概括为“八川分流”，用以形容长安城水利水运之便。八川，即泾、渭、灞、浐、沣、潦、滈、潏8条河流，其中渭水是干流，其他七川皆渭之支流；泾渭二河在长安城北，其他六川皆在城南。

西汉漕运函谷关以东粮食到长安，以黄河、渭水为干道。三门之险和渭水梗阻严重制约着漕运量，西汉治河通运首先要解决的是三门之险，其次是渭水梗阻。文、景以前，长安需要漕运数量有限，这问题不突出。汉武帝年间，漕运既满足京师官民食用，又支持西部、北部对匈奴作战，关中粮食需要量剧增。开拓京畿运道、改善关中粮食供应成为日益紧迫的要务。

第一，开关中漕渠。汉时长安离潼关黄河直线距离只有300里，而其间渭水河道距离却是这一距离的3倍。渭水不仅弯曲异常，而且深浅不一、浅滩众多，极易搁浅漕船，武帝以前漕船出黄入渭后到达长安需要6个月时间。开长安至潼关漕渠代替渭水自然河道，成为日益急迫的任务。

---

① 《史记》卷55，中华书局2000年版，第1632页。

② 《汉书》卷57，中华书局2000年版，第1936页。

有鉴于此，武帝元光年间，大司农郑当时提议："关东漕粟从渭中上，度六月而罢，而漕水道九百余里，时有难处。引渭穿渠起长安，并南山下，至河三百余里，径，易漕，度可令三月罢。"工程目标是减少三分之二的行船距离和一半行船时间。经水利专家徐伯实地勘测取线，元光六年动工，"悉发卒数万人穿漕渠，三岁而通。通，以漕，大便利"。[①] 历时3年，元朔三年工竣，取名漕渠。新渠投入使用比预期效果还好。多年之后，又开凿昆明池，作为漕渠水柜。

第二，开河东漕渠，引黄、汾二水溉田输粟。山东粮食漕运关中困于黄河三门之险，解困途径之一是加强三门以西农业生产。武帝前期，河东太守番系建言："漕从山东西，岁百余万石，更砥柱之限，败亡甚多，而亦烦费。穿渠引汾溉皮氏、汾阴下，引河溉汾阴、蒲坂下，度可得五千顷。五千顷故尽河壖弃地，民茭牧其中耳，今溉田之，度可得谷二百万石以上。谷从渭上，与关中无异，而砥柱之东可无复漕。"西汉河东郡隶24县，在今晋西南靠近黄河转弯处，其中皮氏、汾阴、蒲坂等县尤多荒地。郡太守番系建议开渠，分别引黄河和汾水灌溉，变抛荒弃地为水浇良田，迁移越人开垦栽稻其间，每年可增加200万石粮食，不经三门而由新开渠过黄入渭输长安，计划是很诱人的。于是"发卒数万人作渠田"。但渠成后"数岁，河移徙，渠不利，田者不能偿种"。黄河大溜滚动，新渠不得来水，种稻连种子都收不回来。"久之，河东渠田废，予越人，令少府以为稍入。"[②] 只好把原来期望的水田当作旱田交给越人来种，应纳田租由少府收取和支配。

第三，汾渭运道的重新利用。宣帝五凤年间，"岁漕关东谷四百万斛以给京师，用卒六万人"。漕运量加大但投入也大，而三辅和河东地区粮价便宜，"吏多选贤良，百姓安土，岁数丰穰，谷至石五钱，农人少利"。在此背景下，大司农耿寿昌建议"籴三辅、弘农、河东、上党、太原郡谷，足供京师，可以省关东漕卒过半"。所籴河东、上党、太原粮食西运长安，唯一现成运道只能是汾、渭水道。这实际上是要反向复制春秋时秦晋的泛舟之役，御史大夫萧望之以"筑仓治船，费值二万万余，有动众之功，恐生旱气，民被其灾"为由加以反对，宣帝不为所动，仍然批准动工。实施后"漕事果便"[③]。解决长安用粮问题之后，耿寿昌又在边郡推行

---

① 《史记》卷29，中华书局2000年版，第1198页。
② 《史记》卷29，中华书局2000年版，第1198页。
③ 《汉书》卷24，中华书局2000年版，第959页。

常平法，“令边郡皆筑仓，以谷贱时增其贾而籴，以利农，谷贵时减贾而粜，名曰常平仓。民便之”。[①] 通过官方粮价调控和改革漕运，尽量缩短漕运距离、压缩漕运规模。

第四，开褒斜道以通漕汉、沔。秦岭的褒水河谷和斜水河谷三代就是秦、蜀二地交通要道，褒水属于汉水水系，向南流；斜水属于渭水水系，向北流。二水发源处有数百里山地需要打通。工程基本思路为：“褒水通沔，斜水通渭，皆可以行船漕。漕从南阳上沔入褒。褒绝水至斜，间百余里，以车转，从斜下渭，如此，汉中谷可致，而山东从沔无限，便于底柱之漕。”前景十分诱人。武帝任命张卬为汉中太守，“发数万人作褒斜道五百余里。道果便近，而水多湍石，不可漕”。[②] 失败原因，是工程主持人张卬改原议车盘百里为全程水运行船，结果难以通漕。东汉顺帝末，虞诩开渠自陕南的沮水至陇南的下辩，“自将吏士，案行川谷，自沮至下辩数十里中，皆烧石剪木，开漕船道，以人僦直雇借佣者，于是水运通利，岁省四千余万”。[③] 褒斜通运梦想得到变相实现。

第五，开灌溉渠道（主要是六辅渠和白渠），发展关中农业，减少对山东漕粮依赖。武帝元鼎六年开六辅渠，“儿宽为左内史，奏请穿凿六辅渠，以益溉郑国傍高卬之田”。[④] 可知六辅渠是对秦人所开郑国渠的拾遗补阙，郑国渠主要引泾水淤灌低洼，而六辅渠是要引泾水灌溉高燥之地。二渠之开相隔136年，但于发展农业有异曲同工之妙。六辅渠开成后，儿宽“定水令以广溉田”，颜师古注水令：“为用水之次具立法令，令皆得其所也。”[⑤] 用法令的形式规定合理用水次序，提高六辅渠灌溉效率，预防用水中的矛盾纠纷甚至争斗，成为中国古代水利史上的佳话。

16年后，武帝“太始二年，赵中大夫白公复奏穿渠”。所开渠被称作白渠。实际上也是对秦人遗留郑国渠的拾遗补阙，工程实施要领是“引泾水，首起谷口，尾入栎阳，注渭中，袤二百里，溉田四千五百余顷，因名曰白渠”。引泾注渭，二百里白渠开成后，谷口、栎阳之间土地4500顷，成为旱涝保收的高产田，给国计民生带来巨大实惠。“民得其饶，歌之曰：‘田于何所？池阳、谷口。郑国在前，白渠起后。举臿为云，决渠为雨。泾水一石，其泥数斗。且溉且粪，长我禾黍。衣食京师，亿万之口。’言

---

① 《汉书》卷24，中华书局2000年版，第959页。
② 《汉书》卷29，中华书局2000年版，第1337页。
③ 《后汉书》卷58，中华书局2000年版，第1262页。
④ 《汉书》卷29，中华书局2000年版，第1340页。
⑤ 《汉书》卷58，中华书局2000年版，第1996页。

此两渠饶也。”[1] 此渠至明清两朝还有使用。

总之，西汉武帝至宣帝年间，是治水通运、治水兴利的筑梦多成期。其间“用事者争言水利。朔方、西河、河西、酒泉皆引河及川谷以溉田。而关中灵轵、成国、沣渠引诸川……皆穿渠为溉田，各万余顷。它小渠及陂山通道者，不可胜言也”[2]。史家称之为武宣盛世，于治水兴利领域也为不虚。

东汉都洛阳。当年周公营建雒邑，以其居“天下之中，四方入贡道里均”[3]。由伊、洛出入大河，易于安抚诸侯、控制东方。东汉定都洛阳，大概也出于同样考虑。洛阳地理险要不如长安，但漕运便利非长安可比。东汉张衡《东京赋》写道：“泝洛背河，左伊右瀍，西阻九阿，东门于旋。盟津达其后，太谷通其前。”[4] 附近虽有河、伊、谷、涧、洛五水，但真正让它们承担漕运，还须施加人工。所以定都之初即大力营建京畿运道。

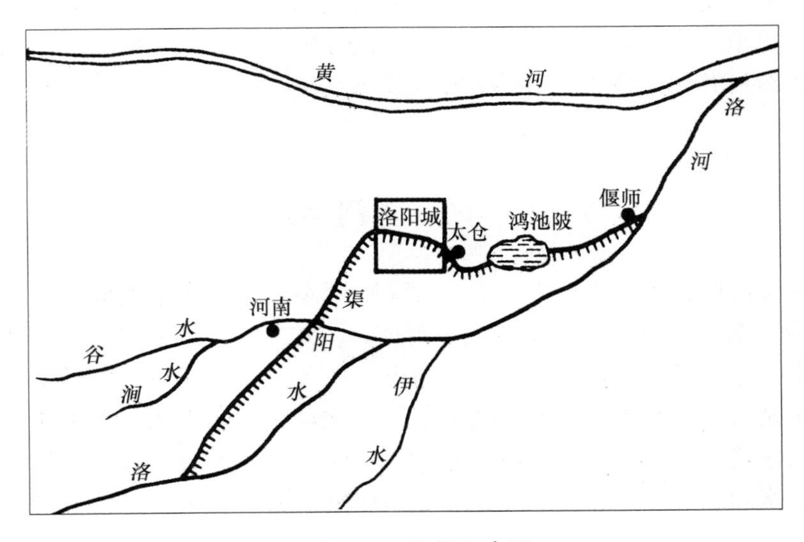


**图 5－1　开阳渠示意图**

开阳渠（见图 5－1），畅通京城到黄河运道。洛阳与黄河之间有伊、

---

① 《汉书》卷 29，中华书局 2000 年版，第 1340 页。

② 《汉书》卷 29，中华书局 2000 年版，第 1339 页。

③ 《史记》卷 4，中华书局 2000 年版，第 97 页。

④ 《六臣注文选》，《四库全书》，集部，第 1330 册，上海古籍出版社 1987 年版，第 61 页。

洛水，但洛水水浅，通漕效果不理想，需要对其加以人工改造，辅之以水利设施，才能畅通漕船。这一工程被史家称为开阳渠。光武帝建武五年(29)，王梁“为河南尹。梁穿渠引谷水注洛阳城下，东写巩川，及渠成而水不流”[①]。此次开渠是引谷水注巩川，增加运道水量。河成而水流不过来，说明之前测量之术不精。

建武二十四年（48），大司空张纯“穿阳渠，引洛水为漕，百姓得其利”[②]。此次河工利用了王梁所开渠道，既引谷水也引洛水济运，所以水量较大，满足了通漕需要。这次工程解决问题很彻底，“张纯堰洛以通漕，洛中公私穰赡”。[③] 至顺帝年间还运营良好，“阳嘉四年乙酉壬申诏书：以城下漕渠东通河济，南引江淮，方贡委输，所由而至”[④]，下诏在建春桥建立石柱，刻石志皇帝赞赏之意。

今人曹尔琴据《水经注》所记考证王梁、张纯所开新旧阳渠关系：“王梁开的旧渠，流过洛阳城北，在东北城角再南流，至建春门石桥下。张纯开的新渠经过城西白马寺之东，南流从西南城角折向东，再东南城角折北，也至石桥下。两渠汇合，再东经偃师城南，东注于渠水。”[⑤] 由此可知，张纯所开阳渠整合了王梁引谷水成果。

## 第二节　两汉黄河运道治理

两汉漕运，皆以黄河为干道，西汉则更甚。楚汉相争期间，关东汉军的补给基地是关中，漕运主持人是萧何，“汉二年，汉王与诸侯击楚，何守关中，侍太子，治栎阳。为法令约束……关中事计户口转漕给军，汉王数失军遁去，何常兴关中卒，辄补缺”。[⑥] 萧何船运由渭水、黄河水道，或车驮出潼关。《史记》《汉书》皆“转”与“漕”连用，表明西汉运输军需常常水陆、车船并用。“夫汉与楚相守荥阳数年，军无见粮，萧何转漕

---

① 《后汉书》卷22，中华书局2000年版，第517页。

② 《后汉书》卷35，中华书局2000年版，第802页。

③ （北魏）郦道元：《水经注》，《四库全书》，史部，第573册，上海古籍出版社1987年版，第263页。

④ （北魏）郦道元：《水经注》，《四库全书》，史部，第573册，上海古籍出版社1987年版，第262页。

⑤ 曹尔琴：《洛阳，从汉魏至隋唐的变迁》，《唐都学刊》1986年第1期，第13页。

⑥ 《史记》卷53，中华书局2000年版，第1612页。

关中，给食不乏。”[①] 满足了前线粮饷和兵员补充需求。

项羽败亡，大汉开国。“漕转山东粟，以给中都官，岁不过数十万石。”[②] 当时天下一半分封、一半郡县，东部中国皆封建诸侯，数十万石漕粮当来自黄河中游近关中地区。在“天子不能具钧驷，而将相或乘牛车，齐民无藏盖”[③] 的情况下，漕运数十万石粮食过三门河险到长安，也算是一笔巨大财富、一项浩大工程。

及武帝在位，诸役叠兴，“兴十万余人筑卫朔方，转漕甚辽远，自山东咸被其劳，费数十百巨万，府库益虚”。[④] 粮食和钱财储备挥霍殆尽。随着对匈战事扩大，“捕斩首虏之士受赐黄金二十余万斤，虏数万人皆得厚赏，衣食仰给县官；而汉军之士马死者十余万，兵甲之财转漕之费不与焉”。[⑤] 加紧通过黄河漕运关东，运用财政、税收手段甚至出售官爵聚敛钱财，搜罗粮食。桑弘羊理财期间贵粟重漕，激发州县和民间漕运潜能，实现岁运 600 万石梦想，“令民得入粟补吏，及罪以赎。令民入粟甘泉各有差，以复终身，不复告缗。它郡各输急处，而诸农各致粟，山东漕益岁六百万石。一岁之中，太仓、甘泉仓满。边余谷，诸均输帛五百万匹。民不益赋而天下用饶”。[⑥] 贵粟解决了漕粮来源，它郡各输、诸农各致使，有漕运责任的郡县更普遍，天下有水皆漕，有路皆转，漕运量激增 600 万石，才基本满足了军国需求。

东汉时北方的匈奴不再成为致命威胁，西北边防对漕运需求较西汉减少。尤其是建都洛阳，以黄河下游为漕运干道，较西汉漕运长安水程短近数百公里，无须再经三门险道，漕运难度降低。

两汉为确保黄河运道畅通，都曾努力治理黄河。西汉治理黄河主要体现在下游堵决上。文帝时河决酸枣，当即大兴人众堵而塞之。武帝元光年间河决于瓠子，20 多年后才力堵其口。其后黄河北决馆陶，分流出屯氏河，居然听任河分长期不塞，至元帝永光五年河决灵鸣犊口，屯氏河才绝流。成帝年间河决频繁，首决馆陶及东郡金堤，河堤使者王延世采用竹落装石塞决技术，月余塞决成功；次决平原，王延世复塞之；三决勃海、清河、信都，置之不塞。西汉末年政治退步，新莽时期倒行逆施，治河之事

---

① 《史记》卷 53，中华书局 2000 年版，第 1613 页。
② 《史记》卷 30，中华书局 2000 年版，第 1204 页。
③ 《史记》卷 30，中华书局 2000 年版，第 1203 页。
④ 《史记》卷 30，中华书局 2000 年版，第 1206 页。
⑤ 《史记》卷 30，中华书局 2000 年版，第 1206 页。
⑥ 《汉书》卷 25，中华书局 2000 年版，第 983 页。

议而不决，给东汉留下河崩漕坏烂局。

西汉常常借助漕船及其水手救灾赈济。成帝年间堵塞馆陶及东郡金堤决口时，大司农非"调均钱谷河决所灌之郡，谒者二人发河南以东漕船五百艘，徙民避水居丘陵，九万七千余口。河堤使者王延世使塞，以竹落长四丈，大九围，盛以小石，两船夹载而下之。三十六日，河堤成"①。可见治河与通漕关系密切，不仅用漕船救灾，而且调漕船堵决。

西汉治三门之险无成。"漕从山东西，岁百余万石，更底柱之艰，败亡甚多而烦费"。② 其中鬼门水浅，河床险恶；神门水深数十丈，湍急异常；唯入门稍可行船，也需经验老到的河师导航，纤夫在半山腰的栈道上牵挽。成帝鸿嘉四年（前17），丞相府史杨焉以为"从河上下，患底柱隘，可镌广之"。成帝采纳其议，"使焉镌之。镌之裁没水中，不能去，而令水益湍怒，为害甚于故"。③ 大概是能镌去水上石尖，不能去水下石根。事虽不成精神可嘉，对后代也有典型引导和教训警示作用。

东汉治河有一劳永逸之妙。王景治理黄河，实现河汴分流，筑大堤引黄河从千乘入海，引汴渠会泗入淮，治效绵长功施千年，也为东汉漕运提供了有力保障。"东方之漕全资汴渠……河汴分流，则运道无患，治河所以治汴也。……二渠既修，则东南之漕由汴入河，东北之漕由济入河，舳舻千里，挽输不绝，京师无匮乏之忧矣。"④ 清人胡渭此言，概括东汉治河通运可谓允当。东汉漕运以洛阳为终点，以洛水通黄河，以黄河漕运东方，东北漕粮由济入河，东南漕粮由汴入河。王景治河功效久远，"我们虽未获得直证，也未获得反证"⑤，今人普遍认同。

## 第三节　两汉鸿沟运道治理

鸿沟在典籍中有不同称谓。《汉书》称之为鸿沟，也称之为狼汤渠，《水经注》称之为渠水，《竹书纪年》卷下称之为大沟，先秦开成，两汉使用频繁。

---

① 《汉书》卷229，中华书局2000年版，第1342页。
② 《汉书》卷229，中华书局2000年版，第1336页。
③ 《汉书》卷229，中华书局2000年版，第1343页。
④ （清）胡渭：《禹贡锥指》，《四库全书》，子部，第67册，上海古籍出版社1987年版，第678—679页。
⑤ 岑仲勉：《黄河变迁史》，人民出版社1957年版，第270页。

鸿沟当年开成时就发挥了连接四方的作用，西方的秦国有河渭运道，东方的齐国有淄、济运河，东南的吴国有邗沟、菏水，南方的楚国有云梦通渠和巢肥运河，必待鸿沟成而互相连通。

鸿沟连接四方运道的作用在西汉得到延续。两汉时期，黄河中下游的关东平原是粮食高产区，所征漕粮西汉利用鸿沟、黄河上接渭水运长安，东汉利用鸿沟、黄河进入洛水运洛阳。

鸿沟在西汉漕运中不可或缺，“河南郡荥阳县有狼汤渠，首受泲，东南至陈入颖，过郡四，行七百八十里。又陈留郡陈留县鲁渠水，首受狼汤渠，东至阳夏入涡渠。又浚义县睢水首受狼汤水，东至取虑入泗，过郡四，行千三百六十里。又封邱县濮渠水，首受泲，东北至都关入羊里水，过郡三，行六百三十里。又淮阳国扶沟县涡水，首受狼汤渠，东至向入淮，过郡三，行千里”。[1] 关东平原自然水道多通过鸿沟进入黄河。它与自然河流衔接紧密，且源远流长。河南郡荥阳县“有狼汤渠，首受泲，东南至陈入颍。过郡四，行七百八十里”[2]。战国泲水与鸿沟同在荥阳从黄河引出，即使西汉狼汤渠真的从泲引水，但引的仍然是黄河水。狼汤渠通过鲁渠水、涡水与淮河衔接：“鲁渠水首受狼汤渠，东至阳夏，入涡渠。”[3] 扶沟境内“涡水首受狼汤渠，东至向入淮，过郡三，行千里”[4]。涡水为淮河支流，入涡亦即入淮。浚仪境内“睢水首受狼汤水，东至取虑入泗”[5]。取虑，汉县名，地在临淮郡（今洪泽湖一带），又名淮浦。由睢水入泗下行即入淮，上行至山东腹地。西汉鸿沟水系漕运天下大半。

《前汉纪》所述鸿沟的连接四方作用，至东汉仍有实际意义。东汉鸿沟（图示5－2汴渠以外锯齿线）相连的有黄河、济水、濮水、睢水、涡水、颍水，睢、涡、颍三水是淮河支流。东汉的汴渠沟通泗水、淮河和江淮运河，由泗水入淮通过邗沟即可沟通长江。

东汉通过鸿沟和汴渠连接黄河和济水漕运东方，通过鸿沟、汴渠连接黄河、淮河漕运东南，“东南之漕由汴入河，东北之漕由济入河，舳舻千里，挽输不绝，京师无匮乏之忧矣”。于河汴和河济二道之中，偏重河汴一道，这是西汉黄河多次决口、黄河干流南移的结果。“盖建都洛阳，东

① （汉）荀悦：《前汉纪》，《四库全书》，史部，第249册，上海古籍出版社1987年版，第798页。

② 《汉书》卷28，中华书局2000年版，第1253页。

③ 《汉书》卷28，中华书局2000年版，第1255页。

④ 《汉书》卷28，中华书局2000年版，第1306页。

⑤ 《汉书》卷28，中华书局2000年版，第1256页。

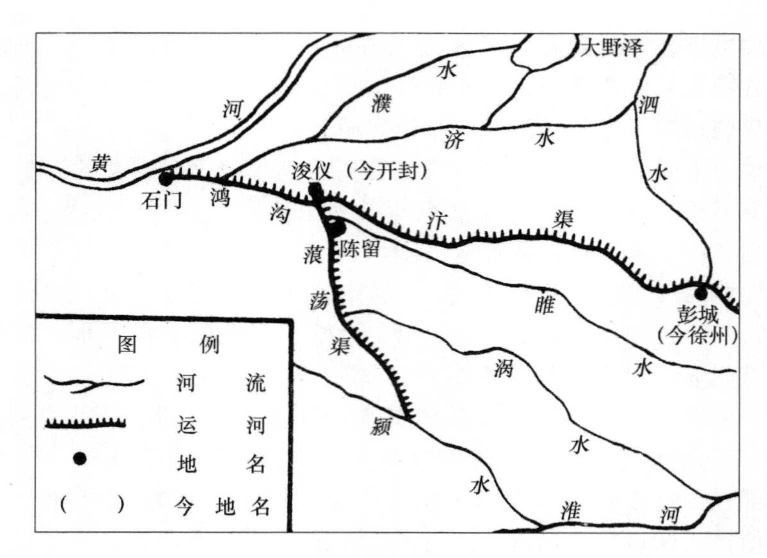


图 5－2 东汉鸿沟和汴渠示意图

方之漕全资汴渠，故惟此为急。"[①] 西汉末年，黄河、汴渠运道崩坏，济水也受到冲击。"平帝时，河、汴决坏，未及得修。"[②] 济水流域被黄河决水淹没十多县，东方漕运基本瘫痪。60 多年后，至东汉永平十二年，才决策大修河、汴。

按《后汉书·王景传》，汴渠大修前后两次兴工。首次仅修汴渠的浚仪段，"景少学《易》，遂广窥众书，又好天文术数之事，沈深多伎艺。辟司空伏恭府。时有荐景能理水者，显宗诏与将作谒者王吴共修作浚仪渠。吴用景墕流法，水乃不复为害"。[③] 王景辅佐王吴修浚仪渠取得成功，关键在于采用王景的墕流法。第二次治河理汴更具全局性、彻底性，"永平十二年，议修汴渠，乃引见景，问以理水形便。景陈其利害，应对敏给，帝善之。又以尝修浚仪，功业有成，乃赐景《山海经》《河渠书》《禹贡图》及钱帛衣物。夏，遂发卒数十万，遣景与王吴修渠筑堤，自荥阳东至千乘海口千余里。景乃商度地势，凿山阜，破砥绩，直截沟涧，防遏冲要，疏决壅积，十里立一水门，令更相洄注，无复溃漏之患。景虽简省役费，然

① （清）胡渭：《禹贡锥指》，《四库全书》，经部，第 67 册，上海古籍出版社 1987 年版，第 678 页。
② 《后汉书》卷 76，中华书局 2000 年版，第 1666 页。
③ 《后汉书》卷 76，中华书局 2000 年版，第 1666 页。

犹以百亿计。明年夏，渠成”。[①] 此既治河又理汴，对西汉末年以来的河崩汴坏进行彻底且有效的治理。

王景治河理汴，墕流法和水门有创造性应用。所谓墕流法，就是在堤岸一侧设置侧向溢流堰，专门用来分泄洪水。水门也是分泄洪水设施，西汉后期就有应用，哀帝时贾让上治河三策，有“今可从淇口以东为石堤，多张水门。……恐议者疑河大川难禁制，荥阳漕渠足以卜之，其水门但用木与土耳，今据坚地作石堤，势必完安”[②] 之语，所谓荥阳漕渠即后来的东汉汴渠，西汉即有应用，普遍地用木板做成。王景治理汴渠设置水门密度是十里一门，上水门泄出浊流，经过十里沉淀，清水再从下一水门流进主渠，使泥沙过滤在渠外加强河堤根基，此即“更相洄注”之意。

今人杜省吾认为墕流法只是水门技术的一种创新。他考证，王景在任庐江太守治理芍陂时，“采用薪木软料草土混筑，类似现代之溢洪堰，水位涨至一定高程即漫溢而出，这就省去人工管理和开关设备。墕与堰通，即堰蓄一定水量而流去更多之水量”。后来将此法用到浚仪渠治理和治河理汴上，“荥阳至千乘海口千余里，就有一百多个水门。墕流法之水门可能比旧制水门为宽……门限可能比旧制水门之门限为低”。[③] 一家之言，有说服力。

此后汴渠治理并未一劳永逸，至少黄河取水口需要经常维修。安帝永初年间建八激堤于汴渠取水石门东。“王景治后，河、汴分流，河不能夺汴而仍留石门通津，石门一渠当冲之处，沿堤回溜湍急，冲刷堪虞。”[④] 石门即开河堤取水口门，砌石而成。“汉安帝永初七年，令谒者太山于岑于石门东积石八所，皆如小山，以捍冲波，谓之八激堤。”[⑤] 相当于连续设置的 8 座挑流坝，既可抵制洪水冲刷，又可推托溜势外移，对汴口水门具有很大导水和防护作用。维修一直持续到东汉顺帝阳嘉年间，从汴口以东顺着黄河做积石偃，通向淮水，工程被叫作金堤。旨在加强石门以下汴渠河身。“灵帝建宁四年，于敖城西北垒石为门，以谒渠口，谓之石门。故世

① 《后汉书》卷 76，中华书局 2000 年版，第 1666 页。

② 《汉书》卷 29，中华书局 2000 年版，第 1347 页。

③ 杜省吾：《黄河历史述实》，黄河水利出版社 2008 年版，第 28 页。

④ （清）康基田：《河渠纪闻》，《四库未收书辑刊》，第 1 辑第 28 册，北京出版社 1997 年版，第 572 页上栏。

⑤ （北魏）郦道元：《水经注》，《四库全书》，史部，第 573 册，上海古籍出版社 1987 年版，第 83 页。

亦谓之石门，水门广十余丈，西去河三里。”① 这可能是取水口的重建。

两汉是中国封建社会的政治上升期，统治阶级励精图治，尚无后来因循守旧，明君贤臣前后相继，清官循吏无代无之，他们为了实现国家长治久安和河安漕通，善于寻梦、勇于筑梦、善于圆梦，创造了无数人间奇迹。

## 第四节 两汉航海和外贸

汉初奉行无为而治，无心探索海外。至汉武帝继位，始频繁有事四方，多有出海行动。建元三年七月，中大夫严助发会稽兵，出海救东瓯，吓退了围东瓯的闽越兵。元鼎六年秋，东粤王余善反汉，武帝“遣横海将军韩说出句章，浮海从东方往”②，与其他三路汉军共击之，元封元年冬攻入东粤，接受东粤投降。水军出海作战初露锋芒。句章即今浙江宁波，东粤王余善地在广东，韩说部水军海上行军数千里至广东战而胜之，可见此时航海技术的成熟。

武帝本人十分向往大海。元封元年（前110），“天子既已封泰山，无风雨灾，而方士更言蓬莱诸神若将可得，于是上欣然庶几遇之，乃复东至海上望，冀遇蓬莱焉。……上乃遂去，并海上，北至碣石，巡自辽西，历北边至九原”。③ 泰山封禅之余，亲临东海寻找蓬莱仙山。未果，又沿海北上碣石、巡辽西，由辽西陆行到九原。太初三年（前102），武帝最后一次巡海，“二月幸东海，获赤雁，幸琅邪，礼日成山，登之罘，浮大海而还”。④ 东海郡即今江苏连云港境，琅邪在今山东青岛境，成山在胶东半岛前端凸入大海处，之罘山在今烟台境。这次巡海，历经苏北、鲁东多处滨海城市，最后浮海入黄河口回长安。

武帝发动征伐朝鲜之役是西汉航海行动高潮。元封二年（前109），武帝以卫氏朝鲜阻断贡道为由，“募罪人击朝鲜。其秋，遣楼船将军杨仆从齐浮勃海，兵五万。左将军荀彘出辽东，诛右渠”。一陆一海两路进兵，

① （北魏）郦道元：《水经注》，《四库全书》，史部，第573册，上海古籍出版社1987年版，第122页。

② 《汉书》卷95，中华书局2000年版，第2849页。

③ 《史记》卷28，中华书局2000年版，第1191页。

④ （北宋）司马光：《资治通鉴》，《四库全书》，史部，第304册，上海古籍出版社1987年版，第404页。

先败后胜，终灭卫氏。“遂定朝鲜，为真番、临屯、乐浪、玄菟四郡。”[①]此后，倭人经过朝鲜来朝贡，“乐浪海中有倭人，分为百余国，以岁时来献见”[②]。

西汉与南洋各国没有战争，交往主要是航海贸易。武帝统一百越后，新设州郡中有日南（地在今越南广治）、徐闻（地在今广东徐闻县）、合浦（地在今广西合浦县）；后来发现海南岛，设为儋耳、珠崖二郡，成为大汉向南洋航海贸易的前进基地。外洋贸易局面渐开，涉足之远至于印度洋。《汉书·地理志》载：“徐闻、合浦船行可五月，有都元国；又船行可四月，有邑卢没国；又船行可二十余日，有谌离国；步（应为船之误）行可十余日，有夫甘都卢国。自夫甘都卢国船行可二月余，有黄支国，民俗略与珠崖相类。其州广大，户口多，多异物，自武帝以来皆献见。”[③]汉人驾船出海，多持黄金丝绸换取宝物，“有译长，属黄门，与应募者俱入海市明珠、璧流离、奇石异物，赍黄金，杂缯而往”。汉人所到之处，当地接待热情，“皆禀食为耦，蛮夷贾船，转送致之”。如果不“逢风波溺死”，则可“数年来还。大珠至围二寸以下”。汉末王莽辅政时，曾“厚遗黄支王，令遣使献生犀牛。自黄支船行可八月，到皮宗……黄支之南，有已程不国，汉之译使自此还矣”[④]。都元地在苏门答腊，邑卢没、谌离、甘都卢地在缅甸，黄支地在印度，皮宗地在新加坡，已程不即斯里兰卡。

东汉与西洋货物往还里程超过西汉。汉和帝永元九年，“班超遣掾甘英穷临西海而还”。[⑤] 西海即今波斯湾，离罗马帝国边界不过100公里，汉人得知罗马帝国风土人情和方物特产。《后汉书·西域传》载，罗马帝国“其王常欲通使于汉，而安息欲以汉缯彩与之交市，故遮阂不得自达。至桓帝延熹九年，大秦王安敦遣使自日南徼外献象牙、犀角、玳瑁，始乃一通焉。其所表贡，并无珍异，疑传者过焉”[⑥]。罗马早就想和东汉开展直接贸易，甘英抵波斯湾后的第69年，罗马帝国派使团直接到了东汉。

---

① （南宋）徐天麟：《西汉会要》，《四库全书》，史部，第609册，上海古籍出版社1987年版，第438页。

② 《汉书》卷28，中华书局2000年版，第1322页。

③ 《汉书》卷28，中华书局2000年版，第1330页。

④ 《汉书》卷28，中华书局2000年版，第1330页。

⑤ 《后汉书》卷88，中华书局2000年版，第1968页。

⑥ 《后汉书》卷88，中华书局2000年版，第1974页。

东汉与朝鲜、日本保持朝贡关系。日本当时有国众多，“建武中元二年，倭奴国奉贡朝贺，使人自称大夫，倭国之极南界也。光武赐以印绶。安帝永初元年，倭国王帅升等献生口百六十人，愿请见”。[①] 建武中元是明帝第一个年号，生口即奴婢。朝鲜分合不一，“建武二十年，韩人廉斯人苏马谌等诣乐浪贡献。光武封苏马谌为汉廉斯邑君，使属乐浪郡，四时朝谒”。[②] 为汉属国，常来朝贡。

---

① 《后汉书》卷85，中华书局2000年版，第1907页。
② 《后汉书》卷85，中华书局2000年版，第1906页。

# 第六章　两汉河行规律和治河经验

## 第一节　黄河滚动规律初现

大禹治水以来4000多年，黄河平均“百年一改道，三年两决口”。但三代1900来年，改道只一次，“周定王五年，河徙故渎”。[①] 定王五年即公元前602年，其时已进入春秋之世150多年，离西周开国已经452年，离大禹治水已经1400多年。

大汉开国后，黄河进入多事之秋。史载：“汉兴三十九年，孝文时河决酸枣，东溃金堤，于是东郡大兴卒塞之。”[②] 具体年月是汉文帝三年。东郡属兖州，在今豫北与鲁西北接合部。金堤一名十里堤，在白马县东五里。酸枣故城在滑州。决口很快被堵住，并没有引起改道。

武帝元光年间，“河决于瓠子，东南注钜野，通于淮、泗。于是天子使汲黯、郑当时兴人徒塞之，辄复坏”。其中原因是丞相作梗，“是时武安侯田蚡为丞相，其奉邑食鄃。鄃居河北，河决而南则鄃无水灾，邑收多。蚡言于上曰：‘江河之决皆天事，未易以人力为强塞，塞之未必应天。’而望气用数者亦以为然。于是天子久之不事复塞也”。[③] 决口所在的瓠子在甄城以南、濮阳以北，决口宽百步、深约5丈。决水南冲，注巨野泽，然后通过泗水入淮。

周定王五年到武帝元光四年，大河含沙量增速很快。《左传·鲁襄公八年》有“俟河之清，人寿几何”之语，其时离周定王五年不到40年，黄河已经有些混浊。大汉开国，封植王侯的誓书中有“使黄河如带，泰山

---

① （北魏）郦道元：《水经注》，《四库全书》，史部，第573册，上海古籍出版社1987年版，第101页。

② 《史记》卷29，中华书局2000年版，第1198页。

③ 《史记》卷29，中华书局2000年版，第1198页。

若厉，国以永存，爰及苗裔”。[1] 说明此时黄河已成社会通称。含沙量日大的黄河行定王五年之道入渤海既久，河道渐高，南下势能渐大，故文、武之世大决频决。

元鼎年间武帝亲临瓠子决口，兴大工堵塞南流河水。“自河决瓠子后二十余岁，岁因以数不登，而梁楚之地尤甚。上既封禅，巡祭山川，其明年，乾封少雨。上乃使汲仁、郭昌发卒数万人塞瓠子决河。于是上以用事万里沙，则还自临决河，湛白马玉璧，令群臣从官自将军已下皆负薪寘决河。是时东郡烧草，以故薪柴少，而下淇园之竹以为楗。”[2] 大禹治水之后，汉武帝又以帝王之尊指挥治河。回行河北故道不久，黄河又决于馆陶北岸，决水东北经魏郡、清河、信都、渤海入海，宽广与正河等，时称屯氏河。至宣帝地节年间郭昌行视治河，恐屯氏河冲贝丘县，遂另穿渠截弯取直，引屯氏水东行东郡界。元帝永光五年（前39），河决于正河的灵鸣犊口，屯氏河断绝。可见黄河含沙量越来越大，很难长久专行一道。

西汉末年河决纷纷，皆因武帝北击匈奴，黄河中上游农耕区扩张迅速，致使黄河含沙量剧增，下游河床抬高过快。成帝建始元年（前32），清河都尉冯逡奏河事有言：“郡承河下流，与兖州东郡分水为界，城郭所居尤卑下，土壤轻脆易伤。”[3] 当时黄河尾闾从清河和东郡中间穿过入海，于屯氏河断流70年后，清河郡城堤高城低，不能不说是泥沙垫高河底所致。冯逡建议重开屯氏河，预防黄河南决东郡，当局没有采纳。建始四年（前29），“河果决于馆陶及东郡金堤，泛滥兖、豫，入平原、千乘、济南，凡灌四郡三十二县，水居地十五万余顷，深者三丈，坏败官亭室庐且四万所”。多亏河堤使者王延世堵决措施得力，“以竹落长四丈，大九围，盛以小石，两船夹载而下之。三十六日，河堤成”。[4] 此次决口才未酿成改道。两年后黄河再决，又一次夺济南、千乘入海，杨焉、王延世又一次将其成功堵塞。成帝年间黄河两次南决，夺济水入海，乃河行燕赵既久、北道过高所致。

哀帝时贾让上治河三策，述说黄河河道抬高之快，有“遮害亭西十八里，至淇水口，乃有金堤，高一丈。自是东，地稍下，堤稍高，至遮害亭，高四五丈。往六七岁，河水大盛，增丈七尺，坏黎阳南郭门，入至堤下。水未逾堤二尺所，从堤上北望，河高出民屋，百姓皆走上山。水留十

---

① 《汉书》卷16，中华书局2000年版，第415页。
② 《汉书》卷29，中华书局2000年版，第1337—1338页。
③ 《汉书》卷29，中华书局2000年版，第1341页。
④ 《汉书》卷29，中华书局2000年版，第1342页。

三日，堤溃（二所），吏民塞之。臣循堤上，行视水势，南七十余里，至淇口，水适至堤半，计出地上五尺所。……初元中，遮害亭下河去堤足数十步，至今四十余岁，适至堤足”[①] 之语，淇口东 18 里之遮害亭 40 多年前河水去堤根几十步，40 年后水已到堤根，也就是说 40 多年里，黄河水位漫过了斜高几十步的河滩。几十步尽管是斜高，垂直高度可能只有几步，一步六尺，也足以让人触目惊心了。这是汉人与水争地的结果，故而贾让提出上策不与河水争地。

王莽摄政和篡汉之后，黄河下游南决危机加重。张戎最先认识到黄河十水六泥、流缓沙停，“水性就下，行疾则自刮除成空而稍深。河水重浊，号为一石水而六斗泥。今西方诸郡，以至京师东行，民皆引河、渭山川水溉田。春夏干燥，少水时也，故使河流迟，贮淤而稍浅；雨多水暴至，则溢决。而国家数堤塞之，稍益高于平地，犹筑垣而居水也。可各顺从其性，毋复灌溉，则百川流行，水道自利，无溢决之害矣”。[②] 此论为明清潘季驯、靳辅治河理论的先声。与张戎同时的关并，建议迁民出离平原、东郡一带，实践不与河水争地的治河策略；王横建议引河行西山高地从东北入海以复禹道，都议而不决。于是便有西汉末年黄河大决改道，漕运崩溃。

周定王五年黄河第一次改道 600 多年后，王莽始建国三年黄河第二次改道，夺济水入海。“河决魏郡，泛清河以东数郡。先是，莽恐河决为元城冢墓害。及决东去，元城不忧水，故遂不堤塞。”[③]《后汉书·王景传》记此事时间有出入：“初，平帝时，河、汴决坏，未及得修。”[④] 两则史料说的应为黄河第二次改道同一史实。“盖河自平帝之世，行汴渠东南入淮，亦行济渎东北入海。”[⑤] 黄河南徙与汴渠合流，直到汉明帝十二年王景大修河汴，“筑堤，自荥阳东至千乘海口千余里”[⑥]，引黄河至千乘入海，才巩固了河行济水这一改道成果。

继王景治河后黄河进入第二个稳定的入海期。近代学者李仪祉说：王景治河之后，“历晋、宋、魏、齐、隋、唐八百余年，其间仅河溢十六次，

---

① 《汉书》卷 27，中华书局 2000 年版，第 1347 页。

② 《汉书》卷 27，中华书局 2000 年版，第 1348 页。

③ 《汉书》卷 99，中华书局 2000 年版，第 3030 页。

④ 《后汉书》卷 76，中华书局 2000 年版，第 1666 页。

⑤ （清）胡渭：《禹贡锥指》，《四库全书》，经部，第 67 册，上海古籍出版社 1987 年版，第 678 页。

⑥ 《后汉书》卷 76，中华书局 2000 年版，第 1666 页。

而无决徙之患”。[①] 可见这条入海通道的得天独厚。王景当年导引黄河入海路线，清人胡渭以清代地名言之：“滑县、开州、观城、濮州、范县、朝城、阳谷、茌平、禹城、平原、陵县、德平、乐陵、商河、武定、青城、蒲台、高苑、博兴、利津诸州县界中，皆东汉以后大河之所行也。”[②] 分别属于大名府、东昌府、兖州府、青州府、济南府。

## 第二节　武帝治河和贾让三策

战国列强和大一统强秦都未曾于治理黄河有大作为，几百年积累的河防薄弱、河沙增大问题，致使西汉黄河进入多决、大决期，汉人对黄河强力堵决之余，开始冷静思索治河规律。

武帝塞瓠子决河。元光中，河决瓠子，“使汲黯、郑当时兴人徒塞之，辄复坏”。[③] 20年后的元封二年，“使汲仁、郭昌发卒数万人塞瓠子决。于是天子已用事万里沙，则还自临决河，沈白马玉璧于河，令群臣从官自将军已下皆负薪寘决河”。[④] 可见塞黄河决口之难。

堵塞决河过程中，武帝创作《瓠子歌》二首。其内容：（1）河决瓠子灾情，“瓠子决兮将奈何？皓皓旰旰兮闾殚为河！殚为河兮地不得宁，功无已时兮吾山平。吾山平兮钜野溢……泛滥不止兮愁吾人？齧桑浮兮淮泗满，久不反兮水维缓”。黄河决水南注巨野，冲入泗、淮。堵塞之工成而复坏多次，给人民生命财产带来巨大灾难。（2）亲临塞决成功，“河汤汤兮激潺湲，北渡污兮浚流难。搴长茭兮沈美玉，河伯许兮薪不属。……颓林竹兮揵石灾，宣防塞兮万福来”。[⑤] 下淇园之竹以为楗，最终堵塞瓠子决口；武帝亲临塞决工地，终于挽河北流故道。

汉武帝是大禹之后帝王亲临治河工地的第一人。他决策伐竹为楗和令群臣皆负薪，激发出巨大能量，终于堵决成功。这对后世治水通运有巨大榜样力量和典型引导作用。

贾让治河三策。汉哀帝时黄河频决仍为困扰汉人的一大社会难题。行

---

① 李仪祉：《后汉王景理水之探讨》，《华北水利月刊》1936年第5—6期，第5页。

② （清）胡渭：《禹贡锥指》，《四库全书》，经部，第67册，上海古籍出版社1987年版，第678页。

③ 《史记》卷29，中华书局2000年版，第1198页。

④ 《史记》卷29，中华书局2000年版，第1200页。

⑤ 《史记》卷29，中华书局2000年版，第1200—1201页。

河骑都尉平当奏请"博求能浚川疏河者"[①]，得到丞相孔光、大司空何武支持，朝廷要求各部刺史和三辅、三河、弘农太守举吏民能治河者，待诏贾让应召上书，被后人概括为"治河三策"，意义非小。

贾让治河三策，对战国到西汉黄河河情变化分析精辟。（1）战国以前，人们不屑于筑堤约束黄河。战国筑堤以邻为壑、与水争地，河情始坏，"齐与赵、魏，以河为竟。赵、魏濒山，齐地卑下，作堤去河二十五里。河水东抵齐堤，则西泛赵、魏，赵、魏亦为堤去河二十五里。虽非其正，水尚有所游荡。时至而去，则填淤肥美，民耕田之。或久无害，稍筑室宅，遂成聚落。大水时至漂没，则更起堤防以自救，稍去其城郭，排水泽而居之，湛溺自其宜也"。[②] 与水争地之害初露端倪。（2）大汉进一步与水争地，致使黄河频决害大。其一，河堤和人居离河身越来越近，"今堤防狭者去水数百步，远者数里。近黎阳南故大金堤，从河西西北行，至西山南头，乃折东，与东山相属。民居金堤东，为庐舍，往十余岁更起堤，从东山南头直南与故大堤会。……东郡白马故大堤亦复数重，民皆居其间"。[③] 其二，不断筑堤逼河水转向，形成恶性循环，"从河内北至黎阳为石堤，激使东抵东郡平刚；又为石堤，使西北抵黎阳、观下；又为石堤，使东北抵东郡津北；又为石堤，使西北抵魏郡昭阳；又为石堤，激使东北。百余里间，河再西三东，迫阨如此，不得安息"。[④] 入木三分地回答了西汉河害频仍的原因。

贾让高屋建瓴地提出治河上中下三策，呼吁最高统治者力行上策，回归尊重自然、顺从规律的治河轨道。他认为，治河的上策是不与河争地。即迁移人居，让出空间；远筑大堤，宽留河床，使汛期河水有所游荡，秋冬水落回归河槽，不至溃决大堤，为害国计民生。"徙冀州之民当水冲者，决黎阳遮害亭，放河使北入海。河西薄大山，东薄金堤，势不能远泛滥，期月自定。……出数年治河之费，以业所徙之民。"[⑤] 虽然牺牲一些眼前局部利益，但可有效避免河决的生命财产损失，最具实践价值。

中策是穿漕引河水溉田，既消减干流水势，又发展粮食生产。"多穿漕渠于冀州地，使民得以溉田，分杀水怒"。穿漕渠要"据坚地作石堤，势必完安。冀州渠首尽当卬此水门。……为东方一堤，北行三百余里，入漳水中，其西因山足高地，诸渠皆往往股引取之；旱则开东方下水门溉冀

① 《史记》卷29，中华书局2000年版，第1344页。
② 《汉书》卷29，中华书局2000年版，第1345页。
③ 《汉书》卷29，中华书局2000年版，第1345页。
④ 《汉书》卷29，中华书局2000年版，第1345页。
⑤ 《汉书》卷29，中华书局2000年版，第1346页。

州，水则开西方高门分河流”。冀州田野得河水灌溉，“则盐卤下湿，填淤加肥；故种禾麦，更为粳稻，高田五倍，下田十倍；转漕舟船之便：此三利也”。[①] 行中策的关键是在合适的地方坚建斗门，一高一低，涝则开高分洪，旱则开低灌溉。下策是继续与水争地，“缮完故堤，增卑倍薄”，以至“劳费无已，数逢其害”[②]。

贾让治河三策客观地分析了西汉末年河情和社会实际，在此基础上指出与水争地现状堪忧，提醒当局及时弃旧图新，或迁民避河、舒张河性，或引渠灌溉、汛期泄洪。力行上策，可收人、河相安无事之效。兼行中策，可化害为利，皆有道理。但是也必须指出，贾让非久掌治河之人。其上策是要恢复战国齐与赵、魏各距大溜二十五里筑堤的做法，而矫正汉兴以来滨河而耕、近河而居之失，最有实践价值；其中策过于理想化，缺乏实际操作成败的检验，且没有虑及多引漕渠，水分则大溜流缓沙停的可能性；其下策与水争地当然不好，但“缮完故堤，增卑倍薄”，无论行上策还是行中策都是绝不可少的。

## 第三节　王景治河功施千年

大禹治水至周定王五年黄河改道，历时 1400 年；周定王五年至汉武帝元光四年河决瓠子南行，历时 470 年。这说明随着黄河中上游农耕文明扩张、黄河含沙量越来越大，故而改道间隔逐渐减短。但是东汉王景治河，功效延续近千年，把这一间隔延长很多。

清人胡渭提出王景治河功施千年问题：“后汉明帝永平十三年庚午，王景治河功成，下逮宋仁宗景祐元年甲戌有横陇之决，又十四岁为庆历八年戊子复决于商胡，而汉唐之河遂废，凡九百七十七岁。”[③] 这段话被人概括为王景治河功施千年。对于其原因，封建社会提出多种解释，其一认为汉朝火德多水灾，唐土德少河患；其二认为唐朝天宝之乱后河朔沦入吐蕃，纵有河事不闻朝廷；其三认为中唐以后藩镇割据非河决所在一方可治，不治之决不入《唐书》。上述诸论虽历史局限明显，有历史唯心主义之嫌，但也着眼于表面现象对问题进行初步思维，有抛砖引玉之功。

---

① 《史记》卷 29，中华书局 2000 年版，第 1346—1347 页。

② 《史记》卷 29，中华书局 2000 年版，第 1348 页。

③ （清）胡渭：《禹贡锥指》，《四库全书》，经部，第 67 册，上海古籍出版社 1987 年版，第 682 页。

中华人民共和国成立后对此研究逐渐深入，学者用历史唯物主义新视角考察历史并确有新的发现。谭其骧《何以黄河在东汉以后出现一个长期安流的局面——从历史上论证黄河中游的土地合理利用是消弭下游水害的决定性因素》，指出东汉以后直至唐代，黄河能够长期保持安流，是由于黄河中游地区的生产方式以牧业为主，水土流失得到控制。该文从导致黄河含沙量变化的生产方式角度分析问题，是一大进步。但是魏晋至隋唐黄河中上游以游牧为主，缺乏论据的有力支撑。故而任伯平在《关于黄河在东汉以后长期安流的原因——兼与谭其骧先生商榷》中对谭说提出质疑，而认为黄河安流与否的原因在于下游河道的宣泄能力。

2012 年，辛德勇撰文对东汉王景治河功施千年问题提出新的分析和解释。作者首先指出胡渭“东汉王景治河功施千年”命题欠严谨，继而指出王景整治后的黄河下游河道仍然存在相当程度的水患，最后介绍了王景治河后黄河下游河道相封安流的各种原因：其一，唐代以前降水强度较低而气温偏高，植被茂盛，有利于涵养水土；其二，唐代以前东海海平面降低，有利于黄河泄洪入海；其三，王景治河选择入海路线较为有利，入海口较原来为近，地形比降较原来为大；其四，王景所筑黄河大堤高大坚固，足以支持黄河顺轨很长时间；其五，王景治河前后的很长一段时期，黄河中游地区天然植被性质没有发生改变。上述诸原因不全是辛德勇首次发现，文中引述众多学者的独立研究结论，辛德勇认为诸说皆有一定理由，“就目前已经取得的成果而言，只能说是多重因素综合作用的结果，尚且不足以清楚判明在这当中到底哪一项是发挥最关键作用的影响因素”。[①] 这不能让人满意，至少应该强调其中之一为主要原因。

本书认为，王景治河功施千年的主要原因是其治河方略符合河变规律，所选黄河入海新道较燕赵故道大为便利。随着黄河含沙量不断加大，黄河河床抬高速度加快，黄河决口会越来越频繁，堵塞决口难度会越来越大。确保黄河不决，需要不断加高加固大堤，还需要巡视、预警和快速反应机制长盛不衰，堵塞意志和能力坚挺如一，而这些先决条件封建制度很难提供。既然如此，人为主动地顺应黄河改道趋势，让它从地降比大的通道入海，是理智的。王景治河基本符合这一精神，而且所选入海路线入海口较原来为近，地形比降较原来为大，这是功施千年的最主要原因。假如王景非要黄河复行禹道，恐怕连功施百年也做不到。

---

① 辛德勇：《由元光河决与所谓王景治河重论东汉以后黄河长期安流的原因》，《文史》2012 年第 1 期，第 49 页。

# 第七章　两汉水运基础和漕改趋向

## 第一节　两汉造船规模和造船技术

### 一　两汉造船规模

两汉设置专门的造船机构和造船基地，有较大的造船能力。

（一）西汉

武帝元鼎五年对南越用兵，水军出动阵容庞大。“伏波将军路博德出桂阳，下湟水；楼船将军杨仆出豫章，下浈水；归义越侯严为戈船将军，出零陵，下离水；甲为下濑将军，下苍梧。皆将罪人，江淮以南楼船十万人。越驰义侯遗别将巴蜀罪人，发夜郎兵，下牂牁江，咸会番禺。”① 数路进军，对番禺做向心攻击。各路水军装备战船不一，楼船为军中大舰，戈船可御蛟龙水下攻击，下濑可行急流险滩。可见西汉造船实力雄厚。

造船机构有中央和地方两级之分，朝廷于中尉下设都船，掌治水；于水衡都尉下设辑濯，为船官。京兆新丰县设有“船司空”，主造船事；庐江郡有“楼船官”。西汉关中造船基地，一为京兆尹船司空县，在渭河、北洛河、黄河交会处附近，《汉书·地理志》载京兆尹有十二县，其中之一为“船司空，莽曰船利”②。船司空本来是主管造船的官，以造船基地而置县，以主船官名作为县名，足可说明该县造船规模非小。二为长安南侧的昆明池和上林苑。《汉书·食货传》载：“粤欲与汉用船战逐，乃大修昆明池，列馆环之。治楼船，高十余丈，旗织加其上，甚壮。”③ 此苑此池既是战舰制造基地，又是水军训练基地。武帝元鼎二年置水衡都尉，掌上林

① 《汉书》卷6，中华书局2000年版，第133页。

② 《汉书》卷28，中华书局2000年版，第1245页。

③ 《汉书》卷24，中华书局2000年版，第979—980页。

苑，属官有辑濯，是船官。辑濯令丞统领的辑濯士，应为造船场卫士。

关中造船不仅用于水战，也用于漕运。汉宣帝五凤年间，大司农耿寿昌欲籴三辅、弘农、河东、上党、太原粮食，不经三门之险就近运长安，计划“筑仓治船，费直二万万余”①。说明关中和河东造船实力雄厚，能在短期内造出大量漕船。成帝年间，河决馆陶，曾“发河南以东漕船五百艘”② 用于救灾，既有常备漕船，必有相应的造船业。

长江下游的广陵，为吴王刘濞都城。吴国全盛时靠煮盐和铸钱所积累的巨大财富广造大船。“内铸消铜以为钱，东煮海水以为盐，上取江陵木以为船，一船之载当中国数十两车，国富民众。”③ 造船实力相当雄厚。

闽浙地区也有相当规模的造船业。武帝年间，东越王渐欲背弃汉廷。武帝“拜买臣会稽太守。……诏买臣到郡，治楼船，备粮食、水战具，须诏书到，军与俱进”。买臣经过一年准备，“受诏将兵，与横海将军韩说等俱击破东越，有功”④。造船基础相当雄厚。

（二）东汉

杜笃《论都赋》写到东汉初年关中造船和水运发达，“皇帝以建武十八年二月甲辰，升舆洛邑，巡于西岳。……遂天旋云游，造舟于渭，北航泾流。千乘方毂，万骑骈罗，衍陈于岐、梁，东横乎大河”。⑤ 用船在渭水搭建浮桥，以便皇帝出巡。“鸿、渭之流，径入于河；大船万艘，转漕相过。”⑥ 关中漕船顺流而下，声势浩荡。

东汉建武十六至十八年，马援奉命平定交趾叛乱，“将楼船大小二千余艘，战士二万余人”。⑦ “遂缘海而进，随山刊道千余里。十八年春，军至浪泊上，与贼战，破之，斩首数千级，降者万余人。”⑧ 如此庞大的水军，从内河出海在浪泊与叛军交战，战舰河海两用可想而知。

不仅官军装备有众多战舰，民间也保持着相当数量的商船。仲长统《理乱篇》说：“豪人之室，连栋数百，膏田满野，奴婢千群，徒附万计。船车贾贩，周于四方；废居积贮，满于都城。琦赂宝货，巨室不能容；马

---

① 《汉书》卷24，中华书局2000年版，第959页。
② 《汉书》卷29，中华书局2000年版，第1342页。
③ 《史记》卷118，中华书局2000年版，第2349页。
④ 《汉书》卷64，中华书局2000年版，第2108—2109页。
⑤ 《后汉书》卷80，中华书局2000年版，第1752页。
⑥ 《后汉书》卷80，中华书局2000年版，第1757页。
⑦ 《后汉书》卷24，中华书局2000年版，第561页。
⑧ 《后汉书》卷24，中华书局2000年版，第560页。

牛羊豕，山谷不能受。”① 一般地讲，从事物流商贩的舟船数量，肯定多于军中战舰。

东汉长江流域广有船只。公孙述盘踞蜀中时，“会聚兵甲数十万人，积粮汉中，筑宫南郑。又造十层赤楼帛兰船”。② 船楼高十层，可见蜀中造船工艺不俗。建武“九年，公孙述遣其将任满、田戎、程汎，将数万人乘枋箄下江关，击破冯骏及田鸿、李玄等。遂拔夷道、夷陵，据荆门、虎牙。横江水起浮桥、斗楼，立欑柱绝水道，结营山上，以拒汉兵。彭数攻之，不利，于是装直进楼船、冒突露桡数千艘”③。枋箄，宽大竹筏；楼船，即船上起楼，取居高临下之势；冒突露桡于外，即人藏于船内划行，便于冲锋陷阵。战舰种类繁、数量多，反映东汉初年长江中上游巨大造船能力。

## 二　两汉造船技术较先秦进步明显

（一）在船壳结构、部件连接方面较前代有很大提高

汉代广州是重要的造船基地，1955 年广州东汉墓中出土带平板舵的灰陶墓葬船模型，长 54 厘米，宽 15.5 厘米，高 16 厘米，甲板横梁明显可见，从右舷看去可见吊在外伸船尾的悬舵，船首吊着石锚。2014 年西安汉长安城北渭桥遗址的北埽南侧发掘出一只断为两截的汉代木板船，“船体各部分构件用不同形式的榫卯连接，其中组合大攋的木板为勾子同口和直角同口，大攋与船板、空梁和船板之间用榫卯相扣。相邻两列船板先用长方形内嵌式榫板拼接，再以圆形木钉贯穿板与榫板，榫板斜向成列。在船首、尾部发现数个铁钉痕迹及卯眼，据此可知木船艏封板与尾封板应是用铁钉、榫与船板连接”。④ 工艺相当先进。

（二）船只动力和控制有较大改进

汉代广州是重要造船基地，1983 年 6 月广州发掘西汉早期石室壁画墓，出土提筒共 9 件，其中之一有船纹饰。该船纹饰被学者命名为南越王船，画有首锚、水密舱和尾舵，是一艘内河战船，首尾上翘、头低尾高，画有甲板、底板、隔舱板、尾楼、前桅、绞缆车、首锚、尾舵，画有首锚、绞缆车和尾舵，舵呈长形，装备精湛、技术先进。江陵也是造船要地，1975 年江陵凤凰山 168 号汉墓出土的木雕船模，“中部宽，两端

① 《后汉书》卷 49，中华书局 2000 年版，第 1112 页。
② 《后汉书》卷 13，中华书局 2000 年版，第 357 页。
③ 《后汉书》卷 17，中华书局 2000 年版，第 437 页。
④ 刘瑞：《西安市汉长安城北渭桥遗址出土的古船》，《考古》2015 年第 9 期，第 5 页。

窄。……底部两端呈流线型上翘，减少流水阻力，是符合力学原理的。……船面首尾两端呈平面，中部掏空留出旁板构成底舱。……船身两侧有弦板，弦板两端各有三个小洞，但不见桨架。船上有木桨五支，划船俑五件”。[①] 说明汉代造船十分讲究减少流水阻力，采用多人多桨驱动以加快船的行进速度。

（三）载重量的成倍提高

两汉“长江上所造的常用船只，其长度一般为20米左右。载重量在500斛至600斛之间，合今重量为25吨至30吨，比战国时长江船只载重量大一倍。战国末年的双舟联舫，也只能载重约30吨”[②]，仅与汉船相当。武帝时昆明池所造楼船高十多丈，东汉初公孙述在蜀地所造楼船起楼多达十层，更非先秦可比。今人考证，西汉有运营于长江中游的万斛大船。根据是20世纪70年代湖北江陵凤凰山汉墓出土遣册有“大船皆□廿三桨”字样，加上“随葬明器有木船模型一件，两旁置桨”，进而“把遣册和明器对照印证”得出结论：“所谓大船23桨，就是说两旁各有23桨，由大奴操桨。棹，即桨，共有46桨，确是一种大型货船。”[③] 让人信服。

## 第二节　两汉漕运水次仓储

秦朝首创了横贯东西的漕运系统和遍布全国的水次仓群，两汉基本继承其漕运和仓储布局，部分改变原有仓功能，局部又有添置和调整。《西汉会要》卷54《仓庾》列京畿有太仓、长安仓、甘泉仓，河南郡有敖仓，河东郡有根仓、湿仓，关中还有细柳仓、嘉仓，“细柳仓、嘉仓在长安西渭水北。古徼西有细柳仓城，东有嘉仓”。[④] 郡国诸仓更是数量众多，《汉书·地理志》载天下八十三郡、二十国，即使一郡一国有一仓，天下郡国诸仓也有103个。

但是，真正属于漕运水次仓的只有敖仓和京师仓。《汉书·王莽传》师古注：“京师仓以华阴灌北渭口也。”[⑤] 20世纪80年代初考古发掘，汉

---

① 陈振裕：《江陵凤凰山一六八号汉墓》，《考古学报》1993年第4期，第488页。

② 罗传栋主编：《长江航运史》，人民交通出版社1991年版，第102页。

③ 王绍荃主编：《四川内河航运史》，四川人民出版社1989年版，第41页。

④ （唐）无名氏：《三辅黄图》，《四库全书》，史部，第468册，上海古籍出版社1987年版，第32页。

⑤ 《汉书》卷99，中华书局2000年版，第3072页。

京师仓遗址近8万平方米，为漕船由黄河进入渭水的中继站。敖仓是秦朝最大水次仓，设在河、汴交会处，为漕船由鸿沟进入黄河的中继站。敖仓存粮之多，楚汉相争期间仍然取之不尽，吴楚七国之乱初期仍为天下重要粮仓，“吴王率楚王略函谷关，守荥阳敖仓之粟，距汉兵。治次舍，须大王”。[①] 西汉末年王莽遣“大将军阳浚守敖仓”[②]。东汉安帝永初七年“九月，调零陵、桂阳、豫章、会稽租米，赈给南阳、广陵、下邳、彭城、山阳、庐江、九江饥民；又调滨水县谷输敖仓”[③]。说明敖仓之粮不轻易用于赈灾。东汉末袁绍伐曹檄文有“屯据敖仓，阻河为固”[④] 之语，可见敖仓至东汉末还在使用不衰。

除敖仓贯穿秦汉始终外，西汉还沿用了秦之太仓，并于长安城外设甘泉仓，用来存储关东运来的漕粮。汉武帝北击匈奴，军粮需求激增，桑弘羊用各种行政手段漕运和囤积粮食：“令民入粟甘泉各有差，以复终身，不复告缗。……一岁之中，太仓、甘泉仓满。边余谷，诸均输帛五百万匹。民不益赋而天下用饶。”[⑤] 西汉漕运至此登峰造极。太仓、甘泉仓满之外，所谓“边余谷”即郡国仓也积粮满盈。

东汉在继续发挥敖仓漕运水次仓作用的同时，还于都城洛阳设太仓。朝官有大司农掌漕运仓储，其属官“太仓令一人，主受郡国传漕谷”[⑥]。按《后汉书·献帝纪》，东汉末兴平元年七月，献帝被董卓挟持长安，还于长安临时设太仓，“三辅大旱……是岁谷一斛五十万，豆麦一斛二十万。人相食啖，白骨委积。帝使侍御史侯汶出太仓米豆为饥人作糜粥”[⑦]。东汉不设常平仓，却成功地进行了多次发仓赈灾活动。汉和帝永元五年三月，“遣使者分行贫民，举实流冗，开仓赈禀三十余郡”。[⑧] 此次赈济范围三十多郡，不可能都由太仓运出，可见东汉地方州郡设有粮仓。汉安帝永初二年“正月，禀河南、下邳、东莱、河内贫民”[⑨]。次月又派樊准、吕仓分别到冀、兖二州赈济灾民。所开仓廪只能是郡国仓。

---

① 《史记》卷106，中华书局2000年版，第2170页。

② 《汉书》卷99，中华书局2000年版，第3064页。

③ 《后汉书》卷5，中华书局2000年版，第147页。

④ 《后汉书》卷74，中华书局2000年版，第1620页。

⑤ 《汉书》卷24，中华书局2000年版，第983页。

⑥ （南宋）徐天麟：《东汉会要》，《四库全书》，史部，第609册，上海古籍出版社1987年版，第615页。

⑦ 《后汉书》卷9，中华书局2000年版，第249页。

⑧ 《后汉书》卷4，中华书局2000年版，第120页。

⑨ 《后汉书》卷5，中华书局2000年版，第141页。

今人张晓东考证，“秦汉漕仓包括咸阳仓、栎阳仓、（长安）太仓、甘泉仓、敖仓、北河仓、京师仓、灞上仓、细柳仓、成都仓、琅邪仓、黄仓、腄仓、羊肠仓、海陵仓、广陵仓、五仓、郫仓、临邛仓、江州仓、平曲仓、牛渚仓，共二十二仓”。[①] 列举的仅是秦汉有名的大仓。

## 第三节　西汉漕运改革实践

### 一　武帝时期水陆并运和屯田相济省运

宋人真德秀编《文章正宗》卷17收无名氏《叙武帝兴利》，其开篇语曰“今上即位数岁，汉兴七十余年之间，国家无事，非遇水旱之灾，民则人给家足，都鄙廪庾皆满”[②]。其内容与信史相近，作者可能是史官。

汉武帝文治武功，背后都有相应的漕运和财政运作支撑，特点是水陆并运和屯田省运。北方对匈奴用兵，车骑将军卫青“取匈奴河南地，筑朔方。……筑卫朔方，转漕甚辽。远自山东，咸被其劳”[③]；骠骑将军霍去病“再出击胡，获首四万。其秋浑邪王率数万之众来降，于是汉发车三万乘迎之。既至，受赏赐及有功之士，是岁费凡百余巨万”。[④] 车船兼运，全民参与。在伐匈奴连胜的基础上，在西北广建城池，推行屯田，“度河筑令居，初置张掖、酒泉郡，而上郡、朔方、西河、河西开田官，斥塞卒六十万人戍田之，中国缮道馈粮远者二千，近者千余里，皆仰给大农”。[⑤] 转漕不足以供，兼用屯田以济边用。

在南方平定南越和西羌。开拓西南山道，“当是时，汉通西南夷道，作者数万人，千里负担馈粮，率十余钟致一石，散币于邛僰以集之，数岁道不通”。由此引发内忧外患，“蛮夷因以数攻吏，发兵诛之，悉巴蜀租赋

---

① 张晓东：《秦汉漕运的军事功能研究》，《社会科学》2009年第9期，第137页。

② （南宋）真德秀：《文章正宗》，《四库全书》，集部，第1355册，上海古籍出版社1987年版，第523页。

③ （南宋）真德秀：《文章正宗》，《四库全书》，集部，第1355册，上海古籍出版社1987年版，第524页。

④ （南宋）真德秀：《文章正宗》，《四库全书》，集部，第1355册，上海古籍出版社1987年版，第524—525页。

⑤ （南宋）真德秀：《文章正宗》，《四库全书》，集部，第1355册，上海古籍出版社1987年版，第529页。

不足以更之，乃募豪民田南夷，入粟县官而内受钱于都内”。[1] 靠屯田和经济手段以支撑其庞大开销。后来南越和西羌同时反叛，“其明年，南越反，西羌侵边为桀。于是天子为山东不赡赦天下，因南方楼船卒二十余万人，击南越数万人；发三河以西骑击西羌，又数万人”。[2] 应对四方，水陆并作，不遗余力。

桑弘羊主漕计期间，“令民得入粟补吏，及罪以赎。令民入粟甘泉各有差，以复终身，不复告缗。它郡各输急处，而诸农各致粟，山东漕益岁六百万石。一岁之中，太仓、甘泉仓满。边余谷，诸均输帛五百万匹”。[3] 把国家漕运潜力发挥到极限。

西汉漕运主要依托黄淮水系。按《汉书》食货、沟洫诸志，西汉漕运山东粮食，从长安凿直渠接黄河，三门、敖仓以下运道有二：其一通过黄河、济水、濮水等自然河流漕运山东；其二通过鸿沟、蒗荡渠和汴渠漕运两淮，或由鸿沟经狼汤渠，东南至陈入颍，至寿春接淮河，或由陈留东南经鲁渠水，东至阳夏接涡河。《叙武帝兴利》所述西北战事的粮草供应，主要来自这两个方向，依托黄淮和运河水运而来。西汉长江水系的水运也不容忽视，不仅山东救灾要下巴蜀之粟，而且平定南越的楼船也不能不依赖灵渠沟通长江和珠江水系。支持汉武帝文治武功的还有陆路运输，开拓西南夷道和西北陆运，车船兼用。

## 二　赵充国以屯田代漕运的实践

宣帝神爵元年（前61），后将军赵充国率师出征西羌。战争起因是汉使义渠安国行视诸羌举措失宜，导致羌人反汉。汉军击溃叛羌后，朝廷欲乘胜进击、速战速胜，赵充国老谋深算，“至金城，计欲以威信招降，罢骑兵，屯田以待其敝”。[4] 连上《屯田奏》三篇，阐述屯田弊敌、持久招降方略。

当时前线汉军粮饷接济数额巨大，“臣所将吏士马牛食，月用粮谷十九万九千六百三十斛，盐千六百九十三斛，茭藁二十五万二百八十六石。难久不解，繇役不息”。其中骑兵耗费很大，故而赵充国欲放还骑兵，减大半漕

① （南宋）真德秀：《文章正宗》，《四库全书》，集部，第1355册，上海古籍出版社1987年版，第524页。

② （南宋）真德秀：《文章正宗》，《四库全书》，集部，第1355册，上海古籍出版社1987年版，第529页。

③ 《汉书》卷24，中华书局2000年版，第983页。

④ （南宋）徐天麟：《西汉会要》，《四库全书》，史部，第609册，上海古籍出版社1987年版，第363页。

运。然而仅留步兵还有漕运之费，“留驰刑应募，及淮阳、汝南步兵与吏士私从者，合凡万二百八十一人，用谷月二万七千三百六十三斛，盐三百八斛”①，赵充国计划步兵屯田，渐至全免漕运，“今留步士万人屯田，地势平易，多高山远望之便，部曲相保，为堑垒木樵，校联不绝，便兵弩，饬斗具。烽火幸通，势及并力，以逸待劳，兵之利者也。臣愚以为屯田内有亡费之利，外有守御之备”。② 以稳妥求全胜，以屯田决胜战场，可谓良将善为国谋。

王朝漕运目标有二：一是都城和京畿衣食之需，二是边地前线军需供应。赵充国《屯田奏》所阐述的生产是最可靠的后勤保障和屯田自给是无成本的漕运等观点，对后代漕运改革有重要启示。

## 第四节　两汉长江商运物流

西汉开国时，高祖对商贾征重税予以压制，后来抑商之政渐弛，商运物流渐兴渐盛。司马迁描述商贾经营致富，《货殖列传》有“贩谷粜千钟，薪稿千车，船长千丈，木千章，竹竿万个，其轺车百乘，牛车千两”③ 之言，《淮南王列传》有“重装富贾，周流天下，道无不通，故交易之道行”④ 之言，足见西汉中期商业繁荣。东汉初年不事抑商，王符《浮侈篇》言本朝商贾吃香：“今举俗舍本农，趋商贾，牛马车舆，填塞道路，游手为巧，充盈都邑，务本者少，浮食者众。‘商邑翼翼，四方是极。’今察洛阳，资末业者什于农夫，虚伪游手什于末业。”⑤ 弃农经商，车船物流，有本末倒置之势。

两汉黄河是漕运干道，长江是商运干道。长江水系行船更通畅，非漕粮物流更活跃。

长江上游的蜀地，成都是水运中心。西汉时蜀地经嘉陵江沟通汉水、渭水，物流可辐射关中和陇西，出三峡下长江可达江陵、扬州。汉成帝、哀帝年间，成都巨商罗裒，“訾至钜万。初，裒贾京师，随身数十百万，为平陵石氏持钱。其人强力。石氏訾次如、苴，亲信，厚资遣之，令往来巴蜀，数年间致千余万。裒举其半赂遗曲阳、定陵侯，依其权力，赊贷郡

① 《汉书》卷69，中华书局2000年版，第2245页。
② 《汉书》卷69，中华书局2000年版，第2247页。
③ 《史记》卷129，中华书局2000年版，第2475页。
④ 《史记》卷118，中华书局2000年版，第2350页。
⑤ 《后汉书》卷49，中华书局2000年版，第1101—1102页。

国，人莫敢负。擅盐井之利，期年所得自倍，遂殖其货”。[①] 罗裒在长安、巴蜀间往返贩运，货物以井盐为大宗，为西汉嘉陵江商运一典型。

东汉政治中心东移洛阳，蜀地水运北上关陇方向趋弱，东出川江方向渐强，涪江、沱江、泸江水运发挥较充分。光武帝建武十一年（35），东汉大军入蜀攻打公孙述势力，一路沿涪江攻城略地，经绵竹、涪城、繁、郫县，而后转围成都，将涪江、沱江水运演绎得淋漓尽致。泸江水道经东汉二百年运营，蜀汉建兴三年，蜀军“先自僰道（今宜宾）乘船溯金沙江（时称马湖江）到安上（今屏山西），在石角营起旱……复于夏五月渡泸水而入滇，征服孟获”[②]，行船更为便利。

两汉长江中游水运，以江陵为中心。江陵西过三峡可入蜀，东下大江可至吴越，北溯汉水可至南阳、洛阳，陆行过武关可抵长安，水行汉江上游可达汉中，南下洞庭湖由湘江经灵渠可进入珠江流域。西汉前期江陵活跃着大量贩运船队，1974 年凤凰山 10 号汉墓出土的二号木牍，刻着当时一个贩运船队的契约，“表明，这是一个以舟船转运货物为主要经营内容的水上航运商团所订立的一份经济合同”。[③] 团体共 10 人，张伯是其首领。每人“掌管一艘甚至多艘”，船工多为立约者各自的家奴，“奔波于长江中游云梦、鄱阳之间，长途贩运、牟取厚利”[④]。当时这样的水运联合体不会太少。

东汉建都洛阳，江陵南北的水道较西汉为重要。《后汉书·郑弘传》载：“旧交趾七郡贡献转运，皆从东冶。泛海而至，风波艰阻，沉溺相系。弘奏开零陵、桂阳峤道，于是夷通，至今遂为常路。在职二年，所息省三亿万计。”[⑤] 东冶在会稽郡，原来岭南七郡贡运皆泛海至浙江境入内河至洛阳。郑弘任大司农期间在利用灵渠水运的同时，又开与灵渠相平行的峤道，成为岭南贡运洛阳的常路。峤道、灵渠所运岭南贡物装船进入湘江，过长江再沿汉水北上，然后出汉江入唐河、白河至南阳、洛阳。

两汉长江下游水运，广陵为其枢纽。西汉初，吴王刘濞都广陵，煮海为盐，鼓冶铸钱，广造大船，行销谋利，史载有一船之载当中国 10 辆车之说。为了造船，沿江西上取江陵木；为了铜冶，远赴江西运豫章铜矿。

东汉漕运偏重汴渠，其下流邗沟之用较西汉为充分。广陵兴办了不少著名的水利工程。章帝章和元年，马棱“迁广陵太守。时谷贵民饥，奏罢

---

① 《汉书》卷 91，中华书局 2000 年版，第 2733 页。
② 王绍荃主编：《四川内河航运史》，四川人民出版社 1989 年版，第 36 页。
③ 罗传栋主编：《长江航运史》，人民交通出版社 1991 年版，第 85 页。
④ 罗传栋主编：《长江航运史》，人民交通出版社 1991 年版，第 86 页。
⑤ 《后汉书》卷 33，中华书局 2000 年版，第 775—776 页。

盐官，以利百姓，赈贫羸，薄赋税，兴复陂湖，溉田二万余顷，吏民刻石颂之”①。陂湖是同义词连用，非某一湖名，而是众湖总称。

东汉末年，陈登为广陵太守期间，在扬州、淮安之间开邗沟西道（见图7－1），治理射阳湖，对古邗沟截弯取直。在城外修陈登塘，在淮阴以

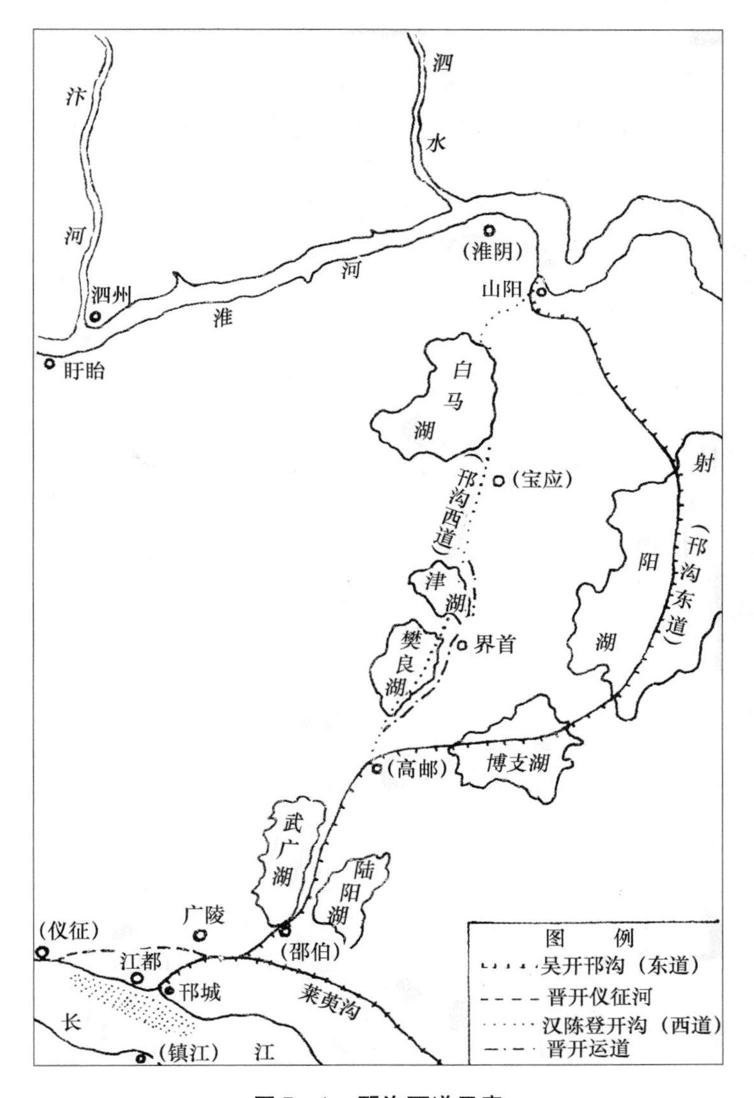


图7－1　邗沟西道示意

① 《后汉书》卷24，中华书局2000年版，第577页。

西建捍淮堤，障淮河使之北流，使淮南千余里不受洪灾，对后世淮扬间治水通运产生巨大影响。

陈登塘，清人刘文淇《扬州水道记》说其周长 90 余里，依山为湖一堤障水，堤长 890 余丈，有闸启闭。塘建成后，百姓爱而敬之，名曰陈公塘、爱敬陂。捍淮堤，即后世所谓高家堰，现今洪泽湖大堤。陈登当年修建的不过一线河堤，至南宋杜充决黄河御金兵黄河逐渐南来夺淮入海，明初重新开通京杭运河尤其是嘉靖年间黄河干流直接在淮安入淮后，高家堰作为治水通漕重要工程不断被加长加高，洪泽湖水面随之越来越大。治理射阳湖。今人一般认为是对邗沟截弯取直，即开邗沟西道，“春秋末期开凿的邗沟，较多地利用天然河湖，航道条件不好。后经陈登改凿的邗沟西道，改变了以往运道迂回曲折的局面”。[①] 这一观点有苏北地方志资料支持，不为虚言。

① 束方昆主编：《江苏航运史》，人民交通出版社 1989 年版，第 23 页。

# 第八章　魏晋治水通漕统一天下

## 第一节　曹魏治水通漕统一北方

曹魏在统一北方、恢复经济的同时，努力开拓运道、扩大屯田，在黄海、黄淮之间的治水通运大大超越了东汉原有基础。其中曹操主政期间运河开凿作为最大。

首先，治睢阳渠，恢复东汉汴渠水系（见图8－1）。建安七年（202），曹操打败盘踞汝南的刘备后，有意恢复汴渠漕运，由谯“遂至浚仪，治睢阳渠”。

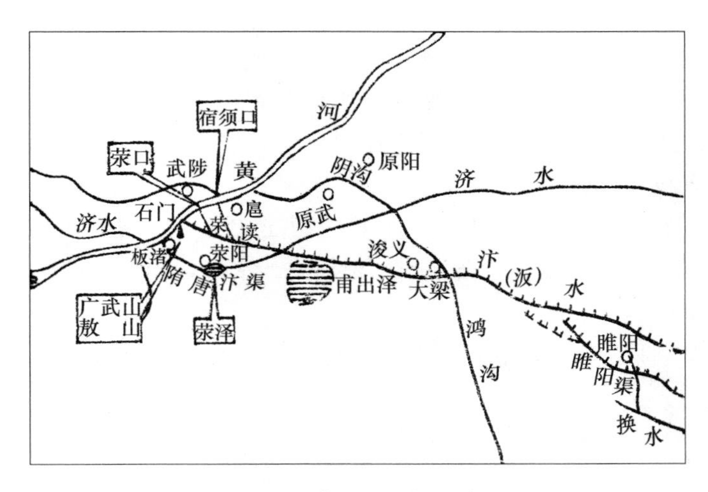


**图8－1　曹魏睢阳渠示意图**

睢水是东汉汴渠重要分支，因水源来自黄河，东汉末已淤塞。胡三省注曰：“浚仪县，属陈留郡。睢水于此县首受莨荡渠水，东过睢阳县，故谓之睢阳渠。”[①] 可知此举意在疏浚睢水，恢复汴渠东段通航，运淮南粮食用于防备袁绍。

按清人康基田《河渠纪闻》，建安九年曹操开白沟时，还顺便开汴河，引睢水入汴，目的是“致陈、蔡、汝、颍之粟”到灭袁前线，作者论曹操治汴渠不引黄河而引睢水，“得汴渠之利，尤在不通黄流。浊水挟泥沙而入，益汴之利少，淤汴之害大。曹孟德深知而远避之，避黄之害兴汴之利，旁通渠道以广其用，通海济运经营四方而无赍粮之劳，所以为一世之雄也”。[②] 拒绝黄河，追求可持续漕运，有此意识并力行之，难能可贵。

其次，根据战时需要开北方运河（见图 8 –2），包括白沟、平虏渠、泉州渠、利漕渠、白马渠。

白沟开凿在先。建安九年“春正月，济河，遏淇水入白沟以通粮道”[③]。工程关键是引淇入白沟济运，“为枋城，立石堰，遏淇水东北行，因宿胥故渎经浚县、澶州、顿丘、汤阴，过内黄城南入清河为白沟，并引漳水入白沟，会清洹通齐鲁东北之运”。[④] 先后被引入白沟济运有淇水、漳水。枋城，又名枋头，“魏武王于水口下大枋木以成堰，遏淇水东入白沟以通漕运。故时人号其处为枋头”。[⑤] 枋堰极为坚固，技术为曹魏所创。

平虏渠、泉州渠开于建安十一年，有力地支持了北征乌丸战事。“乌丸承天下乱，破幽州，略有汉民合十余万户。袁绍皆立其酋豪为单于，以家人子为己女，妻焉。辽西单于踏顿尤强，为绍所厚。故尚兄弟归之，数入塞为害。”辽西乌丸孤悬长城以北，征乌丸较灭袁运粮饷军远数百里，已有白沟之运鞭长莫及。于是曹操“凿渠自呼沲入泒水，名平虏渠；又从泃河口凿入潞河，名泉州渠，以通海”。[⑥] 最终得以从潞河出海，再由长城以北内河运至辽西。

据姚汉源先生考证，与泉州渠同时开凿的还有新河，自鲍丘水开河向东通濡水（今滦河），“自平虏渠转泉州渠通新河，水道是向北转向东，和海岸基

---

① （北宋）司马光：《资治通鉴》，《四库全书》，史部，第 305 册，上海古籍出版社 1987 年版，第 367 页。

② （清）康基田：《河渠纪闻》，《四库未收书辑刊》，第 1 辑第 28 册，北京出版社 1997 年版，第 579 页上栏。

③ 《三国志》卷 1，中华书局 2000 年版，第 18 页。

④ （清）康基田：《河渠纪闻》，《四库未收书辑刊》，第 1 辑第 28 册，北京出版社 1997 年版，第 579 页上栏。

⑤ （北魏）郦道元：《水经注》，《四库全书》，史部，第 573 册，上海古籍出版社 1987 年版，第 159 页。

⑥ 《三国志》卷 1，中华书局 2000 年版，第 20 页。

本平行，可以代替海运，避海上风涛之险。开渠后第二年（建安十二年），曹操北伐乌桓，自无终（今蓟县）北出卢龙塞（今喜峰口附近的滦河左右），进至柳城（今朝阳市南）。粮饷也可能由水道运输”。[1] 通过平虏、泉州二渠和新河，魏人把水运由关内推向关外，而且河、海交替，有创新精神。

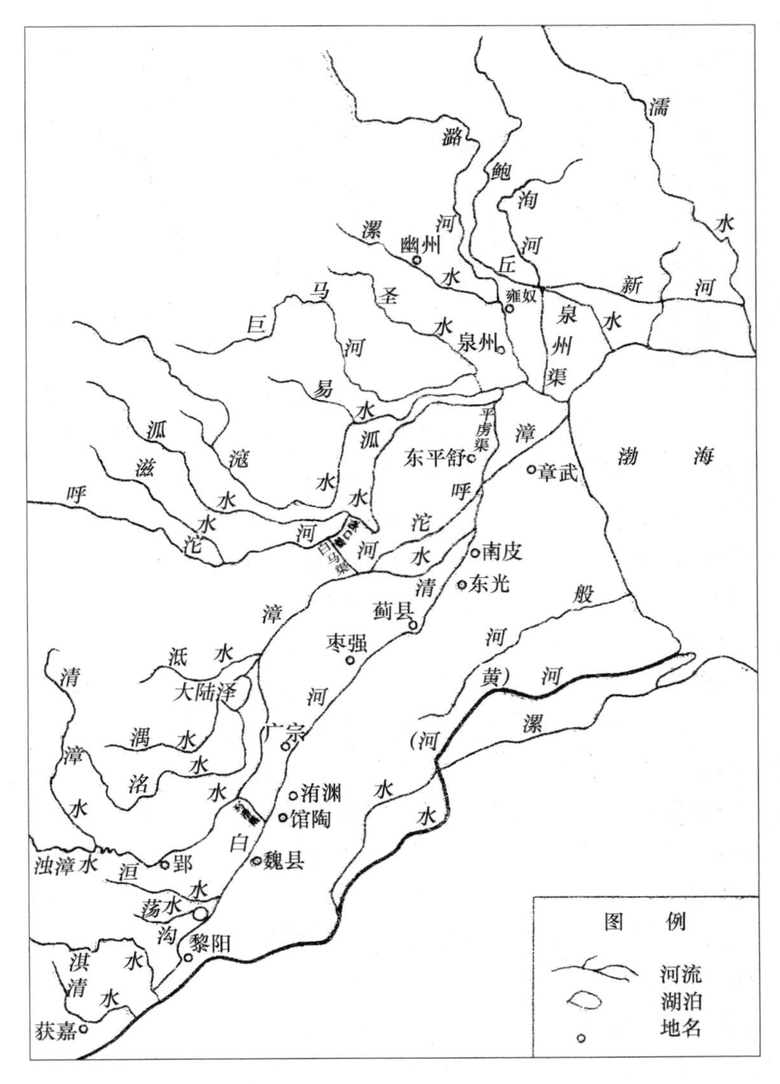


图 8－2　曹魏北方运河示意图

① 姚汉源：《京杭运河史》，中国水利水电出版社 1998 年版，第 68—69 页。

建安后期，曹操封魏王都邺城，以邺为中心修建利漕、白马二渠，构成北方完整水运体系。二渠不见于《三国志》，《水经注》卷10有利漕渠记述："汉献帝建安十八年，魏太祖凿渠，引漳水东入清洹，以通河漕，名曰利漕。"① 可见它沟通的是漳水和洹水。《太平寰宇记》卷63有白马渠记述："上承滹沱河，东流入下博界。故注水经云：滹沱又东自马渠出李公渚。赵记云：此白马渠，魏白马王彪所凿。"② 沟通的是滹沱和漳河。

至此，曹魏以邺为中心，成功构建北方水运体系。"这条水运线，经白沟北上，经平虏渠往西，可与太行山以东诸水相接；沿泉州渠可进入鲍丘水；平虏与泉州二渠还可接通海上运输，从而可以控制割据辽河流域的公孙氏和塞外乌桓族。……往南，还可从淇水或宿胥口入黄河，接通汴渠至洛阳，往东则可接通淮河与长江。"③ 极大地拓展了两汉运道。

曹丕在洛阳称帝，曹魏运河经营重心转至河南、淮北，水利工程都压在与东吴接壤的淮河流域。较大河工有：

贾逵开贾侯渠。黄初年间，贾逵为豫州刺史，"州南与吴接……外修军旅，内治民事。遏鄢、汝，造新陂，又断山溜长溪水，造小弋阳陂，又通运渠二百余里，所谓贾侯渠者也"。④ 先遏鄢、汝二水为新陂，断长溪水为小弋阳陂，在此基础上开渠通运200多里。贾侯渠沟通汝水与颍水，在今郾城至淮阳间。黄初六年（225），曹丕筹备舟师征吴，由洛阳至许昌，"行幸召陵，通讨虏渠"。⑤ 召陵也在郾城境内，所开讨虏渠与贾侯渠都通汝于颍，可能较贾侯渠为径直，形成河、淮间贯通运道。

邓艾开广漕渠。正始二年（241），邓艾迁尚书郎，"时欲广田蓄谷，为灭贼资。使艾行陈、项以东至寿春。艾以为'田良水少，不足以尽地利。宜开河渠，可以引水浇溉，大积军粮，又通运漕之道'。……正始二年，乃开广漕渠"。这一工程的实质是将许都周围水利东移至寿春，邓艾的设计初衷："省许昌左右诸稻田，并水东下，令淮北屯二万人、淮南三万人，十二分休，常有四万人，且田且守。水丰常收三倍于西，计除众费，岁完五百万斛以为军资。六七年间，可积三千万斛于淮上，此则十万

---

① （北魏）郦道元：《水经注》，《四库全书》，史部，第573册，上海古籍出版社1987年版，第176页。

② （北宋）乐史：《太平寰宇记》，《四库全书》，史部，第469册，上海古籍出版社1987年版，第523页。

③ 王树才主编：《河北省航运史》，人民交通出版社1988年版，第10页。

④ 《三国志》卷15，中华书局2000年版，第363页。

⑤ 《三国志》卷2，中华书局2000年版，第62页。

之众五年食也。”计划得到司马氏支持，得以付诸实施。之后，魏国进攻东吴有了较讨虏渠更便捷的水道，“每东南有事，大军兴众，泛舟而下，达于江、淮，资食有储而无水害。艾所建也”。[①] 平时是灌渠，战时是运道。这一流域的水利和漕运也超越了两汉。

开淮阳、百尺二渠。魏正始四年秋，司马懿积极谋划灭吴，“大兴屯守，广开淮阳、百尺二渠，又修诸陂于颍之南北，万余顷。自是淮北仓庾相望，寿阳至于京师，农官、屯兵连属焉”。[②] 淮阳渠是对贾侯渠的疏浚，百尺渠沟通沙水和颍水。工程实施后，二渠流域魏境“北临淮水，自钟离而南横石以西，尽沘水四百余里，五里置一营，营六十人，且佃且守。兼修广淮阳、百尺二渠，上引河流，下通淮颍，大治诸陂于颍南、颍北，穿渠三百余里，溉田二万顷，淮南、淮北皆相连接。自寿春到京师，农官兵田，鸡犬之声，阡陌相属”[③]。黄河以南、淮河以北，河湖相连，所在皆屯，日后灭吴有了坚实的水利水运基础。

曹魏时代治水通运，体现一种筚路蓝缕、开拓进取和敢为天下先的精神，白沟、平虏渠、泉州渠皆于前无古人处做大事、成大功，而且曹操认识到黄河多沙善淤、有害运道，引淇水，引漳水，通呼沲，通濡水，就是不引黄河，不通黄河；汴渠恢复，也拒绝以黄河为水源，有可持续观念。曹魏后期经营河南淮北水利水运，也坚持不与黄河通连，为隋人开贯通南北的大运河提供了良好传统和典型引导。

## 第二节　西晋治水通运水战灭吴

曹魏景元四年（263），司马昭灭蜀汉。咸熙二年（265），司马炎代魏开晋，开始筹措灭吴。泰始五年（269），羊祜都督荆州诸军事，卫瓘都督青州诸军事，东莞王司马伷都督徐州诸军事，加上此前此后委任的领豫州刺史王浑，益州刺史王浚，益州监军唐彬，初露从长江上游的蜀地、长江中游的荆州和长江下游的青徐数路进兵灭吴的军事意图。咸宁五年十一月大举伐吴，军出三路：西路长江上游龙骧将军王浚、广武将军唐彬率巴蜀之卒浮江而下；中路长江中游建威将军王戎出武昌，平南将军胡奋出夏

① 《三国志》卷28，中华书局2000年版，第577页。

② 《晋书》卷1，中华书局2000年版，第9—10页。

③ 《晋书》卷26，中华书局2000年版，第509页。

口，镇南大将军杜预出江陵；东路长江下游琅邪王司马伷出涂中，安东将军王浑出江西，对东吴形成向心合击之势。

西晋灭吴的进军路线，反映了魏晋治水通运数十年努力的厚积薄发势能。长江运道的上游，蜀国未亡前与吴为盟友，经过三峡的东西江运除使者往返，很少有物流商运；蜀国灭亡后，益州成为西晋灭吴的重要基地。“武帝谋伐吴，诏浚修舟舰。浚乃作大船连舫，方百二十步，受二千余人。以木为城，起楼橹，开四出门，其上皆得驰马来往。又画鹢首怪兽于船首，以惧江神。舟楫之盛，自古未有。”[①] 用这些战舰装备起强大水军，成为灭吴之战的主力。

太康元年（280），益州水军奉命出蜀伐吴。东吴像样的抵抗在三峡，但未能阻挡住晋军进军，晋军“攻吴丹杨，克之，擒其丹杨监盛纪。吴人于江险碛要害之处，并以铁锁横截之，又作铁锥长丈余，暗置江中，以逆距船。……浚乃作大筏数十，亦方百余步，缚草为人，被甲持杖，令善水者以筏先行，筏遇铁锥，锥辄著筏去。又作火炬，长十余丈，大数十围，灌以麻油，在船前，遇锁，然炬烧之，须臾，融液断绝，于是船无所碍。二月庚申，克吴西陵……壬戌，克荆门、夷道二城，获监军陆晏。乙丑，克乐乡，获水军督陆景”，得以畅出三峡，其后势如破竹，“夏口、武昌，无相支抗。于是顺流鼓棹，径造三山”。[②] 最后进入建业，接受孙皓投降。

中路晋军三支：王戎出武昌，胡奋出夏口，杜预出江陵。出击势能来自汉水、唐河、白河水运潜力。其中杜预军作为较大，进入长江后先遣将“循江西上，授以节度，旬日之间，累克城邑”，“又遣牙门管定、周旨、伍巢等率奇兵八百，泛舟夜渡”策应王浚军进攻乐乡，生擒吴督孙歆。而后进兵攻克吴之江陵，利用江陵南下洞庭、湘江、灵渠、珠江的进军威势，迫使湖广吴军归降，“既平上流，于是沅湘以南，至于交广，吴之州郡皆望风归命，奉送印绶，预仗节称诏而绥抚之”。[③] 王戎、胡奋二军无大作为，坦然受降而已。

东路两军，琅邪王司马伷由徐州进至涂中，“今滁州之全椒、六合，古堂邑地。三国时谓之涂中”。[④] 出兵前司马伷假节镇徐州居下邳，要到涂中必然取道邗沟。至涂中便与吴都建业隔江相持，对战局发展产生积极影响，“琅邪王伷督率所统，连据涂中，使贼不得相救。又使琅邪相刘弘等

---

① 《晋书》卷42，中华书局2000年版，第795—796页。
② 《晋书》卷42，中华书局2000年版，第796页。
③ 《晋书》卷34，中华书局2000年版，第672页。
④ 《江南通志》，《四库全书》，史部，第507册，上海古籍出版社1987年版，第401页。

进军逼江，贼震惧，遣使奉伪玺绶。又使长史王恒率诸军渡江，破贼边守，获督蔡机，斩首降附五六万计，诸葛靓、孙奕皆归命请死”，[①] 有力地配合了上游王浚的进兵。

东路另一军为豫州刺史王浑所率，由寿阳出兵至横江，与涂中方向琅邪王军呼应，对江南吴都形成钳形攻势。这路晋军的出击势能来自司马懿、邓艾所修广漕渠和百尺渠、淮阳渠。寿阳是其前进基地，夺取东吴江北防御要塞横江后，即“遣司马孙畴、扬州刺史周浚击破”吴丞相张悌、大将军孙震所率吴军主力的反扑，“临阵斩二将，及首虏七千八百级，吴人大震”。[②] 战局效应较大。

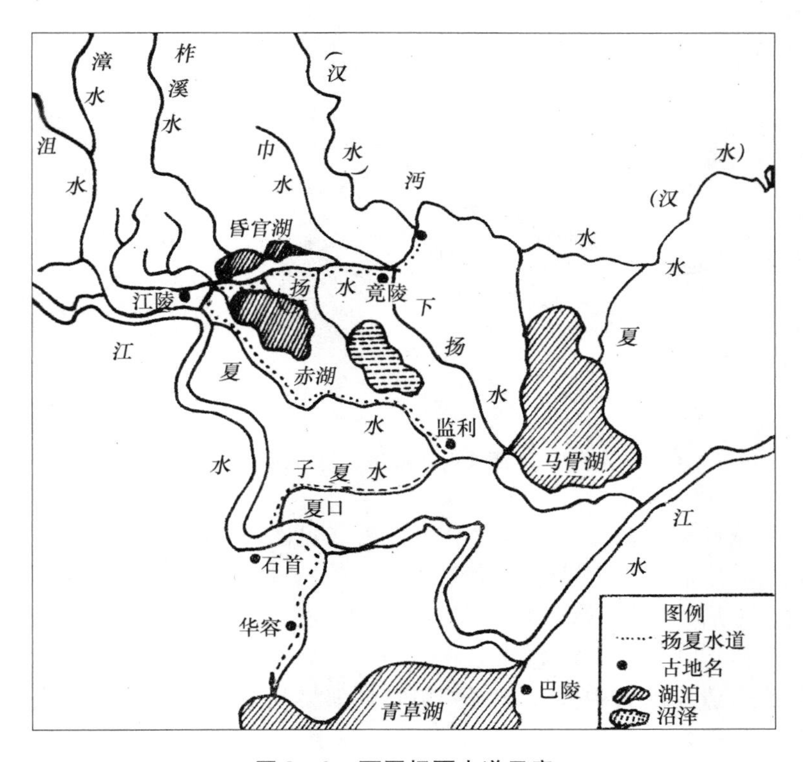


图 8－3　西晋扬夏水道示意

西晋灭吴后继续治水通运。长江中游水运传统悠久，春秋时楚国所开

① 《晋书》卷38，中华书局2000年版，第734页。

② 《晋书》卷42，中华书局2000年版，第791—792页。

江汉运河，秦朝所开灵渠沟通湘江和漓江，进而沟通了长江和珠江。两汉形成的以江陵为中心的水运网络，三国分裂期间堙塞，西晋灭吴后有了重新开通的可能和必要。太康年间，杜预主政荆州，开扬夏水道（见图8－3），“旧水道唯沔汉达江陵千数百里，北无通路。又巴丘湖，沅湘之会，表里山川，实为险阻，荆蛮之所恃也。预乃开杨口，起夏水达巴陵千余里，内泻长江之险，外通零桂之漕”。[①] 杜预利用扬水接汉、子夏水通江的水情，兴工掘开扬水故口，沟通扬水和夏水，再疏浚子夏水并使之通江，然后在荆江南岸石首县调弦口开凿人工运河，南经华容县入洞庭湖。扬夏水道开通以后，湖南零陵、郴县一带漕粮便可经湘江出洞庭，进扬夏水道，溯汉水转唐白河达洛阳，既避开了长江的风险，又把航程缩短了600多公里。

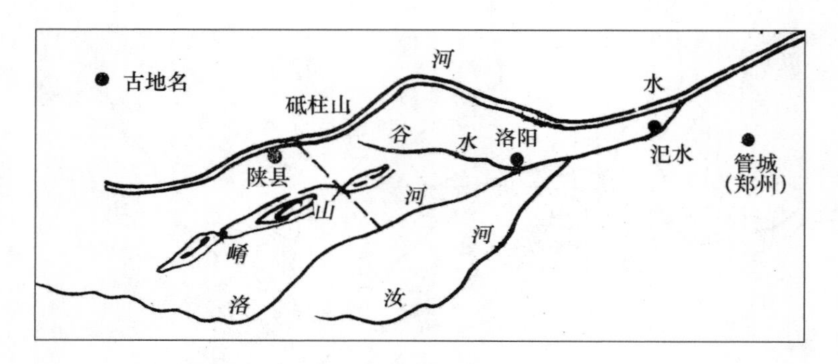


图8－4　西晋引黄注洛、绕过三门示意

黄河流域有引黄注洛、绕过三门行漕（见图8－4）之举。曹丕和西晋都洛阳，关中和河东之粟东下洛阳须经三门砥柱之险。继东汉杨焉治三门无果而返之后，魏晋常有5000人专治其险。“魏景初二年二月，帝遣都督沙丘部、监运谏议大夫寇慈帅工五千人岁常修治，以平河阻。晋泰始三年正月，武帝遣监运大中大夫赵国、都匠中郎将河东乐世帅众五千余人修治河滩事，见五户祠铭。”但仍然不能尽去其害，“虽世代加功，水流湍濟，涛波尚屯，及其商舟是次，鲜不踟蹰难济”。[②] 晋武帝泰始十年（274），又“凿陕南山，决河，东注洛，以通运漕”[③]。今人考证：“这一工程主要

① 《晋史》卷34，中华书局2000年版，第673页。

② （北魏）郦道元：《水经注》，《四库全书》，史部，第573册，上海古籍出版社1987年版，第75页。

③ 《晋书》卷3，中华书局2000年版，第42页。

是开凿陕县南的山岭。因为在陕县东南的橐水西北流至陕县城西入河。其上源正和洛河北侧支流涧水隔有一山，凿山开渠，把橐水上源和涧水连接起来，漕船就可以由此而下进入洛河到洛阳，关中之漕河可以不再经砥柱之险。而且运道又直捷得多。”① 引黄注洛工程见图 8 -4 示意图虚线。

## 第三节　东吴开拓水运和航海

治水通运。东吴开河通运成效次于曹魏，且奠定六朝漕运基本格局。东吴开国之初都京口，依赖江南运河运太湖流域以供京口之用。而秦朝所开曲阿运河地在丘陵地带，年久失修，行船困难。孙权镇京口时，将其大力挑浚，改造为丹徒运河。《南齐书》追述孙吴遗事有言：“南徐州，镇京口。吴置幽州牧，屯兵在焉。丹徒水道入通吴、会，孙权初镇之。”② 可见丹徒运河孙权镇京口时已经凿通。孙皓在位期间，又对丹徒运河再加挑浚，“《吴志》曰：岑昏凿丹徒至云阳，而杜野、小辛间皆斩绝陵垄，功力艰辛”。③ 杜野属丹徒，小辛属曲阿。这次兴工，截弯取直，挑浚认真，效果颇好。后人追述其事有言：“自今吴县舟行，过无锡、武进、丹阳至丹徒水道，自孙氏始。”④ 影响深远。

建安十六年（211），东吴迁都秣陵改称建业，对都城附近运道大加整治。其中规模最大的是开破冈渎（见图 8 -5）。原来太湖流域船只欲抵建业，需要由江南运河出京口溯长江西上，水程遥远且江行有险。开凿破冈渎，沟通太湖水系和建业城南的秦淮河，十分必要。赤乌八年“八月，大赦。遣校尉陈勋将屯田及作士三万人凿句容中道，自小其至云阳西城，通会市，作邸阁”⑤。云阳即今江苏丹阳，有香草河通句容茅山下。“大皇时，使陈勋于句容县凿开水道，立十二埭以通吴、会诸郡。故船不复由京口。”⑥ 极大地提高了江浙船只到建业的行船效率。

---

① 编委会：《河南航运史》，人民交通出版社 1989 年版，第 49 页。
② 《南齐书》卷 14，中华书局 2000 年版，第 168 页。
③ （北宋）李昉：《太平御览》，《四库全书》，子部，第 894 册，上海古籍出版社 1987 年版，第 643 页。
④ （清）王鸣盛：《十七史商榷》，《续修四库全书》，史部，第 452 册，上海古籍出版社 2003 年版，第 399 页下栏。
⑤ 《三国志》卷 47，中华书局 2000 年版，第 847 页。
⑥ （清）傅泽洪：《行水金鉴》，《四库全书》，史部，第 581 册，上海古籍出版社 1987 年版，第 436 页。

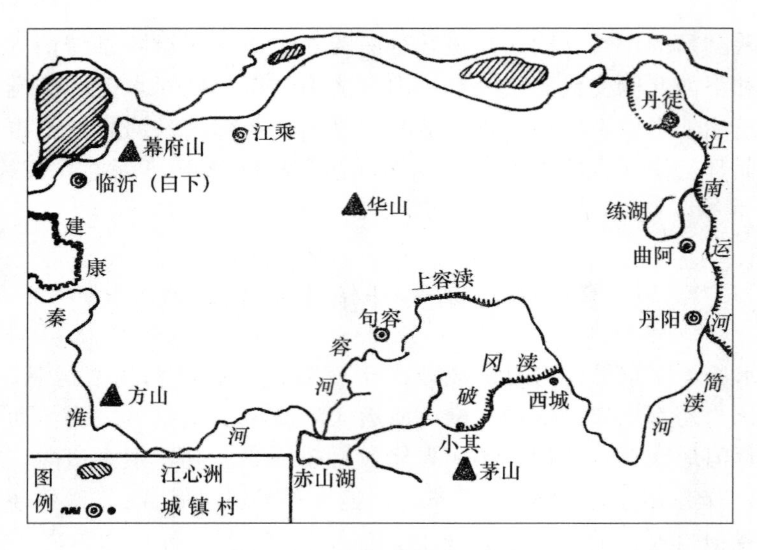


图 8－5 孙吴破冈渎示意图

破冈渎通航的最大难题是水位落差大，“破冈渎，上下一十四埭，通会市，作邸阁。仍于方山南截淮立埭，号曰方山埭”。[①] 立埭坝十四道以消化水位差，其中方山埭在秦淮河。十四埭均匀地分布在江宁和延陵境内，“其渎在句容东南二十五里，上七埭入延陵界，下七埭入江宁界。初，东郡船不得行京行江也，晋、宋、齐因之”。东晋、宋、齐三朝太湖流域漕船均由破冈渎、秦淮河进入建康。梁朝对这一运道大动手术，“梁太子嗣，改为破墩渎，遂废之。而开上容渎，在句容县东南五里，顶上分流，一源东南三十里，十六埭，入延陵界；一源西南流二十五里，五埭”。[②] 技术进步明显。

破冈渎、上容渎在建都建康的条件下，是太湖流域漕船入京的理想水道，较之出京口由长江入京不仅里程稍近，而且无行长江船毁粮失之弊。隋朝漕运中心在洛阳，建康不再是漕运终点，水运地位一落千丈。太湖流域漕船的最终目的地是洛阳或长安，在京口过江进入淮扬运河然后转进通济渠，才无须再经破冈渎、上容渎。

破冈渎之外，东吴还加强建业城水运基础设施。孙权迁都秣陵，看中

① （唐）许嵩：《建康实录》，《四库全书》，史部，第370册，上海古籍出版社1987年版，第256页。

② （唐）许嵩：《建康实录》，《四库全书》，史部，第370册，上海古籍出版社1987年版，第256页。

的是其水运军运优越条件，“秣陵有小江百余里，可以安大船。吾方理水军，当移据之”。[1] 所谓小江，即南京城外的秦淮河，与长江交汇处有石头城扼守门户。屯军石头城，进能攻，退能守，攻防十分有利。迁都后，立即进行水道和漕仓建设。赤乌三年开运渎自城内太仓接城外秦淮河，“十二月，使左台侍御史郗俭，凿苑城而南自秦淮北仓城，名运渎”。注：“案建康宫城即吴苑城，城内有仓名曰苑仓，故开此渎通转运于仓所，时人亦呼为仓城。晋咸和中，修苑城为宫，唯仓不毁，故名太仓。在西华门内道北。”[2] 使秦淮河来漕船可直入城内，也为后来南朝所沿用。

东吴境内水运条件优越，漕粮之外物流便捷。有案可稽的是建业与武昌之间都城转换和建材转运。赤乌十年（247），孙权“诏移武昌材瓦”至建业，“今军事未已，所在多赋，妨损农业。且建康宫乃朕从京来作府舍耳，材柱率细，年月久远，尝恐朽坏。今武昌材木自在，且用缮之”。[3] 拆武昌宫殿，组织船队千里从武昌水运建业。吴末帝孙皓兴元二年迁都武昌，但皇宫供应仍由下游漕运，“扬土百姓泝流供给为患”。[4] 可见当时长江物运一斑。吴、蜀二国一在江头一在江尾，遣使往来互致方物，黄武二年“冬十一月，蜀使中郎将邓芝来聘”东吴。裴松之引《吴历》注曰：“蜀致马二百匹，锦千端，及方物。自是之后，聘使往来以为常。吴亦致方土所出，以答其厚意焉。”[5] 此后吴、蜀联盟稳固长达40年，民间商业往来也有一定规模。

开拓航海。中国古代海外通商源远流长。两汉“自武帝以来皆朝贡。后汉桓帝世，大秦、天竺皆由此道遣使贡献。及吴孙权时，遣宣化从事朱应、中郎康泰通焉。其所经过及传闻则有百数十国，因立记传”[6]。三国时唯东吴有志开拓海外，光大了两汉航海传统。浙江的会稽、永宁设有专造海船的船厂，平阳则设有横萸船屯；建安设典船校尉，主管吴航船厂（今长乐吴航镇）、温麻船厂（在今连江境）的造船业务。

---

① （南宋）周应合：《景定建康志》，《四库全书》，史部，第489册，上海古籍出版社1987年版，第3页。

② （南宋）周应合：《景定建康志》，《四库全书》，史部，第489册，上海古籍出版社1987年版，第186页。

③ （唐）许嵩：《建康实录》，《四库全书》，史部，第370册，上海古籍出版社1987年版，第256页。

④ （唐）许嵩：《建康实录》，《四库全书》，史部，第370册，上海古籍出版社1987年版，第273页。

⑤ 《三国志》卷47，中华书局2000年版，第836页。

⑥ 《南史》卷78，中华书局2000年版，第1299页。

东吴海外活动范围和交往对象，主要是柬埔寨、日本、台湾岛和辽东地区。黄龙“二年春正月……遣将军卫温、诸葛直将甲士万人浮海求夷洲及亶洲。亶洲在海中，长老传言秦始皇帝遣方士徐福将童男童女数千人入海，求蓬莱神山及仙药，止此洲不还。世相承有数万家，其上人民，时有至会稽货布，会稽东县人海行，亦有遭风流移至亶洲者。所在绝远，卒不可得至，但得夷洲数千人还”①。夷洲即台湾，亶洲即日本。“嘉禾元年……三月，遣将军周贺、校尉裴潜乘海之辽东。……冬十月，魏辽东太守公孙渊遣校尉宿舒、阆中令孙综称藩于权，并献貂马。权大悦，加渊爵位。”② 辽东水程遥远，几乎与日本相等。东吴与扶南（今柬埔寨）有交往，“吴时，遣中郎康泰、宣化从事朱应使于寻国，国人犹裸，唯妇人著贯头。泰、应谓曰：‘国中实佳，但人亵露可怪耳。’寻始令国内男子著横幅。横幅，今干漫也。大家乃截锦为之，贫者乃用布”。③ 寻国今属柬埔寨，其文明进步，吴人有传播之功。东吴重视海外，影响南朝至深。

① 《三国志》卷47，中华书局2000年版，第840页。
② 《三国志》卷47，中华书局2000年版，第840页。
③ 《南史》卷78，中华书局2000年版，第1303页。

# 第九章　南北朝水战和水运

## 第一节　南北朝造船和用船

吴魏造船用船传统。东汉末年，南方有雄厚的造船实力。荆州未经战乱，“刘表治水军，蒙冲斗舰，乃以千数”[①]。后来荆州终归东吴，东吴以水军立国，最善造船和用船。其最大造船基地在青龙镇，青龙镇具体所在，一说在苏南，《至元嘉禾志》卷3“镇市”条下有“松江府青龙镇，在府东北五十四里。考证旧为海商辐凑之所，镇之得名莫详所自。惟朱伯原《读吴郡图经》云：昔孙权造青龙战舰，置之此地，因以名之”[②]。一说在浙北，《浙江通志》卷11“嘉兴府嘉善县张练塘”条：“按《宋志》云：吴王权造战舰于青龙镇，遂张帆练兵于此。”[③] 苏南、浙北皆东吴战略纵深，适宜设置造船基地，可能两说皆真。

荆、吴所造战船，结构精良，种类繁多。散见于古籍中的船名有蒙冲、斗舰、大舸、飞云、走舸等。大舸，可容战士3000人；飞云，分上下五层，雕镂彩绘，孙权常乘它巡游长江；蒙冲，作战中箭如雨下；走舸，轻捷小船。作战中各有所用。

在实战中，有艨冲守、大舸攻战例。《三国志·董袭传》载：“建安十三年，权讨黄祖。祖横两蒙冲挟守沔口，以栟闾大绁系石为矴，上有千人，以弩交射，飞矢雨下，军不得前。袭与凌统俱为前部，各将敢死百人，人被两铠，乘大舸船，突入蒙冲里。袭身以刀断两绁，蒙冲乃横流，

---

① 《三国志》卷54，中华书局2000年版，第932—933页。

② （元）徐硕：《至元嘉禾志》，《四库全书》，史部，第491册，上海古籍出版社1987年版，第26页。

③ 《浙江通志》，《四库全书》，史部，第519册，上海古籍出版社1987年版，第365页。

大兵遂进。”[①] 可见蒙冲与舸船各有所长，其性能发挥要靠人的勇敢善战。

蒙冲、斗舰俱用于突击的战例。赤壁之战中，吴军“乃取蒙冲斗舰数十艘，实以薪草，膏油灌其中，裹以帷幕，上建牙旗，先书报曹公，欺以欲降。又豫备走舸，各系大船后，因引次俱前”[②]。火烧赤壁，对东吴取胜至关重要。

东吴非作战用船制造也颇有规模，孙权乘坐飞云大船，“刘备之自京还也，权乘飞云大船，与张昭、秦松、鲁肃等十余人共追送之，大宴会叙别”。此船宽大舒适。东吴群臣各有自己的独特用船，“马缟《中华古今注》：孙权时号舸为赤龙、小船为驰马，言如龙之飞于天，如马之走陆地也。《吴志》：太傅诸葛恪制为鸭头船。《吴志》：将军贺齐性奢绮，所乘船雕刻丹镂青盖绛襜，蒙艟、斗舰望之若仙”。[③] 三国后期孙权兼有荆吴，曾造出万斛船。东吴丹阳太守万震《南州异物志》载，“外城人名船□，大者长二十余丈，高去水二三丈，望之如阁道，载六七百人，物出万斛”。[④] 载物万斛，或运700人，可见吴人所造船大。西晋灭吴，《吴书·孙皓传》引《晋阳秋》载：王浚“收其图籍，领州四，郡四十三……舟船五千余艘”[⑤]，加上孙皓出城投降前东吴损失和投降的战舰数量，应该有船万艘。

曹魏自造战船叫油船。赤壁之战后，曹操在巢湖大造油船，训练水军。建安“十八年正月，曹公攻濡须，权与相拒月余”。注引《吴历》曰，“曹公出濡须，作油船，夜渡洲上”。[⑥] 但这次进攻被吴人挫败。魏灭蜀后，王浚在蜀中造战船更大更多，“浚乃作大船连舫，方百二十步，受二千余人。以木为城，起楼橹，开四出门，其上皆得驰马来往。又画鹢首怪兽于船首，以惧江神。舟楫之盛，自古未有”。[⑦] 古人所说步，指两腿各迈一次的距离，有一步六尺之说。方百二十步，近于1000多年后郑和下西洋所乘之宝船。

南朝造船和用船。西晋灭亡，进入南朝，造船技术又有长足发展。

---

① 《三国志》卷55，中华书局2000年版，第954页。

② 《三国志》卷54，中华书局2000年版，第934页。

③ （清）陈元龙：《格致镜原》，《四库全书》，子部，第1031册，上海古籍出版社1987年版，第394页。

④ （宋）李昉：《太平御览》，《四库全书》，子部，第899册，上海古籍出版社1987年版，第774页。

⑤ 《三国志》卷48，中华书局2000年版，第870页。

⑥ 《三国志》卷47，中华书局2000年版，第827页。

⑦ 《晋书》卷42，中华书局2000年版，第795—796页。

首先，船造得更大，驱动力量更大。颜之推有言：“昔在江南，不信有千人毡帐；及来河北，不信有二万斛船。”[①] 可见南朝后期大船可载重两万斛，载重在千吨以上。《南史·王僧辩传》载：梁、陈之交，割据势力陆纳“造二舰，一曰青龙舰，一曰白虎舰，皆衣以牛皮，并高十五丈，选其中尤勇健者乘之”[②]。船高 15 丈，肯定是楼船。按船长与船高之比 4∶1 计，船长应有 60 丈，是数十年后隋炀帝南巡所造龙舟的三倍。

其次，有短期内大批量造船实力。东晋元兴三年（404），桓玄在江陵“大修舟师，曾未三旬，众且二万，楼船器械甚盛”[③]。一月之内武装起两万水军。东晋末，孙恩、卢循反晋，其部下徐道覆“密欲装舟舰，乃使人伐船材于南康山，伪云将下都货之。后称力少不能得致，即于郡贱卖之，价减数倍，居人贪贱，卖衣物而市之。赣石水急，出船甚难，皆储之。如是者数四，故船版大积，而百姓弗之疑。及道覆举兵，案卖券而取之，无得隐匿者，乃并力装之，旬日而办”[④]。长期积累，十日成船。

再次，宋齐以下舟师更盛。刘宋时谢晦反于荆州，“檀道济统劲锐武卒三万，戈船蔽江，星言继发，千帆俱举，万棹遄征。……晦率众二万，发自江陵，舟舰列自江津至于破冢，旍旗相照，蔽夺日光”。[⑤] 孝武帝刘骏不遇战事，但“宋孝武度六合，自翔凤舟以下三千四十五艘，舟航之盛，三代、二京无比”。[⑥] 水上武力盛极一时。梁朝湘东王萧绎从荆州东下平侯景之乱，“命王僧辩等东击侯景。二月庚子，诸军发寻阳，舳舻数百里，陈霸先帅甲士三万、舟舰二千，自南江出湓口，会僧辩于白茅湾”。[⑦] 诸军战舰连江数百里，其中陈霸先麾下战舰两千多艘，战力非同小可。

最后，造船采用水密隔舱踏轮驱动新技术。水密隔舱诞生于东晋末年反晋义军中，《宋书·武帝纪》有此船实用记载：卢循“即日发巴陵，与道覆连旗而下。别有八艚舰九枚，起四层，高十二丈”[⑧]。八艚舰，顾名思义就是船分八艚，把船舱分为八格，作八舱，若船底破漏，仅一两舱进

---

① 《颜子家训》，《四库全书》，子部，第 848 册，上海古籍出版社 1987 年版，第 972 页。

② 《南史》卷 63，中华书局 2000 年版，第 1028 页。

③ 《晋书》卷 99，中华书局 2000 年版，第 1736 页。

④ 《晋书》卷 100，中华书局 2000 年版，第 1760 页。

⑤ 《宋书》卷 44，中华书局 2000 年版，第 888—889 页。

⑥ （明）彭大翼：《山堂肆考》，《四库全书》，子部，第 977 册，上海古籍出版社 1987 年版，第 593 页。

⑦ （北宋）司马光：《资治通鉴》，《四库全书》，史部，第 307 册，上海古籍出版社 1987 年版，第 503 页。

⑧ 《宋书》卷 1，中华书局 2000 年版，第 13 页。

水，不至于全船沉没，并且可以在继续航行的情况下进行修补。这就是封舱密室技术，今人普遍称之为水密隔舱。踏轮驱动技术发明于数学家祖冲之，祖冲之“又造千里船，于新亭江试之，日行百余里”①。所谓千里船，只能是船夫轮番驱动，十日可行千里。

## 第二节 长江流域运兵水战

水战是水运的极端形式，运兵是水战的基础。据今人考证：“自东晋元兴元年（402），桓玄起兵反晋，至陈祯明三年（589），陈后主在建康被俘的187年间，南北朝之间及南朝各代更替之际，长江干支流共发生过大小规模的水上舟战100多次。”② 其中发生在建康、浔阳、江夏、江陵、巴郡等地平定叛乱或改朝换代的水战居多。

南朝宋文帝元嘉三年（426），坐镇荆州手握重兵的谢晦与宋廷决裂。宋廷发兵平叛，数路合击，声势浩大：其一“到彦之率羽林选士果劲二万，云旍首路，组甲曜川”，其二“檀道济统劲锐武卒三万，戈船蔽江，星言继发，千帆俱举，万棹遄征”，其三“段宏铁马二千，风驱电击，步自竟陵，直至鄢郢”，其四“刘粹控河阴之师，冲其巢窟”，其五“张劭提湘川之众，直据要害。巴、蜀杜荆门之险，秦梁绝丹圻之径，云网四合，走伏路尽”。③ 其中到彦之率京城羽林、檀道济率扬州水军溯江西上，是平叛主力；刘粹从河阴、段宏从竟陵率步骑向江陵是偏师，起策应作用；张劭总制湖南、四川水陆取守势。由此反映刘宋水陆配置和军事动员潜力。檀道济三万水军对谢晦两万舟师有压倒优势，谢晦败退江陵后不久即身败名裂。

齐末，萧洐看到天下将乱，“至襄阳。于是潜造器械，多伐竹木，沉于檀溪，密为舟装之备”。次年又“收集得甲士万余人，马千余匹，船三千艘，出檀溪竹木装舰”④。然后毅然起兵东下建康。萧洐用兵，彰显立足上游、顺江东下的地理优势和久掌军旅、善长水战的人和优势：“即日遣冠军、竟陵内史曹景宗等二十军主，长槊五万，骥騄为群，鹗视争先，龙骧并驱，步出横江，直指朱雀。长史、冠军将军、襄阳太守王茂等三十军

① 《南齐书》卷52，中华书局2000年版，第616页。

② 罗传栋主编：《长江航运史》，人民交通出版社1991年版，第120—121页。

③ 《宋书》卷44，中华书局2000年版，第888—889页。

④ 《梁书》卷1，中华书局2000年版，第3页。

主，戈船七万，乘流电激，推锋扼险，斜趣白城。”[①] 事后曹、王二军确实为萧衍改朝换代立下汗马功劳。

水战又是水运的破坏力量。

其一，处于守势还想立于不败之地的一方，要想不让敌船靠近己方，常常凿沉大量船只堵塞航道。大宝二年（551），王僧辩驻舟师于巴陵，为了对付侯景水军，“僧辩悉上江渚米粮，并沉公私船于水。及贼前锋次江口，僧辩乃分命众军，乘城固守，偃旗卧鼓，安若无人”。[②] 许多漕船连同所载漕粮被强迫沉江，浪费惊人。次年战争形势好转，王僧辩、陈霸先舟师连败侯景，逼近建康。为了负隅顽抗，“景召石头津主张宾，使引淮中舣艖及海艟，以石缒之，塞淮口。缘淮作城，自石头至于朱雀街十余里中，楼堞相接”。[③] 各种大船被装石沉入秦淮河，以堵塞长江进入建康航道。

其二，对阵双方要想迅速取胜，烧毁敌方船只是克敌捷径。刘宋元徽二年五月，桂阳王“举兵于寻阳，收略官民，数日便办，众二万人，骑五百匹。发盆口，悉乘商旅船舫”。平南将军萧道成扼守新亭，遣将“浮舸与贼水战，自新林至赤岸，大破之，烧其船舰，死伤甚众”[④]。于是桂阳王从九江掠来的商民船全部毁于战火。

## 第三节　南北对攻开通运道

南朝北伐。南朝水运进取北方有三路：一在长江下游过江入淮扬运河窥齐鲁，一在长江中游过江入汉沔以窥洛阳，一在长江上游由巴蜀以窥关中。

东晋除庾翼欲中路进取因漕运不济无所作为外，还有桓温、谢玄、刘裕旋得旋失的北伐军事行动。桓温饮恨于运道不通，谢玄、刘裕运道虽通但功败垂成于后顾之忧。

根据运道开凿及其对战争胜负影响，南朝北伐可分四类：

第一，无须开凿运道终因漕运不继而失败或得地不守轻易放弃的北

---

① 《梁书》卷1，中华书局2000年版，第5页。

② 《梁书》卷45，中华书局2000年版，第434页。

③ （北宋）司马光：《资治通鉴》，《四库全书》，史部，第307册，上海古籍出版社1987年版，第504页。

④ 《南齐书》卷1，中华书局2000年版，第5页。

伐。东晋永和八年（352），桓温取道汉水进取关中，“温遂统步骑四万发江陵，水军自襄阳入均口，至南乡，步自淅川以征关中……温进至霸上，健以五千人深沟自固……初，温恃麦熟，取以为军资。而健芟苗清野，军粮不属，收三千余口而还”。[①] 东晋军队的粮秣未能运至关中，原本打算因粮于敌境的桓温，又遇敌军芟苗清野，只好尽弃前功。穆帝升平年间，桓温北伐洛阳，“督护高武据鲁阳，辅国将军戴施屯河上，勒舟师以逼许洛，以谯梁水道既通，请徐豫兵乘淮泗入河”。两路水军对洛阳作钳形进击。桓温亲率步骑陆路奔袭，“温自江陵北伐……师次伊水，姚襄屯水北，距水而战。温结阵而前，亲被甲督弟冲及诸将奋击，襄大败，自相杀死者数千人，越北芒而西走，追之不及，遂奔平阳。温屯故太极殿前，徙入金墉城，谒先帝诸陵，陵被侵毁者皆缮复之，兼置陵令。遂旋军，执降贼周成以归，迁降人三千余家于江汉之间”。[②] 虽胜姚襄，但未坚守洛阳，地盘旋得旋失，意义不大。

第二，需要开凿运道但开凿不成而功败垂成的北伐。太和四年（230），桓温取道淮扬运河北伐，深入敌境纵深千里，“悉众北伐。……军次湖陆，攻慕容暐将慕容忠，获之，进次金乡。时亢旱，水道不通，乃凿钜野三百余里以通舟运，自清水入河。暐将慕容垂、傅末波等率众八万距温，战于林渚。温击破之，遂至枋头”。湖陆唐改名鱼台，与金乡、巨野皆鲁西南县城；枋头地在豫北。水路行军，陆地决胜，由清水进入黄河，在林渚大败敌军，得至枋头（曹操当年立木堰遏淇水入白沟处）。但先胜而后败，失败原因是运道开而不通。“先使袁真伐谯梁，开石门以通运。真讨谯梁皆平之，而不能开石门，军粮竭尽。温焚舟步退，自东燕出仓垣，经陈留，凿井而饮，行七百余里。”[③] 谯梁地在今豫东开封、商丘之间；石门地近东阿，大概攻下谯梁、开通石门，后方粮饷即可由淮扬运河溯泗水至石门，由石门入黄河运至枋头。

第三，需要开凿运道就能开成运道的北伐。15 年后，谢玄解决了桓温不曾解决的运道开凿问题，北伐取得空前成功。太元九年八月，晋军统帅谢玄乘淝水之战大胜余威，在东线北伐以扩大战果。“玄复率众次于彭城，遣参军刘袭攻坚兖州刺史张崇于鄄城，走之，使刘牢之守鄄城。兖州既平，玄患水道险涩，粮运艰难，用督护闻人奭谋，堰吕梁水，树栅，立七

① 《晋书》卷 98，中华书局 2000 年版，第 1717 页。
② 《晋书》卷 98，中华书局 2000 年版，第 1717—1718 页。
③ 《晋书》卷 98，中华书局 2000 年版，第 1720 页。

埭为派，拥二岸之流，以利运漕，自此公私利便。”打通了泗水运道，“又进伐青州，故谓之青州派”。靠“青州派”运道的支持，谢玄不仅收复了青州，而且还短暂打下燕赵的南部，高潮时“晋陵太守滕恬之渡河守黎阳，三魏皆降。……复遣宁远将军吞演伐申凯于魏郡，破之”[①]。北伐取得空前胜利，但由于战线过长，晋军兵力有限，难以长期占领之。

晋末名次刘裕军事才能杰出，麾下又有一批足智多谋或能征惯战的将领，东晋末年数次大举北伐，不仅高潮时拓地千里、战果辉煌，而且跨江河水上运兵运粮，颇多成功之举。其北伐战果为南朝其他北伐者远不能企及。东晋义熙十二年（416），刘裕北伐夺取洛阳、长安。“裕发建康。遣龙骧将军王镇恶、冠军将军檀道济将步军自淮、淝向许洛，新野太守朱超石、宁朔将军胡藩趋阳城，振武将军沈田子、建威将军傅弘之趋武关，建武将军沈林子、彭城内史刘遵考将水军出石门自汴入河，以冀州刺史王仲德督前锋诸军，开巨野入河。”[②] 其中沈林子、刘遵考一路水军利用汴渠，王仲德一路水军从泗水开巨野入河，表明东晋末年稍加开凿南北水路尚可畅通。十三年正月，刘裕本人从彭城“以舟师进讨”[③]，“三月庚辰，大军入河。索虏步骑十万，营据河津。公命诸军济河击破之。公至洛阳。七月，至陕城。龙骧将军王镇恶伐木为舟，自河浮渭”,[④] 一举攻克长安。但有后顾之忧的刘裕，不久即率主力“自洛入河，开汴渠以归”[⑤]。只留偏师驻守关中，导致关中得而复失。

第四，攻击距离浅近不存在漕运不继问题的北伐。梁武帝萧衍即位后数次发动北伐，虽然战果甚微，但这是南朝对北朝最后的攻势作战。天监四年（505），萧衍下《北伐诏》，梁军东、中、西多路出击、水陆并进，但战果都在京城正面。五年三月“癸未，魏宣武帝从弟翼率其诸弟来降。辅国将军刘思效破魏青州刺史元系于胶水。丁亥，陈伯之自寿阳率众归降。……五月辛未，太子左卫率张惠绍克魏宿预城。乙亥，临川王宏前军克梁城。辛巳，豫州刺史韦睿克合肥城。丁亥，庐江太守裴邃克羊石城；庚寅，又克霍丘城。……六月庚子，青、冀二州刺史桓和前军克朐山

---

① 《晋书》卷79，中华书局2000年版，第1386页。

② （北宋）司马光：《资治通鉴》，《四库全书》，史部，第306册，上海古籍出版社1987年版，第499—500页。

③ 《宋书》卷2，中华书局2000年版，第28页。

④ 《宋书》卷2，中华书局2000年版，第29页。

⑤ 《宋书》卷2，中华书局2000年版，第30页。

城"[①]。后来还有多次北伐，但战果皆不能与这次相比。

北朝南渐。北魏孝文帝迁都洛阳，渐露南下意图。北朝皆为游牧部落入主中原的王朝，没有水文知识和水行意识。只孝文帝以后的北魏比较重视治水通漕。公元493年，孝文帝从平城（今山西大同）迁都洛阳，其后对汴渠、蔡渠、阳渠、黄河三门和北方的白沟，进行了力所能及的治理。

孝文帝舍平城而都洛阳，实欲借洛阳水运优势一统天下。太和十八年（494）"高祖自邺还京，泛舟洪池，乃从容谓冲曰：'朕欲从此通渠于洛，南伐之日，何容不从此入洛，从洛入河，从河入汴，从汴入清，以至于淮？下船而战，犹出户而斗，此乃军国之大计。今沟渠若须二万人以下、六十日有成者，宜以渐修之。'冲对曰：'若尔，便是士无远涉之劳，战有兼人之力'"[②]。洪池，在洛阳与北邙之间，靠近黄河的地方。君臣泛舟洪池而确立了治水通运、一统天下方略，并加以逐步实施。太和十九年（495）"幸徐州，敕淹与闾龙驹等主舟楫，将泛泗入河，溯流还洛。军次碻磝，淹以黄河峻急，虑有倾危，乃上疏陈谏。高祖敕淹曰：'朕以恒代无运漕之路，故京邑民贫。今移都伊洛，欲通运四方，而黄河急浚，人皆难涉。我因有此行，必须乘流，所以开百姓之心……'"[③] 身先群臣、将士，亲临舟船行黄河之险，以身作则，表率天下，开北朝舟船优先之风。

在孝文帝的推动下，北魏治水通运渐有起色。首先，在兴建洛阳时，整治了都城入河的洛、谷水道。太和二十年九月"丁亥，将通洛水入谷，帝亲临观"[④]。其次，崔亮任度支尚书期间修汴、蔡二渠，"亮在度支，别立条格，岁省亿计。又议修汴蔡二渠，以通边运，公私赖焉"。[⑤] 再次，景明年间弃车用船，改进三门以西租调东运洛阳之法。原来"京西水次汾华二州，恒农、河北、河东、正平、平阳五郡年常绵绢及赀麻皆折公物，雇车牛送京。道险人弊，费公损私"。关中之物靠车牛陆运达洛阳，运输成本很高。三门都将薛钦建言以造车之费造船，以雇车之钱雇船，在陆运中穿插水船之运，"汾州有租调之处，去汾不过百里，华州去河不满六十，并令计程依旧酬价，车送船所。船之所运，唯达雷陂。其陆路从雷陂至仓库，调一车雇绢一匹，租一车布五匹，则于公私为便"。[⑥] 这一建议

---

① 《梁书》卷2，中华书局2000年版，第29—30页。

② 《魏书》卷53，中华书局2000年版，第799页。

③ 《魏书》卷79，中华书局2000年版，第1185页。

④ 《魏书》卷7，中华书局2000年版，第122页。

⑤ 《魏书》卷66，中华书局2000年版，第995页。

⑥ 《魏书》卷110，中华书局2000年版，第1909页。

得到度支郎中朱元旭支持和宣武帝恩准，但推行欠彻底。最后，边地屯田、内地建仓，分段转运，减轻民劳。世宗延昌年间，“自徐杨内附之后，仍世经略江淮，于是转运中州，以实边镇，百姓疲于道路。乃令番戍之兵，营起屯田，又收内郡兵资与民和籴，积为边备。有司又请于水运之次，随便置仓，乃于小平、右门、白马津、漳涯、黑水、济州、陈郡、大梁凡八所，各立邸阁，每军国有须，应机漕引。自此费役微省”。[①] 前六仓在黄河沿岸，后两仓在颍水、汴渠沿岸。最后，孝明帝熙平年间通运白沟。“汉建安九年，魏武王于水口下大枋木以成堰，遏淇水东入白沟，以通漕运……自后遂废，魏熙平中复通之。”[②] 所谓复通，即通整个白沟之运。

虽然后来北魏分裂为东魏和西魏，但北魏奠定的重视运河和水运的影响仍在，并且东魏和西魏遇到梁朝侯景之乱良机，将势力延伸到江南水乡，“梁武帝贪得土地，招纳侯景，结果是梁国内部大乱，反而失去广大的土地。东魏取得淮南和广陵，西魏取得益州、汉中、襄阳。江陵有西魏守军，实际也为西魏所有”。[③] 不仅如此，梁末绍泰元年（555）十月，秦州（今江苏六合）守将徐嗣徽趁陈霸先出攻义兴之机，居然“密结南豫州刺史任约与僧辩故旧，图陈武帝”[④]，将精兵5000，过江乘虚奔袭建康。占据石头，威逼金陵。十一月，北齐又遣兵5000渡江，占据姑孰，响应徐嗣徽。这5000齐兵应该是从扬州渡江，顺江南运河南下进占苏州的。幸亏不是大举进兵，否则当时就可能灭掉南朝。

总之，南北朝之间的对攻，加快了南北运道的沟通，为隋朝再次统一南北做了前期铺奠、典型引导和经验启迪。

## 第四节　南北朝消极治运与治河

南朝十分注重水战却相当忽视治水。东晋多次力行北伐，却很少有人愿意事先为北伐做些运道准备。殷浩北伐为姚襄所败，复图再举。王羲之《与会稽王书》呼吁：“且千里馈粮，自古为难，况今转运供继，西输许

---

① 《魏书》卷110，中华书局2000年版，第1909页。

② （北魏）郦道元：《水经注》，《四库全书》，史部，第573册，上海古籍出版社1987年版，第159页。

③ 范文澜：《中国通史简编》，人民出版社1958年版，第2编，第390页。

④ 《南史》卷63，中华书局2000年版，第1030页。

洛，北入黄河。虽秦政之弊，未至于此，而十室之忧，便以交至。”[①] 以漕事不举、后勤供应难以为继为由，反对草率北伐，却没有呼吁先通运道后事北伐。

东晋不仅过江入河水道不畅，而且江南水运也不加整顿。王羲之《遗谢安书》对此有所反映。永和年间作者任会稽内史，时朝廷赋役繁重，每上疏谏诤。他认为振兴漕运任重道远，“今事之大者未布，漕运是也。吾意望朝廷可申下定期，委之所司，勿复催下，但当岁终考其殿最。长吏尤殿，命槛车送诣天台。三县不举，二千石必免”。他强调清除仓蠹必用重刑，“仓督监耗盗官米，动以万计，吾谓诛翦一人，其后便断，而时意不同。近检校诸县，无不皆尔。余姚近十万斛，重敛以资奸吏，令国用空乏，良可叹也”。[②] 说明东晋初年国家草创，以建康为中心漕运机制建设严重不到位，而贪官污吏又充斥运河和漕运管理衙门，败坏漕计，坑害漕农，让人忧心忡忡。

东晋至康帝通过长江水道进入河、淮水系的通道都没有打通。《晋书·庾翼传》收《北伐至夏口上表》。作者在晋康帝继位之初，官荆州刺史镇武昌，率众北伐，取得小胜至夏口，上表陈述一路北上因漕运不继的各种困窘，“臣近以胡寇有弊亡之势，暂率所统，致讨山北，并分见众，略复江夏数城。臣等以九月十九日发武昌，以二十四日达夏口，辄简卒搜乘停当上道。而所调借牛马，来处皆远，百姓所稿，谷草不充，并多羸瘠，难以涉路。加以向冬，野草渐枯，往反二千，或容踬顿，辄便随事筹量，权停此举。又山南诸城，每至秋冬，水多燥涸，运漕用功，实为艰阻”。[③] 只得变继续北伐为改镇襄阳，“计襄阳，荆楚之旧，西接益梁，与关陇咫尺，北去洛河，不盈千里，土沃田良，方城险峻，水路流通，转运无滞，进可以扫荡秦赵，退可以保据上流。……臣虽未获长驱中原，馘截凶丑，亦不可以不进据要害，思攻取之宜。是以辄量宜入沔，徙镇襄阳”。[④] 足见运道不通掣肘北伐。

刘宋疆域视东晋有加，却不急于治水兴利。元嘉二十二年（445），扬州刺史刘浚《上言开漕谷湖》指出吴兴一带是京城粮仓，供应军国，关乎社稷。“所统吴兴郡，衿带重山，地多污泽，泉流归集，疏决迟壅，时雨

---

① （宋）郑樵：《通志》，《四库全书》，史部，第 377 册，上海古籍出版社 1987 年版，第 847 页。

② 《晋书》卷 80，中华书局 2000 年版，第 1396 页。

③ 《晋书》卷 73，中华书局 2000 年版，第 1285 页。

④ 《晋书》卷 73，中华书局 2000 年版，第 1285—1286 页。

未过，已至漂没。或方春辍耕，或开秋沈稼，田家徒苦，防遏无方。彼邦奥区，地沃民阜，一岁称稔，则穰被京城；时或水潦，则数郡为灾。顷年以来，俭多丰寡，虽赈赉周给，倾耗国储，公私之弊，方在未已。”① 开漕谷湖泄洪水入海十分必要，然而工程却20年议而不行，“州民姚峤比通便宜，以为二吴、晋陵、义兴四郡，同注太湖，而松江沪渎壅噎不利，故处处涌溢，浸渍成灾。欲从武康纻溪开漕谷湖，直出海口，一百余里，穿渠浛必无阂滞。自去践行量度，二十许载。去十一年大水，已诣前刺史臣义康欲陈此计，即遣主簿盛昙泰随峤周行，互生疑难，议遂寝息”。② 皇帝准行，而功竟不成。

梁武帝误收侯景降梁，招致天下大乱。此后，对北方专取守势。失去进取势头的梁朝，境内治水更加少气无力。吴郡屡以水灾欠收，有人奏请漕大渎而泻浙江，交州刺史王奕发吴、吴兴、信义三郡人丁治理。太子萧统却上书请停吴兴工役，一方面认为开导震泽非常必要，“开漕沟渠，导泄震泽，使吴兴一境，无复水灾，诚矜恤之至仁，经略之远旨。暂劳永逸，必获后利”。另一方面却认为兴工扰民，“吴兴累年失收，人颇流移。吴郡十城，亦无全熟。唯义兴去秋有稔，复非常役之民。即日东境谷价犹贵，劫盗屡起，在所有司，皆不闻奏。今征戍未归，强丁疏少，此虽小举，窃恐难合，吏一呼门，动为民蠹。又出丁之处，远近不一，比得齐集，已妨蚕农。去年称为丰岁，公私未能足食；如复今兹失业，虑恐为弊更深”。③ 好像很同情百姓，却没有看到兴修水利能带来农业丰收，更加造福百姓，实际是懦弱无能的表现。故而南朝治水通运，只两次小规模治理扬夏水道。一次是东晋王敦。史载江陵“漕河在江陵县北四里。《旧经》云：王处仲为江陵刺史，凿漕河通江汉南北埭”④。处仲是王敦的字。今人考证这段文字中说的漕河即晋元帝时荆州刺史王敦重开的扬夏运道，“王敦所开漕河，有坝埭，有潴堰，‘以坝止水，以堰平水’，‘使水深广可容舟’”。⑤ 不为牵强之论。另一次是刘宋元嘉年间，“通路白湖，下注扬水，以广运漕”。⑥ 引白湖水注扬水，增大通航能力。

---

① 《宋书》卷99，中华书局2000年版，第1623页。

② 《宋书》卷99，中华书局2000年版，第1623页。

③ 《梁书》卷8，中华书局2000年版，第113页。

④ （宋）王象之：《舆地纪胜》，《续修四库全书》，史部，第584册，上海古籍出版社2003年版，第550页下栏。

⑤ 编写组编：《湖北航运史》，人民交通出版社1995年版，第60页。

⑥ （北魏）郦道元：《水经注》，《四库全书》，史部，第573册，上海古籍出版社1987年版，第441页。

北朝游牧民族入主中原，治河安民观念淡薄。一般情况下都对河决听之任之。北魏稍好一些，但治河远没有通运那么上心。

《魏书·崔楷传》收《冀定水患疏》，反映北魏年间黄河经燕赵入海，冀、定数州频遭水患，统治者无心治河的实情。崔楷时任左中郎将，慨然上书言治河安民。主要内容有三：

其一追述三代以来，历朝有严重治河、解民倒悬传统，“黎民阻饥，唐尧致叹；众庶斯馑，帝乙罚己。……昔洪水为害四载，流于《夏书》；九土既平攸同，纪自《虞诰》”。[①] 激励当朝治理冀、定河患。

其二总结两汉以来治河经验教训，“河决瓠子，梁楚几危；宣防既建，水还旧迹。十数年间，户口丰衍。又决屯氏，两川分流，东北数郡之地，仅得支存。及下通灵、鸣，水田一路，往昔膏腴，十分病九，邑居凋离，坟井毁灭。良由水大渠狭，更不开泻，众流壅塞，曲直乘之所致也”。[②] 从正反史实和经验教训两方面提醒最高统治者河决不可纵，河害必须治。

其三批评当朝听任河决害民，“顷东北数州，频年淫雨，长河激浪，洪波汩流，川陆连涛，原隰过望，弥漫不已，泛滥为灾。户无担石之储，家有藜藿之色。华壤膏腴，变为舄卤；菽麦禾黍，化作藿蒲。……自比定冀水潦，无岁不饥；幽瀛川河，频年泛溢”。[③] 提出治河兴利方案，“使地有金堤之坚，水有非常之备。钩连相注，多置水口，从河入海，远迩迳通，泻其埆泻，泄此陂泽。九月农罢，量役计功，十月昏正，立匠表度。县遣能工，麾画形势；郡发明使，筹察可否。……即以高下营田，因于水陆，水种秔稻，陆艺桑麻。必使室有久储，门丰余积”。崔楷此书虽得宣武帝认可准行，但“用功未就，诏还追罢”[④]，并未得到彻底实施。北魏尚且如此，他朝可想而知。

---

① 《魏书》卷56，中华书局2000年版，第843—844页。

② 《魏书》卷56，中华书局2000年版，第844页。

③ 《魏书》卷56，中华书局2000年版，第844页。

④ 《魏书》卷56，中华书局2000年版，第843—845页。

# 第十章　南朝内河水运和航海贸易

## 第一节　南朝内河漕运

317年，东晋开国江南，以建康为都103年而亡；其后宋、齐、梁、陈叠兴，俱都建康，分别享国59年、25年、55年、32年，南朝共达272年。与北朝相比，南朝长于舟楫，以建康为中心的漕运坚持较好。

南北朝都无心治水治河。南朝境内无黄河，但仍设都水使者，主要职掌造船。刘宋时，“运舟材及运船，不复下诸郡输出，悉委都水别量”。[①]北朝虽境内有黄河，但都水使者也仅管造船。北魏初，“时宫阙初基，庙库未构，车驾将水路幸邺。已诏都水回营构之材，以造舟楫”。[②]中央主管漕运的是度支尚书，这一体制始于魏晋，六朝得到强化。“穆帝之世，频有大军，粮运不继，制王公以下十三户共借一人，助度支运。”[③]所言度支即度支尚书简称。

南朝漕仓建置：“其仓，京都有龙首仓，即石头津仓也，台城内仓，南塘仓，常平仓，东、西太仓，东宫仓，所贮总不过五十余万。在外有豫章仓、钓矶仓、钱塘仓，并是大贮备之处。自余诸州郡台传，亦各有仓。”[④]可知南朝粮仓三个级别：一是设在都城的七仓总贮粮50万石上下；二是设在产粮和漕运中心的大贮备三仓，豫章仓和钓矶仓在江西，钱塘仓在杭州，由朝廷直接管辖；三是设在地方府州的台传仓。

南朝漕运和仓储货物，包括粮食、布绢、银币、杂物。元徽四年（476），刘宋尚书右丞虞玩之《上宋后废帝陈时事表》有言：“昔岁奉敕，

---

① 《宋书》卷3，中华书局2000年版，第37页。

② 《北史》卷40，中华书局2000年版，第971页。

③ 《晋书》卷26，中华书局2000年版，第514页。

④ 《隋书》卷24，中华书局2000年版，第457页。

课以扬、徐众逋，凡入米谷六十万斛，钱五千余万，布绢五万匹，杂物在外，赖此相赡，故得推移。即今所悬转多，兴用渐广，深惧供奉顿阙，军器辍功，将士饥怨，百官骞禄。"① 所谓杂物，主要指制作军器的原材料。南朝漕运常常入不敷出，故而一向征收严急。刘宋孝武帝年间，"斋库上绢，年调钜万匹，绵亦称此。期限严峻，民间买绢一匹，至二三千，绵一两亦三四百，贫者卖妻儿，甚者或自缢死"。② 征派繁苛，敲骨吸髓。

南朝漕运起始于州郡征集漕粮，并将之集中于各地台传仓库。然后由各地台传仓库运出，输送京城七仓或外地的贮备仓。完成上述粮食转运、存贮任务，依赖于徭役制度及其奴役下的农夫。《隋书·食货志》追述南朝徭役制度道："其男丁，每岁役不过二十日。又率十八人出一运丁役之。"③ 一般男丁，一年只服役20日。18个男丁出一个做运丁，专门从事漕运。运丁根据需要连续服役、不限时日，即使如此也不敷官用。刘宋元徽元年（473），皇帝诏书有言："往属戎难，务先军实，征课之宜，或乖昔准。湘、江二州，粮运偏积，调役既繁，庶徒弥扰。"④ 湘州、江州运丁征派无度，民不聊生。

南朝军粮平时由士兵运送，遇有战事则改由运丁甚至一般男丁承运。东晋"咸和五年，成帝始度百姓田，取十分之一，率亩税米三升。六年，以海贼寇抄，运漕不继，发王公以下余丁，各运米六斛。……穆帝之世，频有大军，粮运不继，制王公以下十三户共借一人，助度支运"⑤。宋、齐、梁、陈开国，沿用晋制，以致服役漕运为人所苦。梁武帝下诏有言："……自今可通用足陌钱。令书行后，百日为期，若犹有犯，男子谪运，女子质作，并同三年。"⑥ 居然把参与漕运作为惩罚罪犯的手段，可见当时平民参与漕运苦难沉重，极不情愿。

南朝漕运所用船只，多数情况征自民间。东晋末年，刘敬宣为江州刺史，"敬宣既至江州，课集军粮，搜召舟乘，军戎要用，常有储拟。故西征诸军虽失利退据，因之每即振复"。⑦ 搜召舟乘，说明并无现成官船。

南朝军队出战，常有军粮随军而行。后续接济由运丁承担、供应不

① 《宋书》卷9，中华书局2000年版，第124页。
② 《宋书》卷82，中华书局2000年版，第1395页。
③ 《隋书》卷24，中华书局2000年版，第457页。
④ 《宋书》卷9，中华书局2000年版，第121页。
⑤ 《晋书》卷26，中华书局2000年版，第514页。
⑥ 《梁书》卷3，中华书局2000年版，第60页。
⑦ 《宋书》卷47，中华书局2000年版，第929页。

断。东晋太元十年（385），刘牢之率晋军千里跃进邺城，深入敌境援救苻秦。以枋头为基地，经过数月苦战，“邺中饥甚，长乐公丕帅众就晋谷于枋头。刘牢之入邺城，收集亡散，兵复少振”。[①] 被救邺城守将饥饿难耐，率部至枋头就食晋粮，其时晋军已出战数月，可知晋军粮饷运输保障机制完备。

战时漕运由主帅措置。刘宋元徽三年（475），大将沈攸之率领舟师西进攻郢，“夜尝风浪，米船沈没。仓曹参军崔灵凤女先适柳世隆子，攸之正色谓曰：‘当今军粮要急，而卿不以在意，由与城内婚姻邪?’灵凤答曰：‘乐广有言，下官岂以五男易一女。’攸之欢然意解”。[②] 可见宋军出战军中有仓曹负责运输军粮。南朝将帅可以临时任命属下监督地方粮饷供应，南齐末萧衍起兵沿江东下争夺皇权，至九江留郑绍叔监州事、主漕运，“于是督江、湘粮运无阙乏”。[③] 足见军事主导漕运效率之高。

## 第二节　南朝内河商运

南朝以长江为干道商运物流，税率极低。《隋书·食货志》追述其事有言：“晋自过江，凡货卖奴婢马牛田宅，有文券，率钱一万，输估四百入官。卖者三百，买者一百；无文券者，随物所堪，亦百分收四，名为散估。历宋齐梁陈，如此以为常。”4%的商税率，经商获利更厚；长江水运成本低廉，使人趋之若鹜。“以此人竞商贩，不为田业，故使均输，欲为惩励。虽以此为辞，其实利在侵削。”当社会经商过热，农业生产受到冲击时，最高统治者便在京畿用经济手段加以抑制，“又都西有石头津，东有方山津，各置津主一人，贼曹一人，直水五人，以检察禁物及亡叛者，其荻炭鱼薪之类过津者，并十分税一以入官。其东路无禁货，故方山津检察甚简，淮水北有大市百余，小市十余所。大市备置官司，税敛既重，时甚苦之”。[④] 但未根本遏制弃农从商潮流。

建康是六朝商业中心，“西引荆楚之固，东集吴会之粟……盖舟车之便利则无艰阻之虞，田野沃饶则有展舒之藉。金陵在东南言地利者，自不

---

① （北宋）司马光：《资治通鉴》，《四库全书》，史部，第306册，上海古籍出版社1987年版，第296页。

② 《南史》卷37，中华书局2000年版，第645页。

③ 《南史》卷56，中华书局2000年版，第929页。

④ 《隋书》卷24，中华书局2000年版，第467页。

能舍此而他及也”。[①] 户口最多时达28万户，平均每户5人计算，共计百万以上。东晋以下，商风日炽。刘宋“诸皇子皆置邸舍，逐什一之利，为患遍天下”[②]。梁武帝弟弟萧宏囤积居奇，聚敛财富，“宏性爱钱，百万一聚，黄牓标之，千万一库，悬一紫标，如此三十余间。帝与佗卿屈指计见钱三亿余万。余屋贮布绢丝绵漆蜜纻蜡朱沙黄屑杂货，但见满库，不知多少”,[③] 怂动天下。

南朝统治者不鄙视经商，对长江流域水运繁荣推动非小。不少官员出行方便时，兼带物货，贩运图利。刘宋大明六年（462），孔觊在安陆做长史，“觊弟道存、从弟徽，颇营产业，二弟请假东还，觊出渚迎之，辎重十余船，皆是绵绢纸席之属。觊见之伪喜，谓曰：‘我比乏，得此甚要。’因命置岸侧，既而正色谓曰：‘汝辈忝预士流，何至还东作贾客邪？’”[④] 孔觊的两个弟弟，假期以官身运湖广货物路经安陆东运，准备运抵故乡会稽谋利，算不上违法。范文澜先生考证：“东晋谢安有一个同乡罢官从广州回建康，带来蒲葵扇五万把。谢安取一把自用，建康人争出高价买蒲葵扇，这个同乡获利数倍。宋孔道成从会稽来建康，带货船十余艘，满载绵绢纸席等物。”[⑤] 官员利用免税特权，顺便行船带货，也无可厚非。

个别官员因私废公、谋利失职，就让人切齿了。东晋的刘胤为江州太守，“位任转高，矜豪日甚，纵酒耽乐，不恤政事，大殖财货，商贩百万。……是时朝廷空罄，百官无禄，惟资江州运漕。而胤商旅继路，以私废公”。[⑥] 本该做好漕运本职，却只顾个人生意，真是本末倒置。刘宋的辅国将军吴喜，由建康兵发荆州，“遣部下将吏，兼因土地富人，往襄阳或蜀、汉，属托郡县，侵官害民，兴生求利，千端万绪。从西还，大艑小艒，爰及草舫，钱米布绢，无船不满。自喜以下迨至小将，人人重载，莫不兼资”。[⑦] 载货中也包括敲诈、勒索地方所得，很值得口诛笔伐。

南朝民间商运物流，也有一定规模。晋安帝元兴三年二月庚寅夜，涛水入石头港，“是时贡使商旅，方舟万计，漂败流断，骸胔相望”。[⑧] 可见

---

① （清）顾祖禹：《读史方舆纪要》，《续修四库全书》，史部，第600册，上海古籍出版社1987年版，第494页。

② 《宋书》卷82，中华书局2000年版，第1395页。

③ 《南史》卷51，中华书局2000年版，第851页。

④ 《南史》卷27，中华书局2000年版，第488页。

⑤ 范文澜：《中国通史简编》，人民出版社1958年版，第2编，第403—404页。

⑥ 《晋书》卷81，中华书局2000年版，第1408页。

⑦ 《宋书》卷83，中华书局2000年版，第1405页。

⑧ 《宋书》卷32，中华书局2000年版，第638页。

当时官、民两运规模之大。梁武帝时，“曲阿人姓弘，家甚富厚，乃共亲族多赍财货，往湘州治生。经年营得一栰，可长千步，材木壮丽，世所稀有”。[①] 弘氏家族从长江下游运财货往长江中游的洞庭流域销售，其运载之筏长千步（约两公里），运量之大无法估量，让人惊叹。

南朝长江流域主要水运物品之一是食盐。范文澜先生考证：“南朝重要产盐地，在江南是吴郡海盐县（浙江海盐县），在江北是南兖州盐城县（江苏盐城县）。海盐县海边有大片盐田。盐城县有盐亭（制盐场所）一百二十三所，公私商运，每年常有船千艘往来。经营盐业的自然是豪强，其中有商人也有士人。”[②] 让人叹赏。

## 第三节　南朝航海活动

南朝海外通商活动继往开来。《南史·夷貊传上》有言：“吴孙权时，遣宣化从事朱应、中郎康泰通焉。其所经过及传闻则有百数十国，因立记传。晋代通中国者盖鲜，故不载史官。及宋、齐至梁，其奉正朔、修贡职，航海往往至矣。”[③] 刘宋年间，海外诸国“商货所资，或出交部，泛海陵波，因风远至。又重峻参差，氏众非一，殊名诡号，种别类殊，山琛水宝，由兹自出，通犀翠羽之珍，蛇珠火布之异，千名万品，并世主之所虚心，故舟舶继路，商使交属”[④]。足见南洋诸国对南朝的向往。

东洋岛国对南朝也情有独钟。原来中日通航，经过朝鲜南端的百济，水程辽远。“至六朝及宋则多从南道浮海入贡，及通互市之类，而不自北方，则以辽东非中国土地故也。”[⑤] 改行南道，不仅航行便捷，而且表示对南朝友好。

南朝商船可越过印度洋到达波斯湾沿岸。南朝人竺枝所著《扶南记》载：“安息国去私诃条国二万里，国土临海上。即《汉书》‘天竺安息国

---

① （宋）李昉：《太平广记》，《四库全书》，子部，第1043册，上海古籍出版社1987年版，第659页。

② 范文澜：《中国通史简编》，人民出版社1958年版，第2编，第404页。

③ 《南史》卷78，中华书局2000年版，第1299页。

④ 《宋书》卷97，中华书局2000年版，第1597页。

⑤ （宋）马端临：《文献通考》，《四库全书》，史部，第616册，上海古籍出版社1987年版，第439页。

也’。户近百万，最大国也。”[1] 若非有人亲临波斯，不会对波斯了解如此之深。

东晋义熙年间，高僧法显北上长安，然后西游，经30余国到达天竺。然后从海路在青州登陆，辗转回到建康，将此经历写成《佛国记》一书。其中归途海上行船之险——船漏和暴风——写得惊心动魄，靠望日月星宿辨别航向记得十分准确生动，为当时南朝航海活动之典型案例。

安帝隆安五年（401），“恩复入浃口，雅之败绩。牢之进击，恩复还于海。转寇扈渎，害袁山松，仍浮海向京口。牢之率众西击，未达，而恩已至，刘裕乃总兵缘海距之。及战，恩众大败，狼狈赴船。寻又集众，欲向京都，朝廷骇惧，陈兵以待之。恩至新州，不敢进而退，北寇广陵，陷之，乃浮海而北。刘裕与刘敬宣并军蹑之于郁洲，累战，恩复大败，于是渐衰弱，复沿海还南。裕亦寻海要截，复大破恩于扈渎，恩遂远迸海中”。[2] 浃口，慈溪江入海处；扈渎，浙江上虞县境海防堡垒；新州，建康城外一码头；郁洲，后称海州，今连云港。从内河到沿海，从江浙到京畿，皆双方角逐的区域，而进退方式是乘船水行。

孙恩死后，卢循声势更大。“元兴二年正月，寇东阳，八月，攻永嘉。刘裕讨循至晋安，循窘急，泛海到番禺，寇广州，逐刺史吴隐之，自摄州事”[3]，暂时向晋室称臣。义熙五年（409），徐道覆趁刘裕率晋军北伐南燕，鼓动卢循起兵反晋。徐道覆从始兴、卢循从广州起兵，分别经湘江、赣江北入长江，“乃连旗而下，戎卒十万，舳舻千计，败卫将军刘毅于桑落洲，迳至江宁”。刘裕率晋军回援，“惧其侵轶，乃栅石头，断柤浦，以距之。循攻栅不利，船舰为暴风所倾，人有死者。列阵南岸，战又败绩”。一路退向长江上游，被晋军步步紧逼，败退广州。“裕先遣孙处从海道据番禺城，循攻之不下”，[4] 饮恨而亡。

---

① （北魏）郦道元：《水经注》，《四库全书》，史部，第573册，上海古籍出版社1987年版，第28页。

② 《晋书》卷70，中华书局2000年版，第1759页。

③ 《晋书》卷70，中华书局2000年版，第1760页。

④ 《晋书》卷70，中华书局2000年版，第1760—1761页。

# 第十一章　隋代开通南北运河

## 第一节　文帝扩大漕运备战灭陈

隋文帝代周后，胸怀一统天下宏伟目标，立即着手整治运道，开拓漕运，囤积军粮。首先在运道沿线置运丁、建粮仓，分段递运，“开皇三年，朝廷以京师仓廪尚虚，议为水旱之备，于是诏于蒲、陕、虢、熊、伊、洛、郑、怀、邵、卫、汴、许、汝等水次十三州，置募运米丁。又于卫州置黎阳仓，洛州置河阳仓，陕州置常平仓，华州置广通仓，转相灌注。漕关东及汾、晋之粟，以给京师”。可知隋初运道主要是黄河和鸿沟，漕运范围限于黄河、鸿沟两岸。其次招募能运粮过三门险道至长安者，“又遣仓部侍郎韦瓒，向蒲、陕以东，募人能于洛阳运米四十石，经砥柱之险，达于常平者，免其征戍”。[①] 可知，隋初漕运瓶颈在黄河三门之险，故而要招募能从洛州河阳仓取粮陆运过三门交陕州常平仓者。最后是开广通渠，改善关中运道，“以渭水多沙，流有深浅，漕者苦之。……于是命宇文恺率水工凿渠，引渭水，自大兴城东至潼关，三百余里，名曰广通渠。转运通利，关内赖之。诸州水旱凶饥之处，亦便开仓赈给”，[②] 奠定隋初以关东为粮源、以黄河为干道、以长安为终点的漕运格局。

广通渠是隋朝开凿的第一条运河，其历史地位相当于汉武帝开漕渠代替渭水。《隋书·食货志》收隋文帝开广通渠诏书，主要内容：（1）开皇三年河、渭漕运状况，“虽三门之下，或有危虑，但发自小平，陆运至陕，还从河水，入于渭川，兼及上流，控引汾、晋，舟车来去，为益殊广”。[③]

① 《隋书》卷24，中华书局2000年版，第463页。

② 《隋书》卷24，中华书局2000年版，第463—464页。

③ 《隋书》卷24，中华书局2000年版，第463页。

这几句话含义深广，其一，当时黄河下游运来漕粮从小平车马陆运绕过黄河三门险道，再装船溯河西上入渭水；其二，当时河东漕粮从汾水过黄河，数次车船交替运至关中粮仓。（2）关中渭水运道梗阻情况，“渭川水力，大小无常，流浅沙深，即成阻阂。计其途路，数百而已，动移气序，不能往复，泛舟之役，人亦劳止”。强调渭水运道行漕的三大困难，一是水量不恒、深浅不一，常常搁浅漕船；二是水道弯曲，水程漫长；三是耗时费力，成本很高。（3）广通渠开凿设想、前期准备和质量目标，“东发潼关，西引渭水，因藉人力，开通漕渠……已令工匠，巡历渠道，观地理之宜，审终久之义，一得开凿，万代无毁。可使官及私家，方舟巨舫，晨昏漕运，沿溯不停，旬日之功，堪省亿万”。① 万代无毁，只是良好的愿望，因为广通渠的主要水源还是西引渭水。文帝在世时，广通渠开成后的确兴盛一时。但继位的炀帝不愿意待在长安，常住洛阳，后来干脆跑到广陵不回。广通渠被他置之度外了。

广通渠开皇四年（584）六月动工，同年九月告成，前后只用3个多月时间。关于广通渠起点、终点和水程，《隋书·郭衍传》载：开皇四年被“征为开漕渠大监。部率水工，凿渠引渭水，经大兴城北，东至于潼关，漕运四百余里。关内赖之，名之曰富民渠”②。广通渠又有富民渠之称，全长400里。

文帝在位期间的军国大事是灭陈，故而对汴渠到山阳渎一段也做了必要整治。开皇七年（587），文帝“使梁睿增筑汉古堰，遏河入汴”③。东汉以汴渠漕运东南时，即有遏河入汴旧堤。隋人对其进行增筑，被后人称为梁公堰。同时“于扬州开山阳渎，以通运漕”④。山阳渎即夫差所开邗沟，南起扬州北至淮安，为沟通江淮之运河。淮安以北，泗水运道则经薛胄整修，《北史·薛胄传》载：“先是，兖州城东沂、泗二水合而南流，泛滥大泽中。胄遂积石堰之，决令西注，陂泽尽为良田。又通转运，利尽淮海，百姓赖之，号为薛公丰兖渠。”⑤ 鲁南至苏北运道畅通无阻。

灭陈大军由江淮水系进军，文帝“置淮南行台省于寿春，以晋王广为尚书令。……命晋王广、秦王俊、清河公杨素并为行军元帅以伐陈。于是

① 《隋书》卷24，中华书局2000年版，第463页。

② 《隋书》卷61，中华书局2000年版，第985页。

③ （宋）王应麟：《玉海》，《四库全书》，史部，第943册，上海古籍出版社1987年版，第588页。

④ 《隋书》卷1，中华书局2000年版，第17页。

⑤ 《北史》卷36，中华书局2000年版，第877页。

晋王广出六合，秦王俊出襄阳，清河公杨素出信州，荆州刺史刘仁恩出江陵，宜阳公王世积出蕲春，新义公韩擒虎出庐江，襄邑公贺若弼出吴州，落丛公燕荣出东海，合总管九十，兵五十一万八千，皆受晋王节度。东接沧海，西拒巴、蜀，旌旗舟楫，横亘数千里”①。六合、庐江、蕲春可视为古鸿沟水系的末梢延伸，杨广帅行台省隋军由寿春抵六合，由瓜步渡江，在韩擒虎、王世积二军策应下即可直取建康；信州（时川蜀称信州道）、江陵、襄阳地在长江中上游，顺流而下有势如破竹之效。后周改江都郡为吴州（隋灭陈后改扬州），东海即海州，贺若弼、燕荣两路依托山阳渎进兵。可见隋军灭陈反映了隋初江淮的水运优势。

文帝重视漕运不仅着眼灭陈，还有解除关中粮食供应危机动因。一是漕运关中耗时烦费，得不偿失，“诸州调物，每岁河南自潼关，河北自蒲坂，达于京师，相属于路，昼夜不绝者数月”，② 成为国家沉重负担。二是关中粮食消耗巨大，入不敷出，“时天下户口岁增，京辅及三河，地少而人众，衣食不给。议者咸欲徙就宽乡，其年冬，帝命诸州考使议之。又令尚书，以其事策问四方贡士，竟无长算”。③ 开皇十一年前后，关中粮食不足军国之用问题更加突出。开皇十四年关中大旱，“上幸洛阳，因令百姓就食。从官并准见口赈给，不以官位为限”。④ 这种情况，炀帝继位时更甚，他迁都洛阳也是大势所趋。

## 第二节　炀帝开成南北大运河

炀帝开河业绩。炀帝继位后，一改文帝勤俭持国量力而行为好大喜功不计国力。大业元年诸作叠兴，“三月丁未，诏尚书令杨素、纳言杨达、将作大匠宇文恺营建东京，徙豫州郭下居人以实之。戊申，诏曰：‘……今将巡历淮海，观省风俗……’又于皂涧营显仁宫，采海内奇禽异兽草木之类，以实园苑。徙天下富商大贾数万家于东京”，皆劳民伤财的不急之务。其后大开运河虽关国计，但超越国力民情承受能力过多，“发河南诸郡男女百余万，开通济渠，自西苑引榖、洛水达于河，自板渚引河通于淮。庚申，遣黄门侍郎王弘、上仪同於士澄往江南采木，造龙舟、凤艒、

① 《隋书》卷2，中华书局2000年版，第22页。

② 《隋书》卷24，中华书局2000年版，第462页。

③ 《隋书》卷24，中华书局2000年版，第463页。

④ 《隋书》卷24，中华书局2000年版，第464页。

黄龙、赤舰、楼船等数万艘”。[①] 营建东都、显仁宫，开通济渠、邗沟，造龙舟楼船，数月之内打着“巡历淮海，观省风俗”旗号五兴大役。

炀帝所开南北大运河以洛阳为中心，通济渠利用了汴渠原有河形，但又施以截弯取直，与汉魏以来汴渠有诸多不同，最明显的是在泗州接入淮河。通济渠开凿成本极高，加上山阳渎、江南河，通航效果的确相当理想。《大业杂记》载：“大业元年，发河南道诸州郡兵、夫五十余万开通济渠，自河起荥泽入淮千余里。又发淮南诸州郡丁夫十余万开邗沟，自山阳淮至于扬子入江三百余里，水面阔四十步。造龙舟，两岸为大道，种榆柳。”[②] 通济渠、邗沟两千多里，广种榆柳置驿站，每两驿建一宫，专为皇帝南巡之用。5 年之后开江南河，“大业六年十二月，敕开江南河，自京口至余杭郡八百余里，水面阔十余丈。又拟通龙舟，驿宫草顿并足，欲东巡会稽”。[③] 不计工本，与其父大不相同。

劳动人民为此付出了巨大牺牲。仅通济渠就“诏发天下丁夫男十五以上、五十以下者皆至，如有隐匿者斩。……丁夫计三百六十万人”，另有生活服务人员“五家出一人，或老幼或妇人等供馈饮食”。加上“少年骁卒五万人各执杖为吏，如节级队长之类，共五百四十三万余人”。人海战术起初颇有声势，“隋大业五年八月上旬建功，畚锸既集，东西横布数千里”。但工程未完，人员已死亡近半，“及开汴梁盈灌口，点检丁夫约折二百五十万人，其部役兵士旧五万人折二万三千人”。[④] 夫、兵死亡 250 多万，仅是阶段性统计数字。

工成后巡幸挥霍无度，继续加重人民负担。《开河记》载：“功既毕。上言于帝，决下口注水入汴梁。帝自洛阳迁驾大渠，诏江淮诸州造大船五百只，使命至急如星火，民间有配著造船一只者，家产破用皆尽，犹有不足。枷项笞背，然后鬻货男女以供官用。龙舟既成，泛江沿淮而下至大梁。又别加修饰，舳舻相继，连接千里，自大梁至淮口连绵不绝，锦帆过处香闻百里。”[⑤] 人民承受力已至极限，而统治者仍在肆意妄为。

---

① 《隋书》卷 3，中华书局 2000 年版，第 43—44 页。

② （唐）杜宝：《大业杂记》，《行水金鉴》，《四库全书》，史部，第 581 册，上海古籍出版社 1987 年版，第 439 页。

③ （唐）杜宝：《大业杂记》，《行水金鉴》，《四库全书》，史部，第 581 册，上海古籍出版社 1987 年版，第 441 页。

④ （唐）杜宝：《大业杂记》，《行水金鉴》，《四库全书》，史部，第 581 册，上海古籍出版社 1987 年版，第 440 页。

⑤ （宋）无名氏：《开河记》，《行水金鉴》，《四库全书》，史部，第 581 册，上海古籍出版社 1987 年版，第 440 页。

隋人所开南北大运河（见图11－1）黄河以北运道，相当于曹魏当年所开北方诸渠。隋文帝开皇年间就在部分使用着漕运长安，但远不能满足炀帝好大喜功的胃口。大业四年（608），黄河以南运河开凿尚未完全竣工，炀帝就迫不及待地移工河北。所开黄河以北运河，整体上叫永济渠。大业四年春，“诏发河北诸郡男女百余万开永济渠，引沁水南达于河，北通涿郡”。[①] 永济渠以沁水接黄河，这是匠心独具之举。沁水为支流，水位高于黄河。以沁口为渠首，黄河不会倒灌永济渠。

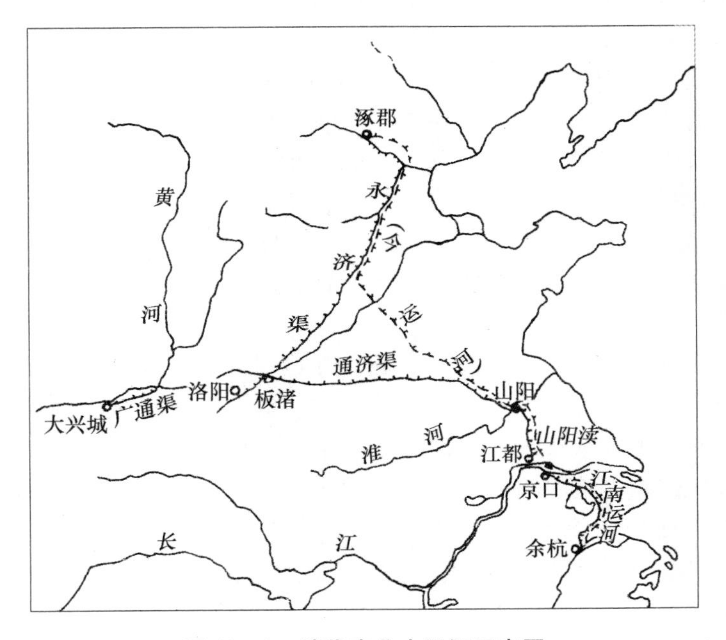


**图11－1　隋代南北大运河示意图**

永济渠分三段：其一为沁水段，大约在今河南武陟、新乡、卫辉境，以沁水为水源，适当开渠引导之入白沟。其二与白沟基本重合，“白沟水，本名白渠。隋炀帝导为永济渠，亦名御河”，[②] 起点在当年曹操遏淇水入白沟处，终点在冀州渤海。《元和郡县志》记贝州永济县境内白沟：“永济渠在县西郭内，阔一百七十尺，深二丈四尺。南自汲郡引清、淇二水东北入

① 《隋书》卷3，中华书局2000年版，第48页。

② （唐）李吉甫：《元和郡县志》，《四库全书》，史部，第468册，上海古籍出版社1987年版，第361页。

白沟，穿此县入临清。按汉武时河决馆陶，分为屯氏河，东北经贝州、冀州而入渤海。此渠盖屯氏古渎，隋氏修之，因名永济。”① 清人胡渭考证，明清时白沟旧迹称御河、卫河：“曹公自枋头遏其水为白沟，一名白渠。隋炀帝导为永济渠，一名御河，今称卫河者也。”② 隋人在白沟遗迹上开挖永济渠，事半功倍。其三地当曹魏泉州渠、平虏渠，从天津静海、武清至涿郡，“自今天津至涿郡蓟城的一段，用沽水上接桑干水，即今武清以下的白河与武清以上至北京市西南郊的永定河故道”。③ 沟通黄河和海河水系。

涿郡是隋代北方重镇，大业七年以后成为炀帝征高丽的前进基地。二月“帝自江都行幸涿郡，御龙舟渡河入永济渠。……壬午，下诏讨高丽。敕幽州总管元弘嗣往东莱海口造船三百艘”。至大业十年高丽遣使请降，调兵和转输皆依托永济渠至于涿郡。大业七年秋七月，“发江淮以南民夫及船，运黎阳及洛口诸仓米至涿郡。舳舻相次千余里，载兵甲及攻取之具往还在道常数十万人，填咽于道，昼夜不绝。死者相枕，臭秽盈路，天下骚动”。④ 大业八年春再征四方兵集涿郡，凡 113 万，转输军需数倍于前；九年春又征天下兵，募民为骁果集于涿郡，可谓劳民伤财，王朝元气消耗殆尽。

炀帝开河评价。古人认为，隋炀帝开运河既劳民伤财又成就空前；加速了隋朝灭亡，但为唐朝繁荣做了铺垫和准备。王泠然《汴河柳》控诉炀帝开河无道，也颂其接入黄河之巧，“隋家天子忆扬州，厌坐深宫傍海游。穿地凿山开御路，鸣笳叠鼓泛清流。流从巩北分河口，直到淮南植官柳。功成力尽人旋亡，代谢年移树空有”，⑤ 感慨良多。皮日休《汴河怀古二首》，其一讴歌通济渠所行天作之成，“万艘龙舸绿丝间，载到扬州尽不还。应是天教开汴水，一千余里地无山”。其二讴歌通济渠之开造福后人，“尽道隋亡为此河，而今千里赖通波。若无水殿龙舟事，共禹论功不较多”，⑥ 所见真确。

隋人于整合先隋运道功业最伟。宋人曾巩《汴水》称赞隋人开河功盖

---

① （唐）李吉甫：《元和郡县志》，《四库全书》，史部，第 468 册，上海古籍出版社 1987 年版，第 372 页。

② （清）胡渭：《禹贡锥指》，《四库全书》，经部，第 67 册，上海古籍出版社 1987 年版，第 687 页。

③ 王树才主编：《河北省航运史》，人民交通出版社 1988 年版，第 19 页。

④ （北宋）司马光：《资治通鉴》，《四库全书》，史部，第 308 册，上海古籍出版社 1987 年版，第 70 页。

⑤ 《全唐诗》，《四库全书》，集部，第 1424 册，上海古籍出版社 1987 年版，第 127 页。

⑥ 《全唐诗》，《四库全书》，集部，第 1424 册，上海古籍出版社 1987 年版，第 221 页。

前代：东汉汴渠“桓温将通之而不果者，晋太和之中也；刘裕浚之始有湍流奔注以漕运者，义熙之间也。皇甫谊发河南丁夫百万开之，起荥阳入淮千有余里，更名之曰通济渠者，隋大业之初也。后世因其利焉”[①]。力压六朝，下启唐宋，其功不为不伟。明人于慎行则认为，“隋炀帝开通济渠，自东都西苑引谷洛之水达于河，又自板渚引河水达于汴，又自大梁东引汴水入泗达于淮，又自山阳至扬子达于江，于是江、淮、河、汴之水相属而为一矣。炀帝又开永济渠，因沁水南连于河，北通涿郡。又穿江南河自京口至杭州八百里，盖今所用者皆其旧迹也。夫会通河自济、汶以下，江、河、淮、泗通流为一，则通济之遗也；滹沱、御、漳，则永济之遗也。自京口闸通于浙河，则江南之遗也。炀帝此举为其国促数年之祚，而为后世开万世之利，可谓不仁而有功者矣。秦皇亦然，今东起辽阳北至上郡，延袤万里有边城之利，皆非长城之墟耶？嗟夫！此未易与一二浅见者道也”。[②] 挖掘隋代运河科学含量和历史地位精确。

中华人民共和国成立以来，史界学者对隋炀帝开河的评论主要集中在开河目的认定、开河作用评价和开河是非功过辨证三方面。洪学《关于隋炀帝开运河的评价（综述）》总结了1964年以前研究的主要结论：当时学者普遍采用阶级分析方法，运用辩证唯物主义和历史唯物主义研究历史，开河目的主流看法是向往江都的风光想去巡游，加强对不久前征服的东南地区的控制和转输该地富庶的物资以增强中央的力量。也有人认为开河是为了显示暴君至高无上的权力，出于镇压叛乱的需要。对开河作用的主流看法是开河对历史发展起了推动作用，也有人认为开河起到阻碍历史前进的消极作用。

晏金铭《隋炀帝开运河的历史评价》代表改革开放后相关研究的新视野。关于隋炀帝开河的是非功过，强调其适应社会经济发展和政治发展的客观要求的一面；关于隋炀帝开河的历史作用，强调征徭过多、役使迫促严重地摧残了劳动力，工程浪费人力财力，加重社会负担。功过评价强调有功也有过，不能因为出于暴君而隐功扬过。

陈志能《对隋炀帝开运河的再评价》反映新世纪学者涵盖古今、兼顾多方的问题研究的特点。文章最富创见之处，是第二部分对开河过程中隋炀帝所起作用的客观分析。在开河准备方面，强调推行均田制和赋税减

---

① （宋）曾巩：《元丰类稿》，《四库全书》，集部，第1098册，上海古籍出版社1987年版，第764页。

② （明）于慎行：《谷山笔尘》，《续修四库全书》，子部，第1128册，上海古籍出版社2003年版，第799页上栏。

免；在开河实施方面，强调开河的分段进行，充分利用改造旧运河；在人力安排上，强调动用军队开河；在决策和实施层面，强调决策正确但实施好大喜功，演变为暴政。有理论开拓深度和广度。

先秦运河以侯国为地域单元开凿，彼此连贯靠自然河流；两汉运河以黄河为干道，接狼荡渠、浚仪渠等运河做东西方向漕运；六朝运河不能实现南北贯通。唯隋代大运河以洛阳为中心、黄河为主干，贯通南北，沟通海河、黄河、淮河、长江、钱塘江五大水系，其功最伟、其运更广。尤其是隋炀帝派裴矩到武威、张掖经营丝绸之路，招引西域商贾到长安、洛阳行商，更非暴君作为。南北大运河开凿和使用，抽去隋炀帝的残暴荒淫、穷兵黩武，反映了古代中国人对水运自由的强烈追求；南北大运河流经地域广阔、地形复杂、落差悬殊，但吸收各朝治水通运经验，整合各朝运道将其合而为一，整体效应大于部分之和。尤其是选择在黄河中游河岸坚实之处接入黄河，利用洛水、沁水等支流出入黄河，利用通济渠漫长河身吸取黄河过水泥沙，水利科学造诣高深。

## 第三节　隋朝漕粮仓储和造船水战

隋朝粮仓兴废。隋朝粮食仓储奠基于文帝。史载："既平江表，天下大同，躬先俭约，以事府帑。开皇十七年，户口滋盛，中外仓库，无不盈积。所有赉给，不逾经费，京司帑屋既充，积于廓庑之下，高祖遂停此年正赋，以赐黎元。"① 海内出现钱粮充盈局面。早在开皇三年，文帝在开拓运道的同时，就"于卫州置黎阳仓，洛州置河阳仓，陕州置常平仓，华州置广通仓"②，黎阳以东漕粮由黄河水系运黎阳仓，汴渠来粮存河阳仓，从黎阳和河阳二仓转运常平仓，从汾水运晋粮或常平仓运粮过三门入关中存广通仓。

文帝时代所修诸仓，黎阳仓（见图 11－2）具有代表性。2011 年 11 月对河南浚县大伾山下黎阳仓进行面积达 7 万多平方米的考古发掘，"目前黎阳仓中心区已探明隋唐仓窖 84 座，分布面积占仓城总面积的五分之四"。③ 发掘情况表明，当时地下储粮技术已经相当完备，特别是防漏、防

① 《隋书》卷 24，中华书局 2000 年版，第 456 页。

② 《隋书》卷 24，中华书局 2000 年版，第 463 页。

③ 李琴：《运河粮仓考古发掘揭秘漕运历史》，《世界遗产》2014 年第 7 期，第 48 页。

潮及防治虫害、鼠害方面，都有独特的技术处理。实际“发掘出3个隋代仓窖，大的口径约12米，小的9米左右”①。按稍晚兴建的洛口仓3000窖、回洛仓300窖的平均数计算，黎阳仓应有粮窖1000多个。故而炀帝开通永济渠后，黎阳仓成为对朝鲜用兵的主要粮食补给基地，隋末李密袭取黎阳仓后，开仓赈济贫民，短时间内招集士兵二三十万。

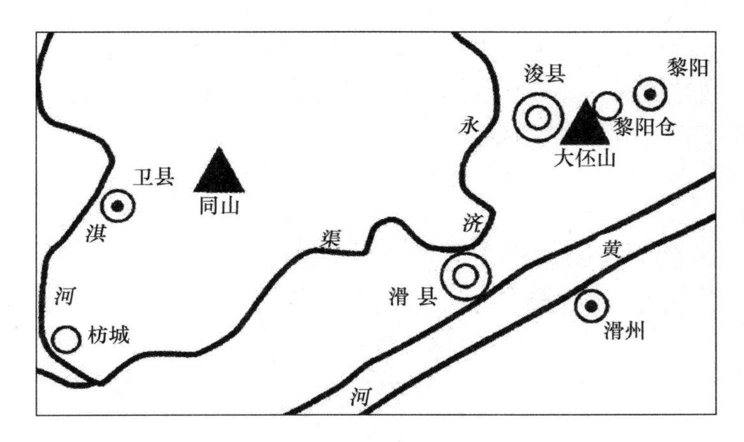


**图11－2　隋代黎阳仓示意图**

炀帝迁都洛阳后，适应漕运中心东移洛阳的形势，又于巩县洛水入河处兴建了洛口仓（又名兴洛仓），于洛阳北城兴建了回洛仓。宋人王应麟考证二仓皆建于大业初，“大业二年十月，置洛口仓于巩城，周二十里，穿三千窖；置回洛仓于洛阳北城，周十里，穿三百窖，窖容八百石”，② 对洛口仓和回洛仓占地面积、仓窖数量、每窖容积都言之凿凿。2004年对回洛仓考古结果表明，仓城东西长1140米，南北宽350米，总面积40多万平方米。仓城南部“南北长约200米、东西宽约180米……仓窖排列基本规整，东西成排，南北成行，共12排9行，仓窖间距在8—10米之间。就仓窖个体而言，上口直径大的10.2米，小的9.8米，一般约10米；窖底距地表浅的7.7米，最深的有10.8米，一般约10.6米……大多数仓窖底部有红色烧结面，经火烧硬化处理”③。专家认为其中的3号容积能储粮55万斤，按照已发掘面积仓窖分布密度和规律推算，整个仓城应该有窖

① 李琴：《运河粮仓考古发掘揭秘漕运历史》，《世界遗产》2014年第7期，第46页。

② （宋）王应麟：《玉海》，《四库全书》，子部，第947册，上海古籍出版社1987年版，第705页。

③ 谢虎军等：《隋东都洛阳回洛仓的考古勘察》，《中原文物》2005年第4期，第8页。

700多个，整个仓城能存粮两亿斤。

按照王应麟的说法，洛口仓仓城面积是回洛仓的4倍，仓窖数是回洛仓的10倍。回洛仓更系隋之安危。史载大业十二年炀帝最后一次动身去江都时，天下已有不稳迹象，“次巩县，世基以盗贼日盛，请发兵屯洛口仓，以备不虞”。[①] 没有引起炀帝重视。后来义军并起反隋，“李密据洛口仓，聚众百万”。东都洛阳和西京长安城中缺粮，“越王侗与段达等守东都。东都城内粮尽，布帛山积，乃以绢为汲绠，然布以爨。代王侑与卫玄守京师，百姓饥馑，亦不能救”。[②] 隋炀帝眼睁睁地看着大隋气数销尽。

造船水战。隋人造船有两大高潮：一是备战平陈，广造战船；二是炀帝巡行和征伐高丽，大造龙舟和战船。

备战平陈，镇守川蜀的杨素是大造战船急先锋和大户头。“素居永安，造大舰，名曰五牙，上起楼五层，高百余尺，左右前后置六拍竿，并高五十尺，容战士八百人，旗帜加于上。次曰黄龙，置兵百人。自余平乘、舴艋等各有差。”[③] 这些战船装备起蜀地强大水军，后来成为灭陈主力。杨素之外，襄州道长官李衍在长江中游造船也有大作为，“朝廷将有事江南，诏衍于襄州道营战船。及大举伐陈，授行军总管，从秦王俊出襄阳道，以功赐帛三千匹，米六百石”，[④] 对统一江南作用非小。

陈朝盘踞江南，虽然地盘较宋、齐大为缩小，但境内水网纵横、水师战舰规模不小。隋人能短时间击溃陈军，灭掉陈朝，主要原因是作战勇猛加战法新奇。一是扬长避短，夜战突袭。杨素水军下三峡，“陈将戚欣，以青龙百余艘、屯兵数千人守狼尾滩，以遏军路。其地险峭，诸将患之”。杨素分析敌情地利，改白天强攻为夜晚水陆突袭，“夜掩之。素亲率黄龙数千艘，衔枚而下，遣开府王长袭引步卒从南岸击欣别栅，令大将军刘仁恩率甲骑趋白沙北岸，迟明而至，击之，欣败走。悉虏其众，劳而遣之，秋毫不犯，陈人大悦”。[⑤] 战胜加攻心，军政并优。二是各个击破。《隋书·李安传》载：“时陈人屯白沙，安谓诸将曰：‘水战非北人所长。今陈人依险泊船，必轻我而无备。以夜袭之，贼可破也。’诸将以为然。安率众先锋，大破陈师。”[⑥] 三是先陆后水，取破竹之势。杨素军至江峡，“陈

① 《隋书》卷67，中华书局2000年版，第1057页。
② 《隋书》卷24，中华书局2000年版，第467页。
③ 《隋书》卷48，中华书局2000年版，第856页。
④ 《隋书》卷54，中华书局2000年版，第910页。
⑤ 《隋书》卷48，中华书局2000年版，第856页。
⑥ 《隋书》卷50，中华书局2000年版，第883页。

南康内史吕仲肃屯岐亭，正据江峡，于北岸凿岩，缀铁锁三条，横截上流，以遏战船。素与仁恩登陆俱发，先攻其栅。仲肃军夜溃，素徐去其锁。仲肃复据荆门之延洲。素遣巴蜒卒千人，乘五牙四艘，以柏樯碎贼十余舰，遂大破之，俘甲士二千余人，仲肃仅以身免”。[①] 扬我之长，先攻陆栅，迫使陈水营溃退；乘胜追击，又靠五牙舰柏樯打败陈水军，此后陈将士始无战心斗志。

炀帝造船，有肆意妄为之嫌。大业元年三月，“遣黄门侍郎王弘、上仪同於士澄往江南采木，造龙舟、凤艒、黄龙、赤舰、楼船等数万艘”。[②] 同年八月巡幸江都时，“上御小朱航自漕渠出洛口，御龙舟。龙舟四重，高四十五尺，长二百丈。上重有正殿、内殿，东西朝堂；中二重有百二十房，皆饰以金玉；下重内侍处之。皇后乘翔螭舟，制度差小，而装饰无异。别有浮景九艘，三重，皆水殿也。又有漾彩、朱鸟、苍螭、白虎、玄武、飞羽、青凫、陵波、五楼、道场、玄坛，板□、黄篾等数千艘，后宫、诸王、公主、百官、僧尼、道士、蕃客乘之，及载内外百司供奉之物，共用挽船士八万余人”。[③] 这哪里是出巡？分明是穷奢极欲、暴殄天物。

炀帝为黩武而造船，至于草菅人命。《隋书·元弘嗣传》：“大业初，炀帝潜有取辽东之意，遣弘嗣往东莱海口监造船。诸州役丁苦其捶楚，官人督役，昼夜立于水中，略不敢息，自腰以下，无不生蛆，死者十三四。”[④] 有昏君必有佞臣，惨绝人寰。三征高丽，枉送数万将士性命。

---

① 《隋书》卷48，中华书局2000年版，第856页。

② 《隋书》卷3，中华书局2000年版，第44页。

③ （北宋）司马光：《资治通鉴》，《四库全书》，史部，第308册，上海古籍出版社1987年版，第50页。

④ 《隋书》卷74，中华书局2000年版，第1143页。

# 第十二章　唐代运道及其治理

## 第一节　唐代运道分布及其水情

唐人在隋代运河的基础上，不断开拓、整合，逐渐形成以京师长安为终点、洛阳为中心，沟通海河、黄河、淮河、长江、钱塘江、珠江六大水系的水运交通网（见图12－1）。按照运道属性、地理分布，可以将其分成若干单元。

东南运道是唐王朝最为重要的漕运干线。从长安起，依次是关中漕渠，黄河潼关至荥阳段，汴渠，淮河泗州至楚州段，山阳渎，江南河，浙东运河。

其中黄河三门砥柱行船最为艰险。特别是三门砥柱，"自砥柱以下、五户已上，其间百二十里，河中竦石傑出，势连襄陆。盖亦禹凿以通河，疑此阏流也。其山虽辟尚梗，湍流激石，云洄澴波怒溢，合有十九滩，水流迅急，势同三峡。破害舟船，自古所患"。[1] 西汉以来，历代王朝曾多次修凿，均未取得重大突破。"大唐武德五年，克平隋郑公，尽收图书，命司农少卿宋遵贵载之以船，泝河西上，行经砥柱，多被湮没，十存一二。"[2] 隋郑公即王世充，唐军攻灭之，得隋旧书8000余卷，由东都溯河西运长安，在三门砥柱船败书亡。因此，唐初"江淮漕租米至东都输含嘉仓，以车或驮陆运至陕"[3]，绕过三门之险，至陕州再装船由河入渭，漕转长安。问题是300里陆路并非坦途：重峦叠障的崤山，峻阜绝涧，车不可

① （北魏）郦道元：《水经注》，《四库全书》，史部，第573册，上海古籍出版社1987年版，第75页。

② （唐）封演：《封氏闻见记》，《四库全书》，子部，第862册，上海古籍出版社1987年版，第425页。

③ 《新唐书》卷53，中华书局2000年版，第897页。

方轨；曲折蜿蜒的羊肠小道，行进十分艰辛，损失不小，成本更高。船米损失率，加上运输成本，有用斗钱运斗米之说。

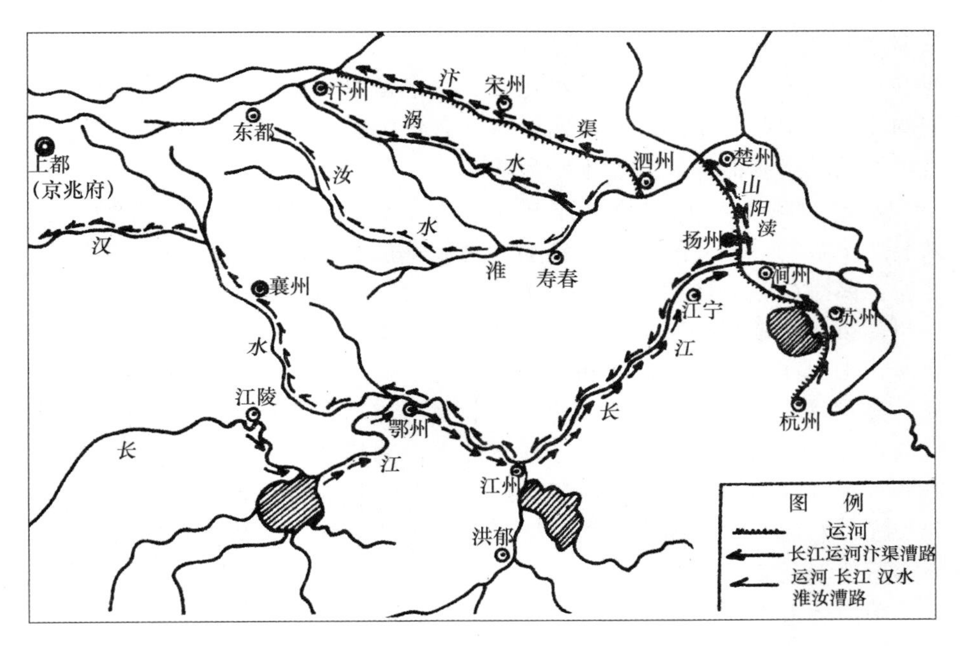


图 12－1　唐代运道示意图

汴渠治理最频繁。三门以下，至荥阳出黄河入隋人所开通济渠，唐时被称为汴河或汴渠。从荥阳境内的板渚引河水，经汴州（河南开封）、宋州（河南商丘）、埇桥（安徽宿县）、虹县（安徽泗县）到泗州（江苏盱眙北）流入淮河。汴渠上游略高于下游，黄水可自然流向泗州接通淮河。但由于洪水期与枯水期来水量相差悬殊，并非一年四季皆可漕运。

唐代，保证汴渠通航有两大难题：一是河、汴衔接处梁公堰口最易过水不畅，必须定期开挖。梁公堰又称汴口堰。黄河大溜滚动不定，必须相应地变化地点重开汴口。梁公堰是一段很长的黄河堤，分布在郑州、汜水县和荥泽，在绵延百里的梁公堰随水情变化开来开去，才能维持汴渠正常供水行船。二是泥沙沉积抬高渠身、搁浅船只，必须定期挑浚。中唐刘晏有言："河、汴有初，不修则毁淀，故每年正月发近县丁男，塞长茭，决沮淤，清明桃花已后，远水自然安流。"安史之乱期间，汴渠治理中断了8年，致使"总不掏拓，泽灭水，岸石崩，役夫需于沙，津吏旋于泞，千里洄上，罔水舟行”[1]。需通濡，需于沙即被泥沙迟滞。畅通漕运全凭定期清淤。

汴渠至泗州进入淮河，沿流至楚州出淮河进入山阳渎。山阳渎在扬州瓜洲渡入江，过江在西津渡进入江南运河。山阳渎和江南运河是沟通淮河、长江和钱塘江三大水系的水运要道，也是唐代东南运河最为成熟、稳定的两段。但是，山阳渎和江南运河，有长江水道滚动、江北和江南运河口水涩闸坏诸多麻烦，需要不断治理。

天宝三年（744），韦坚在长安城东九里长乐坡凿广运潭成，展示天下来船运至货物。参展的有广陵郡船，丹阳郡船，晋陵郡船，会稽郡船，吴郡船，南海郡船，豫章郡船，宣城郡船，始安郡船。其中前五郡即今天的扬州、镇江、常州、绍兴、苏州，其船载货物至长安，经行浙东运河、江南河、山阳渎、汴渠、黄河和关中运道；南海郡即今广州，始安郡即今桂林，前者货船须由郁水（西江）上行，进入漓水，其后与始安郡货船同样由漓水经灵渠入湘江、长江，在扬州进入山阳渎北上；豫章即今南昌，宣城即今皖南宣州，前者货船由赣水经鄱阳湖入长江，后者由长江支流弋水入长江，然后东下至扬州入山阳渎北上。由此可知，唐代大宗物流都经东南运道运至长安。

东南运道之外，唐代运道还有：

第一，黄河以北的永济渠，重要性在隋朝超过通济渠，在初唐与通济渠对等。盛唐江淮经济后来居上，通济渠漕运比重不断攀升，永济渠漕运量比重明显地下降。尽管如此，安史之乱前永济渠漕运物流仍然保持相当规模，运道治理也得到较多关注。

安史之乱前，永济渠流域粮食生产、漕运和仓储不比通济渠逊色。开元年间裴耀卿主持漕运期间，振兴措施之一即“益漕晋、绛、魏、濮、邢、贝、济、博之租输诸仓，转而入渭”[2]。八州中的四州——魏、邢、贝、博地在河北道。晋、绛二州在河东道，濮、济二州属河南道，皆在永济渠流域。措施之二即永济渠两岸多个重镇建有大仓。开元“二十八年九月，魏州刺史卢晖开通济渠，自石灰窠引流至州城西都，注魏博夹。州制楼百余间，以贮江、淮之货”[3]。魏博夹即黄河魏博境港汊，此仓可称之为魏州仓，用以储存从江淮运来的财赋。另有清河仓，安史之乱爆发后“国

---

① 《旧唐书》卷123，中华书局2000年版，第2388页。

② 《新唐书》卷53，中华书局2000年版，第898页。

③ （宋）王溥：《唐会要》，《四库全书》，史部，第607册，上海古籍出版社1987年版，第307页。

家平日聚江淮、河南钱帛于彼，以赡北军，谓之天下北库。今有布三百余万匹，帛八十余万匹，钱三十余万缗，粮三十余万斛。昔讨默啜，甲兵皆贮清河库，今有五十余万事，户七万，口十余万"①。此可谓之清河仓，在贝州境。

安史之乱前永济渠挑浚和整治着力较多。唐中宗神龙三年（707），"沧州刺史姜师度于蓟州之北，涨水为沟，以备奚、契丹之寇。又约旧渠，傍海穿漕，号为平虏渠，以避海难运粮"。② 旨在改进永济渠北端漕运。肥乡"县北濒漳，连年泛溢，人苦之。旧防迫漕渠，虽峭岸，随即坏决。景骏相地势，益南千步，因高筑鄣，水至堤趾辄去，其北燥为腴田。又维艚以梁其上，而废长桥，功少费约，后遂为法"③。治漳即治漕。沧州地势低洼，治所清池县尤其如此，故而开元十六年以前，沧州境内筑堤工程众多，县城"西北五十五里有永济堤二，永徽二年筑；西四十五里有明沟河堤二，西五十里有李彪淀东堤及徒骇河西堤，皆三年筑；西四十里有衡漳堤二，显庆元年筑；西北六十里有衡漳东堤，开元十年筑；东南二十里有渠，注毛氏河，东南七十里有渠，注漳，并引浮水，皆刺史姜师度开……又南三十里有永济北堤，亦是年筑"④。其中筑永济渠堤两次，成堤三道；治理永济渠邻近自然河流，筑堤八道；减泄永济渠多余洪水的工程三项。治水通运，可谓不遗余力。

第二，汉沔道。长江、淮水和汉水等自然河流虽有行驶舟船传统。但这些江河，并不与关中的渭水相通。为了把江淮财富转送长安，初盛唐曾利用汉水和渭水的支流，试图沟通关中和江淮之间漕运。其一开丹灞道。丹水和灞水分别是汉、渭支流，同源于秦岭东段而流向相反，二水源头之间无水地带只有十多里。唐中宗时，崔湜建言"山南可引丹水通漕至商州，自商镵山出石门，抵北蓝田，可通挽道。中宗以湜充使，开大昌关。役徒数万，死者十五。禁旧道不得行，而新道为夏潦奔厖，数摧压不通"。⑤ 虽不常年通航，但对后来通运有先声引导之用。其二开褒斜道。褒、斜二水也是同地发源而相背流去，汉武帝就曾兴工试图打通二水，由汉江漕运关中，可惜没有成功。唐太宗贞观"二十二年七月，开斜谷道水

① （北宋）司马光：《资治通鉴》，《四库全书》，史部，第309册，上海古籍出版社1987年版，第21页。

② 《旧唐书》卷49，中华书局2000年版，第1425页。

③ 《新唐书》卷197，中华书局2000年版，第4320页。

④ 《新唐书》卷39，中华书局2000年版，第669页。

⑤ 《新唐书》卷99，中华书局2000年版，第3150页。

路，运米以至京师”[①]。但这条水路很快便被弃置不用，因为褒水两岸皆石，夏秋霖雨，乱石塌落江中，大者如房如屋，小者如床如桌。清除不了，砸碎不得，行船运粮成本太高。

中唐藩镇割据势力不仅常常阻断汴渠，而且不时阻断汉水运道。唐王朝为了维持起码的漕运，常常新开分道，绕过梗阻。如另开商山道。唐德宗“贞元七年八月，商州刺史李西华请广商山道。又别开偏道，以避水潦。从商州西至蓝田东抵内乡七百余里，皆山险，行人苦之。西华役工十余万，修桥道，起官舍。旧时秋夏水盛，阻山涧，行旅不得济者，或数日粮绝无所籴，西华通山间道，谓之偏路。人不留滞，行者为便”[②]。不断开拓，坚持漕运。

能维持漕运，就能延长王朝气数。建中四年十一月，泾原兵变，唐德宗出逃奉天，“始，奉天围久，食且尽，以芦秣帝马，太官粝米止二斛。围解，父老争上壶餐饼饵，剑南节度使张延赏献帛数十驮，诸方贡物踵来，因大赐军中。诏殿中侍御史万俟著治金、商道，权通转输”。[③] 不久，德宗又被李怀光逼走汉中，只得重启褒斜道，“仅通王命，唯在褒斜”。[④] 宣宗大中年间，封敖任兴元节度使主政汉中，治道斜谷，“初，郑涯开新路，水坏其栈，敖更治斜谷道，行者告便。蓬、果贼依鸡山，寇三川，敖遣副使王贽捕平之”。[⑤] 对延续唐王室不为小补。

第三，嘉陵道。连接巴蜀和关中、陇西，由嘉陵江和故道水组成。故道水在略阳县北百二十里。故道水“自大散关分水岭之南，迳凤县又迳徽县至大鱼关，可通舟楫。又至县北合白水江，又至两河口合淮河，又合横现河，迳县城西南又合夹渠、八渡二水，又合乐素河，迳阳平关至广元县入蜀”[⑥]。嘉陵江为秦、蜀名川，发源于关中嘉陵谷，“大散关西南有嘉陵谷，即嘉陵水所出，自是始有嘉陵江之名”。[⑦] 二水穿行秦南、蜀北群山之

---

① （宋）王钦若：《册府元龟》，《四库全书》，子部，第910册，上海古籍出版社1987年版，第662页。

② （宋）王溥：《唐会要》，《四库全书》，史部，第607册，上海古籍出版社1987年版，第290页。

③ 《新唐书》卷225，中华书局2000年版，第4877页。

④ （北宋）司马光：《资治通鉴》，《四库全书》，史部，第309册，上海古籍出版社1987年版，第292页。

⑤ 《新唐书》卷177，中华书局2000年版，第4089页。

⑥ （清）毕沅：《关中胜迹图志》，《四库全书》，史部，第588册，上海古籍出版社1987年版，第736页。

⑦ （清）毕沅：《关中胜迹图志》，《四库全书》，史部，第588册，上海古籍出版社1987年版，第736页。

中，通运两地造福非小。

唐宪宗元和中，山南西道节度使严砺从兴州长举县“西疏嘉陵江三百里，焚巨石，沃醯以碎之，通漕以馈成州戍兵”[①]。这条运道的缺点是嘉陵江南下秦岭、巴山之间，从成都平原东侧流入长江，距离益州治所较远。蜀地粟、锦要经过一段很长的剑阁栈道，运至利州绵谷（今四川广元）后，才能泝嘉陵江北运，经济价值并不很大。因此，巴蜀的租赋除锦帛等轻货外，一般都顺江而下，出三峡经汉水运关中。

第四，大庾道、灵渠道。用以连接岭南与中原、湘江与漓江的水陆交通。大庾道因经行大庾岭而得名，该岭横亘于湖广和两广交界、绵延数千里。李翱元和四年正月自洛阳赴任岭南，六月至广州，有《来南录》记一路行程。如果循李翱从洛阳南下广州的足迹，反向而行，就是岭南赋税漕运洛阳的路线：岭南漕船从广州出发，泝浈江（今北江）而上，逆流行940里至韶州浈昌（今广东南雄），卸船载车，越大庾岭，陆行110里，再装船沿赣江行1800里至洪州（今南昌），再北行118里至彭蠡湖，从彭蠡湖北上入江，沿江抵达瓜洲转山阳渎由汴渠入两京。

这条通道有大庾岭梗阻，唐王朝曾先后多次治理。开元四年（716）张九龄治大庾最为有效。他征发丁壮，“缘磴道，披灌丛，相其山谷之宜，革其坂险之故”。最终“坦坦而方五轨，阗阗而走四通；转输为之化劳，高深为之失险”，“有宿有息，如京如坻”。[②] 大大便利了漕运和商贾往来。贞元元年（785）虔州刺史路应，又“凿赣石梗崄以通舟道”，[③] 改善了大庾道下程的舟运条件。

灵渠道是纯粹水道，南接漓江、北连湘水，沟通长江和珠江两大水系。《新唐书·地理七》载：桂州理定县“西十里有灵渠，引漓水，故秦史禄所凿，后废。宝历初，观察使李渤立斗门十八以通漕，俄又废。咸通九年，刺史鱼孟威以石为铧堤，亘四十里，植大木为斗门，至十八重，乃通巨舟”[④]。李渤和鱼孟威两次大修相隔43年，大概灵渠水位落差很大，所以他们都坚持斗门十八重启闭，既节水又便于浮送大船，提高了灵渠的通运能力。一时“虽百斛大舸，一夫可涉，由是科徭顿息，来往无滞，不

---

① 《新唐书》卷40，中华书局2000年版，第680页。

② （唐）张九龄：《曲江集》，《四库全书》，集部，第1066册，上海古籍出版社1987年版，第187页。

③ 《新唐书》卷138，中华书局2000年版，第3633页。

④ 《新唐书》卷43，中华书局2000年版，第726页。

使复有胥怨者”[①]。与大修前“舳舻经过，皆同奡荡，虽篙工楫师骈臂束立，瞪眙而已，何能为焉。虽仰索挽肩排以图寸进，或王命急宣军储速赴，必征十数户乃能济一艘”[②] 形成鲜明的对比。灵渠的治理与利用，以唐人作为为大。

第五，渭汾水道。早在春秋时期，秦晋之间就通过渭水、汾水大兴泛舟之役，大规模漕运粮食。北魏重振渭汾水道雄风，泰和七年刁雍为薄骨律镇将期间，奏请通过汾水、渭水运晋地粮食饷西北驻军，“于牵屯山河水之次，造船二百艘，二船为一舫，一船胜谷二千斛。一舫十人，计须千人。臣镇内之兵，率皆习水。一运二十万斛。方舟顺流，五日而至，自沃野牵上，十日还到，合六十日得一返。从三月至九月三返，运送六十万斛。计用人功，轻于车运十倍有余，不费牛力，又不废田”。[③] 这些都为唐代经营渭、汾水道积累了经验。唐高宗“咸亨三年，关中饥，监察御史王师顺奏请运晋、绛州仓粟以赡之。上委以运职。河、渭之间，舟楫相继，会于渭南，自师顺始之也”[④]。这是唐朝在汾、渭之间兴举的反向泛舟之役。

开元年间，由于长安和西域、中亚间“丝绸之路”的畅通，陇右成了天下最富庶的地方，“河州炖煌道岁屯田实边食，余粟转输灵州，漕下黄河入太原仓，备关中凶年”。[⑤] 安史之乱爆发，唐肃宗即位灵武，利用这里的粮食富足和水陆之便，聚积力量，终于振兴唐室。中晚唐，出于抵御吐蕃和回纥入侵，黄、渭、汾水道漕运仍旧对西北边防起支撑作用。

唐王朝经过长期努力，促成水运路线四通八达。其一自然江河安澜顺轨，“其江、河，自西极达于东溟，中国之大川者也。其余百三十五水，是为中川。其又千二百五十二水，斯为小川也。若渭、洛、汾、济、漳、淇、淮、汉，皆亘达方域，通济舳舻，从有之无，利于生人者也”。[⑥] 其二天下津渡安稳祥和，“天下诸津，舟航所聚，旁通巴、汉，前指闽、越，七泽十薮，三江五湖，控引河洛，兼包淮海，弘舸巨舰，千轴万艘，交贸

---

① （宋）李昉：《文苑英华》，《四库全书》，集部，第1341册，上海古籍出版社1987年版，第113页。

② （宋）李昉：《文苑英华》，《四库全书》，集部，第1341册，上海古籍出版社1987年版，第114页。

③ 《魏书》卷38，中华书局2000年版，第589页。

④ 《旧唐书》卷49，中华书局2000年版，第1425页。

⑤ （宋）李昉：《太平广记》，《四库全书》，子部，第1046册，上海古籍出版社1987年版，第540页。

⑥ 《旧唐书》卷43，中华书局2000年版，第1256—1257页。

往还，昧旦永日”，[①] 形成以京师长安为中心的水上交通网。这是当时世界上最宏大的水运设施，不仅对唐代社会发展起了重要作用，而且对宋元漕运产生了巨大影响。

东南运道最关唐朝社稷安危，本章以下各节以时间为序，述评唐代各阶段对东南运河的治理。

## 第二节　初盛唐东南运道治理

初唐。高祖、太宗时只在长安以西、隋人无大水利作为地区治水通漕，如“武德八年十二月，水部郎中姜行本请于陇州开五节堰，引水通运，许之”[②]。按《新唐书·地理一》，五节堰在陇州汧源县，工程实质是引陇川水通漕。

高宗、武周年间长安漕粮缺口渐大，需要不断增加运量，治水通运转向东南运道，主要是治理三门之险。唐高宗显庆元年（656），“苑西监褚朗议凿三门山为梁，可通陆运。乃发卒六千凿之，功不成”。[③] 褚朗欲凿山开道改进陆运，但不成功。

唐高宗咸亨三年（672），关中发生饥荒，无法通过治理三门之险增加运量，只得通过从山西经汾、渭水道漕运关中，“监察御史王师顺奏请运晋、绛州仓粟以赡之，上委以运职。河、渭之间，舟楫相继，会于渭南，自师顺始之也”。[④] 暂时缓解了关中粮食危机。

武周年间，继续想方设法缓解长安缺粮。其一开拓长安以西漕运，从陇西运粮。《新唐书·地理一》“虢县”注：“东北十里有高泉渠，如意元年开，引水入县城。又西北有升原渠，引汧水至咸阳，垂拱初运岐、陇水入京城。”[⑤] 虢县在凤翔府宝鸡、岐山二县之间，汧河在陇州治所西南，源出汧山，流经汧阳县，至宝鸡县东入渭；高泉，在宝鸡县东 80 里。开二渠旨在从长安以西陇州、宝鸡运粮入京。二是朝廷百官长驻洛阳就食，从而注重改进洛阳漕运，如“大足元年六月，于东都立德坊南穿新潭，安置

---

① 《旧唐书》卷 94，中华书局 2000 年版，第 2029 页。
② 《旧唐书》卷 49，中华书局 2000 年版，第 1425 页。
③ 《旧唐书》卷 49，中华书局 2000 年版，第 1425 页。
④ 《旧唐书》卷 49，中华书局 2000 年版，第 1425 页。
⑤ 《新唐书》卷 37，中华书局 2000 年版，第 636 页。

诸州租船”[①]。又如开湛渠，《新唐书·地理二》“开封”注：“有湛渠，载初元年引汴注白沟，以通曹、兖赋租。”[②] 拓宽永济渠漕运渠道。

中宗年间再治三门之险，欲改撑篙过三门为牵挽过三门，“将作大匠杨务廉又凿为栈，以挽漕舟。挽夫系二𫓧于胸，而绳多绝，挽夫辄坠死，则以逃亡报，因系其父母妻子，人以为苦”。[③] 凿山为栈道牵挽漕船，过于艰险而死亡接踵，运粮所增却十分有限。杨务廉既贪婪又残暴，“陕州三门凿山烧石岩，侧施栈道牵船。河流湍急，所顾夫并未与价直，苟牵绳一断、栈梁一绝，则扑杀数十人。取顾夫钱，籴米充数，即注夫逃走，下本贯禁父母兄弟妻子”。[④] 骇人听闻，令人切齿。

盛唐。初唐后期，冗官日多。景龙年间，辛替否上书唐中宗有言：“陛下倍百行赏，倍十增官，金银不供于印，束帛不充于锡。”[⑤] 此种情况盛唐更甚，开元年间“官自三师以下一万七千六百八十六员，吏自佐史以上五万七千四百一十六员，而入仕之涂甚多，不可胜纪”[⑥]。加之变府兵为募兵，只中央禁军就有精兵 13 万。巨额的官俸、兵饷和宫廷挥霍大大超过了关中地区的支持限度。三门险阻漕运不畅，洛阳以西 300 里陆运颇伤车、牛，一些官吏顿生不能卒岁之感。有人甚至发出“今民力敝极，河、渭广漕，不给京师，公私耗损，边隅未静。傥炎暵成沴，租税减入，疆场有警，赈救无年，何以济之”[⑦] 的忧叹。

初盛唐关中和长安漕粮需要量剧增，治河通漕日益成为王朝大政。君臣励精图治，运道开拓和漕运改善渐至佳境，东方漕粮西运两京渐多。

此间产生一些业绩非凡的治水通漕名宦。齐澣先后任汴、润刺史，于改造运道有大建树。在汴州，“澣以淮至徐城险急，凿渠十八里，入青水，人便其漕”。[⑧] 引文中的“淮”应为“汴”之误，因为汴州刺史管不了徐州至淮河运道。这实际上是在汴、徐二州之间汴渠湍急处另开新渠绕过险段。在润州，鉴于长江对岸扬州扬子镇南入江水道被泥沙隔断，江南漕船

---

① 《旧唐书》卷 49，中华书局 2000 年版，第 1425 页。
② 《新唐书》卷 38，中华书局 2000 年版，第 650 页。
③ 《新唐书》卷 53，中华书局 2000 年版，第 897 页。
④ （唐）张鷟：《朝野佥载》，《四库全书》，子部，第 1035 册，上海古籍出版社 1987 年版，第 231 页。
⑤ 《新唐书》卷 118，中华书局 2000 年版，第 3390 页。
⑥ （北宋）司马光：《资治通鉴》，《四库全书》，史部，第 308 册，上海古籍出版社 1987 年版，第 734 页。
⑦ 《新唐书》卷 126，中华书局 2000 年版，第 3487 页。
⑧ 《新唐书》卷 128，中华书局 2000 年版，第 3523 页。

出京口埭需要西行至仪征瓜步才能入山阳渎口，水程迂回且多涉江险，开元二十二年“于京口埭下直趋渡江二十里，开伊娄河二十五里，渡扬子，立埭，岁利百亿，舟不漂溺”[①]。所开伊娄河地址，《舆地纪胜》卷44伊娄河注言之甚明：“即扬子镇以南至江运河也，润州刺史齐澣所开。自隋以前未有此河涧，唐时江滨始积沙至二十五里，故穿此河。”[②] 齐澣不分畛域，以振兴天下漕运为己任，到扬州辖区开伊娄渠、立伊娄埭，改进运河与长江的衔接，提高通船效率，既精神可嘉，又成事有术，堪称循能之臣。

姜师度所到之处皆能治水兴漕。“开元初，迁陕州刺史。州西太原仓控两京水陆二运，常自仓车载米至河际，然后登舟。师度遂凿地道，自上注之，便至水次，所省万计。”开地道输太原仓粮下河船，只有姜师度能想得出做得到。“再迁同州刺史，又于朝邑、河西二县界，就古通灵陂，择地引雒水及堰黄河灌之，以种稻田，凡二千余顷。内置屯十余所，收获万计。”[③] 同州在今陕西黄河由南北转向东西拐弯处，兴修水利、发展水稻生产，也非常人能为。姜师度还在陕州任过刺史，在河、渭运道接合部修利俗渠、罗文渠和敷水渠，改善其间行船。史载：华州郑县“西南二十三里有利俗渠，引乔谷水，东南十五里有罗文渠，引小敷谷水，支分溉田，皆开元四年诏陕州刺史姜师度疏故渠，又立堤以捍水害”。华阴县“西二十四里有敷水渠，开元二年，姜师度凿，以泄水害，五年，刺史樊忱复凿之，使通渭漕”[④]。兴办水利、溉田通运皆有成绩。

李杰和范安及治理汴口。开元二年（714），河南尹李杰奏请整治汴河取水口，“汴州东有梁公堰，年久堰破，江淮漕运不通”。得到授权，“发汴、郑丁夫以浚之。省功速就，公私深以为利”。[⑤] 取水通畅，汴渠漕运才顺畅。黄河大溜滚动不已，很难做到一劳永逸。洛阳人“刘宗器上言，请塞汜水旧汴河口，于下流荥泽界开梁公堰，置斗门，以通淮、汴”，但付诸实施后仅维持数年，汴口又不通畅，开元“十五年正月，令将作大匠范安及检行郑州河口斗门。……至是，新漕塞，行舟不通，贬宗器焉。安及

① 《新唐书》卷41，中华书局2000年版，第694页。

② （宋）祝穆：《方舆胜览》，《四库全书》，史部，第471册，上海古籍出版社1987年版，第897页。

③ 《旧唐书》卷185，中华书局2000年版，第3275页。

④ 《新唐书》卷37，中华书局2000年版，第634页。

⑤ 《旧唐书》卷46，中华书局2000年版，第1425页。

遂发河南府、怀、郑、汴、滑三万人疏决开旧河口，旬日而毕”[1]。可见汴口治理烦难。

开凿了三门险道，并在整治河渭方面取得突破。李齐物凿砥柱并开天宝河。开元“二十九年，陕郡太守李齐物凿砥柱为门以通漕，开其山巅为挽路，烧石沃醯而凿之。然弃石入河，激水益湍怒，舟不能入新门，候其水涨，以人挽舟而上”[2]。这段文字传达了工程开工时间、操作要领、施工手段及工程效果。尤其是明言施工内容一是凿砥柱平缓船道，二是开山巅为挽路。稍后，李齐物又开天宝河，“天宝元年，太守李齐物开三门以利漕运，得古刃，有篆文曰‘平陆’，因更名”。[3]《旧唐书》所记过简，唐人《开天传信记》载：“天宝中，上以三河道险束，漕运艰难，乃傍北山凿石为月河，以避湍急，名曰天宝河。岁省运夫五十万人，无覆溺淹滞之患，天下称之。其河东西径直长五里余，阔四五丈，深三四丈，皆凿坚石。匠人于石得古铁镤，长三尺余，上有平陆二字，皆篆文也。”[4] 这段文字除了开工时间与正史吻合，还明确认定工程内容是凿石为月河，即绕过三门之险的新河。所记天宝河长、宽、深即使取其下限，也需要开凿山岩数十万立方米；这么浩大的工程，开凿方法不过火烧水浇，可见唐人筑梦心坚、毅力惊人。天宝河加上李齐物先前所开山顶纤道，三门过船效果大为提高。

1959年出版的《三门峡漕运遗迹》一书，是黄河考古队实地考察报告，证明天宝河的确是历史客观存在，现有遗迹可寻。虽然报告本身将李齐物先后两次的河工杂糅为一项工程，后来学者多沿用其说，实为遗憾。但具体内容作为历史遗迹见证，很有史料价值和可取之处：如遗迹规模陈述：“全长280余米。河身宽度为6—8米，河底高程在278米左右，河身高度（即河底与河岸的距离）为5—10米。”[5] 可与典籍所载参看。

韦坚开广通渠和凿广运潭，畅通关中运道。隋文帝开广通渠，至天宝元年已历100多年，韦坚予以重新挑浚，“治汉、隋运渠，起关门，抵长安，通山东租赋。乃绝灞、浐，并渭而东，至永丰仓与渭合”。[6] 在此基础

---

① 《旧唐书》卷46，中华书局2000年版，第1425页。

② 《新唐书》卷53，中华书局2000年版，第898页。

③ 《新唐书》卷38，中华书局2000年版，第648页。

④ （唐）郑綮：《开天传信记》，《四库全书》，子部，第1042册，上海古籍出版社1987年版，第842页。

⑤ 中国科学院考古研究所：《三门峡漕运遗迹》，科学出版社1959年版，第33页。

⑥ 《新唐书》卷53，中华书局2000年版，第898页。

上开广运潭。广运潭是长安附近新开的漕运终端码头，供漕船停泊的大湖。“于长安东九里长乐坡下、浐水之上架苑墙，东面有望春楼，楼下穿广运潭以通舟楫，二年而成。”[①] 可见，广运潭是一系统工程体系，包括在咸阳附近建兴成堰拦截灞、浐二水与渭水并行东下，过长安城至永丰仓方与渭水合流入河，并不仅指在长安望春楼下凿的停泊漕船的大湖。广运潭工程竣工，加上三门天宝河开凿，相得益彰，产生合力效应，使关中运量大增。《新唐书·食货三》：“是岁，漕山东粟四百万石。自裴耀卿言漕事，进用者常兼转运之职，而韦坚为最。”[②] 堪称高峰。

今人考证韦坚所开漕渠和所凿广运潭关系有言，“韦坚整治漕渠，历时二年，更名为兴成渠。兴成渠的渠首在咸阳县西 18 里，渠首处筑堰引渭水。其余渠道路线基本上是因袭汉、隋旧道，只是在过灞水前后较原来的渠路有了一些变动。隋、唐漕渠都是在灞、浐二水交会处以上横截二水。唐代在过浐水之前，分引浐水，在浐水西岸禁苑苑墙上的望春楼（又作望春亭、北望春宫）下开凿了一个大水潭，使兴成渠从潭中经过，以此作为漕船的停泊处和码头”。[③] 乃当今专家调研所得，让人信服。

激活晋南陆运。晋南陆运初唐称北道，唐睿宗景云年间，官府出钱雇民间车牛，共分八段递运。开元初年李杰为水陆运使期间，用车 1800 辆。开元末年裴耀卿声言废陆运，但并没有完全做到。至天宝年间裴迥为河南尹，“以八递伤牛，乃为交场两递，滨水处为宿场，分官总之，自龙门东山抵天津桥为石堰以遏水”。[④] 改八递为两递，且部分路段弃陆就水，成本降低，效率提高。

改善了东都的运道环境强化其漕运中心地位。唐代洛阳虽然不像隋炀帝时期那样既是都城又是漕运中心，但是初盛皇帝经常率百官来此就食，而且“凡都之东租，纳于都之含嘉仓，自含嘉仓转运以实京之太仓。自洛至陕运于陆，自陕至京运于水，量其递运节制，置使以监充之”。[⑤] 含嘉仓地在洛阳，西运长安太仓的租赋都经其中转，故而一向重视洛阳运道整治。“大足元年六月，于东都立德坊南穿新潭，安置诸州租船。”[⑥] 即加强

---

① 《旧唐书》卷 105，中华书局 2000 年版，第 2184 页。

② 《新唐书》卷 53，中华书局 2000 年版，第 899 页。

③ 编委会：《陕西航运史》，人民交通出版社 1997 年版，第 106 页。

④ 《新唐书》卷 53，中华书局 2000 年版，第 899 页。

⑤ （唐）张九龄：《唐六典》，《四库全书》，史部，第 595 册，上海古籍出版社 1987 年版，第 37 页。

⑥ 《旧唐书》卷 49，中华书局 2000 年版，第 1425 页。

洛阳漕运中转设施的重大举措。

按《旧唐书·五行志》，洛阳运道常受洪水危害。开元十年二月四日，伊水泛涨，毁都城南龙门，平地水深6尺以上，入漕河，水边屋舍树木荡尽。十四年七月十四日，瀍水暴涨，流入洛漕，漂没诸州租船数百艘，溺死人很多。十八年六月，东都瀍水暴涨，漂损扬、楚、淄、德等州租船；洛水泛涨，冲坏天津、永济二桥及漕渠斗门，漂损提象门外助铺及仗舍，又损居人庐舍千余家。直到天宝十年建伊水石堰，“龙门山东抵天津，有伊水石堰，天宝十载，尹裴迥置”。[①] 工程从龙门山东抵天津普筑石堰，有效防止了暴涨伊水冲入运道，情况才有好转。

## 第三节 平叛期间的运道变通

安史之乱爆发，叛军攻入漕运中心东都洛阳。“贼之据东京，见宫阙尊雄，锐情僭号”，不仅没有及时西攻潼关，而且也没有出击东南运河流域，“尹子奇屯陈留，欲东略，会济南太守李随、单父尉贾贲、濮阳人尚衡、东平太守嗣吴王祇、真源令张巡相继起兵，旬日众数万。子奇至襄邑而还”[②]。陈留即今开封，当汴渠中枢，尹子奇叛军据陈留没敢向前推进。战争第一年叛军仅控制洛阳、开封间运河流域，江淮运道的租赋改行汉水西运凤翔、灵武。

战争第二年，安禄山称帝洛阳，继而西破潼关攻陷长安。不久贼党内讧，旋为其子安庆绪所杀。肃宗继位灵武，唐军对叛军展开反攻，叛军主力忙于应付河北唐军征讨，无暇东攻睢阳东南的运河和财赋之区，只偏军尹子奇、令狐潮围绕睢阳攻守与张巡、许远部唐军死战不休。张巡、许远死守睢阳，“贼知外援绝，围益急。众议东奔，巡、远议以睢阳江、淮保障也，若弃之，贼乘胜鼓而南，江、淮必亡。且帅饥众行，必不达”。[③] 保江淮漕运和财赋之区的战略目标十分明确。待到守军力尽城破，唐军已经收复东西二京，叛军则成强弩之末，终未能染指睢阳以东以南。《资治通鉴》卷280陈述叛军进入长安后关中情形有言：

---

① 《新唐书》卷38，中华书局2000年版，第646页。
② 《新唐书》卷225，中华书局2000年版，第4858页。
③ 《新唐书》卷192，中华书局2000年版，第4262页。

> 禄山闻向日百姓乘乱多盗库物，既得长安，命大索三日，并其私财尽掠之。又令府县推按，铢两之物无不穷治，连引搜捕，支蔓无穷。民间骚然，益思唐室。自上离马嵬北行，民间相传太子北收兵来取长安。长安民日夜望之，或时相惊曰："太子大军至矣！"则皆走，市里为空。贼望见北方尘起，辄惊欲走。京畿豪杰往往杀贼，官吏遥应官军，诛而复起，相继不绝。贼不能制。其始自京畿鄜坊至于岐陇皆附之，至是西门之外率为敌垒。贼兵力所及者，南不出武关，北不过云阳，西不过武功，江、淮奏请贡献之蜀、之灵武者，皆自襄阳取上津路抵扶风，道路无壅，皆薛景仙之功。①

可见民心向唐，叛军控制了长安但控制不了关中远离长安的广大地区。薛景仙是唐朝陈仓县令，率部收复扶风郡。武关为关中东南方关隘，与潼关同为联系关东的要道，叛军只控制了京兆府云阳、武功数县，之外皆向往唐王朝。

上津是汉中商州治下一县名，汉水运道所经。从汉水漕运财物可以西达扶风，扶风为薛景仙收复，唐朝平叛战争获得可靠的财赋支持和人心基础。至"肃宗末年，史朝义兵分出宋州"，汴淮漕运"于是阻绝，租庸盐铁溯汉江而上。河南尹刘晏为户部侍郎，兼勾当度支、转运、盐铁、铸钱使，江淮粟帛，由襄、汉越商于以输京师"②。以襄、汉线代替汴渠线，维持江淮财赋源源不断地运往关中，是刘晏一大贡献。

上津路实为汉水运道的一支，第五琦开拓。"至德元载冬十月……第五琦见上于彭原，请以江淮租庸市轻货，泝江汉而上至洋川，令汉中王瑀陆运至扶风以助军。上从之。寻加琦山南等五道度支使。琦作榷盐法，用以饶。"③ 将江淮原运漕粮一律改征轻货，由长江溯汉水至洋川，再由洋川陆运至关中的扶风。第五琦又改革盐法，"就山海井灶收榷其盐，官置吏出粜，其旧业户并浮人愿为业者，免其杂徭，隶盐铁使，盗煮私市者论以法。百姓除租庸外，无得横赋。人不益税而上用以饶"。④ 第五琦功不可没。

---

① （北宋）司马光：《资治通鉴》，《四库全书》，史部，第309册，上海古籍出版社1987年版，第44—45页。

② 《新唐书》卷53，中华书局2000年版，第899页。

③ （北宋）司马光：《资治通鉴》，《四库全书》，史部，第309册，上海古籍出版社1987年版，第48—49页。

④ 《旧唐书》卷123，中华书局2000年版，第2391页。

安史之乱被平定之后，挫败割据藩镇对汴渠的阻断和骚扰。中唐藩镇割据势力不断挑战皇权，多次阻断汴渠。唐王朝与之进行了坚决斗争，较大规模的有三次，难免另寻运道、绕过梗阻。

第一次为大历十一年八月，“李灵曜据汴叛”，意味着汴漕不通。唐王朝命淮西李忠臣、滑州李勉、河阳马燧三镇出兵讨伐。“冬十月乙酉，忠臣等军破贼于中牟，进军，又败贼于汴州郭外，乃攻之。乙丑，承嗣遣侄悦率兵三万援灵曜。丙午，淮西、河阳之师合击田悦营，其众大败，悦脱身北走。灵曜闻悦之败，弃城遁走。汴州平。”① 战乱持续期间，赖李勉重用李芃，应变得法，“值李灵曜反于汴州，勉署芃兼亳州防御使，练达军事，兵备甚肃。又开陈、颍运路，以通漕挽”②。利用古鸿沟旧渠，绕开汴渠另开陈、颍运道，漕船由淮溯颍、蔡水而上。

第二次是唐德宗在位期间，藩镇“田悦、李惟岳、李纳、梁崇义拒命，举天下兵讨之，诸军仰给京师。而李纳、田悦兵守涡口，梁崇义搤襄、邓，南北漕引皆绝，京师大恐”③。四出平叛的唐军靠从长安运出粮食支持，而叛军不仅控制了涡口、切断了汴渠漕运，而且还控制着襄阳、邓州，切断汉水漕运。此前，刘晏开创漕运大好局面已被朝臣窝里斗断送，德宗“建中初，宰相杨炎用事，尤恶刘晏，炎乃夺其权。……寻贬晏为忠州刺史。晏既罢黜，天下钱谷归尚书省。既而出纳无所统，乃复置使领之。其年三月，以韩洄为户部侍郎，判度支；金部郎中杜佑权勾当江淮水陆运使。炎寻杀晏于忠州”④。两京粮食供应出现空前危机。

杜佑非等闲之辈，在汉水运道和汴渠运道之外提议开辟第三运道，而且较汴渠运道少治理泥沙麻烦，较汉水运道陆运距离为短，“杜佑以秦、汉运路出浚仪十里入琵琶沟，绝蔡河，至陈州而合，自隋凿汴河，官漕不通，若导流培岸，功用甚寡；疏鸡鸣冈首尾，可以通舟，陆行才四十里，则江、湖、黔中、岭南、蜀、汉之粟可方舟而下，由白沙趣东关，历颍、蔡，涉汴抵东都，无浊河溯淮之阻，减故道二千余里”。⑤ 按《元和郡县志》，白沙关、东关地在长江中游一带，这实际上是要上江漕船在中游由江入淮，然后转进颍、蔡二水进入汴渠上游，绕过被李纳、田悦控制的汴渠段，未必不是解脱困局的好办法。但不久汴渠阻断解除，杜佑的方案未

① 《旧唐书》卷11，中华书局2000年版，第209页。

② 《旧唐书》卷132，中华书局2000年版，第2485页。

③ 《新唐书》卷53，中华书局2000年版，第899页。

④ 《旧唐书》卷49，中华书局2000年版，第1428页。

⑤ 《新唐书》卷53，中华书局2000年版，第899—890页。

能付诸实施。

第三次是元和九年吴元济据蔡州抗命，宪宗“讨蔡，诏兴诸道兵而不及郓。师道选卒二千抵寿春，阳言为王师助，实欲援蔡也。亡命少年为师道计曰：‘河阴者，江、淮委输，河南，帝都，请烧河阴敖库，募洛壮士劫宫阙，即朝廷救腹心疾，此解蔡一奇也。’师道乃遣客烧河阴漕院钱三十万缗，米数万斛，仓百余区”。[①] 给唐王朝造成更大麻烦。后来“师道引兵攻彭城，败萧、沛数县而还，以缓王师”，[②] 直接阻断汴渠运道。在这种情况下，唐王朝“置淮颍水运使，扬子院米自淮阴泝淮入颍至项城入溵。输于郾城，以馈讨淮西诸军，省汴运之费七万余缗”。胡三省文中注：“据旧史，时运米泝淮至寿州四十里入颍口，又泝流至颍州沈丘界五百里至于项城，又泝流五百里入溵河，又三百里输于郾城，得米五十万石、茭五百万束。省汴运之费七万六千缗。”[③] 项城县属陈州，在陈州东南70里，溵水是汝水支流；颍水至古南顿县与溵水合，唐有溵水县。战时漕运应变，唐人经世致用潜力深厚。

## 第四节　中晚唐东南运道治理

中唐东南运道治理。唐王朝在与安史叛军和藩镇势力破坏漕运做殊死斗争的同时，还要应对恶劣水情挑战。三门之险虽经盛唐多次开凿，至中唐依然是漕运瓶颈，每年漕船经行砥柱，船败粮没者近半，砥柱附近水下号称米堆。中唐李繁《邺侯家传》有记：“唐时运漕自集津上至三门，皆一纲船夫并牵一船，仍和雇相近数百人挽之。河流如激箭，又三门常有波浪，每日不能进一二百。船触一暗石即船碎如末，流入旋涡中，更不复见。上三门篙工谓之门匠，悉平陆人为之，执一标指麾，以风水之声，人语不相闻。陕人云：‘自古无门匠墓’，言皆沉死也。故三门之下，河中有山名米堆谷堆。每纲上三门无损伤，亦近百日方毕。所以漕运艰阻。”[④] 足见中唐漕船过三门险滩仍然损失惨重、艰难异常，不治理大误国计民生。

---

① 《新唐书》卷213，中华书局2000年版，第4565页。

② 《新唐书》卷193，中华书局2000年版，第4275页。

③ （北宋）司马光：《资治通鉴》，《四库全书》，史部，第309册，上海古籍出版社1987年版，第472—473页。

④ （唐）李繁：《邺侯家传》，《类说》，《四库全书》，子部，第873册，上海古籍出版社1987年版，第26页。

唐德宗贞元初，李泌出任陕虢观察使，锐意开拓三门漕运，“凿集津仓山西迳为运道，属于三门仓，治上路以回空车，费钱五万缗，下路减半；又为入渭船，方五板，输东渭桥太仓米至凡百三十万石，遂罢南路陆运”。[①] 李泌这次理漕，一是开拓陆路，使重、空车各有所行；二是新造适宜渭水转运的漕船，提高西输太仓的效率。经过努力，每年运至东渭桥太仓的漕粮达到130万石。

中晚唐最高统治者不再率百官到东都洛阳就食，漕运保障重点是长安。为此治理三门险滩之外，从江淮运粮到京城，还要注重闸坝、水柜的适时维修和运道挑浚。其中运道挑浚更为频繁，汴渠数年就要挑浚一次，楚扬运河、江南运河少则几年、多则十几年就要挑浚一次。

当局颇注关中运道水利。盛唐韦坚在咸阳筑兴成堰，截灞、浐水至永丰仓下与渭合，至唐文宗时淤塞，“咸阳县令韩辽请疏之，自咸阳抵潼关三百里，可以罢车挽之劳。……堰成，罢挽车之牛以供农耕，关中赖其利”。[②] 运道得其益。懿宗咸通七年（866），关中同州防御使王凝整治境内洛水，“洛自西北趣大河……其流皆浑而悍暴而难制。然左辅土田，赖之为膏壤”。同州城南有洛水堰，大中末年废坏，王凝主政同州，“乃省公用，节私费，僦徒赋役，躬亲率属，得健吏于班，授以成规。……堰乃成，水折而东，皆若导而徙。令邑里交贺，合乐以迓之。流闻京师，中外以为国庆”。[③] 唐末关东军阀割据，关中漕运断绝。延续唐王朝生命，在于关中生产自救。一堰之成，朝野至于以为大庆。

中晚唐洛阳仍不失区域政治和水运中心。德宗贞元四年四月，留守东都杜亚修洛阳漕河斗门。未修之前洪水泛滥，闭门形同虚设，“分洛为漕，斗门在都城东南中桥之右。旧制喉不深，口不束，其流随之，水斯溢，旱斯涸”。斗门“东有斜堰，俾其来往。终岁不修辄坏，修则水积高而迤南北。北伤则洛亘邙趾，南伤则鱼游井鄽，不修则漕复于陆。且其地与岸，皆寘薪焉，不再闰不一易。每岁缮塞斜堰，洎南北堤桥之费，相与盈万。其斗门之功不计，盖其弊者也”。于是杜亚决策大修斗门，工程设计初衷是：“浚斗门之下，以量其入，庳斜堰之上，以归其余。庶乎饶不为增，伤不为减。”实际操作中修旧利废，以石代薪，期于永久，“中桥之旁有古堰，废石沈于泥沙，公乃发而转之，以代寘薪之制”。严格质量，讲究技

---

① 《新唐书》卷53，中华书局2000年版，第900页。

② 《新唐书》卷53，中华书局2000年版，第901页。

③ 《司空表圣文集》，《四库全书》，集部，第1083册，上海古籍出版社1987年版，第498页。

术，“授规矩，俾之追琢。如斧斯锐，以分其冲，如月斯仰，以折其势。……上济行迈，是为通桥。岁三月兴作，四月毕事”。[①] 此次修漕河石斗门，运用了都江堰水利原理。

洛阳以东，汴州扼汴渠漕运之腰。贞元十四年（798）正月，董晋修建州城东西水门，三月工程完工。汴渠穿汴州中而过，水门失修，城防有缺陷，“维汴州河，水自中注。厥初距河为城，其不合者诞寘联锁于河，宵浮昼沉，舟不潜通。然其襟抱亏疏，风气宣泄，邑居弗宁，讹言屡腾。历载已来，孰究孰思”。董晋主政汴州，重建水门，“陇西公受命作藩，爰自洛京，单车来临，遂持其危，遂去其疵……五谷穰熟。既庶而丰，人力有余。监军是咨，司马是谋，乃作水门为”。[②] 唐代通过汴渠漕运江淮以供两京，至韩愈时已 100 多年，汴州因其扼汴渠中腰而地位日益重要。董晋修东西水门，汴州扼控汴渠的功能得到加强。

中唐汴渠两岸有很多屯田，农业灌溉与漕运争水矛盾突出。转运使认为在汴河水浅、水运不通情况下，应筑塞汴河斗门确保漕运足水；节度使认为当地军营屯田都在汴河两岸，若筑塞斗门，军粮生产必遭其殃。白居易有文反映此中利害，“川以利涉，竭则壅税；水能润下，塞亦伤农。将舍短以从长，宜去彼而取此。汴河决能降雨，流可通财。引漕运之千艘，实资积水；生稻粱于一溉，亦藉余波”。白居易主张汴水之用漕运优先，欲停灌溉以保漕运，“节度使以军储务足，思开窦而有年；转运司以邦赋贵通，恐负舟而无力。辞虽执竞，理可明征。壅四国之征，其伤多矣；专一方之利，所获几何？赡军虽望于秋成，济国难亏于日用。利害斯见，与夺可知”。[③] 停止灌溉确保漕运，是最高统治者的一贯做法。

李稼在汴渠入淮口对面的都梁山上建仓，适时吞吐江淮漕粮，成功地化解了汴渠灌溉与漕运用水的矛盾。

汴渠在泗州与淮河交会，汴渠入淮口的对岸有盱眙都梁山。中唐淮口盐铁官李稼，鉴于“大梁、彭城控西河，皆屯兵居卒，食出官田，而畎亩颇夹河，与之俱东，抑泽河流。水温而泥多，肥比泾水。四月农事作，则争为之派决而就所事，视其源绵绵，不能通槁叶矣。天子以为两地兵食所急，不甚阻其欲。舟舻曝滞，相望其间，岁以为常。而木文多败裂，自四

① （宋）李昉：《文苑英华》，《四库全书》，集部，第 1341 册，上海古籍出版社 1987 年版，第 113 页。

② 《东雅堂昌黎集注》，《四库全书》，集部，第 1075 册，上海古籍出版社 1987 年版，第 216 页。

③ 《白氏长庆集》，《四库全书》，集部，第 1080 册，上海古籍出版社 1987 年版，第 680 页。

月至七月，舟佣食尽，不得前”①，建都梁山仓收江淮漕粮，错开夏秋军屯用水高峰，很好地兼顾漕运和屯田。

沈亚之《都梁山仓记》记其事非常详尽。元和九年（814），汴渠军屯争水灌溉已经严重影响了正常漕运：“自闽越以西，百郡所贡辏挽皆出是，以炎天累月之久，滞于咫尺之地，篙公诸佣尽出所储，不能振十半之食，只益奸偷耳，几或有终岁而不得返其家者。”到了非解决不可的地步。李稼提出解决办法：“今诚得敖之仓，列于所便，以造出入，计无忧也。正月河冰始泮，尽发所蓄而西，六月之前，虚廪以待东之至者矣。如此，则役者逸，而弊何从生哉？”于是上书朝廷，得到授权及时兴工，“度泗上卑湿无堪地，遂创庾于淮南都梁山”。② 可谓善于应急变通、统筹兼顾。汴渠两岸军屯灌溉用水不能停，通过汴渠的漕运也不能断，军屯用水在四月至七月，江淮漕船过汴原来也在其间，二者原本是矛盾的。在都梁山建仓后，江淮漕粮得以四月至七月存仓，秋冬再装运过汴，矛盾迎刃而解。

唐代汴渠尽管以黄河为水源，至中晚唐入淮口水还是清的，不少诗人笔下写及这种水文现象。白居易结束杭州任回京途中泊淮口，有《自余杭归宿淮口作》传世，“舟行明月下，夜泊清淮北。岂止吾一身，举家同燕息”。杜牧《赴京初入汴口晓景即事先寄兵部李郎中》也写道：“清淮控隋漕，北走长安道。樯形栉栉斜，浪态迤迤好。初旭红可染，明河澹如扫。”唐人漕运至白居易、杜牧已一二百年，但汴水入泗口仍清澈。这说明通济渠从河阴分引河水，其地土质坚实，漫长渠身又吸收过水泥沙的得策。

运道在楚州出淮入运，在扬州出山阳渎入长江。江、运接合部也是治水通漕工程频兴之地。扬州五塘，指陈公塘、句城塘、上雷塘、下雷塘、小新塘。“五塘工程完善于唐代，其时不仅灌溉效益增大，并开始接济运河水。”③ 中唐贞元年间淮南节度使杜亚在爱敬陂增筑堤障、新建斗门，“乃召工徒，修利旧防，节以斗门，酾为长源，直截城隅，以灌河渠，水无羡溢，道不回远。于是变浊为清，激浅为深，洁清澹澄，可灌可鉴。然后漕挽以兴，商旅以通，自北自南，泰然欢康”。灌溉漕运两不误，惠运利民至为深广。此后，宣宗大中二年（848），杜牧又在扬州“新作西门，

---

① （唐）沈亚之：《沈下贤集》，《四库全书》，集部，第1079册，上海古籍出版社1987年版，第27页。

② （唐）沈亚之：《沈下贤集》，《四库全书》，集部，第1079册，上海古籍出版社1987年版，第27—28页。

③ 张芳：《扬州五塘》，《中国农史》1987年第1期，第59页。

所以通水庸、致人利也。冬十有二月土木之工告毕”[1]，改善了当地水运条件。

润州以下江南运河，靠练湖的水柜功能涵养水源。代宗永泰二年（766），刘晏得知练湖被蚕食围垦，水柜功能大打折扣，奏请朝廷下诏浙西恢复练湖旧观。练湖原来水柜功能强大，“其湖水未被隔断已前，每正春夏，雨水涨满，侧近百姓，引溉田苗。官河水干浅，又得湖水灌注，租庸转运，及商旅往来，免用牛牵。若霖雨泛溢，即开渎泄水，通流入江”。安史之乱以后练湖逐渐被围垦，“比被丹徒百姓筑堤横截一十四里，开渎口泄水，取湖下地作田。……自被筑堤已来，湖中地窄，无处贮水，横堤壅碍，不得北流。秋夏雨多，即向南奔注，丹阳、延陵、金坛等县，良田八九千顷，常被淹没。稍遇亢阳，近湖田苗，无水溉灌”。在刘晏的强力督促下，浙西观察使韦损开工整治练湖，大见成效，“练塘，周八十里，永泰中，刺史韦损因废塘复置，以溉丹杨、金坛、延陵之田，民刻石颂之”。[2] 农民利益与治水通漕有冲突，国家意志坚挺强硬，农民因私害运方能得到及时纠正。

晚唐运道萎缩。藩镇割据，皇权衰微，吏治腐败。三者互为激发、推波助澜，导致“漕益少，江淮米至渭桥者才二十万斛”[3]。有识之士力行补缺纠偏。

文宗年间，连关中也靠车牛陆运，文宗君臣修复兴成堰，“秦、汉时故漕兴成堰，东达永丰仓，咸阳县令韩辽请疏之，自咸阳抵潼关三百里，可以罢车輓之劳。宰相李固言以为非时，文宗曰：‘苟利于人，阴阳拘忌，非朕所顾也。’议遂决。堰成，罢輓车之牛以供农耕，关中赖其利”，[4] 才恢复水运。不过，这样成功的水利工程仅仅局限于近畿，割据的藩镇是无心治水通运的。

唐末，爆发了王仙芝、黄巢起义。起义军曾兵围宋州，断绝江淮与长安联系。其后，黄巢占领长安，徐州义军南攻运河和淮河交会点泗州，以致漕运阻绝。当黄巢失败、僖宗复辟时，王朝政令不出关中，运河再也不能像过去那样源源不断地从江淮漕运钱粮到长安。《旧唐书·僖宗纪》说：“时李昌符据凤翔，王荣据蒲、陕，诸葛爽据河阳、洛阳，孟方立据邢、

---

① （宋）李昉：《文苑英华》，《四库全书》，集部，第1341册，上海古籍出版社1987年版，第103页。

② 《全唐文》卷370，中华书局1983年版，第3762页。

③ 《新唐书》卷53，中华书局2000年版，第901页。

④ 《新唐书》卷53，中华书局2000年版，第901页。

铭，李克用据太原、上党，朱全忠据汴、滑，秦宗权据许、蔡，时溥据徐、泗，朱瑄据郓、齐、曹、濮，王敬武据淄、青，高骈据淮南八州，秦彦据宣、歙，刘汉宏据浙东，皆自擅兵赋，迭相吞噬，朝廷不能制。江淮转运路绝，两河、江淮赋不上供，但岁时献奉而已。国命所能制者，河西、山南、剑南、岭南西道数十州。大约郡将自擅，常赋殆绝，藩侯废置，不自朝廷，王业于是荡然。"① 在这些割据称霸的藩镇中，割据扬州的高骈，中和二年即断绝贡赋；割据淮南的扬行密，天佑三年抗拒王师，断绝漕运；割据汴州的朱全忠则欲取代唐王朝，更是截留漕运以自肥。

晚唐其他运道治理。晚唐重振灵渠水运。《新唐书·地理七上》桂州理定县注："西十里有灵渠，引漓水，故秦史禄所凿，后废。宝历初，观察使李渤立斗门十八以通漕，俄又废。咸通九年，刺史鱼孟威以石为铧堤，亘四十里，植大木为斗门，至十八重，乃通巨舟。"② 灵渠引清湘为水源，李渤修治离鱼孟威再修不过41年，便淤塞。可知运河必须常修勤修，方能畅通。

鱼孟威《桂州重修灵渠记》反映灵渠各个时期通塞情况，堪称唐代灵渠修治史。一是灵渠水运中唐以前的衰败情况，"年代寖远，堤防尽坏，江流且溃，渠道遂浅，潺潺然不绝如带，以至舳舻经过，皆同奡荡，虽篙工楫师骈臂束立，瞪眙而已，何能为焉。虽仰索挽肩排以图寸进，或王命急宣军储速赴，必征十数户乃能济一艘，因使樵苏不暇采，农圃不暇耰，靡间昼夜毕遭罗捕，鲜不吁天胥怨，冒险遁去矣"。③ 二是敬宗年间李渤修治灵渠，"宝历初，给事中李公渤廉车至此，备知宿弊重为疏引，仍增旧迹，以利行舟，遂铧其堤以扼旁流，斗其门以级直注，且使派沿不复稽涩，李公真谓亲规养民也。然当时主役吏不能协公心，尚或杂束筱为堰，间散木为门，不历多年又闻湮圮。于今亦三纪余焉"。三是懿宗年间鱼孟威再次大修，"凡用五万三千余工，费钱五百三十余万，固不敢侵征赋必竭其府库也，不敢役穷人必伤其和气也，皆招求羡财，标示善价，以佣愿者。自九年兴工，至十年告毕，其铧堤悉用巨石堆积延至四十里，切禁其杂束筱也。其斗门悉用坚木排竖至十八重，切禁其间散材也。浚决碛砾控引汪洋，防阨既定，渠遂汹涌。虽百斛大舸一夫可涉，由是科徭顿息，来

① 《旧唐书》卷19，中华书局2000年版，第487页。

② 《新唐书》卷43，中华书局2000年版，第726页。

③ （宋）李昉：《文苑英华》，《四库全书》，集部，第1341册，上海古籍出版社1987年版，第114页。

往无滞，不使复有胥怨者”。[①] 使灵渠焕发青春。

晚唐修祁县阊门溪水道，通畅当地茶叶外销渠道。《新唐书·地理五》新安郡祁门县注有言：“西四十里有武陵岭，元和中令路旻凿石为盘道。西南十三里有阊门滩，善覆舟，旻开斗门以平其隘，号路公溪，后斗门废。咸通三年，令陈甘节以俸募民穴石积木为横梁，因山派渠，余波入于乾溪，舟行乃安。”[②] 新安郡六县盛产优质茶叶，只有一溪之水通江浙，然受限于阊门之险，苦于运不出去，“水清而地沃，山且植茗，高下无遗土，千里之内业于茶者七八矣，由是给衣食供赋役，悉恃此。祈之茗色黄而香，贾客咸议愈于诸方，每岁二三月赍银缗缯素衣求市，将货他郡者摩肩接迹而至。虽然，其欲广市多载不果遂也，或乘负或肩荷或小辙而陆也，如此纵有多市，将泛大川，必先以轻舟寡载就其巨艎，盖是阊门之险”。故而路旻、陈甘节两任县令前赴后继，大修水陆两路。尤其陈甘节大修阊门溪水道，舍得下大成本，特别重视质量，“自咸通二年夏六月修，至三年春二月毕，穴盘石为柱础，迭巨木为横梁，其高一丈六尺，长四十丈，阔二十尺，堰之左俯崇山作派为深渠，导溢流回注于干溪，既高且广，与往制不相侔矣。甃石叠水，泝流安逝，一带傍去，滔滔无滞，驯鸥戏鱼，随波沉浮，不独以贾客巨艘、居民叶舟往复无阻，自春徂秋亦足以劝六乡之人业于茗者，专勤是谋衣食之源，不虑不忧”。[③] 为官一任造福一方，堪称循吏能臣。

---

① （宋）李昉：《文苑英华》，《四库全书》，集部，第1341册，上海古籍出版社1987年版，第114页。

② 《新唐书》卷41，中华书局2000年版，第701页。

③ （宋）李昉：《文苑英华》，《四库全书》，集部，第1341册，上海古籍出版社1987年版，第112页。

# 第十三章　唐代漕运辉煌业绩

## 第一节　唐代漕运演进

### 一　初盛唐漕运

李渊、李世民父子建都长安，取代隋朝，漕运一承隋制。长安所在的关中平原虽号称天府，然而其粮食产出不能满足京师用度和储粮备荒需要，初唐“水陆漕运，岁不过二十万石”①，量小易行。“自高宗已后，岁益增多，而功利繁兴，民亦罹其弊矣。”② 至初唐末年约年需漕运100万石。

初盛唐漕运状况，裴耀卿开元十八年上书有简明扼要概括：“江南户口多，而无征防之役。然送租、庸、调物，以岁二月至扬州入斗门，四月已后，始渡淮入汴，常苦水浅，六七月乃至河口，而河水方涨，须八九月水落始得上河入洛，而漕路多梗，船樯阻隘。江南之人不习河事，转雇河师水手，重为劳费。其得行日少，阻滞日多。”③ 可知，初盛唐漕运主要以汴河转输江南漕粮，江南应纳租（粮食）、调（绢布绵等）由粮农自己驾船亲送东都洛阳。行程有基本定式，即二月入山阳渎，四月入汴渠，六七月至黄河汴口，八九月入黄河继而入洛水，往返1年有余。漕运方式是长运直达。

洛阳仅仅是漕运中心，而非漕运终点。漕运终点是长安，故而当时漕运明显地分两段，首段江南粮农送粮达洛阳入仓，第二段是由洛阳运粮抵长安，“初，江淮漕租米至东都输含嘉仓，以车或驮陆运至陕”④。其中的

① 《新唐书》卷53，中华书局2000年版，第897页。
② 《新唐书》卷53，中华书局2000年版，第897页。
③ 《新唐书》卷53，中华书局2000年版，第897页。
④ 《新唐书》卷53，中华书局2000年版，第897页。

陕不是今陕西，今陕西当时叫关中，陕指当时的陕州，地在今豫西的三门峡市。若所有西运关中之粮全程陆运，是不可想象的。开元二十一年（733）裴耀卿对玄宗问有言："罢陕陆运，而置仓河口，使江南漕舟至河口者，输粟于仓而去，县官雇舟以分入河、洛。"① 据其语意，先前洛阳以西之运由河南府、陕州一带农民承担，其中三门之险上下是陆运。

## 二　裴耀卿进行漕运改革，改直达为分段转般，形成盛唐漕运体制

开元十八年（730），宣州刺史裴耀卿至长安面君，因玄宗咨询漕运，退而上漕运便宜书，分析漕运效率低下原因，指出此前漕运行直达法，由江淮运丁运粮直达洛阳，一路长运，所在皆需等水情允许方得行船，十分耗时烦费。重运单程静等时间长达3个多月，转雇黄河水工驾船费用昂贵、效率低下，进而提出改进漕事、提高效率的整套办法："今汉、隋漕路，濒河仓禀，遗迹可寻。可于河口置武牢仓，巩县置洛口仓，使江南之舟不入黄河，黄河之舟不入洛口。而河阳、柏崖、太原、永丰、渭南诸仓，节级转运，水通则舟行，水浅则寓于仓以待，则舟无停留，而物不耗失。此甚利也。"② 这一方案是要改直达为转般，江南漕粮分段递运、接力转进。其前提是在运道沿线关键点位建设粮仓，汴渠与黄河交会点建武牢仓，吐纳江南漕船粮，使江南漕船不入黄河而返；黄河与洛水交会点建洛口仓，吐纳黄河来船漕粮，使黄河漕船不入洛水而返。从表面上看入仓出仓相当烦琐，但省去漕船直达，在不同水段的许多等水岁月，有效避免了漕船直达经行不宜水段的人船损失，整体效率大为提高。

玄宗览奏，一时理解不了，不置可否。直到开元二十一年，裴耀卿出任京兆尹，"京师雨水，谷踊贵。玄宗将幸东都，复问耀卿漕事"。裴耀卿重提自己的改革方案，"罢陕陆运，而置仓河口，使江南漕舟至河口者，输粟于仓而去，县官雇舟以分入河、洛。置仓三门东西，漕舟输其东仓，而陆运以输西仓，复以舟漕，以避三门之水险"③。玄宗终于明白改革方案的奥妙，给裴耀卿以充分授权，改革方案得以全面实施，"乃于河阴置河阴仓，河清置柏崖仓；三门东置集津仓，西置盐仓；凿山十八里以陆运。自江、淮漕者，皆输河阴仓，自河阴西至太原仓，谓之北运，自太原仓浮

① 《新唐书》卷53，中华书局2000年版，第898页。

② （明）杨士奇等：《历代名臣奏议》，《四库全书》，史部，第440册，上海古籍出版社1987年版，第409页。

③ 《新唐书》卷53，中华书局2000年版，第898—899页。

渭以实关中”[1]。裴耀卿设仓之前，漕运粮仓多在两京周围，尤其洛阳仓多仓大，“城内有含嘉仓，北有柏崖、河阳二仓，西有太原仓，东有虎牢仓（武牢仓）”[2]。漕粮直接西运长安，新仓皆围绕这一目标而设，其中作用突出的是河阴仓（汴渠与黄河接合部）、集津仓和盐仓（三门之险的东、西两端），裴耀卿在集津仓和盐仓之间新开山路18里，陆运效率得到提高，并取得“凡三岁，漕七百万石”[3] 的骄人成绩。

裴耀卿改革前后漕运成本，《旧唐书》以为整体漕运成本有所降低，“旧制，东都含嘉仓积江淮之米，载以大舆而西，至于陕三百里，率两斛计佣钱千，此耀卿所省之数也”[4]。《新唐书·食货三》则载有截然不同的意见，先说“省陆运佣钱三十万缗”，接着又说改革后民众负担加重、漕运成本大增，“民之输送所出水陆之直，增以‘函脚’、‘营窖’之名，民间传言用斗钱运斗米，其糜耗如此”[5]。针对《新唐书》的前后矛盾，今人孙彩红对斗钱运斗米予以辨证，以为斗钱的斗是重量单位，在唐代约6.25斤，以铜钱称之约为1000文，指出：“所谓‘用斗钱运斗米’在多数情况场合确实属于‘流俗过言’。”[6] 不为无据之论。总之，裴耀卿的漕运改革，在不同水情运段择要设仓，用适宜该水段的船分段转般，节省了粮农水运时间，提高了陆运绕过三门效率，避免了船过三门船粮损失，有积极意义。

## 三　中唐刘晏改民运为官运，再创唐代漕运辉煌

进入中唐，割据的藩镇阻断汴渠运道比安史之乱期间还要频繁和严重，漕运保障险象环生、时有大困。“时大兵后，京师米斗千钱，禁膳不兼时，甸农挼穗以输。”[7] 这是安史之乱刚被平定时的情形，可见当时唐王朝统治基础不牢。“贞元初，关辅宿兵，米斗千钱，太仓供天子六宫之膳不及十日，禁中不能酿酒，以飞龙驼负永丰仓米给禁军，陆运牛死殆

---

① 《新唐书》卷53，中华书局2000年版，第899页。

② 任立鹏：《试析唐代转运仓布局变化的原因》，《湖南工业职业技术学院学报》2010年第6期，第65页。

③ 《新唐书》卷53，中华书局2000年版，第898页。

④ 《旧唐书》卷49，中华书局2000年版，第1427页。

⑤ 《新唐书》卷53，中华书局2000年版，第898页。

⑥ 孙彩红：《“用斗钱运斗米”辨——关于唐代漕运江南租米的费用》，《中国农史》2002年第2期，第56页。

⑦ 《新唐书》卷149，中华书局2000年版，第3751—3752页。

尽。”[1] 关中皇宫和百官食粮不继，解困的出路在于励精图治。

中唐振兴漕运作为最大的是刘晏。他推动运道和漕运适时而变，负重创新。唐代宗“广德二年，废勾当度支使，以刘晏专领东都、河南、淮西、江南东西转运、租庸、铸钱、盐铁，转输至上都，度支所领诸道租庸观察使，凡漕事亦皆决于晏”[2]。刘晏得到充分授权后，用国家榷盐所得利润雇募漕运各工，然后“分吏督之，随江、汴、河、渭所宜”[3]。坚持裴耀卿所行分段递运之法，而推行官船雇夫而运，解脱了粮农的无偿漕运负担。

刘晏的漕运改革既势在必行又效果良好。

其一，关键运段都大幅度地降低成本、提高效率。一是废弃江浙漕粮翻坝过长江，改行用口袋装米船载过闸入江，“故时转运船由润州陆运至扬子，斗米费钱十九，晏命囊米而载以舟，减钱十五”，费用只有原来的约五分之一。二是制造运河专行船和黄河专行船，“由扬州距河阴，斗米费钱百二十，晏为歇艎支江船二千艘，每船受千斛，十船为纲，每纲三百人，篙工五十，自扬州遣将部送至河阴。上三门，号‘上门填阙船’，米斗减钱九十”。三是轻货从江北陆运汴梁，改车为驮，运费降低40%，“轻货自扬子至汴州，每驮费钱二千二百，减九百，岁省十余万缗”[4]。皆有回春之妙。

其二，改革整体效益十分突出。一是漕运井然有序，既分工明确又衔接紧凑。“未十年，人人习河险。江船不入汴，汴船不入河，河船不入渭；江南之运积扬州，汴河之运积河阴，河船之运积渭口，渭船之运入太仓。岁转粟百一十万石，无升斗溺者。”[5] 分天下漕运为四段，连船过三门之险也无升斗溺水，这一景象为盛唐裴耀卿主漕运时所不及。二是长安粮食供应大为改观，“自兵兴已来，凶荒相属，京师米斛万钱，官厨无兼时之食，百姓在畿甸者，拔谷挼穗，以供禁军。洎晏掌国计，复江淮转运之制，岁入米数十万斛以济关中”[6]。于乱世之余创盛世景象，实属不易。三是以销盐之利驱动商贾漕运，“晏始以盐利为漕佣，自江淮至渭桥，率十万斛佣七千缗，补纲吏督之。不发丁男，不劳郡县，盖自古未之有也。自此岁运

---

① 《新唐书》卷53，中华书局2000年版，第900页。
② 《新唐书》卷53，中华书局2000年版，第899页。
③ 《新唐书》卷53，中华书局2000年版，第899页。
④ 《新唐书》卷53，中华书局2000年版，第899页。
⑤ 《新唐书》卷53，中华书局2000年版，第899页。
⑥ 《旧唐书》卷49，中华书局2000年版，第1428页。

米数千万石，自淮北列置巡院，搜择能吏以主之，广牢盆以来商贾”①。商船为获得营销食盐权而从事漕运，受新补纲吏和巡院官吏押督，成为漕运生力军。

成就如此巨大，得力于刘晏有主财计30年的丰富理财经验，并将之创造性地迁移于漕运和运道管理，“分官吏主丹杨湖，禁引溉，自是河漕不涸。大历八年，以关内丰穰，减漕十万石，度支和籴以优农。晏自天宝末掌出纳，监岁运，知左右藏，主财谷三十余年矣”②。可谓呕心沥血，谋无遗算。

## 四　中晚唐国家意志抑制贪墨渎职，力挺漕运

中晚唐不仅要和阻断或窜扰运河的割据藩镇斗争，而且要和漕运官吏及雇员的职务犯罪做殊死斗争。唐德宗时，主持漕运的班宏因贪墨被免职，同僚张滂讥讽他说：“朝廷不夺公职，乃公丧官缗，纵奸吏，自取咎尔。凡为度支使，不一岁家辄钜亿，僮马产第侈王公，非盗县官财何以然?”③ 可见河漕贪官暴富之快、害运之烈。唐宪宗时，盐铁转运使李锜“专事贡献，守其宠渥，中朝秉事者，悉利之。盐铁之利积于私室，而国用日耗”④。唐朝末年，“义胜节度使董昌苛虐，于常赋之外加敛数倍，以充贡献及中外馈遗。每旬发一纲，金万两，银五千铤、越绫万五千匹，他物称是。用卒五百人，或遇雨雪风水违程，则皆死”⑤。搜刮所得，用于行贿朝中，草菅运卒人命，可谓心狠手辣。贪官污吏的负面效应，是船夫水手上行下效、盗卖漕粮。

当局只得严刑峻法、纠之以猛。不过，只是对下层劳动者下得了狠手。史载“自江以南，补署皆专属院监，而漕米亡耗于路颇多。刑部侍郎王播代坦，建议米至渭桥五百石亡五十石者死。其后判度支皇甫镈议万斛亡三百斛者偿之，千七百斛者流塞下，过者死；盗十斛者流，三十斛者死”。量刑可谓严酷，但并不能遏制漕运下滑趋势，“而覆船败挽，至者不得十之四五。部吏舟人相挟为奸，榜笞号苦之声闻于道路，禁锢连岁，赦

① 《旧唐书》卷49，中华书局2000年版，第1427页。

② 《新唐书》卷53，中华书局2000年版，第899页。

③ 《新唐书》卷149，中华书局2000年版，第3758页。

④ （宋）王溥：《唐会要》，《四库全书》，史部，第607册，上海古籍出版社1987年版，第303页。

⑤ （北宋）司马光：《资治通鉴》，《四库全书》，史部，第310册，上海古籍出版社1987年版，第85页。

下而狱死者不可胜数。其后贷死刑，流天德五城，人不畏法，运米至者十亡七八。盐铁、转运使柳公绰请如王播议加重刑”。加上运道不治、水利恶化，“太和初，岁旱河涸，掊沙而进，米多耗，抵死甚众，不待覆奏”①。漕运到了难以为继的地步。可见，漕运需要吏治清能支撑，腐败吏治是漕运最大敌人。

为了延长国命，忠臣循吏在稍微清明的君主支持下力挺漕运。一是重赏漕运清勤官吏。“故事，州县官充纲，送轻货四万，书上考。开成初，为长定纲，州择清强官送两税，至十万迁一官，往来十年者授县令。”后来又觉得奖赏太重，加重冗官现象，“宰相亦以长定纲命官不以材，江淮大州，岁授官者十余人，乃罢长定纲，送五万者书上考，七万者减一选，五十万减三选而已”②。奖赏规格向下调整。二是强化沿运州县长官的漕运责任，“及户部侍郎裴休为使，以河濒县令董漕事”，每年仅能“自江达渭，运米四十万石。居三岁，米至渭桥百二十万石”。③ 裴休充诸道盐铁转运使在宣宗大中五年二月，离唐亡仅45年。改革稍见成效，不过回光返照。

以往有学者根据《旧唐书·僖宗纪》所述晚唐藩镇割据状况，将漕运之衰和唐朝之亡归咎于藩镇，“唐代安史之乱后，唐中央对全国的统治力日渐衰弱。藩镇割据势力的崛起，成为唐代中后期的一个重要特征。各个藩镇为了扩大自己的地盘和实力，相互之间战争不断。江南漕运也因此遭到很大的影响，时常出现漕运改道甚至停滞的情况。对于仰仗江南贡赋的京畿地区来说，江南漕运这条生命线的畅通与否，直接关系到整个国家的安危和存亡”④。这一观点并不全面，其实对唐末漕运萎缩和唐朝灭亡更致命的因素是吏治腐败、法制荡然。

## 第二节 唐代漕运制度

唐王朝为了加强对漕运的统筹和管理，逐步建立起一套漕运制度。

### 一 转运使的设置

转运使主持漕计始于唐代。其演变过程，大致经历了以下阶段：初唐

① 《新唐书》卷53，中华书局2000年版，第901页。
② 《新唐书》卷53，中华书局2000年版，第901页。
③ 《新唐书》卷53，中华书局2000年版，第901页。
④ 杨兴：《唐代中后期江南漕运与藩镇研究》，《凯里学院学报》2011年第4期，第50页。

为起始阶段。由于当时每年转运一二十万石便国用充足，一般由户部的度支和水部郎中分管，只有京师出现粮荒或有大的军事行动时，才派高级别官员加“知水运”或“运职”头衔兼管漕运，尚未有转运使之名。如贞观十九年“征辽之役，诏太常卿韦挺知海运，仁师为副，仁师又别知河南水运”①。高宗“咸亨三年，关中饥，监察御史王师顺奏请运晋、绛州仓粟以赡之。上委以运职”②。两次设使先后皆不到1年即止，却为后来转运使设置之先例。

唐玄宗开元到安史之乱爆发前为第二阶段。这时，由于国家机构渐趋庞大，官吏人数日益增加，财政开销越来越大，再加上天子骄奢淫逸、不屑节用，大抵财物之出多于其入。为了应付日益膨胀的官俸兵饷和骄奢淫逸的宫廷挥霍，唐玄宗继位之初，就任命李杰为水陆发运使，“置使自杰始。改河南尹”③，很快便运量大增，“开元初，河南尹李杰为水陆运使，运米岁二百五十万石，而八递用车千八百乘”④。后来裴耀卿居然以宰相兼江淮转运都使，不久转运使一职由中央扩大到地方，设使的地区由原来的洛、陕二州扩大到整个东南运河流域，甚至黄河、汾水和江、淮、汉、沔等地，代北、朔方、六城、商州、上津等地皆设立水运使，表明漕运成为国之大计。

安史之乱直到唐亡是转运使设置的第三阶段，转运使的权力得到进一步强化。由于战乱大起，饥馑杂起，百役并作，国库空虚，恢复和加强漕运从而满足官军粮饷供应，成为平叛制胜的关键。唐肃宗特别器重理财或主漕官员，元载“两京平，入为度支郎中。载智性敏悟，善奏对，肃宗嘉之，委以国计，俾充使江、淮，都领漕挽之任，寻加御史中丞。数月征入，迁户部侍郎、度支使并诸道转运使”⑤。数年间，就一身兼理财政、漕运和赋税，不久又位登宰相。唐代宗宝应元年（762），“刘晏为户部侍郎、京兆尹，勾当度支并转运使兼充勾当铸钱使。度支盐铁兼漕运自晏始也”⑥，集户部、度支、铸钱、常平、转运、盐铁等处置权力于一身，权势之重，接近宰相。刘晏于扬州等地设立巡院，可以自置巡院官吏。扬子巡

① 《旧唐书》卷74，中华书局2000年版，第1771页。
② 《旧唐书》卷49，中华书局2000年版，第1425页。
③ 《新唐书》卷128，中华书局2000年版，第3518页。
④ 《新唐书》卷53，中华书局2000年版，第899页。
⑤ 《旧唐书》卷118，中华书局2000年版，第2315页。
⑥ （宋）王钦若：《册府元龟》，《四库全书》，子部，第910册，上海古籍出版社1987年版，第428页。

院因地处交通要冲，后来在漕粮和盐铁转运中发挥了重大作用。

唐德宗建中元年（780）和贞元二年（786），宰相杨炎和崔造曾因转运使权力过大，建议撤销。德宗曾两度将漕运划归尚书省经办，但尚书省实难兼理其事，不久只得仍沿袭设转运使做法。此后担任盐铁转运使的韩滉、杜佑、李巽、裴休等人，都为漕运事业做出很大贡献。可见，唐代转运使的设置，有维系国运命脉之重，虽然同封建官僚机构一样，行之既久也弊端百出，但在政治、经济生活中所起作用无可替代。

## 二　转般法和仓储制的建立和完善

漕运转般法和仓储制，始于隋初。开皇三年（583），为了漕转关东粟帛，“朝廷以京师仓廪尚虚，议为水旱之备……于卫州置黎阳仓，洛州置河阳仓，陕州置常平仓，华州置广通仓，转相灌注。漕关东及汾、晋之粟，以给京师”[①]。转般法与仓储制相配合，功效相得益彰。初唐漕粮虽由粮农长运，但设仓基本仍隋之旧（见图 13－1）。

高宗年间漕事渐繁，设仓动静渐大，“在东都洛阳城内修建了含嘉仓，在长安附近设置了渭南仓，重修了隋代的虎牢仓、洛口仓、太原仓和永丰仓。与此同时，还在东都外围修建了柏崖仓，重建了河阳仓。”[②] 其中陕州的太原仓由隋朝的常平仓改名而来，华阴的永丰仓由隋朝的广通仓改名而来。长安的太仓扩建较早，设太仓署，置太仓令三人、丞六人。太原、永丰、龙门等仓设监，置仓监一人。

盛唐前期设仓偶一为之。开元二年（714），在河东郡龙门县置龙门仓，在华阴县设临渭仓。至裴耀卿主漕运，出现设仓第二个高潮。按照他的改革方案，在黄河和汴渠结合部设立了河阴县和河阴仓，在黄河三门险道东边设立盐仓、西边设立集津仓。由于先前江淮租赋皆先运洛阳含嘉仓、再出仓西运长安的机制被抛弃，河阴仓取代了含嘉仓的地位，而日益成为最大的粮仓，含嘉仓、河阳仓、回洛仓相应地萎缩，而地在陕州的太原仓成为第二大仓。漕运新机制相应成型：江南漕船抵汴口，纳粟于河阴仓即返回，另雇本地舟船从河阴仓运米航行黄河至集津仓，集津仓陆运至盐仓，再由船只从盐仓起粮装船西入关中。

安史之乱后，唐王朝设仓方向转向长江流域，于扬子江口设立巡院，

---

① 《隋书》卷 24，中华书局 2000 年版，第 463 页。

② 任立鹏：《试析唐代转运仓布局变化的原因》，《湖南工业职业技术学院学报》2010 年第 6 期，第 65 页。

建造仓储，用以接纳江南漕粮，此后又于江陵、邓州内乡、楚州都梁山等地筑仓造屋，仓储制加转般法，漕运机制更加完善。

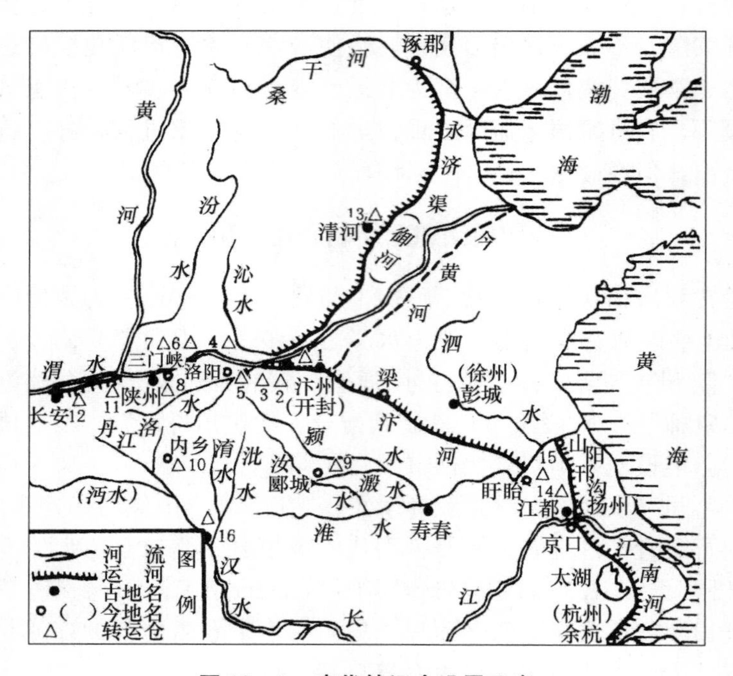


**图 13－1 唐代转运仓设置示意**

说明：图中阿拉伯数字代表的漕运转运仓依次为：1. 河阴仓，2. 虎牢仓，3. 河阳仓，4. 柏崖仓，5. 含嘉仓，6. 集津仓，7. 三门仓，8. 太原仓，9. 郾城仓，10. 内乡仓，11. 永丰仓，12. 渭南仓，13. 清河仓，14. 扬子仓，15. 都梁山仓，16. 襄州仓。

随着转般法的完善和仓储设点的增加，舟车装卸日益繁重。特别是“控两京水陆之运”的陕州，舟车辐辏，装卸极劳民力。早在开元初，姜师度就于太原仓前凿地道数十丈，粟米“自上注之，便至水次，所省万计”①。这略等于当代的管道运输，一次投资，多年受益。姜师度后来又“以永丰仓米运，将别征三钱计以为费。一夕忽云得计，立注楼从仓建槽直至于河，长数千丈，而令放米，其不顺畅处用大杷推之，米皆积耗，多为粉末，兼风激扬，凡一函失米百石，而动即千万数”②。这大约相当于当

① 《旧唐书》卷 185，中华书局 2000 年版，第 3275 页。

② （唐）张鷟：《朝野佥载》，《四库全书》，子部，第 1035 册，上海古籍出版社 1987 年版，第 237 页。

今皮带运输，不过动力是用大杷来推，提高了效率，也造成很大浪费。

唐敬宗时，陕虢观察使崔偃，锐意减轻漕农输仓的劳动强度，新建粮仓于黄河岸边，粮农从河船上起米可轻易倒入输仓槽道，“北临黄河，树仓四十间，穴仓为槽，下澍于舟，因隙偿直，不败时务。自壮者斛、幼者斗，负挈囊橐，委仓而去，不知有输。他境之民，越逸奔走，骈轸争斗，愿为陕民”①。崔偃的木槽运输比姜师度有很大的技术进步。粮农欢喜而来，轻松而去。技术进步提高了漕粮入仓效率，高效完漕赢得粮农衷心拥戴。

20世纪60年代考古发现的含嘉仓遗址，显示唐代筑仓物质技术的高超。一是仓城集粮食存储、收发码头、兵民屯集、城池防御诸功能于一体，“出土的铭文砖上记载有‘含嘉仓’字样，并详细记录了粮窖的位置、粮食品种、数量、经手人等……考古工作者在此共探明287座粮窖，同时还发现含嘉仓四周有城墙和城门，内部十字形大街将仓城分为库区、生活管理区和漕运码头区，整座仓城占地面积达43万多平方米”②，且运且储，人粮得所。

二是库容大，吞吐能力强。已清理的16座仓窖中，最大的口径为18米、深11.7米，最小的口径为8米、深5米。按《通典》，天宝八年含嘉仓存粮“五百八十三万三千四百石”。则含嘉仓287座粮窖每座平均藏粮两万多石；天下“诸色仓粮总千二百六十五万六千六百二十石”③，含嘉仓藏粮占诸色仓之一半。

三是保干防霉技术精湛。藏粮于地面以下，唐人有其防潮防腐技术，“修建时一般先夯实窖的底、壁，并火烧烘干，再用土和黑炭拌成的混合物涂抹做防潮层，铺设木板和草，然后再装粮食。窖顶用木板搭架，再铺以很厚的草席、涂上混合泥，搭建成一个类似于房屋一样的坡屋顶。这样的封存方式可有效防止雨雪、潮湿对粮食的影响，储粮时间一般可达10年以上”④。上防雨水，下防潮湿，投资低廉，用料平常，即使对当今山区储存粮食也有经验借鉴和典型引导作用。

---

① （宋）李昉：《文苑英华》，《四库全书》，集部，第1342册，上海古籍出版社1987年版，第576页。

② 李琴：《运河粮仓考古发掘揭秘漕运历史》，《世界遗产》2014年第7期，第46页。

③ （唐）杜佑：《通典》，《四库全书》，史部，第603册，上海古籍出版社1987年版，第138页。

④ 李琴：《运河粮仓考古发掘揭秘漕运历史》，《世界遗产》2014年第7期，第46页。

## 三 由民运向官运发展

所谓官运，就是官府包办造船、雇人，严格规定行船方式和行程期限而运；民运就是官府引导下的粮农办船而运，其分水岭为中唐刘晏的漕运改革。初唐政治清明，民风淳朴，国家统一，天下太平，官民关系融洽，运量少而漕事简单，具备漕事民运的社会条件。中唐以后社会政治条件急剧恶化，尤其是藩镇割据和半割据、窜扰甚至有意切断汴渠漕运，不得不大行官运。以致刘晏行官运，还要“分吏督之”，并“自扬州遣将部送至河阴”，可见由民运到官运乃时势使然。

由民运到官运有一个缓进渐变过程。唐初规定，各地百姓缴纳租、调时，必须视路程远近险易及税物轻重贵贱，加征一定的脚钱。然后，由丁男自备舟船，漕转京师。“初，州县取富人督漕挽，谓之‘船头’；主邮递，谓之‘捉驿’；税外横取，谓之‘白著’。人不堪命，皆去为盗贼。”[①]初盛唐发生许多小规模丁男逃亡、起事事件。民运中船头勒索丁男，历史学家归咎于良法行之既久不能无弊。开元末年，“江南租船，候水始进，吴人不便漕挽，由是所在停留。日月既淹，遂生窃盗”。害群之马先事盗窃而没有得到及时惩处，自运自盗就会逐渐成为普遍现象。裴耀卿于河口置仓，“纳江东租米，便放船归。从河口即分入河、洛，官自雇船载运”[②]。这仅仅是汴口以西的先行官运。中唐刘晏“始以官船漕，而吏主驿事，罢无名之敛，正盐官法，以裨用度”[③]，开始全面推行官运。

刘晏先从官造船做起。他认为先前漕运船、米损失率居高不下，是因为民运雇船没有质量保证，于是在扬子津设立船场，大拨经费让船场大手大脚地造船。他鉴于当时官风民风下降实情，从所造船必须坚固耐用的目标出发，一开始就厚给工值，“晏初议造船每一船用钱百万。或曰：‘今国用方乏，宜减其费，五十万犹多矣。’晏曰：‘不然，大国不可以小道理。凡所创置须谋经久，船场既兴，即其间执事者非一当有赢余，及众人使私用无窘，即官物坚固。若始谋便朘削，安能长久？数十年后必有以物料太丰减之，名减半犹可也。若复减则不能用，船场既隳，国计亦圮矣。’乃置十场于扬子县，专知官十人竞自营办”[④]。力排众议，用厚给工值的办

---

① 《新唐书》卷149，中华书局2000年版，第3754页。
② 《旧唐书》卷49，中华书局2000年版，第1426页。
③ 《新唐书》卷149，中华书局2000年版，第3754页。
④ （宋）王谠：《唐语林》，《四库全书》，子部，第1038册，上海古籍出版社1987年版，第18页。

法，建造了大批坚固耐用的官船。

后以榷盐之利雇夫水运，“晏始以盐利为漕佣，自江淮至渭桥，率十万斛佣七千缗，补纲吏督之。不发丁男，不劳郡县，盖自古未之有也”①。当时转运使兼盐铁，“晏始以官船漕，而吏主驿事，罢无名之敛，正盐官法，以裨用度”②，建立起专门从事漕运的队伍。职业漕夫由于长期驾驶漕船，不断积累行船经验，增加漕运效率。官办漕运免去了百姓漕挽徭役。

## 四　运河和漕运立法

唐王朝在建立健全漕运仓储和组运机制的同时，还先后制定了一些漕运法令，是我国古代保存较早、较完备的水运法律。其具体指《唐律》中的营缮令、行船令和厩库律等，以及敦煌鸣沙石室发现的唐《开元水部式》中的有关规定，后者经晚清学者罗振玉整理。

首先，唐律规定：近河及大水有堤防之处，刺史、县令要按时检查治理。如果“不修堤防，及修而失时者，主司杖七十；毁害人家，漂失财物者，坐赃论减五等，以故杀伤人者，减斗杀伤罪三等”③。《开元水部式》载：唐朝对漕船通过的桥梁、要津之处进行管理。在扬州扬子津，洛水中桥、天津桥及河阳桥等处，均设置水手、卫士，专职管理。“若有毁坏，并令两处并功修理。从中桥以下洛水内及城内在侧，不得造浮硙及捺堰。”④ 这就可以既便利水利灌溉，又保证漕路通畅。

其次，为了保证漕船航行安全，行船令对公私行船、靠泊有明确规定。船家要确保船只有良好的适航状态。行船前要做船体检查，航行中要随时对船只进行监控，保证船体密不渗水。如有隐患，应即时排除，避免中途沉船，造成阻挡。其规定船舶必须在港埠、码头靠泊过夜，不得在无人烟的荒岸处停泊宿止。“诸船人行船，茹船、写漏、安标宿止不如法，若船栰应回避而不回避者，笞五十；以故损失官私财物者，坐赃论减五等；杀伤人者减斗杀伤三等。”⑤ 倾倒漏水必须在停靠水滨、港口之后，停船码头要安放标志，使他船能望到。若两船在险滩或岛屿相遇，要各相回

---

① 《旧唐书》卷49，中华书局2000年版，第1427页。

② 《新唐书》卷149，中华书局2000年版，第3754页。

③ （唐）长孙无忌：《唐律疏义》，《四库全书》，史部，第672册，上海古籍出版社1987年版，第332—333页。

④ 罗振玉：《鸣沙石室佚书正续编》，北京图书馆出版社2004年版，第253—254页。

⑤ （唐）长孙无忌：《唐律疏义》，《四库全书》，史部，第672册，上海古籍出版社1987年版，第335页。

避，逆水者避顺水者，否则承担法律责任，能一定程度避免船只行驶出现碰撞和覆舟事故。

再次，唐王朝还对舟车的水陆行程的雇运脚价做出明确规定。水陆行程："凡陆行之程：马日七十里，步及驴五十里，车三十里。水行之程：舟之重者，泝河日三十里，江四十里，余水四十五里；空舟，泝河四十里，江五十里，余水六十里。沿流之舟，则轻重同制：河日一百五十里，江一百里，余水七十里。"[①] 如果船经之门，则不拘此限。如遇逆风、水浅不得行者，由附近官司出具尺牒印记，折行程之半。无故违期者，按情节轻重处以笞刑。雇运脚价："凡天下舟车水陆载运，皆具为脚直，轻重贵贱平易险涩而为之制。"条文原注："河南、河北、河东、关内等四道诸州运租庸杂物等脚，每驮一百斤一百里一百文，山阪处一百二十文；车载一千斤九百文。黄河及清水河并从幽州运至平州，上水十六文，下水六文，余水上十五文，下五文；从澧、荆等州至扬州四文。其山陵险难驴少处，不得过一百五十文，平易处不得下八十文，其有人负处两人分一驮，其用小船处并运向播、黔等州及涉海，各任本州量定。"[②] 立法可谓精详。

再其次，对官船搭载有具体规定。"诸应乘官船者，听载衣粮二百斤。"因公搭乘官船，可以随带衣粮二百斤。超过二百斤，船主和乘客都要受到杖刑，"违限私载，若受寄及寄之者，五十斤及一人，各笞五十；一百斤及二人，各杖一百（若家人随从者勿论）。每一百斤及二人，各加一等，罪止徒二年"[③]。从军征讨的辎重船，违制多带人物加重处罚，"以船转浑军资而私自载物，若受寄及寄之者各加二等，谓五十斤及一人各杖七十，一百斤及二人各徒一年半，每一百斤及二人各加一等，罪止徒三年。监当主司知而听之，谓监船官司知乘船人私载受寄者，与寄之者罪同"[④]，最高可判处 3 年徒刑。

另外，为了加强对物资仓储的管理，唐"厩库律"规定玩忽职守造成事故者要予以处罚。如保存不善致物损坏，"诸仓库及积聚财物安置不如

① （唐）张九龄：《唐六典》，《四库全书》，史部，第 595 册，上海古籍出版社 1987 年版，第 35 页。

② （唐）张九龄：《唐六典》，《四库全书》，史部，第 595 册，上海古籍出版社 1987 年版，第 35 页。

③ （唐）长孙无忌：《唐律疏义》，《四库全书》，史部，第 672 册，上海古籍出版社 1987 年版，第 334 页。

④ （唐）长孙无忌：《唐律疏义》，《四库全书》，史部，第 672 册，上海古籍出版社 1987 年版，第 334 页。

法，若曝凉不以时，致有损败者，计所损败，坐赃论"①。唐文宗大和五年（831）唐扶清理旧案，发现"内乡仓督邓琬负度支漕米七千斛，吏责偿之，系其父子至孙凡二十八年，九人死于狱，扶奏申释之"。可见仓督犯罪所受重罚之重。其实邓琬虽有罪，但罚不至此。所以文宗下诏"天下监院偿逋系三年以上者，皆原"②，比较公允。

随着王朝政治清明渐不如初和漕运领域违法乱纪日多日重，中唐以后上述关于行船和仓储立法一方面难免流于空文，另一方面漕运立法总是跟不上职务犯罪的日益严峻形势。文宗大和以来"重臣领使者，岁漕江、淮米不过四十万石，能至渭河仓者十不三四。漕吏狡蠹，败溺百端。官舟沉溺者，岁七十余只。缘河奸吏，大紊刘晏之法"。漕运江淮米的十分之六以上都被漕吏和奸吏的职务犯罪败溺在途中了，犯罪升级触目惊心。宣宗大中初年，担任盐铁转运使的裴休，"分命僚佐深按其弊，因是所过地里，悉令县令兼董漕事，能者奖之。自江津达渭口，以四十万之佣，岁计缗钱二十八万贯，悉使归诸漕吏，巡院无得侵牟。举新法凡十条，奏行之，又立税茶法十二条行之，物议是之"③。立法和执法两方面都从严从紧，可惜晚唐立法执法如裴休者太少。

## 第三节　唐代漕运社会效应

唐代将近300年的历史，漕运与经济消长关系紧密，在各个时期都对社会经济产生引领和助推效应。

### 一　江淮农业经济后来居上，漕运方向南移刺激经济增长

秦汉时代，政治中心和经济中心都在北方。江淮地区远离政治中心，人烟稀少，粮食产量低下。隋炀帝倾全国之力开挖东南运河，客观上促进了东南农业经济的发展。隋唐之交战乱使黄河流域所受破坏大于长江流域。唐朝初年，社会经济得到迅速恢复，江淮农业经济已与北方不相上下。尽管如此，初唐虽注重通过汴渠漕运江淮，但黄、海河流域漕运量仍

① （唐）长孙无忌：《唐律疏义》，《四库全书》，史部，第672册，上海古籍出版社1987年版，第199页。

② 《新唐书》卷89，中华书局2000年版，第3039页。

③ 《旧唐书》卷177，中华书局2000年版，第3126页。

占半壁江山。安史之乱和平叛战争主要在黄河流域进行，战火无疑使北方农业经济进一步衰落。安史之乱平定后放眼天下，江淮地区不受战火蹂躏，又少有藩镇割据，农业生产后来居上，日益成为唐王朝漕粮和财赋的主要供应地，通济渠水系日益成为唐王朝运道的主干。

出于确保江淮财赋来源和水上运输，中晚唐统治者十分注重江淮运河流域的水利投入，比较重大的工程宜分区陈述之。

淮南。（1）江都县“有爱敬陂水门，贞元四年，节度使杜亚自江都西循蜀冈之右，引陂趋城隅以通漕，溉夹陂田。宝历二年，漕渠浅，输不及期，盐铁使王播自七里港引渠东注官河，以便漕运”[①]。此项工程有灌溉与通运双重之用，于漕运为运河水柜，于灌溉惠及夹陂田。（2）高邮州平津堰。元和三年，李吉甫为淮南节度使，三年中“筑富人、固本二塘，溉田且万顷。漕渠庳下不能居水，乃筑堤阏以防不足，泄有余，名曰平津堰”[②]。既修塘灌溉又筑堰改善运道。（3）整治扬州运河。敬宗年间，王播复领盐铁转运使，置司扬州。“时扬州城内官河水浅，遇旱即滞漕船，乃奏自城南阊门西七里港开河向东，屈曲取禅智寺桥通旧官河，开凿稍深，舟航易济，所开长一十九里，其工役料度，不破省钱，当使方圆自备，而漕运不阻。后政赖之。”[③] 高邮、扬州境运河水源不足，王播在扬州大力挑浚以广水源。

浙西。（1）孟简开常州孟渎河。孟简字几道，元和八年加金紫光禄大夫出知常州。“简始到郡，开古孟渎，长四十一里，灌溉沃壤四千余顷。”[④] 常州西三十里奔牛镇原有河形，孟简重开使之南通运河、北达长江，引水灌溉沿流农田。（2）孟简开无锡泰伯渎。《新唐书·地理五》无锡注：“南五里有泰伯渎，东连蠡湖，亦元和八年孟简所开。”[⑤] 泰伯渎在无锡县东南五里，西枕运河，东连蠡湖，孟简重开，大兴其漕运和灌溉之利。

大兴水利的同时，在江浙广开屯田。李承“累迁吏部郎中、淮南西道黜陟使。奏置常丰堰于楚州，以御海潮，溉屯田瘠卤，收常十倍它岁”[⑥]。杜佑任淮南节度使期间，“决雷陂以广灌溉，斥海濒弃地为田，积米至五

① 《新唐书》卷41，中华书局2000年版，第691页。
② 《新唐书》卷146，中华书局2000年版，第3716—3717页。
③ 《旧唐书》卷164，中华书局2000年版，第2914页。
④ 《旧唐书》卷163，中华书局2000年版，第2901页。
⑤ 《新唐书》卷41，中华书局2000年版，第695页。
⑥ 《新唐书》卷143，中华书局2000年版，第3680页。

十万斛，列营三十区，士马整饬，四邻畏之”[①]。屯田有助于增加粮源，改善漕运。

江淮农业耕作技术越来越精细，每亩土地的年产量成倍增加。太湖流域才子陆龟蒙所著《耒耜经》载生产工具结构复杂，操作灵便，“耕而后有爬”，“爬而后又有砺礋焉”[②]。开元年间，淮南稻区出现“再熟稻”即双季稻，“开元十九年四月，扬州奏穞生稻二百一十五顷，再熟稻一千八百顷，其粒与常稻无异”[③]。穞原意野生，这里指常规栽种的单季稻。保守估计，双季稻总产量是单季稻的一倍半，而扬州再熟稻 1800 顷，是单季稻种植面积的近 9 倍。江淮水稻产量大增，运往北方高爽之地储仓，有刺激粮食生产的效应。至中唐，德宗贞元间，“江、淮田一善熟，则旁资数道”[④]；宪宗元和时，“江淮大县，岁所入赋有二十万缗者”[⑤]，超越黄河流域传统农耕区许多。

## 二 舟船从业人员众多，商运致富文化膨胀

唐代天下之大，有水必有船，以船为家、贩运为生者所在皆有。“凡东南郡邑无不通水，故天下货利舟楫居多。转运使岁运米二百万石以输关中，皆自通济渠入河也。淮南篙工不能入黄河，蜀之三峡、陕之三门、闽越之恶溪、南康赣石，皆绝险之处，自有本土人为工。扬子、钱塘二江则乘两潮发棹，舟船之盛尽于江西。”[⑥] 漕运、商运皆为劳动密集型行业，运河、江河皆有船只行进，需要人手自然不少。舟船人家日益适应水情、扩大规模，“编蒲为帆大者八十余幅，自白沙泝流而上，常待东北风，谓之信风”。当时还出现了以船为家、广有大船的商人，“凡大船必为富商所有，奏声乐，役奴婢，以据舵楼之下”[⑦]。自带乐工歌伎、唤奴使婢，其船自然不小；舵工桨手，应有尽有，可谓财大气粗。

---

① 《新唐书》卷 166，中华书局 2000 年版，第 3952 页。

② （唐）陆龟蒙：《甫里集》，《四库全书》，集部，第 1083 册，上海古籍出版社 1987 年版，第 403 页。

③ （宋）马端临：《文献通考》，《四库全书》，史部，第 616 册，上海古籍出版社 1987 年版，第 13 页。

④ 《新唐书》卷 165，中华书局 2000 年版，第 3942 页。

⑤ （北宋）司马光：《资治通鉴》，《四库全书》，史部，第 309 册，上海古籍出版社 1987 年版，第 459 页。

⑥ （宋）王谠：《唐语林》，《四库全书》，子部，第 1038 册，上海古籍出版社 1987 年版，第 200—201 页。

⑦ （宋）王谠：《唐语林》，《四库全书》，子部，第 1038 册，上海古籍出版社 1987 年版，第 201 页。

《太平广记》所收多唐人或以唐人为主角小说，其中不乏舟子生活、水行人生。卷44《萧洞玄》写众船争相过堰情景，“自浙东抵扬州，至庱亭埭，维舟于逆旅主人。于时舳舻万艘，隘于河次，堰开争路，上下众船相轧者移时。舟人尽力挤之，见一人船顿蹙，其右臂且折。观者为之寒栗”①。庱亭在润州丹阳县，堰埭为建在运河上以拦蓄水利的人工堤坝。众船上下相压移时，竟至于一船被压瘪、一夫被挤手臂欲折，可知唐时过堰时异常拥挤。卷78《白皎》写新中进士樊宗仁，长庆中客游鄂渚、江陵，“途中颇为驾舟子王升所侮，宗仁方举进士，力不能制，每优容之。至江陵具以事诉于在任，因得重笞之。宗仁以他舟上峡，发荆不旬日，而所乘之舟汎然失缆，篙橹皆不能制。……翌日至滩所，船果奔骇狂触，恣纵升沉，须臾瓦解。赖其有索，人虽无伤，物则荡尽”②，反映唐时船夫与顾客斗气，挟私报复的可怕。

今人研究唐代船商的地域特征有言，“以淮河为界，北不如南；具体而言，南方船商又多以沿河城镇和江南、岭南山地、丘陵居民为主”③。这样说来，唐代以船为生的人，相对集中在两处：一是靠近江河又背山而居的山民。“峡中丈夫绝轻死，少在公门多在水。富豪有钱驾大舸，贫穷取给行艓子。小儿学问止论语，大儿结束随商旅。欹帆侧柁入波涛，撇漩捎濆无险阻。”④ 杜甫这首《最能行》意在表述归州人最能驾船谋生，首句以峡中丈夫起笔，则也泛言三峡地区以船为生者。

二是水运发达的运河、江河沿线。刘晏主持漕政时，于扬子津置10个造船场，聚集船匠，先后制成航行于扬州、河阴间的“歇艎支江船”、行经砥柱的“上门填阙船”，行驶于河、汴、渭水之中的“河船”“汴船”和“渭船”等。这些船只“随江、汴、河、渭所宜”⑤，各有特别功能。加上后来以盐利雇驾船男丁，促成扬州以船为生者大量聚集。唐德宗建中初年，韩滉在润州“造楼船战舰三十余艘，以舟师五千人由海门扬威武，至申浦而还”⑥。润州作为战舰建造基地，得益于其非军用船建造实力雄

① （宋）李昉：《太平广记》，《四库全书》，子部，第1043册，上海古籍出版社1987年版，第225页。

② （宋）李昉：《太平广记》，《四库全书》，子部，第1043册，上海古籍出版社1987年版，第397页。

③ 谷更有：《试论唐代船商的地域特征和经济实力》，《思想战线》2001年第5期，第125页。

④ 《全唐诗》，《四库全书》，集部，第1425册，上海古籍出版社1987年版，第67—68页。

⑤ 《新唐书》卷53，中华书局2000年版，第899页。

⑥ 《旧唐书》卷129，中华书局2000年版，第2450页。

厚，以驾船为生者大量聚集。

## 第四节　唐人漕运改革思想

整体上看与其他王朝相比，唐代治水通运充满活力和生机，唐代清官循吏思想活跃，善于解决运河和漕运棘手难题，在各自岗位上为官一任、造福一方，创造出骄人业绩。其中成功地付诸实践，在运道改造提高或漕运变革完善两方面做出重大建树的，已经写进上面的章节。新思想影响不大，或没有机会付诸实践而有文化认识价值的，写为本节。

初唐陈子昂反对穷兵黩武、不义开边，提出尊重规律、量力而行的饷军思想。高宗咸亨元年（670），大唐与吐蕃关系破裂。其后吐蕃连年寇边，蜀中成为对蕃用兵的后勤供应基地。陈子昂针对蜀中远输松潘诸军粮秣之困而作《上蜀中军事》，首先阐明蜀地财赋之用，“国家富有巴蜀，是天府之藏。自陇右及河西诸州军国所资，邮驿所给，商旅莫不皆取于蜀。又京都府库、岁月珍贡尚在其外”[①]。其次指出松潘诸军粮饷运送成本高，足以压垮蜀地百姓，“臣在蜀时见相传云，闻松潘等州屯军数不逾万，计粮给饷年则不过七万余硕可盈足，边郡主将不审支度，乃每岁向役十六万夫，夫担粮轮送，一斗之米价钱四百，使百姓老弱未得其所，比年以来，多以逃亡”。最后建议以骡马代人夫运粮，减轻蜀民压力，提高运输效率，“剑南诸州比来以夫运粮者，且一切并停。请为九等税钱以市骡马，差州县富户各为屯主，税钱者以充脚价，各次第四番运辇，不用一年夫运之费，可得数年军食盈足。比于常运减省二十余倍，蜀川百姓永得休息，通轨军人保安边镇”[②]。此文保存唐代非水道饷军的数据资料，尤其是作者不与吐蕃争无益之地、反对开边战争以省民力的思想，难能可贵。

垂拱年间，武后“方谋开蜀山，由雅州道翦生羌，因以袭吐蕃。子昂上书以七验谏止之”[③]。《谏雅州讨生羌书》阐述开蜀道翦生羌得不偿失：“蜀为西南一都会，国之宝府，又人富粟多，浮江而下，可济中国。今图侥幸之利，以事西羌，得羌地不足耕，得羌财不足富。是过杀无辜之众，以伤陛下之仁，五验也。蜀所恃，有险也；蜀所安，无役也。今开蜀险，

① 《陈拾遗集》，《四库全书》，集部，第1065册，上海古籍出版社1987年版，第618页。

② 《陈拾遗集》，《四库全书》，集部，第1065册，上海古籍出版社1987年版，第618页。

③ 《新唐书》卷107，中华书局2000年版，第3254页。

役蜀人，险开则便寇，人役则伤财。臣恐未及见羌，而奸盗在其中矣。”①作者是蜀人，于蜀地利害了解透彻，故能设论七验，证开蜀道之得不偿失。同时，作者又是初唐有识之士、政坛新秀，深知开凿运道运军通饷，必须尊重山河大势和运输规律。力言蜀地顺江而下漕运利及天下，向西开山通羌是开门揖盗。

中唐陆贽提出和籴边地、减停漕运的改革动议。德宗贞元八年(792)，陆贽上《请减京东水运收脚价于缘边州镇储蓄军粮事宜状》论边地和籴的事半功倍。

陆贽认为，改漕运供京饷变为就地和籴势在必行。(1)加强边镇军储迫在眉睫，“但任有司随月供应。近岁蕃戎小息，年谷屡登，所支军粮，犹有匮乏，边书告阙，相继于朝。傥遇水旱为灾，粟籴翔贵，凶丑匪茹寇扰淹时，或负挽力殚，或馈饷路绝，则戍兵虽众不足恃，城垒虽固不克居，是使积年完聚之劳，适资一夕溃败之辱，此乃理有必至而事无幸济者也”②。(2)漕运供军耗费巨大、艰辛异常，“广征甲兵，分守城镇，除所在营田，税亩自供之外，仰给于度支者尚八九万人，千里馈粮涉履艰险，运米一斛达于边军，远或费钱五六千，近者犹过其半，犯雪霜皲瘃之苦，冒豺狼剽掠之虞，四时之间无日休息，倾财用而竭物力，犹苦日给之不充”③。(3)漕运长安之米质次价高、耗九存一，“今淮南诸州米每斗当钱一百五十文，从淮南转运至东渭桥，每斗船脚又约用钱二百文，计运米一斗总当钱三百五十文，其米既糙且陈，尤为京邑所贱。今据市司月估每斗只粜得钱三十七文而已，耗其九而存其一，馁彼人而伤此农，制事若斯可谓深失矣”④。陆贽要全部改行和籴，以商业运作代替行政漕运。

陆贽认为，改漕运供京饷变为就地和籴十分可行。(1)先前曾有边地和籴实践，“陛下顷以边兵众多，转馈劳费，设就军和籴之法以小运，制与人加倍之价以劝农。此令初行，人皆悦慕，争趋厚利，不惮作劳，耕稼日滋，粟麦岁贱”。但是有关衙门未能“识重轻之术，宏久远之谋，守之

① 《新唐书》卷107，中华书局2000年版，第3255页。

② (唐)陆贽:《翰苑集》,《四库全书》，集部，第1072册，上海古籍出版社1987年版，第734页。

③ (唐)陆贽:《翰苑集》,《四库全书》，集部，第1072册，上海古籍出版社1987年版，第735页。

④ (唐)陆贽:《翰苑集》,《四库全书》，集部，第1072册，上海古籍出版社1987年版，第738页。

有恒，施之有制，谨视丰耗，善计收积”，使“菽麦必归于公廪，布帛悉入于农夫”。而是“忘国家制备之谋，行市道苟且之意。当稔而顾籴者，则务裁其价，不时敛藏；遇灾而艰食者，则莫揆乏粮，抑使收籴。遂使豪家贪吏，反操利权，贱取于人，以俟公私之乏困，乘时所急，十倍其赢”。加上“势要近亲，羁游之士，或托附边将，或依倚职司，委贱籴于军城，取高价于京邑，坐致厚利，实繁有徒。欲劝农而农不获饶，欲省费而费又愈甚”①。败在无行良法之吏，整顿吏治自可无弊。（2）现今关中粮食生产、三门潼关一线漕仓存米状况允许暂停漕运，“臣近勘河阴、太原等仓，见米犹有三百二十余万石。……运此米入关，七八年间计犹未尽，况江淮转输艘次不停，但恐过多，不虑有阙。今岁关中之地百谷丰成，京尹及诸县令频以此事为言，忧在京米粟太贱，请广和籴以救农人，臣今计料所籴多少，皆云可至百余万石”。而且和籴关中、暂停漕运非常合算，“又今量定所籴，估价通计诸县贵贱，并雇船车般至太仓，谷价约四十有余，米价约七十以下。此则一年和籴之数，足当转运二年；一斗转运之资，足以和籴五斗。比较实时利害，运务且合悉停”②。陆贽了解国力和下情，故能谋无遗算。

陆贽设计了京边就地和籴的具体操作要领：（1）关中与边地和籴的资金来源，“江淮所停运米八十万石，请委转运使于遭水州县，每斗八十价出粜，计以糙米与细米分数相接之外，每斗犹减时价五十文以救贫乏，计得钱六十四万贯文，节级所减运脚计得六十九万贯，都合得钱一百三十三万贯，数内请支二十万贯付京兆府，令于京城内及东渭桥开场和籴米二十万石，每斗与钱一百文，计加时估价三十已上，用利农人。其米便送东渭桥及太原仓收贮，充填每年转漕四十万石之数并足。余尚有钱一百一十三万贯文，以供边镇和籴”③。（2）边地和籴的粮价掌控，“除度支旋籴供军之外，别拟储备者计，可籴得粟一百三十五万石。其临边州县各于当处时价之外更加一倍，其次每十分加七分，又其次每十分加五分，通计一百三十五万石，当钱一百二万六千贯文，犹合剩钱十万四千贯，留充来年和

① （唐）陆贽：《翰苑集》，《四库全书》，集部，第1072册，上海古籍出版社1987年版，第736页。

② （唐）陆贽：《翰苑集》，《四库全书》，集部，第1072册，上海古籍出版社1987年版，第738—739页。

③ （唐）陆贽：《翰苑集》，《四库全书》，集部，第1072册，上海古籍出版社1987年版，第739页。

籴”[①]。可谓老谋深算。

陆贽代表唐代清官循吏治国理财的最高境界。其方案精华是仅减江淮运河阴、太原二仓之米，而运江淮之米用于灾区赈济，赈粜所得银两用于和籴关中和边地。如此，汴渠和渭水流域之运并不间断，维持着大唐漕运的基本运作，却又通过关中和边地和籴，刺激农业生产，减轻漕运压力，实为漕运改革之良图。其谋国思虑，深得唯物辩证精髓。但是，陆贽的超凡见解在中唐曲高和寡、无人赏识其妙、无人能尽其妙。史载：“帝乃命度支增估籴粟三十三万斛，然不能尽用贽议。”[②] 让人叹惋。

韩重华以屯田解决漕运难题的实践。中唐漕运艰难而和籴藏污纳垢，唯屯田虽难而尚清廉。“元和中，振武军饥，宰相李绛请开营田，可省度支漕运及绝和籴欺隐”。唐宪宗认为可行，“乃以韩重华为振武、京西营田、和籴、水运使”赴代北解决振武军吃粮问题。韩重华不辱使命，“垦田三百顷，出赃罪吏九百余人，给以耒耜、耕牛，假种粮，使偿所负粟，二岁大熟”。后来又扩大屯田规模，耕、守结合，“因募人为十五屯，每屯百三十人，人耕百亩，就高为堡，东起振武，西逾云州，极于中受降城，凡六百余里，列栅二十，垦田三千八百余顷，岁收粟二十万石，省度支钱二千余万缗”。重华还有更大抱负，“奏请益开田五千顷，法用人七千，可以尽给五城”[③]。因为支持他屯田的宰相李绛被罢官，继任宰相不予支持。韩重华大志不遂，以屯田代漕运夭折。

韩重华是韩愈的同族晚辈，韩愈《送水陆运使韩约侍御归所治序》记事情来龙去脉和关键细节，较正史为详尽准确。（1）韩重华让犯罪官员屯田赎罪，化消极因素为积极因素，“吾族子重华适当其任，至则出赃罪吏九百余人，脱其桎梏，给耒耜与牛使耕其傍便近地，以偿所负，释其粟之在吏者四十万斛不征。吏得去罪死、假种粮，齿平人有以自效，莫不涕泣感奋，相率尽力以奉其令。而又为之奔走经营，相原隰之宜指授方法，故连二岁大熟，吏得尽偿其所亡失四十万斛者，而私其赢余得以苏息，军不复饥”。（2）适时扩大屯田之规模，省振武漕运之费，“益募人为十五屯，屯置百三十人而种百顷，令各就高为堡，东起振武转而西过云州界，极于中受降城，出入河山之际六百余里，屯堡相望，寇来不能为暴。人得肆耕其中，少可以罢漕挽之费。朝廷从其议，秋果倍收。岁省度支钱千三百

① （唐）陆贽：《翰苑集》，《四库全书》，集部，第1072册，上海古籍出版社1987年版，第740页。

② 《新唐书》卷53，中华书局2000年版，第903页。

③ 《新唐书》卷53，中华书局2000年版，第902页。

万”。(3) 欲大举屯田，以省塞下五城漕运，“益开田四千顷，则尽可以给塞下五城矣。田五千顷法当用人七千，臣令吏于无事时，督习弓矢为战守备，因可以制虏，庶几所谓兵农兼事，务一而两得者也”①。设若韩重华能连展大志，必大有济世效果。

晚唐沈亚之主张高价和籴刺激三辅粮食生产，满足军国之需。沈亚之《学解嘲对》，针对漕船过三门之险至长安仍然损失巨大，以嬉笑之笔，议解脱之法：(1) 唐代漕运设官之多、成本之大，“今以三千人食，劳输江淮岁贡三十万斛，迎流越险，覆舷败轨，不得十半。自渭以东，督稽之官凡四十七署。署吏不下百数，岁费钱十千万为大数。而部吏舟佣，相逾为奸，鞭榜流血，酸苦之声相闻，禁锢连岁不解。岁千余人虽赦宥，而狱死者不可胜多矣”。(2) 解脱漕运苦难和重负之法，“故有转输之法，虽救一时，然终转入人于祸，诚可以痛。今虽未可暴去，且宜以三辅粟为贡。重资于农，则耕稼自勤，耕稼自勤，甸服无旷土游人矣。如此，九年之蓄可以储，又何劳输挽于远哉”②！高价收购关中之粟以刺激三辅粮食生产，满足军国之需。这一思想让人耳目一新。

---

① 《东雅堂昌黎集注》，《四库全书》，集部，第1075册，上海古籍出版社1987年版，第313页。

② (唐) 沈亚之：《沈下贤集》，《四库全书》，集部，第1079册，上海古籍出版社1987年版，第18页。

# 第十四章　唐代区域水运和造船产业

## 第一节　区域水运网络

关中水运网络。长安在全国而言是漕运终点，就关中而言是水运中心。开元盛世时的长安“东至宋、汴，西至岐州，夹路列店肆，待客酒馔丰溢，每店皆有驴赁客乘，倏忽数十里，谓之驿驴。南诣荆、襄，北至太原、范阳，西至蜀川、凉府，皆有店肆以供商旅，远适数千里，不持寸刃”①，足见关中交通发达。虽然所说不尽指水路运输，但其中肯定包括水运。水道建设花费巨大，需要朝廷大力经营。

长安城人口多达百万，日常生活必需品主要依赖水运。关中水运首要目标，就是确保长安生活必需品的供应。天宝元年（742）底，在韦坚开广运潭的同时，“京兆尹韩朝宗又分渭水入自金光门，置潭于西市之两衙，以贮材木”②。可见城中木材之用来自水运。白居易《卖炭翁》写陆路入长安卖薪柴，其实长安取暖、做饭，更多依赖水运薪柴。代宗永泰二年（766），“京兆尹黎幹以京城薪炭不给，奏开漕渠，自南山谷口入京城，至荐福寺东街，北抵景风、延喜门入苑，阔八尺，深一丈。渠成，是日上幸安福门以观之”③。可见薪柴水路供应的不可或缺。隋代广通渠抵长安为止，为了保证长安生活必需品供给，唐代武周年间从长安向西开渠至虢县，取名升原渠。虢县，今宝鸡，在长安以西数百公里。此渠从虢县西北引汧水，东流至咸阳入于渭水。升原渠的兴修是为了运输岐、陇境内的木材到长安。

---

① （唐）杜佑：《通典》，《四库全书》，史部，第603册，上海古籍出版社1987年版，第76页。

② 《旧唐书》卷9，中华书局2000年版，第145页。

③ 《旧唐书》卷11，中华书局2000年版，第192页。

长安背靠秦岭，秦岭以南山南西道境内有嘉陵江通向汉中、四川。唐人为防备吐蕃袭扰，于成州屯驻重兵。军粮供应汉中经由兴州运至长举县，长举县以西至成州，要翻越青泥岭，百余里内“崖谷峻隘，十里百折，负重而上，若蹈利刃。盛秋水潦，穷冬雨雪，深泥积水，相辅为害。颠踣腾藉，血流栈道，糗粮刍藁，填谷委山。牛马群畜，相藉物故。餫夫毕力，守卒延颈”。唐德宗贞元十五年（799），严砺出任山南西道节度使，大兴工役整治嘉陵江航道200里，“转巨石，仆大木，焚以炎火，沃以食醯，摧其坚刚，化为灰烬。畚锸之下，易甚朽壤。乃辟乃垦，乃宣乃理，随山之曲直以休人力，顺地之高下以杀湍悍。厥功既成，咸如其素”。工成之后，水行极佳，“万夫呼抃，莫不如志。雷腾云奔，百里一瞬。既会既远，澹为安流”①。汉中之粟由嘉陵江船运成州，事半功倍。

山南东道境内有丹水、汉水，沟通渭水和长江，长安经蓝田、武关道到襄阳原有水陆交行通道。初唐中宗年间，襄州太守崔湜奏请避开黄河砥柱之险，也不经蓝田、武关旧道，通过汉水与渭水漕运关东。“山南可引丹水通漕至商州，自商镵山出石门，抵北蓝田，可通挽道。”由长安入灞水，经蓝田县，入石门谷越过秦岭，陆运至商州，再转入丹水顺流由汉水入长江。这一建议为朝廷采纳，“中宗以湜充使，开大昌关，役徒数万，死者十五。禁旧道不得行，而新道为夏潦奔厖，数摧压不通”②。工程结束后封闭了蓝田、武关道，强行启用新开道，通行情况不理想，人们仍旧行蓝田、武关道。

安史之乱爆发后，东南运道断绝。第五琦力行丹、灞运道，江淮地区租调，一律改征轻货，便于运输。漕船溯长江，入汉水，一直达于汉中的洋川郡，然后陆运越过秦岭，达于关中的扶风郡，最后再转运到灵武。对于支持平定安史之乱，直到取胜，发挥了巨大作用。

河南水运网络。今人研究隋唐东都洛阳城水系，认定唐时“洛阳城跨河而建，为伊、洛、瀍、谷四水纵横交错的中心”。城内“纵横的大街小巷和100多个里坊间，河渠如网，处处通漕”。而且与城外水相贯通，构成水网。以洛水为网纲，洛水北岸有漕渠、瀍水、泄城渠，南岸有通津渠、运渠，运渠又南引两条伊水为水源。洛阳水网与外部运河和自然运道紧密衔接、高度交会。隋朝所开四段运河，最重要的两段——通济渠和永济渠在洛口交会，“这样，洛阳就成为‘北通涿郡之渔商，南达江都之转

① 《柳河东集》，《四库全书》，集部，第1076册，上海古籍出版社1987年版，第248页。

② 《新唐书》卷99，中华书局2000年版，第3150页。

输’的中心”①。从洛阳西苑出发由洛水入黄河，向东南可入通济渠达江淮；跨黄河北出，可入永济渠至幽州；逆黄河而西过三门峡可由渭水入关中；出洛入黄，可由黄河、济水、泗水深入齐、鲁腹地，真可谓天下水运中心。

唐时洛阳逆伊洛水西南行，稍事陆行可进入汉水、长江水系。南阳附近的白河、唐河在襄州入汉水，南阳以北汝水上游近洛阳，加以陆运衔接，即可完成江、河间运输。诗人杜甫《闻官军收河南河北》中名句“即从巴峡穿巫峡，便下襄阳向洛阳”，表明安史之乱期间这条路仍畅通。今人王文楚《唐代洛阳至襄州驿路考》，考证这条驿道上数十个驿站，所绘“唐代洛阳至襄州驿路图”，其中鲁山、淯阳、南阳间基本与淯水重合，南阳、襄州间完全可以顺淯水而行。江汉物资可以车船交替运至洛阳。

吴越水运网络。关中、河洛是以运河为干道形成的区域运道，吴越地区则是以运河与自然江河为干道形成的水运网络，扬州是这一水运网络的中心。扬州为唐代东南运道的枢纽，北承山阳渎，南接江南河，西接上江，东通海口，还是唐代海上丝绸之路的起发港。往北可由山阳渎至楚州进入淮河，往西可以逆行长江到荆楚，往东可顺江出海，往南可由江南河到杭州以远。真可谓四通八达、无所不至。

杭州是吴越水运网络的南部枢纽，它既是江南河终点，又是浙东运河起点，还有自然水道交通闽、粤。浙东运河西接钱塘江，东与浦阳江、曹娥江相交，在上虞接姚江，至宁波由甬江入海，全长200多公里。杭州水运条件优越，东行可由浙东运河至明州（今宁波）出海，是海上丝绸之路又一起发港口；西行可溯钱塘江西上，经睦州、衢州而至福、建二州。由杭州逆钱塘江西南行，可水陆交替到达海上丝绸之路的另一个起发港口番禺（今广州）。

元和四年（809）正月，李翱自洛阳赴任岭南尚书，六月癸未至广州。其《来南录》准确记述从洛阳至杭州、从杭州至广州行程。“自杭州至常山六百九十有五里，逆流，多惊滩，以竹索引船，乃可上。自常山至玉山八十里，陆道，谓之玉山岭。自玉山至湖七百有一十里，顺流，谓之高溪。自湖至洪州一百有一十八里，逆流。自洪州至大庾岭一千有八百里，逆流，谓之漳江。自大庾岭至浈昌一百有一十里，陆道，谓之大庾岭。自

① 马依莎：《隋唐东都洛阳城水系浅析》，《洛阳理工学院学报》2011年第4期，第6—7页。

浈昌至广州九百有四十里，顺流，谓之浈江，出韶州谓之韶江。”① 准确地反映了浙、粤两省水陆交替的物流和客运情况。

荆楚水运网络。这一水网呈多中心状态。长江中游的江陵，位于长安出蓝田关，由汉水过江到番禺的中腰，西北可至长安，向南可至番禺，向西可逆江入巴蜀，向东可顺江至扬、润二州。尤其江陵顺江而下至岳州进入洞庭湖水系，既可在朗州出沅水至辰州、叙州，又可出洞庭入湘江南下潭州、衡州直达临湘，然后经灵渠进入两广到达番禺。朝廷在江陵设度支院，仓存大量江南财赋，随时准备转运长安。唐德宗贞元元年（785）四月，“江陵度支院失火，烧租赋钱谷百余万。时关东大饥，赋调不入，由是国用益窘。关中饥民蒸蝗虫而食之”②。可见江陵的唐代漕运地位举足轻重。

江陵以东，当汉水入江处，唐代设置鄂州。唐代宗宝应年间，在鄂州设转运使，“是时淮、河阻兵，飞挽路绝，盐铁租赋，皆泝汉而上。以侍御史穆宁为河南道转运租庸盐铁使，寻加户部员外，迁鄂州刺史，以总东南贡赋”③。鄂州扼江、汉水口，在河、汴漕运阻断情况下，鄂州取代了扬州的漕运地位。

鄂州以东，地当鄱阳湖口的江州，也是水运要地。过鄱阳湖逆赣江南行可至洪州、吉州、虔州、南康，然后转章、贡水至大庾岭。翻过大庾岭即可进入珠江水系。由江州西行长江至岳州进入洞庭，湘江可至潭州以远。元和十一年（816）秋，白居易在九江郡司马任上送客湓浦口，听琵琶女演奏琵琶，有“东船西舫悄无言”之句，可见湓浦口泊船数量之多。唐传奇《尼妙寂》女主人公叶氏丈夫任华和公公任升是江州商贾，做生意“往复长沙、广陵间。唐贞元十一年春之潭州不复，过期数月”④。可见江州水路四通八达之一斑。

燕赵水运网络。唐代永济渠纵贯河北道，流经卫州、相州、魏州、贝州、德州、沧州、幽州境，与自然河流沁水、淇水、漳水、潞水、滹沱、桑干等交会，沟通黄河、济水、海河三大水系，形成唐代北方（包括今河北、豫北、鲁西北）水运网络。《元和郡县志》多处提及永济渠所经州县，

---

① （唐）李翱：《李文公集》，《四库全书》，集部，第1078册，上海古籍出版社1987年版，第190页。

② 《旧唐书》卷12，中华书局2000年版，第236页。

③ 《旧唐书》卷49，中华书局2000年版，第1427页。

④ （宋）李昉：《太平广记》，《四库全书》，子部，第1043册，上海古籍出版社1987年版，第704页。

唯贝州永济县条下介绍唐代永济渠的起止和宽深，“永济渠在县西郭内，阔一百七十尺，深二丈四尺，南自汲郡引清淇二水东北入白沟，穿此县入临清”①。如此宽深足以经行千石大船。在安史之乱前，这一水运网络向两京漕运漕粮数十万石。

这一区域水运网络有两个中心。一是魏州，永济渠过魏州境内魏县、元城、馆陶三县，魏州西南有黎阳仓、西北有清河仓，皆永济渠沿线国家级大仓。魏州又南临黄河，过了黄河不远就是大野泽，由大野泽可通济水和汴渠。故而史学家认为，“在太行山东平原的南部，魏州应该是一个水陆交凑的中心”②。二是沧州和幽州接合部。永济渠流经沧州的东光、南皮、长芦、静海等县，流经幽州的雍奴、沃州和蓟县，二州交界处有海河入渤海，由海河水系和永济渠末端可到幽州部分县城。“永徽元年，薛大鼎为沧州刺史，界内有无棣河，隋末填废。大鼎奏开之，引鱼盐于海。百姓歌之曰：‘新河得通舟楫利，直达沧海鱼盐至。昔日徒行今骋驷，美哉薛公德滂被！’”③ 按谭其骧《中国历史地图集》第5册“河北道南部”，无棣沟在南皮境接永济渠，稍微东南行，绕过无棣县城转向东北入海。这里还是盛唐海运重要登陆区，入海河可至范阳，入滦河口可至平卢。

## 第二节　区域运道中心

唐代区域运道水运中心的经济繁荣。交通和商业相辅相成，唐代区域商业中心与区域水运中心基本重合，二者之间互相激发、互为因果。区域运道的最大获益者是水运中心，区域运道促成了水运中心的经济繁荣。

都城长安是天下漕运终点，东都洛阳则是天下水运中心，又都是陆上丝绸之路的起点。长安水上运道由渭及河，由河东下入洛可达洛阳，入永济渠可北抵幽州，入汴渠可南至杭州；洛阳除了全有长安水行之利，还可水陆交行近距离地进入汉水和长江。东、西二京既是区域水运中心，又是商业中心。唐长安城万年、长安二县，以朱雀门街为界，万年县领朱雀门街以东54坊及东市，长安县领朱雀门街以西54坊及西市。《长安志》卷8记东市道：“南北居二坊之地。”注曰：“东西南北各六百步，四面各开二

① （唐）李吉甫：《元和郡县志》，《四库全书》，史部，第468册，上海古籍出版社1987年版，第372页。

② 白寿彝：《中国通史》，第六卷隋唐时期下册，上海人民出版社2004年版，第790页。

③ 《旧唐书》卷49，中华书局2000年版，第1425页。

门，定四面街各广百步。……市内货财二百二十行，四面立邸，四方珍奇，皆所积集。”[1] 西市规模与东市相当，“南北尽两坊之地，市内有西市局”[2]。东、西二市不仅是大唐货物聚散区，而且是当时全球东西方货物交换地。按《长安志》，唐长安城不止东、西二市，卷7“外郭城”条注文有言：“九市各方六百步，四面街各广百步。”[3] 九市之详见于《长安志》者，除东、西二市外，还有辇市。另外南崇仁坊，无市之名却有市之实，后来居上，“工贾辐辏，遂倾两市。昼夜喧呼，灯火不绝，京中诸坊莫之与比”[4]。从丝绸之路来的西域蕃商和从黄河、运河来的内地商贾在长安城完成货物交换和采购。

东都洛阳则有三大市：北市、南市、西市。其中南市即隋代丰都市，占有两个坊区面积，其内120行，3000多肆，四壁400多店。北市和西市则各占一个坊区面积。西市即隋代大同市，周围四里，有邸141区，资货66行。洛阳三市同样既是国内商运、物流集散地，又是陆上丝绸之路、海上丝绸之路的一个起点。“南北大运河的一端从洛阳西出与横贯亚洲内陆的‘丝绸之路’相衔接；另一端则通过明州港可通海外诸国，把海上交通和陆上‘丝绸之路’连接起来。”[5] 这一地位随着安史之乱爆发、吐蕃截断陆上丝绸之路而更加突出。

东、西京之外，唐代中期出现了两个最大经济中心，被人称为“扬一益二”，得益于其优越的水运水利条件、周围丰厚物产、手工业生产实力雄厚和远离平叛战场。

扬州处在运河和长江交会点。肃宗末，刘晏一身兼理度支、转运、盐铁、铸钱，置司扬州。扬州俨然中唐经济中心。“维扬右都东南奥壤，包淮海之形胜，当吴越之要冲，阛阓星繁，舟车露委。”[6] 盛中唐之交扬州迅速崛起，得以成为天下物流最重要的集散地，经济、商业独步天下。大历

① （宋）宋敏求：《长安志》，《四库全书》，史部，第587册，上海古籍出版社1987年版，第134页。

② （宋）宋敏求：《长安志》，《四库全书》，史部，第587册，上海古籍出版社1987年版，第146页。

③ （宋）宋敏求：《长安志》，《四库全书》，史部，第587册，上海古籍出版社1987年版，第122页。

④ （宋）宋敏求：《长安志》，《四库全书》，史部，第587册，上海古籍出版社1987年版，第128页。

⑤ 编委会：《河南航运史》，人民交通出版社1989年版，第88页。

⑥ （宋）李昉：《文苑英华》，《四库全书》，集部，第1337册，上海古籍出版社1987年版，第266页。

十四年（779）七月，唐代宗“令王公百官及天下长吏，无得与人争利，先于扬州置邸肆贸易者罢之。先是，诸道节度观察使以广陵当南北大冲，百货所集，多以军储贸贩，别置邸肆，名托军用，实私其利焉”①。可知此时扬州已是天下最看好的商业投资地。

扬州手工业发达，天宝元年（742）韦坚于广运潭展览天下特产，“广陵郡船，即于栿背上堆积广陵所出锦、镜、铜器、海味”②，伴唱歌词有“潭里船车闹，扬州铜器多”③。可见扬州丝织品、铜器、海产品享誉天下。加上便利的水运条件，海内外商贾云集扬州。“广陵为歌钟之地，富商大贾，动逾百数。”鄱阳安仁里的吕璜，“以货茗为业，来往于淮、浙间”。在扬州“明敏善酒律，多与群商游”④便是一例。海外贾商也喜居扬州，“扬州港在对外交通方面也占有重要地位。它是海上‘丝绸之路’的起点之一。不少来扬州的波斯和大食商人，大都由波斯湾沿海经马六甲和北部湾抵中国，在广州或福建沿海登陆，然后由梅岭等通道，经洪州（南昌）、江州（九江），循长江南下扬州。后来，西北亚人又循近海路线，直接驶向扬子江口，而达扬州”⑤。安史之乱中，田神功借讨伐刘展之机，“自淄青济淮，众不整，入扬州，遂大掠居人赀产，发屋剔窌，杀商胡波斯数千人”⑥。可见扬州胡商之多。

益州，唐肃宗至德二年（757）改为成都府，东、西二京之外，成都有南都之称。“大凡今之推名镇为天下第一者，曰扬、益。以扬为首，盖声势也。人物繁盛，悉皆土著，江山之秀，罗锦之丽，管弦歌舞之多，伎巧百工之富，其人勇且让，其地腴以善，熟较其要妙，扬不足以侔其半。”⑦作者扬益抑扬，乃以益州之长比扬州之短，未免牵强。但所言益州织锦之多、百工之巧，也确为扬州不及。唐时益州运道出入岷江、嘉陵江和长江，为西南水运中心。

唐代益州城内外设集市可考者有南市、新南市、旧州市、大西市、北

① （宋）王钦若：《册府元龟》，《四库全书》，子部，第904册，上海古籍出版社1987年版，第782页。

② 《旧唐书》卷105，中华书局2000年版，第2184页。

③ 《旧唐书》卷105，中华书局2000年版，第2185页。

④ （宋）李昉：《太平广记》，《四库全书》，子部，第1045册，上海古籍出版社1987年版，第166页。

⑤ 束方昆主编：《江苏航运史》，人民交通出版社1989年版，第56—57页。

⑥ 《新唐书》卷144，中华书局2000年版，第3691页。

⑦ （宋）扈仲荣：《成都文类》，《四库全书》，集部，第1354册，上海古籍出版社1987年版，第550页。

市、新北市、东市、大东市等。此外，四郊还置草市。设市虽比长安、洛阳晚，但有些新设市后来居上。如新南市是韦皋镇守四川时所置，“韦皋节制成都，于万里桥隔江创置新南市，发掘坟墓，开拓通街，水之南岸人逾万户”①。市多，四方商贾才能慕名而来。

此外，凡地在运道沿线的州郡皆比较繁华，唐代诗人多有吟咏。汴州，因控临汴渠而夜市达旦，“水门向晚茶商闹，桥市通宵酒客行”（王建《寄汴州令狐相公》）；楚州处在淮河与山阳渎之交，“淮水东南第一州，山围雉堞月当楼”（白居易《赠楚州郭使君》）；扬州地当运河、长江之交，“夜桥灯火连星汉，水郭帆樯近斗牛”（李绅《宿扬州》）；苏州地在太湖水系与运河接合部，“夜市卖菱藕，春船载绮罗”（杜荀鹤《送人游吴》）；益州水道北通汉中东连吴会，“窗含西岭千秋雪，门泊东吴万里船”（杜甫《绝句四首》）；杭州地当运河与钱塘江之会，“鱼盐聚为市，烟火起成村”（白居易《东楼南望八韵》）；广州地当珠江运道入海口，成为南方货物集散地，“交趾丹砂重，韶州白葛轻”（杜甫《送段功曹归广州》）；江州因处鄱阳湖与长江之会而称雄，“湓城古雄郡，横江千里驰”（韦应物《始至郡》）。魏郡因北渠南河而繁盛一时，“魏郡十万家，歌钟喧里闾”（高适《送虞城刘明府谒魏郡苗太守》）。让人叹羡。

## 第三节　唐代造船产业

杨坚父子皆注重水运，治下出现“自扬、益、湘南至交、广、闽中等州，公家运漕，私行商旅，舳舻相继”② 的水运盛景。隋代造船业十分发达，船体大，船型多，近于奢华。

初唐鉴于炀帝极奢速亡的教训，包括造船在内诸事省俭为之。贞观十八年（644）欲征高丽，先行造船运粮，“秋七月辛卯，敕将作大监阎立德等诣洪、饶、江三州造船四百艘以载军粮”③。只造400艘，较隋人节俭甚

① （明）曹学佺：《蜀中广记》，《四库全书》，史部，第592册，上海古籍出版社1987年版，第326页。

② （唐）李吉甫：《元和郡县志》，《四库全书》，史部，第468册，上海古籍出版社1987年版，第200页。

③ （北宋）司马光：《资治通鉴》，《四库全书》，史部，第308册，上海古籍出版社1987年版，第394页。

多。3年后又“敕宋州刺史王波利等，发江南十二州工人造大船数百艘，欲以征高丽”。“十二州：宣、润、常、苏、湖、杭、越、台、婺、括、睦、洪也。”① 这次造战船，范围分布甚广，是怕偏累一方。同年“遣右领左右府长史强伟，于剑南道伐木造舟舰，大者或长百尺，其广半之。别遣使行水道，自巫峡抵江、扬趣莱州”。② 这批船准备渡海用，也仅长10丈、宽5丈而已，比炀帝长45丈、宽20丈的龙舟小多了。贞观二十二年(648)，“敕越州都督府及婺、洪等州，造海船及双舫千一百艘”③，比炀帝一次造船数万艘气魄小多了。

隋代漕运仍用漕舫。开皇四年（584）文帝开广通渠诏书有言：“可使官及私家，方舟巨舫，晨昏漕运，沿溯不停，旬日之功，堪省亿万。”④ 漕船的形制为方头平底船，方舟漕运，即把两只方头平底船用木板连并成舫，以扩大装载容积，并增大抗拒风浪的能力。

盛唐以前江淮漕粮漕运两京以民运为主，漕船没有统一规格。中唐刘晏实行官运，以汴渠入河口河阴为界，以东、以西两段分别由官府统一制造漕船，“由扬州距河阴……晏为歇艎支江船二千艘，每船受千斛，十船为纲，每纲三百人，篙工五十，自扬州遣将部送至河阴。上三门，号‘上门填阙船’，米斗减钱九十”⑤。歇艎支江船行于淮扬运河和汴渠，上门填阙船行于黄河，尤其适用于过三门砥柱之险入关中。

刘晏造船注重质量，拨款远远大于实用，所造船结实耐用。后世无知，妄减费用，以致害了漕运大计，“于扬州造转运船，每船载二千石，十船为一纲，扬州差军将押赴河阴。每造一船，破钱一千贯，而实费不及五百贯。或讥其枉费，晏曰大国不可以小道理，凡所创置须谋经久。船场既兴，执事者非一，须有余剩衣食养活，众人私用不窘，则官物牢固。乃于扬子县置十船场，差专知官十人，不数年间皆致富赡。凡五十余年，船场既无破败，馈运亦不阙绝。至咸通末，有杜侍御者，始以一千石船分造五百石船二只，船始败坏。而吴尧卿者为扬子院官，始勘会每船合用物料实数，估给其钱，无复宽剩，专知官十家实时冻馁，而船场遂破，馈运不

① （北宋）司马光：《资治通鉴》，《四库全书》，史部，第308册，上海古籍出版社1987年版，第418页。

② （北宋）司马光：《资治通鉴》，《四库全书》，史部，第308册，上海古籍出版社1987年版，第423页。

③ （北宋）司马光：《资治通鉴》，《四库全书》，史部，第308册，上海古籍出版社1987年版，第425页。

④ 《隋书》卷24，中华书局2000年版，第463页。

⑤ 《新唐书》卷53，中华书局2000年版，第899页。

继。不久遂有黄巢之乱”①。苏轼追述前朝之事数字、细节不一定准确，但大致符合中晚唐历史发展现实和基本逻辑。当然，紧缩造船费用导致造船质量下降，仅仅是晚唐漕运日渐衰微的众多原因之一。

官府造船之外，民间造船另是一番天地。杜甫《夔州歌十绝句》写道：“蜀麻吴盐自古通，万斛之舟行若风。”② 其《三韵三篇》写道：“荡荡万斛船，影若扬白虹。起樯必椎牛，挂席集众功。”③ 所写乃诗人在江上亲见，可见民间造船的尺寸之大。即使唐斛5斗，万斛船也载重500吨。从考古发现唐代木船研究结果看，唐代民间造船采用水密隔舱、榫合钉接和油麻抹缝技术。1973年江苏如皋出土一只唐代江船，“船身实长17.32米，船面最狭处1.3米，最宽处2.58米，船底最狭处0.98米，最宽处1.48米，船舱深1.6米”。全船设9个隔舱，“船身窄而长，隔舱多，容积大，船舱及底部均以铁钉钉成人字缝而成，其中填石灰桐油，严密坚固。……从它的长、宽、深度计算，是一只载重约二十吨的运输船”④，因遭遇风暴而沉于马港。

1996年，河南永城在隋唐运河遗址发掘一只商船，“东西长约24米，南北宽5米余，船体内深1.4米”，船底“木板连接处以榫扣方式结合，然后再用铁帽钉或枣核形铁钉垂直钉入固定，钉距为5—11厘米不等，一般为9—10厘米，铁钉长度为8—13厘米，木板与木板之间缝隙塞以麻丝和油灰捣成的黏合物”⑤。此船“31根龙骨，将整个木船分隔成33个船舱。各船舱大小不一，宽度为0.24—2.88米不等”。⑥ 附船文物30件，其中瓷盆12件，瓷碗14件。

唐末官方也乐造大船。德宗建中、贞元年间，皇族李皋在湖广为官，擅长制造车船，“运心巧思为战舰，挟二轮蹈之，翔风鼓浪，疾若挂帆席，所造省易而久固”⑦。车船，自南北朝祖冲之首创，至唐有李皋继其衣钵，南宋方得发扬光大。李纲主政长沙共造数十艘战舰，“长沙有长江重湖之险，而无战舰水军。余得唐嗣曹王皋遗制，创造战舰数十艘，上下三层，

---

① 《东坡全集》，《四库全书》，集部，第1108册，上海古籍出版社1987年版，第35页。
② （宋）郭知达：《九家集注杜诗》，《四库全书》，集部，第1068册，上海古籍出版社1987年版，第581页。
③ （宋）郭知达：《九家集注杜诗》，《四库全书》，集部，第1068册，上海古籍出版社1987年版，第174页。
④ 南京博物院：《罗宗真文集》，历史文化卷，文物出版社2013年版，第162页。
⑤ 郑清森：《商丘的考古发展与初步研究》，中国广播电视出版社2005年版，第236页。
⑥ 郑清森：《商丘的考古发展与初步研究》，中国广播电视出版社2005年版，第237页。
⑦ 《旧唐书》卷131，中华书局2000年版，第2476页。

挟以车轮，鼓蹈而前，駃于阵马。募水军三千人，日夕教习”[①]。这一诗题可见李皋造船的承前启后。后唐天祐年间，荆南节度使在江陵造豪华大船，“乃以巡属五州事力，造巨舰一艘，三年而成，号曰‘和州载’。舰上列厅事洎司局，有若衙府之制。又有‘齐山’、‘截海’之名，其于华壮，即可知也”[②]。也是造船史上奇事。

首先，唐代不仅按运道水情造歇艎支江船用于行汴、上门填阙船用于行河过三门，而且造沙船以适航沿海与长江，造海船以送鉴真大法师东渡日本，各有独特设计。其次，用料讲究，采用樟木做主要材料，乌樟木做舵、橙木做橹等。普遍采用“榫合钉接”技术，这一技术始于秦，而广泛用于汉，到了唐朝更有进步。再次，唐人在船身腰部挂上一块木板以抵抗横漂，而且在船底还装有纵龙骨，用以加强纵向强度。

---

① （宋）李纲：《梁溪集》，《四库全书》，集部，第1125册，上海古籍出版社1987年版，第768页。

② （宋）孙光宪：《北梦琐言》，《四库全书》，子部，第1036册，上海古籍出版社1987年版，第32—33页。

# 第十五章　唐代商品水运和舟船出行

## 第一节　商品生产和水运

天宝初，陕郡太守、水陆转运使韦坚在广运潭展示天下漕船运抵长安的物产，“于东京、汴、宋取小斛底船三二百只置于潭侧，其船皆署牌表之。若广陵郡船，即于栿背上堆积广陵所出锦、镜、铜器、海味；丹阳郡船，即京口绫衫段；晋陵郡船，即折造官端绫绣；会稽郡船，即铜器、罗、吴绫、绛纱；南海郡船，即玳瑁、真珠、象牙、沉香；豫章郡船，即名瓷、酒器、茶釜、茶铛、茶碗；宣城郡船，即空青石、纸笔、黄连；始安郡船，即蕉葛、蚺蛇胆、翡翠。船中皆有米，吴郡即三破糯米、方文绫。凡数十郡”①。展品琳琅满目，涉及丝织品、瓷器、中草药、珠宝、餐饮具、香料、文房四宝和稻米。其实所展示的，就是唐代商品生产及其水运成果。

唐代商品生产及水运流通主要有五大宗。

第一，纺织品。唐初黄河中下游的河南、河北二道和剑南道蜀地为其生产中心。按成书于开元年间的《唐六典》，河南道二十八州，“厥赋绢、絁、绵、布，厥贡紬、絁、文绫、丝、葛、水葱、藨心席、瓷石之器”②。其中济、陈、许、汝、颍五州产絁绵，唐州产麻布，其他州产绢及绵；郑、汴、许、陈、亳、宋、曹、濮、郓、徐十州产绢，汝州产细絁，陕、颍、徐三州产紬絁，仙、滑二州产方纹绫，豫州产鸡鶒绫、双丝绫，兖州产镜花绫，齐州产丝、葛。

---

① 《旧唐书》卷105，中华书局2000年版，第2184—2185页。

② （唐）张九龄：《唐六典》，《四库全书》，史部，第595册，上海古籍出版社1987年版，第27页。

河北道二十五州，“厥赋绢、绵及丝，厥贡罗、绫、平紬、丝、布、丝紬、凤翮、苇席、墨”[①]。其中相州产丝、纱，其他州皆产绢、绵；恒州产春罗、孔雀罗，定州产两窠紬绫，洺、博、魏等州产平紬，魏州产绵紬，卫、赵、莫、冀等州产绵，瀛、深、冀、德、棣等州产绢，邢州产丝、布，恒州产罗，定州产紬绫，幽州、范阳产绫，贝州产白毡。

初盛唐河北、河南两道的纺织品作为租庸调中的调，《唐六典》称之为赋，别的史学家从另一角度称之为轻货，即运起来不重却价值昂贵，由永济渠和黄河运道运抵两京。安史之乱两河道备受战火蹂躏，上述轻货不仅产量骤降而且运道阻隔；战乱平定后两河道又陷于藩镇割据，中晚唐也很少外运。

盛唐长江流域纺织品生产已经与北方不相上下。不仅剑南道三十三州“厥赋绢、绵、葛、纻”。“泸州调以葛纻等布，余州皆用绵、绢及纻布”[②]为纺织品高产区。长江下游纺织品生产也有长足进步，广运潭展示江南来船轻货，有广陵郡的锦，丹阳郡京口绫衫缎，晋陵郡的折造官端绫绣，会稽郡的罗、吴绫、绛纱，吴郡的方文绫，皆丝绸上品。剑南道出三峡顺江而下，至广陵入运河，丹阳等郡出江南河过江入运河，与广陵轻货同路北运两京。

安史之乱期间江淮丝绸生产后来居上，中晚唐南方工艺压倒北方，成为朝廷轻货需求的主要来源，源源不断地通过汉水或汴渠运道水运朝廷。一是江淮织绸工艺反超北方。盛中唐之交，“越人不工机杼。薛兼训为江东节制，乃募军中未有室者，厚给货币，密令北地娶织妇以归，岁得数百人。由是越俗大化，竞添花样，绫纱妙称江左矣”[③]。白居易《红线毯》盛赞宣州所产地毯工艺精致，“拣丝练线红蓝染，染为红线红于蓝。织作披香殿上毯，披香殿广十丈余。红线织成可殿铺，彩丝茸茸香拂拂，线软花虚不胜物”。而其他地方所产，“太原毯涩毳缕硬，蜀都褥薄锦花冷。不如此毯温且柔，年年十月来宣州”[④]。其《缭绫》讴歌越地所产绸缎精美，“去年中使宣口敕，天上取样人间织。织为云外秋雁行，染作江南春水

---

① （唐）张九龄：《唐六典》，《四库全书》，史部，第595册，上海古籍出版社1987年版，第27页。

② （唐）张九龄：《唐六典》，《四库全书》，史部，第595册，上海古籍出版社1987年版，第28—29页。

③ （唐）李肇：《唐国史补》，《四库全书》，子部，第1035册，上海古籍出版社1987年版，第450页。

④ 《白氏长庆集》，《四库全书》，集部，第1080册，上海古籍出版社1987年版，第43页。

色……缭绫织成费功绩，莫比寻常缯与帛”[①]。由于精美无比，唐敬宗下诏浙西进贡1000匹。

二是南方纺织品进贡数量剧增。天宝十五载安史之乱爆发，离长安出逃的玄宗至马嵬坡，靠“益州贡春彩十万匹”[②]笼络军心，得以安然入蜀。今人卢华语考证，中晚唐江南十八州进贡纺织品由19种激增到38种，主要州郡见表15－1。

表15－1　**中晚唐江南主要州进贡纺织品增加**

| 时段／州别 | 前期（初盛唐） | 后期（中晚唐） |
| --- | --- | --- |
| 越州 | 白编绫、交绫、十样花纹绫 | 另增宝花、花纹、轻容、花纱、吴绢 |
| 处州 | 葛、苎布 | 改换小绫、纱、绢等十来种 |
| 宣州 | 白苎布 | 另增五色线毯、绫绮 |
| 苏州 | 红纶巾 | 丝葛、丝绵、八蚕丝、绯绫、布 |
| 润州 | 火麻、水波绫 | 另增贡衫罗、水纹、方纹、鱼口、绣叶花纹 |

前期数据来自张九龄《唐六典》卷3，后期数据来自《新唐书·地理志》。至中晚唐之交，杜牧笔下的浙东“机杼耕稼，提封七州，其间茧税、鱼盐，衣食半天下”[③]。数量上显然有所夸张，但本质上反映了江淮丝织业的崛起。

皇宫、贵族和朝官是丝绸的最大消费者。按《旧唐书》，唐朝皇帝习惯于赐有功之臣以绢，送藩国酋长以绢，甚至向民间长寿老人祝寿也赐绢。朝中百官官服制作和发放，皇宫、贵戚丝绸消费，地方官进贡纺织品，数项相加数量惊人。仅“宫中供贵妃院织锦刺绣之工，凡七百人，其雕刻熔造，又数百人。扬、益、岭表刺史，必求良工造作奇器异服，以奉贵妃献贺，因致擢居显位。玄宗每年十月幸华清宫，国忠姊妹五家扈从，每家为一队，著一色衣，五家合队，照映如百花之焕发，而遗钿坠舄，瑟瑟珠翠，灿烂芳馥于路”[④]。此等消费引发丝绸等纺织品从生产地向东、西

① 《白氏长庆集》，《四库全书》，集部，第1080册，上海古籍出版社1987年版，第44页。

② 《旧唐书》卷9，中华书局2000年版，第155页。

③ （唐）杜牧：《樊川集》，《四库全书》，集部，第1081册，上海古籍出版社1987年版，第673页。

④ 《旧唐书》卷51，中华书局2000年版，第1469页。

两京运输，其数量难以确估。

第二，瓷器。瓷器被称为中国古代第五大发明。关于唐代瓷器生产基地及其品质高下，不妨从陆羽《茶经》一段话起笔：

> 盌，越州上，鼎州次，婺州次，岳州次，寿州、洪州次。或者以邢州处越州上，殊为不然。若邢瓷类银，越瓷类玉，邢不如越，一也；若邢瓷类雪，则越瓷类冰，邢不如越，二也；邢瓷白而茶色丹，越瓷青而茶色绿，邢不如越，三也。……越州瓷、岳瓷皆青，青则益茶，茶作白红之色；邢州瓷白，茶色红；寿州瓷黄，茶色紫；洪州瓷褐，茶色黑，皆不宜茶。①

这段话十分有助于我们认识唐代瓷器生产。其一，唐代七大名窑：越、邢、鼎、婺、岳、寿、洪。其二，对七大名窑品质至少就是否适宜饮茶做出排序：越、岳之瓷最佳，盛茶作白红之色；邢、寿二瓷或白或黄，盛茶作红紫之色；洪、鼎、婺三瓷最下。其三，对排名前二的越、邢二瓷进行比较，邢瓷类银，越瓷类玉；邢瓷类雪，则越瓷类冰；邢瓷白而茶色丹，越瓷青而茶色绿。

河北道邢窑白瓷，实为邢州属县内丘所烧，古代文献记载较多，“内邱白瓷瓯，端溪紫石砚，天下无贵贱通用之”②。可见邢瓷行销之远。江南道越窑的青瓷，当今考古发现最多，1973 年宁波出土 700 多件唐代青瓷，其中青瓷莲花碗为其绝品，“釉色青翠，滋润而不透明，呈清水般湖绿色，表面隐现精光，如冰似玉，釉面均匀而薄，胎釉结合紧密，其釉色之美，令时人为之倾倒……也突出了其造型的优美。碗犹如一朵盛开的莲花，碗口作五瓣花口弧形，外边压出内凹的五条瓜棱，使光素的器面产生了层次分明的节奏感”③，体现了青瓷工艺的精细。唐人经常将越窑与邢窑并提，“击瓯盖击缶之遗事也。唐大中初，郭道源善之。用越瓯、邢瓯十二，旋加减水，以筯击之，其音妙于方响”④。这说明越瓷、邢瓷质地坚实，敲击

① （唐）陆羽：《茶经》，《四库全书》，子部，第 844 册，上海古籍出版社 1987 年版，第 617 页。

② （唐）李肇：《唐国史补》，《四库全书》，子部，第 1035 册，上海古籍出版社 1987 年版，第 447 页。

③ 任荣兴：《唐代越窑青瓷莲花碗》，《历史教学》1994 年第 9 期，第 23 页。

④ （宋）高承：《事物纪原》，《四库全书》，子部，第 920 册，上海古籍出版社 1987 年版，第 59 页。

有金石之音。皮日休《茶瓯》："邢客与越人，皆能造兹器。圆似月魂堕，轻如云魄起。枣花势旋眼，苹沫香沾齿。"[①] 可见晚唐青、白二瓷的旗鼓相当。

唐三彩也是唐瓷中精品，不过被人认识较晚。它较史籍盛赞的青白瓷别有特色，内胎陶而外表釉，其釉是铅釉，不加色素是白色，加氧化铜呈绿色，加氧化铁呈褐色或黄色，加氧化钴呈蓝色，唐代瓷器七大名窑，加上烧制唐三彩的巩县窑，基本都在水运便捷之区。其中鼎州在关中，巩县地近洛水黄河，邢州地近永济渠，寿州地近淮河，越州、婺州地近浙东运河，岳州地近洞庭湖，洪州地近赣江。

唐代瓷器最初是上层社会喜爱之物，后来逐渐为寻常文人雅士奢侈品，平头百姓也偶一用之。杜甫《又于韦处乞大邑瓷盌》："大邑烧瓷轻且坚，扣如哀玉锦城传。君家白盌胜霜雪，急送茅斋也可怜。"[②] 韦氏向杜甫赠瓷碗，说明盛唐瓷器进入官宦人家。杜荀鹤《登灵山水阁贻钓者》："纵有风波犹得睡，总无蓑笠始为贫。瓦瓶盛酒瓷瓯酌，荻蒲芦湾是要津。"[③] 可证晚唐平民也用得起瓷器。

天下瓷器要靠通运水道运销。随着考古工作的不断进展，今人得以更全面地认识唐代瓷器生产和水运面貌。按李知宴《唐代瓷窑概况与唐瓷的分期》附表二，考古发现的唐代瓷窑，有河北的定窑，河南的西善应窑、天僖镇窑、鹤壁集窑、巩县窑、辉县窑、西关窑、曲河窑、黑虎洞窑、黄道窑，陕西的耀州窑，安徽的寿州窑、白土窑，湖南的岳州窑、长沙窑，浙江的越窑、象塘窑、五朱堂窑、坦头窑、西山窑、德清窑，江西的石虎湾窑、杨梅亭窑、白浒窑、乐平窑、水南乡窑，广东的竹竿山窑、三水洞口窑、大岗山窑、崖门官冲窑、石湾村窑，四川的青羊宫窑、什方堂窑、尖山子窑、瓦窑山窑、玉皇观窑、石厂湾窑 37 处，是文献所载七八名窑四五倍。它们或临永济渠、江南河，或临长江、黄河、赣江、湘江、钱塘江等自然河流，便于水运远销。

第三，食盐。按《新唐书·食货四》，唐代西部产池盐、井盐，有盐池 18 个，盐井 640 个。河东和陇西产池盐，其中蒲州安邑、解县盐池年产盐万斛，以供京师。盐州五原四池、灵州七池、会州一池皆输米以代盐。安北都护府胡落池盐供应振武、天德二军。西南产井盐，其中黔州有

---

① （唐）皮日休：《松陵集》，《四库全书》，集部，第 1332 册，上海古籍出版社 1987 年版，第 211 页。

② 《全唐诗》，《四库全书》，集部，第 1425 册，上海古籍出版社 1987 年版，第 153 页。

③ 《全唐诗》，《四库全书》，集部，第 1430 册，上海古籍出版社 1987 年版，第 38 页。

盐井41个，果、阆、开、通四州有盐井123个，梓、遂、绵、合、昌、渝、泸、资、荣、陵、简十一州有盐井460个。池盐、井盐产量有限，构不成水运大宗。

东南沿海产海盐，有涟水、湖州、越州、杭州四场，嘉兴、海陵、盐城、新亭、临平、兰亭、永嘉、大昌、侯官、富都十监，吴、越、扬、楚四州广设盐仓多达数千。淮北置巡院13个，分别为扬州、陈许、汴州、庐寿、白沙、淮西、甬桥、浙西、宋州、泗州、岭南、兖郓、郑滑，具体处理各地盐政。食盐之用比瓷器更家常，食盐水运尤其是东部沿海的海盐水运成为唐代水上物流大宗。刘晏主持漕运和盐政时，“天下之赋，盐利居半”[①]。具体表现在：其一，盐的产、运、销重心在东南，地在运河与长江接合部的扬州，有盐铁转运使置司开府，成为海盐和运、销中心。宋人洪迈追述说：“唐世盐铁转运使在扬州，尽斡利权，判官多至数十人，商贾如织。”[②] 足见盐运中心之一斑。其二，海盐生产中心实际上是两个，一为淮南的扬、楚二州，不妨称为淮盐；一为浙江的湖、越、杭三州，不妨称为浙盐。淮盐运销方向和线路，一是从扬州下行进入长江水系，二是从扬州上行进入汴渠进而进入黄淮下水系，甚至过黄河进入永济渠进而进入海河水系。浙盐销售方向和线路，一是由浙东运河和钱塘江水系运销闽、浙、赣，二是由江南运河进入长江水系，运销湖南北和两广，当然也可以过江后进入楚扬运河运销北方。可以说天下无水不运盐。

唐代盐政管理数变，每一变都伴随着盐价飞涨。初、盛唐民产商销，听其自然，当时盐价每斗不过10钱。安史之乱爆发后，乾元元年（758）盐铁、铸钱使第五琦初变盐法，推行榷盐法，官府包办产销，在海陵、盐城置监院，编民业盐者为亭户，所产盐由官府每斗加价百钱出售，从中筹措平乱经费，当时盐价每斗110钱。安史之乱平定后，刘晏推行第二次盐政改革，力纠第五琦盐政之弊，抛弃榷盐法，让“亭户粜商人，纵其所之”。实行商运商销，商人通过纳绢获得盐营销权，朝廷向盐商统一征税，“罢州县率税，禁堰埭邀以利”。刘晏的改革，虽使国家财政收入大幅度增加，但盐的运销大利落入盐商腰包，食盐价格剧增至每斗310钱。晚唐包佶主持盐政期间，在“许以漆器、玳瑁、绫绮代盐价，虽不可用者亦高估而售之，广虚数以罔上”的同时，大力禁绝贩运私盐，“亭户冒法，私鬻

① 《新唐书》卷54，中华书局2000年版，第906页。

② （宋）洪迈：《容斋随笔》，《四库全书》，子部，第851册，上海古籍出版社1987年版，第343—344页。

不绝，巡捕之卒，遍于州县”①。因而盐价飞涨，穷乡之民至淡食。

初盛唐盐有海运。高宗永徽元年（650），薛大鼎为沧州刺史，开无棣河，“引鱼盐于海。百姓歌之曰：‘新河得通舟楫利，直达沧海鱼盐至。昔日徒行今聘驷，美哉薛公德滂被！’”②，所谓引鱼盐于海，就是捕鱼于海的同时，让南方海运食盐通过无棣河登陆。中唐以后，商人是盐运的主角。白居易《盐商妇》写及盐商“南北东西不失家，风水为乡船作宅”的水上贩运食盐生涯，他们独占厚利，“每年盐利入官时，少入官家多入私。官家利薄私家厚，盐铁尚书远不知”③。日本僧人圆仁开成四年七月在扬州境亲睹盐运庞大船队，二十一日“半夜发行。盐官船积盐，或三四船，或四五船，双结续编，不绝数十里，相随而行，乍见难记，甚为大奇”④。数只盐船结编一纲，大概为一盐商所有；数十里盐纲不绝，足见盐运繁荣。

第四，茶叶。《新唐书·地理志》列天下产茶之地十七州郡，陆羽《茶经》载天下产茶州 43 个。宋人所著《新唐书》和江浙人所著《茶经》所录产茶州郡有出入，是很正常的，并不妨碍其传达历史信息本质的真实。除去互相重复的，仍有五十来州。唐人杨晔在《膳夫经手录》中列出唐茶品种数十个，如祁门方茶、婺源方茶、东川昌明茶、宣州鹤山茶、新安含膏茶、鄂州团黄茶、福州生黄茶、崇州宜兴茶、睦州鸠坑茶、霍山小团茶、蕲水团黄茶、舒州天柱茶、夷陵小江源茶、峡州茱萸簝茶、蜀地蒙顶茶、鹰嘴牙白茶、建州大团茶、施州方茶、江陵南木香茶、潭州阳团茶、渠江薄片茶、衡山团饼茶、饶州浮梁茶、蜀地新安茶，足见唐时茶叶生产繁荣。

产茶州郡形成了相当规模的生产能力。“贞元八年，以水灾减税。明年，诸道盐铁使张滂奏：出茶州县若山及商人要路，以三等定估，十税其一。自是岁得钱四十万缗，然水旱亦未尝拯之也。”⑤ 茶税岁得 40 万缗，则天下茶年产值不会少于 400 万缗。按宋初三等茶每斤 40 钱计算，则中唐茶年产 1 亿斤。

陆羽所列产茶四十三州，绝大多数在江淮流域，而茶叶主要消费地在东、西两京，故而唐代茶叶物流主要是南茶北运。唐代茶叶行销繁盛，“蜀茶南走百越，北临五湖，皆自固其芳香滋味不变，由此尤也重之。自

---

① 《旧唐书》卷 49，中华书局 2000 年版，第 1425 页。
② 《旧唐书》卷 49，中华书局 2000 年版，第 1425 页。
③ 《白氏长庆集》，《四库全书》，集部，第 1080 册，上海古籍出版社 1987 年版，第 46 页。
④ 〔日〕圆仁：《入唐求法巡礼行记》，上海古籍出版社 1986 年版，顾承甫等点校，第 7 页。
⑤ 《新唐书》卷 54，中华书局 2000 年版，第 908 页。

谷雨已后，岁取数百斤散落东下，其为功德也如此。饶州浮梁茶，今关西、山东闾阎村落皆吃之，累日不食犹得，不得一日无茶也。其于济人百倍于蜀，然味不长于蜀茶。蕲州茶、鄂州茶、至德茶，已上三处出处者，并方斤厚片，自陈、蔡已北，幽、并已南，人皆尚之，其济生、收藏、榷税又倍于浮梁矣”[①]。蜀茶远销百越、五湖，自然下长江入洞庭，过湘江、灵渠；饶州浮梁茶远销山东、关西，自然由赣水经鄱阳入江，到扬州入山阳渎北上入淮入汴入河；蕲州茶、鄂州茶远销陈、蔡、幽、并，经行长江、汴河、黄河、永济渠水系者居多。

唐代茶叶水运，贡运是其大宗，中唐以后尤其如此。按《新唐书·地理志》，贡茶的州，在黄河北岸的有怀州，在三峡两岸的有峡州、归州、夔州，在汉水南岸的有金州，在江南运河有湖州，都具备很好的水运条件。湖州是贡茶大州，长城县所产紫笋茶生长在顾山，“贞元以后，每岁以进奉顾山紫笋茶，役工三万人，累月方毕”[②]，足见进贡规模之大。开成三年（838），“湖州刺史裴充卒，官吏不谨，进献新茶不及常年，故特置使以专其事”[③]，可见皇帝对贡茶的重视。湖州茶长运近2000里才至东京洛阳，又千里方至长安，何等不易。

民间茶叶贩运，唐人封演认为伴随北方饮茶之风大开，中唐规模始大。“自邹、齐、沧、棣，渐至京邑，城市多开店铺，煎茶卖之，不问道俗，投钱取饮。其茶自江淮而来，舟车相继，所在山积，色额甚多。”[④] 北方茶馆渐多，南茶北运渐成气候。乾符年间，有“估客王可久者，膏腴之室，岁鬻茗于江湖间，常获丰利而归。是年，又笈赌适楚，始返棹于彭门”[⑤]，就是贩茶富商中的一位，从荆楚运茶北方，到了徐州遇到麻烦。白居易《琵琶行》中“老大嫁作商人妇”的琵琶女，丈夫“重利轻别离，前月浮梁买茶去”。[⑥] 浮梁地属饶州，在赣江流域，这位茶商很可能就是贩

---

① （唐）杨晔：《膳夫经手录》，《续修四库全书》，子部，第1115册，上海古籍出版社2003年版，第524页上栏。

② （唐）李吉甫：《元和郡县志》，《四库全书》，史部，第468册，上海古籍出版社1987年版，第440—441页。

③ （宋）王钦若：《册府元龟》，《四库全书》，子部，第910册，上海古籍出版社1987年版，第590页。

④ （唐）封演：《封氏闻见记》，《四库全书》，子部，第862册，上海古籍出版社1987年版，第442页。

⑤ （宋）李昉：《太平广记》，《四库全书》，子部，第1044册，上海古籍出版社1987年版，第153页。

⑥ 《白氏长庆集》，《四库全书》，集部，第1080册，上海古籍出版社1987年版，第132页。

运茶叶到北方去。至于王建《寄汴州令狐相公》:“水门向晚茶商闹，桥市通宵酒客行。”[1] 说明南方茶船傍晚急于通过水门进入汴州。

第五，钱币和贵金属。按《新唐书·食货志》，天下银、铜、铁、锡之冶炼基地168处，其中陕、宣、润、饶、衢、信六州有银冶58处，铜冶96处，铁山5座，锡山2座，铜山4座，是天下金属主产区，此外陕州有铜冶数十，基本处于水运便捷处。中唐宪宗元和初年冶金业产量较盛唐萎缩:“岁采银万二千两，铜二十六万六千斤，铁二百七万斤，锡五万斤，铅无常数。”[2] 不算高。

贵金属中的银本身就是货币，铜稍加改铸即货币。武德四年（621）铸开元通宝，产地都在水运便捷处，“洛、并、幽、益、桂等州皆置监。赐秦王、齐王三炉，右仆射裴寂一炉以铸。盗铸者论死，没其家属”[3]。亲王六炉、功臣一炉当在京城长安。京城临渭水，洛州即后来的东京洛阳，并州近黄河，幽州近永济渠，宣州、鄂州临长江，皆便于水运。

唐代铸钱基地由少到多，初唐仅五州监造铜钱，开元末年增至十州，“天下炉九十九:绛州三十，扬、润、宣、鄂、蔚皆十，益、郴皆五，洋州三，定州一。每炉岁铸钱三千三百缗……天下岁铸三十二万七千缗”[4]。这些铸钱基地，绛州地在晋南，临黄河汾水;蔚州地在晋东北，境内唐河、流河可入永济渠;扬州、润州临运河、长江，鄂州、益州近长江，邓州、洋州近汉水，定州地在永济渠流域，也皆便于水运。

银、钱是官府押运之物。韩滉镇守浙西时，“浙右进钱，船渡江，为惊涛所溺。篙工募人漉出，两缗不得，众以钱损其数。滉自至津部视之，乃责江神，因指其钱曰:‘此钱干，非水中得之者。’问吏，吏具实对”[5]。可见唐代铜钱水运，中途所失概由篙工补齐，封疆大吏要亲临码头点收。

## 第二节　长江水系的物流

安史之乱后，唯长江水系的物流商运如火如荼、长盛不衰。

---

① 《全唐诗》,《四库全书》，集部，第1426册，上海古籍出版社1987年版，第32页。

② 《新唐书》卷54，中华书局2000年版，第909页。

③ 《新唐书》卷54，中华书局2000年版，第909页。

④ 《新唐书》卷54，中华书局2000年版，第911页。

⑤ （元）陶宗仪:《说郛》,《四库全书》，子部，第882册，上海古籍出版社1987年版，第716页。

漕粮以外的长江水系的物流，官方组织的贡运和州县租调入仓是其大宗。以纺织品为例，其唐代之运有赋和贡两种形式，所谓“赋”，就是作为租庸调的调上缴官府，以漕运的形式运输国家仓库或地方仓库；所谓“贡”，就是作为州县土特产直接输送皇宫，由州县组织运输。盛唐纺织品进贡就存在，中晚唐日渐盛行。杜甫《自京赴奉先县咏怀五百字》：“彤庭所分帛，本自寒女出。鞭挞其夫家，聚敛贡城阙。”① 批评的就是这种现象。有时地方官还将纺织品做成衣服进献皇宫，“扬、益、岭表刺史，必求良工造作奇器异服，以奉贵妃献贺，因致擢居显位”②，说的就是长江流域纺织品贡运，其实它是政治昏暗的产物。皇帝得到贡品，宫中挥霍之余，还用来赏赐宠臣、贵戚。天宝十三年（754）三月，玄宗“赐右相绢一千五百匹，彩罗三百匹，彩绫五百匹；左相绢三百匹，彩罗绫各五十匹；余三品八十匹，四品五品六十匹，六品七品四十匹，极欢而罢”③。这仅是一次宴会的赏赐。至中唐，贡运日渐普遍化，有变本加厉之势。唐德宗至于设琼林、大盈二库用以贮存各地进贡物品，被朝臣多次论及。

各地贡运物品，除了纺织品，还有其他种类繁多的贵重货物。今人根据《新唐书·地理志》得出结论：天宝以后，朝廷每年要从长江流域“93郡653县中，共调绢6981760丈；绵10472640两。调入京师的其他土特产品，如纺织品、果类、山珍、海味、药材等，共261种”④，形成丰富多彩的物流。

贡运之外，民间商运物流更具活力。“凡东南郡邑无不通水，故天下货利舟楫居多。……扬子、钱塘二江者，则乘两潮发棹。舟船之盛，尽于江西，编蒲为帆，大者或数十幅。自白沙泝流而上，常待东北风，谓之潮信。”⑤ 水网如织，舟船发达，长江流域深得水运地利人和。

中晚唐江淮间形成大小结合、州县连接的市场网络，为长江水系提供了不竭的物流动力。这一市场网络的基层布点是乡镇草市，成千上万，“凡江淮草市，尽近水际，富室大户多居其间”⑥。杜牧《上李太尉论江贼书》旨在呼吁采取措施消灭江淮间劫掠草市的强盗，论劫案普遍有

---

① 《杜诗详注》，《四库全书》，集部，第1070册，上海古籍出版社1987年版，第202页。

② 《旧唐书》卷9，中华书局2000年版，第155页。

③ 《旧唐书》卷9，中华书局2000年版，第152页。

④ 罗传栋主编：《长江航运史》，人民交通出版社1991年版，第171页。

⑤ （唐）李肇：《唐国史补》，《四库全书》，子部，第1035册，上海古籍出版社1987年版，第448—449页。

⑥ （唐）杜牧：《樊川文集》，《四库全书》，集部，第1081册，上海古籍出版社1987年版，第617页。

言："濠、亳、徐、泗、汴、宋州贼多劫江西、淮南、宣润等道，许、蔡、甲、光州贼多劫荆襄、鄂岳等道。"① 这也反映了当时大江南北草市的普遍。中晚唐江淮商业都市渐兴夜市，"王建诗云：夜市千灯照碧云，高楼红袖客纷纷。如今不似时平日，犹自笙歌彻晓闻。徐凝诗云：天下三分明月夜，二分无赖是扬州。其盛可知矣"②。宋人洪迈认为王建、徐凝诗句反映扬州夜市的通宵达旦。由乡镇草市到府州大市，由府州大市到区域商业和水运都市，市场意义上看是货物集散，运输意义上看是商运往返。

中晚唐长江物流商运有巨商大贾引领潮流。如果说六朝长江物流的弄潮儿是官员，那么唐代长江物流和商运的主角是商贾。其中既是船主又是商人者引导潮流尤力，"大历、贞元间，有俞大娘航船最大，居者养生送死、嫁娶悉在其间，开巷为圃，操驾之工数百。南至江西，北至淮南，岁一往来，其利甚溥。此则不啻载万也。洪、鄂之水居颇多，与屋邑殆相半。凡大船必为富商所有，奏商声乐，从婢仆以据柂楼之下，其间大隐亦可知矣"③，足见当时湖南湖北以船家、行运为生现象普遍。人们船主、巨商一体，行商、居家相得益彰。

唐代叙事诗中写了不少以船为生、行商为业的弄潮儿，杜甫《夔州歌》其七写道："蜀麻吴盐自古通，万斛之舟行若风。长年三老长歌里，白昼摊钱高浪中。"④ 主人公以万斛大船往来贩运蜀麻吴盐，不以为苦反以为乐，不以为险反以为安，白昼长歌，高浪摊钱，英风豪气让人折服。与俞大娘有异曲同工之妙。张籍《贾客乐》写道："金陵向西贾客多，船中生长乐风波。欲发移船近江口，船头祭神各浇酒。停杯共说远行期，入蜀经蛮远别离。金多众中为上客，夜夜算缗眠独迟。"⑤ 金陵即长江下游，蛮即长江中游，蜀即长江上游，这是一个从金陵租船到蜀地贩运的商贾。这位贾客大概既为船主又为巨商，贩运所及东起金陵、南到蛮荒、西至蜀

---

① （唐）杜牧：《樊川文集》，《四库全书》，集部，第 1081 册，上海古籍出版社 1987 年版，第 617 页。

② （宋）洪迈：《容斋随笔》，《四库全书》，子部，第 851 册，上海古籍出版社 1987 年版，第 344 页。

③ （唐）李肇：《唐国史补》，《四库全书》，子部，第 1035 册，上海古籍出版社 1987 年版，第 449 页。

④ 《全唐诗》卷 229，《四库全书》，集部，第 1425 册，上海古籍出版社 1987 年版，第 194 页。

⑤ 《全唐诗》卷 382，《四库全书》，集部，第 1423 册，上海古籍出版社 1987 年版，第 297 页。

地，盈利巨大、贾客独尊。元稹《估客乐》写道："子本频蕃息，货赂日兼并。求珠驾沧海，采玉上荆衡。北买党项马，西擒吐蕃鹦。炎洲布火浣，蜀地锦织成。"[①] 这位贾客经商更厉害，珠玉、禽兽、布匹、丝绸只要赚钱无货不贩，荆楚、吐蕃、沧海、炎洲、蜀地只要有生意、有钱赚无所不至。

中晚唐人们普遍羡慕水上贩运和商贾人生。身在江湖要道屡见水运行商的得意，刘禹锡《自江陵沿流道中》描述长江商运繁忙："三千三百西江水，自古如今要路津。月夜歌谣有渔父，风天气色属商人。沙村好处多逢寺，山叶红时觉胜春。行到南朝征战地，古来名将尽为神。"抑官扬商，字里行间充满赞叹之情。其《夜闻商人船中筝》描写商贾夜泊消遣："大艑高帆一百尺，新声促柱十三弦。扬州市里商人女，来占江西明月天。"[②] 也不无艳羡之意。这是诗人从江陵沿江东下的所见所感，商船时见，商贾得意，长江俨然商贾黄金水道、逐利福地。处身官场则崇拜到水乡商城为官者，卢纶《送从叔牧永州》"郡斋无事好闲眠，粳稻油油绿满川。浪里争迎三蜀货，月中喧泊九江船"[③] 就是一例。

长江流域行商具有区间性。《太平广记》反映唐代长江水系商运区间较为充分。其一，汴渠、长江区间，"估客王可久者，膏腴之室，岁鬻茗于江湖间，常获丰利而归。是年，又笈贿适楚，始返棹于彭门"[④]。主人公是北方人，从长江中游贩运茶叶到中原。其二，新安、宣城区间，"宣城郡当涂民有刘成者、李晖者，俱不识农事，尝用巨舫载鱼蟹鬻于吴越间，唐天宝十三年春三月，皆自新安江载往丹阳郡，行至下查浦，去宣城四十里"[⑤]。从浙江贩运物货，经江南运河入长江到宣城以西销售。其三，荆楚、巴蜀区间，"咸通中，有姓尔朱者，家于巫峡，每岁贾于荆、益"[⑥]。主人公家在三峡，而往返于荆州、益州间贩运货物。

---

① （唐）元稹：《元氏长庆集》，《四库全书》，集部，第 1079 册，上海古籍出版社 1987 年版，第 469—470 页。

② （唐）刘禹锡：《刘宾客文集》，《四库全书》，集部，第 1077 册，上海古籍出版社 1987 年版，第 576 页。

③ 《全唐诗》，《四库全书》，集部，第 1425 册，上海古籍出版社 1987 年版，第 613 页。

④ （宋）李昉：《太平广记》，《四库全书》，子部，第 1044 册，上海古籍出版社 1987 年版，第 153 页。

⑤ （宋）李昉：《太平广记》，《四库全书》，子部，第 1046 册，上海古籍出版社 1987 年版，第 457 页。

⑥ （宋）李昉：《太平广记》，《四库全书》，子部，第 1045 册，上海古籍出版社 1987 年版，第 294 页。

长江两岸重要的货物集散地。长江上游的蜀地，药材、蜀麻、麻布是当时天下畅销货，集中于成都、彭州，通过长江、嘉陵江北销长安、东贸江淮，换取食盐。故而杜甫有“蜀麻久不来，吴盐拥荆门”之句，自注：“蜀人以麻布货易吴盐。”① 渝州地当涪江和长江交会处，梓州的药材、遂州的冰糖都集中于渝州出川。长江中游汉水入江处的鄂州，是四方船只聚集码头。唐代宗宝应二年（763）十二月，“辛卯，鄂州大风，火发江中，焚船三千艘，焚居人庐舍二千家”②，可见泊船之多。长江下游的扬州，是朝廷盐铁、漕运转动使开府所在，其下属巡院及其所属仓库集中于此。“时四方无事，广陵为歌钟之地，富商大贾动逾百数”③，扬州成为商人聚集之地。江西、两湖、两广地区的贡物通过长江水道，两浙贡物通过江南河，大量集聚扬州，然后过运河北上，送达两京；江南商船经扬州方能进入汴、河、永济，行销北方各地；北方黄、淮、海流域物资也要经过扬州进入长江或江南河，行销江淮。

## 第三节　水上出行和舟船人生

海外客商挟宝水行，坐实海上丝绸之路。唐肃宗乾元年间，“以克复二京，粮饷不给，监察御史康云间为江淮度支，率诸江淮商旅百姓五分之一，以补时用”。率，按一定税率征税；康云间委派录事参军李惟燕在洪州水道抽商，“有波斯胡人者率一万五千贯，腋下小瓶大如合拳，问其所实，诡不实对，请率百万”。这个波斯人大概是从番禺登陆，由赣江水道到长安去。李惟燕要他出 15000 贯税钱，他开玩笑说交税百万贯也行。“胡人至扬州，长史邓景山知其事，以问胡，胡云：‘瓶中是紫羖羯，人得之者为鬼神所护，入火不烧，涉水不溺，有其物而无其价，非明珠杂货宝所能及也。’又率胡人一万贯，胡乐输其财而不为恨。”④ 方知瓶藏珠 12 颗，在洪州、扬州两次上税 25000 贯而无遗憾，一心要到长安或洛阳出售

---

① （宋）郭知达：《九家集注杜诗》，《四库全书》，子部，第 1068 册，上海古籍出版社 1987 年版，第 172 页。

② 《旧唐书》卷 11，中华书局 2000 年版，第 185 页。

③ （宋）李昉：《太平广记》，《四库全书》，子部，第 1045 册，上海古籍出版社 1987 年版，第 166 页。

④ （宋）李昉：《太平广记》，《四库全书》，子部，第 1046 册，上海古籍出版社 1987 年版，第 50 页。

赚大钱。

另一故事写蕃商在唐获巨宝由运河出海回国。开元初，浚仪尉李勉任职期满，离任后乘船从汴渠顺流将游广陵。“行及睢阳，忽有波斯胡老疾杖”要求搭载同行，“勉哀之，因命登舻，仍给饘粥。……不日，舟止泗上，其人疾亟，因屏人告勉曰：‘吾国内顷亡传国宝珠，募能获者，世家公相。吾炫其鉴而贪其位，因是去乡而来寻。近已得之，将归即富贵矣。其珠价当百万，吾惧怀宝越乡，因剖肉而藏焉。不幸遇疾，今将死矣。感公恩义，敬以相奉。’即抽刀决股，珠出而绝”①。这位波斯老商准备由汴渠、山阳渎至长江出海回国，说明当时海上丝绸之路畅通无阻。

客行内河离奇遭遇。天宝末年，余姚参军李惟燕夜行浙东运河，“过五丈店，属上虞。江埭塘破，水竭，时中夜晦冥，四回无人。此路旧多劫盗，惟燕舟中有吴绫数百匹，惧为贼所取……时塘水竭而塘外水满，惟燕便心念塘破当得水助”②。主人公夜行搁浅被困，其心情紧张可想而知。

长江三峡行船，不遵规律，卒遭大祸。唐末乾宁年间，“刘昌美典夔州，时属夏潦，峡涨湍险。俚俗云：‘滟滪大如马，瞿塘不可下。’于是行旅辍棹，而候水平去焉。有朝官李荛学士，挈家自蜀沿流，将之江陵。郡牧以水势正恶，且望少驻以图利涉。陇西总遽，殆为人所促召，坚请东下，不能止之。才鼓行桡，长揖而别，州将目送之际，盘涡呀裂，破其船而倒。李一家溺死焉，唯奶妪一人隔夜为骇浪推送江岸而苏”③。前车之鉴，教训沉痛。

水匪降祸行人。开元初，一行五人“将适北河。有船夫求载乙等，不甚论钱直，云：‘正尔自行，故不计价。’乙初不欲去，谓其徒曰：‘彼贱其价，是诱我也。得非苞藏祸心乎？’船人云：‘所得资者，只以供酒肉之资，但因长者得不滞行李尔。’其徒信之，乃渡。仍市酒共饮，频举酒属乙。乙屡闻空中言：‘勿饮。’心愈惊骇。因是有所疑，酒虽入口者，亦潜吐出，由是独得不醉。洎夜秉烛，其徒悉已大鼾。乙虑有非道，默坐念咒。忽见船人持一大斧，刃长五六寸，从水仓中入，断二奴头，又斩二

① （宋）李昉：《太平广记》，《四库全书》，子部，第1046册，上海古籍出版社1987年版，第42页。

② （宋）李昉：《太平广记》，《四库全书》，子部，第1043册，上海古籍出版社1987年版，第563页。

③ （宋）孙光宪：《北梦琐言》，《四库全书》，子部，第1036册，上海古籍出版社1987年版，第49页。

伴，次当至乙”[①]。所谓北河即永济渠。船家卑辞低价，诱人上船，设酒灌醉，却于夜半持斧行凶，谋人钱财。真是鬼蜮伎俩。

唐代水上执法出手也狠，“唐李宏，汴州浚仪人也，凶悖无赖，狠戾不仁。每高鞍壮马，巡坊历店，吓庸调租船纲典，动盈数百贯，强贷商人巨万，竟无一还。商旅惊波，行纲侧胆。任正理为汴州刺史上十余日，遣手力捉来，责情决六十，杖下而死。工商客生酣饮相欢，远近闻之莫不称快”[②]。官府手段强硬，善良才不受戕害。

与水行相关的悲喜人生。渭水运粮的凶险，“优人李伯怜游泾州乞钱，得米百斛。及归，令弟取之，过期不至。……数日，弟至，果言渭河中覆舟，一粒无余”[③]。百斛即五六十石，船沉粮倾一粒不剩。

扬州江涛之害，天宝初成珪为长沙尉，“部送河南桥木，始至扬州，累遭风水，遗失差众。扬州所司谓珪盗卖其木，拷掠行夫。不胜楚痛，妄云破用”[④]。因不可抗拒灾害而翻船沉木的事故，被酷吏编造成盗卖船木案后，成珪顿有生命之忧。

淮河运道多难，“泾县尉马子云……在官日，充本郡租纲赴京。途由淮水，遇风船溺，凡沉官米万斛，由是大被拘系”[⑤]。按《旧唐书·地理三》，泾县隶宣州。马子云以泾县尉押宣州租庸进京，过淮水时船沉失米多达万斛，因此深陷牢狱之灾。

唐末动乱中的贫富贵贱转换。江陵郭七郎，原本“家资产甚殷，乃楚城富民之首。江淮、河朔间，悉有贾客仗其货买易往来者”。乾符初年，郭七郎进京寻访熟人，“乃输数百万于鬻爵者门，以白丁易得横州刺史，遂决还乡”。郭七郎衣锦还乡，发现家门大遭不幸，“生归旧居都无舍宇，访其骨肉数日，方知弟妹遇兵乱已亡。独母与一二奴婢处于数间茅舍之下，囊橐荡空，旦夕以纫针为业”。七郎“佣舟与母赴秩，过长沙入湘江，次永州北江壖。……夜半忽大风雨，波翻岸崩，树卧枕舟，舟不胜而沉。

---

① （宋）李昉：《太平广记》，《四库全书》，子部，第1043册，上海古籍出版社1987年版，第630页。

② （宋）李昉：《太平广记》，《四库全书》，子部，第1045册，上海古籍出版社1987年版，第2—3页。

③ （宋）李昉：《太平广记》，《四库全书》，子部，第1045册，上海古籍出版社1987年版，第107页。

④ （宋）李昉：《太平广记》，《四库全书》，子部，第1043册，上海古籍出版社1987年版，第606页。

⑤ （宋）李昉：《太平广记》，《四库全书》，子部，第1043册，上海古籍出版社1987年版，第544页。

生与一艄工拽舟登岸，仅以获免。其余婢仆生计，悉漂于怒浪”。失去为官凭证的七郎，“遂寓居永郡，孤且贫，又无亲识，日夕厄于冻馁。生少小素涉于江湖，颇熟风水间事，遂与往来舟船执艄以求衣食”[①]。最后成为水手，自食其力。大起大落，有沧海桑田之感。

① （宋）李昉：《太平广记》，《四库全书》，子部，第1046册，上海古籍出版社1987年版，第618页。

# 第十六章　唐代军粮海运和航海贸易

## 第一节　唐代燕蓟军需海运

史家一般认为漕粮海运秦朝滥其觞，元人始大行之。实际上秦、元海运之间，还有唐人大行海运饷军。唐人海运从江浙起航，跨越东海、黄海和渤海，所运有粮食和布匹绸缎，较秦人跨渤海而运距离遥远十几倍，海运物品较元人仅限漕粮而种类过之。

今人考证："唐代北方的沿海运输在水运中也占有重要位置。当时，河北地区东注入海的河流很多，有马颊河、无棣河、浮水、漳水（今海河，即永济渠入海河道）、鲍丘水（今蓟运河）、滦河以及今山东境的黄河、济水等，这对发展河海联运非常有利。"① 唐人海运，初唐已露端倪。"太宗贞观十七年，时征辽东。先遣太常卿韦挺于河北诸州征军粮贮于营州。又令太仆少卿萧锐于河南道诸州转粮入海。至十八年八月，锐奏称：海中古大人城，西去黄县二十三里，北至高丽四百七十里，地多甜水，山岛接连，贮纳军粮，此为尤便。诏从之。于是自河南道运转米粮，水陆相继，渡海军粮皆贮此。"② 唐代河南道在黄河和淮河中下游之间，萧锐主持的河南道军粮海运没有顺黄河出海，反而出淮河口由黄海北上，至山东半岛面向渤海一侧的古大人城囤积，说明当时由汴渠入淮进而入海非常顺当。按《旧唐书》，太宗征高丽贞观十九年底结束，故河南道军粮河海兼运持续将近3年。此等临时组织、持续较长的海运，更能体现王朝行政能力和海运潜力。

---

① 王树才主编：《河北省航运史》，人民交通出版社1988年版，第29页。

② （宋）王钦若：《册府元龟》，《四库全书》，子部，第910册，上海古籍出版社1987年版，第662页。

太宗身后，海运军需北上渤海饷军渐成定制。《旧唐书·食货志》载：高宗“永徽元年，薛大鼎为沧州刺史，界内有无棣河，隋末填废。大鼎奏开之，引鱼盐于海”[①]。开无棣河旨在接受南方海运而来的食盐。中宗“神龙三年，沧州刺史姜师度于蓟州北，涨水为沟，以备奚、契丹之寇，又约旧渠，傍海穿漕，号为平虏渠，以避海难运粮”[②]。姜师度开平虏渠之前，唐东北边防军粮海运而来，粮、船损失较大。开平虏渠是为了让海上来船尽早入内河，缩短海上行程以减少损失。

唐代海运大行于盛唐，杜甫诗歌社会关注面宽广，其诗写及盛唐海运。元人陶宗仪考证：“国朝海运粮储，自朱清、张瑄始，以为古来未尝有此。按杜工部诗《出塞》云：‘渔阳豪侠地，击鼓吹笙竽。云帆转辽海，粳稻来东吴。’又《昔游》云：‘幽燕盛用武，供给亦劳哉。吴门转粟帛，泛海凌蓬莱。’如此，则唐时已有海运矣，朱、张特举行耳。”[③] 辽海，唐辽东郡。杜甫《后出塞》其四，还有“越罗与楚练，照耀舆台躯”之句，表明从东吴海运辽东饷军的，既有粳稻也有绸缎。杜甫《昔游》诗黄鹤补注有言：“吴门即苏州。唐运江淮租赋以给幽燕之师，故泛东海以达之蓬莱。蓬莱在东海中，故云泛蓬莱。”[④]《唐会要》有开元“二十七年，除李适之加河北海运使”[⑤] 之载，说明盛唐海运事务繁难，需设专使料理；《旧唐书·五行志》也载，开元十四年（726）七月，“沧州大风，海运船没者十一二，失平卢军粮五千余石，舟人皆死”[⑥]，反映了海运的悲壮面。看来，盛唐海运吴地稻米、布帛供给幽州、渔阳兵马，有信史和诗史的双重依据。

沧州在唐代是海运军粮集散地。从吴越海运来的稻米、绢帛，可通过海河到达幽州，通过鲍丘水到达蓟州，通过滦河到达平卢。涨水为沟以拦阻敌骑，开平虏渠与海岸线平行，以减少海运江浙粮饷的行海之程，直抵蓟州（当时称渔阳）。唐代军粮城就在海河下游入海口附近，具备了海港的水深条件，成为重要的海运港湾。当今学者考证，今河北省境沿海码

① 《旧唐书》卷 49，中华书局 2000 年版，第 1425 页。

② 《旧唐书》卷 49，中华书局 2000 年版，第 1425 页。

③ （元）陶宗仪：《辍耕录》，《四库全书》，子部，第 1040 册，上海古籍出版社 1987 年版，第 537 页。

④ （宋）黄希源：《补注杜诗》，《四库全书》，集部，第 1069 册，上海古籍出版社 1987 年版，第 228 页。

⑤ （宋）王溥：《唐会要》，《四库全书》，史部，第 607 册，上海古籍出版社 1987 年版，第 190 页。

⑥ 《旧唐书》卷 37，中华书局 2000 年版，第 941 页。

头，盛唐时因频繁接受海运军需而繁盛一时。“沧州景城郡内的长芦、鲁城（后改名乾符城，今河北黄骅乾符村），平州北平郡的临榆（今河北山海关）、卢龙、马城、碣石等，都已是漕运转输和船舶集中的重地。其中，滦河下游的马城港，为开元二十八年（740）所开；滦河及青河口的石臼坨岛，成为当时漕运‘市店’，并为漕船避风之所；卢龙城西门外所建大型泊船码头，至今保留完好。”① 此言出自地方航运史研究者之口，让人信服。

盛唐苏杭等地每年经东海运到北方的军粮不下50万石，《旧唐书·地理志》“范阳节度使”注：“范阳节度使，理幽州，管兵九万一千四百人，马六千五百匹，衣赐八十万匹段，军粮五十万石。”② 渔阳庞大的驻军，粮饷军需也靠海运接济。

中唐军粮海运发生在南海水域。《旧唐书·懿宗本纪》载，咸通年间“南蛮陷交趾，征诸道兵赴岭南。诏湖南水运，自湘江入澪渠，江西造切面粥以馈行营。湘、漓溯运，功役艰难，军屯广州乏食”。灵渠之运不足广州诸军之用，于是决策海运接济。动议提出者是润州人陈磻石，他诣阙上书献奇计以馈岭南唐军，“臣弟听思曾任雷州刺史，家人随海船至福建，往来大船一只，可致千石，自福建装船，不一月至广州。得船数十艘，便可致三万石至广府矣”。可见此前福建与广东之间存在海运，故而陈磻石拟用可载千石的大船30只，一运3万石至广州。这一建议被采纳，朝廷“以磻石为盐铁巡官，往杨子院专督海运。于是康承训之军皆不阙供”③。由于朝廷在福建并无粮仓，这次海运饷军实际上是从扬州装船出长江口南下。

## 第二节　隋唐东西洋航海和贸易

炀帝虽有海外贸易雄心，但隋朝二世而亡，仅仅维持了南朝已有航线。“炀帝即位，募能通绝域者。”大业三年（607），屯田主事常骏、虞部主事王君政等请使赤土（在今马来半岛北部）。炀帝“赐骏等帛各百匹，时服一袭而遣。赍物五千段，以赐赤土王”。其年十月，常骏一行自南海

① 王树才主编：《河北省航运史》，人民交通出版社1988年版，第30页。

② 王树才主编：《河北省航运史》，人民交通出版社1988年版，第961页。

③ 王树才主编：《河北省航运史》，人民交通出版社1988年版，第443页。

郡（治所广州）登船出发，“昼夜二旬，每值便风。至焦石山而过，东南泊陵伽钵拔多洲，西与林邑相对，上有神祠焉。又南行，至师子石，自是岛屿连接。又行二三日，西望见狼牙须国之山，于是南达鸡笼岛，至于赤土之界”，受到当事国欢迎，“其王遣婆罗门鸠摩罗以舶三十艘来迎，吹蠡击鼓，以乐隋使，进金锁以缆骏船”[①]。常骏大业六年带赤土使者返回隋朝，“骏以六年春与那邪迦于弘农谒，帝大悦，赐骏等物二百段，俱授秉义尉，那邪迦等官赏各有差”[②]。出色地完成了使命。隋朝像赤土这样的南洋贸易伙伴有十几个国家，其中林邑（越南）、真腊（柬埔寨）、婆利（印度尼西亚）、赤土四国入《隋书·南蛮传》。

唐代创造古代中国航海又一高峰。

唐代对海上丝绸之路的重视超过隋朝。唐人贾耽著《广州通海夷道》，记述唐人海上丝绸之路甚详。《新唐书·地理七下》将其称作广州通海夷道，并做了忠实的转述，表明唐人西洋海外贸易远达波斯湾和阿拉伯海。《中国航海史》将贾耽航线注以今地名，分段引载如下：

“广州东南海行，二百里至屯门山（今大屿山及香港之北），乃帆风西行，二日至九州石（海南岛东北角）。又南二日到象石（海南岛东南之独珠山），又西南三日行，至占不劳山（今越南占婆岛），山在环王国（林邑）东二百里海中。又南二日行至陵山（燕子岬）。”[③] 以上基本行在中国南海。

“又一日行至门毒国（今越南归仁）。又一日行至古笪国（今之衙庄）。又半日行至奔陀浪洲（即宾童龙今称藩朗）。又两日到军突弄山（今之昆仑岛）。又五日到海硖，蕃人谓之质（指马六甲海峡），南北百里；北岸则罗越国（今马来半岛南端），南岸则佛逝国（今苏门答腊岛东南部）。佛逝国东水行四五日至诃陵国（今爪哇），南中洲之最大者。又西出硖，三日至葛葛僧祇国（海峡南部不罗华尔群岛），在佛逝西北隅之别岛，国人多钞暴，乘舶者畏惮之。其北岸则箇罗国（马来半岛西岸之吉打）。箇罗西则哥谷罗国（今克拉地峡西南方）。又从葛葛僧祇四五日行至胜邓洲（今苏门答腊岛北部东海岸棉兰之北日里 Deli 附近）。又西五日行至婆露国（今苏门答腊岛西海岸大鹿洞附近的 Baros 地方）。”[④] 以上由印支半岛过马六甲海峡进入印度洋。

---

① 《隋书》卷82，中华书局2000年版，第1231页。

② 《隋书》卷82，中华书局2000年版，第1232页。

③ 彭德清主编：《中国航海史》，人民交通出版社1988年版，第131页。

④ 彭德清主编：《中国航海史》，人民交通出版社1988年版，第131页。

“又六日行至婆国迦蓝州（今尼克巴群岛）。又北（北字疑为十之误）四日行至师子国（今斯里兰卡）。其北海岸距南天竺大岸百里。又西四日行，经没来国（即印度西南部之奎隆，即宋代之故临），南天竺之最南境。又西北经十余小国，至婆罗门西境。又西北二日行，至拔䫻国（今不罗区）。又十日行，经天竺西境小国五，至提䫻国（今喀剌奇略东）；其国有弥兰大河，一曰新头河（今印度河），自北渤昆国来，西流至提䫻国北，入于海。”① 以上在印度洋绕行印度半岛。

“又自提䫻国西二十日行，经小国二十余，至提罗卢和国，一曰罗和异国（今波斯湾头阿巴丹附近），国人于海中立华表，夜则置炬其上，使舶人夜行不迷。又西一日行，至乌剌国（在巴士拉以东之奥布兰），乃大食国之弗利剌河（幼发拉底河），南入于海，小舟溯流，二日至末罗国（巴士拉），大食重镇也。又西北陆行千里，至茂门王所都缚达城（巴格达）。”② 以上由印度洋进入阿拉伯海湾。

“自婆罗门南境，从没来国至乌剌国，皆缘海东岸行；其西岸之西，皆大食国。其西最南谓之三兰国（Dares Salam，今坦桑尼亚之达累斯萨拉姆）。自三兰国正北二十日行，经小国十余，至没国（今之阿拉伯半岛南岸偏西部之某港）。又十日行，经小国六七，至萨伊瞿和竭国，当海西岸（应在今阿拉伯半岛凸出部之东隅）。又西六七日行，经小国六七、至没巽国（即今东临阿曼湾之苏哈尔港）。又西北十日行，经小国十余，至拔离诃磨难国。又一日行，至乌剌国，与东岸路合。”③ 以上绕行阿拉伯半岛至今奥布兰。

从广州至巴士拉港，所经地点大致包括今越南、马来西亚、印度尼西亚、斯里兰卡、印度、巴基斯坦、伊拉克等国沿海主要海港，主要通商对象是大食国即今阿拉伯世界（见图 16－1）。

20 世纪末陕西发现中唐杨良瑶神道碑，碑文记载杨良瑶在唐德宗“贞元元年四月，赐绯鱼袋，充聘国使于黑衣大食……届乎南海，舍陆登舟……挂帆凌汗漫之空，举棹乘颢淼之气……经过万国。播皇风于异俗，被声教于无垠。往返如期，成命不坠”④。今伊拉克的巴格达，就是当时黑衣大食国的首都。今人梁二平考证，杨良瑶西航波斯湾，是想与大食联手以困吐蕃。

---

① 彭德清主编：《中国航海史》，人民交通出版社 1988 年版，第 131 页。

② 彭德清主编：《中国航海史》，人民交通出版社 1988 年版，第 131—132 页。

③ 彭德清主编：《中国航海史》，人民交通出版社 1988 年版，第 132 页。

④ 张世民主编：《咸阳史话》，三秦出版社 2005 年版，第 294 页。

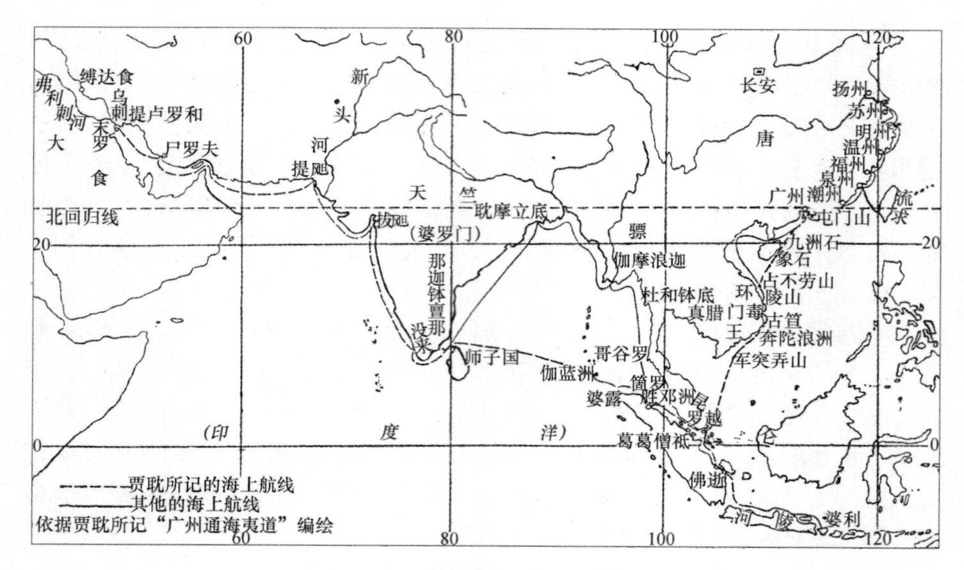


**图 16-1 唐代西洋航海路线示意图**

无独有偶，1998 年印度尼西亚勿里洞岛海域打捞出一艘公元 9 世纪的阿拉伯商船，船上"仅中国瓷器就达到 67000 多件"，"包括唐青花盘、邢窑碟、白釉绿彩及越窑秘色瓷和长沙窑瓷"[①]。其中长沙窑瓷碗上带有唐代宝历二年铭文，进一步坐实了唐代瓷器向阿拉伯世界航海远销。

唐朝文化昌盛，为东亚各国所深深向往。故东洋航线较南北朝陡然升温。唐代东洋航线包括通向渤海国、高丽国和日本国三条。

这些航线密切了唐与东洋诸国的关系。渤海国（698—926）受唐朝册封，"睿宗先天二年，遣郎将崔訢往册拜祚荣为左骁卫员外大将军、渤海郡王，仍以其所统为忽汗州，加授忽汗州都督，自是每岁遣使朝贡"[②]。其中"大历二年至十年，或频遣使来朝，或间岁而至，或岁内二三至者"[③]，成为唐的属国。

高丽、百济、新罗是大唐东北方向今朝鲜半岛三个文明古国，"新罗国，本弁韩之苗裔也。其国在汉时乐浪之地，东及南方俱限大海，西接百济，北邻高丽"[④]。可知百济、新罗和高丽为唐东北近邻。唐初与三国发生

① 卢东：《"黑石号"沉船文物和"莫塞德斯"沉船文物归属引发的思考》，《文物世界》2013 年第 2 期，第 62 页。

② 《旧唐书》卷 199，中华书局 2000 年版，第 3646 页。

③ 《旧唐书》卷 199，中华书局 2000 年版，第 3647 页。

④ 《旧唐书》卷 199，中华书局 2000 年版，第 3629 页。

过战争，贞观十九年（645），“命刑部尚书张亮为平壤道行军大总管，领将军常何等率江、淮、岭、硖劲卒四万，战船五百艘，自莱州泛海趋平壤。又以特进英国公李勣为辽东道行军大总管，礼部尚书江夏王道宗为副，领将军张士贵等率步骑六万趋辽东。两军合势，太宗亲御六军以会之”①。唐军一海一陆两路进兵，太宗另率六军为其后盾。声势军威可谓强盛，但未能让高丽屈服。

高宗年间，唐朝支持新罗兼并了高丽和百济。“显庆五年，命左武卫大将军苏定方为熊津道大总管，统水陆十万。仍令春秋为嵎夷道行军总管，与定方讨平百济，俘其王扶余义慈，献于阙下。自是新罗渐有高丽、百济之地。其界益大，西至于海。”② 之后，大唐与新罗进入和平交往时期。安史之乱后，仍然维持这种关系，如大历“七年，遣使金标石来贺正，授卫尉员外少卿，放还。八年，遣使来朝，并献金、银、牛黄、鱼牙紬、朝霞紬等。九年至十二年，比岁遣使来朝，或一岁再至”③。这只是官方组织的人、物往来，民间人、物往返也不在少数。

日本是东亚受唐文化影响最大的岛国，也是大唐东洋航线的终点国。文登至大阪航线，隋唐航海家耳熟能详。隋炀帝大业四年（608），“文林郎裴清使于倭国”④。海行路线，以今地名言之，从山东文登出发，取道朝鲜，经竹岛，过济州岛、对马岛，至壹岐岛、筑紫（北九州），再东行至山口县，最后到达大阪。这条航线也是天宝以前来华日人返回所取之道。

唐代中日航线南移（见图16－2），唐人赴日或日人返国，出发港多在扬州，从扬子江口入海，有时也从江苏盐城或浙江明州（今宁波）、越州（今绍兴）出发。船舶离港后便直接横渡东海，中途不作停泊，直达日本的奄美（大岛）。然后转向北航，到达难波（大阪）。

山东半岛登州、莱州，是唐与朝鲜、日本海上交往的北方港口。初盛唐，日本遣唐使团多从日本筑紫、壹岐出发，经百济、新罗（今朝鲜半岛），渡黄海在登、莱登陆。新罗到唐朝，一般是从朝鲜半岛的汉江口起航，经过渤海到达山东半岛的登州和莱州海口。为了接待新罗人，登州城（蓬莱）开设有新罗馆，莱州城（掖县）和文登城均设有新罗坊（所）。

---

① 《旧唐书》卷199，中华书局2000年版，第3621页。
② 《旧唐书》卷199，中华书局2000年版，第3630页。
③ 《旧唐书》卷199，中华书局2000年版，第3631页。
④ 《隋书》卷81，中华书局2000年版，第1226页。

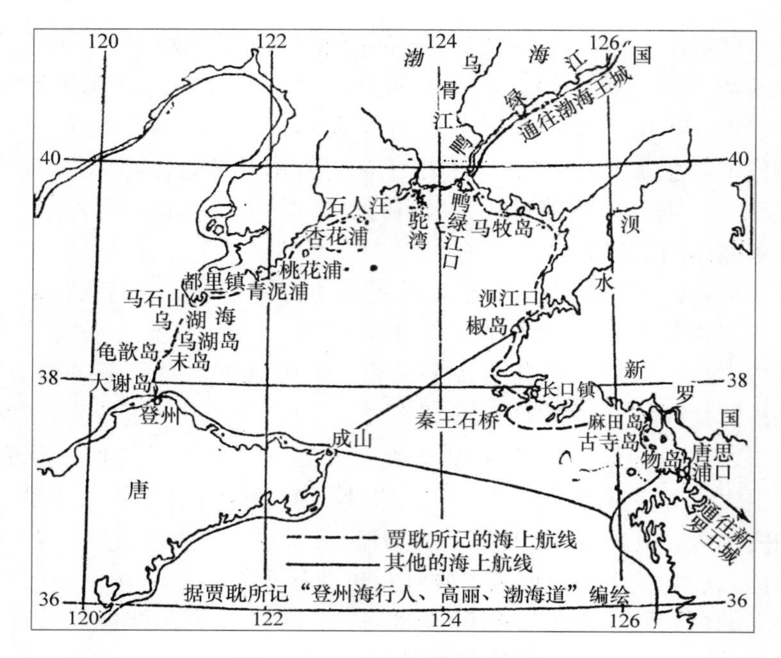


图 16－2 唐代东洋航线示意

淮河海口的楚州，长江海口的扬州，钱塘江海口的明州，是唐朝与东洋贸易和人员往来的主要口岸。从贞观四年到开成五年，日本先后派来“遣唐使”不下 13 次，中唐以后多取南路。其一为南岛路，“由筑紫的博多扬帆，沿九州西岸南下，从萨摩循种子岛、屋久岛、奄美等岛屿，并在奄美岛附近横渡中国海，在明州登陆，然后循浙东运河到杭州，再循江南运河到扬州，并由大运河至汴州、西安”；其二为南路，“从博多起航，至值嘉岛（五岛列岛）等候顺风，横渡中国海，在楚州（今江苏淮安）、扬州、明州等地登陆，再循大运河去西安，是为南路”①。返回日本时一般逆向循原路。

似乎从日本来唐朝用时短，从唐朝到日本用时长。按《头陀亲王入唐略记》，唐咸通五年（864）九月，日本真如法亲王入唐，在日本松浦郡柏岛建造海船并驾驶来华。九月三日从日本值嘉岛出发，顺风 7 天中午即到达明州，全程走了 5 天。若除去中途遇风下碇停航将近 1 天，实际航行只有 4 天。而《唐大和尚东征传》载，天宝十二载（753）十月二十九日，鉴真大师随回国的日本第 10 次遣唐使团从苏州常熟黄泗浦航海赴日，12

① 童隆福主编：《浙江航运史》，人民交通出版社 1993 年版，第 55—56 页。

月20日到达日本，用时1个月左右。

据日本学者考证，“唐朝商船开往日本的时期，都在四月到七月初旬，即大体限于夏季。这时中国沿海常刮西南季风，所以如趁此风就比较容易到达日本。其次，从日本赴唐的时期，也可从前表看出，以从八月底到九月初旬为最多。这一定是估计到台风期既过，快刮起冬季季节风才出海的”①。人员来往之外，唐朝和日本官方之间物资往来，主要以进贡和回赐形式进行；民间则主要靠商人贩运，唐朝输入日本的以佛经、诗文集、药品、香料、纺织品和瓷器为主，日本输入唐朝的主要有砂金、水银和锡。

## 第三节　唐代海运贸易管理

唐人开辟东西洋航线，客观上坚守丝绸之路，广泛与西亚、北非保持贸易交往，继承汉代以来海外贸易传统继而发扬光大；主观上则急功近利，是想获得海外运来的珍宝和从管理海外贸易中攫取利润。

唐代海外贸易主要港口是广州，其次是安南，朝廷在二地设市舶使管理中外商船。按唐文宗《大和八年疾愈德音》，“南海蕃舶本以慕化而来……其岭南、福建及扬州蕃客宜委节度观察使，除舶脚、收市、进奉外，任其来往，自为交易，不得重加率税”②，可知市舶使多以封疆大吏兼领。市舶管理主要职责有四：奏报阅货，蕃船至则有阅货宴，向社会公布蕃商舶来货物，蕃商返国时有饯别宴；征收舶脚，即下碇税，据乃劳特《见闻记》载，唐朝港口对蕃商征收十分之三的关税；收市，即官府首先购买来货；进奉，动员蕃商向皇上进献珍异物品，并将市舶使下碇税及收市所得货物进献朝廷。

个别市舶使还负有组织宫中所需奢侈品生产的使命，开元二年（714），“市舶使、右威卫中郎将周庆立、波斯僧及烈等广造奇器异巧以进，将以进内”。殿中侍御使、岭南监选使柳泽当即上书切谏：“庆立等雕镌诡物，置造奇器，用浮巧为珍玩，以诡怪为异宝，乃理国者之巨蠹，明王之所严罚。”③ 可见坚守治舶正道之难。

---

① 〔日〕木宫泰彦：《日中文化交流史》，胡锡年译，商务印书馆1980年版，第121页。

② （宋）宋敏求：《唐大诏令集》，《四库全书》，史部，第426册，上海古籍出版社1987年版，第99页。

③ （宋）王溥：《唐会要》，《四库全书》，史部，第606册，上海古籍出版社1987年版，第794页。

西洋来船入港既热闹又冷酷。“南海舶，外国船也，每岁至安南、广州。师子国舶最大，梯而上下，数丈，皆积宝货。至则本道奏报，郡邑为之喧阗。有蕃长为主，领市舶使籍其名物，纳舶脚，禁珍异。蕃商有以欺诈入牢狱者。舶发之后，海路必养白鸽为信，舶没则鸽虽数千里亦能归也。”[①] 外洋来船所载货物先行缴纳舶脚。隐瞒货物的以欺诈罪治之，会有牢狱之灾。

阿拉伯商人的事后回忆，侧面反映大唐的市舶管理：“海员从海上来到他们的国土，中国人便把商品存入货栈，保管六个月，直到最后一船海商到达时为止。他们提取十分之三的货物，把其余的十分之七交还商人。这是政府所需的物品，用最高的价格现钱购买，这一点是没有差错的。”[②] 政治清明时期还是颇有章法的。市舶司提取十分之三的舶来品，不是作为关税无偿征收，而是用最高的价格购买。

但多数时段，市舶使的实际操作很少按照皇帝诏书精神行事。由于皇宫对海外舶来品需要量大，皇帝有时也派宦官出任市舶使，这样的市舶使更容易破坏规矩、为非作歹。宝应二年（763），“十二月甲辰，宦官市舶使吕太一逐广南节度使张休，纵下大掠广州”[③]，为所欲为，至于谋反。杜甫《自平》写道：“自平中宫吕太一，收珠南海千余日。近供生犀翡翠稀，复恐征戍干戈密。”苏轼读解道：“吕宁，为太一宫使，领广南市舶，逐刺史张休而叛。乃晓太一非人名，官号也。”[④] 吕乱平定之初朝廷所得海外珠宝增多，后又逐渐减少，杜甫担心有人步吕太一后尘。

市舶使极易腐败堕落。王锷主政广州，“能计居人之业而榷其利，所得与两税相埒。锷以两税钱上供时进及供奉外，余皆自入。西南大海中诸国舶至，则尽没其利，由是锷家财富于公藏。日发十余艇，重以犀象珠贝，称商货而出诸境。周以岁时，循环不绝，凡八年，京师权门多富锷之财”[⑤]。可见中唐大吏的胆大妄为。以致广州市舶使“前腐后继”，多人不得善终，“时南海郡利兼水陆，瑰宝山积，刘巨鳞、彭杲相替为太守、五府节度，皆坐赃巨万而死”[⑥]。故而杜甫听说表侄王殊去掌市舶，写《送重

① （唐）李肇：《唐国史补》，《四库全书》，子部，第1035册，上海古籍出版社1987年版，第449页。

② 佚名：《中国印度见闻录》，穆根来等译，中华书局1983年版，第15页。

③ 《旧唐书》卷11，中华书局2000年版，第185页。

④ （宋）黄希源：《补注杜诗》，《四库全书》，集部，第1069册，上海古籍出版社1987年版，第214页。

⑤ 《旧唐书》卷101，中华书局2000年版，第2759页。

⑥ 《旧唐书》卷98，中华书局2000年版，第2079页。

表侄王殊评事使南海》一诗，“番禺亲贤领，筹运神功操。大夫出卢宋，宝贝休脂膏。洞主降接武，海胡舶千艘”①，要王殊学卢奂、宋璟出淤泥而不染，不要重蹈贪官污吏覆辙。

市舶使廉洁与否决定海外来商数量和港口贸易多少。清正市舶使李勉“兼岭南节度观察使。番禺贼帅冯崇道、桂州叛将朱济时等阻洞为乱，前后累岁，隐没十余州。勉至，遣将李观与容州刺史王翃并力招讨，悉斩之，五岭平。前后西域舶泛海至者才四五，勉性廉洁，舶来都不检阅，故末年至者四十余。在官累年，器用车服无增饰。及代归，至石门停舟，悉搜家人所贮南货犀象诸物，投之江中，耆老以为可继前朝宋璟、卢奂、李朝隐之徒。人吏诣阙请立碑，代宗许之”②。前任对蕃船任意加征商税，勒索钱财，每年进港蕃船不过四五只；李勉反其道而行，不几年外洋来船即增加八九倍。

韩愈《送郑权尚书序》有言：“其海外杂国，若躭浮罗、流求、毛人夷亶之洲，林邑、扶南、真腊、干陁利之属，东南际天地以万数，或时候风潮朝贡，蛮胡贾人舶交海中。若岭南帅得其人，则……外国之货日至，珠、香、象犀、玳瑁奇物溢于中国，不可胜用。”③ 如果鱼肉蕃商、巧取豪夺，则门庭冷落，连鬼都不上门。

---

① （宋）黄希源：《补注杜诗》，《四库全书》，集部，第1069册，上海古籍出版社1987年版，第305页。

② 《旧唐书》卷131，中华书局2000年版，第2472页。

③ （宋）李昉：《文苑英华》，《四库全书》，集部，第1340册，上海古籍出版社1987年版，第112—113页。

# 第十七章　五代运河和漕运

## 第一节　五代河北永济渠漕运

五代边防最大威胁来自契丹，抵御契丹入侵需要漕运支持。朱全忠篡唐自立时，后梁实际控制土地不与契丹接壤，与契丹接壤的是燕王刘仁恭和晋王李克用。当时朱梁、刘燕、李晋三方矛盾极深，朱梁以李晋为死敌，联络契丹、拉拢刘燕以图李晋；李晋也以朱梁为死敌，联络契丹、拉拢刘燕对付朱梁。刘燕只图自保，而契丹唯图刘燕。所以，隋人所开、唐末勉强能用的永济渠成为五代前期朱梁、刘燕、李晋军事角逐的水运砝码，谁能利用永济渠运兵运粮，谁就掌握了军事斗争的利器。

唐末梁初朱全忠进攻沧州时，梁将罗绍威“飞挽馈运，自邺至长芦五百里，叠迹重轨，不绝于路。又于魏州建元帅府署，沿道置亭候，供牲牢、酒备、军幕、什器，上下数十万人，一无阙者”①。这次军运可能水陆并用，而以永济渠水运为主。朱梁此战本握胜券，但梁将李嗣昭临阵倒戈，迫使朱全忠决策烧粮撤退，“先是，调河南北刍粮，水陆输军前，诸营山积。全忠将还，悉命焚之，烟炎数里，在舟中者凿而沉之”②。可见当时永济渠水运状况还好。

李存勖灭梁灭燕、建立后唐后，黄河流域归于统一。契丹与后唐接壤，军事冲突频繁。契丹以降将卢文进为向导入侵，当唐军反击时，频繁攻击后唐粮道，因此保障永济渠运道畅通成为后唐防守反击取胜的关键。明宗天成年间，定州王都叛乱，契丹军入侵增援，明宗以刘审交为转运军

① 《旧五代史》卷14，中华书局2000年版，第129页。

② （北宋）司马光：《资治通鉴》，《四库全书》，史部，第310册，上海古籍出版社1987年版，第202页。

供使、范延光为北面转运使，二人积极组织漕运，对于挫败契丹和王都发挥了至关重要的作用，故而战后明宗下诏，“诏邺都、幽、镇、沧、邢、易、定等州管内百姓，除正税外，放免诸色差配，以讨王都之役，有挽运之劳也”①。挽运，就是拉纤运粮，动员范围涉及一都六州百姓。

后唐尝到漕运饷军甜头，其后幽州大兴水利、广修运道，“长兴三年三月，幽州奏：重开府东南河路一百五十里，阔九十步，以通漕运。五月，幽州进呈新开东南河路图，自王马口至淤口，长一百六十五里，阔六十五步、深一丈二尺，可胜漕船千石”②。这实际上是恢复唐时永济渠北段运道，乱世而成如此高标准河工，实属不易。长兴三年（932），幽州节度使赵德均，“发河北数镇丁夫，开王马口至游口，以通水运，凡二百里。又于阎沟筑垒，以戍兵守之，因名良乡县，以备钞寇。又于幽州东筑三河城，北接蓟州，颇为形胜之要，部民由是稍得樵牧”③。除了开王马、城良乡，赵德均还城潞县，开三河运道，北宋史家王钦若记之甚详：“于州东五十里故潞县择潞河筑城，以兵守之，而近州民方敢耕稼。……又于其东筑三河城以遏虏寇，三河接蓟州有漕运之利。”④ 桑干河、潞水、洵水、沽水都在幽州东南的地方汇入永济渠。幽州为永济渠终点，赵德均在桑干河北筑良乡城，在潞水与洵水之间筑潞县城，在沽水与洵水筑三河城，以水路为纽带，构成完整防御体系，对于稳定北部边防其功非小。

石敬塘割燕云十六州予契丹后，原来支持幽州防务的沧州运道拒马河一线成为界河，石晋以至于后汉与契丹军事冲突处于劣势，契丹骑兵攻击永济渠中腰的贝州，晋、汉有朝不保夕之忧，直到契丹主南下途中病死危机才有所缓解。后周开国，尤其是世宗柴荣继位后，双方攻守情况发生了根本改变。

周世宗显德二年（955），“言事者称深、冀之间有胡卢河，横亘数百里，可浚之以限其奔突。诏忠武节度使王彦超、彰信节度使韩通将兵夫浚胡卢河，筑城于李晏口，留兵戍之”⑤。动议付诸实施后，后周对契丹渐有

---

① 《旧五代史》卷40，中华书局2000年版，第382页。

② （宋）王钦若：《册府元龟》，《四库全书》，子部，第910册，上海古籍出版社1987年版，第649页。

③ 《旧五代史》卷98，中华书局2000年版，第914页。

④ （宋）王钦若：《册府元龟》，《四库全书》，子部，第909册，上海古籍出版社1987年版，第198页。

⑤ （北宋）司马光：《资治通鉴》，《四库全书》，史部，第310册，上海古籍出版社1987年版，第701页。

攻势。显德六年（959）二月，世宗下诏大治京城四方运道，准备北攻契丹，“夏四月庚寅，韩通奏自沧州治水道入契丹境，栅于乾宁军。南补坏防，开游口三十六，遂通瀛、莫”。乾宁军、瀛州、莫州以北就是后周与契丹的界河。周世宗随即“至沧州，即日帅步骑数万发沧州，直趋契丹之境。河北州县非车驾所过，民间皆不之知。……契丹宁州刺史王洪举城降”①。随后大治水军，水陆俱下。兵锋所及，幽州城以南契丹两关（瓦桥关、益津关）、三城（宁州、瀛州、莫州）汉人守将望风归降，反映出永济渠的通运潜能和中原王朝的水上进兵优势。

## 第二节　五代十国河南运道

五代黄河以南运道治理。朱梁开国初都洛阳，后唐灭梁后也都洛阳，都需要通过洛水、黄河和汴渠漕运东方。后唐庄宗同光二年（924）二月，蔡州刺史朱勍奉诏浚索水，通漕运。明宗“长兴二年五月三日，敕应沿河船般仓，依北面转运司船般仓例，每一石于数内与之销破二升”。四年三月，“三司奏，洛河水运自洛口至京，往来牵船下卸，皆是水运，牙官每人管定四十石。今洛岸至仓门稍远，牙官运转维艰，近日例多逃走。今欲于沿河北岸别凿一湾，引船直至仓门下卸，其工欲于诸军傔人内差借”②。足见后唐倚重洛水、黄河漕运有成。

正是因为都洛阳，漕运有由汴入河、由河入洛的麻烦，后晋干脆将都城迁至汴梁，天福三年（938）冬十月，“帝以大梁舟车所会，便于漕运，丙辰建东京于汴州，为开封府”③。此后直到北宋历朝皆都汴梁，汴渠成为天下通漕主要运道。后晋都汴梁后不见治理汴渠记载，至后汉末年汴渠积累问题积重难返，治理迫在眉睫、刻不容缓，汉隐帝乾祐二年，有补阙卢振上言：“臣伏见汴河两岸，堤堰不牢，每年溃决，正当农时，劳民功役。以臣愚管，沿汴水有故河道、陂泽处，置立斗门，水涨溢时以分其势，即涝岁无漂沫之患，旱年获浇溉之饶，庶几编甿，差

① （北宋）司马光：《资治通鉴》，《四库全书》，史部，第310册，上海古籍出版社1987年版，第742页。

② （宋）王溥：《五代会要》，《四库全书》，史部，第607册，上海古籍出版社1987年版，第683页。

③ （宋）袁枢：《通鉴纪事本末》，《四库全书》，史部，第349册，上海古籍出版社1987年版，第134页。

免劳役。”[1] 可知当时汴渠之用的最大问题是夏秋水大常决，卢振的治理办法是设置泄水斗门，减少决口，免去百姓堵塞汴决的劳役。

十国运道治理。汴渠东南至泗州入淮，在楚州出淮入楚扬运河，五代缺少治理记载。扬州过江入润州江南河口，往南便是南唐和吴越境。两国于治理江南河皆有举措。南唐丹阳县境内有练湖，“湖水放一寸，河水涨一尺，旱可以灌溉，涝不致奔冲，其膏田几逾万顷”[2]。唐末战乱中湖坏，丹阳县令吕延桢发起整治练湖的工程，“为材役工，于古斗门基上，以土堰捺，及填补破缺处”。筑堤岸，拓湖身，经过整治的练湖涵养运河，“累放湖水灌注，使命商旅，舟船往来，免役牛牵。当县及诸人户，请水救田，臣并掘破湖岸给水”，吕延桢想一劳永逸，请求南唐朝廷“如将久远，须置斗门，方得通济。其斗门木植，须用梌楠，乞给省场板木起建”[3]。为国计谋深远，清循官吏风范可敬。

钱越置撩浅军，实现太湖治理常态化。“置都水营使以主水事，募卒为都，号曰‘撩浅军’，亦谓之‘撩清’；命于太湖旁置‘撩清卒’四部，凡七八千人，常为田事，治河筑堤，一路径下吴淞江，一路自急水港下淀山湖入海。居民旱则运水种田，涝则引水出田。又开东府南湖（即鉴湖），立法甚备。”[4] 钱越兴修水利值得关注的有三点：一是经常开浚太湖泄洪入海通道，确保流域不发生洪涝灾害。其中昆山境内者号新洋江，兼有太湖泄洪、灌溉冈身和沟通松江运道三种功能。二是治理鉴湖，改善浙东运道。三是管理太湖周边圩田，保证水田旱则可灌、涝则可泄，宋人谈钥《吴兴志》载：“太湖有沿湖之堤，多为溇，溇有斗门，制以巨木甚固，门各有闸板，旱则闭之以防溪水之走泄，有东北风亦闭之以防湖水之暴涨。舟行且有所檥，泊官主其事，为利浩博。”[5] 太湖水利管理精细到了无微不至的地步，因而钱越时期太湖流域水稻常熟，斗米不过钱 50 文。

十国海上贡运。所谓十国海上贡运，主要指南唐、吴越和闽三国从海上向五代和契丹进贡。当时相邻各国互相敌视，不允许对方通过自己境内

---

① （宋）王钦若：《册府元龟》，《四库全书》，子部，第 910 册，上海古籍出版社 1987 年版，第 650 页。

② 周绍良主编：《全唐文新编》，第 4 部，第 4 册，吉林文史出版社 2000 年版，第 10973—10974 页。

③ 周绍良主编：《全唐文新编》，第 4 部，第 4 册，吉林文史出版社 2000 年版，第 11974 页。

④ （清）吴任臣：《十国春秋》（全四册），中华书局 1983 年版，第 1090 页。

⑤ （清）郑元庆：《石柱记笺释》，《四库全书》，子部，第 588 册，上海古籍出版社 1987 年版，第 463 页。

运输。同时各国为了生存往往与邻国的敌国结好，以收夹击和牵制之效。故而临海各国只能出海贡运，寻求依靠。

南唐以淮北的五代为最大威胁，故而经黄海、东海至渤海交好契丹。南唐名臣韩熙载有言："唐自烈祖以来，常遣使泛海与契丹相结。欲与之共制中国，更相馈遗，约为兄弟。"① 这是典型的贡运。南唐是主动进贡者，契丹收了南唐海上贡来礼物，也让使者带回一些北方物产。南唐绕过梁唐、贡运契丹有多种选择，或从金陵出江口，或从楚州出淮口。然后越过东海和黄海，至渤海入契丹境。

闽王王审知以钱越、杨吴、南唐为最大威胁，故而常常挟朱梁以自重。《资治通鉴》载：闽国向朱梁贡运，"岁自海道登、莱入贡，没溺者什四五"。胡三省注："自福建入贡大梁，陆行当由信取饶、池界度江，取舒、庐、寿度淮而后入梁境。然自信、饶至庐、寿皆属杨氏，而朱、杨为世仇，不可得而假道。故航海入贡。今自福州洋过温州洋，取台州洋过天门山入明州象山洋，过涔江掠洌港直东北度大洋，抵登、莱岸，风涛至险，故没溺者众。"② 闽的海上贡运较南唐路远道险，损失率居高不下。

钱越向后梁海上贡运。后梁末帝贞明年间，"先是，吴越王镠常自虔州入贡。至是道绝，始自海道出登、莱抵大梁"③。一直延续到后唐庄宗在位期间，同光二年（924），"吴越王镠复修本朝职贡"。胡三省注："钱镠，本唐臣。唐亡事梁，梁亡复事唐，故云复修本朝职贡。"④ 今人王振芳据此得出结论，"这里所谓'本朝职贡'，大约是沿袭唐后期州县赋税三分，其一上供朝廷的办法，而唐后期的赋税很多是征收实物的，以此推之，吴越当时是向中原王朝通过海路贡运过较多实物的，这样就实际形成了海运"⑤。钱越无论兴修水利还是坚持海运都大有作为。

---

① （北宋）司马光：《资治通鉴》，《四库全书》，史部，第310册，上海古籍出版社1987年版，第672页。

② （北宋）司马光：《资治通鉴》，《四库全书》，史部，第310册，上海古籍出版社1987年版，第233页。

③ （北宋）司马光：《资治通鉴》，《四库全书》，史部，第310册，上海古籍出版社1987年版，第302页。

④ （北宋）司马光：《资治通鉴》，《四库全书》，史部，第310册，上海古籍出版社1987年版，第355页。

⑤ 王振芳：《唐五代海运勾沉》，《山西大学学报》1989年第1期，第71页。

## 第三节 周世宗开创运道新局

周世宗柴荣是五代最天纵英才、有文韬武略的政治家、军事家。他不仅初开天下一统局面，而且以汴梁为中心构建水运体系，奠定北宋漕运规模气度。

整治汴渠运道。显德二年（955），“汴水自唐末溃决，自埇桥东南悉为污泽。上谋击唐，先命武宁节度使武行德发民夫，因故堤疏导之，东至泗上。议者皆以为难成，上曰：‘数年之后，必获其利。’”胡三省注：“谓淮南既平，借以通漕将获其利也。”① 于军事胜负未卜之时，想到全胜后水运长利，非英明之主谁有此见识。显德四年（957）四月，“诏疏汴水北入五丈河，由是齐、鲁舟楫皆达于大梁”②。五丈河在汴梁安远门外，“唐武后时引汴水入白沟，接注湛渠，以通曹、兖之赋。因其阔五丈，名五丈河，即白沟河之下流也，唐末湮塞”③。齐鲁之粟通过五丈河直达汴梁城外，既高效又安全。

通淮河入山阳渎水道。显德五年（958）正月，周世宗率师进攻南唐，“庚寅，发楚州管内丁壮开鹳河，以通运路”④。后周、南唐军事对峙中，楚州南北的淮河、运河被人为阻断，进兵当然要打通水路。《资治通鉴》卷294对开鹳河来龙去脉言之详尽：显德五年正月“上欲引战舰自淮入江，阻北神堰不得度。欲凿楚州西北鹳水，以通其道。遣使行视，还言地形不便，计功甚多。上自往视之，授以规画，发楚州民夫浚之，旬日而成，用功甚省。巨舰数百艘皆达于江，唐人大惊以为神”⑤。北神镇在楚州城北五里，吴王夫差开邗沟通江淮，因为淮水低，邗沟水高，立北神堰防邗沟水泄。江南漕船至此要翻堰入淮，后人称之为平水堰。伐南唐的周军有战舰配置，自汴水入泗入淮，为北神堰所阻，不能像民船那样度堰入

① （北宋）司马光：《资治通鉴》，《四库全书》，史部，第310册，上海古籍出版社1987年版，第706页。

② （北宋）司马光：《资治通鉴》，《四库全书》，史部，第310册，上海古籍出版社1987年版，第728页。

③ （明）李濂：《汴京遗迹志》，《四库全书》，史部，第587册，上海古籍出版社1987年版，第581页。

④ 《旧五代史》卷118，中华书局2000年版，第1091页。

⑤ （北宋）司马光：《资治通鉴》，《四库全书》，史部，第310册，上海古籍出版社1987年版，第732页。

淮，进入山阳渎南下。周世宗亲自踏勘，明授臣下开河要领。开河施工10天，用工省而通船便，几百艘战舰得以顺利进入山阳渎。

周世宗此征以南唐割江北地臣服结束，胜因是周人出人意外地开鹳河，数百艘战舰顺利通过山阳渎进入长江，迅速而直接地威胁金陵。周世宗次年更大规模地整治以汴梁为中心的运河体系，“显德六年……二月丙子朔，命王朴如河阴按行河堤，立斗门于汴口。壬午，命侍卫都指挥使韩通、宣徽南院使吴廷祚发徐、宿、宋、单等州丁夫数万浚汴水。甲申，命马军都指挥使韩令坤，自大梁城东导汴水入于蔡水，以通陈、颍之漕，命步军都指挥使袁彦，浚五丈渠东过曹、济、梁山泊，以通青郓之漕，发畿内及滑、亳丁夫数千以供其役”①。主要工程指向有三：一是对汴水在河阴县的黄河取水口立斗门，以便更好地调节取水大小，然后发夫数万重新挑浚汴河；二是在显德二年导汴入五丈河以通齐鲁舟楫的基础上，进一步开通梁山泊水系，以通青、郓之漕；三是导汴水通蔡水，向南以通陈、颍之漕。这样，就基本构成了以汴渠为中心，东北、东南、南三条运河干线，加上河阴汴口两侧的黄河运道，已是相当完整的漕运体系。

周世宗的开河和漕运作为对北宋影响巨大，正如朱偰先生所言：“五代之中，惟后周比较注意水利。周建都开封，以汴河为运输枢纽。汴河东南流入通济渠，通济渠东南流入淮，可通江、淮一带。汴河正东流入五丈渠，五丈渠又东流过曹州、济州，入梁山泊，可通齐、鲁一带。汴河南流入蔡水，蔡水东南流经陈州入淮，可通陈、颍一带（按后周及宋代蔡水不入于颍，而由怀远军入淮）。于是开封水运，四通八达，奠定北宋东京繁荣的基础。”② 此论独具慧眼，中肯公允。

---

① （北宋）司马光：《资治通鉴》，《四库全书》，史部，第310册，上海古籍出版社1987年版，第742页。

② 朱偰：《中国运河史料选辑》，中华书局1962年版，第33页。

# 第十八章　北宋漕运水道布局

## 第一节　北宋漕运立国

北宋因水运优势建都汴梁，京城长驻重兵以自固，重兵军需供应高度依赖漕运接济。

宋初建都于何地，有两派意见。并非没有人主张学汉唐都长安、洛阳，宋太祖就是这样一位具有战略眼光的政治家。开宝九年（976）二月“丙子，车驾发京师。辛未上至西京。……上生于洛阳，乐其土风，尝有迁都之意。始议西幸，起居郎李符上书陈八难，左右厢都指挥使李怀忠乘间言：大梁根本，安固已久，不可动摇。上亦弗从。晋王言迁都非便，上曰：迁河南未已，久当迁长安。王叩头切谏，上曰：吾将西迁者无他，欲据山河之胜，而去冗兵，循周汉故事以安天下也。王又言：在德不在险。上不答，王出。上顾左右曰：晋王之言固善，今姑从之。不出百年，天下民力殚矣”①。可见当时当权派绝大多数都是迁都的反对者，宋太祖孤掌难鸣，况且在德不在险也有一定道理，于是放弃迁都。

从表面上看，宋初水运优势论战胜了山川之险论，迁都之议胎死腹中，本质上反映了最高统治者主意不坚和统治集团因循守旧。“国初所以不都关中而都汴者，以灵武、燕蓟之地未复也。然洛与汴皆河南之土，洛之险犹可恃，而汴则无险可畏也。欲为四方有事之备，则当都洛阳，高城深池，坚甲重兵，以杜诸夏不虞之备、伐北夷深入之谋。若已都汴，则不得不以守四夷为说，此我太祖所以有都西京之议也。然都汴固不得

① 《宋史全文》，《四库全书》，史部，第330册，上海古籍出版社1987年版，第55页。

已，都西京亦不得已也。使太祖收灵夏、复燕蓟，则必都长安矣。”① 宋太祖缺少瞅准了的事就埋头干到底的劲头，只能向多数人妥协。晋王等人反对迁都，主要原因是苟安于眼前漕运的安逸，哲学上奉行存在就是合理、习惯即成事实，而惧怕任何变动。

都汴被固定下来，必然遵循以漕运养重兵、以重兵守都城的国策。这一国策在宋初就存在，北宋中期才由张方平将之阐明：“今之京师，古所谓陈留，天下四冲八达之地者也。……自唐末朱温受封于梁，因而建都。至于石晋割幽蓟之地以入契丹，遂与强敌共平原之利。故五代争夺，戎马生郊，其患由乎畿甸无藩篱之限，本根无所庇也。祖宗受命，规摹毕讲，不还周汉之宇，而梁氏是因。非乐是而处之，势有所不获已者。大体利漕运而赡师旅，依重师而为国也。则是今日之势，国依兵而立，兵以食为命，食以漕运为本，今仰食于官廪者不惟三军，至于京城士庶以亿万计，大半待饱于军稍之余。故国家于漕事最急最重。”② 周世宗奠定的运河和漕运格局被北宋所固守。

《宋会要辑稿》概括北宋漕运水道（见图 18－1）颇为切中肯綮。首先，天下漕运有四路：其一，以汴渠漕运江淮，“凡水运，自江、淮南、两浙、荆湖南北路，运每岁租籴至真、扬、楚、泗州，置转般仓受纳，分调舟船，计纲泝流入汴，至京师，发运使领之。诸州钱帛、杂物、军器上供亦如之”。北宋前期，天下行转般，上江、下江来船运送粮物、钱帛、军器分别入真、扬、楚、泗四仓，然后分调他船从四仓装运入汴京。其二，黄河上游之运，“陕西诸州菽粟自黄河三门沿流入汴，亦至京师，三门白波发运使、判官、催纲领之”。漕运关中粮物顺流过三门之险，较汉唐重运逆流过三门为易。其三，惠民河、蔡河运“陈、颍、许、蔡、光、寿诸州之粟帛，自石塘、惠民河沿泝而至，置催纲领之”。这路漕运指向淮河中上游的淮南西路，当时天下粮食高产区。其四，广济河京东之运，“京东诸州军粟帛自广济河而至。亦置催纲领之”③。京东指汴梁以东广大地区，主要是齐鲁农业区。

今人史念海考证，宋代这几条运河，唐人都有开凿史。“汴河仍唐之旧；惠民河就是唐代的蔡河；广济河就是唐代武后时所开的湛渠，后来称

① （宋）吕中：《宋大事记讲义》，《四库全书》，史部，第 686 册，上海古籍出版社 1987 年版，第 219 页。

② （宋）张方平：《乐全集》，《四库全书》，集部，第 1104 册，上海古籍出版社 1987 年版，第 228 页。

③ 刘琳等点校：《宋会要辑稿》，第 12 册，上海古籍出版社 2014 年版，第 7029 页上栏。

作五丈渠或五丈河的。”① 应该补充一句，这几条运河也都经后周世宗重新整治。

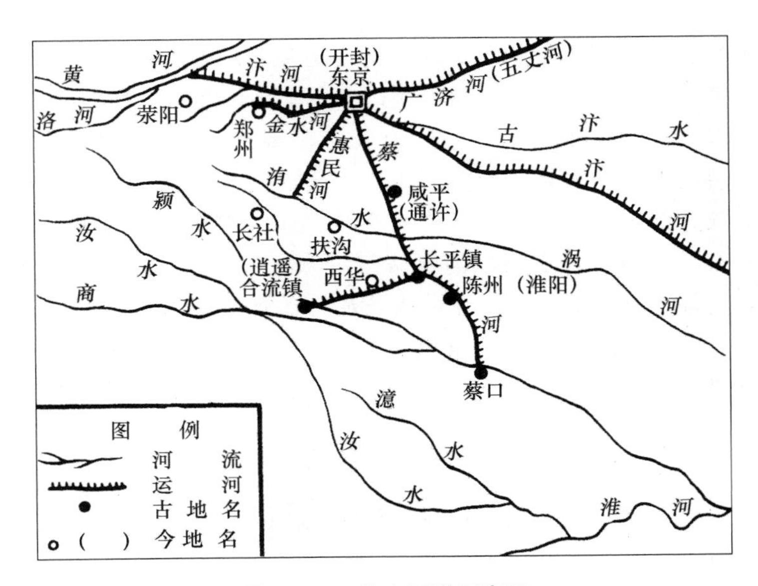


图 18－1　北宋运道示意图

其次，天下漕运规模，“四河所运，国初未有定数。太平兴国六年，始制汴河岁运江淮粳米三百万石、豆百万石，黄河粟五十万石、豆三十万石，惠民河粟四十万石、豆二十万石，广济河粟十二万石，凡五百五十万石。或水旱，蠲放民租，随减其数。至道初，汴运米五百八十万石，大中祥符初七百万石，此最登之数也”②。其漕运规模，在古代中国空前绝后。

再次，漕运粮食之外，四川境内租市之布集中于嘉州，装船出三峡，“川、益诸州租市之布，自嘉州水运至荆南，自荆南改装舟船，遣纲送京师，岁六十六万匹，分十纲。旧至百万匹，后累减数”。之所以在荆南换船，只因蜀船适宜行峡江，而荆南以东江流宽缓可行大船。“江南、荆湖、两浙、建、剑诸州军租市茶，亦水运，计纲分送沿江诸榷务筭卖。”③ 江南茶叶不运汴京，只运沿江榷茶务算卖。运输方式除运河舟船之外，还有自然江河舟船长运，甚至水、陆交替而运，如广南东、西两路粮食之外的其

① 史念海：《中国的运河》，陕西人民出版社 1988 年版，第 219 页。
② 刘琳等点校：《宋会要辑稿》，第 12 册，上海古籍出版社 2014 年版，第 7029 页下栏。
③ 刘琳等点校：《宋会要辑稿》，第 12 册，上海古籍出版社 2014 年版，第 7029 页下栏。

他物品，“又广南金银、香药、犀象、百货陆运至虔州，而水运入京师。天禧末，诸州军水运、陆运上供金帛缗钱二十三万一千余贯两端匹，珠宝、香药三十七万五千余斤”。虔州大观年间改赣州，广南诸物陆运过五岭，至赣州装船通过鄱阳湖、长江、楚扬运河北运。

再其次，黄河以北由御河运粮饷边，“河北卫州东北有御河达乾宁军，运军食馈边，其运物亦廷臣主之”①。乾宁军地近幽州，为北宋边防重地。故有御河漕运支撑。宋人所说御河相当于唐时的永济渠截头去尾的中间一段，所谓截头指唐末沁水入黄河淤塞不通，宋人的御河以卫州百门泉为水源；所谓去尾是指唐时幽州境内永济渠沦入辽国。今人考证，“宋初由京师运到河北各地的军饷，是由汴河入黄河，运到黎阳（今河南浚县东北），或者马陵道口（今河北大名县南），再以车辆搬到御河沿岸，装船下运”②。车船交替，大不如唐。

## 第二节　北宋汴渠运道

北宋漕运虽有四路，但主干道是汴渠。“宋都大梁，以孟州河阴县南为汴首受黄河之口，属于淮、泗。每岁自春及冬，常于河口均调水势，止深六尺，以通行重载为准。岁漕江、淮、湖、浙米数百万，及至东南之产，百物众宝，不可胜计。又下西山之薪炭，以输京师之粟，以振河北之急，内外仰给焉。故于诸水，莫此为重。其浅深有度，置官以司之，都水监总察之。然大河向背不常，故河口岁易；易则度地形，相水势，为口以逆之。遇春首辄调数州之民，劳费不赀，役者多溺死。吏又并缘侵渔，而京师常有决溢之虞。”③ 可知北宋汴渠管理较唐为棘手：一是汴口取水量很难控制得恰到好处，一般情况下重运漕船需要水深 6 尺，汴口所入河水量过小，则船涩难行，来水过大，则汴渠决溢，为害两岸。二是过水泥沙沉积抬高河床，需要不断挑浚才能行水过船。这两个问题唐朝虽然也存在，但不过数年一治即可维持，而北宋不仅需要频繁治理，而且治理投入越来越大。

太宗年间，上述两个难题同时凸显。太平兴国“二年七月，开封府

① 刘琳等点校：《宋会要辑稿》，第 12 册，上海古籍出版社 2014 年版，第 7029 页下栏。
② 史念海：《中国的运河》，陕西人民出版社 1988 年版，第 241 页。
③ 《宋史》卷 93，中华书局 2000 年版，第 1558 页。

言：‘汴水溢坏开封大宁堤，浸民田，害稼。’诏发怀、孟丁夫三千五百人塞之”[①]。不是黄河决口，只是汴渠决口，堵塞决口就需要动用数千人，说明汴渠已为地上悬河，河床高于两岸很多。“三年正月，发军士千人复汴口。”所谓复汴口，即重新挑浚取水口，或由新口回归旧口。当年“六月，宋州言：‘宁陵县河溢，堤决。’诏发宋、亳丁夫四千五百人，分遣使臣护役。四年八月，又决于宋城县，以本州诸县人夫三千五百人塞之”[②]。看来，复汴口并没有带来河安汴通，不到半年就汴决宁陵，一年两个月后又决宋城。太宗淳化二年（991）六月，汴堤居然一月两决，一次决于京城之中，“淳化二年六月，汴水决浚仪县。帝乘步辇出乾元门，宰相、枢密迎谒。帝曰：‘东京养甲兵数十万，居人百万家，天下转漕，仰给在此一渠水，朕安得不顾。’车驾入泥淖中，行百余步，从臣震恐。殿前都指挥使戴兴叩头恳请回驭，遂捧辇出泥淖中。诏兴督步卒数千塞之。日未旰，水势遂定”。另一次决于宋城，“是月，汴又决于宋城县，发近县丁夫二千人塞之”[③]。如此频繁决口，唐时无此事，五代也很少见。

人们不禁要问，唐人也以汴渠漕运江淮，为何唯独宋太宗年间汴渠决口如此频繁？答案只有一个，初盛唐对盘踞蒙古草原的突厥用兵大胜，黄河上游农耕区扩张，导致黄河含沙量剧增。加上五代战乱频仍，统治阶级无暇治理河、汴，积累问题至宋初总爆发所致。中唐元结有言：“开元、天宝之中，耕者益力，四海之内，高山绝壑，耒耜亦满。人家粮储皆及数岁，太仓委积陈腐不可校量。”[④] 概括唐代农耕扩张、游牧萎缩相当到位。今人认定，“宋代黄河泥沙含量已超过50%；沙漠化速度加快，位于毛乌素沙漠中的统万城、宥州城等古城相继被流沙所掩埋；湖泊缩小；黄河又泛滥频繁。整个环境质量每况愈下，这是中国生态环境第二次恶化时期”[⑤]，导致黄河和汴渠河身抬高加快，地上悬河特征越来越明显，宋人汴渠漕运成本大增。

宋人利用汴河造福社稷的同时，治汴通漕负担也越来越沉重。真宗朝堵决之后要祭祀水神祈求保佑，如“真宗景德元年九月，宋州言汴河决，浸民田，坏庐舍。遣使护塞，逾月功就。三年六月，京城汴水暴涨，诏觇

① 《宋史》卷93，中华书局2000年版，第1558页。
② 《宋史》卷93，中华书局2000年版，第1558页。
③ 《宋史》卷93，中华书局2000年版，第1558页。
④ （唐）元结：《次山集》，《四库全书》，集部，第1071册，上海古籍出版社1987年版，第552页。
⑤ 中国社会调查所：《中国国情报告》，辽宁人民出版社1990年版，第213页。

候水势，并工修补，增起堤岸。工毕，复遣使致祭”①。汴河决口月余方能堵塞，可见灾情之大、为害之酷，无怪乎宋真宗要遣使祭神了。后来汴口调节、汴渠挑浚筑堤多管齐下，“大中祥符二年八月，汴水涨溢，自京至郑州，浸道路。诏选使乘传减汴口水势。既而水减，阻滞漕运，复遣浚汴口”②。黄河主溜滚动不定，汴口要年年开、不停移以适应滚动着的黄河大溜。同时每年河水大小不定、涨落不定，取水口需要随着水情变化调整大小深浅。故而有时减了增、增了减，很难把握，堵决则更加不易。只好谋划防决于未决之前。大中祥符“八年六月，诏自今后汴水添涨及七尺五寸，即遣禁兵三千，沿河防护。八月，太常少卿马元方请浚汴河中流，阔五丈，深五尺，可省修堤之费”③。可见修堤早已常态化，而且开销很大。马元方变修堤为挑河，不仅可以省费用，而且可抑制汴渠过快的悬河进程。马元方的挑河方案经踏勘使者韦继昇打折扣，最终得以“自泗州夹冈”起挑，“用工八十六万五千四百二十八，以宿、亳丁夫充，计减工七百三十一万”④ 实施。

仁宗朝汴渠水情形势严峻，治理汴渠难度加大，应对更为顽强（见表18－1）。

表18－1　**北宋仁宗年间汴渠治理举措**

| 时间＼内容 | 制度变革 | 工程实施 |
|---|---|---|
| 天圣六年 | 勾当汴口，一职二人 | 增减斗门，别窦减水 |
| 皇祐二年 | 诏河渠司岁一浚汴河 | 修中牟汴堤 |
| 嘉祐三年 | 设都水监，罢河渠司 | 以都水监主管治汴 |
| 嘉祐六年 | 都水监治汴 | 木岸狭河 |

仁宗朝治汴通漕较真宗朝的进步表现在：一是进一步加强汴渠的汴口调节、汴渠挑浚和筑堤护堤步入常态管理，改真宗年间对汴渠“三五年一浚”为一年一浚；二是先后添置勾当汴口、河渠司、都水监衙门，加强治

① 《宋史》卷93，中华书局2000年版，第1561页。
② 《宋史》卷93，中华书局2000年版，第1561页。
③ 《宋史》卷93，中华书局2000年版，第1561页。
④ （宋）李焘：《续资治通鉴长编》，《四库全书》，史部，第315册，上海古籍出版社1987年版，第353页。

理领导。同时，推广木岸束水和斗门减水技术。

汴河是条小型的黄河，细沙为底，河岸容易形成缓坡，河漕容易形成宽广浅水。以木做岸束水致深，使宽浅处变得窄深，便于行船。木岸束水和减水防决真宗朝已有实践，至仁宗朝始大力行之。大中祥符八年（1015）六月韦继昇奉命踏勘挑浚汴渠中下游工程可行性，回奏有言："请于沿河作头踏道擗岸，其浅处为锯牙，以束水势，使水势峻急，河流得以下泻。……又于中牟、荥泽各开减水河。"[①] 得到真宗批准，得以付诸实施，但韦继昇当时未能预筹木岸材料来源，估计实施规模有限。这一措施至仁宗朝始大行之。

仁宗嘉祐六年（1061），"汴水浅涩，常稽运漕。都水奏：'河自应天府抵泗州，直流湍驶无所阻。惟应天府上至汴口，或岸阔浅漫，宜限以六十步阔，于此则为木岸狭河，扼束水势令深驶。梢，伐岸木可足也。'遂下诏兴役……役既半，岸木不足，募民出杂梢。岸成而言者始息。旧曲滩漫流，多稽留覆溺处，悉为驶直平夷，操舟往来便之"[②]。伐汴堤杨柳、募民出杂木做木岸，变曲滩浅水为直深航道，通航效果出奇的好。此项工程"凡用木楗、竹索三百八十四万二百，役工百八十六万四千，为岸三万一千四百步"[③]。十分舍得人、物投入。

神宗朝治汴通漕极富否定传统精神，但尊重客观规律不够，实践成败相参，前后否定现象严重。一是改汴口只开一口为两口同开，"熙宁四年，创开訾家口，日役夫四万，饶一月而成。才三月已浅淀，乃复开旧口，役万工，四日而水稍顺"。足见訾家口不如旧口，但当局坚持两口并开，"有应舜臣者，独谓新口在孤柏岭下，当河流之冲，其便利可常用勿易，水大则泄以斗门，水小则为辅渠于下流以益之"[④]。此后，汴口常开两口。

二是改转般为直达。先前漕运行之有效的做法，是设仓转般，江船不入汴、汴船不下江；同时严冬塞汴口停运，避免黄河冰块沿汴渠下行撞坏漕船。熙宁六年（1073）"十一月，范子奇建议：冬不闭汴口，以外江纲运直入汴至京，废运般。安石以为然。诏汴口官吏相视，卒用其说"[⑤]。直

① （宋）李焘：《续资治通鉴长编》，《四库全书》，史部，第315册，上海古籍出版社1987年版，第353页。

② 《宋史》卷93，中华书局2000年版，第1562页。

③ （宋）王应麟：《玉海》，《四库全书》，子部，第943册，上海古籍出版社1987年版，第552页。

④ 《宋史》卷93，中华书局2000年版，第1562页。

⑤ 《宋史》卷93，中华书局2000年版，第1563页。

达法虽然快捷，无奈汴水流冰容不得行船，于是又恢复旧制。

熙丰变法期间，治汴通漕大计随人事变化变动不已。熙宁七年（1074），王安石首次罢相，韩绛、吕惠卿认可“御史盛陶谓汴河开两口非便，命同判都水监宋昌言视两口水势……昌言请塞訾家口，而留辅渠”，于是塞一口而留一口。“八年春，安石再相……七月，叔献又言：‘岁开汴口作生河，侵民田，调夫役。今惟用訾家口，减人夫、物料各以万计，乞减河清一指挥。’从之。未几，汴水大涨，至深一丈二尺，于是复请权闭汴口。”① 如同儿戏。

熙丰变法带来一个负面效应，是新旧党争拿治水通漕意气用事。神宗元丰年间实施的清汴工程最具革新精神和坚守价值，但元祐年间旧党执政竟予以废除，绍圣年间又予以恢复。拉锯般反复，全无出以公心、实事求是精神。

元丰元年（1078）五月，供奉官张从惠力倡引洛入汴，知都水监丞范子渊全力支持，言清汴工程有十利，清洛入汴则可免一切堵决、挑浚、筑堤、木岸麻烦和开支。元丰二年（1079）初，神宗先后遣二使行视，其中之一为内供奉宋用臣，他力挺清汴原议，且做出施工方案，得到神宗首肯。同年三月，宋用臣主持清汴工程开工，“六月戊申，清汴成，凡用工四十五日。自任村沙口至河阴县瓦亭子；并汜水关北通黄河，接运河，长五十一里。两岸为堤总长一百三里，引洛水入汴。七月甲子，闭汴口，徙官吏、河清卒于新洛口”②。工程完工后，汴渠与黄水告别，以洛水为水源行漕。

今人史念海考证：导洛入汴存在“缺陷。当时在广武山下河滩上所筑的大堤，目的本是阻挡河水南侵。但是当时还顾虑着两宗事情：第一，洛水高涨之时，汴河容纳不下，余水如何归宿；第二，黄河的船舶向来直入汴河，这时还希望保持旧日的成规。因为有这两点顾虑，所以筑堤的时候，在堤上留了一个斗门，使黄河和汴河不致断了关系。最初导洛入汴，洛水很清，汴河也就成了清汴。后来黄河大溜南徙，逼近大堤，河水就由斗门侵入汴河，这一下清汴又成了浊汴”③。虽然清汴工程改革精神贯彻得不太彻底，但可以通过后续工程完善，长期坚持社会效益十分可观。

但是元祐年间旧党执政，居然意气用事地全盘否定清汴工程，重新引

① 《宋史》卷93，中华书局2000年版，第1563页。

② 《宋史》卷94，中华书局2000年版，第1566页。

③ 史念海：《中国的运河》，陕西人民出版社1988年版，第230—231页。

黄水入汴，元祐“五年十月癸巳，乃诏导河水入汴”[1]。绍圣元年新党势力抬头，又启动引洛入汴。治汴通漕成了党争报复对方的筹码。

## 第三节　北宋广济河运道

五代周世宗所开五丈河（入宋后被改造为广济河），是以汴渠也就是以黄河为水源，多淤易溃。宋太祖得国，鉴于五丈河为泥沙所塞，建隆二年“发曹、单丁夫数万浚五丈河”下游，“自都城北历曹、济及郓以通东方之漕”。给事中刘载督办，浚河从汴梁城北经过曹、济二州直到郓州。然后截断汴水另找水源，“命右监门将军陈承昭，于京城之西夹便河造斗门，自荥阳凿渠百余里，引京、索二水通城壕、入斗门，架流于汴，东汇于五丈河，以便东北漕运”[2]。这说明太祖意识到黄河有害于运道，而以清水代替黄水为水源。

宋太祖十分关注京城一带的治水工程。建隆二年陈承昭造斗门成，“车驾临观”。乾德三年（965），“引五丈河造西水碓成，上临观”。开宝六年（973），赐五丈河名广济河。此后直到太平兴国三年，宋人安享广济之利达17年之久。太宗在位期间仅浚一次，“兴国三年正月，发近县民浚之。四年九月，名水门曰咸通”[3]。可见宋初改五丈河水源之举得当。

广济河水源京、索二水虽清，但既有斗门与汴渠相通，汴渠河身抬高后广济河难免受其泥沙之害。真宗景德二年（1005）六月，开封府奏报：“京西沿汴万胜镇，先置斗门，以减河水，今汴河分注浊水入广济河，堙塞不利。”宋真宗广询斗门原委，得知“此斗门本李继源所造”，当初建造它的本意是“因京、索河遇雨即泛流入汴，遂置斗门，以便通泄”[4]。设置斗门本意是方便泄广济河多余之水入汴渠，不想汴渠河身增高很快，汴水反而极易通过斗门侵入广济河。

宋真宗却不同意堵塞此门，臣下只好按其意旨行事，“多用巨石，高

---

① 《宋史》卷94，中华书局2000年版，第1568页。

② （宋）王应麟：《玉海》，《四库全书》，子部，第943册，上海古籍出版社1987年版，第554页。

③ （宋）王应麟：《玉海》，《四库全书》，子部，第943册，上海古籍出版社1987年版，第554页。

④ 《宋史》卷94，中华书局2000年版，第1572页。

置斗门，水虽甚大，而余波亦可减去”[1]，继续听任黄河浊流过斗门入广济河，严重背弃太祖当年初衷，见识何其低下。

糟糕的事情还在后头。真宗、仁宗年间，还在广济河的末端大兴河工，旨在开凿新河沟通广济河于汴、淮，甚至黄河。景德“三年，内侍赵守伦建议：自京东分广济河由定陶至徐州入清河，以达江、湖漕路”，旨在让广济流域漕粮由浊汴运送汴梁。“役既成，遣使覆视，绘图来上。帝以地有隆阜，而水势极浅，虽置堰埭，又历吕梁滩碛之险，非可漕运，罢之。”[2] 弃清就浊，赵守伦的动议一开始就是错的。真宗未能在动工前否决，已是不幸。工成之后才发现其谬，何其晚也？更为不幸的是，“庆历中，又浚徐沛之清河、任城金乡之大义河，以通漕运”[3]。仁宗年间还有人继其遗轨盲目实践。

仁宗天圣六年（1028）七月，“阎贻庆言：‘广济河出济州之合蔡镇，通梁山泊。请治夹黄河引水注之。’因度工费，立桥梁，置坝堰，踰年而毕”[4]。治夹黄河，即修治黄河港汊，以便于引其水下注广济河。运河接引黄河等于饮鸩止渴，宋时很少有人意识到这一点。

王安石变法期间，广济河漕运还有废而复用经历。“元丰五年二月十一日罢广济河辇运司。上供物于淮阳界入汴，名清河辇运。”宋时的淮阳军即今日苏北的邳州。可见真宗、仁宗年间沟通广济河和淮、汴的努力奏效，但这种舍近求远、弃清就浊的做法，受到有识之士的强烈反对。元丰六年又恢复广济漕运，神宗“命定陶令张士澄修广济河。及渠成，岁漕六十万给京师”[5]。证明广济河漕运不可或缺。

广济河漕运延续至宋末。元祐元年正月“即宣泽门外仍旧引京、索源河，置槽架水，流入咸丰门。皆以为广济浅涩之备。三月，三省言：‘广济河辇运，近因言者废罢，改置清河辇运，迂远不便。’诏知棣州王谔措置兴复”[6]。棣州在今冀、鲁接合部，广济河所经。

---

① 《宋史》卷94，中华书局2000年版，第1573页。

② 《宋史》，中华书局2000年版，第1573页。

③ （宋）王应麟：《玉海》，《四库全书》，子部，第943册，上海古籍出版社1987年版，第555页。

④ （宋）李焘：《续资治通鉴长编》，《四库全书》，史部，第315册，上海古籍出版社1987年版，第653页。

⑤ （宋）王应麟：《玉海》，《四库全书》，子部，第943册，上海古籍出版社1987年版，第555页。

⑥ 《宋史》，中华书局2000年版，第1573页。

## 第四节　北宋黄河运道

北宋取代后周时，天下远未统一，漕粮来源有限。“京师储廪仰给惟京西、京东数路而已。”① 漕运意义的京西路，实际上指汴梁以西的黄河漕运。“宋兴承周制，置集津之运，转关中之粟，以给大梁。故用侯赞典其任，而三十年间县官之用无不足。及收东南之地，兴国初始漕江淮粟四五百万石至汴，至道间杨允恭漕六百万石，自此岁增广焉。”② 当时设三门、白波发运使，京西黄河年运“粟五十万石、豆三十万石”③。在统一江淮前举足轻重。

北宋黄河漕运，不仅指关中粟顺流而下运东京，还包括河东、河北两路漕粮通过黄河漕运汴京。河北、河东、陕西三路又是北宋边防要区，因而还包括从内地利用黄河漕运饷边。“河北、河东、陕西三路租税薄，不足以供兵费，屯田、营田岁入无几，籴买入中之外，岁出内藏库金帛及上京榷货务缗钱，皆不啻数百万。”可见饷边运量是很大的。三边之运水陆起讫各不相同，“选使臣、军大将，河北船运至乾宁军，河东、陕西船运至河阳，措置陆运，或用铺兵厢军，或发义勇保甲，或差雇夫力，车载驮行，随道路所宜”④。河北道饷边水路直运乾宁军，陕西、河东两路饷边水路只运到河阳，然后分别陆运后半程。可见宋人并没有攻克重船逆水过三门难关，较唐人为落后。

先水后陆，陕西饷边之运劳苦万分，“西路回远，又涉碛险，运致甚艰。熙宁六年，诏鄜延路经略司支封桩钱于河东买橐驼三百，运沿边粮草”⑤。与西夏关系紧张时，河东、京西两路也运饷陕西。元丰四年河东转运司调夫从“绛州运枣千石往麟、府，每石止直四百，而雇直乃约费三十缗”。运费是货价的六七十倍；“京西转运司调均、邓州夫三万，每五百人差一官部押，赴鄜延馈运。其本路程涂日支钱米外，转运司计自入陕

① （宋）王曾：《王文正笔录》，《四库全书》，子部，第 1036 册，上海古籍出版社 1987 年版，第 268 页。

② （宋）曾巩：《元丰类稿》，《四库全书》，集部，第 1098 册，上海古籍出版社 1987 年版，第 769 页。

③ 刘琳等点校：《宋会要辑稿》，第 12 册，上海古籍出版社 2014 年版，第 7029 页。

④ 《宋史》卷 175，中华书局 2000 年版，第 2851 页。

⑤ 《宋史》卷 175，中华书局 2000 年版，第 2851 页。

西界至延州程数，日支米钱三十、柴菜钱十文，并先并给。陕西都转运司于诸州差雇车乘人夫，所过州交替，人日支米二升、钱五十，至沿边止”[①]。陆运烦琐，人海战术，运输成本比唐人陆运粮食过三门入长安、以斗钱运斗米还昂贵。部分边疆路程还要靠军运，“运粮出界，止差厢军。六年，诏熙河兰会经略制置司，计置兰州人万马二千粮草，于次路州军划刮官私橐驼二千与经制司，自熙、河折运。事力不足，发义勇保甲。给河东、陕西边用非机速者，并作小纲数排日递送”[②]。占用军人，必然削弱边军战力。

宋官不善于解繁理难，于黄河漕运中暴露无遗。欧阳修曾提出学习唐人裴耀卿、刘晏于三门两端设仓、陆运绕三门再接以黄河水运入陕的做法，满朝文武居然无人自告奋勇实践之。宋人普遍地能说不能做，缺乏敢闯敢试精神。元祐三年（1088），关中灾荒，急需大批粮食接济。有个叫吴革的人，提议“陆运以车营务车、驼坊驼骡运至陕；水运以东南纲船般至洛口，以白波纲船自洛口般入黄河”。户部官员苏辙泼冷水说：“汴河自京城西门至洛口，水极浅。东南纲船底深，不可行。……及至洛口，仓廪疏漏，专斗不具，虽卸纳亦不如法。白波纲运，昔但闻有竹木，不闻有粮食。”吴革受到打击，退而求其次，“刷汴岸浅底船，量载米以往”。结果“所运米中路留滞，虽有至洛口，散失败坏不可计”[③]。更不要说运抵陕西了。

北宋末年连西都洛阳军粮运输也水陆交替，“大观二年，京畿都转运使吴择仁言：‘西辅军粮，发运司岁拨八万石贴助，于荥泽下卸，至州尚四五十里，摆置车三铺，每铺七十人，月可运八千四百石。所运渐多，据数增添铺兵。’”靖康元年（1126）十月，钦宗痛惜西方漕运繁费：“一方用师，数路调发，军功未成，民力先困。京西运粮，每名六斗，用钱四十贯；陕西运粮，民间倍费百余万缗，闻之骇异。”要求用和籴之法解困，“今岁四方丰稔，粒米狼戾，但可逐处增价收籴，不得轻议般运，以称恤民之意。若般纲水运及诸州支移之类仍旧。”[④] 足见宋人解繁理难能力低下。

① 《宋史》卷175，中华书局2000年版，第2852页。

② 《宋史》卷175，中华书局2000年版，第2852页。

③ （宋）苏辙：《龙川略志》，《四库全书》，子部，第1037册，上海古籍出版社1987年版，第18页。

④ 《宋史》卷175，中华书局2000年版，第2852页。

## 第五节　北宋其他运道

惠民河就是唐时蔡河，周世宗挑浚之后，宋太祖又大加改造，并于开宝六年赐名惠民，“（惠民河）与蔡河一水，即闵河也。建隆元年，始命右领军卫将军陈承昭督丁夫导闵水，自新郑与蔡水合，贯京师，南历陈、颍，达寿春，以通淮右。舟楫相继，商贾毕至，都下利之。于是以西南为闵河，东南为蔡河。至开宝六年三月，始改闵河为惠民河”[①]。可以这样说，宋代惠民河就是经过改造的唐代蔡河，覆盖范围西尽新郑，南至寿州，出入淮河，较唐为广。

虽然开宝六年就改蔡河为惠民河，但《宋史》很多地方仍用旧称，“蔡河贯京师，为都人所仰，兼闵水、洧水、潩水以通舟。闵水自尉氏历祥符、开封合于蔡，是为惠民河。洧水自许田注鄢陵东南，历扶沟合于蔡。潩水出郑之大隗山，注临颍，历鄢陵、扶沟合于蔡。凡许、郑诸水合坚白雁、丈八沟，京、索合西河、褚河、湖河、双河、栾霸河皆会焉。犹以其浅涸，故植木横栈；栈为水之节，启闭以时”[②]。我们将其中的蔡河替换为惠民河，可得结论惠民河沟通闵水、洧水、潩水、蔡水、颍水和淮水，漕运汴梁以南广大地区。

宋初惠民河兼有泄洪功能，“淳化二年，以潩水泛溢，自长葛开小河导潩水，分流二十里，合于惠民河。咸平五年七月，霖雨，惠民河溢，开封守寇准治丁冈古河泄导之。祥符二年四月，陈州请自许之长葛浚减水河，及治枣村旧河以入蔡河，从之。十月，于顿固减水河口修双水门以减陈、颍水患”[③]。北宋中后期对它挑浚渐多，以强化其漕运功能。真宗大中祥符“九年，许州请于大流堰穿渠，置二斗门引沙河以漕”。仁宗“天圣二年正月，修大流堰斗门，开减水河通漕。二月，渠成。嘉祐三年正月，开京城西葛家冈新河，分入鲁沟”。神宗“熙宁八年十月，议开惠民河道，以便修城。九年七月，于顺天门外直河至染院后入护龙河，至咸丰门南入京、索河”。哲宗“元祐四年六月，知陈州胡宗愈议古八丈沟可开浚，分

---

① 刘琳等点校：《宋会要辑稿》，第16册，上海古籍出版社2014年版，第9599页下栏。

② 《宋史》卷94，中华书局2000年版，第1571页。

③ （宋）王应麟：《玉海》，《四库全书》，子部，第943册，上海古籍出版社1987年版，第553—554页。

蔡河之水自为一支，由颍、寿入淮。诏罗□治之”[①]。较之于汴渠治理之繁，惠民河治理投入不大。

惠民河漕运量，太平兴国年间每年漕运至京城“粟四十万石”[②]，治平年间下降为267000石。

金水河又名天源河，为北宋首创。开成于宋太祖建隆二年春，陈承昭率水工凿渠凡百余里，导京水自荥阳黄堆山，过中牟抵汴梁城西，“架其水横绝于汴，设斗门，入浚沟，通城濠，东汇于五丈河。公私利焉”。架木为槽，渡金水河水过汴水之上，这是中国历史上第一座水立交。最初越过都城入五丈河，其后兴工引水至城内，“乾德三年，又引贯皇城，历后苑，内庭池沼，水皆至焉。开宝九年，帝步自左掖，按地势，命水工引金水由承天门凿渠，为大轮激之，南注晋王第”。真宗大中祥符二年（1009）九月，“决金水，自天波门并皇城至乾元门，历天街东转，缭太庙入后庙，皆甃以礲甓，植以芳木，车马所经，又累石为间梁。作方井，官寺、民舍皆得汲用。复引东，由城下水窦入于濠。京师便之”[③]。此前金水河用于加强五丈河水源，此后兼用于装点京师水乡景色、供市民取水饮用。

神宗年间，金水河功能发生转变。城内景点点缀和饮用供水功能一度由洛水取代，诱因是其架在汴水上的渡槽妨碍漕船通过，“既导洛通汴，遂自城西超字坊引洛水，由咸丰门立堤，凡三千三十步，水遂入禁中，而槽废”[④]。金水河架槽过汴水上，槽废也即金水河废，金水河水改入蔡河。徽宗年间才逐渐恢复其旧日功能，“重和元年六月，复命蓝从熙、孟揆等增堤岸，置桥、槽、坝、闸，浚澄水，道水入内。内庭池籞既多，患水不给，又于西南水磨引索河一派，架以石渠绝汴，南北筑堤，导入天源河以助之”[⑤]，但漕运功能弱化。

北宋汴渠双轨化的努力。汴渠通漕虽利，但引黄河为水源，多决善崩，治理繁难，宋初即有人另开河取代它。当时近畿有一条白沟河，非曹操所开白沟遗迹，今人史念海考证它就是东汉的汴渠故道，它“每岁水潦甚则通流，才胜百斛船，逾月不雨即竭”。太宗至道二年（996），阎光泽、邢用之建议“开白沟，自京师抵彭城吕梁口，凡六百里，以通长淮之漕”，

---

① （宋）王应麟：《玉海》，《四库全书》，子部，第943册，上海古籍出版社1987年版，第544页。

② 《宋史》卷175，中华书局2000年版，第2848页。

③ 《宋史》卷94，中华书局2000年版，第1574页。

④ 《宋史》卷94，中华书局2000年版，第1574页。

⑤ 《宋史》卷94，中华书局2000年版，第1574页。

旨在取代汴渠而运江淮。得到宋太宗支持，下诏征发民工数万兴工，由阎光泽主持开河。不久宋州通判王矩弹劾邢用之家在襄邑，苦于汴渠决水害其田园，开白沟是假公济私。太宗遂罢其役。真宗咸平六年（1003），邢用之主政度支，“令自襄邑下流治白沟河，导京师积水，而民田无害”①，也有一点假公济私味道。

神宗熙宁六年（1073），都水监丞侯叔献再次提议开白沟河取代汴渠，话题虽旧内容却新，“请储三十六陂及京、索二水为源，仿真、楚州开平河置闸，则四时可行舟，因废汴渠”。宋神宗下令刘琀同侯叔献踏勘覆视，八月都水监上奏开河方案：“白沟自濉河至于淮八百里，乞分三年兴修。其废汴河，俟白沟毕功，别相视。仍请发谷熟淤田司并京东汴河所隶河清兵赴役。”得到神宗认可。工程进行中，熙宁七年（1074）正月，都水监报告“汴南诸水，近者失于疏浚，为害甚大”。神宗决策“辍夫修治，而白沟之役废”②。白沟河开而不成，是神宗早有担心“汴渠岁运甚广，河北、陕西资焉。又京畿公私所用良材，皆自汴口而至，何可遽废”，决策意志不坚所致。

① 《宋史》卷94，中华书局2000年版，第1574页。

② 《宋史》卷94，中华书局2000年版，第1575页。

# 第十九章　北宋漕运体制

## 第一节　北宋漕运社会基础

江淮农业高产区在唐代已领先天下。五代钱氏割据吴越，又大力经营农田水利，“苏州有营田军四部共七八千人，又有撩清夫，专为田事，导河筑堤，以减水患。于时岁熟钱五十文粜米一石”[①]，为苏杭一带农业发展注入活力。元人周文英《论三吴水利》有言：“苏、湖、常、秀土田高下不等，以十分为率，低田七分，高田三分。所谓天下之利莫大于水田，水田之美无过于浙右。五代末，吴越钱王独居东南，专享此利。”苏杭向外延展，便是两浙路。“范文正公尝论于朝曰：江南围田每一围方数十里，中有河渠，外有门闸。旱则开闸引江水之利，涝则闭闸拒江水之害，旱涝不及，为农美利。”[②] 也见北宋两浙水田水利优越。

两浙路加上淮南东路、淮南西路、江南东路、江南西路就是人们常说的六路。“六路转输于京师者至六百二十万石，通、泰、楚、海四州煮海之盐以供六路者三百二十余万石，复运六路之钱以供中都者常不下五六十万贯。”六路是北宋漕运主体，粮食产量不相上下，这可以从各路漕运承担量看出来。淳化四年至皇祐元年间，漕粮总额及其各路分配如下，“上供米六百二十万石，内四百八十五万石赴阙，一百三十五万石南京畿送纳。淮南一百五十万石，一百二十五万石赴阙，二十万石咸平、尉氏，五万石太康。江南东路九十九万一千一百石，七十四万五千一百石赴阙，二十四万五千石赴拱州。江南西路一百二十万八千九百石，一百万八千九百

① （明）姚文灏：《浙西水利书》，《四库全书》，史部，第576册，上海古籍出版社1987年版，第120页。

② （明）姚文灏：《浙西水利书》，《四库全书》，史部，第576册，上海古籍出版社1987年版，第120页。

石赴阙，二十万石赴南京。湖南六十五万石，尽赴阙。湖北三十五万石，尽赴阙。两浙一百五十五万石，八十四万五千石赴阙，四十万三千三百五十二石陈留，二十五万一千六百四十八石雍丘”[①]。赴阙即漕运汴梁。其中淮南路与两浙持平，江南西路仅比两浙少30万石。北宋江淮地区农业水平略有高低，但相差不大。

江淮地区的赋税征收制度较唐末五代为宽松。今人考证：“宋朝将民户分为五等：一等户家有田地在三顷以上，二等户有二顷以上的田地，三等户有一顷以上的田地，从一等户到三等户，习惯上被称为上户，第四等户有田五十亩左右，而第五等户，有田地二十亩以下。”在此基础上，赋役分派向上等户倾斜，“重要的州县差役都由上等户承担”[②]。手力一差，宋初只差二、三等户；重难徭役，只由一等户承担。例如衙前，主要职责是管理公共财产，包括仓库、场务、馆驿、河渡、纲运等，这些事务部分开支也由衙前承担。宋朝规定衙前由家产达200贯以上的富户轮替，下等户无此麻烦。

宋代赋税征收较唐五代有利民之处，主要是：（1）实物种类繁多，可以支移和折变，“谷之品七：一曰粟，二曰稻，三曰麦，四曰黍，五曰穄，六曰菽，七曰杂子。帛之品十：一曰罗，二曰绫，三曰绢，四曰纱，五曰絁，六曰䌷，七曰杂折，八曰丝线，九曰绵，十曰布葛。金铁之品四：一曰金，二曰银，三曰铁、镴，四曰铜、铁钱。物产之品六：一曰六畜，二曰齿、革、翎毛，三曰茶、盐，四曰竹木、麻草、刍菜，五曰果、药、油、纸、薪、炭、漆、蜡，六曰杂物。其输有常处，而以有余补不足，则移此输彼，移近输远，谓之‘支移’。其入有常物，而一时所须则变而取之，使其直轻重相当，谓之‘折变’”[③]。缴纳地点、缴纳物品变通余地较大。（2）征收期限比较宽松，禁止征收当地不产之物，“其输之迟速，视收成早暮而宽为之期，所以纾民力。诸州岁奏户帐，具载其丁口，男夫二十为丁，六十为老。两税折科物，非土地所宜而抑配者，禁之”[④]。（3）不征新垦荒地所产，严禁加征羡余，“五代以来，常检视见垦田以定岁租。吏缘为奸，税不均适，由是百姓失业，田多荒芜。太祖即位，诏许民辟土，州县毋得检括，止以见佃为额。选官分莅京畿仓庾，及诣诸道，

① （宋）张邦基：《墨庄漫录》，《四库全书》，子部，第864册，上海古籍出版社1987年版，第35页。

② 徐晓望：《宋代福建史新编》，线装书局2013年版，第55页。

③ 《宋史》卷174，中华书局2000年版，第2815页。

④ 《宋史》卷174，中华书局2000年版，第2815页。

受民租调，有增羡者辄得罪，多入民租者或至弃市”[①]。（4）常蠲免，不严苛，税率较中晚唐和五代为低，“宋克平诸国，每以恤民为先务，累朝相承，凡无名苛细之敛，常加刬革，尺缣斗粟，未闻有所增益。一遇水旱徭役，则蠲除倚格，殆无虚岁，倚格者后或凶歉，亦辄蠲之。而又田制不立，甽亩转易，丁口隐漏，兼并冒伪，未尝考按，故赋入之利视前代为薄。丁谓尝言：二十而税一者有之，三十而税一者有之。仁宗嗣位，首宽畿县田赋，诏三等以下户毋远输”[②]。（5）除去杂变，化繁为简，以便民。“自唐以来，民计田输赋外，增取他物，复折为赋，谓之‘杂变’，亦谓之‘沿纳’。而名品烦细，其类不一。官司岁附帐籍，并缘侵扰，民以为患。明道中，帝躬耕籍田，因诏三司以类并合。于是悉除诸名品，并为一物，夏秋岁入，第分粗细二色，百姓便之”[③]。总之，徽宗在位、六贼当政之前，北宋赋税征收相当清明。

## 第二节　转般到直达演进

所谓转般和直达是汴渠漕运江淮的组运方式，广济渠、蔡河、惠民河三路离都城水程较近，不存在是转般还是直达的问题。

转般法形成其优越性。宋初承五代旧制，实行直达加民运。太平兴国八年（983）以前，“所在雇民挽舟，吏并缘为奸，运舟或附载钱帛、杂物输京师，又回纲转输外州，主藏吏给纳邀滞，于是擅贸易官物者有之”。延续五代民运加直达，弊端也得以延续而来。最初由民间富户雇船漕运，“荆湖、江、浙、淮南诸州，择部民高资者部送上供物，民多质鲁，不能检御舟人，舟人侵盗官物，民破产不能偿”。押船富户约束不了水手，却要负责赔偿水手侵盗损失，至于倾家荡产。后来改由衙役押船，“乃诏牙吏部送，勿复扰民”。但衙役与水手勾结作弊，所运实物缺斤短两现象严重，“大通监输铁尚方铸兵器，锻练用之，十裁得四五；广南贡藤，去其粗者，斤仅得三两”。朝廷对此隐忍不究。后来发现“汴河挽舟卒多饥冻”，太宗“令中黄门求得百许人，蓝缕枯瘠，询其故，乃主粮吏率取其口食。帝怒，捕鞫得实，断腕殉河上三日而后斩之，押运者杖配商州”[④]。

---

① 《宋史》卷174，中华书局2000年版，第2815—2816页。
② 《宋史》卷174，中华书局2000年版，第2817页。
③ 《宋史》卷174，中华书局2000年版，第2818页。
④ 《宋史》卷175，中华书局2000年版，第2848页。

太平兴国八年（983），“乃择干强之臣，在京分掌水陆路发运事。凡一纲计其舟车役人之直，给付主纲吏雇募，舟车到发、财货出纳，并关报而催督之，自是调发邀滞之弊遂革”。[①] 惩贪反渎取得明显成效。

太平兴国九年（984）以后，继续探索高效的漕运管理方式，逐渐实行分段转般。即江南漕船运粮至江北交仓，由江北船接递续运达东京汴梁。“九年十月，盐铁使王明言：‘江南诸州载米至建安军，以回船般盐至逐州出卖，皆差税户军将管押，多有欠折，皆称建安军盐仓交装斤两不足。’”[②] 建安军即真州，今江苏仪征。江南粮船运粮至此，即可卸粮装盐而返，可见至迟太平兴国末年已行转般法。当然，此时粮仓配套还不完备，转般法相当粗放，不尽完美、有待完善。

真宗、仁宗年间漕运转般上仓由真州一处逐渐增为真、扬、楚、泗四仓皆可上纳。“江南、淮南、两浙、荆湖路租籴，于真、扬、楚、泗州置仓受纳，分调舟船溯流入汴，以达京师，置发运使领之。诸州钱帛、杂物、军器上供亦如之。”[③] 大概真宗朝全面实行转般，仁宗朝直达和转般何者为优有争论，二法此消彼长，叠为主次而参行之。以至于嘉祐三年仁宗下诏：“期以期年，各造船补卒，团本路纲，自嘉祐五年汴船不得复出江。”[④] 重申独行转般，诸道运粮赴真、楚、泗州转般仓，然后运盐回本路。

北宋转般，实为良法美意。其一，转般法能更好地保证汴京供应。宋代发运司握有巨款，用以和籴粮农赋税以外的粮食，每年高达二三百万石，“江浙诸路岁籴米二百万石，其所籴之价与辇运之费，每岁共享钱三百余万贯文”[⑤]。这些和籴米也被运进转般仓，万一江南歉收或船行延误，发运司就将和籴米顶运进京，巧于应付。整体上可收以丰补歉之效，常有600万石运抵京师。其二，漕运转般与食盐营运制度相接轨。“淮南盐置仓以受之，通、楚州各一，泰州三。又置转般仓二，一于真州以受五仓盐，一于涟水军以受海州、涟水盐。江南荆湖岁漕米至淮南，受盐以归。”[⑥] 通、泰、海州，涟水军所产盐，须运销于江南、荆、湖诸路。江南漕船纳

① 《宋史》卷175，中华书局2000年版，第2848页。

② 刘琳等点校：《宋会要辑稿》，第12册，上海古籍出版社2014年版，第7030页下栏。

③ 《宋史》卷175，中华书局2000年版，第2848页。

④ 《宋史》卷175，中华书局2000年版，第2849页。

⑤ （宋）赵汝愚：《宋名臣奏议》，《四库全书》，史部，第432册，上海古籍出版社1987年版，第885页。

⑥ （宋）王应麟：《玉海》，《四库全书》，子部，第947册，上海古籍出版社1987年版，第655—656页。

粮于江北水次仓，空船正好载盐以归，船之用十分经济。其三，节省时间而又提高效率，"建都河汴，仰给江淮。六路所供之租各输于真、楚，度支所用之数悉集于京师。以发运司总其纲条，以转运使斡其岁入，荆湖舟楫回载海盐，淮汴舳舻不涉江路，方冬闭塞，役卒少休"①。漕船分段递运，各行驶适宜运道，从此仓起运至彼仓交卸即可返回，江湖、汴船运卒皆得轮休，漕船每年可达四运，大大提高水运效率。其四，转般仓位置与运道堰埭合拍，"南自真州江岸，北至楚州淮堤，以堰潴水，不通重船"，如若直达不免盘剥劳费。而"于堰旁置转般仓，受逐州所输，更用运河船载之入汴，以达京师"②。免去了直达必不可少的过堰麻烦。故而转般实为宋人的漕运良法。

北宋后期漕运在转般和直达间摇摆。徽宗年间，昏君奸臣否定转般、妄行直达。"崇宁初，蔡京为相。始求羡财以供侈费。用所亲胡师文为发运使，以籴本数百万缗充贡，入为户部侍郎。自是来者效尤，时有进献，而本钱竭矣。本钱既竭不能增籴，而储积空矣；储积既空，无可代发，而转般无用矣。乃用户部尚书曾孝广之说，立直达之法。时崇宁三年九月二十九日也。"③ 如此重要的漕运之法，居然蚁穴坏堤于奸党敛财媚君。

几乎与漕运大行直达同时，蔡京提议更改盐法，"许客用私船运致，仍严立辄逾疆至夹带私盐之禁"④，"明年，诏盐舟力胜钱勿输，用绝阻遏，且许舟行越次取疾，官纲等舟辄拦阻者坐之"⑤。至此，先前行之有效的漕船回空捎带法改为通商法，漕运转般的基础被摧毁。

漕运直达法的船主和水手私欲基础，是总想捎带货物直运京城谋利。对于他们来说，航程越远两地货物差价越大，直达汴梁才能获得最大赢利。这些人不满转般，"汴船既不至江外，江外船不得至京师，失商贩之利"。转般期间，江南漕船虽不得长运京城的经商之利，但有回空载盐南返销售之利做补偿；而在汴渠段漕运的汴船，既不得回空时销盐之利，又不能运江南之货入京，于是就消极怠工，甚至毁坏船物，"汴船工卒讫冬坐食，恒苦不足，皆盗毁船材，易钱自给，船愈坏而漕额愈不及矣"。有

---

① （宋）王应麟：《玉海》，《四库全书》，子部，第947册，上海古籍出版社1987年版，第679页。

② 《宋史》卷175，中华书局2000年版，第2853页。

③ （宋）马端临：《文献通考》，《四库全书》，史部，第610册，上海古籍出版社1987年版，第569页。

④ 《宋史》卷182，中华书局2000年版，第2980页。

⑤ 《宋史》卷182，中华书局2000年版，第2980—2981页。

此利害驱动，仁宗年间就暗流涌动，“操舟者赇诸吏，得诣富饶郡市贱贸贵，以趋京师。自是江、汴之舟，混转无辨，挽舟卒有终身不还其家、老死河路者”[①]。蔡京大行直达，也是投合汴船营私者私欲。

改行直达法，损害乐于转般回空载盐者既得利益更大。“自荆湖南北米至真扬交卸，舟人皆市私盐以归，每得厚利。故舟人以船为家，一有损漏，旋即补葺，久而不坏，运道亦通。”[②] 蔡京等人不明转般法与旧盐法相辅相成大体，轻易改行直达法以遂汴船水手船夫愿望，却催生了江船船夫水手更大的怨恨，“自盐课归榷货，漕计已不足；继行直达，废仓廪以为无用，献籴以为羡余。押纲使臣及兵梢无往来私贩之利，遂侵盗官物，负欠者十九。又使臣、兵梢不复以官舟为家，一有损漏，不修治，遂使破坏”[③]。封建私有制与官办漕运之间存在矛盾，很难兼顾各利益集团的得失。

北宋末年，漕运体制在直达和转般之间摇摆不定。徽宗崇宁三年（1104）蔡京主政，采纳曾孝广的建议，全面大行直达漕运，带来更大混乱。大观三年（1109）曾一度改行分段转般，复修转般仓，措置转般漕船，着实忙了一阵。由于吏治腐败，漕运局面无大改观。于是政和二年又更加疯狂“复行直达纲，毁拆转般诸仓”[④]。朝令夕改，劳民伤财，视国计民生如同儿戏。昏君奸臣和党争背景下的漕政改革欲益反损。

其实，直达法也未尝不是好方法，明清漕运所行便是更加彻底的直达；分段转般的确更可持续，中唐刘晏就靠它创造过辉煌。关键是由什么样的吏治来支持它们的运行。北宋末年吏治腐败，直达漕运当然垮得更彻底。

## 第三节　北宋漕运管理

北宋漕运的基本组织形式为纲运，宋初沿用唐代10只船为一纲的做法，后来改以30只为一纲。真宗景德年间，发运使李溥鉴于“漕舟旧以

---

① 《宋史》卷175，中华书局2000年版，第2849页。

② （明）陆深：《俨山外集》，《四库全书》，子部，第885册，上海古籍出版社1987年版，第56页。

③ （宋）胡宏：《五峰集》，《四库全书》，集部，第1137册，上海古籍出版社1987年版，第159页。

④ 《宋史》卷175，中华书局2000年版，第2853页。

使臣若军大将，人掌一纲，多侵盗”，出台新举措以杜绝之，“并三纲为一，以三人共主之，使更相司察。大中祥符九年，初运米一百二十五万石，才失二百石，会溥当代，诏留再任”①。原来一使监一纲 10 只船，与船家、水手串通作弊；李溥合 30 只船为一纲后，使臣三人共监督押运，使臣之间互相监督，又联手监督船家、水手，故而当年共运一百多万石，仅失米二百石。

绍圣二年（1095）北宋漕船最多，“置汴纲，通作二百纲”②。每纲 30 只船，共 6000 只；用王襄的说法，江湖“造船之法，六路之船以供江外之纲，淮南之船以供入汴之纲，常六千只”③。总数是一样的。按唐制每船 10 人计，北宋有漕卒船夫 6 万人，这只是四河之一汴河行船之数。

主纲吏是漕运的低级管理者，漕运过程中运纲出现差失，一概由主纲吏承担。同时也赋予其处罚船家、水手的权力，杖责甚至徒配。

三司是北宋财政经济最高决策和实施衙门，漕运是它的一项政务而已，故而苏辙有言：“举四海之大而一毫之用，必会于三司。”④ 具体地说三司之中的度支司实际控制着全国的财赋调拨。三司之下，朝廷设发运使，负责天下四路运道中的汴渠漕运、黄河漕运和其他运道漕运，“转输淮、浙、江、湖赋入之物以供京都，收摘山煮海鼓铸之利以归公上，而总其漕运之事，则隶发运司”⑤。其中江、淮发运使主持汴渠方向漕运，地位最为显赫，白波、三门发运使官阶要低得多。地方上每路设转运使。转运使直接对三司负责，而不对朝廷的发运使负责。

具体工作中，发运使、转运使并不制定漕运政策，主要职责是整治管辖区域运道。天禧二年（1018）楚扬运河毁堰通漕，“江、淮发运使贾宗言：‘诸路岁漕，自真、扬入淮、汴，历堰者五，粮载烦于剥卸，民力罢于牵挽，官私船舰，由此速坏。今议开扬州古河，缭城南接运渠，毁龙舟、新兴、茱萸三堰，凿近堰漕路，以均水势。岁省官费十数万，功利甚厚。’诏屯田郎中梁楚、阁门祗候李居中按视，以为当然。明年，役既成，而水注新河，与三堰平，漕船无阻，公私大便”⑥ 就是发运使一大作为。

---

① 《宋史》卷 299，中华书局 2000 年版，第 8056—8057 页。

② 《宋史》卷 175，中华书局 2000 年版，第 2851 页。

③ （宋）赵汝愚：《宋名臣奏议》，《四库全书》，史部，第 431 册，上海古籍出版社 1987 年版，第 544 页。

④ （宋）苏辙：《栾城集》，《四库全书》，集部，第 1112 册，上海古籍出版社 1987 年版，第 229 页。

⑤ 刘琳等点校：《宋会要辑稿》，第 7 册，上海古籍出版社 2014 年版，第 4073 页上栏。

⑥ 刘琳等点校：《宋会要辑稿》，第 7 册，上海古籍出版社 2014 年版，第 4073 页上栏。

转运使则更多地关注本路财计。太平兴国二年（977），“江西转运使言：‘本路蚕桑数少，而金价颇低。今折征，绢估少而伤民，金估多而伤官。金上等旧估两十千，今请估八千；绢上等旧估匹一千，今请估一千三百，余以次增损。’从之”[①]。这说明发运使和转运使不是上下级关系，他们的业务交叉而非全同。

北宋漕运分段转般每年有运次要求，在此基础上实现江淮漕运的时限管理。天禧二年（1018）六月，“三司言：‘汴河纲船除二百五十料至三百五十料者，已自楚州五运，泗州六运，更不增力胜斛斗。’”[②] 可知运河纲船从泗州仓搬运京城的每年六运，从楚州仓搬运京城的每年五运。宣和二年（1120）六月，发运司奏请外江漕船每年漕运次数，“淮南以五运，两浙及江东二千里内以四运，江东二千里外及江西以三运，湖南、北以二运”[③]。每年漕运次数确定，也就基本确定了每运时限。

---

① 《宋史》卷174，中华书局2000年版，第2816页。

② 刘琳等点校：《宋会要辑稿》，第12册，上海古籍出版社2014年版，第7034页上栏。

③ 刘琳等点校：《宋会要辑稿》，第12册，上海古籍出版社2014年版，第7055页上栏。

# 第二十章　北宋南方运道治理

## 第一节　楚扬运河治理

宋代楚扬运河，北起楚州末口、南达扬州江口。北宋都城漕粮约85%靠汴渠漕运江淮，当然十分关注楚扬运河治理，关注汴渠与淮河、楚扬运河与长江的衔接问题，投入巨大人力、物力予以治理。

平行于淮河开运道，避开淮河行船之险（见图20－1上部）。泗、楚二州间淮河波涛凶险，解决办法是平行于淮河另开运道。宋人先后开故沙河、洪泽渠和龟山运河，避淮河行船之险共150多里。

首开故沙河40里，以避山阳湾之险。按《宋史·乔维岳传》，开故沙河在太宗雍熙年间，转运使刘蟠首议开故沙河以避山阳湾之险，渠未成而为乔维岳所代，乔维岳继其志终成之。“淮河西流三十里曰山阳湾，水势湍悍，运舟多罹覆溺。维岳规度开故沙河，自末口至淮阴磨盘口，凡四十里。”末口在运河入淮处，磨盘口即后人所说清口。在此基础上，鉴于原来“建安北至淮澨，总五堰，运舟所至，十经上下。其重载者皆卸粮而过，舟时坏失粮，纲卒缘此为奸，潜有侵盗”，又破堰设闸以便漕船通行，“命创二斗门于西河第三堰，二门相距逾五十步，覆以厦屋，设县门积水，俟潮平乃泄之。建横桥岸上，筑土累石，以牢其址”[①]。运舟往来顺畅。前后二斗门相距五十步，设悬门积水俟水平放船，为现代意义船闸之滥觞。

继开洪泽渠，延长故沙河六十里。仁宗天圣年间，马仲甫进一步缩短漕船行淮距离。马仲甫“由户部判官为发运使。自淮阴径泗上，浮长淮，风波覆舟，岁罹其患。仲甫建议凿洪泽渠六十里，漕者便之”[②]。此渠东接

---

① 《宋史》卷307，中华书局2000年版，第8175页。

② 《宋史》卷331，中华书局2000年版，第8531页。

前开故沙河，西止洪泽镇。今人对史籍反复研究，得出结论："开洪泽渠是由马仲甫首倡，由许元实施，皮公弼复浚。开河时间在公元 1049 年至 1054 年之间，开河长度为 60 里，除去中间利用了几个小湖泊，实开河 49 里。"① 两段运河衔接处即磨盘口。

终开龟山运河。神宗元丰六年（1083），"发运使罗拯复欲自洪泽而上，凿龟山里河以达于淮，帝深然之"。发运使蒋之奇也有此意，"入对，建言：'上有清汴，下有洪泽，而风浪之险止百里淮，迩岁溺公私之载不可计。凡诸道转输，涉湖行江，已数千里，而覆败于此百里间，良为可惜。宜自龟山蛇浦下属洪泽，凿左肋为复河，取淮为源，不置堰闸，可免风涛覆溺之患。'"②，欲从洪泽渠西端继续开河至龟山接入淮河，全程避开淮河转漕。神宗"遣都水监丞陈祐甫经度。祐甫言：'往年田棐任淮南提刑，尝言开河之利。其后淮阴至洪泽，竟开新河，独洪泽以上，未克兴役。今既不用闸蓄水，惟随淮面高下，开深河底，引淮通流，形势为便。但工费浩大。'"。神宗认为工费虽大获利也巨，决策动工。六年正月，"开龟山运河，二月乙未告成，长五十七里，阔十五丈，深一丈五尺"③。此河经反复踏勘、磋商，才动工开凿，故而投入使用，效果良好。

哲宗元符元年（1098），在楚州到涟水间开支家河，改善涟水入淮行船条件。"开修楚州支家河，导涟水与淮通，赐名通涟河。初，楚州沿淮至涟州，风涛险，舟多溺。议者谓开支氏渠，引水入运河，岁久不决。发运使王宗望始成之，为公私利。"④ 拓广了楚扬运河的辐射深度和广度。

治理楚扬运河，并完善运河与长江的衔接。北宋后期，楚扬运河治理建树很多：一是元丰"七年十月，浚真、楚运河"⑤。真州有运河通扬州，扬州有运河通楚州，这次将整个楚扬运河全面挑浚。二是崇宁二年开遇明河，旨在于楚扬运河之外，另开一条从泗州直达真州宣化镇的运河，"十二月，诏淮南开修遇明河，自真州宣化镇江口至泗州淮河口，五年毕工"⑥。用 5 年时间，开一条相当于隋代山阳渎的运河。今人史念海考证："这条直河当时并没有得到功效，不久又复淤塞了。过了十多年，谭稹为

---

① 《大运河清口枢纽工程遗产调查与研究》，文物出版社 2012 年版，第 184 页。
② 《宋史》卷 96，中华书局 2000 年版，第 1601 页。
③ 《宋史》卷 96，中华书局 2000 年版，第 1601 页。
④ 乾隆《淮安府志》，方志出版社 2008 年版，荀德麟等点校，第 264 页。
⑤ 《宋史》卷 96，中华书局 2000 年版，第 1601 页。
⑥ 《宋史》卷 96，中华书局 2000 年版，第 1602—1603 页。

制置使，想再开这条直河，到底也没有成功。"① 筑梦不成，精神可嘉。三是重和元年（1118）二月，"柳庭俊言：'真扬楚泗、高邮运河堤岸，旧有斗门水闸等七十九座，限则水势，常得其平，比多损坏。'诏检计修复"②。斗门主要用于泄多余之水，水闸主要用于拦蓄水利、浮送漕船，二者功用不同，但都需要检计修复，方能维持其拦蓄、减水功能。

宣和二年（1120）九月，向子諲全面整修楚扬运河，严行漕规闸制。当时楚扬运道梗阻，发运史陈亨伯要求向子諲提出解决办法。向子諲经过踏勘，上报梗阻原因："运河高江、淮数丈，自江至淮，凡数百里，人力难浚。昔唐李吉甫废闸置堰，治陂塘，泄有余，防不足，漕运通流。发运使曾孝蕴严三日一启之制，复作归水澳，惜水如金。比年行直达之法，走茶盐之利，且应奉权幸，朝夕经由，或启或闭，不暇归水。又顷毁朝宗闸，自洪泽至召伯数百里，不为之节，故山阳上下不通。"提出解决办法："欲救其弊，宜于真州太子港作一坝，以复怀子河故道，于瓜州河口作一坝，以复龙舟堰，于海陵河口作一坝，以复茱萸、待贤堰，使诸塘水不为瓜洲、真、泰三河所分，于北神相近作一坝，权闭满浦闸，复朝宗闸，则上下无壅矣。"这一方案被陈亨伯全部采纳，付诸实施，"是后滞舟皆通利云"③。可见河规漕制长期坚持的必要。

大建运河船闸，改造堰埭，提高船只运河通行效率。继太宗雍熙年间乔维岳创置西河第三堰船闸之后，"天圣四年（1026），修建了真州船闸（在今仪征）和北神船闸（在今淮安北，扼当时的运河入淮口）；天圣七年（1029），修建了邵伯船闸。这三个船闸都是在堰埭旁新开运道建闸，与现代大坝旁建船闸相似"④。船只过闸较翻坝事半功倍。

楚扬运河扬州入江处，原多拦水堰，漕船过往多有不便，劳民伤财。真宗天禧二年（1018）弃堰用闸，"江、淮发运使贾宗言：'诸路岁漕，自真、扬入淮、汴，历堰者五，粮载烦于剥卸，民力罢于牵挽，官私船舰，由此速坏。今议开扬州古河，缭城南接运渠，毁龙舟、新兴、茱萸三堰，凿近堰漕路，以均水势。岁省官费十数万，功利甚厚。'诏屯田郎中梁楚、阁门祇候李居中按视，以为当然。明年，役既成，而水注新河，与三堰平，漕船无阻，公私大便"⑤。江南漕船由扬州入淮汴要过五堰（其二

① 《史念海全集》，人民出版社 2013 年版，第 1 卷，第 422—423 页。
② 《宋史》卷 96，中华书局 2000 年版，第 1605 页。
③ 《宋史》卷 96，中华书局 2000 年版，第 1606 页。
④ 郑连第：《唐宋船闸初探》，《水利学报》1981 年第 2 期，第 66 页。
⑤ 《宋史》卷 96，中华书局 2000 年版，第 1599—1600 页。

在楚州），此次施工尽拆扬州三堰，使上、下江来船得以过闸入楚扬运河。还兴工开凿扬州古河，漕船经行大为便捷。

## 第二节　江南运河治理

北宋后期虽然政治日渐昏暗，但当局对江南运河的整治抓得较紧，很有成效。

此间利用先进的船闸技术改造运河，提高现有水源利用和船只过闸效率。“哲宗元祐四年，知润州林希奏复吕城堰，置上下闸，以时启闭。其后，京口、瓜州、奔牛皆置闸。”[①] 此前运河常州段河水深浅不一、不利行船。此次在奔牛、吕城、京口、瓜州既置堰又置闸，闸镶嵌于堰之中，既不拖船过堰，又不过多泄水。所建闸分上下，就是复闸。开上闸进船，然后闭上闸、开下闸出船。

之后，元符年间所有江南运河该设闸处，都施加复闸技术改造。其中吕城闸复闸有引水入澳设置，并建立复闸启闭规章制度。“元符元年正月，知润州王愈建言：‘吕城闸常宜车水入澳，灌注闸身以济舟。若舟沓至而力不给，许量差牵驾兵卒，并力为之。监官任满，水无走泄者赏，水未应而辄开闸者罚，守贰、令佐，常觉察之。’诏可。”[②] 有引水入澳设置的复闸，宋人当时称为澳闸。前后两道闸门，适于水位落差大河段节蓄水源。必要时车水入澳，放闸时利用闸内外水位差送船出闸。

曾孝蕴制定澳闸使用法规。按《续资治通鉴长编》卷516，哲宗元符二年便加以推广，“江淮发运司两浙转运司言：‘今来润州京口、常州奔牛澳闸兴造毕，见依提举兴修澳闸两浙转运判官曾孝蕴相度立定法则，日限启闭，通放纲船，委是经久可行。’从之”。[③] 徽宗年间十分注重澳闸管理和运河畅通，崇宁元年十二月，专门设置提举淮、浙澳闸司官一员，“掌杭州至扬州瓜洲澳闸，凡常、润、杭、秀、扬州新旧等闸，通治之”[④]。此后，车水入澳还不时被强令执行，宣和“五年三月，诏：‘吕城至镇江运河浅涩狭隘，监司坐视，无所施设，两浙专委王复，淮南专委向子諲，同

① 《宋史》卷96，中华书局2000年版，第1601页。

② 《宋史》卷96，中华书局2000年版，第1602页。

③ （宋）李焘：《续资治通鉴长编》，《四库全书》，史部，第322册，上海古籍出版社1987年版，第806页。

④ 《宋史》卷96，中华书局2000年版，第1602页。

发运使吕淙措置车水，通济舟运。'"[1] 当然，这样不遗余力治闸通运，有确保花石纲的动因在内。

通过整治练湖，挑浚运河，保障常镇运道畅通。宋代江南运河常州与镇江之间地势高仰，需要经常挑浚方能通航，干旱情况下全靠练湖供应水源。有识之士曾于常镇运河旧道之外，另开蒜山漕河。《宋史·郑向传》载，郑向出任"两浙转运副使，疏润州蒜山漕河，抵于江，人以为便"[2]。《宋会要辑稿·食货八》系此事于仁宗天圣七年。蒜山漕河又称润州新河，位置在旧河之西。大概使用不久，效果渐差。宋徽宗政和六年（1116）八月下诏："镇江府傍临大江，无港澳以容舟楫，三年间覆溺五百余艘。闻西有旧河，可避风涛，岁久湮废。宜令发运使浚治。"[3] 所言西有旧河，即已废弃的蒜山漕河。

今人考证，北宋前期较多挑浚常镇运道，北宋后期较多整治练湖，"庆历三年（1043）、皇祐三年（1051）、嘉祐六年（1061）、治平四年（1067）、崇宁二年（1103）、大观二年（1108）、宣和五年（1123）多次疏通常镇运河，但成效均不显著。此外，绍圣年间（1094—1097）、大观四年（1110）、宣和五年（1123）又多次对练湖进行修浚"[4]，旨在保证常镇运河通航。

其中大观四年和宣和五年整治练湖相当彻底。大观四年收回练湖的茅山道观支配权，恢复其运河水柜面目，"四年八月，臣僚言：'有司以练湖赐茅山道观，缘润州田多高仰，及运渠、夹冈水浅易涸，赖湖以济，请别用天荒江涨沙田赐之，仍令提举常平官考求前人规画修筑。'从之"[5]。进而在整个江南运河沿线加强水柜建设，四年"十月，户部言：'乞如两浙常平司奏，专委守、令籍古潴水之地，立堤防之限，俾公私毋得侵占。凡民田不近水者，略仿《周官》遂人、稻人沟防之制，使合众力而为之。'诏可"[6]。如此，在保证花石纲运的同时，也方便了其他船只通行。

宣和五年五月，朝廷命令两浙漕臣检计功粮，再修练湖。"臣僚言：'镇江府练湖，与新丰塘地理相接，八百余顷，灌溉四县民田。又湖水一寸，益漕河一尺，其来久矣。今堤岸损缺，不能贮水，乞候农隙次第补

---

① 《宋史》卷96，中华书局2000年版，第1606页。
② 《宋史》卷301，中华书局2000年版，第8094页。
③ 《宋史》卷96，中华书局2000年版，第1604页。
④ 束方昆主编：《江苏航运史》，人民交通出版社1989年版，第68页。
⑤ 《宋史》卷96，中华书局2000年版，第1603页。
⑥ 《宋史》卷96，中华书局2000年版，第1603—1604页。

葺。'诏本路漕臣并本州县官详度利害，检计工料以闻。"① 检计工料就是做工程预算。

挑浚太湖入海通道，整治太湖堤岸，改善运河水文环境。一是直接修治太湖湖堤。仁宗天圣初，"苏州太湖塘岸坏，及并海支渠多湮废，水侵民田。诏贺与两浙转运使徐奭兼领其事。伐石筑堤，浚积潦，自吴江东赴海。流民归占者二万六千户，岁出苗租三十万"②。今人考证，此次工程浩大，"从市泾（在苏州平望南 24 里）以北，赤门（在今苏州葑门、盘门之间）以南，筑西堤 90 里，并建造 18 座桥梁。又役使开江兵（大中祥符五年置开江营兵，专门修筑吴江塘路）1200 人，修筑塘岸，南至浙江嘉兴 100 多里"③，有效地改善了运河水文环境。

二是挑浚太湖泄洪入海通道。据南宋绍兴二十八年赵子潚、蒋璨奏，北宋仁宗继位前，有关官员曾"于常熟之北开二十四浦，疏而导之江；又于昆山之东开一十二浦，分而纳之海"。仁宗继位后，"天圣间，漕臣张纶尝于常熟、昆山各开众浦；景祐间，郡守范仲淹亦亲至海浦，浚开五河；政和间提举官赵霖复尝开浚"。④ 治理太湖也就是间接治理运河。

## 第三节　浙江运道和长江运道治理

北宋对浙江运河整治虽然赶不上五代钱越功夫，但也有自己的特色。

第一，苏轼治杭期间整治西湖和城内运道。北宋运道穿过杭州城。熙宁年间苏轼通判杭州，杭州父老反映，城内运道"若三五年失开，则公私壅滞，以尺寸水行数百斛舟，人牛力尽，跬步千里，虽监司使命，有数日不能出郭者"。但是已有挑浚做法"率三五年常一开浚。不独劳役兵民，而运河自州前至北郭，穿阛阓中盖十四五里，每将兴工，市肆汹动，公私骚然。自胥吏、壕砦兵级等，皆能恐喝人户，或云当于某处置土、某处过泥水，则居者皆有失业之忧。既得重赂，又转而之他。及工役既毕，则房廊、邸舍，作践狼藉，园圃隙地，例成丘阜，积雨荡濯，复入河中，居民患厌，未易悉数"⑤，骚扰市民，坑害坊市，苦不堪言。苏轼以通判之身，

① 《宋史》卷 96，中华书局 2000 年版，第 1606 页。
② 《宋史》卷 301，中华书局 2000 年版，第 8096 页。
③ 束方昆主编：《江苏航运史》，人民交通出版社 1989 年版，第 70 页。
④ 《宋史》卷 173，中华书局 2000 年版，第 2802 页。
⑤ 《东坡全集》，《四库全书》，集部，第 1107 册，上海古籍出版社 1987 年版，第 800 页。

尽去挑浚旧弊，“寻划刷捍江兵士及诸色厢军，得一千人，七月之间，开浚茅山、盐桥二河，各十余里，皆有水八尺。自是公私舟船通利，三十年以来，开河未有若此深快者”①，有清官循吏之风。

元祐五年（1090），苏轼任杭州知州，发现城内运道淤塞主要原因是外潮挟沙而来，“然潮水日至，淤塞犹昔，则三五年间，前功复弃”。于是奏请“于钤辖司前置一闸，每遇潮上，则暂闭此闸，候潮平水清复开，则河过阛阓中者，永无潮水淤塞、开淘骚扰之患”②。得到批准，付诸实施后，城内运河，里外贯通、出入俱便。

苏轼知杭州期间还整治西湖水利。奏开西湖葑田，改善城中生活用水、运河供水和农业灌溉。他通过调查研究，意识到如不及时大修西湖，将严重影响杭州经济和水运，“今湖狭水浅，六井尽坏，若二十年后，尽为葑田，则举城之人，复饮咸水，其势必耗散。又放水溉田，濒湖千顷，可无凶岁。今虽不及千顷，而下湖数十里间，茭菱谷米，所获不赀。又西湖深阔，则运河可以取足于湖水，若湖水不足，则必取足于江潮。潮之所过，泥沙浑浊，一石五斗，不出三载，辄调兵夫十余万开浚。又天下酒官之盛，如杭岁课二十余万缗，而水泉之用，仰给于湖。若湖渐浅狭，少不应沟，则当劳人远取山泉，岁不下二十万工”。他奏请朝廷，获得资助，募民兴工，大力开挖西湖葑田，“既开湖，因积葑草为堤，相去数里，横跨南、北两山，夹道植柳，林希榜曰‘苏公堤’，行人便之”。然后建立西湖管理制度，“自今不得请射、侵占、种植及脔葑为界。以新旧菱荡课利钱送钱塘县收掌，谓之开湖司公使库，以备逐年雇人开葑撩浅。县尉以‘管勾开湖司公事’系衔”③。建立逐年挑浚制度，落实挑浚资金，确立管理衙门和施工队伍。

第二，北宋后期浙江运道挑浚。其一，神宗元丰年间在两浙大兴水利。诏令杭州长安、秀州杉青、常州望亭三堰，设管干河塘监护使臣，同所属州县官员一起负责巡视修固，以时启闭。六年五月，杭州于潜县令郏亶用夫20万，以3年为期，兴修两浙农田水利。同时批准沈括“浙西泾浜浅涸，当浚；浙东堤防川渎堙没，当修”④之请，司农拨款募役。其二，哲宗年间设立开江兵，常年承担苏湖一带水利工程。元符“三年二月，

① 《东坡全集》，《四库全书》，集部，第1107册，上海古籍出版社1987年版，第800页。

② 《东坡全集》，《四库全书》，集部，第1107册，上海古籍出版社1987年版，第800—801页。

③ 《宋史》卷97，中华书局2000年版，第1612页。

④ 《宋史》卷96，中华书局2000年版，第1600页。

诏：‘苏、湖、秀州，凡开治运河、港浦、沟渎，修垒堤岸，开置斗门、水堰等，许役开江兵卒。’”① 把民夫从频繁征发服役中解放出来。其三，徽宗年间大浚吴淞江、青龙江，“崇宁二年初，通直郎陈仲方别议浚吴淞江，自大通浦入海，计工二百二十二万七千有奇，为缗钱、粮斛十八万三千六百，乞置干当官十员。朝廷下两浙监司详议，监司以为可行。时又开青龙江，役夫不胜其劳……”② 吴淞江在苏州境，青龙江在秀州境。

北宋时期长江运道的治理。万里长江水运始于川江、险在三峡。北宋仁宗年间，归州知州赵諴治理三峡新滩，“皇祐间，知归州。先是，山颓，江石断流。諴附薪石根，纵火裂石，不半载而功成。江开舟济，名曰赵江，有磨崖铭”③。可见江道落石之巨、清除难度之大和赵諴治理险滩毅力之坚。陆游《入蜀记》记坐船过归州新滩，“有一碑，前进士曾华旦撰，言：‘因山崩石壅，成此滩。害舟不可计，于是著令自十月至二月禁行舟。知归州尚书都官员外郎赵諴闻于朝，疏凿之。用工八十日，而滩害始去。皇祐三年也。’盖江绝于天圣中，至是而复通。然滩害至今未能悉去”④。此旁证了赵諴的治理效果。

第三，整治长江下游江道。政和六年（1116）八月，徽宗诏书有言：“镇江府傍临大江，无港澳以容舟楫，三年间覆溺五百余艘。”⑤ 长江和运河衔接处行船尚且如此凶险，其他地方可想而知。宣和六年（1124）九月，针对“池州大江，乃上流纲运所经，其东岸皆暗石，多至二十余处；西岸则沙洲，广二百余里”的险情，发运判官卢宗原建言：“今东岸有车轴河口沙地四百余里，若开通入杜湖，使舟经平水，径池口，可避二百里风涛拆船之险，请措置开修。”徽宗批准实施。宣和七年（1125）九月，“又诏宗原措置开浚江东古河，自芜湖由宣溪、溧水至镇江，渡扬子，趋淮、汴，免六百里江行之险”。⑥ 这大体是恢复春秋胥溪的水运功能，而避免湖广漕船远行江道的风险。前后两项实施结果，改善了长江下游池州至镇江段的行船条件八百余里。

第四，治理荆南运道，力图恢复古白河运道。太宗“端拱元年，供奉

① 《宋史》卷96，中华书局2000年版，第1602页。

② 《宋史》卷96，中华书局2000年版，第1602页。

③ 《明一统志》，《四库全书》，史部，第473册，上海古籍出版社1987年版，第297页。

④ （宋）陆游：《渭南文集》，《四库全书》，集部，第1163册，上海古籍出版社1987年版，第687页。

⑤ 《宋史》卷96，中华书局2000年版，第1604页。

⑥ 《宋史》卷96，中华书局2000年版，第1606—1607页。

官阁门祇候阎文逊、苗忠俱上言：‘开荆南城东漕河至师子口入汉江，可通荆、峡漕路至襄州；又开古白河，可通襄、汉漕路至京。’诏八作使石全振往视之，遂发丁夫治荆南漕河，至汉江，可胜二百斛重载，行旅者颇便，而古白河终不可开”①。实现长江中上游漕船不经长江下游，而新开河襄州、南阳之间至汴京的愿望虽然落空，但改善了上江来船到襄州的行船条件。真宗“天禧末，尚书郎李夷简浚古渠，格夏口，以通赋输”②。显然，此役是对端拱元年所开运道的完善。

今人史念海考证：“阎文逊和苗忠所开的漕河，是依据杜预的旧规，仅在入汉水处稍稍有所改易而已。”③ 而李夷简所浚古渠，“当即阎文逊、苗忠所开的漕河……恢复杜预的旧规，自阳口入于汉水”④。江北虽未打通襄州到洛阳水道，江南却打通了湖南运道，徽宗崇宁“四年正月，以仓部员外郎沈延嗣提举开修青草、洞庭直河”⑤，拓广了荆南漕河的江南辐射面。

---

① 《宋史》卷94，中华书局2000年版，第1577页。

② （宋）王象之：《舆地纪胜》，《续修四库全书》，史部，第584册，上海古籍出版社2003年版，第550页下栏。

③ 史念海：《中国的运河》，陕西人民出版社1988年版，第249页。

④ 史念海：《中国的运河》，陕西人民出版社1988年版，第250页。

⑤ 《宋史》卷96，中华书局2000年版，第1603页。

# 第二十一章　多元化的南宋水运

## 第一节　分区漕运成型

南宋开国，高宗为躲避金人军事打击经常转换行在。建炎元年（1127）二月有人请他即位于济州，“会宗泽来言，南京乃艺祖兴王之地，取四方中，漕运尤易。遂决意趋应天”①。这是因为商丘较济州远离金国，漕运便捷。九月“以金人犯河阳、汜水”，商丘受到威胁，“诏择日巡幸淮甸。……命扬州守臣吕颐浩缮修城池”②，并于十月由商丘迁往扬州。建炎二年（1128），高宗虽在扬州，但“十二月乙卯，太后至杭州”③，暴露了高宗内心深处的定都倾向。建炎三年（1129）二月，金人兵锋南指楚、扬二州，高宗“命刘正彦部兵卫皇子、六宫如杭州。……帝被甲驰幸镇江府”④。然后一路经常州、平江府、秀州，十月第一次抵达杭州。其后便长驻杭州，虽然偶尔北至建康，但绝不过江。

随着皇帝南逃、行在南迁、战线南移，漕运中心也渐次向南方转移，并逐渐形成分区漕运格局。建炎“二年，诏二广、湖南北、江东西纲运输送平江府，京畿、淮南、京东西、河北、陕西及三纲输送行在。又诏二广、湖南北纲运如过两浙，许输送平江府；福建纲运过江东、西，亦许输送江宁府”。分区漕运初露端倪，明显地分两区，江南区送平江（今苏州），江北区送行在（时高宗在扬州）。建炎三年（1129），“又诏诸路纲运见钱并粮输送建康府户部，其金银、绢帛并输送行在”⑤。此时建康是江

① 《宋史》卷24，中华书局2000年版，第295页。

② 《宋史》卷24，中华书局2000年版，第299页。

③ 《宋史》卷25，中华书局2000年版，第307页。

④ 《宋史》卷25，中华书局2000年版，第307—308页。

⑤ 《宋史》卷175，中华书局2000年版，第2854页。

防支撑点，也是漕运中心，故而钱粮输建康；高宗在杭州，故而值钱轻货输行在。绍兴初，分区漕运更明朗、成型，“以两浙之粟供行在，以江东之粟饷淮东，以江西之粟饷淮西，荆湖之粟饷鄂、岳、荆南。量所用之数，责漕臣将输，而归其余于行在，钱帛亦然”①。天下漕运分两浙、江东、江西、荆湖四区，分别供应行在、淮东、淮西和鄂岳四个战区。

绍兴四年（1134），随着川、陕战事大起，四川战区漕运渐兴。“川、陕宣抚吴玠调两川夫运米一十五万斛至利州，率四十余千致一斛，饥病相仍，道死者众，蜀人病之。漕臣赵开听民以粟输内郡，募舟挽之，人以为便。总领所遣官就籴于沿流诸郡，复就兴、利、阆州置场，听商人入中。然犹虑民之劳且惫也，又减成都水运对籴米。”② 本区饷军目的地是利州（今汉中一带），最初由宣抚使行政强制陆运，四十贯运一斛且运丁死亡相继；后来漕臣商业操作，官府出钱雇船水运；最后总领所商业运营，官府置场高价收购，听由商人入中。入中就是运粮赴边。

至绍兴末，分区漕运最终定型。“三十年，科拨诸路上供米：鄂兵岁用米四十五万余石，于全、永、郴、邵、道、衡、潭、鄂、鼎科拨；荆南兵岁用米九万六千石，于德安、荆南、澧、纯、潭、复、荆门、汉阳科拨；池州兵岁用米十四万四千石，于吉、信、南安科拨；建康兵岁用米五十五万石，于洪、江、池、宣、太平、临江、兴国、南康、广德科拨；行在合用米一百十二万石，就用两浙米外，于建康、太平、宣科拨；其宣州见屯殿前司牧马岁用米，并折输马料三万石，于本州科拨；并诸路转运司桩发。时内外诸军岁费米三百万斛，而四川不预焉。”③ 此时天下分六区漕运，各有粮源、运道和目的地。

一是鄂州区，全、永、郴、邵、道、衡、潭、鄂、鼎九州承担鄂州驻军粮饷，由湘江、洞庭水系进入长江漕运。二是荆岳区，由德安、荆南、澧、纯、潭、复、荆门、汉阳八州承担江陵、岳州两地驻军粮饷，其中江陵是荆南节度、安抚使开府所在，地在岳州之西，有漕府州各有水路；岳州在洞庭湖畔，漕运岳州者行洞庭湖、湘江水系。三是池州区，池州属江南东路、地在下游南岸，由江南西路的吉、信、南安三州军沿赣江经鄱阳湖入长江漕运粮饷。四是建康区，由洪、江、池、宣、太平、临江、兴国、南康、广德九州军承担建康驻军粮饷，沿赣江经鄱阳湖入长江漕运。

---

① 《宋史》卷175，中华书局2000年版，第2854页。
② 《宋史》卷175，中华书局2000年版，第2854页。
③ 《宋史》卷175，中华书局2000年版，第2854页。

五是近畿区，由江南运河流域的两浙加上长江南岸的建康、太平、宣三府州漕运军粮。六是川陕区，由蜀地府州泝嘉陵江、渠江、岷江等水道北运汉中，保证陕西前线供应。

上述漕运六分法的鄂州区、荆岳区同在长江中游，池州区、建康区同在长江下游，性质相近。结合宋高宗所设淮东、淮西、湖广和四川四个总领军马钱粮司，南宋区域漕运还是四分法较为合理，即东部运河区，对应淮东总领司负责的淮东前线军运，加上两浙近畿区对临安漕运；长江下流区，对应淮西总领司江北前线的军运，加上建康、池州两地驻军漕运保障；长江中游区，对应湖广总领司对江北前线的军运，加上鄂州、荆岳两地驻军的漕运保障；川陕区，对应四川总领司关中前线军运，加上对汉中驻军的漕运保障。

漕运之外，四个分区经管的赋税多少十分不均。绍兴十二年（1142）宋金言和时，四川一区是其他三区的总和（见表 21－1）。

表 21－1　**南宋前期四总领司岁费**

| | 岁费（绍兴休兵后） | 注解 |
|---|---|---|
| 淮东总领司 | 钱七百万缗，米七十万石 | |
| 淮西总领司 | 钱七百万缗，米七十万石 | 乾道中钱增至一千一百余万缗 |
| 湖广总领司 | 钱九百六十万缗，米九十万石 | |
| 四川总领司 | 钱二千六百六十五万缗 | 约为淮东、淮西和湖广的总和 |

数据来自李心传《建炎杂记》甲集卷 17《淮东西湖广总领所》和《四川总领所》。淮东、淮西、湖广三区岁费之和不敌四川一区，原因是建炎、绍兴之交金兵南下，四川未经战火，朝廷舍得对其加重赋税。

两宋漕运的最大不同在于南宋是战时漕运，北宋是和平漕运；南宋漕运分区，北宋漕运一统。南宋漕运虽然较北宋零碎，但十分顺适自然水情，不须大治运道。正如南宋赵善括所言："东南漕运三百万，则米固多矣，而飞挽之人亦云众矣。既以远近之路而给其费，必以上下之流而计其便。都下之需，莫便于两浙；淮上之戍，莫近于江东；金陵一带，则江西为上游；荆襄两路，则湖外为近壤。自上流而下，则其至必速；由近路而来，则其费不多。"① 可谓占尽地利。

① （宋）赵善括：《应斋杂著》，《四库全书》，子部，第 1159 册，上海古籍出版社 1987 年版，第 10 页。

不仅如此，而且南宋需确保供给的正规军数量不多、漕运量小，易得人和。绍兴二年（1132）吕颐浩有言："太祖取天下，兵不过十万，今有兵十六七万矣。"[①] 今人考证，当年"年底张俊军30000人，韩世忠军40000人，岳飞军23000人，王燮军13000人，刘光世军40000人，神武中军杨沂中、后军巨师古皆不下万人，御前忠锐如崔增、姚端、张守忠军亦20000人"[②]。较之北宋，可谓兵少而精。

建炎、绍兴间战火连天，南宋漕运整体上看是雇船差夫而运，"绍兴初……雇舟差夫，不胜其弊，民间有自毁其舟、自废其田者"[③]。为减轻雇船差夫给百姓带来的负担，绍兴五年陈与义建议官府用官钱购买载重二百料以上民船，专门从事漕运，欲免去百姓船雇之痛。绍兴三十年又力行就近科拨。南宋漕运总量约为北宋一半，而运程仅为北宋的约三分之一，粮农和运丁负担较北宋轻。

南宋漕运仍行纲运，所谓"官以五百料为舟，米二万石为纲。舟用五十艘，夫募三百人"是其最基本的组织形式，而且"交卸之地，得及八分者为全纲；往返之舟，顾及三人者为足数"[④]。管理并不严苛。根据漕米质量高低，确定各自供应对象。以杭州漕仓收、发米言之，绍兴"十一年夏，始分行在省仓为三界，界每百五十万解（斛），凡民户白苗米南仓受之，以廪宗室百官，为上界；次苗米北仓受之，以给卫士及五军，为中界；糙米东仓受之，以给诸军卫"[⑤]。临安设南仓、北仓、东仓三仓，各存漕米150万斛。南仓为上界仓，收质量上乘的白苗米，分发宗室和百官食用；北仓为中界仓，收质量较好的次苗米，分发卫士和五军食用；东仓为下界仓，收受质量差的糙米，分发一般军人。

转运使只负责平时向军营仓库运粮。战时漕运由总领司主持，负责向火线运粮。高宗、孝宗之交洪适出任淮东兵马钱粮总领，其间所上《任淮东总领五札》反映了他在镇江主持水运海州军需的不易。

第一札《乞令漕臣备办馈运舟船札子》诉说总领无指挥漕运事权，但又必须在漕运之外另行组织水运的无奈。淮东总领司负责支前，却不掌握

① 《宋史》卷362，中华书局2000年版，第8990页。

② 黄纯艳：《宋代财政史》，云南大学出版社2013年版，第573页。

③ 《宋史》卷175，中华书局2000年版，第2854页。

④ （宋）赵善括：《应斋杂著》，《四库全书》，子部，第1159册，上海古籍出版社1987年版，第11页。

⑤ （宋）李心传：《建炎杂记》，《四库全书》，史部，第608册，上海古籍出版社1987年版，第381页。

漕运人、船资源，凡事皆需漕臣配合，却得不到全力配合，“自海州被围，内外阙食，所运钱粮，淮南漕臣则以残破之后，舟楫未办为辞。随军转运又称官系浙漕，不能于淮东办船为辞”。洪适只得另行组织船只运输，“到官数日间，节次起发米四万石，钱九万贯，银二万两，马料一万石，并是臣措置舟船般运，径到楚州盐城县交卸入海。所发纲运有在运河阻浅者，又亲到扬州寻雇客船盘减前去，其泗州军马钱粮亦有臣本所纲运，径行装运至军前者”①。真是运务烦琐，事必躬亲。

第二札《过江催发米纲札子》奏报纲运饷军途中详情，“臣虽已科拨米斛过江，窃虑入闸之后，或舟大水浅，无船盘减。官司不著紧催赶，依前留滞，有误军前指准。臣遂于次日躬亲过江，至瓜洲方见齐侁、武琪纲相继入闸，及到扬州根刷得朱实、张受两纲米一万一千石，各已于今月三日以前，经过前去。外有张球、梁平两纲共米一万一千石，内有一船装二千石者，阻浅在城内撑驾不行。臣遂面见向子固，实时措置，寻雇到客船二十一只共五千料，用一十三只盘减”。宋代漕运船一般只能运载三百石左右，为洪适督办的战时军运船载重量的几分之一。洪适所用大船行进运河难免搁浅，总领亲自雇船盘剥，多么难能可贵。船纲在盐城换船海运海州，“有转运司差干办公事周伯骏前去盐城县，措置海船。臣访闻前任知县龚尹曾有官造多桨船二十余只，及裕口、羊家寨有海船数十只……”② 若非盐城海船素备，一时哪里寻找。

南宋江淮间水道纵横，舟船可以到达绝大多数州县，运费相当低廉。少数不通舟船的点线，车运费用也不高。孝宗隆兴、乾道之交，王之望奉命措置淮西漕运积储事宜，上《措置淮西漕运储积奏议》。此奏反映当时淮西漕运细节颇为详明，虽然不全是已经实现事实，但绝对是可以实现的事实。其一，鉴于金人渡淮南犯甚易，为了防止屯粮为敌所用，长江以北不置大仓。但江淮之间又驻有重兵，需要大量粮饷接济。于是设粮仓于江南的芜湖，作为淮西漕运物资的集散基地，对江北屯兵的和州、巢县、桐城、庐州、寿春、濠州和光州细水长流地运、源源不断地送。芜湖运往和州，既可“由当利河运昭关、褒禅等处”，也可“由太阳河口入历湖”至

① （宋）洪适：《盘洲文集》，《四库全书》，集部，第1158册，上海古籍出版社1987年版，第521页。

② （宋）洪适：《盘洲文集》，《四库全书》，集部，第1158册，上海古籍出版社1987年版，第521—522页。

"含山县"①。芜湖运往巢县、庐州，可"由裕河入焦湖"；焦湖即今巢湖，庐州即今合肥，由裕河可至巢县，由裕河入巢湖出淝水可至庐州。芜湖运往桐城，可"由枞阳江口运"。芜湖运往光州，可"由巴河运，自江入巴河，出陆一百五十里至麻城，又二百四十里至光州"。寿春、濠州接近淮河，由芜湖运其地，在宋金无战事情况下，可顺江而下，在"真州、瓜州入闸，经由扬州、高邮、楚州入淮，过盱眙之西又一百八十里至濠州，须著水运。又四百七十里至寿春，漕运为费力"。在宋金关系紧张或交战的情况下，为了防止金兵抄略漕船，只能"措置陆运。……比之水运甚为省便，可保无虞"②。南宋很少有文献说得这么详尽。

有关南宋陆运成本和军队粮食消耗数据。"庐州至寿春二百里，大率千钱、斗米可致一石。若屯千人则岁用粮九千石，并马料不过费钱万余缗、米千余斗。"③ 由此可知，江淮间陆运一石成本为每百公里钱一贯加米一斗。淮南驻军每千人及其战马，年消耗粮米九千一百石（另需钱百贯）。

都城临安城内城外运道治理。绍兴三年（1133），南宋局面小安，改进近畿漕运才提上议事日程。十一月，"宰臣奏开修运河浅涩，帝曰：'可发旁郡厢军、壮城、捍江之兵，至于廪给之费，则不当吝。'……八年，又命守臣张澄发厢军、壮城兵千人，开浚运河堙塞，以通往来舟楫"④。高宗于经营杭州可谓不遗余力。

孝宗在位期间，十分注重漕船出入都城的水道建设。隆兴二年（1164）之前，"城里运河，先已措置北梅家桥、仁和仓、斜桥三所作坝，取西湖六处水口通流灌入"，解决了都城部分河段水源不足的问题。隆兴二年（1164），杭守吴芾建言解决府河积水问题："望仙桥以南至都亭驿一带，河道地势，自昔高峻。今欲先于望仙桥城外保安闸两头作坝，却于竹车门河南开掘水道，车戽运水，引入保安门通流入城，遂自望仙桥以南开至都亭驿桥，可以通彻积水，以备缓急。计用工四万。"⑤ 得到孝宗批准，付诸实施。

高宗奠定大兴河工必由官府解决"廪给之费"的传统，孝宗大治都

---

① （宋）王之望：《汉滨集》，《四库全书》，集部，第1139册，上海古籍出版社1987年版，第745页。

② （宋）王之望：《汉滨集》，《四库全书》，集部，第1139册，上海古籍出版社1987年版，第745—746页。

③ （宋）王之望：《汉滨集》，《四库全书》，集部，第1139册，上海古籍出版社1987年版，第745—746页。

④ 《宋史》卷97，中华书局2000年版，第1613页。

⑤ 《宋史》卷97，中华书局2000年版，第1613页。

城水道不时遇到经费拮据问题。乾道三年（1167）六月，知荆南府王炎奏报："临安居民繁伙，河港堙塞，虽屡开导，缘裁减工费，不能迄功。臣尝措置开河钱十万缗，乞候农暇，特诏有司，用此专充开河支费，庶几河渠复通，公私为利。"远在千里之外的荆南府捐资支持都城水利建设，固然有讨好孝宗用意，但都城优先观念可嘉。次年，杭州知府"周淙出公帑钱招集游民，开浚城内外河，疏通淤塞"，所出公帑，应该包括王炎捐来开河钱十万缗。"人以治办称之。"[①] 可知此次挑浚质量十分过关。

淳熙年间，宋人整治运道的努力由杭州城内转向城外。淳熙二年（1175）十一月，两浙转运副使赵磻老奏请："临安府长安闸至许村巡检司一带，漕河浅涩，未曾开浚。除两岸人户自出力开浚外，势须添人并工开浚。约用钱一万五百余贯，本司管认应副外，合支米二千三百六十二石五斗，乞于朝廷桩管米内给降。"[②] 孝宗准行。长安闸在城内与城外运河接合部；许村巡检司寨，在盐官县界。通江桥，在城内运河与钱塘江交会处。按《宋史·河渠七》，赵磻老任职期间还在通江桥设置板闸，根据城内河水的深浅变化，决定启闭，旨在既调节城内运河水源又能控制江沙入城。淳熙十四年（1187）七月，又开奉口至北新桥运道。奉口在钱塘仁和县界，北新桥在余杭门外，开河目的是沟通商人运粮入城渠道。

《梦粱录》卷12《城内外河》载：城内河有卄山河、盐桥运河、市河，城外河有城外运河、龙山河、外沙河、菜市河、下塘河、下湖河、新开运河、子塘河、余杭塘河、奉口河、前沙河、后沙河、蔡官人塘河、施何村河、赤岸河、方兴河。漕船商船皆由城外直航入城，是杭州一大自然和人文优势。但有人出于私利，常常有损河道畅通。淳熙七年（1180），杭州知府吴渊反映："万松岭两旁古渠，多被权势及有司公吏之家造屋侵占，及内砦前石桥、都亭驿桥南北河道，居民多抛粪土瓦砾，以致填塞，流水不通。"[③] 打算"分委两通判监督，地分厢巡，逐时点检，勿令侵占并抛扬粪土。秩满，若不淤塞，各减一年磨勘；违，展一年：以示劝惩"[④]。可见，维护公共水利，既需要不时强力纠偏，又需要持之以恒。

南宋尽管分区漕运，但临安漕运是其重点，绝对不能有误，"杭城乃辇毂之地，有上供米斛，皆办于浙右诸郡县。隶司农寺所辖，本寺所委

---

① 《宋史》卷97，中华书局2000年版，第1614页。

② 刘琳等点校：《宋会要辑稿》，第16册，上海古籍出版社2014年版，第9606页上栏下栏。

③ 《宋史》卷97，中华书局2000年版，第1614页。

④ 《宋史》卷97，中华书局2000年版，第1614页。

官吏专率督催米斛解发朝廷，以应上供支用。搬运自有纲船装载，纲头管领，所载之船不下运千余石，或载六七百石。官司亦支耗券雇稍船米与之，到岸则有农寺排岸司掌拘卸、检察、搜空”①。可知临安漕运由司农寺主管，派专使到两浙州郡督催；由有漕州郡组织船纲水运，运抵临安由排岸司接卸入仓；漕船每只装载粮食，大的千余石，小的也数百石。

临安漕粮供应来自两浙路有漕州郡，外加江东路的建康府、太平州和宣州部分县，绝大部分纲船通过江南河和浙东运河漕运。绍兴五年（1135），高宗采纳陈与义建议，放弃雇民船漕运，实行采购民船漕运，浙东“衢、婺、严州系自溪入江，明州、绍兴府运河车堰渡江，各买二百料、止三百料船专一往来般运”②。衢、婺、严三州自溪入江，由支流进入钱塘江运临安。绍兴十二年（1142），户部规定两浙有漕州郡漕运临安的行程期限：“秀至行在计一百九十八里，计四日二时；平江府至行在计三百六十里，计八日；湖州至行在计三百七十八里，计八日二时；常州至行在计五百二十八里，计一十一日四时；江阴军至行在计七百三十八里，计一十六日。”③ 约平均每天行 50 里。

## 第二节　运河水系商运

临安地在江南河和浙东运河、钱塘江运道的接合部，沿江南河可北入长江，由钱塘江可东入大海、西达两广，沿浙东运河可东连绍兴、明州，水运条件十分优越。

临安城水路四通八达，城内城外无船不行，《梦粱录》对此记载详尽而生动，“杭州里河船只，皆是落脚头船，为载往来士贾诸色等人及搬载香货杂色物件等”。以船载人运货，赚取佣金者比比皆是。其中湖州大滩船适宜负重，“又有大滩船，系湖州市搬载诸铺米及跨浦桥柴炭、下塘砖瓦灰泥等物及运盐袋船只”。于水上物流功用为大；“又有下塘等处及诸郡米客船只，多是铁头舟，亦可载五六百石者，大小不同。其老小悉居船中，往来兴贩耳”。以船为家，其乐融融；寺观庵舍也经营水运，“船只皆

① （宋）吴自牧：《梦粱录》，《四库全书》，史部，第 590 册，上海古籍出版社 1987 年版，第 103 页。
② 刘琳等点校：《宋会要辑稿》，第 12 册，上海古籍出版社 2014 年版，第 6983 页上栏。
③ 刘琳等点校：《宋会要辑稿》，第 12 册，上海古籍出版社 2014 年版，第 6985 页下栏。

用红油、□滩，大小船只往来河中，搬运斋粮柴薪；更有载垃圾粪土之船，成群搬运而去”。如此无水不船，自然形成若干营运码头，“杭城辐辏之地，下塘、官塘、中塘三处船只及航船、鱼舟、钓艇等船之类，每日往返，曾无虚日。缘此是行都士贵官员往来，商贾买卖骈集，公私船只泊于城北者伙矣”。官方水运管理宽松，“自创造船只，从便撑驾。往来则无官府捉拏、差借之患。若州县欲差船只，多给官钱和雇以应用度”①。首善之区，理应有此太平景象。

以临安为中心的运河物流，以商运民用米为大宗。从事粮食贩运的叫米客，“下塘等处及诸郡米客船只，多是铁头舟，亦可载五六百石者……往来兴贩耳”②。下塘指河则流经临安城，指港则为城北数十里大港，指乡则为临平一乡。下塘与诸郡对言，则可理解为临安本地。临安米客和外郡米客粮食贩运皆活力十足。

临安粮食市场潜力巨大。乾道年间有户 20 余万，淳祐年间户达 38 万，咸淳年间户增至 39 万。其中多数人家靠籴米而食，“杭州人烟稠密，城内外不下数十万户、百十万口。每日街市食米，除府第官舍、宅舍富室及诸司有该俸人外，细民所食每日城内外不下一二千余口（石），皆需之铺家。然本州所赖苏、湖、常、秀、淮、广等处客米到来”③。吴自牧估计日需两千石。周密则估计年需百万石，“杭城除有米之家，仰籴而食凡十六七万人，人以二升计之，非三四千石不可以支一日之用，而南北外二厢不与焉。客旅之往来，又不与焉”④。市民食米缺口如此之大，引发民间粮食水上贩运，“杭城常愿米船纷纷而来，早夜不绝可也。且乂袋自有债户，肩驼脚夫亦有甲头管领，船只各有受载，舟户虽米市搬运混杂，无争差，然铺家不劳于力，而米径自到铺矣”⑤。利益驱动，不劳官府催督，米客自强不息，水上粮运繁荣发达。

临安所需丝绸、陶瓷、竹木、瓜果、海鲜也靠四方水运接济。周必大

① （宋）吴自牧：《梦粱录》，《四库全书》，史部，第 590 册，上海古籍出版社 1987 年版，第 103 页。

② （宋）吴自牧：《梦粱录》，《四库全书》，史部，第 590 册，上海古籍出版社 1987 年版，第 103 页。

③ （宋）吴自牧：《梦粱录》，《四库全书》，史部，第 590 册，上海古籍出版社 1987 年版，第 133 页。

④ （宋）周密：《癸辛杂识》，《四库全书》，子部，第 1040 册，上海古籍出版社 1987 年版，第 71 页。

⑤ （宋）吴自牧：《梦粱录》，《四库全书》，史部，第 590 册，上海古籍出版社 1987 年版，第 133 页。

《临安四门所出》云："车驾行在临安。土人谚云：东门菜，西门水，南门柴，北门米。盖东门绝无民居，弥望皆菜圃；西门则引湖水注城中，以小舟散给坊市。严州富阳之柴聚于江下，由南门入。苏湖米则来自北关云。"[①] 菜、柴、水、米之外，钱塘江上游山区盛产竹木，每年都有人放排江流至临安出售。如徽州休宁"山出美材，岁联为桴，下浙河"[②]。钱塘江下游的海产品则溯浙东运河运抵临安，"以鱼鲞言之，此物产于温、台、四明等郡，城南浑水门有团招客旅，鲞鱼聚集于此，城内外鲞铺不下一二百余家，皆就此上行"[③]。城南浑水门为海产批发市场，沿海产品溯钱塘江而来，集中在浑水门批发给城内销售网点。

运河远程物流，食盐是大宗。南宋海盐产地多在两浙或淮东。今人考证：淮东"通、泰、楚州共置买盐场16个，催煎场12个，盐灶412所，岁盐额268万余石……今浙江境内，南渡以后，其规模也有扩大，盐灶总计有2800余所"[④]。南宋盐法规定，盐场、盐务向盐户征购，就地发卖小部分，大部分由商人凭购买的盐钞支走，运销他方。商人无论销往何处，淮东盐总要先入楚扬运河，两浙盐总要先行浙东运河、江南运河，而后才能出入自然江河。

盐商是盐运主力，受厚利驱使，北宋时"江、淮间虽衣冠士人，狃于厚利，或以贩盐为事"[⑤]。南宋末年，理宗朝丞相史嵩之居然推行官运官销，"鹾之商运自昔而然，嵩之悉从官鬻，价直低昂听贩官自定。其各州县别有提领，考其殿最，以办多为优。于是他盐尽绝，官擅其饶，每一千钱重有卖至三千足钱者。……有无名子以诗嘲之曰：万舸千艘满运河，人人尽道相公鹾"[⑥]。可见其时运河上官府运盐之盛。贾似道为相时，"令人贩盐百艘至临安卖之"[⑦]。于水运为壮举，在政治实荒唐。

---

① 《文忠集》，《四库全书》，集部，第1149册，上海古籍出版社1987年版，第54页。
② （宋）罗愿：《新安志》，《四库全书》，史部，第485册，上海古籍出版社1987年版，第346页。
③ （宋）吴自牧：《梦粱录》，《四库全书》，史部，第590册，上海古籍出版社1987年版，第134页。
④ 東方昆主编：《江苏航运史》，人民交通出版社1989年版，第83页。
⑤ 《宋史》卷182，中华书局2000年版，第2978页。
⑥ （宋）无名氏：《东南纪闻》，《四库全书》，子部，第1040册，上海古籍出版社1987年版，第203页。
⑦ （明）彭大翼：《山堂肆考》，《四库全书》，子部，第978册，上海古籍出版社1987年版，第34页。

## 第三节　长江水系物流客运

以长江为干道的南宋商运。下游的建康和中游的鄂州是长江商运的两个物流中心。建炎三年（1129），南宋改江宁府为建康府，作为南宋的行都，地位仅次于行在临安，成为长江下游重要的商运物流中心。建康水运日渐繁荣，“上自采石，下达瓜步，千有余里，共置六渡：一曰烈山渡，籍于常平司，岁有河渡钱额；五曰南浦渡、龙湾渡、东阳渡、大城堽渡、冈沙渡，籍于府司，亦有河渡钱额。六渡岁为钱万余缗”①，足见建康渡口发达。

鄂州取代了唐代江陵的地位，成为南宋长江中游的水运中心。范成大《吴船录》卷下载：“午至鄂渚，泊鹦鹉洲前南市堤下。南市在城外，沿江数万家，廛闬甚盛，列肆如栉，酒垆楼栏尤壮丽，外郡未见其比。盖川、广、荆、襄、淮、浙贸迁之会。货物之至者无不售，且不问多少，一日可尽，其盛壮如此。”② 陆游《入蜀记》卷3载：“二十三日，便风，挂帆。自十四日至是始得风，食时至鄂州，泊税务亭。贾船客舫不可胜计，衔尾不绝者数里，自京口以西皆不及。……市邑雄富，列肆繁错，城外南市亦数里，虽钱塘、建康不能过，隐然一大都会也。”③ 足见鄂州商业和水运中心地位。

北宋时长江水运就相当发达，不过当时黄河水运更为繁忙。南宋黄河流域尽失，淮河成为宋金两国界河，长江水运成为天下唯一繁荣的运道。表现在：

各水段有相对固定的航行船舶。上游适宜入峡船、嘉州船、蜀船经行三峡，中游适宜楚船、江船来往，下游适宜淮船、松江船、吴船出江入海或由江入运。入峡船、蜀船、嘉州船构造适宜川江和三峡的水文特性；楚船、江船体大行稳，适宜汉江、荆江阔大水面和汹涌浪头；淮船、松江船、吴船、海船或江运两适，或江海两宜，便于经行长江下游及其与运河、大海之间转换。镇江以下为江海船舶航行的水域，许多海船常靠泊在江阴、镇江，从事江海之间货物的转运，吴船专航于长江三角洲及江南运

① 《宋史》卷97，中华书局2000年版，第1621—1622页。
② 《吴船录》，《四库全书》，史部，第460册，上海古籍出版社1987年版，第869页。
③ 《入蜀记》，《四库全书》，史部，第460册，上海古籍出版社1987年版，第906页。

河一带水域，淮船主要在扬州至淮安一线江北运河航行。

船舶运载对象有专业分工。客运、货运分工泾渭分明，军船、民船之分洞若观火，客运船的官用和民用有豪华淳朴之别。从事旅客运输的被称作航船，如正篷船、落脚头船、大滩船、红坐船、平坐船、渡船等，运输货物的船只被分成漕船、米船、盐船、杂般船、柴水船等。此外，还有特殊用途的万斛舟、军用车船以及铁头船、梭板船等。

长江沿线形成船舶固定的停泊地。陆游乘船溯江西上夔州，沿途共泊船 62 次。范成大从成都乘舟沿江东下，一路共靠港 31 次。溯江逆行泊船次数比顺流多一倍，乃逆水行船船速慢二分之一所致。范成大停泊处多为港、夹、镇、村，泊船于府州县也不少，如归州、沙市、鄂州、黄州、江州、池州、太平州、建康、镇江。陆游沿途凡经税务场，都泊舟于税务码头。

南宋长江商运物流，粮食是大宗。长江流域农业产量进一步提高，粮农完租纳漕后仍有多余粮米可售，构成长江非漕粮水运的物质基础。宁宗嘉泰年间，叶适论人户储粮不多原因："江湖连接，无地不通，一舟出门，万里惟意，靡有碍隔。民计每岁种食之外，余米尽以贸易，大商则聚小家之所有，小舟亦附大舰而同营，展转贩粜，以规厚利，父子相袭，老于风波，以为常俗。"[①] 反映南宋中期粮食水上贩运实情。绍兴十八年(1148)，南宋废除直接向粮农"和籴"，之后境内非漕粮食流通倚重商运，官府需要粮食时向粮商购买。今人考证，南宋非漕粮食贩运的主要流向，是从荆楚到江浙，"自湘江、汉水、赣江汇集荆、鄂、江诸州，顺江直下达于建康、镇江、杭州等地"[②]。参与粮食贩运的有粮商和官商，而主要动力是官方购粮赈灾救急。

淳熙二年（1175），建康府发生自然灾害。知府刘珙"禁止上流税米遏籴，得商人米三百万斛。贷诸司钱合三万，遣官籴米上江，得十四万九千斛"。引来长江上游商人运米 300 万斛，派人赴长江上游购运米近 15 万斛，"起是年九月，尽明年四月"[③]，运米赈济达八月之久。淳熙末，镇江大旱，知府陈居仁"间遣籴运于荆楚商人，商人……争以粟就籴"[④]。就籴，就是运米到镇江让买。

---

① （宋）叶适：《水心集》，《四库全书》，集部，第 1164 册，上海古籍出版社 1987 年版，第 48 页。

② 罗传栋主编：《长江航运史》，人民交通出版社 1991 年版，第 250 页。

③ 《宋史》卷 386，中华书局 2000 年版，第 9355 页。

④ 《宋史》卷 406，中华书局 2000 年版，第 9640 页。

粮食之外，茶叶、食盐也有相当流量。南宋茶叶主产地在东南，“茶之产于东南者，浙东西、江东西、湖南北、福建、淮南、广东西，路十，州六十有六，县二百四十有二”①。西南也有名茶，但产量少，“广汉之赵坡，合州之水南，峨眉之白牙，雅安之蒙顶，土人亦珍之，但所产甚微，非江、建比也”②。长江中游产茶不多，但消费量大。朝廷在产茶州县场设官主导茶叶运销。蜀茶东下，东南茶西上，是茶叶运销主流。一般情况下，禁止向淮河以北金国贩运，有“水路不许过高邮，陆路不许过天长”之禁，但“商贩自榷场转入虏中，其利至博，几禁虽严，而民之犯法者自若也”。朝廷只得加重税以困之，“如愿往楚州及盱眙界，引贴输翻引钱十贯五百文；如又过淮北，贴输亦如之”。③ 仍有茶商趋之若骛。

南宋盐产地在淮东、两浙，盐运溯江而上，沿线各路漕司赖其税收应付军国支出。绍兴中，“杨么扰洞庭，淮盐不通于湖、湘。故广西盐得以越界，一岁卖及八万箩。每箩一百斤，朝廷遂为岁额。每一箩钞钱五缗，岁得四十万缗，归于大农。内有八万四千四百缗，付广西经略司买马；三万缗应副湖北靖州；十万缗以赡鄂州大军。余悉上供”。④ 洞庭、湘江运道乃淮东盐运销荆湖南路必经要道，杨么盘踞洞庭、阻断淮盐来路，于是广西盐得以由灵渠入湘江北运。年运 800 万斤，朝廷从中收税达 40 万贯。由于贩盐利厚，“贩私盐者，百十成群。或用大船般载，巡尉既不能诃，州郡亦不能诘，反与通同，资以自利，或乞觅财物，或私收税钱”。⑤ 巡尉和州郡反而与大船犯禁者通同谋私。若非大船搬运者财大气粗，定因大船搬运的东家为官为宦，巡尉惹不起。庆元年间，高官长江贩运现象普遍，“损之盗官盐贩往江上，得钱买货入蜀；师择往上江买木结簰，就真州出卖，侵夺商贾之利；之望将备边桩积之钱籴米，博卖营运。淮人目为三客”。⑥ 陈损之是淮东提举常平，赵师择是淮东运判，钱之望是扬州知府，前者运淮东盐至长江出售，得到钱再买货运往蜀中；中者往长江中上游贩运木材到真州出售；后者用国家的钱买米沿江营运，谁敢阻拦。

南宋文官的水上出行。陆游《入蜀记》和范成大《吴船录》为今人提

---

① 《宋史》卷 184，中华书局 2000 年版，第 3022 页。
② 《宋史》卷 184，中华书局 2000 年版，第 3023 页。
③ 《宋史》卷 184，中华书局 2000 年版，第 3022 页。
④ （宋）周去非：《岭外代答》，《四库全书》，史部，第 589 册，上海古籍出版社 1987 年版，第 429 页。
⑤ （宋）朱熹：《晦庵集》，《四库全书》，集部，第 1143 册，上海古籍出版社 1987 年版，第 338 页。
⑥ 刘琳等点校：《宋会要辑稿》，第 9 册，上海古籍出版社 2014 年版，第 5036 页。

供了南宋文官水上出行范本。陆游由浙东上任夔州，在镇江出江南运河入江，一路逆行长江至瞿唐峡夔州。为了适应不同水段，换了三次船。第一次在萧山县换乘漕司官船，第二次在镇江，“迁入嘉州王知义船，微雨极凉”① 换乘蜀人的江船；第三次在沙市，“迁行李过嘉州赵青船，盖入峡船也”。由江船而改乘入峡船，并且“倒樯竿，立橹床。盖上峡惟用橹及百丈，不复张帆矣。百丈以巨竹四破为之，大如人臂。予所乘千六百斛舟，凡用橹六枝，百丈两车”②。上行三峡必备。

南宋时的长江运道沿江所经水段的繁荣与荒凉悬殊极大。“二十三日，便风，挂帆。自十四日至是始得风，食时至鄂州，泊税务亭，贾船客舫不可胜计，衔尾不绝者数里。自京口以西皆不及。”③ 此为长江中游大都市的繁华；“九月一日……过新潭……自是遂无复居人，两岸皆葭苇弥望，谓之百里荒。又无挽路，舟人以小舟引百丈，入夜财行四十五里。泊丛苇中，平时行舟多于此遇盗，通济巡检持兵来警逻，不寐达旦”④。此为沙市以西荒凉江道。较鄂州所见落差很大。

长江行船有风浪之险，所以多选近岸江夹行船、泊船，“二十七日五鼓，大风自东北来。舟人不告，乘便风解船过雁翅夹，有税场居民二百许家，岸下泊船甚众。遂经皖口至赵屯，未朝食已行百五十里，而风益大，乃泊夹中”⑤。所谓夹，即与江身平行且相通、个别地方施以人为加工而成的行船通道或避风港。

长江除三峡个别地段外并无水浅搁滩之忧，故而船行长江越大越好，陆游曾见江上载货大船，“遥见港中有两点正黑，疑其远树，则下不属地。久之渐近可辨，盖二千五百斛大舟也”⑥。此前在富池以西江面，还“遇一木栰，广十余丈，长五十余丈，上有三四十家，妻子鸡犬臼碓皆具中，为阡陌相往来，亦有神祠，素所未覩也。舟人云此尚其小者耳，大者于栰上铺土作蔬圃，或作酒肆，皆不复能入夹，但行大江而已”⑦。栰大得如江中小岛，行大江如在陆地。

范成大淳熙四年离任四川制置使，五月三十日登船离成都，十月三日

---

① 《入蜀记》，《四库全书》，史部，第460册，上海古籍出版社1987年版，第881页。
② 《入蜀记》，《四库全书》，史部，第460册，上海古籍出版社1987年版，第912页。
③ 《入蜀记》，《四库全书》，史部，第460册，上海古籍出版社1987年版，第906页。
④ 《入蜀记》，《四库全书》，史部，第460册，上海古籍出版社1987年版，第909页。
⑤ 《入蜀记》，《四库全书》，史部，第460册，上海古籍出版社1987年版，第895页。
⑥ 《入蜀记》，《四库全书》，史部，第460册，上海古籍出版社1987年版，第910页。
⑦ 《入蜀记》，《四库全书》，史部，第460册，上海古籍出版社1987年版，第901页。

抵苏州。他把一路见闻感想写成《吴船录》，反映南宋官员沿江下行相当详尽。一是成都入江水路，首先在城外合江登船，“合江者，岷江别派。自永康离堆入成都，及彭、蜀诸郡合于此”。沿合江而下至新津县城，“成都万里桥下之江，与岷江正派合于此”。沿岷江而下至嘉州，“先是，余造舟于叙，既成，泝流泊于嘉。甫毕，而被召。自合江乘小舟至此，登新舰”[①]。从此进入长江水道。

二是蜀船出三峡。船过瞿唐须等大水。在瞿唐峡15里之外住船，发现“瞿唐水齐，仅能没滟滪之顶，盘涡散出其上，谓之滟滪撒发。人云‘如马不可下’，况撒发耶”？于是等水涨，“是夜水忽骤涨，淹及排亭诸篁舍，亟遣人毁拆，终夜有声。及明，走视，滟滪则已在五丈水下。或谓可以侥幸乘此入峡，而夔人犹难之”。数个时辰后才“解维十五里至瞿唐口，水平如席，独滟滪之顶犹涡纹瀺灂，舟拂其上以过，摇橹者汗手死心，皆面无人色。盖天下至险之地，行路极危之时”。如此危险之地，当局自然有行船管理措施，“每一舟入峡数里，后舟方敢续发。水势怒急，恐猝相遇不可解拆也。帅司遣卒执旗次第立山之上，下一舟平安，则簸旗以招后船”[②]。措施得力，情景如画。

船下巫峡“恰须水退十丈乃可”。范成大一行至此，“是夕水骤退数丈，同行者皆有喜色。戊午乘水退，下巫峡。滩泷稠险，濆淖洄洑，其危又过夔峡”。尽管水退而行，仍让人感觉危机四伏。过西陵峡新滩，又须水大涨，“至新滩，此滩恶名豪三峡”。其地“石乱水汹，瞬息覆溺”，货船“必盘博陆行，以虚舟过之”。范成大一行正逢水涨，“涨潦时，来水漫羡不复见滩，击楫飞渡，人翻以为快”[③]。上述内容，正好补陆游《入蜀记》之缺。

陆、范的出行记对长江货运也有所反映。经过西陵峡新滩，陆游发现货船触礁，“船底为石所损，急遣人往拯之，仅不至沈。然锐石穿船底，牢不可动。盖舟人载陶器多所致。新滩两岸，南曰官漕，北曰龙门，龙门水尤湍急，多暗石；官漕差可行。然亦多锐石，故为峡中最险处。非轻舟无一物，不可上下。舟人冒利以至此，可为戒云”[④]。范成大闻之舟人：货船过新滩“必盘博陆行，以虚舟过之。两岸多居民，号滩子，专以盘滩为

① 《吴船录》，《四库全书》，史部，第460册，上海古籍出版社1987年版，第848页。
② 《吴船录》，《四库全书》，史部，第460册，上海古籍出版社1987年版，第864页。
③ 《吴船录》，《四库全书》，史部，第460册，上海古籍出版社1987年版，第866页。
④ 《吴船录》，《四库全书》，史部，第460册，上海古籍出版社1987年版，第918页。

业”①。盘博又叫盘剥，将船上货物卸下陆运，等空船过险段后再装船续行。新滩居民多以盘滩为业。二人都强调过滩要盘剥货物、空船上下，二文都侧重表现过滩险难。陆游所见载重货船遭遇是反面教训，逆水上滩不仅没有盘剥陶器，而且该行官漕反行龙门；范成大趁水大时过滩，乱石埋于水下，船过其上如履平湖，是成功经验。

## 第四节　鄂襄运道军事效用

北宋建都汴梁，曾经多次试图沟通京城与江汉间水道，旨在实现江汉流域漕粮不经汴渠直运汴梁。其中熙宁四年开石塘河，最大限度地扩展汴梁、襄阳间水运里程，减少陆运里程。北宋奠定的襄阳、汴梁间水陆交运基础，南宋对其反向利用，经过持续努力形成以鄂襄为基地进取中原之势。

绍兴八年（1138）李纲上《论襄阳形胜札子》，认为定都临安是置心脑于东南，聚兵于川陕是伸左拳于西北，鄂襄屯重兵是握右拳于胸前。鄂襄屯扎大军于南宋攻守大局可兼顾东西。于守，“吴越由湖湘以趋川陕如行曲尺之上，相去万有余里，号令未易达，首尾不相应，一有缓急，何以为援？惟襄阳地接中原，西通川陕，东引吴越，如行于弓弦之上，地理省半而又前临京畿，密迩故都，后负归峡，蔽障上流，遣大帅率师以镇之，如置子于局心，真所谓欲近四旁莫如中央者也”。于攻，“既逼僭伪巢穴，贼有忌惮，必不敢窥伺东南，将来王师大举收京东西及陕西五路，又不敢出兵应援，则是以一路之兵禁其四出，因利乘便，进取京师，乃扼其喉拊其背制其死命之策也”②。李纲希望宋军进驻、经营襄鄂，“臣观自古有意于为国家立功名之人，如刘琨、祖逖之徒，未尝不据形胜、广招纳、披荆榛、立官府、履艰险、攻苦淡，积日累月，葺理家计，然后能成功者。若欲坐待其自成，必无此理。愿诏岳飞先遣将佐军马及幕府官径取襄阳，随宜料理，修城壁，建邑屋，招纳西北之民措置营田，劝诱商贾之伍懋通货贿，稍稍就绪，然后徙大兵以居之，旁近诸郡如金、房、随、郢见属我者，可以抚绥，如陈、蔡、许、颍见从彼者，可以攻取。不过年岁间，必

---

① 《吴船录》，《四库全书》，史部，第460册，上海古籍出版社1987年版，第867页。

② （宋）李纲：《梁溪集》，《四库全书》，集部，第1126册，上海古籍出版社1987年版，第128页。

有显效”。进而加强荆襄漕运，“如谓屯兵聚粮运漕为难，则汉江出襄阳城下，通于沔鄂，漕运之利未有如此之便者。当以兵护粮船，使彼不得抄掠，则吾事济矣”[①]，极尽政治和战略谋划之能事。

李纲把实现其荆襄战略的希望寄托在岳飞身上，岳飞后来也的确以襄鄂为基地，上演多幕北伐威武雄壮的活剧。绍兴三年（1133），李成挟金人入侵，破襄阳、唐、邓、随、郢诸州及信阳军，有与湖寇杨么相通合击临安意图。绍兴四年（1134），岳飞兼任荆南鄂岳州制置使，利用鄂州以北运道，北击李成，收复六郡。绍兴五年（1135）回军南平杨么，收降湖寇。在此过程中，练成战力极强的岳家军。绍兴六年（1136），岳飞屯兵襄阳，兼宣抚河东、节制河北路，利用襄阳水陆进取之便，对汴、洛形成攻取之势，并兼顾南宋东西防御，成为南宋江淮攻防的中坚。

绍兴十年（1140），金人攻宋。宋廷命岳飞驰援亳州刘锜守军，岳飞将驰援演变为北伐作战，遣诸将分道出战，自以轻骑驻郾城，其势甚盛。金兀术合金国精锐谋败岳飞，会龙虎大王、盖天大王与韩常之兵逼郾城。岳飞意识到决战来临，派岳云与敌鏖战数番，稳住宋军阵脚。金兀术以精锐拐子马与岳家军一决高下，被岳飞瞅准弱点，杀得大败。太行忠义及两河豪杰趁机在金人后方起兵，金兵一路退向汴梁。岳家军又在朱仙镇大败金兵，金兵退守汴梁。岳飞北伐取得巨大成功，军事上靠其指挥若定和岳家军能征善战，政治上靠沦陷区人心思宋，后勤供应靠襄阳东北方向水运基础。

## 第五节　东部运河军事效用

从靖康之变的结果，可知北宋择都汴梁之失。宋高宗择都临安见识更为低下。苏、杭虽为天下富庶之地，却不适宜做都城。辛弃疾事后有言：“钱唐非帝王居。断牛头山，天下无援兵；决西湖水，满城皆鱼鳖。”[②] 虽然有些偏激，但也一语警醒世人。两宋之交，择都有识之士无过宗泽，他首主还都汴梁以结天下兴宋灭金之心，是从政治考虑；次主迁都长安据百二之险以临东方，是从军事考虑。而赵构择都临安，则纯粹随心所欲和一

---

① （宋）李纲：《梁溪集》，《四库全书》，集部，第1126册，上海古籍出版社1987年版，第128页。

② （明）田汝成：《西湖游览志余》，《四库全书》，史部，第585册，上海古籍出版社1987年版，第590页。

时冲动。

建炎三年（1129），南宋内忧外患接踵，夏季苗傅、刘正彦反，控制浙闽，软禁高宗；秋冬金人大举入侵，兵锋直指苏杭，必欲擒高宗、灭南宋而后快。内忧外患，原本富庶的江南运河流域被洗劫一空。多亏张浚、韩世忠、岳飞等名将内平逆臣、外靖金夷，否则蒙古灭宋的悲剧也许将提前100多年出现。

其后，宋人化害为利。韩世忠横行江、浙、闽，内平群寇，外挫强敌。进兵以水船，决胜以陆战，将东部运河水系军事效用发挥到极致。

兀术率金兵自镇江、建康之间突破长江。建康守将杜充降敌，韩世忠独力不支，退保江阴。兀术兵锋直指临安，高宗逃浙东后又逃海上。及金兵北归，世忠军已先屯焦山，扼其北归之路。连日大战，金兵不得夺路过江，“挞辣在潍州，遣孛堇太一趋淮东以援兀术，世忠与二酋相持黄天荡者四十八日”①。后兀术虽侥幸过江北去，但金人从此不敢再有过江之举。韩世忠防守截击之战取胜，主要靠水行和水战优势。要说南宋建都临安有些优势，那就是四周水网纵横，便于宋军水上机动，不利金骑纵横驰骋。

不仅如此，韩世忠还成功地变楚扬运河金兵南下通道为南宋积极防御重要支撑。绍兴四年（1134），金人分道入侵。南宋“诏烧毁扬州湾头港口闸、泰州姜堰、通州白莆堰，其余诸堰，并令守臣开决焚毁，务要不通敌船；又诏宣抚司毁拆真、扬堰闸及真州陈公塘，无令走入运河，以资敌用”。② 同时命令驻守镇江的韩世忠过江迎战。世忠“亲提骑兵驻大仪，当敌骑，伐木为栅，自断归路。会遣魏良臣使金，世忠撤炊爨，给良臣有诏移屯守江，良臣疾驰去”③。有意让宋使带给金人虚假情报，实际上不退反进，设伏待敌。“聂儿孛堇闻世忠退，喜甚，引兵至江口，距大仪五里；别将挞孛也拥铁骑过五阵东。世忠传小麾鸣鼓，伏兵四起，旗色与金人旗杂出，金军乱，我军迭进。背嵬军各持长斧，上揕人胸，下斫马足。敌被甲陷泥淖，世忠麾劲骑四面蹂躏，人马俱毙，遂擒挞孛也等二百余人。所遣董旼亦击金人于天长县之鸦口，擒女真四十余人。”④ 陆战大胜。

水战也同样大胜，“解元至高邮，遇敌，设水军夹河阵，日合战十三，相拒未决。世忠遣成闵将骑士往援，复大战，俘生女真及千户等。世忠复亲追至淮，金人惊溃，相蹈藉，溺死甚众”。淮北金国重兵被迫撤退，“挞

① 《宋史》卷364，中华书局2000年版，第9017页。
② 《宋史》卷97，中华书局2000年版，第1609页。
③ 《宋史》卷364，中华书局2000年版，第9018页。
④ 《宋史》卷364，中华书局2000年版，第9018—9019页。

辣屯泗州，兀术屯竹塾镇……金馈道不通，野无所掠，杀马而食，蕃汉军皆怨。兀术夜引军还，刘麟、刘猊弃辎重遁"[1]。绍兴五年（1135），南宋始认识到运河作战之利，"募民开浚瓜洲至淮口运河浅涩之处"[2]。南宋东部淮河防线得到巩固。

其后，韩世忠镇守楚州。"盖淮东诸郡，其视以为喉襟者，莫逾楚也。"实乃攻防要地、水运枢纽。故而孝宗继位之初大筑其城，"为日者百八十有五，用人之力总六十一万有奇，而城以成。其长四千二十有三步，其高二丈有七尺，濠之广如城高之数而杀其一，为门六，水门二，楼橹机械之用毕具"。[3] 南宋楚州即今淮安市楚州区，当时是水运咽喉、边防重镇和淮河门户。

---

① 《宋史》卷364，中华书局2000年版，第9019页。

② 《宋史》卷97，中华书局2000年版，第1609页。

③ （宋）周孚：《蠹斋铅刀编》，《四库全书》，集部，第1154册，上海古籍出版社1987年版，第655—656页。

# 第二十二章　宋金治水通运比较

## 第一节　北宋河害及其治理

宋人普遍认为唐代很少河患，“唐时黄河不闻有决溢之患，《唐书》唯载薛平为郑滑节度使，始河溢瓠子东泛滑，距城才二里许。平按求故道，出黎阳西南，因命其从事裴弘泰往请魏博节度使田弘正，弘正许之，乃籍民田所当者易以他地，疏导二十里，以杀水悍，还壖田七百顷于河南，自是滑人无患”[①]。《旧唐书》《新唐书》何以少载黄河之事？元明清三代学者认为安史之乱后黄河上游逐渐沦入吐蕃，吐蕃如何对待黄河，非唐人所知；黄河流域陷于藩镇割据，藩镇遇到河决不一定报告朝廷。当今学者考证，“唐初水患较轻，但以后逐步加剧，至晚唐已相当严重；五代、北宋则几乎年年决溢，且灾情远较前代为重”[②]，符合史实也符合情理。

杜甫《临邑舍弟书至，苦雨，黄河泛滥，堤防之患，薄领所忧，因寄此诗以宽其意》反映盛唐齐鲁河害之广之烈，官员防河责任之重。晚唐河害相当严重，却很少堵塞河决。文宗太和二年（828）河决坏棣州城，开成三年（838）河决浸郑、滑外城，僖宗乾符五年（878）河溢汾、浍，昭宗大顺二年（891）河溢河阳，景福二年（893）河徙无棣入海，乾宁三年（896）河圮滑州堤，皆置之不理或治之不成。后梁末年，段凝决黄河以水代兵，“梁末帝龙德三年，段凝以唐兵渐逼，乃自酸枣决河东注于郓，以限唐兵，谓之护驾水。决口日大，屡为曹濮患”[③]。后唐同光二年

---

① （宋）宋敏求：《春明退朝录》，《四库全书》，子部，第862册，上海古籍出版社1987年版，第515页。

② 王尚义：《唐至北宋黄河下游水患加剧的人文背景分析》，《地理研究》2004年第3期，第385页。

③ 《河南通志》，《四库全书》，史部，第535册，上海古籍出版社1987年版，第346页。

(924)，才整治后梁所决之河，“命右监门上将军娄继英督汴滑兵塞之，未几复坏”[①]。后晋天福四年（939）八月河决博平，天福六年九月河决滑州，后汉乾祐元年四月河决原武，五月河决滑州鱼池，皆置之不治。

宋初君臣受历史惯例影响，对河决司空见惯，缺乏开拓王朝治河新格局的自觉和才识。按《宋史·河渠志》和《续资治通鉴长编》，太祖建隆元年十月，河决棣州厌次、滑州灵河，不久又决临邑，一年两次共决三口。乾德年间年年决，元年八月决济州；二年决东平赤河，七州被水；三年八月河决开封阳武，九月河决澶州；四年六月河决澶州观城，八月决滑州坏灵河大堤，时太祖登基已六年，仅对黄河灵河之决堵塞筑堤，十月堤成水复故道。此后，开宝四年六月河决郑州原武，十一月决澶州；五年五月河决澶州、继决大名，六月决阳武，也都不事堵塞。太宗太平兴国二年（977）七月，河决孟州温县、郑州荥泽，继决澶州顿丘、滑州白马；三年四月河决怀州获嘉，十月滑州灵河决口、塞而复决；七年六月决齐州临济，七月决大名范济口，十月决怀州武德；八年五月河决滑州房村，东南流至彭城界入淮，十二月塞而复决，至雍熙元年三月才最终堵住其决。淳化四年（993）十月，河决澶州，浸大名府城。

北宋中期对黄河决口堵塞渐多，但也十不占二三。按《宋史·河渠志》和《续资治通鉴长编》，真宗咸平三年五月，河决郓州王陵埽，冲巨野，入淮泗，十一月方塞决成功。好像真宗君臣对待河决都会如此办理，无奈此后堵决越来越少、越来越慢。景德元年（1004）九月，决澶州横陇埽；四年七月，决澶州王八埽。大中祥符五年（1012）七月，决棣州东南；七年八月，决澶州大吴埽。天禧三年（1019）六月，决滑州城西北天台山傍，俄复决城西南岸，历澶、濮、郓、济，注梁山泊，又合清水及古汴河，东至徐州入淮，州县被患三十二，以上河决都不曾兴工堵塞。唯大中祥符四年（1011）八月，决通利军（浚州）合御河，坏大名城，九月决棣州聂家口，明年七月塞；天禧四年六月，决滑州天台山下，走卫南，泛徐、齐，天圣五年十月塞。真宗在位23年，有意堵决仅三次。

仁宗朝颇多治河讨论，但绝大多数议而不决，总体上对河决更为放任。天圣六年（1028）八月，河决澶州王楚埽。景祐元年（1034）七月，决澶州横陇埽。自此久不复塞。庆历八年（1048）六月，决澶州商胡埽。皇祐元年（1049）二月，黄、御二河并注乾宁军；三年七月，决大名馆陶之郭固。五年河决大名第六埽分为二股河（东流），自二股河行130里，

---

① 《资治通鉴》，《四库全书》，史部，第310册，上海古籍出版社1987年版，第353页。

至魏、恩、德、博之境；七年七月，决大名第五埽，都置之不顾。仁宗在位40年只嘉祐元年四月，塞商胡北流，令入六塔河，六塔不能容，是夕复决商胡。堵过一次黄河，还是一着臭棋，以致朝塞夕决。英宗继位后倒是重视治河，治平元年浚二股、五股河，塞房家、武邑二埽决口。无奈在位苦短，难有连续作为。

神宗朝治河最具主动性、实践性，但缺乏河情认识和治河规律把握，没有通盘战略，头痛医头、脚痛医脚，因而并不见明显成效。熙宁元年六月，河溢恩州乌栏堤，又决冀州枣强埽，北注瀛州，七月瀛州乐寿埽溢；二年八月，堵塞北流，逼河全入东流，但未加强东流河堤，河又决商胡南40里许家港东，泛溢大名、恩、德、沧、永静五州军；四年七月决大名永济县新堤之第四、五埽，八月溢卫州曹村，水入郓州，十月溢卫州王供，漂溺馆陶、永济、清阳以北，下泛恩、冀，贯御河，汇为一派；五年二月修二股河上流，并塞第五埽决口，四月竣工，六月又决大名夏津；六年置疏浚黄河司，于北京第四、第五埽等处，开修直河导河入二股故道；十年七月，河决澶州曹村下埽，北流断绝，河道南徙，东汇于梁山、张泽泊，分为二流，一合南清河入淮，一合北清河入海，凡灌州县四十五，坏田逾30万顷。熙宁末一岁数决，说明熙宁初塞绝北流，逼全河归东流，未及时加筑东流大堤之非。

元丰元年（1078）四月，塞曹村决口，改曹村埽曰灵平，逼河复归北流，同样没有全面加固北流大堤。三年七月河决澶州孙村、陈埽及大吴埽；四年四月决小吴埽，注御河，六月北流与御河、葫芦、滹沱三河合流。此年八月，宋人终于在懵懂中发现没有筑堤防决的症结。有此见识的是李立之，“臣自决口相视河流，至乾宁军分入东、西两塘，次入界河，于劈地口入海，通流无阻，宜修立东西堤”。九月，李立之筑堤建议付诸实施，“立之在熙宁初已主立堤，今竟行其言”[①]。但其所筑之堤仅在乾宁军以下至海口，乾宁军以上并未普筑其堤，宋人也不想筑其堤。故而元丰五年六月河溢大名内黄埽，八月河决郑州原武埽，夺河水四分以上入梁山泊。

元丰五年（1082），当局始意识到河安才能漕通，“原武决口已引夺大河四分以上，不大治之，将贻朝廷巨忧”。决断“辍修汴河”，调原“堤岸司兵五千”全力堵塞河决，“至腊月竟塞”原武埽决口[②]。当年十月，

---

① 《宋史》卷92，中华书局2000年版，第1538页。
② 《宋史》卷92，中华书局2000年版，第1539页。

才有效地控制了汴口险情，治河兼顾通运。

神宗之后治河章法紊乱。元丰初逼河归北流，哲宗元祐八年澶州河溃，决水四出，北流欲断。绍圣初元，尽塞北流，回河东流。由人为改道北流，到再人为改道东流，其间仅仅十五六年。五年之后的元符二年，河决内黄，东流又绝。至徽、钦之交，黄河决来决去，终无宁日。苏轼知徐州有诗《答吕梁仲屯田》记河决黄水由泗大至城下，说明其时黄河已有夺淮迹象。至南宋建炎二年（1128）“冬，杜充决黄河，自泗入淮，以阻金兵”① 更是铸成大错。

总之，宋人认识黄河规律和治理黄河实践皆不得要领，因而整体上事倍功半。多亏汴渠不在河决为害范围，黄河灾害对汴渠构不成灭顶之灾。

## 第二节　北宋治河争鸣用河误区

北宋河患频仍，治河成了国防、漕运以外的第三件大事。作为时代宠儿、天之骄子的文官，上书言治河良策，形成若干专题的治河争鸣。

第一，引河北行还是维持东行的分歧。真宗景德元年河决横陇埽，四年又坏王八埽，五年河决棣州聂家口，河灾频繁，大役连兴。大中祥符五年和天禧四年，李垂两上导河书，力主导河北行。

李垂认为黄河东行对大宋北部边防极为不利，引河北行正可收矫枉过正之效，“汉武舍大伾之故道，发顿丘之暴冲，则滥兖泛齐，流患中土，使河朔平田，膏腴千里，纵容边寇劫掠其间。今大河尽东，全燕陷北，而御边之计，莫大于河。不然，则赵、魏百城，富庶万亿，所谓诲盗而招寇矣。一日伺我饥馑，乘虚入寇，临时用计者实难；不如因人足财丰之时，成之为易”②。他直言不讳地阐明导河北行真正意图和可行路线，“臣请自汲郡东推禹故道，挟御河，较其水势，出大伾、上阳、太行三山之间，复西河故渎，北注大名西、馆陶南，东北合赤河而至于海。因于魏县北析一渠，正北稍西迳衡漳直北，下出邢、洺，如夏书过洚水，稍东注易水、合百济、会朝河而至于海。大伾而下，黄、御混流，薄山障堤，势不能远。如是载之高地而北行，百姓获利，而契丹不能南侵矣”③。李垂从北宋生死

① 《宋史》卷25，中华书局2000年版，第307页。

② 《宋史》卷91，中华书局2000年版，第1521页。

③ 《宋史》卷91，中华书局2000年版，第1520—1521页。

攸关的北部边防考虑问题，建议引黄河北行作为宋辽界河，以限制辽人骑兵，当时最为难能可贵。且距汉武弃禹故道、引河东行已近千年，改行北道符合黄河改道规律。

但是，很多宋人怕导河北行会引起宋辽纠纷甚至战争，所以李垂第一次上书不为采纳。天禧三年（1019），李垂旧章重上。真宗命垂至大名府和滑、卫、德、贝州以及通利军与地方官计度。事后李垂上第二书奏报计度结果。先概括反对导河北行的两种顾虑，“臣所至，并称黄河水入王莽沙河与西河故渎，注金、赤河，必虑水势浩大，荡浸民田，难于堤备。……若决河而北，为害虽少，一旦河水注御河，荡易水，迳乾宁军，入独流口，遂及契丹之境。或者云‘因此摇动边鄙’”。大概担心辽人反目、借口开战的人很多，李垂不得不修改导河方案，“于两难之间，辄画一计：请自上流引北载之高地，东至大伾，泻复于澶渊旧道，使南不至滑州，北不出通利军界”[①]。而且他自告奋勇主持导河工程，“臣请以兵夫二万，自来岁二月兴作，除三伏半功外，至十月而成。其均厚埤薄，俟次年可也”[②]。宋人普遍善发议论而拙于实践，讨论治河大事尤其如此，唯李垂有真知灼见且欲亲任其事。宋朝最高统治者不知这样的人难能可贵，反而虑其所为烦扰，不予采纳。

第二，疏导分流还是筑堤束河的争论。宋人没有认识到十水六沙的黄河水只有快速流动才能挟沙入海，快速流动的条件就是筑堤束水并流一向，而派分股散必然流缓沙停，加快河床抬高；沙停先淤塞小股，最后剩下一大股时，再大决多决，又多股分流，形成恶性循环。因而多数人都主张分流黄河。

治河有责的朝臣大多以分流为治河之良方。太平兴国八年（983）五月，“河大决滑州韩村，泛澶、濮、曹、济诸州民田，坏居人庐舍，东南流至彭城界入于淮。诏发丁夫塞之”。而堤久不成，派使者按视遥堤旧址。使者回奏：“治遥堤不如分水势。自孟抵郓，虽有堤防，唯滑与澶最为隘狭。于此二州之地，可立分水之制，宜于南北岸各开其一，北入王莽河以通于海，南入灵河以通于淮，节减暴流，一如汴口之法。”[③] 乃一厢情愿之论，全不知河行多道，其淤必速；引河入淮，后患无穷。好在太宗不置可否，不然肯定引发更大河害。仁宗“景祐元年七月，河决澶州横陇埽。庆

① 《宋史》卷91，中华书局2000年版，第1522页。
② 《宋史》卷91，中华书局2000年版，第1523页。
③ 《宋史》卷91，中华书局2000年版，第1519页。

历元年，诏权停修决河。自此久不复塞，而议开分水河以杀其暴。未兴工而河流自分，有司以闻，遣使特祠之”①。居然以河分为幸，遣使设祠志贺。

李立之、贾昌朝是为数不多主张筑堤束流的文官，在朝中常常处于孤掌难鸣境地。庆历八年（1048）六月，河决澶州商胡埽，决水北去。八月，时任判大名府的贾昌朝上《堵塞决口东复故道》力主兴工大修“黄河旧堤，引水东流，渐复故道。然后并塞横陇、商胡二口，永为大利”②。主张迅速堵决，加强故道堤防，使黄河并流一向入海，比同时代人有清醒头脑，且可操作。但是宋廷议而不决。神宗熙宁元年（1068）六月，黄河溢恩州乌栏堤，又决冀州枣强埽，北注瀛。七月，又溢瀛州乐寿埽。都水监丞李立之请于恩、冀、深、瀛等州，创生堤三百六十七里以御河，“当用夫八万三千余人，役一月成”。受到河北都转运司反对，“方今灾伤，愿徐之”③。其后李立之的筑堤方案便被束之高阁，北宋治河难以自动步入正确轨道。

第三，北流、东流何者为优的争论。北流、东流概念，《宋史·河渠一》言之最清。“初，商胡决河自魏之北，至恩、冀、乾宁入于海，是谓北流。嘉祐五年，河流派于魏之第六埽，遂为二股，自魏、恩东至于德、沧，入于海，是谓东流。”④ 追根溯源，北流的形成在庆历、皇祐之交。庆历“八年六月乙亥，河决澶州商胡埽。是月，恒雨。七月癸丑，卫州大雨水，诸军走避，数日绝食。是岁，河北大水”。皇祐元年（1049）二月，“河北黄、御二河决，并注于乾宁军。河朔频年水灾”⑤ 出现的注乾宁军河道即北流（见图22-1）。

北流出现后，宋人多数担心影响宋辽关系，后来竟至于人为堵塞北流，“嘉祐元年四月壬子朔，塞商胡北流，入六塔河，不能容，是夕复决，溺兵夫、漂刍藁不可胜计。……五年，河流派别于魏之第六埽，曰二股河，其广二百尺。自二股河行一百三十里，至魏、恩、德、博之境，曰四界首河”⑥，被宋人称为东流。

---

① 《宋史》卷91，中华书局2000年版，第1525页。

② （宋）李焘：《续资治通鉴长编》，《四库全书》，史部，第316册，上海古籍出版社1987年版，第641页。

③ 《宋史》卷91，中华书局2000年版，第1529页。

④ 《宋史》卷91，中华书局2000年版，第1530页。

⑤ 《宋史》卷61，中华书局2000年版，第897页。

⑥ 《宋史》卷91，中华书局2000年版，第1529页。

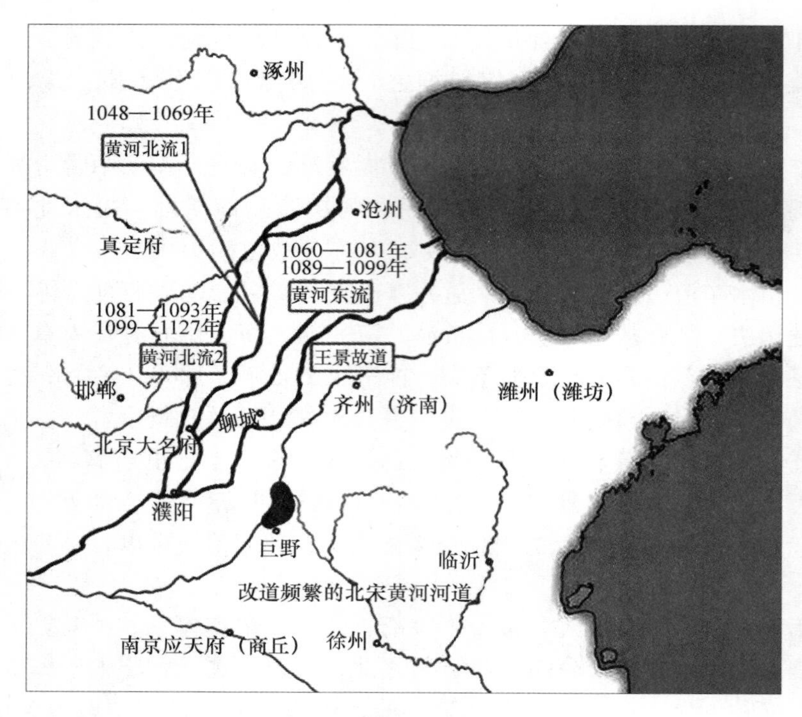


图 22－1　北宋黄河北流、东流示意图

北流、东流哪一个好，应该如何取舍？宋人形成两派意见。一派主张河行北流，李垂、李立之、王亚为代表。熙宁元年（1068）李立之奏请大修北流之堤，维持北流。提举河渠王亚也认为："黄、御河带北行入独流东砦，经乾宁军、沧州等八砦边界，直入大海。其近海口阔六七百步，深八九丈，三女砦以西阔三四百步，深五六丈。其势愈深，其流愈猛，天所以限契丹。"[①] 倾向十分明显。

另一派力主东流，以宋昌言、司马光为代表。宋昌言是都水监丞，他"与屯田都监内侍程昉献议，开二股以导东流"[②]。理由是北流筑堤20余年公私劳扰。宋神宗派司马光乘传相度北流四州生堤，回程兼视六塔、二股利害，然后提出治河方案。司马光巡视完毕，面奏："请如宋昌言策，于二股之西置上约，擗水令东。俟东流渐深，北流淤浅，即塞北流，放出御河、胡卢河，下纾恩、冀、深、瀛以西之患。"[③] 宋人不善筑堤，可能北流

① 《宋史》卷91，中华书局2000年版，第1530页。
② 《宋史》卷91，中华书局2000年版，第1530页。
③ 《宋史》卷91，中华书局2000年版，第1530页。

筑堤情况给司马光的印象很不好，所以他力挺东流，并且最终促使神宗决策堵塞北流。

大河独行东流，由于筑堤工作没有跟上，很长时间仍然河决不断。甚至熙宁四年又决入北流，虽然朝廷仍令塞北口，但其后北流、东流消长不定，还有两次改道：其一，熙宁十年“河道南徙，东汇于梁山、张泽泺，分为二派，一合南清河入于淮，一合北清河入于海，凡灌郡县四十五，而濮、齐、郓、徐尤甚，坏田逾三十万顷”[①]。其二，元丰元年堵曹村决口，河仍归东流。不久，“元丰中，河决小吴，北注界河，东入于海。神宗诏，东流故道淤高，理不可回，其勿复塞。乃开大吴以护北都”[②]。默认二流共存。于是哲宗年间东流、北流争论再起。

此后，治河争论带上浓重的党争色彩。因为神宗在位时决策不堵北流，现在哲宗继位、高后听政，高层主张回河东流大有人在。元祐四年（1089）“四月戊午，尚书省言：‘大河东流，为中国之要险。自大吴决后，由界河入海，不惟淤坏塘泺，兼浊水入界河，向去浅淀，则河必北流。若河尾直注北界入海，则中国全失险阻之限，不可不为深虑。’”[③]。有治河职责的吴安持和李伟，以及身在事中的澶州知州王令图也力主回河东流，终于导致绍圣元年春，“于内黄下埽闭断北流”，十月“大河自闭塞阚村而下，及创筑新堤七十余里，尽闭北流，全河之水，东还故道”[④]。回河东流意见最终胜利。

总而言之，真宗年间导河北行或维持东行，仁宗年间出现北流、东流现象后，无论主张北流还是主张东流，都尊重河情和规律不够，想人为主观地去规范河流走向，使之服从、服务于国防或外交，未免功利心太重。唯疏导分流还是筑堤束河之争纯粹探讨治河规律。遗憾的是宋人意识到筑堤束水必要性太晚，治河效率太低。

与治河有误区相同步，宋人在利用黄河兴利水运方面，也没有深刻认识黄河与运道的不相兼容，表现在清汴工程意志不坚，欲在下游沟通黄河与御河，不经行汴渠而从楚扬运河直运乾宁军，都受到自然规律惩罚。

---

① 《宋史》卷92，中华书局2000年版，第1537页。

② 《宋史》卷341，中华书局2000年版，第8691页。

③ 《宋史》卷93，中华书局2000年版，第1544页。

④ 《宋史》卷93，中华书局2000年版，第1552页。

## 第三节 两宋通漕得失

北宋未能产生像裴耀卿、刘晏那样的治水理漕大家，只是由于选择以汴梁为中心为终点、以汴渠为干道的水运体制，较之李唐以长安为终点、以黄河为干道为优，无漕船过三门之险，无漕船行黄河之难，运输距离近，运输周期短，运输成本低。北宋运道只有一个麻烦，那就是汴渠以黄河为水源，取水口每年都要重新开凿，汴渠河身沉积泥沙每年都要挑浚，否则就有运道浅涩、漕船搁浅之患。不过总体上较唐人不断治理三门之险要省力。宋人治河通漕比较体恤民情民力，绝无唐代酷吏“顾夫并未与价直，苟牵绳一断、栈梁一绝，则扑杀数十人。取顾夫钱籴米充数，即注夫逃走，下本贯禁父母兄弟妻子”① 那样草菅人命之事。

但宋代官员长于空发议论而拙于实干成事，治水通运常常表现为谋事不周，败多成少。

首先，随意开河通漕，缺少水情调查和水利论证，很多工程劳民伤财而终无效用。宋神宗熙宁“八年，昉与刘琀言：‘卫州沙河湮没，宜自王供埽开浚，引大河水注之御河，以通江、淮漕运。仍置斗门，以时启闭。……’从之。九年秋，昉奏毕功”②。工程迅速但通漕效果极差。宋廷派文彦博验收沙河工程。文彦博如实上报验收结果：一是确实可以通航，“自去年秋于卫州界王供埽次下，开旧沙河取黄河行运，欲通江淮舟楫，彻于北河极边。自今年春开口放水，后来涨落不定，所有舟栰多是轻载官船，木栰其数至少。濒河官吏至于众人，无不知其有害无利，枉费功料极多”。二是通运效果极差，“今来取黄河水入御河，大则吞纳不得，必至决溢；小则缓慢浅涩，必至淤淀。却河道凡上下千余里，必难岁岁开淘，此必然之理。今来冬初，已见淤淀却河道，阻滞舟船处甚多”。三是维护和保持通运难度比先前经汴渠绕河阴、由御河运大名要大得多，“臣按御河上源止是百门泉水，其势壮猛，相次至卫州以下，可胜三四百斛之舟。四时行运未尝阻滞，公私为利。其河道大小亦如蔡河之类，其堤防不至高

① （唐）张鷟：《朝野佥载》，《四库全书》，子部，第1035册，上海古籍出版社1987年版，第231页。

② 《宋史》卷95，中华书局2000年版，第1583页。

厚，亦无水患”[①] 教训深刻。

程昉、刘琀之徒嫌原来御河之运绕行河阴水程遥远，且转般多次烦琐费事，而从黄河王供埽开河引水至大名路近，且弃转般为直达，初看起来非常合算。问题是运道在河阴接入黄河和在王供接入黄河有本质的不同，前者有汴渠长长的河身吸收泥沙，而后者河水直接灌进御河。程、刘二人计不及此，空有良好愿望和满腔热情，谋事不周，终成笑柄。

其次，随意变更漕制，引起更大混乱。两宋之交，杨时总结北宋后期漕制演进得失，指出北宋原行盐法与漕运转般法相辅相成，“祖宗设置发运司，盖得刘晏之遗意。朝廷捐数百万缗与为籴本，使总六路之计，通融移用以给中都之费。六路丰凶更有不常，一路丰稔则增籴以充漕计，饥凶去处则罢籴使输折斛钱而已。故上下俱宽，而中都不乏，最为良法”[②]。徽宗君臣轻率改行直达法，“自胡师文以籴本为羡余以献，而制置发运司拱手无可为者，此直达之议所从起也。……自钞法行，盐课悉归榷货务，诸路一无所得，漕计日已不给，今又敛取之，非出于漕臣之家，亦取诸民而已，民力困敝。徒为纷纷，无补于事”[③]。盲目地变更祖制，漕运每况愈下。

转般法较直达法有其优越性，“祖宗时，荆湖南北、江东西漕米至真扬下卸，即载盐以归，交纳有剩数，则官以时直售之，舟人皆私市附载而行，阴取厚利，故以船为家，一有罅漏则随补葺之，为经远计。太宗尝谓侍臣曰，幸门如鼠穴，不可塞。篙工柁师有少贩鬻，但无妨公，不必究问。非洞见民隐，何以及此”？但是蔡京轻率改行直达，“自直达、抄盐之法行，而回纲无所得，沿江州县亦无批请，故毁舟盗卖充日食，而败舟亡卒处处有之，转为贼盗，不可胜计，其为害非细也”[④]。船户梢工是无利可图了，但朝廷漕运大计也随之败坏了。

南宋漕运较之北宋，运道水系更为优越。一是与黄河无缘，无繁难治河和浚汴负担，漕运成本大为降低。二是自然江河里程远远大于人工运河，闸坝之设、水柜保持、运道挑浚仅仅局限于江南河和楚扬运河，比较尊重江河水情和水运规律。

建炎元年（1127），天下诸路运应天府（今河南商丘），运道以运河为

---

① 《潞公文集》，《四库全书》，集部，第 1100 册，上海古籍出版社 1987 年版，第 717—718 页。

② 《龟山集》，《四库全书》，集部，第 1125 册，上海古籍出版社 1987 年版，第 108 页。

③ 《龟山集》，《四库全书》，集部，第 1125 册，上海古籍出版社 1987 年版，第 108 页。

④ 《龟山集》，《四库全书》，集部，第 1125 册，上海古籍出版社 1987 年版，第 109 页。

主。建炎二年（1128），两广、两湖、两江通过长江运江宁府，两浙通过运河运平江府，北方有漕州县运应天府。绍兴三十年（1160），湖南路全、永等九州运鄂州，江西吉、信二州加南安军通过鄱阳湖和长江运池州，湖北路的荆门、汉阳等八州军通过长江、湘江、汉江运荆南，江西洪、江等九州通过长江运建康。只两浙通过运河运临安，江东路建康、太平、宣三州通过长江和运河运临安。南宋运河之运所占比重很小。

南宋漕运教训在于清廉治漕渐不如初，后期相当数量的漕运官员荒废公务，贩运营私，下层官吏侵害粮农和运丁利益渐重，以致得天独厚的水运优势发挥不出来，漕运走向衰败。

## 第四节　金人无意治河不重漕运

金灭北宋后，继续图谋灭亡南宋。设巡河官不过虚应故事，从不为治理黄河大费精力。黄河决于北岸或许堵之，决于南岸或决水冲向东南则听之任之。

约相当于南宋孝宗在位期间，黄河下游日益滚向宋境，“大定八年六月，河决李固渡，水溃曹州城，分流于单州之境”①，已经十分接近宋境。金统治者对此有些庆幸，采取默认态度，“曹、单虽被其患，而两州本以水利为生，所害农田无几。今欲河复故道，不惟大费工役，又卒难成功。纵能塞之，他日霖潦，亦将溃决，则山东河患又非曹、单比也。又沿河数州之地，骤兴大役，人心动摇，恐宋人乘间构为边患”② 置之不治。大定十二年（1172）初，黄河“水东南行，其势甚大”，当局仅“自河阴广武山循河而东，至原武、阳武、东明等县，孟、卫等州增筑堤岸”，意在稳定河行东南现状。大定十九年（1179），中游黄河决水过汴梁，次年“自卫州埽下接归德府南北两岸增筑堤以捍湍怒”③，进一步稳固了河行东南。其后十来年黄河主流虽稍稍北返，但明昌五年八月，“河决阳武故堤，灌封丘而东”④，黄河干流夺淮入海。

金代大定、明昌间入海路线，“黄河大致分走三条泛道：正道由荥阳、原武、阳武、新乡、延津、获嘉、胙城、长垣、东明、济阴、定陶、单

---

① 《金史》卷 27，中华书局 2000 年版，第 435 页。
② 《金史》卷 27，中华书局 2000 年版，第 435—436 页。
③ 《金史》卷 27，中华书局 2000 年版，第 436 页。
④ 《金史》卷 27，中华书局 2000 年版，第 441 页。

父、虞城、丰县、萧县、徐州会泗入淮；北面一支从李固渡东北经白马（今滑县）、濮阳、郓城、嘉祥、沛县至徐州南流入淮；南面一支由延津西分出，经封丘、开封、陈留，下接杞县、襄邑（今睢县）、宋城（今商丘），至虞城与正流汇合”[①]。三条泛道异途同归，皆在徐州会泗入淮。

金人不重视治理黄河，却相当重视造船水战。金国数次进攻南宋，越来越渴望有水军助战。建炎初金兀术渡江打下建康和临安，北返时在江口受到宋将韩世忠截击，“世忠以海舰进泊金山下，预以铁绠贯大钩授骁健者。明旦，敌舟噪而前，世忠分海舟为两道出其背，每缒一绠，则曳一舟沉之”[②]。当然，此时金人所乘之舟多从江南掠夺所得。

30年后完颜亮南下灭宋，有“苏保衡、完颜郑家奴由海道趋两浙”[③]，执行长途奔袭任务。但这支水军刚出海口，就被宋将李宝全歼于胶西海面，“宝亟命火箭环射，箭所中，烟焰旋起，延烧数百艘。火所不及者犹欲前拒，宝叱壮士跃登其舟，短兵击刺，殪之舟中。余所谓签军，尽中原旧民，皆登岛垠，脱甲归命，以故不杀。然仓卒，舟不获舣，溺死甚众。俘大汉军三千余人，斩其帅完颜郑家奴等六人，禽倪询等上于朝，获其统军符印与文书、器甲、粮斛以万计。余物众不能举者，悉焚之，火四昼夜不灭”[④]。可见金国水军庞杂、用船之多。

金国不重视治理黄河，也不注重经营漕运。只以燕京为中心维持着小范围的运河和漕运，辐射今河北、鲁北和豫北地区。“金都于燕，东去潞水五十里，故为闸以节高良河、白莲潭诸水，以通山东、河北之粟，凡诸路濒河之城，则置仓以贮傍郡之税，若恩州之临清、历亭，景州之将陵、东光，清州之兴济、会川，献州及深州之武强，是六州诸县皆置仓之地也。其通漕之水，旧黄河行滑州、大名、恩州、景州、沧州、会州之境，漳水东北为御河，则通苏门、获嘉、新乡、卫州、浚州、黎阳、卫县、彰德、磁州、洺州之馈，衡水则经深州会于滹沱，以来献州、清州之饷，皆合于信安海壖。溯流而至通州，由通州入闸，十余日而后至于京师。其他若霸州之巨马河，雄州之沙河，山东之北清河，皆其灌输之路也。”[⑤] 可知金人不善治水，除近畿建闸节蓄高良河、白莲潭外，其他运道无不利用自然河流，如旧黄河、漳水、御河、衡水、巨马河、沙河、北清河，几乎没

① 编写组：《黄河水利史述要》，黄河水利出版社2003年版，第227页。
② 《宋史》卷364，中华书局2000年版，第9017页。
③ 《宋史》卷32，中华书局2000年版，第405页。
④ 《宋史》卷370，中华书局2000年版，第9113页。
⑤ 《金史》卷27，中华书局2000年版，第443—444页。

有新开人工运河。

金国占据淮河以北，迁都汴梁以前北宋原有运道被废弃，水运倒退到蛮荒时代。吕颐浩《论边防机事状》叙述建炎三年伪齐漕运状况有言："京西及徐亳诸郡全未有耕凿，粮运所出，自来止藉东平、济南府及淄、青、德、博等数州而已。今伪齐漕运由北清河泝流至济州山口镇，自山口镇入黄河，经由徐州、淮阳军转漕入淮，极为艰阻。兼黄河自来难行舟船，则齐人所储粮食必不广。"金兵漕运支持捉襟见肘，淮北存粮又有限，"数年以来，刘豫父子虽于南京、淮阳军，陈颍数州积聚资储，然供给敌军，今已数月，非久军食必尽，粮食既尽必谋退去"①。故而金兀术北返途中在镇江、建康之间江面受到韩世忠截击，侥幸过江，欲久占淮南心有余而力不足，不得不退向淮河以北。

宋孝宗乾道五年（1169）"冬十月乙酉，遣汪大猷等使金贺正旦"②。楼钥一路随行往返，撰《北行日录》记述一路见闻和使金行程，展示金国不重水运至详。

汪大猷一行进入金国，沿汴渠赴汴梁无船可乘、无水可行，一路车马奔波，十二月一日，车行60里至临淮县，又行80里宿青阳镇驿。二日车行80里至虹县，饭后乘马行80里宿灵璧，"行数里，汴水断流。人家独处者，皆烧拆去……三日……车行六十里，静安镇早顿。又六十里，宿宿州。自离泗州，循汴而行，至此河益堙塞，几与岸平，车马皆由其中，亦有作屋其上"③。四日车行45里蕲泽镇，又45里宿柳子镇。五日60里至永城县，又70里宿会亭镇。七日车行60里至宁陵县。八日车行60里至雍丘县，又行20里过空桑，宿陈留县。九日车行45里，至东御园小亭少憩。上马入东京城。日日车行，汴渠早废。

汴梁以北至燕山府也一路陆行，能行船的地方也搭桥而行。"（汴梁）北门内外人烟比南门稍盛。车行四十五里饭封丘，又四十五里宿胙城县。……胙城之南有南湖，去岁五月河决，所损甚多。河水今与南湖通，冲断古路，用柴木横叠其上，积草土以行车马。"④ 陆行45里到黄河，"因

---

① （宋）吕颐浩：《忠穆集》，《四库全书》，集部，第1131册，上海古籍出版社1987年版，第304页。

② 《宋史》卷34，中华书局2000年版，第434页。

③ （宋）楼钥：《攻愧集》，《四库全书》，集部，第1153册，上海古籍出版社1987年版，第687—688页。

④ （宋）楼钥：《攻愧集》，《四库全书》，集部，第1153册，上海古籍出版社1987年版，第692页。

河决打损口岸，去年人使迂行数十里方得上渡。今岁措置只就浅水冰上积柴草为路里余，车马行其上，策策有冰泮声。遇深险处即有人跣立道傍，指示使驱车疾行”。前面到了黄河中游，楼钥一行在金国境内有了唯一坐船机会，“河心有沙埠甚阔，盖河决时所淤积者。一行人兵车马尽于此登舟，渡舟底平，无篷屋，于船头品字用抄两傍，又以大枋为桨，并力喝号，使副以下露坐其中，分数舟以渡。风静不寒，上下冰合仅二寸许，惟通舟处见水面数丈”①。足见金国境内水运败落。进入当年曹操开白沟通运区域，仍旧车马跋涉到燕山府。上述内容足以说明：南宋以水运立国，从临安到界河一路舟行；金国车马立国，水运全废。

金国有局部海运实践。明昌三年（1192），尚书省奏请“辽东、北京路米粟素饶，宜航海以达山东。昨以按视东京近海之地，自大务清口并咸平铜善馆皆可置仓贮粟以通漕运，若山东、河北荒歉，即可运以相济”②为金章宗批准实施。

金国漕运制度，泰和六年（1206）“定制，凡漕河所经之地，州府官衔内皆带‘提控漕河事’，县官则带‘管勾漕河事’，俾催检纲运，营护堤岸”。有漕府州县“为府三：大兴、大名、彰德。州十二：恩、景、沧、清、献、深、卫、浚、滑、磁、洺、通。县三十四：大名、元城、馆陶、夏津、武城、历亭、监（临）清、吴桥、将陵、东光、南皮、清池、靖海、兴济、会川、交河、乐寿、武强、安阳、汤阴、监（临）漳、成安、滏阳、内黄、黎阳、卫、苏门、获嘉、新乡、汲、潞、武清、香河、漷阴”③。运道和漕运较北宋微乎其微。

贞祐三年迁都汴梁后，金人才开始经营河、汴漕运。汴梁以南“以陈、颍二州濒水，欲借民船以漕，不便。遂依观州漕运司设提举官，募船户而籍之，命户部勾当官往来巡督”④。汴梁以北，“开沁水以便馈运”⑤而辅以车牛。汴梁以西，改陆运为水运，“以舟自渭入河，顺流而下”⑥，定国军节度使李复亨建言，“造大船二十，由大庆关渡入河，东抵湖城，往还不过数日，篙工不过百人，使舟皆容三百五十斛，则是百人以数日运

① （宋）楼钥：《攻愧集》，《四库全书》，集部，第1153册，上海古籍出版社1987年版，第692—693页。
② 《金史》卷27，中华书局2000年版，第445页。
③ 《金史》卷27，中华书局2000年版，第445页。
④ 《金史》卷27，中华书局2000年版，第445页。
⑤ 《金史》卷27，中华书局2000年版，第446页。
⑥ 《金史》卷27，中华书局2000年版，第446页。

七千斛”[1] 被付诸实施。汴梁以东建粮仓，元光元年，于归德府置通济仓，设都监一员，以受东郡之粟。“又于灵璧县潼郡镇设仓都监及监支纳，以方开长直沟，将由万安湖舟运入汴至泗，以贮粟也。”[2] 不过，为此政于国势将衰之时，何其晚矣！

① 《金史》卷27，中华书局2000年版，第446页。
② 《金史》卷27，中华书局2000年版，第446页。

# 第二十三章　两宋造船技术和通漕工程

## 第一节　两宋造船业发展

北宋漕船保有量，王襄《上钦宗论彗星》有言："东南运漕取于六路，年额六百余万石。其资以为本者三：船也、仓也、盐也。造船之法，六路之船以供江外之纲，淮南之船以供入汴之纲，常六千只。"① 可知北宋漕船保有量约6000只。

北宋造船（包括非漕船）业年产量，高潮时"诸州岁造运船，至道末三千三百三十七艘，天禧末岁减四百二十一"。主要造船基地年产量，"处州六百五，吉州五百二十五，明州百七十七，婺州百五，温州百二十五，台州百二十六，楚州八十七，潭州二百八十，鼎州二百四十，凤翔、斜谷六百，嘉州四十五"②。处、明、吉、婺、温、台、楚、潭、鼎、嘉十州加凤翔、斜谷共12处，年造船2915只。其他次要造船基地造船还会有数百只。

南宋年造船量和船只保有量史料缺乏统计数字。一般情况下，漕船建造年有定额。建炎二年（1128）六月，发运副使吕源向朝廷报告，当年"江、湖四路沿流州县打造粮船一千只，并潭、衡、虔、吉四州两年拖欠舟船八百三十九只，江东路打造未到船二百五只，乞限至年终一切了毕。缘潭、衡、虔、吉四州今年年额又合打造船七百二十三只，共二千七百六十七只，散在江湖四路沿流二十余州军"③。奏请选派强干官催督点勘，确

① （宋）赵汝愚：《宋名臣奏议》，《四库全书》，史部，第431册，上海古籍出版社1987年版，第544页。

② 刘琳等点校：《宋会要辑稿》，第12册，上海古籍出版社2014年版，第7029页下栏。

③ 刘琳等点校：《宋会要辑稿》，第12册，上海古籍出版社2014年版，第7125—7126页下栏上栏。

保完成。除去往年拖欠的839只，各路年造漕船1928只。可以断定南宋漕船制造规模小于北宋，但南宋靠水军立国，军舰打造数量肯定多于北宋。

两宋造船技术较唐代有明显进步。首先，海船建造技术有重大突破。宋神宗、宋徽宗先后两次派使者出使高丽，在明州为宋使打造航海神舟各二只以壮行色，皆体大工精，穷极华丽，"巍如山岳，浮动波上，锦帆鹢首，屈服蛟螭，所以晖赫皇华，震慑海外，超冠今古，是宜丽人迎诏之日，倾国耸观而欢呼嘉叹也"。使团还雇用有民间航海船，"旧例每因朝廷遣使，先期委福建、两浙监司顾募客舟，复令明州装饰，略如神舟，具体而微"①。无论现造船和临时雇用客船，都有很高的技术含量。

其一，临时雇来的"客舟"船体构造善于破浪，"其长十余丈，深三丈，阔二丈五尺，可载二千斛粟。其制皆以全木巨枋搀叠而成，上平如衡，下侧如刃。贵其可以破浪而行也"。其二，隔舱众多，舒适如家，"中分为三处，前一舱不安艎板，惟于底安灶与水柜，正当两樯之间也；其下即兵甲宿棚。其次一舱，装作四室。又其后一舱，谓之庮屋，高及丈余，四壁施窗户如房屋之制，上施栏楯，朱绘华焕，而用帟幕增饰，使者官属各以阶序分居之。上有竹篷，平时积叠，遇雨则铺盖周密"。其三，锚、舵、橹设置精细，功能齐全，"船首两颊柱中有车轮，上绾藤索，其大如椽，长五百尺，下垂矴石，石两旁夹以二木钩。船未入洋近山，抛泊则放矴着水底，如维缆之属，舟乃不行。若风涛紧急，则加游矴。其用如大矴而在其两旁，遇行则卷其轮而收之。后有正柂，大小二等，随水浅深更易。当庮之后从上插下二棹，谓之三副柂，惟入洋则用之。又于舟腹两旁缚大竹为橐以拒浪。装载之法，水不得过橐以□轻重之。度水棚在竹橐之上。每舟十橹，开山入港，随潮过门，皆鸣橹而行，篙师跳踯号叫，用力甚至，而舟行终不若驾风之快也"。其四，多樯众帆，船驶三面风，"大樯高十丈，头樯高八丈，风正则张布帆五十幅，稍偏则用利篷左右翼张以便风势。大樯之巅更加小帆十幅，谓之野狐帆，风息则用之。然风有八面，唯当头不可行"②。借风用帆技术高超。

两宋的航海技术精湛。客舟"每舟篙师水手可六十人，惟恃首领熟识海道，善料天时人事而得众情。故若一有仓卒之虞，首尾相应如一人，则

---

① （宋）徐兢：《宣和奉使高丽图经》，《四库全书》，史部，第593册，上海古籍出版社1987年版，第891页。

② （宋）徐兢：《宣和奉使高丽图经》，《四库全书》，史部，第593册，上海古籍出版社1987年版，第891—892页。

能济矣。若夫神舟之长阔、高大、什物、器用、人数，皆三倍于客舟也”[1]。神舟 3 倍于客舟，船长 30 多丈，深 9 丈，阔七丈五尺，水手 180 余人，驾船行海技术要求更高。

20 世纪 70 年代泉州湾后渚港发现宋代木造海船，印证并补充文献所载宋代海船制造技术。底部的结构为尖底形，头尖尾方，船身扁阔，平面近似椭圆形。舷侧板为三重木板结构，船底部为二重木板结构。船身用材主要是杉、松和樟木类，木质纤维纹理还清晰可见。这艘海船共有 13 个船舱（包括艏尖舱和艉尖舱），大部分船舱都保存较完好。船身残长为 24. 20 米，残宽为 9. 15 米。根据海船的长度、宽度和深度计算，其载承量在 200 吨以上。专家认定这艘宋代沉船，“与宋徐兢著《宣和奉使高丽图经》一书提到的‘客舟’，体形基本相似”[2]。只不过文献所载是客船，而考古发现的是货船。

21 世纪广东阳江海下考古发现的“南海一号”宋代沉船，是一艘民间航海货船，俯视面积有半个足球场大，横向分为 15 个隔舱，每舱分层装货，底部还有夹层，载重量高达 200 吨，代表宋代航海货船制造水平。

其次，南宋水战船只建造盛极一时。南宋隔淮河与金人对峙，靠水运水战立国，开国后把战舰建造和水军扩军当作国防头等大事。建炎元年（1127）七月，尚书省奏请大造魛鱼船，组建三万水军，“濒海沿江巡检下魛鱼船，可堪出战，式样与钱塘、扬子江魛鱼船不同，俗又谓之钓槽船。头方小，俗谓荡浪斗。尾阔可分水，面敞可容人兵，底狭尖如刀刃状，可破浪。粮储、器仗置黄版下，标牌矢石分两掖。可容五十人者，面阔一丈二尺，身长五丈，依民间工料造打，每支四百余贯。今来招募诸路水战人，且以三万人为率，每船可容五十人，合用魛鱼船六百只，计用钱二十四万余贯”[3]，为南宋初年建造军船大举措。

其后随着战事演进又安排了多次战船建造。建炎三年（1129）平江府建造四百料 8 橹战船，每只长 8 丈，用钱 1159 贯；四橹海鹘船，每只长丈5 尺，用钱 329 贯。绍兴三年（1133）江南西路，打造战船 200 只，般载钱粮船 100 只，工费不下 10 余万贯；鼎州造车船 6 只，长 30 丈或 20 余丈，每只可容战士七八百人。绍兴五年（1135）江、浙诸州，打造 9 车、

① （宋）徐兢：《宣和奉使高丽图经》，《四库全书》，史部，第 593 册，上海古籍出版社 1987 年版，第 892 页。

② 叶文程：《从泉州湾海船的发现看宋元时期我国造船业的发展》，《厦门大学学报》1977 年第 4 期，第 66 页。

③ 刘琳等点校：《宋会要辑稿》，第 12 册，上海古籍出版社 2014 年版，第 7125 页上栏。

13车战船，其中两浙东、西路各14只，江东12只，江西16只。绍兴二十八年（1158）福建路，依陈敏水军见管船样，造尖底海船6只，每只面阔3丈、底阔3尺，约载2000料。

为了适应出海作战需求，南宋建造江海两用船。乾道五年（1169）十月，"水军统制官冯湛近打造多桨船一艘，其船系湖船底、战船盖、海船头尾，通长八丈三尺，阔2丈，并淮尺计八百料，用桨42枝，江、海、淮、河无往不可。载甲军200人，往来极轻便"。权主管殿前司公事王逵请求朝廷降下式样，"令明州制造三五十艘，以备缓急御敌"。殿前司预算"造船每艘计用钱一千六百七贯七百有奇，其所造五十艘，计钱八万三百八十九贯"[①]。孝宗恩准措置打造50只。这类战船将江船与海船性能融为一体，既能由江出海又能由海入河，于水战与水运皆有实用价值。

最后，两宋时期造船进入有船坞、按图纸阶段。神宗身边有个宦官叫黄怀信，善巧思精工，"国初两浙献龙船，长二十余丈。上为宫室层楼，设御榻以备游幸。岁久腹败，欲修治而水中不可施工。熙宁中，宦官黄怀信献计，于金明池北凿大澳可容龙船，其下置柱以大木梁其上，乃决水入澳，引船当梁上。即车尽澳中水，船乃笐于空中，完补讫，复以水浮船，撤去梁柱。以大屋蒙之，遂为藏船之室，永无暴露之患"[②]。船坞之设，虽出于宦官，然推广于社会，作用大矣。南宋建炎九月十六日，知扬州吕颐浩建言措置沧州、滨州一带海防，"合用魛鱼战船，已行画样颁下州县，欲令先次根刷应系官轻捷舟船随宜改造。如阙，即于民间踏逐，增价收买，改为战船，立限修整牢壮。每州三十只，仍许备穴舟利器之属"[③]。所谓画样，即今人所说图纸。

宋代官办造船管理。两宋造船场上层管理，监官一至两名及其属吏数名。下层劳动人员比重最大的是士兵，其次是和雇的工匠。造船场可抽厢兵到造船场做重体力劳动。绍兴三十年（1160）四月，臣僚有言："江西则于洪、吉、赣三州官置造船场，每场差监官二员，工役、兵卒二百人，立定格例，日成一舟，率以为常。"[④] 工匠加兵卒，是官办船场主要劳动力。

官办船场既然和雇工匠，难免确定劳动定额，计算工值，发放报酬。

---

① 刘琳等点校：《宋会要辑稿》，第12册，上海古籍出版社2014年版，第7133页上栏。

② （宋）沈括：《梦溪笔谈》，《四库全书》，子部，第862册，上海古籍出版社1987年版，第876页。

③ 刘琳等点校：《宋会要辑稿》，第12册，上海古籍出版社2014年版，第7125页下栏。

④ 刘琳等点校：《宋会要辑稿》，第12册，上海古籍出版社2014年版，第6991页下栏。

两宋普遍用“工”（一个熟练工劳作一天完成工作量）作为计量单位，如某造船场打造漕船，200人日成一舟，则一舟合200个工。官府给船场下达造船任务，通过明确造船种类、数量、料价和工钱进行宏观管理。南宋宁宗嘉定末，鄂州需要大小渡船60只，其中马船30只，脚船30只。“约用收买材物价钱九万五千六十贯一百七十五文湖会，人工九万八千二百四十五工。”[①] 平均每船用钱1584贯，用工1637个，即如此。

宋人说船大小，以料为计量单位。所谓料原指造船所用物料，如木头、竹子、铁钉、油灰之类，后来转化为衡量船载重多少（实际上与船体空间大小密切相关）的单位。这样，一料就成为一个载重单位。沈括有言：“今人乃以粳米一斛之重为一石，凡石者以九十二斤半为法。”[②] 宋斤重于今斤，一料（石）相当今之110斤。综上所述，宋人制造船舶，根据实际载重量描述船的大小，在此基础上估算其用料与用工，预算造船费用。

官办船场物料购进和领用中的偷工减料弊端渐重。北宋庆历年间，“许元为江淮制置发运判官……一日，元至船场，命拽新造之舟，纵火焚之，火过，取其钉鞠称之，比所破才十分之一，自是立为定额”[③]，说明此前物料贪污中饱达十分之九。南宋赵善括《船场纲运利害札子》，揭露孝宗年间江西某船场各种贪污浪费，“江西上游木工所萃，置立船场，其来久矣。采松桧、截杞梓，钉多庾粟，油溢漏泉，宜其可以任重致远、悠久无弊，而乃半途而废，一去不返，损则没于惊涛，腐则弃于长堤”。虚费国用，败坏军事，发人深思。列举具体弊端：其一，“岁额三百艘，无虑费四千万，兵匠百人，监临四员，十羊九牧，无所听从。占破之余，所存无几，工程不登，船额无限，任其卤莽，唯务速成。一株之木合锯而三，则斧而二之，此费木以省工”。其二，“兵匠既众，樵爨必多，各务爱家，既不敢显然窃成全之材以柴之，唯求其大木断而小之，以供柴薪之用。长者短而厚者薄，使以乘载，盖有不胜其任者矣，图小利而贻大患”。其三，“刳木为舟，能浮于江者贵其缜密无漏。今合众木而为之，必有罅隙焉，固宜裁其边幅，密其机缄，使之合而无间，则钉虽少而益固，灰虽多而无用。今乃并沓双木，贯以钉□，恐其疏折，实以油灰，用材愈多，而船愈

① 刘琳等点校：《宋会要辑稿》，第12册，上海古籍出版社2014年版，第7139页下栏。

② （宋）沈括：《梦溪笔谈》，《四库全书》，子部，第862册，上海古籍出版社1987年版，第718页。

③ （宋）江少虞：《事实类苑》，《四库全书》，子部，第874册，上海古籍出版社1987年版，第182页。

不固”。其四，“钉用于舟有以多为贵者，小人私铁灰之利而欺盗无已。又惧其数见于外者可考而知，则穴窍纳钉，止实其半，绝其半而再用之。殊不知木深钉断两不相及，击触解散可立而待”。[①] 损公利私，触目惊心。

宋代民间造船和船运。官办船场和官纲管理都弊端百出，必然缺乏竞争力，从而给民间造船和船运留下充分的发展空间。仁宗天圣年间，京西转运司往荆南运布十万匹到襄州下卸。官船纲运，“上水滩碛，或至一年方到州”，且官船年久失修、不堪装载，于是改为雇船而运，“纲、副自雇船般运布，每万匹出雇脚钱百贯，并缘行它费不少”[②]。这说明当时荆湖地区广有民船可雇。熙宁二年（1069），针对官船漕运“上下共为侵盗贸易，甚则托风水沉没以灭迹”的弊端，“薛向为江、淮等路发运使，始募客舟与官舟分运，互相检察，旧弊乃去。岁漕常数既足，募商舟运至京师者又二十六万余石而未已，请充明年岁计之数”[③]。所谓客舟，即民间自造船或自有船。

北宋太平时光，朝廷总以为和雇民船有失体面。南宋战事频繁，则以和雇民船为应急、高效之道。建炎三年（1129），金兵南下江浙，“尚书吏部员外郎郑资之为沿淮防托，自池州上至荆南府；监察御史林之平为沿海防托，自太平州下至杭州。……资之请募客舟二百艘分番运纲把隘，之平请募海舟六百艘防扼，从之”[④]。所募两批客舟、海舟800只，当然是民间自造船或自有船。

民间造船在质量上也胜官造船一筹。南宋初名臣李纲有言：“官中造船决不如民间私家打造之精致，海上风涛使用未必可以长久。”[⑤] 宋末元初诗人袁桷笔下写及宋末越、吴、淮三地民造船。越船双橹推进、行进便利，“越船十丈青如螺，小船一丈如飞梭。平生不识漂泊苦，旬日此地还经过。三江潮来日初晚，九堰雨悭河未满”。吴船用篙推进、适应面广，“吴船团团如缩龟，终岁浮家船不归。茅檐旧业已漂没，一去直北才无饥……不忧江南云气多，止畏淮南风雨作。去年水浅留金沟，今年水深上新州。终朝但知行客苦，尽岁不识离家愁……维舟未解矴舟牢，尽日弯篙

① （宋）赵善括：《应斋杂著》，《四库全书》，集部，第1159册，上海古籍出版社1987年版，第12—13页。

② 刘琳等点校：《宋会要辑稿》，第12册，上海古籍出版社2014年版，第6851—6950页。

③ 《宋史》卷175，中华书局2000年版，第2850页。

④ （宋）李心传：《建炎以来系年要录》，《四库全书》，史部，第325册，上海古籍出版社1987年版，第308页。

⑤ （宋）李纲：《梁溪集》，《四库全书》，集部，第1126册，上海古籍出版社1987年版，第442页。

仰天视”。淮船用料简略但载重惊人，“淮船船薄薄如纸，客行船头怒如鬼。布衫黑漆鹘双拳，邂逅相争浑欲死。船长不识丹艧巧，却识江云侣飞礮。风来急鼓响鼕鼕，转橹争篙复喧閙。淮东烧盐白如玉，我船轻行一万斛。淮阴米麦如京坻，我船破浪帆如飞。”① 南宋民间造船各具地域特色。

南宋后期浙江、福建一带民间私船很多。楼钥《朝散郎致仕宋君墓志铭》写到福州长溪县，“舟之隶于邑者数千艘，君既被檄，总籍其目，分番以备调发，舟人安之”。② 一县之船即数千。官府就把民有船只用义船法组织起来，随时应付军用。宝祐五年（1257），吴公在四明“立为义船法白于朝，下之三郡，令所部县邑各选乡之有材力者以主团结，如一都岁调三舟而有舟者五六十家，则众办六舟，半以应命，半以自食其利，有余赀俾蓄以备来岁用。凡丈尺有则，印烙有文，调用有时，井然著为成式。且添置干办公事三员分涖其事，三郡之民无科抑不均之害，忻然以从。船自一丈以上共三千八百三十三只，以下一万五千四百五十四只”③。四明即今浙江宁波，民间造船实力雄厚。

## 第二节　两宋澳闸及其他设施

两宋运河水利较汉唐的进步，主要体现在船闸的普遍设置和技术提高上。

魏晋南北朝运河需要调节水位时，往往筑设堰埭。船只过堰时重载者卸空货物，拖船过去然后再装上货物续行，不仅费时费力而且损坏船只。今人郑连第研究唐宋船闸，认为《新唐书·食货志》所言江南船只“送租、庸、调物，以岁二月至扬州入斗门”④。与唐《水部式》中所说“扬州扬子津斗门二所，宜于所管三府兵及轻疾内量差分番守当，随须开闭”⑤相参，所证就是我国最早的船闸。这比传说中 12 世纪荷兰出现的船闸早

---

① （元）袁桷：《清容居士集》，《四库全书》，集部，第 1203 册，上海古籍出版社 1987 年版，第 97 页。

② （宋）楼钥：《攻愧集》，《四库全书》，集部，第 1153 册，上海古籍出版社 1987 年版，第 661 页。

③ 开庆《四明续志》，《续修四库全书》，史部，第 705 册，上海古籍出版社 1987 年版，第 408 页上栏。

④ 《新唐书》卷 53，中华书局 2000 年版，第 897 页。

⑤ 罗振玉：《鸣沙石室佚书正续编》，北京图书馆出版社 2004 年版，第 253 页。

400 多年，比有明确记载的意大利 1481 年伯豆河（Pader）船闸则早 700 多年。

复式船闸，则最先应用于北宋太宗雍熙元年。此前江南漕船至楚州皆盘坝入淮，“建安北至淮澨总五堰，运舟十纲上下，其重载者皆卸粮而过，舟坏粮失率常有之。纲卒傍缘为奸，多所侵盗”。淮南转运使乔维岳“乃命创二斗门于西河第三堰，二门相逾五十步，覆以夏屋，设悬门蓄水，俟故沙湖平乃泄之。建横桥于岸，筑土累石以固其趾。自是尽革其弊而运舟往来无滞矣”[①]。熙宁五年（1072），日本僧人成寻亲历楚州复闸，十六日“……至楚州城门宿。……十七日……至闸头……戌时，依潮生，开水闸，先入船百余只，其间经一时。亥时，出船。依不开第二水门，船在门内宿。……（十八日）终日在闸头市前。戌时，开水闸，出船”[②]。情景如画，可视为乔维岳所建复闸工作原理写照。

仁宗天圣年间，兴建真州等复闸 5 座。“天圣中，监真州排岸司右侍禁陶鉴始议为复闸节水，以省舟船过埭之劳。是时工部郎中方仲荀、文思使张纶为发运使副，表行之，始为真州闸。岁省冗卒五百人，杂费百二十五万。”复闸投入运营，过往船只载量大增，“运舟旧法，舟载米不过三百石，闸成始为四百石。船其后所载寖多，官船至七百石，私船受米八百余囊，囊二石。自后北神、召伯、龙舟、茱萸诸埭相次废革，至今为利。予元丰中过真州，江亭后粪壤中见一卧石，乃胡武平为水闸记，略叙其事而不甚详具”[③]。资料来源言之凿凿，有信史气概。过闸漕船载重量由 300 石递增至 400 石，后又剧增至 700 石甚至 1600 石。而费用下降，仅真州一处就年省卒 500、杂费 125 万钱。

多级复闸。灵渠两端湘江与漓江间地面坡降很大，宋人于灵渠建多级复闸，有效地提高了行船效率，渠水“深不数尺，广可二丈，足泛千斛之舟。渠内置斗门三十有六，每舟入一斗门，则复闸之。俟水积而舟以渐进，故能循崖而上，建瓴而下，以通南北之舟楫”[④]。作者周去非淳熙年间通判桂林，其言可信。

---

① （宋）李焘：《续资治通鉴长编》，《四库全书》，史部，第 314 册，上海古籍出版社 1987 年版，第 367 页。

② 〔日〕成寻：《参天台五台山记》，白化文、李鼎霞校点，花山文艺出版社 2008 年版，第 92—93 页。

③ （宋）沈括：《梦溪笔谈》，《四库全书》，子部，第 862 册，上海古籍出版社 1987 年版，第 777 页。

④ （宋）周去非：《岭外代答》，《四库全书》，史部，第 589 册，上海古籍出版社 1987 年版，第 397 页。

复闸加归水澳被称澳闸，出现在北宋元符年间。所谓澳闸，就是“在船闸旁置小型水库，蓄积高处流水或雨水，提升低处积水或流水，以及接纳大江大河的潮水，开小渠通于船闸，并以闸门控制”[①]。澳闸技术发明和应用应归功于曾孝蕴，《宋史》本传载：“绍圣中，管干发运司粜籴事，建言扬之瓜洲，润之京口，常之奔牛，易堰为闸，以便漕运、商贾。既成，公私便之。”[②] 建议提出在绍圣年间，诸澳闸落成于元符初年。润州知州王愈有言：“吕城闸常宜车水入澳，灌注闸身以济舟……”[③] 元符“二年闰九月，润州京口、常州奔牛澳闸毕工。先是，两浙转运判官曾孝蕴献澳闸利害，因命孝蕴提举兴修，仍相度立启闭日限之法”[④]。诸闸最具代表性的为京口澳闸（见图 23－1）。

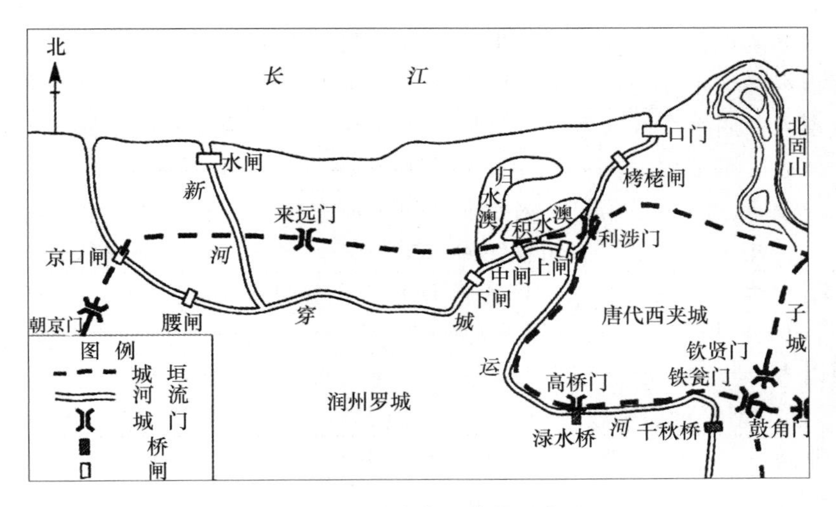


图 23－1　北宋京口澳闸示意图

南宋人言该闸之兴建原因和工作原理甚详：“昔之为渠谋者，虑斗门之开而水走下也，则为积水、归水之澳以辅乎渠。积水在东，归水在北，皆有闸焉。渠满则闭，耗则启，故渠常通流而无浅淤之患。”[⑤] 澳闸运行原

① 郑连第：《唐宋船闸初探》，《水利学报》1981 年第 2 期，第 69 页。

② 《宋史》卷 312，中华书局 2000 年版，第 8256 页。

③ 《宋史》卷 96，中华书局 2000 年版，第 1602 页。

④ 《宋史》卷 96，中华书局 2000 年版，第 1602 页。

⑤ （明）张国维：《吴中水利全书》，《四库全书》，史部，第 578 册，上海古籍出版社 1987 年版，第 899 页。

理十分具体。南宋淳熙十六年（1189），史弥坚对京口澳闸全面大修，京口港、归水澳、转般仓、甘露港、海鲜河面貌一新，功能得到提升。

杭州城外的长安闸，澳闸技术含量较高。《咸淳临安志》卷39盐官县长安三闸条载："绍圣八年，吴运使请易以石埭。绍熙二年，张提举重修。岁久莫详诸使者名。凡自下闸九十余步至中闸，又八十余步至上闸。盖由杭而西，水益走下，故置闸以限之。闸兵旧额百二十人，崇宁二年有旨，易闸旁民田以浚两澳，环以堤。上澳九十八亩，下澳百三十二亩，水多则蓄于两澳，旱则决以注闸。"[①] 此闸技术复杂，当今学者把它当作澳闸典型，分析其积水、归水二澳："澳有两种，积水澳，水位高于或平于闸室高水位（上游水位），它的作用是补充船只过闸时的耗水，以使闸上水量不下泄；归水澳，水位平于或低于闸室的低水位，它的作用是回收船只过闸时的下泄水量，以使其不流失于下游。归水澳中的水，可以根据需要提升至积水澳中重复使用，也可以直接提升至闸室。宋代，水的提升要靠人力或畜力，用水车或其他简单机械，效率不高。"[②] 鞭辟入里，让人折服。

其他运河工程设施。木岸，主要用于汴渠。以木板护岸、夹束水流，使水深流急，既满足船只吃水要求又便于河水挟沙而行。《仁宗本纪》载嘉祐元年九月"自京至泗州置汴河木岸"[③]。大概这次施工不太认真，以至于嘉祐六年，对应天府（今河南商丘）以上至汴口补充施工，"都水奏：'河自应天府抵泗州，直流湍驶无所阻。惟应天府上至汴口，或岸阔浅漫，宜限以六十步阔，于此则为木岸狭河，扼束水势令深驶。梢，伐岸木可足也。'遂下诏兴役……役既半，岸木不足，募民出杂梢。岸成而言者始息。旧曲滩漫流，多稽留覆溺处，悉为驶直平夷，操舟往来便之"[④]。尽伐岸树，征及百姓，可见宋人坚持漕运不惜工本。

斗门，用于汴渠河堤开泄过量洪水。管理汴渠泄洪斗门的，先后有提举汴口勾当官和都提举司。仁宗天圣"六年，勾当汴口康德舆言：'行视阳武桥万胜镇，宜存斗门。其梁固斗门三宜废去，祥符界北岸请为别窦，分减溢流。'而勾当汴口王中庸欲增置孙村之石限，悉从其请"[⑤]。可知汴渠上游所设泄水斗门很多，勾当官不时增减之，随着河床的不断抬高，相

---

① （元）潜说友：《咸淳临安志》，《四库全书》，史部，第490册，上海古籍出版社1987年版，第436页。

② 郑连第：《唐宋船闸初探》，《水利学报》1981年第2期，第69页。

③ 《宋史》卷12，中华书局2000年版，第160页。

④ 《宋史》卷93，中华书局2000年版，第1562页。

⑤ 《宋史》卷93，中华书局2000年版，第1561页。

应改变斗门底线高低。元丰六年（1083）十月，“都提举司言：‘汴水增涨，京西四斗门不能分减，致开决堤岸。今近京惟孔固斗门可以泄水下入黄河；若孙贾斗门虽可泄入广济，然下尾窄狭，不能尽吞。宜于万胜镇旧减水河、汴河北岸修立斗门，开淘旧河，创开生河一道，下合入刁马河，役夫一万三千六百四十三人，一月毕工。’诏从其请，仍作二年开修”①。可见汴渠洪水为害之烈，需要适时增加新的斗门并挑浚泄洪通道。王安石变法期间，在京城上下广为淤田、建置水磨，都是通过斗门引水为之，斗门之用得到创新。

软坝，用于运河与长江衔接处抬高江水水位，易建易拆，不需要做硬深基础。宣和二年（1120）九月，真扬间运河浅涩，李琮建言：“真州乃外江纲运会集要口，以运河浅涩，故不能速发。按南岸有泄水斗门八，去江不满一里。欲开斗门河身，去江十丈筑软坝，引江潮入河，然后倍用人工车畎，以助运水。”② 得到批准，付诸实施。此软坝之用，意欲引江水入真州以北运河，故而在斗门下游粗筑简易堰坝，以抬高江水水位，变泄洪通道为引水通道。

软坝用材是刍楗，即竹木草捆，以竹木为楗、草捆为墙。清汴工程也有采用。元丰二年（1079）复议清汴工程，内供奉宋用臣实地踏勘，还奏工程可行，“自任村沙谷口至汴口开河五十里，引伊、洛水入汴河，每二十里置束水一，以刍楗为之，以节湍急之势，取水深一丈，以通漕运”，③被批准实施。伊、洛水自南岸引入黄河堤内，在河滩开河直入汴口，清水进入落差较大的汴渠后水量不够，故而每20里以刍楗为软坝，中间留通船口，使两软坝之间有足够水深。

## 第三节　北宋治河技术和机制

宋人对黄河和治黄的认识，不善于宏观思维，不善于战略决策，无人继承关并、张戎、王横学说，观念落后许多。但具体技术超越汉唐，诸如：

第一，护堤分流技术。马头、锯牙，是伸进河床的短坝，用于斜挑大

---

① 《宋史》卷94，中华书局2000年版，第1566页。
② 《宋史》卷96，中华书局2000年版，第1605页。
③ 《宋史》卷94，中华书局2000年版，第1565页。

溜改变方向；约，于分水处改变彼此流量；木龙，用于挑大溜远离堤岸。神宗熙宁元年（1068）六月，河溢恩州乌栏堤，又决冀州枣强埽，又溢瀛州乐寿埽。二年，神宗派司马光踏勘，“正月，光入对：‘请如宋昌言策，于二股之西置上约，擗水令东。俟东流渐深，北流淤浅，即塞北流，放出御河、胡卢河，下纾恩、冀、深、瀛以西之患。’”①。上约，即东流与北流分岔处的挑水坝，置上约的结果是北流被限流，东流被人为强化。进约1个月后，北京留守韩琦奏报东流渐大，“束大河于二百余步之间，下流既壅，上流蹙遏湍怒，又无兵夫修护堤岸，其冲决必矣”，意欲停止全河东流。“四月，光与张巩、李立之、宋昌言、张问、吕大防、程昉行视上约及方锯牙，济河，集议于下约。光等奏：‘二股河上约并在滩上，不碍河行。但所进方锯牙已深，致北流河门稍狭，乞减折二十步，令近后，仍作蛾眉埽裹护。……’”② 可见宋人运用马头、锯牙和约之一斑。

《宋史》陈尧佐本传：“天禧中，河决，起知滑州，造木龙以杀水怒，又筑长堤，人呼为‘陈公堤’。”③ 可知木龙为陈尧佐发明专利。至于木龙制作及挑溜原理，《宋史·河渠一》有言：天禧“五年正月，知滑州陈尧佐以西北水坏，城无外御，筑大堤，又叠埽于城北，护州中居民；复就凿横木，下垂木数条，置水旁以护岸，谓之‘木龙’，当时赖焉”④。制作技术并不复杂，而有奇效。

第二，制埽用埽技术。“旧制，岁虞河决，有司常以孟秋预调塞治之物，梢芟、薪柴、楗橛、竹石、茭索、竹索凡千余万，谓之‘春料’。诏下濒河诸州所产之地，仍遣使会河渠官吏，乘农隙率丁夫水工，收采备用。凡伐芦荻谓之‘芟’，伐山木榆柳枝叶谓之‘梢’，辫竹纠芟为索。以竹为巨索，长十尺至百尺，有数等。先择宽平之所为埽场。埽之制，密布芟索，铺梢，梢芟相重，压之以土，杂以碎石，以巨竹索横贯其中，谓之‘心索’。卷而束之，复以大芟索系其两端，别以竹索自内旁出，其高至数丈，其长倍之。凡用丁夫数百或千人，杂唱齐挽，积置于卑薄之处，谓之‘埽岸’。既下，以橛臬阂之，复以长木贯之，其竹索皆埋巨木于岸以维之，遇河之横决，则复增之，以补其缺。凡埽下非积数叠，亦不能遏其迅湍。”⑤ 这一技术为后代所沿用。

---

① 《宋史》卷91，中华书局2000年版，第1530页。
② 《宋史》卷91，中华书局2000年版，第1530—1531页。
③ 《宋史》卷284，中华书局2000年版，第7810页。
④ 《宋史》卷91，中华书局2000年版，第1523页。
⑤ 《宋史》卷91，中华书局2000年版，第1524页。

第三，刍楗技术。其法以竹木下桩于决口，桩与桩之间以草束、土石填塞。《宋史·崔立传》："会滑州塞决河，调民出刍楗，命立提举受纳。立计其用有余，而下户未输者尚二百万，悉奏弛之。"① 刍，草秸树枝。楗，堪以为桩的长竹大树，刍楗结合，用以堵决。

具体技术之外，微观水利学术也小有进步：

第一，以物候言河水大小变化规律，"说者以黄河随时涨落，故举物候为水势之名：自立春之后，东风解冻，河边人候水，初至凡一寸，则夏秋当至一尺，颇为信验，故谓之'信水'。二月、三月桃华始开，冰泮雨积，川流猥集，波澜盛长，谓之'桃华水'。春末芜菁华开，谓之'菜华水'。四月末垄麦结秀，擢芒变色，谓之'麦黄水'。五月瓜实延蔓，谓之'瓜蔓水'。朔野之地，深山穷谷，固阴冱寒，冰坚晚泮，逮乎盛夏，消释方尽，而沃荡山石，水带矾腥，并流于河，故六月中旬后，谓之'矾山水'。七月菽豆方秀，谓之'豆华水'。八月菼薍华，谓之'荻苗水'。九月以重阳纪节，谓之'登高水'。十月，水落安流，复其故道，谓之'复槽水'。十一月、十二月断冰杂流，乘寒复结，谓之'蹙凌水'。水信有常，率以为准；非时暴涨，谓之'客水'"②。这一认识为元明清三代所信奉。

第二，对黄水害堤和水情征兆的认识，"其水势：凡移徙横注，岸如刺毁，谓之'劄岸'。涨溢踰防，谓之'抹岸'。扫岸故朽，潜流漱其下，谓之'塌岸'。浪势旋激，岸土上隤，谓之'沦卷'。水侵岸逆涨，谓之'上展'；顺涨，谓之'下展'。或水乍落，直流之中忽屈曲横射，谓之'径窬'。水猛骤移，其将澄处，望之明白，谓之'拽白'，亦谓之'明滩'。湍怒略渟，势稍汩起，行舟值之多溺，谓之'荐浪水'。水退淤淀，夏则胶土肥腴，初秋则黄灭土，颇为疏壤，深秋则白灭土，霜降后皆沙也"③，较前人前进一大步。

第三，对需要特别防护的黄河堤段有精细认记。"凡缘河诸州，孟州有河南北凡二埽，开封府有阳武埽，滑州有韩房二村、凭管、石堰、州西、鱼池、迎阳凡七埽，旧有七里曲埽，后废。通利军有齐贾、苏村凡二埽，澶州有濮阳、大韩、大吴、商胡、王楚、横陇、曹村、依仁、大北、冈孙、陈固、明公、王八凡十三埽，大名府有孙杜、侯村二埽，濮州有任

---

① 《宋史》卷426，中华书局2000年版，第9929页。

② 《宋史》卷91，中华书局2000年版，第1523页。

③ 《宋史》卷91，中华书局2000年版，第1523页。

村、东、西、北凡四埽，郓州有博陵、张秋、关山、子路、王陵、竹口凡六埽，齐州有采金山、史家涡二埽，滨州有平河、安定二埽，棣州有聂家、梭堤、锯牙、阳成四埽，所费皆有司岁计而无阙焉。”① 共45埽，重点防护，全力保障。

第四，对都水监职责有明确规定，“凡治水之法，以防止水，以沟荡水，以浍写水，以陂池潴水。凡江、河、淮、海所经郡邑，皆颁其禁令。视汴、洛水势涨涸增损而调节之。凡河防谨其法禁，岁计茭楗之数，前期储积，以时颁用，各随其所治地而任其责。兴役以后月至十月止，民功则随其先后毋过一月。若导水溉田及疏治壅积为民利者，定其赏罚。凡修堤岸、植榆柳，则视其勤惰多寡以为殿最”②。都水监使者坐镇京城，丞二人在外分管南北，监埽官135人各守岗位，外丞解决不了的河害，使者才出京视事。

北宋时期，中央都水监加地方府州官员双责制奠基于太祖，乾德“五年正月，帝以河堤屡决，分遣使行视，发畿甸丁夫缮治。自是岁以为常，皆以正月首事，季春而毕”③。此时尚无都水之设，遇事派出使者。黄河中下游所经十七州郡，长吏皆兼河防使，赋予防河责任。开宝五年（972）正月，下诏所有河堤普遍种树固堤：“应缘黄、汴、清、御等河州县，除准旧制种艺桑枣外，委长吏课民别树榆柳及土地所宜之木。仍案户籍高下，定为五等：第一等岁树五十本，第二等以下递减十本。民欲广树艺者听，其孤、寡、茕、独者免。”④ 同年三月，又下诏沿河州置河堤判官一员：“自今开封等十七州府，各置河堤判官一员，以本州通判充；如通判阙员，即以本州判官充。”在加强沿河州郡治河责任的基础上，遇重大河决再派大员统兵夫前往兴工堵塞，“五月，河大决濮阳，又决阳武。诏发诸州兵及丁夫凡五万人，遣颍州团练使曹翰护其役。……翰至河上，亲督工徒，未几，决河皆塞”⑤。此机制延续到真宗年间。

仁宗继位后，渐行都水监丞轮番出京治河之制。置常设衙门都水监，常年负责河堤防护和防汛堵决。关于都水设置嬗变，《玉海》卷22言之甚详，“皇祐三年五月壬申，置河渠司于三司”。后来去司设监，“嘉祐三年

① 《宋史》卷91，中华书局2000年版，第1524页。
② 《宋史》卷165，中华书局2000年版，第2628页。
③ 《宋史》卷91，中华书局2000年版，第1518页。
④ 《宋史》卷91，中华书局2000年版，第1518页。
⑤ 《宋史》卷91，中华书局2000年版，第1518—1519页。

十一月己丑，置在京都水监，以吕景初判监，罢河渠司"[①]。吕景初判监时，都水官员配备"判监事一人，以员外郎以上充；同判监事一人，以朝官以上充；丞二人，主簿一人，并以京朝官充"。大部分属官待在京城，只"轮遣丞一人出外治河埽之事，或一岁再岁而罢，其有谙知水政，或至三年"。轮遣者"置局于澶州，号曰外监"[②]。元丰年间，对都水监职责进行调整，"置使者一人，丞二人，主簿一人。使者掌中外川泽、河渠、津梁、堤堰疏凿浚治之事，丞参领之"。扩大了外监职数和职权，"南、北外都水丞各一人，都提举官八人，监埽官百三十有五人，皆分职莅事；即干机速，非外丞所能治，则使者行视河渠事"[③]。在职权和操作规程日渐明确的背景下，都水监确实在北宋后期治水通漕舞台上，导演过成败参半、悲喜交集的活剧。

成功的治水之事：一是治平元年都水监言："商胡堙塞，冀州界河浅，房家、武邑二埽由此溃，虑一旦大决，则甚于商胡之患。"英宗遣判都水监张巩、户部副使张焘等行视二埽决口，"遂兴工役，卒塞之"任务完成干脆利落。二是熙丰变法期间，都水丞李立之推动大筑河堤以防河决。熙宁元年（1068）"都水监丞李立之请于恩、冀、深、瀛等州，创生堤三百六十七里以御河"[④]，未被采用。元丰四年（1081）再奏请筑堤，"立之又言：'北京南乐、馆陶、宗城、魏县，浅口、永济、延安镇，瀛州景城镇，在大河两堤之间，乞相度迁于堤外。'于是用其说，分立东西两堤五十九埽。定三等向著：河势正著堤身为第一，河势顺流堤下为第二，河离堤一里内为第三。退背亦三等：堤去河最远为第一，次远者为第二，次近一里以上为第三。立之在熙宁初已主立堤，今竟行其言"[⑤]。可谓有志者事竟成。

都水监实施的失败河工也不少，多有熙丰变法期间王安石力主坚持的背景。

一是用浚川杷浚黄河，《宋史纪事本末》卷6对其工作原理和改进过程概括得较简洁：

---

① （宋）王应麟：《玉海》，《四库全书》，子部，第943册，上海古籍出版社1987年版，第562页。

② 《宋史》卷165，中华书局2000年版，第2627—2628页。

③ 《宋史》卷165，中华书局2000年版，第2628页。

④ 《宋史》卷91，中华书局2000年版，第1529页。

⑤ 《宋史》卷92，中华书局2000年版，第1538页。

选人李公义者献铁龙爪、扬泥车法以浚河。其法用铁数斤为爪形，以绳系舟尾而沈之水，篙工急棹乘流相继而下，一再过水已深数尺。宦官黄怀信以为可用，而患其太轻。王安石请令怀信、公义同议增损，乃别制浚川杷。其法以巨木长八尺，齿长二尺列于木下如杷状，以石压之，两傍系大绳，两端碇大船，相距八十步，各用滑车绞之去来，挠荡沙泥。已，又移船而浚。[①]

理论上似乎说得通，但有一个关键问题，即掀搅起来的河底泥沙能不能被水冲走、被冲走多远？假如河床只有很短的一段梗阻，并且汛期水急，用浚川杷把梗阻处泥沙搅起，被水冲至下游非梗阻区，这是可以的；假如所在皆浅，水流又不十分急，就起不到多大作用了。

实际使用情况也的确很不理想，“或谓水深则杷不能及底，虽数往来无益；水浅则齿碍沙泥，曳之不动。卒乃反齿向上而曳之。人皆知不可用，惟安石善其法，使怀信先试之以浚二股，又谋凿直河数里以观其效”[②]。不久，王安石罢相，浚川杷不再被人重视。

二是汴渠管理反常举措。熙宁“六年夏，都水监丞侯叔献乞引汴水淤府界闲田，安石力主之。水既数放，或至绝流，公私重舟不可荡，有阁折者。帝以人情不安，尝下都水分析，并诏三司同府界提点官往视。十一月，范子奇建议：冬不闭汴口，以外江纲运直入汴至京，废运般。安石以为然。诏汴口官吏相视，卒用其说”[③]。王安石及都水监的追随者，做事太过于反传统，谋划又做不到老谋深算、谋无遗算，总是心血来潮式的浅思维，不计后果必欲一试而后快。汴渠引浊水淤地愿望是好的，但是引多少水出堤是难以控制的。在汴渠所在皆为地上悬河的情况下，往往口一开即不可收。故而先前一直坚持水不分流，确保漕运。至于汴渠冬不行船，主要原因是流冰坏船。硬要冬天行船，当然要受自然惩罚。

---

① 《宋史纪事本末》，《四库全书》，史部，第353册，上海古籍出版社1987年版，第181—182页。

② 《宋史纪事本末》，《四库全书》，史部，第353册，上海古籍出版社1987年版，第182页。

③ 《宋史》卷93，中华书局2000年版，第1562页。

# 第二十四章　两宋航海和外贸

## 第一节　两宋海运和外贸基地

宋代海运和外贸基地有五：广州、杭州、明州、泉州和密州板桥镇。其中广州、杭州、明州置司于开宝年间，“四年，置市舶司于广州，后又于杭、明州置司。凡大食、古逻、阇婆、占城、勃泥、麻逸、三佛斋诸蕃并通货易，以金银、缗钱、铅锡、杂色帛、瓷器，市香药、犀象、珊瑚、琥珀、珠琲、镔铁、鼊皮、玳瑁、玛瑙、车渠、水精、蕃布、乌樠、苏木等物”①。泉州置市舶司较晚，“提举市舶司掌蕃货海舶征榷贸易之事，以来远人，通远物。元祐初，诏福建路于泉州置司”②。这样，浙、闽、广鼎足而立，南方海关布局完成。

北宋前期对辽国实行海禁，故密州板桥镇置市舶司已在元祐三年。密州知州范锷建言：“……若板桥市舶法行，则海外诸物积于府库者，必倍于杭、明二州。使商舶通行，无冒禁罹刑之患，而上供之物，免道路风水之虞。”于是，“乃置密州板桥市舶司”③。至此，五大海外贸易进出口基地形成。徽宗大观元年（1107），置浙、广、福建三路市舶提举官，加强对明州、杭州、广州和泉州海外贸易管理。南宋时密州沦陷于金人，天下市舶司皆在江南。依营运规模分述其详如下：

广州港。两宋海外贸易对象主要是南洋和西洋，南宋赵汝适《诸蕃志》载，与宋代广州保持外贸关系的50余国。绍兴二年（1132），广南东路经略安抚、提举市舶司有言：“广州自祖宗以来兴置市舶，收课入倍于

---

① 《宋史》卷186，中华书局2000年版，第3054页。
② 《宋史》卷167，中华书局2000年版，第2661页。
③ 《宋史》卷186，中华书局2000年版，第3056页。

他路。每年发舶月分，支破官钱管设津遣，其蕃汉纲首、作头、梢工等人各令与坐，无不得其欢心，非特营办课利，盖欲招徕外夷，以致柔远之意。"[①] 绍兴元年（1131）十一月二十六日，提举广南路市舶张书言奏报："契勘大食人使蒲亚里所进大象牙二百九株、大犀三十五株，在广州市舶库收管。缘前件象牙各系五七十斤以上，依市舶条例，每斤价钱二贯六百文，九十四陌，约用本钱五万余贯文省。欲望详酌，如数目稍多，行在难以变转，即乞指挥起发一半，令本司委官秤估；将一半就便搭息出卖，取钱添同给还蒲亚里本钱。"[②] 大批量价值连城物品，蕃商选择广州港进口。宋廷诏令拣选大象牙一半、犀七分之五起运行在。

有众多海外商人长年居住广州，招来蕃商。熙宁五年（1072）八月，左藏库副使、提举广州修城张节爰奏报"创筑西城及修完旧城毕"时有言："及侬智高反，知广无城，可以鼓行剽掠，遂自邕州浮江而下，数日抵广州。知州仲简婴子城拒守，城外蕃汉数万家悉为贼席卷而去。"[③] 可知当时蕃商长驻广州城外者不少。其中蒲姓白番人最为发迹，"番禺有海獠杂居，其最豪者蒲姓号白番人，本占城之贵人也。既浮海而遇涛，惮于复反，乃请于其主，愿留中国以通往来之货，主许焉。舶事实赖给其家，岁益久，定居城中，屋室稍侈靡逾禁，使者方务招徕以阜国计，且以其非吾国人不之问，故其宏丽奇伟，益张而大，富盛甲一时"[④]。另一蕃商辛押陁罗也富甲一方，"广州商有投于户部者，曰蕃商辛押陁罗者，居广州数十年矣，家赀数百万缗。本获一童奴过海，遂养为子。陁罗近岁还蕃，为其国主所诛。所养子遂主其家，今有二人在京师，各持数千缗，皆养子所遣也"[⑤]。甚至有些蕃商还娶了皇家宗女，"元祐间，广州蕃坊刘姓人娶宗女，官至左班殿直。刘死，宗女无子，其家争分财产，遣人挝登闻院鼓，朝廷方悟宗女嫁夷种，因禁止三代须一代有官，乃得娶宗女"[⑥]。可见蕃商财大气粗。

---

① 刘琳等点校：《宋会要辑稿》，第7册，上海古籍出版社2014年版，第4210页下栏。

② 刘琳等点校：《宋会要辑稿》，第7册，上海古籍出版社2014年版，第4210页上栏。

③ （宋）李焘：《续资治通鉴长编》，《四库全书》，史部，第318册，上海古籍出版社1987年版，第63页。

④ （宋）岳珂：《桯史》，《四库全书》，子部，第1039册，上海古籍出版社1987年版，第487页。

⑤ （宋）苏辙：《龙川略志》，《四库全书》，子部，第1037册，上海古籍出版社1987年版，第17页。

⑥ （宋）朱彧：《萍洲可谈》，《四库全书》，子部，第1038册，上海古籍出版社1987年版，第293页。

广州外港码头著名者至少有二，一为琵琶洲，《宋史·注辇国传》载其国使者之船离本国凡千一百五十日至广州琵琶洲，该码头有琶山为导航标志，蕃舟喜欢停泊。二为海南岛诸港，“琼山、澄迈、临高、文昌、乐会皆有市舶，于舶舟之中分三等，上等为舶，中等名包头，下等名蜑船，至则津务申州差官打量丈尺，有经册以格税钱，本州官吏兵卒仰此以赡”①。西洋人以为到了海南岛就到了大宋。

明州港。明州即今宁波，在两宋主要以日本、高丽为海运和外贸对象。“明之为州，乃海道辐辏之地。南接闽广，北控高丽，商舶往来，物货丰衍，东出定海，有蛟门虎蹲天设之险，亦东南要会也。”② 地理位置相当优越，与东洋高丽、日本外贸较多。

日人大量登陆明州在北宋神宗朝和南宋孝宗朝形成两次高潮，熙宁五年（1072），日僧“成寻至台州，止天台国清寺，愿留。州以闻，诏使赴阙。成寻献银香炉，木槵子、白琉璃、五香、水精、紫檀、琥珀所饰念珠，及青色织物绫。神宗以其远人而有戒业，处之开宝寺，尽赐同来僧紫方袍。是后连贡方物，而来者皆僧也”。元丰元年（1078），日通事僧仲回来宋，“贡絁二百匹，水银五千两”，宋人“答其物直，付仲回东归”。此可称为贡使贸易。南宋仍然保持这种关系，孝宗“乾道九年，始附明州纲首以方物入贡”。日本让明州商船捎带礼物代其进贡，说明宋船赴日比较经常。淳熙三年（1176），“风泊日本舟至明州，众皆不得食，行乞至临安府者复百余人。诏人日给钱五十文、米二升，俟其国舟至日遣归”③。日船来宋受风失水，受到南宋优待。

宋人与高丽的海上往来更为频繁，两国交往本来在登州登陆或出海，由于其地近辽，熙宁“七年，遣其臣金良鉴来言，欲远契丹，乞改涂由明州诣阙，从之”④。北宋从明州去高丽的船只，“自明州定海遇便风，三日入洋，又五日抵墨山，入其境。自墨山过岛屿，诘曲礁石间，舟行甚驶，七日至礼成江。江居两山间，束以石峡，湍激而下，所谓急水门，最为险恶。又三日抵岸，有馆曰碧澜亭，使人由此登陆，崎岖山谷四十余里，乃其国都云”⑤。高丽来宋须将上述航路的先后顺序颠倒过来。到明州后，换

① （宋）赵汝适：《诸蕃志》，《四库全书》，史部，第594册，上海古籍出版社1987年版，第38页。

② 《浙江通志》，《四库全书》，史部，第519册，上海古籍出版社1987年版，第607页。

③ 《宋史》卷491，中华书局2000年版，第10905页。

④ 《宋史》卷487，中华书局2000年版，第10842页。

⑤ 《宋史》卷487，中华书局2000年版，第10848页。

舟溯余姚江循杭甬运河到杭州，然后进入江南运河过江入楚扬运河，在泗州入汴渠至京。

南宋末年，明州港与日本、朝鲜来往更为密切。开庆《四明续志》卷8载："倭人冒鲸波之险，舳舻相衔，以其物来售。"① 运来之货以板木、硫黄和金为主。海贸规模考之岁税，"每岁舶务抽博倭金之利，多者不过二三万缗。……比之常年检察倭商漏舶之金为数独多，遂有六万七千二百余贯"②，两项合计近十万贯。高丽与明州不仅有货物往返，而且南宋后期互相优待，宝祐六年（1258）十一月，明州水军报告，"石衕山有丽船一只，丽人六名，飘流海岸。……日支六名米各二升、钱各一贯，及归国则又给回程钱六百贯、米一十二硕"③。南宋收养、送还六位高丽海上落难者。开庆元年（1259）四月，南宋"纲道范彦华至自高丽，赍其国礼宾省牒，发遣被虏人升甫、马儿、智就三名"④。高丽国借宋船送还被金人掠走3个宋人，以示友好。

杭州港。杭州港北宋海运和外贸作为平平，入南宋地位日渐重要。一是与日本、高丽的交往中取代了北宋明州的地位。高宗"绍兴二年闰四月三日，高丽国王遣使朝散郎礼部员外郎赐紫崔惟清、从义郎阁门袛候沈起等一十七人奉表，入贡纯金器三事共重一百两，注子一副，盘盏二副，白银器一十事共重一千两，金花盘一十只，匹大纸二十轴，诏大纸四百幅，满花紧丝五十匹，金花注丝五十匹，色大纹罗五十匹，色大绫五十匹，人参五百斤，共函二十三副，各覆黄罗夹复。惟清、起各进奉白银合四副共重二百两，早地紫花紧丝二匹，金线注丝二匹，真红大纹罗二匹，真紫大纹罗二匹，明黄大纹罗二匹，生大纹罗一十五匹，生厚罗五匹，人参二十斤，大布二百匹，松子二百斤"⑤。这次进贡贸易量大质优。孝宗乾道九年（1173）"五月二十五日，枢密院言：'沿海制置司津发纲首庄大椿、张守中、水军使臣施闰、李忠赍到日本国回牒并进贡方物等，合行激犒。'诏

① 开庆《四明续志》，《续修四库全书》，史部，第705册，上海古籍出版社2003年版，第432页上栏。

② 开庆《四明续志》，《续修四库全书》，史部，第705册，上海古籍出版社2003年版，第433页上栏。

③ 开庆《四明续志》，《续修四库全书》，史部，第705册，上海古籍出版社2003年版，第434页下栏。

④ 开庆《四明续志》，《续修四库全书》，史部，第705册，上海古籍出版社2003年版，第435页下栏。

⑤ 刘琳等点校：《宋会要辑稿》，第16册，上海古籍出版社2014年版，第9965页上栏。

纲首各支钱五百贯，使臣三百贯"[①]。此番日本虽不曾派使者至宋，但有贡物让宋使捎带过来。

二是与南洋各国贡使贸易与日俱增。淳熙五年（1178）"正月六日，三佛齐国进表，贡真珠八十一两七钱，梅花脑板四片共一十四斤，龙涎二十三两，珊瑚一匣四十两，琉璃一百八十九事，观音瓶十，青琉璃瓶四，青口瓶六，阔口瓶大小五，环瓶二，只口瓶二，净瓶四，又瓶四十二，浅盘八，方盘三，圆盘三十八，长盘一，又盘二，渗金净瓶二，渗金劝杯连盖一副，渗金盛水瓶一……番糖四琉璃瓶共一十五斤八两，番枣三琉璃瓶共八斤，栀子花四琉璃瓶共一百八十两，象牙六十株共二千一百九斤九两六钱，胡椒一千五百五十斤，夹笺黄熟香八十五斤，蔷薇水三千九斤，肉豆蔻八十斤，阿魏二百三十斤，没药二百八十斤，安息香二百一十斤，玳瑁一百五斤，木香八十五斤，檀香一千五百七十斤，猫儿睛十一只，番剑一十五柄"[②]。多么巨大的一笔财富。

泉州港。泉州港崛起晚于广州和明州，"元祐初，诏福建路于泉州置司。大观元年，复置浙、广、福建三路市舶提举官"[③]。此后，方与明州、广州市舶司并称为三路市舶司。此港海路广阔，东洋、南洋、西洋无所不可。南宋初，明州、杭州饱经战火，泉州市舶日渐重要起来。南宋赵汝适《诸蕃志》载泉州出海各航线，一是爪哇方向："阇婆国……率以冬月发船，盖藉北风之便，顺风昼夜行月余可到。"由阇婆"东至海水势渐低，女人国在焉，愈东则尾闾之所泄，非复人世，泛海半月至崑仑国；南至海三日程，泛海五日至大食国；西至海四十五日程，北至海四日程，西北泛海十五日至渤泥国，又十日至三佛齐国，又七日至古逻国，又七日至柴历亭，抵交趾达广州"[④]。二是印度方向："注辇国，西天南印度也。东距海五里，西至西天竺千五百里，南至罗兰二千五百里，北至顿田三千里。自古不通商，水行至泉州约四十一万一千四百余里，欲往其国当自故临易舟而行，或云蒲甘国亦可往其国。"[⑤] 三是阿拉伯方向："大食在泉之西北，去泉州最远，番舶艰于直达。自泉发船四

① 刘琳等点校：《宋会要辑稿》，第16册，上海古籍出版社2014年版，第9969页上栏。

② 刘琳等点校：《宋会要辑稿》，第16册，上海古籍出版社2014年版，第9970—9971页下栏上栏。

③ 《宋史》卷167，中华书局2000年版，第2661页。

④ （宋）赵汝适：《诸蕃志》，《四库全书》，史部，第594册，上海古籍出版社1987年版，第8页。

⑤ （宋）赵汝适：《诸蕃志》，《四库全书》，史部，第594册，上海古籍出版社1987年版，第12页。

十余日至蓝里博易，住冬，次年再发，顺风六十余日方至其国。本国所产多运载与三佛齐贸易，商贾转贩以至中国。"[①] 四是东洋方向："流求国当泉州之东，舟行约五六日程，"[②] "倭国在泉之东北，今号日本国。"[③] 东、南、西三洋无不可至。

按《宋会要辑稿》《云麓漫钞》和《诸蕃志》等书记载，宋代泉州港进口货物达300多种，宝货类有珠贝、象牙、犀角、珊瑚、玛瑙、琉璃；香药类有乳香、沉香、降真香、安息香、檀香、龙涎香、木香、丁香、没药、血竭；金属及其制品有镔铁、镔皮、金、银；纺织品有哥缦、越诺布、绢绸布；副食品类有椰子、槟榔、波罗蜜、白沙。今人考证，"宋代泉州港出口的商品主要有丝绸、陶瓷、茶叶和农副产品等"[④]，表明泉州海外贸易后来居上。

1973年福建泉州湾考古发现宋代沉船，《泉州湾宋代海船发掘简报》披露发掘出来的附载货物三类：一是香料木、药物，香料木未经完全风干，达4700多斤；胡椒次之，有5升左右。二是铜钱，北宋钱358枚，南宋钱70枚，年号不明的碎钱43枚。三是瓷器，能复原的共有56件，釉色有青黄釉、青釉、黑釉、白釉、褐釉和酱釉等，器形有碗、瓮、瓶等。这只海船很可能是在远航西洋返回泉州港一边装货一边卸货时遇风暴沉没的。第一类货物是从西洋运来，正在卸而未卸完之物；第二类是从西洋运回货物出售部分所得款；第三类是准备再次远涉西洋货物，刚开始装船。这项考古发现的历史意义，诚如发掘简报所言："宋代泉州已有定期船只到亚非各国进行贸易。……在泉州南门外和法石、后渚等地常发现有桅杆、船索、船板、船钉、石砌建筑基址和石塔等历史遗物。这便是当时船坞和古渡头的遗迹。"[⑤] 它和文献记载相印证，佐证了宋代泉州港海运和外贸的辉煌。

---

① （宋）赵汝适：《诸蕃志》，《四库全书》，史部，第594册，上海古籍出版社1987年版，第15页。

② （宋）赵汝适：《诸蕃志》，《四库全书》，史部，第594册，上海古籍出版社1987年版，第25页。

③ （宋）赵汝适：《诸蕃志》，《四库全书》，史部，第594册，上海古籍出版社1987年版，第26页。

④ 泉州湾宋代海船发掘报告编写组：《泉州湾宋代海船发掘简报》，《文物》1975年第10期，第7页。

⑤ 泉州湾宋代海船发掘报告编写组：《泉州湾宋代海船发掘简报》，《文物》1975年第10期，第7页。

## 第二节　两宋航海技术

积累航线经验，形成航海定式。宣和四年（1122），给事中路允迪、中书舍人傅墨卿出使高丽，随从徐兢撰《宣和奉使高丽图经》记海上数十天航行情景甚详，反映航线经验和航海定式最为典型。择其重要者言之：一是不同风浪有相应驾驶技巧，顶头“西风作，张篷委迤曲折随风之势，其行甚迟。舟人谓之拒风”[①]。宋代海船多桅多帆，顶头风亦可做“之”字形前行。顺风“南风益急，加野狐帆。制帆之意，以浪来迎舟，恐不能胜其势，故加小帆于大帆之上，使之提挈而行”[②]。大帆上加野狐小帆，可以稳定船身，应付浪势。遇“风急，雨作，落帆彻篷，以缓其势”[③]。二是视岛形海色知船所在，“虎头山以其形似名之，度其地已距定海二十里矣。水色与鄞江不异，但味差咸耳”[④]，看见虎头山就知道离海岸20里。“黄水洋即沙尾也，其水浑浊且浅，舟人云其自西南而来，横于洋中千余里，即黄河入海之处。”[⑤] 看见黄色洋面就知道与黄河入海口同纬。三是观天象看指南，可辨别方向，“自此即出洋，故审视风云天时，而后进也”[⑥]。审天时，主要指观北斗辨方位。“洋中不可住维，视星斗前迈。若晦冥，则用指南浮针以揆南北。”[⑦] 阴天看不到北斗就凭指南针。四是船上橹、舵备份充足，遇折即换。八船中的第二船舵折两次，第一次三正舵并折，第二次三副舵折，都得到及时更换。

南宋末年金履祥实绘海道图，将航海定式形象化、直观化。《元史》

---

① （宋）徐兢：《宣和奉使高丽图经》，《四库全书》，史部，第593册，上海古籍出版社1987年版，第893页。

② （宋）徐兢：《宣和奉使高丽图经》，《四库全书》，史部，第593册，上海古籍出版社1987年版，第894页。

③ （宋）徐兢：《宣和奉使高丽图经》，《四库全书》，史部，第593册，上海古籍出版社1987年版，第896页。

④ （宋）徐兢：《宣和奉使高丽图经》，《四库全书》，史部，第593册，上海古籍出版社1987年版，第893页。

⑤ （宋）徐兢：《宣和奉使高丽图经》，《四库全书》，史部，第593册，上海古籍出版社1987年版，第895页。

⑥ （宋）徐兢：《宣和奉使高丽图经》，《四库全书》，史部，第593册，上海古籍出版社1987年版，第894页。

⑦ （宋）徐兢：《宣和奉使高丽图经》，《四库全书》，史部，第593册，上海古籍出版社1987年版，第895页。

本传载："会襄樊之师日急，宋人坐视而不敢救。履祥因进牵制捣虚之策，请以重兵由海道直趋燕、蓟，则襄樊之师，将不攻而自解。且备叙海舶所经，凡州郡县邑，下至巨洋别坞，难易远近，历历可据以行，宋终莫能用。及后朱瑄、张清献海运之利，而所由海道，视履祥先所上书，咫尺无异者，然后人服其精确。"[①] 金履祥的书图，实为元代《海道经》的主要知识来源。

对海潮规律的认识。"观古今诸家海潮之说多矣，或为天河激涌；亦云地机翕张；卢肇以日激水而潮生，封演云月周天而潮应。挺空入汉，山涌而涛随；析木大梁，月行而水大，源殊派异，无所适从。"[②] 从六朝葛洪，唐人卢肇、窦叔蒙，至宋人封演，对潮汐各有独到解释，或以受天河激发，或以受太阳激发，或以与月亮运行相关。《咸淳临安志》的作者袁说友认为，"索隐探微，宜申确论。大率元气嘘吸，天随气而涨敛，溟渤往来，潮随天而进退者也。以日者，众阳之母，阴生于阳，故潮附之于日也；月者，太阴之精，水者阴，故潮依之于月也。是故随日而应月，依阴而附阳，盈于朔望，消于朏魄，随于上下弦，息于辉朒，故潮有大小焉。……知潮当附日而右旋，以月临子午，潮必平矣；月至卯酉，汐必尽矣。或迟速消息又小异，而进退盈虚，终不失于时期"[③]；认为潮汐既与日有关，又与月有关，未能反映宋代潮汐认识的新成果。

宋代对于海潮认识的新境界，由余靖《海潮图序》和燕肃《海潮图论》来体现。北宋天圣年间，燕肃知明州时著《海潮图论》，稍后余靖为《海潮图》作序，概括了燕肃的主要研究结论，也发表了自己的独到见解。提出"潮之涨退，海非增减，盖月之所临则水往从之"、"彼竭此盈，往来不绝，皆系于月不系于日"、"太阴西没之期常缓于日三刻有奇，海潮之日缓其期率亦如是"、一年之内"潮之极涨常在春秋之中"[④] 等观点，与近代潮汐研究的成果基本吻合，代表宋代潮汐现象及成果研究的最高水平。

首先，余靖根据自己的观察和实践，对卢肇潮汐说提出质疑，"唐世卢肇著《海潮赋》，以谓日入海而潮生，月离日而潮大，自谓极天人之论，

---

① 《元史》卷189，中华书局2000年版，第2885页。

② （宋）袁说友：《咸淳临安志》，《四库全书》，史部，第490册，上海古籍出版社1987年版，第345页。

③ （宋）袁说友：《咸淳临安志》，《四库全书》，史部，第490册，上海古籍出版社1987年版，第345页。

④ （宋）余靖：《武溪集》，《四库全书》，集部，第1089册，上海古籍出版社1987年版，第29页。

世莫敢非。予尝东至海门、南至武山，旦夕候潮之进退，弦望视潮之消息，乃知卢氏之说出于胸臆，所谓盖有不知而作者也”，进而指出海潮起落因于月而无关乎日，“盖月之所临，则水往从之。日月右转而天左旋，一日一周临于四极。故月临卯酉则水涨乎东西，月临子午则潮平乎南北，彼竭此盈，往来不绝，皆系于月不系于日”[①]，真正认识到了海潮起因。

其次，针对卢肇“月去日远，其潮乃大；合朔之际，潮始微绝”之论，认为“此固不知潮之准也”。并指出“夫朔望前后，月行差疾，故晦前三日潮势长，朔后三日潮势极大，望亦如之。非谓远于日也。月弦之际，其行差迟，故潮之去来亦合沓，不尽非谓近于日也。盈虚消息，一之于月阴阳之所以分也。夫春夏昼潮常大，秋冬夜潮常大，盖春为阳，中秋为阴，中岁之有春秋，犹月之有朔望也。故潮之极涨常在春秋之中，涛之极大常在朔望之后，此又天地之常数也”。还从“昔窦氏为记以谓潮虚于午”和“近燕公著论以谓生于子”[②]的异途同归，指出东海之潮与南海之潮潮平时间有先后。

沈括根据自己的观察和实践，也得出与余靖相同的结论，“卢肇论海潮，以谓日出没所激而成，此极无理。若因日出没，当每日有常，安得复有早晚。予尝考其行节，每至月正临子午，则潮生，候万万无差（此以海上候之，得潮生之时去海远，即须据地理增添时刻）。月正午而生者为潮，则正子而生者为汐；正子而生者为潮，则正午而生者为汐”[③]。可谓英雄所见略同。

指南针的应用。北宋磁石指南原理已相当普及，“方家以磁石磨针锋，则能指南，然常微偏东，不全南也。水浮多荡摇，指爪及碗唇上皆可为之，运转尤速，但坚滑易坠，不若缕悬为最善。其法，取新纩中独茧缕，以芥子许蜡缀于针腰，无风处悬之，则针常指南。其中有磨而指北者，予家指南北者皆有之。磁石之指南，犹栢之指西，莫可原其理”[④]。并被应用于航海，“舟师识地理，夜则观星，昼则观日，阴晦观指南针，或以十丈

---

① （宋）余靖：《武溪集》，《四库全书》，集部，第1089册，上海古籍出版社1987年版，第29页。

② （宋）余靖：《武溪集》，《四库全书》，集部，第1089册，上海古籍出版社1987年版，第29页。

③ （宋）沈括：《梦溪笔谈》，《四库全书》，子部，第862册，上海古籍出版社1987年版，第868页。

④ （宋）沈括：《梦溪笔谈》，《四库全书》，子部，第862册，上海古籍出版社1987年版，第840页。

绳钩取海底泥嗅之，便知所至”[①]。作此记述的朱彧与航海深为有缘，“彧之父服，元丰中以直龙图阁历知莱、润诸州，绍圣中尝奉命使辽，后又为广州帅。故彧是书多述其父之所见闻，而于广州蕃坊、市舶言之尤详”[②]。所言航海事不虚。

到了南宋，航海开始使用罗盘导航。罗盘又叫针盘，把一周360°区分出24个向度，每一向度用干支加以命名，与指南针相配套，以精确地确定航向。南宋赵汝愚《诸蕃志》描述从泉州到阇婆国海道有言：“阇婆国又名莆家龙，于泉州为丙巳方，率以冬月发船，盖藉北风之便，顺风昼夜行月余可到。”[③] 所谓丙巳方，在罗盘上与正南偏东22.5°重合。吴自牧《梦粱录》有言：“商舶之船自入海门便是海，茫洋无畔岸，其势诚险，盖神龙怪蜃之所宅。风雨晦冥时，惟凭针盘而行，乃火长掌之。毫厘不敢差误，盖一舟人之命所系也。”[④] 可知南宋航海已普遍使用罗盘。

一定程度了解天象水情的定位导航意义。南宋学者吴自牧有言：“舟师观海洋中日出日入则知阴阳，验云气则知风色逆顺，毫发无差；远见浪花则知风自彼来，见巨涛拍岸则知次日当起南风，见电光则云夏风对闪，如此之类略无少差；相水之清浑，便知山之近远，大洋之水碧黑如淀，有山之水碧而绿，傍山之水浑而白矣。有鱼所聚必多礁石，盖石中多藻苔，则鱼所依耳。每月十四、二十八日谓之大汛，等日分，此两日若风雨不当，则知一旬之内多有风雨。凡测水之时，必视其底知是何等泥沙，所以知近山有港。”[⑤] 遇到不同情况采取相应措施行船，确保万无一失。朱彧有言：“舟师识地理，夜则观星，昼则观日，阴晦观指南针。或以十丈绳钩取海底泥嗅之，便知所至。海中无雨，凡有雨则近山矣。”[⑥] 也为经验之谈。

1973年在泉州后渚海边发掘的宋代海船上，出土“竹尺一件，出于第

---

① （宋）朱彧：《萍洲可谈》，《四库全书》，子部，第1038册，上海古籍出版社1987年版，第289页。

② （宋）朱彧：《萍洲可谈》，《四库全书》，子部，第1038册，上海古籍出版社1987年版，第273页。

③ （宋）赵汝适：《诸蕃志》，《四库全书》，史部，第594册，上海古籍出版社1987年版，第8页。

④ （宋）吴自牧：《梦粱录》，《四库全书》，史部，第590册，上海古籍出版社1987年版，第102页。

⑤ （宋）吴自牧：《梦粱录》，《四库全书》，史部，第590册，上海古籍出版社1987年版，第102—103页。

⑥ （宋）朱彧：《萍洲可谈》，《四库全书》，子部，第1038册，上海古籍出版社1987年版，第289页。

十三舱，残成3段，残长20.7、宽2.3厘米。尺面上有刻度五格，为13厘米，平均每格为2.6厘米。作十等分，全长为26厘米，接近宋制"[①]。学者沙虞认为"这把竹尺恰好出现在第十三舱——据说这是舟师工作的地方。如果这不是偶然的巧合，则此尺很可能是用来测定天体高度的量天尺"[②]。也就是说，宋代已有初步的测星辨位技能。

海船水粮储备量大。"海水味剧咸苦不可口，凡舟船将过洋，必设水柜广蓄甘泉以备食饮。盖洋中不甚忧风，而以水之有无为生死耳。"[③] 海外航行船大人众，载量惊人，"每舶大者数百人，小者百余人，以巨商为纲首、副纲首、杂事。……舶船深阔各数十丈，商人分占贮货，人得数尺许，下以贮物，夜卧其上。货多，陶器大小相套，无少隙地"[④]。如此人众，每天消耗大量食物和淡水。以广州驶往大食的宋船为例，中途一般在蓝里、故临补充淡水、食物各一次。广州至蓝里航期40天，蓝里至故临航期30天。每船以二百人计，每人每天以需要食物、淡水4公斤计，一天需淡水食物800公斤，航行40天需要在出发时储备食物、淡水32吨。按一般宋船载重200吨计，食物、淡水储备占用货仓空间约五分之一。

## 第三节　两宋市舶管理

对宋人出海贸易实行许可证管理。出海宋船，须事先将全船人员具名呈报市舶司，市舶司发放公凭方可开航。太宗"雍熙中，遣内侍八人赍敕书金帛，分四路招致海南诸蕃。商人出海外蕃国贩易者，令并诣两浙市舶司请给官券，违者没入其宝货"[⑤]。官券即批准出海贸易凭证，无官券者没收宝货，惩罚是很重的。"元丰三年八月二十七日，中书言：'广州市舶条已修定，乞专委官推行。'诏广东以转运使孙迥、广西以转运使陈倩、两浙以转运副使周直孺、福建以转运判官王子京"[⑥] 推行之。新市舶条令规

---

① 泉州湾宋代海船发掘报告编写组：《泉州湾宋代海船发掘简报》，《文物》1975年第10期，第4—5页。

② 沙虞：《乘风破浪·中国古代航海史》，辽海出版社2001年版，第65页。

③ （宋）徐兢：《宣和奉使高丽图经》，《四库全书》，史部，第593册，上海古籍出版社1987年版，第889页。

④ （宋）朱彧：《萍洲可谈》，《四库全书》，子部，第1038册，上海古籍出版社1987年版，第289页。

⑤ 《宋史》卷186，中华书局2000年版，第3055页。

⑥ 刘琳等点校：《宋会要辑稿》，第7册，上海古籍出版社2014年版，第4206页上栏。

定各市舶司只能发放专线官券，“诸非广州市船司，辄发过南蕃纲舶船；非明州市舶司而发过日本、高丽者，以违制论”[①]。没收货物之外，又加上政治罪名。

哲宗元祐五年（1090），加重对未经市舶司许可擅自出海北行的处罚。要求“商贾许由海道往来、蕃商兴贩，并具入舶物货名数、所诣去处申所在州，仍召本土物力户三人委保，州为验实，牒送愿发舶州置簿，给公据听行。回日许于合发舶州住舶，公据纳市舶司”。否则，“即不请公据而擅乘船自海道入界河及往高丽、新罗、登、莱州界者，徒二年，五百里编管；往北界者加二等，配一千里。并许人告捕，给舶物半价充赏。其余在船人虽非船物主，并杖八十。即不请公据而未行者徒一年，邻州编管，赏减擅行之半，保人并减犯人三等”[②]。出海管理更加严格，惩罚更加严厉。出海前要向所在州上报货物种类数量、驶往何处，还要找三人做保，所在州验实无误后，才发公据交市舶司备案，由市舶司给许可证出海。返回时到市舶司指定港口，交回许可证。否则，要受到徒、配等各种刑罚。

对来华蕃商实行抽解、禁榷、和买。抽解，即对蕃货（包括蕃船和宋船从外洋运来蕃货）按一定比例征收实物，按市舶司定价给钱，又称为抽分。抽解过程包括两大步骤。其一，海船从外洋运宝物来，市舶司派兵接、押至固定码头，“广州自小海至溽洲七百里，溽洲有望舶巡检司，谓之一望；稍北又有第二、第三望，过溽洲则沧溟矣。商船去时，至溽洲少需以诀，然后解去，谓之放洋。还至溽洲，则相庆贺，寨兵有酒肉之馈，并防护赴广州”[③]。其二，市舶司官员抽分，“既至泊船市舶亭下，五洲巡检司差兵监视，谓之编栏。凡舶至，帅漕与市舶监官莅阅其货而征之，谓之抽解。以十分为率，真珠、龙脑凡细色抽一分，玳瑁、苏木凡粗色抽三分。抽外官市各有差，然后商人得为己物，象牙重及三十斤，并乳香抽外尽官市，盖榷货也。商人有象牙稍大者，必截为三斤以下，规免官市。凡官市价微，又准他货与之，多折阅，故商人病之。舶至未经抽解，敢私取物货者，虽一毫皆没其余货，科罪有差。故商人莫敢犯”[④]。抽解过程起于编栏，由望舶巡检司兵丁防护来船至广州市舶亭，监视起来；继以长官阅

---

① 《东坡全集》，《四库全书》，集部，第1107册，上海古籍出版社1987年版，第818页。

② 刘琳等点校：《宋会要辑稿》，第7册，上海古籍出版社2014年版，第4207页上栏。

③ （宋）朱彧：《萍洲可谈》，《四库全书》，子部，第1038册，上海古籍出版社1987年版，第288页。

④ （宋）朱彧：《萍洲可谈》，《四库全书》，子部，第1038册，上海古籍出版社1987年版，第288—289页。

货而征，细色抽十分之一，粗色抽十分之三，给予官市价；终于惩处违法者，未经抽解擅自出售货物，没收剩余货物。抽解并非无偿征收，不过给以官价，抽解之物都要送到京城入库。

禁榷，即由官府专买专卖。海外蕃船运货和宋船运来蕃货进港不得与民间商人私相买卖，而由官府垄断经营。它与抽解的不同在于：一是抽解之物输运行在，供皇宫和百官消费，而禁榷是官府接手后卖向民间；二是抽解价格较低，占蕃商便宜，而禁榷价格较高，蕃商不吃多少亏，故而蕃商宁愿禁榷而不愿抽解。

北宋禁榷经历了全面禁榷和部分禁榷两个阶段。太宗朝起初全面禁止宋人与蕃客直接交易，违者处以重罚。太平兴国“元年五月，诏‘敢与蕃客货易，计其直满一百文以上，量科其罪；过十五千以上，黥面配海岛；过此数者押送赴阙；妇人犯者配充针工’。淳化五年二月，又申其禁，四贯以上徒一年，递加至二十贯以上，黥面配本地充役兵”[①]。此可谓之全面禁榷。

后来宋廷发现，全面禁榷包括部分销路不畅或利润不厚货物，反为拖累，于是改行部分禁榷。太平兴国“七年闰十二月……凡禁榷物八种：玳瑁、牙犀、镔铁、鼊皮、珊瑚、玛瑙、乳香。放通行药物三十七种：木香、槟榔、石脂、硫黄、大腹、龙脑、沉香、檀香、丁香、丁香皮、桂、胡椒、阿魏、莳萝、荜澄茄、诃子、破故纸、豆蔻花、白豆蔻、硼砂、紫矿、葫芦巴、芦荟、荜拨、益智子、海桐皮、缩砂、高良姜、草豆蔻、桂心、苗没药、煎香、安息香、黄熟香、乌樠木、降真香、琥珀”[②]。此可称为部分禁榷。禁榷物既禁榷于广南、漳、泉等州舶船，也不得“侵越州府界”私售，紊乱条法。后来紫矿亦入禁榷之列，南宋则加禁牛皮、兽角等可造兵器之物。而放通行药物，允许“在京及诸州府”自由买卖。

和买和博买，即强制性的收购。和买起步于淳化二年，太宗针对此前“每岁商人舶船，官尽增常价买之，良苦相杂，官益少利”的现象，“诏广州市舶：‘……自今除禁榷货外，他货择良者，止市其半，如时价给之。粗恶者恣其卖，勿禁。’”[③] 和买，双方公平交易、现钱交易。博买则指实物折价，以物易物，尤其指以官方无用之物易需用之物。北宋中期之后，多行博买，对民间海商进行经济掠夺。故有识之士批评道：“凡官市价微，

---

① 刘琳等点校：《宋会要辑稿》，第7册，上海古籍出版社2014年版，第4203页。

② 刘琳等点校：《宋会要辑稿》，第7册，上海古籍出版社2014年版，第4203—4204页。

③ 刘琳等点校：《宋会要辑稿》，第7册，上海古籍出版社2014年版，第4204页。

又准他货与之，多折阅，故商人病之。”[1] 至南宋后期，博买成了公开掠夺，“提举福建市舶兼泉州。先是，浮海之商以死易货至，则使者、郡太守而下惟所欲，刮取之。命曰和买，实不给一钱。蠙珠、象齿、通犀、翠羽、沉脑、薰陆诸珍怪物，大半落官吏手，媚权近，饰妻妾，眂以为常。而贾胡之衔冤茹苦，抚膺啜泣者弗恤也”[2]。读之让人心寒。

---

① （宋）朱彧：《萍洲可谈》，《四库全书》，子部，第1038册，上海古籍出版社1987年版，第289页。

② （宋）真德秀：《西山文集》，《四库全书》，集部，第1174册，上海古籍出版社1987年版，第692页。

# 第二十五章　元代漕粮河运

## 第一节　京杭运河开通

唐人建都长安、洛阳，通过黄河、汴渠漕运，漕粮大体上由东向西运送，东北边防军需既可由江南海运，也可由永济渠河运；北宋建都汴梁，漕运主要展开在黄河下游东南一侧，但也可通过御河东北运至乾宁军。元朝建都燕京，按理说也可通过唐宋故道，运中原和江淮粮食北抵大都。但是宋金对立期间，尤其是蒙古灭金期间，金国境内的御河荒废，元初黄河以北已无直通水道，漕运断档时间过久，故而元初重新探索漕运之路。元人超越唐宋之处有二：其一，以海运为主、河运为辅；其二，开济州河、会通河，经齐鲁西部河运大都。

开济州河酝酿于至元十二年，郭守敬行视南征水驿，“丞相伯颜公南征，议立水驿，命公行视所便，自陵州至大名，又自济州至沛县，又南至吕梁，又自东平至纲城，又自东平清河逾黄河故道，至与御河相接。又自卫州御河至东平，又自东平西南水泊至御河，乃得济州大名东平泗汶与御河相通形势，为图奏之”[①]。郭守敬所奏泗汶与御河相通水驿图，加上伯颜至元十三年“贡赋之入，非漕不可……今南北混一，宜穿凿河渠，令四海之水相通，远方朝贡京师者，皆由此致达，诚国家永久之利”[②] 之奏，已露日后开济州河意向，只是元廷没能马上付诸实施。

至元十六年（1279），元灭南宋。漕运江淮有了现实可能，已有漕运状况是水陆交替，“运粮则自浙西涉江入淮，由黄河逆水至中滦旱站，陆

---

① （元）苏天爵：《元文类》，《四库全书》，集部，第1367册，上海古籍出版社1987年版，第648页。

② （元）苏天爵：《元朝名臣事略》，《四库全书》，集部，第451册，上海古籍出版社1987年版，第512页。

运至淇门，入御河，以达于京”[①]。这是元代最初的漕运，浙西漕船由江南运河过江，沿淮扬运河入淮，当时黄河早有干流或有支流夺淮入海，漕船入淮也即间接入河，逆河水行至中滦卸粮登陆。中滦，地在封丘，为黄河北岸离御河淇门码头最近之一点。由中滦到淇门的陆运困难重重、效率低下，探索全程水运迫在眉睫。

开济州河直接的建议者是姚演，任职大约是济州总管，“至元十七年七月，耿参政、阿里尚书奏：‘为姚演言开河事，令阿合马与耆旧臣集议，以钞万锭为佣直，仍给粮食。’世祖从之”。姚演还促使统治者蠲免当地民夫一年租税以为工值，至元“十八年九月，中书丞相火鲁火孙等奏：‘姚总管等言，请免益都、淄莱、宁海三州一岁赋，入折佣直，以为开河之用。平章阿合马与诸老臣议，以为一岁民赋虽多，较之官给佣直，行之甚便。’遂从之”。[②] 三州一年租赋，肯定比钞万锭多得多，姚演为民请命，民得服役实惠。

经过一年的准备，济州河于至元十九年十二月开工，至元二十年八月开成。它南接泗水、北会大清河（济水）；起于济州，中经汶上县的南旺、袁家口至梁山，在东平县安山入大清河，全长 75 公里。至元二十二年（1285），整修济州以南的泗水运道，沿岸设置纤道、桥梁。自此，南粮北运由江入淮，经泗水运道入济州河，由大清河东经利津县出海，行渤海入直沽。

开会通河的动议时间稍晚。至元二十六年（1289）前后，江淮漕船经济州河转大清河入海通道的利津海口为泥沙淤塞，不能通航。“又从东阿旱站运至临清，入御河。”[③] 东阿至临清陆路 200 里，车马转运苦不堪言，漕运又倒退至中滦陆运淇门同一水平。

至元二十六年（1289），“寿张县尹韩仲晖、太史院令史边源相继建言，开河置牐，引汶水达舟于御河，以便公私漕贩”。接到二人开会通河动议，尚书省派遣都漕运司副职马之贞与边源出京踏勘地势，制定开河方案。二人就开河走向和用工方案取得一致，“图上可开之状”[④]。得到最高统治者认可，世祖忽必烈“诏出楮币一百五十万缗、米四万石、盐五万斤，以为佣直，备器用，征旁郡丁夫三万，驿遣断事官忙速儿、礼部尚书

---

① 《元史》卷 93，中华书局 2000 年版，第 1569 页。

② 《元史》卷 65，中华书局 2000 年版，第 1079 页。

③ （明）谢肇淛：《北河纪》，《四库全书》，史部，第 576 册，上海古籍出版社 1987 年版，第 580 页。

④ 《元史》卷 93，中华书局 2000 年版，第 1569 页。

张礼孙、兵部尚书李处巽等董其役”。姚演未能参与这次决策，没人为民请命并促成以对减赋税作为工值，而朝廷那点楮币、米、盐不仅少得可怜而且发放中容易被层层克扣，于民十分不利。“首事于是年正月己亥，起于须城安山之西南，止于临清之御河，其长二百五十余里，中建闸三十有一，度高低，分远迩，以节蓄泄。六月辛亥成，凡役工二百五十一万七百四十有八，赐名曰会通河。”①《元史》这段话概括会通河施工过程和结果显然太过于简略。

至元二十六年（1289）九月，杨文郁撰《开会通河功成之碑》，现存明人谢肇淛《北河纪》，记述会通河开通过程和开成基本数据十分详尽，择其与正史可资比较、参看者列述于下：（1）开河前山东境内陆运艰辛，“自东阿至临清二百里舍舟而陆，车输至御河，徙民一万三千二百七十六户，除租庸调，奈道经茌平，其间地势卑下，遇夏秋霖潦，牛偾輹脱，艰阻万状。或使驿旁午，贡献相望，负戴底滞，晦暝呼警，行居骚然，公私以为病久矣”②。（2）动议提出及当局决策细节，“寿张县尹韩仲晖、前太史边源相继建言，汶水属之御河，比陆运利相十百。时诏廷臣求其策，未得要，便以仲晖、源言为然。遂以都漕运使马之贞同源按视。之贞等至，则循行地形、商度功用，参之众议，图上曲折，备言可开之状。政府信其可成，于是丞相相哥合同僚敷奏，且以图进。上俞允，赐中统楮币一百五十万缗，米四万石，盐五万斤以给佣直、备器用。征傍近郡丁夫三万，驿遣断事官忙速儿、礼部尚书张礼孙、兵部郎中李处巽，洎之贞、源同主其役”。（3）施工详情和通航效果，“二十六年正月己亥首事，起须城安山之西南，寿张西北行过东昌，又西北至临清达御河，其长二百五十余里，吏谨督程，人悉致力，渠寻毕功，益加浚治。以六月辛亥决汶流以趣之，滔滔汩汩倾注顺适如迫大势、如复故道，舟楫连樯而下，仍起堰闸以节蓄泄，完堤防以备荡激。凡用工二百五十一万七百四十有八。滨渠之民老幼携扶，纵观徊翔，不违按堵之安，喜见泛舟之役”③。上述内容显然较《元史》所载详尽且生动，能补充许多历史细节。杨文郁此文是《元史》相关内容的基石材料，是研究元明会通河异同的原始根据。

元人开通会通河，就完全彻底打通了京杭运河（见图25－1）。《元

① 《元史》卷64，中华书局2000年版，第1067页。

② （明）谢肇淛：《北河纪》，《四库全书》，史部，第576册，上海古籍出版社1987年版，第598页。

③ （明）谢肇淛：《北河纪》，《四库全书》，史部，第576册，上海古籍出版社1987年版，第598—599页。

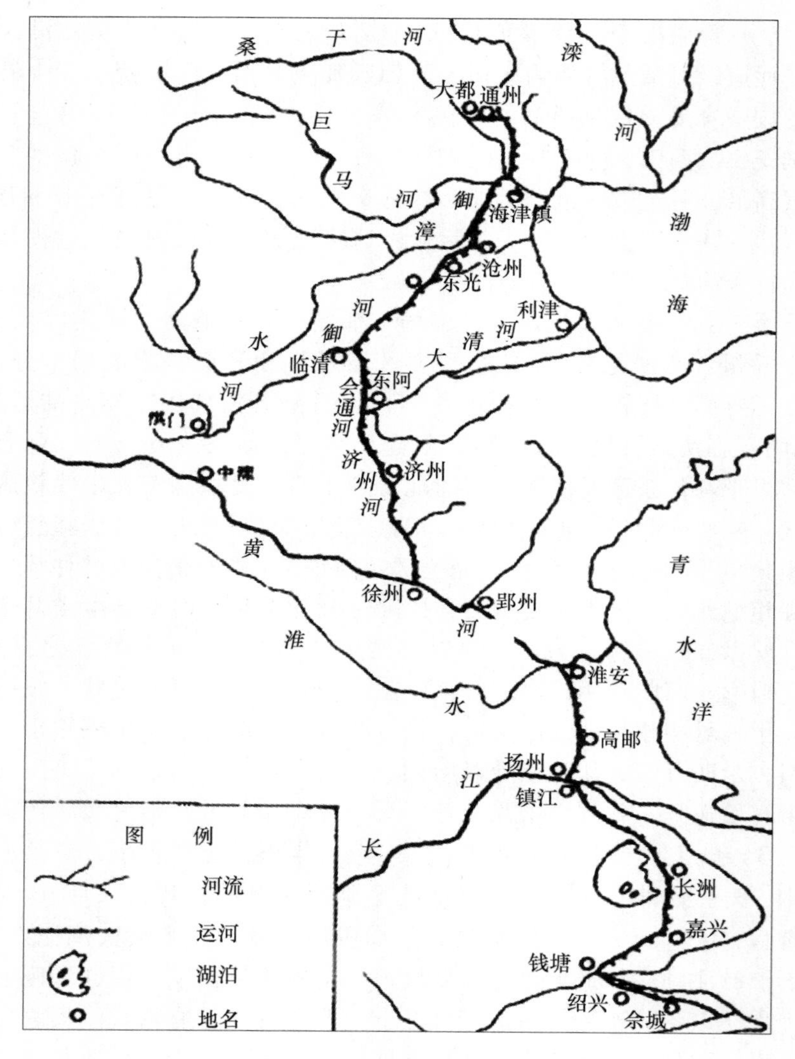


图 25－1　元代运河示意图

史》将开凿在后的会通河放在《河渠一》，开凿在前的济州河放在《河渠二》，读者很难看出二者衔接关系。元人李惟明《改作东大闸记略》叙会通河与济州河的前后关系最为准确，“至元二十年，朝议以转漕弗便，迺自任城开河，分汶水西北流至须城之安民山，以入清济故渎，通江淮漕至东阿，由东阿陆转仅二百里抵临清，下漳御输京师。……二十六年，又自安民山穿渠，北至临清，引汶绝济，直属漳御。由是江淮之漕，浮汶泗径达临清，而商旅懋迁，游宦往来，暨闽、粤、交、广、邛僰、川蜀航海诸番，凡贡篚之入莫不由是而达。因锡河名曰会通，于是汶之利被南北矣”[①]。开会通河之前，江淮漕粮从东阿起旱至临清装船入御河，陆运艰难万状。而开成会通河后，漕船可直达大都。

由于济州河、会通河地势落差较大，故漕运能否畅通，关键在于引水济运和闸坝之用是否到位。元人利用泗水南流入淮、汶水北流会济的自然条件，于奉符（今泰安）堽城附近筑坝，遏汶水；作斗门，引汶水入洸河，向西南流向任城（后之济宁）；又于兖州城东泗水河上筑金口坝，拦泗水；建斗门，引泗水西去合流洸河，出济州分流南北，以为运河水源。但分水点地势较低，济州以北的南旺素有运河“水脊”之称，明代于南旺分水才更合理。后人评论说：“元人分水于济宁，亦未审乎地势之宜耳。济宁北高而南下，故水之南行也易，而北行也难……南水每有余，北水常不足，故南旺每有浅阻。”[②] 会通、济州河窄水浅，通漕有限。每年才运数十万石，满足不了元代大都粮食需要。

京杭运河运量远远不足于大都之用，于是元人决策开胶莱运河，寄希望于漕船能够不经山东运河，而由淮安出淮河口沿海北上，在胶州湾入新开的胶莱运河出莱州湾经渤海在直沽入内河至大都。汉人姚演和色目人来阿八赤在决策与实施中发挥的作用十分关键。《元史》载：至元十七年（1280）七月，“用姚演言，开胶东河”[③]，肯定姚演是开胶莱运河的初议人，而来阿八赤是施工的主持人，“发兵万人开运河，来阿八赤往来督视，寒暑不辍。有两卒自伤其手以示不可用，阿八赤檄枢密并行省奏闻，斩之以惩不律。运河既开，迁胶莱海道漕运使”[④]。《明史》追述这一河工更简练，“元至元十七年，莱人姚演献议开新河，凿地三百余里，起胶西县东陈村海口，西北达胶河，出海仓口，谓之胶莱新河”[⑤]。其中起止地点用的是明代地名。今人王君、丁鼎根据康熙年间成书的《平度州志》，考证胶莱运河竣工于至元十九年，“为保证水源充足，又挖掘了一条从今天的平度南村镇北，西引沽河水，至吴家口，由北岸入新开河长 10 余公里的‘助水河’。还在新开河之南，今胶州境内开了一条长渠，逼引南来的胶河

① （明）谢肇淛：《北河纪》，《四库全书》，史部，第 576 册，上海古籍出版社 1987 年版，第 632—633 页。

② （清）张伯行：《居济一得》，《四库全书》，史部，第 579 册，上海古籍出版社 1987 年版，第 498 页。

③ 《元史》卷 11，中华书局 2000 年版，第 152 页。

④ 《元史》卷 129，中华书局 2000 年版，第 2080 页。

⑤ 《明史》卷 87，中华书局 2000 年版，第 1428 页。

分流东下，以济新开河。为蓄存河水和调节水位以保运河畅通，又在胶莱河上自南而北依次建了陈村、吴家口、窝铺、亭口、周家、玉皇庙、杨家圈、新河、海仓等九座水闸”[①]。这说明元代胶莱运河细节相当到位，且有可信度。

当今有学者根据《元史·世祖纪十》“江淮岁漕米百万石于京师，海运十万石，胶、莱六十万石”[②] 之载，断定胶莱运河不仅开通，而且还投入实际运营，“江淮运往京师的百万石漕粮中，胶莱运河竟承担了60%运量，可见，胶莱运河在通航之初其运输量是非常大的”[③]。其实不然：其一，《元史·食货志》还有矛盾记载，明言“开胶莱河道通海，劳费不赀，卒无成效”[④]。其二，明人还曾数度试开胶莱运河，《明史》明载本朝始终未能打通分水岭数十里岩石山体，以至于明末有人提议车盘过分水岭。乾隆初成书的《山东通志》卷20《海运附》有言：至元“二十一年，罢阿八赤开河之役，以其军及水手各万人运海道粮。是年，定例江淮岁漕一百万石，海运拾万石，胶莱运陆拾万石，济州运叁拾万石。二十二年，诏罢胶莱所凿新河，以军万人载江淮米泛海，由利津达于京师”[⑤]。明言所谓“胶、莱六十万石”是定例，只是至元二十一年确定的目标，次年觉得根本不可能实现，就停止了胶莱运河施工，调其人船改而从事海运了。可见，元明都未曾真正打通胶莱运河；胶莱间空有河形，夏秋暴雨季节可勉强通行载人小舟。

会通河凿通后，江南漕粮可直达通州。通州到大都还有25公里陆路，路虽不长，但陆运艰苦。这段路程金国开有闸河，金末迁都汴梁后废置不用。至元二十九年（1292），郭守敬任都水监，主持开挖大都至通州的运河工程。从大都西北的昌平县白浮村引神山泉，向西折又南转，过双塔、榆河、一亩、玉泉诸水，至大都西水门入都城，南汇为积水潭，东南由文明门流出，折向东流至通州高丽庄入白河，全长82公里。秋天开工，动用军人、工匠、水手约万人，用工285万个，用币150多万锭、粮近4万石，至元三十年秋天完工。其时，元世祖正好从上都开平回来，他在积水潭看到漕船弥望，十分高兴，赐名通惠河。此举最后实现杭州到大都的漕船通航，后世称为京杭大运河。由南至北，行经今浙江、江苏、山东、河北等省，全长1700多公里，元代大运河不再绕道洛阳，较隋唐缩短了水

---

① 王君：《元明胶莱运河兴废考略》，《鲁东大学学报》2010年第5期，第19页。

② 《元史》卷13，中华书局2000年版，第184页。

③ 马文辉：《元明时期胶莱运河兴废考》，《廊坊师范学院学报》2014年第5期，第67页。

④ 《元史》卷93，中华书局2000年版，第1569页。

⑤ 《山东通志》，《四库全书》，史部，第540册，上海古籍出版社1987年版，第385页。

程 500 多公里。

元人齐履谦《知太史院事郭公行状》记郭守敬主持开成通惠河甚详。所奏开河方案："不用一亩泉旧源，别引北山白浮泉水西折而南，经瓮山泊自西水门入城，环汇于积水潭，复东折而南，出南水门合入旧运粮河，每十里一置闸，比至通州凡为闸七，距闸里许上重置斗门，互为提阏以过舟止水。"得以全权实施，"首事于二十九年之春，告成于三十年之秋，赐名曰通惠。役兴之日，上命丞相以下皆亲操畚锸为之倡，咸待公指授而后行事。置闸之处，往往于地中偶值旧时砖木，时人为之感服"。投入营运效果较先前陆运不啻天壤，"船既通行，公私省便。先是，通州至大都陆运官粮，岁若干万石。方秋霖雨，驴畜死者不可胜计。至是皆罢"①。较之《元史》所载更为生动、具体。

## 第二节　新开运河靠闸通航

宋以前运河，除汴渠流速较快，其余基本上缓流或处于静止状态；除运河与自然江河结合部设闸外，其他绝大多数水段不设闸。而元人新开鲁西运河，海拔高于京杭运河其他区段数十米（见图 25－2）。

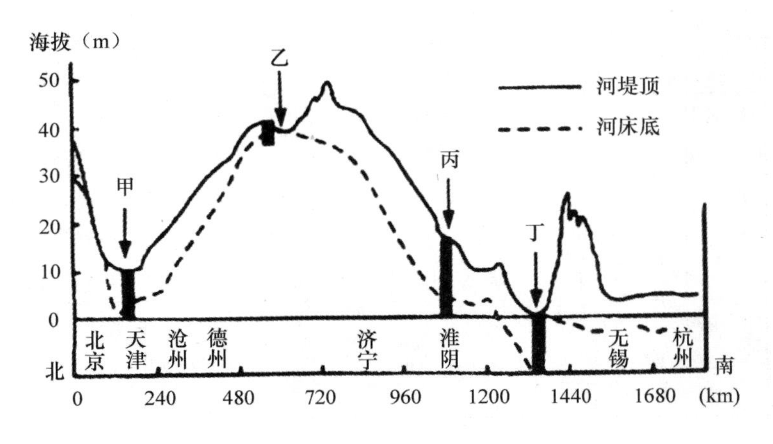


图 25－2　元代运河地势落差示意图

① （元）苏天爵：《元文类》，《四库全书》，集部，第 1367 册，上海古籍出版社 1987 年版，第 652—653 页。

元代成功地解决了让漕船由低处往高处行难题，在较好利用泗水、汶水和洸水水源的基础上，梯级设闸，让南北分流的有限水量接引漕船过鲁西，“新开会通并济州汶、泗相通河，非自然长流河道，于兖州立闸堰，约泗水西流，堽城立闸堰，分汶水入河，南会于济州，以六闸撙节水势，启闭通放舟楫，南通淮、泗，以入新开会通河，至于通州”[①]。这段话把鲁西运河船往高处走的原理说得简明扼要。

元会通河分水枢纽在会源闸，该闸周围水利工程设施由三部分构成：其一，宁阳境内的堽城坝引汶工程，汶水流至堽城，被堽城坝分水入洸至会源闸；其二，兖州金口堰引泗工程，引泗水南流至会源闸；其三，会源闸分水入运工程，“济州、会通两河的主要水源，东北自奉符、宁阳引汶入洸有堽城枢纽，东处兖州城东有经泗之金口枢纽，二水会于济宁之会源闸，分流南北”[②] 靠闸行船。具体情况见表 25 - 1。

表 25 - 1　　　　**会源闸以北设闸十七**

| 排序 | 闸名 | 地点 | 建闸时间 | 情况说明 |
|---|---|---|---|---|
| 1 | 临清北闸 | 临清 | 至元三十年 | 长 10 尺，阔 80 尺，闸空阔 2 丈 |
| 2 | 临清中闸 | 临清 | 元贞二年 | 长 10 尺，阔 80 尺 |
| 3 | 临清南闸 | 临清 | 延祐元年 | 长 10 尺，阔 80 尺，闸空阔 9 尺 |
| 4 | 戴湾闸 | 戴家湾 | 皇庆二年 | |
| 5 | 李海务闸 | 聊城南 | 元贞二年 | 长 10 尺，阔 80 尺，离周家店闸 12 里 |
| 6 | 周店闸 | 周家店 | 大德四年 | 长 10 尺，阔 80 尺，本闸距七级闸 12 里 |
| 7 | 七级北闸 | 七级浜 | 大德元年 | 长 10 尺，阔 80 尺，北闸距南闸 3 里 |
| 8 | 七级南闸 | 七级浜 | 元贞二年 | 长 10 尺，阔 80 尺，本闸距阿城闸 12 里 |
| 9 | 阿城北闸 | 阿城浜 | 大德三年 | 长 10 尺，阔 80 尺，北闸距南闸 3 里 |
| 10 | 阿城南闸 | 阿城浜 | 大德二年 | 长 10 尺，阔 80 尺，本闸距荆门闸 10 里 |
| 11 | 荆门北闸 | 张秋北 | 大德三年 | 长 10 尺，阔 80 尺，北闸距南闸 2. 5 里 |
| 12 | 荆门南闸 | 张秋南 | 大德六年 | 长 10 尺，阔 80 尺，本闸距寿张闸 63 里 |
| 13 | 寿张闸 | 东平西北 | 至元三十一年 | 本闸距安山闸 8 里 |
| 14 | 安山闸 | 东平北 | 至元二十六年 | 本闸距开河闸 85 里 |
| 15 | 开河闸 | 汶上西 | 至元二十六年 | 本闸距济州闸 124 里 |

① 《元史》卷 64，中华书局 2000 年版，第 1072 页。

② 姚汉源：《京杭运河史》，中国水利水电出版社 1998 年版，第 107 页。

续表

| 排序 | 闸名 | 地点 | 建闸时间 | 情况说明 |
|---|---|---|---|---|
| 16 | 济宁北闸 | 济宁 | 大德元年 | 本闸距中闸 3 里 |
| 17 | 会源闸 | 济宁 | 至元末 | 至治元年重修，本闸距南闸 2 里 |

会源闸以南设闸数量基本与以北持平，但至元年间会通河初通时设闸数量较少。具体情况见表 25－2。

表 25－2　**会源闸以南设闸十五**

| 排序 | 闸名 | 地点 | 建闸时间 | 情况说明 |
|---|---|---|---|---|
| 1 | 会源闸 | 济州 | 至元末 | 至治元年重修，本闸距南闸 2 里 |
| 2 | 济宁南闸 | 济州 | 大德七年 | 本闸距赵村闸 6 里 |
| 3 | 赵村闸 | 济州 | 泰定四年 | 本闸距石佛闸 7 里 |
| 4 | 石佛闸 | 济州 | 延祐六年 | 本闸距辛店闸 13 里 |
| 5 | 辛店闸 | 济州南 | 大德元年 | 又名新店闸，距师家店闸 24 里 |
| 6 | 黄栋林闸 | 济州南 | 至正元年 | 楚惟善《会通河黄栋林新闸记》 |
| 7 | 师家店闸 | 济州南 | 大德二年 | 又名帅正闸，距枣林闸 15 里 |
| 8 | 枣林闸 | 鱼台北 | 延祐五年 | 本闸距孟阳泊闸 95 里 |
| 9 | 孟阳泊闸 | 鱼台南 | 大德八年 | 本闸距金沟闸 90 里 |
| 10 | 金沟闸 | 沛县 | 大德八年 | 本闸距隘船闸 12 里 |
| 11 | 隘闸 | 沛县 | 延祐二年 | 本闸之设仅为“以限巨舟” |
| 12 | 沽头北闸 | 沛县 | 延祐二年 | 长 10 尺，阔 80 尺，本闸距寿张闸 63 里 |
| 13 | 沽头南闸 | 沛县 | 大德十一年 | 本闸距徐州 120 里 |
| 14 | 三汊闸 | 入盐河 | 泰定二年 | 本闸距土山闸 18 里 |
| 15 | 土山闸 | 入盐河 | | |

不难看出：（1）设闸是为了消化鲁西新开运河水位落差过大的不利因素。按《山东通志》卷 19 元代会通河条，会源闸至沽头南闸“地降百十有六尺”，“北自安民山至临清地降九十尺”①。根据地势广为设闸后，河床所在皆有过船的起码水深。（2）设闸多少原无计划，一切根据通运实际需要而定。至元二十六年至三十一年所设临清北闸、寿张闸、安山闸、开

① 《山东通志》，《四库全书》，史部，第 540 册，上海古籍出版社 1987 年版，第 308 页。

河闸、会源闸，加上未入表的引水闸坝如堽城、金口、黑风口等闸，最为必不可少。其他闸都是后来根据实际需要增建，事实证明也必不可少。正如元人楚惟善所说："会通河导汶、泗北绝济合漳，南复泗水故道，入于河。自漳抵河袤千里，分流地峻，散涣不能负舟。前后置闸若沙河、若谷亭者十三。新店至师氏庄犹浅涩，有难处。每漕船至此，上下毕力，终日叫号，进寸退尺，必资车于陆而运始达。"准备在辛店闸和师家店闸中间新建黄栋林闸，"议立牐，久不决。都水监丞也先不华分治东平之明年，思缉熙前功以纾民力，慨然以兴作为己任。乃躬相地宜，黄栋林适居二闸间，遂即其地，庀徒蒇事"①。可见新添闸的必不可少。（3）史家通常以为元鲁西运河有31闸，实际上31闸到底包括哪些，很难达成一致看法。《山东航运史》第三章第一节以为溢（应为隘）闸即沽头北闸，建于大德十年，但《元史》卷64明载"延祐二年，沽头闸上增置隘闸一，以限巨舟"②。该书将曹（应为鲁）桥闸、南阳闸、谷亭闸列入，并认为它们分别建于延祐五年、至顺二年和至顺二年，不详根据何在。但《山东通志》卷19明确将鲁桥闸列入明代前期新增，"又于济宁天井闸南穿月河四里许，置三闸：曰上新、中新、下新。于师家庄闸北增仲家浅闸、南增鲁桥闸"③。所以论定相关问题要慎重。

元代石闸（见图25－3）由闸墩、闸板、雁翅、石防和基础构成。《元史》卷64所载会通河部分闸的尺寸，一般"长一百尺，阔八十尺，两直身各长四十尺，两雁翅各斜长三十尺，高二丈"④，所谓直身指闸墩临水面长度，所谓闸长100尺指直身（40尺）加两个雁翅的斜长（60尺）距离。

基础深度一般与闸墙高度相当，石基之下用松木高密度地打入硬土，略等于现代的打桩加固，然后用砖石砌起宽厚的基础。元末重建会源闸，揭傒斯撰文记其事，"降七尺以为基，下错植巨栗如列星，贯以长松，实以白石"⑤。顺帝年间改建堽城东大闸，基础下得更深厚宽大，闸基长10丈、宽8丈，全部用石头砌成，其下是土木之工，即把八尺长的油松（不

---

① （明）谢肇淛：《北河纪》，《四库全书》，史部，第576册，上海古籍出版社1987年版，第635页。

② 《元史》卷64，中华书局2000年版，第1070页。

③ 《山东通志》，《四库全书》，史部，第540册，上海古籍出版社1987年版，第3090页。

④ 《元史》卷64，中华书局2000年版，第1068页。

⑤ （元）揭傒斯：《文安集》，《四库全书》，集部，第1208册，上海古籍出版社1987年版，第261页。

易腐烂）密集地打入土中，增强抗压强度。可见元代闸基的基本做法和牢固程度。

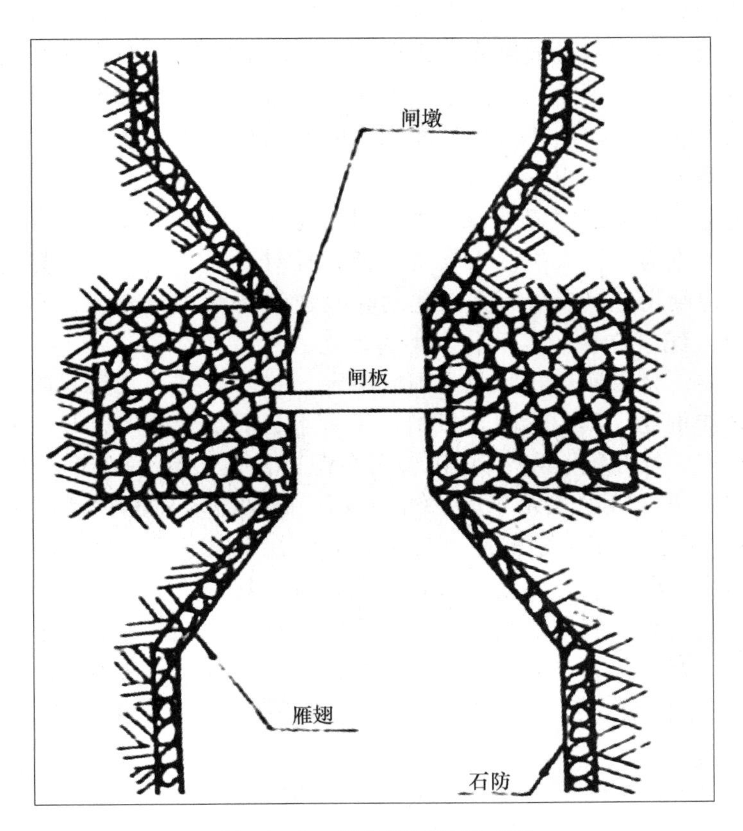


图 25－3　元会通河闸示意图

元代闸门用木板放入闸槽以行启闭。元末堽城东大闸，闸“板十有三方，盈金口之广长，亘明入金口两端，各尽其深。上下以启闭者十二，其一不动为阈。其大石为两臬夹制，其前却石相叠，比则以铁沙磨其际，必脗合无间后已”①。所谓金口即金口槽，闸墩上用于辖制闸板的石槽；所谓明，即两闸墩的间距。金口经过精心打磨，辖闸板严丝合缝。13 块闸板中的 12 块可自如地放入取出，以此开闸闭闸。

会通河闸的合理设置，加上水源引导和分配的创造性应用，使船往高

① （明）谢肇淛：《北河纪》，《四库全书》，史部，第 576 册，上海古籍出版社 1987 年版，第 634 页。

处走成为现实。元代船闸建造比宋代建得结实，但没有继承宋人的复闸尤其是澳闸技术传统。山东运河所设闸间距数里甚至数十里，本质上都是单闸。其功能只具备拦蓄水量、保证起码水深，每放闸一次，上游积水基本上一泄无余，再想具备放闸水深需要相当长时间，所以两次入闸间隔时间很长，通航效率低下，与复闸尤其是澳闸节水、能短时间连续启闭过船的功能相比不啻天壤。由于元代的断档，明清两代仍未能接续宋代复闸、澳闸技术，是古代运河史一大遗憾。

元代文人闸坝记中记录了一些船闸初建和改建史料。元代进入官场的少量文人很难为蒙古人的统治歌功颂德，唯对开通会通河大有热情，多有新建、改建闸坝记，反映元人新建闸和改建闸情况相当充分，不少地方可补《元史》纪事之缺。以下分两类述评之。

第一类，会通河初开所建木闸，泰定二年以前将其改建石闸。其后年深日久又加重建。其中兖州金口闸位于沂水、泗水交会处，开会通河时建成滚水石坝，坝西端有闸，引泗水入会源闸济运。延祐四年（1317）重修、扩建兖州金口闸，元人刘德智有文记工程始末。重建金口闸的必要性，“泗之源会雩于兖之东门，其东多大山，水潦暴至，漫为民患。职水者访其利病，堤土以防其溢，束石以泄其流。其一洞岁久石摧，不足以吞吐，今近北改作二洞，以闸启闭”。工程投入：“夫匠一千九十，石二千五百，砖三万，灰五万，木六千四百。铁锭、铁钩、铁环不敷，取诸官钱以买。”工程为期三月：“经始于四年闰正月，成于三月。”[①] 支持引泗济运。

任城东闸，大德年间重建。俞时中《重修济州任城东闸记》记其始末，“任城闸东距师家庄袤六十里，土壤疏恶，霖潦灌注，承乏岁月，至是始坏。时都水少监、分都水监事石抹奉议适膺其任，闻之中书省，易而新之。陶土为甓，采石于山，其材用所须不费于官，不取于民，率指授役夫为之”数月而成。《元史·河渠二》关于“济州河”记述，实际上说的是胶莱运河的开凿，给后代研究者带来极大的不便。俞时中此文追述开济州河一事甚详尽而准确：“至元二十年，朝廷初以江淮水运不通，乃命前兵部尚书李奥鲁赤等调丁夫给庸粮，自济州任城委曲开穿河渠，导洸、汶、泗水由安民山至东阿三百余里，以通转漕。然地势有高下，水流有缓急，故不能无阻艰之患。二十一年，有司创为石闸者八，各置守卒，春秋

① （明）谢肇淛：《北河纪》，《四库全书》，史部，第576册，上海古籍出版社1987年版，第629页。

观水之涨落以时启闭。虽岁或亢暘，而利足以济舟楫。”[①] 其中开凿者、运河起止、工程组织、通漕效果和补救措施等项记述，可补《元史》之缺失。

会源闸是元代会通河总分水闸，所起作用非常独特。“诸水毕会于此，而分流于南北，此盖居两京之间、南北中分之处。通议诸闸，天井居其中，临清总其会。”[②] 乃关键闸座。延祐、至治之交，重建会源闸。揭傒斯《重建济州会源闸碑》保留了会源闸重建的诸多史料：

其一，会源闸的分水中枢地位，“改任城县为济州，以临齐、鲁之交，据燕、吴之冲，道汶、泗以会其源，置闸以分其流。西北至安民入于新河，埭于临清地降九十尺，为闸十六以达于永济渠；南至沽头地降百十有六尺，为闸十，又南入于河；北至奉符为闸一，以节汶水，而会源之闸制于其中”。用准确数字说明会源闸在整个鲁西运河中的重要地位。其二，重建会源闸的必要性，“岁益久，政日弛，弊日滋，漕渡用弗时……行视济闸峻怒狠悍，岁数坏舟楫，土崩石泐，岌不可持”。都水丞张仁仲分司济州，慨然以重修会源闸为己任。其三，会源闸重建措施，“乃伐石区里之山，转木淮海之滨，度功即工，大改作焉。明年……率徒相宜，导水东行，堨其下上，而竭其中，以储众材，彻故闸，夷坳泓，徙其南二十尺，降七尺以为基，下错植巨栗如列星，贯以长松，实以白石。概视其地无有所罅漏……爰琢爰甃，犬牙相入，苴以白麻，固以白胶，磨礲铲磢，关以劲铁，崖削砥平，混如天成，冠以飞梁，偃如卧虹。越六月十有三日乙卯讫功”[③]。用料讲究，不惜远采长运；密打桩木，深做基础；石块咬合，闸身紧密，可谓施工认真、讲究质量。其四，修闸之余整修运道，“河之溢者辟之，壅者涤之，决者塞之，拔其藻荇，使舟无所底；禁其刍牧，使防有所固；隆其防而广其址，修其石之岩陁穿漏者，筑其壤之疏恶者，延袤七百里，防之外增为长堤以阏暴涨，而河以安流”。并广引泉源、整治运堤，“潜为石窦以纳积潦，而濒河三郡之田民皆得耕种。又募民采马蔺之实种之新河两涯，以锢其溃沙。北自临清、南至彭城、东至于陪尾，绝者通之，郁者厮之，为杠九十有八，为梁五十有八，而挽舟之道无不夷

---

① （明）谢肇淛：《北河纪》，《四库全书》，史部，第576册，上海古籍出版社1987年版，第635页。

② （明）章潢：《图书编》，《四库全书》，子部，第970册，上海古籍出版社1987年版，第405页。

③ （元）揭傒斯：《文安集》，《四库全书》，集部，第1208册，上海古籍出版社1987年版，第260—261页。

矣。……凡河之所经，命藏水以待暍者，种树以待休者”[1]。本着百年长久之计，重建大闸之后，大力整治临清至徐州数百里运道。对后代子孙如此负责，冠绝元代治闸史。

堽城坝闸，会通河初开时马之贞修建，最能体现元人水利学识和行政智慧。堽城初筑土坝，“有言作石堰可岁省劳民”。马之贞指出建石坝非良策：“汉曹参作兴原山河石堋，常为涨水所坏，时复修之。汶，鲁之大川，底沙深阔。若修石堰，须高水平五尺，方可行水。沙涨淤平，与无堰同。河底填高，必溢为害。况河上广石材，不胜用，纵竭力作成，涨涛悬注，倾败可待。”土坝常坏常修，投入不多效应甚好；修石坝投入巨大，且有害环境，实是下策，“后人勿听浮议，妄兴石堰，终困其民，壅遏涨水，大为民害”[2]。马之贞建土坝石闸成，专门刻碑记上述内容，交代后人切不可改土坝为石坝。

后人不明其理，延祐五年妄改土坝为石坝，以为这样可以一劳永逸，“改作石堰，五月堰成，六月为水所坏。水退，乱石龃龉壅沙，河底增高，自是水岁溢为害。至元四年秋七月，大水溃东闸，突入洸河，两河罹其害。而洸亦为沙所塞，非复旧河矣”[3]。从此进入欲益反损怪圈，石坝修得越坚固，危害运河越严重。

顺帝至元四年（1338）又一次大修堽城东大闸，“都水监马兀公来治会通河。行视至堽城，谓众曰：‘堽城，洸汶之交，会通之喉襟，闸坏河塞上源要害，役有先于此者乎？’……以旧址弊于屡作，改卜地于其东，掘地及泉，降汶河底四尺，顺水性也”[4]。此次大修只求质量，舍得投资而不惜工本，“袤其南北为尺百，广其东西为尺八十，下于平地为尺二十有二，土木之工又入其下八尺。上为石基以承闸，闸之崇于地平，自基以上缩掘地之深一尺，两壁直南北为身皆长五十尺，其南张两翼为雁翅，皆长四十五尺；其北矩折以东西各附于其旁，亦长四十五尺”[5]。土石优劣方有

① （元）揭傒斯：《文安集》，《四库全书》，集部，第1208册，上海古籍出版社1987年版，第261—262页。

② （明）谢肇淛：《北河纪》，《四库全书》，史部，第576册，上海古籍出版社1987年版，第633页。

③ （明）谢肇淛：《北河纪》，《四库全书》，史部，第576册，上海古籍出版社1987年版，第633页。

④ （明）谢肇淛：《北河纪》，《四库全书》，史部，第576册，上海古籍出版社1987年版，第633—634页。

⑤ （明）谢肇淛：《北河纪》，《四库全书》，史部，第576册，上海古籍出版社1987年版，第634页。

定论。

堽城土坝胜于石坝的原理，与都江堰工程的飞沙堰的排沙原理相同。飞沙堰的作用在于，岷江水量过大时，多余洪水便越过飞沙堰自行溢走。遇汛期特大洪水它还会自行溃堰，让洪水全入外江，内江不受灾。岷江从万山中走来，挟带大量沙石，如果不让沙石靠离心力作用越过飞沙堰到外江，势必淤塞内江水利设施。飞沙堰用竹笼装碎石砌成，与堽城土坝一样易坏也易修复，二者异曲同工。

第二类，会通河投入运营后的新建闸。这类闸修建必要性极强，技术含量也比较高。大德八年新建的孟阳薄（泊）石闸，元人赵文昌有文记其新建情况。会通河运行20年，孟阳薄一带运道一直浅涩，"鱼台之孟阳薄，沙深水浅，地形峻急，皆不能舟。遇有官物往来，必驱率濒河之民，推之挽之者不下千余。妨农动众，民恒苦之"。解除浅涩困扰必须建闸，"莫若立堰以积水，立闸以通舟。堰贵长，闸贵坚，涨水时至，使漫流于其上，如斯而已矣"。工程动工"于大德八年正月，讫于五月，凡用工十七万六千九百九十，中统钞十万三千三百五十缗，粮一千二百四十七石"。闸成之日，"篙师序次以进。前旗一指，通数十百艘于饮食谈笑之顷"①。具体准确，如数家珍。

至顺二年（1331），都水监新建谷亭石闸，周汝霖有文论其始末。谷亭闸创建的必要性："枣林至孟阳薄七十余里，湍激迅澓，沙土遺□，闸再启钥，舟方一洊。嘉议大夫、都水卢公因壕寨杨温等议，宜于谷亭北、邮传西，创建石闸。汇黄良艾河等泉以厚水势，则免龃龉之患。"谷亭闸新建工程起止和投入："至顺二年……会通河谷亭石闸成。凡用工九十日，金石土木之工百有八十人，徒八百二十人，石以块计者二千七百三十，木以株计者一万二百七十，甓以口计者二十五万三千，灰以斤计者三十三万五千，铁亦以斤计者三万一千四百，其余麻枲、瓴甋、斧错、琐细、纚缕各若干，除金木粮储出于有司，他皆监司采炼陶冶，仍资佣工钱二万五千缗。"新闸规模："闸身纵二丈又七尺，衡二丈又二尺，高如之。雁翅四各亘五十尺，址袤八十尺，广百又二十尺。"② 十分坚固。

至正初，黄栋林建新闸。元人楚惟善有文记其事。建闸前行船难在辛店闸和师庄闸之间浅涩，"每漕船至此，上下毕力，终日叫号，进寸退

---

① （明）谢肇淛：《北河纪》，《四库全书》，史部，第576册，上海古籍出版社1987年版，第627—628页。

② （明）谢肇淛：《北河纪》，《四库全书》，史部，第576册，上海古籍出版社1987年版，第631—632页。

尺，必资车于陆而运始达”。新闸建成及其效果，“都水监丞也先不华……慨然以兴作为己任，乃躬相地宜，黄栋林适居二闸间，遂即其地，庀徒蒇事，经始于至正改元春二月己丑，讫工于夏五月辛酉。……制度纤悉，备极精致，落成之日，舟无留行，役者忘劳，居者聚观，往来者懽忭称庆”①。采用以工代赈，惠及灾民，“是役将兴时，适荐饥，公因预期遣官赴都禀命，冀得请俾贫窭者得窜其身，借以有养。及久未获命，不忍坐视斯民饿且殍，遂出公帑，人贷钱二千缗，约来春入役还官。无何，粮亦至，民争趋令，其轸民瘼如此”②。元代蒙古人做官也有好官，也先不华即如此。

## 第三节　元代河漕管理

两宋朝廷设发运司，统筹全国漕运；地方诸路设转运司，主持一路财计和漕运。金国于诸如河南路、开封府、上京路、太原郡、河北西路、陕西路设转运司。元承宋金制，中统三年设立诸路转运司，虽负责向中央送纳部分租赋，但不负责具体的漕运事务，却在地方敛财招怨。故而数度设而复罢、罢而复设。此时实际负责漕运的是运粮提举司，由行省差人押纲运送，各路总管府也差人押运赴都。元朝比金朝更重视漕运，但起初设官理事不得要领。

至元十九年（1282），元人亟须扩大漕运而海、河、陆皆效率低下，元廷对漕运管理进行反思，“虽曾攒运，虚费财力，终无成功。盖措置乖方，用人不当，以致如是”。主要问题是两大漕运司脱节，“大都漕运司止管淇门运至通州、河西务，其中滦至淇门，通州、河西务至大都陆运车站，别设提举司，不隶漕运司管领。扬州漕运司止管江南运至瓜州，至中滦水路纲运副之押运人员，不隶漕运司管领，南北相去千里，中间气力断绝，不相接济”③。于是调整职官，以提高漕运效率。明确京畿、江淮两个都漕运司职责，江淮都漕运司“每岁须要运粮二百万石到于中滦”，京畿

① （明）谢肇淛：《北河纪》，《四库全书》，史部，第576册，上海古籍出版社1987年版，第635页。

② （明）谢肇淛：《北河纪》，《四库全书》，史部，第576册，上海古籍出版社1987年版，第635页。

③ （元）赵世延：《大元海运记》，《续修四库全书》，史部，第835册，上海古籍出版社2003年版，第414页。

都漕运司“每岁须要运粮二百万石到都”①。用200万石的漕运指标把南北河运衔接起来。

为加强两大总司的任务衔接，总司之下设置分司，调整衙门归属，强化功能提高效率。其一“江淮漕运司除江南运至瓜州依旧管领外，将漕运司官一半于瓜州置司，一半于中滦、荆山上下行司，专以催督纲运，每岁须要运粮二百万石到于中滦，取京畿漕运司通关收附，申呈扬州行省为照”。其二“京畿漕运司自中滦运至大都，仍将中滦至淇门、河西务至大都车站拨隶本司总领，其漕运司官一半于大都置司，一半于中滦、淇门上下行司，专以催督纲运，每岁须要运粮二百万石到都，取省仓足数抄凭申呈户部为照”②。实为两级转般制。

在明确责任的基础上，联系政绩加大奖惩力度，“每岁十二月终省部考较，运及额数者为最，不及额数者为殿。当该运司官，一最升一等，三岁任满别行迁转；一殿降一等，次年又殿，则黜之”③。立法完备，有助于提高效率。

随着元人漕运管理日渐到位，漕运衙门的职级和职数也在不断提高和充实，“世祖中统二年，初立军储所，寻改漕运所。至元五年，改漕运司，秩五品。十二年，改都漕运司，秩五品。十九年，改京畿都漕运使司，秩正三品”④。京畿都漕运使司设运使二员，正三品；同知二员，正四品；副使二员，正五品；判官二员，正六品；经历一员，正七品；知事一员，从八品。至元二十四年（1287），京畿都漕运使司分为内、外两司，外司去京畿二字，组织漕运；内司用原名，“止领在京诸仓出纳粮斛，及新运粮提举司站车攒运公事。省同知、运判、知事各一员，而押纲官隶焉”⑤。职责划分逐渐精确。

分家后的京畿都漕运使司（内司）“其属二十有四”：一是新运粮提举司，秩正五品，“管站车二百五十辆，隶兵部；开设运粮坝河，改隶户部”。二是通惠河运粮千户所，秩正五品，掌通惠河漕运，至元三十一年始置。三是“京师二十二仓，秩正七品”。各仓主官均正七品。分家后的

---

① （元）赵世延：《大元海运记》，《续修四库全书》，史部，第835册，上海古籍出版社2003年版，第415页。

② （元）赵世延：《大元海运记》，《续修四库全书》，史部，第835册，上海古籍出版社2003年版，第415页。

③ （元）赵世延：《大元海运记》，《续修四库全书》，史部，第835册，上海古籍出版社2003年版，第415—416页。

④ 《元史》卷85，中华书局2000年版，第1416页。

⑤ 《元史》卷85，中华书局2000年版，第1416—1417页。

都漕运使司（外司），“秩正三品，掌御河上下至直沽、河西务、李二寺、通州等处儹运粮斛。……于河西务置总司，分司临清”①。可见元代京畿河运管理工作重点在临清南北。临清分司其属七十有五，包括粮仓45，漕船30纲，承担着京畿漕运的具体业务。

至元二十八年以前，元人满心希望都寄托在山东运河方向。至元二十年济州河开通后，元廷就设立济州漕运司。二十二年二月，朝廷“增济州漕舟三千艘，役夫万二千人。……济之所运三十万石，水浅舟大，恒不能达，更以百石之舟，舟用四人，故夫数增多”②。同月还“增济州漕运司军万二千人”③。大大增强了济州漕运司的地位和实力。在此基础上，至元二十五年二月，元廷进一步强化济州河，“改济州漕运司为都漕运司，并领济之南北漕。京畿都漕运司惟治京畿”④。这表明济州河方向漕运备受青睐。至元二十八年又倾向海运，正月“罢江淮漕运司，并于海船万户府，由海道漕运”⑤。设在济州的都漕运司保持下来。

元初内河漕运分长运和短运两种。短运基本是军运，存在运军讹人现象。“南段由驻扎在吕城的军队运往瓜洲，北段由汉军与新附汉军从瓜洲运至淮安。每个船队由二纲、三纲、四纲组成”⑥。运军“俱系江北、两淮拨到汉军，并新附军人，诸翼辏集，拨成一运，俱有管军千户、把总、百户人员管领押运，时暂漕运司勾当”⑦。军纪很差。至元二十年发生“漕运粮军人并纲运人户，牵驾粮船于扬州、淮安运河要路，故意阻塞河道，将脚板两边探出，不通客旅往来。间有客船欲于粮船两边经过，或是船梢误冲探出脚道杈，或客船桅蓬高低、牵绳长短误相牵挽，不曾挽动分毫浮动物件，运粮军人分布用篙，将客船搠打，或将客船篙棹芦席桅绳等物抢夺，但去遮护，便将客人行打。及于两岸居住村坊店人家处，取要酒食，强打猪鸡，但有推阻，众人便将百姓殴打，百端骚扰”⑧。由江北、淮东提刑按察司呈知御史台，御史台转呈中书省，请求严加惩处。中书省允其所

---

① 《元史》卷85，中华书局2000年版，第1417页。

② 《元史》卷13，中华书局2000年版，第184页。

③ 《元史》卷13，中华书局2000年版，第185页。

④ 《元史》卷15，中华书局2000年版，第208页。

⑤ 《元史》卷16，中华书局2000年版，第232页。

⑥ 白寿彝：《中国通史》，第八卷元时期上，上海人民出版社2015年版，第718页。

⑦ （元）赵世延：《大元海运记》，《续修四库全书》，史部，第835册，上海古籍出版社2003年版，第419页。

⑧ （元）赵世延：《大元海运记》，《续修四库全书》，史部，第835册，上海古籍出版社2003年版，第418—419页。

请。一方面追究肇事运军和失察官员责任，另一方面加强管理，“自瓜州装运重船，三运两运，三四运，前后相序行程。专差奏差一员乘坐站船，往来催督，及监视有无扰民之事。每运头船并末尾船上，各插白旗一面，书写运官姓氏，庶望被扰人民易认”①，短运秩序有所改善。

长运由雇来的民船直接运粮到中滦或利津，统治者对他们也有必要管理。“瓜州装起中滦、济州长运纲船俱系和顾民船，三纲两纲或三四纲船，亦差奏差一员，乘坐站船，前后往来催督纲运，监视纲官，钤束纲头、船户，依前例取讫。押纲官钤束船户，不致扰民。”② 对民船上的水手既是约束，也是一种保护。

为确保漕运准时够量，元朝制订法律条款对漕运各个层面、各个环节进行规范。在税粮征收环节，规定“诸仓庾官吏与府州司县官吏人等，以百姓合纳税粮，通同揽纳，接受折价飞钞者，十石以上，各刺面，杖一百七；十石以下，九十七；官吏除名不叙。退闲官吏、豪势富户、行铺人等违犯者，十石之上，杖九十七；十石之下，八十七。其部粮官吏知情分受，五十七，除名不叙。有失觉察者，监临部粮官吏，二十七；府州总部粮官吏，一十七。若能捕获犯人者，与免本罪”③。规定不能说不具体、全面。

在税粮运输、贮仓环节，规定“若仓官人吏等盗粜官粮，与揽纳飞钞同论。知情籴买，十石以上，杖一百七；七石之下，九十七。其漕运官吏有失觉察者，验粮数多寡治罪。其盗粜粮价，结揽飞钞，追征没官，正粮于仓官，并结揽籴买人均征还官。诸仓库官吏人等盗所主守钱粮，一贯以下，决五十七，至十贯杖六十七，每二十贯加一等；一百二十贯，徒一年，每三十贯加半年；二百四十贯，徒三年；三百贯处死。……诸京仓受粮，部官董之，外仓收粮，州县长官董之。收不如法致腐败者，按治官通究之。诸仓官委任亲属为家丁，致盗粜官粮者，笞五十七，解职殿叙；同僚相容隐，四十七，解职。诸仓官辄翻钉官斛，多收民租，主谋者笞五十七，同僚初不知情，既知而不能改正者，三十七，并解职别叙”④。职务犯罪防范条文不能说不周到。

---

① （元）赵世延：《大元海运记》，《续修四库全书》，史部，第835册，上海古籍出版社2003年版，第423页。

② （元）赵世延：《大元海运记》，《续修四库全书》，史部，第835册，上海古籍出版社2003年版，第428页。

③ 《元史》卷103，中华书局2000年版，第1744页。

④ 《元史》卷103，中华书局2000年版，第1744—1745页。

对漕运职官，规定“诸漕运官，辄拘括水陆舟车，阻滞商旅者，禁之。诸漕运官，辄受赃，纵水手人等以稻糠盗换官粮者，以枉法计赃论罪，除名不叙。诸海道都漕运万户府所辖千户已下有罪，万户问之；万户有罪，行省问之。徇情者，监察御史廉访司察之，漕事毕，然后廉访司考其案牍。诸海道运粮船户，盗粜官粮，诈称遭风覆没者，计赃刺断，虽会赦，仍刺之”①。廉政要求不能说不严格。

但是，法律条文落到实处，需要执法衙门公正执法、铁腕纠偏，靠清官循吏以身作则、铁面惩贪，在吏治黑暗的元代尤其如此。“至元五年，建御史台”，王恽“首拜监察御史，知无不言，论列凡百五十余章。时都水刘晸交结权势，任用颇专，陷没官粮四十余万石，恽劾之，暴其奸利，权贵侧目”②。假如王恽没有舍得一身剐、敢把贪官拉下马的精神，法律就是一纸空文。至顺三年（1332），当海运春运紧要关头，“无锡州长伊啰斡齐布哈颇奸黠暴纵，指使群卒攘攫省颁法斛，不时交装”。执法犯法，公然破坏漕运。事闻于行省，省命海运副万户昭通公“驿往劾之，一问得其罪状，官吏既伏辜，而料量亦不取赢，列郡儆畏相戒不敢犯”③。假如昭通公投鼠忌器，怕得罪伊啰斡齐布哈的同类，法律和正义就得不到伸张。

## 第四节　元代河漕运量和置仓

会通河开成以前，每年海、河、陆运相加不过二三十万石。至元十九年（1282），“初试海运暨诸河运，总计所至者粮二十八万石”。其中试海运“自扬州以船一百四十六，运粮五万石，四万六千石已到”，“阿八赤新所开河道，二万石有余粮”，“东平府南奥鲁赤新开河道三万二千石粮，过济州内五千余石”，“御河常川儹运河道粮”④ 约18万石。至元二十年（1283）六月，右丞麦术丁等奏：“中滦一处漕运，尽力一年，惟可运三十万石。”⑤ 所谓中滦漕运，即《元史·食货一》所载“运粮则自浙西涉江

① 《元史》卷103，中华书局2000年版，第1745页。

② 《元史》卷167，中华书局2000年版，第2625页。

③ （元）柳贯：《待制集》，《四库全书》，集部，第1210册，上海古籍出版社1987年版，第330页。

④ （元）赵世延：《大元海运记》，《续修四库全书》，史部，第835册，上海古籍出版社2003年版，第417—418页。

⑤ （元）赵世延：《大元海运记》，《续修四库全书》，史部，第835册，上海古籍出版社2003年版，第416页。

入淮，由黄河逆水至中滦旱站，陆运至淇门，入御河，以达于京”[①] 的水陆交替漕运。

至元二十六年（1289），会通河开成。明人邱浚考证：“会通河之名，始见于此。然当时河道初开，岸狭水浅，不能负重，每岁之运不过数十万石，非若海运之多也。”[②] 于大都军国所需不异杯水车薪。

元代会通河设计通航船只标准是150料，离社会通航期望值相差很大。故而不时发生大船堵塞河道事件，“仁宗延祐元年二月二十日，省臣言：江南行省起运诸物皆由会通河以达于都，其河浅涩，大船充塞于中，阻碍余船不得来往。每岁省台差人巡视，其所差官言：始开河时，止许行百五十料船，近年权势之人并富商大贾贪嗜货利，造三四百料或五百料船于此河行驾，以致阻滞官民舟楫”[③]。这些人不是有意破坏漕运，但客观上因私害公，妨碍漕运。

元廷决策禁绝大船通行。采纳中书建议“于沽头置小石闸一，止许行百五十料船”[④]，“及于临清相视，宜置闸处亦置小闸一，禁约二百料之上船不许入河行运”[⑤]。沽头离徐州不远，在此置小闸，南来大船便不能进入鲁西运河；临清，为会通河与御河汇合处，在此置小闸，北来大船便无法进入鲁西运河。按《元史·河渠一》：“沽头闸二，北隘船闸南至下闸二里，延祐二年二月六日兴工，五月十五日工毕。”[⑥] 沽头小闸和临清小闸的建成，表明鲁西运河之用以漕运为先。

但是隘闸之设又带来新的问题。首先是隘闸及其辅助设施破坏了运河的汛期水防，“每经霖雨，则三闸月河、截河土堰尽为冲决”。而且修复水毁闸堰费时费钱，“自秋摘夫刈薪，至冬水落，或来岁春首修治，工夫浩大，动用丁夫千百、束薪十万之余，数月方完，劳费万倍”。经过反复磋商，兴工“拆移沽头隘闸，置于金沟大闸之南，仍作运环闸，其间空地北作滚水石堰”，工程完工后，“水涨即开大小三闸，水落即锁闭大闸，止于

---

① 《元史》卷93，中华书局2000年版，第1569页。

② （明）邱浚：《大学衍义补》，《四库全书》，子部，第712册，上海古籍出版社1987年版，第435页。

③ （明）谢肇淛：《北河纪》，《四库全书》，史部，第576册，上海古籍出版社1987年版，第690页。

④ （明）谢肇淛：《北河纪》，《四库全书》，史部，第576册，上海古籍出版社1987年版，第690页。

⑤ （明）谢肇淛：《北河纪》，《四库全书》，史部，第576册，上海古籍出版社1987年版，第691页。

⑥ 《元史》卷64，中华书局2000年版，第1069页。

隘闸通舟”。遇到“小料船及官用巨物，许申禀上司，权开大闸，仍添金沟闸板积水，以便行舟”。对其他水利设施也进行新的调整，“其沽头截河土堰，依例改修石堰，尽除旧有土堰三道。金沟闸月河内创建滚水石堰，长一百七十尺，高一丈，阔一丈。沽头闸月河内修截河堰，长一百八十尺，高一丈一尺，底阔二丈，上阔一丈”①。既用隘闸限船又无妨汛期泄洪，官方大船通过时还可另开通道。

但是商人又想出了新的投机取巧办法。隘闸之设限制的是商船宽度，商人新造船保持宽度不变而加大其长度，以图多载过河。泰定四年(1327)，发现“都水监元立南北隘闸，各阔九尺，二百料下船梁头八尺五寸可以入闸。愚民嗜利无厌，为隘闸所限，改造减舷添仓长船至八九十尺，甚至百尺，皆五六百料，入至闸内，不能回转，动辄浅阁，阻碍余舟”。可见商人多载欲望强烈，与国家意志格格不入。于是当局只得按照“船梁八尺五寸，船该长六丈五尺”的标准，既限宽又限长，“隘闸下约八十步河北立二石则，中间相离六十五尺，如舟至彼验量如式，方许入闸。有长者罪遣退之”②。终于把会通河过往船只限制在200料以下。

元代粮仓分河仓和非河仓两类。非河仓设在京畿运河沿线，集中在河西务和通州两地。其中河西务十四仓，包括永备南仓、永备北仓、广盈南仓、广盈北仓、充溢仓、崇墉仓、大盈仓、大京仓、大稔仓、足用仓、丰储仓、丰积仓、恒足仓和既备仓；通州十三仓，包括有年仓、富有仓、广储仓、盈止仓、及秭仓、乃积仓、乐岁仓、庆丰仓、延丰仓、足食仓、富储仓、富衍仓和及衍仓，秩正七品。可见元代漕粮，无论海上来还是河上来，并不直进都城。

除直沽广通仓外，还有河仓十七，设在黄河沿线或非运河沿线，馆陶仓、旧县仓、陵州仓、傅家池仓、秦家渡仓、尖冢西仓、尖冢东仓、长芦仓、武强仓、夹马营仓、上口仓、唐宋仓、唐村仓、安陵仓、四柳树仓、淇门仓和伏恩仓。河仓秩从七品，低非河仓半格。

天下河运漕船900只，分为30纲，“每纲皆设押纲官二员，计六十员。秩正八品。……船户八千余户，纲官以常选正八品为之”③。纲船停泊地荥阳、济源、陵州、献州、白马、滏阳、完州、河内、南宫、沂莒、霸州、东明、获嘉、盐山、武强、胶水、东昌、武安、汝宁、修武、安阳、

---

① 《元史》卷64，中华书局2000年版，第1070页。
② 《元史》，中华书局2000年版，第1071页。
③ 《元史》，中华书局2000年版，第1419页。

开封、仪封、蒲台、邹平、中牟、胶西、卫辉、浚州、曹濮州，可知元代河运纲船长驻地主要在运河、黄河、御河流域，基本处在今河北、山东、河南、山西四省。

## 第五节　河船建造和行船百态

元人重视发展造船业，元初造战船与南宋水军抗衡，至元七年(1270)，“阿珠与刘整言：‘围守襄阳必当以教水军、造战舰为先务。’诏许之。教水军七万余人，造战舰五千艘”[①]。至元十年“刘整请教练水军五六万，及于兴元、金、洋州、汴梁等处造船二千艘。从之”[②]。灭宋以后，造船用于漕运，至元十九年（1282），“敕平滦、高丽、耽罗及扬州、隆兴、泉州共造大小船三千艘”[③]。二十年“分新河军士水手及船，于扬州、平滦两处运粮，命三省造船三千艘于济州河运粮”[④]，至元“二十二年二月，以济州运粮船数闻，命三省续造三千艘”[⑤]。上述严限各地造船，无不急如星火，不顾死活。

元统治者来于漠北，不熟悉造船组织与管理，强制汉人造船给人民带来沉重的灾难。统治者瞎指挥，“又造船一事，其弊与前略同。自至元十八年，至今打造海船、粮船、哨船，行文字并向不问其某处有板木，某处无板木；某处近河采伐便利又有船匠，某处在深山采伐不便又无船匠，但概验各道户计敷派船数”，以致无造船条件的州县有造船配额，长途运料长途派夫，所在州县苦难深重，“以江东一道言之，溧阳、广德等路，亦就建康打造；信山、铅山等处，亦就饶州打造。勾唤丁夫，远者五六百里，近者三百里。离家远役，辛苦万状，冻死、病死，不知其几。又兼木植或在深山穷谷，去水甚远，用人扛抬过三五十里山岭，不能到河，官司又加箠楚。所以至元二十一年，宁国路旌德县民余社等因而作哄，亦可鉴也”。造船物料无偿加派，无法保证造船质量，“又所用木植、铁炭、麻灰、桐油等物官司只是椿配民户，民户窘急，直一钱物一两买纳，处处一

---

① 《元史》卷7，中华书局2000年版，第86页。

② 《元史》卷8，中华书局2000年版，第100页。

③ 《元史》卷12，中华书局2000年版，第166页。

④ 《元史》卷93，中华书局2000年版，第1569—1570页。

⑤ （元）赵世延：《大元海运记》，《续修四库全书》，史部，第835册，上海古籍出版社2003年版，第438页。

例，不问有无。其造成船只，并系仓卒应办，元不牢固，随手破坏，或致误事”①。造船基地皆在江淮，南人承受巨大痛苦。

元代运河漕船，由于会通河河窄水浅的限制，只允许150料船只通过，漕船一般都不大，但不经行会通河者例外。1975年河北磁县南开河村漳河和滏阳河交会处发掘出土元代沉船6艘。五号船长16米多；二号船长10米多，宽3米多，载重量约为150料的两到三倍。一号、二号船各有6舱，五号船有隔舱11个，很可能是货船。四号船舷板上烫有“彰德分省粮船”字样，漳河和滏阳河合流后下游连通近畿运河，说明它是漕船，载重量也比二百料大很多。

马可·波罗在中国期间，见到过当时在黄河入海口附近的港湾，“大约离海一点六公里的地方，有一个可以停泊五万一千艘船只的码头。每条船上除了船员和必需的储藏品和食品外，还可载运十五匹马和二十个人。……这些船停泊在靠河岸的地方，离淮安府市不远”②。元时黄河夺淮在黄海入海，在淮安不远处保持一个军港，主要目的是威慑江南。马可·波罗还在长江中下游游历过，其游记记载了他在九江所见：“看到的船不下一万五千余艘。还有一些依江傍水的其他城镇，船舶数目就更多了。所有这些船只都是单桅船，船上铺有甲板。船的载重量，一般是威尼斯的四千坎脱立或四十万公斤，有些甚至能载重一万二千坎脱立（500吨）。”③元朝江河的大码头停靠船只万艘以上，大船可载500吨，难免有所夸张。尽管不是确数，但本质上反映江淮船只数量众多。

元初色目人沙克什撰《河防通议》二卷，《四库全书》提要认定该书“以宋沈立汴本及金都水监本汇合成编”。既是宋、金二朝治河经验的总结，也是元初真实情况记录。其中对造船物料和杂作功例记述尤其精确，值得关注。元船大小考量单位是料，“船每一百料，长四十尺，面阔一丈二尺，底阔八尺五寸，斜深三尺”④。百料船容积可得而计。

百料船一只用料，“板木二百四十二条片，底板二十四片，远板四片，帮板二十二片，艨板八片，巾头板二片，平漫板一片，侧嵓板一片，压查板一片，照水板二片，上下连溏板二片，前□二条，后□二条，堵板一十

① （元）程钜夫：《雪楼集》，《四库全书》，集部，第1202册，上海古籍出版社1987年版，第119页。

② 《马可波罗游记》，陈开俊译，福建科学技术出版社1981年版，第163页。

③ 《马可波罗游记》，陈开俊译，福建科学技术出版社1981年版，第171页。

④ （元）沙克什：《河防通议》，《四库全书》，史部，第576册，上海古籍出版社1987年版，第53页。

二片，腰梁一十二条，地极木二十条，壁柱二十四条，熟柱二十六条，攀面梁二条，金口木一条，顺身梁二条，铺衬板三十六片，桅杆一条，桅轴四条，艣板一十片，桅牙一条，转轴一条，丁□三千六百八十五个，拐丁二千四百九十七个，匙头丁二十个，六寸平盖丁二百二十一个，四寸六百四十三个，三寸一百八十四个，梁头丁四十六个，汗环一十四副，马□六十个，杂用油五十三斤一十五两，石灰一百六十一斤一十三两，麻捣八斤，揽索一条，竹白一秤，竹梢半秤，秆草半秤，起凑洼子柴四十秤，什物橰六条，棹二张，桅管一橛一条，鞴一扇，竹檀一合长三百五十尺，大小麻索九条计重三十斤，苘缆索一条，八檀麻索一条，风纤索一条，汗索六条，帆幔一合，缝幔线好麻一十四两，橰纂六个，钉纂丁六个，平盖丁一十八个，橛纂一个，钉纂丁八个”①。用料繁杂而讲究。

百料船一只用工，“船匠一百六功，锯匠一百六功，锛匠一百六功，计三百一十八功；打桩日下取功，每二十人为朋，二丈至一丈八尺每朋二十条，一丈六尺至一丈四尺每朋二十五条；擗橛拽后橛每朋六十条，笼打高鎚桩头水手，每十三人为朋，打八条为功”②。杂役夫另计。一功即一个工匠一天劳动量，一条即1.625功。

船每百料用人，“三百料一十五人，下水装一万六千二百五十斤，上水装六千斤；四百料一十八人，下水装二万一千六百五十斤，上水装八千斤”③。平均计之，每百料用人四五个，装货约5410斤。

方回《奔牛吕城过堰甚难》反映元初江南运河出行的民族歧视，“君不见奔牛吕城，南人北人千百舟。争车夺缆塞堰道，但未杀人舂戈矛。南人军行欺百姓，北人官行气尤盛。龙庭贵种西域贾，更敢与渠争性命。叱咤喑呜凭气力，大挺长鞭肆鏖击。水泥滑滑雪漫天，欧人见血推人溺。吴人愚痴极可怜，买航赁客逃饥年。航小伏岸不得进，堰吏叫怒需堰钱。人间官府全若无，弱者殆为强者屠。强愈得志弱惟死，无州无县不如此”④。此诗见《桐江续集》卷14，四库全书提要说桐江续集皆诗人元初罢官后作，可知龙庭贵种指蒙古人，西域贾指色目人。蒙古官、色目贾过闸致人

① （元）沙克什：《河防通议》，《四库全书》，史部，第576册，上海古籍出版社1987年版，第54页。

② （元）沙克什：《河防通议》，《四库全书》，史部，第576册，上海古籍出版社1987年版，第58页。

③ （元）沙克什：《河防通议》，《四库全书》，史部，第576册，上海古籍出版社1987年版，第60页。

④ （元）方回：《桐江续集》，《四库全书》，集部，第1193册，上海古籍出版社1987年版，第394页。

伤残。闸官对买船逃荒的吴人大发淫威，索取过堰钱，民族歧视和阶级压迫何其残酷。

方回《听航船歌（十首）》则反映了元初运河行船的多样化人生。其一，牵挽苦中作乐，“雇载钱轻载不轻，阿郎拽牵阿奴撑。五千斤蜡三千漆，宁馨时年欲夜行”。其二，维修船只成本之高，“四千五百魏塘船，结拆船牙解半千”。其三，运河水利的优越。“南到杭州北楚州，三江八堰水通流。”方回自注曰：“旧航船不过扬子江，今直至淮河。三江者，钱塘江、吴淞江、扬子江；八堰者，杭州萧公闸、北关堰，常州犇牛堰、吕城堰，润州海鲜河堰，扬州瓜州闸，而召伯堰小不与，其一楚州北神镇堰。”① 真是如数家珍、耳熟能详。

王恽《挽漕篇》写漕船通过会通河的艰难，反映会通河岸狭水浅和拉纤艰辛。一是水源不足，全靠拖拉、盘剥前行，“发源本清浅，才夏即沮洳。安能浮重载，通漕越齐鲁。有时汎商舶，潦涨藉秋雨。船官行有程，至此日艰阻。巨野到齐东，著浅凡几处”。二是纤夫很苦，“涉寒痺股腓，负重伤背膂。咫尺远千里，跬步百举武。兹焉幸得过，断流行复阻。又须集牛车，陆递入前浦”。三是官吏所在勒索，“中间吏因缘，为弊不可数。蛮梢贪如狼，总压暴于虎。所经辄绎骚，不啻被掠虏”②。《自淮口抵宿迁值风雨大作》反映乘船经行淮安、宿迁间的体验，“拖舟入清口，适喜乱淮碧。崔镇抵宿迁，徐行谗半日。……行牵人力微，泥烂漕岸侧。……夜眠任倒悬，昼坐自撞击。……有涂莫舟行，此语闻自昔。……行行入吕梁，持守要愈惕”③。此诗最大的史料价值，在于它告诉今人，元初江南漕船入淮是拖船翻坝而过的。《吕梁》反映元代船行吕梁洪的凶险，“水浅但湍急，欲上船旋磨。更缘暗石多，重载防石左。舟空人力众，径往彼无那。岂云水至柔，内涵沉溺祸。至人特为名，过者戒微堕。舟行四千里，冒涉锐尽挫”④。吕梁天下险，而王恽以玩笑口吻言之。今人自可从中想象重载漕船经行时的艰难。

柳贯《沽头阻浅》写雇船出行，与人争相过闸的经历，“小待得微澜，

---

① （元）方回：《桐江续集》，《四库全书》，集部，第 1193 册，上海古籍出版社 1987 年版，第 394 页。

② （元）王恽：《秋涧集》，《四库全书》，集部，第 1200 册，上海古籍出版社 1987 年版，第 27—28 页。

③ （元）王恽：《秋涧集》，《四库全书》，集部，第 1200 册，上海古籍出版社 1987 年版，第 45 页。

④ （元）王恽：《秋涧集》，《四库全书》，集部，第 1200 册，上海古籍出版社 1987 年版，第 46 页。

器噪争下上。强挽才一篙，退却已数丈。两舲忽枨触，石际戛余响。前船已释棚，后船如脱襁”①。沽头闸位于运河接近徐州处，这里水源奇缺，闸两端水位落差很大，故而过客拼命相争。

## 第六节　元代运河挑浚

元初统治者并无民本情怀，他们分天下为蒙古人、色目人、汉人、南人，其中服徭役浚河道的全为汉人、南人中的劳动者。元初兴济州河、会通河、胶莱河诸役时，运作方式主要是行政强制，表面上朝廷拨有钱粮，但那些钱粮不过象征给点儿而已。即如至元二十六年开会通河，“诏出楮币一百五十万缗、米四万石、盐五万斤，以为佣直，备器用”。而投入的劳力和用工之多，“征旁郡丁夫三万……首事于是年正月己亥……六月辛亥成，凡役工二百五十一万七百四十有八”②。米 4 万石恐怕官吏、监工食用后所剩无几，楮币 150 万缗除去备器用开销和官员克扣、挥霍，用于发放工值的不会超过 75 万缗，四工才合一缗楮币。至元楮币含金量极低，“阿哈玛特当国，榷民铁铸为农器，厚其直以配民；创立宣慰司，行户部于东平、大名，不与民事，惟印楮币，诸路转运司怙势作威，害民千政，莫敢谁何”③。在楮币随意印的背景下，民工所得更加不抵劳动付出。

世祖、成宗之交，工部准备挑浚东平济州运河并兴修船闸。“开洗东平、济州等河道，并创修闸堰，可役人夫一万余名，计该八十六万五千余工。合用石材、地丁等物，且举德州一处所著该白枣木九千余条，每条长六尺、径四寸；石材九千二百八十余段，每段长四尺、阔三尺、厚七尺，计其余该著数目，比之德州岂止数倍。”预算工、料投入巨大。王恽上《论开光济两河事状》反映官府挑河运作严重侵犯民工利益，其一，无偿征派物料，“虽云和买，目今验户桩俵，上户十段，中户不下五七余块，并不见发下价钱，即要赴所止送纳，日夜催并殆不聊生。石材、地丁非民间素有积蓄之物，计其采买工价、搬运脚力上户已不能办，下户将何以给？有破产逃窜而已，深为未便”。其二，连年挑浚民夫苦累不堪，“近年

① （元）柳贯：《待制集》，《四库全书》，集部，第1210册，上海古籍出版社1987年版，第189页。
② 《元史》卷64，中华书局2000年版，第1067页。
③ （元）苏天爵：《元朝名臣事略》，《四库全书》，集部，第451册，上海古籍出版社1987年版，第593页。

创开海道，益都、淄莱、济南、东平、东昌等路百姓已是疲乏，死损数多，哀痛之声至今未息。今又东平等一十余处，供办上项夫役等物，比夫海道之役，亦为不轻。是齐、鲁、魏、博数路之民被扰无遗。又念前政苛挠，去岁不收，民多流亡，加以今秋风水虫蚄，灾伤所在缺食。恐又闻此役，复业者转行不来，见在者又将逃避”①。让人触目惊心。

出于关怀民生情怀，王恽提议合理兴工，体恤民力。一是土坝九座要再行相视，“见行安置土坝九座，合无候来春土坝修成，更为责委深知水利官员一同相视；光、济两河于深浅不常，时月断流，走沙去处，试验土坝委能积深浮重，转漕粮船迤久通行快便，然后修理石坝尚为未晚”，推迟施工。二是工料宜由官备，“仍于出产石木去处，官为差雇夫匠采打用度，不致取办一时，逼迫靠损人难”②。为民请命，精神可嘉。

大概因为类似王恽的为民请命呼吁很多，元代后期河道挑浚民工待遇有所改善。发放的工值较为实在，因而挑河效率有所提高。顺帝初年都水监挑浚会通河，五旬而工毕。赵元进《重浚会通河记》记其盛事，以下内容有史料价值：（1）会通河水源保障机制，取决于开源节流和挑浚正河是否经常、有效。世祖“至元二十六年，开挑会通河道，南自乎徐，中由于济，北抵临清，远及千里。各处修筑闸坝，积水行舟，漕运诸货，官站民船，偕得通济。北河殊无上源，必须疏瀹汶水来注于洸，决引泗源西逾于兖、南入于济，达于任城，合新河而流”。（2）此次挑浚会通河及其效果。挑浚前“山水泛涨，上自堽城闸口，下至石刺之碛□，延一十八里淤填，河身反高于汶，是以水浅几不能接漕运”。顺帝至元六年（1336）二月，“选差壕寨岳聚监董本监并汶上、奉符等县人夫七千余名，备糗粮、具畚锸挑洗各处河身之浅。公乃亲督其役，朝夕无怠，五旬而工毕。汶泗洸济之水，源源而来，凑乎会通，舟无浅涩之患”③。河通漕顺，与挑浚之前形成鲜明对比。（3）附带挑浚二闸和济河，“济州、会源石闸二座，中央天井广袤里余，停泊舟航相次上下，内常储水满溢方许放闸。近年渐以淤淀，浍水甚少，今复淘浚已深，水常潋滟，以宽栊舣。夏四月，公又率领令史奏，差巡视源闸北，元有济河旧迹，河身填平，水已绝流。再委壕寨

① （元）王恽：《秋涧集》，《四库全书》，集部，第1201册，上海古籍出版社1987年版，第326页。

② （元）王恽：《秋涧集》，《四库全书》，集部，第1201册，上海古籍出版社1987年版，第327页。

③ （明）谢肇淛：《北河纪》，《四库全书》，史部，第576册，上海古籍出版社1987年版，第601—602页。

岳聚，领夫千名挑去泥沙，衍三百余步，广二丈五尺，东连米市、西接草桥，水势分流，舟航往来无碍”[①]。此文保留了元末挑浚会通河详情，弥足珍贵。

元人李惟明《浚洸河记》和《重修洸河记》记挑浚洸河，开拓会通河水源的努力。其一，洸河、汶河与会通河关系，“洸河乃今汶水支流也……其源则出于泰山郡莱芜县原山之阳，折而之南，达于会通，漕运南北，其利无穷。会通之源，洸也；洸之源，汶也”。其二，挑浚洸河前，会通河浅涩状况，“洸河阏祀久，渐堙乎汶沙。底平，相较反崇汶三尺许。山水涨后，其流涓涓，几不接会通。汶岁筑沙堰堨水如洸，堰寻决而洸自若。所在浅涩，漕事不遄”。其三，洸河挑浚分两个阶段实施，先“役先上源，迺抡豪寨官岳聚统监夫千，合二县权与，于六年仲春望日，底阔五步，上倍之，深五尺，浚如式。……未阅月工毕。而深固坚完，水济会通，漕运无虞”。后“自石剌至高吴桥南王家道口浅涩者延袤五十六里百八十步，呈准中书符下东平、济宁兼赞厥役，本监及二路夫以口计者万有二千，浚自至正二年二月十八日，落成于三月十四日，以举武计者二万三百四十有奇，以尺为工计者四十万七百”[②]。挑浚之后水源方足。

元代从通州运粮到大都，先有坝河后有通惠河。中统元年定都燕京，立即整治亡金的通州河（元代称坝河、阜通七坝），相应建立漕仓，“专用收贮随路儹漕粮科，秖修应办用度，及勘会亡金通州河仓规制，自是漕船入都”[③]。两年后郭守敬建议引玉泉水入坝河，“中都旧漕河东至通州，权以玉泉水引入行舟，岁可省僦车钱六万缗”[④]。旨在增大坝河水量也即运量。忽必烈接受建议，派宁玉为河道官，负责开引玉泉水源。至元十六年（1279）六月，“以通州水路浅，舟运甚难，命枢密院发军五千，仍令食禄诸官雇役千人开浚，以五十日讫工”[⑤]。所指应为坝河。至治年间，王思诚追忆往事有言：“至元十六年，开坝河，设坝夫户八千三百七十有七，车

---

① （明）谢肇淛：《北河纪》，《四库全书》，史部，第576册，上海古籍出版社1987年版，第601—602页。

② （明）谢肇淛：《北河纪》，《四库全书》，史部，第576册，上海古籍出版社1987年版，第601—602页。

③ （元）王恽：《秋涧集》，《四库全书》，集部，第1201册，上海古籍出版社1987年版，第170页。

④ （元）苏天爵：《元文类》，《四库全书》，集部，第1367册，上海古籍出版社1987年版，第647页。

⑤ 《元史》卷10，中华书局2000年版，第144页。

户五千七十，出车三百九十辆，船户九百五十，出船一百九十艘。"[①] 可见通惠河开拓前，元人对坝河的倚重。

通惠河开成后，坝河挑浚至元末不废。《元史·河渠一》坝河条载：成宗大德六年（1302）三月，京畿漕运司整修坝河汛期水毁堤坝60多处，"自五月四日入役，六月十二日毕。深沟坝九处，计一万五千一百五十三工。王村坝二处，计七百十三工。郑村坝一处，计一千一百二十五工。西阳坝三处，计一千二百六十二工。郭村坝三处，计一千九百八十七工。千斯坝下一处，计一万工。总用工三万二百四十"[②]，是其中规模较大的一次。

至元末年，郭守敬开成通惠河。与坝河以七坝通船不同，通惠河以闸通漕，共有十八闸，又称闸河。开通惠河时，各闸皆用木做成。武宗至大四年（1311）六月，中书省奏请"通州至大都运粮河闸，始务速成，故皆用木，岁久木朽，一旦俱败，然后致力，将见不胜其劳。今为永固计，宜用砖石，以次修治"。得到批准。从当年开始，逐个撤木为石，直到泰定四年才全部砖石化。通惠河以白浮、一亩泉为水源，文宗天历三年，泉制被严重破坏，"各枝及诸寺观权势，私决堤堰，浇灌稻田、水碾、园圃，致河浅妨漕事"[③]。当局严禁挟势偷决泉水，情况才有好转。

元代中书省直辖地盘河流众多且多与运河交会。其中白浮泉水是通惠河上源，河堤容不得半点毁坏。成宗大德十一年（1307），都水监修白浮泉水"崩三十余里"，"修笆口十一处"[④]。仁宗皇庆元年（1312）春，都水监修白浮瓮山堤低薄崩陷处，工期半年，"总修长三十七里二百十五步，计七万三千七百七十三工"。延祐元年（1314），都水监挑浚白浮瓮山下至广源闸淤淀浅塞河段，"差军千人疏治"。泰定四年（1327）八月，都水监大修山水冲坏瓮山诸处笆口，"自八月二十六日兴工，九月十二日工毕，役军夫二千名，实役九万工，四十五日"[⑤] 也属不易。

元末近畿民众自发治水保家且助国通漕。漳河为京畿运道一段，也是京畿运道重要水源，"黄河既南徙，九河故道遂以湮没。漳渎不与同归，独行二千里，会于今北海之涯，其流滔滔汩汩，视黄河伯仲间耳。垠岸高于平地，亦犹黄河之水下成皋、虎牢而东也。皇元定都于燕，漳河为运漕

① 《元史》卷183，中华书局2000年版，第2812页。
② 《元史》卷64，中华书局2000年版，第1055页。
③ 《元史》卷64，中华书局2000年版，第1055页。
④ 《元史》卷64，中华书局2000年版，第1057页。
⑤ 《元史》卷64，中华书局2000年版，第1058页。

之渠，控引东南，居货千樯万艘，上供军国经用”。漳河决水过沧州入海水道通塞不常，往往豪门塞之而平民通之，“泰定间乡民吕叔范抗疏陈情，奉旨开掘以便民。又为大渠以泄水，莫不举手加额以承无疆之休。继有方命，圮族实繁有徒，乘时射利，遂以复塞”①。圮族，大概即元初圈地占田的蒙古贵族。

顺帝至元五年（1339）秋漳河再决，洪水灌南皮、清池间，有碍运道。脱因不花率众开入海之道以泄其水，王大本《沧州导水记略》记其事。“至元五年秋八月，大雨，河决八里塘之湾，为口者三，湍流滚激如万马奔突，长驱而前。南皮、清池之境东西二百余里、南北三十余里潴而泽汇而渊……沧州古雄藩，其濠深广，又距海孔迩，水行故地，第有屯府小左卫曲防之阻，无由径达。”脱因不花不过国学一上舍生，率众掘开屯府小左卫的曲防，“闻其言，慨然以为己任而不辞。闻者壮其谋，从之如云，各执其物立于两堧，破其筑若摧枯拉朽，去其壅如决痈溃疣。义民所趋，水亦随赴”②。民众蔑视权贵，自发治水，造福桑梓，难能可贵。

宋时楚扬运河，元隶属于河南行省。宋、元之交运河荒废，至元末年虽有浚治，未见实效。这段运河是江淮粮食和食盐北运的要道，“盐课甚重，运河浅涩无源，止仰天雨”，严重影响了国计民生。仁宗延祐四年（1317）十一月，两淮运司请加浚治；五年二月，河南行省奉命派员遍历巡视，主张由濒河有田之家出钱雇夫开修，两淮运司力主官府出资雇募，朝廷两策兼用，“诸色户内顾募丁夫万人，日支盐粮钱二两，计用钞二万锭，于运司盐课及减驳船钱内支用。……乘农隙并工疏治”③，较为体恤民工。

江南河通漕有两个难点，一是镇江境内苦于河高水少，二是太湖近处苦于水多为患。元人灭宋之后，蒙古、色目权贵热衷于在练湖筑堤围田耕种，至元末年对围垦者验亩加赋。但是坚持河运实在需要恢复练湖水柜功能，至治三年十二月江浙行省反映：“镇江运河全藉练湖之水为上源，官司漕运，供亿京师，及商贾贩载，农民来往，其舟楫莫不由此。宋时专设人夫，以时修浚。练湖潴蓄潦水，若运河浅阻，开放湖水一寸，则可添河水一尺。近年淤浅，舟楫不通，凡有官物，差民运递，甚为不便。”尚书

---

① （明）谢肇淛：《北河纪》，《四库全书》，史部，第576册，上海古籍出版社1987年版，第598页。

② （明）谢肇淛：《北河纪》，《四库全书》，史部，第576册，上海古籍出版社1987年版，第598页。

③ 《元史》卷65，中华书局2000年版，第1084页。

省批准其“委官相视，疏治运河”的建议，决定“自镇江路至吕城坝，长百三十一里，计役夫万五百十三人，六十日可毕。又用三千余人浚涤练湖，九十日可完。人日支粮三升、中统钞一两”①。英宗准其行之。

几经磋商，工程于泰定元年春动工。事前制定了可行的施工方案，练湖整治“依假山诸湖农民取泥之法，用船千艘，船三人，用竹簖捞取淤泥，日可三载，月计九万载，三月之间，通取二十七万载，就用所取泥增筑湖岸”。运河挑浚“自镇江在城程公坝，至常州武进县吕城坝，河长百三十一里一百四十六步，拟开河面阔五丈，底阔三丈，深四尺，与见有水二尺，可积深六尺”②。用夫 13500 人，先开运河次浚练湖。

实际施工中，运河挑浚从镇江直到苏州，向南推进数百里，“分运河作三坝，依元料深阔丈尺开浚，至三月四日工毕。数内平江昆山、嘉定二州，实役二十六日，常熟、吴江二州，长洲、吴县，实役二十八日，余皆役三十日，已于三月七日积水行舟”。练湖整治“增筑堤堰及旧有土基，共增阔一丈二尺，平面至高底滩脚，增筑共量斜高二丈五尺。……实征夫万三千五百十二人，共役三十三日，支钞八千六百七十九锭三十六两，粮万三千十九石五斗八升”③。还增添练湖兵，巡防保卫整治成果。

元初镇江江岸淤塞，南宋澳闸被淤埋。只好启用江口旧有三座坝埭，靠从长江车水入运河引出漕船。文宗天历二年（1329）天大旱，“上流无雨，水源难通，潮势既小，沙岸益高，徒步五里，方可登舟”。无法从江中车水。镇江府达鲁花赤力排众议，“开掘淤沙，撤去土埭，仍于港置闸，以时启闭”。从长江开挖引河到新闸，拆去土埭复建京口闸，“计用一万二千七百六十五工，人夫一千六十名。……每夫官日给米二升，盐菜钱中统钞”。“天历二年九月十六日兴工，十月十九日竣事。民甚便之。”④ 其时离元朝灭宋已经 50 年。

---

① 《元史》卷 65，中华书局 2000 年版，第 1084 页。

② 《元史》卷 65，中华书局 2000 年版，第 1085 页。

③ 《元史》卷 65，中华书局 2000 年版，第 1085 页。

④ （元）俞希鲁：《镇江志》，《续修四库全书》，史部，第 698 册，上海古籍出版社 2003 年版，第 576 页上栏下栏。

# 第二十六章　元代漕粮海运

## 第一节　元人开拓海运

元代漕粮海运最有开拓创新精神。汉唐皆河运而元独以海运为主、河运为辅。汉唐河运以黄河为干道而元人漕运以大都为终点、大海为运道。至元君臣雄才大略，为明清望尘莫及。

伯颜是元代漕粮海运的创议人，“至元十九年，伯颜追忆海道载宋图籍之事，以为海运可行，于是请于朝廷，命上海总管罗璧、朱清、张瑄等，造平底海船六十艘，运粮四万六千余石，从海道至京师”。在中国历史上，盛唐曾经海运苏杭粮秣饷辽东，数百年后再行海运有如登天，故而罗、朱、张三人初试效果并不理想，“然创行海洋，沿山求嶼，风信失时，明年始至直沽”，以至“时朝廷未知其利”①。但数年之后运输规模就迅速扩大，人粮损失大为减小，让世人大开眼界。

朱清、张瑄是元代海运的主要开拓者。虽然初运量既小又大为逾期，但毕竟携船抵达、人粮不失。这得益于二人年轻时有海上冒险生涯。按胡长孺《何长者传》，朱清、张瑄南宋末年亡命东海，“清尝佣杨氏，夜杀杨氏，盗妻子货财去。若捕急辄引舟东行，三日夜得沙门岛，又东北过高句丽水口，见文登夷维诸山，又北见燕山与碣石，往来若风与鬼影，迹不可得。稍怠则复来，亡虑十五六返，私念南北海道此固径，且不逢浅角，识之”。后来专做海盗营生，“群亡赖子相聚乘舟钞掠海上，朱清与瑄最为雄长，阴部曲曹伍之。当时海滨沙民富家以为苦，崇明镇特甚”②。元朝开国

① 《元史》卷93，中华书局2000年版，第1569页。

② （元）苏天爵：《元文类》，《四库全书》，集部，第1367册，上海古籍出版社1987年版，第904页。

后，他们效命蒙古。至元十七年（1280），张瑄升任沿海招讨使。熟悉海道又受宠于新主，有漕粮海运的强烈愿望，朱、张二人成为元朝开拓海运的功臣。

元初有志于开拓海运的人很多，阿八赤开胶莱运河、忙兀解开拓海运都无大成，唯独清、瑄海运事业蒸蒸日上。至元二十一年（1284）“运粮二十九万五千石。二十二年，运一十万石。二十三年……运五十七万八千余石。二十四年……运粮三十万石。又行创运辽东粮三万石。二十五年，四十万石。二十八年……运粮一百五十二万七千二百五十石。二十九年，一百三十九万七千四百石”[①]。深得当朝士人好评，“朱清、张瑄自崇明径海达于燕，而海道实开于此。……祥飚送顺，龙骧北指，仅旬日程耳。兹非旷古以来所未有之大利捷便乎”[②]？当然，海运是时代的需要，朱、张二人不过顺应时代潮流而已。

元初海运效率迅速提高得益于不断创新运道（见图 26－1），“计其水程，自上海至杨村马头，凡一万三千三百五十里。至元二十九年，朱清等言其路险恶，复开生道。自刘家港开洋，至撑脚沙转沙嘴，至三沙、洋子江，过匾担沙、大洪，又过万里长滩，放大洋至青水洋，又经黑水洋至成山，过刘岛，至芝罘、沙门二岛，放莱州大洋，抵界河口，其道差为径直。明年，千户殷明略又开新道，从刘家港入海，至崇明州三沙放洋，向东行，入黑水大洋，取成山转西至刘家岛，又至登州沙门岛，于莱州大洋入界河。当舟行风信有时，自浙西至京师，不过旬日而已，视前二道为最便云”[③]。殷明略后来居上，超越了朱、张。

成宗大德六年（1302）正月，朱清、张瑄因骄奢淫逸、横行不法而被罢官抄家。除掉朱、张，当年海运量由上年“七十六万九千六百五十石”增至“一百三十二万九千一百四十八石”。[④] 大德七年（1303），成宗加强海运职官，“并立海道都漕运万户府，改设达鲁花赤正万户各一员，副万户四员，各降虎符，首领官三员。八年，给降银印，辖千户所一十一处，镇抚所一处，委用千户六十七员，各降金牌，交辖前万户府。旧海船一百二十五万料，当运粮一百六十七万二千九百石有畸。朝给赏赐官吏表里段

① （元）《苏州志》，《永乐大典方志辑佚》，第 1 册，中华书局 2004 年版，第 589—590 页。

② （元）杨维桢：《东维子集》，《四库全书》，集部，第 1221 册，上海古籍出版社 1987 年版，第 618—619 页。

③ 《元史》卷 93，中华书局 2000 年版，第 1570 页。

④ 《元史》卷 93，中华书局 2000 年版，第 1571 页。

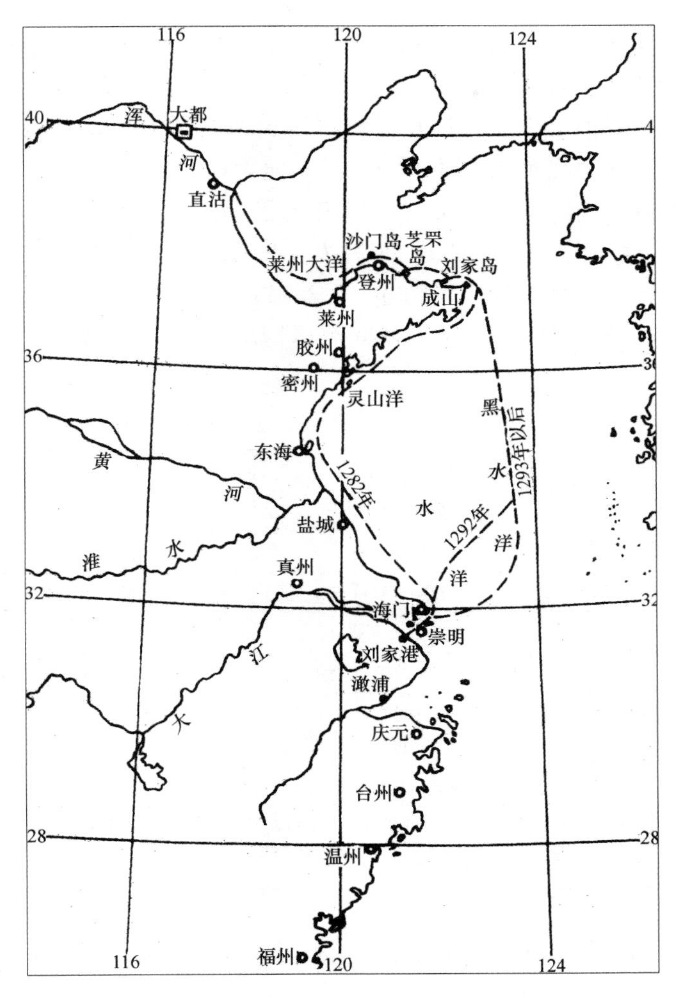


图 26－1　元代漕粮海运路线改进示意图

匹有差，定为岁例。九年、十年、十一年，所运累增及一百八十八万余石”①。海运雄风反而大振。

才能不次于朱、张而品行端正的海运大吏应运而出。武宗“至大元年，万户孛罗帖木儿陞中书右丞，佩三珠虎符，提调海运，运粮一百二十九万六百四十八石。二年，孛罗帖木儿改行江浙行省平章，提调整治，岁运三百四十六万石。三年，行省丞相答失蛮、平章孛罗帖木儿提调添力成

① （元）《苏州志》，《永乐大典方志辑佚》，第1册，中华书局2004年版，第590页。

就，万户阿散忽都鲁、张文质讲究更张一十三事，脚价添作每石至元钞一两六钱，香糯一两七钱，运粮二百九十三万石”①。黄头公（世雄）延祐元年“亲运米二伯七十万，迁显武将军海道都漕运万户，佩双珠虎符。前后九渡海，而海运之事无所不周知矣”。他力行十项改进，皆兴利除弊之事，把海运引上健康势头，又推荐贤者自代，“有实喇珠卜丹者，与公常同为千户，公以都万户至京师，而其人尤旧职也。公白于朝堂曰：‘某实知斯人之才能，而久于其职可念也。’荐以自代，时宰然之”②。如此，无怪乎海运反因朱、张倒台大进。此间海运情况见表 26－1。

表 26－1　**延祐、至治间海运量递增情况**

| 年份 | 发运量 | 运到量 |
| --- | --- | --- |
| 至元二十年（1283） | 四万六千五十石 | 四万二千一百七十二石 |
| 至元二十五年（1288） | 四十万石 | 三十五万七千六百五十五石 |
| 至元三十一年（1294） | 五十一万四千五百三十三石 | 五十万三千五百三十四石 |
| 大德元年（1297） | 六十五万八千三百石 | 六十四万八千一百三十六石 |
| 大德五年（1301） | 七十九万六千五百六十八石 | 七十六万九千六百五十石 |
| 大德六年（1302 除掉朱、张） | 一百三十八万三千八百八十三石 | 一百三十二万九千一百四十八石 |
| 大德九年（1305） | 一百八十四万三千三石 | 一百七十九万五千三百余石 |
| 至大二年（1309） | 二百四十六万四千二百四石 | 二百三十八万六千三百石 |
| 延祐元年（1314） | 二百四十万三千二百余石 | 二百三十五万六千六百六石 |

这充分说明，元代海运是时代造就，朱清、张瑄个人作用不可或缺，但不是充分条件。

## 第二节　元代海运行政

### 一　征收加耗

加耗包括鼠耗和带耗，前者是存贮消耗，后者是运输耗费。世祖至元

① （元）《苏州志》，《永乐大典方志辑佚》，第 1 册，中华书局 2004 年版，第 590—591 页。
② （元）虞集：《道园学古录》，《四库全书》，集部，第 1207 册，上海古籍出版社 1987 年版，第 587 页。

二十二年（1285），定江南民田每石收鼠耗7升，官田比民田减半，收三升五合；定南粮每石带耗一斗四升，北粮7升。数年后，运、储两系相关衙门反映原收鼠耗、带耗不敷于用，至元二十五年省臣奏准带耗每石征收一斗七升五合，比原征增加三升五合；至元二十六年，省臣奏准南北仓加征鼠耗，“河西务仓内每石元破一升三合，今添七合；通州仓内每石元破一升三合，今添七合。……省仓内每石元破三升，今添一升。北粮……河西务仓，每石元破一升二合，今添三合……通州仓，每石元破一升三合，今添二合……省仓每石元破二升五合，今添五合”①。总共增加四升二合。此后至少还有至元二十九年和大德三年两次议加鼠耗。

## 二　水脚价钞

至元十九年首创海运时，现造平底海船，三总管召顾水手起运。至元二十一年规模扩大，改为雇用民船海运，“依验千斤百里脚价，每石该去脚价钱中统钞八两五钱九分”②。后来脚价一减再减，至元二十九年减至七两五钱，元贞元年减至六两五钱，大德七年又减至五两，为历史最低点。至元年间脚价较高而物价较低，海船户修船之外，剩余较多，当时皆乐于应雇；大德年间脚价降低而物价上涨，海船户入不敷出，海运难以正常进行。故而至大元年以后，当局又开始调高脚价，当年添至六两五钱。皇庆二年，“斟酌地里远近，比元价之上，添与脚钱。本年为头粮斛脚价内，福建远船运糙粳，每石一十三两；温、台、庆元船运糙粳，每石一十一两五钱，香糯每石一十一两五钱；绍兴、浙西船每石一十一两，白粮价同稻谷，每石八两，黑豆每石依糙、白粮例支钞一十一两”。同年还确定了脚价发放规程，每年八九月由海道府依上年运粮额数先发六分，“海道府分派定春夏二运粮数，差官赴省关拨贴支四分脚价”③。此时水脚价钱和分发办法比较合理。

## 三　各地漕粮集中

元代海运在刘家港集中后编队开洋，各路漕粮由乡而县、由县而府州路集中起来，再运装海船并非易事。《永乐大典》卷15950载有若干个案，足以让今人了解其复杂性。一是船只调配贵在熟悉所行水路。绍兴路三江

① 《永乐大典》卷15950，第7册，中华书局1986年版，第6976页下栏。
② 《永乐大典》卷15950，第7册，中华书局1986年版，第6977页上栏。
③ 《永乐大典》卷15950，第7册，中华书局1986年版，第6977页。

陡门至下盖山一带有100多里铁板沙，延祐三年本路用温州、台州尖底船只载粮北往刘家港途中，因温台船主、水手不知铁板沙深浅，居然驻足不前、大误行期，绍兴路“差人搜究断罪催赶，顾觅剥船般剥。缘剥船数少，卒急不能寻顾，尚于海岸屯贮。委实靠损，船户不便”。最后海道府决策调整下年海运船只调配，依皇庆二年例，绍兴路“就用本路船料装发。若有不敷，于庆元路标拨小料海运贴装。其温、台、福、建船只起发刘家港交割，依旧于平江路仓装粮”①。二是即使本地船只行本地水路也需在关键水段设立导引标志。常熟州“每岁粮船到于刘家港聚齐起发，甘草等沙浅水暗，素于粮船为害。不知水脉之人多于此上搂阁。排年损坏船粮、淹死人命为数不少”。至大四年（1311），常熟船户苏显见义勇为，“备己船二只，抛泊西暗沙嘴二处，竖立旗缨，指领粮船出浅”②，得到海道府充分肯定和大力推广；江阴州界长江有浅沙“九处，约有一百余里，俱有沙浅暗礁。江潮冲流险恶，潮长则一概俱没，潮落微露沙脊，递年支装上江宁国等处粮船，为不知各处浅沙暗礁，中间多有损坏”。延祐元年“官司差拨附近小料船只，设立诸知水势之人，于每岁装粮之际，驾船于沙浅处立标，常川在彼指引粮船过浅”③，较好地解决了这一矛盾。

## 四　海运组织

按元人赵世延著《大元海运记》，至元末年朱清、张瑄海运鼎盛期，二人各提领一个都漕运万户府。张瑄万户府冠以宣慰淮东，承担天下运量的十分之六，朱清万户府冠以宣慰江东，承担天下运量的十分之四。朱、张将麾下海运力量分为若干翼，至元二十九年张瑄麾下八翼：庆元浙江翼，江湾上海翼，青浦翼，崇明翼，许浦沿江翼，大场乍浦翼，青龙翼，顾径下沺翼。元贞元年合并为四翼，大德七年以知、仁、圣、义、忠、和命名六翼，有百户三十三员。至元二十九年朱清麾下七翼：殷武略翼，朱忠显翼，陈承务翼，第忠武翼，朱承信翼，丁忠武翼，赵国显翼。至元三十年合并为二翼，有百户二十七员。翼是朱、张时代的海运基本单元。大德七年朱清、张瑄因为骄奢淫逸被清除，元廷“并海道运粮三万户府为一，设万户六员。所属镇府抚所一官二员，海运千户所十一，每所官三

① 《永乐大典》卷15950，第7册，中华书局1986年版，第6978页上栏。
② 《永乐大典》卷15950，第7册，中华书局1986年版，第6978页上栏。
③ 《永乐大典》卷15950，第7册，中华书局1986年版，第6978页下栏。

员”①。组织形式不再带有朱、张个人色彩。

## 第三节　元代船户管理

“漕府版籍录民赀产，造舟载粮，谓之船户。论船户大小、载粮多寡，官以石给钞雇募之，谓之水脚钱。”② 元代海船户是元代漕粮海运的人力基础。

元人漕粮海运，最初现造船只军运。至元十九年（1282），丞相伯颜“以为海运可行，于是请于朝廷，命上海总管罗璧、朱清、张瑄等，造平底海船六十艘，运粮四万六千余石，从海道至京师”③。朝廷给罗璧、朱清、张瑄以万户名头，“立运粮万户三，而以璧与朱清、张瑄为之”④。此前三人皆有军职，属下有军伍。至元十七年张瑄由管军总管升招讨使，罗璧由千户升管军总管；至元二十年朱清由千户升管军总管。

首次海运参运的主要是罗、朱、张三人属下汉军，加上和雇的一些技术工种，“罗璧等就用官船军人，仍令有司召雇梢碇水手，装载官粮四万六千余石，寻求海道水路，创行海洋，沿山求屿行使，为开洋风汛失时，当年不能抵岸，在山东刘家岛压冬，至二十年三月经由登州放莱州洋，方到直沽交卸”⑤。现造新船结实耐用，宜于行海。朱、张部下又多当年追随二人海上浪迹的高手，但仍未能一试即爽，可见海上运粮绝非易事。

至元二十年（1283）之后，海运改为雇船民运，海船户应运而生。朱清、张瑄当时被蒙古统治者称为“两南人”，他们向伯颜提议雇船海运。“丞相伯颜、平章札散、右丞麦术丁等奏：‘海运之事，两南人言：朝廷若支脚钱，清用己力，岁各运粮十万石至京师，乞与职名。……’上从之。”⑥ 随着海运事权逐渐向朱清、张瑄二人手里集中，雇船民运之制日渐

---

① （元）赵世延：《大元海运记》，《续修四库全书》，史部，第835册，上海古籍出版社2003年版，第450—460页。

② （元）郑元佑：《侨吴集》，《四库全书》，集部，第1216册，上海古籍出版社1987年版，第582页。

③ 《元史》卷93，中华书局2000年版，第1569页。

④ 《元史》卷166，中华书局2000年版，第2599页。

⑤ （元）赵世延：《大元海运记》，《续修四库全书》，史部，第835册，上海古籍出版社2003年版，第413页。

⑥ （元）赵世延：《大元海运记》，《续修四库全书》，史部，第835册，上海古籍出版社2003年版，第435页。

定型。至元二十一年（1284）之后，雇用民船给以水脚钱，“定议官支脚价，令近海有力人户，自行造船，雇募稍水运粮。依验千斤百里每石脚价八两五钱，当年运粮二十九万一千石”[①]。与《元史·食货一》所载“凡运粮，每石有脚价钞。至元二十一年，给中统钞八两五钱，其后递减至于六两五钱”[②] 精神一致。世祖此事做得相当大度。

至元“二十四年，始立行泉府司，专掌海运，增置万户府二，总为四府。……二十八年，又用朱清、张瑄之请，并四府为都漕运万户府二，止令清、瑄二人掌之。其属有千户、百户等官，分为各翼，以督岁运”[③]。阿八赤、忙兀解先后被排挤出局。

天下从事漕粮海运的海船户到底有多少，不妨先从天下漕船多少说起。“旧海船一百二十五万料，当运粮一百六十七万二千九百有畸。”[④] 料是船只载重计量单位，125 万料约今 25 万吨，船有大小，年有两运，也非天下海船确数。今人高荣盛考证：“至顺元年（1330），集结于南方诸港待运的粮船有一千八百只，按每舟载粮二千石计（详本文第四节），该期起运粮当三百余万石；至正三年（1343），发海漕‘三千余艘’，这是可见最高数，可见该年运数之大；至正四年，运艘一千四百只，运数也可达二、三百万石。”[⑤] 以 1800 只计，如每五户出一条船，天下海船户有八九千户。

海船户的分布，可通过海运船分布来认识。今人考证，文宗至顺元年海运用船“大部分来自长江入海处昆山州（治今江苏昆山）的太仓刘家港，以及江阴（治今江苏江阴）、常熟（治今江苏常熟）、嘉定（治今上海嘉定）、崇明（治今上海崇明东北）诸州……刘家港一带有船 613 只，崇明州东西三沙 186 只，海盐澉浦（今浙江海盐澉浦镇）12 只，杭州江岸一带 51 只，嘉定州沙头浦、官桥等处 173 只，上海浦等处 19 只，常熟白茅港一带 173 只，江阴、通州（治今江苏南通）、蔡港等处 7 只，平阳（治今浙江平阳）、瑞安州（治今浙江瑞安）、飞云渡等港 74 只，永嘉县（今浙江温州）外沙港 14 只，乐清（治今浙江乐清）、白溪、沙屿等处 242 只，黄岩州（治今浙江黄岩）石塘等处 11 只，烈港（今浙江舟山市西金塘山岛西北隅沥港）一带 34 只，绍兴三江、陡门 39 只，慈溪（治今浙江宁波市西北慈城镇）、定海（治今浙江宁波市镇海区）、象山（治今

---

① （元）《苏州志》，《永乐大典方志辑佚》，第 1 册，中华书局 2004 年版，第 589 页。
② 《元史》卷 93，中华书局 2000 年版，第 1570 页。
③ 《元史》卷 93，中华书局 2000 年版，第 1570 页。
④ （元）《苏州志》，《永乐大典方志辑佚》，第 1 册，中华书局 2004 年版，第 590 页。
⑤ 高荣盛：《元代海运试析》，《元史及北方民族史集刊》1983 年第 7 期，第 44 页。

浙江象山）、鄞县（治今浙江宁波）、桃花等渡、大山、高堰头等处104只，临海（治今浙江临海）、宁海（治今浙江宁海）、铁场等港23只，奉化（治今浙江奉化）揭崎、昌国（治今浙江舟山）秀山等一带23只”①。足见江浙沿海地区海船户的元代海运主体地位。

海运漕粮来源，通常来自江南三省，“元自世祖用伯颜之言，岁漕东南粟，由海道以给京师，始自至元二十年，至于天历、至顺，由四万石以上增而为三百万以上，其所以为国计者大矣。历岁既久，弊日以生，水旱相仍，公私俱困，疲三省之民力，以充岁运之恒数，而押运监临之官，与夫司出纳之吏，恣为贪黩，脚价不以时给，收支不得其平，船户贫乏，耗损益甚”②。典型的偏累一方。具体指哪三省，《元史·食货志》载：“江南三省天历元年夏税钞数，总计中统钞一十四万九千二百七十三锭三十三贯。江浙省五万七千八百三十锭四十贯。江西省五万二千八百九十五锭一十一贯。湖广省一万九千三百七十八锭二贯。”③ 可知元人通常称江浙、江西和湖广为江南三省（相当于现今的江苏、浙江、江西、湖南、湖北五省）。

元人虞集《两浙运使智公神道碑》为智受益作传，说他为官湖南“及治岳，益有余才。海道运输，系国计甚重，而上江不时至，请筑仓建康，以冬受淮而出之，损益以法，民不骇而事速便”④。也足证湖广有海漕之责，需要事先在建康府设仓存运，再伺机装海船。今人高荣盛考证，“元代每次漕粮北上，均由海船开赴内地各仓就装，或以河船载粮至起运港与海船对装……形成了若干内河支线”，其中之一即上江线，“就装江西、湖广粮。粮船自刘家港开船，逆长江而上，先后至真州（今江苏仪真县）、集庆路（今江苏南京市）、太平路（今安徽贵池县）”⑤。江浙省漕粮不设仓，直接送起运港装船。《元史·王艮传》载传主“迁海道漕运都万户府经历。绍兴之官粮入海运者十万石，城距海十八里，岁令有司拘民船以备短送，吏胥得并缘以虐民”⑥。州县拘管民船短送海船停泊处装船，可见江浙漕粮不设大仓储存。

雇船民运是元代漕粮海运的基本组织形式，水脚多少和海船户的满意

---

① 孟繁清：《元代的海船户》，《蒙古史研究》，第九辑，内蒙古大学出版社2007年版，第108页。

② 《元史》卷97，中华书局2000年版，第1645页。

③ 《元史》卷93，中华书局2000年版，第1567页。

④ （元）虞集：《道园学古录》，《四库全书》，集部，第1207册，上海古籍出版社1987年版，第202页。

⑤ 高荣盛：《元代海运试析》，《元史及北方民族史集刊》1983年第7期，第46页。

⑥ 《元史》卷192，中华书局2000年版，第2922页。

度关系海运兴衰。“凡运粮，每石有脚价钞。至元二十一年，给中统钞八两五钱，其后递减至于六两五钱。至大三年，以福建、浙东船户至平江载粮者，道远费广，通增为至元钞一两六钱，香糯一两七钱。四年，又增为二两，香糯二两八钱，稻谷一两四钱。延祐元年，斟酌远近，复增其价。福建船运糙粳米每石一十三两，温、台、庆元船运糙粳、香糯每石一十一两五钱，绍兴、浙西船每石一十一两，白粳价同，稻谷每石八两，黑豆每石依糙白粮例给焉。”[①] 今人一般感觉运费很不少，这是因为不了解元钞的含金量。元人在京城赈粜，白米每石减钞五两，南粳米减钞三两。可知元人钞含金量相当于明清银含金量的七八分之一。尽管如此，元初钞贵物贱，所给水脚价扣除支出确有剩余。《永大典残卷》232 册第 15949 卷所引《经世大典》载，元初造船 1000 料，用钞 100 定；而用 1000 料船运，可得水脚钱 170 定。所收多于所支，船户争相应征出运。至元二十九年减为七两五钱，元贞元年减为六两五钱，船户余利已薄。后来物价上涨，船户反而得不偿失，参运成为赔本负担。加上元初规定海船户以五口为则，与之粮而免其杂泛差役，后来这一规定逐渐有名无实，以至“历岁既久，弊日以生，水旱相仍，公私俱困，疲三省之民力，以充岁运之恒数，而押运监临之官，与夫司出纳之吏，恣为贪黩，脚价不以时给，收支不得其平，船户贫乏，耗损益甚”[②]。海运日渐衰微。

元初“录民赀产”有意选富户从事海运，但“船户役既久，其间赀产不能无消长，官率因循不之考，吏得并缘为奸”。官吏并缘为奸的结果，就是船户从事海运无利可图。于是，“富家大舟受粟多，得佣直甚厚。半实以私货，取利尤伙。器壮而人敏，常善达。有不愿者，若中产之家辄贿吏求免。宛转期迫，辄执畸贫而使之。舟恶，吏人朘其佣直，工徒用器食卒取具，授粟必在险远，又不得善粟，其舟出辄败，盖其罪有所在矣”[③]。元蒙王朝不能提供持续海运的吏治基础。

## 第四节　元代海船制造

元代海船制造分军用和民用两类，在宋代造船基础上，都有所创新和

① 《元史》卷 93，中华书局 2000 年版，第 1570 页。
② 《元史》卷 97，中华书局 2000 年版，第 1645 页。
③ （元）虞集：《道园学古录》，《四库全书》，集部，第 1207 册，上海古籍出版社 1987 年版，第 102 页。

进步。

## 一　元代非军用海船制造成就

元初即重视远洋航海，欲知其船制造和使用，细读《马可波罗行纪》即可。至元二十八年（1291），马可·波罗护送阔阔公主出嫁波斯，忽必烈下令“备船十三艘，每艘具四桅，可张十二帆”①，让马可·波罗从泉州扬帆起航。马可·波罗在泉州看到这批远洋海船，并详细地记录其制造工艺：“其船舶用枞木制造，仅具一甲板。各有船房五、六十所，商人皆处其中，颇宽适，船各有一舵，而具四桅，偶亦别具二桅，竖倒随意。船用好铁钉结合，有二厚板叠加于上，不用松香，盖不知有其物也，然用麻及树油掺和涂壁，使之绝不透水。”载重能力和航行情况：“每船舶上，至少应有水手二百人，盖船甚广大，足载胡椒五、六千担。无风之时，行船用橹，橹甚大，每具须用橹手四人操之。每大舶各曳二小船于后，每小船各有船夫四五十人，操櫂而行，以助大舶。别有小船十数助理大舶事务，若抛锚，捕鱼等事而已，大舶张帆之时，诸小船相连，系于大舟之后而行。然具帆之二小舟，单自行动与大舶同。”平时维修和使用寿命，“此种船舶，每年修理一次，加厚板一层，其板刨光涂油，结合于原有船板之上，其单独张帆行动之二小船，修理之法亦同。应知此每年或必要时增加之板，只能在数年间为之，至船壁有六板厚时遂止，盖逾此限度以外，不复加板。业已厚有六板之船，不复航行大海，仅供沿岸航行之用，至其不能航行之时，然后卸之”②。这反映元代远洋海船制造和维修技术详细、形象而准确。

元代商用远洋船制造工艺：“其商船用枞木松木制造。诸船皆只具一甲板，上有船房，视船之大小，房数在六十所上下，每房有一船客，居甚安适。诸船皆有一坚舵，具四桅，张四帆，有时其中二桅可以随意竖倒。此外有若干最大船舶有内舱至十三所，互以厚板隔之，其用在防海险，如船身触礁或触饿鲸而海水透入之事，其事常见。盖夜行破浪之时，附近之鲸，见水起白沫，以为有食可取，奋起触船，常将船身某处破裂也。至是水由破处浸入，流入船舱，水手发现船身破处，立将浸水舱中之货物徙于邻舱，盖诸舱之壁嵌隔甚坚，水不能透，然后修理破处，复将徙出货物运

① 《马可波罗行纪》，冯承钧译，中华书局1954年版，第40页。

② 《马可波罗行纪》，冯承钧译，中华书局1954年版，第619—620页。

回舱中。”[①] 所谓内舱 13 所，即今人所谓 13 个水密隔舱。

元代商用远洋船只载重量：“诸船舶之最大者，需用船员三百人或二百人或一百五十人，多少随其大小而异，足载胡椒五六千包。”[②] 马可·波罗认为宋朝所造海船较元代为大，元人为适应远洋航行中停泊港口吃水浅深，有意将海船造得小了点。

摩洛哥人伊本·白图泰到过元朝，在游记中记述了中国海船的制造工艺：“中国船只共分三类：大的称作艟克，复数是朱努克；中者为艚；小者为舸舸姆。大者有十帆至少是三帆。帆系用藤篾编制，其状如席，常挂不落，顺风调帆，下锚时亦不落帆。每一大船役使千人：其中海员六百，战士四百，包括弓箭射手和持盾战士以及发射石油弹战士。随从每一大船有小船三艘，半大者，三分之一大者，四分之一大者。此种巨船只在中国的刺桐城建造，或在隋尼凯兰即隋尼隋尼建造。建造的方式是：先建造两堵木墙，两墙之间用极大木料衔接。木料用巨钉钉牢，钉长为三腕尺。木墙建造完毕，于墙上制造船的底部，再将两墙推入海内，继续施工。这种船船桨大如桅杆，一桨旁聚集十至十五人，站着划船。船上造有甲板四层，内有房舱、官舱和商人舱。官舱内的住室附有厕所，并有门锁，旅客可携带妇女，女婢，闭门居住。……水手们则携带眷属子女，并在木槽内种植蔬菜鲜姜。”[③] 一船役使千人，是马可·波罗所见送嫁船的 5 倍；其他技术参数也较送嫁使船大数倍。

元代近海漕船发展趋势是越造越大，“至元二十一年起运海粮，擢用朱清、张瑄万户之职，押运粮船。……各领品职，成造船只，大者不过一千粮，小者三百石。自刘家港开船出扬子江，盘转黄连沙嘴，望西北铅沙行使，潮长行船，潮落抛泊”[④]。首次试海运现造船数量和总运量，“造平底海船六十艘，运粮四万六千余石”[⑤]，每船载粮平均近 800 石。后来随着海运成熟和稳定，用船渐大。大德中春运京城 58 万石，“凡募舟大小凡四百余，榜舟之徒凡四万余，凡费募佣钱为锭五万七千。……以三月二十有一日起碇于吴之嘉定刘家港……四月三日讫赴都仓”[⑥]，平均每船运 1275

① 《马可波罗行纪》，冯承钧译，中华书局 1954 年版，第 620—621 页。
② 《马可波罗行纪》，冯承钧译，中华书局 1954 年版，第 621 页。
③ 《伊本·白图泰游记》，马金鹏译，宁夏人民出版社 2000 年版，第 490 页。
④ （明）无名氏：《海道经》，《四库全书存目丛书》，史部，第 221 册，齐鲁书社 1996 年版，第 187 页下栏。
⑤ 《元史》卷 93，中华书局 2000 年版，第 1569 页。
⑥ （元）任士林：《松乡集》，《四库全书》，集部，第 1196 册，上海古籍出版社 1987 年版，第 521—522 页。

石。至大四年（1311），“夏，部海艘八百，所漕米以石计者百七十四万八千六百四十有九，昼旗宵柝，号令肃然，舳舻相衔，首尾不绝，旬日之间已达海口”①，平均每船运2100石。其后“延祐以来，各造海船，大者八九千粮，小者二千余石”②，运载量是初运用船的近10倍。

## 二　元朝军用海船有可见标本“蓬莱战舰”考古成果

元朝海外作战主要针对日本，至元十一年（1274）和至元十八年（1281），元朝先后用900余艘战船、3万余人和4400艘战船、14万余人的兵力进攻日本北九州地区，皆因遇到暴风雨而失败。逃回的战船仅50余艘、1万余人，其余4000余艘船只沉入海底。

1984年，山东登州港发掘出一只元代海用战船，性能先进，技术领先。

其一，船体较大，船面残长28.6米，船底龙骨长26.6米，“全船由十三道舱壁分成十四个舱，舱壁残高0.9米……底部船板及舱壁板大部完好，在第二舱和第七舱保留有桅座，第十四舱保留了舵承座，均用楠木制成”③。复原船长35米，其规模国内外考古发现中国古船之最。

其二，船体造型适宜海上作战。考古发现的其他民用货船，如韩国新安郡元代沉船，呈短圆形，长宽比不大，型宽舱深、稳定性较好，适宜装载众多的货物。而这艘海用战船船型瘦长，经船史研究专家复原，其长度为35米，型宽6米，长宽比近于5∶1，只有海用货船的二分之一。“加上流线型的尖头阔尾，船壳光滑，阻力小，其快速性显然较好。”④ 船底为尖圆造型，兼有尖底福船快速和平底沙船稳固之长。

其三，抗沉性能优异。“多达14个的水密舱……舱壁钩联十分严密。船底板用麻丝、桐油、石灰调成的腻料填缝腻实，水密程度很高。战船在作战、巡逻、侦察中，一旦遇到被敌击伤、碰撞、触礁等而使船体破损，一个或几个舱室进水后，仍具备一定的贮备浮力和稳度”⑤，不至于失去航行能力，还可保持一定战力。

---

① （元）黄溍：《文献集》，《四库全书》，集部，第1209册，上海古籍出版社1987年版，第568页。

② （明）无名氏：《海道经》，《四库全书存目丛书》，史部，第221册，齐鲁书社1996年版，第188页上栏。

③ 袁晓春：《略论蓬莱元朝战船》，《海军工程学院学报》1990年第4期，第107页。

④ 袁晓春：《略论蓬莱元朝战船》，《海军工程学院学报》1990年第4期，第108页。

⑤ 袁晓春：《略论蓬莱元朝战船》，《海军工程学院学报》1990年第4期，第108页。

其四，武器配备先进。沉船上发现火弹瓶、铁剑、石弹、灰弹瓶和铜铳，铜铳“口径为10.2厘米，厚3厘米”。其大其重“显然不能单人发射，而是……用凳为架，上加活盘……铳口内衔大石弹、照准贼船底膀，平水面打去，以碎其船，最为便利”。火弹瓶“高20厘米，腹鼓，两头略尖，呈橄榄形，内装火药抛掷到敌船上，用来杀伤敌方士兵和烧毁敌船”。[①] 在当时世界上是最先进的。

## 第五节　元代航海生活

中国历史上那么多王朝，只有元朝大规模漕粮海运，并且自始至终不禁海。这为文人学士提供了开拓诗材、表现海运，从而超越前辈的充分空间。朱名世《鲸背吟集》共33首，诗人“以武弁领海运。集皆航海之作”[②]。写其亲自参加海运实践的身历见闻，“仆粗涉诗书，薄游山水，偶托迹于胄科，未忘情于笔砚。缘木求鱼乘桴浮，每观千艘之漕饷势若龙骧，受半载之奔波，名如蜗角，碧汉迢遥一似浮槎于天上，银涛汹涌几番战栗于船中。今将所历海洋山岛与夫风物所闻、舟航所见，各成诗一首诗，尾联以古句盖滑稽也。非敢称于格律，然而风樯之下、柁楼之上，举酒酌月亦可与梢人黄帽郎同发一笑云尔。至元辛卯中秋，苏台吟人朱晞颜名世序”[③]。至元辛卯即二十八年，组诗反映元世祖忽必烈末年的漕粮海运文化。具体内容有五：一是写漕粮海运必经之地风物，如《盐城县》《莺游山》《东洋》《乳岛》《沙门岛》《神山》《莱州洋》《海边山》《辽阳》《直沽》；二是航海操作要领，如《梢水》《水程》《寻艅》《抛矴》《出火》《落篷》《掉舱》《走风》《探浅》；三是海上饮食生活，如《彭月》《海味》《讨水》《讨柴》《海鱼》；四是海员常做或常见之事，如《日出》《吐船》《橹歌》《大浪》；五是诗人航海感受，如《自题》。

组诗全为七绝，每诗前两句写实，后两句就所写之事以古代名句收束，造成似曾相识效果，极尽幽默滑稽之能事。如《搽沙》：“万乘龙骧一叶轻，逆风寸步不能行。如今阁在沙滩上，野渡无人舟自横。”本写漕船

---

① 袁晓春：《略论蓬莱元朝战船》，《海军工程学院学报》1990年第4期，第108页。

② （清）黄虞稷：《千顷堂书目》，《四库全书》，史部，第676册，上海古籍出版社1987年版，第708页。

③ （元）朱名世：《鲸背吟集》，《四库全书》，集部，第1214册，上海古籍出版社1987年版，第428页。

搁浅，却联想到韦应物名句。《梢水》："拔矴张篷岂暂停，为贪薄利故轻生。几宵风雨船头坐，不脱蓑衣卧月明。"本写梢水履职的辛劳，却羡慕其和衣卧月的潇洒。《走风》："夜飓颠狂浪卷天，深渊多少走风船。一宵行尽波涛险，只在芦花浅水边。"本写海运极险之事，却阐发否极泰来的哲理。《自题》："乘兴风波万里游，清如王子泛扁舟。早知鲸背推敲险，悔不来时只跨牛。"① 渲染参与海运之险，不啻时时处处都在与死神打交道，却用王子泛扁舟、乘兴万里游打趣。

曾任海道都漕运万户府照磨的徐泰亨，多次出海押运漕船，根据艄公水手们的经验和本人体验，把航海知识和操作要领写成打油诗，以便传播推广。作者"至顺二年为青阳尹"②。青阳是池州有漕县份，可知其打油诗反映元代中后期的航海知识。其《潮汛》："前月起水二十五，二十八日大汛至。次月初五是下岸，潮汛不曾差今古。次月初十是起水，十三大汛必然理。二十还逢下岸潮，只隔七日循环尔。"③ 总结潮汐起落规律中肯。其《风信》："春后雪花落不止，四个月日有风水。二月十八潘婆飓，三月十八一般起。四月十八打麻风，六月十九日彭祖忌。秋前十日风水生，秋后十日亦须至。八月十八潮诞生，次日须宜预防避。白露前后风水生，白露后头亦未已。霜降时候须作信，此是阴阳一定理。九月二十七无风，十月初五决有矣。每月初三飓若无，初四行船难指拟。如遇庚日不变更，来到壬癸也须避。"④ 海风对海潮推波助澜，知道什么时候起风也就知道什么时候有浪，此诗有助于人们掌握海浪规律。其《观象》写气象观测："日落生耳于南北，必起风雨莫疑惑。落日犹如糖饼红，无雨必须忌风伯。日没观色如臙脂，三日之中风作厄。若还接日有乌云，隔日必然风雨逼。乌云接日却露白，晴明天象便分得。对日有垢雨可期，不到已申要盈尺。雨余晚垢横在空，来日晴明须可克。北辰之下闪电光，三日之间事难测。大雨若无风水生，阴阳可以为定则。东南海门闪电光，五日之内云泼黑。纵然无雨不为奇，必作风水大便息。东北海门闪电光，三日须防云如织。否则风水必为忧，屡尝试验无差忒。"由日、云组合现象推测风雨有无大小，预做准备有备无患，于航海有大裨益。其《行船》："迟了一潮搭一汛，挫

---

① （元）朱名世：《鲸背吟集》，《四库全书》，集部，第1214册，上海古籍出版社1987年版，第429—431页。

② 《江南通志》，《四库全书》，史部，第510册，上海古籍出版社1987年版，第445页。

③ 《永乐大典》卷15950，第7册，中华书局1986年版，第6978页下栏。

④ 《永乐大典》卷15950，第7册，中华书局1986年版，第6978—6979页下栏上栏。

了一线隔一山。十日滩头坐，一日过九滩。”① 海上行船时间和方向把握，失之毫厘，差之千里，确为经验老到之谈。

贡师泰元末苦撑海运，至正“二十年，朝廷除户部尚书，俾分部闽中，以闽盐易粮，由海道转运给京师。凡为粮数十万石，朝廷赖焉”②。撰《海歌十首》记述见闻，以海船各种角色为切入点，反映海运角色的艺高胆大和团队协作精神。一是海运的几个关键阶段：“载取官人来大船”才能开洋；“黄旗上写总漕名”看来有高官押纲；“敲帆转舱齐著力”绕行海礁惊心动魄；“船过此间都贺喜”写通过险关的不易。二是海船几个关键岗位：总管“千户火长好家主，事事辛苦不辞难”。大工“万钧气力在我手，任渠雪浪来滔天”。碇手“何事浅深偏记得，惯鲁海上看风波”。亚班“你每道险我不险，只要竿头着脚牢”。阿郎“上篷起桅气力强，花布缠头袴两裆”③。内容本色当行，不愧饱经海事文人之作。

与朱名世以诙谐口吻写凶险相似，贡师泰《海歌十首》虽然诞生于风雨飘摇的元末，但以热情赞颂眼光反映海运人生，充满乐观情怀。如其一“黑面小郎棹三板，载取官人来大船。日正中时先转柁，一时举手拜神天”，选取正午祭神开船场景，让人有众志成城之感。其四“只屿山前放大洋，雾气昏昏海上黄。听得柁楼人笑道，半天红日挂帆樯”，于大雾迷茫之际特写舵楼所见红日，自然让人喜出望外。其九“亚班轻捷如猿猱，手把长绳飞上高。你每道险我不险，只要竿头着脚牢”，④ 把极险之事说得极易，让人备感温暖。

元代文人所写海运诗，有几个主题比较积极。

一是海运优越、参与自豪情怀。刘仁本《奉檄泛海督漕运》：“风露双清满柁楼，两旗催发漕官舟。银河直下天倾泻，铁笛横吹海逆流。三四点星瞻北斗，几千里路到皇州。白鸥不管人间事，共此乾坤日月浮。”⑤ 没有一点畏首畏尾，充满一往无前精神。郑元佑《送李运使海漕抵京见宣城贡侍制》写对李运使押粮行海的羡慕：“易于涉险必曰川，何况航海决九渊。海虽无风浪或颠，银山雪屋相崩骞。国家鸿庥上际天，漕海运粮今几年。

---

① 《永乐大典》卷 15950，第 7 册，中华书局 1986 年版，第 6979 页上栏。

② 《元史》卷 187，中华书局 2000 年版，第 2870—2871 页。

③ （元）贡师泰：《玩斋集》，《四库全书》，集部，第 1215 册，上海古籍出版社 1987 年版，第 725 页。

④ （元）贡师泰：《玩斋集》，《四库全书》，集部，第 1215 册，上海古籍出版社 1987 年版，第 725 页。

⑤ （元）刘仁本：《羽庭集》，《四库全书》，集部，第 1216 册，上海古籍出版社 1987 年版，第 42 页。

波神水妃相后先，分护粮艘咸周全。棹郎捩舵歌扣舷，南风趠帆到幽燕。"[①] 此诗写对别人成功海运的羡慕，反映元人普遍的海运自豪和优越情愫。

二是对元朝漕粮海运兼河运由衷赞赏。许有壬《湖南监宪布延实哩子谦昔为翰林学士奉使祠天妃伯生有序送行征诗其后》讴歌元朝海、河兼运的得策："古来漕法无十令，我元弘抚恢自天。至元天子一四海，京师仰给东南田。乱淮泝河略汶泗，远□瀛莫趋幽燕。荡泥蹁埭几跋涉，留连岁月喧劳牵。云帆辽海闻自昔，东吴秔稻曾输边。九重听言获大利，万艘遂发吴门船。晨兴甫动望洋叹，暮炊已接蓬莱烟。"[②] 史诗般叙事，哲人式思维，超迈今古而发言激越。傅若金《直沽口》从河运、海运的交会点天津切入："远漕通诸岛，深流会两河。……转粟昏秋入，行舟日夜过。兵民杂居久，一半解吴歌。"[③] 讴歌直沽水陆、河海交会的交通枢纽地位，也就是讴歌海运为主、河运为辅的得策。

三是礼赞献身海运的勇敢精神。张翥《送景初漕史还平江各赋一诗寄吴下诸友》以大难不死必有后福安慰海难幸存者："怒浪蹙天摧漕舟，疾风吹雨黑中流。海神跃马火明灭，龙伯钓鳌山荡浮。安得灵槎通汉使，断无奇药采瀛洲。丈夫政事经艰险，不负平生亦壮游。"此诗下有小注："景初押粮至成山，遭风既沈米六万石，得小舟以免。"[④] 征服大海是要付出代价的，但元人笑傲挫折。贡师泰《送江生还江南》欢送海运成功经历者南还："漕河冰泮水溶溶，百尺帆开五两风。戏彩归人从海上，倚门慈母问辽东。渔罾荻笋湾湾绿，酒旆桃花处处红。莫向江南久留滞，龙山还有北来鸿。"[⑤] 江生大概从江南押运漕粮赴辽东刚刚归来，现在要沿运河南下省亲。此诗反映元代海运漕粮的常人普遍相关性。贝琼《精卫愤并序》为普通海船户舍身救父唱赞歌，"定海漕户夏文德，元至大四年夏运粟赴京师，其子永庆侍行。抵河间海津镇，文德堕水，永庆奋身入水中，挽父衣出波

---

① （元）郑元佑：《侨吴集》，《四库全书》，集部，第 1216 册，上海古籍出版社 1987 年版，第 443 页。

② （元）许有壬：《至正集》，《四库全书》，集部，第 1211 册，上海古籍出版社 1987 年版，第 70 页。

③ （元）傅若金：《傅与砺诗文集》，《四库全书》，集部，第 1213 册，上海古籍出版社 1987 年版，第 233 页。

④ （元）张翥：《蜕庵集》，《四库全书》，集部，第 1215 册，上海古籍出版社 1987 年版，第 72 页。

⑤ （元）贡师泰：《玩斋集》，《四库全书》，集部，第 1215 册，上海古籍出版社 1987 年版，第 562 页。

面，柁工提戟钩其衣，得不死。永庆浮沉洪涛，力弗支而溺。时年二十一，太史危素为传。余读而悲之，为赋精卫愤”。船已进入内河，不幸发生险情。诗虽为明初人所作，“孝子亦何辜，死挂扶桑根”[1]，但内容反映了元末漕粮海运的艰险。

四是表示对海运的关切，谢应芳《过太仓》：“市舶物多横道路，江瑶价重压鱼虾。天妃庙下沈玄璧，漕运开洋鼓乱挝。”[2] 诗人对太仓的元代海运基地地位赞叹不已。林弼《青水洋》为作者押漳州漕粮海运赴大都时所作，“我行监漕贡，睠言赴京省。舟楫多艰虞，行役增戒警。望洋意茫茫，恋阙心耿耿。缅思承平日，皇风被溪岭。迢递一介使，万里无寸梗。云胡鞠荆杞，周道莫驱骋。戎马方纷披，庙谟赖维罄”[3]，流露了对末世海运萧瑟、王朝败落的忧心。

---

① （明）贝琼：《清江诗集》，《四库全书》，集部，第1228册，上海古籍出版社1987年版，第233—234页。

② （元）谢应芳：《龟巢集》，《四库全书》，集部，第1228册，上海古籍出版社1987年版，第23页。

③ （明）林弼：《林登州集》，《四库全书》，集部，第1227册，上海古籍出版社1987年版，第15页。

# 第二十七章　元代航海和外贸

## 第一节　元代航海和外贸基地

元代设有市舶司的海港城市有7个，“杭州、上海、澉浦、温州、庆元、广东、泉州置市舶司凡七所，唯泉州物货三十取一，余皆十五抽一，乞以泉州为定制”①。税率较两宋的十取一为低，开放城市较两宋为多。七市舶司海外贸易皆有成就。

### 一　杭州（附澉浦）

杭州在元代仍然地位重要，“江浙省治钱唐，实宋之故都。所统列郡，民物殷盛，国家经费之所从出，而又外控岛夷，最为巨镇。非朝廷重臣，莫克任蕃屏之寄”②。元代杭州被称为“天城”。意大利旅行家马可·波罗描述它的繁荣道：“城内，除了各街道上有不计其数的店铺外，还有十个大广场或市场。这些广场每一边长八百多米，大街在广场的前面，宽四十步，从这座城市的一端，笔直地伸展到另一端。……这些市场，彼此相距六公里多，但在广场的对面，和大街成平行线的方向上，有一条很大的运河。在距运河较近的那一边岸上，建有容量很大的石砌的仓库，供给从印度和其他东方来的商人，储存货物及财产之用。”③ 有此基础，杭州成为第一批设市舶司的城市，“至元十四年，立市舶司一于泉州，令忙古𫘝领之；立市舶司三于庆元、上海、澉浦，令福建安抚使杨发督之”④。澉浦为杭州

---

① 《元史》卷17，中华书局2000年版，第251页。

② （元）黄溍：《文献集》，《四库全书》，集部，第1209册，上海古籍出版社1987年版，第609页。

③ 《马可波罗游记》，陈开俊等译，福建科学技术出版社1981年版，第176页。

④ 《元史》卷94，中华书局2000年版，第1592页。

外港，庆元即今宁波。

至元“二十一年，设市舶都转运司于杭、泉二州”①，意在推动官办船队出海贸易。因“官自具船、给本，选人入蕃，贸易诸货”，所以被称为官本船，有时简称官船。官府备船，官府出本，商人出海贩运，获利三七开，“其所获之息，以十分为率，官取其七，所易人得其三。凡权势之家，皆不得用己钱入蕃为贾，犯者罪之，仍籍其家产之半。其诸蕃客旅就官船卖买者，依例抽之”②。官办出海贸易较唐宋大有进取气象。至元二十六年（1289），为保证泉州抽解的舶货纲运至杭州港，元人专设15处海站，“尚书省臣言：‘行泉府所统海船万五千艘，以新附人驾之，缓急殊不可用。宜招集乃颜及胜纳合儿流散户为军，自泉州至杭州立海站十五，站置船五艘、水军二百，专运番夷贡物及商贩奇货，且防御海道为便。’从之”③，带有海上防卫和外贸服务的双重性质。

元代杭州产生了不少航海世家和才俊。杭州澉浦人杨发，至元年间总领江浙市舶司，其后杨梓、杨耐翁、杨枢子孙相传，杨枢“大德五年，君年甫十九致用院，俾以官本船浮海至西洋，遇亲王合赞所遣使臣那怀等如京师，遂载之以来。那怀等朝贡事毕，请仍以君护送西还，丞相哈喇哈斯达尔罕如其请，奏授君忠显校尉海运副千户，佩金符与俱。行以八年，发京师十一年，乃至其登陆处，曰忽鲁模思云。是役也，君往来长风巨浪中，历五星霜，凡舟楫糗粮物器之须一出于君，不以烦有司，既又用私钱市其土物白马、黑犬、琥珀、蒲萄酒、蕃盐之属以进”④。可谓江浙航海贸易的世家。另外，杭州人张存“至元丙子后流寓泉州，起家贩舶，越六年，壬午回杭”⑤。至泉州做海外贸易，发财而归。

澉浦在宋代不过杭州市舶司的外港，元代却把它看得和上海、庆元同等重要，经济上设置独立的市舶司治所，至元十四年“立市舶司三于庆元、上海、澉浦”⑥，军事上成为重镇。至元十八年十一月，“诏以征东留后军，分镇庆元、上海、澉浦三处上船海口”⑦。这是军事地位的抬高。但

---

① 《元史》卷94，中华书局2000年版，第1592页。

② 《元史》卷94，中华书局2000年版，第1592页。

③ 《元史》卷15，中华书局2000年版，第215—216页。

④ （元）黄溍：《文献集》，《四库全书》，集部，第1209册，上海古籍出版社1987年版，第493页。

⑤ （明）田汝成：《西湖游览志余》，《四库全书》，史部，第585册，上海古籍出版社1987年版，第540页。

⑥ 《元史》卷94，中华书局2000年版，第1592页。

⑦ 《元史》卷99，中华书局2000年版，第1687页。

其作为外贸口岸，所起作用并不能与泉州抗衡。

## 二　上海

上海元代航海贸易地位身价陡增。上海附近深水港湾适宜大型海船停泊，南宋咸淳年间建镇，将原在青龙镇港的市舶分司迁移过来。入元后市舶分司升格为市舶司，地位与老牌海港广州、泉州相当。南宋末年就提举市舶分司的费案，元初得以提举上海市舶司，整合当地民间海船数千只，顺应了王朝重视海运的新形势。

元初蕃商从元朝购买土特产，税率与运蕃货来元朝相等，这不利于元朝货物出口，“上海市舶司提控王楠以为言，于是定双抽、单抽之制。双抽者蕃货也，单抽者土货也”①，暗合当代各国重征进口货、轻征出口货原则。宋元之交许尚《苏州洋》写道：“已出天池外，狂澜尚尔高。蛮商识吴路，岁入几千艘。”② 苏州洋即上海港以东海面。

元代上海产生很多著名舶商，从上海港起家致富。其中“嘉定地濒海，朱、管二姓为奸利于海中，致赀巨万”③。海外经商致富，所得不是不义之财，不能叫奸利。作者宋濂是传统文人，难免有偏见。“元朝禁网疏阔，江南数郡顽民率皆私造大船出海，交通琉球、日本、满剌、交趾诸蕃，往来贸易，悉由上海出入，地方赖以富饶。”④ 冒险海外是经商致富的捷径。

元代中后期刘家港一度崛起，取代上海港的地位。刘河又称娄江，自苏州东北娄门，经昆山、太仓至刘家河口入海。刘家港离上海港不远。元初长江支流注刘河，使其入海处深宽可容万斛之船，当时就被元人当作漕粮中转基地。至正二年（1342），元廷在太仓武陵桥设市舶提举司，内河“以中吴水所聚也，故建漕府。万艘如云，毕集海滨之刘家港”⑤。海外高丽、日本、东南亚蕃舶时至。

## 三　庆元港（附温州港）

庆元即今宁波，与广州、泉州并列元代海外贸易三大口岸。张翥《送

① 《元史》卷99，中华书局2000年版，第1592页。
② （宋）许尚：《华亭百咏》，《四库全书》，集部，第1170册，上海古籍出版社1987年版，第3页。
③ （明）宋濂：《文宪集》，《四库全书》，集部，第1224册，上海古籍出版社1987年版，第82页。
④ 崇祯《松江府志》，书目文献出版社1991年版，第491页。
⑤ （清）朱彝尊：《钦定日下旧闻考》，《四库全书》，史部，第498册，上海古籍出版社1987年版，第692页。

黄中玉之庆元市舶》写道："是邦控岛夷，走集聚商舸。珠香杂犀象，税入何其多。"[①] 可见庆元港外贸繁盛。宁波境内入海水道很多，象山县"海环三垂，东南皆大洋，北则巨港；东曰钱塘，南曰大睦，西南曰东门，皆蕃舶闽船之所经从。自钱塘而北，则定海，自东门而南则台温，此大洋也。其北港则陈山，渡舟之往来，东达于洋，西距鲒埼，由陈山渡一潮至方门，再潮至乌埼，三潮可至府城下"[②]，堪称庆元门户。主要出海口岸定海，"三港郡城属其右，蛮夷诸蕃所通，为一据会总隘之地"[③]，深得海上出入地利。

至正《四明续志》卷5《土产·市舶物货》条下列庆元港进口货物，细色有珊瑚、玉、玛瑙、水晶、犀角、琥珀、马价珠、生珠、熟珠、倭金、倭银、象牙、玳瑁、翠毛、龟筒、南安息、苏合油、槟榔、血竭、人参、鹿茸、阿魏、乌犀、腽肭脐、丁香、丁香枝、白豆蔻、砂仁、木香、细辛、五味子、桂花、诃子、龙涎香、沉香、檀香、硇砂、硼砂、水银、黄芪、樟脑、绿矾、雄黄、交趾香、天竺黄等134种；粗色有红豆、草豆蔻、丁香皮、杏仁、历青、黄丁、五倍子、白术、印香、牛角、桂头、丁铁、鹿皮、牛皮、牛蹄、生布、焦布、京皮、硫黄、益智、滑石等88种。卷6《市舶》条下载抽分准则："抽分舶商物货，细色十分抽二分，粗色十五分抽二分。再于货内抽税三十分取一。又一项本司每遇客商于泉、广等处兴贩，已经抽舶物货，三十分取一。周岁额办钞伍百三定肆拾玖两贰钱陆分肆厘。"[④] 税率较《元史》所载有出入。

温州港虽曾列七大市舶司之四，但至元三十年并入庆元市舶司，淡出七大港行列。温州港在元代，贸易数量规模不大，其地位主要体现在文化交流和海外救助上，对蕃商遇难者有人道主义关怀。元仁宗延祐四年（1317）十月，"戊午，海外婆罗公之民往贾海番，遇风涛，存者十四人漂至温州永嘉县，敕江浙省资遣还乡"[⑤]。元贞、大德之交，周达观随团出使柬埔寨，"达观，温州人。真腊本南海中小国，为扶南之属，其后渐以强

---

① （元）张翥：《蜕庵集》，《四库全书》，集部，第1215册，上海古籍出版社1987年版，第7页。

② （元）袁桷：《延祐四明志》，《四库全书》，史部，第491册，上海古籍出版社1987年版，第467页。

③ 开庆《四明续志》，《续修四库全书》，史部，第705册，上海古籍出版社2003年版，第525页下栏。

④ 开庆《四明续志》，《续修四库全书》，史部，第705册，上海古籍出版社2003年版，第565页上栏。

⑤ 《元史》卷26，中华书局2000年版，第393页。

盛……元成宗元贞元年乙未，遣使招谕其国，达观随行，至大德元年丁酉乃归，首尾三年，谙悉其俗，因记所闻见为此书凡四十则”①，著《真腊风土记》，成为柬埔寨研究吴哥王朝的重要史料，成就中柬文化史上一段佳话。

1976年，韩国新安郡附近海底考古发掘一艘元代沉船，满载着中国瓷器、铜钱等物。打捞持续了数年，“到一九八二年的年底，所打捞的中国陶瓷以及其他器物的数量已超过二万件（《韩国文化》1983年4月号），其数量之多令人吃惊。陶瓷器中青瓷八千八百三十八件，白瓷四千五百八十五件，黑釉瓷三百四十一件，杂釉瓷一千七百一十一件（总计一万五千六百五十件）。另有五千六百七十八件金属制品、石制品、木制品和别的一些东西，此外还打捞出十七吨以上的中国古钱币。真称得上是世纪性的大发现”②。专家考证，数量众多的龙泉青瓷显然是先从温州经海道运往庆元，由庆元装船出发驶往日本途中遇难沉没在新安沿海的。

## 四　广州港

南宋广州港繁盛一时，元代其地位为泉州所取代，原因是南宋末年抵抗势力会聚广东，以广州为基地坚持反元，元军三次南下才平定广东。至元二十三年广州最晚设市舶司，至元三十年海南岛设海北海南博易提举司，表明元朝继续重视广州的远洋贸易口岸地位。元代后期广州港才有后来居上之势，元末杨翮有言：“岭南诸郡近南海，海外真腊、占城、流求诸国蕃舶岁至。象犀、珠玑、金贝、名香、宝布诸凡瑰奇珍异之物，宝于中州者，咸萃于是。”③ 毕竟广州地近南洋和西洋。

大约至治、大定年间，欧洲旅行家鄂多立克抵达广州，称广州为辛迦兰大城，是一个比威尼斯大3倍的城市，“该城有数量极其庞大的船舶，以致有人视为不足信。确实，整个意大利都没有这一个城的船只多”④。摩洛哥人依宾拔都他泰定帝年间抵泉州，之后历访广州、杭州、北京。在其游记中称广州为秦克兰城：“秦克兰城者，世界大城中之一也。市场优美，

---

① （元）周达观：《真腊风土记》，《四库全书》，史部，第594册，上海古籍出版社1987年版，第53页。

② 〔日〕三上次男：《新安海底的元代宝船及其沉没年代》，《东南文化》1986年第2期，第66页。

③ （元）杨翮：《佩玉斋类稿》，《四库全书》，集部，第1220册，上海古籍出版社1987年版，第84页。

④ 《鄂多立克东游录》，何高济译，中华书局2002年版，第64页。

为世界大城所不能及。其间最大者，莫过于陶器场。由此，商人转运磁器至中国各省及印度、夜门。”① 可见当时广州海外货物输出以瓷器为主。

## 五 泉州港

宋、元之交，泉州市舶司兴衰系于一人之身，这个人便是阿拉伯人蒲寿庚。宋末，蕃商蒲寿庚“提举泉州舶司，擅蕃舶利者三十年”②。元初，“泉州蒲寿庚以城降”，董文炳建议元世祖予以重用，“寿庚素主市舶，谓宜重其事权，使为我扞海寇，诱诸蛮臣服”③。蒲氏降元，于宋不忠固然有过，但换来泉州免受战火，得以在新的王朝发扬光大其出海口岸地位，还算情有可原。元代泉州港超过广州成为全国第一大港，蒲寿庚的和平过渡功不可没。此外，南宋都杭、元朝都燕，政治中心都离泉州较广州近，泉州得到最高统治者关心和扶持要多一些；南宋前期金兵数下江南，皇族就近避难于不受战火蹂躏的福建，成为泉州海外舶来品的巨大消费群体；南宋末年的最后反抗集中在广东，宋、元两军反复拉锯，广州因而元气大伤，与泉州的和平过渡不啻天壤。故而元代泉州港占尽发展先机。

泉州港在当时世界还有“东方第一大港”之称。当时外国人更多地称之为“刺桐港”。马可·波罗在游记中写道：“刺桐是世界上最大的港口之一，大批商人云集这里，货物如山，的确难以想象。每一个商人，必须付自己投资的总额的百分之十的税收，所以大汗从这个地方获得了巨额的收入。商人们租船运货，对于上等商品，须付该货价值的百分之三十的运费，胡椒却须付百分之四十的运费。对于檀香木、其他药材以及一般商品，运费是百分之四十。据商人们计算，他们的花费，包括关税、运费在内，总共达到货物价值的一半。然而，就是从这余下的一半中，他们也能取得很大的利润，所以他们常常能够用更多的货物，回销到原来的市场。”④ 阿拉伯旅行家伊本·白图泰写道：“该城的名称却是刺桐。这是一巨大城市，此地织造的锦缎和绸缎，也以刺桐命名。该城的港口是世界大港之一，甚至是最大的港口。我看到港内停有大艟克约百艘，小船多得无数。”⑤ 意大利人《保罗托斯加内里致哥伦布谈中国情形》有言：“盖诸地商贾，贩运货物之巨，虽合全世界之数，不及刺桐一巨港也。每年有巨舟

---

① 张星烺：《中西交通史料汇编》，第2册，中华书局2003年版，第637页。

② 《宋史》卷47，中华书局2000年版，第633页。

③ 《元史》卷156，中华书局2000年版，第2447页。

④ 《马可波罗游记》，陈开俊等译，福建科学技术出版社1981年版，第192页。

⑤ 《伊本·白图泰游记》，马金鹏译，宁夏人民出版社1985年版，第551页。

百艘，载运胡椒至剌桐。其载运别种香料之船舶，尚未计及也。其国人口殷庶，富厚无匹。邦国、省区、城邑之多，不可以数计。”[①] 所述皆其亲眼所见。

## 第二节　元代航海技术

### 一　牵星技术，用以测定船舶在大海方位

明初巩珍《西洋番国志·自序》有言：“大海绵邈渺茫，水天连接，四望迥然，绝无纤翳之隐蔽。惟观日月升坠以辨西东，星辰高低度量远近。皆断木为盘，书刻干支之字，浮针于水，指向行舟。”[②] 观日月星辰以判断船舶在大海中的位置，方法众多。其中断木为盘、书刻干支之字、浮针于水叫罗盘。四库全书《西洋番国志》提要中说巩珍：“永乐中敕遣太监郑和等出使西洋，宣宗嗣位复命和及王景宏等往海外遍谕诸番，时珍从事总制之幕，往还三年。”[③] 可知巩珍曾随郑和下西洋。

郑和下西洋时使用的牵星术，史学界一般认为其源头在元朝。

牵星术之用须有牵星板（见图 27 - 1）。牵星板虽然与牵星术同时存在，但文献所记最早见于明代中期李诩《戒庵老人随笔》：“苏州马怀德牵星板一副十二片，乌木为之，自小渐大。大者长七寸余，标为一指二指以至十二指，俱有细刻若分寸然。又有象牙一块，长二尺，四角皆缺，上有半指半角一角三角等字，颠倒相向，盖周髀算尺也。”[④] 据今人考证：牵星板与象牙块配合使用，便知船舶所在海面地理纬度，“木板，从小到大，最小的每边大约 2 厘米，每块大约递增 2 厘米，最大的每边大约 22 厘米。它的单位叫作指，分别是一指、二指一直到十二指，一指相当于现在的一度半左右。另外又有用象牙制成的一个小方块，大约 6 厘米长，四角刻有缺口。缺口四边的长度分别是半角、一角、二角、三角，一角是四分之一指。使用的时候左手拿着牵星板一端的中心，手臂伸直，让木板的下边缘保持水平线，上边缘对准所观测的星辰，这样就可以测出船舶所在地所看到的星辰距离水平线的高度。高度不同可以用 12 块牵星板或象牙板替换

---

① 张星烺：《中西交通史料汇编》，第 1 册，中华书局 1977 年版，第 337 页。

② （明）巩珍：《西洋番国志》，《续修四库全书》，史部，第 742 册，上海古籍出版社 2003 年版，第 373 页下栏。

③ 《钦定四库全书总目》，《四库全书》，第 2 册，上海古籍出版社 1987 年版，第 643 页。

④ （明）李诩：《戒庵老人随笔》，魏连科点校，中华书局 1982 年版，第 29 页。

调整。在测得星辰高度以后，就可以计算出船舶所在地的地理纬度”①。其科学原理是解相似三角形。

图 27－1　牵星板仿制实物图

牵星航海技术运用元代已经成熟。马可·波罗 1292 年从泉州港出发，利用护送蒙古公主远嫁波斯的机会返回故土，一路屡见中国船工牵星定位技术之操作，并将其测算成果记入自己的游记。其一在今科摩林岬，“戈马利（Comary）是印度境内之一地，自苏门答剌至此，今不能见之北极星，可在是处微见之。如欲见之，应在海中前行至少三十哩，约可在一肘高度上见之”②。其二在今印度西南马拉巴海岸，“马里八儿（Melibar）是一大国……在此国中，看见北极星更为清晰，可在水平面二肘上见之”③。其三在今印度卡提阿瓦半岛，“胡茶辣（Guzarat）是一大国……至是观北极星更审，盖其出现于约有六肘的高度上也”④。其四在今印度坎巴，“坎巴夷替（Cambaet）是一大国，位置更西……在此国中，所见北极星更明，盖愈向西行，星位更高也”⑤。只要我们把上面引文由果及因地倒推船上人怎么知道是船到了印度某地，牵星术的奇妙就一目了然了。

牵星术不是凭经验瞎蒙，其操作建立在科学原理基础之上（见图 27－2）。先确定要观察的星座（通常是北斗星），然后将一根绳子穿在牵星板的中心，并把绳子拉直靠近至嘴唇或眼窝处，一定要使线和手臂水

---

① 沙虞：《乘风破浪·中国古代航海史》，辽海出版社 2001 年版，第 76 页。
② 《马可波罗行纪》，冯承钧译，中华书局 1954 年版，第 713 页。
③ 《马可波罗行纪》，冯承钧译，中华书局 1954 年版，第 717 页。
④ 《马可波罗行纪》，冯承钧译，中华书局 1954 年版，第 723 页。
⑤ 《马可波罗行纪》，冯承钧译，中华书局 1954 年版，第 729 页。

图 27－2　牵星定位示意图

平。然后眼睛要看到板的上沿紧贴目标星辰，下沿与水平线重合，如果不能满足这个条件再更换大一些或小一些的板。最后根据最终所用牵星板的指数，对应古人记载的航海图标注的目标星辰高度，即可确定船目前所在位置。这实际是现代几何解相似三角形原理的应用，而我国古代劳动人民发明应用之，何等的聪明智慧。

## 二　出现记录特定航线针路的针经，以图示文注形式指示各处航路

此等航海经验结晶，南宋已有记载。“舟师以海上隐隐有山，辨诸蕃国皆在空端。若曰往某国顺风几日，望某山舟当转行某方，或遇急风，虽未足日已见某山，亦当改方。苟舟行太过，无方可返，飘至浅处，而遇暗石，则当瓦解矣。”① 如果把这段话所指的具体内容图示标注出来，那就是航海针经。元代相当规范的航海针经比比皆是。元成宗元贞元年（1295），周达观出使真腊，其航海针路文字表述为：“自温州开洋，行丁未针。历闽广海外诸州港口，过七洲洋，经交趾洋到占城，又自占城顺风可半月到真蒲，乃其境也。又自真蒲行坤申针，过崑仑洋，入港。”② 所谓丁未针、坤申针，是指南针方向与实际行船的罗盘指向夹角命名；所谓顺风半月至真蒲，表述的是两地之间的距离。舟师按航路针法指挥行船，可把船舶准

① （宋）周去非：《岭外代答》，《四库全书》，史部，第589册，上海古籍出版社1987年版，第438页。

② （元）周达观：《真腊风土记》，《四库全书》，史部，第594册，上海古籍出版社1987年版，第54页。

确地开到目的地。

元人著述的《海道经》，是元代漕粮海运的产物。被“嘉靖中袁褧以二本参校刻入所编《金声玉振集》”，得以保存下来。内容“纪海运道里之数，自南京历刘家港开洋抵直沽，及闽浙来往海道，凡泊远近险恶宜避之地，皆详志之。……疑舟师习海事者所录词，虽不文而语颇可据，考海运惟元代有之，则亦元人书也”。尤其“后有海道指南图，乃龙江至直沽针路”[①] 弥足珍贵。四库全书的《海道经提要》虽然称该书中的《海道指南图》为针路，但观保存在《四库全书存目丛书》史部第 221 册 192—194 页的《海道指南图》，仅图示漕船从南京顺江出海然后北航直沽行经航线所见地标，只对漕粮海运有指导意义；没有运用牵星术导航的技术成分，充其量只是低级别的近海针路，不是真正意义、高级别远洋牵星导航针路图。

## 三　航标设置

刘家港漕船出海浮标，设置前“每岁粮船到于刘家港聚齐起发，甘草等沙浅水暗，素于粮船为害，不知水脉之人多于此土揍阁，排年损坏船粮，淹死人命，为数不少”。常熟义士苏显见义勇为，“简己船二只，抛泊西暗、沙嘴二处，竖立旗缨，指领粮船出浅”。官府广为宣传，“画到图本，备榜太仓周泾桥路漕宫前聚船处所，晓谕运粮船户，起发粮船务要于暗沙东、苏显鱼船偏南正西行驶，于所立号船西边经过，往北转东，落水行使，正黄连沙嘴抛泊，候风开洋。如是潮退，号上桅上不立旗缨，船只止许抛住，不许行驶”[②]。江阴江面人船导航，延祐元年七月为避免江阴上下江段百余里“沙浅暗礁”损坏上江漕船，本地船户袁源、汤屿建议，“官司差拨小料船只，设立诸知水势之人，于每岁装粮之际，驾船于沙浅处立标”[③]，被当局采纳实施，颇便于漕事。

岸上建高大建筑航标。元人在继续使用宋人所建福州马尾罗星塔、杭州闸口白塔、杭州六合塔、泉州晋江关锁塔的同时，还于顺帝年间新建了泉州晋江六胜塔和温州净光塔，以导引海船入港驻泊。延祐四年，针对每年春夏两次漕船在渤海转进直沽河口，“无卓望不能入河，多有沙涌淤泥

① 《钦定四库全书总目》，《四库全书》，第 2 册，上海古籍出版社 1987 年版，第 577 页。

② （元）赵世延：《大元海运记》，《续修四库全书》，史部，第 835 册，上海古籍出版社 2003 年版，第 519—520 页。

③ （元）赵世延：《大元海运记》，《续修四库全书》，史部，第 835 册，上海古籍出版社 2003 年版，第 521 页。

去处，损坏船只”，“设立标望于龙山庙前，高筑土堆，四旁石砌，以布为旛竿，每年四月十五日为始，有司差夫添力竖起，日间于上悬挂布旛，夜间则悬点火灯”①，导引粮船由海入直沽河。

## 第三节　元代市舶管理

至元十四年在泉州、庆元、上海、澉浦设置市舶司，随后又增设杭州、温州、广州三处市舶司及海北、海南（市舶）博易提举司。元初不设专职提举官，而由地方封疆大吏兼领市舶事务。泉州市舶司由闽广大都督、蒙古人孟古岱督办；庆元、上海、澉浦三处市舶司由福建安抚使杨发统领。后来，市舶司配置专职提举。市舶司曾同盐运司合并，称“盐课市舶提举司”或“盐课市舶都转运司”。设有市舶司的省份，特别是那些一省拥有好几处市舶司的省份，建立统一管理全省市舶事务的“总市舶司”或“市舶总司”。为了加强对全国市舶事务的统一领导，中央设泉府司，各省设行泉府司。

至元三十年和延祐元年元廷两次制定《市舶则法》。至元三十年（1293）四月，元中书省招集各行省官、行泉府司官等人商讨，制定出《整治市舶司的勾当》，即至元《市舶则法》，共计22条。延祐元年（1314），朝廷对至元《市舶则法》进行局部修改和补充，同年七月十九日重新颁布，被称为延祐《市舶则法》。

### 一　元代市舶法规

市舶司就是古代海关，而《市舶则法》继承了唐宋市舶管理的优秀成果，非常接近当代《海关法》。其多数条款体现中央或地方官府对进出口船舶和货物，实施管理和征税，部分条款体现对船主或货主的海运要求，涉及海外贸易经营方式管理、海外贸易商品交换管理、海外贸易经济效益管理、船舶航行中船员分工管理等。

市舶司具体职责包括四个方面。

第一，出海贸易监管。至元《市舶则法》第六条规定舶商出国贸易手续：（1）舶商必须在冬季东北季候风到来时节，申请出国经商的公验或公

---

① （元）赵世延：《大元海运记》，《续修四库全书》，史部，第835册，上海古籍出版社2003年版，第522—523页。

凭；（2）申请公验、公凭，必须明确前往贸易的国家；（3）舶商回国，只准到原来申请公验、公凭的市舶司去接受抽分；（4）船舶确因风向、洋流等客观原因被迫到公验以外的国家去经营，经查询如系事实，照常例抽分，否则以偷税漏税罪论处，货物没收。

第二，舶商出国贸易规则。（1）申请出国贸易公验时，必须有保舶牙人做保；（2）公验、公凭中必须填写本船船主（船只所有者，又叫板主、财主）、纲首（船长，一般由船主兼任，或由大商人充当）、直库（管理武器等设备之人）、艄公（舵手）、杂事等人的姓名，船只载重量、桅高等数据；（3）纲首亲自填写货物清单，包括货物名称、数量、重量等；（4）公验、公凭编排号码，盖上火印，交纲首收执；（5）违反上述规定，以偷税、走私罪论处，货物没官，告人得赏。

第三，征收关税。首先抽取实物税，税率粗重价贱的货物十五分抽一分，珍贵价昂的货物十分中抽一分，然后在抽剩货物中再三十取一分舶税钱。延祐《市舶则法》维持三十分之一的舶税钱不变，但抽分税率作了修改，粗货十五分抽二，细货十分取二。与宋代市舶法条款相比进步有三：一是取消了宋代"禁榷"（政府对某些外国进口货物专卖）和"博买"（官府用无用货物换船商有用货物）两项陋规；二是实行三十分之一的舶税钱之征，减轻了舶商负担；三是对番货入口和国货出口按二比一区别征税，首创我国差别关税、保护国货之先例，显示了合理性与超前性。

第四，缉私措施。至元《市舶则法》第八条规定：（1）无论出国贸易还是沿海贸易船只，公验、公凭确因风暴或海盗等不可抗力而丢失，须经查核情况属实者，才允许吊销公验、公凭原立字号；（2）船舶在沿岸非正常停泊，走私货物，或进港后顺便拿走贵重货物，逃避征税，均属偷窃、走私行为，受杖刑，货物全部没收，告状人得三分之一；（3）沿岸巡逻守备官兵发现不当停泊商船，先将其查封，然后押其往该去码头接受抽分；（4）在国外过冬不回，确因风讯不利延至次年回国，可不予追究，若编造谎言，故意逗留者，没收其全部货物，举报者可得奖赏；（5）舶商在抽分前隐藏货物，属偷税漏税行为，没收其全部货物，告发者可从中得到奖赏。

从元代市舶条例，可见其航海贸易的经营方针与前代有所不同。唐、宋以前，是以官办航海贸易为主；唐、宋则通过抽解、禁榷、博买实行官方垄断贸易。元代则主要靠抽取关税、舶税，作为财政收入来源。对经营航海贸易者，不论民间百姓，还是官吏贵族，一律视为海商一体依例抽税，与宋代严禁官吏涉足海贸易迥然不同。元代市舶条令对漏税查禁特严，而大环境比宋代市舶制度宽松。

## 二　元代市舶政策

鼓励海外贸易，优待中外船商。至元十五年，元世祖授意泉州市舶司，“诸蕃国列居东南岛寨者，皆有慕义之心，可因蕃舶诸人宣布朕意，诚能来朝，朕将宠礼之。其往来互市，各从所欲”①。欢迎各国商旅前来交易。按《世祖本纪》《外国传》，至元十六年到至元三十年的15年中，先后遣使至真腊（今柬埔寨）、占城（今越南南部）、暹罗（泰国北部）、罗斛（泰国南部）、木剌由（即印尼苏门答腊古国）、南巫里（今印尼苏门答腊岛北部）、速木都剌（也在今苏门答腊岛北部），爪哇、三屿（菲律宾群岛）、马八儿（印度南部之东南海岸）、俱兰（印度南部西南海岸处）等数十国“招谕”或征集奇珍异物者，约有30次。元人还大力组织华人出海，“官自具船、给本，选人入番贸易诸货，其所获之息以十分为率，官取其七，所易人得其三”②。忽必烈身后的元朝皇帝，大体上都奉行允许海外各国舶商来华自由贸易的基本国策。

优待船主货主。政府规定，船户向政府登记人籍，就能取得合法的经营权。元朝有衙门专门管理海商船，“立船户提举司十处、提领二十处，定船户科差船一千料之上者岁纳钞六锭，以下递减”③。税率不算太高。市舶司“每岁招集舶商，于番邦博易珠翠、香货等物，及次年回帆，依例抽解，然后听其货卖”④。元人规定官府不得差占船商船只，以免“有妨舶商兴贩经纪，永为定例，以示招徕安集之意”；又规定“舶商、梢水人等，皆是赶办课程之人，落后家小，合示优恤，所在州县，并与免除杂役”⑤。元代虽在国内奉行民族歧视和阶级压迫，但在经济领域却优待工商和船户，不能说没有一点文明。

---

① 《元史》卷10，中华书局2000年版，第138页。

② 《元史》卷94，中华书局2000年版，第1592页。

③ 《元史》卷39，中华书局2000年版，第566页。

④ 《元史》卷94，中华书局2000年版，第1592页。

⑤ 《元典章》（海王边古籍丛刊），中国书店出版社1990年版，第392页。

# 第二十八章　元代漕运改革和倡廉

## 第一节　元代漕运的改革振作

元代海运靠朱清、张瑄开创，但二人后来因骄奢淫逸而不得善终。元人清除朱、张二人，海运反而获得旺盛生命力。这得益于黄头公唐古氏（别名世雄）的漕运改革，“公以久于其官，遂进治其府……延祐元年就任升武德将军海道都漕运万户府副万户，亲运米贰佰七十万，迁显武将军海道都漕运万户，佩双珠虎符，前后九渡海，而海运之事无所不周知矣”[①]。重整海运，再创辉煌。

世雄主持海运期间，对海运力行十项改进，皆兴利除弊之举。前三项针对海船户而发，“一曰运舟募诸濒海之家，民苦乏而贫者，常以舟坏误事，公请预以运费借之，使买木以葺舟，于是增舟之多可运一百万斛”可以概括为预借运费于船户，使之造、修海船。“二曰海舟受雇者直甚厚，而无赖之人得钱即糜于饮博，及期宁受责于无可奈何。公为之封识，时其当用而给之，事无阙失”可以概括为运费当用时方发给，防止肆意挥霍。“三曰舟行海中，愚无知者窃所载以肆欲，舟至直沽遗失无所从补，公为法运官、舶主、庾卒、水工、碇手之属得相收伺连坐，其弊遂革”[②] 可以概括为全船连坐，杜绝偷窃。

四、五两项乃改进浙江、福建海运举措，“四曰粮之登舟，自温台上至福建凡二十余处，皆取客舟载之，至浙西复还浙东入海。公请移粟庆元，海舟受之，自烈港入海，无反复之苦”可以概括为庆元受粟、烈港放

---

① （元）虞集：《道园学古录》，《四库全书》，集部，第1207册，上海古籍出版社1987年版，第588页。

② （元）虞集：《道园学古录》，《四库全书》，集部，第1207册，上海古籍出版社1987年版，第588页。

洋，减少漕粮短送反复之苦。“五曰温、台运舟水脚之费，岁于浙省关拨而散之，运粮千户之所治运者，各于所治受钞复还温台登舟，往复不便，公请悉留钱温台，舟人受讫以行”[1] 可以概括为运费发于放洋之港，无往返领取麻烦。

后五项针对船行北方弊端而发，“六曰舟行风水迟疾不齐，旧例至直沽以次受之，而先至食尽久不得去，公请于朝至则受之，民以为便”可以概括为破直沽交粮先到者不得先交的做法，立先到先交新规。“七曰运舟之回，恐有所掠买不法之物，枢密差官兼察之，比舟出海口，搜阅者因为奸利，虽无所有犹诬执榜掠，空其囊箧多不能归。公请禁止之”可以概括为禁止借搜阅不法挟带行任意执拿榜掠之实的做法，给船户以应有的人身自由。“八曰海运之舟众数十万，薪爨之用取诸水滨，道经河间，监司率以盐草为辞而执掠之，无所得爨。公请正盐草之界，得取其短小于钩断之外不预盐草者。”可以概括为确保漕船于沿岸补充生活用品不受盐禁执法的干扰。“九曰运舟冒险以出，常赖祷祠以安人心。若所谓天妃海神水仙等祠，凡十余处。朝廷给牲牢醮祭之费，岁为中统钞百定，而实不给也。公请假官本千封以贷人收子钱，以供其事。罢官给之费，而岁事丰备。舟行以成山为望，常苦雾起不见，而冒行以败。公请立置成山祠以祷，朝廷从之。”可以概括为解决祭祀海神的费用来源，给行海者以精神安慰。“十曰舟至直沽，则京师之人为肆沽卖，官收其课甚伙。后以争斗，绝舟人之登岸，而公私大失其利。公为严约束听民得饮食于市，而争斗者悉与有司辨直曲立断之。”[2] 可以概括为船到直沽允许水手上岸饮食，既增加官府税收又约束水手不无端生事。正是因为世雄这些继往开来、去弊兴利之举，海运大业才能在朱清、张瑄身后更趋壮大。

至顺三年，昭通公出任漕运副万户。“春运最为艰险，岁常于浙西从便装发。是岁浙西被水，行省议拨江东粮十七万石凑之。”[3] 昭通公发现这样做是拘于浙西漕粮海运，海船一向在海上静等送粮过来成例，现在大水粮送不过来就无法海运，只好让江东（相当今安徽南部和江西）多运些凑足，这有可能乱了浙西和江东漕运的秩序。他认为应该让浙西海船直接进

---

① （元）虞集：《道园学古录》，《四库全书》，集部，第1207册，上海古籍出版社1987年版，第588页。

② （元）虞集：《道园学古录》，《四库全书》，集部，第1207册，上海古籍出版社1987年版，第588页。

③ （元）柳贯：《待制集》，《四库全书》，集部，第1210册，上海古籍出版社1987年版，第330页。

内河装粮海运。于是慨然建言："风信不可失，失则有误国计，非细故也。江东远在上流，俟其转运交量入舟，如稽缓何？径请省，恳请先发浙西所有，却徐以江东粮补足夏运。"当朝宰相以为有理，重新下达政令，这才出现"各所千户轮次下海，即分诣诸仓监装"。[①] 当年海运漕粮没有受到大水影响。

顺帝年间，边公开府苏州主持海运，"三四年间，漕政无不修，漕民无不悦"[②]。何以创造如此局面？他常胸怀海运大局，"京畿之大，臣民之众，梯山航海，云涌雾合。辏聚辇毂之下者，开口待哺，以仰海运，于今六七十年矣"。进而体恤海运船夫，"今沧海漕挽所谓船户者，国家虽捐金以顾募之，谓之水脚钱。然闻之万斛巨舰崔嵬如山，势非不高且大也，遇风涛作时，掀舞下上，若升重云坠重渊，不啻扬一叶于振风耳。当此叫呼神明以救死瞬息，是非天朝厚福则虽勇力机智超世绝伦概皆无所施，直拱手耳待葬鲸腹。其险若此，而赤子岁春、夏两运，冒万死不顾生"。于是他亲自发放水脚钱，不容奸吏染指渔利，"江浙行省降散水脚钱，贮之平江官库，方俵急迫钞多不堪用，钞贯或不足，漕民病之。公移文有司，躬至库盘勒检视，于是钞无不堪用与不足之患，民便之"[③]。自然属性的海运可持续，与社会属性的吏治清明相结合，才能发挥出其作用来。

顺帝后期苦撑海运，海漕万户托音公改造河船坚持海运，"先是，每两漕事竣，漕户每以隙时备器械，舟敝必先期补制，谨风汛也。自海道有变，粮艘沦没者参半。会公下车申严约束……俾买吴楚商船往来江湖之愿售者，并日兼工，益小为大。……两漕赖之，率皆以时达直沽"。又补充海船户，"移文平江、嘉兴、湖州、松江诸路府，选民力之胜任者，补充漕户。是时鲸波告息，新漕之民利涉无虞，因为之用"。恩威并用稳定局面坚持海运，"公虽任专海道，然苟有惠生民、利社稷者知无不为。去岁秋，吴民阻饥，公发漕帑买粟以赈之。今年春，阳山愚民不逞纵火剽掠，鼓行趋郡西门。公身先有司，从数骑出万死不顾一生，杀获甚众，居民安堵"[④]。可谓善于苦撑危局。

---

① （元）柳贯：《待制集》，《四库全书》，集部，第1210册，上海古籍出版社1987年版，第330页。

② （元）郑元佑：《侨吴集》，《四库全书》，集部，第1216册，上海古籍出版社1987年版，第577页。

③ （元）郑元佑：《侨吴集》，《四库全书》，集部，第1216册，上海古籍出版社1987年版，第576页。

④ （元）陈基：《夷白斋稿》，《四库全书》，集部，第1222册，上海古籍出版社1987年版，第240页。

后来张士诚阻断江浙海运，元人只好海运闽、粤。尽管“闽、粤诸郡阻山岸海，租入之数不当东吴一县，其民终岁勤动，仅足给食，而公私所资悉倚盐赋。比年横兵蠭起，敚攘成风，大者据州县，小者雄乡里，其入乎官者盖益鲜矣”，但“朝廷以海漕间不如数，乃遣使榷盐易粟以助京饷”。户部尚书李彦闻巧于应付，“君既至则严法以防奸，市平估以通懋迁。远近闻之，商贾交集，不数月得绫絁、锦绮、缯布、丝枲十数万，将以今年五月浮海还京师”①。当然这不过是回光返照。

## 第二节　元代漕运的反腐倡廉

元朝统治者对海外贸易很重视，对舶商、船主很器重，但是对贡献漕粮的粮农与运粮海上的水手纤夫却缺乏同情和恻隐。元朝统治者坚持漕粮海运的可持续、低成本之路，但是漕粮海运的中下层官吏却大肆贪污中饱，他们视粮农和船夫为可以任意拔毛的过雁，把漕运搞得暗无天日，不可持续。

统治者为持续漕运，不得不惩治那些罪恶昭彰的官吏。元初就发生了都监刘晸失职陷没漕粮40万石案件。刘晸“数年之间，其盗用、失陷、短少及糜烂等粮一十六万四千余石。又察得至元五年未到仓粮一十五万余石。除已经失陷外，八万九千余石至今不知运纳所在”②，共计近四十万石。监察御史王恽上章弹劾，王恽“至元五年，建御史台，首拜监察御史，知无不言，论列凡百五十余章。时都水刘晸交结权势，任用颇专，陷没官粮四十余万石，恽劾之，暴其奸利，权贵侧目”。③ 王恽敢于把贪官拉下马的精神难能可贵。

据王恽调查，刘晸“拔自行间”，大概金国降将被元蒙重用之人，在他把持下的都水监管理混乱，“刘晸者素乏心计，刚愎自用，所有同僚佐贰者因不和同，互相雄长，上下苟且，因仍躭误，遂失关钤，致纲纽解弛、废坏如此”。假公济私，荒废本职，“又于通州等处为起盖仓厫，用便己私，营置物业，撤桥梁而阻滞驿程，夺民利而一空旧渡；仓司既非久

① （元）贡师泰：《玩斋集》，《四库全书》，集部，第1215册，上海古籍出版社1987年版，第606页。

② （元）王恽：《秋涧集》，《四库全书》，集部，第1201册，上海古籍出版社1987年版，第284页。

③ 《元史》卷167，中华书局2000年版，第2625页。

谙，运道又不快便，公私之间两有所害"[①]。元初漕运吏治黑暗，可见一斑。元初开拓海运的功臣朱清、张瑄，同时又是贪墨成性、恶贯满盈的贪官。大德六年（1302），成宗毅然将二人正法，促成元代海运更大规模、更为持久的运行。

元代中期以后政治昏暗，曾发生主海运瞎指挥导致漂失70万石之事。文宗"天历二年，漕吏或自用不听舟师言，趋发违风信，舟出洋已有告败者，及达京师，会不至者盖七十万"。事发后，朝廷不严惩失事官员，却以祭祀海神转移视听。其实这一事件不过是海漕吏治黑暗的总曝光，当时参与海漕的都是些穷人小船，富人不愿海运，都被贪官污吏卖放了。"富家大舟受粟多，得佣直甚厚，半实以私货，取利尤伙，器壮而人敏，常善达。有不愿者，若中产之家，辄贿吏求免。宛转期迫，辄执畸贫而使之，舟恶，吏人朘其佣直，工徒用器，食卒取具，授粟必在险远，又不得善粟，其舟出辄败，盖其罪有所在矣。"[②] 如此吏治下的海运漕粮怎能不发生船毁人亡惨剧。

如此吏治漕粮海运还能维持，得力于清官循吏铁面反腐。元代中后期文人别集所写漕运清官循吏，好比黑暗夜空的一点星光，使漕运领域稍有光明。

元末漕运在清廉与贪恶的生死较量中持续。杨维桢有言："余尝官于海滨矣，见岁之分漕官挟捍吏二、傔从一、校卒数十，至分所必先震刑威而以售沓墨于其后，下视亭民吏如圈置兔，狼残隼虐，无毫毛隐痛，其啖噬满然后民吏始得垂展手足。官给工楮，大亭与亭吏必撙捐过其半，谨而储之以俟分漕为故常，若输公租奉公养者。"[③] 而茂巴尔斯主政嘉禾，却敢于硬碰硬向邪恶宣战，"自侯下车，即揽辔慨然有激扬志。分漕嘉禾，先问亭黎老贫艰孤苦，听以状闻，取其损数与大亭垂除之。豪民故犯推与吏作奸市，钩逮富人及仇家，不论情实俟一理已犯弊立革。桀吏舞文败吾法，诛其尤而余皆有儆。任指使者皆恂恂然，谨行于冥，恒若侯视聪之及。亭工楮毫厘皆到，民无异时撙捐，民咸抃手叫嚾，以为非工楮之惠，沙使君之惠也。故在嘉禾，未尝一棰及亭之民，服力岁课不

---

① （元）王恽：《秋涧集》，《四库全书》，集部，第1201册，上海古籍出版社1987年版，第284页。

② （元）虞集：《道园学古录》，《四库全书》，集部，第1207册，上海古籍出版社1987年版，第101—102页。

③ （元）杨维桢：《东维子集》，《四库全书》，集部，第1221册，上海古籍出版社1987年版，第614页。

啻如子”①。嘉禾，宋代嘉兴（秀州）曾用名。治下正气上升、邪气消退，海运可持续性才能得到彰显。

有的朝廷命官居然抗拒海运，“无锡州长伊啰斡齐布哈颇奸黠暴纵，指使群卒攘攫省颁法斛，不时交装”。边公奉命前往查办，“省命公驿往劾之，一问得其罪状，官吏既伏辜，而料量亦不取赢，列郡儆畏相戒不敢犯”②。惩办了奸恶，他人才能向善。如果欺软怕硬，治下就会法纪不立，万事皆败。

海道漕运都万户府经历王艮，敢于为民请命，为他们解除身上背负的沉重负担。“绍兴之官粮入海运者十万石，城距海十八里，岁令有司拘民船以备短送，吏胥得并缘以虐民。及至海次，主运者又不即受，有折缺之患。艮执言曰：‘运户既有官赋之直，何复为是纷纷也！’乃责运户自载粮入运船。”所谓短送就是粮农把漕粮送到近海的船上，粮农每年为此叫苦不迭，胥吏和海船户却趁机刁难、勒索粮农。王艮查得官府给海船户发有短送费用，就据此让海船户自己负责短送，粮农才解脱了额外负担。贪官污吏贪图贿赂，常常该办的事不办，“运船为风所败者，当核实除其数，移文往返，连数岁不绝，艮取吏牍披阅，即除其粮五万二千八百石、钞二百五十万缗，运户乃免于破家”③。王艮一次就豁免海船户该免赔偿粮5万多石、钞250万缗。若非有如此清官，海船户必将有人因赔偿钱粮而倾家荡产。

---

① （元）杨维桢：《东维子集》，《四库全书》，集部，第1221册，上海古籍出版社1987年版，第614页。

② （元）柳贯：《待制集》，《四库全书》，集部，第1210册，上海古籍出版社1987年版，第330页。

③ 《元史》卷192，中华书局2000年版，第2922页。

# 第二十九章　元代黄河兴利和为害

## 第一节　上游黄河探源兴利

黄河是华夏文明发源地，《尚书·禹贡》有大禹“导河积石”的记载，先秦人们就把积石山当作河源。“《禹贡》的积石，一般认为是小积石，离河源还有相当的距离。”①《山海经》则提出河出昆仑，流入泑泽，潜流至积石冒出地面。正所谓过犹不及，本质比《禹贡》更荒谬。受《山海经》误导，西汉张骞、东汉班超虽出使西域，有意探访河源，司马迁、班固治史严谨，都未能对河源产生正确认识。司马迁《大宛列传》述河源有言：“汉使穷河源，河源出于寘，其山多玉石，采来，天子案古图书，名河所出山曰昆仑云。”② 班固《西域传》述河源则说：“河有两原：一出葱岭山，一出于阗。于阗在南山下，其河北流，与葱岭河合，东注蒲昌海。蒲昌海，一名盐泽者也，去玉门、阳关三百余里，广袤三四百里。其水亭居，冬夏不增减，皆以为潜行地下，南出于积石，为中国河云。”③ 班固确立黄河重源说，而倾向河出西域昆仑。

至初唐贞观九年（635），唐将李靖、侯君集率军追击吐谷浑，“靖等进至赤海，遇其天柱王部落，击大破之，遂历于河源”④。赤海即今扎陵湖，离真正的河源还有很远。“侯君集、道宗趣南路。历破逻真谷，逾汉哭山，经途二千余里，行空虚之地。盛夏降霜，山多积雪，转战过星宿

---

① 钮仲勋：《黄河河源考察和认识的历史研究》，《中国历史地理论丛》1988 年第 4 期，第 40 页。

② 《史记》卷 123，中华书局 2000 年版，第 2406 页。

③ 《汉书》卷 66，中华书局 2000 年版，第 2855 页。

④ 《旧唐书》卷 198，中华书局 2000 年版，第 3605 页。

川，至于柏海，频与虏遇，皆大克获。北望积石山，观河源之所出焉。”[①]今人钮仲勋考证，“星宿川即今星宿海，柏梁或赤海即今扎陵湖”[②]。初唐人认知的河源已经相当接近真相。其后，文成公主出嫁吐蕃，中唐刘源鼎奉使吐蕃，都曾经历河源地区。

元代吐蕃故地已经并入元疆，探访河源较唐人为便。“元有天下，薄海内外人迹所及皆置驿传，使驿往来如行国中。至元十七年，命都实为招讨使，佩金虎符往求河源。都实既受命，是岁至河州。州之东六十里有宁河驿，驿西南六十里有山曰杀马关，林麓穹隘，举足浸高。行一日至巅，西去愈高，四阅月始抵河源。是冬，还报并图其城传位置以闻。”翰林学士潘昂霄，从都实之弟库库楚那里得到消息，撰写《河源志》。临川人朱思本从巴尔济苏家得到帝师所藏梵字图书，以汉语翻译出来，和潘昂霄《河源志》互有详略。元人认知的河源如下：“河源在土蕃朵甘斯西鄙，有泉百余，泓洳散涣，弗可逼视，方可七八十里。履高山下瞰，灿若列星，以故名鄂端诺尔。鄂端译言星宿也。”[③] 于是“河出星宿”取代了汉人的“黄河重源说”，对黄河的认识被元人推进了一大步。

忽必烈继位后，“首诏天下，国以民为本，民以衣食为本，衣食以农桑为本。于是颁《农桑辑要》之书于民，俾民崇本抑末”[④]。一改原先对征服区掠夺旧习，行怀柔、汉化之政。在这一背景下，郭守敬以副河渠使身份随唆脱颜行视西夏河渠，在行省主官张文谦的支持下，仅用一年的时间即修复河套五渠，“西夏濒河五州皆有古渠，其在中兴州者一名唐来，长袤四百里；一名汉延，长袤二百五十里。其余四州又有正渠十，长袤各二百里。支渠大小共六十八，计溉田九万余顷。兵乱以来，废坏淤浅，公为之因旧谋新，更立闸堰，役不踰时，而渠皆通利。夏人共为立生祠于渠上”[⑤]（齐履谦《知太史院事郭公行状》）。所谓濒河五州，指中兴府加夏、灵、应理、鸣沙四州，对应今河套地区的银川、吴忠二市和中卫、中宁二县，这一带原有很好的水利灌溉条件，但在蒙古灭亡西夏之时荒废已久。今人陈明猷考证，五渠修复后溉田 9 万余顷是夸张之词，实际溉田面积应

---

① 《旧唐书》卷 69，中华书局 2000 年版，第 1693 页。

② 钮仲勋：《黄河河源考察和认识的历史研究》，《中国历史地理论丛》1988 年第 4 期，第 40 页。

③ （明）陈邦瞻：《元史纪事本末》，《四库全书》，史部，第 353 册，上海古籍出版社 1987 年版，第 816 页。

④ 《元史》卷 93，中华书局 2000 年版，第 1563 页。

⑤ （元）苏天爵：《元文类》，《四库全书》，集部，第 1367 册，上海古籍出版社 1987 年版，第 648 页。

为1万余顷。虽然如此，在当时也是巨大进步，表明元蒙统治者开始关注农业。

至元二年（1265），郭守敬返回途中有意考察中兴府以东黄河水运可行性，“特命众顺河而下，四昼夜至东胜，可通漕运”①。并向世祖报告了可喜的发现，促使元廷启动了中兴到东胜的黄河粮运。

中兴府是宁夏行省治所，河套农业高产区中心。东胜是中书省大同路一州，介于今包头与大同之间的黄河北岸。二者之间的漕运对于忽必烈平定内乱有举足轻重的意义。

忽必烈与控制着漠北的胞弟阿里不哥各自称汗自立，并爆发大规模内战，当时南宋尚在，平定漠北的粮饷供应靠北方自筹。中统元年（1260）六月，“诏燕京、西京、北京三路宣抚司运米十万石，输开平府及抚州、沙井、净州、鱼儿泺，以备军储”②。中统二年（1261）八月再“敕西京运粮于沙井，北京运粮于鱼儿泊”③。大同府元初称西京，沙井即今内蒙古四子王旗大庙古城。西京大同府选择临近黄河的东胜州（今陕北榆林境）为出发基地，而以宁夏顺河东来之粮为粮源，完成漕运支前任务。

元初中兴、东胜间黄河漕运，在漠北战事结束后继续进行。向漠北运粮，几乎延续到元朝末年。元人对此有充分关注和相当投入。其一，发展屯垦。至元八年（1271）将投降的南宋随、鄂二州1170个民户迁往中兴府，编为屯田户；至元十一年（1274）组织放良人口900户至鸣沙州（今中宁县）从事民屯；至元十九年（1282）将南方新附宋军调入宁夏，建立军屯万户府；延祐六年（1319）“河西塔塔剌地置屯田，立军民万户府”④；顺帝至元三年（1337），元廷在宁夏设宣镇侍卫屯田万户府。把河套地区当作粮食后备基地加以建设。

其二，广建粮运驿站。至元四年（1267）七月，“敕自中兴路至西京之东胜立水驿十”⑤。按《经世大典》所记载至元四年四月至七月，中兴府、东胜州先后三次配置粮运驿站，四月置水手240人、驿船60艘应付；五月中兴府立驿站7个，东胜州立驿站3个，以东胜现有船21艘、再造船30艘散给各站行用；七月准新造船30艘，修整旧船36艘，差拨船夫162

---

① （元）苏天爵：《元文类》，《四库全书》，集部，第1367册，上海古籍出版社1987年版，第648页。

② 《元史》卷4，中华书局2000年版，第45页。

③ 《元史》卷4，中华书局2000年版，第50页。

④ 《元史》卷26，中华书局2000年版，第401页。

⑤ 《元史》卷6，中华书局2000年版，第77页。

名，每站给牛10头、羊100只。驿站人、畜、船配备不是直接用于运粮，而是服务于运粮船纲。今人周松从上述史料推断，水驿十站每站有牛40头、马20匹，用于漕船回空宁夏时逆流牵引。

其三，粮仓建设。漠北战事期间中兴至东胜间黄河沿岸，甚至河运登陆后车驼北运沿线，肯定有为数不多或规模不大的粮仓。随着战事结束、水陆交替之运的常态化，根据需要不断兴建新粮仓。至元二十五年（1288）七月，“复葺兴、灵二州仓，始命昔宝赤、合剌赤、贵由赤、左右卫士转米输之，委省官督运，以备赈给”[①]。这说明中兴府、灵州原本有粮仓，为了长久赈给漠北，对原有粮仓加以重修。按《永乐大典》残存之7511卷，至元二十六年（1289）十二月，丞相桑哥、平章阿鲁浑、撒里等奏请纳兰不剌建仓。必要性之一是黄河上游宁夏府粮船顺流而下，至纳兰不剌便于交卸；之二是纳兰不剌下游黄河沿岸有忙安仓，溯流运粮上纳，亦得其便。被采纳实施。今人周松考证，“这个纳兰不剌之地设立的仓库，其正式名称很可能就是纳怜平远仓，《经世大典》说它‘既近黄河口十里，西即经行要冲’”[②]，正在黄河粮运的节骨眼位置。

世祖、成宗之交，南方漕粮海运技术成熟、规模渐大，黄河漕运重要性降低，日渐萎缩。直到元末张士诚、方国珍割据江浙反元，南方漕粮海运不继，顺帝君臣才关注西北黄河漕运。按《永乐大典》卷19426引《析津志》，至元二十年（1283）五月十九日廷臣奏请：陕西所辖延安路与东胜州相近，今后专委陕西省官一员，和籴延安路所出粮斛，运赴东胜州，然后攒运入京，得到朝廷批准，七月付诸实施。差官于延安等处和籴粮斛、创造船只，由黄河运至东胜州，权且收贮。今人周松考证，“元初的中兴——东胜十水驿运路在至正年以前可能已经衰败，否则不会有再次‘创造船只’之说。元末的黄河漕运所依靠的粮食供应地也不像元初那样在宁夏，而是以延安路作为粮食来源地，先通过陆路运输方式运至宁夏黄河岸边，再上舟下河递运至东胜。有趣的是，延安至宁夏运粮列于‘骆驼站’之下，暗示了以骆驼作为主要运输工具的特点”[③]。论断大体中肯，但延安至宁夏之运列于骆驼站之下，更有可能是东胜到大都间靠骆驼运输。

---

① 《元史》卷15，中华书局2000年版，第211页。

② 周松：《元代宁夏漕运新论》，《宁夏社会科学》2007年第6期，第146页。

③ 周松：《元代黄河漕运考》，《中国史研究》2011年第2期，第162页。

## 第二节　下游黄河灾患和治理

黄河自北宋进入多决大决和频繁改道期，元初并无好转趋势。按岑仲勉《黄河变迁史》统计和考证，至元九年至至正二十六年的94年间，黄河有时一年四决，有时两三年一决，共决口70多次；而改道则有夺涡入淮、夺颍入淮和夺汴泗入淮3次，比有文字记载以来“百年一改道，三年两决口”的平均值高很多。其主要原因是统治者重视漕运不重视治理黄河。元朝是马背上的民族入主中原，他们先前逐水草而居，对河流改流习惯于听之任之；加上不熟悉河性，对黄河泛滥有一种陌生与冷漠。按《元史·五行志》等，世祖至元九年至二十五年16年间，8个年份有黄河决口。其中至元二十五年五月、六月、十二月黄河决口六次，只有阳武河决事后差夫修治，致使黄河由新乡改道至阳武以南。

成宗“大德九年黄河决徙，逼近汴梁，几至浸没”①。王恽《论黄河利害事状》，提醒统治者对黄河之害充分重视，提前谋划，早固堤防。首先陈述当时开封河防危机四伏，“今夏自中堡村南卧，去京城廿里，而近撞圈水三百余步，势湍悍，旧筑月堤一荡而尽。又自河抵京北郊地势渐下，南北争悬七尺之上，中间土脉疏恶，素无堤防固护以捍水冲。又见犯去处不下五六十步，南接陈桥六丈故沟至甚宽浚，北势既高水性趋下，断无北泛之理。故识者云已隐犯京之势，似非过论也。……河自台头寺西，东接杞县西界，两势平无槽岸，行流虚壤中，故卧南卧北大势走作，所以渐为京城害者不出此百里间而已”②。元以汴梁为南京，当时黄河南徙，常决开封上下。

王恽指出现行河防机制和治河实践难以应对未来河决，一是头痛医头、脚痛医脚，治标不治本，“每岁有司规画，不过今夏役夫数千，明年兴工半万，缕水筑堤以应一时极其所至，仅能防备淹水，终非缓急可恃得济之用，但幸其不为旧耳”。二是小决尚且不能速堵，“往年两次南犯酸枣、陈桥二门，止是支流水小，京尹锡吉图们、行省崔斌等极力堵闭，几不能塞”。三是做表面文章，无坚实之功，“每岁兴工筑堤防捍，真成戏

① 《元史》卷65，中华书局2000年版，第1076页。

② （元）王恽：《秋涧集》，《四库全书》，集部，第1201册，上海古籍出版社1987年版，第321页。

剧，恐徒费人工，损践民田，其为河防经久之事曾无少补”。进而提出治理黄河对险段要大筑其堤、坚筑其堤，“若能舍小就大，广为规制，如前金新卫所修石岸者，遮障奔冲，使东过三汊，散为巨浸，可毋虑也。……重为讲究，方来利害舍小就大，广为规制，以图一劳永逸之举，实为便当”①。倡导以堤束水，有先声意义。

进入中期，元人对治理黄河依然没有足够重视和得力措施。武宗至大三年（1310）十一月，河北河南道廉访司上书言河事之弊，切中肯綮。（1）河决应对机制疲软，反应缓慢，“黄河决溢，千里蒙害，浸城郭，漂室庐坏禾稼，百姓已罹其毒。然后访求修治之方，而且众议纷纭，互陈利害，当事者疑惑不决，必须上请朝省，比至议定，其害滋大，所谓不预已然之弊”。（2）习惯于分流黄河，敷衍塞责，“河北徙，有司不能远虑，失于规画，使陂泺悉为陆地。东至杞县三汊口，播河为三，分杀其势，盖亦有年。往岁归德、大康建言，相次湮塞南北二汊，遂使三河之水合而为一，下流既不通畅，自然上溢为灾。由是观之，是自夺分泄之利，故其上下决溢，至今莫除”。（3）河官外行，昏聩无能，“今之所谓治水者，徒尔议论纷纭，咸无良策，水监之官，既非精选，知河之利害者百无一二。虽每年累驿而至，名为巡河，徒应故事，问地形之高下，则懵不知；访水势之利病，则非所习。既无实才，又不经练。乃或妄兴事端，劳民动众，阻逆水性，翻为后患”②。这是饱受黄河之灾、熟知黄河利害官员反思历史、直面现实的沉痛之语，但并没有引起统治者的警醒和反思，所以元代前、中期黄河治理一直没有根本改进，最终导致元末黄河大决改道。

元末贾鲁治河，是元代乃至中国古代治河史上的大事。顺帝至正四年(1344)，黄河决白茅堤，又决金堤，冲断会通河，曹、濮、济、兖四州皆被灾。元顺帝命贾鲁考察灾情，筹措治理事宜。贾鲁经过认真踏勘，提出治河二策：其一修筑北堤，堵塞决口，用工省但只可苟安一时；其二既塞又疏，疏塞并举，挽河南行，使河复故道，费用大但治效长。元廷当时未能做出可否。

五年后的至正九年元廷再议治河，已是都漕运使的贾鲁重提治河二策，得到丞相脱脱大力支持。脱脱倾向于一劳永逸地长效治河，在二策中肯定其既疏又堵之策。于是任命贾鲁为工部尚书、总治河防使，授以全权

---

① （元）王恽：《秋涧集》，《四库全书》，集部，第1201册，上海古籍出版社1987年版，第321页。

② （清）孙承泽：《元朝典故编年考》，《四库全书》，史部，第645册，上海古籍出版社1987年版，第789—790页。

治河。至正十一年（1351）四月兴工，“七月凿河成，八月决水故河，九月舟楫通，十一月诸埽诸堤成，水土工毕，河复故道”①。欧阳玄时任翰林丞旨，撰《至正河防记》记此盛事。

《至正河防记》总结贾鲁治河技术成果和施工经验。开篇界定治河疏、浚、塞三策的内涵，阐述疏、浚区别；介绍筑堤有创筑、修筑、补筑三名，有刺水、截河、护岸、缕水、石船五类；介绍治埽分岸扫、水扫，有龙尾、栏头、马头五类及其牵制薶挂之法；介绍黄河决口的缺口、豁口、龙口三种样式。

主体部分述评贾鲁治河过程、用料、方法和步骤。总体上先疏浚黄河故道，后堵塞决口。浚故道深广不等，通长二百八十里有五十四步多；塞专固缺口，修堤三重，补筑凹里减水河南岸豁口，通长二十里三百十有七步。重点放在堵塞河决的大坝合龙，“逆流排大船二十七艘，前后连以大桅或长桩，用大麻索竹絙绞缚缀为方舟，又用大麻索竹絙用船身缴绕上下，令牢不可破。……然后选水工便捷者每船各二人，执斧凿立船首尾，岸上槌鼓为号，鼓鸣一时齐凿，须臾舟穴水入，舟沉遏决。河水怒溢，故河水暴增，即……出水基趾渐高，复卷大埽以厌之，前船势略定，寻用前法沉余船以竟后功”②。新河走向：从白茅决口浚 182 里至黄陵冈，从南白茅开生河十里至刘庄村接入故道，刘庄村至专固百有二里，专固至黄堌开生河 8 里，黄堌至哈只口 51 里，浚凹里减水河通长 98 里，至张赞店长 82 里，张赞店至杨青村接入故道。

元末河决白茅和贾鲁治河，促成黄河全河夺淮入海。欧阳玄所记贾鲁治河的过程、工程量和关键技术，弥补了元代正史仅记轮廓之不足，于河工技术传承意义非小，对明清产生巨大影响。

## 第三节　下游黄河衔接运道

据岑仲勉考证，建炎二年杜充决引黄河水东南行以阻金兵后，虽然时有黄河支流夺泗、夺涡或夺颍入淮，但很长时间黄河主流仍在金国境内。公元“一一六六年和一一六八年两年河决的结果，一支由阳武经东明、定

① 《元史》卷 187，中华书局 2000 年版，第 2868 页。

② （明）谢肇淛：《北河纪》，《四库全书》，史部，第 576 册，上海古籍出版社 1987 年版，第 606 页。

陶、寿张转入大清河出海；一支仍循‘北流’故道，但于胙城、滑州的中间，又分支冲出曹、单会泗入淮”①。金哀宗正大元年（1224），蒙古攻归德（今商丘），决黄河灌城，河水过城西南入睢水，仍非黄河主流。元泰定元年（1324），“黄河决大清口，从三汊河东南小清河合于淮，自此黄河南入于淮”②。此时在清口入淮的才是黄河主流。此后，黄河主流时在北方、时在南方，直到顺帝至正三年河决白茅，尤其至正十一年贾鲁全权治河，筑堤引导黄河经徐州入淮，黄河主流才夺泗入淮入海。

那么，南宋甚至元代楚扬运河如何与有黄河支流在中游入淮的淮河衔接呢？北宋中后期经过开山阳湾、洪泽渠和龟山新河（引淮河为水源）后，江南船只至楚州并不入淮，而是进入三段运河至龟山新河的尽头出运入淮，对岸就是泗州的汴渠入淮口。这种情况至南宋孝宗有重大改变。南宋乾道五年（1169）楼钥随人出使金国时，有《使金日录》记一路行程。八月“二十一日癸酉晴，辰时到楚州。……三十里过磨盘，三十里夜过淮阴……二十三日乙亥，晴……行十五里至龟山，以风大，不可出淮，摆泊山下。二十四日丙子，晴，早出淮，三十里至盱眙泊燕馆下”③。很像在楚州就进入淮河，但没有写明过闸还是翻坝，倒是在龟山出淮交代得很明白。绍熙元年（1190）杨万里出使金国，一路写诗记其行程。去程写《练湖放闸》《清晓洪泽放闸四绝句》，返程写《过吕城闸》《入长安闸》，若楚扬运河与淮河交会处有闸，杨万里绝不会一诗不写。可以肯定，淮河作为宋金界河，南宋从军事防御考虑，运、淮相接处应该筑坝隔断，以资防御。

元初方回《送天台杨仲儒秀才如北》写道：“渡过淮水即河水，路背南风多北风。”④ 可知元人早有河、淮一体观念。王恽《自淮口抵宿迁值风雨大作》反映乘船自淮安到宿迁的体验，有“拖舟入清口，适喜乱淮碧”⑤ 之句，表明由运河入淮是拖船过坝。其时黄河支流在淮河中游入淮，清口水清，不带黄色。

尽管元代黄河主流很少在清口直接入淮，但多数时间都有支流或主流

---

① 岑仲勉：《黄河变迁史》，人民出版社 1957 年版，第 419 页。

② 岑仲勉：《黄河变迁史》，人民出版社 1957 年版，第 428 页。

③ （宋）楼钥：《攻愧集》，《四库全书》，集部，第 1153 册，上海古籍出版社 1987 年版，第 686 页。

④ （元）方回：《桐江续集》，《四库全书》，集部，第 1193 册，上海古籍出版社 1987 年版，第 488 页。

⑤ （元）王恽：《秋涧集》，《四库全书》，集部，第 1200 册，上海古籍出版社 1987 年版，第 45 页。

在淮河中上游入淮。20世纪80年代，国内史学界对元代运河与黄淮衔接地点变化的主流看法是："自从公元1194年（南宋绍熙五年）黄河在阳武（河南原阳县）决口夺淮入海之后，洪泽湖因黄、淮的影响，湖面不断扩大，于是淮河与运河亦被洪泽湖所淹没，至元代南北大运河则取道徐州，经山东会通河北上。"[①] 元代运河不再取道泗州而是取道徐州，在淮安切过黄河。

本书作者认为，根据杨万里、楼钥诗文所记，南宋运河与淮河交接处，极有可能筑有大坝。根据明初情况逆推元代，元代运河与淮黄衔接绝对是坝。明初江南漕船至淮安路楚州翻坝入黄淮，《明史·陈瑄传》："时江南漕舟抵淮安，率陆运过坝，逾淮达清河，劳费甚巨。十三年，瑄用故老言，自淮安城西管家湖，凿渠二十里，为清江浦，导湖水入淮，筑四闸以时宣泄。又缘湖十里筑堤引舟，由是漕舟直达于河，省费不訾。"[②] 明言永乐十三年开清江浦河之前，翻坝入黄淮。《明史·河渠三》："陈瑄之督运也，于湖广、江西造平底浅船三千艘。二省及江、浙之米皆由江以入，至淮安新城，盘五坝过淮。仁、义二坝在东门外东北，礼、智、信三坝在西门外西北，皆自城南引水抵坝口，其外即淮河。"[③] 所言南船翻五坝方能入黄淮，也是对元代盖棺论定之语。元代运河虽然在淮安切过黄淮，但翻坝出入，具有可持续性。

① 中国唐史学会唐宋运河考察队：《唐宋运河考察记》，《人文丛刊》第八辑，1985年9月，第98—99页。

② 《明史》卷153，中华书局2000年版，第2798页。

③ 《明史》卷85，中华书局2000年版，第1388页。

# 第三十章　明清河漕本质蜕变

## 第一节　官场贪墨积重难返

明清两朝漕运所遇最大矛盾，是自然方面黄河含沙量越来越大，社会方面吏治贪墨积重难返。治河通漕境遇越来越凶险，避免黄河害运因封建社会末期吏治腐败而倍加其难。以无官不贪的河漕两系之吏治，应付日益严峻的黄河害运险局，是明清漕运不可持续的根本原因。

以往河漕研究著述，也或多或少论及明清两朝河漕腐败。言清末治河腐败则曰："政以贿成，而河漕、盐政最甚。……乾隆四十年后和珅当政，河督多出其门。以河工为肥缺且不易查考，自为贪污渊薮。"① 可谓痛心。控诉晚清漕政黑暗有言："清代漕粮征收与运输不断滋弊，朝廷虽时加清厘整顿，但治标不治本，以致层层相因，积重难返。"② 可谓疾首。但很少有人研究河漕两系贪墨的演进及其对两朝漕运不可持续的致命成因。

封建社会后期吏治之坏始于北宋后期，质变于元朝放纵吏治，而大坏于明清两朝的后期。

王安石变法排斥旧党，使业已存在的北宋吏治腐败雪上加霜，加上司马光执政又全面否定新法和排斥新党，特别是哲宗亲政、新党再度上台后，"绍述"新法成为结党营私、贪贿自肥的代名词。北宋前期优良吏治传统丧失殆尽。至徽宗在位，蔡京柄政，"暮年即家为府，营进之徒，举集其门，输货僮隶得美官，弃纪纲法度为虚器。患失之心无所不至，根株结盘，牢不可脱"③。六贼肆恶，天下吏治败坏至极。

---

① 姚汉源：《京杭运河史》，中国水利水电出版社 1998 年版，第 522 页。

② 中国第一档案馆：《道光帝即位之初整顿漕弊》，《历史档案》2014 年第 1 期，第 28 页。

③ 《宋史》卷 472，中华书局 2000 年版，第 10623 页。

元朝只在意蒙古人君临天下，不在意吏治清浊。蒙古时代政治诸制，如斡耳朵宫帐制、投下分封制、怯薛制度、诸色户籍制度、断事官制度，本质是蒙古人主宰一切，可以为所欲为。只要不动摇蒙古人宰割天下的地位，你做官贪墨还是清明我不在意。这是思想尚处于奴隶主水平的统治者的认识局限。元朝选任官员只看种族，不强调选贤任能。致使吏治迅速下滑，官场暗无天日。尤其是宿卫近侍放官和达鲁花赤制，蒙古人、色目人地方为官胡作非为，对吏治腐败影响更为恶劣。

选任官员多出宿卫近侍，为官地方无法无天，却受最高统治者百般包容。《元史・赵璧传》载："宪宗即位，召璧问曰：'天下何如而治？'对曰：'请先诛近侍之尤不善者。'宪宗不悦。璧退，世祖曰：'秀才，汝浑身是胆耶！吾亦为汝握两手汗也。'" 可见侍卫放官民愤之大，皇帝对他们的袒护和汉族政治代言人必欲除之而后快。"河南刘万户贪淫暴戾，郡中婚嫁，必先赂之，得所请而后行，咸呼之为翁。其党董主簿，尤恃势为虐，强取民女有色者三十余人。"① 汉人不禀刘万户就不得婚嫁，董主簿看上哪位民女，民女就得归他，这是土匪、恶霸政治。刘万户、董主簿可视作皇帝宿卫近侍出仕者典型。后来，赵璧出任河南经略使，刘、董才受到严惩。《元史・刑法志》述评元代吏治黑暗："其弊也，南北异制，事类繁琐，挟情之吏，舞弄文法，出入比附，用谲行私，而凶顽不法之徒，又数以赦宥获免；至于西僧岁作佛事，或恣意纵囚，又售其奸宄，俾善良者喑哑而饮恨，识者病之。"② 可谓痛心。

达鲁花赤是蒙古语，意为镇压者、制裁者、掌印者，有监临官、总辖官之意。至元二年（1265），忽必烈下诏："以蒙古人充各路达鲁花赤，汉人充总管，回回人充同知，永为定制。"③ 达鲁花赤由蒙古人充任，同知由色目人充当，但他们并不熟悉统治区汉族庶务，只享受统治特权；总管不过衙役头目，实际上却实在操持着各种政务和司法。如此，元朝庶务操纵者是吏，总管是他们的代言人。吏只要能讨得达鲁花赤和同知的欢心，就能包揽诉讼、把持赋税，从中渔利。

北宋沈括早有著名论断，"天下吏人，素无常禄，唯以受赇为生，往往致富者"④。此论由生活在吏治尚算清明的北宋中期之人口中道出，更让

① 《元史》卷159，中华书局2000年版，第2499页。
② 《元史》卷102，中华书局2000年版，第1730页。
③ 《元史》卷6，中华书局2000年版，第71页。
④ （宋）沈括：《梦溪笔谈》，《四库全书》，子部，第862册，上海古籍出版社1987年版，第778页。

人不寒而栗。吏人贪墨枉法由来已久，不过唐宋之吏受官约束，不敢过分胡作非为。元朝吏人则无人约束，且元朝基层官员不少出自吏，姚燧有言："大凡今仕惟三途：一由宿卫，一由儒，一由吏。由宿卫者言出中禁，中书奉行制敕而已，十之一；由儒者则校官及品者，提举、教授出中书，未及者则正、录以下出行省宣慰，十分之一之半；由吏者省台院、中外庶司、郡县，十九有半焉。"① 唯以受赇为生的吏成了官，当然在元代只能为小官，但大多现管民事，贪墨起来祸害老百更直接、更要命。"元初法度犹明，尚有所惮，未至于泛滥。自秦王伯颜专政，台宪官皆谐价而得，往往至数千缗；及其分巡，竞以事势相渔猎而偿其直，如唐债帅之比。于是有司承风，上下贿赂公行如市，荡然无复纪纲矣。肃政廉访司官所至州县，各带库子检钞秤银，殆同市道矣。"② 元末吏治已经到了腐败透顶的程度。

元朝海运、漕运界吏治，较整个吏治更为黑暗。朱清、张瑄胆大妄为，"二人者，父子致位宰相，弟侄甥婿皆大官，田园宅馆遍天下，库藏仓庾相望，巨艘大舶帆交蕃夷中，舆骑塞隘门巷，故与敬德等夷皆佩于菟金符为万户千户，累爵积赀，气意自得"③。海盗主海运，治下风气难免暗无天日。张瑄之子张慰，"官参政，富过封君，珠宝番赁，以巨万计。每岁海运诈称没于风波，私自转入外番货卖，势倾朝野。江淮之间，田土屋宅，鬻者必售于二家，他人不敢得也。张参政尝夜过曹宣慰所居里中，相恶争斗，张氏遂于曹氏宅前疏凿河道以报之，毁其外门。事闻于朝，旨下赐楮币二千五百贯，命本郡官营办筵宴，以平二家宿怨，复其外门"④。足见朱、张家族在江南胡作非为。元代海运领域无法无天。由廉致贪易、由贪返廉难，这就是明清两朝治河通漕面临的末世吏治基础。

## 第二节　黄河越来越难治理

黄河含沙量有一个由小到大的变化过程。上古称河而不称黄河，是因

---

① （元）姚燧：《牧庵集》，《四库全书》，子部，第1201册，上海古籍出版社1987年版，第445页。

② （明）叶子奇：《草木子》，《四库全书》，子部，第866册，上海古籍出版社1983年版，第793页。

③ （元）苏天爵：《元文类》，《四库全书》，集部，第1367册，上海古籍出版社1987年版，第905页。

④ （元）长谷真逸：《农田余话》，《四库全书存目丛书》，子部，第239册，齐鲁书社1995年版，第327页上栏。

为它当时含沙量尚小。史学家认为，黄河频繁改道、决口是唐朝以后的事。唐朝以前，“至少有二千年之久，大改道只有两次，其他决徙的记载也很少。这并不是十世纪以前的记载不详，黄河流域是古代的文化中心，改道不会不见于记载的”。断言“黄河河床里的泥沙量和洪水量却确是古少今多，愈来愈多，这可不是自然的变化，而是由于人为的原因”①。当代学者对此所见略同。秦汉到隋唐，是黄河含沙量增大促使黄河发生善崩多决质变的演进期，这期间随着西汉武帝北伐匈奴、开拓西域和初唐对突厥用兵大胜、拓地千里，农耕经济不断扩张，中国人口从2000万增加到8300万，而森林覆盖率由46%下降到33%。黄河上游游牧区逐渐被农耕区挤压，植被破坏日益严重，终于导致宋元黄河进入多决大决期。

第一，含沙量不断加大，使黄河灾变日益频繁，为害越来越大。嘉靖年间，黄绾《治河理漕杂议》有言：“三代行井田之制。井田之间必有沟洫，沟洫之水必引源泉以足之，故泾、渭……汾、浀皆分于雍、豫、梁、冀平野沟洫之间，则水之入河者少，水小则河势自弱。故黄河冲决之患不在三代之前。自商鞅开阡陌，李悝尽地力，井田既废，则沟洫俱废。故泾、渭、伊、洛诸水皆归于河，水之入河者众，水众则河势自盛。故黄河冲决之患，特甚于秦汉之后。况自秦汉已来通渠开漕，皆在河南高原之上，以致黄河不复由河间地中之故道，遂失禹迹润下之性。”② 这段话虽然只是一种推测，但其基本观点是深有见识的。井田一方900亩，每900亩四周有沟洫，地表径流经沟洫吸纳和澄清，进入江河的水量及所含泥沙会大大降低，故当时河水清澈。

三代行井田，再加上当时人口少，生产力低下，所开垦土地有限，黄河水域水土流失程度很轻，当时黄河虽有颜色，但含沙量与后代相比，肯定要小得多。至于井田以沟洫为界，其沟洫有限制野水横流的功能，则在其次。井田制本质在于限制劳动者的活动区域，便于统治阶级监督管理。农奴不得开荒，农业生产发展缓慢。春秋战国列强先后变法图强，首要问题是扩大农业生产，当然要破坏井田制，增加耕地面积，农业耕作区扩张很快，泥沙被雨水冲入黄河的数量与日俱增，两汉以后河决较先秦大为频繁。

东汉末年社会动荡，西晋五胡乱华，唐代安史之乱，金灭北宋，黄河

---

① 谭其骧：《黄河与运河的变迁》（上），《地理知识》1955年第8期，第245页。

② （清）黄宗羲：《明文海》，《四库全书》，集部，第1453册，上海古籍出版社1987年版，第737页。

流域所受战火破坏较南方为大。战乱期间，不会有人过多地关注水利。加上汉唐西北开边战事连连得手，不少游牧民族归附，受农耕文化影响的人口越来越多，农耕区域挤压游牧区域的现象越来越重。隋唐建都关中，黄河流域特别是黄河上游流域森林、草原消失加快，这时期黄河含沙量较秦汉又大很多。大量泥沙堆积河床，河道越来越高出地面，灾变越来越频繁，为害烈度越来越大。

第二，黄河北宋以前由渤海入海而少决，南宋夺淮入海后而多决。唐代以前，虽然黄河决口偶尔有支流冲向淮河，但大多时间自孟津向豫北过大伾经冀南或鲁北入渤海。“宋熙宁中，始分趋东南，一合泗入淮，一合济入海。”[①] 之后，黄河下游逐渐脱离燕赵而向齐鲁、苏皖滚动，黄河决口频率、烈度和堵塞难度开始呈几何级数增加。以致后代学者颇奇怪于黄河行于高处（北宋以前经行燕赵、齐鲁入海）不决，行于低处（南宋以后逐渐全流夺淮，于海州湾入海）反决。

阐释这个问题，仍然要着眼黄河含沙量随着西北生态逐渐恶化而日益加大的事实。到了金元，含沙量越来越大的黄河自开封取道徐州、淮安一线，夺淮河下游在云梯关入海，至明代“以今日之时言之，河自孟津而下，经中州平坦之地迤逦而东，泄于徐、沛之间，大河南北悉皆故道，土杂泥沙，善崩易决。非若禹引水自大伾两山极高之地而下矣”[②]。原本地势较低的开封、徐州、淮安一线，由于黄河河床长期经行，两堤之间高出地面越来越多，还有多次决口和改道、黄水泛滥于两岸，黄泛区越来越大。况且黄河决口之后，并不能马上堵塞，决水一旦夺大溜，便取代正河，正河旋即淤塞。河道滚动起来，很快形成“大河南北悉皆故道”的恶劣环境。

永乐十三年（1415）决策放弃海运、专事河运时，开封上下的黄河中游早已穿行于沙化土壤，会通河不少河段也经行沙化地质尤其是黄河故道，如中段的张秋、沙湾，南段的鱼台谷亭；正统十三年（1448）黄河首次冲垮会通河，“河决河南，没曹、濮、东昌，溃寿张沙湾，坏运道”[③]。嘉靖年间黄河全流徐州、淮安在清口入淮后，徐州上下的黄河也流行在沙化地质中。

“土杂泥沙，善崩易决”，与唐代以前黄水行于红土地相比，明清筑堤

---

① 《明史》卷83，中华书局2000年版，第1343页。

② （明）章潢：《图书编》，《四库全书》，子部，第970册，上海古籍出版社1987年版，第391页。

③ 《明史》卷10，中华书局2000年版，第94页。

束水难易不啻天壤。隆庆四年（1570），潘季驯开邳河，筑堤时为了取到红土，或掘沙丈余，或从远山运送，施工一丝不苟，工成才保得永久。别人筑堤用浮沙筑成，故而明清黄河多崩善决。

## 第三节 明清河漕质变审视

明清河漕较先明发生了质的蜕变。漕运是中国古代创造的交通文明，它萌于三代、成于秦汉、盛于唐宋，至元代外海内河并运而体制大备。隋唐都长安、洛阳，黄河与淮扬运河之间通过汴渠沟通；元代京杭运河在淮安盘坝进入淮黄，由泗水进入会通河，运河与黄河不交。元朝以前各朝漕运规模有大有小，组运方式千差万别，但都有条件接入黄河，且大多分段漕运，广建粮仓，节级转般，相当尊重江河水情。故元代以前很少发生黄河危害运道灾难。

明清两代漕运以京杭运河为载体，其官制之完备、组运之严密、运程之遥远，超越了前代各朝。但是，永乐十三年开清江浦成，漕船从淮扬运河过闸直入淮黄，次年黄河在洪泽湖以西数百里夺涡河入淮，短时间还不可能危害运道；弘治以后黄河逐渐夺泗入淮，黄、淮、运三河在清口交会，超越中国江河水情许可过多。明清漕运让人爱恨交加：一方面，它是一份珍贵文化遗产，长期的河运刺激了中国治河通漕技术的发展，成就了数十个运河都市，玉成了当时的漕运和客运物流。另一方面，明清漕运是一部饱藏惨痛教训的教科书，由于黄河与运河难以兼容，而统治者又非要坚持黄、淮、运三河交会条件下的河运，故而明清漕运不可持续。

明清河运不可持续成因，包括明清河运自然条件的恶劣和社会条件的欠缺两方面。自然条件的不可持续，表现在下游接入黄河、黄淮运三河清口交会条件下坚持河漕，超越水情许可，违背水运规律。社会条件的欠缺主要是官场腐败积重难返。此外，政治制度落后，主要有四：

第一，决策机制。明清两代治河通漕最终决策在皇帝。漕运归户部管，河工归工部管；河工由总河做，资金由户部出，而能够协调户、工二部和河、漕二督意志的只有皇帝。河工初议一般由臣民以上书形式向皇帝提出，皇帝认为所议河工有必要，再指定大臣踏勘复议，工部根据踏勘复议提出部覆方案，皇帝核准工部方案后，下诏明令承办大臣执行。其决策机制虽有一定的民主成分，但基本属于个人决策而非群体决策，民主不充分，集中不必然。一个正确河工决策的诞生，需要若干健康因素同时具备，而明君贤臣际会、初议复议承办俱佳只能偶然一遇。

第二，社会基础。明清社会的专制政体、私有制经济基础严重缺乏治河通漕所必需的法治、民主、科学、清廉和高效诸要素。一是河规漕制在统治阶级的特权追求面前形同虚设，在群体利益侵害之下有名无实，千里之堤毁于蚁穴，这些小腐败都会产生连锁反应、恶性循环。二是王朝政治始而清明继而渐不如初，清明之君用清廉有为之臣，平庸之君渐多贪墨之臣，昏庸之君治下无官不贪，河漕官员成为治河和漕运最大破坏者。三是士、农、工、商天下四民的群体利益与治河通漕国家意志并不完全一致，他们从本身利益出发粗暴践踏河规漕制。

第三，统治阶级因循守旧。永乐十三年决策放弃海运、专事河运，成为明清两朝基本国策。永乐十三年形成的河运体系，否定了此前运河翻坝车盘进入淮河的合理性。后来黄河干流直接在清口入淮，倒灌清口、危害运道便愈演愈烈。治河通漕投入越来越大，堵塞决口、挑浚河道运道越来越难，漕运成本越来越高，河漕两系管理漏洞越来越多、越来越大，成为两朝社会不堪之负。河崩漕坏之时，明清都曾重议海运、甚至试行海运而又终不能行；甚至也不能恢复汉唐在黄河中游有条件接入黄河、元代和明初在淮安盘坝入淮黄的可持续状态。不能力行海运，根本原因不是不具备海运潜力，而是统治集团因循守旧，严重缺乏进取精神和变通精神。

第四，国家意志不能始终坚挺，前代经验不一定能得到传承，前代覆辙却不断有人重蹈。封建社会一朝天子一朝臣，一朝君臣一套治河通漕倾向，再加上有些君臣靠拍脑袋治河，并不潜心研究前代相关做法成败得失，所以明清两朝治河通漕前后否定、互相抵消现象严重。如明朝后期潘季驯力行蓄清敌黄，十多年后杨一魁又反其道而行，大搞分黄导淮；清代靳辅治河大行以堤束水、以水刷沙，迫使黄河并流一向过清口入海，水急沙行，水大河床、海口自深，十多年后董安国在海口筑拦黄坝，百多年后琦善又在清口附近减黄出清；靳辅迁运口于湖水势力范围以避黄水，百多年后孙玉庭却放黄河水入淮扬运河以出漕船。

明清漕运有可持续的潜在可能，主要途径有：第一，发展北方尤其是京畿粮食生产，减少对南方粮食的依赖。京畿与江浙几乎在同一经度，海拔相当；雨量充沛，唯气温低寒于江南，但仍可发展水稻生产。万历初，徐贞明上水利议，建议发展河南、陕西、山东、畿辅水利，“北起辽海，南滨青齐，皆良田也。宜特简宪臣，假以事权，毋阻浮议，需以岁月，不取近功。或抚穷民而给其牛种，或任富室而缓其征科，或选择健卒分建屯营，或招徕南人许其占籍。俟有成绩，次及河南、山东、陕西。庶东南转漕可减，西北储蓄常充，国计永无绌矣”①。徐贞明、汪应蛟、左光斗先后在京畿积极实践，小有成功。但未得皇帝强有力的支持，却受既得利益集团拼命反对，没有形成足够规模和持久制度。

第二，以海运代替河运，以商运代替军运，去漕粮收缴、漕运、入仓等环节层层盘剥之弊，去治河通漕巨额投入。黄、运不交，则河性舒而入海畅；治河不顾忌漕运，则治河简易而高效。商业操作，利益驱动，变官本位为商本位，由商人承受和消化海运风险，官方只负责保障船队安全。康熙三十九年（1700）五月，清圣祖敏锐感觉到河运难以持久，提议局部海运，“以粮载桫船，自江入海，行至黄河入海之口，运入中河，则海运之路不远”②。可惜一遇大学士伊桑阿和总河张鹏翮反对就缩回去了。

第三，恢复汉唐河漕于洛阳、郑州间接入黄河，黄河与淮扬运河之间衔接以汴渠的可持续河运模式。其实，明人多有此等建议，如景泰年间刘清和王晏奏请东南漕舟自淮入河后西行，至荥泽转入沁河，经武陟县马曲湾浚 119 里以通卫河，转运京通。嘉靖十九年（1540）万表请求凤阳诸郡之粮在会通河以西另寻漕运通道，由淮安进入淮河水系，在河南中部过黄河，由商路达阳武，陆运 70 里至卫辉，装船进入卫河北上抵达京、通，可惜未被采纳。整个汉唐漕粮河运，都是由淮河入汴渠在中游过黄河北上的，北宋运道也是在中游接入黄河，以汴渠作为沟通黄淮、消化过水泥沙坚持漕运的，而明代当权者无论如何都不愿这样做。

由于统治阶级因循守旧，封建王朝不可能通过改革、调整，使治河通漕走上可持续发展之路。

明清河漕研究要以可持续理论审视旧史料，发明新知识，阐述新见解。明清治河通漕是在不可持续中追求河运持续，今人既感佩其执着精神和顽强毅力，又惋惜不识大体的历史局限。具体观点如下：

第一，明清两代治河通漕史，追求河运持续精神可嘉、功业巍巍，但事倍功半，得不偿失。假如永乐十三年坚持河、海兼运，那么明代中叶河崩漕坏时就能随时大行海运；假如清圣祖在江口和河口之间海运的主意再坚定一些，那么嘉道年间就没有必要那么艰难地在清口蓄清敌黄。悲剧根本原因是封建社会后期统治阶级因循守旧成性。

第二，元代和明初河、海兼运体制，尤其河运车盘翻坝，水陆交替，黄运不交，分段转般，适应中国江河水情，具有可持续性。海运风险虽

---

① 《明史》卷 223，中华书局 2000 年版，第 3923—3924 页。

② 《清圣祖实录》，第 3 册，中华书局 1986 年版，第 27 页上栏　康熙三十九年五月丙子。

大，但其人船之失会随着技术提高和经验积累而下降，其综合社会效益大。河运虽一时看来风险较小，但借黄行运致使黄淮河性不舒、入海不畅，加多加重黄淮决口灾难，其损失远远大于海运。治河通漕投入是填不平的无底洞，给社会带来不堪之负。

第三，永乐十三年决策放弃海运、专事河运缺乏战略远见；康熙君臣奠定的治河通漕方略和格局，虽然刺激河工技术发展，把治河通漕人的作为发挥到极致，但随着黄河河床的逐渐抬高，自然惩罚终于压垮了人的主观欲望，清末被迫海运反映自然规律不可抗拒。

第四，明清河运不可持续，社会属性方面的吏治腐败，自然规律方面的黄河害运是其两大原因。

第五，明清漕运不能进入可持续状态，主要原因是官民主客关系倒置。漕粮无偿征收，粮农负担全部运输、储存费用，治河通漕劳动者权益被肆意侵害，漕运所加偏军一方，统治者安享运河之利，当然不愿意变革现状。

## 第四节　明清固守河漕拒绝变通

“海运经历险阻，每岁船辄损败，有漂没者。有司修补，迫于期限，多科敛为民病，而船亦不坚。计海船一艘，用百人而运千石，其费可办河船容二百石者二十，船用十人，可运四千石。以此而论，利病较然。”① 明初河运奠基者宋礼这段话，集中地体现了明人鄙视海运、心仪河运的普遍心态。厚河薄海观念可谓源远流长。

陈瑄、宋礼奠定的河运体制取代了明初的河、海兼行体制，过闸直航取代了明初水陆交替、车盘过坝、黄淮运三河不交的漕运模式。且运河可以独立承担岁运400万石至北方，故而永乐十三年决策放弃海运、专事河运。其后的30多年有河安漕顺，备受明人称颂，成为神圣不可动摇的祖制。且明人痛恨元朝，称元朝为胡元，又往往在意念上把海运与胡元联系在一起。祖制至善观念加上胡元可恶，这是明人不愿海运的情感原因。

崇河抑海，祖制至善，如此心理定式决定了明朝漕运决策态度：海运是迫不得已才考虑的事，河运是只要有一线希望就要坚持的事。表现在：

首先，决策意志厚此薄彼。明朝中期黄河经常冲断昭阳湖西的运道，

---

① 《明史》卷153，中华书局2000年版，第2796页。

河崩漕坏之际有两个明智选择：一是开胶莱运河有条件地海运，二是移山东运河南段于昭阳湖东继续河运。明人普遍地热衷后者而慢待前者，盛应期开新河未成，朱衡最终开成新河，翁大立首倡开泇河，李化龙最终开成泇河。新河和泇河的开凿目的，都是要行漕于昭阳湖东黄河决水泛滥不及之地，开新河可视为开泇河的前奏。嘉靖七年（1528），总河盛应期一认同胡世宁开新河之策，就被授以全权，主持开河；隆庆元年（1567），总河翁大立一请开泇河，皇帝即诏令相度地势。而正统六年，王坦首倡开胶莱运河以通海运时，工部的回答是漕运已有成规，不予考虑。如此冷热对比，胶莱运河如何开得成。

主张开胶莱运河者不是不在其位，如嘉靖年间的御史方远宜、给事中李用敬，隆庆五年（1571）的给事中李贵和，就是能说不能做的外行大臣，如万历三年的南京工部尚书刘应节、侍郎徐栻。锐意试开胶莱运河并卓有成效的只山东巡抚王献一人，也因改任他职而未竟其功。治河通漕的职高权重人物，总河、总漕和工部、户部尚书中多主开新河、泇河继续河运，他们位高权重、身在要职，且为主持河工的行家里手，如嘉靖年间的总河盛应期、朱衡，隆庆、万历年间的总河翁大立、舒应龙、李化龙。明代治河通漕实际决策层和河工实施层只注重完善河运，也就只能死守河运。

其次，实施意志重此轻彼。泇河、新河和胶莱运河开凿都有难处。“新河之难成者亦有三”①，有不可逾越之感，胶莱运河有元朝“开胶、莱河道通海，劳费不赀，卒无成效”② 前车之鉴，当然也势同登天。在这种情况下，成败关键就要看开凿意志坚韧与否了。两河之开的追踪决策过程都有数代人前仆后继、接力而进。其中泇河之开，数代人坚守原决策方案的合理性，通过实验和论证不断地弥补原方案缺陷，使之逐渐最佳化、可行化，并且最终由李化龙主持实施、最后形成，决策意志可谓坚定不移。胶莱运河就没有那么幸运了，虽经历了更长时间的追踪决策，但多数时间是议而不决，试开浅尝辄止、开而不成，前后参与讨论人数虽众，但主持试开人数甚少，且没有一人取得分水岭凿通的实质性突破，决策意志不坚导致无果而终。

所谓决策意志，与现代追踪决策理论强调的双重优化、心理效应相近。不过，现代追踪决策时限一般不出决策人这辈子，对自己原决策双重优化较容易。明代的新泇河、胶莱河追踪决策在数代人之间进行，其决策

---

① 《明史》卷85，中华书局2000年版，第1392页。

② 《元史》卷93，中华书局2000年版，第1569页。

意志既表现在决策的志在必得上，也表现在决策态度的连贯性上，而后者对追踪决策成败的决定作用更明显。

决策意志连贯，就会对原有决策不断优化，使后续决策比原来更加经济实用，不断接近投入最小、效果最大的终极目标。针对骆遵指出的开泇“三难”，万历三年总河傅希挚“遣锥手、步弓、水平、画匠人等于三难去处逐一勘踏”，找到了化“三难”为“三易”的办法和途径：一是“起自上泉河口开向东南，则起处低洼下流趋高之难可避也”；二是“南经性义村东，则葛墟岭高坚之难可避也”；三是“从陡沟河经郭家西之平垣，则梁城侯家湾之伏石可避也”[①]。万历三十二年（1604），总河李化龙又对开泇方案进行了最后的完善，提出“守行堤开泇河，其善有六，其不必疑有二”。其中开河费用“估费二十万金”[②]，比原估百万两压缩了五分之四，而用银百万两恰好是原来人们反对开凿泇河的实质所在。决策意志历经数代而坚定如一，无怪乎有志者事竟成。

胶莱运河开而不成，咎在决策意志不坚决、决策态度不连贯。嘉靖十九年（1540），王献实开胶莱运河时，把工程分为“凿马壕以趋麻湾”和“浚新河以出海仓”两个阶段，只创造性地解决了凿马壕之石这一元人不曾解决的工程难题，浚新河出海仓口遇到“中间分水岭难通者三十余里”，没有来得及攻克难关就他任山西了。至万历三年（1575），南京工部尚书刘应节、侍郎徐栻得旨重开胶莱运河，不集中智慧和工力打通王献未曾打通的“中间分水岭难通者三十余里”，反而为水源是通潮还是引河而犹豫不定，“应节议主通海。而栻往相度，则胶州旁地高峻，不能通潮。惟引泉源可成河，然其道二百五十余里，凿山引水，筑堤建闸，估费百万”[③]。百万两估费又吓坏了满朝文武，于是此次本可大有作为的开凿就草草收场了。明人于开胶莱运河决策意志不连贯，还表现在山东地方官首鼠两端。巡按副使王献锐意开凿在先，巡抚李世达极力反对在后。李世达没有看到胶莱运河一旦开成给山东带来的好处，对刘应节、徐栻开凿方案说三道四，对徐栻的开河实践大挑毛病，成了压垮骆驼的最后一根稻草；统治阶级整体上没有看到胶莱运河一旦开成，可以大大降低漕运成本，摆脱治河通漕的沉重负担，使黄河入海获得广阔回旋余地，其开凿价值和经济意义显然高于新河、泇河。无怪乎海运总是屡议不行、屡试无功。

---

① 《明神宗实录》卷35，第1册，线装书局2005年版，第220页上栏　万历三年二月戊戌。

② 《明神宗实录》卷392，第4册，线装书局2005年版，第117—118页下栏上栏　万历三十二年正月乙丑。

③ 《明史》卷62，中华书局2000年版，第1429页。

清人厚河薄海倾向比明人更重。表现在：

其一，清代自从康熙初年，即从关内海运粮食接济关外。康熙后期关外粮食生产后来居上，则更频繁地从关外海运粮食接济直隶和山东粮荒。民间海运关外之豆至江南，也很少间断。赈济之外，清高宗还有意地安排东北粮食海运南下，以平抑直隶、山东沿海粮价高下，但他却从没想到把海运延伸到漕运领域，而热衷于日渐艰难的蓄清敌黄，固守河运。

其二，清圣祖是大有为之君，在位期间曾意识到河运难以持久，想到江南漕船出江口，沿海岸北上，至海州湾黄河入海口逆流西进，至中河口出黄河北上会通河。但是，一遇大臣反对就偃旗息鼓、不再坚持了。而对治理上河下河、调整清口一带水利设施，却一旦有了主见，就持之甚坚、百折不回，非让总河落实到位不可。

其三，清仁宗数次要江浙大员筹划海运，但只是敷衍一下提议海运的人。如嘉庆八年（1803），给事中萧芝建议两江采买粮食海运京畿，仁宗要求地方大员商榷妥筹可否。陈大文回奏强调困难，有意搪塞。清仁宗不仅没有予以申斥，反而表白自己本无意海运，说海运原本就是不可行之事，既然有人提议，总不能拒绝讨论一下吧？皇帝海运意志如此不坚，无怪嘉庆朝海运不行。

其四，清宣宗在位的第六个年头，陶澍、英和、琦善的锐意力行，清王朝破天荒地把苏、松、常、镇漕粮150多万石海运到了天津。本来可以在第二年继续海运，甚至在把海运扩大到南方所有有漕省份，却以下年河运有望继续为由，决策道光七年停止海运、全部河运。

如此厚河薄海，只配忍受治河通漕的巨大财政负担和无穷人力精力浪费苦守河运。明人顾忌祖陵被淹，不敢放手蓄清敌黄，只得分流杀势，放任黄河在豫东南、鲁西南、皖北、苏北滚来滚去，治河通漕浪费不计其数，国家元气大伤。康乾盛世，黄河河床高于淮扬运河和洪泽湖还有限，蓄清敌黄还能敌得住。嘉庆、道光年间，蓄清敌黄不遗余力，黄河还是高于运、湖数尺，不得已实行借黄济运、减黄出清，惨败后转而靠倒塘渡漕船入黄河。即使如此，清宣宗都死抱河运不放。岂非咄咄怪事？

万历末年努尔哈赤在关外起兵反明，明人曾被迫多年海运粮饷支持关外战事，说明明人并非不具备海运潜能；清朝咸丰、同治年间在与太平天国和捻军搏杀中连续多年海运江浙漕粮到北方，说明清人完全可以离开河运专事海运。但两朝于行将灭亡时行海运，无补于气数延长、国势复振。

# 第三十一章　明清黄河治理与漕运持续

## 第一节　明代黄河治理与漕运持续

洪武三十年（1397）以前，是元末贾鲁治河的反弹期。元末贾鲁治河，堵塞北岸决口，引河入古汴渠故道，由郑州、开封、归德，经徐州合泗、在淮安入淮。其流经线路，“自虞城以下、萧县以上、夏邑以北、砀山以南，由新集历丁家道口、马牧集、韩家道口、司家道口、牛黄堌、赵家圈至萧县蓟门出小浮桥”①。洪武年间的黄河逐渐不循贾鲁故道入淮，有些年份河决东北直冲会通河，如洪武元年（1368），河决曹州东之双河口、入鱼台；洪武六年（1373）八月，河水自齐河溃商河、武定境南。有些年份河决欲南下入颍或入涡，如洪武八年（1375）正月，河决开封府大黄寺，挟颍入淮；洪武十七年（1384）八月，河决杞县入巴河。有些年份河决既东北冲会通河，又南下夺涡或夺颍入淮，如洪武二十四年（1391）四月，河决原武黑洋山，东经开封城北五里，东南由陈州、项城、太和、颍州、颍上，东至寿州正阳镇全入于淮，贾鲁河故道遂淤。新流称为大黄河，旧流（贾鲁故河）称小黄河；另一支决水则由旧曹州、郓城两河口漫东平之安山湖，会通河道亦淤。洪武三十年（1397）八月，河决开封决水东北冲向会通河，十一月又南决入淮。

洪武年间没有为治理黄河花费过多精力、人力、物力。究其原因：一方面北伐战事正酣，另一方面都城漕粮供应不依赖黄河流域。按《明太祖实录》，这期间明廷对黄河决口，除洪武元年利用河决曹州决水从双河口入鱼台，北伐大军就势开塌场口，由泗水进入黄河进兵梁、晋外，只有四

---

① （明）潘季驯：《河防一览》，《四库全书》，史部，第576册，上海古籍出版社1987年版，第180页。

次堵塞行动：第一次是洪武八年春正月，“河决开封府大黄寺堤百余丈，诏河南参政安然，集民夫三万余人塞之”①。第二次是洪武十五年闰二月庚午，“河决朝邑县，募民塞之”②。第三次是“洪武十七年八月丙寅朔……开封府河决东月堤，自陈桥至陈留横流数十里。……壬申，河决杞县入巴河，命户部遣官督所司塞之”③。第四次是“洪武二十五年春正月庚寅，河决河南开封府之阳武县，浸淫及于陈州、中牟、原武、封丘、祥符、兰阳、陈留、通许、太康、扶沟、杞十一州县，有司具图以闻，乞发军民修筑堤岸，以防水患”④。其他河决则仅灾后赈济。

洪武后期河决黑洋山淤贾鲁故道，形成黄河在开封一带南下入淮为主、东北冲断会通河入海为辅的格局，开封上下成为黄河泛滥的重灾区。

按《明太宗实录》，永乐年间治理黄河较洪武年间为积极主动，基本上做到有决必堵，而且注重灾后筑堤预防。永乐四年（1406）八月，修阳武县黄河堤岸及中牟县汴河北堤。九年（1411），浚祥符县鱼王口至中滦黄河故道二十余里，役民丁十一万四百余人，七月至九月而毕。十一年（1413）春，修河南阳武县中盐堤和大宾堤，二堤皆当河流之冲，屡塞屡决，乃以新开河岸卷土为埽，树桩捍御之。十一年（1413）十月，修荥泽县大宾河堤。十六年（1418）十月，遣官修筑河南黄河溢决埽座四十余丈。二十年（1422）十月，浚开封附近黄河故道，解决黄河决水荡啮城堤问题。

治理黄河甚至连黄河支流、滨河城镇都不放过。永乐元年（1403），河南陈州西华县沙河水溢，冲决堤堰以通黄河，伤民禾稼，发民夫趁农隙修筑。二年（1404）九月，发军民修河南武陟县境内沁河马曲堤岸，修筑开封为河水所坏府城。十二年（1414）八月，命工部遣官修筑黄河溢坏洛阳土城二百余丈，九月修河南武陟县郭村马曲等河土堤凡560丈，闰九月迁陈州宛丘驿及递运所于沙河北岸，修河南开封府土城堤岸160余丈。当然，此时明人正在河南境内切过黄河漕运。

黄河治理着眼长远治效，舍得大投资和新技术，创立治河失事追究制。永乐十年（1412），工部尚书蔺芳按视阳武县中盐堤和大宾堤时，鉴

① 《明太祖实录》卷96，第1册，线装书局2005年版，第444页下栏　洪武八年正月丁亥。

② 《明太祖实录》卷143，第2册，线装书局2005年版，第19页　洪武十五年三月庚午。

③ 《明太祖实录》卷164，第2册，线装书局2005年版，第95页上栏　洪武十七年八月丙寅至壬申。

④ 《明太祖实录》卷215，第2册，线装书局2005年版，第262页上栏　洪武二十五年正月庚寅。

于“缘河新筑护岸埽座止用蒲绳泥草，不能经久”故而屡治屡决的现实，提议“木编成大囤若栏圈然，置之水中以桩木钉之，中实以石，却以横木贯于桩表，牵筑堤上，则水可以杀，堤可以固，而河患可息”①，被采纳并付诸实施。

永乐九年（1411）开会通河，永乐十三年（1415）开清江浦，为实现京杭运河一河独运满足北方粮食需求，居然在会通河引黄济运，长期有意无意地维持黄河主流南下入淮、支流东入会通河现状。支流东去，永乐九年浚豫东黄河故道时，由主持开会通河的宋礼统筹其事，主动疏通黄河故道引水入会通河济运；主流南下，永乐前期维持洪武八年黄河会颍入淮，清江浦开成专事河运后维持永乐十四年河决开封，经怀远县由涡河入于淮，以成就河运。

永乐后期黄河由涡入淮，正统二年（1437）河决濮州范县，引动黄河大势向东北冲去，涡流断绝。三年（1438）黄河上决阳武，下决邳州，灌鱼台、金乡、嘉祥，几乎光顾清口。正统十三年（1448），河决新乡八柳树口，漫流山东曹州、濮州，抵东昌坏沙湾堤。此时黄河分为三道：其一出八柳树口，东经延津、封丘，流曹、濮、阳谷，抵东昌，冲张秋、溃沙湾、坏运道，东入海；其二决荥泽孙家渡口，漫流原武，抵祥符、扶沟、通许、洧川、尉氏、临颍、郾城、陈州、商水、西华、项城、太康，至寿州入淮，又东南出陈留入涡口，经蒙城至怀远入淮；其三小黄河从徐州出二洪。景泰年间黄河害运，皆由沙湾引黄济运支流生发。

正统十三年（1448），工部右侍郎王永和奉命出京治沙湾河决。十四年（1449）三月上奏治河事宜，“黑阳山西湾已通，水从泰通寺资运河。东昌则置分水闸，设三空泄水入大清河，归于海。八柳树工犹未可用。沙湾堤宜时启分水二空泻上流，庶可亡后患。”② 此次治河很不彻底，连八柳树决口都未堵塞，仅仅疏通黑洋山经泰通寺引黄济运水道，在运河设泄多余黄水入海的分水闸。

景泰四年（1453）徐有贞治河，总结王永和治沙湾后一年即决、石璞治沙湾后数月复决的教训，提出治河三策：一置闸门，二开分水河，三挑深运河。用时两年多，用很大力量整治张秋引黄济运的上游河道，然后在运堤设闸置门以泄多余黄水入海，较之王永和的分水闸功能强大。最后挑

① （清）谷应泰：《明史纪事本末》，《四库全书》，史部，第364册，上海古籍出版社1987年版，第374页。

② （清）谷应泰：《明史纪事本末》，《四库全书》，史部，第364册，上海古籍出版社1987年版，第457页。

浚运河、恢复漕运。

此期明人通漕不避黄河。宣德十年（1435）开金龙口旧渠，分引黄水通张秋济运河，导致正统十三年黄河支流冲断沙湾运堤。次年王永和治河仍旧对沙湾引黄济运，故有景泰元年、三年黄河又两次决坏沙湾、张秋，徐有贞治河仍然维持对张秋、沙湾的引黄济运，由于所设泄洪设施功能强大，所以治理功效维持数十年。

自景泰年间徐有贞治河后，30多年黄河基本维持主流夺涡入淮，东北支流入张秋济运、入海，没有大变动。成化十四年（1478）七月河决延津西篡村，十八年（1482）河决河南太康，但影响运河不大。弘治年间河决重创会通河，弘治二年（1489）五月河决开封黄沙冈至红船湾凡六处，入沁河，所经州县多灾，开封尤甚。决水南行者十三，北行者十七。南行自中牟杨桥至祥符界析为三支：一经尉氏合颍水、下涂山入于淮，一经通许入涡河、下荆山入于淮，一自归德经亳县亦合涡河入于淮。北行自原武经阳武、祥符、封丘、兰阳、仪封、考城，至山东曹、濮，冲入张秋漕河。至冬，封丘金龙口淤，决水并由祥符翟家口合沁河，出丁家道口下徐州。弘治五年（1492）七月，黄河“复决金龙口，溃黄陵冈，再犯张秋”①。黄河大势北趋张秋。弘治八年（1495）刘大夏治河成，黄河北流被引入淮河，全河入淮但分四股，入淮地点不同：或经曹、单过徐，会泗入淮，或由中牟会颍入淮，或入睢会泗入淮，或入涡会淮。

弘治三年（1490），户部左侍郎白昂奉命治河。他南北分治，筑堤挑浚。于南线“发卒数万，自阳武、封丘、祥符、兰阳、仪封数县筑长堤捍御，遂导河自中牟决口至尉氏下颍州，经涂山合淮水入海；又修汴堤，令高广如一，上树万柳，使不崩颓；又浚宿州古睢河入运道，以分徐州之势；又筑萧县徐集等口，以杀汴徐之势”。于北线“自鱼台历德州至吴桥修古河堤，又自东平至兴济凿小河十二道，引水入大清河及古黄河以入海。河口各作石堰，相水盈缩以时启闭，于是河竟不为害而漕运获济”②。促成河入汴，汴入睢，睢入泗，泗入淮而后入海。

弘治七、八两年，刘大夏治河。先疏浚仪封黄陵冈南贾鲁河40余里，由曹县梁靖口出徐州以杀水势。后浚孙家渡口，导河由中牟、颍川、寿州东入淮。又浚祥符四府营淤河，由陈留至归德分为二：一由宿迁小河口会

---

① （明）潘季驯：《河防一览》，《四库全书》，史部，第576册，上海古籍出版社1987年版，第214页。

② （明）吴宽：《家藏集》，《四库全书》，集部，第1255册，上海古籍出版社1987年版，第559页。

泗，一由亳州至涡河，俱会于淮。然后在分流杀势的基础上，堵塞张秋决口，改张秋为安平镇。八年（1495）正月，刘大夏以黄陵冈决口广90余丈，荆隆决口广430余丈，河流至此，宽漫奔放，于是塞黄陵冈、荆隆等口七处。筑长堤起胙城，历滑县、长垣、东明、曹州、曹县，抵虞城，凡360里，名太行堤。筑荆隆等口新堤起北岸祥符于家店，历铜瓦厢、东桥，抵仪封东北小宋集凡160里，于是上流河势复归兰阳、考城，经归德、宿迁，入淮入海。

白昂治河基本上循徐有贞之法，但治河两年后即再决张秋，主要原因是张秋引黄济运水量大于景泰年间许多，表明黄河南行入淮主流河道渐高、河水渐欲北行。刘大夏治河较白昂高明之处，在于筑长堤将通向张秋的黄河支流引向徐州、淮安一线，确保山东运河北段不受黄河冲击。

其后，黄河害运便集中在鲁南、苏北。当时徐州、淮安间借黄行运500多里，坚持漕运的前提是流经徐州二洪的黄河水量适当。但黄河入淮四股水情并不恒定。弘治十一年（1498），河决归德小坝、侯家潭等处，与黄河别支经宿州、睢宁，由宿迁小河口流入漕河，徐州二洪水流渐细，唯赖沁水接济。

武宗、世宗、穆宗年间，黄河大势依次呈现两个阶段：其一，正德年间和嘉靖初期黄河夺涡夺颍南下入淮之势渐弱，徐州黄河水势渐大、东冲鲁南之势越来越强。正德三年（1508）六月，下清口的黄河支流向西北反弹120里，至沛县飞云桥入漕河，水势北趋单、丰之间，同时开封一带夺涡夺颍入淮的黄河南下支流淤塞。正德八年（1513）六月河决黄陵冈，产生连锁反应。七月"河决曹县以西娘娘庙口、孙家口二处，从曹县城北东行，而曹、单居民被害益甚。是年骤雨，涨娘娘庙口以北五里焦家口，冲决曹单以北、城武以南，居民田庐尽被漂没"[①]。此后，徐、沛、丰、单诸州县，河徙不常。嘉靖五年（1526）六月，徐、沛间河溢，决水东北至沛县庙道口，截运河注鸡鸣台口，入昭阳湖，汶、泗南下之水从之而东，河之出飞云桥者漫而北，淤数十里。不久，全河在清口夺淮入海。

其二，嘉靖至隆庆年间，黄河全流在清口夺淮入海，但徐州、淮安间河道分合不定、派分股散，极尽改道决口之能事。嘉靖年间治河奉行分流杀势，开封、徐州、淮安一线黄河一直处于分合滚动状态，嘉靖末年这种现象更为突出。嘉靖三十七年（1558）七月，河决曹县新集，决水东北趋

---

① （明）潘季驯：《河防一览》，《四库全书》，史部，第576册，上海古籍出版社1987年版，第214页。

单县段家口，分为六股，分别是大溜沟、小溜沟、秦沟、浊河、胭脂沟、飞云桥，俱汇运道经徐州洪。曹县决水的另一支，由砀山坚城集下庞家屯、郭贯楼，分为五股，分别是庞沟、母河、梁楼沟、杨氏沟、胡店沟，也由小浮桥会徐州洪，原来新集至小浮桥故道250余里遂淤。嘉靖四十三年（1564），两支十一股黄河统会于秦沟，其他皆淤。一河独流仅维持一年，嘉靖四十四年七月，河决萧县赵家圈，决水北流，至丰县南棠林集分为二股：南股绕沛县戚山入秦沟，北股绕丰县华山漫入秦沟，同下徐州；其北股复自华山向东北分出一大股，出沛县飞云桥，更散为十三支，或横截，或逆流入漕河。隆庆四年（1570），河决邳州，睢宁曲头集至宿迁小河口淤塞180里。

前后两期黄河治理，没有战略规划，头痛医头，脚痛医脚，以确保漕运畅通为旨归，只有危害运道的河决才急于堵塞。较大规模有三次：一是嘉靖十六年（1537）六月，黄河在豫东南、北并决，北决仪封三家庄，决水趋归德，经曹村口入河下二洪。南决睢南地丘店、界牌口二处及宁陵杨驿铺，俱南入亳州涡河。由于北决无害于运，当年总河于湛只治南决，于地丘店、野鸡冈上流开一河，通桃源集旧河故道，将趋涡之水，截入运道济运了事。二是嘉靖十九年（1540）七月，河决野鸡冈，决水十分之八由涡河经亳州入淮，由孙继口至丁家道口入徐州二洪济运，水量仅十分之二。二十一年（1542），总河王以旂仅于野鸡冈上流浚孙继口、扈运口及李景高口三支河，由萧、砀达小浮桥600余里，以济徐、吕二洪。三是隆庆五年（1571）潘季驯奉命治邳州河决，“废址尽复，其所浚筑深厚再倍于故河，而费半之。出官民之舟于积淤者以万数”①。史称开复邳河。

这时期明人围绕通漕来治河。弘治中刘大夏将张秋、沙湾引黄济运支流引向徐州淮安，其后徐州、淮安间黄河时南时北滚来滚去，凡不危害漕运的滚动都听之任之，不急于堵塞和治理。通漕唯一的积极实践是在昭阳湖东开南阳新河，避湖西黄河决水。嘉靖六年（1527），河决梁靖口等处，冲入鸡鸣台，沛北皆为巨浸，洪水逾漕河入昭阳湖，沙泥聚壅，运道大阻。朝臣多人提议新开运道，行漕于昭阳湖东黄水泛滥不及之地。总河盛应期发丁夫数万于昭阳湖东，北起汪家口南抵留城口改凿新河，以避黄河冲塞之患，不久因为灾异停工。嘉靖四十五年（1566），“黄河

① （明）王锡爵：《潘公季驯墓志》，《行水金鉴》，《四库全书》，史部，第580册，上海古籍出版社1987年版，第410页。

复决沛县飞云桥二三等铺，东流冲运河”①。工部尚书朱衡遵循盛应期所开新河故迹，开成南阳新河140里，部分行漕于昭阳湖东黄水泛滥不及之地。

万历年间黄河决口起初逐渐靠近清口，继而发难于开封、徐州之间，最后回归徐州上下。万历四年（1576）秋，河决崔镇，又决曹、单、沛三县，淹及单、金乡、鱼台、徐州、睢宁等处，离昭阳湖已远。次年，黄河秦沟段淤，河水一支出小河口，而崔镇大决。崔镇在今泗阳县北，离清口不过百里之遥。

万历七年（1579）潘季驯治河后，河安漕通8年之久。后来开封一带连决，万历十五年冲决长垣大社集，溃曹县白茅村长堤；十七年漫李景高口，入睢宁故道，又冲入夏镇内河。二十一年（1593）五月，河决单县黄堌口，大支由虞城、夏邑、永城接砀山、萧县、宿州、睢宁至宿迁出小河口、白洋河；小支分于萧县两河口，出徐州小浮桥。大小支相距不满40里，鱼台、巨野、济宁、汶上皆被水。

万历二十四年（1596）总河杨一魁在桃源分黄入海后，河决多在豫东。二十九年（1601）七月，河决商丘萧家口，全河东南注，一由夏邑、永城、宿州，仍出白洋河、小河口；一至皖东北的五河县入淮。三十一年（1603）四月，曾如春所挑新河水涨，冲鱼、单、丰、沛，七月河大决单县苏家庄及曹县缕堤，又决沛县灌昭阳湖，入夏镇，横冲运道。

万历三十二年（1604）之前，归德以下黄河合运入海之路，有北、中、南三道。中道由兰阳道考城，至李吉口，过坚城集，入六座楼，出茶城而向徐、邳，其名浊河；北道由曹、单经丰、沛出飞云桥，泛昭阳湖，入龙塘，出秦沟而向徐、邳，其名银河；南道由潘家口过司家道口，至何家堤，经符离、睢宁入宿迁，出小河口入运，其名符离河。南道近祖陵，北道近运河，中道便于借黄行运。

万历末年，黄河始决徐州狼矢沟，由蛤鳗、周柳诸湖入泇河出直口，复与黄会。稍后决开封陶家店、张家湾下陈留，入亳州涡河。万历四十七年（1619）黄河决阳武北岸脾沙堽，由封丘、曹、单至虞城复入旧河。

这时期大规模黄河治理有两次。其一，万历六、七两年潘季驯用以堤束水、以水攻沙新思路治河，大堵特堵决口，大筑特筑河堤，计筑高家堰堤60余里以蓄清，筑归仁集遥堤40余里截睢水入黄河，筑桃源马厂坡遥堤4里以束黄、淮出入之路，塞崔镇等决口五十四以收束黄水并流一向会

① 《山东通志》，《四库全书》，史部，第540册，上海古籍出版社1987年版，第287页。

淮入海。万历七年十月大功告成，此后连年河漕顺轨。其二，二十四年（1596）十月，总河杨一魁为确保洪泽湖彼岸的明祖陵不受水淹，反潘季驯所为复行分流杀势，开桃源县黄家坝新河，起黄家嘴至安东五港灌口，长300余里，分泄黄水入海，取得黄水水位下降、淮水畅出清口、洪泽湖水位下降等短期效果，但由于河分势缓、势缓沙停，反而加快了清口以北河床抬高。

这时期治河通漕效果良好也有两次：其一为潘季驯蓄清敌黄；其二为李化龙开泇河，“开过泇河二百六十里，行运二年计船一万六千以上”①，影响久远。

天启年间河废漕坏，黄河两决下游，皆危及借黄行运水道：元年（1621）河决灵璧双沟、黄铺，由永姬湖出白洋河、小河口与黄会，故道淤塞。三年（1623）决徐州青田、大龙口，徐、邳、灵、睢之河并淤，上下百五十里悉成平陆。崇祯年间治河无能臣，黄河决口延及中游，决水北冲张秋、南下涡河。崇祯四年（1631）夏，河决原武湖村铺，又决封丘荆隆口，败曹县塔儿湾太行堤，趋张秋。十五年（1642）九月，河南巡抚高名衡决朱家寨，李自成决祥符马家口互谋水淹，水冲开封城，直走睢阳，入涡水。

这时期黄河治理和治水通漕皆无可称道。天启年间魏忠贤弄权，让宦官出任总河；崇祯年间内忧外患皇帝无心治河，只顾虑祖陵被淹，修修补补治河。

## 第二节　清代黄河治理与漕运持续

顺治元年（1644）夏，河行贾鲁故道，漕运得以恢复。此后决口不断，通漕举步维艰。先决下游，顺治元年河决单县之柳河口，二年决曹县之流通口，三年流通口决水北徙午沟，自丰至徐河流涸竭。后决中游，顺治七年八月，决封丘荆隆口北岸朱源寨，溃张秋堤，决水挟汶由大清河入海。九年（1652），河决封丘北岸大王庙，由长垣趋东昌，坏安平堤，挟运河水北入海，瘫痪运道。

顺治、康熙之交，黄河无论决于何处，都严重影响清口上下漕运。顺

① （清）傅泽洪：《行水金鉴》，《四库全书》，史部，第580册，上海古籍出版社1987年版，第590页。

治十六年（1659），河决归仁堤，入洪泽湖，决高家堰，灌高邮、宝应之间。康熙元年（1662）六月，河决开封黄练集，灌祥符、中牟、阳武、杞、通许、尉氏、扶沟七县。七月，再决归仁堤，挟睢、湖诸水自决口入洪泽，直趋高家堰，冲决瞿家坝，流成大涧九，淮、扬之间受大水。七年（1668），再决桃源，下流阻塞，水尽注洪泽湖，高邮水深近2丈。十五年（1676）五月久雨，河倒灌清口，河、淮、堰堤决口数十，黄水跟进淮水决湖堤东下，直注运河，冲高邮之清水潭。

这时期黄河治理功夫大都用在筑堤或堵口上。顺治七年朱源寨之决次年方塞；九年大王庙之决，于上游祥符时和驿一带，多开引渠，引溜南趋以分其势，十二年方塞。顺治八年堵决后注重大筑广筑中游河堤，“筑祥符单家寨堤，封邱李七寨堤，又筑陈桥堤郑家庄堤”，九年“祥符时和驿筑堤，又筑常家寨堤，商邱王家坝堤，考城王家道口堤”，十一年“筑阳武慕家楼堤，商邱夏家楼堤，虞城土楼堤，考城王家道口堤”，十二年“筑封邱中滦城堤，决口始告成，又筑考城王家道口堤，武陟沁河傅村堤”，十三年“筑祥符、兰阳、阳武、商邱、虞城堤坝”①。朱之锡顺治十四年继任总河后，调夫筑堤更为系统。十四年“筑祥符槐疙疸堤、清河集堤、魁星楼堤，陈留孟家埠遥堤又月堤，兰阳刘家楼堤，仪封三家庄堤，阳武堤，封邱大王庙楼堤，荥泽南岸堤，商邱王家坝堤”。十五年“筑祥符黑堌堤常家寨堤，仪封三家庄堤，封邱杨家楼堤、大王庙堤，虞城欢堌寺堤”。十六年“筑祥符陈家寨堤、贯台堤，仪封苏家楼堤，虞城罗家口堤，考城王家道坝”②。十八年“筑祥符王卢集堤，中牟遥堤，仪封杨家堂堤，考城王家道坝”，康熙元年“筑祥符狼城冈堤、马家店堤，阳武姜家庄堤，原武赵家庄堤，修商丘高家庄堤、虞城侍宾寺堤”，二年“筑祥符单家寨遥堤、青谷堆帮堤、瓦子坡堤，又与中、阳二县会筑堤岸，又筑陈留梁家寨堤，兰阳常家楼堤，王家楼堤，原武赵家庄堤”，三年“杞县河决，筑祥符黑堌月堤，陈留贯台堤，兰阳铜瓦厢堤，仪封蔡家楼堤，虞城罗家口缕堤”③。朱之锡在任期间，黄河堵决效率较前任高，顺治十五年“河决山阳之柴沟姚家湾，随即堵塞”④，十七年“河决虞城之罗家口，本

① 《河南通志》，《四库全书》，史部，第535册，上海古籍出版社1987年版，第388—389页。

② 《河南通志》，《四库全书》，史部，第535册，上海古籍出版社1987年版，第389页。

③ 《河南通志》，《四库全书》，史部，第535册，上海古籍出版社1987年版，第391页。

④ （清）傅泽洪：《行水金鉴》，《四库全书》，史部，第580册，上海古籍出版社1987年版，第631页。

年随即堵塞"[1]，康熙元年"河决曹县之石香炉，又决武陟之大材、中牟之黄练集，俱本年堵塞"[2]。效率不低。

康熙五年朱之锡死后，堵决效率和筑堤质量滑坡。桃源新庄河决于康熙十二年，十三年八月堵塞将完，遇秋水大涨，复冲开90余丈，并将旧决口之底冲深，以至康熙十六年方塞。高家堰连年被水，水毁堤工皆未补筑，徐州上下河道治理敷衍了事，致使康熙十五年黄流倒灌洪泽湖，高家堰溃决34处，河漕大坏。

这时期治河通漕处于摸着石头过河的不得要领状态。康熙十五年以前清人治河虽勤，堵决、筑堤投入虽大，但通漕效率低下。失在没有从明人经验教训高度起步，而在不断重蹈明人失败覆辙。以致清口闸制倒退，黄水经常倒灌运、湖二口；高家堰管理不善，经常泄水东下；蓄清敌黄意识懵懂、措施不力，致使康熙十五年淮水破堤东下，黄水随后跟进，清口数百里方圆水利设施败坏一空，河崩漕坏不可收拾。

康熙十六年（1678）靳辅出任总河治清口上下崩河坏漕，历时11年做了五大方面工程：其一将清口以下至入海口、以上至徐州黄河河道七八百里挑挖引河，并大筑特筑缕堤、遥堤和格堤，然后堵塞决口入水冲淤。其二整治洪泽湖和高家堰，在湖口挑引河，在高家堰堵决口，强化蓄清敌黄势能。其三挑皂河、挑中河，压缩借黄行运水段仅剩7里。其四整治和挑浚淮扬运河，优化清口一带水利设施配置，主要是迁移清口到清水势力范围。其五建立河规漕制，包括黄河岁修、大修制度，规范清口闸制。

靳辅基于对黄河水性的透彻了解，出于蓄清敌黄的现实需要，创造性地在徐州以下黄河南岸大建滚水坝，康熙二十四年于南岸砀山毛城铺，徐州王家山、十八里屯，睢宁峰山、龙虎山建减水闸坝共9座，因山根为天然闸者居其七，泄出黄水经睢溪口和灵芝、孟山等湖澄清进入洪泽湖，意在增高洪泽湖水位，促使清口一带黄、淮水势均衡。

靳辅治河之后，黄河并流一向在清口会淮入海。尽管康熙三十五年河决安东（今涟水县）童家营，总河董安国倒行逆施在云梯关筑拦黄坝，在马家港导黄河由北潮河出灌河入海，但康熙三十九年张鹏翮出任总河后得到纠正，重新回归靳辅治河成规。靳辅治理过的徐州、淮安间黄河大致有数十年河安漕通。直到康熙四十八年（1709），黄河才决豫东兰阳雷家集、

---

① （清）傅泽洪：《行水金鉴》，《四库全书》，史部，第580册，上海古籍出版社1987年版，第637页。

② （清）傅泽洪：《行水金鉴》，《四库全书》，史部，第580册，上海古籍出版社1987年版，第640页。

仪封洪邵湾北岸；直到雍正八年（1730），因鲁南山洪暴发，徐州以下黄河才决于宿迁、桃源。其时离靳辅治河已经近50年。

这时期的治河通漕，基本上按照清圣祖和靳辅制定的方略行事，以调整清口一带水利诸要素配置提挈治河通漕之纲领。"治河、导淮、济运三策，群萃于淮安、清口一隅，施工之勤，糜帑之巨，人民田庐之频岁受灾，未有甚于此者。"① 奠定清代200多年河漕祖制。

康熙末、雍正年间河多决豫东。康熙六十年（1721）八月，决武陟詹家店、马营口、魏家口等处，北注胙城、长垣、滑、东明及开州，至张秋，由盐河入海。六十一年（1722）正月，再决马营口，仍经张秋由大清河入海。雍正元年（1723）六月，决中牟十里店、娄家庄，由刘家寨南入贾鲁河。雍正三年（1725）六月，河决睢宁朱家海，东注洪泽湖。七月，决仪封南岸大寨、兰阳北岸板厂。虽然康熙末两次河决都冲断会通河入海，雍正年间河决曾入洪泽湖，但清口一带并未受害，足见康熙中后期治河效果之好。

乾隆年间，黄河基本循贾鲁故道至淮安入淮，此外还有其他短暂支流：（1）决口在河南境内、决水南下提前入淮：乾隆二十六年七月，沁、黄并涨，河决中牟杨桥，直出尉氏入涡、入淝会淮；四十三年闰六月，河决祥符南岸时和驿，历陈留、杞县、柘城之横河、康家河、南沙河、老黄河，均下亳州之涡河，又决仪封十六堡，一由考城盘马寺入北沙河，至商丘邓滨口，由陈两、沙河入涡，一由宁陵马三河，亦会陈两、沙河入涡；五十二年六月，决睢州十三堡，经宁陵、商丘，从涡、淝诸水入淮。（2）决口在河南境内、决水冲断张秋运河由大清河入海：乾隆十六年六月，河决阳武，自封丘分二股，一入直隶，一入张秋；四十六年七月，河决仪封北岸曲家楼，注青龙冈，二分由赵王河、沙河归大清河入海，八分由南阳、昭阳等湖汇流南下，归入正河。（3）决口在下游，决水进入洪泽湖，或不南下清口而冲向微山湖：乾隆七年七月，河决曹县石林、黄村二口，坏沛县堤，入微山湖；十八年九月，决铜山张家马路，直趋灵、虹、睢诸邑，入洪泽湖；二十一年八月，河决铜山孙家集，入微山湖；三十一年八月，河决铜山韩家堂，注洪泽湖；四十五年六月，决睢宁郭家渡，归洪泽湖；四十六年闰五月，河决睢宁魏家庄，注洪泽湖。

雍乾年间黄河治理难度加大。随着河床越来越高，黄河不决则已，决则害大；黄河不决则已，决则堵塞既持久又攻坚。雍正三年（1725）六月

---

① 《清史稿》，第13册，中华书局1977年版，第3770页。

河决睢宁朱家海，次年四月堵决中出现反复，“水势陡长，致将东岸坝台大埽蛰陷九个”①，十二月总河齐苏勒方奏报决口合龙。五年（1727），总河齐苏勒仍然关注朱家海要工，“增筑夹坝月堤、防风埽，并于大溜顶冲处削陡岸为斜坡，悬密叶大柳于坡上，以抵溜之汕刷。久之，大溜归中泓，柳枝沾挂泥滓，悉成沙滩，易险为平，工不劳而费甚省”②，才彻底堵塞完竣。这次堵塞决口历时两年，数次反复，终于成功塞决。尤其于塞决之后，总河仍然予以关注长达半年，采用普插柳枝化险为夷，要求凡河工险峻处，俱仿此行。意义重大。

乾隆年间需要更为坚忍倔强才能堵河有成。四十三年闰六月，河决仪封十六堡，决口宽70余丈，“命高晋率熟谙河务员弁赴豫协堵，拨两淮盐课银五十万、江西漕粮三十万赈恤灾民，并遣尚书袁守侗勘办。八月，上游迭涨，续塌二百二十余丈，十六堡已塞复决。十二月再塞之。越日，时和驿东西坝相继蛰陷。遣大学士公阿桂驰勘。明年四月，北坝复陷二十余丈。上念仪工綦切，以古有沈璧礼河事，特颁白璧祭文，命阿桂等诣工所致祭。四十五年二月塞。是役也，历时二载，费帑五百余万，堵筑五次始合，命于陶庄河神庙建碑记之”③。可谓惨胜如败。四十六年七月又决仪封，“漫口二十余，北岸水势全注青龙冈。十二月，将塞复蛰塌，大溜全掣由漫口下注。四十七年，两次堵塞，皆复蛰塌”。重臣阿桂“请自兰阳三堡大坝外增筑南堤，开引河百七十余里，导水下注，由商丘七堡出堤归入正河，掣溜使全归故道，曲家楼漫口自可堵闭”。四十八年“二月，引河成，三月塞”。④ 也为艰苦卓绝。

雍乾年间恪守康熙君臣奠定的治河通漕方略，七八十年如一日地在黄河下游以堤束水、以水攻沙，在清口一带蓄清敌黄。他们绝没有明人在分流杀势和集流刷沙之间的意志摇摆，对离清口和运河远近的黄河决口都义无反顾地堵；也绝对没有明人分黄导淮的二心，无论蓄清敌黄需要淹没多少良田、投入多少财力物力都毫不犹豫地蓄和敌。

乾隆君臣在高家堰设立水志，在湖口设立可以伸缩的草坝，根据清、黄水水位差调节草坝的长短，清水水位高就适当放宽湖水出水口，水位低就紧缩出水口，总让清水略高于黄水。乾隆四十一年（1776）再次重开陶庄黄河引河，使清、黄交会之地远离运口达五里之遥，在当时条件下，把

① 《江南通志》，《四库全书》，史部，第508册，上海古籍出版社1987年版，第605页。

② 《清史稿》，第13册，中华书局1977年版，第3725页。

③ 《清史稿》，第13册，中华书局1977年版，第3730—3731页。

④ 《清史稿》，第13册，中华书局1977年版，第3731页。

蓄清敌黄做到精细准确得无以复加。

但是清高宗作为政治家，在退出历史舞台之前没能为子孙谋好漕运之路。乾隆末，他深知黄河堵决之难，深知清口蓄清敌黄之难，加上深知清仁宗柔弱，应该有一个基本判断，即旧有河运体制很难再坚持了，但他并没有在死前做出海运选择。

进入嘉庆年间，河决仍旧频繁，并且部分河决直接冲击了运道。按决口地域可分三类：（1）发难于徐州一带。元年六月决丰汛六堡：一由丰县清水河入沛县食城河散漫而下，一由丰县北赵河分注昭阳、微山各湖；二年七月，决曹县北二十五堡，分道由单、鱼、沛下注邳、宿；四年七月，决砀山南岸邵家坝；十六年七月，决邳北棉拐山，又决萧南李家楼，入洪泽。（2）发难于开封一带。三年八月决睢州，决水两支俱入睢东十八里河，东南经亳夺涡入淮；八年九月，河决封丘衡家楼，东北出范县达张秋，穿运河东趋盐河，经利津入海；十八年九月，河决睢州，由涡入淮；二十四年七月，河决仪封、兰阳，经杞县由涡入淮，八月决武陟马营坝，经原武、阳武、辉、延津、封丘等县，下注张秋，穿运注大清河分二道入海；二十五年三月，又决仪封三堡，下流入洪泽。（3）发难于清口以下。十二年河决阜宁南岸陈家浦，大溜由五辛港入射阳湖注海；十三年六月，河决山安厅马港口、张家庄，由港河入海；十六年三月，决阜宁北岸倪家滩，五月决王营减坝，决水东北向入海。

道光年间黄河害运形势更为凶险。道光四年黄河倒灌御黄坝进入湖口和运口，高家堰决水东下冲淮、扬之间。道光二十一年（1841）八月，河决开封河南岸，在苏村口分两股，一股引溜三分，由惠济河经陈留、杞、睢、柘城、鹿邑入涡，经亳、蒙城，至怀远荆山口入淮；一股引溜七分，经通许、太康，至淮宁、鹿邑界之观武集西，漫注清水河、茨河、灌河入皖，至宋塘河又分二支入淮。二十二年（1842）七月，决桃源北岸萧家庄，漫水不经清口，而由六塘河经安东、沭阳、海州入海，计程360余里。二十三年（1843）六月，河决中牟，分二支：正溜由贾鲁河经尉氏、扶沟、西华入大沙河会淮，旁溜亦分二支入涡会淮。

嘉庆年间黄河堵决费用明显高于以往，八年九月至九年二月塞封丘衡家楼河决，用帑1200余万两，长垣、东平、开州赈灾抚恤费用不在其内；二十四年七月至二十五年三月，塞武陟马营口河决，前后拨款964万两。道光朝堵塞河决费用居高不下，二十一年八月至二十二年二月堵塞开封河决，用帑610余万两；二十三年六月至二十四年十二月，堵塞中牟河决，用帑1190余万两。

嘉庆朝君臣治河通漕能力远逊于乾隆，而面临的治河通漕形势却险于乾隆。在通漕通不了的情况下，不得不行苟且之计。十一年（1806）五月，开放外河北岸之王家营减坝，分黄导淮死灰复燃，导致清口正河断流，漕运难以为继。十四年（1809）六月重运漕船出清口后，干脆封死清口御黄坝，淮水不出清口而入运。乾隆年间以黄河在淮水中游会淮为忧，嘉庆十八年九月河决睢州由亳涡入淮达洪泽湖，清口畅流，人们反以为喜。最后居然引黄水入清口以出漕船，“嘉庆之季，河流屡决，运道被淤，因而借黄济运”[①]。河运到了难以为继的地步。

道光君臣治河通漕能力又逊于嘉庆，而黄河险情过嘉庆朝很多，因而维持河漕之计更为低劣。道光四年黄河倒灌清口后，宣宗君臣坚持河运不过借黄济运、盘坝入黄和灌塘出船。前二者是倒行逆施，后者稍有技术革新价值。

咸丰五年（1855）六月，河决兰阳铜瓦厢，“由张秋入大清河，挟汶东趋，运道益梗”[②]。决水“溜分三股：一股由赵王河走山东曹州府迤南下注，两股由直隶东明县南北二门外分注，经山东濮州范县境内，均至张秋镇汇流穿运，总归大清河入海”。[③] 河运难以为继。时太平天国在南京建都已两年，清廷忙于战事，不能像先前那样挽河东南行贾鲁故道，七月清文宗决策对河决“暂行缓堵”。于是黄河北流大清河入海。

河行山东，明显变化是治河费用大幅度下降。黄河北行前，咸丰元年八月，河决砀山北蟠龙集，食城河淤，由沛县之华山、戚山冲为大沙河，分入微山、昭阳等湖；又东溢出骆马湖，由六塘河归海。明年二月塞，用帑 400 万两；咸丰二年二月，复决上年决口，复塞用帑 300 万两。黄河北行后，光绪元年三月，筑塞石庄户下十余里南岸之贾庄决口，引归旧河，用帑 98 万余两；光绪八年七月，河决历城北岸之桃园，由济阳入徒骇河，经商河、惠民、滨州、霑化入海。十一月堵塞，用帑 34 万余两。前后相差数倍。

清文宗是清代有意海运并真正大行海运的帝王，咸丰元年漕粮已行海运。铜瓦厢决口，清人只对新黄河与运河交会做了简单处置，“堵筑张秋以北两岸缺口，残缺处作裹头护埽。张秋以南至安山镇间，黄河多道分流东下，此即旧沙湾地。黄流倒漾入运河，仅筑坝收束，10 年荒废不治，附

① 《清史稿》，第 13 册，中华书局 1977 年版，第 3769 页。
② 《清史稿》，第 13 册，中华书局 1977 年版，第 3597 页。
③ 武同举等编校：《再续行水金鉴》，第 9 册，民国 31 年排印，第 2385 页。

近南北段运河及西岸沙河、赵王河等多被淤塞”[①]。咸丰年间京城粮食供应靠的是江浙漕粮海运，直到同治四年内乱粗定。

同治四年（1865），漕运总督吴棠试行江北漕粮河运，以后数年运量很小，过黄河的办法是绕，漕船由安山三里堡东北入黄河，然后再西北逆黄流行至八里庙进入运河。为扩大运量，同治九年总漕张之万提议于黄流穿运处坚筑南北两堤，酌留运口为漕船出入门户，并筑草坝，平时堵闭，以免倒灌，显然有仿清口闸制之想。这一想法被继任总漕张兆栋否定，他担心草坝万一堵而不闭，黄水倒灌南北运河后果不堪设想。

同治七至十年，新黄河频繁决口。其中七年六月，河决荥泽房庄，决水经郑州、中牟、祥符、陈留、杞，下注颍、寿入洪泽；同治十年八月，决郓城沮河东岸侯家林，东注南旺湖，又由嘉祥牛头河泛滥济宁，入南阳、微山等湖，淹巨野、金乡、鱼台、铜山、沛等县。似乎又彰显了黄河南行的几分可能和必要。同治十二年（1873），奉命踏勘的李鸿章上书力陈南行不可复、河运不可行：“现在铜瓦厢决口宽约十里，跌塘过深，水涸时深逾一二丈，旧河身高，决口以下，水面二三丈不等，如欲挽河复故，必挑深引河三丈余，方可吸溜东趋。”[②] 从铜瓦厢到淮安清口1000多里，挑十里宽两三丈深引河，工程是不可想象的。李鸿章主张海运，反对河复故道、从事河运。

---

① 姚汉源：《京杭运河史》，中国水利水电出版社1998年版，第608页。

② 《清史稿》，第13册，中华书局1977年版，第3747页。

# 第三十二章　聚焦清口看明清河运

## 第一节　清口及其明清地位

清口，南北朝时期叫泗口，指泗水入淮处。淮水“又东北至下邳淮阴县西，泗水从西北来流注之。淮、泗之会，即角城也。左右两川翼夹二水决入之所，所谓泗口也”①。泗水别称南清河，所以又称泗口为清口。《大运河清口枢纽工程遗产调查与研究》一书考证，古泗口在今淮安市楚州区西四十里的码头镇附近。该书考量了从上古自然航道到明清运河两千多年包括清口在内的7个水运枢纽用舍情况，得出结论：“在大运河7个最具代表性的枢纽中，淮安清口枢纽历史最为悠久，而且最具时间上的连续性，中间从未中断过。”② 是很有历史根据的。

在夏商周自然航道时代，徐州贡运“浮于淮、泗，通于河”③，扬州贡运“均江海，通淮、泗”④。可见当时泗水、淮水已经通航，徐州东南部贡品由淮入泗、由泗入河运夏都；扬州贡品由江入海，再由海入淮，进而入泗入河，都要经过泗口。

吴王夫差十年开邗沟，沟通长江、淮河。邗沟在长江北岸邗城下接长江，在淮河南岸的末口入淮。“十四年春，吴王北会诸侯于黄池，欲霸中国以全周室。”⑤ 吴国水师由末口入淮、由泗口入泗北上。越王勾践趁机发

---

① （北魏）郦道元：《水经注》，《四库全书》，史部，第573册，上海古籍出版社1987年版，第466页。

② 调查组：《大运河清口枢纽工程遗产调查与研究》，文物出版社2012年版，第174页。

③ 《史记》卷2，中华书局2000年版，第42页。

④ 《史记》卷2，中华书局2000年版，第43页。

⑤ 《史记》卷31，中华书局2000年版，第1241页。

起灭吴之战，“勾践乃命范蠡、舌庸率师沿海溯淮，以绝吴路”①。截断吴国水军归国之路的理想去处，必在泗口或末口。

西汉吴楚七国之乱，吴王起兵于广陵。北渡淮河，合并楚兵。吴楚并兵攻梁都，淮泗口是吴楚军粮道咽喉。太尉周亚夫采纳邓都尉意见，“引兵东北壁昌邑，以梁委吴，吴必尽锐攻之。将军深沟高垒，使轻兵绝淮泗口，塞吴馕道。彼吴梁相敝而粮食竭，乃以全强制其罢极”②，得以最终平定吴楚。

南北朝时期，淮河一线是南北对峙基本分界线，淮泗口是淮河下游军事要冲。东晋时泗口是淮北领土支撑点，殷浩北伐、谢玄援救徐州，都屯兵泗口。宋泰始三年（467）淮北沦陷，宋将李安民以孤悬淮北的泗口为大本营，部下水军巡防淮河，挫败了北魏渡淮南犯企图。

南朝后期，泗口成为北朝觊觎的主要目标。陈宣帝太建九年（577），陈将吴明彻在徐州外围“迮清水以灌其城，环列舟舰于城下，攻之甚急”。北周大将军王轨将兵救徐州。顺泗水而下径取陈军后方的泗口，“自清水入淮口，横流竖木，以铁锁贯车轮，遏断船路”。陈军仓皇撤退，“乃遣萧摩诃帅马军数千前还。明彻仍自决其堰，乘水势以退军，冀其获济。及至清口，水势渐微，舟舰并不得渡，众军皆溃，明彻穷蹙，乃就执”③。此后泗口为北朝所有。隋灭陈之战，“襄邑公贺若弼出吴州，落丛公燕荣出东海”④，吴州即后来的扬州，东海即后来的连云港，泗口成为隋军粮饷运输枢纽。

隋炀帝开大运河，处在通济渠、淮河与山阳渎交会点的泗州取代泗口成为水运枢纽。今人姚汉源考证：“开皇七年（587），开淮南山阳渎通漕运，加强对陈的攻势。自汴渠东下至彭城仍走泗水渡淮入渎。后此近20年（大业元年，605年），隋炀帝开通济渠，对汴渠进行一次大改道。此后新汴渠由泗州（今盱眙县对岸）入淮，通江淮的主要运道，不再走泗水。”⑤ 这就是说，隋文帝年间泗口还是咽喉要道，炀帝之后包括唐宋泗口才无关紧要了，因为炀帝所开通济渠在泗州入淮。

元人再开大运河，清口运道咽喉地位恢复。元人大运河，起步于其开济州河。济州河和淮河之间衔接以泗水，而泗水经徐州在清泗口入淮。

---

① 《国语》，《四库全书》，史部，第406册，上海古籍出版社1987年版，第170页。

② 《史记》卷106，中华书局2000年版，第2174页。

③ 《陈书》卷9，中华书局2000年版，第110页。

④ 《隋书》卷2，中华书局2000年版，第22页。

⑤ 姚汉源：《京杭运河史》，中国水利水电出版社1998年版，第65页。

其时黄河虽早就曾有支流夺淮，但开济州河时并非夺泗入淮。元末贾鲁治河之前，泗水尾部分两支入淮，北边一支来水稍大被称为大清河，南边的一支来水稍小被称为小清河，因而清口也有大小两个。元末贾鲁治白茅河决，将黄河主流引入泗水在大清口入淮，因而大清口又有了大河口之称。

贾鲁治河十多年后河情反复，元末明初黄河入海情况变化不定，嘉靖前期黄河主流才比较固定地在清口入淮。不久大清河淤塞，黄河经小清河入淮，大清口被人遗忘，小清口成了唯一的清口，成为明清两代黄河、淮河和运河的交会之地，清口周围汇集了当时天下最具技术含量的水利工程。清口是否倒灌乃河、漕治理的晴雨表，正如《清史稿》所说："夫黄河南行，淮先受病，淮病而运亦病。由是治河、导淮、济运三策，群萃于淮安、清口一隅，施工之勤，糜帑之巨人民田庐频岁受灾，未有甚于此者。"① 清口清水畅出表明三河顺轨，黄水倒灌则河崩漕坏。清口是河治兴衰、漕运通塞晴雨表，又是提挈治河通漕全局的纲领所在。

## 第二节　嘉靖前后清口演进

宋代都汴梁，汴河在泗州入淮，江南漕船过楚扬运河至泗州对面的盱眙过淮；元代河运江南漕船在淮安盘坝入淮，过清口经泗水北上。当时运河水位高于淮，洪武元年在淮安新城东门外建仁字坝，永乐二年增建义、礼、智、信四坝，总称淮安五坝（见图32－1）。"舟船过坝时，先卸下货物，用辘轳绞关挽牵而过，称为车盘或盘坝，不但费时费力，而且舟船、货物也多有损失。"② 五坝是平行的，盘过其中之一即可进入淮河。其中，仁、义二坝在城东门外东北，漕船盘坝专用；礼、智、信三坝在城西门外西北，官、民船盘坝专用。当时盘坝入淮后，还要逆行淮河几十里，才能至清口入泗。淮河流大浪急，常有粮船之失。

永乐十三年陈瑄开清江浦河，江南漕船经清江浦河至清口垂直过淮。为了消化运河和淮河水位落差，陈瑄依次建移风、清江、福兴、新庄四闸，四闸是垂直的（见图32－1），交互启闭，以行漕船。

---

① 《清史稿》，第13册，中华书局1976年版，第3770页。

② 束方昆主编：《江苏航运史》，人民交通出版社1989年版，第125页。

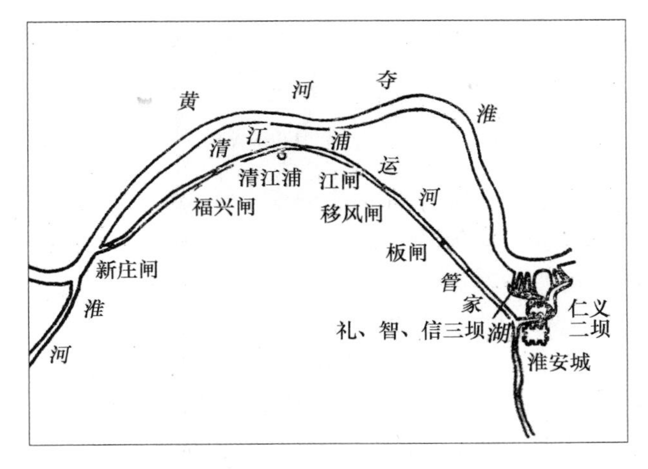


图 32－1　**清口五坝和四闸示意图**

其时黄河、干流在清口以北、以西几百里以外入漕、入淮。陈瑄建立清口闸坝制度，四闸只用于出入漕船和进鲜船，官、民船仍旧盘坝入淮。着眼河运水系安全，加固高家堰。"我朝平江伯陈瑄复加修筑（高家堰），使淮水不得东注，则淮扬之田庐一望膏沃，高、宝之运道万艘安流。"① 一时江南漕船直航入淮，成就了平安漕运、高效漕运梦想。

嘉靖六年（1527）以前，黄河干流在淮河中游入淮，保持清口一带洪泽湖、黄泗水和运河水势平衡较易。嘉靖前期，黄河干流清口入淮后，随着黄河河床日益抬高，清口问题日渐突出起来。所谓清口问题，主要指运口、湖口和河口如何配置，可以保证黄水不倒灌湖口和运口。最初黄河在大清口入淮，河口离当时漕船入淮口（简称运口，正对小清河）较远。加上黄河河床尚低，黄水很少倒灌运口和湖口。到了嘉靖中后期，黄河大清河旧道淤塞，黄河通过小清河与淮水交会，黄口正与运口相对，黄水倒灌运口、湖口渐多，清口水利形势日益严峻起来。

## 一　嘉靖年间的清口

道光二十年（1841）河道总督麟庆通观治河书和方志，得出结论：嘉靖中，黄水淤天妃闸。总河连矿塞天妃口，另开三里新河，重建通济闸，改运口于马头镇南。隆庆年间新闸又淤，黄水不时倒灌运口，于是改闸为

① （明）潘季驯：《河防一览》，《四库全书》，史部，第 576 册，上海古籍出版社 1987 年版，第 447 页。

坝，移通济闸于甘罗城东，距离旧闸不到一里；改运口斜向西南，以便迎清避黄。

## 二　万历七年的清口

隆庆、万历之交，黄河日益水高势强，淮水为黄水压迫，出湖口受阻，高家堰彼岸的淮河与众湖连成一片，当地人总其名为洪泽湖，其面积较骆马湖、射阳湖广大数倍。连矿当年开挖的三里河和新运口很快被淹没，漕船又通过永乐年间旧运口北上。

万历四年（1575）夏，“河决崔镇，黄水北流，清河口淤淀，全淮南徙，高堰湖堤大坏，淮、扬、高邮、宝应间皆为巨浸”[①]。万历六年潘季驯出任总河。潘季驯治河，在加高加固高家堰的基础上，重开运口，改善漕船出口的条件。

首先，通过堵塞黄河决口，坚筑黄河缕堤并加筑遥堤，约束徐州以下黄河全下清口。“今岁伏初骤涨，桃、清一带水为遥堤所束，稍落即归正漕，沙随水刷，河身愈深，河岸愈峻。前岁桃、清之河胶不可檝，今深且不测而两岸迥然高矣。上流如吕渠两崖俱露巉石，波流湍急，渐复旧洪。徐邳一带年来篙探及底者，今测之皆深七八丈，两岸居民无复昔年荡析播迁之苦，此黄水复其故道之效也。”[②] 已成水大沙去之势。

其次，通过高筑洪泽湖大堤，有效地抬高淮河水位，迫使淮水全力出湖口会黄入海，遏制黄水倒灌。“高堰当巨浪之冲，兴工之初人皆疑畏，以为必难就绪。而今皆高厚坚实屹如冈陵，且民不告劳，费有省剩，即今漕渠通利，万艘欢呼，沮洳成田，流移四复，诚两河旷见之景。”[③] 实现了全淮之水从湖口涌出的愿望。

最后，力行意义重大的清口水利设施调整工程，“改闸通济，则全纳清流”。原来的运口对着黄水，容易淤淀；迁建的通济闸迎接清流，一时为黄水危害不及。清朝康熙年间总河靳辅追述此事时说：“天妃闸以入黄河，此明臣平江伯陈瑄之所开也。万历年间，河臣潘季驯以天妃闸直接黄河，故不免内灌，因移运口于新左（庄）闸以纳清而避黄，后亦以天妃名

---

① 《明史》卷223，中华书局2000年版，第3915页。

② （明）潘季驯：《两河经略》，《四库全书》，史部，第430册，上海古籍出版社1987年版，第224页。

③ （明）潘季驯：《两河经略》，《四库全书》，史部，第430册，上海古籍出版社1987年版，第243页。

之，非其故矣。”① 但潘季驯所迁运口离黄淮交会处不够远，康熙年间靳辅治河时又把运口迁到烂泥浅之上。

## 第三节　康乾盛世清口演进

顺治年间接受了明末漕运和河务两个系统的官吏，由清帝委任的河道总督和漕运总督来统领。总河、总漕一般由汉军八旗出身的随驾入关官员担任，他们对归顺明官明吏不大信任，因而有机会向总河、总漕建言献策的中层官员百不抽一，即使有人建言献策也很少被采纳。上述特定历史情况，使得顺治年间的治河通漕没能在明代已有经验教训的基础上前行。这期间新统治者忙于熟悉下情和探索规律。清代真正的治河通漕，始于康熙十六年靳辅治河。

### 一　靳辅治河后的清口

万历七年（1578）潘季驯改造清口，据康熙年间靳辅追述：“其口距黄、淮交会之处不过二百丈，黄水仍复内灌，运河垫高，年年挑浚无已。兼以两河汇合，潆洄激荡，重运出口牵挽者每艘常七八百或至千人……于是，建闸置坝，申启闭之条，严旨刻石，除重运、回空及贡鲜船只放行外，即闭坝拦黄，凡官民商艇，俱令盘坝往来。”② 相当理想。

明末清初，清口已是千疮百孔。黄河不断在清口附近泛滥，灾情越来越重。康熙七年（1668）四月河决桃源之黄家嘴，冲没西北居民田庐数十里。“漕艘不渡。六月，从土神庙入县治，治内水深二尺。自明天启元年水决入治，五十年中再见。寻决三义坝，注渔沟。”康熙十二年（1673）“三月，河决王家营。又自新河郭家口决而北”③。此决至康熙十五年始塞。加上三义坝以上“黄流分岔，由新庄口下行之处，乃康熙十一年决口，由官亭、渔沟两镇之中，下达安东，漫流循南北潮河入海”④。致使清口以北

---

① （清）靳辅：《治河奏续书》，《四库全书》，史部，第579册，上海古籍出版社1987年版，第726页。

② （清）靳辅：《治河奏续书》，《四库全书》，史部，第579册，上海古籍出版社1987年版，第726页。

③ 光绪《清河县志》，《中国地方志集成·江苏府县志辑》，第55册，江苏古籍出版社1991年版，第876页。

④ （清）麟庆：《黄运河口古今图说》，《四库未收书辑刊》，第9集第6册，北京出版社1997年版，第5页下栏。

连续三年河势分散，康熙十五年水灾更大，清口一带黄、淮、运三河的水利平衡被粉碎，河运水系崩溃。

康熙十五年（1676），“河决宿迁之白洋河及于家冈二处，又决清河之张家庄、王家营，安东之邢家口、二铺口，山阳之罗家口、夏家口、吕家口、洪家口、窦家口”。河分则流缓，清口淤塞则淮、黄不得东行，引发高家堰崩溃，“淮、黄复大决高家堰。时频年被水，诸堤工皆未竣。……高堰一带倒卸三十余处。水浸扬属又过往年三之一，漕堤殆不能支，随亦崩溃。高邮之清水潭、陆漫沟，江都之大潭湾等处共决三百余丈。残缺不可胜数，深及四五丈不等，自堤以东浩浩乎茫无际涯矣”①。此空前水灾由清初治河不得要领引起。

康熙十六年（1677）以后靳辅治河，乃先疏清口下游入海通道，在已淤河身两旁，各挑引河一道，并以浚河之土筑两岸堤共长95000余丈。又在云梯关外河身两岸各筑堤长28000余丈以束水。并用同样的办法整理清口以北至徐州已淤黄河河道。然后堵塞清口上游黄河决口和高家堰诸决口，在清口以西淤沙开张福口、帅家庄、裴家场、烂泥浅引河四道，引湖水出清口与黄水并力刷沙，河道渐刷渐深。

对运口，分烂泥浅之水二分济运、八分敌黄，筑运口至大营房缕堤长692丈。康熙十七年（1678）自新庄闸西南开引河一道至太平草坝（坝在烂泥浅引河东北），移天妃闸（明万历间所建通济闸）于新河，又自文华寺永济河头起挑河一道，引而南经七里闸复转而西南亦接之太平坝，俱达烂泥浅河内，两河并行，互为月河，以舒急溜。修复七里闸，凡运艘并官民船只俱出七里闸至烂泥浅引河之上流，下达清口入黄河，以烂泥浅之上为运口。康熙二十三年（1684），建惠济闸于旧通济闸以南三里，以是闸为运口，后又建大墩于头草坝（太平坝）之西，以挑湖水。

## 二　清圣祖指导改建的清口

万历七年潘季驯治河、康熙十六年靳辅治河时，都反复强调黄河入海口无法挑浚，海口积沙要靠黄淮并流一向入海冲刷深通。康熙三十四年（1695），总河董安国却于海口筑拦黄坝。不久，“上游壅高，河口频年倒灌。复又淤成平陆。淮不北出者数年”②。清口水系崩溃。

① （清）傅泽洪：《行水金鉴》，《四库全书》，史部，第580册，上海古籍出版社1987年版，第646页。

② （清）麟庆：《黄运河口古今图说》，《四库未收书辑刊》，第9集第6册，北京出版社1997年版，第8页上栏。

康熙三十七年（1698），建东、西坝于风神庙前以束清御黄。二坝在清水会黄的出口处，既可拦挡黄水渗透，又可使清水受到约束加快流速，改善湖口环境。三十八年（1699）正月，清圣祖南巡时向总河于成龙面授清口整治机宜，一是"将清河至惠济祠埽湾由北岸挑引，从惠济祠后入河，而运河再向东斜流入惠济祠交汇，黄水自然不倒灌"。解决清口太直的问题。二是"将清口之西坝台添挑水坝，比东坝台加长，包裹清口在内。选择洪泽湖水深之处，开直成河使湖水流出。黄河湾曲之处直挑引河，使各险处不得受冲"[①]。解决清口太露的问题。而且亲自踏勘、确定御坝坝址，"以黄河直抵惠济祠前，始折而东下，逼近清口，易致倒灌。乃令侍卫肩桩钉立，即于其处建挑水大坝，挑溜北趋。土人感戴，呼为御坝。御坝坝尾土堰直接南首缕堤。又自张福口运河缕堤尾至西坝止，筑临清束水堤长五百二十八丈，又建惠济祠旁运河西岸砖工，三次共长二百六十四丈"[②]。皇帝亲自下工地，踏勘御坝修筑路线，难能可贵。

御坝之筑是康熙皇帝实地踏勘指授治河方略的水利史佳话。"朕南巡时清流不畅，黄水倒灌，以致洪泽湖上流淤垫。朕指修御坝、西坝，清水遂畅然流出，黄水不致倒灌，淮黄交会之区始得安澜。但其地甚卑湿，彼时朕步行阅视十余里，泥泞没膝，指授方略。总之，治水如治天下，得其道则治，不可用巧妄行。"[③] 圣祖以九五之尊，当时曾足履泥泞，实地踏勘十多里，最后确定坝址。按《江南通志》卷56，这次圣驾南巡驻跸陈家庄东，还亲自相度河势确定地点，命筑坝挑黄水北入陶庄引河，使黄河大溜远离运口。

康熙三十九年（1700），张鹏翮出任河道总督，首先遵照皇帝意旨彻底拆掉海口拦黄坝，挑浚河身，与上流一律宽深。其次开辟清口，开引河引湖水畅出刷黄。康熙四十年（1701）于运口烂泥浅之下旧大墩至太平草坝筑拦湖堤长一百四十丈于旧墩之西，逼清七分敌黄，三分济运。大墩之下，建筑头坝束水。四十一年（1702）自武家墩北接筑临湖堤长770丈（在三汊河处），建石䃮一座，名济运坝，需要时可以开坝引湖水由三汊河过七里闸经文华寺前进入运河，补充水源。四十二年（1703）自御坝起至

---

① 《清圣祖实录》卷192，第2册，中华书局1985年版，第1035—1036页上栏　康熙三十八年正月己巳。

② （清）麟庆：《黄运河口古今图说》，《四库未收书辑刊》，第9集第6册，北京出版社1997年版，第8页上栏。

③ 《圣祖仁皇帝圣训》，《四库全书》，史部，第411册，上海古籍出版社1987年版，第550页。

东西坝止，又筑临黄顺水堤一道。四十六年（1707）以天妃闸塘深洼，筑坝拦截，移运口于头草坝之北。如重运过完将头草坝煞断，令清水全入黄河，止留三汊河清水由文华寺入运河。数月后回空船到，再开启头草坝，让江南船入淮扬运河南下。康熙中期对清口的整治，是清口水利史上的一个较大进步。

## 三 乾隆三十年之前的清口演进

康熙四十九年（1710），圣祖生前对清口进行最后一次完善，改建永济闸为惠济越闸，所谓越闸就是正闸对面越河上的辅助性船闸。原来惠济闸后面西有永济闸、东有七里闸，改建后永济闸成为惠济闸的越闸，即意味着废弃了七里闸。雍正十年（1732），又移建惠济越闸于二草坝（东坝、西坝）之南，成为运口的正闸，新运口较旧运口进步明显。

雍正十三年（1735），高斌出任南河道总督，其后在改进清口水利设施配置方面有重大作为。一是鉴于“淮扬运河自清口至瓜洲三百余里，其源为分洪泽湖水入天妃闸，建瓴而下，经淮安、宝应、高邮、扬州以达于江，惟借东西漕堤为障”，而淮扬运河河堤不堪重负，题准“于天妃、正越两闸之下，相距百余丈，各建草坝三。坝下建正石闸二，越河石闸二。又于所建二闸尾各建草坝三”。其目的是“重重关锁，层层收蓄，则水平溜缓，可御洪泽湖异涨，亦可减运河水势”①。这一设想后来变成现实，减轻淮扬运河河堤的压力。二是“移运口于旧口之南七十五丈（今之运口也），建头坝于运口之内，迤下又建二、三坝互相擎托，各留金门宽四丈以节清水”②。运口南移，更深入湖水而远离黄水。新运口连置三坝，坝留金门开则吐纳漕船、合则拒绝黄水，可谓用心良苦。三是“因旧河下段西黄东运中隔一线沙堤，大泛水涨甚属危险，乃自张王庙前接旧河起至庞家湾下开正越新河一千六十八丈，穿永济河头接入旧河，以挑河之土筑东堤，新河之内建通济、福兴正越四闸，而将旧运口筑堤拦截，计水入运口由三草坝东行过老鹳嘴正闸”③。这样做是为了连接南移的运口。

乾隆五年（1740）为防治黄水倒灌清口，建木龙五架于御坝之西，挑黄河主溜远离清口、北趋陶庄。乾隆八年（1743），自运口头南坝起至济

---

① 《清史稿》，第35册，中华书局2000年版，第10630页。

② （清）麟庆：《黄运河口古今图说》，《四库未收书辑刊》，第9集第6册，北京出版社1997年版，第9页下栏。

③ （清）麟庆：《黄运河口古今图说》，《四库未收书辑刊》，第9集第6册，北京出版社1997年版，第9页下栏。

运坝止，筑临湖堤一道长 1478 丈。此后，转而确保湖口两旁临湖大堤安全，乾隆“八年，自运口头南坝起至济运坝止，筑临湖堤一道长一千四百七十八丈。十年，建双孔涵洞于通济闸下东堤，备清水盛涨时泄入护城河。十二年因运口西岸张福口迤西黄河缕堤南湖北黄湖水啮堤，乃自旧四堡至七堡于堤身南面建砖工长一千丈。十八年又自七堡至十堡接建砖工一千二百二十丈。二十四年将高堰界西临湖堤长七百七十丈，并建砖工。二十七年，接前工往西又建砖工五百九十八丈。……从此河口临湖一面并运口之内工程周密，防范稍易”[①]。乾隆后期，致力于逼迫黄河大溜远离清口。

## 四　乾隆四十一年的开陶庄引河

乾隆三十年（1765）之后，清口的最大问题是黄河大溜从西北而来，直冲卞家汪、天妃庙石工，然后在二石工下斜对岸的陶庄闸以下形成巨大沙滩。黄河大溜离清口还是太近，不时倒灌运河和洪泽湖，带来很大麻烦。最初治河诸臣只是在御坝之前架设木龙，逼黄溜改向远离清口，收效不大。乾隆四十一年（1776）五月，两江总督高晋、江南河道总督萨载会奏，鉴于“在工二十余年，历经黄流倒灌、河道停沙……清口之西所建各架木龙，原以挑溜北趋，冀刷陶庄积土，使黄不逼清之意。历年虽著成效，但骤难尽刷”，提议“于陶庄迤上积土之北，开挖引河一道，使黄水离清口较远，清水益得畅流，至周家庄会黄东注。不惟可免倒灌，而二渎并流，河海淤沙渐可攻刷。即堰、盱工程，亦可资稳固”。拟于当年霜降后动工。皇帝旨批“此奏皆合机宜形势，是治淮黄一大关键。届时妥为之”[②]。这一工程事被后人称为督河两院勘开陶庄引河，较好地改善了清口水情。

陶庄引河于周家庄至陶庄之间河滩上实开“河长一千六十丈”，乾隆四十二年（1777）通水，“于旧河内筑拦坝长一百三十丈，为清黄界坝，堵截断流；……又自拦黄坝南坝头起，至御坝顺水堤止，筑拦堰长一百四十丈；又自拦黄坝后起，至顺水坝尾止，筑撑堤一道长二百丈；又自拦黄坝北尾起，至河尾止，于新河之南筑束水堤一道长八百九十一丈；又于拦黄坝之外筑土埽坝一道，长一百三十丈，名顺黄坝，以为重障焉”[③]。进一

① （清）麟庆：《黄运河口古今图说》，《四库未收书辑刊》，第 9 集第 6 册，北京出版社 1997 年版，第 9—10 页下栏上栏。

② 《清高宗实录》卷 1010，第 13 册，中华书局 1986 年版，第 553—554 页下栏上栏。

③ （清）麟庆：《黄运河口古今图说》，《四库未收书辑刊》，第 9 集第 6 册，北京出版社 1997 年版，第 11 页。

步完善了清口配置。

## 五 乾隆五十年的清口

乾隆四十一年总河萨载重开陶庄引河，进一步将黄河推向西北方向，使之远离清口；淮水出湖通道加长，直至彭家码头始与黄水交会。乾隆四十三年（1778）“将拦黄坝、顺黄坝中间水塘填平”，把淮河、黄河明显地分开。乾隆四十三年（1778）伏秋黄水异涨，湖水出口还是淤垫，漕船入黄受阻。次年又遇清水过弱，于是“接临清束水堤尾起，至新河南岸堤尾止，筑束水堤长六百九十二丈，又改建东西束水坝于惠济祠前，下移二百九十丈”①。向前延长束清坝600多丈，也即逼退黄水600多丈，使淮水出湖有更大空间和更强势头。随着束清（同时也挡黄）坝的延伸，用于约束淮水使之流急的东坝、西坝也提前几百丈改建到新址。

乾隆四十六年（1781），黄河水大涨，“四十六年五月，决睢宁魏家庄，大溜注洪泽湖。七月，决仪封，漫口二十余，北岸水势全注青龙冈。十二月，将塞复蛰塌，大溜全掣由漫口下注。四十七年，两次堵塞，皆复蛰塌”②。尽管“筑东西兜水坝于清口风神庙前，夏展冬接”，阻挡了黄水倒灌。但清口建设的严重倒退无法避免，因青龙冈堵而复决，两年不果，清口外又“黄河断流”。乾隆“四十九年，河归故道，南趋倒灌。五十年清口竟为黄流所夺”。③ 给清口带来毁灭性的破坏。攻坚关头，皇帝派来了朝中重臣。“钦差阿文成公来江筹勘，议以清口之兜水坝与束清相宜，每年照旧拆筑，改名束清坝。其旧有之东西束水坝应再下移三百丈，于惠济祠后福神庵前建筑，名御黄坝。……如此，则外有东西坝御黄，内有兜水坝束清，无论水大水小之年，相机拆展、收束，可期应手得力。”④ 阿文成公，这次出京是代表皇帝巡河，五十年“勘河南睢州河工，并察洪泽湖、清口形势。五十一年，又命勘清口堤工”⑤。为乾隆后期治河通漕的一线决策人和实践者。

这次治理清口之后，淮水出湖会黄通道最里层的兜水坝和最外层的

---

① （清）麟庆：《黄运河口古今图说》，《四库未收书辑刊》，第9集第6册，北京出版社1997年版，第12页上栏。

② 《清史稿》，第13册，中华书局1977年版，第3731页。

③ （清）麟庆：《黄运河口古今图说》，《四库未收书辑刊》，第9集第6册，北京出版社1997年版，第12页上栏。

④ （清）麟庆：《黄运河口古今图说》，《四库未收书辑刊》，第9集第6册，北京出版社1997年版，第12页上栏。

⑤ 《清史稿》，第35册，中华书局1967年版，第10744页。

拦黄坝，每年根据湖水大小拆短或加长，以适应洪泽湖泄洪要求的变化，旧有东坝、西坝前移300丈，改建于福神庵前以抗黄水，取名御黄坝。二者之中，尤其重视御黄坝，规定“如遇黄水过大，将口门收窄；清水过大，将束清坝拆展。此坝一律展拓，并将东坝做长，以挡黄水回溜；西坝做短，使清水直抵黄”。可以立于不败之地。此次治理清口，收效甚久。据道光年间的总河麟庆追述：“垂今六十余年，河尾淤滩渐长，清、黄交会之处愈远，虽因河底垫高，倒灌仍所不免，而清口西岸一带，昔为黄溜经行之地，今则民居稠密，情形迥异矣。”① 为康乾盛世河治最后辉煌。

## 第四节　嘉道年间清口演进

### 一　嘉庆年间的清口

乾隆五十一年（1786），阿桂治理后的清口，将水利技术发挥到极致。其后每遇黄河泛涨，按照阿桂成规行事，更注重外河开启毛城铺天然闸，峰山四闸，祥符、五瑞二闸泄洪入洪泽湖，使到达清口的黄水流量不足以倒灌湖、运。但这样一来，通过清口外的黄水量少则流缓，又引起积沙抬高河道，河道抬高则上游黄水过清口受阻。乾隆、嘉庆之交，黄河自远而近地溃决于清口以上河道，形成一个河害高潮。“黄强则倒灌以淤湖、运；两力相抵则浅阻。空重运行，百计筹措，每形棘手。”② 清口运作日见艰难。

嘉庆九年（1804），姜晟、徐端会同铁保、吴璥治理清口，“将束清坝移建于头坝之南，湖水会出之处，筑东西两坝，每年相机展束；又于御黄坝下三百八十丈，高家马头西岸河尾斜筑挑坝，挑黄北趋，兼遏倒漾；东岸亦筑坝与西岸相望，名新御黄坝。两坝共长三百丈。每年以时拆筑，黄水过大，亦有时堵闭”③，乃阿桂治理清口之法的延续。

嘉庆十三年（1808）“湖、河并涨，六月风暴掣通临湖堤二段，在运

---

① （清）麟庆：《黄运河口古今图说》，《四库未收书辑刊》，第9集第6册，北京出版社1997年版，第12页上栏。

② （清）麟庆：《黄运河口古今图说》，《四库未收书辑刊》，第9集第6册，北京出版社1997年版，第13页上栏。

③ （清）麟庆：《黄运河口古今图说》，《四库未收书辑刊》，第9集第6册，北京出版社1997年版，第13页上栏。

口三南坝之后，遂于临湖筑柴土圈堰一道，长四百七丈，外以碎石包护”[1]。嘉庆二十年至道光元年又接前南至里堰交界、北至束清坝尾，砌碎石坦坡于砖工之外，长1064丈。嘉庆年间，河官无能而贪婪，缺乏乾隆朝河臣阿桂等人的清廉强干。松筠弹劾吴璥、徐端“治理失宜，用人不当，垫款九十余万，恐有冒捏”。[2]吴璥曾对两淮盐政说自己属下往往虚报工程，因而清口处于勉强维持状态。

## 二　道光七年的清口

嘉庆十三年（1808）黄、湖异涨，清口崩溃。嘉庆十六年（1811）于高家码头新坝（新御黄坝）之南190丈添筑二坝一道，长230丈4尺。添加二坝，出发点是多一层坝就多挡一份黄水渗透，很可怜的愿望，反映了清人对黄河害运的无可奈何。嘉庆二十二年（1817），因御黄坝口门水深8丈，黄水盛涨时堵坝很难，就堵死水较浅的二坝。御黄坝口门宽60丈，用草、麻等物裹住两头以防水坍。

道光四年（1824），“南河黄水骤涨，高堰漫口，自高邮、宝应至清江浦，河道浅阻，输挽维艰。吏部尚书文孚等请引黄河入运，添筑闸坝，钳束盛涨，可无泛溢。然黄水挟沙，日久淤垫，为患滋深”[3]。此时的借黄济运，是把黄河水放进淮扬运河行漕。这是一种反动、倒退的做法，无异于饮鸩止渴。借黄济运时，清口一带“将新御黄坝帮宽收窄，坝外又接东西纤堤，建钳口坝二于西堤。乃重漕渡未及半，河口至清江一带河道淤浅胶舟，因将未渡粮米剥运赴通”[4]。漕船没有渡过一半，运口里外就淤塞堵死了，剩下的一半漕粮是剥运——从大船上卸下漕粮，装到小船上过闸入黄河，再装漕船运到北方的。

道光六年（1826），苏南四府一州之漕粮海运，江北、浙江、江西、湖广漕粮河运，“运至御黄坝剥交。上年回空停泊中河之船运通，幸得无误”[5]。该年南来漕船没有出闸入黄，而是在御黄坝里起剥——靠小船运过黄河进入中河，装上年未能回空漕船北上的。

---

① （清）麟庆：《黄运河口古今图说》，《四库未收书辑刊》，第9集第6册，北京出版社1997年版，第13页上栏。

② 《清史稿》，第37册，中华书局1976年版，第11373页。

③ 《清史稿》，第13册，中华书局1976年版，第3593—3594页。

④ （清）麟庆：《黄运河口古今图说》，《四库未收书辑刊》，第9集第6册，北京出版社1997年版，第14页上栏。

⑤ （清）麟庆：《黄运河口古今图说》，《四库未收书辑刊》，第9集第6册，北京出版社1997年版，第14页上栏。

道光七年（1827），琦善等人于清口再行灌塘法渡漕船入黄。据麟庆十多年后追述“然法虽备，而是否能行，皆难意必。又议放王营减坝，令黄水暂尔旁行，冀可落低河面六尺，为大挑清江以下黄河之计”。灌塘之前，琦善等人打开王家营减水坝，大泄黄河之水，幻想水位降低6尺，漕船按常规过闸北上。“讵料七年三月减坝将次合龙启放，黄河流行不畅，依然黄高于清，只得行灌塘之法，匝月渡竣。空运因之。”① 此次灌塘出船，比较嘉庆灌塘八日即竣多用数倍时间，但还算成功。

所谓倒塘行漕，是漕船出淮扬运河进入黄河的一种方法，其法“于新御黄坝外筑东西纤堤（在新生滩上），就钳口坝处建草闸一座，以为运口。闸外浅滩两岸又筑堰戗，中建土坝曰拦黄堰。又于迤南筑钳口坝曰拦清堰，坝闸中间之河曰塘河，重运漕船渡黄时黄高于清，则堵草闸并闸外土堰，挽重运进塘。先堵拦清堰，即启拦黄堰闸，黄水顷刻淌平，重船衔尾出闸渡黄。如此轮转灌放，约八日即竣。一塘空重相循，虽亦借黄济运，而黄水入塘即澄，毫无泥沙入湖入运”②。倒塘效果可能有所夸饰。

## 三　道光十八年的清口

示意图与“道光七年清口示意图”相比，最大的不同是取消了原有的钳口坝、御黄坝，使塘河水域面积得到成倍拓展，增加每次灌塘出船数量。

道光七年（1827）“空重两运俱用灌塘之法”行漕，当时每塘过船四五百只。其后清口又连续两年灌塘行漕。道光十年（1830），为防备灌塘行漕时塘内发生火灾，“于塘内添挑一河名曰替河，以备互相灌放”。为改进灌塘方法，提高行漕效率，还对塘河进行两项技术改造：一是如果清水恰好和黄水持平，“草闸底淤，不能刷跌，乃于东岸逼近窑汪处所，建涵洞一座，为泄水落低之计”。图32－10上河塘左侧小圆圈旁写有涵洞字样。二是黄水高于清水很多，“不敢启放，乃于草闸东偏建涵洞一座，为引黄抬水之计”。图上河塘左下角有斜的长方形图案，其左侧写有涵洞字样。道光十五年（1835），又各添建一座涵洞以加快进水速度。经这样改

① （清）麟庆：《黄运河口古今图说》，《四库未收书辑刊》，第9集第6册，北京出版社1997年版，第14页上栏下栏。

② （清）麟庆：《黄运河口古今图说》，《四库未收书辑刊》，第9集第6册，北京出版社1997年版，第14页上栏。

造，“向之蓄泄塘水，每时可得一寸，今则倍之”①，缩短了进水时间，加快过塘速度。此等技术，运用了宋代澳闸部分原理，与现代船闸异曲同工。

道光十六年（1836），“又重建草闸，并随时添做马牙、蟹钳等坝，益臻周备。又于临清堰内添筑钳口坝，以为重障”。如此运行十多年后，效率有所提高，“官丁娴习，起初每塘止灌四五百船，今则可灌一千二三百只”。在道光年间黄河河床高于湖、运很多，黄河水量对淮、运二河具有压倒优势的情况下，不失为一坚持清口行漕的方法。但此法对水情有一定要求，“重运患在夏至水涨澄淤，回空患在冬至大河淌凌。如果船来不逾二至，竟可经久。盖不虑灌放之有所稽迟，转虑后船之不能衔接矣”②。夏至黄河水盛时，灌塘易招致塘淤；冬至黄河凌汛，灌塘会撞碎漕船。另外，灌塘适于大批漕船一灌而过，若漕船零星而来，则得不偿失。

聚焦清口，看明清治河通漕，不难看出两朝在黄、淮、运三河清口交会的情况下坚持河运，既可敬又可悲。要一分为二地看，其一，两朝坚持河运的执着，只要还有一线希望就尽百倍的努力，可谓坚忍不拔；其二，不事海运的愚蠢，只要把坚持河运50%的用心和投入用在海运上，即可创造漕粮海运的辉煌，尤其是沿海一直维持着非漕粮海运的清代。

① （清）麟庆：《黄运河口古今图说》，《四库未收书辑刊》，第9集第6册，北京出版社1997年版，第15页下栏。

② （清）麟庆：《黄运河口古今图说》，《四库未收书辑刊》，第9集第6册，北京出版社1997年版，第15页。

# 第三十三章　明清河漕苦乐不均

## 第一节　统治阶级安享河运之利

封建社会等级特权、官本民末，少数人奴役、统治多数人。治河通漕的主要劳动者不享运河之利，却直接承受官吏层层盘剥和治河通漕失误之害；贵族和官吏享受河运带来的巨大利益，却在追求特权享受和侵吞不义之财中破坏河规漕制，断送治河通运大计。此亦明清河漕不可持续的社会原因。统治阶级，包括皇帝、皇族、宦官和官员。

### 一　明代迁都北京后的河运

永乐十八年迁都北京，南京留下一套与北京规模相当的官吏体系，其中部分官员只负责把江南生活奢侈品河运北京。南、北二京相同官府之间公务往来，也凭空给运河增添许多麻烦。

（一）皇宫生活奢侈品进贡的河运特权

按《明会典》，南京专备运送北京奢侈品的马快船及其所运物品数量，历年稍有变化，并维持着相当规模。其中成化十二年“计南京各衙门每年进贡物件共三十起，用船一百六十二只”①。具体情况如下：

司礼监二起：制帛一起，计二十扛，实用船五只；笔料一起，实用船二只。守备并尚膳监等衙门二十八起：用冰物件六起，鲜梅四十扛或三十五扛，实用船八只；枇杷四十扛或三十五扛，实用船八只；杨梅四十扛或三十五扛，实用船八只（以上俱守备）；鲜笋四十五扛，实用船八只；头起鲥鱼四十四扛实用船七只，二起鲥鱼四十四扛实用

① 《明会典》（万历朝重修本），中华书局1989年版，第814页下栏。

船七只（俱尚膳监）；不用冰物件二十二起：鲜藕、荸荠、橄榄等物五十五扛，实用船六只；鲜茶十二扛，实用船四只；木樨花十二扛，实用船二只；石榴、柿子四十五扛，实用船六只；柑橘、甘蔗五十扛，实用船六只（俱守备）；天鹅等物二十六扛，实用船三只；腌菜台等物共一百三十坛，实用船七只；糟笋一百二十坛，实用船五只；蜜煎樱桃等物七十坛，实用船四只；干鲥鱼等物一百二十合坛箱，实用船七只；紫苏糕等物二百八十四坛，实用船八只；木樨花煎等物一百五坛，实用船五只；鸬鹚鹚等物十五扛实用船二只（俱尚膳监）；荸荠七十扛，实用船四只；姜种、芋苗等物八十扛，实用船五只；苗姜一百担，实用船六只；鲜藕六十五扛，实用船五只；十样果一百四十扛，实用船六只（俱司苑局）；香稻五十扛，实用船六只；苗姜等物一百五十五扛，实用船六只；十样果一百一十五扛，实用船五只（俱供用库）；苜蓿种四十扛，实用船二只（御马监）。①

明代规定，进贡进鲜船过闸过坝随到随开。“宣德四年，令凡运粮及解送官物并官员、军、民、商贾等船到闸，务积水至六七板方许开放。若公差内外官员人等乘坐马快船或站船紧急公务，就于所在驿分给与马驴过去，不许违例开闸。进贡紧要，不在此例。成化十年，令凡闸惟进鲜船只随到随开，其余务待积水。”② 而南京进贡种类繁多、规格高贵、规模庞大，都要享受随到随开特权，清口黄河汛期必然引发倒灌；过会通河各闸必然破坏递相启闭秩序。

嘉靖九年减南京河运贡品船只 90 余只。但嘉靖三十一年进贡物品却由成化年间的 30 起增至 47 起，河运规模还有反弹。

（二）从运河沿线往京城运送建材

永乐十八年大规模修建紫禁城结束后，后续配套建设和已有建筑维修仍在进行，需要不断往京城运送砖瓦。运送有捎带和雇运两种形式。

捎带。按《明会典》卷 188《工匠》，洪武、永乐年间客船、民船有带砖义务，英宗以后捎带运砖范围扩大、任务加重，主要由漕船承担，“天顺间，令粮船每只带城砖四十个，民船照依梁头，每尺六个。弘治八年题准，带砖船只除荐新、进鲜黄船外，其余一应官民、马快、粮运等船俱照例给票，著令顺带交割。按季将收运过数目报部查勘。仍行沿河郎中等官，但遇船只逐一盘验，如有倚托势豪及奸诈之徒，不行顺带者拏送究问；回船

---

① 《明会典》（万历朝重修本），中华书局 1989 年版，第 814—815 页。

② 《明会典》（万历朝重修本），中华书局 1989 年版，第 999 页上栏。

查无砖票者，拘留送问。嘉靖三年定粮船每只带砖九十六个。民船每尺十个。十四年，粮船每只加至一百九十二个。民船每尺加至十二个。二十年，粮船仍减为九十六个。二十一年，令经过临清粮船、官民船顺带本厂官砖至张家湾交卸，损失追陪。四十二年，查照旧例，粮船每只止带砖六十个。余砖于官民商贩船通融派带”①。漕、民船带砖，会加重搁浅现象。

雇运。永乐和嘉靖年间有两大高潮。永乐年间朝廷解决运费，“凡雇运砖料。永乐初，令河南、山东、直隶各巡抚督令所属，查照原运军卫有司并递运所量起人夫，措置车船，至窑运赴该厂交割。每城砖一个，脚价银一分八厘，斧刃砖一分四厘。进厂脚价不在此数”。此时虽说动员范畴和运输量很大，但所派之砖必运、所运之砖脚价实发。嘉靖年间雇运由地方解决运费，“嘉靖四年，令临清砖料顺带未尽者雇船运解，合用脚价各司府州县量多少摊出。经过地方，一体应付夫廪。五年，令沿河递运所拨大红船及临清厂雇倩民船，装运白城斧砖；又令苏州细料方砖，若是雇船差官押运到工，雇费于本府由于该解年例军器鱼课银内支用。九年题准，仪真黑城砖，行扬州府查勘在库官银，雇船载运”②。但运费下放州县筹措、发放，难免克扣打折。

## 二　清代漕粮专供统治阶级

清代没有明代北部边防粮饷供应的压力，却每年也河运东南漕粮约300万石、白粮数十万石到京通，主要用于皇宫、皇族、百官和八旗兵民食用。

按《钦定大清会典》，八旗入关后，“近畿五百里内，当明季兵燹之后，野多旷土。定鼎之初，以锡群策群力，垂为世业，墟市不改，邱冢如故。有民田犬牙相错者，取别州县闲田易之，俾旗人各安其业，以正经界，其征输之籍尽除之”。为满洲八旗生存繁衍提供充足的保障。至于对皇族、贵族，“凡宗室王贝勒贝子公将军，赐畿辅庄园各有差，通计八旗万三千三百三十八顷有奇。凡勋戚世爵职官军士，赐畿辅庄田各有差，通计八旗十有四万百二十八顷七十一亩有奇。凡畿辅旗庄，国初颁赐已定。厥后皇子分封、公主赠嫁皆取诸内府庄田，承平以来边界益拓，盛京东北及诸边口外，古称瓯脱不毛之土，多辟为腴壤。八旗户口滋繁，咸取给焉”③。配给如此巨额良田，足以让贵族子孙食用不尽。

---

① 《明会典》（万历朝重修本），中华书局1989年版，第963页下栏。

② 《明会典》（万历朝重修本），中华书局1989年版，第963—964页下栏上栏。

③ 《钦定大清会典》，《四库全书》，史部，第619册，上海古籍出版社1987年版，第116—117页。

但是，最高统治者还要从东南河运漕粮数百万石，为八旗营造不耕而食的优越生活条件。“凡岁漕京师者八省，其漕有五等：曰正兑米入京仓，以待八旗三营兵食之用。……曰改兑米入通州仓，以待王公百官俸廪之用。……曰白粮分入京、通仓，以供内府光禄寺以待王公百官各国贡使廪饩之用。……曰粦麦入京仓，以供内府之用。……曰黑豆入京仓，以待八旗官军及宾馆牧马之用。”① 无怪乎时人都说清朝八旗种的是铁杆庄稼，即不用耕种就可年年丰收，过饭来张口、衣来伸手的生活。

清代内务府机构庞大、事务繁杂，“总管大臣掌内府政令，供御诸职，靡所不综。堂郎中、主事掌文职铨选，章奏文移。广储掌六库出纳，织造、织染局隶之。会稽掌本府出纳，凡果园地亩、户口徭役，岁终会核以闻。……营造掌本府缮修，庀材饬工，帅六库三作以供令。庆丰掌牛羊群牧，嘉荐牺牲。钱粮衙门掌三旗庄赋，治其赏罚与其优恤。内管领处掌承应中宫差务，并稽官三仓物用、恩丰仓饩米。……总理工程处掌行营工作。凡遇工程，简勘估大臣、承修大臣，事毕简查验大臣”②。内务府包揽皇宫、皇族和旗人生活供应，以举国财力物力供八旗生计所需。而分配漕粮，用来养活皇族和从龙入关的旗人，是其职责之一。

## 第二节 社会上层运河出行之便

明代在运河沿线设递运所和水马驿，专门为官方出行提供方便。南、北二京官员往返，京官出京视事，或地方官进京办事往返，皆可享受水上出行和物流便利。

水驿服务官员出行，“设船不等，如使客通行正路，或设船二十只、十五只、十只；其分行偏路，亦设船七只、五只，大率每船该设水夫十名，于有司人户纳粮五石之上十石之下点充”③。船只官府所有，水夫由征点而来，明代官员有运河出行特权。“弘治七年，命定协济水夫则例。每船一号夫十名，岁征工食过关银一百二十两。每三年加修理船只铺陈银四十两，每十年加置造船只铺陈银八十八两。其水夫从该驿雇请本处诚实土

---

① 《钦定大清会典》，《四库全书》，史部，第619册，上海古籍出版社1987年版，第138页。

② 《清史稿》，第12册，中华书局1977年版，第3423—3424页。

③ 《明会典》（万历朝重修本），中华书局1989年版，第736页上栏。

民应当。"[1] 递运所承担官府官员物流需求，"设置船只不等，如六百料者每只水夫十三名，五百料者每只水夫十二名，四百料者每只水夫十一名，三百料者每只水夫十名。其水夫皆于五石以下粮户内点差"。"递到官物，所官验实物件斤重担数多寡，随即计筭船只料数差拨运……其长押人员不许索要过料船只及多取水夫、夹带私己物货，所官亦不许徇情应付。"[2] 递运所和水驿服务官员出行分工明确。

## 一　明代文人文官运河出行等级差别

（一）朝中重臣出行

杨士奇在《南归纪行录》中记作者正统四年二月奉旨回乡归省坟墓，"上命司礼监官选一诚实内使送归。……范太监传圣旨命兵部缘途给行廪水，路给驿船递运船，陆路给驿马运载车，从者皆给行粮脚力，往复并给"[3]。二月十八日由京启程，闰二月十七日至扬州，二千余里仅行一月，享受明代所能给大臣运河出行提供的一切便利。

船行畿辅有官船侍候，官府呵护。在通州出发时，"阮内使来会，小酌后家人及行李皆登马船，余与阮各乘驿船先行。既至金菱湾，迫暮，马船不至。余两人驻候之。盖马船阁浅通津驿前也"。初春水浅，故而家人行李船载重搁浅。"自通州至此沿河阁浅，人力所济，皆刘都指挥及两卫指挥赵玉、杨青，递运所官张聪之助。聪，吾旧办事吏，拨二递运船分载行李。"不仅拨船而且拨人，"刘斌都指挥遣公差回南京一空马船助载行李，盖虑吾前途水浅难行也。余遂却递运船，缘途但于递运所索夫，以助操舟。然吾家行李甚少，阮内使遂徙居之，以省驿舟倒换之烦"[4]。水浅，逆风，全赖沿线递运所夫役拉纤前行，"廿三日早发直沽，食后过杨青驿，索递运夫，过午不得，盖驿官惛懦不识字，悉为下人所蔽。申刻始得十数老稚，即发。……中夜至沧州，阮内使往递运所索夫，已有预备，盖官得人也"[5]。有求必应，尽得便利。

船行闸河遇闸随到随开。二十八日"午，至临清县清源驿，县驿、闸

① 《明会典》（万历朝重修本），中华书局 1989 年版，第 758 页上栏。

② 《明会典》（万历朝重修本），中华书局 1989 年版，第 758 页上栏。

③ （明）杨士奇：《东里集》，《四库全书》，集部，第 1239 册，上海古籍出版社 1987 年版，第 322 页。

④ （明）杨士奇：《东里集》，《四库全书》，集部，第 1239 册，上海古籍出版社 1987 年版，第 323 页。

⑤ （明）杨士奇：《东里集》，《四库全书》，集部，第 1239 册，上海古籍出版社 1987 年版，第 324 页。

官皆来见……晚过二闸，甚安稳。……廿九日早四鼓，过李家浅闸。早食至东昌崇武驿，过闸。……南风益甚，不可行。停至晚，行二十里过李海务闸，又十余里过周家店闸，又十余里过七级二闸，又十余里过阿城二闸，夜已深矣”。闰二月初二“早四鼓至济宁南城驿……午，过仲家浅闸，自济宁至此凡度十闸”①。“初四日昧爽，度沽头上闸。早食后度下闸。阻雨，午后始行，过谢沟闸，暮过皮沟闸。”② 商民船一天有时连一个闸都过不了，而杨士奇一夜能连过数闸。

船行鲁南苏北船涩放水、遇浅即浚。正统初黄河干流通过涡河入淮，淮安、徐州之间靠泗水行船，运道水涩与闸河相近。闰二月初四，舟至夹沟驿北三里许即阻浅，“初五日早仍阻浅，不能行，阮内使复诣皮沟放闸水。午得水，发黄家浅，过夹沟驿……行三十里，至耿山又阻浅，夜分至徐州。……盖自通州至此，始得北风云”。已过皮沟闸，还可要求皮沟闸放水送船下行，唯代表皇帝的阮内使有此面子。过徐州二洪时有提督护行，“初六日早，孙升郎中来见，遣人助过洪。孙奉命提督徐州洪事，廉能得民心，上下交誉之。孙惠鸡及蔬薪，却鸡，前行。……巳刻吕梁过洪，提督洪事徐少卿来见，遇张嘉会度洪，至房村驿”。过洪后有官员督夫遇浅即浚，“初七日四鼓启行，五鼓至邳州下邳驿，卫及州官来见……卫皆遣人前督浅铺夫；至直河，州又遣夫百人送船，甚得其助，盖自此迤南浅涩处多矣。……晚至宿迁钟吾驿……县遣一吏督浅铺夫送赴桃源”③。由桃源到清口有河官陪同，“初八日早行二十里，郭诚员外过舟见访。郭提督河道。……过古城驿，王瑜都督遣人来迓。……午后过桃源驿，信圭携杨俊来迓，遂同舟行。……初九日五鼓至清河，遂过青口驿，信圭追送余赴山阳，同舟度淮。罗文振出清江浦见迓，亦同舟行过五闸，至西湖”④。西湖应指山阳管家湖，陈瑄开清江浦河的出发点。杨士奇南归故乡省墓，时值明朝政通人和、河安漕通，《南归纪行录》反映明朝前期所能给高官运河出行的最高级别待遇。

---

① （明）杨士奇：《东里集》，《四库全书》，集部，第1239册，上海古籍出版社1987年版，第324—325页。

② （明）杨士奇：《东里集》，《四库全书》，集部，第1239册，上海古籍出版社1987年版，第326页。

③ （明）杨士奇：《东里集》，《四库全书》，集部，第1239册，上海古籍出版社1987年版，第326页。

④ （明）杨士奇：《东里集》，《四库全书》，集部，第1239册，上海古籍出版社1987年版，第326—327页。

（二）一般文官出行

程敏政成化二十二年七月奉命主考南畿秋试，《篁墩文集》卷 79 收其运河往返所写诗歌。去程急促，日夜兼程，“画舫长牵日夜行，好风天借一帆轻。涛声北拥迎銮镇，山势东蟠建业城。泽国鱼龙争起舞，水村鸡犬误相惊。清尊红烛论心地，记取江南第一程”[①]。靠夫役牵挽至仪真，始得顺风，得以顺利渡江。南畿秋试结束，程敏政如释重负，先后谒明孝陵，游玄武湖、天界寺、永宁寺、雨花台、灵谷寺、报恩寺、鸡鸣山、功臣庙，九月八日方离南京北返，出城后游观音山，过江北返时心情悠闲，“彩舟摇下石城湾，风定潮平客意闲。鸣橹不惊沙上鸟，推窗如看镜中山。一天秋色供诗料，五斗春风入壮颜。津吏又迎江北路，汉槎新自秣陵还”[②]。扬州河下，与无默子谈玄；高邮遇风，上岸与伯谐、伯常踏月；在淮安受到知府和同知多次宴请并获赠新船；过百步洪时在行河郎官陪同下瞻仰苏墨亭，并赋诗和苏轼原作；在徐州与同知楚英游桓山并诗酒流连；在临清与寄寓当地的宗戚欢会，极尽人生风光之能事。

程敏政的好心情至德州一扫而空，《德州道中》记述其坐船过闸的憋屈，“出逢漕舟来，入逢漕舟去。联樯密于指，我舫无着处。沿流或相妨，百诟亦难御。有如暴客至，中夜失所据。又如操江师，击搒散还聚。摧篙与折缆，往往系愁虑。平生凡几出，苦口戒徒御。忍后莫争先，宁缓勿求遽。……危坐郁成晚，少寝惊达曙”[③]。奉差外出公干的官员，经行运河过闸尚且感到憋屈，平民之难可想而知。

弘治元年（1488），程敏政因御史王嵩弹劾致仕，五年十二月起复京官。《篁墩文集》卷 88 收其当年从休宁动身北上，四月底至京，一路水行见闻。休宁临钱塘江上源，诗人乘舟先至徽州治所，登歙学岁寒亭，在歙北黄荆渡访进士何斯复不值；至浙江淳安拜见大司空胡公于里第，二月六日在建德城东遇雨野泊，进严州（古名睦州）府城拜严先生祠；经西湖净慈寺，沿京杭运河北行得会陆同年和李、王二修撰并竹东刘君；至苏州府城游鹤山书院、饮承天寺、谒范成大祠，与巡按赵公和都宪侣公、刘公会饮，上巳日赴秦廷韶方伯惠山之宴；至镇江会同知高克明，游北固山观狠

---

① （明）程敏政：《篁墩文集》，《四库全书》，集部，第 1253 册，上海古籍出版社 1987 年版，第 590 页。

② （明）程敏政：《篁墩文集》，《四库全书》，集部，第 1253 册，上海古籍出版社 1987 年版，第 594 页。

③ （明）程敏政：《篁墩文集》，《四库全书》，集部，第 1253 册，上海古籍出版社 1987 年版，第 599 页。

石，极尽人间以文会友之乐。

扬州以下水程，程敏政所写诗虽多记水行人际交往，但不少有运河文化认识价值。《高邮湖阻风》反映湖漕行船凶险，“一阵狂飚入地垠，客舟如叶浪如轮。凭谁上诉由风伯，任尔抛香拜水神。阿岸稍卑思跃马，夹湖虽好未通人”①。弘治初淮扬运河借高邮湖行运，由于水面广大，稍有风即浪大毁船。诗中所言夹湖，即白昂治张秋河决之余，“又以漕船经高邮、甓社湖多溺，请于堤东开复河西四十里以通舟”，弘治八年始投入使用。《过淮》：“清流如淀浊流黄，有意交流不自妨。斜月倚篷看水色，薰莸谁道可同藏。”② 表明弘治六年黄河有支流在清口入淮。《沽头闸下歌》：“闸河无人节新水，处处船头阁船尾。人生自古行路难，咫尺直须论万里。去秋不雨今复春，无麦无禾愁杀人。朝来不忍倚篷看，扶携拍岸皆流民。行河郎官不轻出，舟困闸河无了日。我舟虽困终须行，奈此白日嗷嗷声。”③ 既反映过闸之难，又反映饥民沿运堤徒步逃荒惨象，流露了体恤贫民的情怀。《四月初六日杨村道中遇暴风野泊，入夜尤甚，舟人大恐，皆不寐待旦。灯下有感》：“黄沙如雾昼冥冥，一夜狂飚吼不停。何物阳侯翻地轴，有时风伯畏天刑。盗窥客舫悬孤注，神忌吾书走六丁。篷底故乡应入梦，清溪修竹旧岩扃。”④ 北运河初夏大风、深夜盗影，连官船出行文官都感到恐惧。

（三）布衣文人出行

归有光嘉靖四十一年进士考试落第，春末夏初由北京南下返乡，其《壬戌纪行下》记述所受皇家物运冲击。“初一日，下张家湾，皇木蔽川，舟阻隘，仅得出。”⑤ 可见当时朝廷木材河运规模之大。龙衣船经行封水，耽误客运，“十七日荆门大风，黄沙蔽天，舟如雾中行，过张秋及戴家庙，有龙衣船封水，明日食时行。龙衣船岁于此过，阉挟南货，故船常滞浅。曾记一岁适巡抚过界，水为封锢，东平张长史以金币贿阉买水，买水所未

① （明）程敏政：《篁墩文集》，《四库全书》，集部，第1253册，上海古籍出版社1987年版，第703页。

② （明）程敏政：《篁墩文集》，《四库全书》，集部，第1253册，上海古籍出版社1987年版，第704页。

③ （明）程敏政：《篁墩文集》，《四库全书》，集部，第1253册，上海古籍出版社1987年版，第704页。

④ （明）程敏政：《篁墩文集》，《四库全书》，集部，第1253册，上海古籍出版社1987年版，第707页。

⑤ （明）归有光：《震川集》，《四库全书》，集部，第1289册，上海古籍出版社1987年版，第533页。

闻也"[①]。龙衣船是留都专门向皇宫运送龙衣的船，押运宦官常常搭载私货。大概是龙衣船运载过重、吃水太深，过闸蓄水动辄一天，无怪一介书生归有光等候一天才得通过。

归有光下程沾了龙衣船随到随开的光。二十一日至仲家浅，众船争相过闸，结果被卡雁翅，有船几乎毁坏，"止仲家浅，漏下二十刻闻闸下喧呼声，乃龙衣船至，闸启又行，至师家庄"[②]。龙衣船南返，空船仍然随到随开，众船得以过闸而行。归有光月初从北京动身，二十日即至江都。归有光此行没有享受杨士奇特权待遇，却少用三分之一时间至江口。其原因，一是行在夏初，运河水源充足；二是轻舟简装，没有拖累。

## 二　清代运河出行贵贱之别

按《钦定大清会典》，清代水驿、陆驿设置较明代普遍，"凡驿夫，陆驿供刍牧舆台奔走之役，水驿供舟楫牵挽之役，视事繁简以上下其食。需用之时先尽见夫应付，不敷迺募于民，计里授直"。有水驿省份，"均设船以供差使。船各烙号于上，以杜私赁私借"[③]。其中运河沿线的江苏常、镇四府额设驿船105只，浙江额设驿船93只，主要任务是为统治阶级出行提供方便。

清圣祖、清高宗六次出巡充分展示了君临天下者的富贵尊荣，同时也推动了社会和谐气氛的营造。虽然清帝南巡都标榜"阅视河工巡访风俗"[④]，但相比之下圣祖阅视河工多而高宗"巡访风俗"多。高宗南巡中阅视河工没有圣祖那么深入，"南巡之事莫大于河工，而辛未、丁丑两度不过敕河臣慎守修防，无多指示，亦所谓迟也。至于壬午始有定清口水志之谕，丙申乃有改迁陶庄河流之为，庚子遂有改筑浙江石塘之工，今甲辰更有接筑浙江石塘之谕"[⑤]。他比较注重彰显皇家尊荣，推进满汉一体。

庞大的出巡队伍。康熙二十三年（1684），清廷规定出巡扈从"有加

---

① （明）归有光：《震川集》，《四库全书》，集部，第1289册，上海古籍出版社1987年版，第534页。

② （明）归有光：《震川集》，《四库全书》，集部，第1289册，上海古籍出版社1987年版，第535页。

③ 《钦定大清会典》，《四库全书》，史部，第619册，上海古籍出版社1987年版，第614页。

④ 《钦定大清会典则例》，《四库全书》，史部，第622册，上海古籍出版社1987年版，第67页。

⑤ 《钦定皇朝文献通考》，《四库全书》，史部，第633册，上海古籍出版社1987年版，第27页。

恩亲王以下觉罗宗室、内大臣、侍卫，内务府武备院、上驷院、銮仪卫各官，及各旗护军统领、前锋统领等官”。随行官员有“内阁满汉大学士各一人，满学士一人；汉军侍读学士一人，满侍读一人，满中书九人，汉中书二人；翰林院掌院学士二人，侍读学士满汉各一人；詹事府满詹事一人；起居注馆满主事一人；吏部满尚书一人，郎中二人；户部满郎中一人，员外郎二人；礼部满尚书一人，满郎中二人，员外郎二人；兵部满郎中二人，员外郎二人，主事一人；刑部满郎中一人，员外郎一人；工部满尚书一人，满郎中一人，员外郎四人，主事二人；都察院满左都御史一人，御史二人；吏工二科满给事中二人……太医院御医二人，吏目三人”。另有“各衙门笔帖式及各执事人员，均豫行委出，按次随行”[①] 者不详其数。加上皇帝、皇太后和皇帝随行女眷及其侍候宫女，估计不会少于500人，人数众多且全是高消费层次。

相当规模的护卫和后勤保障。《钦定大清会典则例》卷60《巡幸》规定，皇帝离京时，“随驾护军统领、副都统、参领等各率本旗官兵于驾出之门外，排列跪候”[②]，然后随驾出行。清圣祖二次南巡“命部院本章仍日送内阁，内阁汇齐三日一次驿送行在办理”[③]。圣祖、高宗一再标榜“行在所需，悉出公帑”，南巡中经常赐官员物品，如圣祖“幸演武场阅射，赐提督御书衣帽鞓带及弓矢鞍”[④]，高宗“銮舆所至，存问高年驻防官兵七十八十以上、民间男妇年七十以上者，均分别赏赉；在籍官绅远迎车驾随时赏赉”[⑤]。出巡赏赐之物和生活用品，从京城带来而非取自地方，则后勤保障船队规模不会太小。

隆重的迎接阵容和豪华迎驾场面。康熙朝规定皇帝出巡地方迎接规格，“乘舆经过地方文官知县以上，武官守备以上在百里内者，咸朝服于道右百步外跪迎送。……所过地方，鸿胪寺官先期传知，百里以内地方官率本地乡绅士民迎于十里之外，本地镇守满汉官军整队伍亦于十里外

---

① 《钦定大清会典则例》，《四库全书》，史部，第622册，上海古籍出版社1987年版，第63—64页。

② 《钦定大清会典则例》，《四库全书》，史部，第622册，上海古籍出版社1987年版，第62页。

③ 《钦定大清会典则例》，《四库全书》，史部，第622册，上海古籍出版社1987年版，第64页。

④ 《钦定大清会典则例》，《四库全书》，史部，第622册，上海古籍出版社1987年版，第68—69页。

⑤ 《钦定大清会典则例》，《四库全书》，史部，第622册，上海古籍出版社1987年版，第76页。

恭迎"[①]。尽管无意铺排，但还是相当排场。高宗首次巡"山左，过求华丽，多耗物力"[②]。十六年南巡中还动用民船，"又谕，此次随从人等至顺河集登陆后，所用舟楫令其各回生理。恐闸口壅滞，多被拦阻，穷苦船户回空并无雇直，停泊之候，何以资生？著遣侍郎一人会同将军、总漕等来往顺河集、清江浦一带，将此项回空船于二三日内令其尽行过闸，以示体恤"[③]。高宗曾批评"自乾隆十三年东巡，该抚等于省会城市稍从观美，后乃踵事增华。虽谓巷舞衢歌舆情共乐，而以旬月经营，仅供涂次一览，实觉过于劳费。且耳目之娱徒增喧聒，朕心深所不取。……办差华美求工取悦为得计，将玩视民瘼专务浮华，此风一开，于吏治民风所关甚大"[④]。排场奢华，浪费巨大。

清代官员和文人的运河出行，荣辱悬殊，待遇有别。官员享受运河出行便利，虽然没有皇帝出巡随到随行、一路畅通风光，但也有相当优厚待遇。康熙三十三年（1694），查慎行试进士落第，三月至六月随侍读学士清溪徐公南返，历时二月有余。徐公康熙三十二年主持浙江乡试，录取查慎行等为举人，为查慎行座主。师徒这次南返，船行会通河过闸频繁，《初入闸》写过闸劳苦，"河萦千里曲，岸束一门高。不有乘流便，谁知上闸劳。木痕深记□，石眼密容篙"。竹索在闸板上留下深痕，石墙上有船篙密集捣窝。水量较为充沛的水段，可随邮船快速入闸过闸，《次日连上戴湾土桥二闸晚抵梁乡和座主韵》写道："一月邮签算水筒，快从入闸奏奇功。柳绵渡港船船雪，麦浪翻田岸岸风。"一日内连过戴湾、土桥、梁乡三闸。水量奇少水段就没有那么幸运，《阻闸》写道："健水分支总入漕，客程守闸似填壕。忽飞瀑布帘垂地，旋滴珍珠酒压槽。鹅鸭淘沙还善没，鱼虾出网竟如逃。人间行止原难料，小住差偿昨日劳。"[⑤] 困于闸中的尴尬，水至出闸的快感，描写栩栩如生。

进入江南境，运道水量渐渐充沛，过闸容易了许多，船行速度也逐渐

---

① 《钦定大清会典则例》，《四库全书》，史部，第622册，上海古籍出版社1987年版，第64页。

② 《钦定大清会典则例》，《四库全书》，史部，第622册，上海古籍出版社1987年版，第72页。

③ 《钦定大清会典则例》，《四库全书》，史部，第622册，上海古籍出版社1987年版，第76—77页。

④ 《钦定大清会典则例》，《四库全书》，史部，第622册，上海古籍出版社1987年版，第77页。

⑤ （清）查慎行：《敬业堂诗集》，《四库全书》，集部，第1326册，上海古籍出版社1987年版，第234页。

加快，《出闸后顺流扬帆》写道："牛头湾接猫儿窝，小船出闸如掷梭。客程已过十六七，归梦尚隔江淮河。鸣鸠催雨麦秋近，贳酒配鱼蒲节过。黄流正报落槽信，更喜枕上无惊波。"牛头湾、猫儿窝在邳州。此时江南省境内运道经靳辅大力治理，船行中河避黄河之险近二百里。将出中河过黄河入淮扬运河之际，前方报来黄河落槽、清口易渡消息。师徒共乘之船过河，"淮势今年盛，洪河不敢侵。浊流三舍避，清涨一篙深。瞥眼移芦汉，回头失柳林。生来供作帚，容易待成阴"[①]，既快又稳。

康熙五十二年（1713），任职馆阁的查慎行告老还乡，离京南返。旅途中独自享受为官尊荣，"锁钥严关闲，装囊独客轻。市楼传柝暗，邻舫吐灯明。酒罢人初静，风高浪不惊。淮南今夜雨，好片滴篷声"。[②] 心满意足之余，也目睹了河崩漕坏场景。当时黄河水窜入鲁南新河，诗人入新河见粮艘覆败，"黄艘奔腾入，新渠变浊流。谁云无大患，依旧有沈舟。已凿终难塞，将淤在急筹。治河兼治漕，何策两绸缪"[③]。清代漕运漂流米二百石以内为小患，二百石以上为大患。查慎行所见沉船，失米五六百石，当然算大患。在淮扬运河发现"高宝漕渠夏秋凡两决，半月前堤工始就"，写诗大发感慨："民力东南竭，官程西北劳。堤防随处溃，畚锸不时□。秔稻连塍没，菰蒋比岸高。古来论水利，岂独为通漕。"[④] 表现对治河通漕的忧虑和关注。

厉鹗雍正二年沿淮扬运河赴京，一路上没有官员出行的应酬，他也不关心国计民生，故而纪行诗充满清冷气氛。去程泊舟扬州，秋夜与蟋蟀为伴，"清月出三更，重露零百卉。空堂风骚骚，卧听虫恤纬。不能成我衣，尔虫焉足贵"[⑤]（《广陵秋夜闻络纬》）。在清江浦孤芳自赏，"儌儌水柳细成行，荷叶无花亦自香。行过江淮恶风浪，幽情忽到小池塘"[⑥]（《公路浦即目》）。清江浦以北所写《桃源县雨泊寄舍弟子山》《任邱道中寄汪祓

① （清）查慎行：《敬业堂诗集》，《四库全书》，集部，第1326册，上海古籍出版社1987年版，第235页。

② （清）查慎行：《敬业堂诗集》，《四库全书》，集部，第1326册，上海古籍出版社1987年版，第587页。

③ （清）查慎行：《敬业堂诗集》，《四库全书》，集部，第1326册，上海古籍出版社1987年版，第587页。

④ （清）查慎行：《敬业堂诗集》，《四库全书》，集部，第1326册，上海古籍出版社1987年版，第588页。

⑤ （清）厉鹗：《樊榭山房集》，《四库全书》，集部，第1328册，上海古籍出版社1987年版，第43页。

⑥ （清）厉鹗：《樊榭山房集》，《四库全书》，集部，第1328册，上海古籍出版社1987年版，第44页。

江》《南归夜行赵北口同范希声作》，从诗题看交往皆处士。入都也寒舍独宿，“棘墙愁露索，尘市畏风行。自摄安眠食，无求少送迎”①（《都下寓舍偶作》）。唯南返途中写《徐州舟行纪事》记述船过徐州所历之险，深有河运文化史料价值：“樯为舟中权，帆势若悬纛。有时牵挽劳，竹索相缀属。我舟顺流下，彼舟适遭束。絙急不可弛，磨戛鸣数数。两舟掣而离，其势不转瞩。篙师失声呼，疾似掠空鹄。高樯忽中折，观者肤尽粟。我舟播荡余，幸免鬼伯促。”② 两船相向而行，牵挽竹索先纠缠后断裂，樯折舟荡，险些造成船毁人亡事故。厉鹗所遇惊险，乃诗人所乘之舟顺风顺水难以控制所致。

胡敬中进士前，嘉庆七年、八年间从家乡赴北京，往返6000余里。其《崇雅堂诗钞》卷3收诗百余首，记其间水行见闻。诗人嘉庆七年冬从仁和翻山越岭至湖上，乘船沿浙西运河经塘栖、石门至苏州泊舟，再经无锡、常州、丹阳，从北固山渡过长江，上元夜投宿扬州。然后沿淮扬运河北上，在淮安渡过黄河。由于隆冬山东、河北境内运河封冻，诗人在苏鲁交界处弃船就车，从北京南返至峄县境内又弃车就船南下。《自峄县放舟至淮阴纪事作》一写沿途所见粮船牵挽行进的吃力：“我行自峄县，辞陆登水程。飘然顺流下，适与粮艘迎。”嘉道年间重运漕船过清口一般在二月，漕船至鲁南可能在三四月。胡敬一行与北上漕船相向而行，“粮艘高如山，舟在山中行。一山重一山，山山接云平。河流曲复曲，石闸施纵横”。鲁南地势高仰，又是逆水行船，漕船牵挽十分吃力。二写粮船过闸的艰难：“双门辟高闸，起看粮艘过。辘轳植两岸，长绠盘个个。千人互邪许，身作蝗旋磨。船头亦植此，制若车轮大。鸣钲齐著力，此倡彼则和。船头浪喷溅，岸上尘堀堁。终朝不得息，鞭挞警其惰。”③ 表现运河行漕的吃力，同情河道夫役、纤夫水手谋生不易。

在胡敬看来，纤夫拉纤是非人劳作。他的《牵夫行》写道：“长河东注波滔滔，下游直上千粮艘。湍深波急不受篙，趱行个个长绳操。高岸跃上如飞猱，万钧首戴重六鳌。欲进不进声嗷嗷，十百俯仰同桔槔。我不见首惟见尻，首俯益下尻益高。天寒雨湿风飉飉，入夜尚尔闻呼号。手龟足

① （清）厉鹗：《樊榭山房集》，《四库全书》，集部，第1328册，上海古籍出版社1987年版，第44—45页。

② （清）厉鹗：《樊榭山房集》，《四库全书》，集部，第1328册，上海古籍出版社1987年版，第46页。

③ （清）胡敬：《崇雅堂诗钞》，《续修四库全书》，集部，第1494册，上海古籍出版社2003年版，第161页。

茧肤无毛，中途求息哀其曹。受代不啻鹰脱絛，畴助尔力分尔劳。……吁嗟粒粟皆县脂膏，仓中鼠慎毋贪饕。”[①] 可谓表现纤夫辛劳的力作。

嘉庆二十五年（1820），潘德舆出游南京返淮安，“匆匆来又匆匆去，大似江南估客船”（《出金陵城》）。布衣文人出行，自然辛苦万分。过召伯埭时伤感，“江湖分合客长见，江湖来去客销魂”（《召伯埭偶题》）。过露筋祠时疲惫：“岂有美人湮蔓草，可怜词客倦孤篷。萧间不及老渔子，灯火二更收钓筒”（《露筋祠夜泊》）。至高邮归心似箭，“披衣闻早鸦，打桨乱川霞。诗似水无岸，梦先帆到家。秋心满烟树，生计入鱼虾。三十六陂外，谁人赏荻花”[②]（《晓过高邮》）。布衣出行，自然感觉不好，“出门事事如迂叟，入市人人呼老翁”（《舟中》）。全无春风得意者情怀。唯目睹漕运军船欺压民船不能无愤于心，“粮艘峨峨来上流，小船钻隙彳亍游。粮艘横行尾插岸，小船偪仄愁复愁。天际一舵落不测，以山压卵卵击石。樯鼓桨折白版坼，性命泥沙在顷刻”[③]。所写小船就包括诗人所乘之船。

道光十五年（1835）闰六月，潘德舆由北京南返，在北运河写《寓感五十首》，第十二首仍写怯于军船不敢前行：“大舟弛然来，小舟息水涯。风利不敢前，坐视日影斜。”[④] 相隔15年的二诗居然都写军船欺负商民船，可见嘉道年间运河行船风气未有改观。

清代治河通漕芸芸众生，劳作强度很大，生活水平低下。顺康诗人施闰章运河出行，乐于写诗反映清初行漕的艰险和水夫的辛劳。《闸舟谣》写漕船过会通河闸的度日如年，“漕渠久渴水不流，漕艘衔尾无时休。日过一闸才五里，千里归心愁白头。闸尽滩高更偃蹇，中夜呼船重拨浅。猫儿窝口居人稀，鱼头集上渔船归。岸阔河深风又恶，坐看他帆拂面飞”[⑤]。漕船载重，本靠纤夫牵挽而行。日过一闸前行五里，夜行遇浅还要盘剥而过，何等艰难。《龙衣船》表现皇家运输宦官跋扈和夫役辛酸，“连帆蔽日江水黑，鹢首龙文烂五色。举樯捩舵重如山，不遇大风行不得。曳舟官给

① （清）胡敬：《崇雅堂诗钞》，《续修四库全书》，集部，第1494册，上海古籍出版社2003年版，第161页。

② （清）潘德舆：《养一斋集》，《续修四库全书》，集部，第1510册，上海古籍出版社2003年版，第603页。

③ （清）潘德舆：《养一斋集》，《续修四库全书》，集部，第1510册，上海古籍出版社2003年版，第604页。

④ （清）潘德舆：《养一斋集》，《续修四库全书》，集部，第1510册，上海古籍出版社2003年版，第661页。

⑤ （清）施闰章：《学余堂诗集》，《四库全书》，集部，第1313册，上海古籍出版社1987年版，第517页。

夫有余，得钱纵脱重捉夫，裸体天寒被鞭挞，荒村夜索闻哀呼。猪鸡祭赛舟人乐，白夺樵薪不为虐。有时故遣触他船，反眼嗔人横捞缚。尊严秖为载龙衣，箫鼓船头黄绣旗。高架一箱衣什袭，客货深藏无是非。巨舰年来频坐兵，沿涂夫卒多吞声”[①]。统治者作威作福，平民无尽血泪。《济上纪事》写会通河两岸民生凋敝和船行之难，“五月雷未震，四月霜仍飞。夏寒麦穗死，冬旱麦苗稀。寒暄天所令，二气何乖违。河流细如发，漕艘牵浊泥。水泉岂不浚，民力良已疲。军书急刍饷，亩税方茧丝。忧时使心恻，踯躅临路岐”[②]。诗人体恤民生，故深感社会不公。《天妃闸歌在清河县为诸闸险峻之首》写漕船出天妃闸如过鬼门关，“黄河怒流动地轴，十舟九舟愁翻覆。临几作闸为通舟，水急还忧石相触。挽舟溯浪似升天，千夫力尽舟不前。巫师跳叫作神语，舟人胆落输金钱”[③]。上述三诗，是顺治、康熙之交的河运状况真实写照。

雍正、乾隆年间诗人沈德潜的诗歌反映官吏捉民船充漕船和以农夫充纤夫。《民船运》写民船运漕粮的可悲，“天旱河流干，粮船难运行。官府日捉船，挽漕输神京。虎吏奉符帖，远近皆震惊。商船敛钱送，放之匿郊坰。民船空两手，点之充官丁。大船几百斛，中船百斛盈。江干集万艘，一一标旗旌。五月发京口，六月停淮城。七月下黄流，八月诣济宁。口粮半中饱，枵腹难支撑。……太仓急转输，王事有期程。运官肆榜笞，牛羊役穷氓。夜月照黄芦，白浪闻哭声”[④]，足见天庾正供建立在平民苦难之上。《挽船夫》写农夫充纤夫死于非命：“县符纷然下，役夫出民田。十亩雇一夫，十夫挽一船。挽船劳力声邪许，赶船之吏猛于虎。例钱缓送即嗔喝，似役牛羊肆鞭楚。昨宵闻说江之滨，役夫中有横死人。里正点查收藁葬，同行掩泪伤心魂。即今水深泥滑行不得，身遭挞辱潜悲辛。不知谁人归吾骨，拚将躯命随埃尘。茫茫前路从此去，泊船今夜在何处。”[⑤] 雍乾盛世有如此酷苛之政，难免让今人震惊。

道光年间诗人姚燮《粮船行》写商船受军船欺负，“粮船汹如虎，估船避如鼠。粮船水夫缠青巾，上滩下滩挽长绳。十十五五无留停，估船不

---

① （清）施闰章：《学余堂诗集》，《四库全书》，集部，第1313册，上海古籍出版社1987年版，第519页。

② （清）施闰章：《学余堂诗集》，《四库全书》，集部，第1313册，上海古籍出版社1987年版，第422页。

③ （清）施闰章：《学余堂诗集》，《四库全书》，集部，第1313册，上海古籍出版社1987年版，第498—499页。

④ 张应昌编：《清诗铎》，上册，中华书局1960年版，第67页。

⑤ 张应昌编：《清诗铎》，上册，中华书局1960年版，第232页。

敢鸣锣声。催粮吏官坐当渡，皂隶挥鞭趱行路。趱尔今朝入关去，估船偶触粮船旁。旗丁一怒估船慌，蛮拳如斗乌能当？愿输烛酒鸡鸭羊，庙中罚祭金龙王”①。为避免挨打，只好破财免灾。下层诗人所记，对正史、官方文书的粉饰太平倾向和过于笼统记述有反向校正功用。

## 第三节　粮农漕运负担日益沉重

明清漕粮无偿化和偏累一方征收，始于明太祖建都南京，经明成祖迁都北京、明宣宗行兑运加以固守，而定型于明宪宗行改兑和长运。

太祖愤于苏杭一带民众对张士诚愚忠，征收重赋以惩罚之，并责以漕粮自运。明成祖继位后不断加强对北京的漕运，民船运粮交瓜洲、淮安、徐州、济宁四仓，军船支运北京和通州。其中浙江和苏南各府部分秋粮运南京，原海运之数水运至淮安仓；江北扬州、凤阳、淮安三府秋粮每岁拨运 60 万石、徐州和兖州府秋粮每岁拨运 30 万石运抵济宁仓。运军驾河船 3000 只支淮安粮运至济宁、2000 只支济宁粮运抵通州仓；浙江、南直隶官军从淮安仓运粮至徐州仓，南京卫官军从徐州仓运粮至德州仓，山东、河南官军从德州仓运粮至通州仓，天津、通州等卫官军接运至京。成祖开会通河时标榜体恤民力，却不体恤河运北京的江南粮农水程加长、运费加重之苦，并维持南方原有漕额，没有弃南米而就北麦，改变漕粮偏累一方的现状，可见他体恤民生的不彻底。

明宣宗和陈瑄意识到漕运偏累东南之弊，改支运为兑运。宣德六年（1431），鉴于江南粮农漕运诸仓往返几近一年的现实，力行兑运。让粮农只运粮过江至淮安、瓜洲，兑与卫所官军转运京通，由粮农支付军运费用，“每石，湖广八斗，江西、浙江七斗，南直隶六斗，北直隶五斗。民有运至淮安兑与军运者，止加四斗”。如此，意味着延续漕粮无偿征收的同时，以加耗形式让粮农继续承担水运费用，何况“军与民兑米，往往恃强勒索”。粮农还有无形负担。于是，“运粮四百万石，京仓贮十四，通仓贮十六”②。至宪宗成化七年力行改兑和全程军运，“加耗外，复石增米一斗为渡江费”③ 而定型，明朝整个漕运完全建立在剥削粮农、偏累一方基

---

① 张应昌编：《清诗铎》，上册，中华书局 1960 年版，第 68—69 页。

② 《明史》卷 79，中华书局 2000 年版，第 1278 页。

③ 《明史》卷 79，中华书局 2000 年版，第 1279 页。

础之上，被逐渐认定、固化下来。

除了上述漕制表面规定的粮农负担，还有隐性变数的一面。随着吏治日渐腐败，官吏层层勒索加重、雁过拔毛，所有行贿费用都被最后转嫁于粮农身上。这样，漕运就成为官吏枉法徇私的利薮和粮农日益沉重的枷锁，成为河漕不可持续的一个原因。

漕运过程的漕粮征收、兑运装船、过闸翻坝、仓场收纳，任何一环节的贪墨、勒索都会引发多米诺骨牌效应。一般地讲，京通仓场和闸、洪关卡勒索与押运督运官员索贿是恶性循环的源头，运军是恶性循环的传动齿轮，州县官吏是恶性循环加力装置，粮农是恶性循环的最终受害者。正德六年（1511）十二月，户部左侍郎邵宝奏漕事有言："运军困苦莫过私债，始于仓场之滥费，而成于运官之科索。揭借富室，日引月长，倍蓰其利，以至无算。"[①] 正是对这恶性循环的揭示。正德九年（1514）十月，户部复户科都给事中周金奏粮运事有言："征收过期固有司之罪，而刁难迟滞实运官之责。……徐州、安平等处管河郎中及管泉管闸主事，近多规避，巡视欠严。……通州张湾一带车户诈勒运军，每银一两止为载米七石，劳费加倍，运送稽迟。"[②] 各类官员渎职枉法不说，连车户都视运军为可啃肥肉，周金所奏可作为邵宝所奏的注脚。

至明世宗在位，发展为天下有权势的都向漕运伸手，导致漕粮法外加耗漫无边际。嘉靖元年（1522）三月，巡仓御史刘寓生奏报："天下卫所运粮四百万石，常额外加耗有曰太监茶果者，每石三厘九毫，计用银一万五千六百两；有曰经历司，曰该年仓官，曰门官门吏，曰各年仓官，曰新旧军斗者，俱每石各一厘，共计用一万六千两；有曰会钱者，上粮之时有曰小荡儿银者，俱每石一分，共计用银八万两；又有曰救斛白银者，每石五厘，计用银二万两。率一岁四百万米分外用银一十四万余两，军民膏血安得不困竭也。"[③] 这些后加陋规，使粮农漕运负担雪上加霜。至万历前期，漕运重负已让东南粮农濒临破产、白粮运户大量破产。浙江巡抚温纯有言："况白粮系上供重务，本与漕粮一体。漕粮官船官运，民间止以交兑繁难，犹然告困。而白粮皆粮户自雇民船起运，中间道途输挽之劳，衙门上纳之费，万分艰苦。充斯役者往往破家亡身，实为东南第一重役，乃

① 《明武宗实录》卷82，第1册，线装书局2005年版，第471页下栏　正德六年十二月辛巳。

② 《明武宗实录》卷117，第2册，线装书局2005年版，第9页上栏　正德九年十月癸丑。

③ 《明世宗实录》卷12，第1册，线装书局2005年版，第481页上栏　嘉靖元年三月丁卯。

复过关纳钞不得与漕船同免，事属不均，情尤可悯。”[①] 刻画粮农负担日重之苦入木三分。

清代完全继承明代漕运体制，包括征漕省份的漕额。清代每年实运漕粮300万石上下，比明代每年实运量要小，但清代后期有漕省份粮农负担比明代要重，原因是清代后期河漕两系吏治腐败比明代严重。

康乾盛世最高统治者就对漕运领域贪官污吏层层盘剥粮农深恶痛绝而无法禁绝，只能遏制其不大泛滥。至嘉庆、道光年间王朝行政能力疲软，皇帝缺少严惩贪墨的魄力和手段，各层次、各环节漕运腐败愈演愈烈，粮农成为贪官污吏任意侵吞的最终受害者。道光年间孙鼎臣阐述其弊有言："国家岁漕东南之粟四百万石以实京师，行之二百余年，军之役者久而益罢，民之输者久而益困，吏之蠹者久而益深，上下交受其病。……漕由运军，其利害亦尝在运军；漕之与仓相表里也，吏倚仓为奸而多方以苦运军，于是运军依船为难，而多方以苦州县之吏；州县之吏倚漕为暴，而多方以苦民。”[②] 皇帝标榜盛世永不加赋，大清户部也的确没有增加各省漕额，但粮农却负担越来越重，苦不堪言。

清代漕运领域存在严重的苦乐不均：皇族和朝官是漕粮不劳而获的食用者，河漕和州县官吏是漕运的寄生虫，运军是漕粮水运的承担者和粮农寄养者，粮农是漕粮和漕运的无偿奉献者。食用者净享漕粮之用，奉献者承受一切苦难，处于金字塔尖和底层的两极并不直接发生施害和受害关系；处于金字塔次下层的运军地位特殊，“运军一船授屯田数百亩，有行粮有月粮，有赠耗，漕百石而给米五、给银十，又许载南北之土物为市，漕毕而余米又使粜于通州，恤军不可谓不优，犹不足用。州县之吏，复私遗以兑费，雍正初一船才银二十两，及嘉庆五年议增至三百矣，十五年复增之为五百，递增至道光初乃七八百。前后数十年多寡相悬如此，而闾阎之征敛可知矣。然而运军固未尝受其利也”。运军从漕运获得的好处都被官吏巧取豪夺了，“辖运军者有各卫各帮之守备、千总，有押运之帮官，有总运之同知、通判，有督运之粮储道，有漕运之总督，有仓场之总督，有坐粮厅之监督。自开帮以至回空，又有漕督、河督及所在之督抚所遣之

---

① （明）温纯：《温恭毅集》，《四库全书》，集部，第1288册，上海古籍出版社1987年版，第473页。

② （清）孙鼎臣：《论漕一》，盛宣怀编《皇朝经世文续编》卷47，光绪二十三年武进盛氏思补楼刊版，第1a页。

迎提催趱盘验之官，官多而费益广"[①]。据孙鼎臣调查，"即扬州卫二、三帮计之，领运千总规费银八百两，空运千总损四之三，卫守备损三之一。坐粮厅验米之费二百有八十，仓场经纪之费一千五百有奇，其他不与焉。欲运军不罢，其可得与？吏之累军如此"[②]。运军既是漕运官员贪墨的受害者，又是粮农苦难的添加者。

事情坏就坏在河漕、仓场各官和州县官吏假公济私、索贿逼贿上。运军中的尖丁在贿赂公行中起二传手作用，"而居间者又有尖丁，尖丁输于在事之吏胥，从而攘其利。故州县之兑米无美恶，以尖丁之言为美恶而已；仓场之收米无美恶，以尖丁之赂为美恶而已"[③]。尖丁一面向州县敲诈白银，一面亲手向河漕各官行贿，并将余银装入自己腰包。

劳动者无偿奉献漕粮，承担全部运输费用，劳心者被劳动者养活，任意宰割劳动者。封建社会到了清代，贪腐积累沉重如山、顽固如铁，无官不贪，无吏不恶；头上长疮，脚底流脓，坏到底了。

清代诗人诗作形象反映了无官不贪和粮农日渐贫穷的社会状况。袁枚《征漕叹》写粮农兑漕所受刁难盘剥，"沭阳漕无仓，水次在宿阜。……展转稍愆期，鞭笞随其后。北风万里来，腊雪三尺厚。泥途行不前，老幼足相蹂。……今岁旱魃灾，产谷半稂莠。粟圆而薄糠，零星他郡购。……检谷如检珠，重叠须舂臼。来时一石余，簸完盈一斗。天雨不开仓，小住日八九。携来行李资，不足糊其口"[④]。吴蔚光《上仓谣》写州县收兑漕粮坑害良善、枉法肥私，"大户包揽先入廒，囤中二米低且潮。小户米纵干圆洁，筛之扇之八九折。莫呼官，官不闻。闭衙召伎罗芳尊，宾从奔走如儿孙。莫呼吏，吏反嗔。漕承记书豺虎群，开口直可将汝吞"。周有声《吴中漕运诗》写州县官吏贪污致富、挥霍无度，"若曹此役实大利，丁弁依倚同猱猿。厥名兑费费何等，漕司胥吏同肥羶。余皆乾没纵自饱，妻孥粉黛僮衣鲜。淫朋宵昼竞荒宴，摴蒲搏塞夸豪贤。一船白镪恣贪取，百不足道多盈千。县官何能致数满，但藉膏血填坑渊"[⑤]。陈文述《记道光戊戌江南征漕事》三首控诉州县加倍征漕导致十室九伤。其诗小序言："江南

---

① （清）孙鼎臣：《论漕一》，盛宣怀编《皇朝经世文续编》卷47，光绪二十三年武进盛氏思补楼刊版，第1b页。

② （清）孙鼎臣：《论漕一》，盛宣怀编《皇朝经世文续编》卷47，光绪二十三年武进盛氏思补楼刊版，第1b—2a页。

③ （清）孙鼎臣：《论漕一》，盛宣怀编《皇朝经世文续编》卷47，光绪二十三年武进盛氏思补楼刊版，第2a页。

④ 张应昌编：《清诗铎》，上册，中华书局1960年版，第51页。

⑤ 张应昌编：《清诗铎》，上册，中华书局1960年版，第53页。

米价一石钱七八百文，五十年来所未有也。惟价不及往年之半，未免谷贱伤农。乃旗丁横索帮费不少减，致征收本色有加两三倍者，折色有加三四倍者。竭终岁所入，不足以供。帮费之伤民甚矣。既为文篇以陈凄苦，复为此诗以告当事。"[1] 一幅暗无天日图景，让人义愤填膺。

粮农完不了漕不免死于非命，不仅仅是卖儿卖女、倾家荡产而已。叶兰《纪事新乐府》控诉松江府娄县恶吏害死17条人命的罪行，就是粮农苦难的一个缩影。其诗小序言："娄县漕书赵静甫奸猾用事，善蔽官长。邑民田赋，阴受其害。父充县快甚贫，静甫暴横致富。已退卯，朦捐县佐，犹贪其利。阴为把持，致有七宝区之事，击毙十七人，实静甫一人主之，而优游事外。众愤焉，爰衍为新乐府十二章，以纪其实。"其八《公堂尸》写道："公堂公堂，今成北邙，积尸累累如群羊。一尸项肿色青紫，双眼睁睁噤牙齿。一尸瘦削微有须，腰围血渍红模糊。折臂一尸枕其股，只拳犹握断香炷。门侧一堆横八尸，盖以芦席形未知。阶下六尸亦盖席，席开略见妇人舄。"其十《一朝发》写道："初为猾吏后蠹书，庸奴蕰利人不如。钱漕钩稽诸弊作，白镪累累入囊橐。"组诗总跋写道："浮收加赋，县主何以任其暴横若是。以初履任，弗能洞悉其弊。彼善蔽官长，则谓率由旧章耳。所谓清官难逃猾吏也。……道光二十九年四月记。"[2] 揭露漕重坑农，可谓字字血、声声泪。

## 第四节　服役民工报酬受到克扣

明清治河通漕日常技术操作由河道夫役承当，河道大修和挑浚则临时征发大量民工。堵塞黄河决口常常征发数省或多府男丁，工程动辄成年累月。可以说，民工是治河通漕工程的主要劳动力。

元末明初王宣治苏北河决，"赍楮币至扬州市竹蔑、募丁夫，数月之间得丁夫三万余。就令宣统领治河，数月工成"[3]。永乐九年（1411）春季开会通河，"发山东及直隶徐州民丁，继发应天、镇江等府民丁并力开浚。民丁皆给粮赏，而蠲免其他役及今年田租"[4]。奠定治河通漕有役必服

---

① 张应昌编：《清诗铎》，上册，中华书局1960年版，第54页。

② 张应昌编：《清诗铎》，上册，中华书局1960年版，第60—63页。

③ 《明太祖实录》卷20，第1册，线装书局2005年版，第81页上栏　丙午夏四月丁巳。

④ 《明太宗实录》卷113，第2册，线装书局2005年版，第212页上栏　永乐九年二月己未。

而又劳有所值传统，但是明初优良传统后来没有得到恒久坚持。随着政治清明日渐下降，农民治河通漕主力的地位没有变化，而劳有所值的权益越来越多受到侵害，劳动报酬也逐渐受到克扣。

正统至万历前期，治河主要针对黄河害运而发。治河者方略有高有低，治河效果或长或短，尽管河漕两系官吏贪墨逐渐抬头，但河崩漕坏后的大修，承办大臣多为清廉循能大臣，总河层面尚能保障民工利益。其中徐有贞景泰间治沙湾河决，减免两岸参与治河通漕民工的徭役，“力奏蠲濒河州县之民马牧庸役，而专事河防，以省军费、纾民力”①。万历初潘季驯治河，力行“优恤各工夫役”之政，“计工者每方给银四分，计日者每日给银三分”，虑及“贫民自食其力，冲寒冒暑，暴风露日，艰苦万状，纵使稍从优厚亦不为过”。奏请“每夫一名，于工食之外再行量免丁石一年，容臣等出给印信票帖，审编之时，许令执票赴官告免。州县官抗违，许其赴臣告治。如此则惠足使民，民忘其劳矣”②。光大了永乐治河通漕体恤民工的传统。

但司道掌管的常规挑浚，早就不行体恤民工之政了。万历后期河工本末倒置，监工者如驱牛马，劳作者备受苦难。谢肇淛时为工部郎中，在山东主持北河漕运大计，写《南旺挑河行》反映明末河道挑浚黑暗和民工备受侵权，“堤遥遥，河瀰瀰，分水祠前卒如蚁。鹑衣短发行且僵，尽是六郡良家子。浅水没足泥没骭，五更疾作至夜半。夜半西风天雨霜，十人九人趾欲断。黄绶长官虬赤须，北人骑马南肩舆。伍伯先后恣诃挞，日昃喘汗归蘧蒢。伍伯诃犹可，里胥怒杀我。无钱水中居，有钱立道左。天寒日短动欲夕，倾筐百反不盈尺。道傍湿草炊无烟，水面浮冰割人膝。都水使者日行堤，新土堆与旧崖齐。可怜今日岸上土，雨来仍作河中泥。君不见会通河畔千株柳，年年折尽官夫手。金钱散罢夫未归，催筑南河黑风口”③。诗中民工成为人皆可欺、雁过拔毛的受害者：一是河道夫役形同虚设，平时不履行职责；二是挑河全赖民工，深冬挑河苦不堪言；三是监工与民夫的苦乐悬殊，监工高高在上、作威作福，民工轻如鸿毛、苦不堪言；四是官吏贪污作弊，挑浚无实效；五是里胥派夫收受贿赂、卖放富人。全失明初体恤民工精神。此诗出自万历年间的北河郎中之手，可以当

① （明）谢肇淛：《北河纪》，《四库全书》，史部，第576册，上海古籍出版社1987年版，第609页。

② （明）潘季驯：《两河经略》，《四库全书》，史部，第430册，上海古籍出版社1987年版，第204页。

③ 束方昆：《京杭运河古诗辑选》，广陵书社2011年版，第25页。

作信史读。

万历末朝政日非，天启年间昏君权阉倒行逆施，崇祯年间河漕败乱纷呈，河漕两系甚至整个吏治腐败透顶，治河通漕侵害农民利益变本加厉。大清王朝靠大量招降收用明官得以入主中原，并全盘接受了明末的河漕体制，明末治河通漕侵害民工利益便顺延清初。

清朝治河通漕与明代的最大不同，在于官吏贪墨损害农民利益一开始就相当严重。第二任总河朱之锡视事于顺治十四年七月至康熙四年二月，其间著《河防疏略》20卷，收履行总河职责期间所上奏章，几乎每卷都有弹劾渎职或贪墨河官的内容。如卷1《纠参河官私征疏》《特参怠玩官员疏》，卷2《特参贪蠹官吏疏》，卷3《严剔河工弊端疏》，卷6《特纠抗误河工印官疏》，卷7《特参藐法道臣疏》《举劾有司疏》，卷11《特参阘茸司官疏》，卷13《覆河防利弊六款疏》，卷14《特参河南南岸疏防各官疏》，卷15《特参抗玩有司疏》，卷16《特参庸劣厅官疏》，卷17《特参怠玩厅官疏》，卷18《议覆请裁无益河官疏》，足见清初河漕官员渎职和贪墨的普遍与严重。

清初河漕贪墨官员，普遍克扣民工、夫役的工料钱。朱之锡《特参贪蠹官吏疏》弹劾二人：（1）山阳县外河主簿郝异彦，非法克扣占工银四笔，其一“四工桩手八十名，每名每日应给工食银五分。本官指称使费，每月扣银二两四钱，八个月共扣银十九两二钱。桩手赵礼、徐方，衙书顾汝秀等证”。其二“管工义民四名，本官勒诈每名使费银八两，共得银三十二两，与厅书杨秀宇分肥。刘元武、杨国华、李守业、马钦证”。其三“五工经收柳枝，本官串同积书杨世芳等虚出收管、暗自包折，约计折柳一万余捆，每捆折银一二钱不等，共得银一千余两，与吴中珩、吴行敏、赵之钦分肥。王允捷证”。其四“五工估计缆匠工食银一百八十两，该署河厅事董通判入厂亲查，乃派募夫撕缆未用缆匠，前项工食本官与杨世芳、吴中珩、吴行敏分肥。厂夫陈、焦、褚、赵、周、吴证”[①]。（2）山清厅外河经承杨世芳，非法克扣占工银五笔，其一“杨世芳、吴行敏、赵之钦支放五工桩手工食计八个月，每月扣索常例银十五两，共索银一百二十两，三人瓜分。桩手苏隆宇等证”。其二“杨世芳等支放五工募夫一千名，每名日给工银六分，每月索常例银八两，共索银六十四两，三人瓜分。五工火头证”。其三“杨世芳等给发各州县买埽柴银二千两，每百扣

---

① （清）朱之锡：《河防疏略》，《续修四库全书》，史部，第493册，上海古籍出版社2003年版，第631页上栏下栏。

银五两，共克银一百两，与吴中珩、吴行敏三人瓜分。牟元等及柴户朱润、陈应兆证”。其四“吴行敏等给发各州县檾麻红草银一千余两，每百两扣银三两，共克银三十两，经手快手杨林等证”。其五“杨世芳、吴行敏支发买椿木银三千余两，每百两索常例银二三两不等，计索银六七十两。木商陈立宇证”①。虽仅是低级别小吏克扣工钱作为，但来自总河调查取证所得，足见当时民工报酬发放被层层克扣之一斑。

清初官船军船视纤夫为牛马。朱之锡《议恤纤夫苦累疏》反映纤夫苦难道：“一曰守候之苦。沿河驿站大约相去百里之间，如用夫数千，除本州县外仍须邻封协济，十余日前絷系成群、封锁古庙，卧眠饮食不得自由，餱粮几何，又将垂尽，其不堪者一；一曰赶纤之苦，每船之夫，绳索相连，伛偻邪许，无分昼夜，饥不得食，劳不得休，船上之人方且轮番持棍，任情鞭挞。至于折肢体、丧残生者，在在有之，其不堪者二；一曰越站之苦，各夫筋力有限，盘费有限，万一前路纤夫未集，竞将旧夫打过，饥饿困惫，残喘如丝，幸而得归，乞食无所，其不堪者三；一曰顺水之苦，黄运两河水势建瓴，顺流直下，夫虽疾驱，不及船速，反曳纤索随后奔追，涉水而行，一夫失足，众夫随之，捞救无人，竟委鱼腹，其不堪者四；一曰攘夺之苦，纤夫跋涉远道，携带衣粮，以备往返，间有水手跟役，恃强勒取。以困顿之余生，加饥寒之迫体，其不为沟中之瘠者几何？其不堪者五；一曰强带之苦，前途驿夫更换已足，复有狠毒船棍，擅留旧夫勒其银钱，资其气力，或盛夏而幽之船底，或风雨而驱之当先，踰越数站，归者无几。其不堪者六。”② 劳作者苦如牛马，成了任人宰割的对象，可谓本末倒置。

清朝后期，农民承摊河工物料，备受剥削以至倾家荡产；民工承担河工劳役，工值成为人皆可拔的雁毛。嘉道文人吕星垣《复张观察论工料书》论河工物料摊派害人：“所可恨者，河工一逢征料，吏胥因缘作奸，民死于水尚不如死于料之惨也！颇闻往日之弊，实起在工收料之员。其浮收者收十作一，遂以浮收者折价。以致远河州县不得不省运脚之跋涉，求折价之便宜，而近河员弁及驵侩商民，益乘料初出贱价屯积，贵价居奇，致今垫水苇麻，一如纳仓粟米。而州县吏胥臧获因其收十抵一，遂累千百倍征之。尝闻料之征也，始按亩，继兼按壥，有一壥责一金者。穷民束手

①（清）朱之锡：《河防疏略》，《续修四库全书》，史部，第493册，上海古籍出版社2003年版，第631—632页下栏上栏。

②（清）朱之锡：《河防疏略》，《续修四库全书》，史部，第493册，上海古籍出版社2003年版，第701页上栏下栏。

无措，往往鬻儿女偿之。”① 贡献河工物料的农民，至于卖儿卖女，成了吏胥和奸商两头盘剥的对象。

道咸诗人张朝桂以夫头为视角，控诉清代后期吏胥克扣民工工钱的罪行。“夫头贪利竞相逐，共道河泥可充腹（俗谓包河为吃河泥）。拖泥带水走江干，沙渚纷纷聚如鹜。谁知胥吏贪更甚，安坐欲食夫头肉。土丈加二钱折七，夫头再扣十存六。钱少雇夫夫不来，掊向泥中受鞭朴。胥吏腰粗夫误工，东家卖田西卖屋。吁嗟乎，卖田卖屋偿不足，夫头纷纷入牢狱。”（《伤夫头》）② 吏胥按120%派工，却侵吞工钱的30%；夫头只用所得工钱的40%雇人做工，民工最终只拿到应得工价的约24%。如此腐败的河工机制，如何保证费省工好。

① （清）吕星垣：《复张观察论工料书》，魏源编《皇朝经世文编》（道光本）卷103，第32b页。

② 张应昌编：《清诗铎》，上册，中华书局1960年版，第237页。

# 第三十四章　明清河漕偏累一方

## 第一节　偏累一方陈陈相因

各省漕额多寡和水运难易不等，并被认为是天经地义的事，严重束缚了两朝河漕改革的手脚。

已有相关研究成果，学术论文多集中在清代分省漕运。如吴琦《清代湖广漕运的社会功能》（《中国经济史研究》1993年第4期），《清代湖广漕额辩析》（《中国农史》1988年第3期），《清代湖广漕运特点举述》（《中国农史》1989年第3期），邓亦兵《清代河南漕运述论》（《中州学刊》1985年第5期），都不涉及明代，且无宏观研究天下漕额偏累一方对漕运改革的负面影响。学术专著关注到了漕额不均问题，李文治、江太新《清代漕运》第四章漕粮赋税制度的五、六两节，述评了苏州府漕运税制事例和浙江省漕运税制事例。该书前言，对江浙赋重问题有所论述，"江浙赋重乃系漕粮而非田赋。江浙田赋，无论从科则或征收银额讲，在长江各省中并不算过重。如再与该地区单位面积产量产值相比，可能比其他地区还轻。漕粮则不然，一是原额科则重；二是加征耗米重。两省漕赋重还表现于在全部漕粮中所占的比重"①。不仅观点值得商榷，而且前言和正文都不曾论及天下漕额偏累一方对改革精神的窒息。彭云鹤《明清漕运史》第六章有明代漕粮具体分派一节，但也未能论及漕额不均对漕运改革的逆动作用。

本书认为，明代南直隶、清代两江地区承担漕额过重，八省之外他省无漕，从明代顺延到清代，逐渐被固化为天经地义之事。漕重者不得推脱，漕轻尤其是无漕者以无漕或漕少为幸，除江浙外谁都不思改革也绝不

---

① 李文治：《清代漕运》，中华书局1995年版，第3页。

愿接受改革，唯恐改革促使江浙现状落到自己头上。这是明清河漕没有重大改革的首要原因。

明朝中后期多次遇到河崩漕坏，有识之士以为河漕难以为继，纷纷设计漕运改革方案。其中之一即发展畿辅水稻生产，减少对淮南漕粮的依赖。万历初，给事中徐贞明奏请大兴西北水利，引进江南圩田水稻种植技术，工部复议婉言拒绝："畿辅诸郡邑，以上流十五河之水泄于猫儿一湾，海口又极束隘，故所在横流。必多开支河，挑浚海口，而后水势可平，疏浚可施。然役大费繁，而今以民劳财匮，方务省事，请罢其议。"① 徐贞明著《潞水客谈》一书，进一步提出畿辅水利当兴意见 14 条。万历十三年（1585），巡抚张国彦、副使顾养谦在蓟州、永平开发水田有成效，给事中王敬民推荐徐贞明能大兴水利，明神宗让徐贞明兼御史、领垦田使，赐敕勘兴水利。"贞明乃先治京东州邑，如密云燕乐庄，平谷水峪寺、龙家务庄，三河塘会庄、顺庆屯地。蓟州城北黄崖营，城西白马泉、镇国庄，城东马伸桥，夹林河而下别山铺，夹阴流河而下至于阴流。遵化平安城，夹运河而下沙河铺西，城南铁厂、涌珠湖以下韭菜沟、上素河、下素河百余里。丰润之南，则大寨、刺榆坨、史家河、大王庄，东则榛子镇，西则鸦红桥，夹河五十余里。玉田青庄坞、后湖庄、三里屯及大泉、小泉，至於濒海之地，自水道沽关、黑严子墩至开平卫南宋家营，东西百余里，南北百八十里。垦田三万九千余亩。"② 已经铺开局面、小有进展。但事情传开，徐贞明反而成为众矢之的。

因为此举触动了北直隶既得利益集团，正当徐贞明"遍历诸河，穷源竟委，将大行疏浚"之时，他们发动对治水兴田事业的围剿，"奄人、勋戚之占闲田为业者，恐水田兴而已失其利也，争言不便，为蜚语闻于帝。帝惑之"。尽管阁臣申时行等人以风霾天气讨论时政时，极力替徐贞明辩解，说开发水田有利。但神宗怎么都听不进去，为反对意见所左右，"御史王之栋，畿辅人也，遂言水田必不可行，且陈开滹沱不便者十二"③。有意加罪徐贞明，申时行在神宗面前分辩说："垦田兴利谓之害民，议甚舛。顾为此说者，其故有二。北方民游惰好闲，惮于力作，水田有耕耨之劳，胼胝之苦，不便一也。贵势有力家侵占甚多，不待耕作，坐收芦苇薪刍之利；若开垦成田，归于业户，隶于有司，则已利尽失，不便二也。然以国

① 《明史》卷 88，中华书局 2000 年版，第 1449 页。
② 《明史》卷 88，中华书局 2000 年版，第 1450 页。
③ 《明史》卷 223，中华书局 2000 年版，第 3925 页。

家大计较之，不便者小，而便者大。”① 虽然徐贞明勉于追究，但水田事业半途而废。时人以为“京东水田实百世利，事初兴而即为浮议所挠，论者惜之”。有识之士预言徐贞明必败，归咎于“北人惧东南漕储派于西北”②，不为无见。

清代无人敢议发展近畿水稻生产、减少对江浙漕粮依赖，因为这意味着取消八旗龙种的铁杆庄稼，谁敢。

## 第二节　明清漕运各省原额

按《明会典》，明代岁运米400万石，其中北粮755600石，南粮3244400石；兑运330万石，改兑70万石。

南直隶所属各府州漕额负担过重，松江、常州二府各自漕额负担相当于其他一省，苏州一府的漕额负担是其他一省的数倍。起因是苏松等府原为张士诚属地，“太祖定天下官、民田赋，凡官田亩税五升三合五勺，民田减二升，重租田八升五合五勺，没官田一斗二升。惟苏、松、嘉、湖，怒其为张士诚守，乃籍诸豪族及富民田以为官田，按私租簿为税额。而司农卿杨宪又以浙西地膏腴，增其赋，亩加二倍。故浙西官、民田视他方倍蓰，亩税有二三石者。大抵苏最重，松、嘉、湖次之，常、杭又次之。洪武十三年命户部裁其额，亩科七斗五升至四斗四升者减十之二，四斗三升至三斗六升者俱止征三斗五升，其以下者仍旧”③。虽然此后还有减少，但由于原额定得太高，至明中期仍高于其他地方数倍。形成两浙赋税漕额过高局面，两浙病则天下危。

清承明制，于漕运定额表现最典型。“顺治二年十一月漕运总督王文奎疏称，旧额漕粮四百万石，内本色粮三百六十六万七百一十三石零，折色粮三十三万九千二百八十六石零。”④ 雍正《漕运全书》这段话，被史学家概括为顺治二年题准全国漕额。清代漕运规模基本上维持明代万历年间的水平。较之明代，不同主要是有原额和实征两个指标。

原额是沿袭明代的漕运数量。按乾隆《钦定大清会典》卷13《漕

① 《明史》卷88，中华书局2000年版，第1450页。

② 《明史》卷223，中华书局2000年版，第3926页。

③ 《明史》卷78，中华书局2000年版，第1265页。

④ 雍正《漕运全书》卷2，《北京图书馆古籍珍本丛刊》，第55册，书目文献出版社1998年版，第47页上栏。

运》：全国正兑米330万石。分省列举于下：江南省（含今江苏、安徽）150万石；江西省40万石；湖广省25万石；浙江、山东、河南三省115万石。全国改兑米70万石，分省列举于下：江南省294400石；江西17万石；浙江、山东、河南三省共235600石。江南一省占全国漕运原额近半，分配不均依旧。

实征是除去减免漕额。清朝崛起于白山黑水之间，靠与蒙古结盟对长城以内的大明王朝取得压倒性优势，入主中原后北方没有明朝防边的压力，因而总体南粮北运需求较明朝为少。而顺治二年题定全国漕运仍以400万石为额，为日后根据灾情减免某地漕运留下充分的空间；在实际操作中，清廷每年实征和实运漕粮常常在300万石左右。如康熙二十四年运数："凡六省漕粮原额四百万石，除永折灰石米三十九万四千六百二十八石七斗八合，浮粮积荒米三十五万八千五百九十六石一斗四升一勺零，淮扬积淹停征米七万七千八百三十六石六斗一升五合八勺，改折河南米三十一万石，丈增陞科复熟米三万七千八百五十七石三斗六升三合九勺，实运正兑改兑米二百八十九万六千七百九十五石九斗零。"[①] 既足支国用，又不时减漕市恩，对收取汉人之心不无益处。

明清漕运原额及其分配严重失衡，漕额集中少数省份，江浙漕粮占天下过半，不具有可持续性。

首先，明初确定漕额带有惩罚性，最高统治者没有出以公心。对张士诚原统治区苏、松一带征漕过重，永乐迁都北京后，江南漕粮北运距离加长，粮农负担加重，对北直隶却不征漕，这样就形成南北苦乐不均，以真定、苏州对比言之，"真定之辖五州二十七县，姑苏之辖一州七县，毋论所辖，即其地广已当苏之五，而苏州粮二百三万八千石，而真定止十一万七千石"[②]。真定府耕地面积是苏州府的5倍，而赋粮仅当苏州府的二十分之一；苏州一府漕粮八九十万石，真定府没有漕额负担。即使后来漕粮改为运军长运，但粮农以加耗的形式负担了运输费用；江南白粮仍要由解户直送北京。其中淮安、徐州间借黄行运水段行船最险，会通河靠船闸梯次启闭等候最耗时，多数水程靠纤夫牵行，往返一趟动辄经年。而明清两朝的后期，随着政治日渐黑暗，贪官污吏把漕运当作人人可拔毛的过雁，最终各种漕运支出都转嫁到粮农身上，苏、松等地漕额日见沉重。

---

① （清）傅泽洪：《行水金鉴》，《四库全书》，史部，第582册，上海古籍出版社1987年版，第692页。

② （明）王士性：《广志绎》（元明史料笔记丛刊），中华书局1981年版，吕景琳点校，第3页。

其次，清代山海关外地区是王朝龙兴之地，粮食生产后来居上。乾隆三年（1738）十一月，清高宗对大臣说："奉天素称产米之乡，虽因贩运过多，价值视昔加贵。然较之直隶歉收之地，待粟而炊，其情形缓急，实相迳庭。"[①] 乾隆十二年（1747），清高宗又谕大臣："奉天丰稔年多，米粮价贱，旗民各有耕获之粮。如旗仓米石无人认买，不能出陈易新，减价粜卖，则原价亏缺；设致霉烂，势必著落城守尉、仓官等赔补。请于奉天丰收、可开海运之年。或天津、山东运船到来，将沿海各城仓米，按粜三之例，照时价粜卖。"[②] 但即使遇到河崩漕坏，漕粮难至，也不着手发展畿辅粮食生产，或从东北海运粮食入关，取代江南漕粮，未免过分苛求江南。况且，乾嘉之际因为坚守河运而扭曲河性，加重黄河决口烈度，堵塞决口动辄一两年，花费钱财数百万两甚至一千多万两。而导致鸦片战争战败原因，不过大清木帆船敌不过英国人的坚船利炮。几十年后世界一流铁甲战舰也仅每只十几、二十几万两。

最后，明清社会南方粮重、北方役重，社会发展极不平衡。明末小说《石点头》写道："江南苏、松、嘉、湖等府粮重，这徭役丁银等项便轻。其他粮少之地，徭役丁银稍重。至于北直隶、山陕等省粮少，又不起运，徭役丁银等项最重。"[③] 基本反映了明代南粮北役多寡轻重的不均。南方徭役少，原因之一是粮农把漕粮送赴水次就占去了农闲工夫，白粮则一直到清初才由军船捎带；北方尤其是直隶、山东、陕西粮轻，主要原因是朱元璋确定各地漕额时这些地方还在蒙元统治之下，永乐后期迁都北京后又没有及时调整消除漕运偏累一方现象。其实，即使不能发展北方水田农业减少对江浙漕粮的依赖，也应该适度弃米就麦，促使南北粮运均衡。

清代延续明代的偏累一方，北部边防没有明代的压力，直隶、山西漕运京、通路近而快捷，没有漕额既失去社会公平，又严重违背经济规律。燕赵地近渤海，年降雨量接近山东、江浙，有种植水稻、推广高产农业的可能；山西环河，境内发源河流入畿辅者不少，稍加开发也有水田、水运之利，无漕额极不合理。

---

① 《清高宗实录》卷 81，第 2 册，中华书局 1985 年版，第 279 页上栏　乾隆三年十一月丙子。

② 《清高宗实录》卷 295，第 4 册，中华书局 1986 年版，第 886 页上栏　乾隆十二年八月丁丑。

③ （明）天然痴叟：《石点头》（中国话本大系），江苏古籍出版社 1994 年版，第 51 页。

## 第三节 明清江苏、安徽漕运

洪武年间以南京为京城，以临濠为中都，以汴梁为北都。天下漕运中心在南京，水运繁忙处在临濠、汴梁一线。

“太祖都金陵，四方贡赋，由江以达京师，道近而易。”① 这只是个笼统的说法。今人考证，当时“输往南京的粮米，主要通过江运与河运。江西、湖广等地的粮米，顺江而下；东南沿海地区的粮米，或溯江而上，或由江南运河运来；凤阳、泗州的粮米由淮而运；河南、山东的粮米经黄而至”②。秦淮河是南京接受各地漕粮的主要渠道，洪武二十六年以前，上江、下江和江北来的漕粮都经秦淮江口进入，直达城中或城外粮仓。洪武二十六年南京城南、秦淮河上源开通胭脂河以后，两浙漕粮可以不经长江而由太湖水系经胭脂河进入秦淮河至京城。徐达北伐时，汴梁则是漕运中心和粮饷基地；明成祖继位后、会通河开成前，豫东是天下河运要道。

朱元璋起兵反元于故乡临濠，开国后对群臣说“临濠则前江后淮，以险可恃，以水可漕。朕欲以为中都”，得到群臣理解和支持，“命有司建置城池、宫阙，如京师之制焉”③。不久又关照中书省，“宜以傍近州县通水路漕运者隶之”。于是“以寿、邳、徐、宿、颍、息、光、六安、信阳九州，五河、怀远、中立、定远、蒙城、霍丘、英山、宿迁、睢宁、砀山、灵璧、颍上、泰和、固始、光山、丰、沛、萧一十八县悉隶中都”④。洪武三年至八年，中都大规模扩建期间，临濠改名凤阳，粮食、建材等源源不断地由淮河水系运入。

成祖迁都北京后，南京、凤阳、汴梁的漕运地位一落千丈。但南直隶（包括今江苏和安徽）的漕额占天下一半，并一直持续到晚清河海两漕落下帷幕。明清时代的江苏、安徽不仅是漕粮供应大省，而且承受了治河通漕失败带来的田地淹没、生命财产的巨大损失。

皖北、苏北在元代以前，还是天下闻名的鱼米之乡。唐宋两朝淮南、淮北农业生产条件和粮食产量甚至不次于苏杭。南宋和元代黄河干流或支流夺淮渐多，淮河流域农业生态每况愈下；嘉靖前期黄河干流在清口直接

① 《明史》卷79，中华书局2000年版，第1277页。

② 東方昆主编：《江苏航运史》，人民交通出版社1989年版，第141页。

③ 《明太祖实录》卷45，第1册，线装书局2005年版，第238页上栏　洪武二年九月癸卯。

④ 《明太祖实录》卷61，第1册，线装书局2005年版，第320页上栏　洪武四年二月癸酉。

入淮后，苏、皖二省北部水灾频仍，洪泽湖、东湖西数百万生灵头顶时刻悬挂水患之剑。清咸丰年间黄河决铜瓦厢从山东入海之前，皖北、苏北承受着黄河决口带来灾难的约60%，其他灾害在鲁西和豫东。明代中期以后以淮安为中心的苏北，成了少有间歇的治河工地，苏北为此付出了巨大牺牲；以泗州为中心的皖东北，被洪泽湖水淹没了越来越广大的家园，泗州城在康熙年间成为水下庞贝城。经过明清400多年治河通漕折腾，到了清末皖北、苏北已经沦为十分贫瘠的泄洪区、黄泛区。

苏中、苏北为漕运咽喉，“湖广漕舟由汉、沔下浔阳，江西漕舟出章江、鄱阳而会于湖口，暨南直隶宁、太、池、安、江宁、广德之舟，同浮大江，入仪真通江闸，以溯淮、扬入闸河。瓜、仪之间，运道之咽喉也”。淮扬运河入江口是明代河工热点，“江口则设坝置闸，凡十有三”①。水道需要不断挑浚，闸坝需要时加改建。

淮安境内的清口，无论明朝还是清朝，都是治河通漕的关键所在。洪武年间，“饷辽卒者，从仪真上淮安，由盐城泛海；饷梁、晋者，亦从仪真赴淮安，盘坝入淮”②。当时淮安就是河海运道的枢纽。后来放弃海运、专事河运，清口更为重要。朱国盛论清代运道有言：“瓜、仪、清口实为运道咽喉焉。”③《清史稿》论清口重要有言：“夫黄河南行，淮先受病，淮病而运亦病。由是治河、导淮、济运三策，群萃于淮安、清口一隅，施工之勤，縻帑之巨，人民田庐之频岁受灾，未有甚于此者。”④ 清代治河通漕大约90%的精力、80%的河工、70%的财力都用在清口方圆300里以内，“盖清口一隅，意在蓄清敌黄。然淮强固可刷黄，而过盛则运堤莫保，淮弱末由济运，黄流又有倒灌之虞，非若白漕、卫漕仅从事疏淤塞决，闸漕、湖漕但期蓄泄得宜而已。至江漕、浙漕，号称易治。江漕自湖广、江西沿汉、沔、鄱阳而下，同入仪河，溯流上驶。京口以南，运河惟徒、阳、阳武等邑时劳疏浚，无锡而下，直抵苏州，与嘉、杭之运河，固皆清流顺轨，不烦人力”⑤。仪河，即仪征运口简称；阳武即武进，“阳”字为衍文。足见黄、淮、运三河交会的清口上下在治河通漕全局中提纲挈领的地位和河漕、湖漕治理的繁难。

---

① 《明史》卷86，中华书局2000年版，第1406页。
② 《明史》卷86，中华书局2000年版，第1406页。
③ （清）傅泽洪：《行水金鉴》，《四库全书》，史部，第582册，上海古籍出版社1987年版，第692页。
④ 《清史稿》，第13册，中华书局1976年版，第3770页。
⑤ 《清史稿》，第13册，中华书局1976年版，第3770页。

明清苏、皖北部为治河通漕付出牺牲，主要表现在洪泽湖淹没皖东北良田和高家堰决口冲淹里下河良田两方面。

洪泽之名来源于隋炀帝南巡广陵，龙舟至淮河破釜涧搁浅，天降大雨河湖皆满，龙舟得以进退自如，因改名破釜涧为洪泽浦，其后史籍渐有洪泽之名。至于洪泽成湖，则与黄河决水南下入淮相关。北宋天禧三年（1019）六月河决滑州，"历澶、濮、曹、郓，注梁山泊；又合清水、古汴渠东入于淮，州邑罹患者三十二"[①]。四年二月始塞。南宋建炎二年（1128），"是冬，杜充决黄河，自泗入淮以阻金兵"[②]。金国入主中原后放任黄河南行，明昌五年（1194）八月"河决阳武故堤，灌封丘而东"[③]，统治者因循不堵，至贞祐四年三月，延州刺史温撒可喜奏报："近世河离故道，自卫东南而流，由徐、邳入海。"[④] 由徐州、邳州入淮，原本清口以下淮河入海通利的河床日渐抬高，高家堰以西淮水聚蓄渐多。按光绪《盱眙县志稿》，金明昌五年黄河夺淮后，洪泽湖水面始大，原来各自独立小湖阜陵、万家、破釜、白水连而为一。

元代黄河夺淮更加频繁，元末贾鲁治河居然引全河至徐州、淮安间入淮。明永乐十三年陈瑄开清江浦，实现江南漕粮全由河运、在清口过闸直航之后，全面整修高家堰，洪泽湖水面迅速扩张。嘉靖前期黄河干流在清口直接入淮之后，洪泽湖水面扩张更快。按顾炎武《天下郡国利病书》卷22，隆庆、万历之交，总漕王宗沐"募夫筑郡西长堤焉。高家堰堤北自武家墩起至石家庄止计三十里而遥，为丈五千四百。堤面广五丈，底广三之，而其高则沿地形高下大都俱不下一丈许。而又于大涧、小涧、具沟，旧漕河、六安沟诸处为龙尾埽以遏奔冲，自涧口以达张家庄浚旧河以泄湖水，使不侵啮工。凡五十日而毕"。工程如此彻底，三四年之后即河决崔镇，仍然被倒灌湖口的黄水彻底冲垮，形成空前的河崩漕坏。万历六、七年潘季驯治河，大行蓄清敌黄，对洪泽湖大堤进行更大力度的加高加固，以至于洪泽湖水面扩张之快，十多年后即危及彼岸的明祖陵。

明亡清兴六十年，高家堰东西形势（见图34－1）更加险峻。将亡者治河通漕每况愈下，方兴者接手一时不得要领。其间黄河不时倒灌湖口和运口，洪泽湖水面扩张迅速，康熙十六年至二十七年靳辅治河，只得以更大的力度蓄清敌黄，康熙二十年湖水居然淹没了彼岸的泗州城。靳辅当年

---

① 《宋史》卷91，中华书局2000年版，第1522页。
② 《宋史》卷25，中华书局2000年版，第307页。
③ 《金史》卷27，中华书局2000年版，第441页。
④ 《金史》卷27，中华书局2000年版，第443页。

有言：

> 洪泽湖在山阳西南九十里，自东北而西南迤逦滂湃于山、清、桃、泗、天长、高、宝之间。考之文献，此湖往代三之二皆民田。自黄河溃决，全淮壅注，不得畅流入海，漫衍四及，遂为淮、凤间一巨浸。其中犹有洪泽村，寥寥民居数十，浮沈于洪涛之中而已。其广袤约数百里，西北堤曰归仁，所以障黄河、睢河及灵芝诸湖水之北入；东南堰曰高堰，以障淮流之东出，务使之全注清口，以会黄入海也。①

这一巨浸形成过程，对皖东北民众而言，就是葬身水底或失去家园、背井离乡；对高家堰以东的里下河地区民众而言，就是濒漕水患、民不聊生。

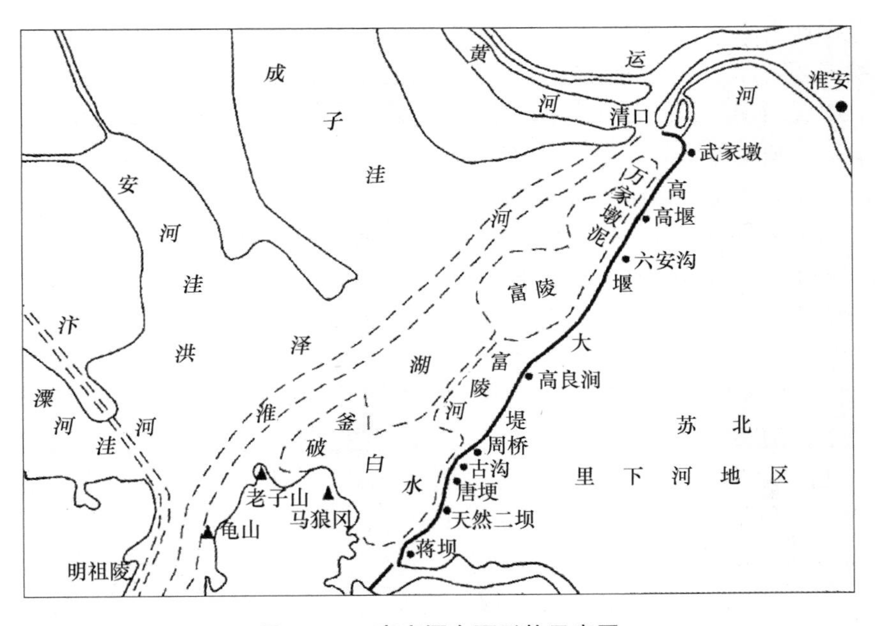


图34－1　高家堰东西形势示意图

今人彭安玉考证，“历史上，江淮之间的运河曾称里运河，又称里河，而大体与范公堤平行、位于范公堤东侧的串场河则被称为‘下河’，介于

① （清）靳辅：《治河奏续书》，《四库全书》，史部，第579册，上海古籍出版社1987年版，第628页。

里河与下河之间的地区，被称为‘里下河’，面积超过1.3万平方公里。里下河地区是有名的洼地，海拔多为2—2.5米，最低者不到1.5米，而四周海拔则一般在3—5米。……历史上洪泽湖曾经到达过的最高洪水位为16.9米，比兴化的塔尖还高，比里下河洼地分别高出10余米”①。康熙二十三年清圣祖首次南巡路经高邮、宝应等处，“见民间庐舍田畴被水淹没”②，就是漫长岁月灾难的集中写照。

清代苏北有民谣：“倒了高家堰，淮扬二府不见面。”意为高家堰一决，淮安和扬州就为大水隔绝；即使高家堰不决，人为主动地开闸泄水，里下河地区也受不了，“一夜飞符开五坝，朝来屋顶已行舟”。足见洪泽湖蓄清敌黄，里下河地区人民做出的牺牲之大。

洪武年间都南京，苏、皖漕粮由长江水系和运河漕运。永乐至宣德初年，推行漕粮支运。天下粮仓有四，淮安、徐州占其二，“江西、湖广、浙江民运百五十万石于淮安仓，苏、松、宁、池、庐、安、广德民运粮二百七十四万石于徐州仓，应天、常、镇、淮、扬、凤、太、滁、和、徐民运粮二百二十万石于临清仓，令官军接运入京、通二仓”③。支运特点是民、军接力南进，“自淮至徐以浙、直军，自徐至德以京卫军，自德至通以山东、河南军。以次递运，岁凡四次，可三百万余石，名曰支运。支运之法，支者不必出当年之民纳，纳者不必供当年之军支。通数年以为裒益，期不失常额而止”④。淮安和徐州是重要的交接点。

宣德六年（1431），天下漕运由支运改兑运。江苏境内的瓜洲、淮安是江南粮农运交漕粮的目的地。陈瑄的兑运改革意图是，“江南民运粮诸仓，往返几一年，误农业。令民运至淮安、瓜洲，兑与卫所。官军运载至北，给与路费耗米，则军民两便”。粮农减少了运粮的时间，运军赚得路费耗米，确实军民两便。蹇义奏上“官军兑运民粮加耗则例”，规定“每石，湖广八斗，江西、浙江七斗，南直隶六斗，北直隶五斗”。脚价耗米也实在不少。大行兑运时，并没有一刀切，支运仍在一定范围内维持着，“如有兑运不尽，仍令民自运赴诸仓，不愿兑者，亦听其自运”。最后统归于兑运，“军既加耗，又给轻赍银为洪闸盘拨之费，且得附载他物，皆乐

---

① 彭安玉：《洪泽湖大坝的建成及其影响》，《淮阴师范学院学报》2012年第2期，第193页。

② 雍正《漕运全书》卷31，《北京图书馆古籍珍本丛刊》，第55册，书目文献出版社1998年版，第737页上栏。

③ 《明史》卷79，中华书局2000年版，第1278页。

④ 《明史》卷79，中华书局2000年版，第1277—1278页。

从事，而民亦多以远运为艰。于是兑运者多，而支运者少矣”。[①] 兑运较支运的进步，表现在“民运路程缩短，而军运的路程则适当延长”[②]。支运时，江苏部分府州要运粮徐州仓，安徽部分府州要运粮临清仓，而兑运江苏部分府州只需运粮瓜洲仓，安徽部分府州运粮淮安仓即可。当然，军运路程的延长，以粮农支付加耗粮和轻赍银为前提。南直隶（略等于今江苏、安徽）加耗每石六斗，即粮农多付出60%的漕粮。轻赍银，按照正德十年都御史丛兰和总兵官顾仕隆的说法，“各卫所官军领运各司府粮，其折耗二、六不等。轻赍银两，例该随本色粮兑，以备中途盘剥、上仓车脚之费”[③]。所谓折耗二、六，对于当时南直隶粮农来说，应该指加耗粮每石六斗，轻赍银每石二两。

成化以后，天下漕粮以改兑、长运形式进行。运军过江至各省水次兑收粮农漕粮，然后长运北京、通州。这场变革也发起于南直隶，应天、苏、松粮长反映“近年民运过江瓜洲、淮安二处水次兑军并淮安府常盈仓上纳粮米，俱照该部原定正耗则例起运，又加盘用船车等米。每年于十二月以里运赴前项水次，但军船先后不齐，民人守候月日难论，未免将粮入仓，或被人盗取。其该纳常盈仓之数，又被官攒刁蹬，筛晒亏折”。总督苏松粮储都御史滕昭据之上奏，“要将成化七年分民运瓜、淮二处兑军并常盈仓上纳粮米，俱令官军过江，就与各该水次仓，分听其交兑”[④]，得到户部议准。从此，南直隶境内只要将漕粮运至本府州县水次，江南粮农在原有加耗粮和轻赍银基础上再付每石一斗的过江费兑给运军，就算完了漕粮。

清代变漕粮民兑为官收官兑，“顺治九年以后，定为官收官兑。酌定赠贴银米，随漕征收，官为支给。民间交完粮米，即截给印串归农，军民两不相见，一切浮费概行革除”[⑤]。将明代运军勒索粮农的各种费用变成法定的漕粮附加，由粮农交给官府，由官府发放运军。这样，粮农不再受其直接勒索。后来又取消明人对江南粮农只要粳米的苛刻规定，实行红白兼收、籼粳并纳，“雍正六年，以江、浙应纳漕粮为额甚巨，若必拘定粳

---

① 《明史》卷79，中华书局2000年版，第1278页。

② 彭云鹤：《明清漕运史》，首都师范大学出版社1995年版，第137页。

③ （明）黄训：《名臣经济录》，《四库全书》，史部，第443册，上海古籍出版社1978年版，第416页。

④ （明）谢纯：《漕运通志》，方志出版社2006年版，荀德麟点校本，第122—123页。

⑤ 道光《钦定户部漕运全书》，《故宫珍本丛刊》，第319册，海南出版社2000年版，第108页下栏。

米，恐价昂难于输将，以后但择干圆洁净，准红白兼收，籼粳并纳，著为令”[①]。清代没有长城一线边防压力，有充分的漕粮蠲免空间。江南省（包括江苏、安徽）多次因灾荒受到漕粮蠲免，清圣祖、清高宗二帝皆六次下江南，也曾多次对江南省减免赋税漕粮，以答谢江南人民对南巡的热情。

据今人考证，明代成化年间南直隶共有运船4765只、运军48453人，实运漕粮1529814石。除去其中安徽（泗州、寿州、滁州、庐州、六安等卫所共有运船764只、运军7639人、实运漕粮246813石）份额，当年江苏共有运船4001只、运军40814人，实运漕粮1283001石。这表明“明代漕运实行长运法后，江苏漕运平均每船10人稍强，每船运粮320多石”[②]。起初船多载少，加上附载土宜也就是400多石，行船不易搁浅、倾覆。后来因为运船缺损，加上附载夹带渐多，漕船普遍超载，行运渐多搁浅、倾覆事故。

据今人考证，明代成化年间实行运军长运后，安徽各卫漕船和运军数量，“庐州卫有运船167只，运军1676人，运粮53477.758石；滁州卫有运船79只，运军741人，运粮数为25280石；泗州卫有运船273只，运军2775人，运粮数为89699.6石；寿州卫有运船150只，运军1497人，运粮数为48000石；六安卫有运船95只，运军950人，运粮数为30357.9石”[③]，与《江苏航运史》所载安徽府州船数合计结果一致。

清代漕船尤其是江西、湖广漕船载重量较明代为大，而每年实运漕粮较明代为少，故而漕船数量较明代为少。江苏、安徽漕船数量，“苏松粮道所属五百八十九，江安粮道所属三千八十四”。苏松粮道辖区相当于今苏南，江安粮道辖区相当于今安徽、江苏的江北部分加皖南。江安粮道漕船众多，因其包括“协运河南百二十五，协运苏松千九百九十七”[④]。清代漕船基本组织部位是帮，根据归属地命名，康熙五十一年（1712），“覆准，每帮十船。连环保结，互相稽察，如有折乾、盗卖等弊，有能出首者……其余九军一同责惩”[⑤]。恩威并用，规定除装运漕粮外，运丁可以装

① 《清史稿》，第13册，中华书局1977年版，第3570页。

② 束方昆主编：《江苏航运史》，人民交通出版社1989年版，第146页。

③ 马茂棠主编：《安徽航运史》，安徽人民出版社1991年版，第143页。

④ 《钦定大清会典》，《四库全书》，史部，第619册，上海古籍出版社1987年版，第141页。

⑤ 《钦定大清会典则例》，《四库全书》，史部，第621册，上海古籍出版社1987年版，第326页。

载土产60石，在运船往返途中，允许在沿运口岸销售。

明清安徽漕运。明代安徽、江苏属南直隶，清初将之改称江南省，设左、右二布政司，对应江安和苏松二粮道。左司辖安庆、徽州、宁国、池州、太平、庐州、凤阳、淮安、扬州、徐州、滁州、和州、广德州，右司辖今江苏长江以南部分。康熙元年虽设安徽巡抚于安庆，但左布政司仍驻江宁。康熙五年淮安、扬州、徐州已隶右布政司，左布政司直到乾隆二十五年才由江宁迁安庆。安徽漕运情况，雍正《漕运全书》、乾隆《江南通志》与江苏不分，至道光《安徽通志》和光绪《重修安徽通志》才独立开列。

按万历重修本《明会典》，南直隶兑运米150万石，占天下兑运粮的近46%。改兑29万石，占天下改兑粮的约40%。兑运、改兑粮共179万石，另有白粮10多万石，占天下总额400万石的近半。

清代江苏、安徽合称江南省。按《大清会典》，天下岁额正兑米330万石，江南一省即150万石。天下岁额改兑米70万石，其中江南一省294400石。正兑、改兑两项合计近180万石，加上白粮10余万石，江南省漕粮占天下总额一半。

江苏是明清漕运典型省份，本书其他章节的治河通漕内容基本上是以江苏为主体述评的，无须专论；安徽无运道治理任务，而漕运长时期包含于南直隶和江南省内。明代安徽漕运无大特色，故而此处只述评清代安徽漕运。

安徽是清代有漕省份之一，其漕运规模虽不及江苏、浙江等省，但依托长江、淮河等自然水系，运道保障无须大量人工和资金投入，水运条件优越。

清代漕运规模有原额和实征两个指标。原额是沿袭明代的漕运数量，清初安徽省（江南左布政司）漕运原额，“正兑正米三十八万七千石，耗米一十三万八千八百石”①，“改兑正米二十万四百五十石，耗米五万一千三百七十二石”②，合计77万多石。除去其中江宁、淮安、徐州、扬州、海州、通州所占份额49万多石，所剩正、改二兑正耗米28万多石，即当时安徽十一府州漕运原额。规模小于江苏、浙江、江西、山东、河南，大于湖南、湖北。

---

① 雍正《漕运全书》卷1，《北京图书馆古籍珍本丛刊》，第55册，书目文献出版社1998年版，第14页上栏。

② 雍正《漕运全书》卷1，《北京图书馆古籍珍本丛刊》，第55册，书目文献出版社1998年版，第28页下栏。

实征是清廷当年题准的漕运指标，具有严命指令、不得变通的性质。康熙二十二年安徽漕项实征，见于雍正《古今图书集成》的职方典有关各府州漕运考。累积安庆、徽州、宁国、池州、太平、庐州、凤阳、和州、滁州、广德、泗州十一府州漕运数额，得出康熙二十二年安徽有漕府州实征漕粮24万多石，随漕项下本色米麦3万多石，各项折色银68000多两；南米7万多石，南米折色银57万多两；本色席17000多领。

原额之外还有很多附加，实征正、改本色加上附加超过原额很多。就康熙二十二年而言，实征正项漕粮虽少于原额，但杂项米（南米、随漕项下本色）高达10万多石，随漕银（各项折色银、南米折色银）总和高达64万多两，将此银数即使以每石一两三钱换算成粮米，也高达49万多石。

表面上清代漕运原额维持了明代万历年间水平，并且每年实征本色还稳中有降，但清初将明代运军向粮户勒索的贿赂，变成法定公开随漕米、银向粮农摊征，实际上清代粮农的负担比明代为重。何况后来所征随漕附加名目渐多。

同治三年（1864），清廷议准安徽漕粮全征折色，不仅“正米耗米均按例定价值，梭米每石折银一两三钱，粟米每石折银一两二钱提存藩库”，而且在无须兑运的情况下“其给丁耗赠行月等米亦照正耗米例定价值提存粮道库，以备起解部库”①。这反映了清廷于社稷安危受到太平军、捻军挑战之际财政捉襟见肘、贪婪无比。

安徽地在江淮中游，境内以自然河流为运道，水道维护成本低廉，大约与江西、湖北、湖南、浙江相当，而远远低于靠繁难河工支持的江苏、山东运河的治水通漕费用。清代安徽又是一个漕船、运丁配备较强的省份，江安粮道所属各卫漕船通常二三千只，除承担本粮道漕运外，还担负部分苏松粮道的漕粮解运，协运河南漕粮，运力强大而富裕。

漕行长江水系的五府四州，各有水道汇入长江干流。而且江北府州地势北高南低，江南府州地势南高北低，重载漕船入江东顺风情况下不用牵挽。

皖南四府一州：（1）池州府“面山背江，地势南高而北下，故六属之水虽支分派别，皆北入于江”②。有良好的水运条件。“其水则池口、青溪纳西南诸水，又东西梅根纳九华诸水，而大通、李阳诸渠吐噏青阳、铜陵

① 光绪《重修安徽通志》，《续修四库全书》，史部，第651册，上海古籍出版社2003年版，第718页上栏。

② 乾隆《池州府志》，《中国地方志集成·安徽府县志辑》，第59册，江苏古籍出版社1998年版，第349页下栏。

诸水以达于江。惟香口河及石埭水各东西入江，不与诸水会。”[①] 铜陵、东流和贵池三县滨临长江；青阳、建德、石埭各有水道分别至大通镇、香河口、秋浦入江。六县漕粮无非正兑本色米和随漕杂项米银，由新安卫池州帮承兑解运。（2）太平府属三县皆西临长江，境内东部有“石臼、固城、丹阳三湖，皆西流而入江”[②]，当涂县漕粮出采石河入江，芜湖县漕粮西七里入江，繁昌县漕粮由澛港入江。三县正兑正耗米豆、杂项米银由本府建阳卫宁、太帮承运。（3）宁国府属六县，“左有宛溪会东南诸水于稻堆山，右则麻溪、赏溪及南陵诸水皆会于青弋，而南湖总汇六县之水由芜湖以达于江”[③]。虽不滨江，但漕运皆可水路会于府城北湾沚河过芜湖境入江。六县正兑正耗米和随漕杂项米银，由宣州卫漕船承运。（4）徽州府所属六县漕粮康熙二十八年即以每石8钱永折征银。漕运量小且不出江南省，所以不配置卫帮漕船。（5）广德州境内桐川“汇丹阳湖入江”[④]，郎溪“由芜湖入江”[⑤]，运道便利。

江北二府：（1）安庆府治“城临大江，波涛浩瀚。而桐城之水由枞阳南注之，潜山、太湖之水由石牌东注之，宿松、望江之水亦各自东南注之，然潜水、枞阳水为最大焉”[⑥]。府治怀宁县境内有水次仓受潜山、太湖二县南来漕粮，兑运入江；桐城县漕粮出枞阳河入江；宿松县经泊湖出吉水镇入江；望江县南15里外即江口。六县正兑正耗米、随漕杂项米麦、杂项银，由安庆卫前后帮承运。（2）庐州府四县一州虽不临江，但有巢湖水系接长江，境内“西北之水皆汇于巢湖，湖周三百余里。由泥汊出江者，湖之东南流也；由濡须（今名裕溪口）出江者，湖之东北流也”[⑦]。舒城、合肥、巢县三县出巢湖水至和州裕溪口入江；庐江县、无为州由黄

---

① 光绪《重修安徽通志》，《续修四库全书》，史部，第651册，上海古籍出版社2003年版，第228页上栏。

② 光绪《重修安徽通志》，《续修四库全书》，史部，第651册，上海古籍出版社2003年版，第229页上栏。

③ 光绪《重修安徽通志》，《续修四库全书》，史部，第651册，上海古籍出版社2003年版，第227页上栏。

④ 光绪《广德州志》，《中国地方志集成·安徽府县志辑》，第42册，江苏古籍出版社1998年版，第86页上栏。

⑤ 光绪《广德州志》，《中国地方志集成·安徽府县志辑》，第42册，江苏古籍出版社1998年版，第89页下栏。

⑥ 光绪《重修安徽通志》，《续修四库全书》，史部，第651册，上海古籍出版社2003年版，第225页上栏。

⑦ 光绪《重修安徽通志》，《续修四库全书》，史部，第651册，上海古籍出版社2003年版，第230页上栏。

洛河至裕溪口入江。

漕粮行长江水系的六府一州，较行淮河水系的府州无运道治理负担；且长江水系水位比较均衡，行船所受水情变化挑战也小。行漕优于皖北府州。

漕行淮河水系的皖北二府二州，各有自然水道入淮河，但由于宋元以来黄河多次夺皖北诸河入淮，二府二州漕运条件不如其他八府州。（1）颍州府“其水则淮经其南，颍经其北，二水至颍上相会，谓之颍口”①。淮水为经，汝水、颍水、淝河、涡河为纬，水运发达。所属一州五县正改兑正耗米、杂项米由宿州卫帮船承运。（2）凤阳府“其水，则淮过颍上东径寿州西北合淝水，又东过怀远合涡水，又受濠水、涣水、潼水，过故临淮径五河，南而入泗州之境”②。本府凤阳卫、长淮卫、宿州卫运船十二帮363只，只宿州卫头、二帮兑运本府漕粮，其他卫帮漕船或兑运六安、泗州、颍州、亳州漕粮，或兑运常州、镇江漕粮，或协运河南漕粮。（3）泗州及所属三县地在淮河下游，五河、盱眙二县临淮水，天长县漕运“自石梁山出邵伯湖，入通湖闸口，东直高邮城达淮安府”③。一州三县正耗米、杂项米和杂项银，由凤阳中卫三帮漕船承运。（4）六安州地势南山北原，舟行淮水可通苏北，“其水则淠水，由南而北而东，会众水以入于淮；马栅河东径舒之桃城以入于桃湖”④。一州二县正兑正耗米、随漕杂项米，由凤阳中卫三帮漕船承运。以上二府二州共十九州县皆在淮河南北两岸，淮北有凤阳府之怀远、宿州、灵璧，颍州府之阜阳、颍上、亳州、太和、蒙城，泗州之五河；淮南有凤阳府之定远、寿州、凤台，颍州府之霍邱，六安州及所属英山、霍山，泗州及所属盱眙，漕船多经洪泽湖在淮安清河县帅家庄进入黄河运道北上。

安徽各地漕运的差别。徽境十二府州自然状况千差万别。按光绪编《皖志便览》（镂云阁藏版），安庆府、庐州府、和州、太平府近江，患水；徽州府、宁国府、池州府环山，田少而瘠；广德州、滁州、六安州山多；颍州府地平，专种旱粮；凤阳府、泗州近淮，十岁九涝。因而府州之

① 光绪《重修安徽通志》，《续修四库全书》，史部，第651册，上海古籍出版社2003年版，第232页上栏。

② 光绪《重修安徽通志》，《续修四库全书》，史部，第651册，上海古籍出版社2003年版，第231页上栏。

③ 光绪《重修安徽通志》，《续修四库全书》，史部，第651册，上海古籍出版社2003年版，第596页下栏。

④ 光绪《重修安徽通志》，《续修四库全书》，史部，第651册，上海古籍出版社2003年版，第236页上栏。

间漕运情况不均衡，主要表现在以下所述。

第一，滁州、和州及其属县漕粮只有随漕杂项米、杂项银。雍正十三年（1735）滁州实征随漕杂项米7000多石，杂项银近万两；和州实征随漕杂项米8000多石，杂项银7000多两。同治年间滁州实征随漕杂项米7000多石，杂项银14000多两；和州实征随漕杂项米8800多石，杂项银12000多两。

滁、和二州的随漕杂项米构成不同，前者仅包括南米、屯米，后者仅包括行月并不敷米、南米；其随漕杂项银同年横向比则彼此基本相同。光绪《滁州志》不设漕运卷，漕征数据散见于田赋卷中，实征漕运数据皆杂项银米；光绪《直隶和州志》卷7《食货志·漕运》项下载“州县额征随漕杂项米八千八百一十七石八斗七升八合有奇”①，另有随漕杂项银一州一县共12000多两，情况与雍正《漕运全书》、乾隆《江南通志》一致。这种情况，被概括为“向无漕粮，均照旧征解”② 杂项米、杂项银。此反映了统治阶级的贪婪和漕粮征收附加的不合理。

第二，徽州府六县康熙二十八年以后漕粮改征折色。“徽州府属应征南米，康熙二十八年总督傅腊塔以该属处万山之中，不通舟楫，深为苦累，题定改折每石征银八钱。”③ 以折色起运。这种情况，在道光《钦定户部漕运全书》中被称为无漕之歙县、休宁、婺源、祁门、黟县、绩溪六县，续后永折折色。光绪《重修安徽通志》卷77《漕运二》所载安徽各府州漕项独缺徽州，大概也是因为其以每石八钱漕粮改折的缘故。道光《徽州府志》卷5《食货志·漕运》分漕米起运、漕豆起运、漕项起运三块，每块都有“通府”和属县两个层面，“通府”层面反映的是折色前全府额征数量，属县层面的小字注释文反映折色后所征银两及解运去向，所载与《江南通志》《漕运全书》《安徽通志》相关记载并不矛盾。本色漕粮每石改征白银八钱，虽比市价贵，但漕农没了交兑本色所受勒掯，是合算的。

第三，宁国、旌德、太平、英山四县因地处山区陆运维艰，漕粮民折官办。雍正年间“江南宁国、旌德、太平、英山四县漕粮向系民折官办，

---

① 光绪《直隶和州志》，《中国地方志集成·安徽府县志辑》，第7册，江苏古籍出版社1998年版，第141页。

② 光绪《重修安徽通志》，《续修四库全书》，史部，第651册，上海古籍出版社2003年版，第727页下栏。

③ 雍正《江南通志》，《四库全书》，史部，第509册，上海古籍出版社1987年版，第22页。

每年预估派征，官为措银垫办，于官民均有未便。准照海、赣二州县之例，先动司库银及时采买兑运，将用过银数按米计算照数征收归款”[①]。所谓民折官办，就是粮户完漕只纳折银，官府持银到产米水次代为买米兑运。这种情况在江安粮道不多见，在水运欠发达的河南很普遍。四县民折官办，其先粮户按官府预估粮价纳银，预估之价和实买之价可能严重不符，事后决算存在官府渔利弊端。后仿海州、赣榆做法，提官银买米兑运在先，然后粮户后照数纳银，显得简捷方便。

第四，凤阳府漕粮部分永折，“凤阳府永折米三千四百三十一石七斗（每石连耗米折银五钱），又永折米五千一百三十八石六斗一升（每石连耗米折银五钱），共折银四千二百八十五两一钱五分五厘”[②]。漕粮永折，起因是水害频发。清代漕项和田赋都按田亩派征，只不过漕粮解运京通仓，赋粮解运各省藩司库；漕项行于近水省份，而田赋所在皆征。加上京杭运河承运有限，清廷才把漕粮作为“天庾正供”，不遗余力地确保实运；田赋则以满足各省需要为前提，尽量多地折色征银，以减轻解运户部的压力。同时又由于漕粮用于养活京畿一带的皇族亲贵、大小官员和八旗人丁，除有漕府州遇江海冲没、河工压埋或水旱灾伤，清廷绝不开折征的口子，而赋粮折征控制相对宽松。因而出现了漕粮本色数量接近赋粮本色，而赋粮折色银却远远高于漕粮折色银的现象。

## 第四节　明清河南、山东漕运

明清时期的山东境内有运河自南而北300多公里，且为北方两个有漕省份之一；河南则是会通河开通以前河运必经之地，会通河开通以后豫北有运道保留，并且漕额与山东相当。山东、河南以地近京畿而被称为北漕，与江淮流域的南漕有诸多不同。

按《明会典》，明代河南、山东二省兑运米皆28万石（内各折色7万石）；旧运临清广积仓改兑米山东20600石，河南5万石，旧运德州仓改兑米山东75000石，河南6万石。二省正、改兑二米共77万石，数量不及南直隶的一半。

---

① 《钦定大清会典则例》，《四库全书》，史部，第621册，上海古籍出版社1987年版，第302页。

② （清）杨锡绂：《漕运则例纂》，《四库未收书辑刊》，第1辑第23册，北京出版社1998年版，第289页。

洪武年间山东、河南是北伐大军和北方驻军后勤保障的水运要道和前进基地。“徐达方北征，乃开塌场口，引河入泗以济运，而徙曹州治于安陵。塌场者，济宁以西、耐牢坡以南直抵鱼台南阳道也。”① 大军及其粮食供应由淮扬运河翻坝入淮，由淮河支流泗水进至鲁西南，过塌场口、耐牢坡进入黄河达豫东，再由汴梁分运粮饷于山西。“命浙江、江西及苏州等九府，运粮三百万石于汴梁。已而大将军徐达令忻、崞、代、坚、台五州运粮大同。中书省符下山东行省，募水工发莱州洋海仓饷永平卫。其后海运饷北平、辽东为定制。”② 河运水路即徐达所开沟通泗水与黄河的进军路线，海运则以莱州为基地。

永乐年间会通河开通以前，河南有水陆漕运要道。“永乐元年纳户部尚书郁新言，始用淮船受三百石以上者，道淮及沙河抵陈州颍岐口跌坡，别以巨舟入黄河抵八柳树，车运赴卫河输北平，与海运相参。”③ 按明代河南地图，陈州即今天的河南周口市淮阳县，颍岐口在今淮阳境颍水东岸，当时这里颍水落差很大，所以郁新设想用载200石的小船运粮至跌坡上。颍水为淮河支流，其上游近沙河。沙河当时通黄河，所以郁新建议在跌坡上再装大船顺沙河入黄河。八柳树，地在今豫北新乡县与获嘉县交界处，新乡县北有卫河河道，八柳树离卫河不过数十里，车运赴卫河距离不远。《明史·宋礼传》对这条漕运通道表述与上述稍异，“河运则由江、淮达阳武，发山西、河南丁夫，陆挽百七十里入卫河，历八递运所，民苦其劳”④。阳武离卫河确实较八柳树远，可能《宋礼传》与《郁新传》所说运道不同时，因而路线稍有异。

会通河开通以前，山东境内也有一条河陆交替的漕运路线。《明史·食货三》载：“淮、海运道凡二，而临清仓储河南、山东粟，亦以输北平，合而计之为三运。惟海运用官军，其余则皆民运云。”⑤ 海运之外，河南境内的河运和山东境内的河运，皆水陆交替地转运江淮漕粮赴北上。《漕运通志》载山东本省的漕粮运德州仓，永乐“五年，令山东布政司量起夫车，将济南府并济宁州仓粮运送德州仓，候卫河船接运”⑥。与《明史》稍有出入。当时山东境内水路不贯通，必须辅之以车，十分艰辛。

---

① 《明史》卷83，中华书局2000年版，第1343页。
② 《明史》卷79，中华书局2000年版，第1277页。
③ 《明史》卷79，中华书局2000年版，第1277页。
④ 《明史》卷153，中华书局2000年版，第2795页。
⑤ 《明史》卷79，中华书局2000年版，第1277页。
⑥ （明）谢纯：《漕运通志》，方志出版社2006年版，荀德麟等点校，第108页。

会通河开通以后，鲁西成为京杭运河必经要道。其间，山东漕粮和南方漕粮由会通河进京，河南漕粮则集中于卫河流域装船，经临清北上京通，“卫河，自卫辉抵临清以达通仓，为河南一省漕运所经，不可不备载。……明运由会通河，河南一省则由卫河”①。天下漕运全行兑运后，“河南、彰德等府，俱于小滩领兑。山东济南州县各于德州领兑，东平等州县于安山领兑，沂州等州县于济宁领兑，其余水次类多仿此。民粮送纳淮、徐、临、德诸仓者，仍支运十分之四”②。河南、彰德等府，实际包括河南所有有漕府州，水次都在小滩。山东境内有会通河贯穿，所以兑运水次设置较河南密集得多：德州、安山、济宁均匀分布在鲁北、鲁中和鲁南，不像河南那样水次孤悬省外。

河南、山东二省加耗、脚价往往相同。宣德八年（1433），“令兑运民粮加耗……山东、河南三斗”③。宣德十年同降为二斗五升。景泰五年（1454），“令河南、山东布、按二司管粮官催督兑运军粮，青州、济南二府运送德州仓，兖州、东昌二府及河南布政司所属运送临清仓，每石加耗四斗”④。河南漕运虽然不如山东水道发达，但卫河运道也无须会通河那样大的保运投入，还可向两岸农田提供灌溉。

山东境内治河通漕工程主要实施于明朝前中期。当时豫东黄河决口，黄水总是东冲会通河沙湾、张秋间入海。从正统十三年黄河首次发难，至弘治七年刘大夏筑堤引正对张秋、沙湾的黄河支流向徐州止，豫东鲁西是治河主要工地。

清代河南、山东两省漕粮的原额和实征发生了改变。原额是从明代继承而来的漕运指标，清代山东漕粮正兑米 28 万石，河南 27 万石，改兑米山东 95600 石，河南 11 万石。基本上维持着明代的水平。清代有漕八省份中，山东、河南漕运原额高于湖南、湖北，而低于其他省份。

原额还有润耗米、润耗银和其他附加。雍正《漕运全书》载河南正兑正米、改兑正米之外，还有正兑“耗米五万三千六百七石二斗六升”⑤，改兑“耗米一万八千七百石”⑥。所谓耗米，是计运送、储存费用而加征的额

---

① 《河南通志》，《四库全书》，史部，第 535 册，上海古籍出版社 1987 年版，第 8 页。

② （明）谢纯：《漕运通志》，方志出版社 2006 年版，荀德麟等点校，第 112 页。

③ （明）谢纯：《漕运通志》，方志出版社 2006 年版，荀德麟等点校，第 112—113 页。

④ （明）谢纯：《漕运通志》，方志出版社 2006 年版，荀德麟等点校，第 119 页。

⑤ 雍正《漕运全书》，《北京图书馆古籍珍本丛刊》，第 55 册，书目文献出版社 1998 年版，第 11 页下栏。

⑥ 雍正《漕运全书》，《北京图书馆古籍珍本丛刊》，第 55 册，书目文献出版社 1998 年版，第 26 页下栏。

外之数。这样，河南全省加耗后每年漕运原额约452300多石。乾隆《山东通志》载全省正兑米附加有随漕轻赍银15910两、随漕席草脚价盘费银共19547两，改兑米附加有随漕席草脚价盘费银11467两、随漕润耗银14263两，如果把这些附加银换算成漕粮，也有十来万石之多。

各省漕粮“额征数目遇有升坍，随时增减”①，所谓“升”，指荒地变熟，开始征漕；所谓“坍”，指水岸坍没或水利工程所毁熟田。遇大面积灾害，皇帝会下诏折征银两，“漕粮折征之年，该督抚按照各省定价临时题明办理”②。原额具有可调性，实征才是硬指标。这是因为，原额往往高于清廷的实际需要，在其基础上时行蠲免缓征、改征折色，常常作为恩典施之于民，是清帝十分乐意做的事，因而每年实征漕粮本色往往小于原额。嘉庆十七年（1812）全国实征正兑漕粮“二百五十六万一千二百七十八石”，仅占原额三百三十万石的百分之七十九；实征改兑漕粮“四十二万六千五百六十二石”③，仅占原额的60%。

按《钦定大清会典则例》卷41，乾隆十八年山东省漕粮实征，正兑米157994石，改兑米69473石，两项合计不及原额的70%。文献资料所记河南实征漕粮本色数字也都小于原额，且有时间变化：（1）康熙、雍正河南督抚所上漕运事宜折，多次称本省漕粮实征本色约25万石。如康熙二十二年巡抚王日藻所奏漕事称：“查豫省正、改兑漕粮并润耗本色行粮及德州仓粮共本色米约计二十五万有奇。”④ 康熙四十二年巡抚徐潮所奏漕事称：康熙四十二年购买漕米并润耗行粮等米共25万石，雍正六年总督田文镜所奏漕事称豫省额征正耗漕粮，并一半润耗一半行粮及德州仓正、耗通共米二十四万九千五百石四斗七升零。康、雍之际实征低于漕额也有20%左右。（2）雍正《漕运全书》和乾隆《大清会典》所载河南实征本色数量更小。雍正十三年除去永折、节年荒缺、归并别省、改征黑豆和升增诸因素，河南漕粮“实征正兑正米九万五千三百一石六升一合六勺零，耗米二万五千六百七石一斗四升五合四勺零”⑤“实征改兑正米四万七千一百二十

① 道光《钦定户部漕运全书》，《故宫珍本丛刊》，第319册，海南出版社2000年版，第12页下栏。

② 道光《钦定户部漕运全书》，《故宫珍本丛刊》，第319册，海南出版社2000年版，第16页下栏。

③ 《皇朝政典类纂》卷52，文海出版社1969年版，《近代中国史料丛刊续编》第88辑，第101页。

④ 《河南通志》，《四库全书》，史部，第536册，上海古籍出版社1987年版，第26页。

⑤ 雍正《漕运全书》，《北京图书馆古籍珍本丛刊》，第55册，书目文献出版社1998年版，第12页。

二石五斗六升七合八勺，耗米八千一十石八斗二升七合二勺二抄”[①]。正兑、改兑两项合计约十七万六千零四十二石。乾隆《大清会典》卷13载：河南正兑米81628石，改兑米39911石；𪎭麦正兑5086石，改兑3033石；黑豆正兑32674石，改兑9588石。四项合计171920石。雍、乾之际实征低于漕额更多。（3）进入道光年间，京城八旗人口繁衍，漕粮需求量增多，河南实征漕粮本色又略有上扬。道光《钦定户部漕运全书》卷1载：道光九年河南十府州所征正、改、蓟正耗粟米麦豆共二十四万零九百八十九石。李钧《转漕日记》载道光十六年河南“本年漕粮，除去缓征、添入带征，实征米、麦、豆共二十三万七千八百二十六石四斗一升八合六勺”[②]。高于雍乾年间实征本色数目。

上述康熙至道光河南漕粮实征本色数字不包括各种随漕润耗赠贴。按乾隆《钦定大清会典则例》卷41，河南漕粮正、改兑的正、耗二米之外，尚有四项额外费用：（1）随漕轻赍，正兑米每石轻赍一斗六升，谓之一六轻赍；（2）随漕席，每正、改兑漕粮二石，征长席一领，折银一分；（3）官军行月二粮，领运千总支行粮二石四斗，运军每名行粮二石四斗、月粮九石六斗；（4）赠贴银米，又叫润耗，每米百石贴银五两、米五石。除第二项外，其余三项都属将明代粮户贿赂运军的好处由官府统一征收，以法定形式分发漕运旗丁。

清代河南漕粮的征运也有自己的特点。首先，漕粮改征折色。清代前期漕粮折银高于市场粮价，“顺治十八年，江西米价石不满四钱，而漕折石一两二钱，三不完一。康熙三年，江南米价石不满五钱，而五府白折石银二两，四不完一”[③]。康熙十六年（1677），河南“正耗米每石额征银八钱五六分”，而“近年粟米颇贱，每石不过三四钱”[④]。折银却是市场粮价的两倍多。所以，康乾盛世河南漕粮原额虽无上升，但各种润耗赠贴不断攀升，加上折色银高于市场粮价，粮农的漕运负担越来越重。

道光、咸丰年间内忧外患频仍，粮农负担更重。由于捻军多次阻断运道，河南漕运被迫逐渐改征折色。咸丰七年（1857），河南漕粮每石折银

---

① 雍正《漕运全书》，《北京图书馆古籍珍本丛刊》，第55册，书目文献出版社1998年版，第26页。

② （清）李钧：《转漕日记》，《续修四库全书》，史部，第559册，上海古籍出版社2003年版，第753页上栏。

③ （清）汤成烈：《治赋篇五》，《皇朝经世文续编》卷34，武进盛氏思补楼光绪二十三年刊版，第21页。

④ 雍正《漕运全书》，《北京图书馆古籍珍本丛刊》，第55册，书目文献出版社1998年版，第79页。

一两二钱五分解部，同治初又每石折收三两三钱，以二两解部，一两充本省军饷，三钱为存司公费，出现了实际运京的漕粮数量渐少，而有漕州县的财政负担却越来越重的现象。民国《林县志》卷5记载：

> 迨咸丰七年匪扰阻运，河南长吏奏准漕米改征折色，每石折银一两二钱五分解司充饷。夫漕粮既征折色，自应按原编八钱之数归入地丁起运，乃犹丁、漕分征，且由八钱增至一两二钱五分，从此遂成一种特别赋税，且启后来加征之渐。至同治元年河南巡抚张之万遂奏准每石增为漕折三两加复三钱，视原编八钱已增至四倍以上。当日借口充饷，迄匪乱已平并未减。而官吏且任意多取，林县征漕一石民间实纳制钱七千二百文，由官买银起解，当时银价奇廉（光绪末银一两价一千二百文），故漕粮盈余为县官肥私之大宗款项，宣统间实行提解盈余，始以六千六百五十二文报解。而宣元解省漕款合漕折、加复、平余三者，总数三万一千四百三十五两有奇（此外浮收之在县者，民国初拨归地方公款）。此即乾隆后五千一百九十余两之漕价也。①

这种现象，史学家称为封建社会皇粮国赋的“积累莫返”。漕运和漕额是皇粮国赋的特殊种类，其积累莫返规律更为明显。该县乾隆十七年漕银5000多两，宣统元年却高达31000多两，翻了近6倍。

总之，鸦片战争之前河南正常年景实征本色漕粮不超过25万石，漕银不超过13万两。鸦片战争之后，河南漕粮原额虽未公开加码，但由折银八钱到一两二钱一分再到三两三钱，实际负担翻了数倍。须知，正米加上耗米才是全数，原额和实征不是一个概念，清初和清末情况有天壤之别，不能单纯地从漕运原额和实征两个指标考量粮农负担。

其次，清代河南漕运的仓场选址和完纳方式。清代河南漕粮通过卫河进京有两个原因：一是历史因循。明初江南漕粮曾经水陆交替运输，过黄河经过陆运，在豫北卫河重新装船水运进京，后来京杭运河过山东行运，而河南漕粮仍沿卫河出省。二是全局考虑。河南漕运选择豫北的卫河出省，绕过闸漕而在临清进入北运河，可有效减轻大运河承运压力。

关于河南漕粮兑运水次的演进，雍正《河南通志》卷25载：康熙三十五年以前“俱在小滩”。小滩为直隶大名府紧临卫河一镇，咸丰《大名

① 民国《林县志》，《中国方志丛书》（第一一〇号），成文出版社1968年版，第348—349页。

府志》卷9《镇堡》载："小滩镇，在府东北三十五里卫河滨，夹河为镇，中建浮桥。自元以来为挽输要道，明及国初俱兑运豫省漕粮于此，至雍正间乃改归内黄楚旺镇，今只为运道耳。"[①] 选择小滩，是因为监兑部员驻此，不得不迁就他们。当然，也有小滩以下卫河河道行船通畅的因素。

雍正六年（1728），田文镜奏漕事有收漕水次原在"卫辉、五陵二处"之语，武陵地属汤阴县。乾隆五十三年（1788）又由五陵迁至卫河更下游处的彰德府内黄县楚旺镇。"豫省漕粮，在卫辉受兑。……上年改由五陵兑运，既经避去险溜。……今水次又准改至楚旺，较从前近至四百余里。兑运便捷。"[②] 道光十六年李钧著《转漕日记》，卷1有道光十六年十月"定于十七日赴楚旺水次督兑漕粮"[③] 之语，楚旺作为河南漕兑水次持续时间较长。

总而言之，河南漕粮兑运地经历了大名府小滩、卫辉府城和彰德府汤阴五陵、内黄县楚旺的变迁。在本省境内的远迁是要跳过近处的浅滩，最后选定楚旺，装运五百石的漕船可以正常航行。虽然离产粮中心远了一些，但漕粮装船后无须挑浅盘剥。

关于河南漕粮的完纳方式，雍正《漕运全书》卷2概括其特点道："各省漕粮例征本色，惟豫省各府州县其间多以水次穹远、兑运惟艰，额漕或征或折，随时办理不一。顺治年间照《赋役全书》每石征银八钱买米起运。康熙十六年因粟米价贱，题准每石于八钱内节省一钱五分解部，余银六钱五分办运。"[④] 从粮户来看，只缴折银，完漕方式是折色；从全省来看，以州县所纳银两买米兑运，完漕方式是本色。这种情况持续于顺治、康熙两朝和雍正初年。雍正六年田文镜行全纳本色，咸丰七年又全漕改折，为完纳方式的两次质变。

河南漕粮完纳方式以雍正六年、咸丰七年为界可以分为三期。

第一，前期（雍正六年以前），基本上是有漕州县按每石八钱纳银，由官府到卫河流域采买米石完纳。具体又可分以下三个阶段。

---

① 咸丰《大名府志》，《中国地方志集成·河北府县志辑》，第58册，江苏古籍出版社1998年版，第224页。

② 《清高宗实录》卷1310，第17册，中华书局1986年版，第669页下栏　乾隆五十三年八月上戊戌。

③ （清）李钧：《转漕日记》，《续修四库全书》，史部，第559册，上海古籍出版社2003年版，第748页下栏。

④ 雍正《漕运全书》卷2，《北京图书馆古籍珍本丛刊》，第55册，书目文献出版社1998年版，第45页。

（1）顺治年间以起解本色为主，偶然折银买兑。顺治八年十月户部覆河南巡抚称："河南省额解漕粮三十一万石，除荒地免征外，止实征米一十万五千三百二十六石零，俱系征纳本色。其折银买兑，原系民间权宜之计，应照旧起解本色。"① 顺治十二年河南巡按祖永杰奏言："卫辉、彰德二府旱魃为灾，粒米未收，其本年分漕粮请以麦代输。"② 也说明顺治年间河南通行的是本色完漕。

（2）康熙前期（三十五年以前）以每石折银八钱，由官员购米兑运于大名府小滩。但小滩买米行之既久不能无弊，康熙二十二年王日藻奏漕事称："越境采办，奸宄丛生，囤户牙行视为奇货，米价任意腾贵。粮官买役四散购求，远则苦盘剥之耗费，近则苦奸棍之勒索，所以康熙十八年至二十年，小滩米贵至一两二三钱不等。间有恐误开帮，向邻近水次州县运买好米，而小滩牙侩勾结官旗嫌称中州米带黄色，抑勒不用，必要小滩之米，以致买粮官役称贷无偿，那移无补，官民交困。"③ 为此，后来的几任巡抚都上书要求破格变通，吁请直接折色解银，从而促成其间漕粮完纳出现"折银解部，停运本色""仍运本色"和"停运"三种形式，前者如康熙十三年、康熙十五年、康熙二十二年，后者如康熙三十一年，其他年份都是"仍运本色"。还要指出，康熙三十二年前曾有数年是粮农直接到水次附近买粮兑运。康熙三十二年六月九卿奉旨覆河南巡抚："河南漕粮停止民间采买，著折征银两，该抚身往直隶大名府所属地方照额购买、亲验起运，如有迟误，将该抚从重治罪。"④ 可见此前数年漕粮由粮农到水次采买不诬。

（3）康熙三十五年至雍正初年，基本完纳方式是以折银至省境卫河流域买米，先后于五陵、楚旺兑运。尽管有折银解部（康熙四十二年）、半折半本（康熙五十八年）、截留待拨（康熙四十三年、五十九年、六十年）、缓征带运（康熙五十三年）等变通形式，但大多数年份以折银到豫北卫河流域买米兑运本色漕粮。

第二，中期（雍正六年至咸丰七年），完纳形式以全漕本色为主。雍正六年田文镜推行全兑本色，乃针对康熙五十八年以来实行的河南省近水

---

① 雍正《漕运全书》卷2，《北京图书馆古籍珍本丛刊》，第55册，书目文献出版社1998年版，第51页上栏。

② 《清世祖实录》卷96，第1册，中华书局1985年版，第752页上栏　顺治十二年十二月癸亥。

③ 《河南通志》，《四库全书》，史部，第536册，上海古籍出版社1987年版，第26页。

④ 《河南通志》，《四库全书》，史部，第536册，上海古籍出版社1987年版，第28页。

次州县十万石漕米本色起运，其他州县漕米及支军米共15万余石折征银两交粮道采买起运，而粮道又委托近水州县分买，以致漕粮压力都集中大河以北三府，形成的所谓“偏累一方”的弊病而发。基本精神是大河南北有漕州县俱征本色在卫辉府兑运，并总体上实现了总费不加而本色漕额各有承担。新制实施效应，可用三句话概括，一是离水次最远之二府、二州另三县的漕运变相折征，没了运输负担；二是减轻了河北近水三府的负担；三是加重了中间状态的永城等十九州县的本色运兑负担。

行之六年商丘绅士呈文河东总督“力陈民困，请改折色”①。至乾隆五年被当局变更采纳，当时河南折征黑豆已达七万石，均摊于有漕各州县，河南巡抚雅尔图“将永城等州县采办之米，归于祥符等州县征解。而以祥符等州县征收之豆，归于永城等州县采买”②。这样，十九州县虽多了近水州县黑豆的漕额，但只需到盛产黑豆的卫河流域去采买而无长途运输之累；近水州县虽然多承担十九州县的漕米，但不再负担原有黑豆漕项。

在此基础上，乾隆十六年，巡抚鄂容安干脆把永城等十九州县折征采办的黑豆，改派给近水的安阳等二十四县征兑本色；而安阳等二十四县为此多付银两，由永城等十九州县的折征豆价抵补。至此，利益调整臻于平衡。

第三，后期（同治至宣统年间）河南漕粮完纳形式以全折解部为主。进入咸丰年间，捻军不时阻断河南漕粮进京之路，清廷不得不逐渐同意河南折银解部。咸丰四年（1854）“应运三年漕粮无分粟米麦豆，按每石一两二钱五分折银报解，听候采买。所有例定每石节省银一钱五分并轻赍等款乃循例报解”③。河南各县志对此也有记载，民国《续武陟县志》卷6载：“咸丰七年因匪扰阻运，奏准每石一两二钱五分解司充饷。”④ 光绪《续浚县志》卷3载“咸丰十一年四月山东土匪窜扰楚旺，运道梗阻。巡抚严树森奏请援案改折，每石折银一两二钱五分”⑤ 解部，比上则引文唯时间稍有出入，且不及节省银、轻赍银照征同解。

咸丰五年（1855）十一月，“河南省截留荥阳等十二州县，未完四年

---

① 乾隆《归德府志》，中州古籍出版社1994年整理本，第523页。

② 《清高宗实录》卷120，第2册，中华书局1985年版，第761页下栏 乾隆五年闰六月甲辰。

③ 光绪《钦定户部漕运全书》，《续修四库全书》，史部，第836册，上海古籍出版社2003年版，第322页下栏。

④ 民国《续武陟县志》，《中国方志丛书》（第一〇七号），成文出版社1968年版，第215页。

⑤ 光绪《续浚县志》，《中国方志丛书》（第一一一号），成文出版社1968年版，第59页。

漕粮五万三百余石”[①] 用于本省赈灾，可知咸丰年间运道实在不通年份才折银解部，能兑运本色的仍尽量本色完漕。同治元年以后行张之万折银交部之法，各州县均以每石三两三钱解交司库，与河南历年办理成案相比“加增一倍有余”，清廷要军机处“照所请办理”[②]。此法鉴于当时河南漕粮完纳均非本色、大抵折收，而每石所收制钱6000余当银近四两，成为管漕官吏利薮的现实，将粮户隐形负担变为法定的负担，且三两三钱包括润耗轻赍在内，有其良苦用心。要说咸同之际河南粮农漕粮负担加重，实际上在张之万全行折银之前已成事实，不始于张之万。

总之，这一时期河南漕运完纳方式发生剧变，由以前的本色为主，变为全折解银；折色银由每石八钱飞升到三两三钱，因而漕户所纳漕银相应翻了数倍。人言乾隆十七年后河南漕运“因循了乾隆十七年形成的旧制”而“波澜不惊”[③]，是缺乏根据的。

在小农经济为基础的清代河南，行广泛集权的漕粮征运，摊派下去，再集中起来，兑运到京，并非易事。

第一，摊派和集中。河南各州县从乾隆三年才向粮户公开某则地每亩征米若干、征银若干、遇闰加征若干，较他省为晚。把本县漕额相应摊到地亩，由地亩主人各自完漕。但摊法因时地不同而各有其异。康乾盛世安阳田分上、中、下三则，每上则民田一亩摊漕粮不到七合，全县上则民田九千七百七十八顷五十五亩，共摊漕粮六千六百八十五石二斗；每中则民田摊漕粮四合多，全县中则民田三千三百七十三顷七十七亩，共摊漕粮一千四百七十一石三斗；每下则民田一亩摊漕粮二合多，全县下则民田二千七百三十八顷三十九亩，共摊漕粮五百五十九石六斗。这样，就把全县“计摊漕、蓟二米八千七百十六石二斗五升八合”的征漕任务，分摊到“民田一万五千八百九十顷七十二亩六分九丝八忽七微”上。缴纳本色年份“每年于楚旺水次开兑”；改征折色之年“米麦每石价银六钱六分，豆每石价银八钱”[④]，由知县解银于粮道。晚清荥阳县起征漕粮地共3717顷，把“正米二千零一石六斗二升零二勺，加耗米三百石零零二斗”的总额平均分摊，“每地一亩以五合三勺八抄五撮五圭五粒二颗起科，每正米一石

---

① 《清文宗实录》卷183，第3册，中华书局1986年版，第1050页上栏　咸丰五年十一月戊寅。

② 《清穆宗实录》卷49，第1册，中华书局1987年版，第1318页上栏　同治元年十一月己未。

③ 李留文：《明清河南漕粮探析》，《开封教育学院学报》2003年第1期，第27页。

④ 民国《安阳县志》，《中国方志丛书》（第一〇八号），成文出版社1968年版，第186页。

加耗一斗五升”[1]，然后将应纳米石折银三两三钱上缴。

清代河南300年有漕历史，漕粮集中有官收官兑和粮户直兑两种情况。

（1）官收官兑。即粮户只管纳折银，官府负责水次买米兑运，遇征运折色年份则直接将折银上解。“征本色则以价办漕，征折色则将价起运。”[2]除非当年停止漕运，否则知县、知州必须在规定时间和地点，征本色年份将米石送抵水次，征折色年份把折银解本省粮道，粮户相对轻闲些。所以，民国《郑县志》卷4《漕米支销》明言漕耗余留中有“收书饭食、各役饭钱及在卫赁房买席、雇车、出兑各项资用”[3]，光绪《宜阳县志》卷5有每石八钱的漕银“起运年分本县扣存买运”[4]一说，用于官方负责本色开兑水次或折色办漕开销。

（2）粮农直兑。征运本色年份，官府让粮户直接前往水次兑运，粮户非常麻烦。康熙五十八年（1719）刑部尚书张廷枢论河南地方完漕真相道：“河南各府俱系升运人夫，车价所费不赀。百姓春夏纳折色八钱，复发回六钱五分令其买米，秋冬又交本色，固觉难支。”[5]可见粮农直兑累民。但是不少清官循吏还是力行粮农本色直兑，因为这能防止官收官兑的克扣盘剥。雍正六年（1728），田文镜推行河南全省复交本色就有此考虑在内，鉴于此前有些年份粮农直兑费力破财，他通过官府财务运作尽量弥补粮农的运输费用，基本原则是有漕州县例征的漕粮耗羡用于脚价发放。离水次300里以上、粮在1000石以上的县每百里每石另给脚价三分；300里以内、粮在1000石以上，或粮在千石以下而地在300里以外的二十五州县，每石给脚价银五分；里程在300里以外、粮在千石以上州县除每百里每石给脚价银三分外另给三分；漕粮总额在千石以下的其他州县，离水次不到400里的给脚价银七分，不到500里的每石给脚价银一钱，不到600里的给一钱三分，不到700里的给一钱六分，不到800里的给一钱九分。雍正七年（1729）又按每一钱增加三分的幅度提高原来各档次脚价银。力图使粮户运粮至水次劳有所值。

① 民国《续荥阳县志》，《中国方志丛书》（第一〇五号），成文出版社1968年版，第258页。

② 民国《林县志》，《中国方志丛书》（第一一〇号），成文出版社1968年版，第245页。

③ 民国《郑县志》，《中国方志丛书》（第一〇四号），成文出版社1968年版，第263页。

④ 光绪《宜阳县志》，《中国方志丛书》（第一一七号），成文出版社1968年版，第439页。

⑤ 雍正《漕运全书》卷3，《北京图书馆古籍珍本丛刊》，第55册，书目文献出版社1998年版，第96页上栏。

第二，开兑和起运。清代河南漕粮兑运，河南巡抚对户部和漕运总督负责，粮盐道承办在水次建设粮仓、验色监兑和装船运京通诸事。河南漕粮冬兑冬运，由外省漕船协运。李钧《转漕日记》为今人提供了一个完整细致的开兑起运范例。道光十六年冬兑冬运，当时河南在内黄楚旺水次建有开封（储本府各县粮）、彰德（储本府加商丘、宁陵、睢州粮）、卫辉（储本府及洛阳、偃师、巩县、孟津、登封粮）、怀庆（储本府及太康、扶沟、许州、长葛粮）四大仓厂。负责开兑和起运官员共六人：其中粮道一人、总运官一人、监兑官四人。十月二十三日至十一月二十一日李钧亲临各厂监兑，米、麦、豆稍不合格的都责成晾晒、风扇或簸扬。全省有漕五十三州县将所征漕粮运赴该处入仓暂贮，共收米、麦、豆共231870石。河南本省无漕船，来自通州帮、天津帮、德州帮、临清帮、任城帮、长淮帮、徐州帮、平山帮的协运漕船共393只，分帮停靠水次，“约长二十余里”[①]。十一月二十二日开斛兑运，十二月初二“全漕兑峻”。十二月初四船队打冰启航，因守冻、遇风、过闸、候验耗时，至道光十七年二月下旬方至京通，所幸船队无一失风落水，且在京、通验收，只徐州帮“数船米豆稍带潮湿，限三日风晾”[②]。四月初六全漕兑峻，李钧因此“见于勤政殿。得旨：准其卓异，加一级，仍注册回任候升”[③]。如此完美的差使，在清代河南漕运史上不多见。

清代没有明朝北方守边驻军需粮众多的压力，仍行漕额400万石。按《乾隆大清会典》卷13的说法，正兑米用于八旗绿营兵食，改兑米用于王公百官俸廪，白粮用于王公百官各国贡使廪饩，小麦入京仓用于内府，则漕粮基本上用于养活京畿一带的清朝贵族，官员、军人及其家属，汉人官员及各国贡使。

河南漕粮运道孤悬豫北，豫南州县赴水次兑运路途遥远。康乾盛世渐行改良，后来只近水五十三州县有漕运任务。康乾盛世后期每石折色银两高于市场价，实为加赋。尤其是咸同战乱频仍之际，改折每石一两二钱五分甚至三两三钱，加赋过快过重，不免未失天下先失人心。

康乾盛世妥善解决了卫河漕运与灌溉用水矛盾。卫河“源自卫辉府辉

① （清）李钧：《转漕日记》，《续修四库全书》，史部，第559册，上海古籍出版社2003年版，第757页下栏。

② （清）李钧：《转漕日记》，《续修四库全书》，史部，第559册，上海古籍出版社2003年版，第793页下栏。

③ （清）李钧：《转漕日记》，《续修四库全书》，史部，第559册，上海古籍出版社2003年版，第800页上栏。

县，历新乡、浚县、经流内黄县，下流与淇、漳、滹沱等河合，至直沽入海"[①]。永乐年间重开会通河之前，是江淮漕粮水陆交运重要通道，会通河开通后成为河南一省漕粮运道。作为运道，它的最大问题是水量不足，"以卫河为事，则又有泉流微弱，水不胜舟之虑"[②]。整个清代，卫河的漕运和农业用水矛盾十分突出。

卫河水源，来自丹河、洹河和搠刀泉。明代中期即于三源会合处开渠、筑堰、建闸，"居民藉以溉田，漕船赖以济运"。顺治五年（1648），首次解决灌溉和漕运争水矛盾，"河臣杨方兴题定，每年二、三月间，听民用水；四月以后，即将闸板尽启封贮，渠口堵塞，俟运务完日，听民自便"[③]。其基本精神是以漕运为主，非漕运期则听民灌溉。康熙二十三年（1684），"天久亢旱，居民私泄灌田，下注甚少"以致影响漕运，总河"请令该管官速启闸板，尽堵渠口，不致旁泄，以济漕运"[④]。部议重申顺治五年卫河水源行漕为主原则。

康熙二十九年（1690），总河王新命亲自踏勘卫河水源，出台开源节流有新举措。其一，加大小丹河入卫水量。丹河发源太行山，河内县丹河口以下分流九道，仅其中的小丹河、上秦河二道灌溉之余水流入卫。这一内容以皇帝诏令形式颁布：天旱之年"所在士民于每岁三月初，用竹络装石横塞八河渠，使水为小丹河入卫济漕，留涓涓之水溉地；至五月尽重运过完，则开八河渠，用竹络装石塞小丹河口，以防山水漫溢。……其小丹河若有浅阻，责令印官量为疏浚"[⑤]。部议将皇帝谕令简化为"三日放水济漕，一日塞口灌田"[⑥]，印官秉公启闭。

其二，严格搠刀泉管理。泉在辉县"西北五里苏门山下，约二十余亩，泉珠上涌，难以数计。民间设立五闸，蓄水灌田。往例于五月初一封板放水济运，惟是五月正农人需水之时，闭板始可通渠，灌田启板则各渠

---

① 《河南通志》，《四库全书》，史部，第535册，上海古籍出版社1987年版，第199页。

② 《河南通志》，《四库全书》，史部，第536册，上海古籍出版社1987年版，第2页。

③ （清）杨锡绂：《漕运则例纂》卷12，《四库未收书辑刊》，第1辑第23册，北京出版社2000年版，第561页下栏。

④ （清）杨锡绂：《漕运则例纂》卷12，《四库未收书辑刊》，第1辑第23册，北京出版社2000年版，第561页下栏。

⑤ （清）杨锡绂：《漕运则例纂》卷12，《四库未收书辑刊》，第1辑第23册，北京出版社2000年版，第561—562页下栏上栏。

⑥ （清）杨锡绂：《漕运则例纂》卷12，《四库未收书辑刊》，第1辑第23册，北京出版社2000年版，第563页上栏。

立涸”[1]。王新命奏请，经部议认可、皇帝恩准，“照河臣所议，用竹络装石量渠口高下堵塞，使泉水直流不竭以济漕运”[2]，竹络坝漏下之水才允许灌溉。

其三，加强从洹河引水。引洹入卫通道名万金渠，在安阳县西南60里的善村山到县东北5里之间，灌溉之闸“闸门高不过三尺、宽不过一丈，一启板渠即断流”。王新命奏请，经部议认可、皇帝恩准，将灌溉之闸“用竹络装石堵塞”[3]，不惜牺牲大旱之年农业灌溉利益，确保漕运用水。

大旱之年官三民一的用水原则，为雍正、乾隆年间基本遵循。保证了河南漕船出省和临清以下运道漕船经行起码水深。

## 第五节　明清赣浙湘鄂漕运

江西、浙江、湖广三省，是明清重要有漕省份。按《明会典》，浙江兑运米60万石，江西40万石，湖广25万石（内折色三万七千七百三十四石七斗），改兑米只江西17万石。三省四项总共漕额142万石，占天下总额400万石的37%。

额征正、改兑米外有加耗。按道光《钦定户部漕运全书》，浙江省额征正兑正米五十八万五千三百八十五石八斗九升，耗米二十三万四千一百五十四石三斗五升；改兑正米二万九千三百六十五石五斗，耗米一万一千七百四十六石二斗。江西省额征正兑正米三十五万一千二百三十七石九斗八升，耗米一十八万六千一百五十六石一斗三升；改兑正米一十五万一千三百七十九石六斗一升，耗米八万二百三十一石一斗九升。湖北省额征正兑正米九万四千二百四十一石八斗九升，耗米三万七千六百九十六石七斗五升。湖南省额征正兑正米九万五千五百一十一石二斗六升，耗米三万八千二百四石五斗。四省额征正兑正米1126376石，正兑耗米482202石，改兑正米180744石，改兑耗米91977石，分别约占同时全国额征四项米

① （清）杨锡绂：《漕运则例纂》卷12，《四库未收书辑刊》，第1辑第23册，北京出版社2000年版，第562页上栏。

② （清）杨锡绂：《漕运则例纂》卷12，《四库未收书辑刊》，第1辑第23册，北京出版社2000年版，第562页下栏。

③ （清）杨锡绂：《漕运则例纂》卷12，《四库未收书辑刊》，第1辑第23册，北京出版社2000年版，第562页上栏。

指标的44%、46%、40%、58%。

江西、浙江、湖广都是鱼米之乡，水网纵横水运便利，漕粮集中到本省水次较易，不像北方的河南水次设在他省，离水次四百里旱路还算是近的。三省中江西、湖广二省漕粮，基本依赖自然河流出省入江；浙江省经江南运河入江。三省治河通漕投资微乎其微，不像山东、江苏二省的河道，需要王朝花费大量人力、财力、物力去保障运道畅通。三省农田水利条件相对较好，水田有起码的浇灌和排涝保障，水稻大多年份有丰收保证，不像江苏有太湖泄洪不畅、清口一带有黄淮肆虐之忧，皖北有淮河和洪泽湖水灾困扰，山东、河南有水旱灾变之扰。因而明清两代浙江、湖广、江西是天下漕运最平稳的省份。

由于江西、浙江、湖广有如此众多的共性，所以明人谢纯《漕运通志》的“漕例”部分，绝大多数情况下总是三省合说。如支运时期，宣德四年“仍令江西、湖广、浙江民运粮一百五十万石贮淮安仓”，三省民运目的地相同。支运向兑运过渡时期，宣德五年“湖广、江西、浙江都司皆回原卫修理，有司给与材料”。三省军船回空后各返本省所在卫所修理；宣德六年，“奏准浙江、江西、湖广、苏松常镇太平等府佥拨民丁，及军多卫所添拨军士与运。军士通二十四万，分两班轮转运”①。浙江、江西两省佥发民丁辅助军运。兑运推行时期，宣德七年包括三省在内的“江南府州县民运粮于瓜洲、淮安二处交兑”，交兑地点相同；宣德八年定“兑运民粮加耗，湖广每一石八斗，江西、浙江七斗”，加耗相差无几；宣德十年“令湖广、江西、浙江耗米俱六斗”②，三省耗米下调为每石六斗。

这说明浙江、江西、湖广三省共性众多且明显，尤其是境内运道全是自然河湖或以自然河湖为主。如果说明清漕粮河运有其优越性，应该主要指浙江、江西和湖广三省而言，它们坚持河运没有治河通漕巨额投资却能水道常通；无论是漕运旺季还是淡季，都不妨碍客船行进和商业运营。

洪武年间，浙江、江西、湖广除定量定时将漕粮运至金陵外，还要随着北伐战争的进展，临时组织漕运支援前线明军，“洪武元年北伐，命浙江、江西及苏州等九府，运粮三百万石于汴梁”③。这是临时任务，参运的浙江经江南运河入江，江西出赣江、鄱阳湖水系东下，皆可入淮扬运河北

① （明）谢纯：《漕运通志》，《续修四库全书》，史部，第836册，上海古籍出版社2003年版，第84页下栏下栏。

② （明）谢纯：《漕运通志》，《续修四库全书》，史部，第836册，上海古籍出版社2003年版，第85页下栏下栏。

③ 《明史》卷79，中华书局2000年版，第1277页。

上。然后沿着徐达北伐进军路线前行，“徐达开塌场口，通河于泗。又开济宁西耐牢坡引曹、郓河水，以通中原之运”①。徐达北伐先拿下山东，然后转进河南、山西，汴梁是其后方基地，故而三方运粮汴梁即可返回。洪武十三年以后浙江的嘉兴、湖州参与海运辽东。《浙江通志》卷80“洪武十三年海运”条下注：“洪武十三年海运，惟直隶、江南诸府秋粮。时嘉、湖二府尚属直隶，未属浙江，故知海运之粟兼嘉、湖二府在内也。自洪武十五年以后及永乐中，海运赴北京之粟，皆苏、松、常、嘉、湖五府居多。”② 湖州、嘉兴二府地在太湖流域，运粮到江苏太仓，由水师起运北京或辽东。

迁都北京前，浙江、江西、湖广三省漕粮北运分行二道，“一由江入海出直沽口由白河运至通州，谓之海运；一由江入淮，黄河至阳武县，陆运至卫辉府由卫河运至蓟州，谓之河运”。迁都北京后，浙江、江西两省民众部分运粮至通州，“宣德二年令江西、浙湖、南直等处起运淮安、徐州仓粮，拨民自运赴通”③。浙湖即浙江和湖广，从淮安、徐州二仓起运，赴通州缴纳。会通河、清江浦开通后，改为从本省运粮淮安仓，由运军接运北方，“宣德四年，令浙江民运粮贮淮安仓，令官军支运”④。民众运粮至淮安就近入仓，省去大量时间去从事农业，运军又可每石赚得1斗稻米，各取所需。

宣德六年（1431），陈瑄建议：“江南民运粮诸仓，往返几一年，误农业。令民运至淮安、瓜洲，兑与卫所。官军运载至北，给与路费耗米，则军民两便。”朝廷定加耗“每石，湖广八斗，江西、浙江七斗”⑤，还是很重的。但粮农省去过江后北运的麻烦，也是合算的。《江西通志》载：宣德“七年始立兑运法。用吴亮言，令江西、浙湖、应天等处粮，各官军于附近水次领兑，量地之远近、费之多少定为加耗则例，又给以轻赍银两。江西每石加耗六斗六升，又两尖米一斗，共七斗六升。内除四斗随船作耗，余米三斗六升折银一钱八分，名三六轻赍。以为洪闸盘剥之费，许其附载货物，以为沿途食用，谓之兑运”⑥。加耗粮、轻赍银，两项相加还是相当重的。

---

① 《明史》卷157，中华书局2000年版，第2853页。
② 《浙江通志》，《四库全书》，史部，第521册，上海古籍出版社1987年版，第167页。
③ 《江西通志》，《四库全书》，史部，第514册，上海古籍出版社1987年版，第25页。
④ 《浙江通志》，《四库全书》，史部，第521册，上海古籍出版社1987年版，第168页。
⑤ 《明史》卷79，中华书局2000年版，第1278页。
⑥ 《江西通志》，《四库全书》，史部，第514册，上海古籍出版社1987年版，第25页。

成化中，浙江、江西、湖广三省漕粮开始改兑。较宣德年间的兑运主要有两点不同，一是“加耗外，复石增米一斗为渡江费”①。二是粮农只运粮于本府或州县水次，运军抵水次交兑，长运京通，又省去不少时间和麻烦。《明会典》关于改兑始年有两说，一是成化“十一年，罢民运淮安等仓粮。令军船竟赴水次领兑，运送京通二仓（此改兑之始）”②。二是“成化七年，令瓜、淮水次兑运官军，下年俱过江，就各处水次兑运”③。四库全书的《浙江通志》系年于成化十一年，《江西通志》系年于成化十年，《江南通志》系年于成化七年。之所以有此差异，可能是成化七年改兑试行，十一年全面实行。

成化年间全国漕粮罢民运，全由运军长运后，浙江白粮仍由民运。《浙江通志》卷 80 所引《民运规则》，“浙江供用库白粳米三万二千石，本色酒醋面局白糯米六千七百石，本色光禄寺白粳米一万九千石，本色九分，折色一分，每石折银一两；白糯米八千五百石，本色八分，折色二分，每石折银一两一钱”。白粮由粮户自运，“浙江漕粮之外，嘉湖二府输运内府白熟粳糯米、府寺糙粳米，令民运，谓之白粮船”④。运户负担沉重。穆宗时陆树德为白粮民运之难大鸣不平，“军运以充军储，民运以充官禄。人知军运之苦，不知民运尤苦也。船户之求索，运军之欺陵，洪闸之守候，入京入仓，厥弊百出。嘉靖初，民运尚有保全之家，十年后无不破矣。以白粮令军带运甚便”⑤。但未被采纳。白粮民运一直成为压在江浙粮农肩上的沉重负担，直到康熙三年白粮才由漕船带运。

漕运经办，洪武年间任命武臣督理漕运，设漕运使；永乐年间，用侍郎、都御史催督漕粮；宣宗开始任命运粮总兵官、巡抚、侍郎等，于每年八月间入京会议次年漕务。景泰二年（1451），设漕运总督，“因漕运不断，始命副都御史王竑总督，因兼巡抚淮、扬、庐、凤四府，徐、和、滁三州，治淮安”⑥。总漕之下，凡攒运、押运、监兑、理刑、管洪、管闸、管泉、监仓、清江、卫河等项，均设专官分理。各省设粮道，办理漕务。

成化七年后，浙江、江西二省运军人船及其所领运漕粮数量。浙江省浙西七卫所：杭州前卫有漕船 206 只，运军 2277 人，领运漕粮 71583 石；

---

① 《明史》卷 79，中华书局 2000 年版，第 1279 页。

② 《明会典》（万历重修本），中华书局 1989 年版，第 195 页下栏。

③ 《明会典》（万历重修本），中华书局 1989 年版，第 201 页上栏。

④ 《浙江通志》，《四库全书》，史部，第 521 册，上海古籍出版社 1987 年版，第 169 页。

⑤ 《明史》卷 79，中华书局 2000 年版，第 1282—1283 页。

⑥ 《明史》卷 79，中华书局 2000 年版，第 1183 页。

杭州右卫有漕船227只，运军2497人，领运漕粮78499石；绍兴卫有漕船251只，运军2761人，领运漕粮86799石；海宁卫有漕船12只，运军132人，领运漕粮4150石；严州所有漕船91只，运军1001人，领运漕粮31469石；湖州所有漕船60只，运军660人，领运漕粮20749石；海宁所有漕船59只，运军649人，领运漕粮20403石。浙东六卫所：宁波卫有漕船289只，运军3179人，领运漕粮93068石；台州卫有漕船262只，运军2882人，领运漕粮84373石；温州卫有漕船254只，运军2794人，领运漕粮81796石；处州卫有漕船190只，运军2090人，领运漕粮61186石；金华所有漕船35只，运军385人，领运漕粮11271石；衢州所有漕船62只，运军682人，领运漕粮19066石。全省13卫所共有漕船1998只，运军21989人，领运漕粮664413石。

江西省14卫所中的11个设置运粮旗军，其中南昌卫运粮旗军2336人，袁州卫运粮旗军812人，赣州卫运粮旗军625人，吉安千户所运粮旗军1150人，安福千户所运粮旗军655人，永新千户所运粮旗军426人，饶州千户所运粮旗军807人，抚州千户所运粮旗军781人，建昌千户所运粮旗军530人，广信千户所运粮旗军563人，铅山千户所运粮旗军506人。全省合计有运粮旗军9191人，按照浙江每船11个运军计，明代江西应有漕船836只；按照浙江每船运330石计，江西应运漕粮不到30万石。

清代的漕运管理机构从中央到地方已趋于系统化。漕务归属户部，具体管理漕粮征运事宜的是漕运总督，驻淮安。有漕省份设粮储道，负责本省漕运事宜。粮道以下是监兑粮官，委以府州同知、通判担任。如江西设监兑官三员，南昌府通判、吉安府通判、临江府通判各一员。监兑官在漕粮交兑时，须坐守水次，将正、耗、行、月、搭运等米按数按船兑足，验明米色，干圆纯洁方得装船发运。然后同粮道解押帮船到淮安。

清代的漕船一般以府、州为单位，分成帮次，归属当地卫所。顺治年间定制，每卫设掌印守备、千总、百总各一员，卫军改为屯丁。“清代共设有426卫、326所。分属于各省都司。”① 其中有漕省份的卫所，主要职能是承担漕运。

可以说清代有漕省份卫所基本上是漕运实施组织。每卫有兵约5000人，每所有兵1100多人，每卫设守备1人，酌漕船之多寡以分帮，每帮领运千总2人，分年番休。每帮除设有2名千总外，还在地方选1名武举“随帮效力”，每船配置10名旗丁，具体承担驾船运粮工作。每年佥选1

① 李巨澜：《略论明清时期的卫所漕运》，《社会科学战线》2010年第3期，第95页。

名出运，其余9名水手则由佥丁雇募。康熙四十五年（1706）制定佥军例，“亲佥责在粮道，举报责在卫守备，用舍责在运弁，保结责在通帮众军。一军无保，不准佥军；一军有欠，众军同赔”①。从粮道到运丁，都有具体职责。

清代前中期，各省漕船的运行顺序是江苏、安徽、浙江、湖北、江西、湖南，不准搀越。这一规定，造成漕船运输过程中的诸多不便。道光年间改为不论帮次，随时提前过淮。由于漕运时间要求十分严格，清政府制定了具体的漕运程限，湖广漕船年初必须开行，湖北与湖南的道里远近不一，湖北限于二月过淮，六月初一到通；湖南限于三月初十过淮，七月初一到通。行运程限有“水程”文凭控制，所过沿河州县的入境、出境日期，皆有各州县明注。船至淮安，漕运总督查验水程无误，换发新“水程”，通州仓场侍郎最后检查。回空由仓场侍郎发下水程，不规定具体过州县程限，但不能耽误兑运下年漕粮。

江西计有南昌、九江、赣州、袁州（今宜春）四卫；吉安、安福、永新、广信（今上饶）、抚州、建昌（今南城）、铅山、饶州（今波阳）八所。康熙年间有漕船1003只，为当时全国漕船总数的9.6%。雍正四年（1726）清查时实有漕船708只，说明江西漕船载重量越来越大，船行本省自然水道和出省行长江越大越稳，但进入运河容易搁浅。今人考证：“乾隆三十年（1765），永新、建昌2所改组合并，设立永建所。卫、所以下设帮，江西共有13帮，每帮配有一定数量的漕船。清乾隆二十四年（1759），江西计有：南昌卫前帮，漕船56艘；南昌卫后帮，漕船54艘；袁州卫帮，漕船43艘；赣州卫帮，漕船60艘；吉安所帮，漕船57艘；安福所帮，漕船39艘；永建所帮，漕船52艘；抚州所帮，漕船33艘；广信所帮，漕船46艘；铅山所帮，漕船50艘；饶州所帮，漕船47艘；九江卫前帮，漕船45艘；九江卫后帮，漕船56艘；共计漕船638艘。”② 规模基本维持到清末。

清代漕船数量不断减少，但规定运输的漕粮却不许减少。为了减船不减漕，就造大漕船，增大容量，多装漕粮。明初每只船受载漕米472石，到乾隆时江西漕船每只受载漕米已高达1208石，为明初的2.5倍。一只船等于原来的两只半船，可是运河水深和水广没有相应增加。

并非江西一省漕船越造越大，整个清代漕船都有变大趋势。从造价变

① 乾隆《清朝文献通考》卷43，第1册，商务印书馆万有文库本，第5255页下栏。

② 编委会：《江西内河航运史》，人民交通出版社1991年版，第57页。

化上就可看出端倪。明时漕船式小，建造费用少。造船一只，约花银150两。清朝由于各种原因，漕船工料费用大幅度提高，康熙、雍正、乾隆年间，每造船一只造价增至650多两。如遇“物力腾贵，采买艰难”时，每船成本竟高达千金。船大载重，由此产生漕船行进途中起剥频繁问题。一旦搁浅，又会妨碍其他省份在后漕船行进。

乾隆年间，江西每年新造漕船63.8只，如以每只650两计算，一年的造船费用合银4万多两，漕船修理费用在外。明代造船经费由官府拨款，运丁领造。清代改为拨给屯田，轮流佥选运军承造，以田租收入补助造船经费，不足部分用协济银两弥补。然而屯田收入微薄，有的屯田运丁离田遥远，跋涉往返，费用浩大，竟有不能往返管理者。随着土地兼并的愈演愈烈，卫所屯田制度遭到破坏，官府听之任之。有的运丁将卫地军田私行典售，个人获得好处而卫所收入受损；有的屯田错杂于民田，不肖屯丁私相授受，附近豪强谋为己有，致使卫所无力新造漕船，船运能力日形衰弱。各地豪绅地主兼并土地，对卫所资金来源不啻釜底抽薪。运丁原有的屯田收入本来就不够滋养漕船，一旦屯田被掠夺殆尽，殷实屯丁转为贫丁，贫丁转为无产之人，无法继续漕运，干脆逃亡他乡。

湖广共十卫一所，其中湖北五卫一所，即武昌卫、武昌左卫、蕲州卫、黄州卫、襄阳卫与德安所；湖南五卫，即荆州卫、荆州左卫、荆州右卫、沔阳卫与岳州卫。为了兑漕的方便，湖广漕船分为六帮，湖北、湖南各三帮。湖北头帮有武昌卫和蕲州卫，二帮有武昌左卫和黄州卫，三帮有襄阳卫和德安所；湖南头帮有荆州卫和荆州左卫，二帮有荆州右卫和沔阳卫，三帮只有岳州卫，每帮对应若干府州，起运漕粮。

湖广漕船六帮，共有漕船410只。其中，湖北乾隆十三年裁船48只，拨给湖南三帮4只，实际仅剩船180只。湖南漕船乾隆十三年增至182只，乾隆二十九年裁去4只，实有漕船为178只。两省共有漕船358只，分属六帮：湖北头帮60只，湖北二帮60只，湖北三帮60只，湖南头帮67只，湖南二帮63只，湖南三帮48只。

湖广运道遥远，历江涉河，对漕船的规格要求特别高。康熙年间，各有漕省份漕船大小相同。康熙十七年规定，漕船载米不得超过400石。而后又酌定新式，加大载重量，每船载米500石。由于湖广和江西等省有长江、洞庭和鄱阳湖险，清廷特定湖广和江西漕船皆以十丈为率，短不得过九丈，其他省份仍照旧式成造。此时，湖广漕船装米千余石。不过，湖广船身高大沉重，也容易发生沉溺损伤和搁浅事故。乾隆年间，相应缩小船身，并且每船附带拨船一只，以备遇浅起剥之用。嘉庆年间，湖广漕船每只大约载米 700 石，附带拨船则载米约 300 石。道光年间又有所增大。

漕船寿命以十年为限。如若年限未到而致船坏者，视漕船出厂年份按例追罚：一是赔造，漕船出厂五六年或未及五六年，无故朽坏，不堪维修，或失风飘没、火毁，责令赔造。历运七八年而无故朽坏者，亦责令赔造。二是买补，漕船出厂七八年而发生事故，则责令买补。三是雇募，如果用至九年而有风火事故，乃至朽坏不堪、成造不及者，令其自己雇募船只，运输漕粮。

漕船十年限满，重新打造。其他有漕省份每年成造十分之一，只有湖广十年限满一并成造，可能因为湖广漕船最初同一年造成。清代湖广漕船修造集中在武昌和汉阳二厂，所用料价银由粮道分发。料价银来源军三民七，民地每丁征二钱。漕船限满后，可在通州变卖，所卖银两每船存留 62 两，仓场侍郎封付随帮带回，交与粮道，以资新造。

"浙江漕船一千八十二只。"① 浙江有卫所共 13 个，分别是杭州前卫、杭州右卫、绍兴卫、宁波卫、台州卫、温州卫、处州卫、海宁所、湖州所、嘉兴所、严州所、衢州所、金华所。浙江是有船大省，"浙省原额漕船系一千四百四十一只，因节省减存，历年久远，船身朽烂无存，于雍正四年总漕张大有题定一千二百一十五只作为定额，但历年仍有增减不一，现在雍正九年，浙省起运八年分漕白二十一帮，实在出运漕白船共一千二百八只"②。这个规模超过湖广、江西，而小于江苏。

如此多的漕船，需要相当多的行月粮支持。"漕船每只支本色行粮米一十五石，折色行粮银一十八两。本色月粮米四十八石，遇闰加征米四石；折色月粮银三十三两六钱，遇闰加给银二两八钱。三修银七两五钱，为修艌船只之用。每漕截装正米并交仓二五耗米一石，给漕截银三钱四分七厘。其沿途一五耗米不行支给。"运输白粮的漕船"每船照漕例支给外，又支给食米三十一石三斗，该折给银四十一两一钱六分"③，稍高于一般漕船。这些漕船也需要相当多的押运官员，"凡漕粮共一十九帮，每帮二员，循环轮流领运，共三十八员。内守备三员，千总三十五员；押空随帮官每帮一员，共一十九员。又嘉、湖二府白粮帮，每帮领运千总二员，循环领运；押空随帮官二员"④。数量较江苏为小。

康熙年间规定每船配正丁 1 名，副丁 1 名，另外雇请舵工、水手 8 名，

---

① 《浙江通志》，《四库全书》，史部，第 521 册，上海古籍出版社 1987 年版，第 211 页。
② 《浙江通志》，《四库全书》，史部，第 521 册，上海古籍出版社 1987 年版，第 211 页。
③ 《浙江通志》，《四库全书》，史部，第 521 册，上海古籍出版社 1987 年版，第 211 页。
④ 《浙江通志》，《四库全书》，史部，第 521 册，上海古籍出版社 1987 年版，第 208 页。

共计10名。从此，漕船不再全部使用运丁驾驶，其技术性不强的劳动操作已改由雇员来充任，运丁成为“征租办运”的漕船经营管理者。

漕船确定正、副运丁的佥选方法各地不尽相同，大概有三种情况：一是每年佥选一次，例由各县查佥解府，知府验看定佥。二是每只漕船由数家共同建造，世世承佥。三是按运军宗族姓氏轮流承运，大姓宗族按户轮佥。尽管佥选方式不同，但尽量选择旗丁中的“殷实户”则是共同标准。佥选富裕运丁主持漕运，有利于漕粮安然到京和入仓。一方面由于他们有固定的土地和产业，经济基础较好，不至于盗卖漕粮或逃亡流窜，受到官府的信赖。另一方面漕运实行包费制度，也就是把漕运中的各项费用开支进行核定，由运丁包下来，节约部分归己，发生亏损官府不再补偿，由运丁自负盈亏。富裕运丁有一定的经济实力，负担得起亏损。

运丁开航出运前，除向粮道库领取协济、行月、剥浅、赠军、耗米等费用外，还有“洒带”补助，如能节约使用，会有少量剩余。

江西漕运由于运距过长，所有开支费用比邻省高。南昌至通州全程2242公里，跨江西、安徽、江苏、山东、河北五省。经赣江入鄱阳湖，转道长江下游，入淮扬运河，逾黄河，经会通河入卫漕白漕。沿途有安庆、芜湖、南京、仪征、扬州、淮安、台庄、济宁、临清、天津等港口，通州为最终目的地。

江西漕船每年运粮通州一趟。漕船在南昌受兑粮米，全部粮米限在春节前装载完毕，叫“冬兑冬开”。农历二月底必须抵达淮安，农历六月初一抵达通州候卸，并限十日内回空。空船由通州至淮安的时限为65天，农历十一月底之前回归南昌，再候装新粮。漕粮全部散装在舱内，安设气筒，揭板通风，以防霉变。漕船所经水运区段，必须严守程限，务必于北方河道封冻之前回空。

湖广兑粮水次是汉口、岳州二地。顺治九年（1652），定漕运为官收官兑，州县官吏差人催征。兑粮定于每年十月开始，十二月兑毕。各州县兑米时：取米四升装成二袋，作为样米，加印封固，解送仓场验收。康熙五十四年（1715），每船装米一石作为样米，由粮道加封，由漕运总督和仓场侍郎分别验过，样米仍做正米收受。各项随漕钱粮均随漕粮征收，十一月运贮岳州和汉口。固定兑粮水次，使湖广漕运更具条理，更为便捷。

今人考证：清代湖广漕运有南漕、北漕之分，“湖北省6府州‘北漕’正兑正耗粮151446石，由省城交兑，经长江大运河至淮安，次天津抵通州仓缴纳。‘南漕’运至荆州仓，为驻兵粮饷，清初为176899石，由靠近荆州的州县交兑，北漕由鄂东长江沿线的州县交兑，从而减少了周转运驳的繁费”[①]。北漕是天庾正供，重要性较南漕为重，相关州县每年年底之前收齐各自漕粮并运抵南昌、岳州，次年启程北运京通。湖北的三帮漕船，“‘头帮’兑运江夏（武昌）、咸宁、嘉鱼、蒲圻、崇阳、通山、通城等18个州县‘北漕’（运往北京）；‘二帮’兑运武昌、汉阳、沔阳、荆门、天门、潜江等13州县‘北漕’；‘三帮’兑运江夏、汉阳、沔阳、监利、松滋、公安等16州县‘北漕’”[②]。这是需要全力保障，不能误期的。

湖广运程漫长，湖南漕船在岳州水次兑齐漕粮，开帮过洞庭，由荆州过临湘、嘉鱼入长江达汉口，以下与湖北运道同。湖北漕粮集于汉口，经汉水入长江，抵仪征。仪征是湖广漕船出入要津。如遇仪河水小，改由瓜洲进口。沿江沿河，各道府董率州县官，漕船入境接程催行，毋许停留。

湖广漕粮至通州，由坐粮厅察看米色是否纯洁，并呈验于仓场侍郎。随即上仓，如有挂欠以运军回空食米抵补。部分漕粮入通惠河，经普济、平上、平下、丰庆四闸，每闸换船，交京仓收贮。

浙江漕运规模大于湖广、江西，交兑时间、程限与二省大同小异。“水次交兑，每年漕粮经征州县限十月开仓，十二月完兑。官收官兑，军民两不相见。止令监兑官与运官公平交兑，兑完一船立即开行，截廒配船尽一廒米派兑一丁，如有畸零米石，方准凑兑别船。”也是冬兑冬开。“凡运粮程限，浙江限二月内过淮，六月初一日到通。”[③] 过淮抵通程限与湖北同。水运路线与湖广异，“浙江运道，由杭州府之武林驿北历湖州府德清县东三十里，凡百二十里而达嘉兴府石门县。又东北历桐乡县北八里，凡八十里而经府城西绕城而北，又六十里而接江南苏州府吴江县之运河。”[④]此后运程与苏州漕运相同。

浙江漕运管理严格。今人考证，“清代的漕船一般以府、州为单位，分成帮次。浙江分为十九帮，每帮设二员，循环轮流领运，共三十八员，其中守备三员，千总三十五员，押空随帮官每帮一员，共十九员。另外又有嘉、湖二府白粮帮，每帮领运千总二员，循环领运，押空随帮官二员。漕船除本船正副旗丁外，其头舵水手于卫所本军内选择能撑驾者充当”[⑤]。注重押运之余，又慎重头舵水手人选。

对漕运实行全程管理。《浙江通志》卷82载：“凡给单，总漕置造全

---

① 编写组编：《湖北航运史》，人民交通出版社1995年版，第154页。

② 编写组编：《湖北航运史》，人民交通出版社1995年版，第202页。

③ 《浙江通志》，《四库全书》，史部，第521册，上海古籍出版社1987年版，第216页。

④ 《浙江通志》，《四库全书》，史部，第521册，上海古籍出版社1987年版，第220页。

⑤ 童隆福主编：《浙江航运史》，人民交通出版社1993年版，第149页。

单，每年派某卫所帮官丁船只应运粮数、赴某府州县领兑，以粮艘到日为始，限日支领月粮。空船赴次开兑，重船过闸过坝到淮计程，酌扣守风阻浅、参谒较斛等期，逐一定限填单。每帮分给一纸，运官及监兑官查款照月各于前件项下开注有无违限，并官吏姓名，用监兑印钤，记到淮日查算。如违程限，或罪在有司，或罪在领运官丁，照数参究责惩。仍编帮改限，严责如期入闸、抵湾起粮完日，全单缴送，照例查比，奖荐参罚。如不依式填注，及填注不实者，南听总漕，北听仓场核参。总漕发单后，粮道刊发号单，每单兑米一百石并赠耗数目分颁各州县，每交完一单，令运官填注收数，一船兑足，即出给水程勒令开帮。又颁发各属每仓号簿，开列丁船兑足注明。如逾期不完，监兑官据簿责比。”① 和湖广不同之处，在于一单贯穿始终而全程考核。

① 《浙江通志》，《四库全书》，史部，第521册，上海古籍出版社1987年版，第216页。

# 第三十五章　明初河海兼运

## 第一节　明初河运体系

明廷建都南京期间，以南京为中心构设运道，京城粮食需要由长江水系和江南运河满足，北方驻军粮食需要由海运提供。

### 一　南京周围运道整合，水运中心形成

明朝开国之初，朱元璋建都南京，以南京为中心构建漕运体制。

洪武年间，南京第一次成为南北大一统王朝的首都，成为漕粮和贡物的水运中心，得以发挥其地处长江下游又临近运河的水运交通优势。《明史·河渠三》概括南京明初水运中心和交通优势道：“定都应天，运道通利：江西、湖广之粟，浮江直下；浙西、吴中之粟，由转运河；凤、泗之粟，浮淮；河南、山东之粟，下黄河。”① 四方辐辏，沟通南北。南京四周的江浙、湖广、江西，早在元代就是漕运的重要粮源地（见图 35－1）。朱元璋消灭了这一地区的割据势力，完整地据有并依仗这一地区的经济实力，兴师北伐，驱除北方元蒙势力，完成了天下一统。

在统一过程中，明廷逐渐经营以南京为中心的漕运体系。起初，太湖流域运粮至金陵，多由江南河出镇江逆江西上，船粮损失很大。或在丹阳登陆车运金陵，辛苦万分。“两浙赋税漕运京师，岁实浩繁。一自浙河至丹阳舍舟登陆转输甚劳，一自大江泝流而上，风涛之险覆溺者多，朕甚悯之。”② 于是决计在太湖与金陵之间浚胥溪运河并开胭脂河。工程的实质是恢复春秋时吴子胥所开胥溪和东吴孙权所开破冈渎，“明兴，高皇帝定鼎

---

① 《明史》卷 85，中华书局 2000 年版，第 1387 页。

② 《江南通志》，《四库全书》，史部，第 508 册，上海古籍出版社 1987 年版，第 686 页。

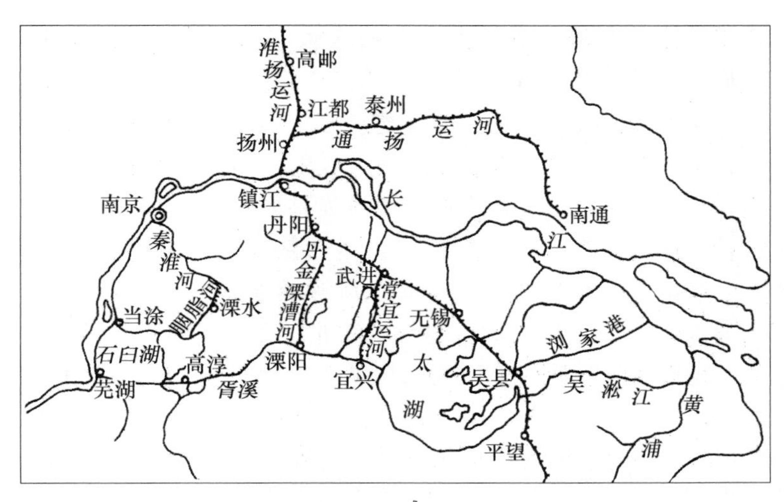


图 35－1　明初以南京为中心漕运示意图

金陵，以苏浙粮自东坝入，可避江险。洪武二十五年，复浚胥溪河，建石闸启闭，命曰广通镇。设巡司、税课司、茶引所。当是时，湖流易泄，湖中复开河一道，而尚阻溧水胭脂冈，乃命崇山侯凿山通道，引湖水会秦淮河入于江。于是苏浙经东坝直达金陵，为运道云”①。今人考证，胥溪运河挑浚中，所建石闸在东坝镇，“闸厢长 10 米，单孔净宽 5 米，用条石砌造，可通百斛轻舟”②。所开胭脂河，“位于溧水县城西南，穿越小茅山岗岭地带，需劈山凿岭，工程极其艰巨，故数万人开凿了 10 年……起自溧水县的沙河口，向南穿过秦淮河与石臼湖流域的分水岭，至洪蓝埠，由毛家河经仓口入石臼湖，全长 15 里。洪蓝埠北的岗岭系风化砂岩，色若胭脂，胭脂河由此而得名”③。两大工程完成后，太湖流域漕船可由太湖或由江南河转丹金溧漕河、常宜运河进胥溪运河，在高淳境内经胭脂河、秦淮河抵金陵，免经长江受风涛之险。

## 二　开拓、修复江北运道，支援北伐和供应北方驻军粮饷

开耐牢坡，沟通淮河与黄河，“初，太祖用兵梁、晋间。使大将军徐

① 韩邦宪：《东坝考》，《天下郡国利病书》原编第 8 册，《四库全书存目丛书》，史部，第 171 册，齐鲁书社 1996 年版，第 367 页上栏。

② 束方昆主编：《江苏航运史》，人民交通出版社 1989 年版，第 121 页。

③ 束方昆主编：《江苏航运史》，人民交通出版社 1989 年版，第 121—122 页。

达开塌场口，通河于泗。又开济宁西耐牢坡引曹、郓河水，以通中原之运”[①]。大概元末明初淮扬运河甚至鲁西南运河尚能勉强通运，故稍加挑浚，徐达、常遇春洪武元年北伐，可达济宁、济南，欲西取汴梁时才开塌场口、耐牢坡，由济宁入泗水转进黄河，经营河南、山西。

洪武元年（1368），明太祖任命薛祥为京畿都漕运使，统管长淮、大河等卫官军，分司开府淮安，主持江北运道恢复大计。在薛祥的推动下，自江淮“至蔡达济，坝堰皆沙塞崩塌，疏通修筑，昼夜无息，役使均平，众皆悦从”[②]，有力地支持了徐达北伐。江北汉人在元朝受尽民族歧视和阶级压迫，大概是民族解放战争给人们带来的巨大热情，故而江北运道恢复进展顺遂。

元朝灭亡后，通过运河运粮北方任务日益突出，明人继续整治江南江北运道。洪武九年整治淮扬运道，“用宝应老人柏丛桂言，发淮扬丁夫五万，令有司督甃高宝湖堤六十里，以捍风涛。丛桂又言，‘宝应槐楼东抵界首，沿湖堤屡修屡圮，民苦役无已，开宝应直渠便’。从之。由是新湖内外直南北穿渠四十里，筑长堤一长与渠等，期月而成。引水于内行舟”[③]。此次河工内容有两项，一是甃堤即以砖石加砌运堤 60 里，二是在湖外开直河 40 里，免去船行湖中风浪之患。

明太祖以临濠（后改凤阳）为中都，以汴梁为北都，都曾漕运江南以充实之。镇江府扼江南运河和长江总口，洪武、建文之交，镇江知府刘辰整治镇江湖、闸、河，施工认真，用功扎实。按胡俨《吏部左侍郎刘公墓志铭》，镇江处江、运枢纽，因为两大原因不能通漕，一是“京口闸废，东南漕运转新河、江阴二港以出江，多为风涛阻溺”，二是镇江“漕河源浅易涸，每仰练河以益水，湖有三斗门，亦废”。刘辰毅然决然以兴复为己任，对前者“乃自京口至吕城百二十里，去淤塞，甃石作坝，修闸门，顺水势之出入，于是公私便之”。漕船不再绕行江阴，而得以直出镇江过江；对练湖“修筑之，三斗门成，漕运之舟既通，湖下之田益稔”[④]。水柜有水长流接济镇江运河，漕船经行通畅。可谓有志

---

① 《明史》卷 157，中华书局 2000 年版，第 2853 页。

② （清）傅泽洪：《行水金鉴》，《四库全书》，史部，第 581 册，上海古籍出版社 1987 年版，第 585 页。

③ 《重修扬州府志》，《中国地方志集成·江苏府县志辑》，第 41 册，江苏古籍出版社 1991 年版，第 157 页下栏。

④ （清）傅泽洪：《行水金鉴》，《四库全书》，史部，第 581 册，上海古籍出版社 1987 年版，第 588 页。

治水、有术通漕者。

明成祖在位之初，虽然还以南京为漕运中枢，但漕运方向逐渐向北方倾斜，尤其是北平。永乐元年（1403），开始水陆交替地拓展运道、漕运北京。按《明太宗实录》，三月“沈阳中屯卫军士唐顺言：卫河之源出卫辉府辉县西北八里太行山下，其流自县治北经卫辉城下抵直沽入海，南距河陆路才五十余里，若开卫河，距黄河百步置仓厫，受南方所运粮饷，转至卫河交运，公私两便”。成祖下旨“俟民力少甦行之”。七月“户部尚书郁新等言：淮河至黄河多浅滩跌坡，馈运艰阻。请自淮安用船可载三百石以上者，运入淮河、沙河，至陈州颍岐口跌坡下，复以浅船可载二百石以上者，运至跌坡上，别以大船载入黄河至八柳树等处，令河南车夫运赴卫河，转输北京”[①]。这相当于户部对唐顺初议的覆议，被成祖采纳，付诸实施，形成会通河开成之前南粮北运的主要运道。今人姚汉源考证，唐顺、郁新建议的运道永乐元年已经运营，“元年冬即运淮扬仓粟 157 万余石至阳武转卫河，北运北京。四年命平江伯陈瑄督转运，一仍由海，一则由淮入黄，至阳武陆运 170 里至卫辉（今汲县）入卫河。此即所谓陆海兼运”。之后虽遇到黄河决口，但漕运没受影响，“黄河段常决溢迁改，元年九月陈州西华县沙河水溢，决堤通黄河，发丁夫修筑；二年黄河决，坏开封城，七年冲决陈州城垣、堤岸；八年又决，坏开封城等。但漕运仍进行不断，至永乐九年重开会通河后，才不再利用”[②]。此言信然。

明初河运水系的关键问题是，江南漕船至淮安如何进入黄淮。不能说进入黄河，也不能说进入淮河，只能说进入黄淮。因为当时有黄河支流在中游入淮，早已是黄淮一体。永乐二年（1404）十一月，镇守淮安都指挥施文奏报：“淮安诸坝舟航往来，每遇天旱，坝下淤浅，重劳人力。”明言此时是翻坝入黄淮，但施文不满意过坝劳累烦琐，请求修理废闸，让漕船过闸直航，“近城旧有清江浦二闸，比年坍坏。乞命有司修砌，以便往来”[③] 被成祖批准。据上述史料，清江浦原本有闸只是坍坏已久，说明以前曾用过闸，但用闸肯定有诸多不便，正负抵消还不如翻坝好。施文这次修复旧闸出漕船，少不了也遇到他解决不了的水利难题而重新弃闸翻坝。直到永乐十三年，陈瑄重开清江浦，解决前人解决不了的难题为止。

---

① （清）傅泽洪：《行水金鉴》，《四库全书》，史部，第 581 册，上海古籍出版社 1987 年版，第 588 页。

② 姚汉源：《京杭运河史》，中国水利水电出版社 1998 年版，第 145—146 页。

③ 《明太宗实录》卷 36，第 1 册，线装书局 2005 年版，第 628 页上栏　永乐二年十一月癸卯。

表 35－1　明初江南江北运道整治工程

| 时间 | 地点 | 工程内容 |
|---|---|---|
| 建文四年 | 常州武进县 | 修常州府武进县剩银河闸 |
| 永乐元年 | 松江府<br>镇江府<br>扬州府 | 四月浚松江华亭、上海运盐河，金山卫闸港，曹溪分水港<br>十一月浚镇江府丹徒县甘露港等处河渠<br>闰十一月浚扬州府江都县瓜洲坝河道 |
| 二年 | 高邮<br>淮安府 | 正月修州城北门至张家沟湖岸<br>九月修清江浦坍坏二闸，以通舟航 |
| 三年 | 淮安府 | 七月浚淮安府山阳县运盐河计一十八里<br>十一月浚淮安府支家河长一万一千九百七十丈 |
| 四年 | 常州府 | 疏治孟渎河，自兰陵沟北至闸六千三百三十丈，南至奔牛镇一千二百二十丈 |
| 五年 | 淮安府<br>东昌府<br>通泰、仪真 | 二月修淮安黄河堤；修治东昌府卫河堤岸，自临清至渡口驿溃决凡七处<br>疏浚运河，以便商旅 |
| 八年 | 镇江府 | 三月修镇江府丹阳县练河塘 |
| 九年 | 高邮 | 修州城北张家沟砖包塘岸三十里 |
| 十四年 | 扬州 | 浚扬州府官河，自扬子桥至黄泥滩，凡九千四百三十六丈 |
| 十五年 | 扬州 | 浚扬州仪真湖九千一百廿丈，置闸坝十三处 |
| 十七年 | 扬州 | 修筑江都县深港坝，浚河道五百六十七丈 |
| 二十年 | 高邮 | 修筑并湖堤岸 |
| 二十九年 | 常州武进县 | 深浚奔牛、吕城二坝河道浅涩处，以便漕运 |

表 35－1 内容来自《行水金鉴》卷 106 所收明初水利河工资料，表明永乐九年开会通河之前，治水通漕成效主要集中在黄河以南，其中又以永乐年间力度为大。

明初南京是天下水运中心。“输京粮食供军饷之用者称为漕粮，供皇宫及京师百官廪禄之用者称为白粮。明初，粮食输京没有定额，但洪武年间南京屯有禁军卫卒 20 余万，每年要支粮饷 100 余万石。白粮之数，每年也在 20 万石以上。再加上国家储备等项，每年输入南京粮食数量在 200 万石以上。”① 天下漕粮并非全部运入南京，洪武年间就分运北方，永乐四年成祖开始营建北京皇宫，漕粮开始分运北京。

各地向皇宫进贡物品，也是水运大宗。“洪武年间，建都金陵。一应

① 吕华清主编：《南京港史》，人民交通出版社 1989 年版，第 50 页。

京储，四方贡献，蜀、楚、江西、两广俱顺流而下，不二三月可至京师。福建、浙江、直隶、苏松等府虽是逆流，地方甚迩，不一二月可抵皇都。”① 上江进贡物品顺流而下至秦淮河口入南京，下江进贡物品通过长江或胭脂河转进南京，运量非小。

永乐十九年迁都北京，南京仍然保持留都地位，每年收存相当数量漕粮。英宗正统六年（1441），户部侍郎张凤奏请“留都重地，宜岁储二百万石，为根本计。从之，遂为令。南京粮储，旧督以都御史。十二年冬命凤兼理”②。运粮之外，“今京师果品、菜蔬、雪梨、青杏比之南京所产者，其味尤佳，随时供荐”③。可见迁都后南京的区域水运中心地位。

## 第二节　明初北方运道

### 一　北伐运道开拓

元末运河虽不深通，但稍加挑浚即能过船。故而明军北伐，得以舟船长驱大入，光复北方。平定山东后整军济宁，“洪武元年，河决曹州双河口，流入鱼台。命大将军徐达开塌场口，入于泗”④。塌场口地在耐牢坡，打开它就可沟通泗水与黄河，明军依托黄河进兵，很快光复河南。此后十多年，耐牢坡成为重要水运要道。今人姚汉源考证，“耐牢坡顺运河可北上，开堤溯黄河可西行，为西、北两路交叉点。这年秋天，再开耐牢坡西堤通运，成了这一时期的通途。但口门无控制，水势散漫，疏导费力。次年批准建石闸。于三年二月兴工，50 日完成，在原缺口北 1 里”⑤。直到洪武二十四年，河决原武黑洋山，山东运道才湮塞不通。

太祖与徐达定计取大都，“师次临清，使傅友德开陆道通步骑，顾时浚河通舟师，遂引而北。遇春已克德州，合兵取长芦，扼直沽，作浮桥以济师。水陆并进，大败元军于河西务，进克通州”⑥。《明史》顾时本传

① （明）马文升：《马端肃奏议》，《四库全书》，史部，第 427 册，上海古籍出版社 1987 年版，第 816 页。

② 《明史》卷 157，中华书局 2000 年版，第 2859 页。

③ （明）马文升：《马端肃奏议》，《四库全书》，史部，第 427 册，上海古籍出版社 1987 年版，第 816 页。

④ （明）谢肇淛：《北河纪》，《四库全书》，史部，第 576 册，上海古籍出版社 1987 年版，第 593 页。

⑤ 姚汉源：《京杭运河史》，中国水利水电出版社 1998 年版，第 144 页。

⑥ 《明史》卷 125，中华书局 2000 年版，第 2471 页。

载：明军挑浚闸河以通舟船，从临清进抵通州。闸河也即运河。临清处于会通河与卫河接合部，直沽即今天津，河西务为天津以北运河要点，通州扼白河与通惠河关节，明军到达通州元顺帝即逃离大都。

## 二 洪武年间北方运道

按《明史·食货三》，洪武年间天下漕运多线并行，一为“浙江、江西及苏州等九府，运粮三百万石于汴梁”。洪武元年北伐时形成。二为“山东行省，募水工发莱州洋海仓饷永平卫。其后海运饷北平、辽东为定制”。三为“浚开封漕河饷陕西，自陕西转饷宁夏、河州”①。这一概括虽然忽略了会通河的存在，如果把通过会通河转运北平、蓟州算进去，就基本上反映了当时天下漕运大势。其中一、三两线同向，可视为河运饷西北的两段转般，则天下漕运一海两河，海运饷辽东，河运饷北平和长城一线。

洪武年间淮安早已俨然漕运中枢。无论是海运饷北平、辽东，还是河运饷西北边防，河运饷北平、蓟州，粮源都来自江淮流域，都经淮安中转。今人姚汉源考证，洪武二十四年黄河决水淤塞会通河前，江淮漕船“自淮安向东由淮河入海，走海道，或溯淮河西行，经颍河、沙河至开封之西……当时置京畿都漕运司，设分司于淮安，兼顾各路”②。明初河运与元初河运的不同在于，元初运河套粮至东胜陆运漠北，而明初从江淮运粮至宁夏、河州。

洪武年间漕运西北的运道治理相当繁重，最大规模的一次发生在洪武六年。按《明太祖实录》，当年十二月“工部奏，河南开封府自小木至陈州沙河口一十八闸淤塞者六十三处，宜疏浚以通漕运。计工二十五万，以万人役二十五日可成，从之”③。今人姚汉源解读这一史料比较含混，“大致是从开封附近至陈州（治今淮阳县）沙河入颍水口，共有闸18座。渠道整治及闸门修建时间及变化情况，记载不多”④。实际上这次河工，主要是挑浚颍、蔡运道63处淤塞，附带修废坏之闸。明太祖批准实施，说明颍、蔡运道关乎边防大局，举足轻重。明代成书的《汴京遗迹志》卷7《蔡河·闸》条下载，“小木闸在里城外之东南，惠济闸在陈州门外，独乐

① 《明史》卷79，中华书局2000年版，第1277页。

② 姚汉源：《京杭运河史》，中国水利水电出版社1998年版，第145页。

③ 《明太祖实录》卷86，第1册，线装书局2005年版，第413页上栏 洪武六年二十月庚申。

④ 姚汉源：《京杭运河史》，中国水利水电出版社1998年版，第145页。

闸在城东南白墓子冈之东，赤仓闸在城东南赤仓保之西，万龙闸在城东南赤仓保之南。以上诸闸俱为蔡河而设，元末废坏，洪武初重修。二十四年黄河南徙，蔡河及闸皆为淤塞，不复可见矣”[①]。所谓洪武初重修，即洪武六年那次挑浚颍、蔡运道附带修治闸门，且其后十多年小规模整治不断。洪武二十四年颍、蔡运道才为黄河决水所淤，被明人放弃。

洪武年间，不注重通过会通河漕运北平、蓟州，故而运道整修动作甚微。会通河修治史料所及仅有洪武二十年，山东右参政王晏督开运河，“滨岸有梁山泊者，在胜国时茔垣皆甃以巨石，公悉取造梁庄诸闸。共事者初有难色，公曰：‘此非名贤，其事不经，无补风教。今先务为急，吾但知纾民力耳，遑问其他?’其谋事向方，而敢于为义类此”[②]。可知当时会通河挑浚、修闸仅山东地方之事。会通河以北运道几乎没有整修之举，洪武二十四年春，北平布政使司左参议周倬奏报白河汛期洪水泛涨，桥梁颓圮，请求发通州旧有粮船60余艘，在白河上建造浮桥。以便人、车过往。以漕船建浮桥，可见白河漕运微乎其微。

## 第三节　明初漕粮海运

明太祖洪武元年，命汤和造海舟海运饷北征士卒，“大军方北伐，命造舟明州，运粮输直沽。海多飓风，输镇江而还”[③]。这是明朝最早的海运，可惜未达目的中途卸于镇江。可见海运并非轻而易举。

但军国之需压倒一切，不因海运有险而止步，“天下既定，募水工运莱州洋海仓粟以给永平”[④]。3年后便有达到目的地的海运。洪武四年(1371)二月，元朝辽阳行省平章刘益奉辽东归降，使明朝在山海关外有了大片国土。洪武四年七月，马云、叶旺奉朱元璋之命，率山东明军从登州出发，跨渤海在旅顺口登陆，同时运粮12400石，“出海值暴风，覆四十余舟，漂米四千七百余石，溺死官军七百一十七人，马四十余匹”[⑤]。这

---

① (明)陈濂：《汴京遗迹志》，《四库全书》，史部，第587册，上海古籍出版社1987年版，第588页。

② (明)陈道：《王公传》，《行水金鉴》，《四库全书》，史部，第581册，上海古籍出版社1987年版，第586—587页。

③ 《明史》卷126，中华书局2000年版，第2489页。

④ 《明史》卷86，中华书局2000年版，第1410页。

⑤ 《明太祖实录》卷90，第1册，线装书局2005年版，第424页下栏　洪武七年六月癸丑。

次近距离海运虽达彼岸但损失惨重，原因是航海之船非新造专用船，40余舟才载粮4700余石、兵717人、马40余匹，足见船小非远程航海之船。一旦弥补上述不足，海运必将大获成行。

经过吸取教训、改进管理，明人终于有了成功海运，“靖海侯吴祯、延安侯唐胜宗、航海侯张赫、舳舻侯朱寿先后转辽饷，以为常。督江、浙边海卫军大舟百余艘，运粮数十万。赐将校以下绮帛、胡椒、苏木、钱钞有差，民夫则复其家一年，溺死者厚恤”①。此时海运进步表现在：一是新造大船，二是从江浙长距离，三是大规模，四是厚待参运将士。

洪武年间明朝在辽东驻军约11万人。将士所需衣食的大部分要由海上运输补给。粮食之外，军服、布匹、棉花等物资是大宗。今人张士尊根据《明太祖实录》考证，洪武前期大规模向辽东驻军运发成衣，五年二月给发辽东军士战袄凡5675条，洪武七年正月太仓海运船附载战袄及袴各25000条。洪武九年后运发棉布、棉花，一般每年棉布30万—40万匹，棉花10万—20万斤。其中规模最大的两次：一是洪武十五年十二月，给发辽东诸卫士卒112120人棉布430419匹，棉花169328斤；二是洪武二十二年正月，命山东、北平、山西、陕西四布政使司运棉布1340000匹，棉花650000斤。此外还有用以与朝鲜及周边各少数民族互市的布帛，也要海运辽东。

从事海运辽东的运军大约8万人，约有千料海船千艘。按《明太祖实录》卷90，洪武三年运军编成是：每卫船50艘，军士350人，缮理。遇征调，则益兵操之。这些水军基本上是海运的主力，集中在应天府、苏州、江阴等地靠近出海口的地方。今人陈波考证，洪武初年海运力量，主要来自方国珍旧部和旧地海户，他们在元明两朝海运传承中发挥了独特作用，“崛起于淮右的朱元璋击灭张士诚和方国珍集团之后，伴随明朝大军北伐，也不得不海运转漕。张士诚和方国珍所据之地为元代海运的起运之地，部众之中船户众多，其覆灭之后当为明朝所有，重开海运想必仍不得不依赖他们”②，从而使亡元海运技术延续到新兴的大明王朝。不过准确地说，明初海运主力是方国珍归降水军。

洪武年间较大规模的海运，一般出动运军8万运数十万石军粮。如洪武十八年五月，“命右军都督府都督张德，督海运粮米七十五万二千二百余石往辽东”③。另外两次也出动8万人，一是洪武二十一年九月，航海侯

① 《明史》卷86，中华书局2000年版，第1410页。

② 陈波：《试论明初海运之“运军”》，《中国边疆史地研究》2009年第3期，第124页。

③ 《明太祖实录》卷173，第2册，线装书局2005年版，第121页上栏　洪武十八年五月己丑。

张赫督江阴等卫官军82000余人出海运粮；二是洪武二十九年，中军都督府都督佥事朱信、前军都督府都督佥事宣信总神策军、横海、苏州、太仓等四十卫将士8万余人，由海道运粮至辽东，估计运粮也在七八十万石。

朱元璋深知长距离海运绝非长久之计。故而在积极海运的同时，十分注重辽东驻军在当地屯垦。洪武十五年（1382）五月，太祖令群臣议辽东屯田之法，欲以屯田就地解决军需，谋长久之计。今人张士尊考证，当时明朝辽东驻军中屯军约占官军总人数的27%，当地居民稀少且多从事渔猎，根本不具备停止海运的条件。经过数年努力，明朝在辽东统治根基稳固，屯田局面大开。洪武十九年辽东都司开始在辽河西十三山一带屯种，“在大宁一线设中、左、右三卫及会州、木榆、新城和营州诸屯卫。接着又于洪武二十二年五月置泰宁、朵颜、福余三卫于兀良哈之地，隶大宁都司”。辽河以西“明朝先后在此置广宁卫、义州卫、广宁中、左、右、前、后等屯卫，对这一带地区进行屯垦开发”。同时“辽河东部防御战线向北推进到开原以北地区，明政府先后在此设三万、铁岭、沈阳、辽海等卫，招各族人民进行屯种”[①]。军卫增加到20多个，局面安定，大可从事屯垦。洪武二十五年（1392）十一月，“北平行都司奏，大宁左等七卫及宽河千户所，今岁屯种所收谷麦凡八十四万五百七十余石”[②]。粮食生产已见成效。洪武三十年（1397）明廷停止海运辽东。

明成祖继位后，立即着手恢复海运。既是因为靖难之役期间引发辽东局势不稳，亟须海运粮饷稳定人心和局势，也是因为要加强北平、准备迁都。永乐元年，京卫及浙江、湖广、江西、苏州等府卫造海运船200艘，“平江伯陈瑄总督海运粮四十九万二千六百三十七石，赴北京、辽东，以备军储”[③]。今人张士尊考证，这是明初最后一次大规模海运辽东，成祖看出随着靖难之役结束，辽东局势很快可以得到稳定；经过洪武年间屯田，辽东荒地大量开垦，只要采取措施恢复屯田，海运便可只输北平。“由于朱棣措施得力，辽东屯田很快得到恢复发展，粮食自给有余，辽东大规模的海运终于在永乐初年结束”[④]。此后明人还坚持了十多年海运。目标一是向不产棉花的辽东运输棉花、布匹，二是向北平大举运粮。

海运棉花、布匹到辽东的出发港口是登州。永乐七年（1409）九月山

① 张士尊：《论明初辽东海运》，《社会科学辑刊》1993年第5期，第120页。

② 《明太祖实录》卷222，第2册，线装书局2005年版，第283页上栏　洪武二十五年十一月戊戌。

③ 《明太宗实录》卷22，第1册，线装书局2005年版，第528页下栏　永乐元年八月乙丑。

④ 张士尊：《论明初辽东海运》，《社会科学辑刊》1993年第5期，第122页。

东都指挥使司奏请，登州卫沙门岛乃朝鲜、辽东往来冲要之处，守备仅700余人，寇至难以防御，成祖加拨五百人助守。可见跨渤海之运还在进行。洪熙元年（1425）六月，辽东军士冯述上书新继位的宣宗有言，“朝廷岁赐的军士冬衣布花，凡二十四卫，今皆于金州卫旅顺口贮积分给，诸卫相去远者二千五百里，或二千里，往复甚艰，且妨废农功”。请求按洪武时旧制“定辽、三万、沈阳、海、盖诸卫于牛庄；广宁、义州诸卫于凌河；金、复二卫于旅顺口贮给”①。可见到了宣宗继位辽东军卫所需棉花、布匹仍要靠海运。

海运漕粮至北平则抓得更紧，居中操劳建功者是平江伯陈瑄。《明史·陈瑄传》载：“永乐元年命瑄充总兵官，总督海运……遂建百万仓于直沽，城天津卫。”此前海运北平通常在直沽登陆入内河，直沽仅有露囤1400个，别用小船转运北平，陈瑄设城建仓以广储南方之粮。天津建城后，直沽粮仓可储百万石。陈瑄以水师行海运，“先是，漕舟行海上，岛人畏漕卒，多闭匿。瑄招令互市，平其直，人交便之。运舟还，会倭寇沙门岛。瑄追击至金州白山岛，焚其舟殆尽”②。陈瑄内安岛人、外逐倭寇，内得人和、外御倭侮，海运大成。永乐九年（1411），奉命率卒“四十万卒筑治”海塘，“自海门至盐城凡百三十里”。永乐十年（1412），“瑄言：‘嘉定濒海地，江流冲会。海舟停泊于此，无高山大陵可依。请于青浦筑土山，方百丈，高三十余丈，立堠表识。’既成，赐名宝山，帝亲为文记之”③。今上海宝山得名由此。

---

① 《明宣宗实录》卷2，第2册，线装书局2005年版，第21页上栏　洪熙元年六月辛亥。

② 《明史》卷153，中华书局2000年版，第2797页。

③ 《明史》卷153，中华书局2000年版，第2797—2798页。

# 第三十六章　永乐梦圆平安高效河运

## 第一节　重开会通河及其功过

### 一　开河工程

明成祖营建北京准备迁都期间，无论是海运还是河陆交运运量都远远不能满足北方需求，迫切期望寻求新的漕运渠道。于是，重开会通河被提上议事日程，并于永乐九年二月付诸实施。

> 己未，开会通河。河自济宁至临清旧通舟楫，洪武中沙岸冲决，河道淤塞。故于陆路置八递运所，每所用民丁三千、车二百余辆。岁久，民困其役。永乐初，屡有言开河便者，上重民力，未许。至是济宁州同潘叔正言，会通河道四百五十余里，其淤塞者三之一，浚而通之，非惟山东之民免转输之劳，实国家无穷之利。乃命工部尚书宋礼、都督周长往视。礼等还，极陈疏浚之便。且言天气和霁，宜极时用工。于是遣侍郎金纯，发山东及直隶徐州民丁，继发应天、镇江等府民丁并力开浚。民丁皆给粮赏，而蠲免其他役及今年田租。①

这段文字中，治河通漕的历史信息丰富。研究价值有三：（1）元人所开会通河，洪武二十四年被黄河决水冲坏。永乐年间南粮北运至山东境，陆运数百里，共用两万多民工、1600 辆车分 8 段接力转运，人力物力消耗很大。（2）明成祖开启了重大河工踏勘复议的决策程序。潘叔正提出开河初议，成祖命宋礼、周长二人前往实地踏勘工程的可行性和必要性。二人

---

① 《明太宗实录》卷 113，第 2 册，线装书局 2005 年版，第 211—212 页下栏　永乐九年二月己未。

从踏勘结果得出意见与潘叔正吻合，该项河工成功把握增大，成祖才下令开工。（3）永乐九年开会通河，民工待遇是历史上最好的。除了给粮赏，还对应工钱蠲免了当年参与民工的徭役和田租。这一做法为明代后来河工基本遵循。

## 二　分水情况及其辨证

姚汉源《京杭运河史》引明人王琼《漕河图志》卷2《诸河考论·汶河》所载，阐明重开会通河动工前状况：自济宁至临清385里，其中南部77里有河道，鱼船往来；中间120里淤为平地；北部250里仅有河身，考证相当精当。唯概括会通河开成时分水情况失于轻率："会通以汶、泗水为源。二水会于济宁，至天井闸分流南北，南流通淮，北流即会通河。"①给人的印象是明初开会通河全沿元人旧法。大概姚先生也觉得似有不妥，另一处又说："宋礼时仍以堽城枢纽及济宁天井闸分水为主，南旺只起辅助作用。"② 给人的印象是宋礼开成会通河时主要方向沿用元人旧制在济宁分水，次要方向引汶水在南旺济运。

姚先生认为弘治年间经李鐩改造，才全由南旺分水："次年（弘治十七年）工部右侍郎李鐩……建议修浚戴村及堽城二坝及有关河道。堽城坝仅起辅助作用，可以阻截淤沙不入南旺湖，可以减缓水势不致冲毁戴村坝。经批准修浚。这样，南旺分汶水代替了济宁分水。"③ 做此论断，可能是被《明史·河渠三》局部记载误导：

> 十六年，巡抚徐源言："济宁地最高，必引上源洸水以济，其口在堽城石瀨之上。元时治闸作堰，使水尽入南旺，分济南北运。成化间，易土以石。夫土堰之利，水小则遏以入洸，水大则闭闸以防沙壅，听其漫堰西流。自石堰成，水遂横溢，石堰既坏，民田亦冲。洸河沙塞，虽有闸门，压不能启。乞毁石复土，疏洸口壅塞以至济宁，而筑堽城迤西春城口子决岸。"帝命侍郎李鐩往勘，言："堽城石堰，一可遏淤沙，不为南旺湖之害，一可杀水势，不虑戴村坝之冲，不宜毁。近堰积沙，宜浚。堽城稍东有元时旧闸，引洸水入济宁，下接徐、吕漕河。东平州戴村，则汶水入海故道也。自永乐初，横筑一

① 姚汉源：《京杭运河史》，中国水利水电出版社1998年版，第146页。
② 姚汉源：《京杭运河史》，中国水利水电出版社1998年版，第149页。
③ 姚汉源：《京杭运河史》，中国水利水电出版社1998年版，第149页。

坝，遏汶入南旺湖，漕河始通。今自分水龙王庙至天井闸九十里，水高三丈有奇，若洸河更浚而深，则汶流尽向济宁而南，临清河道必涸。洸口不可浚。堽城口至柳泉九十里，无关运道，可弗事。柳泉至济宁，汶、泗诸水会流处，宜疏者二十余里。春城口，外障汶水，内防民田，堤卑岸薄，宜与戴村坝并修筑。”从之。①

其实，李鐩和徐源讨论的是堽城石坝要不要改为土坝的问题。徐源认为元时堽城坝用土筑成最为得宜，成化年间改土为石是不明事理，招致祸端，他要求把石坝再改成土坝，并疏浚洸河淤塞以通济宁。李鐩踏勘后否定徐源主张，他认为堽城石坝有坚持的必要，该修的是戴村坝。他要引汶水全趋南旺，然后挑浚南旺到济宁运道，来解决济宁以南缺水问题。李鐩极力阐述的是元代分水处置（原话是“堽城稍东有元时旧闸，引洸水入济宁，下接徐、吕漕河”）不好，大明分水处置（原话是“自永乐初，横筑一坝，遏汶入南旺湖，漕河始通”②）好，明廷采纳李鐩方案，只是坚持了永乐南旺分水体制，避免徐源方案实施后可能引发的恢复元朝济宁分水后果。

其实，还是彭云鹤《明清漕运史》对这一问题研究透彻、阐述准确。“白英是汶上最著名的土治水专家……他凭借多年的调查了解，胸有成竹地提出了一整套利用地形、水势，‘借水行舟，引汶济运，挖引山泉，修建水柜’的完整建议。特别是提出‘修建戴村坝，遏汶至南旺，分水济运’的宏伟计划。他指出：‘南旺地耸，盍分水焉，第勿令汶南注洸河、北倾坎河，导使趋南旺。南，九十里流于天井（闸）；北，百八十里流于张秋（镇），楼船可济也。’宋礼全面采纳了白英老人这一方案，并同其一起亲自具体指挥，展开了大规模的修治活动。”③ 这才是应有结论。

## 三　元明会通河比较

永乐年间开会通河不是对元代会通河的全面重复，而是对其分水和运量的创造性改造与提升。

首先，明代会通河工程更为浩大，“元之会通河，自安民山至临清共二百五十里，其自任城至安民山共一百五十里”，共约400里。明代的会

① 《明史》卷85，中华书局2000年版，第1390页。

② 《明史》卷85，中华书局2000年版，第1390页。

③ 彭云鹤：《明清漕运史》，首都师范大学出版社1995年版，第103页。

通河，相当于元代济州河、会通河和济州以南泗水部分运道相加，“沛县泗亭驿北九十里至鱼台县之河桥驿，九十里至济宁州之南城驿，一百里至汶上县之开河驿，七十里至东平州之安山驿，七十里至阳谷县之荆门驿，九十里至东昌府聊城县之崇武驿，七十里至清平县之清阳驿，六十里至临清州之清源驿”①，共长640里。元代会通河南起济宁，而明代南起沛县泗亭驿。

其次，明代会通河的运量是元代的数倍。元代会通河漕运量，据明人邱浚考证，“当时河道初开，岸狭水浅，不能负重，每岁之运不过数十万石”。② 元代运量之小根源于河窄水浅，延祐二年，中书省言会通河“始开河时止许行百五十料船……今宜于沽头、临清二处各置小石闸一，禁约二百料以上之船不许入河，违者罪之”③。水浅只容150—200料船通行，故而年运量不过数十万石。而明代每年漕运量400万石，全部经过会通河北上，“八百斛之舟迅流无滞，岁漕东南数百万石，上给京师。盖会通之业，自明收其全功而利十倍于元矣”，④ 为元明会通河运量公允之论。

最后，明代会通河水源利用较元代充分，分水点选择较元代优越（见图36－1）。元明会通河虽都以汶、洸、泗为水源，但入漕河的分水地点不同。据康熙年间著《山东全河备考》的叶方恒考证：“汶水经宁阳之北，元人既为水门于堽城之左，遏之益泗；复为闸于奉符，导之为洸。盖时未知分水南旺，即于济宁会源闸分水，故为会通河之源者，即洸也。”于堽城分汶水南入泗而北入洸，以行漕船，水量小而不合理。明人“遏汶全流西北，从南旺分水”⑤，汶水全流南旺，且一路受泺滍诸泉、蒲湾泊水，最后“西南至南旺入于漕，南流者十之三四，北流者十之六七，是为分水口”⑥。南旺较堽城地势为低，且可南北兼顾，水源利用率高。同时，仍延续元人引洸水入济宁济运的做法，“于宁阳坝西十里增筑新坝一座，于其

① （明）谢肇淛：《北河纪》，《四库全书》，史部，第576册，上海古籍出版社1987年版，第580—581页。

② （明）邱浚：《大学衍义补》，《四库全书》，子部，第712册，上海古籍出版社1987年版，第435页。

③ （明）陈邦瞻：《元史纪事本末》，《四库全书》，史部，第353册，上海古籍出版社1987年版，第803页。

④ 《东阿县志》，《中国方志丛书》（第三六二号），成文出版社1976年版，第154—155页。

⑤ （清）叶方恒：《山东全河备考》，《四库全书存目丛书》，史部，第224册，齐鲁书社1996年版，第358页上栏下栏。

⑥ （清）叶方恒：《山东全河备考》，《四库全书存目丛书》，史部，第224册，齐鲁书社1996年版，第357页下栏。

南别开河十里，浚之南流，以存洸一线。其后为积沙所壅，更于洸北作东西二闸以导闸西之柳泉，使穿东闸出，北会宁阳县南蛇眼等泉，环流仍入东闸，以归于洸，西南流至济宁，会泗沂合流，同入天井闸济运"①。水源利用较元代为优。

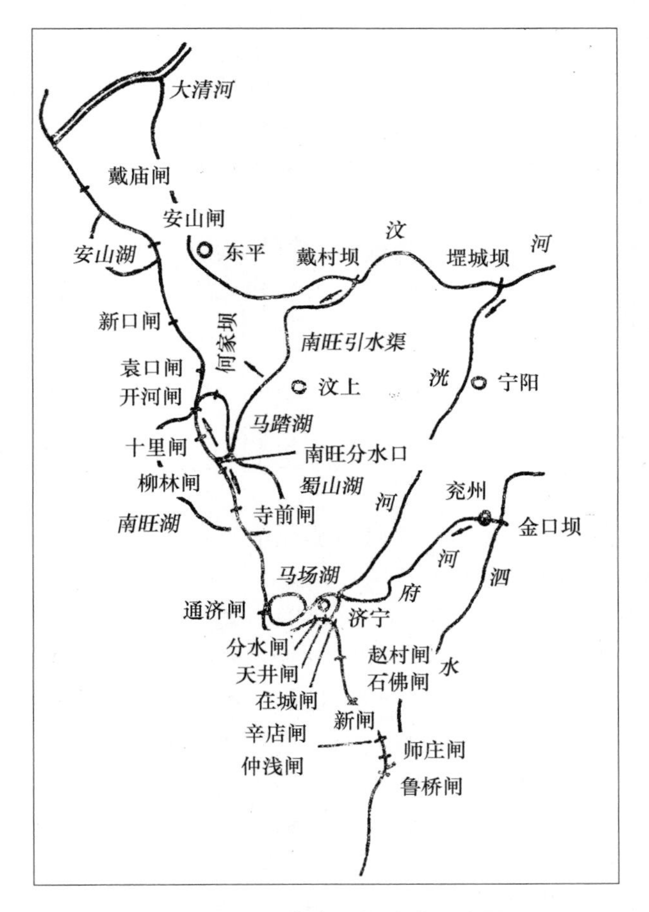


图 36－1　明代会通河分水示意图

## 四　明人会通河引黄入运后患无穷

明人开会通河过分急功近利，引黄济运水系配置与元代比有本质的不同，表面上运量的超越难以掩盖其本质上不可持续的倒退。

① （清）叶方恒：《山东全河备考》，《四库全书存目丛书》，史部，第 224 册，齐鲁书社 1996 年版，第 358 页上栏。

首先，元人开会通河以行漕运，只是海运的有益补充；明人开会通河，则一有可能就取代海运。永乐九年开会通河成，明廷就“议罢海运”。只因当时“江南漕舟抵淮安，率陆运过坝，逾淮达清河，劳费甚巨”[①]而没有马上付诸行动。永乐十三年（1415），陈瑄于淮安开清江浦成，实现漕船由淮扬运河过闸入淮直航，“河运大便利，漕粟益多”[②]。明人当即决定放弃海运、专事河运。

其次，元代河运借黄行运时间短，且所借为支流。清人胡渭考证，金贞祐五年之前黄河即“离故道，自卫东南流，由徐邳入海”[③]，这可能只是短时间的；元泰定元年黄河中游河身较为固定地行汴渠，至徐州东北合泗入淮，这可能只是支流。况且当时江南漕船由淮扬运河车盘翻坝装船入淮北上，运河不受短时期黄河支流倒灌，可持续进行。而明代中后期长期在黄河全河清口夺淮的条件下，于淮安、徐州之间借黄行运，既扭曲河性又滞碍泄洪，不可持续。

## 第二节　开通清江浦及其利弊

永乐九年会通河开通后，江南漕船至淮安仍要翻坝车盘进入淮河。今人考证：“为通航需要，洪武元年（1368），在淮安新城东门外建仁字坝，后因北运任务加重，又于永乐二年（1404）增建义、礼、智、信四坝，以满足大量船只往返的需要，总称淮安五坝。明代五坝为软料树木、枝条等构成，称软坝。舟船过坝时，先卸下货物，用辘轳绞关挽牵而过，称为车盘或盘坝，不但费时费力，而且舟船、货物也多有损失。过坝后，舟船还要在淮河中逆水航行60里，才能进入黄河，这显然不是好办法。”[④]因为这不符合明人追求平安漕运、高效漕运的心愿。

永乐十三年（1415）五月，漕运总兵官陈瑄，又在淮安开清江浦河道，旨在中止江南漕船盘坝入淮的历史，提高河运效率。《明太宗实录》卷164载：

---

① 《明史》卷153，中华书局2000年版，第2798页。

② 《明史》卷153，中华书局2000年版，第2796页。

③ （清）胡渭：《禹贡锥指》，《四库全书》，经部，第67册，上海古籍出版社1987年版，第694页。

④ 束方昆主编：《江苏航运史》，人民交通出版社1989年版，第125页。

乙丑，开清江浦河道。凡漕运北京，舟至淮安过坝度淮，以达清江口，挽运者不胜劳。平江伯陈瑄时总漕运，故老为瑄言：淮安城西有管家湖，自湖至淮河鸭陈口仅二十里，与清和口相直，宜凿河引湖水入淮，以通漕舟。瑄以闻，遂发军民开河，置四闸曰移风、曰清江、曰福兴、曰新庄，以时启闭。人甚便之。[①]

清江浦河道开成，原来的五坝被四闸取代，江南漕船由原来翻五坝入淮变成过四闸入淮河。五坝是平行的，翻其中任何一个即进入淮河；四闸是垂直的，四闸皆经才进入淮河。这在当时是可行的，因为此前黄河夺颍入淮、次年黄河干流才在洪泽湖以西数百里外的涡口入淮，河沙一时不会来到清口；会通河虽引黄河支流入运，但来水有限，河沙也一时不会来到清口。初看起来，一时有直航之利而无黄河害运之弊。

永乐君臣奠定的河运水系，江南漕船一路北上，无须翻坝车盘直达北京、通州，漕运成本大大降低。河运人、船、粮之失一时的确大大低于海运，而且仅靠河运即可每年独运400万石，满足京城和北方粮食需要。这一河运体系的确实现了平安漕运、高效漕运，是永乐君臣水运筑梦的得意杰作。

但是，长远来看这一河运体制是有严重隐患的。永乐君臣没有把黄河入淮的动态变化考虑进去，黄河入淮会导致淮河河床迅速抬高，即使黄河夺涡入淮也会改变淮河和运河水位的高低关系，终有一天黄水会来到清口并对运河形成倒灌。况且还有黄河干流在清口直接入淮的变数，这一变数一旦形成便出现黄、淮、运交会险局，日益抬高的黄河河床加上水量远远大于淮河的黄河来水，会给洪泽湖和淮扬运河带来灭顶之灾。远不如漕船翻坝车盘进入淮河稳妥可靠，更不如坚持海运具有可持续性。

首先，放弃海运就意味着放弃海洋进取，自绝于海洋文明。15世纪资本主义生产方式的产生，就得益于新航路开辟的刺激。放弃海运是在明朝航海力正盛、郑和下西洋屡获成功时做出的决策。永乐远洋航行成就超越元代，永乐三年郑和“率兵二万，行赏西洋古里、满剌诸国”[②]，五年九月方还。永乐六年、十四年郑和又两使西洋，皆三年方还。十多年间，万里远洋往返数趟，所行非沿海惯熟海道，不闻有人船之失。刚露进取海外曙

---

① 《明太宗实录》卷164，第2册，线装书局2005年版，第326—327页下栏　永乐十三年五月乙丑。

② 《明史》卷74，中华书局2000年版，第1218页。

光，旋即放弃海运、专事河运，严行海禁，表明统治者进入满足现状、不思进取状态。其实，对后来明代政治走向产生重大影响的太祖、成祖二帝，有浓重的小农意识。早在洪武元年，就决策灭元后对蒙古部落取守势防御。永乐元年朱棣登基南京之初，即以北平为北京，并最后迁都北京，早有皇帝守边、河运立国之想。但不该放弃海运，更不该闭关锁国。

此后，明清两朝每遇河漕瘫痪都重议海运却又终不能行，使元代海运传统不继，郑和下西洋风光不再，这是中华民族的一大悲剧。明人数度试行海运，总因有船毁人亡而作罢，根本原因在于遮洋总形同虚设，航海技术断档太久，民间虽有犯禁航海传统，而官方严重缺乏元人重用海盗以成海运那种志在必得的精神。认识不到海运行之既久，航海设备和航海技术会日益提高，人船损失将日益下降的趋势。至于万历末年因辽东战事爆发，明人被迫海运饷辽，乃在王朝行将灭亡之时，于大局大势无补。

其次，决策专事河运乃意气用事的产物，对日后可能发生的黄、淮、运三河交会清口的灾难缺乏预见和应对策略。先前，成祖一直担心海、陆两运不敷北方之用。永乐初陈瑄年海运南米百万石，永乐四年海、陆两运增至250万石，后江浙湖广自行督运，数项共达300万石，方满足北方之用。然海运有人粮之失，水陆交替之运民困其役，而会通河、清江浦一通即可一河独运400万石，成祖大喜过望之余，粗看起来当然无须海运了。但河运水系潜伏着黄河害运的危险：会通河有黄河故道相对，有引黄济运支流入运；黄河在元代就曾夺泗夺淮在清口入海，对未来可能出现的危局未做任何防范就放弃海运，未免失之轻率。

谭其骧早在20世纪50年代中期就撰文指出：永乐年间开通会通河、清江浦后“五百年间，明清二代统治者为了维持大运河的通航，和宋代对付汴河一样，也费尽了心力，先后兴筑的各项工程多得不可胜数。运河所以这样难于对付，问题的根源仍在黄河。……黄河横亘东西，运河纵贯南北，必然要有一个交叉点，这是无可避免的，这就成了明清治运工程同时也是治黄工程中最伤脑筋的问题”①。但谭先生当时没看出唐宋在中游接入黄河与明清在下游接入黄河有本质之别。所谓伤脑筋，伤就伤在明代河运体制在下游接入黄河的不可持续。永乐河运水系仅仅安澜30多年。随着黄河光顾会通河次数的增多，尤其是弘治以后黄河被逐渐全部引向徐州、淮安一线，南北走向的运河与东西走向的黄、淮在清口交会，借黄行运与黄河害运不相容矛盾日益突出。明清两朝不得不靠繁难河工和巨额投入保

---

① 谭其骧：《黄河与运河的变迁》（下），《地理知识》1955年第9期。

障运河的畅通，付出了沉重代价。

最后，明清不仅不能恢复海运，而且也不能恢复唐宋在中游接入黄河甚至永乐十三年以前盘坝入淮，反映了统治阶级因循守旧的成性。隋唐运河水系虽接入黄河，但开口于洛阳、郑州间黄河河岸土质坚实之处，且与淮扬运河之间有汴渠做缓冲，过水泥沙被汴渠吸收，不致危害运道。元代和明初江南漕粮运抵淮安，车盘过坝入淮。虽然有搬运之劳，但比较尊重自然水情。黄淮与运河不交，单独治理难度要小得多。而明清河运水系让水势强弱悬殊的黄、淮、运三河在清口交会，黄、淮汛期不同步，淮水势大于黄危害尚小，黄水势大于淮就会倒灌洪湖，冲垮湖堤东下淮安、扬州之间。陈瑄开清江浦，让漕船过闸入淮北上，以黄河在洪泽湖以西数百里外入淮为前提。后来黄河直接在清口入淮，明人和清人却仍坚守其制，可见祖制困人之害。

并非没有有识之士。景泰四年（1453）八月，刘清和王晏针对张秋河决，奏请东南漕舟自淮入河后西行，至荥泽转入沁河，经武陟县马曲湾，冈头浚 119 里以通卫河，转运京通。嘉靖十九年（1540）因河连决，万表鉴于商船皆自淮入涡，至祥符铜瓦箱以达阳武，请求凤阳诸郡之粮由此商路达阳武，陆运 70 里至卫辉，入卫河抵京，其本质都是要激活隋唐河运积极因素，但不得朝廷重视，说明中后期明廷到了只能死守河运成局、无力稍加变通的程度。清代自康熙以后，沿海基本保持着用于赈济救灾或平抑粮价的非漕粮海运，嘉道年间河运到了寸步难行时，仍无勇气中止河运、开启海运。道光六年实行了一次漕粮海运，却在次年河运稍有希望时断然仍行河运。祖制直系子孙革新精神可见一斑。

当然，日益抬高的黄河河床加上水量远远大于淮河的黄河来水，即使翻坝车盘也很难永久坚持河运。所以，明清漕运可持续，要么力行海运，要么在中游接入黄河。

总之，放弃海运终结了明初曙光初露的外向进取生机，后代陷入因循守旧深渊万劫不复，使中国不得海洋文明和产业革命浸润，痛失自动步入工业社会良机，对社会发展的负面影响是巨大的。

## 第三节　永乐北直隶治水通运

明人把 3000 里京杭大运河分为 7 段。其中白漕、卫漕地在迁都后的北直隶。天津以北运道以白河为水源，“自通州而南至直沽，会卫河入海者，白河也”称白漕；天津以南运道以卫河为水源，“自临清而北至直沽，会白河入海者，卫水也”称卫漕。加上通州通向京城的大通河，“自昌平神山泉诸水，汇贯都城，过大通桥，东至通州入白河者，大通河也”[①]。北直隶运道实有3段。

永乐四年开始营建北京皇宫，九年开通会通河，十三年开通清江浦，十四年议定迁都北京，十九年正式迁都北京，这期间和之后北直隶运道空前繁忙起来。在不断加大规模运粮的同时，源源不断地向北京运送建筑材料，从木料到砖瓦。大树来自四川、湖广、江浙，墙砖来自临清，细料方砖来自苏州，烧制玻璃砖、瓦所用的黏土来自安徽当徐、芜湖，即使海运而来，登陆直沽后也要经过近畿运河运输。所以明人都说北京城是水上漂来的城市。

明末成书的《天工开物》卷中载：“若皇居所用砖，其大者厂在临清，工部分司主之。初，名色有副砖、券砖、平身砖、望板砖、斧刃砖、方砖之类。后革去半，运至京师。每漕舫搭四十块，民舟半之，又细料方砖以甃正殿者，则由苏州造解。”[②] 由此可见，永乐年间运河运送建材任务繁重，所在有责。

建材之外，工匠往返、朝廷迁都都借助运河，尤其漕粮水运耽误不得。今人考证：“永乐十五年（1417），馈运至北京的粮食达508万石以上，永乐十六年（1418）为464万余石。这在北方漕运史上是破天荒的，它已远远超过元代定都北京海运量的最高数额。”[③] 这时期北直隶运道，处于超负荷运转状态。

永乐四年（1406），河运“浮淮入河，至阳武，陆挽百七十里抵卫辉，浮于卫”[④] 至北京。永乐九年会通河开通，十三年清江浦开通，“自是漕运直达通州，而海陆运俱废”[⑤]。其间近畿白漕、卫漕得到相应的整治。按《明史·河渠四》载：永乐四年，修建了宛平、昌平境内的西湖；永乐五年，挑浚西湖、景东至通流共七闸之间淤塞河道，在自昌平东南白浮村至西湖、景东流水河口100里间，增置12闸。“耎儿渡者，在武清、通州间，尤其要害处也。自永乐至成化初年，凡八决，辄发民夫筑堤。”遇决

① 《明史》卷85，中华书局2000年版，第1385页。

② （明）宋应星：《天工开物》，《续修四库全书》，子部，第1115册，上海古籍出版社2003年版，第67页上栏。

③ 王树才主编：《河北省航运史》，人民交通出版社1988年版，第65页。

④ 《明史》卷85，中华书局2000年版，第1387页。

⑤ 《明史》卷85，中华书局2000年版，第1388页。

即堵，确保运道畅通。有时干脆事先普筑堤防，以防冲决，“永乐二十一年筑通州抵直沽河岸，有冲决者，随时修筑以为常”[1]。可见白漕施工之勤。

永乐十年（1412），宋礼兴工大治卫漕。“宋礼开会通河，卫河与之合。时方数决堤岸，遂命礼并治之。礼言：‘卫辉至直沽，河岸多低薄，若不究源析流，但务堤筑，恐复溃决，劳费益甚。会通河抵魏家湾，与土河连，其处可穿二小渠以泄于土河。虽遇水涨，下流卫河，自无横溢患。德州城西北亦可穿一小渠。盖自卫河岸东北至旧黄河十有二里，而中间五里故有沟渠，宜开道七里，泄水入旧黄河，至海丰大沽河入海。’诏从之。”[2] 卫漕在临清南接会通河，宋礼为防卫漕运堤再决，在普筑堤岸的同时，广开泄水通道泄多余之水入海：一是在魏家湾穿小渠二道泄水于土河，二是于德州穿渠泄水于旧黄河。

京畿运道面临的最大麻烦，是西部自然河流汛期来水常常冲坏或淤塞运道。漳河，发源于山西长子县，清、浊二漳东经河南临漳、畿南真定、河间趋天津入海。另一支流至山东馆陶西南五十里与卫河合，常有洪水害运，“永乐七年，决固安县贺家口。九年，决西南张固村河口，与滏阳河合流，下田不可耕。……是年筑沁州及大名等府决堤”[3]。治漳河也就是治理卫漕运营环境。

---

① 《明史》卷 86，中华书局 2000 年版，第 1407 页。
② 《明史》卷 87，中华书局 2000 年版，第 1421 页。
③ 《明史》卷 87，中华书局 2000 年版，第 1422 页。

# 第三十七章　明代河漕体制演进

## 第一节　运河体制演进

明代初期，陈瑄对运河体系进行了完善。永乐朝漕运与洪武朝漕运有质的不同，永乐十三年之前是量的渐变期，质变发生在永乐十三年。这一年明成祖决策放弃海运、专事河运，此后明人围绕保障漕运治理黄河，采取一切必要措施，确保每年漕运400万石漕粮到京、通，形成明代治河通漕的国家意志。这一国家意志由永乐皇帝和陈瑄、宋礼等大臣共同确立并为其后各代君臣坚守。

明初漕运由海、河兼行到专事河运，陈瑄、宋礼等人在这一过程中发挥了关键作用。洪武年间海运70万石粮接济辽东，永乐初陈瑄帅舟师海运百万石供应北京军储。永乐四年江南漕粮继续海运的同时，漕船由淮入黄河至阳武，陆运至卫辉再由卫河北上，史称海、河兼运。当时，海运有船粮之失，陆运有车夫之劳，为了摆脱二者缺陷，陈瑄、宋礼锐意追求平安、高效漕运。永乐九年宋礼、周长开会通河成，结束“陆挽百七十里入卫河，历八递运所，民苦其劳”[①] 的水陆交运历史；永乐十三年陈瑄开清江浦河成，实现了江南漕船过闸直入淮泗北上。可以说，陈瑄、宋礼帮助明成祖成就运量、直航诸方面超越元朝的京杭河运，每年漕运400万石供应京城和边防的伟业。

陈瑄一生历仕成祖、仁宗、宣宗三朝，治河通漕生涯长于宋礼。永乐河运体制的创立，陈瑄于南河建树为大，宋礼于会通河建树为多。陈瑄治河功业及其奠定河规漕制作为，《明史纪事本末》有集中叙述：“置四闸曰移风、清江、福兴、新庄以时启闭，浚仪真瓜州通潮，凿吕梁、百步二洪

① 《明史》卷153，中华书局2000年版，第2795页。

石，平水势。开泰州白塔河通大江，筑高邮湖堤，堤内凿渠亘四十里，淮滨作常盈仓五十区，贮江南输税。徐州、济宁、临清、德州皆建仓，使转输。……河浅胶舟处，滨河置舍五百六十八所，舍置浅夫俾导舟其可行处，缘河堤凿井树木，以便行人。……置吕梁漕渠石闸。初，陈瑄以吕梁、上洪地险水急，漕舟难行，奏令民于旧洪西岸凿渠，深二尺阔五丈有奇。夏秋有水可以行舟，至是复欲深凿，置石闸三，时其启闭以节水，庶几往来无虞。事闻，命附近军卫及山东布政司，量发民夫工匠协成之。"①分项言之，具体表现在以下几个方面。

第一，清口闸坝制度。陈瑄开清江浦河不久，"尤虑河水自闸冲入，不免泥淤，故严启闭之禁，止许漕艘、鲜船由闸出入，匙钥掌之都漕，五日发筹一放，而官民船只悉由五坝车盘，是以淮郡晏然，漕渠永赖"②。五天才开闸一次放漕船和进贡船出入一次，其他船一概车盘过坝，如此严格的运口开闸放船管理，也只有明初才能做得到。"平江伯陈瑄所建清江、福兴、新庄等闸递互启闭，以防黄水之淤，又于水发之时闸外暂筑土坝，遏水头以便启闭。水退即去坝用闸如常。其法甚善。"③ 当时黄河在上中游入淮。不仅五天一放漕船，而且黄水大时还要在闸前筑坝一道拦挡黄水。汛期大水过去，才正常用闸。

第二，规范湖漕挑浚制度。湖漕即淮扬运河，靠湖水提供水源，故有湖漕之称。"清江浦至头二三铺一带里河，先臣平江伯陈瑄议为每岁一挑之法。盖因河自新庄闸外入口多纳黄流，岁有积沙，势不得不尔也。"④ 新庄闸外即淮、黄两河交汇之处，永乐十四年之前黄河夺颍入淮之后夺涡入淮，下游淮水也含沙。开闸放船时常有泥沙进闸，闸制严格时尚需一年一挑。新庄闸身后运河，"祖宗之法，遍置数十小闸于长堤之间，又为之令曰：'但许深湖，不许高堤。'故以浅船、浅夫取河之淤，厚湖之堤。夫闸多则水易落，而堤坚浚勤则湖愈深而堤厚，意至深远也"⑤。小闸，指运堤

---

① （清）谷应泰：《明史纪事本末》，《四库全书》，史部，第364册，上海古籍出版社1987年版，第375页。

② （明）潘季驯：《河防一览》，《四库全书》，史部，第576册，上海古籍出版社1987年版，第251页。

③ （明）潘季驯：《河防一览》，《四库全书》，史部，第576册，上海古籍出版社1987年版，第274页。

④ （明）潘季驯：《河防一览》，《四库全书》，史部，第576册，上海古籍出版社1987年版，第298页。

⑤ （明）朱国盛：《南河志》，《续修四库全书》，史部，第728册，上海古籍出版社2003年版，第529页上栏。

所设接纳湖水或排泄洪水的闸座。但许深湖，意为只能捞取湖底、河底淤泥，以保证河深浮舟、湖深养河；不许高堤，即不准用加高河堤的办法应付河、湖淤垫的事实。因为听任河身日高，会危及下河人民生命财产。湖漕威胁来自西面的洪泽湖，高家堰一旦被大水冲决，湖水就会东下冲断运河。保障运河安全的首要措施是加固高家堰大堤，“我朝平江伯陈瑄复加修筑（高家堰），使淮水不得东注，则淮扬之田庐一望膏沃，高、宝之运道万艘安流，二百年间淮扬借以耕艺，厥功懋矣”①。真是良法美意，用心良苦。

第三，建立健全会通河水柜。鉴于汶、洸水量不足济运，把会通两岸诸湖作为水柜，“漕河水涨则减水入湖，水涸则放水入河，各建闸坝以时启闭”②。同时注重泉源建设，宣德四年，“总兵官平江伯陈瑄奏，自徐州至济宁河水多浅，转运甚难。今遣官巡视谢沟、胡陵城、八里湾、南阳浅，及东昌梁家乡浅、师家庄仲家浅，皆当置闸。其徂徕诸山泉源所出，旧有湖塘，今多淤塞，乞加修浚，庶有停蓄，得以通利往来，从之”③。严禁破坏水柜泉源的行为，“凡故决盗决山东南旺湖、沛县昭阳湖蜀山湖、安山积水湖……各堤岸，并阻绝山东泰山等处泉源，有干漕河禁例，为首之人发附近卫所，系军调发边卫，各充军”④。旨在使会通河“上受汶、泗、洸、沂诸水，搜取山泽诸泉以为漕纲之助，又有安山、南旺、昭阳诸湖潴蓄”⑤。如此，只要水柜功能不废，再加上严格用闸，不浪费水源，会通河便可保持起码的行船水量。这在政治清明时期是可以做到的。

第四，整合淮扬运河与长江衔接水利设施。陈瑄很早就关注运河与长江接合部水利，“永乐十年十一月，陈瑄修仪真沿江堤岸及竣夹港等处河道。十三年二月浚瓜州坝河道，一至瓜洲巡检司，一至江口，共600余丈。洪熙元年（1425）春，陈瑄请发军民疏仪真及瓜洲坝下河道淤塞，十一月遂命瑄发附近府卫军民2万疏浚，至次年春始竣工”⑥。晚年，陈瑄继续关注运河入江行船条件的改善，“开泰州白塔河通大江，又筑高邮湖堤，

---

① （明）潘季驯：《河防一览》，《四库全书》，史部，第576册，上海古籍出版社1987年版，第447页。

② （明）谢纯：《漕运通志》，方志出版社2006年版，荀德麟等点校，第213页。

③ 《明宣宗实录》卷59，线装书局2005年版，第378—379页下栏上栏　宣德四年十一月丙辰。

④ 《明会典》（万历朝重修本），中华书局1989年版，第881页上栏。

⑤ （明）章潢：《图书编》，《四库全书》，子部，第970册，上海古籍出版社1987年版，第418页。

⑥ 姚汉源：《京杭运河史》，中国水利水电出版社1998年版，第276页。

堤内凿渠亘四十里，避风涛之险”[①]。陈瑄这方面功绩有两个，一是开白塔河，宣德七年于泰州宜陵镇东开河，分通扬运河水入长江，让江南漕船不经镇江，由常州孟渎出运过江入白塔河口北上。二是改善高邮运道，在湖内筑堤40里，减轻湖浪对漕船的损害。

第五，加高加固高家堰，整修淮安南北运道。当时清口和淮扬运河的安全在于洪泽湖，湖水东决可冲垮运河，“我朝平江伯陈瑄复加修筑，使淮水不得东注，则淮扬之田庐一望膏沃，高、宝之运道万艘安流，二百年间淮扬借以耕艺”[②]，成就了一时漕通奇迹。永乐十三年放弃海运、专事河运后，陈瑄用20年时间“复浚徐州至济宁河。又以吕梁洪险恶，于西别凿一渠，置二闸，蓄水通漕。又筑沛县刁阳湖、济宁南旺湖长堤……虑漕舟胶浅，自淮至通州置舍五百六十八，舍置卒，导舟避浅。复缘河堤凿井树木，以便行人”[③]，进一步完善了河运设施。

明代中期也对会通河加以改进。会通河南阳镇以南原在昭阳湖以西，这里地势低下。嘉靖前后，黄河决水常常冲过来瘫痪运道。嘉靖末，朱衡开南阳新河于昭阳湖东（见图37－1），利用盛应期开而不成新河旧迹，役夫9万，历时8月，用银40万两，“凡凿新渠，起南阳，迄留城，百四十一里有奇；疏旧渠，起留城迄境山五十三里；建闸九，减水闸二十，为月河于闸之旁者八；为土若石之坝十有二，为土堤于渠之两涯以丈计者三万五千二百八十有奇，以里计者五十三，为石堤三十里，而运道复通。已，又溯薛河之上流，凿王家口导其水入于赤山湖……沿渠之东西建减水闸十有三，独山溢，则泄而归诸昭阳。凿翟家等口，导其水入于尹家湖及饮马池。凡为支河八，夹以堤六千三百四十六丈”[④]。筑梦之心，坚如铁石。

朱衡南阳新河开成后，其南段与徐州衔接处，仍然频繁受黄河决水危害。万历三十二年（1604），经过长期酝酿和不断准备，明人又在南阳新河夏镇以下开成泇河（见图37－2），使运道完全行于昭阳湖东黄水泛滥不及之地。

泇河开凿，前后经过两任总河，李化龙和曹时聘。今人姚汉源考证：

---

① 《明史》卷153，中华书局2000年版，第2798页。

② （明）潘季驯：《河防一览》，《四库全书》，史部，第576册，上海古籍出版社1987年版，第447页。

③ 《明史》卷153，中华书局2000年版，第2798页。

④ （明）谢肇淛：《北河纪》，《四库全书》，史部，第576册，上海古籍出版社1987年版，第619页。

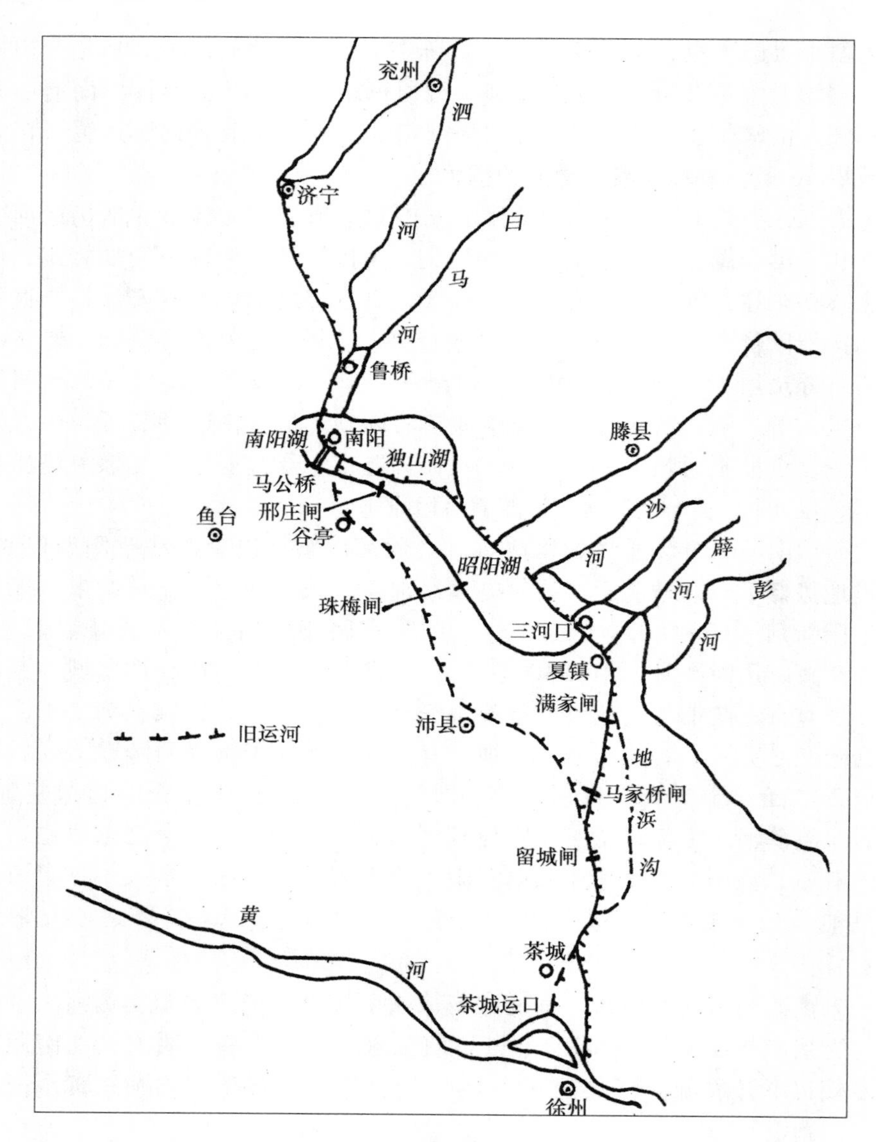


图 37－1 南阳新河示意图

万历“三十二年四月，泇河上自李家港（夏镇东 10 里）下至直河口 260 里开通行船。只直河在张村集以下 30 里，省费未治”。七月李化龙丧母，“八月李氏上奏：黄河分水河成，粮船 2/3 由泇，1/3 由黄河大溜”。继任者曹时聘万历三十三年二月上任，接做直河口以下河工，五月曹时聘奏报泇河后续各工完成情况，“直河南张村集 31 里支河下接田家口去年所开旧

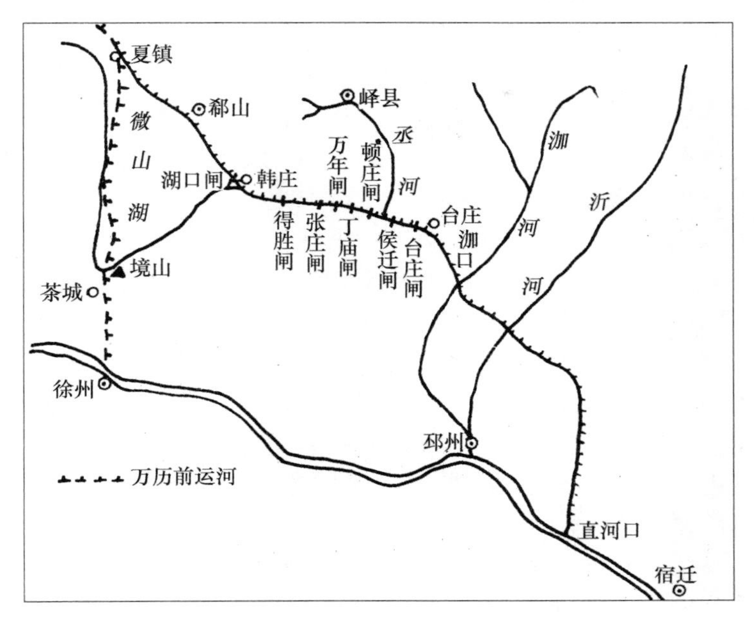


图 37－2　泇河示意图

河。毛窝段横穿浮沙 20 丈，现用桩板厢护，内实老土。王市口之减水闸，台庄、顿庄二节水闸及彭家口滚水坝改为石工。自直河口至刘家庄所有浅狭均开宽深，均于三月二十九日完工。今直口运船数百只，不两日已尽入泇。沿途测量，渠水皆深六七尺以上，无去年沙浅之患”①。李、曹二人接力而进，共成大功。

泇河在夏镇接南阳新河，又 10 里南至李家口，50 里至韩庄闸，30 里至巨梁桥，30 里至邓家闸，20 里至台庄，30 里至泇沟口，10 里至王市闸，10 里至二郎庙，10 里至塘桥，10 里至猫儿窝，20 里至万庄集，20 里至田家口，20 里至直河驿，全长 260 里。以全长 260 里运河，取代 200 多里借黄行运险道，筑梦成真。

## 第二节　漕运机制演进

明代漕运方式经历了从转般（支、兑运）到直达（改兑长运）的

① 姚汉源：《京杭运河史》，中国水利水电出版社 1998 年版，第 261 页。

转变。

第一，支运。永乐十三年（1415），在尚书宋礼、平江伯陈瑄的建议下，明廷开始实行支运法，“自浚会通河，帝命都督贾义、尚书宋礼以舟师运。礼以海船大者千石，工窳辄败，乃造浅船五百艘，运淮、扬、徐、兖粮百万，以当海运之数。平江伯陈瑄继之，颇增至三千余艘。时淮、徐、临清、德州各有仓。江西、湖广、浙江民运粮至淮安仓，分遣官军就近挽运。自淮至徐以浙、直军，自徐至德以京卫军，自德至通以山东、河南军。以次递运，岁凡四次，可三百万余石，名曰支运”①。支运是由纳粮民户自备船只，输送到各指定粮仓，再由各卫所官军从仓支粮，接力运至北京。每年4次，运粮可达300多万石。这实际上是军民分任其劳。明人规定：担任支运的粮户皆免去本年的税粮。支运法实行“不数年，官军多所调遣，遂复民运，道远数愆期”②。运军被调去北京修建皇宫，成为改支运为兑运的原因之一。

第二，兑运。陈瑄发现支运军民皆有不便，“江南之民，运粮赴临清、淮安、徐州，往返将近一年，有误生理，而湖广、江西、浙江及苏、松、安庆等官军，每岁以空舟赴淮安载粮”也很浪费，建议实行漕粮兑运：“令江南民粮对拨附近卫所官军，运载至京，仍令部运官会计，给与路费耗米，则军民两便。”③ 明宣宗要求陈瑄与户部侍郎王佐、工部尚书黄福共拟改革方案，王、黄二人认同陈瑄之说，于是兑运出台。今人彭云鹤考证，兑运“具体办法是：江南各府漕粮，先由民户运至附近的淮安、瓜洲等水次仓，交兑给江北凤阳、扬州等卫的官军领运；江北漕粮，则民运至大名府的小滩，兑与遮洋总海运。然后再由官军全力负责运往京师或其他指定地点。兑运的特点是，民运路程缩短，而军运的路则适当延长”④。此言对错各半，遮洋总在小滩接运的仅是河南一省漕粮，而且也不是全程海运，只出渤海海运少量河南漕粮至蓟州。实际情况是兑运改革范围局限于江南，江北漕运延续旧法。

随后，吏部尚书蹇义制定了《官军兑运民粮加耗则例》：“以地远近为差。每石，湖广八斗，江西、浙江七斗，南直隶六斗，北直隶五斗。民有运至淮安兑与军运者，止加四斗。如有兑运不尽，仍令民自运赴诸仓，不愿兑者，亦听其自运。”粮户虽有加耗和轻赍之损，但获得宝贵的时间从

---

① 《明史》卷79，中华书局2000年版，第1277—1278页。

② 《明史》卷79，中华书局2000年版，第1278页。

③ 《明宣宗实录》卷80，线装书局2005年版，第495页上栏　宣德六年六月乙卯。

④ 彭云鹤：《明清漕运史》，首都师范大学出版社1995年版，第137页。

事农业劳动，“军既加耗，又给轻赍银为洪闸盘剥之费，且得附载他物，皆乐从事，而民亦多以远运为艰。于是，兑运者多，而支运者少矣”①。运军和粮农皆大欢喜。

陈瑄身后，继任者继续发扬其亲民情怀，进一步推动漕运方式向着减轻粮农负担的方向演进。

第三，长运。兑运法实施数十年，人们发现江南粮农运粮过江到瓜洲、淮安仍有诸多不便。“成化七年，乃有改兑之议。时应天巡抚腾昭令运军赴江南水次交兑，加耗外，每石增米一斗为渡江费。”② 于是漕粮“长运法”诞生。实施效果颇好：“查得成化七年奏准，将江南应天府并苏、松等府该起运瓜州、淮安二处水次常盈仓粮，俱拨官军过江，就各处仓场交兑，每石除原定加耗外，另加过江水脚米一斗。所以军得脚价，民免远运，彼此有益，交相称便。”③ 长运法进一步减轻了民运负担，但加重了粮户的米耗付出。不过仍反映出明代前期统治阶级的体恤民情。

长运推行范围包括大江南北，江北的山东、河南两省和皖北、苏北皆同时长运。按《明会典》，漕粮长运推行后，各省交兑水次逐渐固定下来。宣德七年规定“河南所属民运粮，至大名府小滩，兑与遮洋船官军领运。山东粮于济宁交兑”④。其后江北官军渐次过江到各省水次领运漕粮。“正德元年，议准湖广水次于长沙、汉口交兑。……（嘉靖）十二年议准湖广粮俱赴蕲州、汉口、城陵矶三处水次交兑。……十六年题准江西吴城水次原兑粮，改进贤水次交兑。……万历元年题准湖广衡、永、荆、岳、长沙漕粮，原在城陵矶交兑者，改并汉口水次。”⑤ 水次设定后，长运得以秩序井然地进行。变则通，通则久。由支运至长运，围绕着便民改革漕运方式。其时与永乐河运体制确定但黄河害运隐患尚未暴露相同步，是明代河漕黄金岁月。

“让运军直接赴江南、北有漕省份的各水次仓（如南京等）取粮，然后径直运往京师或其他指定地点。”⑥ 实际上是改转般为直达，与北宋漕运变革史惊人相似。明朝前期的支运、兑远有分段转般性质，而长运是北宋

---

① 《明史》卷79，中华书局2000年版，第1278页。
② 《明史》卷79，中华书局2000年版，第1278、1279页。
③ （明）王恕：《王端毅奏议》，《四库全书》，史部，第427册，上海古籍出版社1987年版，第532—533页。
④ 《明会典》（万历朝重修本），中华书局1989年版，第201页上栏。
⑤ 《明会典》（万历朝重修本），中华书局1989年版，第201页上栏。
⑥ 彭云鹤：《明清漕运史》，首都师范大学出版社1995年版，第137页。

直达的翻版。到了明代中期黄河频繁瘫痪运道时，长运就不如转般能适应运道时而中断的新情况。

## 第三节 漕粮征收演进

粮长制的创立和败坏。洪武四年（1371）九月，“以郡县吏每遇征收赋税，辄侵渔于民。乃命户部令有司料民土田，以万石为率，其中田土多者为粮长，督其乡之赋税。且谓廷臣曰：‘此以良民治良民，必无侵渔之患矣。’”① 于是明人开始推行粮长制度。

今人马渭源考证：洪武四年“浙江省缴纳税粮93万石，粮长134人，万石粮区设1粮长，看来大致相当。粮长制运行两年后，朝廷发现粮长设一人根本就忙不过来，于是在洪武六年九月又下令，允许在粮长之下增设知数（计算员）1人、斗级（也称门斗，是指用容器或衡器来检验米谷及其等级的人）20人，运粮夫1000人”②。可见粮长的性质半官半民，受官府委托行使官方职责，但又仅限于征税完粮，没有里正、保长的行政权。

设置粮长目的是免除吏胥的侵吞，改元朝以吏治国为以良民治良民，根除元代贪官污吏鱼肉粮农恶政，一新大明社会基层租粮征收风气。从相关史料来看，至少明代前期这一目的得到实现或部分实现。朱元璋在世时，南方粮长备受青睐。“粮长者，太祖时，令田多者为之，督其乡赋税。岁七月，州县委官偕诣京，领勘合以行。粮万石，长、副各一人，输以时至，得召见，语合，辄蒙擢用。”③ 其中乌程人严震直，起初不过富民粮长，但很快平步青云，身居工部尚书要职。《四友斋丛说》的作者松江华亭人何良俊，祖上“世代为粮长垂五十年。……先府君为粮长日，百姓皆怕见官府，有终身不识城市者，有事即质成于粮长，粮长即为处分，即人人称平谢去。公税八月中皆完，粮长归家安坐”④ 印证了明代前期南方粮长的地位优越和履职容易。

明代中后期政治日渐黑暗，粮长制度变质异化。漕粮征收中弊端渐生，嘉靖二年顾鼎臣条上漕粮积弊四事有言：“成、弘以前，里甲催徵，粮户上纳，粮长收解，州县监收。粮长不敢多收斛面，粮户不敢掺杂水谷

---

① 《明太祖实录》卷68，第1册，线装书局2005年版，第344页上栏 洪武四年九月丁丑。

② 马渭源：《大明帝国：洪武帝卷》（中），东南大学出版社2014年版，第588—589页。

③ 《明史》卷78，中华书局2000年版，第1267页。

④ （明）何良俊：《四友斋丛说》（元明史料笔记），中华书局1959年版，第110页。

糠粃，兑粮官军不敢阻难多索，公私两便。近者，有司不复比较经催里甲负粮人户，但立限敲扑粮长，令下乡追征。豪强者则大斛倍收，多方索取，所至鸡犬为空。孱弱者为势豪所凌，耽延欺赖，不免变产补纳。至或旧役侵欠，责偿新佥，一人逋负，株连亲属，无辜之民死於箠楚囹圄者几数百人。且往时每区粮长不过正、副二名，近多至十人以上。其实收掌管粮之数少，而科敛打点使用年例之数多。州县一年之间，辄破中人百家之产，害莫大焉。”[①] 在粮长地位剧降的同时，漕粮征收也日益黑暗。

粮长制运作和漕粮征收流程。明代丁有役，田有租。赋役之征以黄册、鱼鳞册之编为基准，“黄册，以户为主，详具旧管、新收、开除、实在之数为四柱式。而鱼鳞图册以土田为主，诸原坂、坟衍、下隰、沃瘠、沙卤之别毕具。鱼鳞册为经，土田之讼质焉；黄册为纬，赋役之法定焉”[②]。二册在明初得以成功推广，使得赋役之征有相对公平的基础。赋役征派以里甲、粮长为基干，明初“以一百十户为一里，推丁粮多者十户为长，余百户为十甲，甲凡十人。岁役里长一人，甲首一人，董一里一甲之事”[③]。稍后又随粮定区，区设粮长，粮长之责“据该办税粮，粮长督并里长，里长督并甲首，甲首催督人户”[④]。因而形成粮长、里长、甲首三级赋役督办体制。

洪武朝规定，每年秋季漕粮开征之前，各区粮长随府县官进京领取勘合。今人考证，勘合“即一种二联单式的文册，骑缝处加盖官府印信，用时撕开，双方各执一半，以便日后校‘勘’对‘合’之用。用毕到户部缴销，以防假冒”。然后回到原地开展工作，“具体做法是：粮长领取‘勘合’后，便有资格和权力把征粮任务分派给本区各里，各里里正再将本里任务分派给各甲，各甲甲首再最后分配落实到各粮户，命令他们定期照额缴纳。……漕粮的解运却恰恰相反，是自下而上的。即各甲甲首将漕粮收齐后，汇集交给里正，各里正汇集齐后交粮长。最后，由粮长率领部分粮户（只负担运粮而免其本年税粮者）装入舟、车，送达指定地点。其中，运往当地军卫或府县仓库者，称‘存留’，属轻粮；运往京师或其他指定地点者，称‘起运’，即正式的漕粮，属重粮”[⑤]。明后期粮长制异化，漕粮征收解运基本规程大体不变，只是其过程充满不公和苦难。

---

① 《明史》卷 78，中华书局 2000 年版，第 1267 页。

② 《明史》卷 77，中华书局 2000 年版，第 1256 页。

③ 《明史》卷 77，中华书局 2000 年版，第 1253 页。

④ 《明会典》（万历朝重修本）卷 29，中华书局 1989 年版，第 216 页上栏。

⑤ 彭云鹤：《明清漕运史》，首都师范大学出版社 1995 年版，第 134—135 页。

# 第三十八章　明代河工决策和实施

## 第一节　明初河工决策和实施

朱元璋对南方水情有透彻的了解，河工决策不事烦琐的踏勘复议，顺应自然而事半功倍。有的河工初议来自草民，洪武九年“用宝应老人柏丛桂言……令有司督甃高宝湖堤六十里，以捍风涛。丛桂又言……开宝应直渠便。从之”①。初议虽为一人提出，但反映的是当地民意，故虽无踏勘复议而实施效果极佳。有的河工原议出自圣断，洪武二十六年八月，李新所开溧水胭脂河，动因便是皇帝揣摩下情的决断：“两浙赋税漕运京师，岁实繁浩。一自浙河至丹阳舍舟登陆，转输甚劳；一自大江泝流而上，风涛之险覆溺者多，朕甚悯之。今欲自畿甸疏凿河流以通于浙，俾运输者不劳，商旅获便。”② 实施后同样收河通人便之效。

成祖南下靖难，熟悉东部地理，河工决策讲究程序。永乐元年（1403），唐顺建议“开卫河，距黄河百步置仓廒，受南方所运粮饷，转至卫河交运，公私两便”。成祖“命廷臣更详议”③。数月后，户部尚书郁新献言，江南漕粮“至淮安，用船可载三百石以上者运入淮河、沙河，至陈州颍岐口跌波下，复以浅船可载二百石以上者运至跌波上，别以大船载入黄河，至八柳树等处令河南车夫运赴卫河，转输北京”④。这实际是将唐顺初议具体化，以复议形式上奏，经成祖批准实施，形成明初所谓河陆交运模式。

---

① 《重修扬州府志》，《中国地方志集成·江苏府县志辑》，第41册，江苏古籍出版社1991年版，第157页下栏。

② 《明太祖实录》卷229，第2册，线装书局2005年版，第310—311页下栏上栏　洪武二十六年七月丙戌。

③ 《明太宗实录》卷18，第1册，线装书局2005年版，第508页上栏　永乐元年三月戊戌。

④ 《明太宗实录》卷21，第1册，线装书局2005年版，第525页下栏　永乐元年七月丙申。

永乐九年（1411），潘叔正上书请开会通河，成祖“命工部尚书宋礼、都督周长往视。礼等还，极陈疏浚之便，且言天气和霁，宜极时用工”①。将踏勘复议引入决策程序，集思广益比较充分。决策拿得准，实施下手就狠，“由开河至东昌府入临清县计三百八十五里，深二丈三尺，广三丈二尺，役军夫三十万，用工二十旬，蠲租税百一十万二千五百有奇，自济宁至临清置闸十五，闸置官立水则，以时启闭，舟行便之”②，效果出奇的好。明君贤臣风云际会，决策正确，实施完美。

永乐年间常以总兵官加都御史衔，总理全国漕运；以工部侍郎加都御史衔，负责治河。河工初议一般由臣民以上书形式向皇帝提出，皇帝认为所议有必要，再指定大臣踏勘复议，工部根据踏勘复议结果提出部覆方案，皇帝核准部覆方案，下诏明令实施。圣旨既是河工决策的终极意志，又是河工实施的起发根据。按照圣旨，户部安排拨款，工部负责监督，承办大臣全权组织施工。承办大臣决定施工方案，指定河漕司道官员或附近府州官员分段包干，常设河道夫役是技术骨干，临时雇募的民工是一线劳作主力。决策程序和实施机制合理、完备，施工质量较有保障。

在君明臣贤的情况下，确能做出成功河工。但这种机制民主不充分，集中不必然，所赖明君贤臣风云际会百不一遇。实际上或君不明或臣不贤，导致的错误决策和失败河工为数更多。加上王朝盛衰规律制约，成为明代河运不可持续的一大社会原因。

## 第二节　明中叶河工决策和实施

正统十三年（1448）以后黄河频繁发难，皇帝外行且不知水情，治河通漕渐趋只确定治河大臣，由治河大臣实地踏勘、确定治河方略。治河大臣接力而进，摸着石头过河，不断总结经验教训，逐渐认识到黄河害运的本质。

弘治七年之前，黄河主要冲击会通河张秋、沙湾段，明人经过痛苦探索，最后才中止会通河张秋、沙湾引黄济运，引原本入运的黄河支流流经徐州入淮。这时期承办大臣治河能保数年、十数年或数十年河安漕通，就

---

① 《明太宗实录》卷113，第2册，线装书局2005年版，第211—212页下栏上栏　永乐九年二月己未。

② 《明太宗实录》卷116，第2册，线装书局2005年版，第221页下栏　永乐九年六月乙卯。

算能臣。

永乐以来，黄河决水不曾直接冲及运道。“英宗正统十三年秋七月，河决荥阳，经曹濮冲张秋，溃沙湾东堤，夺济汶入海。”① 决水顺黄河故道冲向张秋，挟汶、洸诸水入海，会通河干涸。引黄河支流济运隐患暴露无遗。

此时的皇帝没有征战天下经历，大臣成长于河安漕顺环境，河崩漕坏突然降临，英宗还想一切断自宸衷。工部侍郎王永和奉命治沙湾河决未成，欲因冬寒停工、卸任于人。英宗申斥其想法之谬，“治水有术，当先其源，先治八柳树口然后及沙湾，则易成功；苟治其末，不事其源，朕知春冬水小暂能闭塞，夏秋水涨必仍决溢，今正用功之时”。接着调整部署，“令山东三司筑沙湾”，要王永和“即往河南督同三司等官，躬措置八柳树上流如何修塞，金龙口等处如何疏通”②，暂时维持了河工指挥的皇帝权威。但次年正月黄河再决聊城，王永和欲浚黑洋山西湾，引其水由太黄寺输水运河，而请停八柳树河工，英宗只得自食其言。沙湾决口直至代宗景泰三年还在堵而复决，决而复堵，皇帝主导河工难以为继。

皇帝认识到治河之难，非其他领域指手画脚可比，开始放权治河大臣而责其成功。同时，正统十三年以来治河连续失败，刺激中外臣工揣摩治河、关注漕运，不少人逐渐成为治水内行。两方面动因作用的结果，促使河工决策分层次进行，皇帝只在群臣推荐的基础上选择承办大臣，由承办大臣全权决策和实施治河。

景泰三年（1452）“河决沙湾七载，前后治者皆无功。廷臣共举有贞，乃擢左佥都御史，治之”③。代宗授徐有贞以监察群臣的御史衔，意在严重其权。徐氏主持施工五百五十五天，功成维持三十多年漕运无阻。其超越前任之处，唯在于沙湾黄水易决处“置门于水而实其底，令高常水五尺，水少则可拘之以济运河，水大则疏之使趋于海”④。深合水性水情规律。

弘治二年（1489）黄河再决张秋，户部侍郎白昂奉命治河，孝宗“赐以特敕，令会山东、河南、北直隶三巡抚”⑤ 治河。他用 3 个月的时间踏

---

① （清）谷应泰：《明史纪事本末》，《四库全书》，史部，第 364 册，上海古籍出版社 1987 年版，第 457 页。

② 《明英宗实录》卷 173，第 2 册，线装书局 2005 年版，第 270 页下栏　正统十三年十二月丁丑。

③ 《明史》卷 171，中华书局 2000 年版，第 3035 页。

④ 《明英宗实录》卷 247，第 3 册，线装书局 2005 年版，第 162 页上栏　景泰五年十一月丙子。

⑤ 《明史》卷 83，中华书局 2000 年版，第 1348 页。

勘灾情，决策对黄水南北分治，其功维持4年。白昂治河通漕功效不长，是因为没有认识到黄河分流则流缓、流缓则沙停，加快河床抬高。弘治六年（1493），黄河三决张秋。刘大夏奉命治河，“既受命，循河上下千余里，相度形势，乃集山东、河南二省守臣议之”[①] 方上治河方案，决策中断张秋、沙湾的引黄济运，“筑长堤，起胙城历东明、长垣抵徐州，亘三百六十里”[②]。将黄河支流引向徐州，张秋、沙湾河害不再，是因为刘大夏清醒地认识到黄河害运本质。

刘大夏治河之后，李化龙开泇河之前，黄河害运集中在会通河南段。明人经过漫长争论和不断试开，终于在昭阳湖以东开凿新河、泇河，行漕于黄河泛滥不及之地。

弘治七年刘大夏治河，筑堤引张秋、沙湾黄济运支流南下，“尚在清河口入淮，（弘治）十八年北徙三百里至宿迁县小河口，正德三年又北徙三百里至徐州小浮桥，今年（正德四年）六月又北徙一百二十里至沛县飞云桥，俱入漕河”[③]。这说明随着黄河在清口入淮日久，徐州、淮安间河床渐高，河性不欲东南会淮而渐欲趋东北。“嘉靖五年，上流骤溢，东北至沛县庙道口，截运河注鸡鸣台口，入昭阳湖。汶、泗南下之水从而东，而河之出飞云桥者漫而北，泥沙填淤亘数十里，管河官力浚之，仅通舟楫。”[④] 当时会通河南段在昭阳湖西，这一带地势低下。按《山东通志》卷18所载，嘉靖六年（1527）、七年、八年、九年、十三年、三十六年、三十八年、四十四年、四十五年，万历二十一年，黄河决口主流或支流都曾直接冲击会通河南段，瘫痪漕运。此外，嘉靖年间、万历前期发生在曹、单、丰、沛一带的其他黄河决口虽不曾直接冲击会通南段，但大多影响到通过徐州洪、吕梁洪的黄河水量，同样妨害漕运。故而必须远离黄河另开运道。

虽然嘉靖六年就有人提出行漕于昭阳湖东，这一建议后来不断被人充实完善，而且不断有人部分开成功能相近的新河，但最后泇河开成、新旧合一，已在初议提出数十年之后，可见认识真相、正确决策之难。

明世宗于治河通漕并非真懂，却违背决策程序刚愎自用。嘉靖六年（1527），朝臣胡世宁等奏请于昭阳湖东别开漕渠，避开黄河侵袭。这充其

---

① （清）谷应泰：《明史纪事本末》，《四库全书》，史部，第364册，上海古籍出版社1987年版，第460页。

② 《明史》卷182，中华书局2000年版，第3224页。

③ 《明武宗实录》卷56，第1册，线装书局2005年版，第336页下栏　正德四年十月癸卯。

④ 《明会典》（万历朝重修本），中华书局1989年版，第988页上栏。

量只是初议，需要踏勘论证，通过正反两种意见争论来校正、完善，才能变成切实可行的河工方案。总河盛应期经过踏勘认为开新河可行，世宗马上下诏仓促动工。结果因事先地质勘探不细，动工不久即发现新河所经沙地难成河形，盛应期急于求成，强制蛮干，激起民怨，受到非议。世宗马上又以发生旱灾需要修省为由，严令新河停工。直到 30 多年后河决曹县，才由“工部尚书朱衡疏请，开都御史盛应期原议新河，自南阳至于留城”。[①] 让人惋惜。

万历中后期，河工决策权更多地落到总河手中。泇河最终于万历三十二年开成，既得力于此时总河决策权和实施权得到空前尊重，也得益于此前经历了数十年复议和试开，经验积累到了接近真理的程度。初议提出后，有人指出工竣难成，“施工实难。葛墟岭高出河底六丈余，开凿仅至二丈，硼石水涌泉出，侯家湾、梁城虽有河形，水中多伏石，不可施凿。纵凿之，湍石不可以通漕。且蛤鳗、周柳诸湖筑堤水中，功费无算”[②]。这是决策过程中的正常现象，它迫使人们吸取反对意见改进初议方案。此后，人们进一步完善泇河开凿方案，如万历初年傅希挚针对泇河三难，“遣锥手、步弓、水平、画匠人等于三难去处逐一勘踏，起自上泉河口开向东南，则起处低洼、下流趋高之难可避也；南经性义村东，则葛墟岭高坚之难可避也；从陡沟河经郭家西之平垣，则梁城家湾之伏石可避也”。[③] 找到了相应化解办法。

李化龙在万历三十二年的泇河开凿实践中，又进一步优化施工方案，“径从王市取直达纪家集南，当河深处可避凿郗都山及周柳诸湖百里之险。计挑河建闸坝，费银 208000 余两。……三十二年开泇，改挑直河的支渠，修砌王市石坝，平治大泛口之湍流，浚彭口的浅沙”[④]。选线由骆马湖出董家沟，少险淤。

明中期治河通漕工程实施成败参半，成败因素固然很多，但承办大臣的政治素养和专业水平是主要因素。

承办大臣的素养高低决定的河工成败。高素质的总河既学识广博、思维灵活又外圆内方，徐有贞就是这样。明景泰四年（1453），沙湾河决堵而复决者七年，为人精悍、多智，地理、水利无不精通的徐有贞，为廷臣

---

① （明）潘季驯：《河防一览》，《四库全书》，史部，第 576 册，上海古籍出版社 1987 年版，第 215 页。

② 《明穆宗实录》卷 67，线装书局 2005 年版，第 621 页下栏　隆庆六年闰二月壬申。

③ 《明神宗实录》卷 35，第 1 册，线装书局 2005 年版，第 220 页上栏　万历三年二月戊戌。

④ 姚汉源：《京杭运河史》，中国水利水电出版社 1998 年版，第 717 页。

举荐，被明代宗授以全权治河之责，他十分重视实地踏勘、调查研究，“逾济、汶，沿卫、沁，循大河，道濮、范，相度地形水势”[①]。在此基础上提出置水闸门、开分水河和挑深运河三策，最终得以一治成功，治效长达几十年。其成功原因在于：第一，反思沙湾河决七年来石璞等人堵而复决的原因：一是过分急于塞决，冬塞夏决；二是沙湾堵决后不留水门，黄水盛涨又决旧口。徐有贞先疏理决口上游而后堵决，堵决后又于新堤置减水坝泄多余洪水过运河入海。第二，思维灵活，应对各方既游刃有余而又能坚持己见。首先面对来自朝中的质疑，用四两拨千斤之巧加以化解。其次是妥善处理同级关系，同工部左侍郎赵荣意见有分歧，就请求朝廷调回了赵荣，比明知难处却隐忍不发，最后互相攻讦、两败俱伤，不知要高明多少倍。

相比之下，盛应期治河就缺少徐有贞那种政治素养的游刃有余、从容应对，显得缺少行政内涵，缺少成事之术。嘉靖六年盛氏于昭阳湖东开新河，开工后发现施工地段地质条件差，民工怨言四起，“遂以严急兴怨”[②]。受到弹劾又只会抗章自辩，以至大功不成、身败名裂。固然有嘉靖皇帝本无主见、出尔反尔因素，但他本人操之过急，开河中遇到工程难题本该冷静谋划解决办法之时，却只会一味强制蛮干，也给反对者留下扳倒自己的口实。

承办大臣是否精通治河导致的河工成败。称职总河能棋看三步、成算在胸，谋定而后动，动则必成，潘季驯就是这样。隆庆四年（1570）秋，河决睢宁，借黄行运通道崩溃。多数人认为睢宁故道无法恢复，趁河决另辟新道为上。潘季驯力排众议，锐意力行恢复故道。有此见识已属不易，将其变成现实更难。隆庆五年正月趁冬季水浅动工，二月二十日渠成，二十三日纵水归渠。在外行看来，此次治河已经结束。但潘季驯料桃汛一至，新做河工必然险象环生，反而加紧调集物料，早做抢险打算。果然汛期一临，先做河工溃决殆尽。众情大惧，人心思乱。潘季驯反而镇定自若，“乃裹疮而出，抚慰以必成，众志复定。昼夜率作，工料踵集，随用辄济，于是诸口渐合，而缕水之堤亦渐成”[③]。其后，麦黄水继至，河工又出现更大反复，也被潘季驯设法制伏，巩固了治河成果。

---

① 《明史》卷83，中华书局2000年版，第1347页。

② 《明世宗实录》卷92，第2册，线装书局2005年版，第260页上栏 嘉靖七年九月庚午。

③ （明）冯敏公：《开复邳河记》，《江南通志》，《四库全书》，史部，第508册，上海古籍出版社1987年版，第523页。

曾如春、刘荣嗣则属外行勉强治水。万历二十九年（1601），河决商丘南下入淮。两年后总河曾如春议开虞城王家口新河，意欲挽全河东归故道。但所开新河未及其半，就有人建议堵塞南下决口，引黄水入新河冲刷，以省河工。本无主见的他遂令放水，所开河道没被冲刷深通，却四处溃决，主道被淤。夏季河水暴涨，酿成下游大决，曾如春在惊恐中死去。崇祯七年（1634），骆马湖运道淤塞，总河刘荣嗣轻信霍维华“请自宿迁抵徐州，穿渠二百余里，引黄河水通漕”① 的建议，不经踏勘、论证，草率开工，结果所取线路尽皆黄沙，开河不成，空劳民力虚费国帑，父子锒铛入狱。

承办大臣能否与其他总河全力配合导致的河工成败。明智豁达的总河，不一定非要独成大功，而乐于在前任的基础上成大功。与前任共成大功，事半功倍，共进双赢。万历三十一年（1603），总河李化龙与总漕李三才奏开泇河，“由直河入泇口抵夏镇二百六十里，避黄河吕梁之险”②。奏章中力陈“开泇有六善，其不疑有二”。总漕总河合奏一项河工，这在明代并不多见，表明二李的合作意识与共和精神。明神宗“深善之，令速鸠工为久远之计”③。万历三十二年四月泇河开工，八月李化龙离职守丧。曹时聘继任总河，其间“黄河数溢坏漕渠。给事中宋一韩遂诋化龙开泇之误，化龙愤，上章自辩”④。泇工面临夭折危险。

继任总河曹时聘乐于与前任共成大功。他由南京北上赴任，经泇河工地一路察看水情工情，如实向朝廷报告并肯定开泇实绩：“十二日至邳州直河口，即泇河之下流也。旧督臣李化龙咨送关防文卷，即日接管行事。舍舟登陆，沿泇阅视所有开渠、建闸各工亦俱完及八分以上，其未竟者以水涌礓出，颇难施力。”有力地肯定李化龙、间接回击宋一韩。针对“水涌礓出”的未竟之工，曹时聘“酌其多寡难易，限以日期”，要求万历三十三年“三月初旬工役俱竣，新河可以通行”⑤，推动泇工走向成功。事后追叙开泇河之功有言：“舒应龙创开韩家庄以泄湖水，而路始通。刘东星大开良城、侯家庄以试行运，而路渐广。李化龙上开李家港，凿都水石，

① 《明史》卷306，中华书局2000年版，第5265页。
② 《明史》卷228，中华书局2000年版，第3994页。
③ 《明史》卷87，中华书局2000年版，第1419页。
④ 《明史》卷87，中华书局2000年版，第1419页。
⑤ 《明神宗实录》卷407，第4册，线装书局2005年版，第173页上栏　万历三十三年三月丁酉。

下开直河口，挑田家庄，殚力经营，行运过半，而路始开，故臣得接踵告竣。”[①] 奏请迦河善后六事，运道因此更为通顺。其精神价值和所成功业不次于李化龙。

反面典型是杨一魁。万历二十年（1592）以后，杨一魁急不可耐地分黄导淮，“役夫二十万，开桃源黄河坝新河，起黄家嘴，至安东五港、灌口，长三百余里，分泄黄水入海，以抑黄强。辟清口沙七里，建武家墩、高良涧、周家桥石闸，泄淮水三道入海，且引其支流入江”[②]。反潘季驯治河之道而行，数年后即搬起石头砸自己的脚。

## 第三节　明末河工决策和实施

万历三十九年（1611）以后，“朝政日弛，河臣奏报多不省。四十二年，刘士忠卒，总河阙三年不补。四十六年闰四月，始命工部侍郎王佐督河道。河防日以废坏，当事者不能有为”[③]。此时治河通漕无论决策还是实施都处于半瘫痪状态，无任何成绩可言。唯其后大行海运饷辽值得称道。从万历四十六年五月启动登、莱二府饷辽，到天启二年二月“王化贞走闾阳，与熊廷弼等俱入关”[④]，大规模海运饷辽持续4年多。其中万历四十八年山东、天津、淮安三方联动，海运饷辽规模达到高峰。按明元代无名氏《海运纪事》，万历四十六年登、莱二府海运10万石；四十七年登、莱海运20万石，天津截漕海运10万石；四十八年山东登、莱、济、青四府海运66万石，天津截漕海运近52万石，淮安截漕海运30万石。天启元年天津、淮安海运饷辽约百万石。

神宗国难当头之际，仍然怠政如故。督饷部院李长庚从万历四十七年二月至十二月中旬“前后共九疏”，皆事关海运饷辽大计，“止二疏得旨。而一疏随奉严谴，一疏覆之不下，是通未得也”[⑤]。面对亡国危险，明神宗却选择不作为。明末海运饷辽的成功，是朝野有识之士救亡图存自觉行动的结果。

---

① 《明史》卷85，中华书局2000年版，第1399页。
② 《明史》卷84，中华书局2000年版，第1375页。
③ 《明史》卷84，中华书局2000年版，第1381页。
④ 《明史》卷22，中华书局2000年版，第199页。
⑤ （明）无名氏：《海运纪事》，《北京图书馆古籍珍本丛刊》，第56册，书目文献出版社1988年版，第202页。

熹宗暗弱，奸臣当政。天启元年河决灵璧双沟、黄铺，三年决徐州青田大龙口，四年决徐州魁山堤，六年决淮安。大决无大治，黄河并运道大坏。后来干脆“河事置不讲”①。只海运饷辽没敢放松，天启六年十月督理辽饷黄运泰称截漕海运和召买陆运“米以六十一万三千八百石为额，豆以六十二万六千五百六石二斗为额”②。饷辽多半由海运实现。较之明神宗一切怠政，熹宗对海陆饷辽还算重视，繁难初议交六部议可否，如天启三年正月督理辽饷毕自严提议由登莱海运朝鲜，登莱巡抚袁可立上书反对，熹宗下二章由户部并议，结果由于陈邦瞻持否定意见，议不获行；简易初议直接准行，如天启三年七月，户科给事中陆文献疏陈挑浚滦河直运山海关等事，熹宗下旨“酌行之”。

崇祯年间皇帝勤政，治河通漕却效率低下。一是对河决反应缓慢。崇祯四年（1631）夏，河决建义诸口，一年多后方兴工堵塞，堵塞未成秋水又发，致使下河连年水灾。二是大型河工缺少工前踏勘论证，实施结果事倍功半。崇祯八年（1635）总河刘荣嗣在宿迁力行挽河工程，“悉黄河故道，浚尺许，其下皆沙，挑掘成河，经宿沙落，河坎复平，如此者数四。迨引黄水入其中，波流迅急，沙随水下，率淤浅不可以舟”③。此乃决策不尊程序、不事踏勘复议所致。

崇祯皇帝不讲河工决策程序，于治河通漕只做一件事，即一出河害就对失职大臣重加惩处，“李若星以修浚不力罢官，朱光祚以建义苏嘴决口逮系。六年之中，河臣三易”④。加上当时内乱不止、外患方兴，未能扭转万历末年以来河工每况愈下的局面，只在海运上小有作为。十二年开拓了从登州出海直达宁远的航路。崇祯十三年十二月大兵十万出关，“命户部输饷，自天津海运，草束召买于蓟、永”⑤。顾炎武考证，“天启、崇祯间……乃从海运，由天津航海三百余里，至乐亭县刘家墩入滦河……行之几二十年，未闻有覆溺之患”⑥。其功业力撑山海关防务至明亡。

总之，明末治河通漕效能低下，河运体制渐趋崩溃，只坚持海运支援

① 《明史》卷84，中华书局2000年版，第1381页。

② 《明熹宗实录》卷77，第2册，线装书局2005年版，第296页下栏 天启六年十月壬子。

③ 《明史》卷84，中华书局2000年版，第1382页。

④ 《明史》卷84，中华书局2000年版，第1382页。

⑤ 《崇祯实录》卷13，第2册，线装书局2005年版，第294页下栏 崇祯十四年正月是月。

⑥ 《永平府志》，《四库全书存目丛书》，史部，第213册，齐鲁书社1996年版，第253页上栏。

山海关内外防务有成就。海运，在明朝中期屡议屡罢，却在明末天下动荡条件下做成，民族危亡关头激发出求生愿望，王朝臣民同仇敌忾施放巨大能量。当然，明末所行海运，只在淮安截漕出海，或山东半岛组船出海，或在天津截漕饷辽，海路很近，不能与元代海运相比。

# 第三十九章　明代治河方略和通漕制度

## 第一节　治河方略忽左忽右

永乐十三年放弃海运、专事河运，这一决策基本延续到清末。贯通南北的运河与东西流向的黄、淮难以兼容，调控黄、淮、运三河使之相安无事，封建社会机体和当时科技水平难胜其任。明代治河通漕决策意志一直在不相容的两极摇摆，严重制约治河通运总体效果。

岑仲勉《黄河变迁史》虽然整体上研究黄河变迁和治黄史实，不注重关联漕运和运河，但其“第一三节下”却论及明清治河主张的分歧和治河实践的矛盾，主要有两条：一是引谢肇淛《杂记》和刘尧诲《治河议》名言，论证明人治河所受治河与通漕、通漕与保陵矛盾困扰，“终明之世，都患在举棋不定”，导致治河通漕国家意志摇摆，治河效果抵消；二是引明人李承勋和清人胡渭等人名言，论证明清两朝“治河先须顾运，顾运则黄河必不可使北”[①]，深陷加剧治河难度、加重治河负担泥潭不可自拔。当然其全书研究重点不在治河方略连贯与否上。

明代治河通漕背叛先明可持续传统，明代治河围绕通漕、通漕依赖治河，其运道在下游接入黄河，实现的是高效但不可持续的漕运，这种矛盾性决定其治河通漕国家意志必然左右摇摆。

### 一　从引黄济运到运道远离黄河，觉悟太晚

明初那些明君贤臣都没有意识到黄河有害运河，开通会通河时引黄济运，张秋、沙湾一带有黄河故道相交（见图 39－1，阿拉伯数字 12 为沙湾、13 为张秋）相对，鱼台的塌场口有黄河支流入漕，补充运河水源的不

---

① 岑仲勉：《黄河变迁史》，人民出版社 1957 年版，第 514 页。

足，埋藏着黄河害运隐患。永乐十四年黄河虽然夺涡河入淮，嘉靖年间黄河干流逐渐直接在清口入淮，淮安、徐州之间借黄行运500多里，黄、淮、运三河在清口交会。靠暂时黄、淮平衡和严格闸规维持漕运，这种暂时平衡随着黄河河床抬高极易被打破。所以，明人河运体系仅安澜了38年，正统十三年黄河就冲决会通河张秋、沙湾段，此后黄河在会通河南段和徐州、淮安间借黄行运水段频繁发难，发难于北则冲击、淤没会通河，发难于南而倒灌运河、洪泽湖，危害漕运甚烈。明人治河通漕在借黄还是避黄、分黄还是合流的两极之间摇摆了很长时间，治河效果前后抵消，浪费惊人。

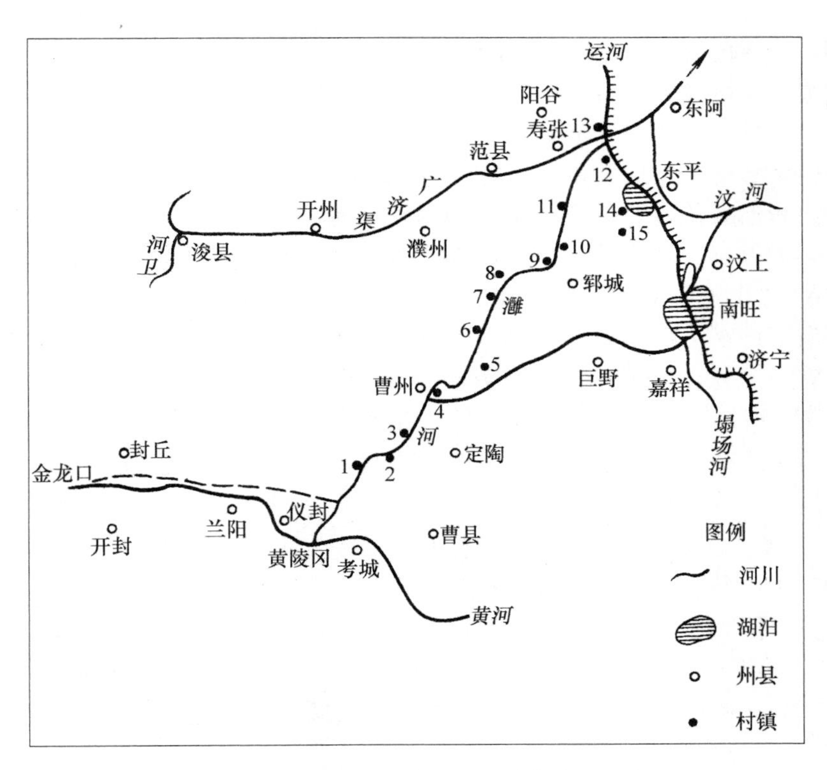


**图39-1　明代前期沙湾、张秋引黄济运示意图**

指向会通河许多地方的黄河故道，明初打通会通河时没做任何处置。如寿张县的沙湾，“河自雍而豫，出险固而之夷斥、其势既肆。由豫而兖，土益疏，水益肆。而沙湾之东，所谓大洪之口者，适当其冲，于是决焉，而夺济、汶入海之路以去。诸水从之而泄，堤以溃，渠以淤，涝则溢，旱则涸，漕道由此阻”①。正统二年、十二年、十三年上游三次河决，决水都直奔沙湾拦腰冲断会通河，裹挟运河之水入海，漕运难以为继。其中正统十三年（1448）秋七月，“新乡八柳树口亦决，漫曹、濮，抵东昌，冲张秋，溃寿张沙湾，坏运道，东入海”② 之决，景泰七年方治理成功，决水害运持续长达八年之久，洗掠运道可谓酷烈。其后，弘治二年、五年的黄河决口，冲垮张秋运堤，直到弘治六年刘大夏“筑黄陵冈新堤，起自河南胙城经滑县、长垣、东明、曹、单尽徐州长三百六十里，又筑荆隆口等处新堤，起于家店及铜瓦厢、陈桥抵小宋集凡一百六十里，于是上流河势复归兰阳、考城分流径归德、徐州、宿迁南入运河会淮入海，不复达于会通，张秋河患以息”③。中断了对会通河北段的引黄济运，河冲张秋、沙湾灾难才告一段落。可见引黄济运之非。

鱼台县境内的塌场口有黄河支流济运（见图39－2）。永乐九年开会通河时，浚祥符县鱼王口至中滦黄河旧岸，“自是河循故道，与会通河会”④。此处引黄济运具体地点在鱼台县境内的塌场口。刘大夏筑堤引沙湾黄河支流东南入淮后，塌场口方向济运的黄河支流没有堵塞。嘉靖、万历年间，黄河频繁决于徐州上下，冲击昭阳湖并会通河南段。其中嘉靖五年（1526）“上流骤溢，东北至沛县庙道口，截运河注鸡鸣台口，入昭阳湖。汶泗南下之水，从而东。而河之出飞云桥者漫而北，泥沙填淤亘数十里。管河官力浚之，仅通舟楫”⑤，万历三年（1575）“河莣，崔镇等口北决；淮水莣，高家堰东决。徐、邳以下至淮南北，漂没千里”⑥，为害尤烈。

黄河多决，导致经行徐州二洪河水大小不定，“自正统十三年以来，河复故道，从黑洋山后径趋沙湾入海，但存小黄河从徐州出。岸高水低，随浚随塞，以是徐州之南不得饱水”⑦，长期困扰漕运。万历二十五年（1597），“当粮运盛行之期，漕河干涸。自桃宿而上至镇口黄几断流，三尺童子可摄衣而渡。粮船胶涩不前，探水稍深处则移舟就之，河官乃筑拦河坝横亘河中，蓄水济舟以缓须臾之急，少顷又涸；命去其船上竹木货物，又涸；命运其米于两堤，又涸；舟且渐裂，乃以绳系其头尾。至是人

① 《明史》卷83，中华书局2000年版，第1347页。
② 《明史》卷83，中华书局2000年版，第1344页。
③ 《山东通志》，《四库全书》，史部，第540册，上海古籍出版社1987年版，第358页。
④ 《山东通志》，《四库全书》，史部，第540册，上海古籍出版社1987年版，第283页。
⑤ 《明会典》（万历重修本），中华书局1989年版，第988页上栏。
⑥ （明）朱国盛：《南河全考》，《续修四库全书》，史部，第729册，上海古籍出版社2003年版，第46页下栏。
⑦ 《明史》卷83，中华书局2000年版，第1345页。

情汹汹，昼夜不得休息”①。漕船被害之惨不忍睹。

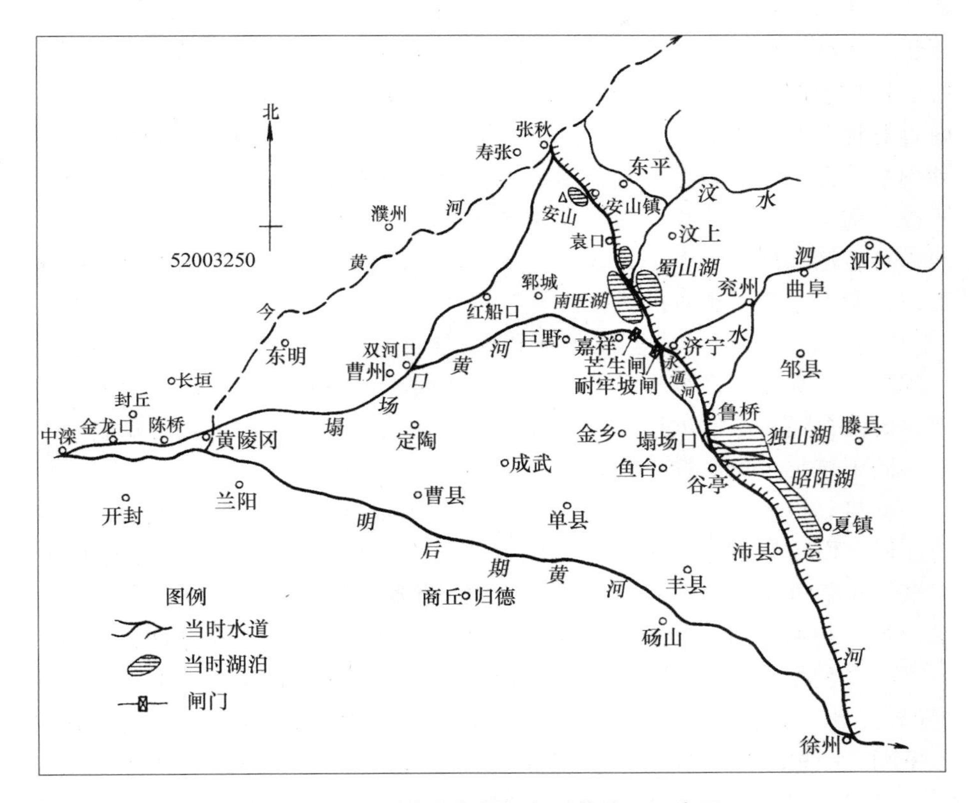


图 39－2　明代前期塌场口引黄济运示意图

中后期明人围绕治河通漕，举措前后矛盾现象突出。“弘治间，惧黄河之北犯张秋也，故强北岸而障河使南。嘉靖间，以黄河之南徙归宿也，故塞南岸而障河使东。”② 为了通漕，无所不用其极。正所谓“上护陵寝，恐其满而溢，中护运道，恐其泄而淤”，陷入以人力抗拒自然的泥潭，“水本东而抑使西，水本南而强使北”③，到处捉襟见肘。

① （明）《张兆元济运始末》，《行水金鉴》，《四库全书》，史部，第 582 册，上海古籍出版社 1987 年版，第 103 页。

② （明）刘尧诲：《治河议》，转引自岑仲勉《黄河变迁史》，人民出版社 1957 年版，第 514 页。

③ （明）谢肇淛：《杂记》，转引自岑仲勉《黄河变迁史》，人民出版社 1957 年版，第 514 页。

为了摆脱上述困境，有识之士力主在昭阳湖东另开新河，远避黄河。嘉靖七年盛应期开南阳新河半途而废，嘉靖四十四年朱衡终于开成新河；万历三年都御史傅希挚首倡开泇河，万历三十三年李化龙最终开成泇河，“通计泇河二百六十里，在江南邳州境者一百里，在东省滕、峄二境者，南自黄林庄北至李家口计一百六十里”①。这样就将运道由昭阳湖西完全移到湖东。泇河所在地势高，黄河决水至昭阳湖而止，不能侵害运道。泇河开成，南来漕船不经徐州而经邳州进入泇河、会通河，缩短了徐州、邳州间借黄行运水段200多里，初步缓解了治河通漕重负。从借黄行运到力避黄河，明人经历了艰难的决择。

“运道兴废不一。盛思征既开新河，被论中辍，越四十年而朱少保卒成其功……寻泇河之役亦报罢，越三十年而李少保公然奏绩。”② 新河、泇河，皆使会通河南段远避黄河之大工。二者从初议提出到最后开成都经历了三四十年，足见决择之难。

嘉靖七年盛应期因开新河而被罢官，此后40年无人敢言改河。但此前此后人们幡然醒悟，批评引黄济运之失的大有人在，成为时代最强音。嘉靖六年胡世宁指出：运道不通，是黄河淤塞的结果。假使运道与黄河无缘，则容易保持畅通。嘉靖十九年（1540），漕运参将万表批评徐、吕二洪以下“反用黄河之水而忘其故，及水不来，至疏浚以引之，此所谓以病为药也”③。万历三十一年总河李化龙直言：“黄河者，运河之贼也。用之一里则有一里之害，避之一里则有一里之利。”呼吁“以二百六十里之泇河，避三百三十里之黄河”④。认识如此深刻的李化龙，按照最佳方案组织施工，最终打通泇河。

## 二　明代的治黄之策不断在分流杀势和合流刷沙之间摇摆

如何对付黄河，分流杀势还是合流刷沙，明人长期在矛盾的两极左右摇摆，浪费惊人。分流杀势有两个意思：一是用于堵塞黄河决口，让黄河分行数道，决口处过水量变小，容易堵塞；二是用于维持清口水势平衡，

---

① 《山东通志》，《四库全书》，史部，第540册，上海古籍出版社1987年版，第311—312页。

② （清）傅泽洪：《行水金鉴》，《四库全书》，史部，第582册，上海古籍出版社1987年版，第123页。

③ （明）焦竑：《万公墓志铭》，《澹园集》（上），中华书局1999年版，第424页。

④ （明）李化龙：《议开泇河疏》，《御选明臣奏议》，《四库全书》，史部，第445册，上海古籍出版社1987年版，第566页。

让黄河分行数道，通过清口的水势不致太大，就不至于倒灌运口和湖口。客观地讲，堵塞黄河决口前分流是必要的，但决口堵塞之后所分之流必须重新收拢。

合流刷沙也有两个意思：一是黄河不能分流缓势，要合流急势；二是黄淮要合流过清口入海，蓄清敌黄是其应有之义。其认识基础，是黄河分流则势缓，势缓则沙停，沙停则抬高河床，地上悬河越来越高，为下一轮决口埋下更大的隐患。只有靠大堤约束黄河并流一向过清口会淮入海，流速加快才能挟沙入海。

合流刷沙，需要坚挺的国家意志和廉能吏治支撑。国家意志要恒久连贯，最忌朝令夕改、朝三暮四；吏治基础要清廉精干，最忌贪官污吏上下谋私。这样才能做到处处堤防坚固，时时反应机敏。还要有很高的治河效率，既包括平时堤防勤修到位，汛期过后对水毁堤防处置得当，也包括备料充足、人员精干，河情把握准确，信息传递迅速，堵决技术娴熟，反应快速准确。否则，以堤束水是束不住的。

明人最初不假思索地选择分流杀势治河，以图速见成效、及早交差。弘治七年（1489）二月河决张秋，河南巡抚徐恪上书，力陈张秋之决难塞是因为"修筑堤防之功多，疏浚分杀之功少，故湍悍之势不可遽回"，要求于上游分流，一开荥泽县孙家渡口旧河使之由泗入淮，二浚贾鲁旧河经曹县梁进口引河东南行，"水势既杀则决口可塞"①。嘉靖七年（1528），刑部尚书胡世宁对当时黄河"止存沛县一道，则所谓合则势大"忧心忡忡，但他不愿加高大堤、集流一向，而主张"今治河不得不因故道而分其势"②。看起来好像很有道理。

在这种思想指导下，明人对远离运道的河决都听之任之，甚至为堵塞下游决口而在上游所行分黄河工，事后也多不堵不塞，因而徐州上下河道多数年份都处于派分股散、滚动不定的状态。殊不知，黄河只有并流一向才能水势湍急、挟沙入海；分流杀势必然导致水分则流缓，流缓则沙停，沙停则河道淤积，淤塞黄河分支中的小股，最后仅剩一条独流直下。几年后，独流的黄河会再决为数派。"弘治二年，河复决张秋，冲会通河，命户部侍郎白昂相治。昂奏金龙口决口已淤，河并为一大支，由祥符合沁下徐州而去。……越四年，河复决数道入运河，坏张秋东堤，夺汶水入海，

① （清）谷应泰：《明史纪事本末》，《四库全书》，史部，第364册，上海古籍出版社1987年版，第460页。

② （明）胡世宁：《胡端敏公奏议》，《四库全书》，史部，第428册，上海古籍出版社1987年版，第667页。

漕流绝。"[①] 就是一例。

万历四年（1576）清口周围水利设施崩溃，分流杀势走入死胡同。潘季驯奉命治河，他认为黄淮并决，是因为上流河决不堵，下流势缓沙停所致。"惟当缮治堤防，俾无旁决，则水由地中，沙随水去。"[②] 按照这一思路，他"筑堰起武家墩经大小涧至阜宁湖，以捍淮东侵；筑堤起清江浦沿钵池山柳浦湾迤东，以制河南溢。于是淮毕趋清口会大河入海，海口不浚而通"[③]。才将河漕基本恢复到灾前安澜状态。

### 三 认识到合流刷沙必要性之后，又陷入通漕还是保陵的两难境地

于明代行蓄清敌黄、合流刷沙之策，必然增筑高家堰抬高洪湖水位以与黄水抗衡，这会淹及洪泽湖彼岸的明祖陵。而明人认为祖陵关乎国运，任何人不敢提议迁陵成就治河通漕。明末分流杀势之说抬头，反潘季驯集流刷沙而为，大行分黄导淮，直到明亡。

随着蓄清敌黄强度加大，洪泽湖彼岸的明祖陵日益受到洪水威胁。潘季驯治河 9 年之后，总漕杨一魁就忧心徐州以下河身日高，表示对潘季驯以堤束水的怀疑，得到工部堂官"虑患之极思"[④] 的认可，说明高层坚持潘氏既定方略决心动摇。起初，神宗还想任用潘季驯解决难题，但万历"十九年九月，泗州大水，州治淹三尺，居民沉溺十九，浸及祖陵"[⑤] 的现实，促成万历二十四年改由杨一魁行"分黄导淮"工程，暂时取得"泗陵水患平，而淮、扬安"[⑥] 的效果。

杨一魁只注重分黄泄淮以保祖陵，对此外的一切都不在意，甚至坚持不塞黄河黄堌口之决。结果万历三十年（1602）"帝以一魁不塞黄堌口，致冲祖陵，斥为民"[⑦]。显然，明人对潘季驯治河方略的否定，犯了决策不连贯的大忌。其实，完全可以迁陵以顺水情。清代靳辅治水通漕时，放手淹没了明祖陵，继续蓄清敌黄，以堤束水，以水刷沙，使河运又在黄、淮、运三河交会的情况下继续运行了一二百年，就是明证。

---

① 《明史》卷 85，中华书局 2000 年版，第 1389 页。

② （明）潘季驯：《两河经略》，《四库全书》，史部，第 430 册，上海古籍出版社 1987 年版，第 195 页。

③ 《江南通志》，《四库全书》，史部，第 508 册，上海古籍出版社 1987 年版，第 620 页。

④ 《明神宗实录》卷 194，第 2 册，线装书局 2005 年版，第 364 页上栏　万历十六正月癸巳。

⑤ 《明史》卷 84，中华书局 2000 年版，第 1371 页。

⑥ 《明史》卷 84，中华书局 2000 年版，第 1375 页。

⑦ 《明史》卷 84，中华书局 2000 年版，第 1378 页。

## 第二节　漕规河制时紧时松

明人治河通漕的困惑，归结到社会制度层面，表现为封建特权与闸规河制的冲突、四民利益与国宝意志的矛盾。会通河湖制、闸制和清口闸制的创立到毁破、再创立再毁破，一定程度反映了王朝盛衰周期规律。

明初打通会通河后，鉴于其水量不足济运，宋礼、陈瑄先后把会通两岸诸湖作为运河水柜（见图 39－3）来建设，同时注重泉源开辟、导引，构建起保障起码行船水量的水利设施和制度。

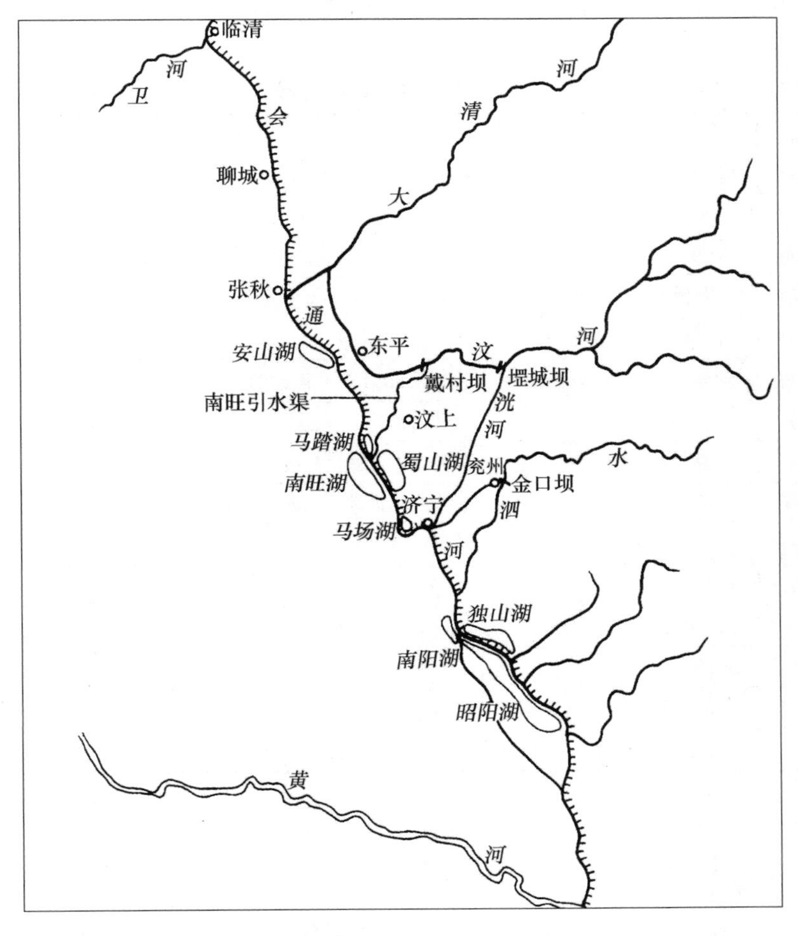


图 39－3　明代会通河水柜示意图

明人谢肇淛解释水柜原理有言："流驶而不积则涸，故闭闸以须其盈，盈而启之，以次而进，漕乃可通。潦溢而不泄必溃，于是有减水闸溢而减河以入湖，涸而放湖以入河。于是有水柜。柜者，蓄也，湖之别名也。"① 按示意图，会通河自北而南，依次有安山湖、南旺湖、马踏湖、蜀山湖、马场湖五大水柜，其功能有异。其中运河东面湖势略高，多用于放水入运河；湖西地势略低，多用于泄洪入湖。

宋礼、陈瑄开通、完善会通河时，定下水柜制度，"漕河水涨，则减水入湖；水涸，则放水入河，各建闸坝以时启闭。故问刑条例一款，凡故决盗决山东南旺湖、沛县昭阳湖蜀山湖、安山积水湖各堤岸，为首之人发附近卫所，系军调发边卫，各充军"②。明初湖制森严，很少发生漕船搁浅。

明代山东境内运河被称闸河，顾名思义知其设闸之多（见表 39－1）。

表 39－1 明代中期山东运河各闸

| 闸名 | 建造年份 | 所在政区 | 规模形制 |
|---|---|---|---|
| 利建闸 | 嘉靖四十五年 | 沛县 | 月河长 75 丈，又名宋家口闸 |
| 南阳闸 | 元至顺二年 | 沛县 | 月河长 35 丈，宣德七年重修 |
| 减水闸 | 隆庆二年 | 沛县 | 共 14 个，用以泄新河水入南阳湖 |
| 孟阳泊 | 元大德八年 | 昭阳湖西 | 月河长 12 丈 |
| 八里湾 | 宣德八年 | 昭阳湖西 | 月河长 27 丈 |
| 谷亭闸 | 元至顺二年 | 昭阳湖西 | 月河长 58 丈，昭阳湖西三闸各间距 8 里 |
| 小闸 | 成化十年 | 邹县 | |
| 枣林闸 | 元延祐五年 | 济宁 | 正德二年重修，月河长 80 丈 |
| 鲁桥闸 | 永乐十三年 | 济宁 | 正德二年重修，月河长 1165 丈 |
| 师家庄闸 | 元大德二年 | 济宁 | 月河长 40 丈 |
| 新闸 | 元至正元年 | 济宁 | 月河长 51 丈 |
| 新店闸 | 元大德元年 | 济宁 | 嘉靖十四年重修，月河长 51 丈 |
| 石佛闸 | 元延祐六年 | 济宁 | 弘治六年重修，月河长 79 丈 |
| 赵村闸 | 元至正七年 | 济宁 | 弘治十二年重修，月河长 98 丈 |
| 在城闸 | 元大德七年 | 济宁 | 弘治十二年重修 |

① （明）谢肇淛：《北河纪》，《四库全书》，史部，第 576 册，上海古籍出版社 1987 年版，第 621 页。

② （明）谢肇淛：《北河纪》，《四库全书》，史部，第 576 册，上海古籍出版社 1987 年版，第 695 页。

续表

| 闸名 | 建造年份 | 所在政区 | 规模形制 |
| --- | --- | --- | --- |
| 天井闸 | 元至治元年 | 济宁 | |
| 分水闸 | 元大德五年 | 济宁 | |
| 月河闸 | | 济宁 | 上、中、下三闸，上、下二闸俱天顺三年改建 |
| 三新闸 | | 济宁 | 下新闸即在城月河闸；中新闸至上新闸1里，成化十一年建；上新闸即天井月河闸 |
| 减水闸 | 万历十七年 | 济宁 | 共6个，新店、新闸、仲家浅各1，五里营、十里铺、安居镇各1 |
| 通济闸 | 万历十六年 | 巨野县 | 距天井35里，月河长72丈 |
| 寺前闸 | 正德元年 | 汶上县 | 距通济闸35里 |
| 南旺上 | 成化六年 | 汶上县 | 南旺上闸又名柳林闸 |
| 南旺下 | 成化六年 | 汶上县 | |
| 开河闸 | 元至正年间 | 汶上县 | 永乐九年重修，月河长126丈 |
| 袁家口 | 正德元年 | 汶上县 | 月河长99丈 |
| 月河闸 | 成化年间 | 汶上县 | 共2个，在南旺上、下 |
| 减水闸 | | 汶上县 | 共9个 |
| 靳家口 | 正德十二年 | 东平 | 距袁家口18里，月河长184丈 |
| 安山闸 | 成化十八年 | 东平 | 距袁家口闸30里 |
| 戴家庙 | 嘉靖十六年 | 东平 | |
| 金线闸 | 景泰五年 | 东平 | 泄水闸 |
| 湖口闸 | 万历二十二年 | 东平 | 2个，北曰似蛇沟，南曰八里湾 |
| 积水闸 | 成化七年 | 寿张县 | 2个，沙湾闸，高口闸 |
| 通源闸 | 景泰四年 | 东阿县 | 在张秋城南、运河西岸，广济渠口 |
| 荆门闸 | 元朝建永乐修 | 阳谷县 | 上闸、下闸相距3里 |
| 阿城闸 | 元朝建永乐修 | 阳谷县 | 上闸、下闸相距3里 |
| 七级闸 | 元朝建永乐修 | 阳谷县 | 上闸、下闸相距3里 |
| 周家店闸 | 元贞元二年 | 聊城县东岸北至博平县境，西岸北至堂邑县境 | |
| 李海务闸 | 元贞元二年 | | |
| 通济桥闸 | 永乐十六年 | | |
| 永通闸 | 永乐十六年 | | |

续表

| 闸名 | 建造年份 | 所在政区 | 规模形制 |
| --- | --- | --- | --- |
| 梁家乡闸 | 宣德四年 | 清平县 | 距通济闸30里 |
| 土桥闸 | 成化七年 | 清平县 | 距梁家乡闸15里 |
| 戴家湾闸 | 成化元年 | 临清 | 距土桥闸48里 |

由表39-1可知，明代开会通河时，大部分河段沿用元人旧道和旧闸，少数地方改建新闸，还有部分闸为后来根据需要添建。从表39-1还可以看出，济宁、南旺和汶上县境内建闸最密，说明其地势、水位落差大。

明代山东运河分水于南旺，南旺被称为天下水脊，南旺到沛县利建闸地降116尺，到临清戴家湾闸地降90尺，而南旺来水仅汶水，如此可怜的水源要满足七八百里、载重数百石的重载漕船是一件天大的难事。靠的是众闸节级启闭规则。以江南漕船从沛县利建闸至南旺为例，高效的行船操作，其一利建闸积聚北上漕船要尽量多，因为10只船和100只船需要上游的南阳闸往下放水几乎同样多；其二上游南阳闸要积聚起足量的水，足以保证下游百只漕船行进过来时间内河道一直有水，否则必有搁浅之船。其实，宋礼、陈瑄规定的闸制内容也正是如此。这就是说，会通河行船是间歇式，间隔时间长短由来水大小和积聚快慢决定。一只船随到随开必然导致百只船加倍晚开。

问题是统治阶级特权享受成性，特权追求无止境；给皇帝进贡的南方进鲜船等不得也不愿等，都要随到随开。摆谱和露富是封建社会达官贵人的本性，他们往往通过做常人不能做、不敢做的事显示自己的存在，于是闸制形同虚设。封建社会的小农经济与水柜制度有矛盾，地方官出于局部私利，会对农民围垦湖田睁一只眼闭一只眼。

于是，明初建立的水柜、泉源制度逐渐废弛，至正德、嘉靖年间问题暴露出来。正德年间湖制始弛，"安山、南旺二湖原系济运水柜，历年淤淀，湖边渐成高阜之地。正德年间，屡为邻湖居民盗种"①。嘉靖年间水柜大坏，安山湖原来周围八十三里零一百二十步，"嘉靖六年，止于湖中筑堤十余里，而湖益狭"②。嘉靖三十七年（1558），"昭阳湖因先年黄河水淤，平漫如掌，已议召佃。……先年安山、南旺二湖不知始自何时，被人

① （明）谢纯：《漕运通志》，方志出版社2006年版，荀德麟等点校，第210页。

② 《明会典》（万历朝重修本），中华书局1989年版，第990页上栏。

掘堤盗种、认纳子粒，以致湖干水少，民又于安山湖内复置小水柜以免淹没。遂致运道枯涩，漕挽不通"[①]。与湖制和闸制相关的泉源也废弛不堪，嘉靖十五年"漕河全赖泉水，近来多致淤塞及被豪强侵占"[②]，已经到了不整治不能通漕的地步。

嘉靖二十一年（1542），王以旂以左副都御史出京督理河政、整治水柜，"至则先求故道视泉脉，循经流塞分杀……汶上、宁阳间故有四水柜置湖中，势豪侵没，多献德邸，藉其牵制，放水灌田成沃壤，官因循而不问，民隐忍而讳言。为弊颇久，乃公廉实，谓：'四水柜复，庶蓄泄有地。河溢则悬河以入湖，河涩则悬湖以入河，足备缓急。'遂任怨力复之。至今赖焉"[③]。所谓德邸，即明英宗分封于济南的儿子朱见潾。"三月己巳，复立长子见深为皇太子，封皇子见潾为德王。"[④]《明史·颜继祖传》："明年正月，大清兵克济南，执德王。"[⑤] 可见德王开府济南直至明末。

但多数高官没有以湖济运大局观念，有的居然倡导开垦湖田，这就形成水柜坚守的一曝十寒、一傅十咻局面。嘉靖三十三年（1554）河淤昭阳湖为平地，次年工部尚书吴鹏题准，"柜外余田四百九十余顷，悉召民佃种。人授田五十亩，每亩征银三分，以备河道之用"[⑥]。三十七年（1558）转任吏部尚书的吴鹏又条陈理财筹饷事宜，题准"山东安山、南旺一带水柜余田，及沿江芦州、上清河麻油地、溧阳建昌湖等处，除先年给赐额外，应起科者起科，应变卖者变卖"[⑦]。在坚持和毁弃两极之间几经摇摆，水柜和泉源整顿难免前功后弃。

清口一带的行漕安全面临的最大社会问题是闸规受封建特权的挑战，无法严守坚持。明初，漕船从淮扬运河"盘五坝过淮"。与黄、淮原不相通，后求直航，"瑄乃凿清江浦，导水由管家湖入鸭陈口达淮"[⑧]。淮扬运

---

① （明）谢肇淛：《北河纪》，《四库全书》，史部，第576册，上海古籍出版社1987年版，第695页。

② （明）谢纯：《漕运通志》，方志出版社2006年版，荀德麟等点校，第314页。

③ （明）谢少南：《宫保兵部尚书襄敏王公行状》，《行水金鉴》，《四库全书》，史部，第581册，上海古籍出版社1987年版，第694页。

④ 《明史》卷12，中华书局2000年版，第105页。

⑤ 《明史》卷248，中华书局2000年版，第4294页。

⑥ 《明世宗实录》卷418，第4册，线装书局2005年版，第326页上栏　嘉靖三十四年正月丙辰。

⑦ 《明世宗实录》卷457，第4册，线装书局2005年版，第454—455页上栏下栏　三十七年三月癸酉。

⑧ 《明史》卷85，中华书局2000年版，第1388页。

河才与黄、淮通。为避免黄水灌进清口，“建清江、福兴、新庄等闸递互启闭，锁钥掌之漕抚，开放属之分司，法至严矣。复虑水发之时，湍急难于启闭，又于新庄闸外，暂筑土坝以遏水头。水退，即去坝用闸如常”①。五天一放漕船，商民船无论何时仍旧翻坝、不得过闸，有效降低了黄水倒灌概率。良法美意，可谓严密，无奈难以久持。

首先，南京进贡船即使在黄水盛发时也随到随开。“宣德四年，令凡运粮及解送官物并官员、军民、商贾等船到闸，务积水至六七板方许开。若公差内外官员人等乘坐马快船或站船，如是急务，就与所在驿分给与马驴过去，并不许违例开闸。进贡紧要者，不在此例。成化间，令凡闸惟进鲜船只随到随开。”② 江南进贡北京物品五花八门，“其一则司礼监，曰神帛笔料；其二则守备尚膳监，曰鲜梅、枇杷、杨梅、鲜笋、鲥鱼；其三则守备不用冰者，曰橄榄、鲜茶、木犀、榴、柿、橘；其四则尚膳监不用冰者，曰天鹅、腌菜、笋、蜜、樱苏糕、鹚鸪；其五则司苑局，曰荸荠、芋、姜、藕果；其六则内府供用库，曰香稻、苗姜；其七则御马监，曰苜蓿；后加以龙衣板方等船，而例外者亦多。夫物数以三十，而舟则以百艘，此固旧规也。今则滥驾者不减千计矣”③。进贡物品 30 种，进贡船 100 只，假冒进贡船则不计其数，都要享受随到随开的特权，对清口闸规的冲击肯定不小。

其次，闸官放任，闸制退废。个别时期清口闸长开不闭，“自开天妃闸后，专引黄水入闸，且任其常流并无启闭，而高堰决进之水又复锁其下流，以致沙淤日积”。这样，淮扬运河北有黄水长灌，南有洪泽湖决水冲阻，以致“淮安西门外直至河口六十里，运渠高垫，舟行地面。昔日河岸，今为漕底，而闸水湍激，粮运一艘非七八百人不能牵挽过闸者”④。让人触目惊心。

大概是当时势豪人家强行过闸很普遍，所以神宗发狠下口谕：“这筑坝盘坝事宜俱依拟。有势豪人等阻挠的，即便拿了问罪，完日于该地方枷号三个月发落，干碍职官，参奏处治。”潘季驯据旨重整清口闸规，题准

---

① （明）潘季驯：《河防一览》，《四库全书》，史部，第 576 册，上海古籍出版社 1987 年版，第 274 页。

② （明）谢纯：《漕运通志》，方志出版社 2006 年版，荀德麟等点校，第 160 页。

③ （明）顾炎武：《天下郡国利病书》原编第 11 册，《四库全书存目丛书》，史部，第 171 册，齐鲁书社 1996 年版，第 483 页上栏。

④ （明）潘季驯：《河防一览》，《四库全书》，史部，第 576 册，上海古籍出版社 1987 年版，第 273 页。

“每岁于六月初旬，一遇运艘并鲜贡马船过尽，即于通济闸外暂筑土坝以遏横流，一应官民船只俱由盘坝出入。至九月初旬，仍旧开坝用闸”。而且要求“鲥鱼鲜船定限五月初头发行，伏前定限过淮；杨梅等船定从便，听将南京马快空船于未筑坝之先预拨过淮，停泊坝外，以俟般剥”①。对进贡船过闸特权也做了必要限制。但风头一过，闸制复弛。

① （明）潘季驯：《河防一览》，《四库全书》，史部，第576册，上海古籍出版社1987年版，第275页。

# 第四十章　明代四民与治河通漕

## 第一节　统治阶级与治河通漕

士农工商，天下四民。本章所谓士，略等于统治阶级，包括皇帝、皇族和百官。明清治河通漕体现国家意志，维系国家命脉。统治阶级、农民、百工、商贾、市民等社会群体从各自利益出发对待治河通漕，国家意志与群体利益呈现出复杂而微妙的关系。协调各方使之服从国家意志，统筹兼顾各方促使他们在服从国家意志中获得好处，难度很大。在私有制封建社会行计划指令性很强的河漕，缺乏奉公守法的环境。这也是河漕不可持续的成因之一。

近年相关研究结论有相当深度。郑民德指出，"在南北经济、交通、文化大动脉的运河流域，宦官的势力涉及到了国家仓储、钞关、矿山、盐茶等诸多领域，不仅严重扰乱了正常的经济秩序，破坏了国家财政收支体系，而且他们贪污腐败、祸害百姓，加剧了民众与国家之间的对立与矛盾。特别是宦官对仓储、钞关的渗透与危害，直接导致了商业凋敝、民不聊生，加速了明朝的灭亡"①。此论发人深省。程森以明清豫北丹河的"国家漕运与地方水利"之争为切入点，指出"丹河下游地方农业灌溉用水和国家漕运用水始终处于矛盾之中，最终产生了'官三民一'的用水规章"② 也有独到发现。但研究视角过于狭窄，对群体利益与治河通漕国家意志的冲突缺乏全面、系统的研究。

明朝中期，尽管有海运之议和海运之试，但海运没有成为王朝漕运的

---

① 郑民德：《略论明代宦官对运河沿线仓储与钞关的危害》，《淮阴工学院学报》2011 年第 4 期，第 1 页。

② 程森：《国家漕运与地方水利：明清豫北丹河下游地区的水利开发与水资源利用》，《中国农史》2010 年第 2 期，第 58 页。

既成事实。明朝治河通漕的国家意志是坚守河运。应付黄河害运的挑战，确保每年400万石漕粮运到京、通。体现这一国家意志的，是皇帝支持下的总河和总漕。

景泰、弘治间，黄河害运集中在沙湾、张秋间，徐有贞在会通河设水门，使进入运河的过量黄水适时泄向大海；刘大夏鉴于白昂对黄河南北分治失败教训，毅然中断在张秋、沙湾的引黄济运，筑堤将张秋、沙湾黄河支流引向徐州。嘉靖、万历年间，黄河害运南移于会通河鱼台、沛县一带。为避开黄水侵扰，迁运河于昭阳湖东泛滥黄水不及之地，盛应期在昭阳湖东开新河未成、朱衡几十年后开成之；舒应龙“开韩庄以泄湖水，泇河之路始通”①，李化龙在万历三十二年开成泇河，又一次缓解了河害，坚挺和延长了漕运。隆庆、万历之交，黄河害运逐渐集中在清口上下，潘季驯提出“以堤束水，以水刷沙”治河方略，开创了蓄清敌黄持续河运的局面。加高洪泽湖大堤、抬高淮水水位；堵塞黄河决口和支流，高筑大堤迫使黄河并流一向奔向清口会淮东流，形成湍急水流挟沙入海，这样做的真实价值在于尽量延缓清口上下黄河河床抬高速度。这些治河大臣面对陈瑄、宋礼等人不曾遇到的黄河害运挑战，应对得很顽强，使河运得以延续到明末，并在清康熙、乾隆年间得到发扬光大。

治河大臣的清官循吏风范感人。朱衡开新河亲自督工，与属下同甘苦；潘季驯在邳河工地“患背疽，乃裹疮而出，抚慰劳来，身自督率，示以必成，众志复定”②。这些品质有力地支撑着国家意志。

明代治河大臣并非都是成功者，失败者也精神可嘉。有的大才未展身先死，弘治五年张秋河决，“张秋堤乃遣（陈）政往，政寻卒”③。有的治河不成以身殉职，万历三十一年“总理河道侍郎曾如春……领六十万金，竭智毕虑”开黄家口，因工程失败，“如春闻之，惊悸暴卒”④。有的治河未始或将成而亡，嘉靖三十一年，连矿治房村河决，“去之日，疾作于途，卒于家”。⑤ 万历二十九年“总督河漕工部尚书刘东星……浚赵渠、开泇

---

① 《明史》卷87，中华书局2000年版，第1418页。

② （明）冯敏公：《开复邳河记》，《江南通志》，《四库全书》，史部，第508册，上海古籍出版社1987年版，第523页。

③ （清）谷应泰：《明史纪事本末》，《四库全书》，史部，第364册，上海古籍出版社1987年版，第459页。

④ （清）谷应泰：《明史纪事本末》，《四库全书》，史部，第364册，上海古籍出版社1987年版，第470页。

⑤ （明）郭鎜：《连公神道碑》，《行水金鉴》，《四库全书》，史部，第581册，上海古籍出版社1987年版，第697页。

河，工未竟而卒”[①]。可见明代治河通漕者担当之重。

问题是，皇帝要享受富有天下的尊荣，皇亲国戚则只讲特权享受，一般官员只知运河便利而不知治河艰辛。官员大多数都喜欢享特权、耍威风、摆排场，视河规漕制为绊脚石，恨不得一概踢开而一畅所欲，成为治河通漕国家意志的消减力量。具体表现在：

首先，即使在河规漕制行之很严的明初，江南进鲜船无论过清口还是走会通河，也享受遇闸随到随开的特权。势要官员对此艳羡不已，纷纷效仿以求一逞。宣德四年（1429）以前，会通河有官宦“倚恃豪势、逼凌闸官及厮争厮斗抢先过”[②]闸现象，走泄水量，干扰漕运；成化九年（1473），江南官船冒充“南京进鲜等项船只”过清口现象普遍，需要兵部出面，倚仗圣旨威严，逐一查验。运河可行装运官物的官船，有些官员便借官船行私货。成化十三年（1477），针对“两京公差人员装载官物……玩法之徒恃势多讨船只，附搭私货、装载私盐，沿途索要人夫、措取银两，恃强抢开洪闸……运粮官物仿效成风，回还船只广载私盐、阻坏盐法”[③]现象，宪宗严责都察院取缔；成化二十二年（1486），出现种种凭借官威、假公济私、坑害河治、奴役夫役的恶行，“回原籍省祭丁忧起复及陞除外任文武大小官员，或由河道俱无关文，倚势于经过衙门取具印信手本转递前途，照数起拨人夫船只；又有贩卖物货满船，擅起军民夫拽送，一遇闸坝、滩浅，盘垫疏挑，开泄水利，以致人夫十分受害，粮运因而迟滞；又有等公差内外官，额外多讨马快船只贩载私盐、附搭私货，起夫一二百名至七八百千名者”[④]，皇帝责令都察院严禁。

其次，漕运、河道官吏的贪墨不法行为，对治河通漕危害更大。明代后期河官腐败、偷工减料现象普遍且恶劣。万历六年（1578），总督河漕潘季驯就宝应湖堤复坏抨击河工腐败现象：“期以苟且了事，而但为目前之谋，惮任劳者莫亲版筑之务，巧避怨者不严程督之功，钱粮虚糜而冒破之核不行，功筑圮坏而偾事之罪不加，稍有一篑之功便移大以竞赏，脱至

---

① （清）谷应泰：《明史纪事本末》，《四库全书》，史部，第364册，上海古籍出版社1987年版，第469—470页。

② （明）谢肇淛：《北河纪》，《四库全书》，史部，第576册，上海古籍出版社1987年版，第659页。

③ （明）谢肇淛：《北河纪》，《四库全书》，史部，第576册，上海古籍出版社1987年版，第659—660页。

④ （明）谢肇淛：《北河纪》，《四库全书》，史部，第576册，上海古籍出版社1987年版，第660页。

溃决之祸则遮护以托逃。”[①] 这些渎职贪墨现象，足以疲软治河通漕国家意志。

明代宦官在漕运领域的胡作非为，对治河通漕危害最大。天顺二年（1458）三月，巡抚南直隶李秉奏：“近据直隶常州府宜兴等县纳户告称，淮安常盈仓监收内官金保等，纵容豪猾之徒大肆科敛。每粮上仓，经由二十余处使钱，才得收纳。每百石花费银至五六两之上，小民被害，无所控诉。乞别选廉能官员将金保暂且替回，以慰人心。”没有想到英宗有意为金保开脱，“金保且不必替回。此等情弊，即令禁革。若仍前故纵，罪之不宥。”[②] 李秉不敢要求惩办金保，只要求召回，英宗连这个要求都没答应，反而让金保自己整顿漕农控告问题，漕运制度如何不坏。今人郑明德考证：“明后期，国家仓储的废坏除与运河淤塞、漕粮改折、民族危机等因素相关外，宦官们所遗留的弊端也是导致仓储空虚的重要原因。”[③] 所言不虚。

万历七年运同黄清因“在宝应筑土石二堤，支河工银四万余两，锱铢磨算。上下皆不得欺冒，嫉之甚。时已积劳得呕血病，水次谒所司，令人密蹴其板坠下，救起死矣”[④]。人们已经容不得一清廉官员，必欲置之死地而后快，连上司都不保护他，还设计害他。足见此时河官贪墨相当普遍和严重，几乎无官不贪，清官如羊置身狼群。河工官吏腐败，虚报预算以坑国帑、或偷工减料以饱私囊，实为治河通漕蛀虫。万历十七年（1589），总河潘季驯奏报黄河兽医口月堤、李景高口新堤决口，决水冲夏镇内河，科臣张养蒙指出祸由“前此工程培之未高、筑之未坚，以召此患”。最后“得旨，堤完未久，遽有冲决，显是修筑不坚，经管官各夺俸三月”[⑤]。本当杀一儆百，却只夺俸三月，罪重罚轻，如何能遏制河工腐败势头。

河治漕通能给官员带来普遍利益，如进出京城的便利和坐船免税的待遇，但官员往往在应得利益之外追求非法利益，而且利益追求无有止境。有了坐船免税，还想享受随到随开；享受了船随到随开，还想捎带私货，赚取外快。追求特殊利益一旦危及治河通漕大计，官员也就成了治河通漕

---

① 《明神宗实录》卷77，第1册，线装书局2005年版，第438页下栏 万历六年七月丙子。

② 《明英宗实录》卷289，第3册，线装书局2005年版，第376页上栏 天顺二年三月癸卯。

③ 郑民德：《略论明代宦官对运河沿线仓储与钞关的危害》，《淮阴工学院学报》2011年第4期，第5页。

④ （明）朱国祯：《涌幢小品》，上海古籍出版社1987年版，第58页。

⑤ 《明神宗实录》，第1册卷77，第2册卷212，线装书局2005年版，第451页下栏 万历十七年六月癸巳。

的最大敌人。从这个意义上说，治河通漕国家意志坚挺的基础是吏治清明，协调国家意志与官员利益，就要抑制官员的特权欲望，使之服从国家意志。

统治者追求特权享受和臣民特权崇拜，是封建社会相互依存、相互激发的两大顽症。明人对付官员破坏河规漕制，只能由总河、总漕发现问题上奏朝廷，皇帝下严旨约束官员，或派近臣专差出京巡视纠察，往往只能收一时之效。

## 第二节　农民与治河通漕

农民利益与治河通漕的关系，其一是小农利益侵蚀治河通漕体制，其二是农民利益受到河漕贪墨和渎职的侵害。

农民小农意识作祟，诱于近利不见大局，会自觉不自觉地侵犯河规漕制。淮扬运河原有涵洞、闸坝，本以排泄过量洪水，正德五年“沿河种艺军民，雨多则固闭闸洞不使泄水，天旱则盗水以资灌溉”[①]。弘治十八年(1505)，发现高邮等州县“近堤人家私立洞户掌理，遇水溢则窃自闭塞，水消又窃挖堤岸，以致冲决遗患，动费财力不可胜计”[②]。河道衙门修复不叠，浪费了大量人工、钱财。会通河水柜本以济运，农民却乐于围湖造田。嘉靖年间，总河王廷巡视泰安、宁阳等处，发现“昭阳湖因先年黄河水淤平漫如掌，已议召佃；而安山、南旺二湖不知何时被人盗决盗种认纳子粒，以致湖干水少”[③]。明朝法律严禁开垦沿运湖地，农民以身犯禁自有特殊原因。当时湖地只认纳子粒银，“每亩照今例五分”。而湖外荒地开垦一旦升科赋税极重，“东平、汶上之民必欲舍彼而就此者，以民田纳粮养马当差，宁抛荒而不顾；湖地止认纳子粒，更无别差，期必种而后已”[④]。地方官为增加州县租税收入，默许甚至怂恿农民围垦湖地，地方官和近湖农民为此微利结成同盟，破坏国家漕运大计。

---

① 《明武宗实录》卷63，第1册，线装书局2005年版，第371页上栏　正德五年五月庚午。

② 《明孝宗实录》卷220，第2册，线装书局2005年版，第571页下栏　弘治十八年正月庚戌。

③ （明）谢肇淛：《北河纪》，《四库全书》，史部，第576册，上海古籍出版社1987年版，第695页。

④ （明）谢肇淛：《北河纪》，《四库全书》，史部，第576册，上海古籍出版社1987年版，第696页。

农民是治河通漕的主要劳动力，但他们在治河通漕中得到的利益有限，却要直接承受治河通漕失败带来的灾难。随着王朝政治清明渐不如初，民工参与治河通漕应得报酬也渐无保障。

明代前期黄河干流在淮河中游入淮，嘉靖年间黄河干流在淮安入淮，今苏北、皖北、鲁南成为治河通漕主要兴工所在，尤其是徐州到淮安之间河害频发、兴工频繁，严重损害了农民利益。当地农民为治河通漕所做牺牲有三方面：其一，黄河决水吞没了农田、村庄和道路，夺去了千百万人民的生命，极大地破坏了当地的农业生产力。隆庆四年（1570），洪泽湖崩溃夺高家堰而下，苏北山阳、高邮、宝应、兴化、盐城诸城连成巨浸，淮阴街衢行船。崇祯四年（1621）六月，黄淮交涨，堤溃河决，里下河地区数日之内，水深三丈，千村万落，漂没一空。其二，滚滚浊流淤塞了河道、湖泊，破坏了苏北原有水上交通。唐宋苏北水网纵横、交通发达，江淮之间有三横两纵水运干道，三横指南盐河、中盐河、北盐河，两纵指淮扬运河和串场河。先前淮河河床低于支流，水路畅通；黄河干流在淮安入淮之后，河床逐渐抬高，日益成为地上悬河，颠倒了原有水系的流向关系，黄河决口淤塞支流，水道不通，水害频发。其三，黄河长期夺淮，使湖泊变为平地，洼地沦为湖泊，恶化了生存环境，加剧了自然灾害。今人考证，唐宋时候淮南北湖泊众多，“在分洪蓄洪、湿润气候、农田灌溉及水上运输方面，都有一定的作用。但这些湖泊在黄河夺淮以后，逐渐淤浅，其中有些先后变为平陆”①。硕项湖、桑虚湖渐成平陆，射阳湖功能萎缩，不再发挥滋润农业的功能。洪泽湖和高宝运河西岸诸湖，在蓄清敌黄背景下水面日大、湖底日高，渐成顶在里下河人头顶的湖，不断降临洪水灾害，苏北成为旱则无水、雨则皆水的灾荒区。由此类推鲁南、皖北，河漕害农情况大同小异。

明代治河通漕侵害农民利益具有普遍性，非重灾区人民也深受其害。首先，由于明人治河习惯于分流杀势。因而开封至淮安间黄河多数年份都处于派分股散、滚动不定的状态。如弘治二年“金龙口决口已淤，河并为一大支，由祥符合沁下徐州而去”。弘治六年（1493），“河复决数道入运河，坏张秋东堤，夺汶水入海，漕流绝”② 致使中下游河无定流、民无宁日，十年九灾十室九空，黄泛区人民生命财产损失日重一日。土地越来越

① 彭安玉：《试论黄河夺淮及其对苏北的负面影响》，《江苏社会科学》1997 年第 1 期，第 124 页。

② 《明史》卷 85，中华书局 2000 年版，第 1389 页。

贫瘠，生态环境日益恶化，黄泛区农民日见穷困。

其次，农民治河通漕工钱发放没有保障。农民服役河工，虽然大体上劳有所酬，但当河工与农时发生冲突时，服役则妨害农民生计。况且，随着政治清明的下降，农民应得报酬逐渐华而不实。

一是河工服役工钱被克扣。明初宋礼开会通河，民工报酬以对减租赋的形式发放，民工是最实惠的。后来发放现银，往往被层层克扣。万历十二年王廷瞻开宝应越河，陈应芳针对以银雇夫方案，列举近年治河通漕工程中农民籍名之苦、雇夫之苦、赴役之苦，抨击“不才佐贰通同胥役恣意侵克，以故官徒有募夫之名，而害归于籍名者之家，利入于管工者之手”。“三苦”的根源在官吏借籍名敛财。籍名：明中期河工派夫方法之一，以家产多少为出夫的等级，把农户根据财产多少分为几等，官府登记在案。需派河工夫役时，籍名之家先垫钱雇数量不等的夫役赴工，工程决算后工钱归籍名之家。这容易出现劳动者得钱不多，不劳者得非应得，严重背离明代祖制。陈氏呼吁“以九年、十年拖欠存留钱粮酌为蠲免其旧，而加派其新，人情未有不乐从者”[①]。工钱发放以对减近年所欠官府钱粮的形式进行，于民工才实惠。

二是随着明初河规漕制的形存实亡，漕河两岸农田得到水利渐少，水害渐多。扬州、淮安之间的沧桑巨变最为典型，“维扬古称沃壤，而地形洼下，大海环其东，诸湖绕其西，所赖堤厚支河通，斯田地可耕，民灶俱利。自范堤坍坏，高宝堤亦冲决不守，其中大小支河所在淤塞，于是以高、宝、兴、泰四州县为壑，而泄水无路，民灶罹于昏垫矣”[②]。从田地可耕到民灶昏垫，祸因是河规漕制败坏，黄水倒灌运河和洪泽湖，湖决淹没下河农田。

明代中后期，统治者在纠正农业害运的同时，也注意适当照顾农民利益。一是严行河规漕制。嘉靖中叶，王以旂恢复会通河水柜管理和用闸机制，万历前期潘季驯出任总河期间，全力振兴清口闸制传统，抑制河漕官员偷工减料、克扣工钱等借机发国难财行为，维护了农民利益。二是逐渐中止引黄济运，减少借黄行运，提高治河通漕效果，尽可能地延长河安漕通时间，减少农民损失。

① （明）陈应芳：《敬止集》，《四库全书》，史部，第577册，上海古籍出版社1987年版，第34—35页。

② 《明神宗实录》卷130，第2册，线装书局2005年版，第44页下栏　万历十年十一月戊午。

## 第三节　其他群体与治河通漕

百工（本节主要指河道夫役）、商人、市民等其他社会群体，乐于享受治河通漕带来的交通便利，却难于承担相应义务和责任，与治河通漕有着复杂利益关系。

百工主要指河道夫役，“一曰堤夫，若高、宝、邳、徐闸崖，从事笆镢修筑者是也；二曰浅夫，若高、宝湖之用船缆，闸漕之用五齿爬、杏叶杓、木刮板者是也；三曰闸夫，若诸闸之启闭、支篙、执靠、打火者是也；四曰溜夫，若河洪之拽溜、牵洪，诸闸之绞关、执缆者是也；五曰坝夫，若奔牛之勒舟、淮安之绞坝者是也”[①]。百工亲历治河通漕，其中优秀者实践经验丰富，理应成为治河官员“询及刍荛”的对象。但实际上在官本位的封建社会，无人尊重他们的技术特长，当局只把他们当作一般劳力调来调去，隆庆间“白河以浅夫改为引夫，高、宝以浅夫并为堤夫”[②]，他们还经常作为一般劳动力被集中使用于堵塞决口，万历二十三年，“淮水决高堰高良涧，郎中詹在泮等严督官夫筑塞，仍加石甃砌”[③]。聪明才智得不到发挥。明代200多年治河通漕史，仅见万历初年傅希挚派遣“锥手、步弓、水平、画匠人等，于三难去处逐一勘踏”[④] 泇河路线，对泇河开凿方案加以完善，算是发挥河道夫役特长之举了。不过这在封建社会实属凤毛麟角。

商人是治河通运的受益者，也是治河通漕的受害者。明人习惯于借治河通漕之名向商人征收船料。宣德年间设“漷县、济宁、徐州、淮安、扬州、上新河、浒墅、九江、金沙洲、临清、北新诸钞关，量舟大小修广而差其额，谓之船料，不税其货。惟临清、北新则兼收货税，各差御史及户部主事监收”[⑤]。十一钞关都设运河和长江紧要处，其他9个只抽分船料，临清、北新二关既抽分船料，又征货税。抽分主要抽造船所需实物，“凡应干造船者计四十件，方行赴厂报抽”[⑥]。更有甚者，有些关税不是出于户

---

① （明）万恭：《治水筌蹄》，水利电力出版社1985年版，朱更翎整理本，第103页。
② （明）万恭：《治水筌蹄》，水利电力出版社1985年版，朱更翎整理本，第103页。
③ 《江南通志》，《四库全书》，史部，第508册，上海古籍出版社1987年版，第626页。
④ 《山东通志》，《四库全书》，史部，第541册，上海古籍出版社1987年版，第346页。
⑤ 《明史》卷81，中华书局2000年版，第1319页。
⑥ （明）席书：《漕船志》，方志出版社2006年版，荀德麟等点校，第74页。

部规划，而是出自宦官投皇帝所好，便于中饱私囊，“正德中，御马监太监于经……以便给，得幸。导上于通州、张家湾榷商贾舟车之税，岁入银八万之外，即以自饱。斥其余羡为寺于香山，而立冢域于寺后。上尝亲幸焉，为之赐额”①。横征商贾车船税款，大头儿交皇帝内库，小头儿留作自己挥霍。挥霍不尽的投资寺院、新建坟墓，为自己死后预设地步，令人切齿。

此外，明后期还常常向商人临时派捐，用于治水通漕。隆庆六年(1572)，河道侍郎万恭列举挑浚经费来源，有仰给于导河银、派夫于丁田、借办于铺行、取给于协济等四个渠道，其中第二个是向粮农摊派、第三个即向商人派捐。隆庆四年总河翁大立题准“开新庄闸以通商船，量船广狭征税，径一丈六尺以上者银五两，一丈四尺以上者三两，一丈以上者银一两，由仪真闸者以递减之”②。商人勉为其难，心中并不情愿。至熹宗在位魏忠贤弄权，向商贾派捐则有如公开掠夺。

商人逐利无孔不入，也难免破坏河规漕制。淮安是运河之都，周围设钞关、巡检甚多，而“私鹾之家及利税、料之漏者……风帆便利，自黄浦以北，抽分厂以南，凡拦卒不到之处，任意南北出入堰口”③。破坏河道管制，往往引发水害，妨碍运道。

其一，淮安管家湖中心堤，“堤上为浅铺有曰四五铺者，属军卫，屡修屡决。此处即鸭陈口，可通马家嘴，径达南锁坝，商舟行湖中有漏税、料之便。故筑时即为决时之计，督工者之惯也”④。商人行贿谋私，诱使督工官吏预留隐患，以便日后盗决，致使工程随修随毁。其二，淮安板闸五铺西岸决口不断，“山阳县板闸之南有五铺，系军夫。西岸多决，因此处通湖，有走漏商税、船料之弊，岁岁决焉”⑤。皆因商人行船贪走捷径，导致湖水常决。其三，清口附近的王家口堤，保障全淮出清口以敌黄。但“商贩盗决前堤，挖渠利涉”，以致“淮势渐分，将来清口必致淤阻”。万历十六年总河潘季驯条上河工事宜，特别强调“宜接筑长堤，就近责清河

① （明）朱国祯：《涌幢小品》，上海古籍出版社1987年版，第381页。

② 《明穆宗实录》卷45，线装书局2005年版，第496页上栏　隆庆四年五月乙酉。

③ （明）顾炎武：《天下郡国利病书》，《四库全书存目丛书》，史部，第171册，齐鲁书社1996年版，第442页上栏。

④ （明）顾炎武：《天下郡国利病书》，《四库全书存目丛书》，史部，第171册，齐鲁书社1996年版，第439页上栏。

⑤ （明）顾炎武：《天下郡国利病书》，《四库全书存目丛书》，史部，第171册，齐鲁书社1996年版，第438页上栏。

令监守”[①]。可见商人贩运贪走近道或躲避征税的害漕坏运。

京杭运河南北 3000 里，经行许多府、州、县城和集镇。运河给城、镇带来了繁华，给市民生活带来方便。但市民多从局部、群体利益出发，左右漕、河衙门的治河通漕。隆庆四年总河翁大立反映，正德年间市民为赚过往商船车盘过坝工钱，“奸民射利，曲禀漕司，于清江浦别建仁义坝一座，乌沙河又建方家闸一座”，居然促成了“民船由坝，官船由闸”，“市井虽逐车盘之利，而商旅受困矣”。至隆庆初，“漕河既阻，盘剥愈难，烦费益多，商旅益困。每央士夫嘱放，辄费银七八两”，并且因而造成“黄水坏漕皆从新坝漫入，是设新坝之害也；通济闸内外每每淤浅，是不通船之害也”[②]。市民得小利而害大局，触目惊心。

成化中，江南船由江入运需在罗泗桥过仪真坝，人力绞挽费钱坏船。工部郎中郭升题准建通江闸，“唯罗泗桥旧有通江河港，距里河河口里许，宜开通置闸，乘潮启闭，以便往来，船可免患”[③]。闸建成“军民欢震若雷”，本是好事。但仪真店户贿赂通江港掌管衙门，以通江港闸“走泄水利”为名，诱使上官关闭三闸，市民得以继续从南船翻坝赚取工酬。

明人化解治河通漕国家意志与商人、市民群体利益的矛盾，主要做法有二：一是借助官府行政资源强力纠偏，使局部服从大局、群体利益服从治河通漕国家意志。如明英宗正统六年五月“徙张家湾至河西务沿河民舍三百十三家，以碍运船牵路故也”[④]。隆庆四年翁大立禁止淮安市民从商船盘坝攫取车盘之利，题准“除夏月粮船盛行、商船民座俱不许由闸外，其余月分”一概由清口闸经行，一依船大小缴纳船税：“梁头一丈六尺以上者，税银五两；一丈四尺以上者，税银三两；一丈以上者，税银一两。”[⑤]抑制群体利益，舒张国家意志。

其二是在不妨害漕运的前提下，照顾群体利益。明代后期淮扬运河与长江衔接处用闸用坝（见图 40－1），反映群体利益和国家意志可以兼顾。闸、坝于水情各有所适，由闸省船主盘坝费用，由坝利于市民赚取盘剥工

---

① 《明神宗实录》卷 204，第 2 册，线装书局 2005 年版，第 407 页下栏 万历十六年十月甲申。

② （明）顾炎武：《天下郡国利病书》，《四库全书存目丛书》，史部，第 171 册，齐鲁书社 1996 年版，第 524 页下栏。

③ （明）顾炎武：《天下郡国利病书》，《四库全书存目丛书》，史部，第 171 册，齐鲁书社 1996 年版，第 518 页上栏。

④ 《明英宗实录》卷 79，第 1 册，线装书局 2005 年版，第 420 页上栏 正统六年五月乙丑。

⑤ （明）顾炎武：《天下郡国利病书》，《四库全书存目丛书》，史部，第 171 册，齐鲁书社 1996 年版，第 524 页下栏。

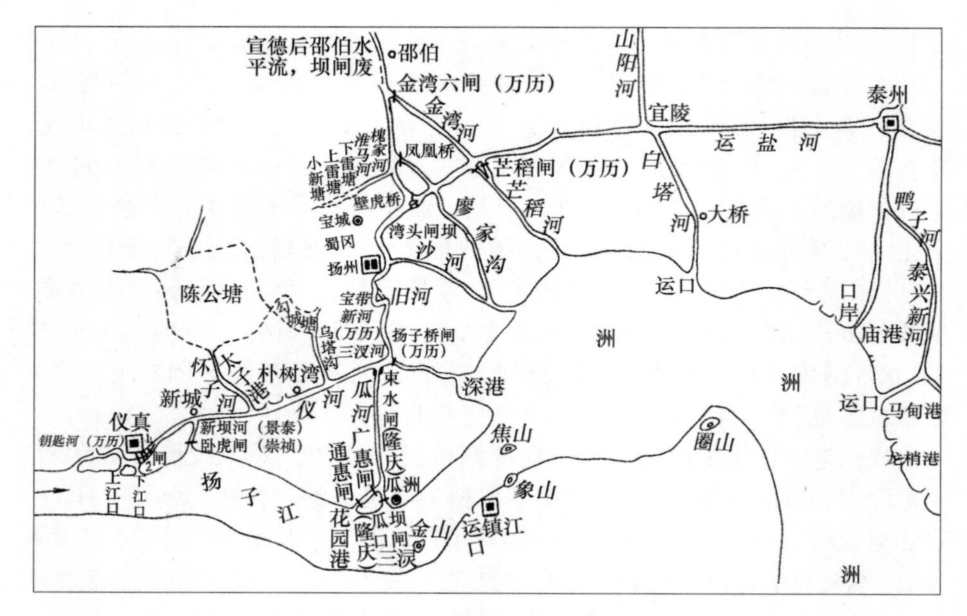


图 40－1　明代淮扬运河与长江衔接示意图

酬。万历初，万恭总理河道，在完善瓜洲闸、坝的基础上，由闸由坝各随水情变化，“瓜仪天妃各闸启闭不定期，限以江河消长为候。如江河消则启板以通舟，悉令由闸，使商者省盘剥之艰；如江河长则闭板以障流，悉令由坝，使居者得挑盘之利。若水长闸闭，愿候水落由闸者不强之使由坝，水消闸启自愿过坝者亦不强之使由闸，则闸坝俱安，商民兼利”①。这样较好地兼顾了各自利益。

① （明）万恭：《治水筌蹄》，水利电力出版社 1985 年朱更翎整理本，第 117 页。

# 第四十一章　明代运道挑浚兴衰

## 第一节　闸漕挑浚兴衰

明人把京杭运河3000多里运道分成白漕、卫漕、闸漕、河漕、湖漕、江漕、浙漕七段，其中闸漕就是山东运河（见图41－1），有时简称会通

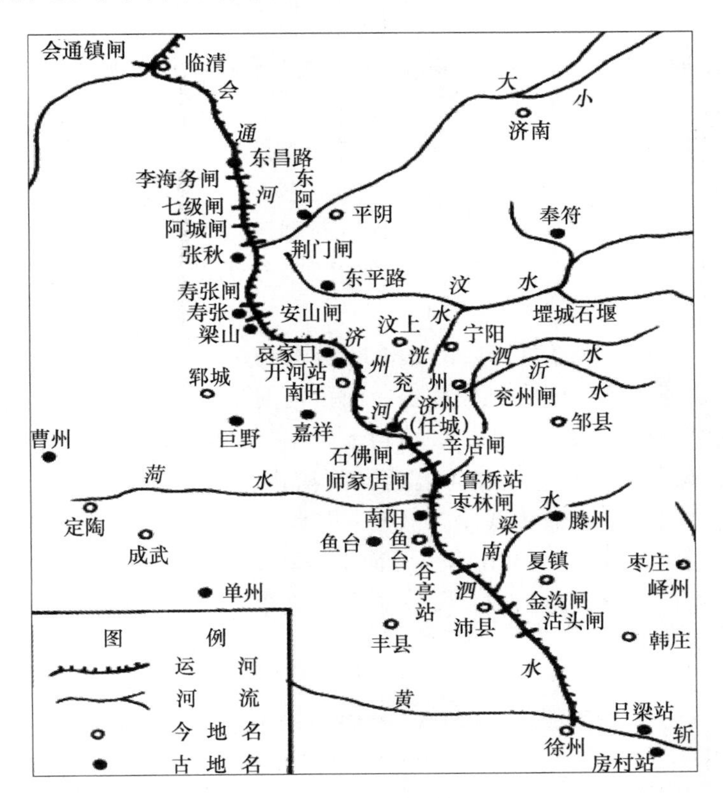


图41－1　会通密集设闸示意图

河；河漕就是徐州、淮安间借黄行运水段；湖漕就是淮安、扬州间以诸湖为水柜水段；江漕就是江南运河，这四段挑浚任务繁重，故本章用四节篇幅述评其挑浚制度的创立和毁破，以见明代河运不可持续的社会原因。

山东运河之所以叫闸漕，是因为“自临清抵徐州七百里间，全资汶、泗、沂、洸诸水接运，总曰闸河。旧为闸四十有三，前元建者二十余，永乐以来先后增建者二十余，而减水通河诸闸不与焉。两闸之间，每存稍浅一处约数丈，多不过十余丈。用留泄水，令积易盈”[①]。闸漕最大的问题是水源不足，又与数条黄河故道相交，且有济运黄河支流入运。永乐九年（1411）工部尚书宋礼以民工 30 万、工期二百天、蠲租 110 万石的投入开会通河成，当即上书请求“疏东平东境沙河淤沙三里，筑堰障之，合马常泊之流入会通济运”[②]。浚沙河，合马常泊水，以加大汶水入会通河的流量，此举拉开了会通河水源开拓序幕。同时，宋礼也在另外方向安排了引黄济运，埋下黄河冲断会通河的隐患。

## 一　闸漕南段河道变动

《山东通志》卷 19 以为“东省漕渠自江南入境，先泇河，次新河，次会通河，次卫河以达于皇畿”[③]。将泇河、新河与会通河并列，则以为会通河北起临清、南止鱼台谷亭。而《明史·河渠三》则以为闸漕就是会通河，“闸漕者，即会通河。北至临清，与卫河会，南出茶城口，与黄河会，资汶、洸、泗水及山东泉源。……其后开泇河二百六十里，为闸十一，为坝四。运舟不出镇口，与黄河会于董沟”[④]，认为新河、泇河虽晚开，仍为会通河一段。

《明史》认为闸漕即会通河，论断虽不精确，但其反映了闸漕的历史变化。会通河北段，河身比较稳定，南段河身明代中后期变动较大。嘉靖之前，闸漕南段在昭阳湖西；嘉靖四十四年（1565）朱衡开新河、万历三十二年（1604）李化龙开泇河之后，闸漕南段在昭阳湖东。出现如此变动，原因是昭阳湖西地势低洼，徐州一带河决，决水常常冲向昭阳湖，瘫痪运道。如嘉靖五年（1526），“黄河上流骤溢，东北至沛县庙道口，截运河，注鸡鸣台口，入昭阳湖。汶、泗南下之水从而东，而河之出飞云桥者

---

① 《明会典》（万历朝重修本）卷 196，中华书局 2000 年版，第 987 页下栏。
② 《明史》卷 85，中华书局 2000 年版，第 1387 页。
③ 《山东通志》，《四库全书》，史部，第 540 册，上海古籍出版社 1987 年版，第 307 页。
④ 《明史》卷 85，中华书局 2000 年版，第 1386 页。

漫而北，淤数十里，河水没丰县，徙治避之”[①]。万历三十一年（1603），“河大决单县苏家庄及曹县缕堤，又决沛县四铺口太行堤，灌昭阳湖，入夏镇，横冲运道”[②]。故明代前期闸漕南段接徐州茶城镇口黄河，开新河和泇河后接邳州直河口、董口。

新河、泇河开成之后，昭阳湖西原有运道还在用于漕船回空。因为徐州、淮安一线黄河固然不宜重载漕船逆流而行，但南返空船从昭阳湖西经徐州黄河，则是顺流而下。同时，黄河中上游地区官员进京办事，在徐州转向入运河北上也比在邳州转向入运河北上要省时省力。

## 二 正德以前会通河挑浚

洪武年间漕运以自然水道为主，运道无须挑浚。永乐年间重新打通会通河、放弃海运专事河运后，闸漕挑浚日渐繁难起来。闸漕挑浚繁难之处有四：一是沙湾、张秋一带引黄济运淤塞频繁，二是南旺汶水分流处两边汶沙积淤，三是鱼台谷亭引黄济运处时常淤塞，四是临清会通河与卫河交会处卫沙积淀。

永乐十四年（1416）黄河夺涡入淮，其后二三十年黄河不曾直接冲毁闸漕，挑浚压力不大。史载明宣宗“尝发军民十二万，浚济宁以北自长沟至枣林闸百二十里，置闸诸浅，浚湖塘以引山泉”[③]。这一挑浚始作于宣德四年（1429），由陈瑄建议并组织实施。参加挑浚的是山东丁夫和运木军士，虽为常规挑浚但规模稍大，一挑可维持漕通数年。

宣德十年（1435）九月英宗继位，儹运粮储总兵官、各处巡抚侍郎与朝中群臣会议正统元年合行事宜，其中治河通漕四事：其一“淮安清江浦淮河口及济宁至东昌运河浅滞，宜加疏濬”；其二“徐州吕梁洪原引睢水入焉，今睢水过隋堤会汴入淮，各洪浅狭，宜于凤池口或归德州新堤处设闸，复引睢水以济各洪”；其三“沙湾、张秋运河旧引黄河支流自金龙口入焉，今年久沙聚河水壅塞，而运河几绝，宜加疏凿”；其四“彰德河往时东入卫河至临清与运河会，今北流入滹沱而卫河亦浅，宜障而东之”[④]。全被英宗采纳。可见当时天下河安漕顺，所遇问题不过水源不足，需要挑浚以通水源。而所议急办四事中有两事关涉山东运河，即济宁至东昌运道

① 《明史》卷83，中华书局2000年版，第1353页。
② 《明史》卷84，中华书局2000年版，第1379页。
③ 《明史》卷85，中华书局2000年版，第1387页。
④ 《明英宗实录》卷9，第1册，线装书局2005年版，第55页上栏下栏 宣德十年九月壬辰。

挑浚，沙湾、张秋引黄水道挑浚。英宗四事皆从，表明这位新登基的皇帝有励精图治气象。

英宗正统十三年（1448），治河通漕进入多事之秋，“河决荥阳，东冲张秋，溃沙湾，运道始坏”[①]。此后明廷先后任用石璞、王永和治张秋、沙湾之决而未能成功，景泰四年（1453）又爆发大决，徐有贞奉命出京治河，在用治河三策规范引黄济运的前提下挑浚闸漕，“遂浚漕渠，由沙湾而北至于临清凡二百四十里，南至于济宁凡二百一十里，复作放水之闸于东昌之龙湾、魏湾凡八”[②]。挑浚非常彻底，此后维持河安漕通数十年。孝宗弘治年间，黄河再次冲垮会通河张秋、沙湾段，刘大夏筑堤将引黄济运支流引向徐州、淮安，黄水才不再作祟。

武宗正德年间虽然政治清明渐不如初，但闸漕常规挑浚尚能坚持。故而武宗以前基本河安漕通，“正统时，浚滕、沛淤河，又于济宁、滕三州县疏泉置闸，易金口堰土坝为石，蓄水以资会通。景帝时，增置济宁抵临清减水闸。天顺时，拓临清旧闸，移五十丈。宪宗时，筑汶上、济宁决堤百余里，增南旺上、下及安山三闸。命工部侍郎杜谦勘治汶、泗、洸诸泉。武宗时，增置汶上袁家口及寺前铺石闸，浚南旺淤八十里，而闸漕之治详”[③]。不仅常规挑浚比较到位，灾后大挑也进行得相当彻底。

### 三　嘉靖以后会通河的常规挑浚

万历年间，谢肇淛以工部郎中视河张秋时著《北河纪》。视河张秋，也就是主管山东运河。谢肇淛称闸漕为北河，是把天下运道以扬州和天津为分水岭一分为三，山东境内运河地在中段之北，其治所在张秋。谢肇淛所处时代的北河概念，较闸漕外延为小。《北河纪》载嘉靖至万历前期会通河挑浚实情较为详尽：

> 南旺、临清等处旧系三年两次挑挖。隆庆六年，题准每二年大挑一次，以九月初一日兴工，十月终完。北河郎中预呈本部具题，命下之日备咨漕抚衙门并山东巡抚，及咨都察院转行山东巡按会同本官，调集兖州、东昌、济南等府泉、坝、闸、溜、浅、铺守口见役人夫，前来兴工。并动兖、东二府河道官银招募夫役，以备停役各夫不足之

① 《明史》卷85，中华书局2000年版，第1388页。

② （明）徐有贞：《敕修河道功完之碑》，《明文衡》，《四库全书》，集部，第1374册，上海古籍出版社1987年版，第470页。

③ 《明史》卷85，中华书局2000年版，第1387—1388页。

数。其南旺月河及临清、阿城、七级等处淤浅，俱调附近驿递等夫协同见在徭夫依期挑浚，合用桩草钱粮及廪粮工食，亦于兖州府库河道银内动给。北河郎中仍与南旺主事往来督查。[①]

据此可知：明代中期闸漕清淤，有大挑、小挑之别。经常需要挑浚的是南旺（汶水挟沙入漕南北分流，容易积淀）、临清（卫水挟沙入漕，其主流北向天津，也难免倒灌会通，常有积淤）河段。此外，阿城、七级各二闸也容易淤积，需要经常挑浚。挑浚频率，隆庆以前三年两次，隆庆六年（1572）以后每二年大小挑各一次，大挑九月初一动工，十月底完工；小挑年份每年十月十五日筑坝，次年二月初一日开坝。操作程序是：遇大挑之年，北河郎中预先向工部递呈，由工部下达挑浚命令，知会总漕、山东巡抚，知会都察院并由都察院关照山东巡按。南旺、临清主河挑浚调集兖州、东昌、济南三府所有河道夫役，人手不够时动用兖州、东昌二府的河道银招募民工；南旺月河和临清、阿城、七级等闸挑浚，只调集河道夫役，附近驿递夫协助。

挑浚之难不在于民不用命，而在于势要官员作威作福，挑战动工、完工时限。“势豪船只多方阻挠，筑坝惟利其迟。天寒挑浚为难，开坝又利其早，水利潴蓄不广。”[②] 以致筑坝兴工时间推迟，开坝通航时间提前，工期缩短，挑浚质量没有保障。筑坝挑浚到开坝通航，大挑一个月时间，小挑三个半月时间，会通河原有水流被引入水柜即近河湖泊中，通航后再由水柜放水入河，叫作水利潴蓄。如果势豪作祟，推迟筑坝或提前开坝，那么挑浚工期缩短，湖中蓄水就少。

明朝后期特权阶层挑战国家意志，致使会通河挑浚制度日益败坏。万历年间工科都给事中常居敬所上《河工八议》对此言之甚详：

每年当天气渐寒，正宜筑坝绝流也，而往来船只力以缓筑为请，多方阻挠，甚至十一月终尚不得筑者，不知天寒冰合，乃驱荷锸之夫裸体跣足凿冰施功，其将能乎？及寒冰初解，正宜固封蓄水也，则又以速启为请，百计催促，至有正月初旬放水行舟者。不知隔岁之水所蓄无几，三春无雨则运艘方至，又将何以济之乎？法制未明事体掣

① （明）谢肇淛：《北河纪》，《四库全书》，史部，第576册，上海古籍出版社1987年版，第661—662页。

② （明）谢肇淛：《北河纪》，《四库全书》，史部，第576册，上海古籍出版社1987年版，第663页。

肘，管河官徒茹苦而不敢言也。[①]

为了扭转被动局面，一些治河能臣想尽办法。隆庆末，万恭总理河道期间，创会通河南北分挑之法，“南旺大挑，旧制：坝南、北而绝之流，舟楫弗通。余先为之南坝，偪汶尽北流而挑其南，北舟悉舣南旺而待。南挑毕，余又为之北坝，偪汶尽南流而挑其北。乃决南坝，舟顺流而趋于黄河，此浚浅行舟两利之策也”[②]。分段而挑，将挑浚有妨行船降到最低限度。

万历十六年（1588），潘季驯总理河道后，改革南旺两年一挑旧法：欲挑正河，先挑月河；挑完月河挑正河时，让过往船只从月河通行。如此，可省去势要官员要求推迟筑坝或提前开坝的麻烦。但是，这样做又产生了另外一个问题，即夫役先挑月河，继挑正河，过分劳累；工期紧张，月河、正河可能挑浚草率。万历十八年（1590），潘季驯又在《北河十议》中力主“自今万历十八年挑正河为大挑，十九年挑月河为小挑，以后著为定规，庶舟楫往返，既不阻于稽缓，夫役用工亦不病于烦难矣”[③]。一年小挑月河，一年大挑正河。大挑小挑，船都有通行之道。

## 第二节　河漕挑浚兴衰

河漕即借黄行运水段。南阳新河、泇河开成之前，淮安、徐州间借黄行运500多里；南阳新河、泇河开成之后，淮安、邳州间借黄行运仍然维持200多里。

### 一　河漕挑浚的特殊性

首先，明代中游以下黄河常常河行数道，分合、滚动不定，文献所载颇让人有眼花缭乱之感。嘉靖六年（1527）胡世宁治河疏称：“河自汴以来南分二道，一出汴城西荥泽，经中牟、陈、颍至寿州入淮，一出汴城东祥符，经陈留、亳州至怀远入淮。其东南一道自归德、宿州经虹县、睢宁

① （明）潘季驯：《河防一览》，《四库全书》，史部，第576册，上海古籍出版社1987年版，第511页。

② （明）万恭：《治水筌蹄》，水利电力出版社1985年朱更翎整理本，第80—81页。

③ （明）潘季驯：《河防一览》，《四库全书》，史部，第576册，上海古籍出版社1987年版，第195页。

至宿迁出其东，分五道。一自长垣、曹、郓至阳谷出，一自曹州双河口至鱼台塌场口出，一自仪封、归德至徐州小浮桥出，一由沛县南飞云桥出，一自徐、沛之中境山北溜沟出，六路皆入漕河，而总南入淮。今诸道皆塞，唯沛县一道仅存。所谓合则势大，而河身且狭不能容纳，故溢出丰、沛、徐为患，近又漫入昭阳湖，故流缓沙壅，运道遂塞。"①黄流纷乱，分合不定，通塞不常。不挑则已，挑必繁难。

其次，淮安以北借黄行运水道往往也在滚动之中，"迨河决黄陵冈，犯张秋，北流夺漕，刘大夏往塞之，仍出清河口。十八年，河忽北徙三百里，至宿迁小河口。正德三年又北徙三百里，至徐州小浮桥。四年六月又北徙一百二十里，至沛县飞云桥，俱入漕河"②。清河口即清口，黄、淮、运三河交会处。黄河时而在清口，时而在小河口、小浮桥、飞云桥进入运道，给河道挑浚带来许多不确定因素，增加挑浚难度。

最后，治河通漕国家意志两极摇摆，河漕挑浚变数很大。万历六年潘季驯治河前，明人治河只治下游漕河附近的河决，对于中游那些河决往往不管不问，听任其决而复淤、淤而复决。以致黄河徐州、淮安间来水时大时小，大时冲断运道，泛滥成灾；小时漕船胶着河底，河道淤塞。万历六年潘季驯治河"以堤束水，以水刷沙"，只要是黄河决口，无论离运道远近都一概堵塞，靠高筑大堤约束黄河并流一向通过清口，会淮入海；加高洪泽湖高家堰，以抬高淮河水位到与黄河持平的高度，出清口会黄入海。黄淮并行水势浩大湍急，足以刷深河道，挟沙入海。万历二十年以后，杨一魁又反潘氏之为而为，大行分黄导淮，因而河漕挑浚既频繁又沉重，投入巨大而事倍功半。

## 二　嘉靖以后河漕挑浚

嘉靖之前黄河干流在淮河中游入淮，漕船由淮扬运河出清口闸入淮河，逆泗水北上进入会通河，在临清入卫河至天津转京通。全线水路贯通，不需要车盘过坝，也没有大的人船之失，淮安、徐州之间是泗水，挑浚麻烦不大。弘治以后，黄河干流不时一经徐州直接在清口入淮；嘉靖年间黄河干流固定地在徐州淮安一线入淮，原来泗水运道成为借黄行运运道，长达500多里，河漕挑浚渐趋繁重。黄河无大决仅挑黄运接合部，黄

---

① （明）谢肇淛：《北河纪》，《四库全书》，史部，第576册，上海古籍出版社1987年版，第697—698页。

② 《明史》卷83，中华书局2000年版，第1351页。

河大决则挑其故道。

嘉靖十六年（1537），河南管河副使张纶有言："黄河为患，频年兴作。北冲则害及运道，南决则迫于王陵。虽修浚之功累加，而迁徙之性无常。自挑河通流，地势渐下，全河之水，俱由此河，致将北行。旧黄河梁靖口淤塞，屡浚屡淤，功用不成。"① 此时距黄河干流经行徐州在淮安入淮不久，当局已经苦于应付黄河决、淤两情，河漕的黄运接合部必须频繁挑浚，否则不可行漕。万历二十年（1592）潘季驯上《堤防告成疏》，历陈嘉靖、隆庆、万历三朝茶城一带屡淤屡挑：

以嘉靖末年，尚有卷簿可查者言之：查得嘉靖四十一、二年黄水由大小溜沟会漕于夹沟驿南，黄涨漕淤，粮艘阻滞，该总河都御史王士翘行徐州领夫挑通；嘉靖四十四年大小溜沟淤断，该总河陈尧行徐州一面挑浚一面起剥前进；隆庆元年，黄河南徙秦沟，会漕于梁山之北，淤塞无异溜沟，该总河尚书朱衡行徐州洪分司督夫挑浚；隆庆二年黄河冲塞浊河，改至茶城与漕交会，茶城之称自此始。隆庆三年，茶城淤，阁重运，该总河都御史翁大立题，要从马家桥经地浜沟至徐州子房山下另开新河，以避茶城之淤，续因黄落漕通，前议随寝；隆庆四年，茶城填塞八里，内水漫由张孤山东冲出，翁大立具题就与张孤山开河，本年冬本河复塞，仍将茶城挑通，原议随寝；隆庆五年茶城淤浅，该臣先任总河行委经历韩柏部夫常川捞浚，运艘赖以无阻；隆庆六年，茶城淤阻，该总河万恭行司道疏浚通行；万历元年八月茶城淤塞，该工部题行总河衙门设法挑浚；万历二年，黄水倒灌淤漕三十余里，该总河傅希挚集夫挑浚，前给事中吴文佳题将翁都御史原议马家桥出子房山开河一道，行傅都御史勘得子房山前虾蟆山西俱有伏石，马家桥一带俱系水占，难以议开，前议遂止；万历三年十一月内黄水大发，茶城淤塞十里，调夫挑通；万历四年，茶城淤浅，粮运艰阻，复开张孤山东以冀此塞彼通，至万历五年二河俱淤，复开茶城正河通运；万历六年茶城淤浅，徐州道参政游季勋筑过顺水丁头坝一十六道，束水冲刷；万历七八九十等年，淤塞尤甚。②

① （明）顾炎武：《天下郡国利病书》，《四库全书存目丛书》，史部，第171册，齐鲁书社1996年版，第482页上栏。

② （明）潘季驯：《河防一览》，《四库全书》，史部，第576册，上海古籍出版社1987年版，第409页。

嘉靖末隆庆初，黄河经徐州入淮已经几十年，随着河道渐高，黄河北对会通河、南对淮扬运河和洪泽湖的倒灌日益严重。潘季驯上段文字侧重陈述黄河与会通河接合部，黄水倒灌带来的无岁不淤、不挑不通的实情。至隆庆二年不得不放弃浊河，改黄河、会通河交会点于茶城。此后，黄河盛涨仍倒灌会通河，每年淤塞数里、数十里不等，需要花费巨大人力财力挑浚深通，方可行运。

万历十一年（1583）在黄运交会处设闸拦沙，“该中河郎中陈瑛议呈漕抚尚书凌云翼，改漕河于古洪出口，即今之镇口闸河也，创建内华、古洪二闸递互启闭，淤难深入，而去黄河口仅一里，挑浚甚易，人颇便之”[①]，挑浚压力有所缓解。这一举措无非是把清口闸坝管理，移植于会通河与黄河衔接处而已。

建闸并非万事大吉，还要和破坏闸规者做斗争。挑战河规漕制的有两种人，一是河道夫役中的害群之马，“万历十五年秋，黄水大发，河与闸平，而棍徒段守金私受民船重贿，将牛角湾掘开，黄水迸入淤塞甚远”[②]。这个段守金，大约是牛角湾的河道夫役，他的职责本来是坚守闸规，却收受重贿，绕过镇口闸另掘水道，卖放民船，酿成黄河倒灌的大祸。二是过往权贵。万历十六年（1588）夏六月，总河潘季驯上书称，内华、古洪二闸建闸易，守闸难。急行的贡使，强开的势要，使守闸官无法按章办事。于是镇口闸河还是不免于淤。水利设施和管理制度，在大要特权的贡使、势要面前，显得那么苍白无力。

## 第三节　湖漕挑浚兴衰

淮扬运河，在明代被称为湖漕。元代和明初漕船至淮安，需要车盘过坝方能进入淮河，洪泽湖水位也没有后来那么高，并不经常决堤冲断运河，所以挑浚任务不大。永乐十三年（1415）打通清江浦，江南漕船过闸北上后，尤其是嘉靖前期黄河干流直接在清口入淮后，黄水经常倒灌运河和洪湖，挑浚任务日见其重。

---

① （明）潘季驯：《河防一览》，《四库全书》，史部，第576册，上海古籍出版社1987年版，第409—410页。

② （明）潘季驯：《河防一览》，《四库全书》，史部，第576册，上海古籍出版社1987年版，第410页。

## 一 明代中后期清口一带的水道挑浚和设施调整

嘉靖前期，黄河重新至清口入淮。清口成为黄、淮、运三河交会之地，漕船从淮扬运河出闸即逆行黄河北上。湖漕挑浚任务日益加重。新庄闸外河沙淤积已成顽症，“清江浦，频年外河黄水漫入辄淤，浚治无已，运舟每为阻滞”①。其原因不外黄河干流来到清口而陈瑄奠定的清口闸制败坏，“迩来粮运愆期，秋去春回，六七月正在盛行之际，闸座不得及时启闭，河道焉能及时浚辟，口闸开而不阖，任其倒入，水缓沙停，泥塞浅阻，理必至也”②。漕船过淮愆期，闸不得闭，黄水盛发，湖口、运口倒灌厉害。

嘉靖前期清口挑浚已经相当繁重。“自嘉靖六年以后，河流益南，一支流入涡河直下长淮，一支仍由梁靖口出徐州小浮桥，一支由赵皮寨出宿迁小河口，各入清河，而汇由新庄闸灌入里河。水退沙存，日就淤塞。访诸故老，皆言河自汴来本浑，而涡、淮、泗清。新庄闸正当一水之口，河、淮既合，昔之为沛县患者今移淮安矣。兴工挑浚，公私劳费，动以万计。”总漕周金“甚虑之，窃计新庄口南诸闸一遇水发必须筑坝，及贡使与试官经过，旋复掘放，恐非长计。请于新庄闸更置一渠，约长五丈，立闸三层，重加防护，水发即三板齐下，贴席封固，虽有渗漏，势亦微细而挑浚不难”③。实在出于无奈，而又老谋深算。

隆庆、万历之交，清口泥沙淤积加重。不仅漕船出闸困难，而且影响黄、淮泄洪。万历五年（1577）“河决崔镇，黄水北流，清河口淤淀，全淮南徙，高堰湖堤大坏，淮、扬、高邮、宝应间皆为巨浸”④。万历六年（1578）潘季驯治河不得不“迁通济闸于淮安甘罗城南，以纳淮水”⑤，移清口于湖水势力范围之内，频繁开闸就不致漏水淤沙。万历十年（1582），总漕凌云翼“以运船由清江浦出口多艰险，乃自浦西开永济河四十五里，起城南窑湾，历龙江闸，至杨家涧出武家墩，折而东，合通济闸出口。更

---

① （明）刘天和：《问水集》，《四库全书存目丛书》，史部，第221册，齐鲁书社1996年版，第262页下栏。

② 天启《淮安府志》，方志出版社2009年版，荀德麟等点校，第573页。

③ 《明世宗实录》卷195，第3册，线装书局2005年版，第141—142页下栏上栏　嘉靖十五年闰十二月壬子。

④ 《明史》卷223，中华书局2000年版，第3915页。

⑤ （明）潘季驯：《河防一览》，《四库全书》，史部，第576册，上海古籍出版社1987年版，第215页。

置闸三，以备清江浦之险。是时漕河就治，淮、扬免水灾者十余年"①。平行于清江浦河开永济河，使用一个，挑浚一个，以此延续河运，用心良苦。

但正河、新河挑浚丝毫放松不得。天启三年（1623）十一月"挑浚新河淤浅，自杨家庙至文华寺止，长七百一十七丈，四阅月工完。放水以行回空"②。天启四年（1624）二月"会挑淮安正河。自许家闸至惠济祠止，长一千四百一十六丈八尺，复堵许家闸埽工十余丈，建通济月河小闸一座，俱于四月工完，漕船仍由正河，新河复坝闭塞"③。正河和新河轮番挑浚、轮番启用，还要严防闸坝外面日益抬高的黄河浊流倒灌。

嘉靖、万历、天启年间清口挑浚更加繁重，原因之一是黄行既久，河床渐高。陈瑄时代淮扬运河水位高于淮河，"细核嘉靖以前，水由里河出清口而入外河，形势内高，故建新旧清江等闸，蓄高宝诸湖清水济运"。当时开闸是运水入淮，而嘉靖年间"黄流淤垫，河身日高，水由外河进清口而入里河，故淮城、高宝常患泛溢，而三闸反为搪水之关，是水反注而闸亦反用也。黄水漫衍，凡里河一带，渐致积淤。年勤捞浚，方能疏利。既因黄泗交驶，而天妃口闸不便受汪洋之入，遂将口闸改建于南河嘴上，避黄流而就清淮"④。明人在面临与陈瑄开清江浦截然不同的水情河性时沉着应对，技术上有突破。

原因之二是随着明代政治清明的退步，河规漕制渐不能行。以往，"黄涨每发四、五月间。往岁粮船，春往冬旋，重运北竣于六月初一日，将口闸塞闭，以避黄灌里河，其外口虽淤，此时不用行船。待伏秋水退，九月开闸，回空冬深水消，挑浚河道，以备新运，此昔日之两便也"⑤。嘉靖以后河情日渐险恶，政治清明却日益下降，河规漕制形同虚设，国家意志不敌横流人欲，守闸、挑浚不能同时坚挺，常规挑浚都难以坚持，"淮安正河年久不挑，河夫虽冒领工食竟无实加捞浚者，至是大淤"。漕储参政朱国盛、淮海道宋统殷"拘集夫头而庭诘之，欲按工勘视，诸夫伏辜"。但处罚也仅"革前季内工食一千一百五十两贮库"而已，然后"先辟新

---

① 《明史》卷85，中华书局2000年版，第1396—1397页。

② （明）朱国盛：《南河全考》，《续修四库全书》，史部，第729册，上海古籍出版社2003年版，第54页上栏。

③ （明）朱国盛：《南河全考》，《续修四库全书》，史部，第729册，上海古籍出版社2003年版，第54页上栏。

④ 天启《淮安府志》，方志出版社2009年版，荀德麟等点校，第573页。

⑤ 天启《淮安府志》，方志出版社2009年版，荀德麟等点校，第573页。

河，通回空，次挑正河，以行重运”[①]。这在当时是了不起的作为，然而大过小惩，不足以振顽立懦；局部纠偏，不足以挽全局贪腐失控狂澜。

## 二 明代中后期湖漕挑浚和设施整治

洪泽原无湖。东汉末年陈登为广陵太守，始建淮堤使淮水不东决。淮南东路不受淮水灾害，成为千里沃壤。后代治水者皆恪守陈登之规不变，南宋以后黄河不时入淮，淮河西岸始有若干小湖。明初平江伯陈瑄修筑高家堰，使之成为淮扬运河屏障，小湖渐连成一体，水面始大。

按《明世宗实录》，嘉靖五年（1526）十二月巡按直隶监察御史戴金奏事有言：“黄河入淮之道有三：一自中牟至荆山合长淮之水曰涡河，一自开封府经葛冈小坝、丁家道口、马牧集、鸳鸯口至徐州出小浮桥曰汴河，一自小坝经归德城南饮马池至文家集经夏邑至宿迁曰白河。弘治间黄河变迁，涡河、白河二道上源年久湮塞，而徐州独受其害。”[②] 说明至迟弘治至嘉靖初，时有黄河干流在清口入淮。其后洪泽湖水面日大，清口水势日险，而挑浚任务渐重。

嘉靖以前，淮扬运河全河挑浚不过偶一行之。景泰六年（1455），“右佥都御史陈泰先奉敕督浚仪真、瓜洲、江都、高邮、宝应及淮安一带河道，至是以功完上闻。凡浚河百八十里，筑决口九处、坝三座，役人夫六万余”[③]。天顺六年（1462），“疏浚淮安以南运河”[④]。两次挑浚相距 7 年。弘治年间李景繁以“都水郎中管漕河。时漕塞自仪真入淮凡三百里，舟胶不行。有诏命都御史暨郎中治，景繁独任之。募夫八万人，初浚邵伯湖、扬子桥、三汊河，广皆六丈。次浚广陵驿东，广倍于三汊。次浚朴树湾，广三倍于初。次浚仪真、瓜洲二坝，广倍于朴树者三，深于旧者各五。景繁行瓜州堤上，见东南多沮洳区，问土人此何所也？曰江潮之汇也。景繁导之，自古札港入刘家湾入漕渠”[⑤]。按《明宪宗实录》，李景繁由太仆寺丞改工部主事在成化二十二年九月。按《明孝宗实录》，李景繁由工部郎

---

① （明）朱国盛：《南河全考》，《续修四库全书》，史部，第 729 册，上海古籍出版社 2003 年版，第 54 页下栏。

② 《明世宗实录》卷 71，第 2 册，线装书局 2005 年版，第 134 页上栏 嘉靖五年十二月丙子。

③ 《明英宗实录》卷 258，第 3 册，线装书局 2005 年版，第 211 页上栏 景泰六年九月戊子。

④ 《江南通志》，《四库全书》，史部，第 508 册，上海古籍出版社 1987 年版，第 694 页。

⑤ （清）孙奇逢：《中州人物考》，《四库全书》，史部，第 458 册，上海古籍出版社 1987 年版，第 43—44 页。

中迁右参议在弘治六年四月，则其挑浚淮扬运河在成化末或弘治初。这次挑浚与上次相距一二十年。

嘉靖以后，随着清口外黄河河床渐高，黄河倒灌淮扬运河和洪泽湖日多一日，淮扬运河挑浚日见频繁。嘉靖十一年（1532）四月，总督漕运都御史刘节奏报："黄河旧通淮河口流沙淤塞，挑浚方完，粮运幸过。不意黄、淮二河伏水涨发，泥沙漫入河口，直抵淮安府城西，浮桥一带俱被沙淤。已兴工挑浚，以拯目前之急。"[①] 年初漕船通过之前兴工挑浚上年倒灌之淤方毕，伏水涨发期间新的倒灌又淤塞运道数十里。鉴于水情河害越来越严峻，当局不得不启用新措施保证运道畅通。一是于淮扬运河设闸泄洪。隆庆末万恭总理河道，"高、宝诸河，夏秋泛滥，岁议增堤，而水益涨。恭缘堤建平水闸二十余，以时泄蓄，专令浚湖，不复增堤，河遂无患"[②]。二是加强平时和集中挑浚，万历元年"工部请建复淮南平水闸与浅船浅夫……自仪真至山阳有五十一浅，浅设捞浅二小船，船七金，浅夫十名"[③]。六七里设一浅，每浅专门捞浅船两只，捞浅夫10名。万历四十七年（1619）十月，"江都三汊河淤三百二十三丈，界首镇南淤三百五丈，镇北淤三百二十二丈，梗阻重运。郎中徐待聘严督官夫挑浚，粮运称利"[④]。三是严惩害群之马，天启三年"八月，界首运河迤北一带，当高、宝接界处，河身仍淤，水且涸。先是，市猾雍爰辈擅浅剥之利，故虽屡经捞浚而无功。至是悉置于理……而重运无梗"[⑤]。这是明人最后一次与群体利益侵害国家意志做坚决斗争，天启四年以后"河事置不讲"，湖漕挑浚出现更大倒退。朱国盛天启元年八月后任南河郎中，著《南河全考》，其下卷《治河治漕考》记述万历、天启年间湖漕治水通漕大事。

表41－1　**万历天启间湖重要河工**

| 时间 | 主持人 | 河工内容 |
| --- | --- | --- |
| 万历三年 | 王宗沐　邵元哲 | 修高家堰并开菊花潭，泄淮安三城水，通舟楫 |

① 《明世宗实录》卷137，第2册，线装书局2005年版，第551页下栏　嘉靖十一年四月癸卯。

② 《明史》卷223，中华书局2000年版，第3917页。

③ 《明神宗实录》卷12，第1册，线装书局2005年版，第105页下栏　万历元年四月乙亥。

④ （明）朱国盛：《南河全考》，《续修四库全书》，史部，第729册，上海古籍出版社2003年版，第52页下栏。

⑤ （明）朱国盛：《南河全考》，《续修四库全书》，史部，第729册，上海古籍出版社2003年版，第53页下栏。

续表

| 时间 | 主持人 | 河工内容 |
| --- | --- | --- |
| 四年 | 吴桂芳 | 修复高邮西湖老堤，傍老堤由圈田改挑康济越河，并筑中堤，粮运民生至今赖之 |
| 五年 | 吴桂芳 | 修山阳运堤自板闸至黄浦长70里，筑清江浦南堤以御湖水，加河岸以御黄淮，创板闸漕堤 |
| 六年 | 潘季驯 | 筑高堰堤长60里，内砌石堤3110丈，修复淮安新旧闸坝，迁通济闸于淮安甘罗城南以纳淮水 |
| 十二年 | 李世达　许应逵 | 挑宝应氾光等越河36里，修南北闸2座，行船永避湖险 |
| 十四年 | 常居敬 | 堵塞范家口、天妃坝黄河决口，加筑范家口石堤，恢复清江浦黄河旧观 |
| 十七年 | 潘季驯 | 修建邵伯湖石堤长1285丈，补旧石堤613丈 |
| 十九年 | 黄曰谨　张允济 | 修复邵伯湖石堤和高邮湖中堤，堵塞决口，修复邵伯石堤、桩板；改建高邮中堤为石堤 |
| 二十三年 | 詹在泮 | 堵塞湖水冲决的高家堰、高良涧、七颗柳和高邮中堤 |
| 二十四年 | 杨一魁　詹在泮 | 在清口上下分黄导淮。开桃源黄坝新河，自黄家嘴起至五港灌口止，分泄黄水入海；开辟清口沙七里，建武家墩泾河闸，泄淮水由永济河达泾河下射阳湖入海；又建高良涧减水石闸，泄淮水入江入海 |
| 二十八年 | 刘东星　顾云凤 | 开挑邵伯越河18里，宽10多丈，挑界首越河1889丈，各建南北金门石闸2座。官民船只永避湖险 |
| 四十一年 | 何庆元　熊尚文 | 开宝应县弘济河北月河长110丈，建近湖西堤滚水石坝二 |
| 四十五年 | 李之藻　冯乘云 | 筑扬州黄浦闸下至射阳湖南岸堤50里 |
| 四十六年 | 徐待聘　刘天惠 | 筑扬州黄浦闸下至射阳湖北岸堤5907丈 |
| 天启元年 | 陈道亨　朱国盛 | 淮安淫雨连旬、黄淮暴涨，里河、外河、高堰并决多处，大水入淮安城，市民蚁城而居。严督河官，毕力堵塞众决 |
| 天启二年 | 朱国盛 | 甃石补砌宝应西堤水毁石工600余丈，堵塞黄河淮安乾沟新河决口，在清口大王庙分水处建矶嘴以遏上游之势，修高邮中堤644丈，捞浚扬州界首以北运河，修筑扬州露觔庙湖口石堤160丈，挑浚新河杨家庙至文华寺淤浅717丈 |
| 天启四年 | 朱国盛　宋统殷 | 会挑淮安正河自许家闸至惠济祠止长1416丈 |

由表41－1可知，明代后期湖漕挑浚和整治几乎无年不兴工，有些年份甚至一年数兴工；有些险工甚至数年一修。投入巨大，效果有限。

三、湖漕与长江衔接处挑浚。嘉靖以前，淮扬运河与长江衔接水道，规定三年挑浚一次。洪熙元年（1425）八月“浚白塔河及仪征等坝河”①。当时上江漕船在仪征江口往往翻坝入淮扬运河，下江漕船在江北入白塔河。“是后定制仪征坝下黄泥滩、直河口二港，及瓜洲二港，常州之孟渎河，皆三年一浚。”② 但是，由府县衙门组织三年一浚，还需总漕从中协调。成化十一年（1475），总漕李裕申奏朝廷，“新开瓜州白塔河潮水往来，恐久而淤浅，宜下所司与瓜洲、仪真诸河皆三年一浚”③ 得到朝廷认可。成化十三年（1477），白塔河挑浚工程“召集旁近兵民二万人疏旧河二十里，筑东西捍水堤四十里，建通江、大同二闸，其大桥新开闸之故存者咸修复之。又增建土坝三。夏月潮涨则由闸，冬月水涸则由坝。又建减水闸五，以防泛滥。浅铺五，以备疏瀹。凡有益于河者无不为之”④。治水通漕还算坚挺。

据朱国盛考证，黄河干流在清口入淮前“江水向自瓜、仪达于清口，亦于黄淮会”。淮扬运河是南水往北流入淮河河床；黄河干流在清口入淮后不久，“黄水身高，夺淮拒江而下，势如建瓴”⑤。淮扬运河变为北水往南注入长江。运河之水含沙量也日大一日。倒灌黄水挟沙而来，沙留淤塞运道，扬州境内运河与长江衔接处挑浚和排洪任务日重。万历四十七年（1619）“十月，江都三汊河淤三百二十三丈，界首镇南淤三百五丈，镇北淤三百二十二丈，梗阻重运，郎中徐待聘严督官夫挑浚，粮运称利”⑥。明代后期运河决水积聚里下河，高邮、宝应境内洪水皆由兴化入海，天启二年兴化知县边之靖提请，巡盐御史房可壮准行，动用盐镪修建“丁溪、草堰、小海、刘庄、拦湖五闸。……至明年河湖大涨，百川沸腾，汇流入海，海潮突高数尺，赖诸闸堵御而潮无内灌，河流亦迅驶入海，民田禾麦得以有秋”⑦。五闸乃泄里下河洪水入海门户，泄洪时通利，海潮来时坚闭严实，潮不能内灌，保障里下河地区农业丰收。

---

① 《江南通志》，《四库全书》，史部，第508册，上海古籍出版社1987年版，第690页。
② 《江南通志》，《四库全书》，史部，第508册，上海古籍出版社1987年版，第653页。
③ 《江南通志》，《四库全书》，史部，第508册，上海古籍出版社1987年版，第695页。
④ （明）黄训：《名臣经济录》，《四库全书》，史部，第444册，上海古籍出版社1987年版，第451页。
⑤ （明）朱国盛：《南河全考》，《续修四库全书》，史部，第729册，上海古籍出版社2003年版，第59页下栏。
⑥ （明）朱国盛：《南河全考》，《续修四库全书》，史部，第729册，上海古籍出版社2003年版，第52页下栏。
⑦ （明）朱国盛：《南河全考》，《续修四库全书》，史部，第729册，上海古籍出版社2003年版，第53页上栏。

## 第四节　江漕挑浚兴衰

江南运河挑浚，重点在常州至镇江的水道（见图41－2）。永乐年间，通过胭脂河不经长江漕运南京的重要性下降，天下漕运逐渐侧重北平方向。永乐年间北运“漕舟自奔牛溯京口，水涸则改从孟渎右趋瓜洲，抵白塔，以为常”。南船过江有东西两道，西道由常镇运河出镇江京口闸，东道由孟渎河过江至瓜洲入白塔河。宣德年间又开德胜新河，“漕舟自德胜北入江，直泰兴之北新河。由泰州坝抵扬子湾入漕河，视白塔尤便。于是漕河及孟渎、德胜三河并通，皆可济运矣”①。《明史》称常州至京口间的常镇运河为漕河，此道近而安，但行于高冈，水源缺而挑浚难；孟渎、德胜等东边二道迂远，但水量充足，挑浚也较易。

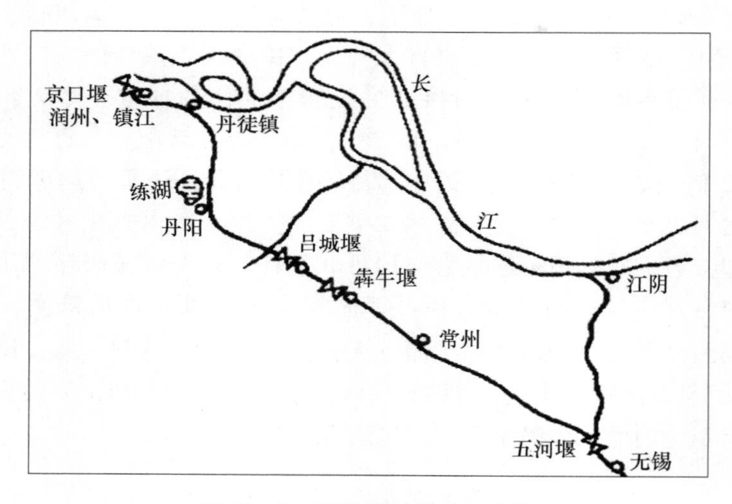


图41－2　明代常镇运道示意图

明代前期当局主观上倾向于通过西道过江，西道实在行不通才行东道。江南运河挑浚，热点在常州与镇江之间。较大规模挑浚有：永乐四年（1406）十二月“常州府孟渎河闸官裴让言：河自兰陵沟北至闸六千三百三十丈，南至奔牛镇一千二百二十丈，年久堙塞，艰于漕运，乞发民疏

① 《明史》卷86，中华书局2000年版，第1404页。

治。命右通政张琏发苏、松、镇江、常州民丁十万浚之"[①]。很舍得人力投入。正统八年"又浚常州孟渎河、德胜河"[②]。景泰二年（1451）正月，"浚直隶镇江、常州运河"。天顺二年（1458），"浚仪征漕河及常镇河"[③]。弘治十七年（1504）"疏浚常州运河"[④]。正德十四年（1519）"从督漕都御史臧凤言，修浚常州上下运河"[⑤]。挑浚得力，效果较好。

前期挑浚粗有定制。成化年间"定制，孟渎河口与瓜、仪诸港俱三年一浚"[⑥]。弘治十七年（1504）工部议定"常州府奔牛坝直抵镇江府京口闸……仍三年两次疏浚"[⑦]。由三年一浚到三年两浚，说明问题渐大。最初由朝廷统一组织，近河府州承担，统一调度，不分畛域。弘治十四年（1501）彭礼奏报镇江民夫吃亏，请求境内运道由各州自行挑浚："镇江府所属运河南抵奔牛坝，北至新港坝，先因河道浅狭，运船俱从孟渎河、大江经行径抵瓜洲，递年起夫四千往瓜洲坝挑浅，……民实劳于重役。乞令本府人夫止于本处挑浚，其瓜洲坝一带运河令江北扬州府所属并附近州县人夫捞浅，庶民无重役之劳。"[⑧] 被朝廷采纳。但府州挑浚常常掉以轻心，挑浚频率和质量都有折扣，有的拖到穷冬才召众兴役，手足皲瘃，虽浚无实。问题积累到一定程度，朝廷只得再次介入协调、督促。

明代前期部分时段也追求水量充足、挑浚容易、过江径直，不满足常镇运河繁难挑浚始可通船及出东口逆江西行数百里至瓜洲入运河，而倾向于由德胜河垂直对进江北泰兴县的北新河，或由孟渎河对进江北江都县的白塔河。景泰三年监察御史练纲上书："江南漕船俱从江阴夏港并孟渎河出大江，溯流三百里抵瓜洲，往往风水失利。今江南岸有南新河，在常州府城西，江北岸有北新河在泰兴县，正相对。江北又有白塔河在江都县，

---

① 《明太宗实录》卷62，第1册，线装书局2005年版，第63页上栏　永乐四年十二月丁亥。
② 《江南通志》，《四库全书》，史部，第508册，上海古籍出版社1987年版，第691页。
③ 《江南通志》，《四库全书》，史部，第508册，上海古籍出版社1987年版，第692—693页。
④ 《江南通志》，《四库全书》，史部，第508册，上海古籍出版社1987年版，第697页。
⑤ 《江南通志》，《四库全书》，史部，第508册，上海古籍出版社1987年版，第698页。
⑥ 《明史》卷86，中华书局2000年版，第1405页。
⑦ 《明孝宗实录》卷219，第2册，线装书局2005年版，第568页下栏　弘治十七年十二月癸未。
⑧ 《明孝宗实录》卷170，第2册，线装书局2005年版，第293页上栏　弘治十四年正月辛未。

与江南孟渎河参差相对。若由此二处横渡，江面甚近。”① 但因为需要先行挑浚，工大费巨，当局吝惜费用，未能付诸实施。正统八年（1443），“常州府武进县民言：漕舟出夏港泝大江，风涛险阻，害不可胜言。常州城西有德胜新河北入江，江北扬州府泰兴县有北新河，中间有淤浅者，俱宜浚之，以避大江险阻。浙江都司署都指挥佥事萧华言：永乐、宣德间，漕舟自常州府孟渎河出江入白塔河，江行不踰半日。今孟渎河淤浅，请浚之”。英宗接奏后，下其事于总漕武兴、巡抚周忱议办。武、周二人计议，结果以“北新河计当役一十五万五千人一月方完，比者连年灾伤，不可兴大役”② 为由，当年仅挑浚了常州孟渎河、德胜河，扬州白塔河。这种情况与清代治河通漕不惜工本大相径庭。

明后期相对固定地让漕船过常镇运河，由京口闸出河入江，在对岸瓜洲入淮扬运河。这样，江南运河的挑浚就相对集中在镇江境内，而比前期繁难数倍。其原因一是明朝前期，江南漕运四月兑粮，五月过淮，其时雨泽大降，江潮盛行，运河行船水深容易满足；后期改为十月兑米、初春过江，正是江水低落期，常镇运河水源常患不足。二是运河西岸练湖的水柜功能丧失，恢复起来十分困难。

常镇运河地势高仰，挑浚十分艰难，其中“夹港两岸高者数十丈，而河仅阔数丈许，下之开凿愈深，则上之坍塌愈速”条件十分恶劣。由于水柜制度遭到破坏，唯靠挑浚维持行船，“频冬役民以浚之，春来淤塞如故。年年兴此大役，民何以堪”③。自塌之外，挑浚泥土胡乱堆放，一下雨又被冲进运河。

隆庆、万历之交，万恭出任总河。有感于挑浚“为费甚巨，取之属邑，是以杯水救车火也，则病官；取给丁田，是以公家累私室也，则病民；取之导河银，是漕渠废水利也，则病农；取之商贾，是以水累陆也，则病商”④，改而官府筹措经费，雇夫挑浚。一变过去短时间一阵风做法，坚持慢工好活，挑出来的泥不再胡乱堆在岸上。施工数月，河工大成，“诚二百年仅见，江南百世利也”⑤ 且效果持久。

---

① 《明英宗实录》卷 212，第 2 册，线装书局 2005 年版，第 588 页下栏　景泰三年正月乙卯。

② （明）顾炎武：《天下郡国利病书》，《四库全书存目丛书》，史部，第 171 册，齐鲁书社 1996 年版，第 314 页下栏。

③ 《明神宗实录》卷 27，第 1 册，线装书局 2005 年版，第 177 页上栏　万历二年七月癸巳。

④ （明）万恭：《治水筌蹄》，水利电力出版社 1985 年朱更翎整理本，第 101 页。

⑤ （明）万恭：《治水筌蹄》，水利电力出版社 1985 年朱更翎整理本，第 100 页。

万恭挑浚常镇运河之后，进入张居正新政时期。经过万历二年许汝愚、万历五年郭思极两次呼吁，万历六年林应训督工大挑常镇运河，然后整治练湖，十一年动工兴建丹阳县黄泥坝闸、丹徒大渎山闸，为大复练湖水柜功能做准备；十三、十四年两年大力整治练湖，工成后刻石立禁约于湖上，规定每年春初修堤，禁势豪侵占。

明人姜宝撰《镇江府奉旨增造座闸记》，记述万历前期知府林应训在常镇运河增造新闸、整治练湖，最终解决常镇运河水源不足难题，集中而详尽。“量地远近，添造丹徒之大渎山、丹阳之黄泥坝与陵口先所造凡三闸，各委官设夫以司启闭，议如志书所载。每年蓄练湖之水以济运，浅当撩浚者，如丹徒之夹冈、猪婆滩，丹阳之黄泥坝、陵口、青阳等处，两三年间或一修举，部议著为令。”[①] 清官循吏做事讲求实效，造福后人。今人考证：整治过的练湖“湖分上下，中有横埂，埂上有石闸三，引上湖南入下湖。下湖堤另有石闸三……则引下湖水济运者。又有涵洞十二，则引上下湖之水溉田者。涵洞按时启闭，可旱涝无忧；闸按时启闭，则运河蓄泄有备”[②]。这次大修成果，一直维持到万历末年辽东战事爆发。当地官府为筹措辽饷银，怂恿农民围湖垦湖田，才出现重大倒退。

① （明）顾炎武：《天下郡国利病书》，《四库全书存目丛书》，史部，第171册，齐鲁书社1996年版，第327页下栏。

② 姚汉源：《京杭运河史》，中国水利水电出版社1998年版，第323页。

# 第四十二章　明代会通河饱受河害

## 第一节　会通河地理基础软肋

已有运河、漕运和治河研究成果，都未能明确指出会通河经行多条黄河故道，带来河运不可持续问题的严重性。姚汉源《京杭运河史》第四编第十七章论述明人治理会通河与治理黄河，分析了会通河引黄济运的利弊，认为“明初曾借黄行运后演变为永通河，引黄河为会通河水源，始自元代，明代前期经常维修开引。这都是有利的一面”。首先肯定引黄济运有利，其次才是批评黄河有水大、水小之弊，“黄河之弊主要是河南黄河北决，大水冲入运河，水小时又淤断运道”。这见识低于明人黄河是运河之贼的论断甚多。姚先生也注意到“弘治堵张秋运堤决口及黄河决口后修太行堤，截断黄河入会通河流路，后此甚少干扰”。但他对引黄济运的性质看得实在有些模糊，“这两次大工自正统十四年起到弘治十八年止(1449—1505)，共57年，就黄河说是分歧改道；就运河说是大力整治会通河时期，治运即治黄”[①] 显然缺少可持续理论指导，因而说不到本质上。

彭云鹤《明清漕运史》第二编第五章论及宋礼重开会通河，盛赞其超越元代会通河两大伟绩，一是“他们确定以南旺为南北分水的制高点”，二是“增建戴村坝于元代始建之堽城坝下游52里处”。彭先生肯定这样做“作用和效果是相当好的；也充分显示了宋礼、白英等人杰出的智慧和巨大的魄力，更有力地推动了明代漕运事业的蓬勃发展”[②]。同样未能分析相交多条黄河故道和多处引黄济运的巨大隐患。

先秦黄河经燕赵入渤海。后来河道渐次南移，从西汉黄水首次光顾齐

---

① 姚汉源：《京杭运河史》，中国水利水电出版社1998年版，第169页。

② 彭云鹤：《明清漕运史》，首都师范大学出版社1995年版，第103—106页。

鲁到明永乐九年重开会通河成，1200 多年间黄河多次冲击山东或流经山东入海，留下多条黄河故道。只要上游决口，决水随时都有可能从这些黄河故道袭来，危及漕运安全。这就是明清会通河脆弱的地理基础。

西汉黄河初显南移趋势。汉文帝时河决酸枣、溃金堤，金堤在鲁西濮州至张秋一线；武帝时河决馆陶，分为屯氏河，经鲁北至章武入海；成帝建始四年河再溃金堤，“泛滥兖、豫，入平原、千乘、济南，凡灌四郡三十二县，水居地十五万余顷，深者三丈，坏败官亭室庐且四万所”①。鲁北俨然黄泛区。五代和北宋黄河改道南移加快。周世宗显德初年河决东平杨刘口，治堤自阳谷抵张秋以遏黄水，黄河支流已在齐鲁腹地。按《山东通志》（四库全书本）卷 18，北宋山东有黄河支流数道：其一为横陇故道，真宗景祐元年河决澶州横陇埽，决水流经濮州、东平、范县、阳谷、东阿、长清六州县，皆在山东境；其二为二股河东流故道，庆历八年黄河再决澶州之商胡埽，下游形成二股河，其东流流经鲁北莘县、棠邑、博平、清平、夏津、高唐、恩县、平原、陵县、乐陵、海丰十一州县入海，哲宗元符二年该流始绝。

金、元两代黄河会淮入海逐渐定型。金章宗明昌五年河自阳武而东，流经山东东明、曹州、濮州、郓城、范县，至寿张注梁山泊，以下分为南北流。北流由北清河入海，南流由南清河入淮。元世祖至元九年、二十三年、二十五年黄河三次决于中游，决水先后流经山东的曹县、单县，江苏的砀山、丰县、沛县、徐州入海。黄河大半入淮，但北清河支流犹未绝。至元二十六年黄河全流入淮。元代会通河虽然地理基础同样脆弱，但元代黄河南行未久，顺帝年间河决白茅才有北去之势；且江南漕船至淮安翻坝车盘入淮，会通河不受黄河冲击。

明朝开国后，黄河频繁冲击山东。洪武元年河决曹州双河口，入鱼台；二十四年河决原武黑洋山，其支流由旧曹州、郓城两河口漫东平之安山，淤会通河。黄河含沙量巨大、汛枯期水量悬殊，“平时之水以斗计之，沙居其六；一入伏秋则居其八矣。以二升之水载八升之沙，非极湍急即至停滞”②。而黄水所经宽达数里甚至数十里，一决一塞短则数月长则数年，黄泛带往往淤沙深达丈许。如此恶劣的地理条件，筑堤遇水即瘫、修渠水入积沙。而会通河横穿如此地带又非止一处。

① 《汉书》卷 29，中华书局 2000 年版，第 1342 页。

② （明）潘季驯：《河防一览》，《四库全书》，史部，第 576 册，上海古籍出版社 1987 年版，第 252 页。

更有甚者，明代会通河一开始就引黄济运。明人只知道漕运规避大海，开河通漕却全无规避黄河意识。从永乐九年开会通河到弘治七年，会通河引黄济运持续了 83 年。其间上游黄河决水沿着引黄济运通道或黄河故道多次洗掠，黄河害运之烈始作俑者始料不及，明人为此吃尽苦头。

## 第二节 会通河两处引黄济运

### 一 张秋、沙湾一带引黄济运

明前期沙湾引黄济运，嘉靖《山东通志》卷 6 兖州府山川“会通河”条言之甚明：“国朝永乐九年，工部尚书宋礼建议疏凿，准于开河。惟至沙湾北徙二十余里，余皆循故道。自济宁则引汶泗洸及徂徕诸山水注之，至沙湾则引黄河支流自金龙口者合之，总名会通河。”① 道光《东阿县志》也载：明初开会通河时“犹堰黄河支流，自金龙口至沙河入运河，以济汶流之不足”②。沙河即东阿境内黄河故道。二志都明言所引黄水来自金龙口，前者还明言所引黄水至沙湾入运。这与《北河纪》所载金龙口河决必冲张秋、沙湾，弘治二年“河徙汴城，溢流自金龙口、黄陵冈东经曹濮，冲张秋运河”，三年后“河复决金龙口，由黄陵冈北趋张秋，绝运河而东，掠汶入海”③。精神完全一致。

张秋地在东昌府东阿县，沙湾地在兖州府寿张县，二者相近且皆旧有黄河故道。东阿县张秋的黄河故道来自濮州方向，嘉靖《山东通志》山川志东昌府“古黄河”条载：“在濮州治东南三十里，合瓠子河东北流入于会通河。”④ 可知古黄河即瓠子河，有黄水济运；同书同处的“新黄河”条：“在濮州东南三十里，正统十三年河决于荥泽东黑阳山，由蒲经澶四十余里，合古黄河故道北入会通河，决于沙湾，水入兖济，遂夺运道以东，公私告困。”⑤ 正统十三年以后形成的引黄济运水道，故称新

① 嘉靖《山东通志》，《四库全书存目丛书》，史部，第 187 册，齐鲁书社 1996 年版，第 797 页下栏。

② 道光《东阿县志》，《中国方志丛书》（第 80 号），成文出版社 1976 年版，第 155 页。

③ （明）谢肇淛：《北河纪》，《四库全书》，史部，第 576 册，上海古籍出版社 1987 年版，第 593—594 页。

④ 嘉靖《山东通志》，《四库全书存目丛书》，史部，第 187 册，齐鲁书社 1996 年版，第 805 页下栏。

⑤ 嘉靖《山东通志》，《四库全书存目丛书》，史部，第 187 册，齐鲁书社 1996 年版，第 805—806 页下栏。

黄河。

寿张境内沙湾引黄济运金龙口来水，在曹县境内一分为二。嘉靖《山东通志》山川志兖州府“古黄河”条：“在曹县西北八十里，自河南卫辉府□流入境，分为二派：一东南流至徐州入泗，一东北流寿张县沙湾入会通河。又定陶县北五十里亦有黄河支流东注济宁，以达淮海。其流今皆淤塞矣。”① 曹县境内的济运黄流嘉靖年间淤塞。

不仅如此，正统十三年黄河开始发难沙湾后，治河大臣仍继续张秋、沙湾的引黄济运。正统十四年（1449）王永和“浚黑洋山西湾，引其水由太黄寺以资运河。修筑沙湾堤大半，而不敢尽塞，置分水闸，设三空放水，自大清河入海”②。这说明当时并没有阻断沙湾上游黄河来水，只是在会通河以东设闸泄多余黄水入海。景泰四年（1453）徐有贞治沙湾河决，“九堰既设，其水遂不东冲沙湾，乃更北出以济漕渠之涸”③。继续引黄济运，只不过引入运黄水北流而已。徐氏以置水门、开支河、浚运河三策治河，所置水门就在沙湾对面的会通河堤，“置门于水而实其底，令水常五尺为准，水小则可拘之以济运，水大则疏之使趋于海”④。让过大的黄河来水过门入海，只留下会通河行漕所需水量。其后，弘治二年白昂治沙湾之决，“自东平北至兴济凿小河十二道，入大清河及古黄河以入海”⑤。也奉行既引又泄之法，让多余黄水切过会通河入海。徐有贞治河之效维持 30 多年，白昂治河之效只维持四五年。

## 二　鱼台塌场口引黄济运

永乐“八年秋，河决开封……帝以国家藩屏地，特遣侍郎张信往视。信言：‘祥符鱼王口至中滦下二十余里，有旧黄河岸，与今河面平。浚而通之，使循故道，则水势可杀。’因绘图以进。……九年七月，河复故道，自封丘金龙口，下鱼台塌场，会汶水，经徐、吕二洪南入于淮。是时，会通河已开，黄河与之合，漕道大通”⑥。明言所引黄水来自金龙口，下鱼台

① 嘉靖《山东通志》，《四库全书存目丛书》，史部，第 187 册，齐鲁书社 1996 年版，第 797—798 页下栏。

② 《明史》卷 83，中华书局 2000 年版，第 1345 页。

③ （明）徐有贞：《敕修河道功完之碑》，《明文衡》，《四库全书》，集部，第 1374 册，上海古籍出版社 1987 年版，第 470 页。

④ 乾隆《山东通志》，《四库全书》，史部，第 540 册，上海古籍出版社 1987 年版，第 355 页。

⑤ 《明史》卷 83，中华书局 2000 年版，第 1349 页。

⑥ 《明史》卷 83，中华书局 2000 年版，第 1344 页。

塌场口入运河济运。鱼台为济宁一县，这与上文所引嘉靖《山东通志》"又定陶县北五十里亦有黄河支流东注济宁，以达淮海"精神一致，东注济宁具体地点即鱼台县塌场口。祥符乃开封府治所，中滦地在封丘，张信所议与后来实开一致，皆起于开封、止于鱼台，在塌场入会通河济运。

这种状况一直延续至明代后期，万历《兖州府志》卷19河渠志曹州"双河口"条下载："黄河自曹县入境，至州城东折而北流，分为二支。其一支入雷泽，其一支入于郓城，谓之双河口。黄陵冈既塞，涸枯不常，双河口水又东南流为牛头河，经嘉祥、济宁至鱼台塌场口入漕。"[①] 黄陵冈为河南仪封和山东曹州间黄河一险工，弘治年间刘大夏于此筑断黄河伸向张秋的支流，逼其南下徐淮，但入塌场口济运的黄水依旧，该书同卷鱼台"塌场口"条下载："黄河由曹州双河口东流，经嘉祥、巨野、鱼台至塌场口入漕。"[②] 说明黄水入塌场口济运至万历二十四年《兖州府志》成书时尚然。

## 第三节　明初引黄济运知行误区

明代会通河正统十三年以后，成为黄河害运的重灾区。首先发难于张秋、沙湾，正统十三年"秋，新乡八柳树口亦决，漫曹、濮，抵东昌，冲张秋，溃寿张沙湾，坏运道，东入海"[③]。至弘治七年刘大夏彻底结束张秋、沙湾引黄济运的46年间，决口多次堵而复决、决而复堵，明人在苦斗中，逐渐认识到黄、运不兼容，最后筑堤将济运的黄河支流南引，使黄河全流南下入淮。此后，黄河害运便集中在会通河南段，即有引黄济运的鱼台以南。世宗嘉靖五年（1526），"黄河上流骤溢，东北至沛县庙道口，截运河，注鸡鸣台口，入昭阳湖。汶、泗南下之水从而东，而河之出飞云桥者漫而北，淤数十里"[④]，运道瘫痪。当时会通河南段在昭阳湖西，这一带地势低下。按《山东通志》，嘉靖六年、七年、八年、九年、十三年、三十六年、三十八年、四十四年、四十五年，万历二十一年，黄河决水主流或支流都曾直接冲击昭阳湖一带。明人经过漫长争论和不断实开，终于在万历三十二年开泇河成，避黄迁漕于昭阳湖东，终结了鱼台境内的引黄

① 万历《兖州府志》卷19，第3册，齐鲁书社1984年版，第34页下栏。
② 万历《兖州府志》卷19，第3册，齐鲁书社1984年版，第38页上栏。
③ 《明史》卷83，中华书局2000年版，第1344页。
④ 《明史》卷83，中华书局2000年版，第1353页。

济运，也终结了黄河对会通河的冲击。

实践上的惨重失败，根源于对黄河水性和海河优劣的认识误区。

首先，明人认为河运优于海运。宋礼于会通河开成的次年上奏朝廷："海运经历险阻，每岁船辄损败，有漂没者。有司修补，迫于期限，多科敛为民病，而船亦不坚。计海船一艘，用百人而运千石，其费可办河船容二百石者二十，船用十人，可运四千石。以此而论，利病较然。"① 这番话反映出明人普遍的河运优越观。

明人海运、河运利弊比较，往往只见河运之利和海运人船之失。其实治河通漕扭曲河性，加重河害，人民生命财产为此蒙受损失无法估算，肯定比海运损失大。隆庆四年（1570）九月"河决小河口，自宿迁至徐州三百里皆淤，而坡反为河。时河水横流，漕舟飘损八百余艘，溺死漕卒千余人，失米二十余万石"②。万历"十七年六月，黄水暴涨，决兽医口月堤，漫李景高口新堤，冲入夏镇内河，坏田庐，没人民无算。……十八年，大溢，徐州水积城中者逾年。众议迁城改河。……十九年九月，泗州大水，州治淹三尺，居民沉溺十九，浸及祖陵"③。这都是强在下游借黄行运、加多加重河决惹的祸，人丁死亡比海运多。

治河通漕投资也大得惊人。景泰四年徐有贞治沙湾河决，"凡用人工，聚而间役者四万五千有奇、分而常役者万三千有奇……盖自始告祭兴工至于工毕，凡五百五十有五日"。分而常役者人数，乘以工程日，共近500万工；聚而间役者人数，按工期的一半计算，共100001000万多工。两项共计100006000万多工。按明代漕河夫役每年12两白银折算，此役工钱折算54万两。另外，工程物料损耗也是一笔很大的开支，"用木大小之材九万六千有奇，用竹以竿计倍木之数，用铁为斤十有二万，铤三千，絙百八，釜二千八百有奇，用麻百万，荆倍之，藁秸又倍之，而用石若土则不计其算，然其用粮于官以石计仅五万而止焉"④。恐怕也要几十万两。

河运途中浪费也惊人，"盖有刁顽亡赖之人，一到水次，则妻子衣食之需，酒肉之费，一一取给于米，甚而逋负之物、嫖赌之具皆悬指所兑之米以充之。兑米未收，随数分散。又甚则利粮里之金，虚收实数者有之；

① 《明史》卷153，中华书局2000年版，第2796页。

② （明）张桥泉：《河志》，《行水金鉴》，《四库全书》，史部，第582册，上海古籍出版社1987年版，第5页。

③ 《明史》卷84，中华书局2000年版，第1371页。

④ （明）徐有贞：《敕修河道功完之碑》，《明文衡》，《四库全书》，集部，第1374册，上海古籍出版社1987年版，第470页。

又甚则私受其金，听粮里自以水土搀和，计百石不满六七十石者有之。未离水次，粮数固已亏矣，比至中途，如前诸费，又尽以米或捐、或卖以充之。彼自计所亏之粮可补，则徼幸牵扯那凑以抵湾；不可补，则尽贸余米，凿船沈之，托言漂流，与脱身而窜者，亦有之矣”①。海运无法如此胡作非为。

元代海运起始阶段规模小、人船损失率较高；后来规模增大，加上经验和技术逐渐适应海运，人船损失便越来越低。初运数万石至数十万石，“至元二十年，四万六千五十石，至者四万二千一百七十二石”②，成功率仅92%。海运高潮时年运数百万石，“至治元年，三百二十六万九千四百五十一石，至者三百二十三万八千七百六十五石”③，成功率在99%以上。中期明人没有认识到海运既久，通过改进船只、提高技术可有效降低损失率，反而小试即止，陷入与黄河苦斗的泥潭不能自拔，这是明人的悲剧。

其次，明人认为全河直航优于车盘翻坝、水陆互补和分段转般。永乐九年之前，江南漕船进入淮河一路西上，通过支流出淮河入黄河，过黄河后陆运进入卫河进京。这种车船交替、水陆结合的漕运方式，虽然运输成本高些，但比较尊重自然河流水情。永乐十三年之前，江南漕船至淮安，翻坝车盘进入淮河；开通清江浦之初，军民支运、节级转般，也较为适于应对黄河害运，具有可持续属性。无须巨额治河投入，综合效益还是合算的。

在不愿承受海运损失的社会思潮的驱使下，宋礼、陈瑄不惜引黄济运，积极开拓京杭直运水道，使河运每年运量达到400万石，可以单独满足北方粮食需求。这的确是了不起的成就，相当方面大大超越了元人，仅仅为当时自然水情所允许。问题是后来黄河干流直接在清口入淮后，中期明人应该适时而变，锐意力行重开海运，或者恢复唐宋在中游接入黄河，或者恢复明初盘坝入黄淮，或者恢复分段转般，但是他们什么都没做成，死抱河运和直航不放，这就大错特错了。

最后，明人黄河可资漕运观念根深蒂固。其引黄济运传统，肇始于“太祖用兵梁、晋间，使大将军徐达开塌场口，通河于泗。又开济宁西耐牢坡引曹、郓河水，以通中原之运”。永乐九年宋礼、金纯等人继续这一传统，“自开封北引水达郓城，入塌场，出谷亭北十里为永通、广运二

---

① （明）顾起元：《客座赘语》，中华书局1984年版，谭棣华点校，第54页。

② 《元史》卷93，中华书局2000年版，第1571页。

③ 《元史》卷93，中华书局2000年版，第1572页。

闸”[1]，只不过徐达当年是借黄行运，而治河诸臣是引黄济运。后来的治河大臣则习惯于用分流杀势的办法治河。“凡水势大者宜分，小者宜合。分以去其害，合以取其利。今黄河之势大，故恒冲决；运河之势小，故恒干浅。必分黄河合运河，则可去其害而取其利。”[2] 景泰四年治河大臣徐有贞这段话，反映了前期明人普遍的治河通漕误区。

明代真正认识到黄河害运的是李化龙，他提出“黄河者，运河之贼也”的著名论断，开泇河成压缩借黄行运二百多里；清代进一步缩短借黄行运的是开中河成功的靳辅。正是因为李、靳二人对黄河无害论拨乱反正，才使河运得以延续较长时间。

---

① 《明史》卷157，中华书局2000年版，第2853页。

② （清）张伯行：《居济一得》，《四库全书》，史部，第579册，上海古籍出版社1987年版，第570页。

# 第四十三章　明代河漕两系吏治滑坡

## 第一节　明初河漕清廉建构

要实现河治漕通，就必须保持河漕吏治清廉，从而保证治河通漕的高效。遗憾的是，除明太祖、明成祖外，明代统治者并未十分清醒地认识到这一点，他们控制河漕职务犯罪不自觉、有冷热，宽严不恒、松紧无常。政治日渐黑暗的后期不能有效控制河漕职务犯罪，河漕职务犯罪的失控又进一步加剧河崩漕坏进程，形成恶性循环。

已有运河、漕运和治河学术专著，关注明清河漕官吏贪墨现象不少。但没有人把它当作河运不可持续的原因之一加以研究。本书认为，明太祖大刀阔斧地惩治贪墨，太宗以水军办漕运，基本隔断了元末贪墨的顺延，完成了河漕清廉建构；成化、正德、嘉靖年间是河漕职务犯罪由可控到失控的转折期，万历中后期至天启年间河漕贪墨登峰造极。河漕两系职务犯罪是明代河运不可持续的社会原因，在下游接入黄河是明代河运不可持续的自然原因。

明太祖大刀阔斧地惩贪反腐，基本隔断了元末漕运贪墨向明朝延续。明代前期河漕吏治较为清明，得益于明太祖酷刑惩贪，有效隔断了元末贪墨向新王朝的顺延。

朱元璋称元朝统治者为胡元，对元代吏治黑暗感同身受且深恶痛绝，“惩元季吏治纵弛，民生凋敝，重绳贪吏，置之严典”①。朱元璋主导制定的《大明律》规定，官吏受贿枉法“一贯以下，杖七十。一贯之上至五贯，杖八十。……五十五贯，杖一百，流三千里。八十贯，绞”②。惩治贪官用刑

---

① 《明史》卷281，中华书局2000年版，第4803页。

② 《大明律》（中华传世法典本），怀效锋点校，法律出版社1998年版，第183—184页。

之重，至于剥皮囊草[①]。当时惩治贪官决心之坚、力度之大，有两大特点。

第一，不惜掏空多所衙门。洪武十八年郭桓贪墨案，“自六部左右侍郎下皆死，赃七百万，词连直省诸官吏，系死者数万人”[②]。郭桓当时是户部侍郎。按朱元璋著《大诰》，郭桓贪墨之罪主要是：（1）贪污浙西秋粮。“合上仓肆百伍拾万石。其郭桓等止收陆拾万石上仓，钞捌拾万锭入库。以当时折算，可抵贰百万石，余有壹百玖拾万未曾上仓”[③]。（2）玩法近畿马草。“郭桓等官，受要应天、太平、镇江、宁国、广德五府州纳草人徐添庆赃钞，不行追征合纳马草，却于已纳安庆府人户内多科，补纳五府州原欠数目。”[④] 此案牵连所及，“天下诸司尽皆赃罪，系狱者数万”[⑤]。不如此不足以阻断贪墨蔓延。

第二，细大不捐、遐迩俱及。按《御制大诰》所纠贪墨，犯官级别不分高低，从刑部尚书王峕误断史灵芝婚变（刑部追问妄取军属第七），到陕西地方官王廉、苏良科敛于民（陕西有司科敛第九）；事发之地不论远近，从京畿兴王之地免粮不实，地方官与户部官通同作弊，尽行分受（五州府免粮第十二），到远方驿站无马（马站第六十一）；犯罪事实不计大小，从武进县知县邓尚文将本县夏税十分之一霸占（武进县夏税第十三），到地方奏报雨泽不书姓名（雨泽奏启本第二十），无不矫枉过正，并“将害民事理，昭示天下诸司”，告诫官吏“敢不务公而务私，在外赃贪，酷虐吾民者，穷其原而搜罪之。斯令一出，世世守行之”[⑥]。心志之坚，空前绝后。

明太祖惩贪反腐收效明显。史载“一时守令畏法，洁己爱民，以当上指，吏治焕然丕变矣。下逮仁、宣，抚循休息，民人安乐，吏治澄清者百余年。英、武之际，内外多故，而民心无土崩瓦解之虞者，亦由吏鲜贪残，故祸乱易弭也”[⑦]。成功地隔断了元末贪墨积习向新王朝的顺延，为明

① 《明史·海瑞传》：海瑞“因举太祖法剥皮囊草及洪武三十年定律枉法八十贯论绞，谓今当用此惩贪”。

② 《明史》卷94，中华书局2000年版，第1550页。

③ （明）朱元璋：《御制大诰》，杨一帆《明大诰研究》，江苏人民出版社1988年版，第215页。

④ （明）朱元璋：《御制大诰》，杨一帆《明大诰研究》，江苏人民出版社1988年版，第227页。

⑤ （明）朱元璋：《御制大诰》，杨一帆《明大诰研究》，江苏人民出版社1988年版，第218页。

⑥ （明）朱元璋：《御制大诰》，杨一帆《明大诰研究》，江苏人民出版社1988年版，第197—198页。

⑦ 《明史》卷280，中华书局2000年版，第4803页。

代前期清廉治漕提供了吏治保证，也为后代创立了祖制。

太祖、成祖先后以舟师行海运、总漕运，清明治漕弊绝风清。洪武元年汤和提督海运，五年吴祯督海运饷辽东。汤和、吴祯乃水军将领，洪武元年汤和“拜征南将军，与副将军吴祯帅常州、长兴、江阴诸军，讨方国珍。渡曹娥江，下余姚、上虞，取庆元。国珍走入海，追击败之，获其大帅二人、海舟二十五艘，斩馘无算，还定诸属城。遣使招国珍，国珍诣军门降，得卒二万四千，海舟四百余艘”①。汤、吴督海运，主力是其麾下及归降水师。

永乐元年（1403）“总舟师防江上”的陈瑄迎降太宗，被封平江伯，“充总兵官，总督海运”②，永乐二年（1404）三月“平江伯陈瑄、都督佥事宣信充总兵官，督海运，饷辽东、北京，岁以为常”③。同年明廷“设总兵、副总兵，统领官军海运。后海运罢，专督漕运”④。陈瑄以麾下水师从事漕运，元末官吏贪墨恶习未能向明朝河漕队伍蔓延。

明太宗也注重清廉治漕，“命平江伯陈瑄充总兵官，率领舟师攒运粮储赴北京。谕之曰：‘北京所需粮饷为切，而人力漕运不易。卿能公勤御众，使仓庾充实，所助多矣。然民力有限，国用无穷，卿宜益勤抚恤，俾军士乐于趋事，虽久而不怨，斯国家所赖不浅也。勉之勿怠。’”⑤以舟师从事漕运，是明初清廉治漕的成功之举。它有效地截断了元末漕运腐败向明初的延伸，为明代治河通漕开了好头。

明宣宗启用清官整治河漕职务犯罪，巩固了太祖太宗清廉治漕成果。明宣宗继位之初，漕运方面就有乱政现象发生。洪熙元年（1425）八月，“直隶苏州卫言：苏州府所属七县秋粮，当输北京者六十余万石。府县征收在船，必俟户部催粮官点齐方起。有自冬十一、十二月受载，至次年春二、三月始行者。比及上仓，秋七月、八月始还，甚至冬深河冻不能还者。若一舟十人，千舟则万人，坐费日给，又妨农事”。地方官吁请皇帝予以干预，“乞敕催粮官如遇米完，或百艘或二百艘，先后发运，庶舟不停滞，粮易抵仓”⑥。说明问题严重，乱自上作，也需上治。同年十月，工

---

① 《明史》卷126，中华书局2000年版，第2488—2489页。

② 《明史》卷153，中华书局2000年版，第2797页。

③ 《明史》卷6，中华书局2000年版，第53页。

④ 《明史》卷76，中华书局2000年版，第1247页。

⑤ 《明太宗实录》卷233，第2册，线装书局2005年版，第438页下栏　永乐十九年正月己卯。

⑥ 《明宣宗实录》卷7，线装书局2005年版，第60页下栏　洪熙元年八月丙子。

部尚书吴中奏准，“营建献陵，先用下西洋官军一万人……请于平江伯陈瑄漕运，以易山东、河南诸卫军之漕运者一万五千人，以明年春赴陵用工”①。让运军服陵役，大乱漕运法度。表明后代子孙政治见识滑坡。

再后来，法行既久弊端自生，漕运职务犯罪有所抬头。宣德四年（1429）二月，“德州民奏：本州路当冲要，每遇运物官船经过，例给丁夫。而督运者多不守法，威逼有司，以一索十，以十索百。前者未行，后者踵至。本处丁夫不敷，有司无计，或执商贩、行道贫人以足其数。督运者中路逼取其赀，无赀者至解其衣而纵之，有为所逼迫不胜而赴水死者。在船军士本用操舟，乃得袖手而坐，所载私货多于官物，缘路发卖，率以为常”②。宣宗下其事于行在兵部，兵部奏请运物马船快船俱令每船预置木牌，上面大书本船军夫数目。有急运应增丁夫的，逆水行进不过7人，顺水行船者不增。派内外官员不时缘路搜检私载物货者，究治其罪。措施得力，职务犯罪有所收敛。

明宣宗决意通过更新人事整治漕运乱象。“宣德三年，都御史刘观以贪被黜”，大学士杨士奇、杨荣推荐“公廉有威，历官并著风采”的顾佐为京兆尹，“帝喜，立擢右都御史，赐敕奖勉。命察诸御史不称者黜之，御史有缺，举送吏部补选。佐视事，即奏黜严皑、杨居正等二十人，谪辽东各卫为吏，降八人，罢三人；而举进士邓棨、国子生程富、谒选知县孔文英、教官方瑞等四十余人堪任御史。帝使历政三月而后任之。……于是纠黜贪纵，朝纲肃然”③。明朝都御史、御史职责在于纠贪肃恶，顾佐一人进用，又带起40同类进用，合力惩贪倡廉，吏治安得不清。

宣宗尝到重用清官的甜头，宣德五年四月“擢郎中况钟、御史何文渊九人为知府，赐敕遣之”。七月“擢御史于谦、长史周忱六人为侍郎，巡抚两京、山东、山西、河南、江西、浙江、湖广”④。其中周忱巡抚南直隶，即今江苏、安徽大部分地区。太祖登基初，愤于苏民愚忠张士诚，加重赋租以困辱之。周忱在南直隶，况钟在苏州府，“江南巡抚周忱与苏州知府况钟，曲计减苏粮七十余万，他府以为差，而东南民力少纾矣”⑤。当时苏南田有官田、民田之分，官田赋税极重，周忱“又令松江官田依民田起科，户部劾以变乱成法。宣宗虽不罪，亦不能从”。经过数年犹

---

① 《明宣宗实录》卷10，线装书局2005年版，第84页下栏　洪熙元年十月庚寅。

② 《明宣宗实录》卷51，线装书局2005年版，第330页下栏　宣德四年二月乙巳。

③ 《明史》卷158，中华书局2000年版，第2868页。

④ 《明史》卷9，中华书局2000年版，第83页。

⑤ 《明史》卷78，中华书局2000年版，第1265—1266页。

豫，正统元年终于“令苏、松、浙江等处官田，准民田起科，秋粮四斗一升至二石以上者减作三斗，二斗一升以上至四斗者减作二斗，一斗一升至二斗者减作一斗。盖宣德末，苏州逋粮至七百九十万石，民困极矣。至是，乃获少苏”①。促成朝廷减少太祖以来所定苏南重赋，人民困苦得到缓解。

况钟在苏州，极力整顿吏治。“苏州赋役繁重，豪猾舞文为奸利，最号难治。钟乘传至府。初视事，群吏环立请判牒。钟佯不省，左右顾问，惟吏所欲行止。吏大喜，谓太守暗易欺。越三日，召诘之曰：‘前某事宜行，若止我；某事宜止，若强我行；若辈舞文久，罪当死。’立捶杀数人，尽斥属僚之贪虐庸懦者。一府大震，皆奉法。钟乃蠲烦苛，立条教，事不便民者，立上书言之。”② 颇有春秋楚庄王一鸣惊人风范。

苏州府“属县逋赋四年，凡七百六十余万石。钟请量折以钞，为部议所格，然自是颇蠲减”。尽管全改折征钞请求当时被拒绝，但此后户部不时蠲免一些。况钟又直接奏报四事，其一，昆山等县“民以死徙从军除籍者，凡三万三千四百余户”，他们“所遗官田二千九百八十余顷”，按照皇帝诏书精神“应减税十四万九千余石”。其二，苏州府“所领七县，秋粮二百七十七万九千石有奇。其中民粮止十五万三千余石”，其他“二百六十二万五千余石”都是按官田税率所征，“有亩征至三石者，轻重不均如此”。请求改变不公现状。其三，“洪、永间，令出马役于北方诸驿，前后四百余匹，期三岁遣还”，现在“已三十余岁”了还未遣还，“马死则补，未有休时”。其四，“工部征三梭阔布八百匹，浙江十一府止百匹，而苏州乃至七百，乞敕所司处置”。结果“帝悉报许”③。给苏州人民带来巨大实惠。

## 第二节　河漕腐败可控时未严控

英宗、代宗在位29年，宪宗在位23年。这50余年间惩治河漕职务犯罪失之优柔，可控时未加严控。

英宗、代宗年间承明初大力整治余威，河漕两系很少发生大的贪墨和

① 《明史》卷78，中华书局2000年版，第1266页。
② 《明史》卷161，中华书局2000年版，第2911页。
③ 《明史》卷161，中华书局2000年版，第2911页。

职务犯罪。正统三年（1438）五月，御史弹劾漕运总兵王瑜及巡河、管洪闸官不能约束部属，“巡河官大理寺右少卿徐仪、通政司右通政王孜、工部郎中邓诚、员外郎郭诚，山东布政司参议孙子良等各伏罪。上以其吐实，宥之”[①]。卖法市恩，责罚太轻。若能于河漕职务犯罪不大泛滥、危害尚轻之时严格执法，哪怕只有明太祖惩贪反腐的狠劲儿和力度的一半，也足以维持治河保运清明更长一些时间。

宪宗时河漕职务犯罪越来越多、越来越重，却因循姑息仍不肯用重典治之。

## 一　河漕职务犯罪越来越多、越来越重

（一）河漕吏治昏暗，漕运效率滑坡

一是河不实浚，敷衍了事。成化三年（1467）七月总漕滕昭反映，长江与运河衔接诸道，“著令三年一浚。然所司怠玩，浚不以时，直至穷冬，召众兴役，则手足皲瘃，虽浚无实，徒为劳耳”。[②] 二是官不守法，挑战漕规。成化七年（1471）正月总漕陈濂奏：“运河一带，济宁居中而南北分流，久不疏浚，蓄水不多。况两京往来内外官多不恤国计，不候各闸积水满板，辄欲开放，以便己私。而南京进贡内臣尤甚，以此走泄水利，阻滞粮运。”[③] 三是营私舞弊、偷漏税款。成化十六年（1480）七月，李翥奏报官船谋私：“天下货物，南北往来，多为漕运船及马快船装载”，漕船为军船，马快船为官船，回空载货不上税，多谋其私，以致专门运货的民船却“皆空归，而国税无人输纳”。户部早有规定：“凡马快船不许夹带货物，违者财物没官，并追究所犯。”[④] 而官船明知故犯。四是仓官贪墨、以权谋私。成化二十二年（1486）三月，漕运官员奏报：“近年各仓官攒每石既明加八升之外，又不容刮铁行概，每斛务令加至三四指高，斛下余米号为官堆，俱收入廒，甚至额外罚米。以此羡余虽积，而正粮实亏。”[⑤] 仓官额外多收，不为充实国库，而在于私分贪污，从中获得好处。坑民肥己，实在可恶。

---

① 《明英宗实录》卷42，第1册，线装书局2005年版，第221—222页下栏上栏　正统三年五月庚寅。

② 《明宪宗实录》卷44，第1册，线装书局2005年版，第244页上栏　成化三年七月丁卯。

③ 《明宪宗实录》卷87，第1册，线装书局2005年版，第450页下栏　成化七年正月甲申。

④ 《明宪宗实录》卷205，第2册，线装书局2005年版，第294页上栏下栏　成化十六年七月乙酉。

⑤ 《明宪宗实录》卷276，第2册，线装书局2005年版，第294页上栏下栏　成化十六年七月乙酉。

（二）运军败坏漕规、扰乱漕运

成化元年（1465）底，“南昌左卫官军，中途盗卖兑运正粮八千一百七十石有奇，户部发之，逮其人鞫治”[①]。成化六年（1470）十月，“旧例运粮船挨帮而行，近年多不挨次；旗军旧许令附载土物以补助正粮盘费，今多以原兑耗米，尽卖轻赍，置买私货，于沿途发卖，以致稽迟。及至来京反买仓米补纳，多不足数”[②]。致使京城粮食价格上涨。成化六年（1470）九月，“京城比来米价腾踊，民艰于食，乞丐盈路。询其所由，盖因漕运军士涂中糜费粮米，至京则籴买以足其数，遂使米价日增，而民食愈缺”[③]。当局只得让短缺漕粮的运军每米一石折银6钱交库塞责，以杜籴米充数现象。

（三）加耗日重，民不聊生

成化二十一年（1485）七月，奉命清理漕运宿弊的监察御史谢文奏报：“兑运民粮已有加耗，近除正耗之外，往浙江、江西兑者，每石各有过江耗米一斗、过湖七升。又有免晒加润等米，每石或七八升至一斗四五升。官军行粮随军兑支者，亦有湿润加增之数。计其所得耗米反逾正粮之外，此兑运之弊也。”[④] 运军巧取豪夺、勒索粮农。

## 二　漕政日坏，宪宗还在一味滥赏宥罪

成化六年（1470）十月，兵科都给事中秦崇奏：“漕运总兵署都督佥事杨茂、参将都指挥佥事袁佑素乏长才，过蒙重用。如今年所运官军中途则粜正粮以售货，到京则籴他米以上仓，展转懋迁，借贷完纳。遂使京师米价踊贵。皇上天地量，不加谴责，乃复传旨升茂为都督同知、佑都指挥同知。纶命虽颁，清议未惬。……伏望皇上断自宸衷，收回纶命，庶几名器不至于滥溢，而臣下知所淬励矣。”宪宗不仅不认错，反而严斥秦崇：“尔等何为劾奏？本当逮问，姑宥之。”[⑤] 昏庸如此。

成化七年（1471）十月，部复漕运事有“近年以来，河道旧规日以废弛，滩沙壅涩不加挑洗，泉源漫伏不加搜涤，湖泊占为田园，铺舍废为荒

---

① 《明宪宗实录》卷23，第1册，线装书局2005年版，第126页下栏　成化元年十一月戊申。

② 《明宪宗实录》卷84，第1册，线装书局2005年版，第436页上栏　成化六年十月己酉。

③ 《明宪宗实录》卷83，第1册，线装书局2005年版，第433页上栏　成化六年九月辛卯。

④ 《明宪宗实录》卷268，第2册，线装书局2005年版，第548页下栏　成化二十一年七月乙丑。

⑤ 《明宪宗实录》卷84，第1册，线装书局2005年版，第436页下栏　成化六年十月己酉。

落，人夫虚设，树井皆枯。运船遇浅动经旬日，转雇盘剥财殚力耗；及至通州雨水淫潦，僦车费力出息称贷，劳苦万状。皆以河道阻碍所致，因循既久日坏一日，殊非经国利便”[①] 之论，说明河规漕制败坏已到不用重典不能纠正之时。宪宗不仅不用重典纠偏，却还在一味行宽容姑息之政。一是无功升迁，成化十五年十月工部郎中杨恭六年考满，“吏部议拟通政司参议。诏曰：恭既管河勤能，准升右通政。恭在河道，承奉太监汪直，故有不次之擢也”[②]。右通政比通政司参议位高权重。二是有罪不罚，成化十六年十一月和十七年十一月，因为漕运连年误期，户部先后参奏漕运高官陈锐、张瓒和都胜，宪宗两次回护他们。如此有罪不罚、无功亦奖，漕运怎不日渐败坏、每况愈下。

孝宗弘治年间，黄河多次决口冲断会通河张秋、沙湾之间，朝廷主要精力用于治河通漕，于控制河漕两系职务犯罪没有大的作为。“孝宗独能恭俭有制，勤政爱民，兢兢于保泰持盈之道，用使朝序清宁，民物康阜。《易》曰：‘无平不陂，无往不复，艰贞无咎。’知此道者，其惟孝宗乎！”[③] 可见，孝宗比宪宗要勤政得多。弘治年间虽未有效扭转河漕职务犯罪失控的局面，但也没有推波助澜。

## 第三节　正嘉河漕腐败失控

由于英宗、代宗、宪宗、孝宗年间河漕腐败可控制时未严控，致使武宗、世宗年间河漕贪墨严重失控。

武宗在位15年多一点，治国理政前后没有明显变化。世宗在位45年，以嘉靖二十一年让“礼部尚书严嵩兼武英殿大学士，预机务”[④] 为界，前期尚有励精图治气象，对河漕职务犯罪控制较为紧严；后期追求享乐、清明下降，河漕职务犯罪失控。武宗、世宗期间明代河漕职务犯罪失控。标志是：

第一，漕运高官职务犯罪浮出水面。正德三年（1508）九月，罢漕运都御史张缙为民，因其遇“扬州灾伤，以庐州府额输凤阳府仓粮米二

---

① 《明宪宗实录》卷97，第1册，线装书局2005年版，第491页下栏　成化七年十月乙亥。

② 《明宪宗实录》卷195，第2册，线装书局2005年版，第259页下栏　成化十五年十月壬子。

③ 《明史》卷15，中华书局2000年版，第134页。

④ 《明史》卷17，中华书局2000年版，第155页。

万五千石改作兑军，乃于扬州兑军额数之内改拨二万五千于凤阳仓上纳，行之三年未更”①。十月，整理粮储户部左侍郎韩福揭露湖广巡抚多年积欠税粮漕粮大案，“湖广地方自弘治元年迄于正德二年，所属武、沔等府州县，宝庆等卫所积欠税粮、屯粮共六百二十七万一千石有奇；历年巡抚都御史等官郑时等一千一百八十二员失于查催，以致仓廪空虚、官军缺用”，本属大案，但户部奏请“仍留该省今年兑运粮二十五万石，以备赈饥。而输福所收事例银四十余万两入京，以补漕运之数”② 了事。正德四年（1509）十二月，总漕陈熊并家属流放海南，因其“有同宗绍兴卫指挥陈俊督运，欲以湿润官米贸银输京，熊许之。缉事者得其事，下诏，狱鞫之”③。此案虽有宦官刘瑾公报私仇因素，但陈熊徇私枉法也是实情。

嘉靖二十五年（1546）十月，漕运总兵官万表奏报本年漕运粮斛实交止1953000余石。世宗追查400万石漕粮准折过半的责任，户部“尚书王杲等伏罪。上曰：漕运粮米岁有常数，系祖宗成法，即遇灾伤自有蠲省常例。近来内外各官奏免，任意纷更，该部一概题覆，不闻执奏，以致岁减过半，坐损国储。本当重究，但念系干人众，姑从宽免”。主责在户部尚书，地方巡抚也有罪责，但一概不咎，只声明“再有奏减折银者，参奏重治”④，不足以震慑人心。

第二，宦官、奸臣纳贿乱政、败坏漕政；流寇、倭寇袭扰运河，不少官员失节。正德五年（1510）八月，左给事中张瓒揭露众官贿赂宦官刘瑾以便染指漕运，“伏羌伯毛锐求管漕运，纳货不赀”⑤。刘瑾败亡后，毛锐掌管漕运的成命才被收回。五年九月，六科给事中张润等人奏：“逆瑾已诛，群党继黜，其遗奸尚存者，如……（李）瀚总督漕运，贻毒江淮……（崔）岩督理河渠，偾事尤甚……乞量情罪重轻调用罢黜，或寘之于法。”⑥ 事后，仅崔岩致仕，李瀚留供职。

---

① 《明武宗实录》卷42，第1册，线装书局2005年版，第264页上栏　正德三年九月壬子。

② 《明武宗实录》卷43，第1册，线装书局2005年版，第267页上栏下栏　正德三年十月辛未。

③ 《明武宗实录》卷58，第1册，线装书局2005年版，第345页下栏　正德四年十二月戊戌。

④ 《明世宗实录》卷316，第3册，线装书局2005年版，第617—618页下栏上栏　嘉靖二十五年十月己亥。

⑤ 《明武宗实录》卷66，第1册，线装书局2005年版，第387页上栏　正德五年八月壬寅。

⑥ 《明武宗实录》卷67，第1册，线装书局2005年版，第396页上栏下栏　正德五年九月壬申。

正德、嘉靖间，盗贼多次袭扰河漕。正德六年（1511）十月，“贼刘六等攻济宁州不克，焚粮运船千二百一十八艘，遂焚都水分司，执主事王宠，寻释之”①。此番战乱，给漕运以致命打击。嘉靖元年（1522）十二月，山东流贼王友贤剽劫祥符、封丘等处，转掠至南直隶界。世宗“命总督漕运都御史俞谏不妨原务，与总兵官都督鲁纲一同提督山东、河南、北直隶等处军务，以便宜节制镇巡等官，设法抚剿。选团营惯战官军三百人，人给银二两，随纲听征。及先调保定、定州等处达官达舍二千，俱从纲分布截杀”②。至嘉靖二年二月才报平定。

嘉靖二十九年（1550）十月，徐学诗弹劾严嵩，“今大学士严嵩奸贪异常，各处巡抚、总兵等官皆掊克军民，争致金宝以充嵩之囊橐，是以酿成虏患。幸上不诛乃复谬引佳兵不祥之说，以谩清问。纵子世蕃受失事李凤鸣二年金，使任蓟州总兵；又受老废总兵郭琮三千金，使补漕运，满朝荐绅无不叹愤，而竟莫有一人敢抵牾之者，诚以内外盘结上下比周，积久势成”③。世宗不仅不惩办严嵩，反而下徐学诗于监。严嵩遂权倾朝野，“帝自十八年葬章圣太后后，即不视朝，自二十年宫婢之变，即移居西苑万寿宫，不入大内，大臣希得谒见，惟嵩独承顾问……以故嵩得逞志”④。朝政焉得不乱。

第三，明武宗处置贪墨河漕官员，习惯于抓小放大、玩法市恩。正德六年（1511）十月陆完弹劾流寇刘六攻济宁期间失职官员，包括漕运总兵镇远侯顾仕隆、参将梁玺、都御史张缙，山东镇巡布按二司，守巡济宁州卫官及副总兵张俊，武宗只让守巡兵备、州卫掌印、领军巡捕等官停俸，戴罪杀贼。而不追究漕运总兵、都御史、参将，山东镇巡及布按二司等高级掌印官的责任。八年（1513）二月，“正德七年运粮把总等官完粮违限，及漂流、烧毁粮米者共二百五十五人，例当逮问及停俸。其漕运总兵官镇远侯顾仕隆、参将梁玺、都御史张缙亦难辞责”。武宗下旨“把总等官俱如例问拟；仕隆、玺、缙其宥之，令用心督理，不许怠玩”⑤。如此罪重罚轻，被罚者心不服，被宥者存侥幸。

---

① 《明武宗实录》卷80，第1册，线装书局2005年版，第462页上栏下栏　正德六年十月甲申。

② 《明世宗实录》卷21，第1册，线装书局2005年版，第528页上栏　嘉靖元年十二月丙戌。

③ 《明世宗实录》卷366，第4册，线装书局2005年版，第136页下栏　嘉靖二十九年十月辛巳。

④ 《明史》卷308，中华书局2000年版，第5301页。

⑤ 《明武宗实录》卷97，第1册，线装书局2005年版，第544页上栏　正德八年二月甲寅。

明武宗还包庇亲信乱漕，十二年二月漕运总兵官奏报："刘太监者，往乌思藏取佛，所需船五百余艘、夫役万余人，供亿不赀，所过骚扰。日者营建巨木方行，进贡快船续至，比屋派夫，数犹不足。加之以此，民将何堪。……伏望尽将所差人员取回，以安人心。"[①] 武宗置之不理。

明世宗惩治河漕官员职务犯罪只愿罚俸，且贪墨河漕官员至于一用再用。嘉靖二年（1523）四月，户部尚书孙交因有人"参奏漕运把总漂粮千石以上者，并论总兵杨宏"，因"自劾稽迟粮运，请罚治"。世宗仅"切责把总等官"，但"薄其罪"，并且"宥杨宏等，以交等引咎自责，悉勿问"[②]。总认为高官情有可原，只低级官员罪不可恕，难免会对违法有罪官员处治失之过轻。嘉靖二十年（1541）五月，工科都给事中韩威、林庭坣先后弹劾总河、总漕奏报不实，"河道御史郭持平已报睢州野鸡冈、孙继口挑浚新河工完，徐、吕二洪粮运无阻。而漕运都御史周金等又称桃源、宿迁等处河道浅涩，徐、吕水不盈尺，岁运艰难，各相背戾"[③]。世宗仅将郭持平降俸三级，戴罪督理。嘉靖二十三年（1544）四月，刑科给事中王交上书"劾总督漕运镇远侯顾寰索漕粮常例，怨言腾沸；总督右副都御史张景华督理弗严，迹涉隐纵，乞赐惩戒"。世宗"诏寰回京听勘，景华策励供职。已，吏科给事中何云雁复劾景华纵恣苛虐，吏部言景华屡经论列，难以展布。诏冠带闲住"[④]。可是，嘉靖二十七年十二月和三十一年十月，世宗又两次任命顾寰出任总兵官提督漕运。顾寰仍旧渎职，三十三年五月因"漕运愆期"，世宗又"夺总兵官顾寰以下俸有差"[⑤]。喜欢重用有过犯官，岂非咄咄怪事。

第四，河漕职务犯罪进一步普遍化、基层化。嘉靖元年（1522）正月，兵部复管河郎中毕济时上书言漕运事有言："漕运把总率以贿得，克军逋赋积弊难除""临清以北沿河所属半为屯军，今军屯之地铺舍尽毁，官柳尽伐，堤岸不修，河洪不浚，军民船泊盗劫为常，皆为武职廉勤者

① 《明武宗实录》卷146，第2册，线装书局2005年版，第137页下栏　正德十二年二月戊午。
② 《明世宗实录》卷25，第1册，线装书局2005年版，第555页下栏　嘉靖二年四月壬辰。
③ 《明世宗实录》卷249，第3册，线装书局2005年版，第374页上栏　嘉靖二十年五月丁亥。
④ 《明世宗实录》卷285，第3册，线装书局2005年版，第511页下栏　嘉靖二十三年四月癸巳。
⑤ 《明世宗实录》卷410，第4册，线装书局2005年版，第297页下栏　嘉靖三十三年五月丁巳。

少，而抚按又委以别差，军士缺伍者多，而壮丁率编以它役”[①] 之言，请求皇帝下诏禁止。三月，巡仓御史刘寓生上言：“天下卫所运粮四百万石，常额外加耗有曰太监茶果者，每石三厘九毫，计用银一万五千六百两；有曰经历司，曰该年仓官，曰门官门吏，曰各年仓官，曰新旧军斗者，俱每石各一厘，共计用一万六千两；有曰会钱者，上粮之时有曰小荡儿银者，俱每石一分，共计用银八万两；又有曰救斛面银者，每石五厘，计用银二万两。率一岁四百万米分外用银一十四万余两，军民膏血安得不困竭也。”[②] 漕运无非船不守冻、粮不短缺、军不借债三大急务，若官得其人，何来此弊？

## 第四节 后期河漕腐败至极

明神宗在位的前10年张居正主政，于河漕吏治颇有整肃。万历十年（1582）二月张居正死，次年虽对其夺官抄家，但大约万历二十年之前，朝政连带河漕还基本维持着万历张居正的整肃效果。此后，神宗日渐怠政，河漕职务犯罪日渐反弹。

张居正整顿弊政，治河保运效率提高。“居正为政，以尊主权、课吏职、信赏罚、一号令为主。虽万里外，朝下而夕奉行。黔国公沐朝弼数犯法，当逮，朝议难之。居正擢用其子，驰使缚之，不敢动。既至，请贷其死，锢之南京。漕河通，居正以岁赋逾春，发水横溢，非决则涸，乃采漕臣议，督艘卒以孟冬月兑运，及岁初毕发，少罹水患。行之久，太仓粟充盈，可支十年。”[③] 万历五年（1577），嘉靖朝治河分流杀势积累隐患总爆发，“自去秋河决崔镇，清河一带正河淤垫、淮口梗塞，于是淮弱河强，不能夺草湾入海之途，而全淮南徙，权灌山阳、高、宝之间。向来潮水不踰五尺，堤仅七尺，今堤加至一丈二尺，而水更过之。此从来所未有也”[④]。在这种情况下，朝廷选择潘季驯治河，采用“以堤束水、以水攻

① 《明世宗实录》卷11，第1册，线装书局2005年版，第481—482页下栏 嘉靖元年三月丁卯。

② 《明世宗实录》卷12，第1册，线装书局2005年版，第481—482页下栏 嘉靖元年三月丁卯。

③ 《明史》卷213，中华书局2000年版，第3762页。

④ 《明神宗实录》卷63，第1册，线装书局2005年版，第372—373页下栏 万历五年六月甲戌。

沙”策略，对黄、淮、运三河堤防大加修筑，使黄淮并流一向通过清口入海；然后，对清口闸规和淮扬运河挑浚制度大加整顿，恢复明初闸规湖制，出现河安漕顺好局面。

万历二十年前后，治河通漕效率下降，河漕职务犯罪回潮。十九年（1591）八月，“浙直诸郡今岁漕运黑润之米几一百万余石”，仓场尚书杨俊民奏请神宗严饬有关衙门，“十九年漕粮如有湿米搪塞照前起运者，责在有司；运官交兑之后，纵容旗军沿途盗取插和，责在运官；悉听漕运衙门与巡漕御史查参究治”[①]。漕运如此，治河也好不到哪去。二十九年工科左给事中张问达奏漕运逾期原因，“自南堌口之决而南徙也，徐、邳三百里之间几至断流，河臣乃议开赵家圈以东黄河故道不及四十里，接引黄流下通三仙台支渠出小浮桥以入运河；赵家圈告竣，复采旧议开泇河，舍黄流引汶、泗山川泉源之水以为运道便宜。经久之谋，心亦良苦。然地多沙石，工尚未就而赵家圈日就淤塞，因而断流。徐、邳间三百里河水尺余，粮船停各不行者几一月矣，及入闸河又多浅阻，临清以北河流甚细，此一万二百七十有余之艘，相与争一线之水而不能速进之故也”[②]。足见万历中期治河通漕滑坡。

万历后期河漕之政疲软至极。万历三十七年（1609）十一月，徐州吴家庄盗贼劫杀如皋赴任知县张藩，漕运总督李三才因言“各处洊饥，惟淮、扬一带稍有收成，故流移之众千百成群在在行劫，非速赐蠲赈，大行安抚，恐不知其所终”[③]。反映了皇帝怠政、群臣党争、社会危机四伏的现实。万历四十一年（1613），大明九个月没有总河，大学士叶向高极力陈奏，“河道为南北咽喉，漕运命脉。河臣刘士忠既已予归，一切河务无人料理，所当与各省抚臣亟为点用者也”[④]。皇帝才任命了新总河。

在这种情况下，四十三年九月巡漕御史朱阶陈漕运五议：其一漕船奇缺，“缘官银为奸商冒领，厂役瓜分，遂至银与木终成乌有”。其二剥船不敷，“缘船额不敷，就中有船户疲累，弃之而逃；有奸猾揽当，原无船而暂雇应点；有旋应一剥而中途别载营利”。其三水柜废坏、闸河浅涩，“夏

① 《明神宗实录》卷239，第2册，线装书局2005年版，第570页下栏　万历十九年八月丁亥。

② 《明神宗实录》卷363，第3册，线装书局2005年版，第571页上栏　万历二十九年九月乙未。

③ 《明神宗实录》卷465，第4册，线装书局2005年版，第479页上栏　万历三十七年十二月壬子。

④ 《明神宗实录》卷511，第5册，线装书局2005年版，第98页下栏　万历四十一年八月庚寅。

镇而北别无运道，不过赖闸河以利涉，先臣宋礼乃于昭阳、南旺诸湖设立斗门名曰水柜，夫然后旱涝俱有恃无恐。曾几何年，而诸湖半为势豪占种，涓滴不留”[①]。其四、其五反映运军贫困，生存艰难，履行职责困难重重。呼吁申饬武备，佥补殷实军旗，务令正身赴役。说明漕运已经接近难以为继边缘。

天启年间河漕官员贪墨不堪。自天启三年魏忠贤提督东厂，数年间熹宗大权旁落、阉党专政，朝政日非。阉党乱政黑手逐渐伸向河道和漕运。天启六年（1626）造三大殿，闰六月“漕运总督苏茂相钦奉圣谕，进搀括助工银三十万三十三两”[②]。天启七年（1627）春，魏忠贤“复以崔文升总漕运，李明道总河道，胡良辅镇天津”[③]。阉党胡作非为，天下很快贪墨成风。当时明熹宗委太监查核各项国库出入，诏书中有言：“各官奏报太仓银库、节慎库及京通等仓漕运粮储之疏，开列徒有虚名，节蓄了无实事。阴怀润橐，显用扶同。争差委而垂涎，视钱谷为奇货。如前岁盗卖官粮，则李柱明之罪案昭然；近日贿行军饷，则丘志光之赃证暴著。……如天启三年七月内，河南解到折色银两被歇家人等假造实收通关，竟不入库；又如管库主事何其义、万时俊，将老库银两不行交盘私相埋没，为部发参处。至于京通等仓粮颗粒尽属民膏，彼不念办纳之苦、跋涉之艰，而贪官污吏串通漕运官军，或插和沙粃，或暗加水润，又经管官员巧立饭米等项名色，私自盗卖，实繁有徒。”[④] 活绘一幅无官不贪、无法无天的末世官场百丑图。

崇祯年间皇帝对腐恶果于杀戮但已回天无力。明代嘉靖、万历二朝，皇帝怠政，君昏臣庸，包括河漕两系在内的官场贪腐透顶。崇祯皇帝即位后，借铲除魏忠贤阉党之机，给贪腐透顶者以沉重打击。其后在治河通漕领域，对失职高官惩办不遗余力，甚至有轻罪重罚、刻薄寡恩之嫌。“河患日棘，而帝又重法惩下，李若星以修浚不力罢官，朱光祚以建义苏嘴决口逮系。六年之中，河臣三易。给事中王家彦尝切言之。光祚亦竟瘐死。而继荣嗣者周鼎修泇利运颇有功，在事5年，竟坐漕舟阻浅，用故决河防例，遣戍烟瘴。”[⑤] 如此严刑峻法并非必要，并且为时太晚。

---

① 《明神宗实录》卷537，第5册，线装书局2005年版，第234页上栏　万历四十三年九月辛卯。

② 《明熹宗实录》卷73，第2册，线装书局2005年版，第257页上栏　天启六年六月辛酉。

③ 《明史》卷305，中华书局2000年版，第5236页。

④ 《明熹宗实录》卷80，第2册，线装书局2005年版，第337页上栏　天启七年正月乙亥。

⑤ 《明史》卷84，中华书局2000年版，第1382页。

崇祯皇帝的反腐倡廉努力，有三点值得强调：一是他的确反贪惩腐力度很大，但仍没有从根本上实现弊绝风清，“即位之初，沈机独断，刘除奸逆，天下想望治平。惜乎大势已倾，积习难挽。在廷则门户纠纷，疆埸则将骄卒惰。兵荒四告，流寇蔓延。遂至溃烂而莫可救，可谓不幸也已”[①]。二是他本人并不怠政享乐，但拨乱反正能力有限，“在位十有七年，不迩声色，忧勤惕励，殚心治理。临朝浩叹，慨然思得非常之材，而用匪其人，益以偾事”。三是他本人也有昏庸的一面，“乃复信任宦官，布列要地，举措失当，制置乖方”[②]。值得记取。

① 《明史》卷24，中华书局2000年版，第223—224页。
② 《明史》卷24，中华书局2000年版，第224页。

# 第四十四章　明代运道双轨化努力

## 第一节　天津以北海运支边

明人对陈瑄、宋礼奠定的河运体系非常自豪，“国朝岁供军储四百万，大抵取给江南。漕舟道出江、湖，溯淮、河入汶、济以北，潴畜众水，设闸启闭。踰卫遵潞，直达京师”[①]。这一河运体系超越元朝之处，换个角度看正是它不如元朝河运之处。京杭3000里直航以在下游接入黄淮为代价，黄、淮、运三河在清口交汇，会通河引黄济运，后来陷入黄河害运的泥潭而不能自拔。明人在与黄河害运的苦斗中，试图摆脱苦难，相关努力可概括为漕运水道双轨化。

明代治河通漕有四个主要作业区，南河（淮扬运河），中河（淮安至丰沛借黄行运水段），北河（丰沛至天津水道），通惠河（天津至张家湾水道）。工部分别派郎中驻四河，通惠河郎中驻通州，北河郎中驻济宁，中河郎中驻吕梁，南河郎中驻高邮。其漕运水道双轨化努力，从地域上看分别在会通河的北、南、西、东四个方向，基本与四河对应。明人视陈瑄、宋礼河运体系为祖制，守旧意识顽固不化，尽管有识之士代不乏人，开河实践也小有进展，但双轨化实践未能从根本上消除不可持续因素。

天津以北漕运双轨化努力，主要是从天津出海馈运辽、蓟，与天津以北的通惠河并行。永乐十三年放弃海运，主要指天津以南而言。天津以北对辽东和蓟州仍“存遮洋一总，运辽、蓟粮”[②]。再后来遮洋总“每岁于河南、山东、小滩等水次，兑粮三十万石，十二输天津，十八由直

① （明）张瀚：《松窗梦语》（元明史料笔记），盛冬铃点校，中华书局1985年版，第21页。

② 《明史》卷86，中华书局2000年版，第1410页。

沽入海输蓟州"[①]，海运量仍达年24万石。正统十三年（1448）"减登州卫海船百艘为十八艘"[②]，遮洋编制有所缩小，但海运仍在局部进行。嘉靖二年（1523）"遮洋总漂粮二万石，溺死官军五十余人"[③]。所说应指运漕粮由渤海接济蓟、辽的损失，说明当时官方海运还在最低限度地维持着。

嘉靖三十八年（1559），辽东巡抚侯汝谅以辽东大饥，上书请求登莱、天津海运粮食赴辽东救灾，直陈其可行性和必要性：

> 天津入辽之路，自海口发舟至右屯河通堡，不及二百里可达辽阳。中间若曹泊店、月沱、桑沱、姜女坟、桃花岛咸可湾泊。各相去不过四五十里，可免风波盗贼之虞。请动支该镇赈济银五千两，造船二百艘。约每舟可容粟一百五十石，委官督发至天津通河等处，招商贩运。仍令彼此觉察，不许夹带私货。[④]

世宗下户部议，户部回复"天津海道路近而事便，当如拟行。第造船止须一百艘，令与彼中岛船相兼载运。其登莱海道姑勿轻议，以启后患"[⑤]。结果是只准天津海运接济辽东。

嘉靖四十五年（1566），"顺天巡抚耿随朝勘海道，自永平西下海，百四十五里至纪各庄，又四百二十六里至天津，皆傍岸行舟。其间开洋百二十里，有建河、粮河、小沽、大沽河可避风"[⑥]。世宗初允其议，旋即革遮洋总、罢海运。明世宗决策轻率，常常朝秦暮楚。

万历末年，努尔哈赤起兵反明。辽东战事爆发后，天津在海运饷辽中发挥了重大作用。按明无名氏《海运纪事》，万历四十七年天津截漕海运辽东10万石，四十八年截漕海运近52万石。天启元年山东退出海运，天津成为饷辽主体，"天津由北岸抵辽运道未有行者，自胤恩始开之。嗣后岁可四五运，辽饷因之不乏"[⑦]。黄胤恩是天津海运饷辽新道的实际开拓者，其开辟

---

① 《明史》卷79，中华书局2000年版，第1278页。
② 《明史》卷86，中华书局2000年版，第1410页。
③ 《明史》卷86，中华书局2000年版，第1411页。
④ 《明世宗实录》卷479，第4册，线装书局2005年版，第530页下栏　嘉靖三十八年十二月乙丑。
⑤ 《明世宗实录》卷479，第4册，线装书局2005年版，第530页下栏　嘉靖三十八年十二月乙丑。
⑥ 《明史》卷86，中华书局2000年版，第1411页。
⑦ 《明熹宗实录》卷15，第1册，线装书局2005年版，第196页下栏　天启元年十月丁亥。

的北岸航线每年可往返四五趟，有力支持了明军的山海关防务。

天启二年辽东丢失殆尽，天津以北仍然海运支持山海关一带边防。“天启、崇祯间，因添设沿边兵马，需粮甚多，青河卒难挑浚，乃从海运。由天津航海三百余里，至乐亭县刘家墩海口入滦河，二十五里上至银夯柳仓交卸，改用河船运至府城西门外盘入永丰仓，计水程自银夯柳至府西门百八十里，春、夏、秋三时水运……海漕既通，商舟乃集，南北物货亦赖以通。荒瘠之区，稍变饶腴。若云海道风波险阻，乃行之几二十年，未闻有覆溺之患。”① 顾炎武在《天下郡国利病书》中所引《滦志》这段话，真实性无可怀疑。康熙年间永平知府为修《永平府志》，曾专门调查明末海运遗迹，“城南虎头石，离城八里，因河道通银夯柳，海运于明季万历年间”②。提供了有力的注脚。

天津以北运道双轨化，河、海兼行，既是明朝边防特殊需求的产物，也是有识之士呼吁海运推动的结果。虽然其性质不过是渤海近距离海运，但靠它的支持明朝在关内统治得以延长数十年。

## 第二节　南河、中河运道双轨化

南河、中河运道双轨化，主要指：鲁南开泇河成，仍保留徐州方向借黄行运水道，形成重运由泇、回空由徐的格局；苏北清口以南，开平行于清江浦河的水道；苏中苏南江南运河、淮扬运河与长江衔接水道的双轨化，在不可持续中追求持续。

泇河开成后仍保留徐州方向原有水道，形成重运由泇、回空由徐的格局。弘治七年刘大夏治张秋河决，筑堤将通向会通河中段的黄河支流引向徐州。此后，黄河害运便先后频发于鲁南、苏北，发难于鲁南则瘫痪昭阳湖以西运道。嘉靖年间和万历前期黄河决水主流或支流都曾直接冲击会通河南段，瘫痪漕运。发生在曹、单、丰、沛一带的其他河决，则大多影响到通过徐州洪、吕梁洪的黄水水量，也有妨于漕运。于是，开新河、泇河被提上议事日程，并逐渐付诸实施。嘉靖六年首议开新河，嘉靖七年总河盛应期开新河而中辍，主要原因是皇帝决策意志不坚，为反对意见左右。

---

① （明）顾炎武：《天下郡国利病书》，《四库全书存目丛书》，史部，第171册，齐鲁书社1996年版，第103页上栏。

② 《永平府志》，《四库全书存目丛书》，史部，第213册，齐鲁书社1996年版，第253页上栏。

嘉靖四十四年（1565），朱衡循盛应期所开故迹最后开成。隆庆元年翁大立首议开泇河，万历二十年“总河尚书舒应龙开韩庄以泄湖水，泇河之路始通”[①]。二十九年刘东星对韩庄河进行改造以通漕，“不问浅狭难易一切修浚”，当年“漕艘由泇河行者十之三”[②]。三十二年李化龙开泇河成，全部行漕于昭阳湖东。

泇河开成后，昭阳湖西原水道仍存。万历三十九年（1611），工部复总河刘士忠《泇黄便宜疏》有言：“泇渠春夏间，沂、武、京河山水冲发，沙淤溃决，岁终当如南旺例修治。顾别无置水之地，势不得不塞泇河坝，令水复归黄流。故每年三月初，则开泇河坝，令粮艘及官民船由直河进。至九月内，则开召公坝，入黄河，以便空回及官民船往来。至次年二月中塞之。半年由泇，半年由黄，此两利之道也。”[③] 刘氏上书言泇、黄双行便宜，起因于泇河运营也需要挑浚，挑浚期间水要有所归，而昭阳湖西的漕运故道是理想选择。况且阳春三月，重运漕船由直河口进泇河北上；深秋时节，回空漕船由昭阳湖西过召公坝入徐州黄河而下，这一双轨方案确有其必要性。由此确立了泇河和徐州黄河并存兼行的“重运由泇，回空由徐”双道格局。

开永济河，实现淮扬运河出清口的双轨化。万历六年（1578），潘季驯治河时迁通济闸于甘罗城洪泽湖清水势力范围（如图 44－1）。万历十年（1582）三月，总漕总河凌云翼题请在清江浦河之外另开漕船出运通道，“清江浦河堤夹邻黄河，迩来水势南趋，淤沙日被冲刷，恐黄河决啮运道可虞。欲于城南窑湾自马家嘴历龙江至杨家涧出武家墩另开新河，以通运道。左司道张誉等初议，则从武家墩折而东，仍合通济闸出口”[④]。尽管受到兵科给事中尹瑾的极力反对，但是工程还是如期开工，并于当年六月底竣工。“新开永济河成，长四十五里，建闸三座，费银六万余两。总督尚书凌云翼以闻，上以其费省而功速，赏银币有差。”[⑤] 今人姚汉源考证：永济河“自窑湾西行 30 里，又自武家墩东至新庄旧闸 15 里，接通济闸出口；于旧河新庄闸下筑坝，原拦水入闸口者改由新河，通淮城南运河”[⑥]。为持续河运可谓挖空心思。

---

① 《明史》卷 87，中华书局 2000 年版，第 1418 页。
② 《山东通志》，《四库全书》，史部，第 540 册，上海古籍出版社 1987 年版，第 312 页。
③ 《明史》卷 87，中华书局 2000 年版，第 1420 页。
④ 《明神宗实录》卷 122，第 2 册，线装书局 2005 年版，第 9 页下栏　万历十年三月辛巳。
⑤ 《明神宗实录》卷 125，第 2 册，线装书局 2005 年版，第 23 页下栏　万历十年六月癸丑。
⑥ 姚汉源：《京杭运河史》，中国水利水电出版社 1998 年版，第 299 页。

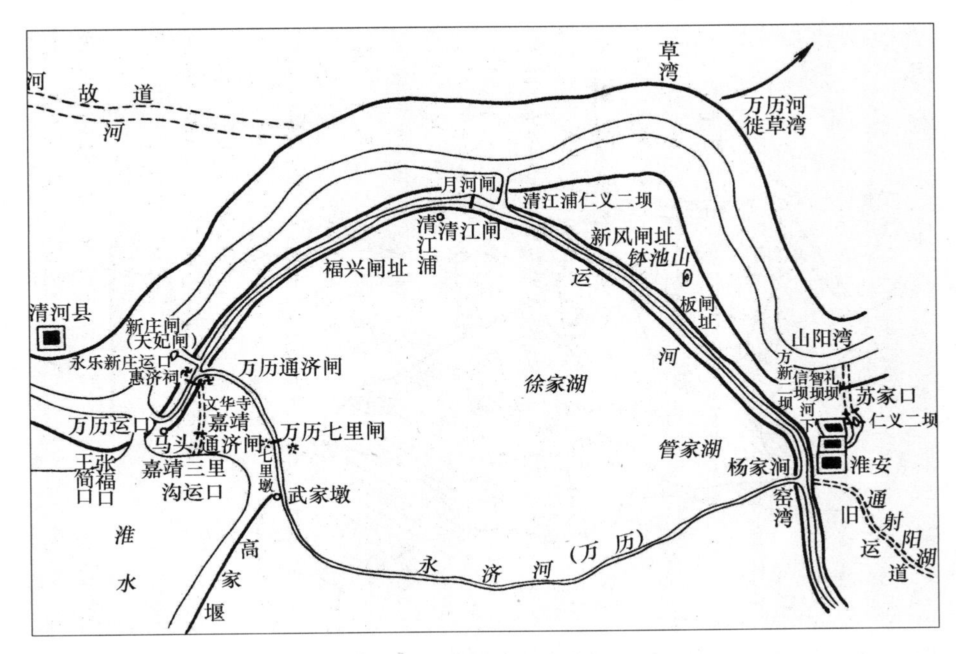


图 44－1　明代清江浦河双轨化示意图

运河过江水道的双轨化。江浙漕船过长江，通常有东西两道。西道即常镇运河，虽然直对瓜洲，过江便利，但水源常资江潮接济，遇长江水小难以通漕。所谓东道，指常镇运河以外的其他过江通道，《明史》所谓“兼取孟渎、德胜两河，东浮大江，以达扬泰”①。孟渎、德胜二河在常州境，此外江阴境还有一入江通道，都可以不经常镇运河入江，入江北的白塔河、北新河或瓜洲河进入淮扬运河。它们都在京口以东，故总称东道。过江通道双轨化，永乐、宣德、正统年间东西两道并通，就是这么做的（如图 44－2）。

江水盛大年份常镇运河可得江水灌注，江浙漕船就行西道自京口入江，垂直过江至瓜洲进淮扬运河，无远距离久行长江之险。江水枯竭年份常镇运河不得江潮接济，漕船从东道入江，宁愿逆行长江数百里，涉江之险，“水涸则改从孟渎右趋瓜洲，抵白塔，以为常”②。当时不闻漕船有误期之事。

① 《明史》卷 86，中华书局 2000 年版，第 1404 页。

② 《明史》卷 86、153，中华书局 2000 年版，第 1404 页。

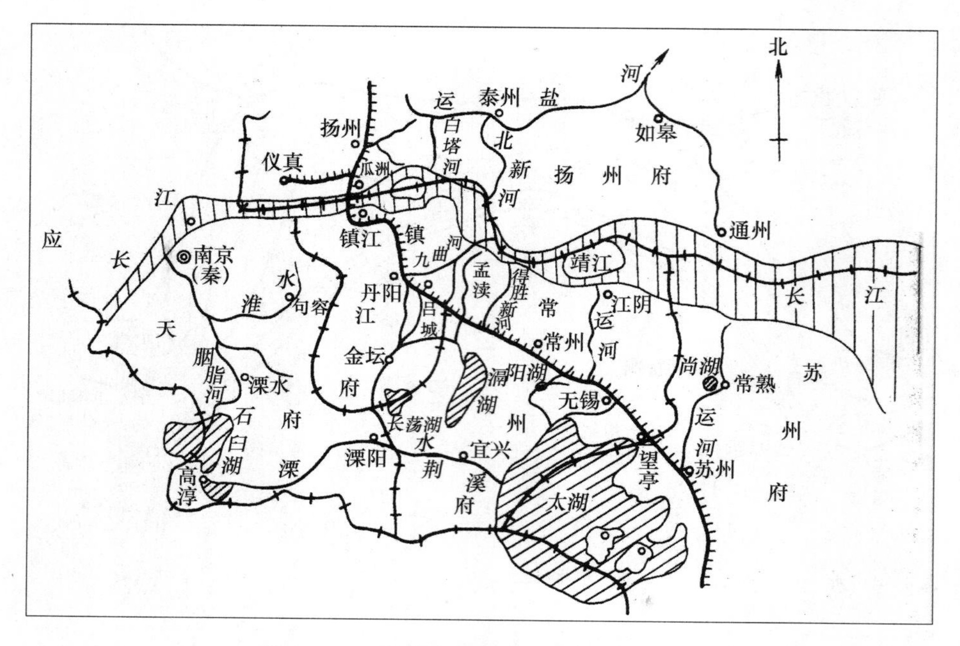


图44－2 明代江浙漕船过江通道示意图

景泰年间对东西两道始用一弃一，从此进入纷更不定时期：若干年由孟渎、德胜入江，但苦于路途迂远、损船费大，于是议改京口；若干年由京口入江，但苦于常镇运河挑浚不赀，于是再议改由孟渎、德胜。不仅疲于应付，而且给运军带来不小心理冲击。

江北接纳江浙漕船入运通道，主要有瓜洲、北新和白塔三河。瓜洲河口原来以坝临江，天顺年间弃坝用闸，“通江闸、瓜口闸在瓜洲镇，天顺间巡抚江南都御史周忱建，以闸留潮，名留潮闸，接车运船。嘉靖四年，漕抚都御史高有玑、总兵官杨宏、以参将张奎议，奏移建于南，改今名云”①。可知弃坝用闸一为利用江潮，二为过船便利。嘉靖年间黄河干流在清口入淮以后，随着外河河床的不断抬高、倒灌运河次数日多和高家堰决水不断灌入运河，瓜洲闸兼有泄洪入江之利。北新河、白塔河皆在泰州境内，皆可转进淮扬运河。宣宗宣德六年（1431），“从武进民请，疏德胜新河四十里，八年，工竣。漕舟自德胜北入江，直泰兴之北新河。由泰州坝

① （明）顾炎武：《天下郡国利病书》，《四库全书存目丛书》，史部，第171册，齐鲁书社1996年版，第436页上栏。

抵扬子湾入漕河，视白塔尤便”[①]。白塔河在泰州，陈瑄主漕运“开泰州白塔河以达大江”。[②] 可能是拓宽自然小河使之成为漕船入江备用通道。正统八年（1443），对过江通道大加整治，“武进民请濬德胜及北新河，浙江都司萧华则请浚孟渎。巡抚周忱定议浚两河，而罢北新筑坝。白塔河之大桥闸以时启闭，而常镇漕河亦疏濬焉”[③]。江苏巡抚周忱力排众议，兴工挑浚了江南的常镇运河、德胜河和孟渎河，以及江北的北新河。同时调整了江北接江水道闸坝设置，废弃北新河口大坝，与白塔河口一起设闸启闭，以渡漕船。双轨渡江功能得到强化。

明代后期，随着江南放弃过江通道双轨化，江北三河河口用闸用坝也纷更不定。江浙漕船出江入淮扬运河，不是由闸就是由坝。隆庆、万历之交，总河万恭在完善瓜洲闸、坝的基础上，推行“瓜、仪、天妃各闸启闭不定期，限以江河消长为候。如江河消则启板以通舟，悉令由闸，使商者省盘剥之艰；如江河长则闭板以障流，悉令由坝，使居者得挑盘之利”[④]。较好地适应了变化着的水情。

总之，中河、南河在明代中后期河漕水系中或为借黄行运水段，或为黄、淮、运三河交汇负面影响辐射区，皆为黄河害运重灾、高发区。明末黄河害运集中在清口一带。在清口上下分黄导淮的失败，告诉后人要在黄、淮、运三河交汇的条件下坚持河运，除了潘季驯的蓄清敌黄别无他途。南北运河与长江衔接的双轨化，较为成功地缓解了江沙、河沙淤塞运道的压力。永济河的开凿，实现清江浦河的双轨化，皆有助于延续河运。

## 第三节 会通河以西另谋运道

在会通河被引黄济运、徐州淮安间被借黄行运、清口一带被黄淮运交会弄得河崩漕坏的绝望时光里，有识之士都曾探索在会通河以西另寻运道，其经验间接来源于唐宋接黄河入运道于洛阳郑州间黄河土岸坚实之处，直接来源于会通河、清江浦开成前的明初水陆交替、安全过黄的漕运模式。

---

① 《明史》卷86，中华书局2000年版，第1404页。

② 《明史》卷153，中华书局2000年版，第2798页。

③ 《明史》卷86，中华书局2000年版，第1404页。

④ （明）万恭：《治水筌蹄》，《行水金鉴》，《四库全书》，史部，第582册，上海古籍出版社1987年版，第33页。

唐宋漕运黄河与运河之间有汴河做缓冲，过水泥沙被汴渠长长的河床吸收，且汴河开口于黄河中游土岸坚实之处，只要认真管理河口和定期挑浚汴河，漕运即可持续进行。元代海运之外，河运翻坝入黄淮，然后北上会通河。明初也翻坝入淮，淮扬运河与黄淮不交，沿黄河西上至阳武，陆运一段再进入卫河，装船入京。这种河陆交替的漕运模式，虽然劳务繁重、费用较高，但比较适应中国江河水情，具有可持续属性。

永乐十三年明廷放弃海运、专事河运后，河南一省漕粮征运仍然依托卫河进行，“明世会通河成，而东南重运悉由淮北、山东至临清合卫河以达于天津。其卫辉水次所运，特河南一省之漕而已”[①]。这便是明中后期人们探索水道双轨化的客观基础。漕运可持续，恢复旧制也需要勇气，回归漕粮海运更有价值和意义。

在会通河以西河南省境另辟漕运通道，要对接的河流主要是卫河与沁河。

对接卫河之议，明代有两次热议。一是景泰年间。景泰四年（1453）秋七月，丰庆建议经河南漕运北京：“江南漕船阻于张秋之决，计无所出。臣请自淮河安清河口入黄河，至开封府荥泽县河口，转至卫辉府胙城县泊于沙门，陆挽三十里至卫河船运至京。往时议者以河道初改，恐阻碍不行，今河道已通数年，往来船不绝，岂粮船独不可行。”[②] 景帝命总督漕运都督佥事徐恭核实回报，丰庆此议没有得到徐恭支持。二是嘉靖年间，江良材欲沟通黄河、卫河，不经会通河而运：“通河于卫有三便。古黄河自孟津至怀庆东北入海。今卫河自汲县至临清、天津入海，则犹古黄河道也，便一。三代前，黄河东北入海，宇宙全气所钟。河南徙，气遂迁转。今于河阴、原武、怀、孟间导河入卫，以达天津，不独徐、沛患息，而京师形胜百倍，便二。元漕舟至封丘，陆运抵淇门入卫。今导河注卫，冬春水平，漕舟至河阴，顺流达卫。夏秋水迅，仍从徐、沛达临清，以北抵京师。且修其沟洫，择良有司任之，可以备旱涝，捍戎马，益起直隶、河南富强之势，便三。”[③] 明代《刘蕺山集》卷9系此事于嘉靖年间，遗憾明廷没有接受这一建议。其实，隋唐永济渠就是在中游通过沁水接通黄河的，在明代也可以这样做，持续河运价值也大。须知，会通河通漕，也是南接黄河、北接卫河，江良材建议很值得一试。但中期的明人缺乏进取精神，

① 《河南通志》，《四库全书》，史部，第536册，上海古籍出版社1987年版，第2页。

② 《明英宗实录》卷231，第3册，线装书局2005年版，第81页上栏　景泰四年七月丁卯。

③ 《明史》卷87，中华书局2000年版，第1422页。

守旧意识冥顽不化，只能也只配在黄河害运的泥潭中苦斗。

对接沁河之议，恢复隋唐在中游接入黄河色彩更重。宣德九年（1434），沁水决马曲湾冲新乡以远，后来决口堵塞后“沁水稍定，而其支流复入于卫”。正统十三年（1448），“从武陟东宝家湾开渠三十里，引河入沁，以达淮。自后沁、河益大合，而沁之入卫者渐淤”①。这便是明人于会通河以西对接沁河另寻运道的客观条件。挑浚淤塞的河道，让江南漕船由黄河在武陟进入沁河，再由沁河进入卫河北上，明中后期也有两次热议。

一次是景泰年间。景泰四年（1453），针对沙湾河决、会通河瘫痪，河南按察使佥事刘清首议开沁接卫、行漕于会通河以西，“东南漕舟，水浅弗能进。可自淮入黄河，至荥泽转入沁河，经武陟县马曲湾装载，冈头浚一百十九里以通卫河”就可绕过会通河，由河南水道漕运北京。王晏甚至设计好了挑河方案，“卫辉税粮十四万余，每一石令民出石一尺，可得一万四千余丈；粮一石令挑河二尺，可挑一百六十余里。今所浚地不过百三十里，免卫辉一府粮可成其事”②。以对减赋税的形式，由卫辉一府农民施工即可完工。荥泽是郑州西北一县，与武陟相邻。沁水通黄河，又有“支流自武陟红荆口，经卫辉入卫河”③，通航条件粗备。可惜刘、王之议没有得到总漕王竑的支持，丧失付诸实践机会。景泰五年（1454），何升鉴于“卫南沁河有漏港，今年水滥决已成河，商船皆由之往来”。建议滞留在临清的回空船不经会通河，而“从漏港出沁河入黄河，顺流而下”至淮安，景帝“令都御史王竑、徐有贞理之”④。王竑、徐有贞如何料理，史料不载后事。

另一次在万历中期。万历二十二年（1594）之前，“河沙淤塞沁口，沁水不得入河，自木栾店东决岸，奔流入卫”，虽然地方官“塞其决口，筑以坚堤，仍导沁水入河”，但万历三十三年“堤外河形直抵卫浒，至今存也”。于是范守己建言“建石闸于堤，分引一支，由所决河道东流入卫。漕舟自邳溯河而上，因沁入卫，东达临清，则会通河可废”⑤。被河道总督、河南巡抚否定。

---

① 《明史》卷 87，中华书局 2000 年版，第 1424 页。

② 《明英宗实录》卷 232，第 3 册，线装书局 2005 年版，第 86 页上栏下栏　景泰四年八月辛卯。

③ 《明史》卷 87，中华书局 2000 年版，第 1423 页。

④ 《明英宗实录》卷 245，第 3 册，线装书局 2005 年版，第 153 页上栏　景泰五年九月戊寅。

⑤ 《明史》卷 87，中华书局 2000 年版，第 1425 页。

## 第四节　重开胶莱运河的努力

在会通河以东另辟运道，实指重开胶莱新河开始海运或半海运。山东半岛原有元人所留胶莱河形，“在山东平度州东南，胶州东北。源出高密县，分南北流。南流自胶州麻湾口入海，北流经平度州至掖县海仓口入海”。元人曾力开其河，“至元十七年，莱人姚演献议开新河，凿地三百余里，起胶西县东陈村海口，西北达胶河，出海仓口，谓之胶莱新河”[①]。但并没有完全打通。今人考证：“胶莱河在山东半岛中部，源出高密县的二河南北分流，南入胶州湾，北入莱州湾，中间分水岭有三四十里相隔，胶州湾有马家壕阻隔。如果能开运河接通，既能缩短海运航程，又可避免成山角之险。”[②] 明人于河崩漕坏之时，当然有人试图这样做。本属恢复海运，有识之士打着完善河运的旗号，冠胶莱运河以东道之名，而称会通河为西河。

明初也曾海运，高潮时运量近百万石，且多从长江海口出发，航程与元人相近。会通河、清江浦一开，永乐十三年即罢海运。数十年后亟须恢复海运时，严重缺乏元人重用归顺海盗以成海运气度，寄希望于开胶莱运河短距离海运。

开胶莱运河之议，从正统六年昌邑人王坦首倡，至崇祯十五年淮海总兵黄胤恩重提开胶莱运河，其间二百年来屡议屡寝、数开数罢，终无一成。其中议而实开者二起。

一为嘉靖十九年（1540），王献实开胶莱运河，把工程分为“凿马壕以趋麻湾”和“浚新河以出海仓”两个阶段，并创造性地解决了凿马壕之石这一元人不曾解决的工程难题，完成了第一阶段工程。第二阶段浚新河出海仓口遇到“中间分水岭难通者三十余里”[③]，没有来得及攻克难关就转任山西了。王献离任后，工程无人继其后，王朝决策意志不坚可见一斑。

二为万历三年（1575），南京工部尚书刘应节、侍郎徐栻重议并得旨重开胶莱运河，二人不集中人力物力打通王献未曾打通的“分水岭难通者三十余里”，反为水源是通潮还是引河而各执一端，“应节议主通海。而栻

---

① 《明史》卷 87，中华书局 2000 年版，第 1428 页。

② 李映发：《元明海运兴废考略》，《四川大学学报》1987 年第 2 期，第 104 页。

③ 《明史》卷 87，中华书局 2000 年版，第 1429 页。

往相度，则胶州旁地高峻，不能通潮。惟引泉源可成河，然其道二百五十余里，凿山引水，筑堤建闸，估费百万”①。百万两估费吓坏了满朝文武，谁都不愿为海运投资百万两，于是本可大有作为的实开就浅尝辄止了。

明人于开胶莱运河决策意志不连贯，还表现了山东地方官前后互相否定，巡按副使王献锐意开凿在先，巡抚李世达极力反对在后。李世达对刘应节、徐栻的理论与实践大挑不是，把试开扼杀在了摇篮里。

虽然缺乏大型河工主持经验和具体工程技术，未能把理论设计付诸实践，但刘应节所做前期调研和工程论证是扎实充分的。《山东通志》卷20所载刘应节《开胶莱新河议》似是原文的节选，但踏勘扎实、思虑缜密、数据准确、论证翔实。他完整提出会通河和胶莱运河东西并用的战略构想，“将浙直漕粮，俾从东河自高邮盐河入海，一日而抵胶州，三日而抵海仓口，再五七日而抵天津，总之不过半月之程，可省盘剥、折耗等费不啻数倍；其江西、湖广、河南、山东等处漕粮仍由西河，粮数既分，转输自速。一切挨帮、闭闸积水、捞浅等项亦可省往日之半。倘河水壅决，则漕粮暂改东河，若有奸宄谋及饷道，则漕粮尽从东河亦可也”②。美中不足的是，刘应节未能充分论述工程可行性。

崇祯年间，黄胤恩议开胶莱运河虽迟，但准确把握二百年此河议而不开、开而不成的症结在于中间分水岭难开，从而提出一个全新的解决方案：车盘过分水岭。“其地南北纵横共计二百四十余里，湖水深入者百里，河溪湖畔量加疏浚即可通潮者百里，此外惟是岭头脊脉不可凿动者约四十里。意今之漕河，每岁急应挑剥者亦不下数十处。今获此利，即留此岭脊为盘剥之地能几何哉？计将淮扬重船其运至胶河洞水，津之空船令按至中间。通浚小河，多造脚船，飞挽如通州抵坝故事，独于岭上接建仓厫，留本省京边操军推驾轻车，尽足盘剥之用，仿古河阳、洛口之运，以待回空受载。”③ 真乃石破天惊，可惜生不逢时，于王朝行将灭亡之时建设此议，实非其时。

胶莱运河开而复停、停而复开，明人终未能打通它，让人惋惜。清人未能在黄胤恩车盘过分水岭方案的基础上力行海运，更为可惜。

① 《明史》卷87，中华书局2000年版，第1429页。

② 《山东通志》，《四库全书》，史部，第540册，上海古籍出版社1987年版，第400页。

③ 《山东通志》，《四库全书》，史部，第540册，上海古籍出版社1987年版，第406页。

# 第四十五章　明末辽东军粮海运

## 第一节　万历末年海运饷辽

明代中期曾遭遇河崩漕坏，欲行海运却终不能行。今人罗杰研究明代海运可行，得出结论："海运是完全可行的并且可以代替漕运而占据主导地位。"① 可谓人同此见。明万历末年辽东战事爆发，海运饷辽多年就是明证。

万历四十六年山东半岛通过海运饷辽。万历四十六年（1618）四月，努尔哈赤袭取抚顺，起兵反明。此后明朝对后金用兵，从万历四十六年五月到天启二年二月辽、沈失陷，海运饷辽四年有余。辽、沈失陷以后，明廷以天津为基地，仍行海运支持山海关内外防御。

万历四十六年确定由山东登、莱二府单独海运饷辽。选择登、莱海运，既因登莱海运饷辽有道近路顺得天独厚条件，也是明代海运传统使然。首先，明初山东半岛就是饷辽基地。永乐十三年罢海运，蓟、辽粮饷仍由海运接济，登州是其重要出发基地，"取给山东税粮，折布三十二万匹，本色纱一百三十万绽，花绒一十三万二千斤，由海运自登州府新河海口，运至旅顺口，再由辽河直抵开原。成化、正德间本、折兼收，正德初，奏改折色"②。承担海运饷辽的遮洋总直到嘉靖末年才被革除。其次，人们一向认为登、莱饷辽最为近便。万历二十五年用兵朝鲜，"山东副使于仕廉复言：饷辽莫如海运，海运莫如登、莱。登、莱至旅顺，其中天设水递，止宿避风，势便而事易。时颇以其议

① 罗杰：《明代海运与漕运之比较——海运可行论》，《黑龙江史志》2011 年第 19 期，第 7 页。

② 《明会典》（万历重修本），中华书局 1989 年版，第 212 页下栏。

为然”[①]。可见明人皆同此识。最后，山东半岛跨渤海海运往返有近例可循。努尔哈赤反明的前一年，即万历四十五年，山东还从辽东运米自救，“去岁东省荒，从辽籴济南，颗粒无失”[②]。可见山东有海运辽东传统。

有学者以为万历中期明人未曾海运朝鲜，“万历二十五年，明朝派兵援朝，山东副使于仕廉建议，从山东运粮充军饷莫如海运，登州至金州卫（辽宁金县）六七百里，至旅顺口仅有五百里……此议至当，但由于保守势力反对海运而作罢”[③]。未免主观武断。明无名氏《海运纪事》明载：万历二十五年海运朝鲜留下《御倭事宜》和《海运图说》二书，书载：“山东岁派二十二万石，仍限岁必四运，运必六万石，径赴朝鲜义州镇交卸。先募淮船三十只，续募浙、直船各二十只，每船装米五百石，于登州备倭城开船，历长山、沙门等处以达旅顺，历玉川、沙河等处以达弥串。”[④] 弥串为义州一海口。

辽东战事爆发，户科给事中官应震于万历四十六年四月二十六日、二十九日和闰四月初六日三次上书神宗，呼吁招募近兵、转输辽东和发帑足饷，并在第三疏中提议“山东青、登、莱三郡滨海，可与辽通，发银彼中雇船买米直抵辽阳；仍将三郡各卫健兵调集数千，委贤能将官三二员领兵领船运米至彼”[⑤]。这一提议得到深知陆运艰难的蓟辽总督的赞同。五月中旬，吏部以山东“驿传道副使陶朗先原任登州知府，四十三年该省大荒，登、莱二郡俱告籴于辽，海运一事此其身经历”[⑥] 为由，提议将陶朗先改调登莱海道，就近总理海运；兵部咨令“东省抚臣借发辽左欠饷数万两，委登、莱府佐各一员雇船籴粟”[⑦] 饷辽。

登、莱饷辽启动后，辽东巡抚李维翰不以为然，以“登、莱米价与辽

---

① 《钦定续文献通考》，《四库全书》，史部，第 627 册，上海古籍出版社 1987 年版，第 69 页。

② （明）无名氏：《海运纪事》，《北京图书馆古籍珍本丛刊》，第 56 册，书目文献出版社 1998 年版，第 11 页上栏。

③ 李映发：《元明海运兴废考略》，《四川大学学报》1987 年第 2 期，第 104 页。

④ （明）无名氏：《海运纪事》，《北京图书馆古籍珍本丛刊》，第 56 册，书目文献出版社 1998 年版，第 13 页上栏。

⑤ （明）无名氏：《海运纪事》，《北京图书馆古籍珍本丛刊》，第 56 册，书目文献出版社 1998 年版，第 2 页上栏。

⑥ （明）无名氏：《海运纪事》，《北京图书馆古籍珍本丛刊》，第 56 册，书目文献出版社 1998 年版，第 4 页上栏。

⑦ （明）无名氏：《海运纪事》，《北京图书馆古籍珍本丛刊》，第 56 册，书目文献出版社 1998 年版，第 5 页上栏。

阳、金、复米价止差一分，乃雇船脚价以水陆共算每石约费二两”① 为由，力主登、莱解银，由辽东就地籴米。这一意向就当时援军未大集、辽东军用有限而论，未尝不为无理。但没有意识到平定后金的艰巨复杂性，颇有目光短浅之嫌。户部六月五日却据此要求山东“原报到籴价银四万一千二百一十二两余，可解部转发饷司就近籴买”②，三天后得到皇帝明旨认同。

六月十五日停止海运的圣旨闻达山东时，登州府所属招远、文登、黄县、福山、宁海、蓬莱六州县已完成籴谷、碾米、装船，在海岛待风起航。陶朗先以辽米已运复停，饷金既散难聚为由抗诉；七月十三日皇帝再申停止海运旨意，山东头运船只已驶向辽东，陶朗先以“辽米开洋难挽”为由再次抗诉，并“谨陈海路便宜”③，坚持海运饷辽定案。八月十九日户部上书神宗，改变主意，称山东饷辽有“每石一两”“改于娘娘宫止一百六十里”“止觅商船”“登莱大收，米价甚贱”④ 等四便，建议俯从陶朗先坚请。至此，明廷海运饷辽之策大定，《明史》据此认为海运始于八月，忽略了登莱前期努力。

登、莱二府海运饷辽，乃以二府辽镇银就地籴米，由登莱道组织装船海运至辽东。登州每年辽镇银额 17000 多两，莱州每年辽镇银 24000 多两。当时籴粮约米每石三钱八分，豆每石二钱。登州运辽水程近于莱州，运粮一石至盖州套总费六钱一分，莱州则需六钱五分。登、莱塘头船有限，需要雇用淮船、辽船，登州起运每石给脚价银一钱七分，莱州每石二钱；各州县运粮至海口，每石陆上脚价平均约 3 分；官役廪给工食一分五厘；铺垫费和口袋银各一分。万历四十六年（1618）登、莱二府海运米豆共十多万石，其中登州 44800 多石，莱州 64400 多石。明代厉行海禁，登、莱二府又远离鲁西运河，粮商不至。当地百姓先前苦于有粮难售，急于售粮得银，故而当年 10 万石米豆顷刻而集，一鼓而运。

二府海运目的地原定辽东半岛的北信口、盖州套，实运中发现北信口只容山东塘头船入卸，而当时雇用了大量淮安大船，且北信口离辽阳过

① （明）无名氏：《海运纪事》，《北京图书馆古籍珍本丛刊》，第 56 册，书目文献出版社 1998 年版，第 9 页下栏。

② （明）无名氏：《海运纪事》，《北京图书馆古籍珍本丛刊》，第 56 册，书目文献出版社 1998 年版，第 10 页下栏。

③ （明）无名氏：《海运纪事》，《北京图书馆古籍珍本丛刊》，第 56 册，书目文献出版社 1998 年版，第 18 页下栏。

④ （明）无名氏：《海运纪事》，《北京图书馆古籍珍本丛刊》，第 56 册，书目文献出版社 1998 年版，第 21—22 页下栏上栏。

远，于是二府遂俱卸盖州套。明代盖州卫"控扼海岛，翼带镇城，井邑骈列，称为殷阜，论者以为辽东根柢，允矣"①。卫治盖牟城西南五里有清河，在连云岛南侧入海，岛与海岸、河口构成理想的泊船港湾；盖牟城背后经海州卫、鞍山驿可达明辽东都司治所辽阳，而远离女真和蒙古。故不仅后来济、青二府，而且天津、淮安海运也卸粮盖州套。

万历四十七、四十八年再次大规模饷辽。万历四十七年（1619）二月，李长庚钦差专督辽饷、开府天津。为配合杨镐在辽东发动的四路攻势，他及时扩大饷辽规模，在要求登、莱增运10万石的同时，还安排天津道截漕10万石海运，蓟镇召买5万石、永平召买10万石陆运，四方饷辽45万石。

四方有条件完成的只登、莱二府。早在万历四十六年十月首运完成之后，陶朗先就令二府"收两年之米，以防明年米贵""定限今冬共要完米（登州六万石，莱州十万石），不论收粮或籴碾，限于十二月十五日以里通完"②。由于准备充分，万历四十七年八月前"登州已运过一十一万四千五百八十余石，莱州已运过八万四千六百四十余石，总计一十九万九千二百二十九石有奇"③。之所以如此卖力，是因为当地官员以为每年十万石已成定额，今年多运意欲下年不运或少运。四十七年海运顺利，客观上得益于民众有粮可卖，主观上得力于地方官员做事有方，在淮上雇船自去年九月至今尚无至者和本境渔船尽雇的情况下，密遣得力员役，赍银蹑赴西府塘头、滨乐等处一带海口，遇船即雇，船到即装。雇船范围扩大到青州、济南境，才较上年多运一倍。

不幸杨镐四路攻势大败。六月熊廷弼经略辽东，筹措防守，图谋稳定。七月开原失陷，辽警益紧。当局不得不重新审视饷辽规模，七月下旬熊廷弼和李长庚就万历四十八年海运数量取得共识：辽东每年人马共需米粮60万石、刍豆30万石。而当年有望落实的仅原定四方米、豆45万石，为所需的一半。由于天津道截漕和蓟镇、永平召买尚未完成，李长庚只得要求已经完成近20万石的登、莱二府继续海运，年底前再增运10万石。这不仅与登、莱方面的愿望背道而驰，且为二府当年的旱灾实情所不

---

① （清）顾祖禹：《读史方舆纪要》，第4册，贺次君点校，中华书局2005年版，第1711页。

② （明）无名氏：《海运纪事》，《北京图书馆古籍珍本丛刊》，第56册，书目文献出版社1998年版，第25页上栏。

③ （明）无名氏：《海运纪事》，《北京图书馆古籍珍本丛刊》，第56册，书目文献出版社1998年版，第89页上栏。

允许。

《登州府志》有万历“四十七年夏，各属旱，八月蝗”[①]之语，而莱州府志无当年大旱之载，陶朗先上报二府当年“旱魃为灾，十旬不雨”[②]显然是有意夸大灾情。山东方面从二府到司、道、抚、按，众口一词地强调当年增运困难，致使李长庚的下半年增运计划落空。

万历四十七年下半年，明朝“增兵调将目无虚日，近者羽檄将遍于天下，而士马十倍于去年”[③]。熊廷弼行多兵分守之策，所需粮饷比原设想数量增加很多，“调兵十八万，岁增饷三百二十四万金而羡”[④]。巨额粮饷需求，基于如下推算：“每兵一名，岁取饷银一十八两。兵十八万，该饷三百二十四万两。内每军月给本色五斗，该粮一百八万石；又每马日给豆三升，九万匹该豆九十七万二千石；草重十五斤者日给一束，岁除四个月青草不计外，计八个月该二千一百六十万束，小束倍之……此皆一毫裁削不得者。”[⑤]可怜，多兵却行持久战。

按照这一要求，李长庚制订了万历四十八年山东增运、天津截漕、淮安转漕的举国饷辽方案，于四十七年九月十九日、十月二十一日和十二月初五三次上书神宗，逐步阐明了海七陆三、四方联运（登莱、淮安、天津由海，蓟永由陆）的设想：山东增运、天津截漕和淮安转漕同时并举，山东半岛四十八年海运饷辽量增至60万石；天津截留南来漕粮，海运至辽东由10万石增至30万石；淮安截运漕粮30万石出东海，过海州湾、胶州湾经成山头北运辽东。

为完成上述饷辽任务，李长庚提出九大措施：一是责令工部筹款造淮船、雇沙船，满足海运规模扩大后各方所需；二是天津饷辽海、陆交运，先海运至永平起陆出关，至芝麻湾再入海，一年可七八运；三是提供62000两白银交辽东造车购牛，确保登陆的米豆接运至辽阳；四是山东海运扩大到济南、青州二府近海州县，由陶朗先总辖其事；五是恢复遮洋

---

① 光绪《增修登州府志》（一），《中国地方志集成·山东府县志辑》，第48册，江苏古籍出版社2004年版，第225—226页下栏上栏。

② （明）无名氏：《海运纪事》，《北京图书馆古籍珍本丛刊》，第56册，书目文献出版社1998年版，第84页下栏。

③ （明）无名氏：《海运纪事》，《北京图书馆古籍珍本丛刊》，第56册，书目文献出版社1998年版，第135页上栏。

④ （明）茅瑞征：《万历三大征考》，《续修四库全书》，史部，第436册，上海古籍出版社2003年版，第50页下栏。

⑤ 《御选明臣奏议》，《四库全书》，史部，第445册，上海古籍出版社1987年版，第592—593页。

总，承运淮安转运饷辽漕米30万石；六是铸钱于辽东，以其收益养军；七是督饷部院添设按臣二员，助理运务；八是行开纳事例于天津、山东、淮扬、辽东，鼓励官民贡献车船、出资本、脚费或主动海运；九是加强海运保护，防止敌人袭扰。督饷部院的方案和措施，或受到抵触，或被人修正，但基本指标在四十八年得到落实。

山东万历四十八年海运饷辽。该年海运饷辽困难重重。其一籴米无银。登、莱、济、青四府海运60万石需银60万两，而“合通省旧辽饷与新编并算不过二十九万一千九百九十余两”①。其二海运无船。60万石每年一运需船6000只，而“船欲造之淮上，非经年不能告竣；非半载不能到登、莱……此犹以有银可造，有价可雇而言也，而今造之雇之之费安在哉?”② 当时工部、户部、兵部互相推诿，都不开船银的口子，地方无处提银造船、雇船。其三人情难违。官员在重灾区“入其野，蓬蒿满目，太半不菽。间有一二硕秀，率干燥糠秕，其晚稻□及晚豆生意皆索然矣。入其乡，里之人泥门塞户，粮畜别藏……无论小户，即巨室也皆如此”③。大灾之后增运，官吏于心不忍。

但登、莱、济、青四府在大灾之余完成了当年饷辽任务。其办法和措施是:

首先，广开粮源银源，找足可运之粮。万历四十七年六月前争取到的籴米银两，有济、青二府不临海12州县的辽镇银，不属四府的泰安等17州县辽镇银，四十六、四十七两年临海州县未解地亩银。力行“米麦兼运”和“加值招民”新举措。米麦兼收，乃鉴于登、莱秋米歉收而夏麦有蓄的实际，以大麦小麦抵米豆，“民间之值，小麦视豆稍贵而与粟米正等，大麦与豆亦略相当，而且可饲马，二项粮运之所不收，百姓欲贱粜而无从，莫若趁时行二郡发官银籴买，或照时价收折准纳”④。经略府和督饷部院准行，开拓粮源约20万石。加值招民，又称“加值抵加派”，即加派百姓的籴米银，允许上缴当地民米做抵。实现了“加编之数不缩，召运之价

① （明）无名氏:《海运纪事》,《北京图书馆古籍珍本丛刊》,第56册，书目文献出版社1998年版，第255页上栏。

② （明）无名氏:《海运纪事》,《北京图书馆古籍珍本丛刊》,第56册，书目文献出版社1998年版，第206页下栏。

③ （明）无名氏:《海运纪事》,《北京图书馆古籍珍本丛刊》,第56册，书目文献出版社1998年版，第122页上栏。

④ （明）无名氏:《海运纪事》,《北京图书馆古籍珍本丛刊》,第56册，书目文献出版社1998年版，第298页上栏。

不亏，不妨运亦不厉民”[1]，一举三得。

其次，造船、雇船尽其所能，用有限的财力搜罗更多的运船。截至万历四十七年底，莱州府“见在海口守冻船一百二十一只，可装粮五万八千五百四十余石”[2]，另差人领银2000两，去淮安雇船100只；给银本地船户使之家造船一只，参与海运三次船即归个人。登州府本年海运量与莱州府大致相当，为下年海运而造、雇之船不会少于莱州府。在备船过程中，逐渐趋向发银给当地船户由其造船雇人的做法，因其能保证所造新船和所雇水手的质量，提高海运安全性。为了提高已有船只的使用效率，还在四府之间实行统一调度，登、莱船多而粮食集中迟，其船先运济、青粮。四十八年正月登州府打造新船84只，被先派到青州、济南二府使用；六月前后三批共拨船134只，先装运济南府未运之粮49000余石，然后再运登州之粮。

最后，在船源严重不足的情况下一年多运。“今年船只不能多于去年，而所加辽粮比旧多至五倍，则须一船抵六船之用乃可完事也。而欲一船抵六船，非一船运六次不可。”[3] 对参运州县官员干脆“以运次多寡为州县之勤怠，往返六次者为上”[4]。登、莱海程离辽东近，有一年六运可能。

上述措施形成合力，截至万历四十八年九月初十，“济南府报运过七万八千七百九十四石八斗零，青州府报运过九万八千三百七十八万石六斗零，登、莱两府各报运过二十二万五千石，则于原额不啻过之。……续派者又完过三万三千余石”[5]。本年登、莱、济、青四府海运饷辽共66万余石，挖掘海运潜力臻于极限，在当时的条件下可谓艰苦卓绝。

淮安、天津皆有海运传统。明初海运辽东就曾由淮安出海北上，天津以北有海运接济永平、蓟州粮饷的实践，明代中期时有跨渤运粮赈济之举。嘉靖三十八年（1559）底辽东大饥，辽东巡抚侯汝谅议开北直隶之天津至辽东的海运，转运粮食接济辽阳，造船100艘，与海岛原有船一起载

---

① （明）无名氏：《海运纪事》，《北京图书馆古籍珍本丛刊》，第56册，书目文献出版社1998年版，第303页上栏。

② （明）无名氏：《海运纪事》，《北京图书馆古籍珍本丛刊》，第56册，书目文献出版社1998年版，第218页上栏下栏。

③ （明）无名氏：《海运纪事》，《北京图书馆古籍珍本丛刊》，第56册，书目文献出版社1998年版，第225页下栏。

④ （明）无名氏：《海运纪事》，《北京图书馆古籍珍本丛刊》，第56册，书目文献出版社1998年版，第226页上栏。

⑤ （明）无名氏：《海运纪事》，《北京图书馆古籍珍本丛刊》，第56册，书目文献出版社1998年版，第354页下栏。

运。户部议复"路近而事便，当如拟行"[①]。隆庆二年（1568），顺天巡抚刘应节建议海运接济永平，"募诸县民习知海道者，俱赴天津领运，仍同原运官军驾海舟出大洋，至纪各庄更小舟运至永平"[②]。户部议复，由永平官员组织当地民运，变通实施。隆庆五年（1571），山东巡抚梁梦龙遣人运米2000石自淮安入海至天津，朝廷"敕漕司量拨近地漕粮二十万石自淮入海，工部即发与节省银万伍千两，充佣召水手之费"[③]；次年又以20万石自淮出海两个月抵天津，皆获成功。

淮安、天津民间海上商业活动更是持续不断，"南自淮安至胶州，北自天津至海仓，各有商贩往来，舟楫屡通。中间自胶州至海仓一带，亦有岛人商贾出入其间"[④]。山东半岛为南北商运的向心之所，淮安北上商船至山东半岛南海岸的胶州湾，天津商船至半岛北岸的海仓口。明朝始终没有打通胶莱运河，但汛期大雨勉强可通小船，所谓海仓到胶州湾的商运当指此。

淮安以北海运实践，产生一定的海运可行常识。今人考证："隆庆朝王宗沐和梁梦龙重开海道，为了保证海运安全，在船上普遍使用了指南针，将从淮安至直沽的航线，划分为13个运程，登州水域内5程，每一个运程都标明了起止距离，对重要航行区段，均有明确的要求，对航行参照物、航行障碍物、航行回避处，对所经岛、岸、湾的泊船处、泊船艘数、所避风向、水深、海底地质等，都有较精确的认识，甚至对航行避风应取航向、应泊港口、航行时刻均有翔实的记录。"[⑤] 王、梁探索成果保存在清人薛凤祚所著《两河清汇》卷4，"自淮安府起至张家湾止，共计水程三千四百五十里"[⑥] 的里程测距，13大水程行船要领，为万历末年淮安饷辽提供了经验导向。

天津、淮安截漕海运饷辽，较之山东半岛的海运有其简便之处。其一粮源现成，截漕出海，没有筹银籴米之难；其二淮安船户众多，淮船、沙船坚实宜海，天津原有船虽不如淮，但"所用运船俱责成淮、徐、扬州各

---

① 《明世宗实录》卷479，第4册，线装书局2005年版，第530页 嘉靖三十八年十二月乙丑。

② 《重修天津府志》，《续修四库全书》，史部，第690册，上海古籍出版社2003年版，第618页上栏。

③ 《山东通志》，《四库全书》，史部，第540册，上海古籍出版社1987年版，第388页。

④ 《山东通志》，《四库全书》，史部，第540册，上海古籍出版社1987年版，第387页。

⑤ 曲金良：《中国海洋文化史长编》（明清卷），中国海洋大学出版社2013年版，第400页。

⑥ （清）薛凤祚：《两河清汇》，《四库全书》，史部，第579册，上海古籍出版社1987年版，第405页。

经管道府督催”[①]，“督催有道府，分理有州县，领押有将校”[②]，无四处雇船之难。

李长庚泰昌元年（万历四十八年）十月十四日奏报：“查天津今岁……自三月至七月运过截漕并菊豆共二十三万六百三十余石，次运自七月至九月运过截漕并菊豆二十八万六千八百余石。”[③] 淮安方面截漕出海海运，“其造千斛之舟，开淮海之运，备极苦心，应候截留三十万石粮运抵辽之日，一并优议加衔”[④]。天津超过定额 20%；淮安截漕尚未海运抵津，规模不会小于事先规定。

## 第二节 天崇年间海运饷边

天启元年（1621）三月，沈阳、辽阳相继失陷。四月方震孺上书，议及“辽阳不守，海运难行，当并力陆运”。吏部奏准“督饷抚臣李长庚撤回协理部事”[⑤]，上谕报可。但当年海运并未全停，并维持着相当规模。七月，李长庚仍以专督辽饷钦差的身份上书：

> 辽左需用米、豆各一百八万石，派天津、山东、淮上、蓟永等处。今天津并蓟永之运竭力催发，淮运亦衔尾到津，惟少山东米豆六十万额。夫登、莱留米养军可也，水兵安所需豆？曷若移召买豆价于登、莱，以为召兵之资，而以其三十万豆致之天津。在天津者仍用山东运船、在淮上者仍用淮船搬运，一举两便。[⑥]

天启元年山东四府海运不行，原因是辽、沈失陷后山东半岛扩建水军，原运 60 万石用于养军。七月，淮安转漕 30 万石已海运抵津，天津截

① （明）无名氏：《海运纪事》，《北京图书馆古籍珍本丛刊》，第 56 册，书目文献出版社 1998 年版，第 216 页上栏。

② （明）无名氏：《海运纪事》，《北京图书馆古籍珍本丛刊》，第 56 册，书目文献出版社 1998 年版，第 268 页下栏。

③ （明）无名氏：《海运纪事》，《北京图书馆古籍珍本丛刊》，第 56 册，书目文献出版社 1998 年版，第 370 页下栏。

④ （明）无名氏：《海运纪事》，《北京图书馆古籍珍本丛刊》，第 56 册，书目文献出版社 1998 年版，第 371 页下栏。

⑤ 《明熹宗实录》卷 9，第 1 册，线装书局 2005 年版，第 109 页下栏　天启元年四月甲戌。

⑥ 《明熹宗实录》卷 12，第 1 册，线装书局 2005 年版，第 156 页上栏　天启元年七月壬子。

漕60万石正在海运辽东。李长庚坚持饷辽原额，意欲山东留30万石之米，仍运30万石之豆饷辽。可见辽沈虽失，山海关以北边防粮饷仍在海运。

天启元年（1621）十月，明廷特意升任黄胤恩为都司佥书，因其开启北岸抵辽东水路有功。“天津由北岸抵辽运道未有行者，自胤恩始开之。嗣后岁可四五运，辽饷因之不乏。又招徕岛民戢淮营鼓噪，督发水兵出海，积有劳勚。督饷户部侍郎李长庚荐于朝请加实授。从之。”[①] 此后天津成为海运饷辽的主体。

天启二年二月熊廷弼、王化贞等入山海关，三月李长庚出任南京刑部尚书，标志着全国规模的海运饷辽结束。其后，天津以北坚持海运，运粮永平府，“天启、崇祯间，因添设沿边兵马需粮甚多，青河卒难挑浚，乃从海运。由天津航海三百余里，至乐亭县刘家墩入滦河”。[②] 行之近20年未闻有覆溺之患，海运技术日渐成熟。

崇祯皇帝主导治河通漕一塌糊涂，唯在海运方面能识别并重用能人以成事功，力挺国家意志至明亡，小有可称道之处。一是对宁远海运接济粮饷。“崇祯十二年，崇明人沈廷扬为内阁中书，复陈海运之便，且辑《海运书》五卷进呈。”[③] 沈廷扬奏章大意：“以漕运费为海运费，不惟不必出诸帑藏，而岁省造船及军粮、治河等费千百万。且国家都燕，惟此漕河一线以为命，必须有他道备之。宜选通晓海务者细询委曲，经理其事，将截漕三十万并扣买辽粮依洪、永年间运给辽东六十万之例，先试行之，而后大运云。”[④] 皇帝以为其才可用，“命造海舟试之。廷扬乘二舟，载米数百石，十三年六月朔，由淮安出海，望日抵天津。守风者五日，行仅一旬”。这于听惯了河崩漕坏消息的崇祯皇帝不啻一剂强心针，“加廷扬户部郎中，命往登州与巡抚徐人龙计度”[⑤] 如何改善海运接济宁远，同时命上《海运九议》的山东副总兵黄荫恩督海运。

沈廷扬到登州后，就海运诸事与徐人龙取得共识，很快在登州直航宁远上取得突破，此前“宁远军饷率用天津船赴登州，候东南风转粟至天

① 《明熹宗实录》卷15，第1册，线装书局2005年版，第196页下栏　天启元年十月丁亥。
② 《永平府志》，《四库全书存目丛书》，史部，第213册，齐鲁书社1996年版，第253页上栏。
③ 《明史》卷86，中华书局2000年版，第1412页。
④ 《钦定续文献通考》，《四库全书》，史部，第627册，上海古籍出版社1987年版，第71页。
⑤ 《明史》卷86，中华书局2000年版，第1412页。

津，又候西南风转至宁远”。往返数回，费时费力，“廷扬自登州直输宁远，省费多”。于是，皇帝命沈廷扬“驻登州，领宁远饷务”。[①] 沈廷扬何以做到省费高效呢？今人考证：“天津空船去登州装粮，等候东南风起，转运至天津，再候西南风转运至宁远。沈廷扬见如此候风转运耽延时日，耗费巨大，乃排除困难从登州直接运往宁远。”[②] 崇祯皇帝没有直接亡国于清朝，而是直接亡国于李自成，与他重用沈廷扬等人有效地海运不无关系。

明末政治腐败，国家意志疲软，国力日薄西山，都能做成海运，而且并无太大人船之失。看来，明代中叶数议海运却不能大行，并不是没有潜力做成，而是没有心力去做。

## 第三节　万历末年海运得失

明末海运经验教训值得总结。海运饷辽是在万历末年朝政昏暗的情况下进行的，海运能够进行得力于官民为国破家亡激发出的爱国热情。为期4年的海运饷辽既有成功经验，也有惨痛教训。

首先，海运必须遵循自然规律，有赖民众奉献牺牲精神。海运全凭信风，登、莱饷辽去须东风，回须北风；天津饷辽去须西风，归须东风。重运船须先泊海口或近岸海岛，俟风顺起航；回空船只也须俟风顺返回，一去一回，动辄数月。加上北方高寒，冬季河口封冻，所以一年海运，通常不过数趟。天津与登、莱相较，道近而多险，“三日顺风能至，诚若甚便，然不经州县，无地停泊，一遇逆风，人粮船只俱莫可问。必候抵套船数若干，始知失去若干”。山东四府道远而易行，“道迂，岛屿重复，诚若不便，然逐日有程，遇风有停泊，稽查有州县，损坏有形迹，佥可考证”。[③] 海运费用以万历四十八年二月论，“天津抵盖套每石三钱三分，登、莱每石二钱二分”。[④] 天津道近运费反高于登莱，可能是船小载少和船只粮米损失率高所致。

---

① 《明史》卷86，中华书局2000年版，第1412页。

② 李映发：《元明海运兴废考略》，《四川大学学报》1987年第2期，第105页。

③ （明）无名氏：《海运纪事》，《北京图书馆古籍珍本丛刊》，第56册，书目文献出版社1998年版，第369页上栏。

④ （明）无名氏：《海运纪事》，《北京图书馆古籍珍本丛刊》，第56册，书目文献出版社1998年版，第242页上栏。

海运费用小而风险大。不管登莱还是天津，都曾遭遇意外海难。《海运纪事》载及万历四十七年十月下旬，天津船队在芙蓉岛一带遭遇异风，漂损者20多只，占参运船只的1/13；四十八年七月上旬飓风袭击停泊在马头嘴、成山头、倭岛海口避风的登、莱重运船，其中101只为风浪击碎，损失米豆53000石，淹死水手100名，失踪220多名。元人海运，于登州成山之险倾覆最多，万历末年海运再次印证了这一点。无怪乎明朝前期多次议及并试开胶莱运河，就是为了一旦海运可以不经成山。《海运纪事》中不见淮安截漕北上之船成山遇难记载，除淮船高大坚实外，山东半岛南岸各州县设向导帮淮船渡过海险也起了作用。

山东半岛海运基本是民运，粮源主要来自官籴民粮。没有粮户、船户和水手的积极配合与忘我劳作，全靠官员催逼岁运60万石是不可想象的。登、莱各州县多土薄民穷之地，蓬莱“地薄，赋重”①。掖县“地瘠，民贫，颇烦”②。二府的首县尚且如此，他县情况可想而知。正是靠经济激励，给参与民众以合适水脚和粮价，推行米麦兼运和高价招民，才激发了民众饷辽热情，完成了原本难以完成的海运任务。

其次，皇帝怠政朝无能臣是海运饷辽举步维艰的根本原因。神宗皇帝在国难当头之际，仍然怠政如故。李长庚从万历四十七年二月至十二月中旬“前后共九疏”，皆事关海运饷辽大计，“止二疏得旨。而一疏随奉严谴，一疏覆之不下，是通未得也”③。颇有死猪不怕开水烫的“气概”。“人人皆以为危而皇上自以为安，人人皆以为急而皇上独以为缓。”④督饷部院的饷辽方案不由圣谕颁发，难以推动六部、令行全国，皇帝居然对此不置可否达一年。不仅如此，当时明朝财赋年入1400万两，入太仓者800万，其中折色银仅400万；入内府者600万，其中大多数为生活奢侈品。李长庚建议将入内府的600万本色改折一年，用以支付熊廷弼所计辽东需饷200万两之数。“内帑充积，帝靳不肯发。”⑤影响人心和士气非小。

神宗久不设朝，朝中无治乱之才。辽东经略和督饷钦差未得充分授权，无法随心所欲地推行主张。“今经略止节制河西，河西无兵可调，无

---

① （明）顾炎武：《肇域志》（一），谭其骧点校，上海古籍出版社2004年版，第548页。

② （明）顾炎武：《肇域志》（一），谭其骧点校，上海古籍出版社2004年版，第540页。

③ （明）无名氏：《海运纪事》，《北京图书馆古籍珍本丛刊》，第56册，书目文献出版社1998年版，第202页上栏。

④ 《明神宗实录》卷583，第5册，线装书局2005年版，第469页下栏　万历四十七年六月甲寅。

⑤ 《明史》卷78，中华书局2000年版，第1269页。

粮可催，马匹匠役等项一无可征发。”[1] 致使万历四十八年初，辽东因粮草不继战马饿死、被杀和士兵逃亡现象相当普遍。督饷部院与户、工、兵三部关系不明，三部对督饷方案互相推诿，饷辽急务议而不行。万历二十五年明朝海运朝鲜，山东登州、莱州、青州海运所需船只，全部派造淮扬、浙直船厂，户部拨银82500两、兵部拨银27000两、工部拨银22100两为募船之费，“工部造船、户部督饷。索船则船应，索银米则银米应”。万历四十六至四十八年面临的危亡大于二十五年，但海运饷辽遇到麻烦却是“此卸肩于彼，彼卸肩于此”[2]。互相推诿，实在缺少救亡图存应有气象。

最后，前线不能速战完胜，致使后方饷辽劳而无功。杨镐早年援朝抗倭之役曾任主帅，但当时就有弃军先逃、文过饰非劣迹。“镐大惧，狼狈先奔，诸军继之。……镐既奔，挈贵奔趋庆州，惧贼乘袭，尽撤兵还王京，与总督玠诡以捷闻。诸营上军籍，士卒死亡殆二万。镐大怒，屏不奏，止称百余人。”[3] 导致万历二十五、二十六年之交的蔚山之战先胜后败。这样一个劣迹斑斑的庸人，竟被任命为后金启衅后的辽东经略，明廷君昏臣庸可见一斑。杨镐经略辽东时，西有海西女真牵制，东有朝鲜出兵相助，大局于明军十分有利。尤其明军骁勇将士尚多，指挥得当足以制敌死命。但军事外行的杨镐公行誓师泄密于人，四路分兵使之孤立地各入险境，被兵力高度集中的建州女真各个击破。

熊廷弼虽然较其他文官多一些勇气和眼光，但他本人无沙场制胜经历，战略谋划以主守、持重为旨归，缺乏进攻和奇胜精神。在四路大败、普遍怯敌的情况下，由他出面重振军威，未免用非所长。观其不能分军抢运抵达海口的米豆至军营，坐视将士杀马掠民，只会呼天吁地；只图多兵分守扼制后金的攻势，不料兵多不战一旦粮饷不继，会引发马死兵逃惨象，知其军政才干实在有限。

问题是明廷连这样帅才有限却勇气可嘉的人也不能终其用，代其经略辽东的袁应泰虽于治民有干才，然于兵机为外行，误受蒙古降人居辽、沈，后来降人与后金里应外合，导致天启元年三月沈、辽不守，辽东局面大坏。

速战完胜，才是最高效的后勤保障。

---

① （明）无名氏：《海运纪事》，《北京图书馆古籍珍本丛刊》，第56册，书目文献出版社1998年版，第235页上栏。

② （明）无名氏：《海运纪事》，《北京图书馆古籍珍本丛刊》，第56册，书目文献出版社1998年版，第210页下栏。

③ 《明史》卷259，中华书局2000年版，第4470页。

# 第四十六章　明清易代治河通漕低迷

## 第一节　潘季驯身后的治河通漕

明亡清兴，有60年的社会动荡。在亡者知将亡之后、兴者稳操胜券之前，没有人能全神贯注地治河通漕。所以，明末清初乱而复治，河漕也经历了崩坏到重整的涅槃。明清易代之际，亡者将河漕败坏无遗，兴者没有及时全部接受前朝治河通漕的经验教训，而是从头摸索着治河通漕，也是河漕不可持续的一种表现。

万历六年、十七年潘季驯两次治河成功后，著《两河经略》《河防一览》，总结治河经验，阐发治河主张，希望自己治河理论和实践身后得到延续。二书基本观点有：（1）关于黄河水性的认识："平时之水以斗计之，沙居其六，一入伏秋，则居其八矣。以二升之水载八升之沙，非极湍急即至停滞，故水分则流缓，流缓则沙停，势所必至者。"[①] 此为以堤束水、以水刷沙的认识基础。（2）关于治河要领，"水性不可拂，河防不可弛，地形不可强，治理不可凿。人欲弃旧以为新，而臣谓故道必不可失；人欲支分以杀势，而臣谓浊流必不可分。……季驯之议，以为河性湍悍善徙者，水漫而沙壅也。法莫若以堤束水，以水攻沙；循河故道，束而湍之，使水疾沙刷无留行。而又近为缕堤，缕堤之外复为遥堤，故水益浅远，不至旁决"[②]。此为潘季驯平生经验真传。（3）关于治河具体任务，"高筑南北两堤，以断两河之内灌，而淮扬昏垫之苦可免，至于塞黄浦口、筑宝应堤、浚东关等浅，修五闸、复五坝之工，次第举之，则淮以南之运道无虞矣；

---

① （明）潘季驯：《两河经略》，《四库全书》，史部，第430册，上海古籍出版社1987年版，第200页。

② （清）谷应泰：《明史纪事本末》，《四库全书》，史部，第364册，上海古籍出版社1987年版，第467页。

坚塞桃源以下崔镇口诸决，而全河之水可归故道，至于两岸遥堤或葺旧工，或创新址，或因高冈，或填洼下，次第举之，则淮以北之运道无虞矣。淮、黄二河既无旁决，并驱入海，则沙随水刷，海口自复，而桃、清浅阻又不足言矣”①。此为潘氏治河实践具体内容。潘季驯的治河方略，是不放弃河运并坚持黄淮运交汇、过闸直航的前提下，可持续漕运的不二选择。

但后人认识不到这一点。万历二十年潘季驯致仕后，他的治河理论与实践受到颠覆和再认。

杨一魁等否定潘季驯方略，力行分黄导淮。潘季驯“以堤束水，以水刷沙”，抬高洪泽湖水位以抗衡外河黄水的结果，逐渐危及洪泽湖彼岸的明祖陵。此时，明智的应付策略是迁陵避水，潘季驯大概也认识到了这一点，但他不敢说出来。因为在绝大多数明人看来，祖陵关乎王朝气数，谁敢轻议迁陵，就有谋反嫌疑。继任者更顾忌祖陵，于是分黄导淮呼声与实践甚嚣尘上。

分黄，在清口以北分黄河另寻入海口；导淮，在洪泽湖口以外另辟淮河泄洪通道。这的确能降低洪泽湖水位。潘季驯之前对黄河大行分流杀势，导致河崩漕坏，教训历历可数，而分黄导淮就是当年分流杀势的翻版。这会使黄河重新进入派分股散、滚动不定、流缓沙积、河身日高的恶性循环。

通漕必须迁陵，保陵必然坏运。而人们最终选择了保陵，这是明人的无奈和可悲。万历二十四年（1596）十月，总河杨一魁分黄导淮河工告成。“是役也，役夫二十万，开桃源黄河坝新河，起黄家嘴，至安东五港、灌口，长三百余里，分泄黄水入海，以抑黄强。辟清口沙七里，建武家墩、高良涧、周家桥石闸，泄淮水三道入海，且引其支流入江”以泄淮涨。但所取得“泗陵水患平，而淮、扬安”治绩是暂时的。杨一魁像以前的分流杀势者一样，不堵在他看来一时于行漕无害的黄河决口，“专力桃、清、淮、泗间，而上流单县黄堌口之决，以为不必塞”②。杨一魁不塞黄堌口，因他有利用黄堌支流意图。“黄堌口一支由虞城、夏邑接砀山、萧县、宿州至宿迁，出白洋河，一小支分萧县两河口，出徐州小浮桥，相距不满四十里。当疏浚与正河会，更通镇口闸里湖之水，与小浮桥二水会，则黄

① （明）潘季驯：《河防一览》，《四库全书》，史部，第576册，上海古籍出版社1987年版，第251页。

② 《明史》卷84，中华书局2000年版，第1375页。

堌口不必塞，而运道无滞矣。”[①] 靠黄堌支流接济运河水源，倒退到引黄济运老路上。

有必要追述归仁堤和黄堌决口的由来。万历七年潘季驯治河进入尾声，他担心黄河在单县境内决口，决水倒灌小河、白洋等口，挟诸河水冲射祖陵，于是未雨绸缪，大筑归仁堤作为祖陵保障，后来在其著述中告诫世人，祖陵命脉全赖此堤。万历二十一年（1593），黄河决单县境内的黄堌口，“渐由符离桥出白洋河、小河口，而徐、邳、宿迁三百里运道淤竭，水浸祖陵归仁堤下”[②]，潘季驯当年的担心成为事实。杨一魅急于分黄导淮，置黄堌河决于度外。后来，正是黄堌口决水给杨一魁带来罢官之祸。

万历二十四年（1596），分黄导淮完工，杨一魅仍把别人坚持要塞黄堌之决的意见当耳旁风，万历二十五年“四月，河复大决黄堌口，溢夏邑、永城，由宿州符离桥出宿迁新河口入大河，其半由徐州入旧河济运。上源水枯，而义安東水横坝复冲二十余丈，小浮桥水脉微细，二洪告涸，运道阻涩”[③]。但他仍不急于堵塞黄堌决口，将黄堌支流引向小浮桥入运了事。万历三十年（1602），“帝以一魁不塞黄堌口，致冲祖陵，斥为民”[④]。表明分黄导淮的破产。

李化龙再认潘季驯治河方略。李化龙开泇河期间，昭阳湖西依旧黄决不断。万历三十二年（1604）秋，“河决丰县，由昭阳湖穿李家港口，出镇口，上灌南阳，而单县决口复溃，鱼台、济宁间平地成湖”[⑤]。李化龙敏锐地感觉到，黄河频繁决口与近年来否定潘季驯“以堤束水，以水刷沙”思潮有关，“丰之失，由巡守不严；单之失，由下埽不早，而皆由苏家庄之决。南直、山东相推诿，请各罚防河守臣。至年来缓堤防而急挑浚，堤坏水溢，不咎守堤之不力，惟委浚河之不深”[⑥]。不重堤防，唯靠分流，颠覆潘季驯治河方略后果堪忧。李化龙重新认识潘季驯方略，肯定其合理面；预示未来治河通漕面临的挑战，提出加固堤防的应对策略：

夫河北岸自曹县以下无入张秋之路，南岸自虞城以下无入淮之

---

① 《明史》卷84，中华书局2000年版，第1375页。

② （明）顾炎武：《天下郡国利病书》，《四库全书存目丛书》，史部，第171册，齐鲁书社1996年版，第569页下栏。

③ 《明史》卷84，中华书局2000年版，第1376—1377页。

④ 《明史》卷84，中华书局2000年版，第1378页。

⑤ 《明史》卷84，中华书局2000年版，第1379页。

⑥ 《明史》卷84，中华书局2000年版，第1379—1380页。

> 路，惟由徐、邳达镇口为运道。故河北决曹、郓、丰、沛间，则由昭阳湖出李家口，而运道溢；南决虞、夏、徐、邳间，则由小河口及白洋河，而运道涸。今泇河既成，起直河至夏镇，与黄河隔绝，山东、直隶间，河不能制运道之命。独朱旺口以上，决单则单沼，决曹则曹鱼，及丰、沛、徐、邳、鱼、砀皆命悬一线堤防，何可缓也。至中州荆隆口、铜瓦厢皆入张秋之路，孙家渡、野鸡冈、蒙墙寺皆入淮之路，一不守，则北坏运，南犯陵，其害甚大。请西自开封，东至徐、邳，无不守之地，上自司道，下至府县，无不守之人，庶几可息河患。①

坚守两处黄河大堤：一是黄河中游荆隆口、铜瓦箱，防止黄河决于此而冲张秋；二是丰、沛、徐、邳、鱼、砀间，确保黄河直下清口，不南决淹陵也不北溢害运。强调坚守堤防，回归了当年潘季驯的治河思想。

## 第二节 天崇年间河漕局面大坏

天启、崇祯年间治河通漕基本延续分黄导淮做法。分黄会使黄河更加分合不常，导淮会增多黄水倒灌洪泽湖的机会。分黄导淮必然使经清口的黄水流缓沙停，淮水出洪泽湖无力，加快清口上下沙淤进程。天启、崇祯年间没有产生潘季驯、刘东星、舒应龙、李化龙那样具有雄才大略的治河能臣，再加上整个社会内乱方兴、外患不已，极大地牵扯了朝廷精力、财力，国家意志日益衰弱，以至河不治、漕不通。

天启朝上层统治者腐败无能，治河通漕毫无章法、混乱不堪。具体表现在：首先，皇帝放弃决策责任，朝廷没了决策规矩。熹宗后期一切军国大事都由宦官魏忠贤处理，包括治河漕运这样极难极险之事。天启七年(1627)，太监崔文升做了总漕总河，既管漕运，又管治河，这样的人懂什么治水通运。崔文升上书修筑堤工，所得旨意居然以魏阉口吻写出："河决由于堤薄，秋深相度地势起工，务为一劳永逸，说得是。骆马湖沙土难筑，邳土坚凝，预督浅夫开掘，俟回空粮船带取，委属可行。地方正官、管河官有推委，耽阁回空船的，参来处治。还著总河衙门通行速举，有冲决处督河官勒限堵塞。其未完工的刻期作竣，庶无误运艘，以称厂臣通漕

① 《明史》卷84，中华书局2000年版，第1380页。

速运，绸缪彻桑至意。”[1] 开太监全权治河通漕恶例，河务、漕运腐败透顶、无以复加。

其次，河漕官员贪污腐败现象普遍而严重。泰昌（天启）元年（1620）十二月，总督漕运户部右侍郎王纪弹劾两淮盐法道按察使袁世振、运同何廷相，事涉两淮库银5万两，“廷相讦世振子阴受商贿，世振亦讦廷相与吏胥朋比，欲为卸罪”[2]。两淮盐法官员的丑行，折射出当时包括河漕官员在内的官吏贪墨的普遍。天启五年二月陶朗先贪腐案曝光，“刑部疏奏，问过犯官陶朗先侵盗饷银四十万二千七百二十七两，监候追赃”[3]。陶朗先是万历四十六到四十八年登、莱海饷辽的主要组织者，虽然40多万赃银不一定是他总理海运期间侵吞，不过足见涉漕官员腐败的严重。

天启年间政治黑暗，吏治腐败，其时治河通漕章法大乱，河崩漕坏国无宁日。“天启元年，河决灵璧双沟、黄铺，由永姬湖出白洋、小河口，仍与黄会，故道湮涸。总河侍郎陈道亨役夫筑塞。时淮安霪雨连旬，黄、淮暴涨数尺，而山阳里外河及清河决口汇成巨浸，水灌淮城，民蚁城以居，舟行街市。”运河之都水害至此，其他地方可想而知。天启“三年，决徐州青田大龙口，徐、邳、灵、睢河并淤，吕梁城南隅陷，沙高平地丈许，双沟决口亦满，上下百五十里悉成平陆”。城外运道崩坏如此，城内情况更糟，天启“四年六月，决徐州魁山堤，东北灌州城，城中水深一丈三尺……徐民苦淹溺，议集赀迁城。……而势不得已，遂迁州治于云龙，河事置不讲矣”[4]。放弃治河通漕。天下未亡，已有亡兆。

崇祯皇帝放弃治河通漕决策责任，只根据臣下奏章对承办大臣进行奖惩，重处治河失败或耽误漕运的大臣，不惜施以极刑。而承办大臣跳不出分黄导淮的窠臼，治河通漕很少有此前开泇河、开邳河那样成功之举。表面上皇帝掌管治河通漕非常严紧，实质上皇帝根本没有运筹治河通漕任何要务，河情漕事更加恶化。

一是河险应对机制反应迟钝，黄河决口很长时间得不到堵塞。崇祯“四年夏，河决原武湖村铺，又决封丘荆隆口，败曹县塔儿湾大行堤。六月黄、淮交涨，海口壅塞，河决建义诸口，下灌兴化、盐城，水深二丈，村落尽漂没。逡巡逾年，始议筑塞。兴工未几，伏秋水发，黄、淮奔注，兴、盐为壑，而海潮复逆冲，坏范公堤。军民及商灶户死者无算，少壮转

---

① 《明熹宗实录》卷87，第2册，线装书局2005年版，第423页上栏 天启七年八月癸卯。
② 《明熹宗实录》卷4，第1册，线装书局2005年版，第46页上栏 泰昌元年十二月庚戌。
③ 《明熹宗实录》卷57，第2册，线装书局2005年版，第16页下栏 天启五年三月癸丑。
④ 《明史》卷84，中华书局2000年版，第1381页。

徙，丐江、仪、通、泰间，盗贼千百啸聚。至六年，盐城民徐瑞等言其状。帝悯之，命议罚河曹官”[①]。如此河害，河、漕大员犹豫一年多，才兴工堵塞；大灾两年后，皇帝才从平民上书中得知灾情严重，下令追究河官责任。

二是河工决策缺少踏勘、复议、部复、旨准程序，没有反对意见和其他方案的攻守比较，重大河工不过是总河脑子一热干了再说的产物。崇祯八年（1635），总河刘荣嗣开徐宿新河，“荣嗣以骆马湖运道溃淤，创挽河之议，起宿迁至徐州，别凿新河，分黄水注其中，以通漕运。计工二百余里，金钱五十万。而其所凿邳州上下，悉黄河故道，浚尺许，其下皆沙，挑掘成河，经宿沙落，河坎复平，如此者数四。迨引黄水入其中，波流迅急，沙随水下，率淤浅不可以舟。及漕舟将至，而骆马湖之溃决适平，舟人皆不愿由新河。荣嗣自往督之，欲绳以军法。有入者辄苦淤浅，弁卒多怨”[②]。不只动工草率，而且动工后缺少监督，一任总河为之。与万历年间泇河之开那种反复论证、数番踏勘、数人试开、一朝成功相比，严重缺乏科学、民主、严谨，高下不啻天壤。

三是总河摆脱不了分黄导淮束缚，面对河崩漕坏的复杂局面显得无能为力，甚至倒行逆施。崇祯六年（1633），两年前就暴发的黄淮并决、淹没淮安至扬州之间的水害未除，“总河朱光祚方议开高堰三闸，淮、扬在朝者合疏言：‘建义诸口未塞，民田尽沉水底。三闸一开，高、宝诸邑荡为湖海，而漕粮盐课皆害矣。高堰建闸始于万历二十三年，未几全塞。今高堰日坏，方当急议修筑，可轻言开浚乎？’”[③] 连外行的崇祯皇帝都看出开高堰三闸是雪上加霜，朱光祚开闸议案才胎死腹中。

四是皇帝追究承办大臣治河失败责任过严过急。既不利于当事人总结经验教训、砥砺成才，又容易过轻罚重、物伤其类，使人不敢继其后治河，实非用人之道。刘荣嗣被逮捕，“父子皆瘐死。郎中胡琏分工独多，亦坐死。其后骆马湖复溃，舟行新河，无不思荣嗣功者”。让人有冤死之感。“周鼎修泇利运颇有功，在事五年，竟坐漕舟阻浅，用故决河防例，遣戍烟瘴。”更是九功一过，惩小过而忘大功，奖惩失宜。如此刻薄寡恩，“六年之中，河臣三易”[④]。作为皇帝，不安排动工前踏勘复议，只会事后杀戮，也是一种无能昏庸的表现。

---

① 《明史》卷84，中华书局2000年版，第1381页。
② 《明史》卷84，中华书局2000年版，第1382页。
③ 《明史》卷84，中华书局2000年版，第1381—1382页。
④ 《明史》卷84，中华书局2000年版，第1382页。

崇祯皇帝对得起历史的，是他于国家行将破亡之际，督促臣下力塞开封河决。崇祯十五年（1644），李自成率军围攻开封，守者无力突围而攻者也一时难于得手之际，双方开始在利用黄河置对手于死地上动心思。“开封城北十里枕黄河，巡抚高名衡、推官黄澍等议凿渠通运，且引河水环濠以自固，更决堤灌贼，可立走。渠遂成，既而河水溢，自渠决城，贼竟以营高得免。”① 朱彝尊于决口责任言之甚详：“崇祯壬午，寇围大梁，汴人死守不降。有献策高巡抚名衡者曰：‘贼营附大堤，决河灌之，尽为鱼鳖矣。’周王募民垒羊马城，高厚如岸。援兵掘朱家砦口，贼党觉，移营高岸，多储大航巨筏，反决马家口以灌城，河骤决，声震百里。排城北门入，穿东南门出，流入涡水，涡忽高二丈，士民溺死数十万。”② 攻守双方以决河为手段谋害对方，酿成明末黄河最后一决。同年十二月，趁冬季水涸之际堵塞开封河决，崇祯皇帝“命工部侍郎周堪赓修治汴河，发御前银十万两，并敕所司不拘何项钱粮实拨济用，期以二月竣工”。开工后塞而复决，崇祯十六年四月方“塞朱家寨决口，修堤四百余丈”。马家口决口堵塞未毕，“五月伏水大涨”冲进故道，“沙滩壅涸者刷深数丈，河之大势尽归于东”③。但不久复决马家口南下涡河，可惜。

## 第三节　清初治河通漕从头摸索

清朝入主中原前，黄河朱家寨、马家口之决时堵时塞，黄水南下涡河入淮。至顺治“元年夏，黄河自复故道，由开封经兰、仪、商、虞，迄曹、单、砀山、丰、沛、萧、徐州、灵璧、睢宁、邳、宿迁、桃源，东迳清河与淮合，历云梯关入海”④。给大清王朝提供了恢复漕运的天赐良机。曾有学者称：“顺治初年黄河并未自复故道，也没有自复故道后而又复决的情况。而史料的记载却表明了清入关后，随即派遣管理河道的官员治理黄河，并着手修复决口，从而使黄河归复故道，这才是当时情况的真实反

① 《崇祯实录》卷15，线装书局2005年版，第308页上栏　崇祯十五年八月乙丑。

② （清）朱彝尊：《静志居诗话》，《续修四库全书》集1698，上海古籍出版社2002年版，第373页。

③ （清）傅泽洪：《行水金鉴》，《四库全书》，史部，第580册，上海古籍出版社1987年版，第627页。

④ 《清史稿》，第13册，中华书局1977年版，第3716页。

映。"[1] 但这位学者把清初曹县境内流通口之决当作明末开封朱家寨、马家口之决来讨论问题，观点根本站不住脚。清人在黄河自复故道的前提下接过明朝行之已久的河漕，顺治二年题准全国漕额年400万石，确立了新王朝治河通漕的国家意志。

但是，新统治者显然不谙熟治河通漕要领，身边一时也没有生长南国、熟知河工的治河大臣。顺治元年至康熙十五年间的总河，绝大多数来自汉军八旗。杨方兴顺治元年任，"汉军镶白旗人。初为广宁诸生。天命七年，太祖取广宁，方兴来归。太宗命直内院，与修《太祖实录》。崇德元年，试中举人，授牛录额真衔，擢内秘书院学士"[2]。生长北国，入清后舞文弄墨，与治河向来无缘。朱之锡顺治十四年出任，虽为南国水乡汉人，"顺治三年进士，改庶吉士，授编修。十一年七月，擢弘文院侍读学士，四迁至吏部侍郎"[3]。也无治河履历。杨茂勋康熙五年由贵州总督转任，此前为官山西、湖广、四川，虽南方居多，但皆非亲近河漕之地。罗多康熙八年出任，满洲人；王光裕康熙十年出任，奉天人，皆无治河履历。

顺治皇帝在位期间天下未定，自然无暇研习治河；康熙皇帝继位之初急于对付权臣，平定"三藩"，也不会有太多时间熟悉河务。二帝所任总河则多从非工部、河漕职务上转任而来，熟悉治河业务就需要很长时间，更不要说透彻研究明人决策得失和治河成败了。所以，清初治河通漕是摸着石头过河。其具体表现在：

首先，河决漕塞之际，不急于建立健全河工决策机制，立足于人定胜天，却心存河神崇拜，幻想吉人天相。顺治二年七月面对黄河"决流通集，一趋曹、单及南阳入运，一趋塔儿湾、魏家湾，侵淤运道，下流徐、邳，淮阳亦多冲决"的灾情，顺治皇帝"诏封河神为显佑通济金龙四大王，命河臣致祭"[4]。幻想河神助治河一臂之力。顺治十六年（1659），御史孙可化疏陈加固淮、黄堤工，总河朱之锡辩解："黄河谚称'神河'，难保不旋浚旋淤，惟有加意修防，补偏救弊而已。"[5] 以神河难治自欺欺人，可见当时治河之不得要领。

其次，没有继承明代行之有效的治河通漕经验，却一再重蹈覆辙。明

① 吴秀元：《顺治初年黄河并未自复故道》，《历史档案》1983年第4期，第131页。
② 《清史稿》，第34册，中华书局1977年版，第10109页。
③ 《清史稿》，第34册，中华书局1977年版，第10111页。
④ 《清史稿》，第13册，中华书局1977年版，第3716页。
⑤ 《清史稿》，第13册，中华书局1977年版，第3717页。

代潘季驯治河要领，是以堤束水，迫使黄河并流一向过清口挟沙入海。康熙十六年（1677），总河王光裕议淮扬治河之要盛赞分黄导淮之法“诚为保运安民长策”，他要解决黄河云梯关入海之路“无处分杀”之难，题请“必从清河上四十五里，仍挑黄家嘴经清河至安东五港口东流入海，分杀暴涨之势，不致南下。而清口得免黄强抵淮阻运之患”①。康熙十年春、夏、秋，黄河三次决溢于萧县、清河、桃源之间，王光裕又“请复明潘季驯所建崔坝镇等三坝，而移季太坝于黄家嘴旧河地，以分杀水势”②。皆欲步分流杀势后尘。在淮扬运河，康熙九年之前，“江都、高、宝无岁不防堤增堤，与水俱高”③，也是反明人只许深湖、不许增堤准则的倒行逆施。

再次，河决抢堵反应缓慢、效率低下，以致有些决口决而不堵、数年始堵，或堵而复决，酿成巨大的人财损失。顺治“七年八月，决荆隆朱源寨，直往沙湾，溃运堤，挟汶由大清河入海。方兴用河道方大猷言，先筑上游长缕堤，遏其来势，再筑小长堤。八年，塞之。九年，决封丘大王庙，冲圮县城，水由长垣趋东昌，坏平安堤，北入海，大为漕渠梗。发丁夫数万治之，旋筑旋决”④。康熙“六年，决桃源烟墩、萧县石将军庙，逾年塞之。又决桃源黄家嘴，已塞复决，沿河州县悉受水患，清河冲没尤甚，三汊河以下水不没骭。黄河下流既阻，水势尽注洪泽湖，高邮水高几二丈，城门堵塞，乡民溺毙数万，遣官蠲赈”⑤。新王朝不缺乏行政效率，但堵塞河决居然多次塞而复决，主要原因是缺乏治河能臣，没有接受明人治河通漕经验教训。

最后，个别总河任职稍长于治河通漕逐渐开窍，但总的来说没有透彻把握治河精髓。顺治九年（1652），河决封丘，给事中许作梅等人提议河复禹道，北流入海。杨方兴当即辩驳：“黄河古今同患，而治河古今异宜。宋以前治河，但令入海有路，可南亦可北。元、明以迄我朝，东南漕运，由清口至董口二百余里，必藉黄为转输，是治河即所以治漕，可以南不可以北。若顺水北行，无论漕运不通，转恐决出之水东西奔荡，不可收拾。今乃欲寻禹旧迹，重加疏导，势必别筑长堤，较之增卑培薄，难易晓然。且河流挟沙，束之一，则水急沙流；播之九，则水缓沙积，数年之后，河

---

① （清）朱之锡：《河防疏略》，《四库全书存目丛书》，史部，第69册，齐鲁书社1996年版，第431页。

② 《清史稿》，第13册，中华书局1977年版，第3719页。

③ 《清史稿》，第13册，中华书局1977年版，第3719页。

④ 《清史稿》，第13册，中华书局1977年版，第3716页。

⑤ 《清史稿》，第13册，中华书局1977年版，第3718页。

仍他徙，何以济运?”① 对黄河规律及治河特殊性把握接近真谛。朱之锡出任总河后注重革除明末工程、器具、夫役、物料等八弊，注重河防常备建设，培养治河人才，“陈预选之法二：曰荐用，曰储才；谙习之法二：曰久任，曰交代。又条上河政十事：曰议增河南夫役，曰均派淮工夫役，曰察议通惠河工，曰建设柳园，曰严剔弊端，曰厘核旷尽银两，曰慎重职守，曰明定河工专职，曰申明激劝大典，曰酌议拨补夫役”②。皆深有具体事务见解。

由于以上原因，顺、康之际河害日重、勉强漕运，以至康熙“十五年夏，久雨，河倒灌洪泽湖，高堰不能支，决口三十四。漕堤崩溃，高邮之清水潭，陆漫沟之大泽湾，共决三百余丈，扬属皆被水，漂溺无算”③。出现河崩漕坏，运道瘫痪局面。

这一切，为划时代的治河专家靳辅横空出世提供了历史机遇。康熙十六年（1677）靳辅出任总河，继承明代潘季驯的治河理论与实践，使清代治河通漕完全回归“以堤束水，以水刷沙”的治河方略，才奠定了康乾盛世的河治基础。

---

① 《清史稿》，第 13 册，中华书局 1977 年版，第 3716—3717 页。
② 《清史稿》，第 13 册，中华书局 1977 年版，第 3718 页。
③ 《清史稿》，第 13 册，中华书局 1977 年版，第 3719—3720 页。

# 第四十七章　康熙君臣重振清代河漕

## 第一节　靳辅治河的划时代进步

明代潘季驯治河通漕有两大要领：一是黄河并流一向通过清口会淮东下入海，这叫以堤束水、以水刷沙。为此，对黄河决口无论离运河远近都要尽快堵塞。二是不断加高加固高家堰，抬高洪泽湖水位与清口外的黄河水势抗衡，这叫蓄清敌黄。为此，对淮河任何分流都必堵之而后快。但大清开国至靳辅出任河道总督之前30年，历任总河和两位皇帝都未能充分理解、锐意力行。

清初对远离运河的河决往往数年方堵，对高家堰决口也置之不理，这会造成清口上下黄河流缓沙停。康熙七年（1668），原本"由凤阳泗州老子山北直出清口，与黄水会流入海"的淮水，改由"老子山南周桥闸、翟家坝一带，注射高邮、宝应、邵伯诸湖"，阻于漕堤，无入海之路。其中既有强盛黄水压迫清水的自然原因，又有"泗州盱眙地方，多私开决口，自古沟镇至夏家桥等处新开沟路共有八条"的人为因素。当年"五月间曾议筑塞，而盱眙、泗州奸民，聚众驱逐夫役，不容修筑，遂尔中止"[①]。淮水从高家堰东流，洪泽湖水位低落，黄河水乘势入湖，康熙十五年河崩漕坏来了个大爆发：

> 河道久不治，归仁堤、王家营、邢家口、古沟、翟家坝等处先后溃溢，高家堰决三十余处，淮水全入运河，黄水逆上至清水潭，浸淫

---

① 《清圣祖实录》卷27，第1册，中华书局1985年版，第376—377页下栏　康熙七年十月辛卯。

> 四出。砀山以东两岸决口数十处，下河七州县淹为大泽，清口涸为陆地。①

河崩漕坏致使问题充分暴露，促使当局彻底反省，于是靳辅出任总河治河。

靳辅康熙十六年至二十七年任河道总督，主持治河大计 11 年，成功地使淮、黄循轨，河安漕通。清承明制定都燕京而漕运东南，确保国用军需。3000 多里运道唯苏北徐州、淮安间，尤其黄、淮、运交汇的清口最为脆弱。淮水被人为地聚集在洪泽湖，抬高水位出清口会黄东流入海，漕船行运靠闸坝启闭出运口北上，靠三河大体的水势平衡维持漕运。“治河于往代易，于近世难，而在淮郡难之尤难。……漕挽东南数百万粟，势不得不资黄济运。”向来有“治淮所以治黄，治淮、黄所以治运”② 之说，而清口为清廷的治河通漕重心。

靳辅“三月二十八日”接河督印，七、八两月连上治河八疏，决意先开挖清江浦上、下河道和洪泽湖淮水通道，再堵塞黄河、洪泽湖和运河各决口，使黄、淮并力冲刷积淤，最后完善闸、坝各种配套水利设施，并在其后十余年不遗余力地付诸实践。继承潘季驯“以堤束水，以水刷沙”的治河理论，又结合康熙年间的实际情况有所发展创新。具体表现在：

首先，面对繁重的挑淤工程，靳辅只开引河、筑坚堤，大量淤沙待堵塞决口黄、淮下注时冲刷入海。清江浦至海口河道长 200 多里，先前数里宽、数丈深的大河，灾后被淤成只有数尺深、一二十丈宽的水沟。于两旁离水 3 丈掘土，各挑 8 丈宽 2 丈深的引水河一道，计每地一丈掘土 60 方（清人所说一方，为一平方丈乘以一尺的积，约合今 3.6$m^3$），以其土筑两岸宽数丈、高一丈二尺遥堤各一道，每丈亦用土 60 方。两堤中间淤沙待黄淮合流下注时三面夹攻冲刷，尽行刷入东海。洪泽湖出口原长 20 里，又深又宽。淮流东决、黄水倒灌之后，渐渐形成烂泥浅，只存一线数尺深小河。靳辅决计也于小河两旁离水 20 丈之地各挑引河一道，所挑土倾于引水河 60 丈之外成堤束水，大量淤沙待决口堵塞、淮水出湖时被渐次冲走。显然，这极大地减轻了工程量，减少了国帑投入。靠工后水冲之力挟沙入海，有创新精神。

---

① 《清史稿》，第 34 册，中华书局 1977 年版，第 10115 页。

② 乾隆《淮安府志》，《续修四库全书》，史部，第 699 册，上海古籍出版社 2002 年版，第 511 页上栏。

当然，靳辅这样做并非仅凭一厢情愿，而是有实地踏勘和合理推论，且事后证明确为可行之策。其一，基于黄河汛、枯期水量差别极大的事实，认为只要黄河大堤有缕堤、遥堤和格堤合理搭配，即可化解洪水出堤可能。缕堤，即接近河溜的堤防；遥堤，缕堤数里外的第二道河堤；格堤，缕、遥之间垂直于河溜的横向堤防。枯水期有缕堤束水，河身窄而流急，沙不至于停；夏秋水涨即使冲决缕堤，黄水出漕会终因两遥堤之间过于宽大而无力为虐，不至于溃堤成决。于是将所挑之土 60 方分筑遥、缕二堤并量增格堤。其二，在烂泥浅开挑之前，靳辅带领夫役实地掘土，发现"浮面一层板土深有二尺，下则系淤泥尺许；淤泥之下又属板土，板土之下又属淤泥。掘深六尺有奇，而尚不能到当日之湖底"[①]。他认为如此淤地结构，开挑足够宽深的引水河，湖水大出时就能将淤土刷走，而无须全挑故道。

其次，必不可少的开挑、筑堤工程，则千方百计提高效率、保证质量，务期工程坚实而又不虚费钱粮。主要措施是寓浚于筑，所挖之土即筑堤之土，浚河与筑堤同时进行，工省费小效高。清江浦上下河道，原拟全用人夫。清口以北河道两岸之堤共需土 550 万方，每土一方用夫 4 工，共用夫 2200 万工，每工照例给银 4 分，通共需银 88 万两；清口以东河道南北两岸共长 460 里，旧有遥堤由州县组织民工加帮高厚，新增缕堤、格堤动用国帑兴筑，应筑堤 10 万丈，用土 300 万方，每方用夫 3 计银一钱二分，总投资 36 万两，这在平定三藩战事正紧之时，国家财政绝对难以支付。后来采用"侉车代挑之法，凡下锹掘土并夯杵成堤俱用人力，其往来运土则以侉车，约可省夫一半"[②]。同时"立定规则，以上土五寸为一层，将第一层夯杵筑坚，然后再上第二层之土，一律加夯。逐层逐寸彻底夯杵，并用石硪打平，以期堤工坚实，用保久远"[③]。拟设守堤河兵提前上岗监工，"照管夫车、督率夯杵，在伊等即系将来守此堤工之人，自能尽力，以图坚固"。[④] 河道大员不时抽查堤工，严惩重奖有关人员。

万历年间潘季驯治河筑堤必用老土从高从厚夯筑坚实。老土又叫真

---

① （清）靳辅：《文襄奏疏》，《四库全书》，史部，第 430 册，上海古籍出版社 1987 年版，第 461 页。

② （清）靳辅：《文襄奏疏》，《四库全书》，史部，第 430 册，上海古籍出版社 1987 年版，第 481 页。

③ （清）靳辅：《文襄奏疏》，《四库全书》，史部，第 430 册，上海古籍出版社 1987 年版，第 513 页。

④ （清）靳辅：《文襄奏疏》，《四库全书》，史部，第 430 册，上海古籍出版社 1987 年版，第 482 页。

土，指与黄河泥沙迥然不同的当地原土，堤成耐水冲刷。而靳辅筑堤所用之土来自所挑河淤，根本谈不上老真，新堤高厚指标也低，故特别注重夯筑坚实。靳辅用“铁杵杵隙盛水不漏之法”抽查所得堤工夯筑质量，“新堤十处之中十有七八处不漏，仍有一二处渗水”①。较之非夯筑堤工的处处皆漏，是很不错的质量指标。

再次，因地制宜地组织施工，工程各尽其妙。靳辅初任总河时，洪泽湖大堤有大小决口 34 处，堤身卑薄不堪，堤下形成九河。河务同知多宏安基于传统施工方式，估计筑湖堤、堵九河和塞决口共需银 75 万两，而靳辅完成这些工程实用 38 万两。以往堵决皆循例用埽，远运数百里外柳条、芦苇用大绳卷束投之水中，物料加人工每填堤一丈，水浅者费银三四十两至七八十两，水深者费银一二百两至六七百两，且时久苇柳腐烂又致溃决。靳辅推行“包土仍筑坦坡制水”的施工方法，密下排桩，多加板缆，蒲包裹土，以绳捆扎，密填缺口，其法“较之用埽，计可省费一半，而坚固耐久”②。旧有土堤较陡，不耐波浪冲击，继续加高则有累卵之危。靳辅从“淮湖运河等处板工易于损坏，即石工之倾圮者亦不可胜数。惟见堤下系坦坦平坡者，则虽遇大水而不致冲塌”受到启发，于洪泽大堤力行用土加培坦坡之法，“每堤高一尺，应筑坦坡五尺；若高一丈之堤，则坦坡应宽五丈。即有旧存桩木亦听其埋于土内以为堤骨，一律夯杵，务期坚实，密布草根、草子于其上，俟其茂长，则土益坚”③。以此为基础普遍加高加固洪泽湖大堤，虽然用工增多但用料费用大减。

堵塞清水潭，更能体现靳辅超越传统施工的创新精神。清水潭是高邮、江都段运河大堤一处大决口，南北宽 300 多丈，深 3—6 丈不等。从前屡塞不成，概因决口过深、水流过急。至靳辅始行弃深就浅之计，即远离决口深急处于浅缓处筑环状堤工。结果所费不过 9 万多两，比原预算节约 48 万两。

最后，开皂河、中河大幅度减少借黄行运水程。明万历三十一年（1603）开泇河，避黄河之险二百里，“自清口以达张庄运口，河道尚长二百里。重运溯黄而上，雇觅纤夫，艘不下二三十辈，蚁行蚊负，日不过数

---

① （清）靳辅：《文襄奏疏》，《四库全书》，史部，第 430 册，上海古籍出版社 1987 年版，第 514 页。

② （清）靳辅：《文襄奏疏》，《四库全书》，史部，第 430 册，上海古籍出版社 1987 年版，第 465 页。

③ （清）靳辅：《文襄奏疏》，《四库全书》，史部，第 430 册，上海古籍出版社 1987 年版，第 463 页。

里。每艘费至四五十金，迟者或至两月有奇方能进口，而漂失沈溺往往不免”①。有感于此，靳辅康熙十九年在宿迁皂河集利用旧河形开挑皂河2400丈，使之上通泇河，下达黄河，以取代原有骆马湖运道。康熙二十年（1681）七月黄水暴涨，新开皂河受到倒灌，淤塞千余丈，靳辅又加挑浚，并且又在皂河以下至张家庄新挑支河3000余丈，称张庄运河。张庄运河开成后，康熙二十五年又题准开张庄运河到清口之间河道，称之为中河，后经继任者不断完善，使重运漕船行于无险运道，避黄河200里险溜。

皂河、张庄运河和中河被后人总称中河（如图47－1），上接泇河，下连清口，“自康熙中靳辅开中河，避黄流之险，粮艘经行黄河不过数里，即入中河，于是百八十里之河漕遂废”②。压缩借黄行水程仅剩7里。中河虽然开在黄河遥堤和缕堤之间，但所引水源是骆马湖清水，与原来借黄行运险道迥然不同。

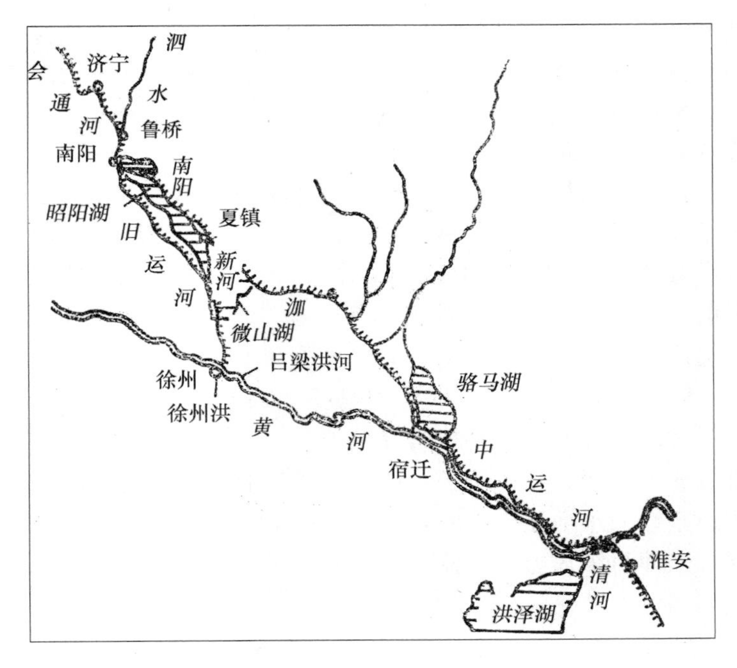


图47－1　清代中河示意图

① 雍正《江南通志》，《四库全书》，史部，第508册，上海古籍出版社1987年版，第719页。

② 《清史稿》，第13册，中华书局2000年版，第3769页。

靳辅上任前，工部尚书冀如锡奉旨前往江北勘视河工，认为“所费浩繁、一时难以并举”[①]。其估各工“所需钱粮不下五六百万”[②]。另据今人陈桦考证，清代每年“河工费用为380余万两”[③]，靳辅治河历时11年，所费国帑不到300万两。“河务甚难，而辅易视之。”[④] 康熙多次这样说靳辅。把很难的事看得很容易，非对河性和河工有透彻的把握不能为，也是每每节省国帑而最终能治有所成的根本原因。靳辅治河有着他人少有的举重若轻气度，故敢于做并能做成别人不敢做甚至不敢想的工程。

靳辅创建了清代基本河规漕制。靳辅总河期间，新河道经大水冲刷每年都要岁修完善。在这个过程中，他意识到“黄河发源最远，合千支万派之水而来，其势浩瀚，其力勇猛，其行如疾雷飞电，卒然而至每令人措手不及，苟非百计为未雨之谋、筹防捍之策，断难免不测之患也”[⑤]。其多崩善决给治河通漕带来巨大压力。此外，河务官员和各色平民的懒、贪、盗、毁危害更大，管理一松就会酿成河害。他曾论及官、民、商、夫各阶层害河情状，得出“欲保全河道者不过一二人，而谋坏之者遍地皆是”[⑥]的结论。有鉴于此，靳辅指出“保全河道之策，全在能尽人力”[⑦]，告诫人们必须在大修和岁修之中更偏重岁修，在抢险与防护之中更注重防护，在加筑与浚深之中更倚重浚深。

首先，打牢治河物料和资金基础。河防是高投入百年大计，每年耗用柳条、苇草共一千五百万捆，麻一百多万觔，杉木五万根（仅岁修），加上闸、坝维修所用的砖石灰米铁件，所需资金20余万两，而且必须提前筹资、提前购料，要求五省所征河道银原额26万两要于每年三月足额解送河道，提前置办物料，方能从容应对抢险和岁修。

其次，明确河防要领，做好应对预案。靳辅强调从五个方面防治河险：汛前多委监理官，分头将卑矮堤工加帮高厚；多方购买物料，于险工处或做排桩或下顺埽，相机防护；严督弁兵逐日巡查，凡遇獾穴狼窝立即填塞坚实；坚修减水坝让盛涨的黄水泄出，减轻河堤压力；一遇河溜改向冲刷大堤，立即组织人力于上流创立大埽，保护大堤。

---

① 《清圣祖实录》卷65，第1册，中华书局1985年版，第838页上栏　康熙十六年正月丙辰。

② 《文襄奏疏》，《四库全书》，史部，第430册，上海古籍出版社1987年版，第467页。

③ 陈桦：《清代的河工与财政》，《清史研究》2005年第3期，第34页。

④ 《清史稿》，第34册，中华书局2000年版，第10120页。

⑤ 《文襄奏疏》，《四库全书》，史部，第430册，上海古籍出版社1987年版，第592页。

⑥ 《文襄奏疏》，《四库全书》，史部，第430册，上海古籍出版社1987年版，第476页。

⑦ 《文襄奏疏》，《四库全书》，史部，第430册，上海古籍出版社1987年版，第475页。

最后，建立河兵加帮丁为主体的常备力量。旧有堡夫、河夫有平时冒张虚数、临急雇老弱塞责之弊。靳辅主张以河兵取代堡夫，以帮丁取代河夫。其法让每河兵一人招募帮丁4名，每丁给以堤内空地15亩耕种自食，平时加固堤防、提供柳草，以备汛期集中使用。汛期使其参与抢险，确保45万四千丈之堤无虞。

由于靳辅总河期间主要任务是大修，且数度被革职留用、戴罪监修工程，尤其是康熙二十三年以后在下河治理问题上与皇帝意见相左，对其威望产生负面影响。再加上康熙三十一年其复任总河不到一年而死，上述意向并没全部付诸实施。但其主持下的抢修和岁修有着极高的效率，如康熙二十二年苏北河道抢险：

> 惟防险一事，最为艰难。往往仓卒之间，立成大险。如桃源北岸七里沟一工，向来河离堤根有百余丈之远，本年正二月内虽经逐渐坍塌，然尚有五十余丈。乃萧家渡合龙之后大溜直下，三月初八、初九两日之间坍去四十余丈，仅存十二丈矣。此处堤内系旧决口，数丈深潭一有疏虞，立成夺河之患，心胆俱碎，所幸萧家渡尚有防守伏秋未用料物，随即遍差标弁，那缓就急，不分昼夜，飞星押运赴彼，于上流矶嘴坝尾立下大埽十余个，挑水往南；一面加帮七里沟坝台，挑溜下埽裹护，日来方始无患。清河县玉皇阁一工，向来离堤五六十丈，今于本年正二月间逐渐坍塌，仅存河崖三丈，此工先曾预备，今见在下埽抵敌洪流，亦可无虑。①

事先备料、备工如此充分，水情监测、上报和反馈如此快捷，临机处置如此果敢得当，堪称治河经典范例。

河治腐败的道光二十一年（1841），一段原本仅需2700两拨款事前即可得到加固的薄堤，一段只因1000多两工银没按时发放民夫一哄而散没有得到加固的城墙，一个原本只需普通抢险即可堵塞的黄水漫堤却酿成损失170万两的空前水灾：

> 张家湾在汴梁正北十五里，下南厅所辖地也。先是，厅官高步月以堤单薄久不治，难御盛涨，请于开归陈许道，估工需金二千七百有奇，

① （清）靳辅：《文襄奏疏》，《四库全书》，史部，第430册，上海古籍出版社1987年版，第593页。

> 道不可。盖以河身去堤十余里，非异常大水不即溢堤；而河工旧习，每于无工处虚报新工，为他处度支地。道思杜其弊，故不许也。步月诉于大府，业许发帑，既而复中止，束手待溃而已。此失事之由也。
>
> 张家湾之堤，虽为漫水所破，其大溜尚在正河，并未南掣也。巡抚于十六日闻信即驰至，则物料不具，俄闻漫水已抵城，遂于十九日乘小舟回汴。候补知县某守护城堤，堤亦有漫口，集民夫缮之，水可不入。需金一千五百，金在司库不时发，民夫一哄而散。至二十四日，大溜全移，而城遂在巨浸中……①

若靳辅当年开创的岁修和抢险机制和效率得到延续，或靳辅设计的河防诸制皆得落实，何能酿成如此大灾。

## 第二节　清圣祖治河通漕明君风范

清圣祖继位后，虽然意识到河务和漕运是治理天下的要务，但内有权臣跋扈，外有三藩割据，显然还一时顾不上河务、漕运。所以康熙十五年以前，治河通漕基本上延续着顺治朝的做法。“从明季寇氛，决黄灌汴，而洪流横溢，岁久不治。迄于本朝，在河诸臣皆未能殚心修筑，以致康熙十四五年间，黄淮交敝，海口渐淤，河事几于大坏。”② 清圣祖康熙四十六年这段往事追述，大致符合历史实际。虽然当时圣祖不能把精力过多地投放在治河通漕上，去具体、专业地指导治河，但他对河漕领域违法乱纪十分反感，力图禁革那些明末陋习。

康熙十六年（1677）靳辅奉命治河，尤其是康熙十七年吴三桂死、平定三藩胜局在握之后，圣祖的主要精力用于治河通漕。康熙二十三年（1684）他首次南巡面谕靳辅道：“朕向来留心河务，每在宫中细览《河防》诸书，及尔屡年所进河图与险工决口诸地名，时加探讨。”③ 所谓河防诸书，即明人潘季驯的《河防一览》等书，所谓“尔屡年所进河图与险工

① 《辛丑河决大梁守城书事》，《国朝文汇》，《续修四库全书》，集部，第1676册，上海古籍出版社2003年版，第86页下栏。

② 《清圣祖实录》卷230，第3册，中华书局1985年版，第299页上栏　康熙四十六年五月戊寅。

③ 《清圣祖实录》卷117，第2册，中华书局1985年版，第222页下栏　康熙二十三年十月辛亥。

决口诸地名”，指靳辅出任总河后所上治河奏章及其所附图表，说明圣祖潜心研究治河原理主要在康熙十六年以后。靳辅治河，继承明人潘季驯治水衣钵而加以光大创新；继位以来就“以三藩及河务、漕运为三大事，夙夜廑念，曾书而悬之宫中柱上”① 的清圣祖，通过靳辅接受了潘季驯的治河理论，康熙二十三年亲临治河一线，理论与实际结合之后，对河治保运的把握达到融会贯通境界。

清圣祖支持靳辅治理上河11年，尤其首次南巡后支持和指导靳辅大力调整清口水利要素配置。主要是迁运口于淮水出湖口附近（见图47－2），远离黄口避免倒灌。运口原在文华寺，斜对黄口，易受倒灌。康熙十七年（1678）九月，靳辅毅然决然奏请迁建运口：“淮扬运河出口之处，是为清口，离淮黄交会之处甚近。黄涨即灌进运河，以致河底垫高、岁须挑浅。今臣往来相度，必须将清口闭断，从文华寺挑新河至七里闸，以七里闸为运口，由武家墩、烂泥浅转入黄河。如此，则运口与黄淮交会之处隔远，运河不为黄水所灌，自无垫高之患矣。”② 此议得以付诸实施，黄河倒灌运河概率顿减。

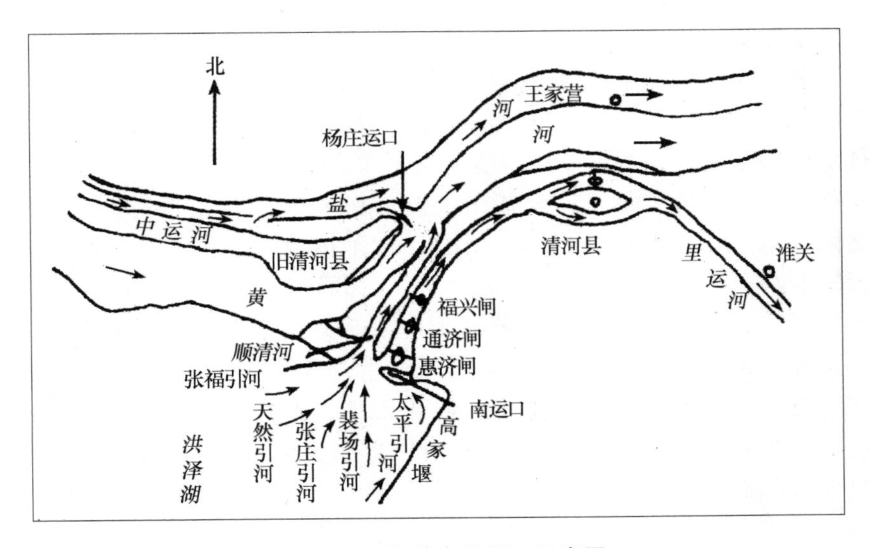


图47－2　靳辅南移运口示意图

① 《清圣祖实录》卷117，第2册，中华书局1985年版，第701页下栏　康熙三十一年二月辛巳。

② 《清圣祖实录》卷77，第1册，中华书局1985年版，第989页上栏　康熙十七年十月辛卯。

按靳辅《治河奏续书》，江南漕船原在文华寺附近的惠济闸（图中惠济祠对面）出运河进黄河，运口离黄口太近。靳辅为了将运口南迁至清水势力范围，先向南开七里闸河，设七里闸为运口，再向西南挑河七八里，至武家墩折向西北，至烂泥浅第一道引河入淮。图中新大墩附近的实线运口和惠济闸是后人对靳辅运口的改进。

靳辅死后，清圣祖又指导后任总河完善靳辅所做包括中河在内的工程，进一步推动清口一带各水利设施要素的调整。他认定只要清口不倒灌，就是河治漕安。可谓善于把握矛盾关键。清圣祖从康熙二十三年首次南巡亲临一线指导河工，至四十六年最后一次南巡的20多年里，指导治河通漕可谓不遗余力。其中康熙三十八年（1699），南巡中圣祖发现清口仍然太露，亲自踏勘，确定御坝坝址，"以黄河直抵惠济祠前，始折而东下，逼近清口，易致倒灌。乃令侍卫肩桩钉立，即于其处建挑水大坝，挑溜北趋。土人感戴，呼为御坝。御坝坝尾土堰直接南道缕堤。又自张福口运河缕堤尾至西坝止，筑临清束水堤长五百二十八丈，又建惠济祠旁运河西岸砖工，三次共长二百六十四丈"①。在古代帝王中稍逊于大禹，而超过亲临瓠子决口堵塞工地的汉武帝，难能可贵。

清圣祖是清代治河通漕国策奠基人，他与靳辅共同开创了以调整清口一带水利诸要素来提挈治河通漕纲领的格局，其治河通漕取向被后代视为祖制。但清圣祖也有失误，虽然这些失误，较其功绩而言是次要的，但对子孙后代影响巨大，对中后期的清王朝是无法挽回的。

首先，海运持议不坚，没有在盛世之初为子孙开拓可持续的漕粮水运之路。康熙三十九年（1700）五月，清圣祖敏锐感觉到河运难以持久："今清口已经淤塞，来岁粮船难必无误。由海运直抵天津，道远甚险。若以粮载杪船，自江入海，行至黄河入海之口，运入中河，则海运之路不远。按此行可乎？"大学士伊桑阿当即敷衍："明季清口，运艘一过即行堵塞，官员商旅俱于天妃闸更舟。似此行之，不知可否？"② 圣祖转而咨询总河，张鹏翮回奏："此时运河各决口尽堵，清水又引出，乘时将运河淤垫处再加疏浚，来年清口粮船自可通行，不致迟误。至于改载杪船，雇募水手人夫，恐糜费钱粮。且由江入海，从黄河海口进中河之处潮汐消长，水势不一，风涛不测，实属难行。"③ 清圣祖不敢全程海运，仅仅

① 《清史稿》，第34册，中华书局1977年版，第10119页。

② 《清圣祖实录》卷199，第3册，中华书局1985年版，第27页上栏　康熙三十九年五月丙子。

③ 《清圣祖实录》卷200，第3册，中华书局1985年版，第35页上栏　同上七月壬寅。

想到在江口与河口之间海运（大约相当一个淮扬运河的水程），就这样一个可怜的想法，也被他的大学士和总河给搪塞了。

假如清圣祖的海运想法再坚定一些，哪怕只有贯彻自己治理下河主张强度的一半，以其雄才大略，定能将其局部海运的想法付诸实施；漕船出江口经东海北上，进河口入中河北上，黄河与淮河、淮扬运河不再交汇，另辟淮河入海通道，或者让淮河通过淮扬运河入江。如此，可为后代子孙除去沉重的治理黄河负担。

其次，康熙三十四年至三十七年，未能制止河道总督董安国在黄河入海口筑拦黄坝。潘季驯、靳辅治河一言以蔽之，就是蓄清刷黄，加快黄河入海速度以挟沙入海，而不屑于所谓挑浚黄河入海口或改变黄河尾闾入海位置。而在早已确立"以堤束水，以水刷沙"的康熙朝中期，总河居然公然于海口筑坝拦黄，通过黄河入海改道来降低清口河床，言官无人弹劾，朝廷不加制止，除非此工经皇帝批准。《清圣祖实录》不载此事原委，大概是为尊者讳。"董安国等创筑拦黄坝，拂水之性。以致黄水倒灌，清口淤塞，下流不通，上流溃决，淮、扬常受水患。"[①] 清圣祖有失察之责。

最后，罢免靳辅时牵连陈潢，对陈潢处置有失冷静。清圣祖首次南巡时，曾饶有兴致地问靳辅是谁在帮你治河，靳辅回答说陈潢，似乎很有为国访贤之意。陈潢因"佐靳辅治河，特赐佥事道衔"[②]。后来靳辅在治理下河问题上与圣祖意见相左，圣祖尽管还能一如既往地支持靳辅治理上河，但不能容忍靳辅有妨自己下河治理意见的贯彻，康熙二十七年欲罢免靳辅，盛怒之下竟说"陈潢本一介小人，通国尽知"[③]。河工案结案时，佛伦"留其佐领，以原品随旗行走；董讷、孙在丰，在翰林时颇优，从宽免革职，降五级，仍以翰林官用……达奇纳，著降五级，随旗行走"。明知靳辅全靠陈潢治河，却给予"陈潢著革去职衔，解京监候"[④] 的重罚，把为国访贤初衷抛诸脑后，致使陈潢"未入狱，以病卒。辅复起，疏请复潢官，部议以潢已卒，寝其奏"[⑤]。陈潢未能充分展其才蕴，是清初治河通漕一大悲剧。

---

① （清）傅泽洪：《行水金鉴》，《四库全书》，史部，第580册，上海古籍出版社1987年版，第723页。

② 《清史稿》，第12册，中华书局1976年版，第3192页。

③ 《清圣祖实录》卷133，第2册，中华书局1985年版，第438页上栏 康熙二十七年正月丁酉。

④ 《清圣祖实录》卷135，第2册，中华书局1985年版，第455页下栏 同上三月丁酉。

⑤ 《清史稿》，第34册，中华书局1976年版，第10123页。

## 第三节　康熙君臣奠定治河通漕方略

关于靳辅治河在康熙一朝的地位，有学者认为“靳辅的治河体现了清朝以经济为重心的治国思想”[①]，言外之意是靳辅治河标志着清朝由武力征服结束转向致力国计民生，未免过于主观、牵强。其实，大规模武力征服在顺治年间已经完成。况且，靳辅治河伊始，平定三藩之乱正在进行，收复台湾刚刚启动。清圣祖剪除鳌拜后即以开创太平盛世为己任，书宫柱“三藩及河务、漕运”为座右铭，就是明证。只不过靳辅之前未有治河能臣、河务未见起色而已。

也有学者过分联系康熙朝党争研究靳辅治河的个人沉浮，说他“先是被明珠党利用，谋取私利，而后康熙也借打击他本人铲除明珠党羽。再被康熙利用，消除于成龙之党，成为政治斗争中的一颗棋子”[②]。未免故作耸人听闻之语。要说棋子，靳辅只是圣祖治河宏图中倚重的总河而已。

就治河通漕领域，圣祖、靳辅君臣扭转了清初河道不治的局面，奠定了康乾盛世的河治基础。

首先，圣祖罢靳辅只为推行自己治理下河的主张。当时，人们习惯上把清口以北借黄行运水道称为上河，而把淮扬运河及其东侧低洼区称作下河。清初，“自邵伯南北历高邮、宝应、山阳、安东皆受湖患，而城低于堤者丈有四尺”[③]。上游常溢，7 州县积水难消。清圣祖对河务相当熟悉，且有治河远大抱负。首次南巡口谕靳辅：“大略运道之患在黄河，御河全凭堤岸。必南北两堤修筑坚固可免决啮，则河水不致四溃；水不四溃则浚涤淤垫、沙去河深，堤岸益可无虞。……尔当筹画精详、措置得当，使黄河之水顺势东下，水行沙刷，永无壅决。”[④] 意在巩固和扩大上河已有治理成果。同时命随行大吏往视海口，“朕车驾南巡，省民疾苦。路经高邮、宝应等处，见民间庐舍田畴被水淹没，朕心甚为轸念。询问其故，具悉梗

---

① 孙琰：《清朝治国重心的转移与靳辅治河》，《社会科学辑刊》1996 年第 6 期，第 116 页。

② 孙德全：《康熙时期“治河案”述论》，《牡丹江师范学院学报》2009 年第 1 期，第 42 页。

③ 《重修扬州府志》，《中国地方志集成・江苏府县志辑》，第 41 册，江苏古籍出版社 1991 年版，第 170 页上栏。

④ 雍正《漕运全书》卷 31，《北京图书馆古籍珍本丛刊》，第 55 册，书目文献出版社 1998 年版，第 736 页下栏上栏。

概。高、宝等处湖水下流，原有海口以年久沙淤，遂至壅塞。今将入海故道浚治通深，可免水患。自是往还，每念及此，不忍于怀。此一方生灵，必图拯济安全、咸使得所，始称朕意。遣官往报水灾州县逐一详勘，于旬日内覆奏。务期济民除患，纵多经费、在所不惜”①。意在启动下河治理，奠定康乾盛世的河治基础。上河永无壅决、下河可免水患，构成这位康乾盛世开创者的治河宏图。

圣祖南巡中曾在下河实地踏勘，并询及士民，对治理下河成竹在胸。他想在上河治理已握胜算的情况下，尽快疏通海口，排出下河积水，为自己的文治武功再下一城。但是，靳辅不理解圣祖良苦用心，在下河问题上另作主张，致使下河治理进展甚缓。罢免明珠后廷议河务，“靳辅奏曰：‘臣专管上河。再四筹度，惟有高家堰外再筑重堤，水不归下河，庶有裨于淮扬七州县。至开浚下河，臣恐有海水倒注之患。’上曰：‘朕不忍淮扬百姓遭罹水患，故令尔等公同详议。海水倒注，无有是理。’”② 显然，圣祖对靳辅的执拗也很生气。

其次，圣祖虽然不欲靳辅兼治下河，但一再肯定和支持其治理上河的作为。首次南巡“召河道总督靳辅入行宫。谕之曰：‘尔数年以来，修治河工著有成效，黾勉尽力，朕已悉知。此后当益加勉励，早告成功，使百姓各安旧业。庶不负朕委任至意。’因以御书阅河堤诗赐之”③。身膺皇帝如此重托，为其他总河望尘莫及。即使靳辅在下河问题上不事配合，康熙仍对其上河后续工程予以支持。罢免了靳辅，又担心继任者反靳辅之道而行尽弃前功，先后两次派员考察上河工程行水效果，一旦得报中河内商贾船行不绝，黄河“两岸出水颇高，河身渐次刷深。数年以来，虽遇大水未经出岸，河身淤垫之说甚属虚妄。其海口两岸宽二三里，黄水汎溜入海并无阻滞”④，马上为靳辅恢复名誉，实派差使让靳辅参与其他河工，并在三十一年让靳辅重掌总河，“河务不得其人，必误漕运。及辅未甚老而用之，亦得纾数年之虑”⑤。此等推重高评，可视为对靳辅治河功绩的充分肯定。

---

① 雍正《漕运全书》卷31，《北京图书馆古籍珍本丛刊》，第55册，书目文献出版社1998年版，第737页上栏。

② 《清圣祖实录》卷134，第2册，中华书局1985年版，第450—451页上栏下栏　康熙二十七年三月辛巳。

③ 《清圣祖实录》卷117，第2册，中华书局1985年版，第230页下栏　康熙二十三年十月乙亥。

④ 《清圣祖实录》卷136，第2册，中华书局1985年版，第482页下栏　康熙二十七年七月乙卯。

⑤ 《清史稿》，第34册，中华书局2000年版，第10122页。

最后，圣祖指导后任总河进一步完善靳辅开启的上河治理工程，同时逐步完成了下河治理。靳辅所开中河，于宿迁至清河县境黄河遥、缕二堤之内，上接张庄运口，下入平旺河以达于海，原为泄洪而设，后用于行漕，避200里黄河之险。圣祖首次南巡就担心中河离黄河近，后来让总河张鹏翮加以改造，“全身挑挖，两岸子堤全行加帮。……在三义坝将旧中河筑拦河堤一道，改入新中河，则旧中河之上段与新中河之下段合为一河，粮船可以通行无滞”[①]。使中河甩掉了泄洪尾巴，成为一段专门的漕河，且提高了防黄河侵害功能。

靳辅卸任前，下河施工不及一半。王新命继任总河才得以继续施工，康熙中后期都在不断地完善。到张鹏翮总河期间，基本形成“山阳一带由泾、涧二河泄水入射阳湖下海；宝应一带由子婴沟泄水入射阳湖下海，高邮一带仍由城南、柏家墩二大坝泄水；江都一带由人字河、凤凰桥等河泄水入江”[②] 的泄洪体系，其时离首次南巡已过去20多年。高邮段运河向东海泄西来洪泽湖洪水，治理也取得实绩：“南关坝下，康熙四十年题准开挖引河一道，长三百九十一丈，至朱三家桥与二沟河会合，经兴化县海沟河入海，滚出之水不致淹没民田；车逻坝下，康熙四十年题准开挖引河一道，长三百三十丈，至齐家庄与二沟河会合，经兴化县海沟河入海，滚出之水不致淹没民田。”[③] 所行工程颇有盛世气派。至此，康熙治河宏伟蓝图基本实现。

清圣祖、靳辅君臣二人共同确立了清代治河通漕总方略。主要内容是：一是以蓄清敌黄为手段坚持河运，能不海运就不海运；二是以清口水利设施调整提挈治河通漕纲领，不考虑黄河北归或恢复隋唐在河南境内接入黄河干流。天下没有完美无缺的人，也没有总称人心的事。靳辅虽有治河之才，但不能理解和支持圣祖下河主张，襄成皇帝和同僚的功业之美，也累及自身才不尽展；圣祖通过更换总河实现自己治河的全部梦想，在君道言之不失英主之举，但首次南巡召见靳辅时不通报自己的下河主张和安排，也不够明智。靳辅治河在康熙朝位置应作如是观。

---

① （清）傅泽洪：《行水金鉴》，《四库全书》，史部，第582册，上海古籍出版社1987年版，第243页。

② 张鹏翮：《治河全书》，《续修四库全书》，史部，第847册，上海古籍出社2003年版，第905页。

③ （清）傅泽洪：《行水金鉴》，《四库全书》，史部，第582册，上海古籍出版社1987年版，第386页。

# 第四十八章　清代皇帝主导治河通漕

## 第一节　前期皇帝主导治河通漕

清朝入主中原后，顺治君臣没来得及熟悉河务漕运，就匆匆忙忙接过明末河漕体制。顺治朝行皇帝授权下的总河全权负责制。凡事由河道总督提出治河初议，工部对初议加以完善提出部复方案上报皇帝，皇帝根据部复方案下诏总河执行。户部根据皇帝诏书解决治河费用，工部负责工程监督。但总河多出于汉军八旗，于治河通漕为门外汉，河工决策难免精明与愚蠢互见，高招和败笔相参。

以南河为例，既有“顺治四年六月，以久雨水涨，河堤再决，亦随就塞。自后无事者十年”。显示清初行政效率之高。也有不少违反规律的蠢事，“然自明末漕规久废，闸不时闭，淮流常泄，河沙岁浸，洪泽湖底日高，即分入运河者，沙亦随入，运河日以淤浅。为漕计者唯岁益增堤，下河仰堤，高与城等。而前此诸塘既废，潦水别无所潴，又归仁堤岁久不治，高堰防护亦疏，泗州常沈水底。伺间决防，为壑邻计”①。皆反明代优良传统而行。“康熙元年，治河非人。平时开放周家桥，诸湖盈溢。又值淮水大涨，漫下翟坝二十五里，而害愈甚。乃严督居民每家十土包加筑子堤，缓则处死，堤上渐高。三尺之土，民间已没三尺之田，且堤高愈危，闸复不整。故常致溃决，祸延至今，溺死人民，糜费国帑，职是咎也。”②当局倒行逆施，两岸农民却付出了沉重代价。

顺治朝治河通漕的决策惯性一直延续到康熙十五年。清圣祖继位之

① （清）傅泽洪：《行水金鉴》，《四库全书》，史部，第582册，上海古籍出版社1987年版，第180页。

② （清）傅泽洪：《行水金鉴》，《四库全书》，史部，第582册，上海古籍出版社1987年版，第389页。

初，忙于内除权臣、外平三藩、收复台湾，精力很少放在指导治河通漕上，于河务漕运只在意吏治清廉，促进总河总漕提高效率而已。

康熙十六年（1677）之后，逐渐建立皇帝主导治河通漕的决策机制。皇帝主导治河，首先要懂治河。康熙十七年（1678）权臣早除，平定三藩、收复台湾胜局在握，圣祖方始全身心关注三大治国要务中的“河务和漕运”，在宫中常看潘季驯《河防一览》，逐渐接受了“以堤束水，以水刷沙”和“蓄清敌黄”治河理论。圣祖有驾驭群臣和河漕大局的雄才大略。事实证明，康熙十六年以后的清圣祖，具备主导治河通漕的主观和客观条件，十分自信、审慎地推动着王朝河务和漕运步入正轨。

清圣祖主导治河通漕，主要通过南巡中亲临治河通漕一线对大臣面谕己见进行。史学家商鸿逵《康熙南巡与治理黄河》一文，考证圣祖6次南巡指导治河的主要作为如下。

康熙二十三年（1684）第一次南巡，亲临工地视察，认识到运道之患在黄河，御河全凭堤岸。必南北两堤修筑坚固，方可免决。看到高邮等地百姓择高阜栖息，庐舍田畴仍被水淹，萌发开挖海口治理下河的雄心壮志。

康熙二十八年（1689）第二次南巡，命靳辅、于成龙、王新命等人随行。清圣祖亲临黄河和洪泽湖重要河工，肯定了靳辅开中河、筑高堰等治河成绩，但也提出了改进意见。

康熙三十八年（1699）第三次南巡。此前总河人事调动频繁，治河通漕出现反复甚至倒退。南巡中清圣祖特别关注清口一带水利设施的调整完善，提议把黄河引向远离湖口、运口的方向，以便清水和漕船畅出，有效预防了黄河倒灌。

后三次南巡，河道总督为张鹏翮。康熙四十二年（1703）第四次南巡，清圣祖巡视了张鹏翮近年治河成绩，“向来黄河水高六尺，淮河水低六尺，不能敌黄，所以常患淤垫。今将六坝堵闭，洪泽湖水高，力能敌黄，则运河不致有倒灌之患，此河工所以能告成也”①。康熙四十四年（1705）第五次南巡，清圣祖面谕张鹏翮“高家堰最关紧要”，蓄清敌黄含糊不得。康熙四十六年（1707）第六次南巡，取消了溜淮套河工。

① 《清圣祖实录》卷211，第3册，中华书局1985年版，第145页下栏　康熙四十二年正月辛酉。

## 第二节 中期皇帝主导治河通漕

雍正朝治河通漕处于由康熙朝向乾隆朝过渡状态，惩贪反腐力度超越康熙朝，又开乾隆朝大投入治河通漕先声。表现在：

其一，继承了圣祖选廉能出任总河总漕的传统，靠总河总漕的清廉保证河漕官员的清廉。首任总河齐苏勒，“周历黄河、运河，凡堤形高卑阔狭，水势浅深缓急，皆计里测量。总河私费，旧取给属官，岁一万三千余金，及年节馈遗，行部供张，齐苏勒裁革殆尽。举劾必当其能否，人皆懔懔奉法”[①]。齐苏勒任总河 7 年，世宗“深器之，尝谕曰：‘尔清勤不待言，而独立不倚，从未闻夤缘结交，尤属可嘉。’又曰：‘隆科多、年羹尧作威福，揽权势。隆科多于朕前谓尔操守难信，年羹尧前岁数诋尔不学无术，朕以此知尔独立也。’又曰：‘齐苏勒历练老成，清、慎、勤三字均属无愧。’八年，京师贤良祠成，复命与靳辅同入祀”[②]。后任总河嵇曾筠，“在官，视国事如家事。知人善任，恭慎廉明，治河尤著绩。用引河杀险法，前后省库帑甚巨”[③]。雍正朝河漕两系官员清能，优于康熙朝很多。

其二，奠定加大河工投入又严惩河漕官员渎职贪墨的格局。雍正七年（1729）十二月，江南河道总督孔毓珣奏清口引河工程，有慎重钱粮之意，世宗批示：“宜急为斟酌筹画，毋因慎重钱粮区区小见，贻误河防要务。”[④]次月，孔毓珣又奏修理高堰大工。世宗更明确地表示：“朕不惜百万帑金，以卫民济运。工程当务久远坚固，一劳永逸。此外即再增数十万两，亦不为多。若因省小费，致误大计。则所费百万，仍属虚用也。堤工卑矮之区，固应增高，而单弱之所，尤宜加厚。可再详加相度、勘视，切勿胸存小见，凡有卑薄以及倾圮处，悉将堤身拆砌。务令自顶至底，一律坚实，期于永久获益。所需钱粮，不必限定此数。”[⑤] 与康熙朝慎重开支迥然不同。康熙朝对河漕渎职贪墨官员顶多撤职、降职，清世宗则果于抄家、杀

---

① 《清史稿》，第 35 册，中华书局 1977 年版，第 10620 页。

② 《清史稿》，第 35 册，中华书局 1977 年版，第 10622—10623 页。

③ 《清史稿》，第 35 册，中华书局 1977 年版，第 10625 页。

④ 《清世宗实录》卷 89，第 2 册，中华书局 1985 年版，第 192 页上栏 雍正七年十二月壬寅。

⑤ 《清世宗实录》卷 90，第 2 册，中华书局 1985 年版，第 211—212 页下栏上栏 雍正八年正月戊寅。

戮，雍正八年七月田文镜参奏河南管河道拖克拖海玩忽河工，伏汛不竭力督率抢护；协理河臣范时绎安坐旁视，藐法误工。清世宗决策“严加惩治，以挽颓风而祛恶习”。将二人革职，把前者永远枷示河岸，让后者戴罪防护秋汛，“少有疏虞，即将范时绎、拖克拖海请旨，在贻误工程之处正法”①。这也是康熙朝所没有的，而为乾隆朝所继承。

清世宗并不像其父那样亲临一线面授机宜，他主要通过选任总河实现自己的治河通漕主张；他也不像其父那样要求精打细算，而主张好工不惜费，只要能做一流工程，多花钱值得。

乾隆朝治河通漕决策风格介于康熙朝与雍正朝之间，融合了两朝的优势，但未能善始善终，赶不上康熙、雍正两朝做事的一以贯之。不善始指清高宗继位之初，曾实行过一阵宽政。雍正十三年（1735）九月，高宗继位的第三个月，下诏“今朕即位之初，切望内外大小臣工，洗心涤虑，痛改前非，为国家宣力，以图后效。特沛浩荡之恩，予以自新之路。著将文武官员现在议革者，亦准宽免”②。愿望是好的，但赦免从前有罪革职官员，会让人觉得革职并不可怕，或者先前革职是不当惩罚，这样就否定了雍正朝的严厉之政，对雍正朝惩治腐败效果产生负拉动。天下很快呈现乱象，并波及河务漕运领域，“雍正三四年间严行催趱，各省漕粮不过六七月间全运抵通，不但运船无冻阻之苦，而漕粮亦少偷盗之弊，此中外所共知者。乃本年五月初间，漕粮头帮方运至通，其各省运船旗丁等藉口沿河淤浅、重运难行，且声言如今皇恩浩荡，又照昔年之例，你们塘铺不必严催。因而塘铺兵丁，因循懈怠，一任旗丁延挨迟缓。其中不无勾通盗卖，及掺和糠土之事”③。清高宗才意识到宽政行不得，转而厉行严政。不善终指乾隆五十五年至嘉庆四年清高宗在位最后十年对和珅招贿乱政庇护纵容，致使此前数十年整顿之功尽弃。

掐头去尾，乾隆朝中间50来年，在清代各朝国家意志最为坚挺，注重采用水利技术，精准掌控清口一带的蓄清敌黄。在洪泽湖和黄河适当地方设立水位志桩，在湖口设立可以伸缩的软坝，根据清黄水位变化调节清水出湖口宽，总让湖水略高于黄水。而且扼制河漕贪墨力度较大、效果较好。

---

① 《清世宗实录》卷96，第2册，中华书局1985年版，第290页上栏下栏　雍正八年七月己卯。

② 《清高宗实录》卷3，第1册，中华书局1985年版，第188页上栏　雍正十三年九月己未。

③ 《清高宗实录》卷19，第1册，中华书局1985年版，第476页下栏　乾隆元年五月戊午。

首先，清高宗没有像圣祖那样苦学《河防一览》，但天资聪明的他在乾隆中叶以后对河治漕通要领也达到透彻把握，超过了当时在任总河。身在紫禁城的高宗能遥知远在数千里以外的清口，是否该收束湖口了。乾隆三十年（1765）七月，两江总督高晋、江南河道总督李宏奏报“外河清口，伏汛内黄水盛大，清水未长，间有一二分进口”。高宗批示：“此系汝等未收清口之病。昨已降旨，想未接到耳。”二督又报“交秋后，黄水又长。当将清口东坝，接筑三丈，止留口门十三丈”。高宗批示：“迟矣。如此等事，皆待朕谕。则汝河臣所司何事?”[①] 走出紫禁城的高宗能实地觉察运河闸坝设置是否得当。乾隆三十六年（1771）高宗出巡，御舟过山东兴济闸，对军机大臣说：兴济闸“似宜仅用减水石坝，不应更立闸座。该处河道本属深通，当春令水发之时，底水犹然宽裕。以朕所御安福艣而计，船身受水约三尺余，浮送尚属便利。则江、广重运粮艘，尽足遄行无碍，毋庸更资闸座节蓄。常时既不藉其利，而一遇运河涨盛，闸口窄小难容，又有金刚墙挡阻，不能立时宣泄，易致漫溢为虞。若拆去闸墙，改为减水石坝。使河流随时畅泻，自为因地制宜之道”。[②] 足见此时清高宗水利知识精到。

其次，建立皇帝主导并发挥总河聪明才智的决策机制。在清高宗手下效力的总河总漕，有治河通漕之才尽可发挥报效。这方面最典型的莫过于高斌，虽然生前备受清高宗鞭策、磨炼，但治河通漕一生建树颇丰。乾隆二十二年（1757）高宗南巡时有谕：“原任大学士、内大臣高斌，任河道总督时颇著劳绩。即如毛城铺所以分泄黄流，高斌设立徐州水志，至七尺方开。后人不用其法，遂致黄弱沙淤，隐贻河患。其于黄河两岸汕刷支河，每岁冬季必率厅汛填筑。近年工员疏忽，因有孙家集夺溜之事。至三滚坝泄洪湖盛涨，高斌坚持堵闭，下游州县屡获丰收。功在民生，自不可没。癸酉张家路及运河河闸之决，则其过于自信，抑且年迈自满之失。在本朝河臣中，即不能如靳辅，较齐苏勒、嵇曾筠有过无不及。可与靳辅、齐苏勒、嵇曾筠同祀，使后之司河务者知所激劝。”[③] 可谓知人善任、才尽其用。

乾隆朝总河总漕都被皇帝反复纠察，整天被整得赔着小心，没有人敢

---

① 《清高宗实录》卷 815，第 10 册，中华书局 1986 年版，第 1048 页下栏　乾隆三十年七月。

② 《清高宗实录》卷 878，第 11 册，中华书局 1986 年版，第 759 页上栏　乾隆三十六年二月癸未。

③ 《清史稿》，第 35 册，中华书局 1977 年版，第 10633—10634 页。

要小聪明，最典型的也莫过高斌。高斌，雍正十一年已位居江南河道总督，因为治河功勋卓著，乾隆十年“三月，加太子太保。五月，授吏部尚书，仍管直隶水利、河道工程。十二月，命协办大学士、军机处行走”①。恩宠备至。但乾隆“十三年……命偕总督顾琮如浙江按巡抚常安婪贿状，高斌等颇不欲穷治。上又遣大学士讷亲往按，责高斌模棱，下吏议，夺官，命留任。闰七月，周学健得罪，命兼管江南河道总督。寻以籍学健家产徇私瞻顾，夺大学士，仍留河道总督”②。功是功，过是过，不因过去有功而不咎今日之过。此时的高宗对高斌绝不像20多年后对和珅那样袒纵，故能成就盛世伟业。十八年，“富勒赫奏劾南河亏帑，命署尚书策楞、尚书刘统勋往按。……上责高斌徇纵，与协办河务张师载并夺官，留工效力赎罪。九月，黄河决铜山张家路，南注灵、虹诸县，归洪泽湖，夺淮而下。上以秋汛已过，何至冲漫河堤，责高斌命往铜山勒限堵塞。策楞寻奏同知李焞、守备张宾侵帑误工状，上命斩焞、宾，絷高斌、张师载使视行刑，仍传旨释之”③。对李、张用刑之狠，对高斌要求之苛，是清高宗铁腕驭吏优于圣祖之处。

## 第三节　后期皇帝主导治河通漕

清仁宗有心推动海运，而无术以成其事。他多次要求地方督抚熟筹海运多次被以种种借口搪塞，最终也没能推行海运，只能与黄河苦斗，延续河运。

海运原本需要皇帝有志在必得的决心，地方督抚才肯全力冒险一试。清仁宗却总是先向封疆大吏征求意见，而且底气不足、主意不坚，一遇督抚强调困难就打退堂鼓。嘉庆八年（1803），给事中萧芝建议两江采买粮食海运京畿，仁宗要求地方大员妥筹可否。两江总督陈大文强调困难，“查江苏每年漕米共计二百二十二万余石。江苏地隘人稠，日食浩繁。傥遇川湖等省商贩，市价即不免增昂。且江省买补常平仓谷，均系赴外省采买，若再加采买此项米石，诚如圣谕，必致有妨民食。至海运径抵直沽，汪洋巨浸之中，风信靡常，洪涛难测，利少害多。稽古历有明证，实属窒

① 《清史稿》，第35册，中华书局1977年版，第10632页。

② 《清史稿》，第35册，中华书局1977年版，第10632—10633页。

③ 《清史稿》，第35册，中华书局1977年版，第10633页。

碍难行”。充满搪塞之意。清代粮食流通的规律是四川、湖广粮食顺江而下行销江苏。四川本无漕运任务，湖广漕粮不过二三十万石，哪里用得上重载逆行长江从江苏运粮。清仁宗不察其中搪塞原委，即下旨撤销原议："原系必不可行之事。然若不交议，又谓朕不听言矣。为君难，于此益知。"① 清仁宗不知道皇帝如何做才能一言九鼎，他似乎根本就不知道皇帝可以命令地方大员无条件地去做并且做成一件事，也就没有大臣为他破釜沉舟，于千败中求一成地海运。

嘉庆九年（1804）正月，浙江巡抚阮元回报仁宗买米海运的奏章方至，并且强调难于举行，清仁宗不仅没有申斥其迟复欺君之罪，而且一味顺着阮元的畏难语气吩咐内阁："前据陈大文、汪志伊奏，事属掣肘，不能办理。而本日阮元摺内，亦称海道险远，不敢轻试，且现无旧办章程堪以循照。若于额漕之外再为采买，必致有妨民食，实不能轻议举行等语。该督抚等久任封圻，谙习政务。前后所奏，不谋而同。是其事之必不可行，较然共见。并非朕自矜独断也。所有萧芝原奏，著无庸议。"② 阮元无心海运也无术海运，当然要找许多借口搪塞。清仁宗原本可以强调海运非行不可，迫使阮元等人力行海运，但他无此刚大之气。

嘉庆十五年（1810），清仁宗在"无一日不言治河，亦无一年不虞误运。欲求两治，转致两妨"的情况下，不等大臣中有人提议海运，就自己主动提出海运设想，"闻江浙各海口，本有商船赴关东一带贩运粮石者，每年络绎不绝。其船只习于风涛，熟于沙线。该二省均有出海之路，著松筠、章煦、蒋攸铦体察情形，或将本年漕米，就近酌交商船洒带若干，先为试行以观成效。不妨使商船略沾微利，俾各踊跃承办。一面仍催趱重运北来，总期于运务有备无患。是否可行，该督抚即熟筹妥议据实具奏"③。既然早知海运条件成熟，有沙船惯行近海，有商船走熟北上航线，江浙二省有现成出海港口，还让督抚们熟筹什么？换个大有为君主，直接下诏海运就是了。

但是清仁宗老觉得大臣不自告奋勇海运，皇帝就不能强迫他们硬着头皮去做，所以这次还是征求大臣意见。一遇地方督抚搪塞，照样改口收回

① 《清仁宗实录》卷125，第2册，中华书局1986年版，第678页上栏下栏　嘉庆八年十二月。

② 《清仁宗实录》卷125，第2册，中华书局1986年版，第685页上栏下栏　嘉庆九年正月丙午。

③ 《清仁宗实录》卷226，第4册，中华书局1986年版，第40页上栏下栏　嘉庆十五年二月壬子。

旨意，“本日章煦覆奏试办海运一事，据称苏省惟有大号沙船，尚可洒带米石，约计装运之费，每一百石即需费三百两。且商船与军船不同，不能安设气筒，易滋蒸变等语。海运一事，流弊本多，原非必欲如此办理。……今据章煦查奏海运碍难办理，苏省如此，浙省大略相同”。没等浙江巡抚奏到，居然决策“此时竟可无庸试办”。[①] 如此懦弱可欺，大臣谁肯为他冒险海运。

嘉庆十六年（1811），河运甚难。“黄水高于清水五尺多，而下游将近海口之大淤尖地方又形浅滞。即使本年粮运尚可勉强通行，日久终恐贻误，不可不豫为之计。”清仁宗再提海运，甚至警告地方大员不许捏造理由搪塞，海运“比之拨运截卸一切事宜，皆为捷径。惟地方官办理之始，不无畏难。此事全在该督抚实力讲求认真经理，将此时应洒配若干船只，应拨用何项米石，如何设法交卸及旗丁水手如何安置，均即熟筹妥办。今岁不拘粮石多寡，务即赶紧试行。切勿坐视因循，又以海洋涉险为词，率行推卸”[②]。没想到这次明旨试运，依旧得到地方大员搪塞。两江总督勒保等人会议，上奏海运不可行者十二事。清仁宗居然再次收回海运旨意，“今据分款胪陈，以为必不可行，自系实在情形。此后竟无庸再议及此事，徒乱人意”[③]。视军国大计为儿戏，皇帝自己亵渎自己圣旨的权威。

清宣宗凡事自己看不准，只好先由着大臣办，乐于当事后诸葛亮。在位期间江南漕船渡黄过淮方法数变，承办大臣凭主观愿望办事，试行无一成功，最后定策于倒塘出船。

孙玉庭、魏元煜借黄济运遭惨败。道光四年（1824）十二月，魏元煜奏报“高堰堤工掣通，水势旁泄南趋，湖中所存无几。现虽上紧筹堵，而冬令来源不旺，收蓄无多。是藉黄济运，诚属不得已之权宜”[④]。异想天开地要先挑运河，然后放黄河水入运河，引江南漕船出清口过黄北上，“淮河自清江上下以至平桥一带，亦多间段淤浅。非大加挑浚，一律宽深，则引黄入运无以为受淤之地。现经估计兴挑，如果一律宽深，趁黄水不甚浑浊之时，竭力趱挽，尚不至十分掣肘。仍不论省分帮次，先到瓜洲口者，

① 《清仁宗实录》卷228，第4册，中华书局1986年版，第58—59页下栏　嘉庆九年正月丙午。

② 《清仁宗实录》卷240，第4册，中华书局1986年版，第238页上栏下栏　嘉庆十六年三月己未。

③ 《清仁宗实录》卷240，第4册，中华书局1986年版，第240页下栏　嘉庆十六年三月己未。

④ 《清宣宗实录》卷77，第2册，中华书局1986年版，第238页下栏　道光四年十二月丙子。

先提北上。如黄水入运畅行，即可加紧赶催；设黄水入运较小，亦可相机起剥"[①]。这种倒行逆施被叫作借黄济运，只有对历史一无了解的人才会这么想、这么做。

清宣宗居然"勉从诸臣所请，为借黄济运之举。屡经饬谕在事臣工，详慎妥办。并以漕粮为天庾正供，如军船稍有阻滞，惟孙玉庭等是问"。道光五年（1825），主持借黄济运的孙玉庭奏报："自二月初九日启放御黄坝，运河水势一律深畅。现距夏至尚早，计可不误期限。傥五月初旬黄水已长，不过三进在后数帮，再筹接运亦可不误。"但二月至五月，"经历三月之久，仅过船二千八百十八只。此外未渡黄者，尚有四十帮"。淮扬运河已被黄沙淤塞，无法再行漕船。孙玉庭等人"转以盘坝剥运，请帑至一百二十万两之多"。他原以120万两即可将40帮漕船盘坝剥运完毕，但实际操作中发现需要400多万两，而且严重耽误过淮日期。清宣宗这时才看明真相、勃然大怒，"孙玉庭等全无把握。所入奏者，无非塞责空谈。尚得谓之实心实力、为国宣劳之大臣乎？朕用人行政一秉大公，于诸臣功过从不豫存成见，亦不使令掣肘，倾心委任。孙玉庭等既不熟筹于前，又复迟误于后。此而曲加宽贷，何以昭惩劝而服众心。孙玉庭前在两江总督任内，不早奏参张文浩，以致坐失机宜……及至事当设法赶办之时，又复束手无策。虚糜帑项，病国病民，实属辜恩溺职"[②]。昏君庸臣操持下的河漕，先借黄济运，后车盘入河，皆以惨败告终。

陶澍等人圆海运梦想，清宣宗却拒绝继续海运。道光六年（1826），江苏巡抚陶澍在宣宗皇帝的默认下，将苏南四府一州的漕粮由商船成功海运天津海口，四月"户部奏：海运沙船，陆续到津。据验收大臣咨送米样，查验实系一律干洁"[③]。海运成功，是清圣祖、清仁宗想做而没有做成的事，而道光六年做成，对清朝漕运改革意义非同小可。

如遇明智君主，即使不能下诏道光七年所有江南漕粮皆行海运，也会维持道光七年苏南漕粮继续海运，发挥其示范作用，带动其他省份渐行海运。但是，当陶澍"明年，遂偕总督蒋攸铦合疏陈海运章程八条，冀垂令

---

① 《清宣宗实录》卷77，第2册，中华书局1986年版，第238—239页下栏　道光四年十二月丙子。

② 《清宣宗实录》卷82，第2册，中华书局1986年版，第332页上栏下栏　道光五年五月甲寅。

③ 《清宣宗实录》卷97，第2册，中华书局1986年版，第575—576页下栏　道光六年四月乙丑。

甲，永纾漕累”时，却“格于部议，未果行”①。实在让人惋惜。

琦善减黄出清遭遇惨败。琦善原本是道光六年海运的推动者，不知为何转而积极谋划道光七年全行河运。当时漕船过黄的最大问题，是黄水高于湖水和运河很多，一开御黄坝黄水就倒灌。琦善异想天开地要分流黄河，降低清口外黄河水位。道光六年（1826）八月，琦善奏请减黄出清，“启放王营旧减坝，掣溜通漕”。欺蒙皇帝说：“现在湖河情形，除启放减坝外，别无良策。已将抽河筑坝各工，逐一布置。大堤亦择要培修，俟减黄出清，石工即可坚守，漕行不致贻误。似非竟无把握。”② 宣宗准其试行。道光七年（1827）三月，“启除河头拦堰，黄水奋迅涌注。阅七时之间，驶行二百余里，溜势极为通畅。本月初一、初二两日，催渡帮船四百三十四只”。琦善原指望分黄减黄后，清水高于黄河，但当年突遇意外河涨，减黄而黄仍高于清。赶紧在第三天“堵合减坝，黄水倒漾。复将御黄坝封闭”。承认行动失败。转而靠“漕船倒塘灌运”救急。清宣宗十分恼火，“该督等筹议启放减坝，挑浚正河。朕不惜数百万帑金，俯允照估兴办。原期河湖渐复旧规，漕运永臻畅顺，为一劳永逸之计。……数百万帑金竟成虚掷”③。但也只拔去琦善花翎而已。

道光七年（1827）五月，御史钱仪吉奏请道光七年河、海两运：“请俟回空事竣，即将御黄坝堵闭，明年无庸更筹启放。而河身之淤垫，始可专一筹办。疏浚下河水道，使分泄路多，以防盛涨，而高堰不致著重。明年重运应照上年办理，分筹剥运、海运，即将苏、松等三属丁船，留于河北，以备接运。”④ 所言海运，即如道光六年苏、松、常、镇等府漕粮海运；所言剥运，即四府以外其他江南漕粮翻坝过黄；所言苏、松等府丁船留北，指在天津接剥海运四府漕粮的军船。这是变相的维持海运方案。

三个月后，两江总督蒋攸铦上《来春新漕兼筹海运豫备盘坝》折，与钱仪吉意见基本相同。宣宗断然否决，“究非为国家经久之计。以本年河

---

① 《清史稿》，第38册，中华书局1977年版，第11606页。

② 《清宣宗实录》卷102，第2册，中华书局1986年版，第684页上栏　道光六年八月戊午。

③ 《清宣宗实录》卷115，第2册，中华书局1986年版，第934页上栏下栏　道光七年三月戊戌。

④ 《清宣宗实录》卷119，第2册，中华书局1986年版，第998页下栏　道光七年闰五月壬戌。

湖情形而论，现在黄高于清，节逾霜降，自可日见消落，明年本可不用海运”[①]。可见他倾向于死守河运之一斑。

早在道光五年十一月，清宣宗默认江苏漕粮下年海运时就对大臣说：“至海运漕粮一百五十万石，原因本年运道艰涩，为一时权宜之计。……此时以漕粮一百五十万石度行海运，存此章程以备转运之一法。亦并非此后长由海运，而舍河运于不用也。”[②] 坚守河运甚至倒塘出船，艰难万状也在所不惜，“本年回空军船，仍用倒塘灌放。未能启坝趱渡，现已渡船二千六百五十余只。未渡之船，一千八百余只。据奏于本月二十内外，即可全数渡竣。……现在恃有倒塘之法，于漕运固不致过于迟滞”[③]。但他没有意识到，道光年间黄河河床，已较康熙盛世抬高了很多。

清宣宗在海运、河运问题上的处置失宜，可能有抑汉扬满倾向误导因素。琦善是旗人，他不想让汉官陶澍通过海运过分得意，怂恿清宣宗弃海从河。

---

① 《清宣宗实录》卷125，第2册，中华书局1986年版，第1090页下栏　道光七年及月壬子。

② 《清宣宗实录》卷91，第2册，中华书局1986年版，第1090页下栏　道光七年及月壬子。

③ 《清宣宗实录》卷144，第3册，中华书局1986年版，第208页上栏　道光八年十月己卯。

# 第四十九章　清代治河通漕意志摇摆

## 第一节　治河通漕前后否定

不仅康熙十六年以前没能充分吸收明代经验教训，在更高的起点上推进治河通漕，因而走了许多弯路，而且在康熙十六年至二十七年，靳辅和清圣祖奠定了以清口蓄清敌黄为核心的治河通漕方略后，后来的治河者仍然不断地重蹈先前分黄导淮覆辙。

清圣祖肯定靳辅治河实践，形成王朝治河通漕总方略。以调整清口周围水利设施，来提挈治河通漕纲领。主要内容：对黄河以堤束水，“运道之患在黄河。御河全凭堤岸，必南北两堤修筑坚固，可免决啮，则河水不致四溃；水不四溃，则浚涤淤垫，沙去河深，堤岸益可无虞”[①]；对洪泽湖蓄清刷黄，“高家堰地势高于宝应、高邮诸水数倍。前人于此筑石堤障水，实为淮扬屏蔽。且使洪泽湖与淮水并力敌黄，冲刷淤沙，关系最重”；对清口调整水利要素配置，“运口闸，将来水紧难行，应再添造一座。……今年黄水倒灌运河，尔须酌一至妥之策，务令永不倒灌”。[②] 这是经实践证明在黄、淮、运三河交汇前提下坚持河运的唯一正确选择。后来治河通漕时有倒行逆施，时间越久反靳辅之道而行者越多。

黄河入海口管理的倒行逆施。靳辅治河，不屑于挑浚黄河入海口以降低清口外河水位，他认为海口无法挑浚，只能筑堤约束入海黄水使之自己冲深海口。董安国是靳辅之后的第三任总河，在职期间想通过改海口降低黄河尾闾河床，便在黄河入海口置拦黄坝，逼迫黄河在别处入海。这样做

---

① 《清圣祖实录》卷117，第2册，中华书局1985年版，第222页下栏　康熙二十三年十月庚戌。

② 《清圣祖实录》卷117，第2册，中华书局1985年版，第229页下栏　康熙二十三年十月庚戌十一月辛未。

违背了明清治河传统，“明潘季驯筑汰黄堤千余里而河治，国朝河臣靳辅接筑七十里而河又治。以此见束水攻沙，为古今不易之法”[①]。潘季驯、靳辅治河，皆坚持黄河从云梯关以下入海，通过延长两岸河堤送黄水入海，防其入海散漫，海口抬高。康熙三十四年（1695），董安国由漕运总督转任河道总督，筑拦黄坝欲引黄河从灌河口入海，结果使河事大坏。无独有偶，“乾隆四十七年，高文端以不与水争地奏请废靳文襄云梯关外堤七十里，并禁民间筑埝，载入例册”[②]。靳辅在潘季驯所筑汰黄堤之尾向海滩接筑70里，并要求附近县乡不断加筑延长，高晋不明其中要害，擅拆靳辅所筑堤并取缔民间续筑其堤惯例，治河出现大反复。

嘉庆十三年（1808），海口无堤导致河口抬高，全河受害。徐端总督南河，受河道吏员议改黄河入海口的蛊惑，“或南出射阳湖，或北出灌河口，给制府请饷六百万，制府以为然”[③]。尽管郭大昌、包世臣向改河钦差觉罗长麟和戴衢亨力言海口不可改，“海口并无高仰，河身断不可改，云梯关迤下必宜接筑长堤至海滨，而于运口筑盖坝导淮溜出黄，以减运涨，则清淮可以安枕，而河流必不旁溢”。两钦差深觉有理，上奏朝廷已经获准。但“七月大汛至，水长才三尺，而陈家浦对岸迤上四十里之马港口溃决。通工又议欲以马港口即为河身，听其由灌河入海”[④]。意外河决促使最终仍改海口。

蓄清敌黄的苟且。清初黄河直对清口，极易形成倒灌。靳辅治河期间将运口移至清水势力范围，“将清口永远闭断，从文华寺淤高之新河迤南挑七里直至七里闸，以七里闸为运口，折而西南又挑七八里，至武家墩再折而西北，又挑三里许达烂泥浅第一道引河之上流通集济运。复将烂泥浅第二道引河临湖去处，乘今冬水涸之时，再挑小支河数道，多引湖水，使归第二道引河下注清口，用以敌黄。凡北上之运艘，与一应商民船只，不令由新庄闸并清口出入，而令由文华寺出七里闸，绕武家墩入烂泥浅第一道引河之上流，下达清口转入黄河”[⑤]。以便湖水隔开黄水、保护运口。

而后人却要放黄水入运口渡船。乾隆五十年（1785），巡视南河钦差

---

① 《中衢一勺艺舟双辑》，《包世臣全集》，黄山书社1991年版，第38页。

② 《中衢一勺艺舟双辑》，《包世臣全集》，黄山书社1991年版，第38页。

③ 《中衢一勺艺舟双辑》，《包世臣全集》，黄山书社1991年版，第37页。

④ 《中衢一勺艺舟双辑》，《包世臣全集》，黄山书社1991年版，第38页。

⑤ （清）靳辅：《治河奏续书》，《四库全书》，史部，第579册，上海古籍出版社1987年版，第702页。

阿桂奏报："臣初到此间，询商萨载、李奉翰及河上员弁，多主引黄灌湖之说。本年湖水极小，不但黄绝清弱，至六月以后，竟至清水涓滴无出，又值黄水盛涨，倒灌入运，直达淮、扬。计惟有借已灌之黄水以送回空，蓄积弱之清水以济重运。查本年二进粮艘行入淮河，全藉黄水浮送，方能过淮渡黄，则回空时虽值黄水消落，而空船吃水无多，设法调剂，似可衔尾遄行。"① 当年的两江总督、南河总督及河道官员失职，致使黄河倒灌运河和洪湖在前。阿桂屈从既成事实，清高宗默认引黄灌湖在后，为嘉庆、道光年间大规模借黄济运开了先例。

治河费用的徇纵。雍、乾两朝，逐渐背弃清圣祖和靳辅精打细算的治河精神，致使治河通漕工程开支渐大，成为社会不堪之负。靳辅治河之初，平定三藩战事正紧，每一河工至于斟酌两三，费用必得无法再减始发帑动工，故而治河 11 年那么多工程用银不到 300 万，终圣祖之世治河通漕不曾铺张。雍、乾之世帑藏充足，世、高二宗皆大有为之君，总担心费省工差，所以很舍得在河漕上花大钱。雍正八年（1730）世宗决策上高堰石工，未经踏勘即拿出百万国帑交总河做预算。主观用意是好的，但在河漕贪墨未予根治的情况下，客观上助长了河漕两系贪污和铺张之风。

加上其他原因，此后清代治河费用一路飙升。《清史稿·食货六》载："自乾隆十八年，以南河高邮、邵伯、车逻坝之决，拨银二百万两。四十四年，仪封决河之塞，拨银五百六十万两。四十七年，兰阳决河之塞，自例需工料外，加价至九百四十五万三千两。浙江海塘之修，则拨银六百余万两。荆州江堤之修，则拨银二百万两。大率兴一次大工，多者千余万，少亦数百万。"较靳辅的精打细算，已经是挥霍无度。"嘉庆中，如衡工加价至七百三十万两。十年至十五年，南河年例岁修抢修及另案专案各工，共用银四千有九十九万两，而马家港大工不与。二十年睢工之成，加价至三百余万两。"6 年间开销 4000 万两，平均每年是靳辅 11 年总开销的 3 倍。道光年间，东河南河大修堵决开支依旧大手大脚，"六年，拨南河王营开坝及堰、盱大堤银，合为五百一十七万两。二十一年，东河祥工拨银五百五十万两。二十二年，南河扬工拨六百万两。二十三年，东河牟工拨五百十八万两，后又有加"②。此外，两河每年增加另案开销 400 万两。其中固然有河决越来越难堵和物料上涨因素，但更主要的原因是官吏层层贪污、挥霍。

---

① 《清史稿》，第 13 册，中华书局 1977 年版，第 3783 页。

② 《清史稿》，第 13 册，中华书局 1977 年版，第 3710—3711 页。

嘉庆年间，包世臣所撰《郭君传》披露：当时贪官污吏所做河工，五分之四到八分之七为官吏贪污。测算根据是：郭大昌所做河工费省工好，乾隆后期老坝工决口，总河愿拿出 50 万两让郭大昌用 50 天工期全权办工，郭大昌仅用 10 万两、20 天即完工；嘉庆初河决丰工，河道预算堵塞用帑 120 万，南河总督怕郭大昌嫌多，砍去一半交郭大昌兴工，“君曰：‘再半之足矣。’河督有难色。君曰：‘以十五万办工，十五万与众员工共之，尚以为少乎？’河督怫然”①。河督有难色，继而愤怒，是因为郭大昌用钱越少，越暴露别人的河工贪污比例之大。

海运意志不坚，遇难即止。清仁宗想海运，但是一遇权臣反对又装作不愿海运，臣民海运之议总是不被统治者采用。嘉庆八年（1803），河决衡家楼，决水冲向会通河张秋段，漕运中断。给事中萧芝建议江浙米海运，清仁宗下令江浙督抚议奏可否。嘉庆九年（1804）正月，浙江巡抚阮元奏报采买海运难于举行，仁宗未等江苏巡抚奏到即下旨取消海运之议。

其实，江苏巡抚还没奏到的意见，是力主海运的。按包世臣《海运南漕议》，当时苏抚委托包世臣起草奏章。作者“游上海、崇明，登小洋、马迹诸山，从父老问南北洋事，稔海运大便，然非有所资藉而骤改旧章，则疑众难成。既见邸抄，遂委曲告所知”。江苏巡抚受包世臣影响，逐渐倾向海运，“未几，其议达于江苏巡抚，属为论列。然删润再三，阅月余始缮折，而浙江巡抚已论罢其事，竟以中止”②。假如清仁宗等苏抚奏折送达才决定取舍，或包世臣不过于慎重其事，早于浙抚写定奏折并且早于浙抚送达奏折，清代漕粮海运就可以提前数十年进行，历史就有可能重新书写。

包世臣觉得太惋惜，“以其关系极重，故删为议，以俟后日之谋国是君子推取焉”③。删改稿以《海运南漕议》为题保存在《小倦游阁集》卷1。作者在此文中，针对反对海运的三个理由“洋氛方警，适资盗粮”“重洋深阻，漂没不时”和“粮艘别造，舵手须另招，事非旦夕，费更不赀”逐条反驳，指出：（1）海盗主要在闽浙洋面活动，南粮海运主要在苏鲁洋面进行；（2）上海沙船成年累月往返于奉天和江苏之间，很少漂没；

① 《中衢一勺艺舟双辑》，《包世臣全集》，黄山书社 1991 年版，第 36—37 页。

② （清）包世臣：《小倦游阁集》，《续修四库全书》，集部，第 1500 册，上海古籍出版社 2003 年版，第 410 页。

③ （清）包世臣：《小倦游阁集》，《续修四库全书》，集部，第 1500 册，上海古籍出版社 2003 年版，第 410 页。

(3)“沙船聚于上海，约三千五六百号。其船大者载官斛三千石，小者千五六百石。”[1] 海船现成，不用现造。上述观点对后来的道光六年海运作了舆论引导。

嘉庆诗人王槐不曾做官，但鉴于黄河屡决、运道浅阻，河运弊大于利，以为“海运莫急于此时也”，写《转漕行》呼吁海运，“河身况浅狭，两舟不并前。一夫苟大呼，万橹为弃捐。一舟苟触损，千樯坐迍邅。虽云省民力，得失难兼权。总卫置百十，旗军籍万千。建造每雷动，疏凿恒经年。行粮坐有食，科索通夤缘。阴雨愁湿漏，浅涩劳推牵。一石供天庾，已费三石钱。近闻黄河水，上决下苦干。……医疮剜心肉，苟且旦夕安。所费又巨万，元气何由还。害十当变法，此理须推研。海运有故道……三春风力柔，往返轻而便。数旬已毕事，繁费半可捐”[2]。嘉道诗人萧抡也不曾做官，但耳闻目见河运艰难，出于忧国忧民也力主海运，《咏古》其六写道：“海道似回远，云帆达转迅。漂溺虽足忧，省费差可信。”[3]《娄江马头行》写道：“闻说漕河费疏凿，放洋故道犹如昨。莫笑朱张无赖儿，一代输将利原博。”[4] 皆远见卓识而出自平易自然之语，但无人采用。

## 第二节 惩治腐败宽严不一

由于清初没有像明太祖那样对元代漕运贪污腐败做隔断性处置，所以清代河漕两系官员职务犯罪，贪污中饱、失职渎职一开始就相当严重。

明代开国皇帝朱元璋在漕运领域，建立粮长制，由粮长代替衙吏保甲征收、督运漕粮，用水军海运粮饷支持北伐和北方。永乐年间则以陈瑄所部水军总理漕运，有意阻止元末贪官污吏进入漕运领域。而清代则完全相反，清朝统治者以小兵临大国，靠招降明朝原有官吏得以迅速平定全国、入主中原。顺治年间，只要投降归顺，对明官来者不拒，大量饱受明末贪墨之风熏陶的旧官吏，得以继续把持河漕两系中低层，一遇适宜环境便旧态复萌。顺治朝失去隔断明末河漕官员贪墨良机，使之延续到康乾盛世。

康乾盛世恩威并施，迫使河漕官员大体服从治河通漕国家意志。清圣

① （清）包世臣：《小倦游阁集》，《续修四库全书》，集部，第1500册，上海古籍出版社2003年版，第410页。

② 张应昌编：《清诗铎》，上册，中华书局1960年版，第55—56页。

③ 张应昌编：《清诗铎》，上册，中华书局1960年版，第20页。

④ 张应昌编：《清诗铎》，上册，中华书局1960年版，第75页。

祖继位时，治河和通漕领域已经贪墨成性。顺治十六年（1659）朱之锡上治河诸事，提到河漕渎职和贪污有言，“扬属运道与高、宝诸湖相通，淮属运道为黄、淮交会，旧有各堤闸，宜择要修葺。应用柳料，宜令濒河州县预为筹备。奸豪包占夫役，卖富佥贫，工需各物，私弊百出，宜责司、道、府、厅查报，徇隐者以溺职论。额设水夫，阴雨不赴工，所扣工食，谓之旷尽，宜令管河道严核”①。这位清廉总河想借助王朝威势遏制河漕官员的贪墨和渎职势头。

朱之锡履行职务至康熙五年，一直清勤自律：“治河十载，绸缪旱溢，则尽瘁昕宵；疏浚堤渠，则驰驱南北。受事之初，河库贮银十余万；频年撙节，现今贮库四十六万有奇。核其官守，可谓公忠。及至积劳撄疾，以河事孔亟，不敢请告。北往临清，南至邳、宿，夙病日增，遂以不起。”②但总河个人清廉勤政带动效应实在有限。

康熙十六年（1677），黄河害运到了河崩漕坏、河漕贪墨到了危害国家大计的地步。清圣祖意识到自然灾害背后可能隐藏着官员失职或贪墨的人祸，派大员前赴南河视察灾情，临行前交代：“河工经费浩繁，迄无成效，沿河百姓皆受其困。今特命尔等前往，须实心相视，将河上利害情形体勘详明。”③后来查实南河大灾，确有河道官员职务犯罪因素，“原任河道总督王光裕莅任以来，不将堤岸修筑坚固，以致新旧堤岸屡屡冲决，淹没民田房产。至属员侵蚀冒销，又不题参”④。清圣祖批准将王光裕革职杖刑，原任淮扬道已升浙江按察使张登选、原任管河同知管尽忠俱拟斩监候。这在康熙朝用刑是最重的，但并未遏制住河漕职务犯罪。

康熙三十九年（1700）十一月，清圣祖对大学士等人说：“朕观河工之弗成者，一应弊端起于工部。凡河工钱粮皆取之该部，每事行贿，贪图肥己，以致工程总无成效。张鹏翮亦曾面奏云：武弁藉空粮，文官赖火耗，河工官员别无所获，惟侵渔河工钱粮，所以河务无成。”⑤以清圣祖之睿智明察，治下官员尚敢如此胆大妄为。足见贪墨一旦形成气候积重难返的可怕。

---

①《清史稿》，第34册，中华书局1977年版，第10111—10112页。

②《清史稿》，第34册，中华书局1977年版，第10113页。

③《清圣祖实录》卷64，第1册，中华书局1985年版，第817页上栏　康熙十五年九月辛未。

④《清圣祖实录》卷68，第1册，中华书局1985年版，第871页上栏　康熙十六年七月己亥。

⑤《清圣祖实录》卷202，第3册，中华书局1985年版，第66页下栏　康熙三十九年十一月丁丑。

清圣祖在治河通漕与河漕清廉之间显然更关心前者。黄河能不能安澜，河运能不能长久，更直接关系眼前大清王朝的治乱，其次才是河漕清廉、吏治清明问题。终康熙之世清圣祖都一只眼盯着治河，一只眼盯着河漕贪墨，但明显地以治河为重，整治河漕官员贪墨则量力而行。再加上清圣祖标榜以仁孝治理天下，处置河漕贪墨官员一向失之重罪轻罚。所以，康熙朝没能控制住河漕贪墨的蔓延。

雍正、乾隆两朝，对河工贪墨大案皆能重拳出击，但来得太晚且力度不够。雍正朝打击官场贪墨雷厉风行，为河漕清廉营造了适宜气候，河漕贪墨大案并不多见。但皇帝层面的严打猛纠，只能关注到总河及司、道一级。乾隆朝处置的河道漕运贪腐大案，都是清高宗新派到南河学习河务的亲信发现上报、高宗接报后大加挞伐的，比起实际存在的贪腐现象，难免挂一漏万。

乾隆十八年（1753），富勒赫揭露南河贪墨诸事。清高宗向大臣通报时，表示了对河漕二系贪墨的忧虑，一是总河对下属贪墨不行严纠，“当富勒赫奏到时，朕意高斌、张师载浑厚易欺，为属员蒙蔽，咎止失察耳。乃据高斌所奏，九万余两之数，既经查出，仍不行参奏，而听河员之自为弥缝，是竟成通同故纵。虽高斌、张师载身无染指，而明知侵冒，其罪非仅失察公过而已”[①]。所以，高宗决定追查高、张责任。二是贪墨官员自以无人可代，常常有恃无恐，“亏空人员久不离任，将益肆侵亏，又一时不得如许接办之员，亦非所以慎重河务”。高宗这次做得绝，“著传谕策楞、刘统勋就所查出及得之采访者约举大数，一面奏闻，请拣发道府以下人员往南接办，一面将亏空各员摘印看守，策楞暂行署理南河河道总督印务，并高斌、张师载应得处分，俱俟奏到日另降明旨”[②]。三是河道官员素有反查办手段，“河员信息最速，一闻清查之信，隐匿寄顿，亦无所不至。其前任应赔之河道何煟等辈，钦差甫出都门，其赀财先已密为运寄”。高宗此次决策“将来惟予限一年，限内不全完者，无论本年勾到不勾到，即行正法。庶河员稍知儆畏，嗣后工料尚不至全归子虚”[③]。可见当时河官贪墨的顽固和力挽颓风之难。

---

① 《清高宗实录》卷445，第6册，中华书局1986年版，第791页上栏下栏　乾隆十八年八月庚子。

② 《清高宗实录》卷445，第6册，中华书局1986年版，第791页上栏下栏　乾隆十八年八月庚子。

③ 《清高宗实录》卷445，第6册，中华书局1986年版，第791页上栏下栏　乾隆十八年八月庚子。

康乾盛世反腐倡廉相对严紧，河漕贪官廉政风头紧时收敛一些，风头一松仍然我行我素；嘉庆、道光两朝则是风头紧时也照贪不误。咸丰、光绪两朝反腐倡廉意志不坚，清廷只要有粮运到北方即可，根本没有心思保持河漕官吏清廉，腐败透顶的河漕官员头上长疮脚底流脓，不仅把河运弄得乌烟瘴气、生机全无，而且迅速传染海运机体，不久便使海运也难以为继。

嘉道以后河漕官员借治河工程大发国难财，肆无忌惮地侵吞国家治河拨款。他们表面上是国家治河通漕意志的体现者和实施人，实为治河通漕的最大破坏者，从而构成河漕不可持续的主要社会原因。随着轮船的兴起，尤其是咸丰年间黄河在兰考铜瓦厢决口，500 年的河运寿终正寝。

## 第三节 运道挑浚时紧时松

康乾盛世政治上升期，河道挑浚有励精图治气象。但也难免时紧时松。

康熙朝运道挑浚因总河易人而有松紧。靳辅治河开创了费省工好先例，君臣磋商节省挑浚费用至于再三。清圣祖主导下的河道挑浚注重以工代赈、造福于民。康熙三十四年（1695）天津行文附近州县派夫定限挑浚河道，清圣祖得到奏报予以驳回：“若行文各州县定限派夫，必致苦累民间。著停止行文，即发与雇价，令天津等处雇民挑浚。如此，则公事告成而穷民亦可资以度日矣。”① 康熙三十七年（1698）春，直隶巡抚于成龙拟挑浚浑河，清圣祖接到奏报特意关照：“朕经行水灾地方，见百姓以水藻为食，朕曾尝之。百姓艰苦，朕时在念，是以命尔于雨水之前，速行浚河筑堤，使田亩得耕，百姓生计得遂。”② 皇帝体恤民生民力，带动治河大臣相应地恤民兴工办工。

清圣祖还曾动员八旗子弟下河道助工。康熙三十九年（1700）春，清圣祖巡视永定河堤，驻跸永清县北阁驿，对大学士马齐说：“朕前者到此，曾指示挑浚河湾，令其下桩。今观河水已涸，乘此水涸之时易于成功。其径直挑浚处须令宽阔，即以所挑之土培筑堤岸，甚为有益。见无雨水，二

① 《清圣祖实录》卷 166，第 2 册，中华书局 1985 年版，第 810 页上栏 康熙三十四年四月庚子。

② 《清圣祖实录》卷 187，第 2 册，中华书局 1985 年版，第 996 页下栏 康熙三十七年三月辛卯。

十日可以告竣。"[1] 鉴于春耕在既，难于雇工，清圣祖命"八旗并包衣属下，每佐领派护军各二名、骁骑各二名、步军共一千，令其挑浚，著直郡王允禔总领之，并带世子雅尔江阿、僖郡王岳希、贝勒延寿公齐克塔哈普奇偕往。宗室公内，有年青愿效力者亦著带往。……其章京兵丁，须派四十岁以内之人。有年老残疾者，毋得派遣。诸凡人员及废官有愿浚河效力者，亦令前往。尔明日同允禔赴京师、会同大学士伊桑阿、部院堂官八旗都统等会议，数日即带领夫役前来挑浚。其夫役所食二十日口粮及需用锹镢筐笼等物，俱著各佐领备给"[2]。不管这些人在工地劳动效率高低如何，但这一行动本身的确体现了励精图治气象。

当时京畿河漕衙门比较清廉。康熙三十九年（1700），仓场侍郎石文桂上报工部："通惠河挖浅银一万四千两零，原为河道关系漕运，故额设此项每岁挑浅。今洭尔港等处蒙皇上睿裁，因势利导，河道已渐少淤浅。则此挑浅夫银殊属冗费。请核裁此项，以为修筑堤坝之用。"[3] 主动上缴冗费，用以支持现时河工，为后来少有之事。

但清圣祖的清廉治水影响不及后代子孙，也影响不及贪墨根深蒂固的南河。靳辅治河之后，河道挑浚草率弊端反弹。张鹏翮《谨陈治河条例疏略》就有"挑河之积弊宜除也。分工人员领帑到手，任意花销，河身挑挖不及原估十之三四，堤用虚土堆成，并不肯如式夯硪，且将挑出之土，堆于临河堤上，使堤岸高耸，以作假河之尺寸。是以年来挑浚甚多，成河甚少，侵帑误工，莫此为甚"[4] 之语，可知靳辅挑河费省工好传统，在董安国、于成龙总河期间未得继承发扬。

雍正、乾隆两朝皇帝登基之初，运道挑浚既严又紧，此后逐渐放松。不过整体上看，国家治河通运意志坚挺，至少总河总漕不敢掉以轻心，绝大多数时间尚能保持运道挑浚基本到位。

清世宗继位之初，亲自过问运道挑浚和治理。雍正元年（1723）正月，责成山东以工代赈挑深运道，"运道浅阻，旧例拨派民夫挑浅济运。朕思东省连年薄收，百姓困苦，未必堪此重役。将来流亡日多、民生日

① 《清圣祖实录》卷198，第3册，中华书局1985年版，第17页下栏　康熙三十九年三月庚辰。

② 《清圣祖实录》卷198，第3册，中华书局1985年版，第17页下栏　康熙三十九年三月庚辰。

③ 《清圣祖实录》卷199，第3册，中华书局1985年版，第24页下栏　康熙三十九年五月甲子。

④ （清）傅泽洪：《行水金鉴》，《四库全书》，史部，第580册，上海古籍出版社1987年版，第730—731页。

蹙，深为可悯。……不若竟动正项钱粮雇募民夫，给以工食，挑浚运河。则应雇既多，散者复聚；民资工食，稍延残喘；民心鼓舞，工程易就，运道早通，于兴役之中即寓赈济之意，莫便于此。已有旨命佟吉图署理按察使，速赴河南与总河齐苏勒商定，回任料理运道”①。七月庚寅，又要求京通仓场侍郎确保北运河畅通无阻，“粮运关系国储，必须遄行无阻始得及早抵通。自杨村至通州，河道多有淤浅，粮船起剥每致耽延。以致回空冻阻，并误新漕。著该督严饬坐粮厅查看河道，有淤浅处作速挑浚深通，毋使阻滞”②。令在事先，自然事半功倍。加上总河齐苏勒、嵇曾筠等人操守清廉、治河精明，雍正年间河道挑浚较康熙末年效率有所提高。

清高宗继位之初，十分重视并推动河道运道挑浚。淮扬运河久未彻底挑浚。全程300多里，除漕船重运、回空经行外，还是盐船行销北方必经水道，安排一次全河通挑并非易事，必须合理安排工期和调整漕运盐运日期方能两不误事。乾隆元年（1736）十二月，清高宗决策“淮扬运河，于来岁粮船回空后筑坝挑浚，约计半年之期”③。江南河道总督高斌主持挑浚，乾隆三年二月“高斌奏报：挑浚淮扬运河告竣”④。君臣精心计划、科学安排，工期比原计划缩短近半，又不大误水运。

乾隆二年（1737）六月，钦差户部左侍郎赵殿最出京巡视东河水道，九月赵殿最建议大力整治会通河。一是修筑各湖圈堤。“查蜀山、马踏、马场等湖为潴水济运之要区，从前修筑圈堤，阅久低缺，请全行修筑，并建石闸涵洞。以时启闭”。二是疏浚泉河。“查诸泉距湖远近不等，必由泉河始达于湖。其达蜀山、马踏二湖者，曰汇河、汶河；达马场、独山二湖者，曰泗河、府河，皆水泉归湖之咽喉也。请每年于十月水落后，即查明于淤浅段落，募夫挑浚。”三是定期筑坝挑河。“请每年于十一月初一日煞坝，其开坝日期以南漕船顶台庄闸为准。”⑤ 高宗要求依议速行。赵氏此次出巡，还查及石闸48座，斗门涵洞及滚水坝、泄水桥共计67座，有问题的都交东河总督修葺。

运河之外，乾隆元年三月还准行黄河郑州段挑浚并筑堤，“自祥云寺

---

① 《清世宗实录》卷4，第1册，中华书局1985年版，第93页上栏下栏　雍正元年正月庚戌。

② 《清世宗实录》卷9，第1册，中华书局1985年版，第171页下栏　雍正元年七月庚寅。

③ 《清高宗实录》卷33，第1册，中华书局1985年版，第641页下栏　乾隆元年十二月上甲戌。

④ 《清高宗实录》卷63，第2册，中华书局1985年版，第32页上栏　乾隆三年二月丁未。

⑤ 《清高宗实录》卷51，第1册，中华书局1985年版，第868页上栏下栏　乾隆二年九月庚戌。

至张家桥应挑浚者计长一千三百一十丈；自张家桥东南至夏家庄应挑浚者计长一千七百九十二丈，其北岸土堰应加筑者计长一千八百五十二丈。自夏家庄至中牟境合河口，应于夏家庄绕东取势挑挖，接入杨兑桥东达合河口，应挑浚者计长五百九十九丈；南北土堰均须加筑。贾家冈以东至中牟境合河口、以西至场兑桥上下应加筑子堰者计长一千五百五十四丈”①。挑浚、筑堤及于中游黄河，新帝继位三把火，治河也是这样。

登基日久，皇帝就少未雨绸缪劲头，只有问题暴露出来才会过问。乾隆五十年（1785），“南粮自渡黄以来，经过盐河闸、窑湾等处，节节浅阻，捞挖起剥前进”。以致“南粮首帮于四月十五日入山东境，较上年已迟一月有余”②。所谓起剥前进，就是用小船从漕船上卸下漕粮，运到前面水深处，漕船卸轻后吃水变浅，即可前行，在水深处再装先前起剥的漕粮前进。清高宗对失职官员大加挞伐，他首先想到的是挑浚作弊，“去春朕经过彼处，见河身多露淤浅，即饬交该督等估挑。今挑工甫竣，何以即形浅滞。此必工员等有浮冒偷减情弊，前已降旨令该督等据实查参。著再传谕萨载、李奉翰、毓奇，即遵前旨查明：该工于何处偷减，何人浮冒，逐段勘量，据实参奏”③。后来萨、李、毓奇回奏并非挑浚不善，而是因为挑浚后没有及时建立闸座，拦蓄上游来水，“今岁漕船迟逾，因萨载、李奉翰于挑浚运中河时，不早建闸座，以致水无拦蓄”④。这可能是避重就轻之词。没有及时修建闸座拦蓄上游来水，以致漕船搁浅，只是失误之过；而接受皇帝明旨却执行不力，挑浚敷衍，就是欺君之罪。清高宗不会不明白此中奥妙，但他也不想让人知道他重用的封疆大吏欺君抗旨，所以当年九月，仅以失职罪将萨载、李奉翰交部严加议处。看来乾隆五十年的清高宗对河道挑浚虽不如初继位时严紧，但仍然追究事责不避亲贵。

嘉庆、道光两朝运道挑浚一直松松垮垮，根本就没有严紧过。乾隆、嘉庆之交，和珅招贿乱政持续时间很长，加上清仁宗没有抓住赐死和珅的机会清除和党贪墨官员，河漕旧有腐败迅速反弹，运道挑浚逐渐成为官员的发财机会，治河通漕每况愈下，渐至不可收拾。清仁宗在位前期未对贪

---

① 《清高宗实录》卷 14，第 1 册，中华书局 1985 年版，第 407 页上栏下栏　乾隆元年三月戊申。

② 《清高宗实录》卷 1229，第 16 册，中华书局 1986 年版，第 484 页下栏　乾隆五十年四月辛丑。

③ 《清高宗实录》卷 1229，第 16 册，中华书局 1986 年版，第 484—485 页下栏上栏　乾隆五十年四月辛丑。

④ 《清高宗实录》卷 1232，第 16 册，中华书局 1986 年版，第 542—543 页下栏　乾隆五十年六月丁亥。

墨渎职之河漕两系官员痛下杀手，不仅他想海运但没有大臣为之力行，而且包括挑浚制度在内的河规漕制也逐渐废弛。

嘉庆十七年（1812），百龄有言："后来在事诸君子，或以节省为见长，或以无事生觊觎，屡次纷更，旧规全废。况当天下承平，国家闲暇，借要工为汲引张本，藉帑项为挥霍钻营，从此河员皆纨绔浮华，工所真花天酒地，迨至事机败坏，犹委曲弥缝。"① 所谓后来即康乾盛世结束后进入嘉庆王朝，官不清能河越治越崩、有吏皆贪漕越通越塞。今人姚汉源对此有淋漓尽致的描述："上有法而下有玩法办法，以致弄巧舞文，视欺蔽为常事，后则欺蔽不能，以贿赂为成规。上下相习成风，以玩法为常规。"② 包括运道常规挑浚在内的河事渐坏至不可收拾，可谓千里之堤毁于蚁穴。这蚁穴就是皇帝袒护佞臣，佞臣败坏朝纲。

运道是否深通，反映治河通漕机制是否坚挺高效。乾隆年间，漕船起剥只偶一行之。嘉庆、道光年间，往往小错不纠、酿成大祸，无法有效促使各地挑浚如法，遂至于南河、东河、北河，所在皆需起剥。嘉庆四年（1799），清仁宗亲政的第一年，陈大文报告山东省漕帮旗丁经费陋规内幕，清仁宗进而推测"历任总漕、仓场侍郎及坐粮厅，并各省粮道、运弁等陋例相沿，任情收取，以致积弊困民"。若是高宗继位之初抓住这一把柄，必然大力追查、整治一番，以收杀一儆百之效。但清仁宗没有那么大魄力，他担心打击面太大引起政局不稳，"姑念人数过多，事属已往，免其深究"③。导致河漕渎职之风死灰复燃、愈演愈烈，逐渐不可收拾。

嘉庆九年（1804）五月，会通河"临清一带于黄水退后，河道淤浅"④。漕船需要起剥。不久这种现象竟然蔓延到会通河全线，"东省闸河内外水势浅弱，草寺蒋家圈至四女寺一带淤浅特甚，因无剥船，该丁自行刮挖，并用小划船轮转起剥，以致延滞"。封疆大吏对皇帝空言敷衍，铁保奏报"因堵筑漫口，闭闸蓄水，暂令粮船停泊。现集夫挖浅，并添备剥船催挽前进"。清仁宗事后得知"粮船在东省境内，节节迟延，并闻有每日祇行数里者。河水浅滞地方，致旗丁等自行刮挖"。与铁保所报大相径

① （清）百龄：《论河工与诸大臣书》，《魏源全集》，第 18 册，岳麓书社 2004 年版，第 368 页。

② 姚汉源：《京杭运河史》，中国水利水电出版社 1998 年版，第 524 页。

③ 《清仁宗实录》卷 56，第 1 册，中华书局 1986 年版，第 733 页上栏　嘉庆四年十二月丙申。

④ 《清仁宗实录》卷 129，第 2 册，中华书局 1986 年版，第 741 页上栏　嘉庆九年五月丙申。

庭，他情不自禁地问："则所谓集夫者安在？各帮船自用划船起剥，则所称多备剥船豫备起卸者又归何用？看来铁保所奏，全系纸上空谈，并未认真办理。"[①] 铁保时任两江总督，如此蒙骗朝廷，但清仁宗不了了之。

山东如此，直隶河道也好不到哪去。嘉庆十六年（1811）以前漕船入直隶境至通州才需起剥，"剥船除官设一千五百只之外，其由直隶添雇者，即不能及官设之数。军船遇水大之时起四存六；遇水小之时、起六存四"。嘉庆十六年（1811），通州以南几百里的"杨村水浅，不得已始用剥船"[②]。东河总督李亨特"奏南粮到通州剥运不能迅速，请在杨村全数起剥"[③]。起剥水程向南推进了几百里，反映了运河挑浚日渐倒退。

会通河需要起剥的水程越来越向北延伸，直隶境运河需要起剥的地方越来越向南推进，这就是嘉庆年间的严峻现实。反映运道常规挑浚的有名无实，官员渎职和腐败日重一日。清仁宗对渎职和贪墨河漕官员处置下不了狠手，导致河事不可收拾。清宣宗对失职和贪墨河漕高官惩治则一再打折扣，与清仁宗同样失之优柔。

道光五年（1825）孙玉庭等人在淮扬运河搞借黄济运，淤塞了运河还有大半漕船未出清口；接着又搞车盘过河，花费巨大而未能完成预定任务，这在乾隆朝肯定是要杀头的。清宣宗原本也想严肃处理，"漕船阻塞，皆孙玉庭办理不善。降旨交琦善督令孙玉庭等，将运河垫高处所，一律挑挖深通。著落孙玉庭、魏元煜、颜检分赔挑费"[④]。即使让犯官分赔挑费，也是重罪轻罚。但最后连这么轻的惩罚都没能落实。

清宣宗派琦善查处此案。琦善欺蒙清宣宗，为魏、孙二人开脱，君臣不断地将大事化小，最后竟然只赔补数万两银子了事。琦善这样奏报："自堵闭御黄坝后，运河淤垫既不致复有增高。而洪湖清水由束清坝下注运河，渐刷渐深，现在漕艘及铜铅船只尚资浮送。再加今冬明春，清水刷涤，自当日益深通，无误来岁新漕经行。"宣宗见奏，不追究琦善袒护之责，却赶紧收回成命，"著即无庸兴挑，以免草率而节糜费"。朝令夕改，自我否定。昏君佞臣只挑两个小项让孙玉庭等人赔补，一是"淮城以上挑河切滩银四万三千五百余两"，二是"至五月止，重运渡黄，挽运艰难。

① 《清仁宗实录》卷129，第2册，中华书局1986年版，第750页上栏下栏　嘉庆四年十二月丙申。

② 《清仁宗实录》卷243，第4册，中华书局1986年版，第287页下栏　嘉庆十六年五月乙巳。

③ 《清史稿》，第36册，中华书局1978年版，第10859页。

④ 《清宣宗实录》卷89，第2册，中华书局1986年版，第421页上栏　道光五年九月壬寅。

一切雇船添纤及押催兵役人夫薪饭犒赏等项，于琦善未到任以前，借用豫省等处解到所换钱文，合计共银四万三千二百二十余两"[①]，两项总共不到九万两。这哪里是执法，分明是拿国家法度送人情。

孙玉庭之后，道光六年十一月琦善本人又搞了一个减黄出清。失败后又搞倒塘，致使"以数百万帑金，付之一掷"[②]。如此失职，清宣宗仅仅罢免了琦善的两江总督和署漕运总督，"诏斥失机，议革职，宽之，降授内阁学士。寻复授山东巡抚"[③]。道光朝惩治职务犯罪毫无法度可言，简直是儿戏为之。

在重罪轻罚、因循苟且的政治背景下，运道挑浚有名无实。清宣宗继位后推行先行借帑、工后摊征还帑之法，意在促使官民慎重钱粮、保证挑浚质量，但未能扭转官员贪墨、挑无实效局面。道光十五年（1835）三月，清宣宗得到东河总督栗毓美奏报"十字河一带积沙最深，尤易淤浅"。他愤怒地责问："该厅员等如果随时认真捞挖，何至受淤至一丈数尺之多?"但宣宗并不主张追查责任，只令"河东河道总督、山东巡抚严饬河厅各员，趁此春和水弱，多集人夫，竭力挑挖深通"[④]。既然没有追查平时挑挖不力的责任，那么本次挑浚肯定还是敷衍了事。

果然，同年十一月栗毓美再次奏请挑浚运河淤浅，"南自台庄、北至临清计程八百里零，山河之水挟沙带泥，多有淤垫。每年估计冬挑例津二价不出五万两，不能全行挑挖。自道光三年大挑以后，十余年来河底未能处处通畅。是以本年首进漕船节节磨浅，自应分别轻重缓急酌加挑浚，以利漕行"。说明三月下诏挑挖深通无人认真落实，清宣宗照例恩准其行，而且大手大脚地拨款，"除兵、浅、泉、闸额夫挑土不计外，通计例津二价银六万二千九百九十三两零，内需例价器具银二万五千七百三十三两零，准其照例即在司库正项内如数动拨；其津贴银三万七千二百六十两零，准其动支东商生息银两"[⑤]。如此懦弱之政，只能导致更为严重的弄虚作假。

一切都松松垮垮。道光十七年（1837）六月，"南粮首进淮安头帮，

① 《清宣宗实录》卷89，第2册，中华书局1986年版，第421页下栏　道光五年九月壬寅。

② 《清宣宗实录》卷109，第2册，中华书局1986年版，第815页上栏　道光六年十一月甲申。

③ 《清史稿》，第38册，中华书局1978年版，第11500页。

④ 《清宣宗实录》卷264，第5册，中华书局1986年版，第51页下栏　道光十五年三月壬午。

⑤ 《清宣宗实录》卷274，第5册，中华书局1986年版，第223页上栏下栏　道光十五年十一月甲午。

业经抵坝起卸。其跟接之大河前帮，相距已脱空五日。在后之扬州二、三等帮，尚在山东聊城县境内”。侍郎铁麟奏报其中原因：“山东湖水微弱，北河水势亦不充足，以致军船节节浅阻。虽饬员弁赶紧迎提，恐抵坝过迟，未能及时起卸。”清宣宗对此只会下达严旨，提出泛泛要求，“著直隶总督、山东巡抚、河东河道总督迅速筹水济运，严饬沿河文武员弁加紧催趱，并饬地方官多雇船只，以备军船随处起剥，务令衔尾前进”[①]。两督一抚接旨后自然还是虚假应付。国家意志疲软如此，漕政河政有何振肃指望。

① 《清宣宗实录》卷298，第5册，中华书局1986年版，第617页下栏　道光十七年六月丁未。

# 第五十章　清代四民与治河通漕

## 第一节　农民利益与治河通漕

清初鉴于明末运军勒索粮农之弊，改明代民兑军运为官兑军运，粮农把漕粮交给官府，由官府兑漕粮给运军。这样，粮农虽然把明末被运军勒索走的好处，作为公开的漕粮附加交给了官府，但毕竟少了低三下四求运军兑粮。这种情况，很像明初实行粮长制，农民“怕见官府”可以“终身不识城市”[①] 那样新鲜。

但明代粮长制的清明持续时间长，而清代官收官兑漕粮给粮农带来的喜悦非常短暂。顺治八年（1651），官收官兑不过数年，就出现官府勒索粮农现象：“交兑之处，收粮官吏勒措需索，满其欲壑方准缴纳。若稍不遂，必多方延挨，刁难日久。以致河水冻阻，船不能行。耽误运期，所携有限盘费，何以支持。”[②] 官府刁难，害民害军，贻误漕运。

在治河领域，清初甚至没有改善民工待遇。顺治十一年（1654），世祖有言：“频年治河，旋塞旋决。夫役埽料，民累不堪。或地方有司，借端加派；或滥用委官，侵冒诈索。该督抚监司严加清厘禁戢，仍须讲求长策，刻期竣工。”[③] 这段话足见明亡清兴之际，清朝只关注接受政权，没有像朱元璋开国那样有意摧毁元末吏治贪墨基础，因而王朝定鼎之初，河工领域就出现腐败现象，民工利益受到侵害。

进入康乾盛世，河漕贪官污吏侵害农民利益，主要表现在三个方面。

一是漕政污浊使粮农漕粮负担加重。乾隆元年（1736）六月，清高

---

① （明）何良俊：《四友斋丛说》（元明史料笔记），中华书局1959年版，第110页。

② 《清世祖实录》卷54，中华书局1985年版，第427页上栏下栏　顺治八年闰二月丙辰。

③ 《清世祖实录》卷84，中华书局1985年版，第663页下栏　顺治十一年六月庚辰。

宗向大臣解剖书吏办漕层层索贿、最后转嫁于粮农的案例道："凡征解钱粮，上司书吏辄向州县书吏索取费用，因而县吏假借司费纸张名色，派索花户。又如征解漕粮时，粮道衙门书吏，需索县吏规礼。因而县吏遂勾通本县家人盘踞仓廒，于正额外多收耗米。稍不遂意，百般留难。远乡小民，以得收为幸，守候为艰，不得不饱其贪壑。"① 漕弊积重难返，贪官污吏勒索之下，处于弱势地位的粮农成为层层贪墨的最终受害者。

二是河道官员克扣工钱，民工拿不到应得收入。乾隆四年（1739），清高宗抨击河工扰民现象："朕访闻得各省营缮修筑之类，其中弊端甚多，难以悉数。或胥役侵渔，或土棍包揽。或昏庸之吏，限于不知；或不肖之员，从中染指，且有夫头扣克之弊，处处皆然。即如挑浚河道一事，民夫例得银八分者，则公然扣除二分；应做工一丈者，则暗中增加二尺。或分就工程，用夫一千名者，实在止有八九百人。以国家惠养百姓之金钱，饱贪官污吏、奸棍豪强之溪壑。其情甚属可恶。"② 此话出自皇帝，足见问题严重。

三是河工物料征收任意坑害田农。雍正二年（1724），河南布政使田文镜有言："至于办置物料，运赴河工，必须讲究，然后秤收，所以年来州、县，无不因河工赔累，致亏库项。……自不得不按照地亩门头，派之里下。一经摊派，其中便有蠹役、土棍，或受惠那移，李代桃僵，或勒价包揽，以一科十。"③ 可见贪官污吏借办物料，任意鱼肉粮农之一斑。这还是盛世现象，嘉庆之后民情更苦。

嘉庆、道光以后政治日渐黑暗，损害民工和粮农利益现象加重。今人考证：当时"盘剥百姓莫过于征调物料人夫。河工所用人夫、物料，嘉庆以后，地方所出物力、人力又倍于帑银。故水灾为灾，修河工亦成灾。如秸料一项，收购是按垛计算，每垛5万斤，报销官价银200两。当时200两银子可换制钱300串（一串1000文）。市价至多每斤一文。200两银子可购30万斤。这就虚报了六倍。实际是摊派给沿河农民，按田亩缴纳，自备车牛人力送到工地。送到后又拖延不收，勒索农民贱价或无偿或更纳贿奉送，否则时久料烂，人畜盘费又不少。这样又贪污一笔。收料后'虚堆假垛，中空如屋，三不抵一'。大工堵口动至万垛以上（如嘉庆末河南

① 《清高宗实录》卷21，第1册，中华书局1985年版，第503页上栏　乾隆元年六月己卯。
② 《清高宗实录》卷88，第2册，中华书局1985年版，第370页下栏　乾隆四年三月戊午。
③ （清）田文镜：《议州县河员分办工料疏》，《魏源全集》，第18册，岳麓书社2004年版，第525页。

武陟马营堵口用秸料两万数千垛），一万垛即可贪污百万以上。石料也有类似情况，堆石成垛，中空可居人，往往为乞丐贫民所聚居”①。控诉河漕贪官污吏坑民自肥入木三分。如此坑害农民，大发国难财，怎能换来农民真心做工？

## 第二节　运军商人与治河通漕

河治漕通运军才能行船运粮。运军和治河通漕国家意志是利益共同体，理应成为治河通漕的拥护者、捍卫者，但他们却把过闸上仓所受贪官污吏勒索发泄在商、民身上，在运河为非作歹。

清代运军及其所雇水手较明代有重大改变。一是明代每船配备运军10名左右，全由军运；清代康熙三十五年之后每船只签殷实运军一名，由他雇募10名水手行船，实行军雇民运。二是明代运军隶属卫所，是军人一种；清代运军隶属军屯，真正名称叫运丁。当今学者考证，顺治元年（1644），“清廷即州县卫所无主荒地给流民官兵分段屯种。次年，改卫军为屯丁。……明清兵制不同，屯军不复应兵役，屯军遂改为运军，专应漕役”②。清代运丁及其所雇水手对治河通漕危害较明代运军要大。

康熙初圣祖有言：“领运官丁恪遵条约，依期抵通回空，方为尽职。乃有奸顽员役不守成法，多有夹带私贩货物，隐藏犯法人口；倚恃势力，行凶害人；借名阻碍河道，殴打平人；托言搜寻失物，抢劫民船。且有盗卖漕粮，中途故致船坏，以图贻累地方。种种奸恶、难以枚举。藐法病民，莫此为甚。”③ 运丁如此，运丁雇用的水手也狐假虎威。道光三年（1823）十一月，姚文田奏称：“近年漕船水手，肆恶逞刁。如当趱行之际，遇有民船欲行走者，必须给以使费，名曰买当。至暮夜时，偶然停泊。辄将犁缆划子，拦住道路。竟有将民船人夫捆缚，诬以碰伤大船，逼令出钱赔修，始放还者。”④ 公行不法，让人切齿。

---

① 姚汉源：《京杭运河史》，中国水利水电出版社1998年版，第525页。

② 周育民：《漕运水手行帮兴起的历史考察》，《中国社会经济史研究》2013年第1期，第62页。

③ 《清圣祖实录》卷7，第1册，中华书局1985年版，第118页下栏　康熙元年八月癸卯。

④ 《清宣宗实录》卷61，第1册，中华书局1986年版，第1080页下栏　道光三年十一月壬辰。

运军和水手如此倒行逆施，根源在于行漕过程中受贪官污吏的欺凌。

一是运军的确辛苦。圣祖有言："旗丁人等挽运勤劳，宜加存恤。朕顷巡行近畿至通惠河一带，见南来漕艘，旗甲人丁资用艰难，生计窘迫，深为可悯。若不预为筹画，恐其苦累难支，以致沿途迟滞，贻误仓储，所关匪细。"① 尤其漕船守冻期间，旗丁都是南方人，不惯北方寒冷。至于水手舵工，每只漕船最多十一二人，在船撑篙掌舵者必须三四人，其余人上岸拉纤行船。确实不易。

二是行运一路受气。"州县收漕，半由折色。及兑漕时，令积惯包漕家人，向米铺贱价买备低潮米石。恐众丁不肯受兑，勾通各帮头伍刁丁，暗中议给每石津贴银四五钱不等。刁丁吞蚀大半，散给懦丁者，不过十之二三。懦丁因开行限促，势不自由。所入者少，则水次各项开销，难于敷衍。……又漕船行抵内河，提溜打闸，头伍刁丁勾串运弁及漕标员弁、各闸夫头，虚报人数，冒开夫价，批定传单，向各船勒取。每大闸夫价用至二十余千之多，丁力因之益疲。又漕船各帮皆有走差之人，因水次及沿河大小衙门，有与漕事相涉者，其家丁书役人等，无不向帮船索取使费。"② 运军对强势群体只能忍气吞声，但敢于把自己所受仓场、闸坝、把总的气，向势弱商民发泄出来，大做伤天害理事。

商人投机取巧，侵蚀河漕机体。清朝接受汉唐重农传统，但并不鄙视商业、压抑商人。清圣祖告诫大臣，钞关不可过分追求税额，若一定要超额完成税额，商人不经钞关，实际上是禁止商运。清世宗"将关差归并巡抚兼管，以巡抚为封疆大吏，必能仰承德意，加惠商旅也"。以此表明自己"念商贾贸易之人，往来关津，宜加恩恤"③ 之情。清高宗则更为开明，"管理关税，莫过于恤商便民，国课其次耳"④。清仁宗注重保护商人权益，嘉庆十四年四月，得知"卢沟桥地方每日经过大小车辆其数难纪，该人役等每以查验为名，故意拦阻需索饭钱，多者数十两，少亦须数两方肯放过；而广宁门为尤甚，竟有搜出银钱硬行抢散之事"，要求"凡一应货物

① 《清圣祖实录》卷 97，第 1 册，中华书局 1985 年版，第 1231 页上栏　康熙二十年八月壬申。

② 《清宣宗实录》卷 252，第 4 册，中华书局 1986 年版，第 826 页上栏下栏　道光十四年五月壬辰。

③ 《清世宗实录》卷 26，第 1 册，中华书局 1985 年版，第 399 页下栏　雍正二年十一月甲辰。

④ 《清高宗实录》卷 36，第 1 册，中华书局 1985 年版，第 660 页上栏　乾隆二年正月是月。

均照定例征税。……毋许任意搜求、索取饭食，致滋扰累”[①]。嘉庆十七年（1812）四月，御史杨怿曾奏请肃清京城街道，意欲取缔正阳门一带商号，确保车马来往。仁宗只准许整顿交通，“京师首善之区，商贾云集。正阳门大街两旁，向有负贩人等列肆贸赐，势难一律查禁。但毋许侵占轨辙，以便车马往来。著步军统领及督理街道衙门随时稽查，如沿街铺户及市侩等有搭棚露积、致碍官街者，即押令移徙，以利经涂”。[②] 当然，清代对商运和商贾这些体恤，是以商贾奉公守法为前提的。一旦商贾有碍治河通漕，统治者绝不手下留情。

清代商人与治河通漕的利害冲突，主要表现为商人钻漕运空子以售其奸。雍正七年（1729），清世宗向大臣通报贩卖私盐之弊，“在粮船为尤甚。有一种积枭巨棍，名为风客。惯与粮船串通搭载货物，运至淮扬，托与本地奸徒，令其卖货买盐，预屯水次。待至回空之时，一路装载。其所售之价，彼此朋分。粮船贪风客之余利，风客恃粮船为护符。于是累万盈千，直达江广，私贩日多，而官引日滞”。[③] 漕船破坏盐禁，商贾是罪魁祸首。

嘉庆十七年（1812）八月，发生奸商贿增砝码、侵欺国课一案。“长芦现用砝码斤两增重，以致额引之外多有侵欺。皆缘总商江公源（即查有圻）为通商造谋之首。”加重砝码，称出的盐多而斤两数少，盐商沾光而国帑亏收。清仁宗览奏，认定案件性质是砝码被人偷换，下令“查有圻现在天津充当盐商，所有该处赀产，并著该盐政派人密行看守。毋任隐匿寄顿，如审出该商实有营私舞弊等情，再行降旨查抄”[④]。盐商但谋奸利，不惜偷换砝码、侵渔国税，实在可悲。

道光年间商人向运军放债，运军将负担转嫁州县现象普遍。“奸徒放帐，被诱百端。该帮丁等无计补累，势必满揽客货，致误程期。甚且挟制州县，勒增兑费。该地方官因而苛取病民。”[⑤] 道光十九年（1839）九月，御史寻步月发现“山东台庄、姚湾等处，奸商囤积私货，于各帮经过之

---

① 《清仁宗实录》卷209，第3册，中华书局1986年版，第803页上栏　嘉庆十四年四月甲午。

② 《清仁宗实录》卷256，第4册，中华书局1986年版，第462页下栏　嘉庆十七年四月甲子。

③ 《清世宗实录》卷81，第2册，中华书局1985年版，第72页上栏　雍正七年五月甲子。

④ 《清仁宗实录》卷260，第4册，中华书局1986年版，第517页上栏　嘉庆十七年八月丁未。

⑤ 《清宣宗实录》卷302，第5册，中华书局1986年版，第715页上栏　道光十七年十月壬申。

时，用价雇载，至直隶故城县郑家口卸卖，每船装载至七八百石之多。虽经官为禁止，而荒僻之地，夜静之时，奸商仍将私货夹带。卫弁闸官，得有陋规，通同隐饰"①。漕船和奸商你出钱我载货，是周瑜打黄盖，一个愿打，一个愿挨，似乎于社会无害。但每船加载至七八百石后，漕船容易搁浅，给运道带来堵塞之患，于漕运深有大害。

① 《清宣宗实录》卷326，第5册，中华书局1986年版，第1124页上栏　道光十九年九月辛亥。

# 第五十一章　清代河漕贪墨愈演愈烈

## 第一节　清初未能隔断明末贪墨

王朝开国初期大都勃勃进取，表现在严格选拔各级官员，严厉惩办贪官，清除害群之马。可大清开国并非如此，满洲八旗、蒙古八旗、汉军八旗才堪为官者只能掌控关键位置，一般职务皆由大量归降明官充当。他们迫于形势表面恭顺，把明末贪墨带进新王朝官场，败坏官场风气。

顺治元年（1644）十月清世祖颁发即位诏书，打着“倚任亲贤，救民涂炭”旗号，张扬“当改革之初，更属变通之会。是用准今酌古、揆天时人事之宜”开国精神，以“国之安危全系官僚之贪廉。官若忠廉则贤才向用，功绩获彰，庶务皆得其理，天下何患不治；官若奸贪则贿赂肆行，庸恶幸进，无功冒赏，巨憝得以漏网，良善必至蒙冤。吏胥舞文，小民被害。政之紊乱，实由于此”[①] 为治国要务。但新统治者显然没有意识到取代明朝易，根除明末贪墨积习难。

顺治元年夏，河复故道经徐州、淮安间在云梯关入海，为清人恢复漕运开了方便之门。顺治二年（1645）题准全国漕额400万石，标明清廷全面继承明代河务和漕运衣钵。至于如何治河通漕，清廷并非成竹在胸。同年，户部议覆黄徽允上书，提出“漕运归官兑，则需索可省；白粮归官解，则民困可苏”[②]。得到清世祖首肯。“顺治九年，始改为官收官兑，酌定赠贴银米，随漕征收，官为支给。”[③] 此举针对明代运军勒索粮农而发，有解民倒悬之意。至于确保吏治清明，则无断然措施。

---

① 《清世祖实录》卷9，中华书局1985年版，第94页上栏下栏　顺治元年十月癸亥。

② 《清世祖实录》卷18，中华书局1985年版，第161页上栏　顺治二年闰六月辛卯。

③ 《清史稿》，第13册，中华书局1977年版，第3570页。

顺治二年（1645）十一月，部复总漕王文奎上书，称“前朝漕运设旗甲以挽运之，设运总以统领之，设漕道、粮道以督押之，设总漕、巡漕以提衡巡察之，业已粲然具备。况江南初定，法制未遑，漕运一事无如仍旧为是”[①]。得旨允行。顺治七年（1650）四月，户部复漕运总督吴惟华上书，称“领运漕粮派定卫所各官若一更改，则又当别佥旗甲、另制船只，不如仍旧为愈。惟慎选运官，力祛积弊，漕事自可更新。漕运督粮道为运漕必需之官，似难议裁”[②]。两则史料中都强调“仍旧”，既指体制上仍明人之旧，也指人事上用明末旧人。这样，清初就未能如明初那样，通过以水师行海运、总漕运和严刑峻法惩治贪官，基本隔断了前朝贪墨吏治向本朝的顺延。

清初河漕高级别的八旗官员比较清廉，但缺乏治河经验；低级别明朝归顺汉官有治河经验，但贪墨居多。由此形成治河离不开归顺明官，归顺的明官又积习难改，腐蚀河漕队伍并左右治河通漕的复杂局面。清廷第一位总河，汉军镶白旗人杨方兴，为官两袖清风，“所居仅蔽风雨，布衣蔬食，四壁萧然”[③]。力荐密云道方大猷管理河道，顺治七年八月河决荆隆口，“方兴用大猷议，于上游筑长缕堤遏其势，复筑小长堤塞决口”[④]，获得成功。但后来方大猷“奸贪不法”“贪婪误工”先后两次被人弹劾，“方兴亦劾大猷，上以其不先举发，切责之”。杨方兴因此被“降级留任”[⑤]。足见用明末降官双刃剑效应。

顺治八年（1651），任用归顺明官带来的吏治腐败问题凸显。

一是官场明末积习抬头。清世祖发现归顺明官“因仍前弊，未能洗涤肺肠。托名熟练，持禄养交，习为固然。其有年届悬车，恋恋爵禄。岂真有心报国，不过假借朝廷之官，为养身之计”。便从吏部要来各部院堂官职名，亲行审核。当即黜免其中的11个，其中事关河漕者谢启光“七年钱粮，全无销算。……遂致挂欠漕粮三百余万石。关税原有定额，启光滥差多人，加倍需索，不顾商民贫苦。至于一差之出，不循次序，任意徇私。秽声盈耳，大玷官箴”[⑥]。谢启光时为工部尚书，世祖一怒之下，将其

① 雍正《漕运全书》卷8，《北京图书馆古籍珍本丛刊》，第55册，书目文献出版社1998年版，第201—202页下栏上栏。

② 雍正《漕运全书》卷8，《北京图书馆古籍珍本丛刊》，第55册，书目文献出版社1998年版，第202页下栏。

③《清史稿》，第34册，中华书局1977年版，第10111页。

④《清史稿》，第34册，中华书局1977年版，第10110页。

⑤《清史稿》，第34册，中华书局1977年版，第10111页。

⑥《清世祖实录》卷54，中华书局1985年版，第429页上栏 顺治八年闰二月乙丑。

革职为民，永不叙用。但仅限于剔除清廷上层朝官，地方和河漕衙门并没有相应处置。

二是榷关官员剧增："关税原有定额，差一司官已足。何故滥差多人，忽而三员，忽而二员。每官一出，必市马数十匹，招募书吏数十人。绍兴棍徒，谋充书吏，争竞钻营。未出都门，先行纳贿。户部又填给粮单，沿途骚扰，鞭打驿官，奴使村民。恶迹不可枚举。包揽经纪，任意需索；量船盘货，假公行私。沿河一带，公然与劫夺无异。"清世祖只得下旨："著仍旧每关设官一员，其添设者悉行裁去。以后不得滥差。其裁缺彻回之员，既不利于商贾，又何利于州县之民。户部不得妄咨勤劳，吏部不得更与铨补。"① 可惜仅限于榷关一隅，未在河道与漕运领域为之。

三是京通仓场贪墨。顺治八年（1651），清世祖发现"运粮之苦"根源于仓场官吏勒索，"交兑之处，收粮官吏勒措需索，满其欲壑，方准缴纳。若稍不遂，必多方延挨，刁难日久。以致河水冻阻，船不能行，耽误运期。所携有限盘费何以支持，一路怨声沸腾"。他认识到仓场假公济私引发连锁反应，"朕思运粮官涉河渡江，已不胜劳苦，又经收粮官吏多方需索，必至盗卖官粮。盗卖既多，必至亏欠"②。最终败坏漕运大计。仓场，就在天子脚下，居然公行不法，舞弊谋私，勒索运军推迟收粮，以致隆冬河冻，漕船南返受阻。

针对各方面暴露出来的问题，清世祖进行了一定程度的整顿。首先，他严令户部检查州县漕事。顺治十二年（1655）谕户部："漕运至为重务，年来拖欠稽迟，弊非一端，深可痛恨。漕运总督固应尽心料理，即各省督抚亦当分任责成。……江南、江北、浙江、江西等处，著该督、抚督率所属各粮道、州县、卫所等官，恪奉漕规，冬兑春开，务依限到淮。其到淮以后，漕运总督察验催趱，抵通缴纳。"③ 要求户部对违期人事详加议奏。其次，惩办一些贪墨的漕运高官。顺治十一年（1654），"降总督漕运兵部尚书沈文奎三级调用，以其督催漕运稽迟也"④。顺治十六年（1659），"革总督仓场户部侍郎范达礼、李呈祥职，仍戴罪办事。以漕粮壅积河干，有误漕运故也"⑤。漕运总督沈文奎被降

---

① 《清世祖实录》卷54，中华书局1985年版，第426页下栏　顺治八年闰二月乙卯。

② 《清世祖实录》卷54，中华书局1985年版，第427页上栏下栏　顺治八年闰二月丙辰。

③ 《清世祖实录》卷94，中华书局1985年版，第740页上栏下栏　顺治十二年十月戊辰。

④ 《清世祖实录》卷86，中华书局1985年版，第678页下栏　顺治十一年九月辛亥。

⑤ 《清世祖实录》卷106，中华书局1985年版，第826页上栏　顺治十四年正月壬子。

三级调用，仓场侍郎范达礼、李呈祥被革职。虽然惩办不重，总算有所惩办。最后，严惩在运河作威作福的官员。顺治十五年（1658），世祖“闻河道船只，多有强豪之徒冒称钦差、扰乱国法者”。户部、刑部“及至拏获，皆系大小官员之船”。他不满二部议处时，“概称与各官无涉，止将下役人等拟罪”。批评二部“如此讯法，岂屏绝情面、矢公矢慎之道，殊负朕厘奸剔弊至意”①。明末官场积习抬头，世祖不得不予遏制。

很明显，清世祖对清初官场贪墨积习抬头的整治，远远不足以医治大量收降、重用明朝旧官给王朝清廉机体带来的伤害。也就是说，从当时归顺明官贪墨积习给清初官场带来的危害程度而言，清世祖发扬明太祖镇压贪官污吏的精神、对清初贪官污吏大动杀伐都不足以扶正去邪，但他为整肃吏治所做努力远不及明太祖的酷烈程度。这样，作为清王朝的开国皇帝，清世祖不仅铸成不加选择地收用明官的大错，而且未能对此大错纠之以猛、痛下狠招，致使明末贪墨之风顺延而入新王朝，给后代子孙留下无穷麻烦。

## 第二节 康乾力控河漕职务犯罪

康熙朝对河漕职务犯罪的控制。圣祖继位，离顺治元年河复故道已近20年，黄河河床高得已经到了频繁倒灌清口的程度。故而治河任务突出，控制河漕职务犯罪下降为次要矛盾，康熙朝控制治河通漕职务犯罪主要从以下三方面着力：一是尽量任命清廉官员出任河道总督，希望由他们约束下属，把巨额帑金用在治河上。康熙朝的河道总督，无论后来发生什么变故，但在最初出任总河时，都是官声最好的。如于成龙有天下第一廉吏、张鹏翮有天下廉吏无出其右之誉。二是严把重大河工审批权。对信得过的承办大臣，促使他们精打细算，进一步改进施工方案、压缩河工预算；对信不过的承办大臣，不批那些可做可不做的河工。例如于成龙后来再次出任总河，过分关注豁免民夫、擢用官员和捐纳授官等市恩营私之事，而不潜心研究治水业务，对圣祖南巡交办河工也不抓紧完成，于是凡于成龙所奏事于理不符者，皆穷诘不行。三是惩办失职河道官员，保证总河总漕的基本清廉。康熙十一年（1672），山西陕西总督罗多“以前任河道总督时，

---

① 《清世祖实录》卷115，中华书局1985年版，第899页上栏 顺治十五年二月癸巳。

堤工冒破钱粮，降二级调用”[1]。康熙十六年（1677）“河臣王光裕曾题高邮三浅西堤一处，逼近清水潭，俟水涸另议兴修，其余河工已经相机抢筑。今看各工尚未兴修，询其何故，则以钱粮不足为辞。又题翟家坝修筑之处，亦未筑成，以致堤岸屡决，地方淹没”。被钦差大臣视为“全无治河之才，以致河工溃坏”。清圣祖“著解总河任”[2]。对失职、渎职总河进行了必要但又过轻的惩罚。

从总体上看，由于清圣祖标榜以仁孝治天下，对老百姓仁治并没有什么不好，但大臣“所奏欲诛之人，朕不曾诛。以朕性不嗜杀故耳。凡事如所欲行以感悦其心，冀其迁善也”[3]。一切都要臣下心服口服，而不注重发挥刑杀驱人至善功用，康熙朝无一人因治河通漕职务犯罪被杀头，也就不能有效地控制职务犯罪。康熙三十九年（1700），圣祖有言：“朕观河工之弗成者，一应弊端起于工部。凡河工钱粮皆取之该部，每事行贿，贪图肥己，以致工程总无成效。张鹏翮亦曾面奏云：武弁藉空粮，文官赖火耗，河工官员别无所获，惟侵渔河工钱粮，所以河务无成。”[4] 当年稍早时候，圣祖还下谕“河工钱粮，甚不清楚。于成龙病故，江南江西总督张鹏翮操守好，著调补河道总督”[5]。于成龙也是圣祖原来十分看好的总河人选，生前在总河任却钱粮很不清楚；而当年出任总河的张鹏翮，事后也发现有不能约束家人、被下属蒙骗的劣迹。

康熙末年，治河通漕清明和严紧程度有所滑坡。康熙五十二年（1713）后，中河一带工程由商人每年捐备料物，交中河厅及时修防，相沿为例。康熙六十一年（1722）七月，淮扬道傅泽洪巡视河工时发现，“第一工朱家湾坐落中河北岸，遥堤长八十丈，内有三小坝，每坝长七丈，坝形仅存，护岸埽工全无。第二工高台子坐落中河南岸，护城堤长一百四十丈，第三工张家庄坐落中河南岸，护城堤长九十丈，内各有三小坝，并皆坝形微存，护岸埽工全无，甚属险要”。询问有关人员时，“佥云自康熙

---

① 《清圣祖实录》卷38，第1册，中华书局1985年版，第513页上栏　康熙十一年三月壬申。

② 《清圣祖实录》卷65，第1册，中华书局1985年版，第837页下栏　康熙十六年二月丙辰。

③ 《清圣祖实录》卷251，第3册，中华书局1985年版，第487页上栏　康熙五十一年十月辛亥。

④ 《清圣祖实录》卷202，第3册，中华书局1985年版，第66页下栏　康熙三十九年十一月丁丑。

⑤ 《清圣祖实录》卷198，第3册，中华书局1985年版，第12页下栏　康熙三十九年三月癸卯。

五十四年修过之后，历年俱未动工。又闻有该厅折收料价官商分肥之弊，当即饬行淮安分司查覆去后。今据该分司详据商人程长泰等呈称，每年修补工银四千两，俱交历任中河厅办料修防。其官商分肥之处，坚执不承。查此项银两自五十五年起至六十年止，该厅已收过银二万四千两，既不以之办料修防，其为朋分不问可知。但官迁吏故，难以深求”①。足见康熙朝惩治贪腐用刑太轻，河漕基层腐败依旧。

雍正朝对河漕职务犯罪的控制。康熙朝惩治治河通漕职务犯罪力度不够，在雍正朝得到矫正。清高宗在位时曾多次追忆其父惩贪的雷厉风行，乾隆十二年九月有言：“皇考世宗宪皇帝惩戒贪墨，执法不少宽贷，维时人心儆畏。迨至雍正八年，因吏治渐已肃清，曾特旨将从前亏空未清之案，查明释放。”② 乾隆十三年四月有言：“从前朝绅比周为奸，根株盘互，情伪百端。赖皇考以旋乾转坤之力，廓清而变化之。朋党之风，为之尽涤。”③ 这些话并非过度谀美之词。

清世宗处理的河漕贪墨的大案。

其一，雍正四年河道总督齐苏勒参奏“原任淮徐道潘尚智，亏空库帑八千两，不即还项。又黄夜将银十一包私自搬运，每包计一千两。被淮关监督庆元家人抢去五包”。世宗下旨：“潘尚智亏空国帑不行完纳，乃私自藏匿多金，庆元又与通同作弊。将此情由并本内有名人犯，著侍郎黄炳前往，会同总河齐苏勒审理。”④ 黄炳当时是刑部侍郎，齐苏勒是潘尚智、庆元案的首参，世宗派二人审案，意欲重处其罪，后来也的确处治非轻。

其二，雍正八年，河东总督田文镜参奏拖克拖海玩忽河工，“于伏汛危险之时，并不竭力督率抢护。协理河臣范时绎安坐旁视，藐法误工。请革职严审”⑤。清世祖下令：“拖克拖海著革职，即于河工险要地方永远枷号示众；范时绎亦著革职，将一切工程交伊加谨防护，俟秋汛过后拏送来京。将伊从前所犯罪案悉行查出，从重定拟具奏。傥今年秋汛防护不谨，

① （清）傅泽洪：《行水金鉴》，《四库全书》，史部，第582册，上海古籍出版社1987年版，第367—368页。

② 《清高宗实录》卷299，第4册，中华书局1986年版，第912页上栏　乾隆十二年九月庚戌。

③ 《清高宗实录》卷313，第5册，中华书局1986年版，第132页上栏　乾隆十三年四月丙子。

④ 《清世宗实录》卷47，第1册，中华书局1985年版，第712页上栏　雍正四年八月乙酉。

⑤ 《清世宗实录》卷96，第2册，中华书局1985年版，第288页下栏　雍正八年七月己卯。

少有疏虞。即将范时绎、拖克拖海请旨，在贻误工程之处正法。”[①] 处置严厉，恩怨分明，惩贪反渎力度较大。

雍正朝河漕贪墨的大案不多见，是因为清世祖把控制河漕官员职务犯罪的功夫用在了平时。

一是一有机会就提醒当事官员奉公守法。河道官员上任前，世宗面谕警示：“河道有董率工程之责。凡分修河员，孰贤孰否，俱应洞晰。并宜亲身经历，查勘估计某口险峻，某口平易，某处堤工坚固，某处冒支帑金。傥不计虚实，不辨勤惰，仅以纳贿多者为能员，馈遗少者为拙吏，而于工程漠不经意，一遇坍溃。谁之咎耶?”粮道上任前，世宗面谕警示：“粮道专理漕运，职任匪轻。使徒知起运规例，扣克运费，苦累运丁，营私烦扰，有玷官箴，贻害百姓，何所底止。”[②] 皇帝亲口告诫，给河漕官员深刻记忆。新漕抵京通前，世宗谕仓场侍郎：“粮运关系国储，必须遄行无阻，始得及早抵通。自杨村至通州，河道多有淤浅，粮船起剥，每致耽延。以致回空冻阻，并误新漕。著该督严饬坐粮厅查看河道，有淤浅处，作速挑浚深通，毋使阻滞。……至抵通后，速行起卸交仓，毋得需索抑勒，苦累军丁。朕去年亲自阅仓，知漕粮过坝一昼夜可五万袋，可见交卸甚易。尔等加意督催，务使空船早得回南，新漕亦可无误。漕运一事，朕亲身阅历，纤悉洞知。尔等傥不尽心料理，或因勒索致有迟延，责无所诿。”[③] 皇帝事无巨细，皆耳提面命，用心良苦。

二是世宗不仅通过奏章了解治河通漕下情，而且还有其他渠道，并及时反馈给有关大吏，促使他们采取措施加以整治。雍正元年（1723），世宗“闻管夫河官侵蚀河夫工食，每处仅存夫头数名；遇有工役、临时雇募乡民，充数塞责，以致修筑不能坚固、损坏不能堤防。冒销误工，莫此为甚”。让工部传谕，“著总河及近河各省巡抚严饬河道，不时稽查，按册核实，禁绝虚冒。傥有仍前侵蚀、贻误河防者，即行指名题参”[④]。一事一旨，事半功倍。得知江南上年秋冬雨少，运道淤浅，本年新漕“旗丁人等不顾漕运维艰，任意揽载客货，致船重难行。……丹阳、常州等处地方，及沿途遇浅，概拏商船起剥。且借名需索、贪暴公行，得贿者虽空船亦行释放，不遂其欲者勒令当差。有将货物行李抛弃河干，纷纷露积。或为风

---

① 《清世宗实录》卷96，第2册，中华书局1985年版，第290页上栏下栏　雍正八年七月己卯。

② 《清世宗实录》卷3，第1册，中华书局1985年版，第75页下栏　雍正元年正月辛巳。

③ 《清世宗实录》卷9，第1册，中华书局1985年版，第171页下栏　雍正元年七月庚寅。

④ 《清世宗实录》卷9，第1册，中华书局1985年版，第174页上栏　雍正元年七月甲午。

雨所损伤，或为盗贼所窥伺。该管漕运文武官弁漫无约束，毫不经心”。江南总督、江苏巡抚、漕运总督对此尚漠然不知，世宗就向他们通报上述情况，要求他们“实心体恤，稽察周详。奉谕之后，或再有起剥之事，当各严饬所属官弁，申明约束，不得仍蹈前辙。……至张大有，身任总漕，粮艘往来，乃其专责。尤宜整肃纲纪，厘奸剔弊，严明驭下。……嗣后若仍不加意约束属员，有心纵容及失于觉察，再经朕访闻，定行严加议处”[①]。河漕官员常得皇帝提醒，不得不小心谨慎从事。

三是雍正朝讲究办事效率，河漕圣谕落实较好。雍正二年闰四月，世宗向漕运总督及直隶、山东、河南巡抚通报各省旗丁运粮进京，沿途水次违法乱纪案情：“数年前浙江、湖广粮船运丁，因怀挟私忿，彼此争斗。逞其凶顽，持戈放箭，致有杀伤。又闻前岁之冬，粮船守冻在山东地方，竟行抢夺，扰害居民。去岁回空，又闻强取百姓衣物。此等妄行，皆大干法纪。”要求漕运总督嗣后严加约束，不得宽纵，直隶、山东、河南巡抚饬令沿河官弁不时稽查，“傥犯法为非，即分别轻重，按律治罪。不得稍有徇纵推诿，以长刁风。若仍前有争斗伤人及抢夺扰民之事，该督抚即行奏闻，于彼地正法，决不宽贷”。[②] 4天后，刑部即根据漕运总督“请严回空粮船夹带私盐及闯闸闯关之例”之奏，提议“嗣后如回空粮船夹带私盐，拒捕杀人，将为首者立决，为从者边卫充军。其闯关闯闸，将船丁舵户枷号充军，为从者杖徒。押运等官不行约束，知情故纵者革职”[③]。完成立法，得到准行。

有法必依。雍正三年（1725）六月，世宗提醒内阁，运丁管理立法后要加强稽查落实，“今闻各粮船，有于兑粮起运之后，即多包揽货物；及回空时，又多夹带私盐。此皆由经过马头处所停留装卸，而地方官不行严查之故也。夫穷丁装带些微货物，情尚可恕。至私盐，乃大干法纪之事。况断无沿途零买零卖之理，必有一定地方，其装卸亦必非俄顷可办。若该地方官，果实力稽查，自然弊绝”。要求总漕和安徽巡抚会同详议“如何稽查，如何劝惩”[④] 具奏。雍正四年（1726）四月，漕运总督张大有等奏

① 《清世宗实录》卷18，第1册，中华书局1985年版，第302—303页下栏上栏　雍正二年四月壬子。

② 《清世宗实录》卷19，第1册，中华书局1985年版，第316页上栏　雍正二年闰四月辛卯。

③ 《清世宗实录》卷19，第1册，中华书局1985年版，第317页上栏　雍正二年闰四月丙申。

④ 《清世宗实录》卷33，第1册，中华书局1985年版，第508页上栏　雍正三年六月丙戌。

漕船稽查办法六款，得到户部支持和世宗批准。

乾隆朝对河漕职务犯罪的控制，经历了欲宽不成、终取严厉的变化。清高宗承其父严政之后，鉴于雍正朝奉行严厉之政对大臣有苛刻之处，最初欲稍事宽缓，以和时局。乾隆元年二三月间欲稍缓盐禁，“特弛肩挑背负之禁。原以恤养贫民，济其匮乏。并非宽纵匪类，使之作奸犯科也”。但“天津一带无赖棍徒纠合多人，公然以奉旨为名，肆行不法”[①]。而且这股风向其他行业蔓延，“无识诸臣，诬谓朕一切宽容，不事稽查。以致大小官吏，日就纵弛。民间讹言诸禁已开，风闻直省四恶皆微露其端倪。即如天津一带，私盐横行无忌，恐其他类此者相继而起”[②]。高宗意识到宽政会导致法纪废弛，使雍正朝十多年整治之功毁于一旦。他痛苦地反思道：“子产之言曰：火烈，民望而畏之，故鲜死焉。水懦弱，民狎而玩之，则多死焉。故宽难。其后太叔不忍猛而宽，郑国多盗；卒至尽杀之，盗乃少止。则朕办理盐政之谓也。”[③] 同年五月，发生了“江西巡抚常安回京，船过仲家浅闸口，于不应放闸之时”[④] 强行过闸的事件。高宗认识到“若于玩法之徒，亦用其宽，则所谓稂莠不除，将害嘉禾。倘不速为整理，恐将来流弊，无所底止”[⑤]。行严厉之政是安民，行宽缓之政是害民，决策“常安著革职拏交刑部，及伊生事家人一并严审，定拟具奏。……良以玩忽纵肆之风渐不可长，而此风一长，则宽不成其为宽，而民反有受其累者”[⑥]。转而用严刑峻法遏制官员玩法势头。

此后至乾隆五十年，清高宗处置暴露的河漕职务犯罪一直奉行铁手腕。乾隆五十年（1785），两江总督萨载、南河总督李奉翰没有控制好中河和洪泽湖水量，“中河已经挑浚，猫儿窝应建闸座，并不迅速赶办。以至山东所放之水，并无拦蓄，一泄无余，重运不敷浮送。又本年雨泽短缺，萨载等于上年前往洪湖查勘时，湖水已经渐弱，即应将清口东西两坝，渐加收束，豫为蓄水地步。若收束十丈，湖水即可得十丈之益，乃并未先事筹办，仍留二十丈之清口，听其散漫下注。至黄水倒灌入运，停沙淤阻，又并未将淤阻情形，据实具奏。直待降旨询问，知不能掩饰，始行陈明。实为因循贻误”。致使漕船过淮多处搁浅，盘剥耗费巨大且耽误了

① 《清高宗实录》卷14，第1册，中华书局1985年版，第395页上栏　乾隆元年三月丙申。
② 《清高宗实录》卷14，第1册，中华书局1985年版，第399页上栏　乾隆元年三月壬寅。
③ 《清高宗实录》卷115，第1册，中华书局1985年版，第422页下栏　乾隆元年三月。
④ 《清高宗实录》卷19，第1册，中华书局1985年版，第479页下栏　乾隆元年五月庚申。
⑤ 《清高宗实录》卷19，第1册，中华书局1985年版，第480页下栏　乾隆元年五月庚申。
⑥ 《清高宗实录》卷19，第1册，中华书局1985年版，第480页下栏　乾隆元年五月庚申。

漕船进京时间。高宗不顾二人皆自己先前器重之人，下旨“萨载、李奉翰竟无庸交部议处，著照从前内外大臣降职之例，俱降为三品顶戴，以示惩儆而观后效”。而且“将此通谕各省督抚一体凛遵，咸喻朕意。倘从而效尤，则萨载等即其前车之鉴也”①。高宗如此恩怨分明、信赏必罚，故能光大康乾盛世。

总之，康乾盛世各代君主反腐倡廉方式不一，较为有效地扼制了河漕官员的贪墨势头。但是，由于官场贪墨文化的根深蒂固，清朝前期没能从根本上杜绝河漕职务犯罪。

## 第三节　乾嘉之交放纵和珅铸大错

史学家一般认为清代吏治腐败大行于乾隆后期，这只是一个笼统的说法。准确地说，清代吏治腐败成不可控制之势，在清高宗掌权最后十来年，失误集中体现在于对和珅一人失察和放纵。

和珅虽在乾隆四十年“授户部侍郎，命为军机大臣，兼内务府大臣，骎骎向用。又兼步军统领，充崇文门税务监督，总理行营事务”②。但四十七年之前，一方面他熟悉高层政务需要时日，另一方面先后被派赴云南和山东按狱，一次远走甘肃督军，都耗去了很多时间。他专权纳贿在乾隆四十七年始露狐尾，“御史钱沣劾山东巡抚国泰、布政使于易简贪纵营私，命和珅偕都御史刘墉按鞫，沣从往。和珅阴袒国泰，即至，盘库，令抽视银数十封无缺，即起还行馆”③。自然出于同类相惜。

乾隆五十一年（1786），“御史曹锡宝劾和珅家奴刘全奢僭，造屋逾制。帝察其欲劾和珅，不敢明言，故以家人为由。命王大臣会同都察院传问锡宝，使直陈和珅私弊，卒不能指实。和珅亦预使刘全毁屋更造，察勘不得直，锡宝因获谴”。曹锡宝弹劾失败，原因在于其同乡吴省钦告密，使和珅有备，先事弥缝。这样，高宗一月后反而“授和珅文华殿大学士”，但也“诏以其管崇文门监督已阅八年，大学士不宜兼榷务，且锡宝劾其家人，未必不因此，遂罢其监督”④。但此时阿桂等重臣尚在，和珅弄权受到

---

① 《清高宗实录》卷1239，第16册，中华书局1986年版，第669页上栏下栏　乾隆五十年九月丙寅。

② 《清史稿》，第35册，中华书局1977年版，第10752页。

③ 《清史稿》，第35册，中华书局1977年版，第10753页。

④ 《清史稿》，第35册，中华书局1977年版，第10754页。

一定牵制。

和珅败坏朝政到肆无忌惮的地步，在乾隆、嘉庆之交。《清史稿》本传说和珅“阿桂卒，益无顾忌，于军机寄谕独署己衔”[①]。按《阿桂传》，阿桂看不惯和珅的专横跋扈和贪财喜货，与和珅面和心不和，对和珅常存戒备之心，嘉庆二年八月卒。阿桂死前与和珅争斗已处守势，“阿桂以勋臣为首辅，素不相能，被其梗轧。入直治事，不与同止直庐”。其他大臣备受和珅打压，“同列嵇璜年老，以谗数被斥责。王杰持正，恒与忤，亦不能制。朱珪旧为仁宗傅，在两广总督任，高宗欲召为大学士，和珅忌其进用，密取仁宗贺诗白高宗，指为市恩。高宗大怒，赖董诰谏免；寻以他事降珪安徽巡抚，屏不得内召。言官惟钱沣劾其党国泰得直，后论和珅与阿桂入直不同止直庐，奉命监察，以劳瘁死。曹锡宝、尹壮图皆获谴，无敢昌言其罪者。高宗虽遇事裁抑，和珅巧弥缝，不悛益恣”[②]。纵容和珅，使其养成势力、欺上压下，是清高宗晚年政治一大污点。

乾隆、嘉庆之交朝政日非。嘉庆四年（1799）洪亮吉上书言之甚详：（1）黑白混淆，是非颠倒：“自乾隆五十五年以后，权私蒙蔽，事事不得其平者，不知凡几矣。千百中无有一二能上达者，即能上达，未必即能见之施行也。如江南洋盗一案，参将杨天相有功骈戮，洋盗某漏网安居，皆由署总督苏凌阿昏愦糊涂，贪赃枉法，举世知其冤，而洋盗公然上岸无所顾忌，皆此一事酿成。况苏凌阿权相私人，朝廷必无所顾惜，而至今尚拥巨赀，厚自颐养。”[③]（2）官风不正，邪气上升：“盖人材至今日，销磨殆尽矣。以模棱为晓事，以软弱为良图，以钻营为取进之阶，以苟且为服官之计。由此道者，无不各得其所欲而去，衣钵相承，牢结而不可解。夫此模棱、软弱、钻营、苟且之人，国家无事，以之备班列可也；适有缓急，而欲望其奋身为国，不顾利害，不计夷险，不瞻徇情面，不顾惜身家，不可得也。”[④]（3）官员人格沉沦，寡廉少耻：“十余年来，有尚书、侍郎甘为宰相屈膝者矣；有大学士、七卿之长，且年长以倍，而求拜门生，求为私人者矣；有交宰相之僮隶，并乐与抗礼者矣。太学三馆，风气之所由出也。今则有昏夜乞怜，以求署祭酒者矣；有人前长跪，以求讲官者矣。翰林大考，国家所据以升黜词臣者也。今则有先走军机章京之门，求认师生，以探取御制诗韵者矣；行贿于门阑侍卫，以求传递代倩，藏卷而去，

① 《清史稿》，第35册，中华书局1977年版，第10755页。

② 《清史稿》，第35册，中华书局1977年版，第10755页。

③ 《清史稿》，第37册，中华书局1977年版，第11308页。

④ 《清史稿》，第37册，中华书局1977年版，第11309页。

制就而入者矣。及人人各得所欲，则居然自以为得计。夫大考如此，何以责乡、会试之怀挟替代？士大夫之行如此，何以责小民之夸诈夤缘？辇毂之下如此，何以责四海九州之营私舞弊？”① （4）无官不贪，无贿不衙。“出巡则有站规、有门包，常时则有节礼、生日礼，按年则又有帮费。升迁调补之私相馈谢者，尚未在此数也。以上诸项，无不取之于州县，州县则无不取之于民。钱粮漕米，前数年尚不过加倍，近则加倍不止。督、抚、藩、臬以及所属之道、府，无不明知故纵，否则门包、站规、节礼、生日礼、帮费无所出也。州县明言于人曰：‘我之所以加倍加数倍者，实层层衙门用度，日甚一日，年甚一年。’究之州县，亦恃督、抚、藩、臬、道、府之威势以取于民，上司得其半，州县之入己者亦半。初行尚有畏忌，至一年二年，则成为旧例，牢不可破矣。诉之督、抚、藩、臬、道、府，皆不问也。”② 揭露官场黑暗入木三分。这些皆可归咎于和珅招贿乱政、高宗放纵庇护，引动官场风气下滑的恶果。

和珅专权纳贿，把河漕吏治带入万劫不复的深渊。《清史稿》载：“和珅柄政久，善伺高宗意，因以弄窃作威福，不附己者，伺隙激上怒陷之；纳贿者则为周旋，或故缓其事，以俟上怒之霁。大僚恃为奥援，剥削其下以供所欲。盐政、河工素利薮，以征求无厌日益敝。”③ 盐政、河工的高官倚和珅为靠山，千方百计搜罗财富满足和珅欲壑，弄得河工、盐政日益疲敝。昭梿《啸亭杂录》卷7载：“乾隆中，自和相秉政后，河防日见疏懈。其任河帅者，皆出其私门，先以巨万纳其帑库，然后许之任视事，故皆利水患充斥，借以侵蚀国帑。而朝中诸贵要，无不视河帅为外府，至竭天下府库之力，尚不足充其用。”④ 出任河道总督前先以巨额财富进献和珅，然后借水患大发国难财。

清仁宗嘉庆五年（1800）有言：“河工积弊甚多，而办工人员侵渔贻误，已非一日。即如淮扬游击刘普、淮徐游击庄刚、睢南同知熊辉、丁忧睢南同知莫沄，素号四寇。又捐职淮徐道书潘果、郭聪有费仲尤浑之称。并闻刘普有花园一所，康基田往来河干，在内住宿。刘普又勾串潘果、郭聪从中通信，每事迎合，言听计从。副将田宏谟、守备张欣祖、朱治仁、师得运，以及同知熊辉、莫沄联结姻好，援引弟侄，偷减帑项。又刘普承

① 《清史稿》，第37册，中华书局1977年版，第11311页。

② 《清史稿》，第37册，中华书局1977年版，第11313—11314页。

③ 《清史稿》，第35册，中华书局1977年版，第10755页。

④ （清）昭梿：《啸亭杂录》（清代史料笔记丛刊），何英芳点校，中华书局1980年版，第214—215页。

办邵工引河，徒费帑银，不能宣畅。再前此埽料延烧，夫役人等，因平日抱怨，不肯力救，以致火势蔓延，功败垂成。至向来承办河工，淮徐道专司出纳，乃一切钱粮购料，不令厅员领办，悉交守备、千把、旗牌、效用等经理。该备弁得以肆意侵蚀，致外间有‘食料著綠，吃草齦土’之谚。同知熊辉、莫沄，捐职道书潘果、郭聪家财丰厚，皆系积年侵冒工帑所致。……又闻淮徐道田自福柔懦无能，河库道叶雯声名狼藉。”① 真乃河漕官场百丑图之活绘，为上段两则史料提供了鲜活的注脚。

清仁宗亲政后，虽然赐死和珅但未能清除和珅余党、消除和珅纳贿乱政带来的恶劣影响、根本扭转乾隆末年贪墨之风蔓延的趋势，则是清代政治的更大悲剧。“上既诛和珅，宣谕廷臣：‘凡为和珅荐举及奔走其门者，悉不深究，勉其悛改，咸与自新。’有言和珅家产尚有隐匿者，亦斥不问。”仅仅拨乱反正了和珅几处胡作非为：“和珅在位时，令奏事者具副本送军机处；呈进方物，必先关白，擅自准驳，遇不全纳者悉入私家。步军统领巡捕营在和珅私宅供役者千余人，又令各部以年老平庸之员保送御史。至是，悉革其弊。吏、户两部成例为和珅所变更者，诸臣奏请次第修正。”② 很明显，这不足重振吏治清风。

洪亮吉论嘉庆四年朝政说：“今天子求治之心急矣，天下望治之心孔迫矣，而机局未转者，推原其故，盖有数端。亮吉以为励精图治，当一法祖宗初政之勤，而尚未尽法也。用人行政，当一改权臣当国之时，而尚未尽改也。风俗则日趋卑下，赏罚则仍不严明，言路则似通而未通，吏治则欲肃而未肃。”③ 说的就是一些追随和珅恶贯满盈的人不仅逍遥法外，而且正在被起用。清仁宗“明发谕旨数和珅之罪，并一一指其私人，天下快心。乃未几而又起吴省兰矣，召见之时，又闻其为吴省钦辨冤矣。夫二吴之为和珅私人，与之交通货贿，人人所知。故曹锡宝之纠和珅家人刘全也，以同乡素好，先以摺稿示二吴，二吴即袖其稿走权门，藉为进身之地。今二吴可雪，不几与褒赠曹锡宝之明旨相戾乎？夫吴省钦之倾险，秉文衡，尹京兆，无不声名狼藉，则革职不足蔽辜矣。吴省兰先为珅教习师，后反称和珅为老师，大考则第一矣，视学典试不绝矣，非和珅之力而谁力乎？则降官亦不足蔽辜矣”④。赐死和珅风头一过，和党人物就死灰复

---

① 《清仁宗实录》卷65，第1册，中华书局1986年版，第867—868页下栏上栏 嘉庆五年闰四月乙卯。

② 《清史稿》，第35册，中华书局1977年版，第10757页。

③ 《清史稿》，第37册，中华书局1977年版，第11307—11308页。

④ 《清史稿》，第37册，中华书局1977年版，第11310页。

燃，清仁宗难逃其责。

由此看来，清仁宗基本上是个昏君。他一生只做了一件正大刚强之事，那就是逮和珅入狱并赐死之。

## 第四节 嘉庆朝河漕贪墨野马脱缰

清仁宗反腐倡廉严重缺乏刚强正大之气，深恶痛绝河漕贪墨之风却心慈手软，对贪墨之人一再退让。

清仁宗有心振作，却无力回天，眼睁睁看着河漕无官不贪把王朝推向颓败。嘉庆四年（1799）正月，清高宗死，同月赐死和珅。清仁宗面对败坏至极的河务和漕运烂摊子，很想整顿振作一番，但天生一副老好人心肠，缺乏坚硬心肠和狠辣手腕。

宜兴上奏革除漕弊事宜，称“向来民户完粮，原不免有升合之浮以备折耗，后则日渐加增，竟有每石加至七八斗者，民户因浮加日甚，米色即不肯挑选纯洁。又恐官吏挑拨，开征之初躲避不纳，一俟兑运在迩，则蜂拥交仓。且有刁生劣监广为包揽，官吏因有浮收被其挟制，不能不通融收纳。迨核计所收之米已敷兑运，即以廒满为词，藉收折色，分肥入己。而帮弁旗丁因见米色不纯，遂尔藉端需索。从前每船一只不过帮贴一二十两，后则加至一百数十两及二百余两。稍不满欲，即百计刁难，不肯开兑。及帮费既足，间有丑杂之米，亦一概斛收”①。描述漕运之弊可谓淋漓尽致。清仁宗接奏，认为宜兴并没把事情说透，“所指情弊，尚有不止于此者”。根据自己先前所闻，进一步揭露贪官恶劣真相。其一以廒满为借口改收折色，“往往于开征时，先将低潮米石，搬贮仓廒，名为铺仓，以便藉词廒满”。其二粮户缴纳漕粮靠后，“皆由官吏多方勒措，有意刁难，以致民户守候需时，不得不听从出费”。补充了宜兴所奏不全面之处。指出官吏和运丁都以粮农为各种开销来源，且“以为贿赂权要、逢迎上司之用。甚至幕友、长随藉此肥橐，而运弁以挑剔米色为词，刁难勒措。及催漕运弁，沿途俱有需索。而抵通后，仓场衙门又向弁丁等勒取使费，层层剥削。锱铢皆取于民，最为漕务之害”②。清仁宗对问题看得不能说不透，

① 《清仁宗实录》卷49，第1册，中华书局1986年版，第604—605页下栏 嘉庆四年七月丙子。

② 《清仁宗实录》卷49，第1册，中华书局1986年版，第605页上栏下栏 嘉庆四年七月丙子。

但他实在不知道如何拨乱反正，也就只能听之任之。

嘉庆四年（1799）十二月，总漕陈大文奏山东省漕帮旗丁经费陋规："内开该帮漕船三十九只，得过各州县帮贴陋规银五千余两。而用项内，如通州坐粮厅验米费银四百两；仓场衙门科房、漕房等费，自八十两至二十余两不等；又本帮领运千总使费银七百两，及本卫守备年规四百十二两，生节规十六两；其总漕、巡漕及粮道各衙门皆有陋规，下至班头、军牢、轿马自数两至数十两者不一而足。"① 清仁宗鉴于旗丁经费陋规"总缘历任总漕、仓场侍郎及坐粮厅并各省粮道、运弁等陋例相沿，任情收取，以致积弊困民"所致，还是"姑念人数过多，事属已往，免其深究"的好。"自此次清厘之后，凡有漕省份督抚及漕运总督、仓场侍郎等，务当实力稽查，督率办理。如敢仍蹈前辙，准该旗丁据实控告。必当按律计赃论罪，决不宽贷。"② 对查出问题并不做任何处置，只提出善意的警告，只会被人当作耳旁风。嘉庆五年正月仅"将向例应给州县银米钱文改拨旗丁，并将旗丁应得行月米石改给折色，及应领运费令粮道放给，以杜克扣等弊"③。对旗丁供应方式和渠道做了些调整。

嘉庆四年（1799）十一月，前漕运总督富纲收受下属贿赂事发，"各备弁于禀见时，富纲亦曾露用度不敷之语。是以各措银一二百两至三百余两不等，俱交支秀发转交富纲管门家人刘姓接收……于江浙两省备弁内所得馈送已不下万两"④。高官无耻地向下属广索贿赂，影响恶劣，证据确凿。清仁宗虽然将富纲收监候决，但于有官皆贪的河漕衙门打击面过小。

尽管如此，嘉庆四年、五年清仁宗对漕运贪墨的不到位的整治仍取得一定效果。嘉庆五年（1800）三月，仁宗谕大臣有言："现在各帮粮船衔尾北上。朕派人密访，沿途并无需索旗丁费用之处。及抵通时，仓场侍郎俱各亲身实力稽查，吏胥等不敢稍有勒掯。且闻其米色俱好，行走顺利。"⑤ 七年，清仁宗追述往事说，"向来江浙等省漕务，积弊已久。经朕节次降旨，整顿清厘。嘉庆四、五两年，有漕各州县于征收粮石，虽不能

① 《清仁宗实录》卷56，第1册，中华书局1986年版，第732—733页下栏上栏　嘉庆四年十二月丙申。

② 《清仁宗实录》卷56，第1册，中华书局1986年版，第733页上栏下栏　嘉庆四年十二月丙申。

③ 《清仁宗实录》卷57，第1册，中华书局1986年版，第747页下栏　嘉庆五年正月丁巳。

④ 《清仁宗实录》卷55，第1册，中华书局1986年版，第715页下栏　嘉庆四年十一月己卯。

⑤ 《清仁宗实录》卷62，第1册，中华书局1986年版，第829页上栏　嘉庆五年三月乙亥。

颗粒无浮。而从前加四、加五、加倍之弊，均已革除。"[1] 但是，这种好转只是暂时的。风头一过，河漕贪墨即告反弹。

嘉庆六年（1801），江苏漕粮征收又擅自恢复陋规。仁宗于次年三月才有所发现，"近闻江苏去年征收新漕，苏州府知府任兆炯藉弥补亏空为名，于岳起、王汝璧前极言清漕难办，怂恿仍复陋规。岳起等初以为不可行，后竟受其簧惑，将苏、松等四府全漕尽委任兆炯督办，听其更张，照旧加收，殊堪骇异"[2]。他十分气愤，"漕务系粮道专责，该抚自应交该粮道督率经理，若该道李奕畴不能胜任，即应奏明更换。何以将四府全漕，专委于向日声名平常之任兆炯一人督办。且该督等既以任兆炯请复陋规为不可行，何以不即参奏，转复扶同徇隐，以致该州县等竟敢公然仍复陋规，毫无忌惮"。岳起默许任兆炯倒行逆施，导致江苏漕运大滑坡，"劣监刁生，藉此挟制取利，故智复萌。旗丁等见地方官加收粮石，亦欲多索兑费，任意勒措，百弊丛生。两年以来剔除漕弊、恤丁惠民之事，竟废于一日"[3]。岳起时任江苏巡抚，居然屈从贪墨下属建议，听任其恢复漕运陋规。今人也会质问清仁宗，你既然认识到岳起等人严重渎职，为何不严惩他们？

如此乱纪大案，罪官居然没有最终受到严惩。仁宗指定三人查办此案，其中居然有岳起本人。查办结果由铁保回奏，"查有松江府属奉贤等县收兑漕粮，较前年格外加增，外间实有议论"。此事若由乾隆皇帝处置，必然再派钦差前往连同铁保一起彻查，但清仁宗无此魄力，他一见此奏便乱了方寸，没敢追究铁保大事化小之罪，却生怕自己所得消息也是来自外间议论，赶紧草草收场，"现既查出松属奉贤等县实系格外加收，自应彻底根究。著交费淳、岳起严讯确情，按例惩办，不得稍涉回护徇纵。知府任兆炯著即解任质审，闻该员现已俸满赴京，即令该部押回，交费淳、岳起提集案内人证，秉公严鞫，治以应得之罪"[4]。清仁宗居然让此案主要责任人岳起参与查案，居然不敢揭穿铁保的有意袒护。当然案件只能雷声大雨点小地只处理任兆炯一人了。

嘉庆十二年（1807），治河通漕国家意志疲软到了执法者怕得罪犯官

---

① 《清仁宗实录》卷95，第2册，中华书局1986年版，第271页下栏　嘉庆七年三月辛巳。

② 《清仁宗实录》卷95，第2册，中华书局1986年版，第271—272页下栏　嘉庆七年三月辛巳。

③ 《清仁宗实录》卷95，第2册，中华书局1986年版，第272页上栏　嘉庆七年三月辛巳。

④ 《清仁宗实录》卷997，第2册，中华书局1986年版，第286页上栏　嘉庆七年三月戊戌。

而不怕得罪皇帝的地步。七月，东河总河严烺上奏："沿河大小官员催趱挽运，其家丁书役人等，向帮船索取使费，以致各帮皆有走差之人，沿途包揽，科敛分肥，大为旗丁之累。"但没有陈明何处衙门、官员何人、何帮之人授受使费。清仁宗只得下旨追问："究竟严烺意中知有何人纵容家人得受使费及滋事作弊之处，即著伊查指名参奏，候朕办理。"[①] 之所以出现这种情况，显然是严烺素知皇帝老好人心性，指名道姓参奏也不一定能严惩，怕得罪犯官。

同年"总漕衙门积年未结控案，有三百余起之多"。清仁宗不追究总漕责任，反而为其开脱，"但漕务案件与地方不同，漕运总督及各粮道卫弁，每年押运往来，在署之日无多。而旗丁南北转输，原、被人证不能勒限传齐质讯，亦属实在情形。且吉纶任漕督数年，办事尚属认真，非任意延搁不行清理。所有漕务积案各官员处分，均著加恩宽免。其未结各案，经此次分析查明，著即交萨彬图分饬各粮道府州上紧清厘，或随地查办，或示期集讯。务令积牍渐清，以息讼风而裨漕政"[②]。如此懦弱无识，专门为渎职者开脱，以后谁还肯尽责。

嘉庆十四年（1809），漕运弊端多发。其先萨彬图奏清口"黄水倒灌，高于清水二尺八九寸。粮艘上闸，两边俱无纤路，仅仗划船绞关，步步徐进，以致前停后拥"[③]。总河失职如此，清口连纤路都没有，需要皇帝提醒抢修纤路，可见仁宗朝国家意志疲软。继而发现京通仓场贪墨不堪，漕船"抵坝贮仓以后，该仓场侍郎以及监督等官，均不知慎重职守。历任相沿，因循废弛，怠忽疲玩。遂至搀和抵窃，百弊丛生"[④]。同时，北仓米潮湿蒸变案曝光，仁宗将仓场侍郎达庆、蒋予蒲降革赔补，并派人清理仓储，又"查出亏缺数目。其从前短收、浮出、重领、偷窃等弊，均由此破案。历任仓场侍郎总司积贮，毫无整顿，咎无可辞。其中虽间有一二素称明察留心防范者，亦总未能查出积弊，及早剔除，亦不过虚有其名，毫无实迹"。仓场贪墨渎职牵涉嘉庆三年以来任职者，"除宜兴、傅森、刘秉恬均已病故，达庆、蒋予蒲先已黜革惩治外，邹炳泰、赓音托津在任较久，著交部

① 《清仁宗实录》卷183，第3册，中华书局1986年版，第403页上栏下栏　嘉庆十二年七月壬寅。

② 《清仁宗实录》卷184，第3册，中华书局1986年版，第425—426页下栏上栏　嘉庆十二年八月甲申。

③ 《清仁宗实录》卷208，第3册，中华书局1986年版，第785页上栏　嘉庆十四年三月壬戌。

④ 《清仁宗实录》卷213，第3册，中华书局1986年版，第857页下栏　嘉庆十四年六月乙未。

严加议处。萨彬图、德文、吴璥、李钧简任内均有黑档重领米石之事，失察较重，亦俱著交部严加议处”①。可惜为时太晚。

嘉庆十四年末，仁宗发现漕运积弊正在上下浸染、左右蔓延，陷入连锁反应、恶性循环泥潭。“近年漕务积弊，总由弊源不清，相习成风。而各该督抚于厘奸剔弊之要，又未能实力奉行、妥为经理。如水次交兑之时，米色稍有搀杂，即应责令监兑之员立时驳回；若俟到淮盘验，由总漕查参驳换，必致趱运稽迟，且易启州县旗丁互相推诿狡赖情弊。至旗丁应领各费，傥该管粮道任令书役家人需索克扣，该丁等不得支领实数，必致经费不敷、多形竭蹶。其各州县应领养廉，原为办公而设，若概行勒派摊捐，伊等必藉口用度无资，上侵国帑，下朘民膏。种种弊端，由此而起。而刁生劣监以及地方土棍豪民，亦遂得乘机挟制、渔利包漕。辗转相因，竟成锢习。”② 既上行下效，又彼此传染，“总由粮道之克扣于先，弁员之需索于后。至提溜打闸等项，未尝不稍有所费。……旗丁等花费既多，复隐有自肥之计，一遇交兑之际，藉端讹索，毫无忌惮，甚且沿途盗卖米石。而州县官既为旗丁所苦，复藉旗丁为名，当征收之时多方浮折”③。他感到积重难返，处处棘手，整治无处下手。

嘉庆末年，治河通漕每况愈下，已有末世之象。尽管清仁宗对河漕职务犯罪的惩治力度有所加重，仍然无法遏制势头。表现在：

第一，皇帝姑息养奸，官员不知悔改，屡惩屡犯。“李亨特前在河东总河任内，因事获谴，发往伊犁。经朕弃瑕录用，命往南河效力，于承办荷花塘漫工执持谬见，以致坝身已堵复蛰。仅予薄惩，发往热河。嗣复洊擢河东总河……乃于微山湖潴蓄事宜，不能先期筹办，任其日就淤浅。”部议发其往新疆，仁宗“著先在部枷号半年，再发往黑龙江效力赎罪”④。既有今日，何必当初？

第二，军运机制有崩溃之势。嘉庆二十年（1815），发现“浙江漕船二十一帮，运丁债累至五六十万两。有绍兴各酒商藉装带土宜为名，坐放帮帐，有南帐北帐之号，其利皆在四分以上。如孙汝坚、钟师山、阮绍

① 《清仁宗实录》卷213，第3册，中华书局1986年版，第857—858页下栏　嘉庆十四年六月乙未。

② 《清仁宗实录》卷220，第3册，中华书局1986年版，第967页上栏下栏　嘉庆十四年十一月庚申。

③ 《清仁宗实录》卷222，第3册，中华书局1986年版，第994页上栏　嘉庆十四年十二月乙未。

④ 《清仁宗实录》卷289，第4册，中华书局1986年版，第951页上栏下栏　嘉庆十九年四月庚午。

丰、钟仲鲠等酒号各坐放帮银，近来各丁疲乏不能清还，该酒商等即令帮丁禀请应领公款银两，并串通粮道书吏周履泰，将银扣抵私账。如台州前帮，于十三年欠孙汝坚尾利银两，将十三、四、五等年津租银扣抵，利上加利，在八分以上”①。运军在商贾高利贷盘剥之下，已无生路。

第三，河漕官员冒滥，成为不堪之负。由于河漕两系油水大，贪官污吏纷纷挤进来。二十二年，仁宗发现：“近来河漕保举出力人员本属过多，并有捐升降革两项人员。既非现在河工，亦一体保列奏留本省及捐复原官，实为冒滥。至地方人员，与河工本各有职守，此时河工人员尽敷差委，又何庸于地方人员内纷纷拨用？不过为该员等补缺升迁地步，亦属取巧。”② 钻进河漕队伍的贪官污吏越来越多，河道和漕运成为藏污纳垢之地。

第四，旗丁鱼肉州县愈演愈烈。二十四年，“江苏太仓后等帮运丁，在昆山县需索帮费，每船洋银九百余圆至一千余圆之多。苏州后等帮运丁，在新阳县需索帮费，每船洋银六百余圆至一千余圆之多。仍称未满其欲，将通关米结掯勒留难，实属任意索诈，毫无忌惮。该运弁等不行禁止，转将米结交丁赴县喧闹。显系通同一气，上下分肥”③。仓场视运军为鱼肉，运军将之转嫁到州县，州县将运军敲诈转嫁到粮农身上，恶性循环堪忧。

## 第五节　道光朝河漕贪墨甚嚣尘上

道光朝近30年，治河通漕职务犯罪进一步失控。道光七年（1827）四月，琦善上报漕船入黄情况，有“水势现尚深通，足资浮送”等语，宣宗意识到“惟黄水消长情形未据奏及，想来仍未落低，转瞬大汛经临，水势有长无消，不特在后江、广帮船趱渡费力，而南北两岸堤工在吃重。……是下壅上溃之弊，不可不早为虑及”④。这种预测河漕趋势的能力，超过其父不少。但治河通漕面临的自然和吏治条件，较嘉庆朝下滑

① 《清仁宗实录》卷302，第5册，中华书局1986年版，第13—14页下栏　嘉庆二十年正月庚戌。

② 《清仁宗实录》卷327，第5册，中华书局1986年版，第309页下栏　嘉庆二十二年二月乙卯。

③ 《清仁宗实录》卷358，第5册，中华书局1986年版，第730页上栏　嘉庆二十四年五月壬午。

④ 《清宣宗实录》卷116，第2册，中华书局1986年版，第949页下栏　道光七年四月甲寅。

许多。

道光八年（1828）十二月，张井上奏湖河水势情形："查外南厅顺黄坝志桩及高堰志桩，较量水面，黄高于清约有一尺余寸。如向后再消尺余，即当相机启放御坝，然亦仅能通漕、不足刷黄。以清水必高于黄水三数尺，又必启坝时多，闭坝时少，乃能畅出涤刷。从前乾隆年间湖高于河，自七八尺及丈余不等。一交夏令，拆展御坝至一百数十丈，故能泄清刷淤；秋冬始收蓄湖潴济运。后因河底渐垫，至嘉庆年间改御坝为夏闭秋启，已与旧制相反。虽亦时启御坝，而黄水偶涨，即行倒灌。今又积垫丈余，纵遇清水能出。亦止高于黄水数寸及尺余，且或暂开即堵，仅能免于倒灌，不误漕运。殊未能收刷涤之效。"[①] 这就是清宣宗面临的迥异于父祖辈日益恶劣的黄、淮、运三河条件。但更要命的是吏治滑坡。

首先，道光朝河漕两系官员更为贪墨、昏庸。道光年间，河工开销越来越大，河工官员越来越阔绰，而河工质量却越来越差；粮农负担越来越重，而运进国家粮仓里的粮食越来越少。道光八年（1828）十月，清宣宗谕内阁："近年例拨岁修、抢修银两外，复有另案工程名目。自道光元年以来，每年约共需银五六百万余两。昨南河请拨修堤建坝等项工需一百二十九万两，又系另案外所添之另案。而前此高堰石工，以及黄河挑工耗费，又不下一千余万之多。"[②] 康乾盛世治河费用只有大修、岁修；嘉庆年间在大修、岁修费帑日见增长的同时，增加了另案一项；道光年间在大修、岁修和另案日见其长的同时，又增加了另案中的专案。究其原因，是河道官员忍心发国难财，"向来河工积弊，厅汛员弁，总利于办工。即如黄河坐湾迎溜之处，时而镶做埽段，固有不得不然之势。然其间有不应镶而妄施工段者，尚不知其凡几。总不过为开销钱粮地步，甚至溜随埽斜，对岸生险，险生而工费迄无已时。迨至失事，则又指为无工处所，冀图影射规避。纵有应行赔修工段，亦衹先以帑项兴办，赔项终无缴期"[③]。贪得无厌、倒行逆施而又不以为非。

更为严峻的是，河道高官视皇帝的警告为耳旁风，敢于欺君。道光八年（1828）十月，宣宗要求河道总督每年上报治河决算杜绝偷减虚冒之

① 《清宣宗实录》卷148，第3册，中华书局1986年版，第264—265页下栏　道光八年十二月庚午。

② 《清宣宗实录》卷145，第3册，中华书局1986年版，第226—227页下栏上栏　道光七年四月甲寅。

③ 《清宣宗实录》卷145，第3册，中华书局1986年版，第227页上栏　道光八年十月己未。

弊。道光九年（1829），南河总督张井公然奏报七年另案工程，“银数比较单内，共用银二百九十七万三千二百二十九两零。内称专案办理各工，用银六十五万二千三百四十五两零，均非常年所有之工，不入比较”。清宣宗指出这种在另案中复添专案的做法是巧立名目开销钱粮：“南河道光六、七两年，增培堰盱大堤，用银一百四十八万五千八百余两，该河督奏内并未声明；堰盱缺口善后，系奏明增培，或难统归比较。其余均系常年另案工程，该河督何得于此内复行剔出银六十五万二千三百余两，以为专案办理。非常年所有为词，殊非核实办公之道。国家经费有常，自宜加意撙节。若每年比较悬殊，于另案之外复添专案名目，岂非为开销地步。”[①] 让人不解的是，清宣宗虽然看破张井心肠，并没有严惩张井。

其次，河道官员渎职渐多渐重，让皇帝日渐心灰意冷。清宣宗继位之初，对治河通漕充满信心。后来随着时间推移，心头渐渐笼罩失望。“当今外任官员，清慎自矢者固有其人，而官官相护之恶习牢不可拔。此皆系自顾身家之辈，因循苟且，尸禄保身，甚属可恶。”这是道光十一年，清宣宗对出任河东河道总督林则徐说的，可以看出他对河道官员相当失望。当时他对林则徐的希望是：“一切勉力为之，务除河工积习，统归诚实。方合任用尽职之道。朕有厚望于汝也。慎勉毋忽。”[②] 4年后，栗毓美新授河东河道总督，清宣宗仅仅要求他“诸凡实力为之。河工积习，若能一丝不染，方为不负委任。勉益加勉”[③]。要求降低，足见其对河道官员更加失望。

清宣宗的失望不是空穴来风。以河东河道衙门为例，主官吴邦庆年老昏庸，手下网罗一批不经事纨绔子弟，既人浮于事又无人做事，只是一味捞钱自肥。道光十五年（1835）宣宗发现“东河河道总督吴邦庆年老重听，保举冒滥，钱粮撙节数目与原奏不符”，怀疑其属下有劣迹，降旨桂良、钟祥查访明白。桂良查访后回奏，此前河南境内黄河治理费用多在百万两以内，而“吴邦庆任内，十二、十三、十四等年报销，均在一百十万两以外。较之十年以前，有多无少，未见撙节。其十四年安澜折内，所称约可省银三十余万两。查核原奏，系连是年节省埽工碎石及上年节省碎石，并下年缓办碎石并计在内，本属勉强凑集”。而其手下属员又皆纨绔

① 《清宣宗实录》卷159，第3册，中华书局1986年版，第455页上栏下栏　道光九年八月丁丑。

② 《清宣宗实录》卷201，第3册，中华书局1986年版，第1164页上栏　道光十一年十一月丁丑。

③ 《清宣宗实录》卷267，第5册，中华书局1986年版，第98页下栏　道光十五年六月甲午。

子弟，“沈镛系河北道幕友沈亦周之子，龚国良系下北河同知上年保举道府龚庆祥之子，罗杰系在京开张广泰银号罗屿之子。各该员等，虽查无在外招摇劣迹及包揽一切确据。惟多系年少未经历练，并非河工必不可少之人。该河督率行保举改拨，实属冒滥”①。吏治败坏可见一斑。

道光后期，清宣宗不得不对渎职和贪墨总河施以重办，先后有两个总河被枷号河岸。道光二十一年（1841）六月，河东河道所属之下南厅祥符上汛三十一堡堤顶漫塌，后来演变成夺溜大决。宣宗接报，当即决策“文冲著即革职，暂留河东河道总督之任，戴罪图功。即著督饬道厅营汛各员，赶集料物，设法抢办。傥能迅速蒇功，其咎尚可稍从末减。若再玩延贻误，定当重治其罪决不宽贷”②。至八月，文冲未像宣宗期望的那样戴罪立功，“乃迁延日久，并不赶紧抢堵，致大溜全行掣动。下游州县，多被漫淹；糜帑殃民，厥咎甚重”。宣宗只得“即将文冲枷号河干，以示惩儆”③。这仍然是重罪轻罚，若在雍正、乾隆朝是要砍头的。

二十三年六月，河南境内沁黄并涨，苏北中河厅九堡堤顶过水，夺溜南趋。堤顶过水，说明岁修不到位；酿成夺溜，说明抢险不力。七月乙巳“口门塌宽一百余丈”④ 十多天后七月丁巳“中河口门，既已刷宽二百余丈”⑤。闰七月乙亥，“口门宽至三百余丈。现据约略估计，需银六百万两”⑥。可见当时黄河抢险机制疲软。七月乙酉，清宣宗下旨，“慧成身任河道总督，河务是其专责，乃并不先事豫防，致有漫口。前已降旨革职暂行留任。现在口门塌宽至三百六十余丈，下游州县较之上次祥符漫口，情形更为宽广。糜帑殃民，厥咎甚重，著即革任。交敬征等传旨，即将慧成枷号河干，以示惩儆”⑦。没有杀头，仍然失之过轻。

---

① 《清宣宗实录》卷265，第5册，中华书局1986年版，第66页上栏下栏　道光十五年四月乙巳。

② 《清宣宗实录》卷353，第6册，中华书局1986年版，第379页下栏　道光二十一年六月辛亥。

③ 《清宣宗实录》卷355，第6册，中华书局1986年版，第413页上栏下栏　道光二十一年八月壬辰。

④ 《清宣宗实录》卷394，第6册，中华书局1986年版，第1059页下栏　道光二十三年七月乙巳。

⑤ 《清宣宗实录》卷394，第6册，中华书局1986年版，第1066页下栏　道光二十三年七月丁巳。

⑥ 《清宣宗实录》卷395，第6册，中华书局1986年版，第1079页上栏　道光二十三年七月乙亥。

⑦ 《清宣宗实录》卷395，第6册，中华书局1986年版，第1086页上栏　道光二十三年七月乙酉。

最后，河漕基层违法乱纪越来越重。总河、总漕贪墨或颟顸，都可能诱发河漕吏役违法乱纪。这叫上行下效，兴你贪墨，就兴我乱纪。河漕基层违法乱纪，表现在水手、旗丁、吏胥、劣衿和押运五个层面。

水手违法。道光三年（1823）十一月，清宣宗谕军机大臣有言："水手强暴之习，亦不可更令滋长。粮船水手恃众滋事，原属大干例禁，如姚文田所奏，伊在江苏学政任内，屡见淮、徐诸属粮船行走凌虐民船之案，不一而足。"[①] 可见水手违法十分普遍。道光中期出现水手结帮施暴趋势，"粮船水手，向有老官教名目，在途恃众行凶。遇有同帮水手一言不合，辄即自相仇杀。近日山东东昌府境内庐州帮水手聚众械斗一案，致毙数十余命之多。且粮船所过地方，时有折体断肢，飘流水面，皆由水手戕害所致。地方官因无尸亲报案，无凭追究，置之不问"[②]。让人触目惊心。

旗丁违法乱纪。道光十三年（1833），给事中金应麟上《漕船讹诈滞运累商》奏报："江浙内河一带长亘七百余里。每年漕船归次之后，凡商民船只经过，小则讹诈钱文，大则肆行抢夺。"其抢劫、讹诈手段，一是"将漕船横截河中，往来船只非给钱不能放行，名曰买渡钱"。二是"择河道浅窄之处，两船直长并泊，使南北船只俱不能行，必积至千百号之多，阻滞至三四日之久。有沿河地棍，名曰河快，向各船科敛钱文，给付漕船，令其抽单分泊，以便各船行走，名曰排帮钱"。三是"迨至受兑开行，又另以捉船驳米为名。如遇重载商船，该水手用粮米一斗倾入舱内，非给费不能前行，否则加以抢粮名目，人船并锁，藉称送官究治，即可得钱；设遇无货船只，即留为分载私货之用，直须送至清江交卸，始得放回"。四是"豫结数人，故与商船寻衅。不法水手，从旁抢夺。船户稍为理论，即掷弃水中，毫无顾忌"。如此公行不法，而"商民以州县不肯查拏，未敢上控。州县以兑米畏其挑斥，置若罔闻"。旗丁犯罪之处，主要集中在"嘉兴府东门外之宣公桥，苏州府胥门外之虎衖，浒墅关之市河，常州府之东西两埠，镇江府丹阳县之市河，丹徒县之月河闸、猪婆滩、都天庙、大闸口等处，最为受累地方"。几乎遍布江南运河热闹地方。"所讹钱文，每帮均有总头收掌。除汇总分派各船之外，领运员弁之家丁差役人等，多

① 《清宣宗实录》卷61，第1册，中华书局1986年版，第1080页上栏下栏 道光三年十一月壬辰。

② 《清宣宗实录》卷259，第4册，中华书局1986年版，第953页上栏下栏 道光十四年十月戊午。

有分肥。”① 骇人听闻。

旗丁帮费索求无厌。道光七年（1827）御史钱仪吉奏称：“江南办漕州县津贴旗丁运费，前经该督议定数目，每船二百两至四百两不等。旗丁并未遵依，转更多索。州县以浮收在前，受其挟制，十数年来逐渐增加，向日每船间有多至七八百两者，今则各船多至千两。”如此下去，层层转嫁，会使粮农陷入绝境。“江苏漕务积弊，较他省为尤甚。在各旗丁则藉口于长途之繁费，在州县则藉口于帮丁之需索，而刁绅劣衿因得持其短长，有所挟制。惟安分士子，良懦乡民，则任其苦累而不之恤，尚复成何政体。”② 仓场和闸坝勒索迫使旗丁向州县索取帮费，州县为应付帮费必然加重浮收，州县浮收又会促生刁绅劣衿借以挟制州县，以售其奸。官员贪墨引发连锁反应，连皇帝都忧心忡忡。

吏胥乱纪。道光二十三年（1843），署漕运总督李湘棻查获书吏刘肇兴，私雕总督关防冒领帑银，“讯明刘肇兴令已故堂叔刘慎斋，私雕总督关防，冒支寄贮府库闸坝余剩经费银至八百七十五两之多”③。私刻关防，伪造文书，冒领公项，吏胥胆大妄为到了如此程度。道光二十七年（1847），“湖北三帮漕船，例外多带木植，已属违例。乃该省押运千总坐船两旁，亦各跨带木植，何以禁帮丁包揽之弊”。④ 押运千总带头多带木料，执法犯法，属下违法有恃无恐。

包漕劣衿添食忙规。道光七年（1827）六月，御史蒋泰阶奏《请严禁包漕劣衿添食忙规》。反映“江苏省漕务之弊由于浮收，而不肖生监等藉此挟制分肥，近来更甚于前。漕规之外，又添忙规名目。……视为成例。首先瓜分，自番银一二百圆至二三十圆，以人之等差，为数之多寡。一县不下百数十人，需银三四千两不等。再阅数年，人既日众，数亦愈多”⑤。漕规，即缴纳漕粮享特权的秀才举人和地方绅士代人纳漕所得好处。忙规，州县为安抚这些包漕者而给的好处。漕规和忙规负担最终都转嫁于粮

---

① 《清宣宗实录》卷247，第4册，中华书局1986年版，第726—727页下栏上栏　道光十三年十二月甲子。

② 《清宣宗实录》卷119，第2册，中华书局1986年版，第1022页上栏　道光七年六月丙申。

③ 《清宣宗实录》卷388，第6册，中华书局1986年版，第974页上栏　道光二十三年正月庚申。

④ 《清宣宗实录》卷447，第7册，中华书局1986年版，第607页下栏　道光二十七年九月庚寅。

⑤ 《清宣宗实录》卷120，第2册，中华书局1986年版，第1022页上栏　道光七年六月丙申。

农身上。

道光末年，包漕者身份更为复杂。侍读学士董瀛山条奏漕粮积弊，列举“浙江湖州有包漕之职员杨炳照，与已革库书耿七，皆乌程县人。嘉兴有刘姓行二之武生，与监生陈姓等，均每岁包揽纳粮，挟制官吏。乌程之郑敬堂，长兴之严朝宗，德清之房羲桐，归安之韦应天、王辅臣等，俱系库房官人，每岁聚敛民钱，办灾办歉，致减漕额。又有曾经前任御史高枚奏请惩创之台州前帮旗丁姚理、姚升五、姚观五父子把持漕务，现在本帮克扣钱粮，苦累众丁”①。包漕有利可图，所有能包漕的都包起来了，其中不少是没有功名的吏役。

押运官吏众多，加重漕粮运输成本；上行下效，运丁成了人可拔毛的过雁。道光十七年（1837）御史陶士霖反映，“漕船沿途有总押、分押，及漕委、督委、抚委、河委等官陋规馈送，以及行河有量水之费，湖口有放水之费；淮上盘粮，有兵胥比对之费；通州卸米，有经纪验收之费。又过坝过闸，在在需索。奸徒放帐，被诱百端”。而最终所有开销都加在粮农身上，“该帮丁等无计补累，势必满揽客货，致误程期。甚且挟制州县，勒增兑费。该地方官因而苛取病民，任意朘削。种种弊窦，实为漕务之害”②。时至道光，职务犯罪已把清代河漕作践得气息奄奄，名虽存而实已亡，于封建社会末世坚持漕运，有登天之难。

---

① 《清宣宗实录》卷460，第7册，中华书局1986年版，第808页上栏　道光二十八年十月壬子。

② 《清宣宗实录》卷302，第5册，中华书局1986年版，第715页上栏下栏　道光十七年十月壬申。

# 第五十二章　清代非漕粮海运

## 第一节　康雍年间非漕粮海运

康熙中期，北方经过先前四五十年休养生息，环渤海地区农业经济有很大发展，沿海民间自发的海运粮食潮流涌动，培育了相当的海运能力。清圣祖适时推动沿海非漕粮海运服务于国家层面的调剂余缺，彰显了清代漕运弃河从海的潜在可能。

康熙三十四年（1695）天津海运赈济盛京。这年五月，"盛京亢旱，麦禾不成，米价翔贵，虽市有鬻粟，而穷兵力不能籴，遂致重困"。清圣祖得到灾情报告，派侍郎、学士等官赴盛京"于去岁海运米二万石中，动支一万石计会散给，令可食至秋成。余一万石平价粜之，兵民均有裨益。……如二万石不足散给发粜，其速以闻"①。盛京，清人入关前的都城，后来泛指整个东北地区。盛京被灾之前，康熙三十三年曾海运两万石米至盛京，用于救荒储备。灾后，三十四年又运去数万石。当年五月前往盛京散给赈济的内阁学士嵩祝回京面君，"上曰：'盛京所贮之米尚有几何？若将赈给可支几月？'嵩祝奏曰：'臣等差往赈济，计五十日，所用不至二万石。今自天津海口所运，及锦州积贮之米，共十二万石有余，若将赈济，可支六七月。'上曰：'海运皆有定时，不可妄行。来岁著令再运。'"② 当时由天津海运粮食到盛京只要季风适宜即可起发。

同年八月，盛京将军公绰克托向朝廷报告，"开原等处马甲月给米二仓斛，步甲月给米一仓斛，需米十三万余石。今仓米止二万余石，不敷之

---

① 《清圣祖实录》卷167，第2册，中华书局1985年版，第814页上栏　康熙三十四年五月庚寅。

② 《清圣祖实录》卷167，第2册，中华书局1985年版，第817页上栏　康熙三十四年三月庚午。

米俟明年海运之米补给”。要求朝廷三十五年再海运粮食 11 万石至盛京。圣祖以“海道运米，不可豫必明年全到；盛京田谷，亦不可豫必明年全收”为由，决策“盛京数年失收，务多蓄积。宜将蓟州、山海关所贮之米”[①] 海运盛京。盛京散赈官员事后陈述，五月散给“正当甚乏之时，故计口月给仓斗一斗五升”。八月里打算减少粮数并一发数月，“今总发数月，宜计口月给仓斗一斗”。圣祖不同意减少：“尔等可照先数目，月给仓米一斗五升，勿行减省。”[②] 一斗五升约合今 30 斤，男女老幼人均 30 斤，足以养命。

康熙三十五年、三十七年两年，清廷又组织海运赈济朝鲜和科尔沁粮荒。三十五年十一月圣祖有言：“今岁自天津海运至盛京之米，已给散科尔沁贫乏之众。来岁仍当自天津运米至盛京。其转运船只，不必用福建、浙江二省者。止用天津船挽输一次。”[③] 按《御制海运赈济朝鲜记》，康熙三十七年还曾海运接济朝鲜。三十六年朝鲜饥荒，年底国王李焞致书圣祖，请求清廷发粟。圣祖“立允其请，遂于次年二月命部臣往天津，截留河南漕米，用商船出大沽海口，至山东登州，更用鸡头船拨运引路”。海运之外，加以陆运，“又颁发帑金，广给运值，缓征盐课，以鼓励商人，将盛京所存海运米平价贸易”。两路并运，“共水陆运米三万石”[④]。可谓尽心尽力。

康熙四十九年（1710），截漕海运接济泉州饥荒。当年，清圣祖“一闻福建饥荒，即命截漕三十万石赈济”。截漕海运，由浙东出海可能性为大。“差去大臣及地方官，以三十万石太多，十五万石即足，因止存留十五万石。”这 15 万石粮食又没有全部用于救济灾民，“想此米俱散给兵丁，未必散给百姓”。因而酿成“福建百姓聚集数千，在泉州所属地方抢夺食物，奔入山中”。清圣祖“遣部院大臣、侍卫，往行招安”[⑤]。未至大乱。

康熙五十二年（1713），海运粮食平减广东米价。该年三月，“广东米价腾贵，每石卖至一两八九钱，至二两不等”。引发圣祖忧民之心，决策

---

① 《清圣祖实录》卷 168，第 2 册，中华书局 1985 年版，第 824—825 页下栏　康熙三十四年八月丁丑。

② 《清圣祖实录》卷 168，第 2 册，中华书局 1985 年版，第 825 页下栏　同上癸未。

③ 《清圣祖实录》卷 178，第 2 册，中华书局 1985 年版，第 917 页上栏　康熙三十五年十二月辛亥。

④ 《清圣祖实录》卷 189，第 2 册，中华书局 1985 年版，第 1006 页上栏下栏　康熙三十七年七月壬午。

⑤ 《清圣祖实录》卷 246，第 3 册，中华书局 1985 年版，第 443 页下栏　康熙五十年四月己酉。

截漕海运，“因详询投诚海贼陈尚义等：目今截留江南漕粮，可否由海转运广东。据称截江南漕粮由海转运，八九日可至福建，自福建八九日可抵广东。但……现今风势不顺，断不可转运。必至八九月后，北风渐利，始可转运”①。圣祖派员赴广东发常平仓粮30万石平价赈粜，而后下旨：“俟八九月北风起时，从江浙两省拨米二十万石，用水师营战船装载由海运往。不惟米石可以济民、而兵丁亦得学习水务。若广东丰收，将此运至米石一半存贮粤省，一半分运闽省备贮，庶于民生大有裨益。”② 后来实运规模略小于圣祖的期望值。

康熙末年，江南、浙江漕粮征发量大，粮食海运销售势头不旺。而湖广、江西漕运有限，盛京无漕额，民间冲破官府海禁束缚，自发运粮出海势头强劲。康熙六十年（1721）六月，清圣祖“闻得米从海口出海者甚多，江南海口所出之米尚少。湖广、江西等处米，尽到浙江乍浦地方出海。虽经禁约，不能尽止”。但圣祖只准许官方海运福建厦门，“动帑买米三万石，预备海船装载，提督派官兵护送押运，从海运至厦门收贮。自福宁州直至福州府，不过十数日之内即可达厦门”。反对民间自发海运，“嗣后出海米石，交与江南浙江总督、巡抚、提督总兵官严行禁止。其福建贩买米石、不必禁止”③。当时福建增兵，故而动帑在乍浦买便宜米运厦门以充军储，福建人贩运浙米回乡当然不在禁止之列。

对龙兴之地盛京民间自发的粮食出海销售，清圣祖却另眼相看，大开方便之门。康熙六十一年（1722）六月，圣祖吩咐大学士，“盛京地方屡岁丰收，米谷价值甚贱，民间或致滥费。著令盛京米粮不必禁粜，听其由海运贩卖”④。其实，湖广、江西稻米不海运销售也“或致滥费”；盛京之米出海销售，也会流落海盗之手。看来，清圣祖对南北未能一视同仁。终康熙之世，只行片面、局部海运。

雍正朝谨守康熙年间海运成规，只用于赈灾救荒和平抑粮价，对海运控制较康熙为严紧，故海运规模较康熙也小。比较重要的有：（一）雍正三年（1725）七月，“天津等处地方米价腾贵”。清世宗“著行文奉天将

---

① 《清圣祖实录》卷254，第3册，中华书局1985年版，第513页上栏　康熙五十二年三月至四月庚子。

② 《清圣祖实录》卷255，第3册，中华书局1985年版，第520页下栏　康熙五十二年五月庚辰。

③ 《清圣祖实录》卷293，第3册，中华书局1985年版，第846页下栏　康熙六十年六月甲辰。

④ 《清圣祖实录》卷298，第3册，中华书局1985年版，第884页下栏　康熙六十一年六月壬戌。

军绰奇、府尹尹泰，照去岁之例，将伊等地方粮十万石由海运至天津新仓，交与该地方官收贮”。官运官收，没有进入市场，有漕运性质。好在同时也要求对奉天“自海运粮之商人不必禁止，听其运至天津贸易”所行仅为官府管控下的非漕粮海运，而且“不许他往”①。（二）雍正四年（1726），清廷促使江苏、安徽截漕海运福建。最初商定“协济闽省谷石”由江西从内河运往，江西巡抚汪灖请求“俟明年秋后补运”。户部以福建粮储耽搁不得为由，提议“应令江苏、安徽巡抚，截留漕米十万石，从海运赴闽。至明岁秋收时，即以江西应运之米补还”②。得到清世宗同意。（三）雍正十三年（1735）五月，清廷对早已存在的山东海运销往江苏的豆类贸易，实行两省互给印票照验管理。两江、河东、山东大吏会奏有此请求，户部鉴于“东省青白二豆，素资江省民食，向由海运，不在禁例”。建议“但船只出口进口，须加查阅。请令两省地方官，互给印票照验，以杜偷卖夹带等弊”③。得到清世宗准行。

## 第二节　乾隆年间非漕粮海运

乾隆朝六十年（1795）是海运非漕粮繁荣期，也是清代商品粮海运的鼎盛期。商品粮生产和海运互为因果、互相激发，成就了相当规模的商品粮海上流通。

乾隆朝海运行政管理有了新的探索。首先，粮无商运，价贱伤农；权衡盈绌、酌盈剂虚。清高宗对粮食内河流通一向支持，乾隆八年谕大臣：“米粮为民食根本，是以各关米税，概行蠲免。其余货物，照例征收。”④此举对内河粮运的激励不可小觑。但内河粮运规模有限，随着各地粮食总量提高，如不海运则粮行不远，谷贱伤农。高宗意识到这一问题，受时势推动，逐渐放开粮食海运。乾隆十二年（1747），户部议复奉天将军达勒当阿有言：“奉天丰稔年多，米粮价贱。旗民各有耕获之粮，如旗仓米石无人认买，不能出陈易新，减价粜卖，则原价亏缺；设致霉烂，势必著落

① 《清世宗实录》卷34，第1册，中华书局1985年版，第523页上栏　雍正三年七月癸亥。
② 《清世宗实录》卷49，第1册，中华书局1985年版，第743页上栏　雍正四年十月癸酉。
③ 《清世宗实录》卷156，第2册，中华书局1985年版，第906页下栏　雍正十三年四月乙巳。
④ 《清高宗实录》卷200，第3册，中华书局1985年版，第566页下栏　乾隆八年九月甲申。

城守尉、仓官等赔补。请于奉天丰收、可开海运之年，或天津、山东运船到来，将沿海各城仓米，按粜三之例，照时价粜卖。”① 得到高宗赞同。此后，封疆大吏多主开放海禁。乾隆十四年（1749）初，闽浙总督喀尔吉善鉴于“闽省商贩豆麦，必由海口转入内河。若因严禁出洋，概行拦阻，则商贩不前”，会影响粮农生产积极性，请求朝廷“筹酌流通之法”，高宗受到震动。当年四月，奉天将军阿兰泰又奏称“盛京地宜黄豆，向来所属余存之豆，俟商贩运。今若一体禁止，则不能流通，商民均无裨益”②，清高宗当即深表同感，认为一概海禁不妥。乾隆十五年（1750）十月，直隶总督请求允行奉天海运粮食接济天津粮荒，高宗深表赞同：“此乃权衡盈绌、酌盈剂虚之道。”③ 思想进步明显。

其次，既要设法稽查偷运外洋，又不能一概禁阻海运。清朝入主中原后，郑成功等反清义士长期以海岛为根据地与清廷分庭抗礼，所以八旗新贵有较深的海禁传统观念。乾隆十三年（1748）浙江巡抚方观承题请对“偷运米谷，潜出外洋，接济奸匪者，拟绞立决”④，深中清朝惧海软肋，被清高宗采纳。

但清高宗很快认识到这样做得不偿失。乾隆十四年（1749）四月，奉天将军阿兰泰题奏反对方观承一概海禁的主张。此奏引起清高宗反思：“可见方观承前此之奏，外省不能一概遵行。严禁米谷出洋，原以杜嗜利之徒，偷运外洋，接济奸匪，若出口入口，均系内地，自宜彼此流通。”⑤ 说明他思想深处有矛盾。

两个月后，江苏巡抚雅尔哈善反映“江省民间用豆甚广，向藉东省商豆接济。今自上年冬底，至今半载，并无东省豆船至江。不惟关税缺少，现今豆价昂贵，民食有碍”，请求“敕令山东抚臣查照旧例，听商贩豆；由海运江，出口入岸，设照稽查，以杜偷漏”。清高宗谕令大臣：“豆谷为民间日用所必需。理当听其彼此流通，以资接济。即恐其偷运外洋，亦只

---

① 《清高宗实录》卷 297，第 4 册，中华书局 1986 年版，第 886 页上栏　乾隆十二年八月丁丑。

② 《清高宗实录》卷 338，第 5 册，中华书局 1986 年版，第 669 页下栏　乾隆十四年四月辛卯。

③ 《清高宗实录》卷 375，第 5 册，中华书局 1986 年版，第 1137 页下栏　乾隆十五年十月丙戌。

④ 《清高宗实录》卷 324，第 5 册，中华书局 1986 年版，第 344 页上栏　乾隆十三年九月癸丑。

⑤ 《清高宗实录》卷 338，第 5 册，中华书局 1986 年版，第 669—670 页下栏　乾隆十四年四月辛卯。

宜设法稽查，岂可一例禁阻。”[①] 否定了方观承的海禁主张，乾隆朝沿海粮食流通得以超越康、雍。

第三，不主张华米外流，却欢迎外米来华。乾隆七年暹罗商人运米至闽，清高宗曾降旨免征船货税银。八年九月，高宗明确外洋商人运米来华优惠则例，“上年九月间，暹罗商人运米至闽。……闻今岁仍复带米来闽贸易，似此源源而来，其加恩之处，自当著为常例。著自乾隆八年为始，嗣后凡遇外洋货船，来闽粤等省贸易，带米一万石以上者，著免其船货税银十分之五；带米五千石以上者，免其船货税银十分之三。其米听照市价公平发粜，若民间米多，不须籴买，即著官为收买，以补常、社等仓，或散给沿海各标营兵粮之用。俾外洋商人，得沾实惠，不致有粜卖之艰”[②]。付诸实施后，乾隆十一年七月，“暹罗国商人方永利一船，载米四千三百石零；又蔡文浩一船，载米三千八百石零，并各带有苏木、铅、锡等货，先后进口”。方、蔡二船所载米未达到5000石，无法享受免船货税银十分之三，清高宗接报后下令“该番等航海运米远来，慕义可嘉。虽运米不足五千之数，著加恩免其船货税银十分之二。以示优恤”[③]。不主张华米外流，却欢迎外洋运米来华，清高宗外贸思想带有小农意识尾巴。

乾隆朝粮食海运有不同的组运及行政管理方式。乾隆朝粮食海运目的不外沿海救灾赈济、平减异地粮价和加强特殊地区军储。其组运方式有三：一是官运，二是商运，三是官督商运。

官运即由官方组织海运力量（主要是水师战舰），将米谷通过近海运到目的地。乾隆三年（1738）五月，清高宗应闽浙总督之请，“动拨江西仓谷二十万石，湖南仓谷十万石，运往闽省以备用”。闽浙、江西、湖南协商未有行动之际，江南苏松水师总兵官陈伦炯上书请缨，“闽省动拨江西、湖南仓谷三十万石。伏思江、湖二省从内地至闽，必由长江至江南换海舶，方可出口海运。臣身任水师，又系桑梓之地。臣请躬亲督运，庶免闽省委员远来，又免守候稽迟”[④]。这一请求得旨允行。陈伦炯，字次安，福建同安人。“历江南苏松、狼山诸镇。”[⑤] 陈伦炯造福乡梓，用水师船只

① 《清高宗实录》卷343，第5册，中华书局1986年版，第741页下栏　乾隆十四年六月庚寅。

② 《清高宗实录》卷200，第3册，中华书局1985年版，第566页下栏　乾隆八年九月甲申。

③ 《清高宗实录》卷275，第4册，中华书局1986年版，第594页上栏　乾隆十一年九月戊午。

④ 《清高宗实录》卷69，第2册，中华书局1985年版，第109页下栏　乾隆三年五月壬申。

⑤ 《清史稿》，第34册，中华书局1977年版，第10195页。

承运江西、湖南接济福建之粮，是典型的官运。

乾隆七年（1742）年底，福建粮价上扬幅度较大，浙闽总督那苏图请求截留江浙漕米20万石运闽，清高宗下旨“著照所奏”，仿“乾隆三年拨江广之米运往闽省，总兵陈伦炯曾将米石由长江换海舶出口海运，直抵闽省”之例，由“崇明总兵张天骏”督水师在江口截“浙江尾帮漕米”[①] 10万石，南运福建。官运不惧海盗抢劫，也不至于有人私自接济海匪，是清廷最放心的非漕粮海运的组织形式。

商运即由社会力量承担海运，其特性在于利益驱动、商业运作，单个船户和商人船队皆可承运。乾隆三年（1738）春直隶“米价日渐昂贵”，清高宗“特颁谕旨，将临清、天津二关及通州、张家湾马头等处米税宽免征收”[②] 以招来商运。乾隆三年（1738）十一月，奉天宣布次年停止粮食出海，但是本年“秋冬收获之后，各商民携带资本，前赴海城、盖平等处采办杂粮。祗因时届隆冬，海风劲烈，舟楫难行，已将所买粮石，收贮各店，春融装运”。没来得及把米运出的商人非常担心。清高宗很能理解，决策推迟海禁，“朕思商民此粮，购买在先，暂时存贮各店，不应在明年禁止之内。且奉天素称产米之乡，虽因贩运过多，价值视昔加贵。然较之直隶歉收之地，待粟而炊，其情形缓急，实相径庭。著俟明年内地麦熟之后，再海运禁止”[③]。颇有明君风范。

乾隆三年（1738）四月，直隶粮价居高不下，清高宗下诏一年内允许奉天粮食海运接济。至四年四月，“今弛禁之期已满，而京师雨泽未降，恐将来民间不无需米之处。闻奉天今年收成颇稔，著再宽一年之禁。商贾等有愿从海运者，听其自便”[④]。6个月后，清高宗又想无限期地延长奉天海运接济直隶，“朕思奉天，乃根本之地，积贮盖藏，固属紧要，若彼地谷米有余，听商贾海运，以接济京畿，亦裒多益寡之道，于民食甚有裨益。嗣后奉天海洋之米赴天津等处之商船，听其流通，不必禁止。若遇奉天收成平常，米粮不足之年，该将军奏闻请旨，再申禁约”[⑤]。地方志也

① 《清高宗实录》卷183，第3册，中华书局1985年版，第359—360页下栏上栏　乾隆八年正月戊辰。

② 《清高宗实录》卷64，第2册，中华书局1985年版，第33页上栏下栏　乾隆三年二月庚戌。

③ 《清高宗实录》卷81，第2册，中华书局1985年版，第279页上栏　乾隆三年十一月丙子。

④ 《清高宗实录》卷91，第2册，中华书局1985年版，第401页下栏　乾隆四年四月己亥。

⑤ 《清高宗实录》卷103，第2册，中华书局1985年版，第544—545页下栏上栏　乾隆四年十月戊子。

载："乾隆四年五月，以直隶米价腾贵，降旨谕令商贾等将奉天米石，由海岸贩运以济畿辅。乾隆四年十月命嗣后奉天海洋运米赴天津等处之商船，听其流通不必禁止。"① 二者精神基本一致。这次海运，盛京、直隶两地没有发票验照，是因为清朝崛起于白山黑水之间，视盛京到直隶、山东或直隶、山东到盛京的海运为内海之运，从不担心有人偷运外洋、接济匪类。

官督商运即官府严格监督下的社会力量海运，旨在防止有人接济外洋匪类。乾隆九年（1744），福建巡抚周学健奏请由江苏出海商船带运米谷到福建。署两江总督尹继善反对带运，"东南海防，利害攸关。开禁之后，所恃为稽查者，不过印照一端。其实帆樯迅驶，借运闽之名，转售外洋，以博重利，印照岂能拦截。其间或捏报失风，或捏称沉溺，茫茫大海，何从究诘。又况怀诈小民，保无潜引洋面诸国，私通侦探，亦不可不防"。主张按乾隆四年户部核准的江浙买江广米石之例，在苏闽之间官督商运，"委员于米贱省分购买，海运接济。是海运有文武员弁，督押稽查，非比商贩自去自来，易于滋弊"②。尹继善的意见，得到大学士鄂尔泰和清高宗的认可。

乾隆十七年（1752）四月，盛京将军阿兰泰条奏《奉天海运通仓豆石章程》，章程分"募船装运，应定限期""押运官兵盘费""海船咸水浸润，最易发潮""沿途稽查"四款，其中最后一款旨在"以杜船户水手搀杂沙土，偷窃变卖诸弊"。户部提议"应如所请"，清高宗旨批"依议行"③。奉天、直隶间海运，是清代最成熟的海运，行政管理日趋规范。

乾隆朝非漕粮海运也有其运营空间。乾隆朝粮食海运往返空间，基本固定在以下几个协运区。第一，奉天至直隶、山东区间。奉天和直隶、山东之间有长城和群山阻隔，陆运成本极高，海运却极为便宜，"惟是东北地势旷莽，陆挽维艰。辽左暨朔漠诸郡，尤属险远。计惟航海转粟，事半功倍"④。清人早就认识到了这一点，故而非漕粮海运在康熙中期就率先展开。

至乾隆年间，奉天和直隶、山东区间海运以丰补歉，仍为频率最高、

---

① 光绪《重修天津府志》，《续修四库全书》，史部，第690册，上海古籍出版社2003年版，第628页上栏。

② 《清高宗实录》卷218，第3册，中华书局1985年版，第810—811页下栏上栏　乾隆九年六月丙辰。

③ 《清高宗实录》卷413，第6册，中华书局1986年版，第406页上栏下栏　乾隆十七年四月丁巳。

④ 《钦定盛京通志》，《四库全书》，史部，第501册，上海古籍出版社1987年版，第104页。

运量最大的非漕粮海运。不过，此时奉天海运粮食接济直隶、山东的多。乾隆十六年（1751）“山东登、青、莱等属偶遇偏灾，曾经降旨照乾隆十三年之例暂弛海禁，令招商前往奉天购籴，运东粜卖，以资民食”[①]。次年三月，山东巡抚鄂容安奏：“登、莱、青等郡海运奉天米石，遵旨酌定数目，兹招商买运四万五千余石。拟再准运五万四千余石，数足即停。”清廷虽然唯恐山东买奉天米过多，影响当地粮价，但高宗仍“如所议行”[②]。二十七年直隶受灾，当地粮储有限，民间自发往奉天运粮在先，“天津商船贩到奉天粟米、高粱甚多，足征该处收成丰稔”。总督方观承请求官运，“查乾隆八年、九年、十六年，节经动项赴奉采买，由海运分拨，现应循照办理”。具体操作方案是，“在司库旗租项下暂借银十五万两，委员往奉天沿海地方采买。合计米价运费，每石成本如止一两二三钱，即尽数买米；倘值价昂，兼买高粱。俟春融由海运津，分拨各属，以供借粜补额等用。其委员赴奉应需运艄、车价、薪水等项，统在司库耗羡项内酌拨”[③]。说明乾隆年间奉天农业生产后来居上，故能向关内持续提供粮食支援。

第二，台湾至闽浙区间。台湾盛产稻米，而一海之隔的福建山多地少，常有乏食之忧；台米运闽路程短近，真是天作之便。乾隆十年（1745）八月，巡视台湾给事中奏请台米运闽：“台属秋成丰稔，米价平减。现在闽省内地，夏秋缺雨，民间恐致乏食。请饬台郡各属，乘时采买谷石，以备仓贮。有应运内地者，即陆续拨运。但海道艰险，非熟知风信之人，未敢轻蹈。而近年议海运者，每虑台湾米谷，有偷漏他处之弊。不知米船在台出口，及至厦门收口，俱系官为稽查，实无偷漏之患。”此议生不逢时，清高宗顾虑尚重，“不知惯作弊者。皆熟知风信之人也。此处尚宜酌量”。[④]至二十四年十一月，闽浙总督杨廷璋再提同一话题：“台、厦商船，米禁甚严。台湾米多，患谷贱妨农；漳、泉产少，患谷贵病民。既利奸囤，兼滋偷漏。请酌弛米禁，专准横洋船每船带米二百石，谷倍之，定口出入。责令文武官严查，无得偷运外番及资岛匪，违者挐究。”同样的请求，这次却深得清高宗赞赏：“此所谓因地制宜也。如所议行。”当时杭、嘉、湖偏灾

---

① 《清高宗实录》卷407，第6册，中华书局1986年版，第331页下栏　乾隆十七年正月丁丑。

② 《清高宗实录》卷412，第6册，中华书局1986年版，第386页下栏　乾隆十七年三月。

③ 《清高宗实录》卷673，第9册，中华书局1986年版，第530页上栏下栏　乾隆十七三月。

④ 《清高宗实录》卷247，第4册，中华书局1986年版，第192页上栏　乾隆十年八月己巳。

米贵，十一月北风正劲，杨廷璋“先于福、兴、泉、宁四府属近港处仓谷，动拨十万石”[①] 让浙西商人运粜于杭、嘉、湖粮荒地区。等春天南风起，再从台湾运米补福、兴、泉、宁四府米仓。打个时间差，可谓善于腾挪应付。

第三，江口南北区间。长江出海口是联系南北海运的中继站，但清廷不放手让江口南北无限制海运，并没有把它利用好。乾隆三十年（1765），江苏巡抚庄有恭疏请对奉天海运江苏粮食征收税银，打着规范奉天到江苏粮食海运的幌子，意在开放海禁，增广江苏杂粮来源，增加江苏税收。清高宗览奏，对庄有恭很不满意，“止论江海关税额之有无，而不计及奉天米石之不应远贩江省，未得此事窾要”。大概清高宗要的是近距离海运，只允许奉天粮食海运接济直隶和山东，“奉省粮价向来平减，固由于地脉肥厚，亦因不通商贩，搬运者少。向遇直隶、山东米粮稍短之年，特许酌量贩运，以资调剂。至近年暂开海禁，亦因该处年谷丰盈，听其于直隶等近省转粜流通，商民均受其益”。实在不愿意奉粮海运江苏，“至江南产米素多，何须仰给奉天粮石。即该省果有歉乏，必需海运接济，临时自当筹画办理，亦不应听其常川搬运。且其地距奉天遥远，往来经涉重洋，私贩透漏诸弊皆所不免。况商人辈趋利如骛，若漫无节制，则奉省粮价，必致渐昂。并将来偶遇内地歉收之时，拨运亦不可得矣”。他绝情地下旨，“著传谕舍图肯，嗣后丰收之年，除直隶、山东商船，准其照旧运载外，其江省商贩概行查禁，不得稍滋影射”[②]。清高宗不让海运越其所划区间。

清高宗划定的海运区间是奉天至直隶山东、山东至江苏、江苏至闽浙、闽浙至台湾。所以，他赞赏乾隆三年“拨江广之米运往闽省，总兵陈伦炯曾将米石由长江换海舶出口海运，直抵闽省”[③]。他支持山东海上运豆至江苏，乾隆十四年六月江苏巡抚雅尔哈善反映“江省民间用豆甚广，向藉东省商豆接济。今自上年冬底至今半载，并无东省豆船至江。不惟关税缺少，现今豆价昂贵，民食有碍”。请求高宗“敕令山东抚臣，查照旧例，听商贩豆，由海运江，出口入岸。设照稽查，以杜偷漏”。清高宗对此却大开方便之门：“豆谷为民间日用所必需，理当听其彼此流通，以资接济。

① 《清高宗实录》卷602，第8册，中华书局1986年版，第750页上栏下栏 乾隆二十四年十一月。

② 《清高宗实录》卷747，第10册，中华书局1986年版，第219页上栏下栏 乾隆三十年十月辛酉。

③ 《清高宗实录》卷183，第3册，中华书局1985年版，第359—360页下栏上栏 乾隆八年正月丁卯。

即恐其偷运外洋，亦只宜设法稽查，岂可一例禁阻。”① 人为划区间的非漕粮海运，有碍商品经济进一步发展。

乾隆朝海运行政管理有明显进步。乾隆十年（1745）以前，非漕粮海运皆有官府派员押运。乾隆九年六月，福建米价昂贵，巡抚周学健请求江苏出海商船，给与照票带运米谷到福建。这是无官员押解海运首议，遭到署两江总督尹继善反对，清高宗支持后者，结果按照惯例“文武员弁督押稽查”② 海运。

乾隆十五年至三十五年，非漕粮海运管理进入给票验照阶段，较之官员押运多了一份宽松。乾隆十二年（1747）三月，御史赵青藜奏请暂弛奉天米禁、听商转运山东。清高宗有意允准，但盛京将军回奏“不能通融接济东省”③，没能付诸实施。乾隆十五年（1750），直隶总督方观承奏：“今岁天津、静海等县，被有偏灾。穷民已蒙赈恤。惟是天津素不产米，粮价渐昂，恐来春青黄不接之时，民食无资。”他请求开海禁1年，准许商民前往奉天采买粮食，度过荒年。清高宗批准方观承所请，但要求“给票稽查，严禁奸商等借端偷买透漏”④。给票稽查较官员押运要简便得多，有利于沿海粮食以丰补歉，平抑粮价差异。

乾隆三十六年（1771）以后，不再强调给照稽查，清高宗的海运行政管理更加开明、开放。三十六年，山东巡抚富明安奏请将利津、海丰二县海运赴津商贩麦石照例封禁。清高宗业已允行，又感到原议不妥，“莫若仍听商船贩载赴津，流通无缺，以济直省之不足。使麦价不致过昂，闾阎得资调剂之益”。因而“传谕富明安，将利津等县海运麦石，暂且无庸禁止。其直省商人，欲赴东买运者，并从其便”⑤。原买准备贩运者不禁，新近愿意前往贩运者也不禁，都无须验照，显然较以前更为开明。

至乾隆五十年（1785）十月，清高宗针对鄂宝在奉天查禁奸商收买囤积，指出“奉天收成丰稔，米谷豆麦各项粮价较前更减。小民当此屡丰之

① 《清高宗实录》卷342，第5册，中华书局1986年版，第741页上栏 乾隆十四年六月庚寅。

② 《清高宗实录》卷219，第3册，中华书局1985年版，第811页上栏 乾隆九年六月丙辰。

③ 《清高宗实录》卷287，第4册，中华书局1986年版，第742页下栏 乾隆十二年三月辛亥。

④ 《清高宗实录》卷375，第5册，中华书局1986年版，第1137页上栏下栏 乾隆十五年十月丙戌。

⑤ 《清高宗实录》卷882，第11册，中华书局1986年版，第813页下栏 乾隆三十六年四月乙亥。

后，其视米粮不甚爱惜，必致烧锅酿酒。与其粒米狼戾，自不若转输邻省，以资接济，方为有益。况稻米价贱，亦非奉天日用所需，至本年直隶、山东被旱之区，秋收歉薄，均需米粮接济。奉天海运可达山东登州及直隶天津，舟行最为便捷。现在直隶、山东各该省，一切抚恤平粜米石多多益善"[①]。下令奉天、山东、直隶大吏"务将各该省情形，通盘筹画，妥议会商。俾粮石可资挹注，以裕民食而节糜费，彼此均有裨益。至直隶、山东各省商贩，亦必有由天津、登州赴奉天贸易者，并著查明妥为照应。并须晓谕奉天居民，毋得居奇，方为妥协"[②]。直隶、山东人去奉天贩运回粮食的不禁，奉天本地人贩运粮食到直隶、山东的也不禁，不再强调给票验照。

清高宗不过商品粮产销思想比较充分的帝王，并没有资本主义经济头脑。他主导下的乾隆年间沿海非漕粮海运，虽然超越封建社会荒政范围，其粮无商运，价贱伤农；权衡盈绌，酌盈剂虚等观念有一定商品经济意识，但人为圈定海运区间，不允许海运无限制地常态进行，以一己意志束缚粮食沿海流通的手脚，仅给沿海粮食商运开了一扇时开时关的小门，桎梏社会无法走向彻底的粮食商品化、市场开放化和海运自由化。乾隆五十八年清高宗错失英使马戛尔尼来华，给中国带来自动渐入资本主义社会机遇，也是其狭隘经济意识使然。

## 第三节　嘉道年间非漕粮海运

嘉庆朝没能发扬光大乾隆朝的非漕粮海运辉煌，无论频率还是规模都在萎缩，连守成都做不到。嘉庆十七年（1812），山东巡抚同兴反映，"登、莱所属州县连年收成歉薄，小民素鲜盖藏。上年奉天省因歉收，奏明将高粱停运，登、莱市集粮价异常昂贵。现闻奉省丰收，牛庄、锦州等处存有商贩高粱数十万石，朽腐堪虞"。请求奉天照常海运高粱接济山东沿海粮荒。清仁宗谕大臣："东省登莱各属，向藉奉省高粱以资口食。上年因奉省歉收，经该将军等奏明将高粱一项，暂停商贩海运，以裕本地食用。"可见，嘉庆年间奉天海运粮食接济山东较常态的是高粱。清仁宗对

---

① 《清高宗实录》卷1240，第16册，中华书局1986年版，第683页下栏　乾隆五十年十月癸未。

② 《清高宗实录》卷1240，第16册，中华书局1986年版，第684页上栏　乾隆五十年十月癸未。

山东请求奉天海运要求回答得也不肯定，“如奉省民食充足，即著出示弛禁，听该商等自行贩运，俾东省沿海一带贫民，藉资口食；如奉省仍须将高粱停留接济，著将实在情形具奏”①。一个月后，和宁回奏可分现存高粱之半接济登莱，清仁宗拍板“将海口现存高粱三十余万石酌分一半，令各商户由海船贩运登莱等处售卖”②。显然较其父缺少魄力和果敢。

嘉庆十八年（1813），直隶总督温承惠奏请：“奉天省应拨粟米二十万石，请循照向例，仍由奉省委员押运赴直交兑。”③ 可知当时奉天海运粟米接济直隶相当常态，但有官员押运，较乾隆后期大为倒退，趋于保守。

嘉庆朝官方认可的非漕粮海运规模不大，民间犯禁贩茶规模倒是不小。嘉庆二十二年（1817），蒋攸铦奏请严禁茶叶海运，指出闽、皖商人海上贩运武彝松罗茶叶赴广东销售原由内河，“自嘉庆十八年渐由海道贩运，近则日益增多。洋面辽阔，漫无稽查。难保不夹带违禁货物，私行售卖”。仁宗下诏严禁，“所有贩茶赴粤之商人，俱仍照旧例，令由内河过岭行走，永禁出洋贩运”④。实际执行中却禁而不止。嘉庆二十二年（1817）九月，阿尔邦阿进京面君，向清仁宗陈述浒墅关税减少原因，“内河关税，向比海关例课为重。近年海洋平静，各商船多由海运经行，既图船身宽大，多载货物，兼可少纳税课。以致内河例课，多不能足额”。其中应包括茶叶海运在内。民间商运走海路现象普遍本是好事，却引起仁宗担忧，“商船出海贩运，其所带货物，应准出洋与不准出洋者，本有定例。如茶叶、米石等项，皆干严禁，原不能悉听商船之便，不行查察，径自放行”。他要求“海关省分各督抚，严饬管理关税之员，于商船到口时，验其所带货物。除例准出洋者令其纳课放行外，其例不准出洋货物，一概截留，不许出口”⑤。沿海茶叶流通中的商品经济萌芽，未能在嘉庆朝得到充分成长。

清宣宗观念不比清仁宗开明，道光朝粮食海运维持嘉庆朝格局而稍有

---

① 《清仁宗实录》卷257，第4册，中华书局1986年版，第479页上栏下栏　嘉庆十七年五月丙申。

② 《清仁宗实录》卷258，第4册，中华书局1986年版，第485页下栏　嘉庆十七年六月戊申。

③ 《清仁宗实录》卷272，第4册，中华书局1986年版，第690—691页下栏　嘉庆十八年八月丁酉。

④ 《清仁宗实录》卷332，第5册，中华书局1986年版，第387页下栏　嘉庆二十二年七月戊辰。

⑤ 《清仁宗实录》卷334，第5册，中华书局1986年版，第410—411页下栏　嘉庆二十二年七月戊辰。

超越。一是奉天对直隶、山东的粮食海运继续进行。道光二年（1822）二月，“奉天省粮价增昂”，奉天将军认为“实因奸商居奇囤积，由海口运赴他省贩卖”所致，奏准“将高粱、粟米两项，暂行停止海运”①。此举影响到渤海彼岸的山东救荒，灾民盼望奉天粮食不得，逃荒乞食，络绎满路。三月御史孙贯一奏：“山东连年歉收，登州、青州、武定三府产粟无多，皆赖奉天粟米以资接济。本年停止海运，山东荒歉乏食，籴买无自。请援照嘉庆十七年之例，将奉天存积粮石，分半出运，接济东省。”② 闰三月，清宣宗了解到山东、奉天情况属实，颁旨“山东省滨海居民，既资海运接济，自应量为调剂，以裕民食。著晋昌查明该省粮价，是否平减。所存高粱、粟米两项，准其分半出运，俾两省居民，均无乏食之虞”③。清廷一向对奉天对直隶、山东的海运大开方便之门。

二是恢复台湾对闽浙间的粮食海运，并开启了东南各省对台茶叶、丝缎海运商销。道光三年（1823）九月，闽浙总督赵慎畛奏报浙省被水请求招商赴台贩米，“本年浙省雨水过多，又猝遇山水，低田被淹，各属米价增长。惟闽省早收丰稔，台湾余米可以出粜”。清宣宗“著照所请，准其暂停海禁，并免征税科。该督等即招商给照，令其赴台采购，从海道运至浙省，以济民食”。但事先声明海运是暂时的，“俟浙省米价稍平，即行截止，仍遵旧制，饬禁海运，毋许越贩”④。反映了清宣宗守旧观念之重。道光二十三年（1843）十二月，清廷讨论浙江省对台湾海运茶叶、丝缎征税问题，“宁波、乍浦二口商民与台湾贸易，议请给照贩运，悉照闽省现定章程办理。乍浦口向因途远沙坚，税则量为折减，今仍照旧办理。宁波向有茶税，并无湖丝绌缎税则，应查照闽海关税例征收”。⑤ 浙江、福建对宝岛的茶、丝海运合法化。道光朝海运超越嘉庆朝甚至乾隆朝的地方，仅在于此。

三是商贾海运江苏非漕粮至北京，最后得以付诸实施。道光十八年，户科给事中成观宣奏请大江南北今冬米价贱，请及时采买；山东道御史贾臻奏报州县采买扰民，不如商买商运。户部遵旨议复，一方面肯定“查京

---

① 《清宣宗实录》卷29，第1册，中华书局1986年版，第523页上栏　道光二年二月乙酉。
② 《清宣宗实录》卷31，第1册，中华书局1986年版，第557页上栏　道光二年三月丙寅。
③ 《清宣宗实录》卷32，第1册，中华书局1986年版，第569页上栏　道光二年闰三月辛巳。
④ 《清宣宗实录》卷58，第1册，中华书局1986年版，第1021页上栏　道光三年九月己巳。
⑤ 《清宣宗实录》卷400，第6册，中华书局1986年版，第1163页下栏　道光二十二年十二月庚申。

通仓贮米数，虽尚有赢余，而现当银贵米贱之时，果能及时采买，俾银米流通，利国实以便民”的积极意义，另一方面也担心“商贩亦难于招徕……更难稽查，易滋弊窦”，因而建议“请饬交两江总督、江苏巡抚察看办理。如果米价运费合计在二两以外、三两以内，可以酌量收买者。或由搭运，或由海运，均须确有把握，酌定章程奏明。由部筹款发交买运”①。不想两江总督和江苏巡抚表示反对，贾臻计划落空。

道光二十五年（1845）十月，御史朱琦重提海船商运，从闽浙、两广运粮以充京仓，得到户部支持。清宣宗让闽浙、两广总督和福建、广东巡抚悉心筹划，“寻闽浙总督刘韵珂等奏，闽省米价每石需银一两六钱至一两九钱不等，委无余米可以海运。两广总督耆英等奏，粤东本非产米之区，每石价银二两内外，海运窒碍难行”②。朱琦之议未能付诸实施。

道光二十六年（1846），由江苏实施的海运商米赴京却不议而行。清宣宗对此极为重视，甚至连粮运在渤海登陆后一时不能销售，也指示由地方官按数收买。后来江苏商米海运抵天津，清宣宗又“著讷尔经额拣派廉干大员，速往该处专司其事。如该商自行售卖，不许市侩把持跌价；如由地方官为收买，亦即速行筹款，妥为办理，不准任意减价，致令亏折。傥查有勒索使费各弊端，立即严行惩办。务使该商等无守候稽时之虑，以后自可源源而来，庶于民食仓储两有裨益”③。难能可贵，可惜为时太晚。

四是海运漕粮到京，充实天庾正供。此处仅述评道光二十八年的漕粮海运。道光二十七年（1847），军机大臣会同户部议定将苏、松、太三属漕粮暂由海运，清宣宗降旨准行。不久，漕运总督杨殿邦奏请江苏漕粮河、海并运，为大学士、军机大臣会同户部会议采纳。十二月，清廷正式决定：“所有苏州、松江、太仓三属二十七年应征漕粮，著仍于二十八年暂由海运。”④ 较道光六年海运，少常州、镇江二府。二十八年正月，两江总督李星沅奏筹议海运未尽事宜，汇报江苏所做前期调研准备。四月，奏

---

① 《清宣宗实录》卷317，第5册，中华书局1986年版，第951页上栏　道光十八年十二月壬午。

② 《清宣宗实录》卷422，第7册，中华书局1986年版，第294页上栏　道光二十五年十月癸巳。

③ 《清宣宗实录》卷427，第7册，中华书局1986年版，第360—361页下栏　道光二十六年三月壬午。

④ 《清宣宗实录》卷450，第7册，中华书局1986年版，第663页下栏　道光二十七年十二月壬子。

报海运启程："海运米船全数放洋。损失米石，现经买补足额。"① 四天后，直隶官员李嘉端奏报首批船只部分漕粮抵通。六月"海运沙船进口八百余只，其未到各船，当亦接踵而至"②。七月"以兑收海运南粮完竣，予直隶道员何耿绳等议叙有差"③。这次江苏漕粮海运虽然成功，较道光六年规模为小。这次海运粮数："海运江苏漕白米一百九万六千四百三十余石。"④ 按《江南通志》，苏州府额征漕粮正改兑正米、耗米，白粮正米、耗米、随漕杂项米共840526石，松江府额征漕粮正改兑正米、耗米，白粮正米、耗米、随漕杂项米共417145石，太仓州并属额征漕粮正改兑正米、耗米，白粮正米、耗米、随漕杂项米共135151石，三府州总共1392872石。而除去其中的耗米、随漕杂项米，正好约109万石。

嘉庆、道光年间加强与海盗的斗争。嘉庆以前，清人不愿海运主要担心船户贪图重利，运粮食等违禁物品接济远洋匪类，并不太担心海盗在近海侵犯运船。

嘉庆中，海盗出没近海，对海运船只构成现实威胁。按《清史稿·武隆阿传》：嘉庆"十年，授广东潮州镇总兵。时海盗充斥，仁宗以武隆阿勇敢，故使治之。既而总督那彦成招降盗首李崇玉，予四品衔守备劄，而以武隆阿捕获闻。事觉，坐降二等侍卫，赴台湾军营效力。十一年，偕王得禄等击蔡牵于鹿耳门，败之，迁头等侍卫，授台湾镇总兵"⑤。可知李崇玉、蔡牵等海盗出没近海，祸害海船非虚。

阮元为浙江巡抚，督所部水师多次清剿海盗，"十三年，乃至浙，诏责其防海殄寇。秋，蔡牵、朱濆合犯定海，亲驻宁波督三镇击走之，牵复遁闽洋。时用长庚部将王得禄、邱良功为两省提督，协力剿贼，元议海战分兵隔贼船之策，专攻蔡牵。十四年秋，合击于渔山外洋，竟殄牵"⑥。嘉庆十四年（1809），阮元又奏擎获蔡匪余党：

---

① 《清宣宗实录》卷454，第7册，中华书局1986年版，第731页上栏　道光二十八年四月癸亥。

② 《清宣宗实录》卷456，第7册，中华书局1986年版，第750页上栏　道光二十八年四月丁卯。

③ 《清宣宗实录》卷457，第7册，中华书局1986年版，第763页下栏　道光二十八年四月七月乙亥。

④ 《重修天津府志》，《续修四库全书》，史部，第690册，上海古籍出版社2003年版，第626页上栏。

⑤ 《清史稿》，第38册，中华书局1977年版，第11476页。

⑥ 《清史稿》，第38册，中华书局1977年版，第11422页。

七月十七，海上飓风大作，见有盗船吹至龙王堂浅水，随即会营搜拏，先后获犯蔡城、蔡岳等五十五名。讯系蔡牵帮盗。又据副将觉罗海运禀获遭风船上逸出匪犯四名，又据署知县周镐禀报：同日有匪船二只在北关遭风，撞礁击碎，获犯四十四名。①

清仁宗据此分析闽浙近海海盗情形："蔡逆帮船，现由闽省窜越浙洋无疑。该匪在洋游奕已非一日，若使奸民无所接济，则口食不敷，久应困乏。即或劫夺商船米石，事属偶然，不过苟延残喘。又何能夥盗多人，俱得果腹，日久尚未穷蹙。可见接济一事，竟未断绝。"这一判断，不可能不对此后的海运产生消极影响。清仁宗要求继任浙江巡抚蒋攸铦："务须督饬地方官，认真查禁，并密为侦访，究系何处透漏。如浙省海口，有米石偷出外洋情敝，亦非伊任内之事，即当据实参办，无所用其瞻顾。至蔡逆情形究竟如何，帮船共有若干？七月十七日，蔡逆船只是否亦遭飓风折损？现又窜往何处？该抚应一面查明奏闻，一面札知提督邱良功统领舟师蹑踪追捕，并知会闽省迅速截剿，以收两面夹攻之效。"② 其后，海盗受到打击，活动有所收敛，但并未绝迹。

道光初，对海盗的防范并未松懈。道光二年（1822），沿海各省都有相当规模的出洋兵船，而且兵船都编有号码，如"闽省出洋兵船六十五号，浙省出洋兵船九十号"。闽浙总督庆保奏报巡缉海洋事宜，言及浙江、福建近海的海防管理，"各船进出，俱令汛口登簿查验。饬令沿海各州县随时瞭望，以杜兵船收泊内港。其港汊口岸，悉派兵役驻扎。按旬查点烟户门牌，并于闽浙毗连洋面，互相诇察"。甚至设计诱敌，"拟于兵船之外，添雇捕鱼钓船，扮作平民诱缉"③，抓捕海盗。鉴于时有海洋劫案发生，清宣宗要求封疆大吏武力缉捕。

闽浙近海有海防实力，却不信他们能保护和监督商船，是宣宗软肋。道光二年（1822）九月，浙江巡抚帅承瀛奏请温州等府茶船仍由海道贩运，"浙省温州土产粗茶，向由平阳江口出海，进乍浦口，运赴苏州；定海县岁产春茶，亦由海运至乍浦，转售苏州。自饬禁海运以后，均从内河

① 《清仁宗实录》卷217，第3册，中华书局1986年版，第920页上栏下栏　嘉庆十四年八月壬子。

② 《清仁宗实录》卷217，第3册，中华书局1986年版，第920页下栏　嘉庆十四年八月壬子。

③ 《清宣宗实录》卷31，第1册，中华书局1986年版，第555—556页下栏　道光二年三月甲子。

行走，盘费浩繁，未免生计维艰，恳请仍由海道贩运”。清宣宗却以“浙省毗连闽粤，洋面辽阔，稽查难周……茶船出口后，该商民等贪图厚利，任意驶赴南洋，私售外夷，并守口员弁得规徇纵，任令携带违禁货物，致滋偷漏”为由，决策“该抚奏请由海贩运之处，著不准行。温州、定海各茶船，仍著由内河行走。以昭禁令而重海防”①。这种缺少自信更缺乏他信的心理，窒息了道光初年近海商运的活力。

闽浙之外，海防废弛，是大清软肋。道光五年河运艰难，始议海运。御史熊遇泰奏请饬修营务以肃海防，称“各省营务废弛，水师尤甚。每届大修小修战船，营弁侵蚀分肥，造报既未足额，修舱复多偷减。有事出洋，难资驾驶。各汛额设炮台兵丁器械，率多浮冒虚捏。虽有巡哨之名，究无缉捕之实”②。鸦片战争前大清海防外强中干可见一斑。熊遇泰出于立足与海盗做斗争、为海运做准备建议提前整顿水军、加强训练，“明年雇用商船海运，由江南吴淞江出口，直至转过登州成山，方能收口。其间沙岛最多，匪徒易于出没。在东、直两省者少，在江南境界者多。江南由尽山以至大洋、小洋、马迹、花鸟等山，汊港纷歧，岭崖悬绝。川沙、吴淞各营不能周历巡缉，匪船得以潜藏。应将两江、山东水师营内战舰巡船，实力查核，务期一律修整，以备明年巡哨之需。并于各镇参、游内，酌派数员，带领弁兵弹压。庶使水师习谙洋线，且防船户偷漏捏报”。清宣宗采纳熊遇泰的意见，“著琦善、讷尔经额查明各该省额设战船等项，有无短缺虚浮，各营将弁能否认真巡缉。如有懈怠废弛之患，即应严参惩办。明年重运北来，经由各处沙岛，应如何稽查防范。派员带兵押运，不致有意外之虞。俱著悉心筹议，以期计出万全。并令该提镇等届时严密巡查，务使奸宄敛迹，于漕务海防，两有裨益”③。上谕的语气显然很软弱，“有无”“如有”，好像在怀疑熊遇泰所奏有假。但琦善、讷尔经额奉旨行事，道光六年漕粮海运没有大的海盗抢劫事件发生。

道光二十八年（1848），江苏白粮再次海运之年就没能那么幸运，接连发生海盗劫商船案件。二月，漕运总督杨殿邦奏报拿获海盗，将案犯解赴苏州审办，供出在逃逸犯多名。“江南洋面，劫案络绎不绝，并有伤毙

① 《清宣宗实录》卷 39，第 1 册，中华书局 1986 年版，第 707 页上栏　道光二年八月甲寅。
② 《清宣宗实录》卷 86，第 2 册，中华书局 1986 年版，第 382 页上栏　道光五年七月辛亥。
③ 《清宣宗实录》卷 86，第 2 册，中华书局 1986 年版，第 382 页上栏下栏　道光五年七月辛亥。

人命掳船勒赎情事。佘山一带，复有盗船伺劫商米。”[①] 此次，清宣宗得报下旨明确严厉，“著李星沅、陆建瀛严饬水师将弁，认真缉捕。于海汉纷歧容易窝藏奸宄处所，实力搒查。邻境交界地方，尤当知照会同堵缉，不得稍分畛域。务期将匪犯悉数捡拏，不留余孽。现在海运沙船陆续北上，不患不加意巡织。即运米事竣，亦应饬属常川搒捕，毋稍疏懈，俾安行旅。至金三案内，在逃首夥高发波等二十余犯。即通饬各属，并移会邻封，迅速搒捕，按律惩办。无令一名漏网”[②]。四月，两江水师出海到佘山一带追捕海盗，“该匪胆敢开炮抗拒。虽经署参将刘长清等先后击沈二船，悉数生擒夥匪”[③]。沉重打击了海盗气焰。七月海运船只回空，海防稍为松懈，就发现有海盗试图谋害回空海船，“现在南粮甫经运竣，即有闽广盗船多只，在外洋乘风游奕，意在伺劫回空漕船。且已有商船被劫之案”[④]。与海盗的斗争方兴未艾。

① 《清宣宗实录》卷452，第7册，中华书局1986年版，第707页下栏　道光二十八年二月甲子。

② 《清宣宗实录》卷452，第7册，中华书局1986年版，第707—708页下栏　道光二十八年二月甲子。

③ 《清宣宗实录》卷454，第7册，中华书局1986年版，第734页下栏　道光二十八年四月己巳。

④ 《清宣宗实录》卷457，第7册，中华书局1986年版，第768页下栏　道光二十八年七月丙戌。

# 第五十三章　道光朝漕粮海运

## 第一节　海运背景和起因

在私有经济和专制政体的基础上行粮食征收，以国家权力迫使农民无偿奉献漕粮并承担漕运费用；在特权享受和无偿占有的社会条件下，行计划性、法治性、技术性极强的漕运，社会制度的落后与治河通漕的极高要求构成不可调和的矛盾。

道光六年漕粮海运为清代“事属创举”的大事。其意义在于，引进商业操作和市场运营从事海运。元代漕粮海运是官办的，明代漕粮河运是官办的，康乾盛世的漕粮河运是官办的；明代漕粮河运主力是运军，康乾盛世漕粮河运主力也是运军，而道光六年的漕粮海运是官方主导下的商运，漕粮海运的主力是民间船主和海商船只。这一划时代事件的意义，当时就有人加以阐述：“国便，民便，商便，官便，河便，漕便，于古未有。……其以海代河，商代官，必待我道光五年乘天时人事至顺而行之，故无风涛、盗贼、黴湿之疑也，无募丁、造舟、访道之费且劳也。”① 道光海运模式，是对河漕的一次否定，对官办漕运的一次否定，有望走出漕运新路而最终没能走出漕运新路。

已有相关研究成果、学术价值在考证道光六年苏南漕粮海运的基本史实。而本书本章研究重点在海运的商业操作及其漕运改革意义。

嘉庆、道光之交，漕粮河运举步维艰。黄河河床抬高加快。道光元年王云锦称：“去冬回籍过河，审视原武、阳武一带，堤高如岭，堤内甚卑。向来堤高于滩约丈八尺，自马营坝漫决，滩淤，堤高于滩不过八九尺。若

---

① （清）魏源：《海运全案序》，《魏源集》，上册，中华书局1976年版，第411页。

不急于增堤，恐至夏盛涨，不免有出堤之患。”① 马营坝，在河南武陟县境。嘉庆二十四年，黄河“决马营坝，夺溜东趋，穿运注大清河，分二道入海”。黄河水性，河决大溜改道他趋，原来下游故道旋即淤塞。至嘉庆“二十五年三月，马营口塞”②。马营从决口到堵决历时年余，中下游黄河河床就增高了一丈，凭空添加了几分险情。

河治废弛，效率低下。道光五年十月，东河总督张井概括当时治河实情道：“自来当伏秋大汛，河员皆仓皇奔走，救护不遑。及至水落，则以现在可保无虞，不复求疏刷河身之策，渐至清水不能畅出，河底日高，堤身递增，城郭居民，尽在水底之下，唯仗岁积金钱，抬河于最高之处。”③ 水来张皇，水去忘忧；不求深河，唯仗长堤；国有金钱，不愁吃喝。如此吏治，如何应付得了越来越险的河情。

淮扬运河和清口沙满阻船。嘉庆、道光之交，随着黄河倒灌清口现象日重、洪泽湖决水东下拦腰冲断淮扬运河日多，淮扬运河行漕越来越困难。道光前期先后采取盘坝接驳法、借黄济运法或灌塘法行漕。所谓盘坝接驳法，即漕船运行到清口后翻坝，将漕米搬运越过清口，然后再装船北运；借黄济运法，则是引黄河水入淮扬运河引出漕船；灌塘法，即靠塘河送漕船入黄。全无直航之便，却有黄河倒灌之害，河运维持举步维艰。其中孙玉庭、魏元煜实行的借黄济运，为害清口以下运河最为酷烈，“自借黄济运以来，运河底高一丈数尺，两滩积淤宽厚，中泓如线。向来河面宽三四十丈者，今只宽十丈至五六丈不等，河底深丈五六尺者，今只存水三四尺，并有深不及五寸者。舟只在在胶浅，进退俱难”④。不海运，一时看来实在没有别的出路。

嘉道年间漕弊丛生，粮农到了无力承受的地步。漕政衙门冗员充斥。人们视漕运为利薮，梦想发财的人都混迹于漕委队伍，嘉道间各级漕员与日俱增。对此，包世臣有：“各卫有本帮千总领运足矣，而漕臣每岁又另委押运帮官，又分为一人押重，一人押空；每省有粮道督押足矣，又别委同通为总运；沿途有地方文武催趱足矣，又有漕委、督委、抚委、河委，自瓜洲以抵淀津不下数百员。各上司明知差委无济公事，然不得不借帮丁之脂膏，酬属员之奔竞，且为保举私人之地。淮安盘粮，漕臣亲查米数，而委之弁兵；通州上仓，仓臣亲验米色，而听之花户。两处所费，数皆不

① 《清史稿》，第13册，中华书局1977年版，第3736页。
② 《清史稿》，第13册，中华书局1977年版，第3736页。
③ 《清史稿》，第13册，中华书局1977年版，第3737页。
④ 《清史稿》，第13册，中华书局1977年版，第3739页。

赀。一总运，费二三万金；一重运，费二三千金；一空运，一催趱，费皆浮于千金。”① 各类漕委不过问如何提高效率、降低成本，却热衷于向州县、旗丁索取贿赂。嘉庆二十四年闰四月，两江总督孙玉庭参奏李奕畴滥派漕委，滋累帮丁和州县有言：“漕委等需索旗丁，以致大帮每帮出银三百余两，小帮每帮出银二百余两。旗丁费何由出，悉皆取之州县；州县费何由出，悉皆取之粮户。浮收之弊，日甚一日。漕委之扰累，实启其端。”② 最高统治者对这种现象虽深恶痛绝，但回天无力，眼睁睁任其蔓延，于是一层勒索，多层转嫁，连锁反应，积重难返，王朝河漕暗无天日。

旗丁勒索州县。漕委盘剥旗丁，旗丁则勒索州县，州县交兑漕粮时，旗丁或借口米粮斤两不足，或说米质成色不好，向州县索要好处。州县为了尽快交粮，往往满足旗丁之私欲。嘉庆二十四年三月，御史吴杰奏南漕积弊，称江苏省“帮丁除各项帮费支足外，另向州县勒索，有铺舱礼、米色银、通关费、盘验费各名目，每船自数十两至百余两不等。旗丁如此需索州县，州县费将安出，不过仍取之于百姓”③。嘉庆二十四年五月，江苏太仓后帮的运丁向昆山县索取帮费，每船洋银高达900余元，有的甚至达1000余元。苏州后帮运丁向新阳县索取帮费，每船洋银600元至1000多元，欲壑难填，仍然嫌少。转而找借口拒带通关米结。带队的运弁不加约束，反而授意运丁持米结赴县衙喧闹。如此，必然加重州县浮收。

州县浮收严重。州县中不肖官吏，特别是具体负责收兑漕粮的官吏，本来就想从收漕中渔利，受旗丁勒索后，他们便向小民加收漕粮，致使许多地区漕粮加派日益严重，人民苦不堪言。“不肖州县，分设仓口，令粮户依两处完纳，以图多得赢余，重累吾民。”④ 层层勒索之下，漕农不堪重负，不得不寻求庇护。为劣生、乡绅包漕提供广阔市场，包漕、抗漕之事愈演愈烈。

奸顽之徒抗漕。清政府规定，缙绅和有科举名头者都有缴纳漕粮的任务。“访闻缙绅之米谓之衿米，举、贡、生、监之米谓之科米，素好兴讼之米谓之放讼米。此三项内，缙绅之米，仅止不能多收。其刁生劣监、好

---

① （清）包世臣：《剔漕弊》，《魏源全集》，第15册，岳麓书社2004年版，第484—485页。

② 《清仁宗实录》卷357、355、358，第5册，中华书局1986年版，第704页上栏　嘉庆二十四年闰四月壬辰。

③ 《清仁宗实录》卷357、355、358，第5册，中华书局1986年版，第682页下栏　嘉庆二十四年三月癸巳。

④ 《清史稿》，第13册，中华书局1977年版，第3571页。

设包揽之辈，非但不能多收，即升合不足，米色潮杂，亦不敢驳斥。”① 这些有身份的衿生、缙绅，公然交兑劣等漕粮，甚至替别人缴纳漕粮以营私，州县拿他们也没办法。

## 第二节 海运酝酿和议行

清代开国，漕运全承明制。康熙三十九年，清口淤塞，运道不通，清圣祖主动提议海运，受到朝臣和总河抵制。雍正年间，太学生蓝鼎元上书言海运：

> 臣以为海运之法，在今日确乎可行。请先拨苏、松漕粮十万石试之。遣实心任事之臣一员，雇募闽、广商船，由苏、松运到天津，复用小船剥载通州，视其运费多寡与河漕相去几何。若试之而果可行，请将江南、浙江沿海漕粮改归海运。河南、湖广、江西、安徽仍归河运。②

此议还设计了海运用船、海运航线、河运向海运过渡方式，皆切实可行，但被拒绝。此后遂以河运为祖制，无敢轻议海运者。

嘉庆年间，“洪泽湖泄水过多，运河浅涸”，清仁宗“令江、浙大吏兼筹海运”。漕运总督勒保、江苏巡抚章煦、浙江巡抚蒋攸铦均反对海运，“会奏不可行者十二事，略谓，‘海运既兴，河运仍不能废，徒增海运之费。且大洋中沙礁丛杂，险阻难行，天庾正供，非可尝试于不测之地。旗丁不谙海道，船户又皆散漫无稽，设有延误，关系匪细’。上谓‘海运既多窒碍，惟有谨守前人成法，将河道尽心修治，万一赢绌不齐，惟有起剥盘坝，或酌量截留，为暂时权宜之计，断不可轻议更张，所谓利不百不变法也’”③。此后，终嘉庆一朝，海运总是议而不行。

道光初河崩漕坏，河漕到了断不可再行的地步。“道光四年，南河黄水骤涨，高堰漫口，自高邮、宝应至清江浦，河道浅阻，输挽维艰。吏部尚书

① （清）蒋攸铦：《拟更定漕政章程疏》，《魏源全集》，第15册，岳麓书社2004年版，第488页。

② （清）蒋攸铦：《拟更定漕政章程疏》，《魏源全集》，第15册，岳麓书社2004年版，第591页。

③ 《清史稿》，第13册，中华书局1977年版，第3593页。

文孚等请引黄河入运，添筑闸坝，钳束盛涨，可无泛溢。”① 在孙玉庭、魏元煜的赞同下，把黄河水放进淮扬运河通漕。此等倒行逆施，受到有识之士的猛烈抨击。侍讲学士潘锡恩就曾事先提醒说，“蓄清敌黄，为相传成法。今年张文浩迟堵御黄坝，致倒灌停淤，酿成巨患。若更引黄入运，河道淤满，处处壅溢，恐有决口之患”②。颇有预见性，但未能阻止悲剧上演。

借黄出船带来了严重的后果，新授两江总督琦善奏报其所见清口和淮扬运河所在黄沙淤塞，让人感觉借黄济运无异饮鸩止渴。清宣宗一向标榜祖制，殊不知清朝治河通漕最大的祖制就是蓄清敌黄，绝对不能让黄河倒灌运口，真是绝妙讽刺。

又有朝臣主张盘坝入黄。魏元煜认为盘坝接运较海运更为可靠，更为节省。孙玉庭上《酌议漕粮盘坝接运章程》奏称用银120万两，可盘坝漕粮200万石。清宣宗以孙玉庭为钦差专办其事，但实际操作中，盘坝接运进展极缓、陷入困境。当时清口“渡黄之船，有一月后尚未开行者，有淤阻御黄各坝之间者，其应行剥运军船，皆胶柱不能移动”③。日役数万人劳作经月，仅盘坝了10万石，而费用却比原估多至3倍，需要400多万两方能盘完。到五月底各省漕船未入黄河者尚有40多帮。道光帝盛怒之下，下令将孙玉庭、魏元煜等人革职拿办。

于是，只有海运一条路可走。正好英和力言海运：

> 河道既阻，重运中停，河、漕不能兼顾，惟有暂停河运以治河，雇募海船以利运，虽一时权宜之计，实目前之急务。盖滞漕全行盘坝剥运，则民力劳而帑费不省，暂雇海船分运，则民力逸而生气益舒。国家承平日久，航东吴至辽海者，往来无异内地。今以商运决海运，则风飓不足疑，盗贼不足虑，霉湿侵耗不足患；以商运代官运，则舟不待造，丁不待劳，价不待筹。至于屯军之安置，仓胥之稽查，河务之张弛，胥存乎人。矧借黄既病，盘坝亦病，不变通将何策之从？臣以为无如海运便。④

气盛言宜，说理不可谓不透彻。尤其点出河运改海运、“以商运决海运”、“以商运代官运”的三大亮点。但英和不是地方督抚，海运之行有赖

① 《清史稿》，第13册，中华书局1977年版，第3593页。
② 《清史稿》，第13册，中华书局1977年版，第3785页。
③ 《清史稿》，第13册，中华书局1977年版，第3594页。
④ 《清史稿》，第13册，中华书局1977年版，第3594页。

于封疆大吏。

陶澍由安徽调任江苏巡抚，他主张海运。道光五年，陶澍上奏："上年洪湖决口，一泻无余。其始只因堵坝稍迟，遂致诸事牵掣。及今岁而借黄不足，继以开挑；开挑不足，继以剥船；剥船不已，继以车运。现在时日已迫，而漕米之在淮南者，尚有一百数十万石，劳劳半载，竭蹶倍形，然则变通之方岂可以不豫也?"他认为"英和条议，诚识时之要著。目前筹运之策，无逾于此，自属可行"①。陶澍也不排斥河运，"大抵专为海运，则恐商船不足；专办河运，又恐清水之难恃"②。而主张河、海并运，江苏之苏、松、常、镇、太四府一州漕粮由海运，分作两次运载，计可运米百五六十万石。其他省份仍由河运而行。可能他深知清人河运观念根深蒂固，为减小试行海运的阻力而有意回护河运。

新任两江总督琦善也主张海运。于是道光皇帝正式下诏批准江浙漕粮海运："上年江南高堰漫口，清水宣泄过多，高、宝至清江浦一带，河道节节浅阻，于本年重运漕粮大有妨碍……朕思江苏之苏、松、常、镇，浙江的杭、嘉、湖等府滨临大海，商船装载货物，驶至北洋，在山东、直隶、奉天各口卸运售卖，一岁中乘风开放，每每往来数次，似海道尚非必不可行。朕意若将各该府属应纳漕米照常征兑，改雇大号沙船，分起装运，严饬舵手人等小心管驾，伊等熟习水性，定能履险如夷。"③ 于是两江总督琦善，尤其是江苏巡抚陶澍组织得以江南苏州、松江、常州、镇江和太仓四府一州漕粮海运。浙江大吏无此积极性，不参与海运。

## 第三节　海运的实际运作

尽管海禁已行多年，但江浙民间商人利海行之便，犯禁、冒险驾船出海，北及辽东，南及两广，贩运有无，以之为生，在航路选择、船只条件和水手经验等客观条件上大大超越了元、明两朝。

首先，清代有海运粮食的传统。由于沿海省份海运粮食接济粮荒、平抑粮价；江浙需要海运东北杂粮南下补充当地粮食空缺。"商舶往还关东、天

---

① （清）陶澍：《复奏海河并运疏》，《魏源全集》，第15册，岳麓书社2004年版，第624页。

② （清）陶澍：《复奏海河并运疏》，《魏源全集》，第15册，岳麓书社2004年版，第625页。

③ 《清宣宗实录》卷79，第2册，中华书局1986年版，第271页上栏　道光五年二月癸亥。

津等处，习以为常。凡驾驶之技、趋向之方，靡不渐推渐准、愈久愈精。是海运虽属试行，海船实所习惯。而春夏之时，东南风多，行走尤为顺利。”①上述海运粮食流动，锻炼了清代社会海运力量，刺激了海船建造。

其次，清代航路近便平稳。元人殷明略海运路线，自平江刘家港入海，当舟行风信有时，自浙西至京师，不过旬日。道光六年海运所行路程：自上海黄浦至十滧为第一段，凡230里；自十滧至佘山为第二段，凡180里；自佘山至海州赣榆县鹰游门为第三段，凡1500里至1600里；自鹰游门至山东荣成县之石岛为第四段，凡600余里；自石岛至蓬莱县之庙岛为第五段，凡900余里；自庙岛至天津东关为第六段，凡1080里。以上总计4500余里。较元人海程缩短多半。

再次，航海船只较明代万历末年海运饷辽为适用，且其船多为久行海上的运粮之船。江浙一带因沿海皆沙滩，多用沙船。沙船舱底有甲板，船旁有水槽，其下有承孔，水从槽入，即从孔出，舱中从无潮湿，是理想的运米船只。“沙船聚于上海，约三千五六百号。其船大者载官斛三千石，小者千五六百石，船主皆崇明、通州、海门、南汇、宝山、上海土著之富民，每造一船，须银七八千两，其多者至一主有船四五十号，故名曰船商。”② 这些船常往辽东贩粮，熟悉北行海道。而万历末年明人海运饷辽所用之船，山东登、莱二府最初大量使用本地塘头船（渔船）。

最后，水手队伍行海经验比万历末年海运要丰富得多。由于江浙沙船往返奉天习以为常，过去谈虎色变的风涛飘没已不在话下，“上海人视江宁、清江为远路，而关东则每岁四五至，殊不介意，水线风信，熟如指掌。关东、天津之信，由海船寄者，至无虚日”③。江浙商船往返天津、辽东每年四五趟，锻炼了一大批惯熟航海的水手。而万历末年海运饷辽前，沿海虽有商贾行海，但是规模很小。

道光六年海运，采用迥然不同于河运的管理，以商业操作和市场运营手段组织海运。

首先，设身处地地站在运户立场上想问题，本着尽量照顾他们的愿望、尊重他们的利益制定海运章程。陶澍的《筹办海运晓谕沙船告示》体贴民情：

---

① （清）陶澍：《敬陈海运图说折子》，《陶云汀先生奏疏》，《续修四库全书》，史部，第498册，上海古籍出版社2003年版，第795页上栏。

② （清）齐彦槐：《海运南漕议》，《魏源全集》，第15册，岳麓书社2004年版，第602页。

③ （清）齐彦槐：《海运南漕议》，《魏源全集》，第15册，岳麓书社2004年版，第602页。

海船全凭风信，一交冬令，各沙船例应收口守冻。其时商货已卸，本系闲月，正值各州、县征收漕粮，陆续交兑之时，是沙船受雇，不致等候也。

载米一石，即有一石之价，另委大员，当堂给发，丝毫不经吏役之手。虽装官米，仍与民雇无异，是沙船不致赔累也。

满载之后，任听俟便开洋，不加催促，是沙船行住自由，不致掣肘也。

春初，东风司令，张帆北去，数日即抵天津，是沙船不患风涛也。

本部院先委贤员，在天津城东外守候，沙船一到，即与卸装放回，是船户管运不管交，不患收米勒措也。

在上海受载装米之外，仍准稍带客货，到津卸载之后，仍准放至奉天，揽装豆饼等物，是官给运价之外，更有余利也。

春夏风信最利，赶紧往回，可装两运。其有运米较多之船商，果能两运妥速，本部院定当奏请圣恩，赏给顶戴职衔，耆舵、水手果能稳实勤慎，认真出力，查明亦酌加奖赏，是一举而名利两得。①

与河运的尽义务、受勒措、强迫性相比，海运具有实惠性、人情味、自主性。河运漕粮是围绕方便官府制定行漕章程，明显呈现着官本位文化特色，海运章程是围绕方便运户制定行漕契约，彰显尊重运户新观念；河运要求农户无偿尽义务，海运让运户感到有利可图。

其次，针对建立在专制政体与漕粮无偿征收基础之上的宿弊，努力弃旧图新。一反官本位做法，尽量减少官办色彩，彰显商本位因素，还商民以应有尊严。出台措施，避免吏役勒索运户。

其一，不让海关插手。上海为首议船价之地。鉴于通过海关议海运，不直接和商船谈运价，是“欲为千金之裘而与狐谋其皮也”,② 陶澍让有关官员直接与商民洽谈雇运事宜，招商、议价、付费、剥兑、奖叙等所有海运环节，完全撇开上海海关。

其二，禁绝收取挂验小费。按《南河成案续编》“道光朝”卷 12，鉴于各关口向有挂验小费累商，特咨天津各口一概不许强索分文。并在官给

① 《陶文毅公全集》,《续修四库全书》，集部，第 1503 册，上海古籍出版社 2002 年版，第 602—603 页下栏上栏。

② 《魏源集》，上册，中华书局 1976 年版，第 421 页。

执内注明一应关津渡口验照放行，不许讹索向给陋规，违者准船商告发，予以严惩。

其三，收验简便。遴选官员在天津设局，筹运伊始即反复申明：漕粮抵津，“钦差大臣在于天津水次验明，到通以后即可无庸复验”①。“交米委员应以到天津为竣事，无须再至通仓。”② 河运时通仓经纪人无论米色好坏，都要对运丁吹毛求疵、勒索好处。而海运抵津万事大吉，由官府缴纳仓场，力避免仓场胥吏对沙船运户刁难勒索。

最后，制定严谨的实施规程，使兑运、行海和收验高效有序地进行。江苏省漕粮本重，各州县漕米运赴上海，多者八九万石，少者二三万石；远者六七百里，近者一二百里。大家同时争雇剥船，不仅船数不够用，而且远近不齐，既不能船停待米，守候需时，又不能米到船稀，无处寄屯。黄埔江水次米多船众，各项人役不下数十万众。必须调度得宜，使剥兑井然有序。组运者设计颇具匠心，每个环节、各个步骤都做到谋皆先定、事有预案。

委员查验商船，采用者即于显眼处贴一船单，注明船号、耆舵、水手姓名及实装粮数。根据实到船数及其运载总量，对照各县米数，挨次分派；每派定一船，即于船旁大书某县第几号运粮船字样，再给大旗一面，亦大书相同字样，让剥船一望了然，防止临时辨认，出现错乱。

商船派定后，造册咨送各县，说明商船数量、停泊水次，以便各县遵照咨册起兑。届时剥船对号撑赴商船就兑，先由监兑官、验米官验米，验毕每船各封样米一斗，令随船呈天津查验。再给三联执照，一存局，一给船户，一交天津收米官，以稽真伪。如此按部就班，随兑随放，载重商船汇集崇明十滧，等候东南风起北上。首运兑米 120 万石，用船 1130 多只，平均每只载粮千石上下，效率很高。

船行海上有严密监护。陶澍“每遇熟习海洋之人，详加询问，证以记载，得其行道”③，专门绘制了《海运图》。将海运全程分作六段，每段航道的主要标志、行程里数，以及漕船当在何处停泊、避风，何处当如何取

① （清）陶澍：《会同江督漕督筹议海运陆续应办事宜折子》，《陶文毅公全集》，《续修四库全书》，集部，第 1502 册，上海古籍出版社 2003 年版，第 573 页上栏。

② （清）陶澍：《会同江督漕督筹议海运陆续应办事宜折子》，《陶文毅公全集》，《续修四库全书》，集部，第 1502 册，上海古籍出版社 2003 年版，第 572 页下栏。

③ （清）陶澍：《会同江督漕督筹议海运陆续应办事宜折子》，《陶文毅公全集》，《续修四库全书》，集部，第 1502 册，上海古籍出版社 2003 年版，第 575 页下栏。

准航向等，并“就两岸对出之州县汛地，比照核计”[①]，皆有详细说明。按贺长龄《江苏海运全案》卷4，陶澍还奏请敕下山东、直隶督抚转饬沿海水师提镇，各按汛地多拨哨船，分派将弁兵丁巡防护送。夜间于岛屿处所，多挂号灯，日间多竖号旗，俾商船停泊守风，不致迷失所向。商船放洋委武职大员押运，稳定船队人心。

天津接卸措施得力，被雇商船回空迅速。江苏先期委员携带册借由陆路赴天津守候，直隶方面预备剥船、斛手。大沽至天津东门系逆流而上，需人夫牵挽前进；海船回空，又须挖土压重，有天津县代集人夫、官定价值，以免把持讹索，费用由江苏宽为划拨。为预防船户在津销售船上余米，耽误南返时间，陶澍奏准商船余米由户部按时价代为收买；为预防商船赴奉天运豆多处逗留，饬沿海关口为商船南返提供方便，促其迅速南下，以应下一轮海运。由于商船已获厚利，再加上官方督促，十之六七商船情愿不往关东载豆，径直南归，再装再运。

## 第四节　海运实践的意义

道光六年海运，是明永乐十三年决策放弃海运、专事河运后，在无战事条件下由王朝主动实施的成功海运。对旧漕运体制的否定、变通、革新，具有可持续意义。

海运的起因是漕崩河坏。明初陈瑄、宋礼奠定的京杭运河体系，存在黄河害运的巨大隐患。其后虽经刘大夏、李化龙、潘季驯、靳辅等人对河患大刀阔斧治理，开新河、开泇河、开中河、开皂河，把徐州、淮安间的借黄行运降低到最低限度，但黄河、淮河和运河在清口交汇一直延续到清后期；治河由分流杀势到“以堤束水，以水冲沙”，潘季驯力行于明末，靳辅大行于清初，使河运出现复兴之势，但随着外河河床日益抬高，嘉道年间蓄清敌黄难以为继，分流杀势、借黄济运等反潘季驯、靳辅所为公然行之而不以为非，把治河通漕引入死胡同。说明在封建专制政体和私有制经济基础，以及特权享受、官本位、小农意识、农耕文化等社会背景下，行法治、民主、科学、效率要求极高的治河通漕，是十分困难的。而海运是走出上述困境的有效办法和最佳途径。

---

① （清）陶澍：《恭报海运全竣折子》，《陶文毅公全集》，《续修四库全书》，集部，第1502册，上海古籍出版社2003年版，第576页上栏。

海运过程突破了河运体制的种种弊端。河运体制下，运军行漕是在履行法定职责，必须在规定的时间内把漕粮送到规定的地点，一路上使不完的小费，拿钱买罪受、买羞辱。而道光六年海运是劳有所酬，运一石米得一石米所值之银。

海运较河运有相对的个性创造空间。首先，海运是招来商船，而非封雇商船。商船受雇时是觉得有利、出于自愿，交卸漕粮时没有守候、稽留麻烦。其次，商船的海运报酬不受克扣，载米一石即有一石之价，由高官大吏当堂给发，丝毫不经吏役之手。再次，承运漕粮可捎带较多货物，每船八成载米，酌留二成搭载货物，海关查明免税放行，所带免税之货物在天津售卖不完可以转售于奉天，或贩运天津货物至奉天出售，全行免税。最后，行于海上相对自主。规定商船虽装运漕粮，但行船与被民雇用一样，官府不加催促、干预。官府所派武职押运，只负责海船行船安全。最后，按载米多少分别奖叙、名利双收。

清王朝本有可能以海运为契机，推行全面社会改革，进而彻底开放海禁，提前实现王朝中兴，避免后来的鸦片战争外侮和太平天国内乱。道光六年，离鸦片战争爆发还有 15 年，离太平天国起义还有 25 年，清王朝此时睡狮猛醒或许还为时不晚，但却选择了因循守旧。

道光六年的海运，年初开兑，年中全运告竣。160 多万石漕米悉数抵津，而费只 140 万两。以漕运费用办海运，不仅没有请用国帑，也没有对粮农加派新费，尚节省银 10 多万两、米 10 多万石。通共损失粮米 800 余石，损失率不到千分之一。海运往返水程几近万里，在船水手不下二三万人，几乎全部安然到达天津。王朝本可以于次年大行海运、全行海运、永行海运，并扩大海运成果于社会改革的方方面面，从而振兴国威，化解国内矛盾。

道光皇帝和清王朝选择中止海运、仍行河运，尽管有海运触动了河运既得利益集团和河崩漕坏有所好转两大原因，但根本原因是最高统治者的因循守旧、顽固不化。道光皇帝只在意恪守祖宗旧制，包括康乾盛世的河运辉煌，而对嘉庆以来吏治迅速败坏、社会政治每况愈下，虽有心振作，却拘守成例不敢越雷池半步；或浅尝辄止，始于改革终于妥协，致使包括海运、禁烟在内的新政最后全都走向失败。

道光君臣还沉浸在天朝盛世的虚幻中，不知道海外列强正在崛起，并对大清虎视眈眈。改革图强不可须臾少缓，他们却在我行我素地走着守旧之路。于是，主动海运给王朝带来的一线生机，统治阶级没有抓住，老大帝国逐渐步入半殖民地半封建社会。

# 第五十四章　清末江浙漕粮海运

## 第一节　咸丰江浙漕粮海运

清文宗以前，康熙年间皇帝有心在河运中接以江口、河口之间海运，以绕过清口进入中河、皂河、伽河、会通河北上，因相关大臣反对而作罢；雍正、乾隆皇帝认为弃河从海是没本事，因而根本就不想海运；嘉庆皇帝很想漕粮海运但不知道如何才能推动海运，只会三番五次地征求江浙大员的意见，而大员们没一个愿意承担风险为皇帝一试海运，结果只能与海运无缘；道光皇帝自己不想海运，在少数朝臣和封疆大吏支持下很漂亮地做成了海运，次年河运一有希望，他就下令停止海运。只有清文宗是自己想海运，时事又非海运不行，所以大臣们也没人反对海运，于是君臣义无反顾地大行海运。

所谓时事，既指道光、咸丰之交江北运河流域常常受到捻军袭扰，清廷忙于应付太平天国和捻军起义，无暇顾及江北运道的挑浚和维护，也指清口一带蓄清敌黄山穷水尽，实在难以为继，客观形势帮助清廷走上漕粮海运之路。

咸丰元年的海运。清文宗继位的第12个月，批准两江总督陆建瀛将苏州、松江、常州三府及太仓州应征道光三十年白粮正耗米72000石，援照成案海运天津的奏请。陆建瀛于新皇继位之初，投石问路，以此试探清文宗海运、河运的态度。此举拉开了咸丰朝海运序幕。咸丰元年二月，文宗令“仓场侍郎朱嶟前赴天津，督同司员验收海运漕粮”①。所验收的当然是江苏海运白粮，用以保证京城王公贵族食用不缺。规模虽小，却起到典型引导作用。

---

① 《清文宗实录》卷27，第1册，中华书局1986年版，第378页下栏　咸丰元年二月庚申。

咸丰二年的海运。元年九月，户部尚书孙瑞珍认为上年海运富有成效，奏请下年扩大海运到非白粮，呼吁来年苏州、松江、太仓三属新漕改由海运。苏南漕粮100多万石，是上年海运苏南白粮7万石的十多倍。次日御史张祥晋又奏请将江苏新漕援照从前海运成案，推广到常、镇各属及浙江省一体试办。清文宗心里无底，“著陆建瀛、杨文定按照所奏各情，体察该省地方现在情形，明年漕运是否有宜变通之处，务当豫为筹画悉心，妥议迅速具奏”[①]。清文宗是要海运的，他只担心步子一下子迈得那么大，能否承受得了。江苏大员回奏可行，浙江大员回奏不可行。清文宗并没有强令浙江一同海运，甚至也没有严旨切责浙江大员。于是清廷决策当年只苏南漕、白二粮海运。

咸丰二年三月，两江总督陆建瀛等奏报，“江苏海运漕粮续兑正耗米三十二万三千六百石有奇，白粮正耗米二万七千五百石有奇。委员查明各船，随带器械，跟帮开行”[②]。四月，仓场侍郎朱嶟奏“本年江苏苏、松等四府一州粮米，业经由海运抵津”[③]。扩大规模的漕粮海运轻松完成。当时沿海海运潜力巨大，只要统治阶级认真调动，不仅江浙两省漕粮，就是整个长江流域漕粮全数海运，都是可以实现的。

本年海运还有意外斩获。当年浙江河运漕粮起发过晚，按时间推算到达北方将守冻难返，六月户部奏请“浙江帮船本年秋间，是否尚能改行海运？著陆建瀛悉心酌核。如果确有把握，即责成该督妥为办理，应用水脚剥价等银，仍由浙江巡抚核实筹备。傥因时交秋令，行驶维艰，该督即会同浙江巡抚妥商截卸，在附近上海地方存储，于今冬豫筹来岁海运”[④]。没想到当年九月，两江总督陆建瀛、江苏巡抚杨文定就奏报：“海运安稳，妥速抵津。”[⑤] 将浙江漕粮由河运改为海运，由江苏组织运抵天津。

咸丰三年海运。咸丰二年十月，浙江巡抚黄宗汉反思上年坚持河运之误，奏请本省本年新漕试行海运。文宗当然来者不拒，下旨“著照该抚所请改由海运，以期迅速。并准将原办河运各费，并归海运支销。一切章

---

① 《清文宗实录》卷44，第1册，中华书局1986年版，第609—610页下栏上栏　咸丰元年九月丙子。

② 《清文宗实录》卷55，第1册，中华书局1986年版，第733页上栏　咸丰二年三月丁巳。

③ 《清文宗实录》卷58，第1册，中华书局1986年版，第769页上栏　咸丰二年四月乙酉。

④ 《清文宗实录》卷63，第1册，中华书局1986年版，第839页下栏　咸丰二年六月辛卯。

⑤ 《清文宗实录》卷71，第1册，中华书局1986年版，第937页下栏　咸丰二年九月壬戌。

程，即由该抚督饬司道慎重筹议，妥速奏办”①。咸丰三年海运规模扩大到江、浙两省近200万石。

咸丰三年江浙战事吃紧，漕粮海运受战事影响，两省海运显然有些力不从心。三月，户部奏请严旨催促海运，“江苏省兑运米现止五十万七千余石，浙江省兑运米现止三十余万石，核计两省起运米数仅及其半。较之历届放洋日期，亦形迟滞。其未经装兑粮米，江苏省尚有五十余万石，浙江省尚有三十余万石。未据各该督抚等咨报”②。原来，两省酌量截留漕粮数十万石作为地方军食，文宗严令他们如数起运，不得截留。八月，钦差天津验收海运漕粮的孙瑞珍、庆祺奏：“江苏省漕白粮米，由海运至天津除现已验收八十万五千四百余石，其未到漕米一万八千四百余石，尾数无多。”③ 两省仍然各截留数十万石没有北运，文宗严令落空。

今人将中国第一历史档案馆藏咸丰三年以后海运漕粮史料——主要是宫中朱批奏折整理出来，以《咸丰朝海运漕粮史料》为题发表在《历史档案》1998年第2、3期上，使一般读者得以便捷地接触当时海运基本史实，于近代漕粮海运研究不为无补。

咸丰四年的海运。按咸丰四年七月二十三日《钦差验米大臣端华等为报江浙两省漕粮验收全完事奏折》，“本年江浙两省起运咸丰三年分漕白粮米八十一万余石，由海运，计自四月开斛以来，商船陆续到口……截至七月初一日止，江苏尚有未到尾船米三千余石；截至七月初六日止，浙江尚有未到尾船米八千六百余石”④。规模较上年为小，而抵津较上年为早。“本届海运正漕，改由刘河口起运，是以放洋稍迟，节经浙江抚臣黄宗汉一力趱办，以速补迟，较之上年报完尚早一月。……俾八十一万余石正漕，得于西风司令以前赶紧蒇事。”⑤ 另据同年十月初五日《顺天府尹谭廷襄为末二起漕米受阻蔡村拟卸北仓事奏折》，七月初六江浙海船抵津后，直隶方面从天津盘剥抵通州，一直延续到十月。

咸丰五年的海运。咸丰五年江苏起运“实计咸丰四年分，苏、松、

---

① 《清文宗实录》卷73，第1册，中华书局1986年版，第952页上栏　咸丰二年十月甲申。

② 《清文宗实录》卷89，第2册，中华书局1986年版，第194页下栏　咸丰三年三月己巳。

③ 《清文宗实录》卷102，第2册，中华书局1986年版，第503页下栏　咸丰三年八月己卯。

④ 中国第一历史档案馆：《咸丰朝海运漕粮史料（上）》，《历史档案》1998年第2期，第53页。

⑤ 中国第一历史档案馆：《咸丰朝海运漕粮史料（上）》，《历史档案》1998年第2期，第54页。

常、镇、太五府州属熟田，应征交仓漕粮正耗米七十三万二千三十七石零，白粮正耗米六万八千三百六十一石零，两共米八十万三百九十八石零。内由臣怡良等奏请截留漕粮米三十万石，以充军饷，恭候谕旨遵行。尚该起运交仓漕白正耗米五十万三百九十八石零，就数由海运津，以供京仓支放”①。规模大于上年。“浙省咸丰五年起运四年分新漕六十八万五千八百余石，较上两届有盈无缩，又搭运清查五限米五万石，共七十三万五千八百余石。”② 规模也大于上年。咸丰五年五月底，“以验收海运漕粮完竣，赏工部尚书全庆花翎，予仓场侍郎文彩优叙。出力各员，升叙有差”③。本年海运，商船在海上多次受到海盗袭扰。

咸丰六年海运。本年浙江海运，正月何桂清奏：“浙江省海运头批米石，已于本月十六日开行，驶抵十滧，候风放洋。此后各批需用沙卫等船，据苏局报，雇尚未足数。”④ 六月运抵天津，“以海运漕粮验收完竣，赏刑部左侍郎谭廷襄、道员英毓花翎。仓场侍郎阿彦达下部优叙。道员书龄等升叙有差”⑤。不载海运规模。当年江苏、浙江海运规模，光绪《重修天津府志》卷30载：“咸丰六年海运江苏漕白米七十七万六千余石，浙江漕白米六十九万六千七百余石。”⑥ 可知当年江苏继续海运，江、浙两省合运近150万石。

咸丰七年海运。咸丰六年十二月初七日，浙江巡抚何桂清上《为浙省开征新漕并筹议海运章程事奏折》称：“计可起运米三十一万余石。”⑦ 咸丰七年正月十八日，两江总督怡良上《为筹办苏省新漕并酌定海运章程事奏折》称：“常、镇二属全境蠲缓，并无颗粒起运，仅止苏、松、太三属剔熟启征，统计漕白二粮共该米三十六万六千二百二石零。现经臣等请截米二十五万石拨充军饷，实在交仓漕白共米一十一万

① 中国第一历史档案馆：《咸丰朝海运漕粮史料（上）》，《历史档案》1998年第2期，第57页。

② 中国第一历史档案馆：《咸丰朝海运漕粮史料（上）》，《历史档案》1998年第2期，第59页。

③《清文宗实录》卷169，第3册，中华书局1986年版，第877页下栏　咸丰五年六月丙午。

④《清文宗实录》卷189，第4册，中华书局1987年版，第27页下栏　咸丰六年正月丁亥。

⑤《清文宗实录》卷189，第4册，中华书局1987年版，第185页上栏　咸丰六年六月辛丑。

⑥《重修天津府志》，《续修四库全书》，史部，第690册，上海古籍出版社2003年版，第626页下栏。

⑦ 中国第一历史档案馆：《咸丰朝海运漕粮史料（上）》，《历史档案》1998年第2期，第60页。

二千二百余石，一律由海运津。"① 江浙两省当年共海运漕粮近 42 万多石。数量锐减，两地大员的奏折中或强调灾歉田地分别蠲缓，或强调被灾较重。

咸丰七年五月二十四日，钦差验米大臣端华上《为海运南粮全部验收完竣事奏折》称："本年江浙二省海运漕白二粮暨商船耗米、剥船食米以及浙省筹备米石，计三十八万三千三百九十六石三斗二合三勺，又苏省搭运捐米一百三十石五斗六升……自抵津后，督同在事各员，将抵次商船随时验收剥运。遇有应行风晾之米，一经收拾干洁，亦即赶紧解收兑剥，并将商船余米及江苏搭运之捐米，照案先行抵正兑收。苏省漕、白二粮及浙省之漕粮，均已全数收齐，浙省白粮尚有未到尾数正米一千九百余石，经该粮道王友端收买该省及苏省余米并本地白米，先行照数筹补足额，一并运通。"② 实际运抵较事先报告数少。

咸丰八年海运。咸丰七年十月十九日，浙江巡抚晏端书上《为征收来岁新漕并筹议海运章程事奏折》称：浙江本年"计应征熟田漕白正耗米六十八万六千余石，又白粮申糙米二千余石，共征运米六十八万九千余石"③。咸丰七年十一月二十二日，两江总督何桂清上《为苏省新漕仍由海运并酌定章程事奏折》称：本年江苏"计可起运交仓漕白正耗并沙船经剥食耗等米共一百一万余石"④。两省海运合计近 170 万石，较上年大幅度增加。

咸丰八年八月初三日，钦差验米大臣文彩上《为续报验收抵津船米数目及现办情形事奏折》称："截至七月二十五日止，苏省进口商船连前共七百五十二只，共装米八十五万一千余石。浙省进口商船连前共三百二十只，共装米四十六万三千余石。两省前后合算，共漕白米一百三十万余石，统计南省起运米数已过十分之九，陆续各船均可安稳抵津，询堪仰慰圣怀。"⑤ 光绪《重修天津府志》卷 30 载，当年实运为 135 万石，

① 中国第一历史档案馆：《咸丰朝海运漕粮史料（上）》，《历史档案》1998 年第 2 期，第 61 页。

② 中国第一历史档案馆：《咸丰朝海运漕粮史料（下）》，《历史档案》1998 年第 3 期，第 32 页。

③ 中国第一历史档案馆：《咸丰朝海运漕粮史料（下）》，《历史档案》1998 年第 3 期，第 33 页。

④ 中国第一历史档案馆：《咸丰朝海运漕粮史料（下）》，《历史档案》1998 年第 3 期，第 34 页。

⑤ 中国第一历史档案馆：《咸丰朝海运漕粮史料（下）》，《历史档案》1998 年第 3 期，第 40 页。

也没有达到两省预报目标。由于本年外国兵舰驶入天津海口，至八月江浙两省海运船方大部抵津，水手有14人因所载漕粮不足于数，被追查责任。

咸丰九年的海运。咸丰八年十一月，“两江总督何桂清等奏请江浙新漕，仍由海运”①。得到文宗首肯。咸丰九年正月，江浙首批漕船已兑运漕粮完毕，候风待发；文宗命官员分别往天津和通州准备迎接海运。四月，文宗谕内阁有“本年海运米数较多，现在漕船陆续抵津”②。六月海运漕粮验收完竣。光绪《重修天津府志》卷30载：“咸丰九年海运江苏漕白米八十九万二千一百六十余石，浙江漕白米六十二万六百余石。”③ 两省实运合计150多万石，比上年有所增加。

当年下半年还由商人垫资海运稻米至北方。八月两江总督何桂清等奏请仿照道光年间招商贩运成案，“由商垫办采买米石，先由海运沙船起运四五十万石。以十万石为一批，从中秋后起至十一月，陆续放洋”。为文宗所采纳，他交代大臣：“此次运津米石，系该商等先行垫赀办理，亟欲运豆回南。著派陈孚恩前往天津，认真查验，随到随收，并严禁需索勒抑等弊。俾该船商迅速反棹，不致在北守冻。”④ 可见，当时文宗对商运也相当重视。

咸丰十年的海运。咸丰十年三月，文宗谕军机大臣有言：“江浙两省抵津米船，现已有二百三十余只。”⑤ 五月，天津验收海运漕粮完毕。光绪《重修天津府志》卷30载：“咸丰十年海运江苏漕白米八十九万二千一百六十余石，浙江漕白米三十六万四千五百九十余石。”⑥ 浙江运量比上年下降约五分之二。

---

① 《清文宗实录》卷269，第4册，中华书局1987年版，第1157页下栏　咸丰八年十一月壬申。

② 《清文宗实录》卷280，第5册，中华书局1987年版，第106页下栏　咸丰九年四月癸卯。

③ 《重修天津府志》，《续修四库全书》，史部，第690册，上海古籍出版社2003年版，第627页上栏。

④ 《清文宗实录》卷292，第5册，中华书局1987年版，第274页上栏下栏　咸丰九年八月己未。

⑤ 《清文宗实录》卷311，第5册，中华书局1987年版，第562页下栏　咸丰十年三月己丑。

⑥ 《重修天津府志》，《续修四库全书》，史部，第690册，上海古籍出版社2003年版，第627页上栏。

## 第二节 同治江浙漕粮海运

咸丰十一年，英法联军攻入北京，清文宗避难热河。光绪《重修天津府志》卷30载，当年仅“海运江苏漕白米三万三千三百九十余石”①。海运几乎中断。同治元年，清廷与太平军、捻军战事吃紧，漕运总督吴棠奏：“遵查江北军务正当吃紧，各营饷项，专恃钱漕接济。所有本年新漕，碍难改征本色。”② 江北军饷靠漕粮改征折色支撑，也一时无法复征本色北运京城。

按光绪《重修天津府志》，同治二年仅“海运江苏漕白米十一万八千八百九十余石”③。可知当年清军与太平军江南战事吃紧，官方海运量急剧下降。按《清穆宗实录》，同治二年江南有民间海运活动。十月阎敬铭奏：“本年六月二十二日，有上海高和顺米船，由江南佘山口放洋北上，驶至黑水外洋，遇盗劫去货物，并捐米一百余石，拒杀水手郑明瑞。现由石岛口岸放洋，赴天津交兑。”清穆宗谕军机大臣：“现在京仓所需米石，全赖海运源源接济。若不将洋面盗匪迅速扑灭，不独为米艘商船之害，将来南粮北上亦在在可虞，于仓储甚有关系。”④ 对民间商运粮食接济京师寄予厚望。

同治三年曾国藩克金陵之前，江北清军以淮扬运河为防线，阻挡捻军对里下河攻击，缺乏恢复河运的条件。同治四年正月，漕运总督吴棠奏《遵议筹办河运漕米章程十条》，表明清朝内外局面好转，可以开始河运，也可以接续海运。

同治四年江苏漕粮海运。同治四年闰五月初八日，护理江苏巡抚刘郇膏《为报苏省同治三年海运漕粮及末批放洋日期事奏折》称：江苏省同治四年海运同治三年漕粮“业将头二批兑竣，松江、太仓二府州属交仓漕白正耗米十九万六百六十余石，又苏州府属租捐采买粳正米一万一百六十

---

① 《重修天津府志》，《续修四库全书》，史部，第690册，上海古籍出版社2003年版，第627页上栏。

② 《清穆宗实录》卷47，第1册，中华书局1987年版，第1285页下栏 同治元年十月丁未。

③ 《重修天津府志》，《续修四库全书》，史部，第690册，上海古籍出版社2003年版，第627页上栏。

④ 《清穆宗实录》卷83，第2册，中华书局1987年版，第713页上栏 同治二年十月乙未。

石，同随交沙船经剥食耗等米，筹备二升余米，配装沙船，分批放洋……末批米石现已督催全数兑装，计装沙船六十六只，共装松江、太仓二府州属交仓漕白正耗米一万二千一百八十四石零，并沙船经剥食耗等米一千二百九十九石零，搭运筹备二升余米二百四十三石零。又苏州府属租捐内，采买粳正米五千八百四十石，籼正米八万四千石，随交沙船等耗米八千九百八十四石，已陆续兑装上船……于四月初十日起，联艅开出吴淞，至崇明十滧口乘风放洋北上"[①]。头、中、末三批若干项合计 313500 多石。闰五月运抵天津，验收完竣。

同治五年江浙漕粮海运。同治四年九月初九日，署两江总督李鸿章《为拟以河运节省之款酌拨海运津贴等事奏折》称：江苏同治五年海运同治四年漕粮，"苏、松、太三属漕粮，奉准三分减一，常、镇二属十分减一，仍该起运漕粮一百一十三万余石，白粮起运额米七万二千余石，共计米一百二十万余石"。当时采用以河运费用办理海运，江苏河运各项附加费用"共可得银六十九万八千六百余两，抵支海运需用银七十四万八千余两，尚有不敷银四万九千三百余两"[②]。40 年前陶澍以河运费用办海运用不完，同治五年反而不够用，可见海运行之既久，官员贪墨日重。光绪《重修天津府志》卷 30 载：当年还海运"浙江漕白米十七万九千二百五十余石"[③]。两省海运漕粮数量激增。

同治六年江浙漕粮海运。浙江在同治六年海运漕粮，不得不借资于商船。同治五年十二月，浙江巡抚马新贻奏报："近年海运漕粮，均系借资商船。该商等承运官粮，往返动逾半年，费用加增。每多赔累。"清穆宗"著准照马新贻所请，此次海运封雇各商船，于例给水脚之外，每石酌增银一钱五分，以资津贴"[④]。光绪《重修天津府志》卷 30 载："同治六年海运江苏漕白米五十万二千二十余石，浙江漕白米三十万五千六百八十余石。"[⑤] 本年江浙海运漕粮，六月验收完竣。

同治七年江浙漕粮海运。按《清穆宗实录》，同治七年二月追剿捻军的军事行动在北运河流域进行，户部奏请截留漕米以济军粮，称"海运新

---

① 叶志如：《同治年间海运漕粮史料（上）》，《历史档案》1996 年第 2 期，第 41 页。

② 叶志如：《同治年间海运漕粮史料（上）》，《历史档案》1996 年第 2 期，第 42 页。

③ 《重修天津府志》，《续修四库全书》，史部，第 690 册，上海古籍出版社 2003 年版，第 627 页下栏。

④ 《清穆宗实录》卷 191，第 5 册，中华书局 1987 年版，第 414 页上栏下栏　同治五年十二月丁亥。

⑤ 《重修天津府志》，《续修四库全书》，史部，第 690 册，上海古籍出版社 2003 年版，第 627 页下栏。

漕须三四月之交，方能抵津。专恃截漕助饷，尚恐缓不济急。且官军追贼所向靡定，漕粮抵津之日，是否仍须截留亦难豫拟”[①]。可见当年海运主要用于饷军。光绪《重修天津府志》卷30载：“同治七年海运江苏漕白米五十四万六千三百二十余石，浙江漕白米三十万二百九十余石。江北漕白米八万八千四百余石。”[②] 清廷以江苏办理海运漕粮出力，封赏参将丁仁麟、知府李铭皖。

同治七年江北参与海运。按两江总督曾国藩同治七年三月初五日《江北冬漕并归海运》，当年苏北淮安、扬州、通州三属就“实计起运米五万七千三百余石，又高邮、泰州、宝应三州县带征五年缓漕米二千四百余石，应随同新漕一并起运，共实该交仓漕粮正耗米五万九千八百余石”。[③] 河运逐渐有名无实。

同治八年江浙海运。光绪《重修天津府志》卷30载：“同治八年海运江苏漕白米六十七万二百三石，浙江漕白米三十三万一千一百六十余石，江北漕白米八万八千四百余石。”[④] 三项共109万石。直隶方面从天津海港起剥南来海运漕粮捉襟见肘：“缘近年南省沙船短缺，必得装运两次，一经进口，蜂拥到次，亟应验收起剥，俾沙船可以回转。原设剥船二千五百只，陆续满料裁除，现止剥船一千四百三十六只，本年新造三百只，亦抵一千七百三十六只，辘轳轮转尚不足用。”[⑤]《清穆宗实录》载：本年十一月“直隶总督曾国藩奏：海运南粮抵津，每日验收三万石，剥船不敷轮转。请仍照旧章，每日验收一万石。免令停兑待剥”[⑥]。此时江浙漕粮海运，时间越来越滞后；直隶方面接剥海运漕粮也效率下滑，居然难以应付，叫苦不迭。说明太平天国虽平，但吏治贪墨和渎职现象越来越严重，王朝生命力衰弱，正在越来越明显地抵消海运的优越性。

同治九年江浙漕粮海运。同治九年四月十九日，刑部尚书郑敦谨《为报在津验收江浙海运南粮事奏折》有言：“截至四月初九日止，江苏省米船共进口三百二十四只，计装正供漕白米四十八万五千一百七十二石，浙

---

① 《清穆宗实录》卷224，第6册，中华书局1987年版，第55页下栏　同治七年二月甲申。

② 《重修天津府志》，《续修四库全书》，史部，第690册，上海古籍出版社2003年版，第627页下栏。

③ 叶志如：《同治年间海运漕粮史料（下）》，《历史档案》1996年第3期，第28页。

④ 《重修天津府志》，《续修四库全书》，史部，第690册，上海古籍出版社2003年版，第627页下栏。

⑤ 叶志如：《同治年间海运漕粮史料（下）》，《历史档案》1996年第3期，第30页。

⑥ 《清穆宗实录》卷270，第6册，中华书局1987年版，第743页下栏　同治八年十一月辛未。

江省米船共进口一百二十二只，计装正供漕白米二十四万五千九百三十三石。臣等自三月二十三日开斛起，截至四月十九日止，验过江浙二省商船二百六十八只，共漕白粮米四十五万四千六百四十石零，运通拨船陆续开行三十一起，约计交仓正供已逾十分之五，较之历届尚为迅速。”[①] 看来早已不能做到沙船随到随起、随起随返。

同治十年江浙漕粮海运。江苏“计可起运漕白正耗米六十八万余石。又备带天津剥食并经耗等三款米一万八千余石，筹备二升余米一万三千余石。共起运米七十一万余石，外有支给沙船耗米五万五千八百余石，实已不遗余力”[②]。江苏海运漕粮由上海起运，“头批米石于正月二十六日兑竣放洋”，“二批米船一百五十六只，共装交仓漕白正耗米二十四万一千六百六十三石零，随装沙船经剥、食耗等米及筹备二升余米，于二月十一日起，陆续放洋”，“末批米石……共装沙卫等船九十只，计交仓漕白正耗米一十四万五千八百四十八石零，随装沙船经剥、食耗等米一万五千五百五十八石零，搭运筹备二升余米二千九百一十六石零。……于二月二十五日起，委员押令开出吴淞，驶至崇明十滧海口守风放洋”[③]。这年江苏海运规模有所回升，但较清初江苏漕粮原额，却只有三分之一强。浙江省“同治十年起运九年分杭、嘉、湖三府属漕白正耗米四十三万四千余石”，也集中上海分三批放洋，“头批起运米一十五万余石，配装七十四船，于正月二十六日陆续开至崇明十滧放洋，经臣驰奏在案。尚有未完各批米石，当即严催各属漏夜运兑，于二月十二日将二批米一十五万余石配装六十八船陆续开放。计首二两批起运漕白正耗米三十一万三千余石，又于二月二十八日，将三批扫数米一十二万一千余石，配装五十五船，陆续开至崇明十滧地方，候风放洋赴津交卸。统共正耗米四十三万四千余石，先后计装商船一百九十七只，全数起运”。[④] 江浙两省共海运漕粮 114 万余石。

同治十一年，直隶方面海粮接收盘剥效率有所提高。同治十年七月，直隶总督李鸿章奏请酌增官剥脚价及民船守候口粮：“自同治十一年为始，无论海运正供筹备剥船，每装米一百石，加给脚价银五两。并另筹接运白粮民船守候口粮银一万二千两，此项银两先尽苏浙粮道库漕项内拨解。如有不敷，即由各该省司库通融借拨。”清廷下令“即著曾国藩、张之万、

① 叶志如：《同治年间海运漕粮史料（下）》，《历史档案》1996 年第 3 期，第 31 页。
② 叶志如：《同治年间海运漕粮史料（下）》，《历史档案》1996 年第 3 期，第 32 页。
③ 叶志如：《同治年间海运漕粮史料（下）》，《历史档案》1996 年第 3 期，第 33 页。
④ 叶志如：《同治年间海运漕粮史料（下）》，《历史档案》1996 年第 3 期，第 32 页。

杨昌浚，按照李鸿章所拟妥为筹办，以利转输”①。如此，改善了直隶方面在天津接运海运漕粮及盘剥抵通州的雇工待遇。同治十一年二月，清廷“派仓场侍郎英元前往天津，会同总督李鸿章验收海运漕粮”②。可见当年漕粮海运得以照常进行。

同治十二年江浙漕粮海运，开始使用轮船。同治十一年十一月，浙江巡抚杨昌浚奏：“浙省同治十二年，起运十一年分漕白粮米共四十五万三千七百五十余石，由海运津。现因商船缺乏，议以轮船装载。”③ 同治十二年五月初一日，直隶总督李鸿章《为报江浙二省海运沙船米石验收完竣事奏析》：“计自三月二十日开斛起，至四月二十七日，沙船载运正供漕粮一律验竣。……计共收江浙二省平解籼粳漕米七十一万二千九百六十二石零，分作六十五起剥运通坝……核计江浙二省应行交仓正供米石均已足额。”④ 本年海运漕粮，浙江超过了江苏的运量。江苏省也部分使用了轮船，“苏省本届海运正漕，现提出十万石，由招商局轮船承运赴津”⑤。轮船运量大、损失少，值得推广。

同治十三年江浙漕粮海运。本年海运漕粮抵津后，改由发运省份自己运往通州，直隶方面不组织剥运。同治十二年九月，李鸿章、延煦、毕道远奏请江浙漕粮海运抵津，改令粮道自行运通。所谓粮道指起运省的粮道，而非直隶粮道。本年海运漕粮规模，按同治十二年十二月十九日两江总督李宗羲《为报苏省同治十二年征收漕粮实数并酌议海运章程事奏折》，“江苏省苏州、松江、常州、镇江、太仓五府州属，同治十三年起运十二年分征收漕白二粮，并镇江府属丹阳、金坛二县抵征及筹款采买各米石……共计交仓漕白正耗米五十八万二千二百二十七石零，并将镇江府属丹阳、金坛二县抵征钱文采买米一万五千石，又另行筹款采买米八万五千石，统计实运交仓正耗米六十八万二千二百二十七石零，并正漕项下各带津通经剥、耗食、支给沙船食耗等耗米六万三千七百六十六石零。总共计

---

① 《清穆宗实录》卷316，第7册，中华书局1987年版，第176页下栏　同治十年七月丙午。

② 《清穆宗实录》卷329，第7册，中华书局1987年版，第356页下栏　同治十一年二月庚辰。

③ 《清穆宗实录》卷345，第7册，中华书局1987年版，第549页上栏　同治十一年十一月庚戌。

④ 叶志如：《同治年间海运漕粮史料（下）》，《历史档案》1996年第3期，第36页。

⑤ 《清穆宗实录》卷347，第7册，中华书局1987年版，第571页下栏　同治十一年十二月壬申。

米七十四万五千九百九十余石，一并由海运津”[1]。本年江苏海运漕粮限于苏南四府一州，浙江海运情况不详。

光绪元年，除原有江浙两省海运漕粮外，江北、湖南、湖北加入海运，形成海运范围扩大之势。同治十三年十月，兼署湖北巡抚李瀚章奏：“湖北折征漕粮骤难改征本色，拟酌提漕折采买米三万石，由海运至津兑通，以实仓储。”[2] 十一月，湖南巡抚王文韶奏：“湖南折征漕粮，骤难复完本色。拟酌提漕折采买米二万石，由海运至津兑通，以实仓储。”[3] 十二月，两江总督李宗羲等奏：“淮扬水势甚大，运道艰阻。拟将来年江北漕米改办海运一次。”[4] 各省借行海运，遮盖自己不愿漕粮重征本色的真情。光绪元年七月，延煦、毕道远奏全漕告竣，称“本年江浙、江北、湖广海运暨山东河运、奉天额运漕粮，先后抵通。经延煦、毕道远督率坐粮厅等验收完竣”[5]。清代延续200多年的漕运行将式微。

本章要在揭示清代大行漕粮海运的潜在可能。咸丰至光绪年间，江浙漕粮主要通过海运输送天津，根本原因是黄河改道大清河入海，太平天国和捻军武装阻断运河流域所致。说明清朝有海运潜力而统治阶级因循守旧，不能自觉走上可持续之路。清末走上海运之路后，又被无官不贪、有官皆渎的吏治弄得生气全无，说明吏治腐败积累莫返不仅败坏河运，而且也迅速地败坏海运。

---

① 叶志如：《同治年间海运漕粮史料（下）》，《历史档案》1996年第3期，第38页。

② 《清穆宗实录》卷372，第7册，中华书局1987年版，第926页上栏　同治十三年十月戊子。

③ 《清穆宗实录》卷373，第7册，中华书局1987年版，第933页下栏　同治十三年十一月庚戌。

④ 《清穆宗实录》卷374，第7册，中华书局1987年版，第947页下栏　同治十三年十二月甲戌。

⑤ 《清德宗实录》卷17，第1册，中华书局1987年版，第285页上栏　光绪元年九月丙午。

# 第五十五章　清末河运和海运终结

## 第一节　河决铜瓦厢清口无黄可敌

明清两朝固守了500年河漕，咸丰五年以后逐渐形成海运为主、河运为辅格局，终于回归元代和洪武年间基本可持续状态。虽然清末从皇帝到县令都普遍主张力行海运，但过了自然可持续关过不了社会可持续关。清末漕运还是在王朝行将灭亡前终结。

已有相关研究成果，多强调社会交通运输条件新变和商品经济出现致使清人停止漕运。樊树志有言："光绪十七年（1901），清政府下令漕粮一律改征折色：'以财用匮乏，谕自本年始，直省河运海运，一律改征折色。'漕粮改征折色后，漕运便就此取消。漕运的取消，是由于商品经济发达的结果，在交通日益便利，商业日益繁荣，市场日益扩大的情况下，漕运失去了它赖以存在的基础。"[①] 姚汉源强调黄河害运，"咸丰五年以后，运河失修。旧规模尚在，唯黄河穿运自苏北清口移于山东张秋以南。清口通运变难为易，兴作甚少，而张秋运河变易为难。漕运以海运为主，河运仅江北漕米，每年常在10万石以下。旧规模不能恢复，实由于穿黄无术及山东张秋至临清间无水源"[②]。都有道理。

本书认为，光绪二十七年清廷宣布停止漕运，有自然与社会两个原因。自然原因是运道在下游切过黄河，超越中国江河水情许可过多，不可持续；社会原因是封建末世社会机体尤其是吏治病入膏肓，海运两次试行于道光初、末年，大行于咸丰年间，同治、光绪年间清廷常欲大行之而不得，因为河漕吏治腐败很快侵害海运各个角落，把海运败坏得贪墨盛行、

---

① 樊树志：《明清漕运述略》，《学术月刊》1962年第10期，第26页。

② 姚汉源：《京杭运河史》，中国水利水电出版社1998年版，第608页。

弊端丛生。最高统治者不能遏制腐败，以致漕运天怒人怨、众叛亲离，最高统治者也不能指挥各省督抚力行海运，是清人停止海运的主要原因。

咸丰五年六月，“黄河水势异涨，下北厅兰阳汛铜瓦厢三堡堤工危险。六月十八日以后，水势复长，南风暴发，巨浪掀腾。以致十九日，漫溢过水；二十日，全行夺溜，刷宽口门至七八十丈，迤下正河业已断流”①。清文宗原本力主河复故道。七月河东河道总督李钧奏报铜瓦厢河决黄水去向：“黄流先向西北斜注，淹及封丘、祥符二县村庄，复折转东北，漫注兰仪、考城及直隶长垣等县村落。复分三股：一股由赵王河，走山东曹州府迤南下注；两股由直隶东明县南北二门分注，经山东濮州、范县至张秋镇汇流穿运，总归大清河入海。”② 文宗览奏改变了主意：“黄流泛滥，经行三省地方，小民荡析离居，朕心实深轸念。惟历届大工堵合，必需帑项数百万两之多。现值军务未平，饷糈不继，一时断难兴筑。若能因势利导，设法疏消，使横流有所归宿，通畅入海，不至旁趋无定，则附近民田庐舍，尚可保卫。所有兰阳漫口，即可暂行缓堵。”③ 他指定张亮基踏勘决水所经，提出缓堵办法。

十月，张亮基经过踏勘，提出“顺河筑堰、遇湾切滩、堵截支流”等缓堵三策，经李钧奏给清文宗，被采纳推广，“兰阳漫口，现拟缓堵。直隶被水地方情形，既与祥符等县相同，著桂良督饬各该地方官，即照张亮基前拟办法三条，劝谕各该州县绅耆，集赀办理”④。于是，铜瓦厢河决抢险救灾化为地方集资自保，决水被约束起来并引向大清河入海。新黄河与会通河交汇只做简单处置。清人解决不了漕船在张秋附近跨越黄河的难题，也解决不了张秋至临清运河水源问题，漕粮河运也就难以为继了。

河夺大清河入海后漕船在张秋切过黄河，比黄河改道前在清口切过黄河要难得多，原来张秋至临清靠南旺分水行船，黄河改道后清水断流，黄水又不能用，也流不来；漕船过黄河靠绕行和灌塘（见图 55 – 1），“安山至八里庙 55 里，堤圮、河淤。行船时于缺口处挑钉木桩，联以大索，依傍牵挽。张秋至临清 200 余里，需大力开挖平顺，于黄涨灌运未消落时闭

① 《清文宗实录》卷 170，第 3 册，中华书局 1986 年版，第 887 页下栏　咸丰五年六月丙辰。

② 《清文宗实录》卷 173，第 3 册，中华书局 1986 年版，第 927 页下栏　咸丰五年七月丙戌。

③ 《清文宗实录》卷 173，第 3 册，中华书局 1986 年版，第 927—928 页上栏　咸丰五年七月丙戌。

④ 《清文宗实录》卷 180，第 3 册，中华书局 1986 年版，第 1014 页上栏　咸丰五年十月癸卯。

闸蓄水，或设法引黄分塘拦蓄以行运。又或不能引黄北入运河，不得已引坡水逐段倒塘灌放。渡黄时均改道由安山附近入盐河（坡河），东北入黄，再逆水而西至八里庙通北运河，计绕行百余里，而较经缺口、穿黄溜、过乱石枯树纵横的旧运道为平稳。但改绕此道至八里庙，仍不能使黄水入北运口”①。漕船过河难，过河后运河无水更难。

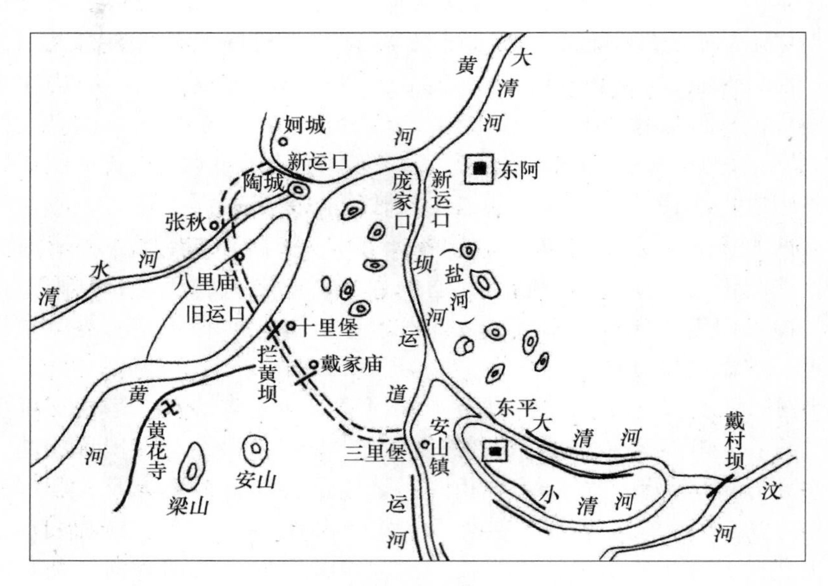


图 55－1　黄河改道后漕船过河示意图

若君明臣贤、政治清明、国势强盛的康乾盛世遇到上述河情，一定能找到新的过河办法；或者惩治吏治和漕运腐败，维持起码的吏治清明，使河运得以维持下去。但是清末政治腐败、吏治黑暗，什么都做不成，只能选择放弃漕运。

## 第二节　吏治贪墨断送河海两运

进入同治年间，清廷虽然先后剿灭了太平军、捻军及西部少数民族反清武装，实现了所谓中兴，但国家意志渐趋疲软，有令不行，有禁不止，

① 姚汉源：《京杭运河史》，中国水利水电出版社 1998 年版，第 608—609 页。

中央对地方督抚渐不能如心之运手足那样灵便。清廷既不能像康乾盛世那样延续河运辉煌，也无法像嘉庆、道光年间那样苦撑河运，只能河、海兼运而主要指望江浙海运。

咸同年间运河流域成为捻军出没之地，河运漕粮时断时续、断多续少。江浙海运量又越来越小，运到天津的漕粮越来越不够支持军国之用。于是清廷转而指望非官方海运，缓解北方粮荒。咸、同之交，清廷要求不受战火袭扰的广东、福建两省采买稻米海运天津。咸丰十一年八月，户部奏："上年经户部奏请由福建、广东二省，采买台米洋米由海运津。旋因广东省尚未覆奏，复奉朱批严催。迄今半年之久，仍未据该督等覆奏。"地方督抚居然对仓储重务、天庾正供掉以轻心，违误皇上旨意，实属有心欺君。清穆宗感到事情严重，下狠心将"两广总督劳崇光、广东巡抚耆龄均著先行交部议处，仍责令查照该部前奏，设法采买。并将现办情形即行覆奏。如再稽延，即著该部从严参处"①。结果只有福建一省小规模运些稻米北上，不异杯水车薪。

同治初，清廷又幻想身在上海督战的李鸿章动员江苏商人从湖广采办稻米出江海运，"前谕李鸿章将革守俞斌罚款银二十万两，为购买京米之用。如有不敷，于江海关洋税项下凑拨。现在，该革员罚款既难如数著追，而江海关洋税一项又属入不抵出。京仓关系紧要，自应设法接济。著照李鸿章所请，迅即劝谕商绅各富户，无论粳籼洋米，或自行捐运，或凑缴银钱，交商购运"②。商绅富户自然也没人愿意冒险。李鸿章奏请"饬湖广等省酌提漕折采办米石，解至安庆大通一带。由曾国藩添委妥员督同照料，仿拖带盐船之法，附轮船拖过金陵，驶至上海。比照海运章程，劝令沙卫各船陆续运津。其由沪接运放洋时，由李鸿章妥筹办理"③。结果清廷也未能推动各方。

这样，清廷只剩下江浙海运漕粮这根救命稻草。而海运也很快被无官不贪的吏治弄得每况愈下。以直隶方面接运海运来粮至通州入仓为例，同治十一年十二月，延煦、毕道远奏："江浙白粮到津，向雇坚大殷实民船剥运。近来弊窦丛生，私立船捐名目，公然卖放，辄以窄小破船塞责，或冒充民船应募。驾驶之人，又多官拨，船户作弊，是其惯技。本年竟有全

① 《清穆宗实录》卷3，第1册，中华书局1987年版，第107页下栏　咸丰十一年八月癸酉。

② 《清穆宗实录》卷57，第2册，中华书局1987年版，第70页下栏　同治二年二月戊寅。

③ 《清穆宗实录》卷57，第2册，中华书局1987年版，第71页上栏　同治二年二月戊寅。

船沈失，船户潜逃情事。”[1] 京畿剥运南来海漕居然如此。同治十二年九月只得改为有漕省份自雇船运通。李鸿章、延煦、毕道远奏：“本年海运白粮及轮船所载漕粮，改由粮道自顾民船运通，较用官剥船运送，米色尚为干洁。”[2] 但是这样做的结果，使漕粮海运偏累一方的不可持续属性更加突出。

进入光绪年间，吏治更加败坏。清廷的海运、漕运不过苟延残喘：光绪五年八月，清德宗谕大臣有言：“风闻江苏粮道英朴，每年押运漕粮北上，潜行来京，在私宅演戏宴客，至十月底方行回省。赴上海收米时，乘坐小轿，微服冶游。每逢北上时，辄勒令属员馈送程仪。署中各用开销，均向海运总局支取。复以敬神为名，动用工项，造成戏台，移至京城私宅自用。于上海、天津、京城开设松盛长银号，将海运公费发交生息。勒捐委员等薪水，又于上海、天津、京城开设裕丰金珠银号，惟利是图。”[3] 官员腐败如此，海运复有何望?

光绪二年至五年，《清德宗实录》皆有当年“江苏、浙江、江西、湖北海运，暨江北河运漕粮……验收完竣”[4] 记载。光绪六年至二十五年漕运难以为继，除光绪十三年十月载“本年江苏、浙江等省海运、河运漕白粮米豆石先后抵通，经兴廉等督率坐粮厅等验收完竣”[5] 记载较详外，其他年份仅有“全漕告竣”字样，个别年份连这四字也无。说明漕运时断时续，规模越来越小。

光绪二十七年七月乙丑，清德宗谕内阁：“漕政日久弊生，层层剥蚀，上耗国帑，下朘民生。当此时势艰难，财用匮乏，亟宜力除糜费，核实整顿。著自本年为始，各省河运、海运，一律改征折色。”[6] 表明清代河运、海运终结。

陶澍主导下的道光六年苏南漕粮海运，为清代首次海运实践，也未能

① 《清穆宗实录》卷347，第7册，中华书局1987年版，第564页上栏　同治十一年十二月壬申。

② 《清穆宗实录》卷357，第7册，中华书局1987年版，第726页下栏　同治十二年九月乙丑。

③ 《清德宗实录》卷100，第2册，中华书局1987年版，第497页上栏　光绪五年九月丙戌。

④ 《清德宗实录》卷104，第2册，中华书局1987年版，第539页上栏　光绪五年十一月甲申。

⑤ 《清德宗实录》卷248，第4册，中华书局1987年版，第341页下栏　光绪十三年十月壬寅。

⑥ 《清德宗实录》卷485，第7册，中华书局1987年版，第404页上栏　光绪二十七年七月乙丑。

摆脱贪官污吏的破坏、掣肘，以及贪赃枉法的浸染、侵害。现在保存下来的海运史料，多是封疆大吏的官样文章，或官府做的文献搜集，其中不乏对史实美化和粉饰，未能反映海运基层深处的黑暗、龌龊。贪官污吏破坏漕粮海运的鬼蜮伎俩，于当时下层诗人的诗作中才有较为充分的反映。

道光诗人齐彦槐有《海运四事诗》。诗小序有言："海运非不可行，当道者遏之，使不得行。有四事焉，作诗以告欲行海运者。"[①] 所谓当道者，即陶澍手下的道台、知府、县令及其衙吏。组诗的第一事为《增脚价》，道台故意高定海运脚价，"民愁脚价贵，官愁脚价贱。脚价本不昂，官能使之变。……船商处处歌，豆贾家家叹。二虫亦何知，观察有高见。此价报朝廷，海运将不办"[②]。清人称道员为观察，他们故定高价以吓退主张海运者。第二事为《减沙船》，"朝廷虑船少，官乃虑船多。……讵知吏胥辈，丈尺不同科。往往捉鳅虾，而反遗蛟鼍。观察察不察，腹心托群魔"。选择海船时有意弃大用小，以败海运。第三事为《限米石》，"沙船赴关东，运载豆与麦。关斛一千担，尚未尽船力。关斛折仓斛，二千五百石。……今船放者半，载又虚半额"。诗中注云："大号沙船限载六百石，中号限载四百石。"[③] 公然做手脚，浪费运力。第四事为《索麻袋》，"沙船运者豆，从来不用袋。漕艘运者米，亦复无袋载。白粮避尘沙，入袋便负载。登舟袋乃去，散以贮舱内。……袋盛气以闭，坏则全袋坏。海运不忧热，何苦速之败"。诗中注云："麻袋惟白粮用之。……今仓促欲觅二百四十万袋，何可得耶?"[④] 贪官污吏是漕粮河运的寄生虫，以为海运会断了自己生路。破坏海运狼子野心，何其毒也?

齐彦槐《海运四诗寄潘吾亭观察》，乃诗人在"海运既定，予将辞归"之际，"有数事万难已于言者。不敢以身在局外而不为当道者告也"。意在揭露贪官污吏破坏海运的鬼蜮伎俩。组诗其一告诉当局雇船可查县牌，"沙船耆舵水手人数有县牌可稽，受载多者人数必不能少，大约十四人以上者皆宽大之船；再验船照往来关东，揽载不绝者其船必坚固可用"[⑤]。意在破贪官污吏借雇船坏海运的图谋。其二告当道海运不该再收帮费，"今既行海运，运丁索无从。……奈何敛帮费，仍与河运同。沙船本无帮，帮费名为空。……大吏当如聋，竟下符牒征"。其三提醒当局要提防宁波纲

① 张应昌编:《清诗铎》，上册，中华书局1960年版，第70页。
② 张应昌编:《清诗铎》，上册，中华书局1960年版，第70页。
③ 张应昌编:《清诗铎》，上册，中华书局1960年版，第71页。
④ 张应昌编:《清诗铎》，上册，中华书局1960年版，第72页。
⑤ 张应昌编:《清诗铎》，上册，中华书局1960年版，第72页。

划船鱼目混珠，“纲划船者，蔡牵余党，今编入宁波渔户。常潜来江南，沙船受其害。……今贿通县吏，改变名号，遂乘间挽运以弛其禁。其船小而敝，不堪受载。守令不察，竟允其请”。其四告诫当局海运耗米不能取消，“昨日商船来，见我纷涕泣。不为脚价减，中为耗米失。人言河运迟，不似海运疾。迟则耗难无，疾则耗不必。岂知海风大，更比河风急。河风吹一旬，海风吹一日。风能干万物，况米本潮湿”①。而贪官污吏居然取消海运加耗，破坏海运之心昭然若揭也。

可见在封建社会、尤其是清代无官不贪的后期行对法治、计划、清廉、科学要求很强的漕运，不变革社会制度、清除吏治腐败，漕粮海运仅仅解决了自然领域的可持续问题，没有解决社会制度的可持续问题，海运便像河漕一样垮下去。

---

① 张应昌编：《清诗铎》，上册，中华书局1960年版，第73—74页。

# 第五十六章　明清漕运改革知与行

## 第一节　明代漕运改革知与行

在下游接入黄河坚持河运，黄河冲垮淤塞运道不已，违背江河水情许可和自然规律过多；河、漕官吏贪得无厌，专制政体和私有经济不胜其任。明清两朝有识之士呼吁改革漕运，但统治阶级以从江浙数省无偿攫取数百万石漕粮为大幸，奉一河独运为至宝，不愿稍离河运现状半步，因循守旧顽固不化，把改革意向扼杀在摇篮中。

已有漕运研究成果，不多见漕运改革内容。唯彭云鹤《明清漕运史》第十一章“商船海运漕粮的试行和由河运向海运的转变”，涉及漕运改革实践。但作者漕运改革的内涵和外延仅限于商运和海运，未免过于狭小。本书认为，明清两朝漕运改革呼声和实践，继承先明可持续漕运优良传统，是当时有识之士为统治者设计的可持续之路，反映两朝河漕可持续潜在可能。

隆庆六年，“淮安而上清河而下，正淮、泗、河、海冲流之会。河潦内出，海潮逆流，停蓄移时，沙泥旋聚，以故日就壅塞”[①]。漕粮河运到了难以为继的地步。且江南有限漕粮千辛万苦运到北方，逐渐不敷于用，“太仓岁入少，不能副经费，而京、通二仓积贮无几”[②]。说明隆庆、万历之交京城和北方驻军吃客日广。在这种情况下，万历三年工科给事中徐贞明上水利议：

> 神京雄踞上游，兵食宜取之畿甸，今皆仰给东南。岂西北古称富

---

① 《明史》卷83，中华书局2000年版，第1362页。

② 《明史》卷214，中华书局2000年版，第3774页。

强地，不足以实廪而练卒乎。夫赋税所出，括民脂膏，而军船夫役之费，常以数石致一石，东南之力竭矣。又河流多变，运道多梗，窃有隐忧。闻陕西、河南故渠废堰，在在有之；山东诸泉，引之率可成田；而畿辅诸郡，或支河所经，或涧泉自出，皆足以资灌溉。北人未习水利，惟苦水害，不知水害未除，正由水利未兴也。盖水聚之则为害，散之则为利。今顺天、真定、河间诸郡，桑麻之区，半为沮洳，由上流十五河之水惟泄于猫儿一湾，欲其不泛滥而壅塞，势不能也。今诚于上流疏渠浚沟，引之灌田，以杀水势，下流多开支河，以泄横流，其淀之最下者，留以潴水，稍高者，皆如南人筑圩之制，则水利兴，水患亦除矣。

至于永平、滦州抵沧州、庆云，地皆萑苇，土实膏腴。元虞集欲于京东滨海地筑塘捍水以成稻田。若仿集意，招徕南人，俾之耕艺，北起辽海，南滨青齐，皆良田也。宜特简宪臣，假以事权，毋阻浮议，需以岁月，不取近功。或抚穷民而给其牛种，或任富室而缓其征科，或选择健卒分建屯营，或招徕南人许其占籍。俟有成绩，次及河南、山东、陕西。庶东南转漕可减，西北储蓄常充，国计永无绌矣。[①]

此议的基本精神是，加强京畿稻米生产，减少对江南漕粮的依赖。其中论及漕粮南来成本太高，消耗数石运到京畿一石，用在运河整治、治河通漕、漕船运军上的费用是运到漕粮的数倍。接着论及河运妨害两岸农业水利，损失之大骇人听闻。山东泉源入运则农田无灌溉之利，畿辅运河雨则成灾，河西洪水无入海之路；旱则浅涩，盘剥费用巨大。还论及畿辅农田水利基本建设的巨大潜力，以畿辅农田水利建设带动山东、山西，促使北方粮食生产得到发展，从根本上缓解北方粮食紧张的实施途径。

如此治国安邦良策，其初不为朝臣所理解，“事皆下所司。兵部尚书谭纶言勾军之制不可废。工部尚书郭朝宾则以水田劳民，请俟异日。事遂寝”[②]。被束之高阁。万历四年，徐贞明在赴任太平府知府途中在通州客舍著《潞水客谈》。《四库全书》提要有言：“曾以他事外谪太平府知府，不能再疏理前说，乃于通州旅次作此书，设为宾主问答之辞，以尽疏中之意。前有万历丙子张元忭序。”[③] 万历丙子即万历四年。对前议进行了进一

① 《明史》卷223，中华书局2000年版，第3923—3924页。

② 《明史》卷223，中华书局2000年版，第3924页。

③ 《钦定四库全书总目》卷75，《四库全书》，第2册，上海古籍出版社1987年版，第582页。

步的完善，提出著名的发展畿辅水田事业有十四利之说："西北之地旱则赤地千里，潦则洪流万顷，惟雨旸时若，庶乐岁无饥，此可常恃哉？惟水利兴而后旱潦有备，利一。中人治生，必有常稔之田，以国家之全盛独待哺于东南，岂计之得哉？水利兴则余粮栖亩皆仓庾之积，利二。东南转输其费数倍。若西北有一石之入，则东南省数石之输，久则蠲租之诏可下，东南民力庶几稍苏，利三。西北无沟洫，故河水横流，而民居多没。修复水田则可分河流，杀水患，利四。西北地平旷，寇骑得以长驱。若沟洫尽举，则田野皆金汤，利五。游民轻去乡土，易于为乱。水利兴则业农者依田里，而游民有所归，利六。招南人以耕西北之田，则民均而田亦均，利七。东南多漏役之民，西北罹重徭之苦，以南赋繁而役减，北赋省而徭重也。使田垦而民聚，则赋增而北徭可减，利八。沿边诸镇有积贮，转输不烦，利九。天下浮户依富家为佃客者何限，募之为农而简之为兵，屯政无不举矣，利十。塞上之卒，土著者少。屯政举则兵自足，可以省远募之费，苏班戍之劳，停摄勾之苦，利十一。宗禄浩繁，势将难继。今自中尉以下量禄之田，使自食其土，为长子孙计，则宗禄可减，利十二。修复水利，则仿古井田，可限民名田。而自昔养民之政渐可举行，利十三。民与地均，可仿古比闾族党之制，而教化渐兴，风俗自美，利十四也。"气盛言宜，论证雄辩。此论在当时引起巨大反响，"谭纶见而美之曰：'我历塞上久，知其必可行也。'"① 后来，顺天巡抚张国彦、副使顾养谦在蓟州、永平、丰润、玉田等地按照徐贞明学说进行实践，已经初见成效。

按《明神宗实录》，万历十一年经给事中王敬民力荐，徐贞明被召还朝，任尚宝司司丞，十二年与徐待言一起再上畿辅水利议，这次得到户部全盘肯定和大力赞同。十三年三月己丑，经御史苏瓒、徐待力，给事中王敬民极力推荐，明神宗"特加贞明尚宝司少卿，赐专敕，令与抚按官勘议"②。不久巡关御史苏酂又单独上疏力赞徐贞明发展畿辅水稻生产的主张："治水与垦田相济，未有水不治而田可垦者也。畿郡之水为患莫如芦沟、滹沱二河……又合涞、易、濡、雹、沙、滋诸水散入各淀，而泉渠溪港悉从而注之。是以高桥、白洋等淀大者广圆一二百里，小者四五十里，汇为巨浸，每当夏秋霖潦之时，膏腴变为舄卤，菽麦化为萑蒲矣。夫水患之当除，大概有三：曰浚河以决水之壅也，曰疏渠以杀淀之势也，曰撤曲

① 《明史》卷223，中华书局2000年版，第3925页。

② 《明神宗实录》卷159，第2册，线装书局2005年版，第176—177页下栏上栏　万历十三年三月壬辰。

防以均民之利也。唐刺史卢晖于河间开长丰渠，引水东流以溉田；宋临津令黄懋屯田雄、莫等州，置斗门引淀水灌溉，民赖其利。嘉靖初，巡抚许宗鲁浚三岔口引渚淀入海，而景州知州刘深开千顷洼导决河入渠，民免水患，此皆昔人遗法而近世行之有效者也。"[①] 工部奏请令徐贞明结合苏酂方案研究疏浚潴蓄之法。徐贞明一时众望所归，成为发展北方粮食生产的核心人物。

徐贞明亲历京城以东州县，"相原隰，度土宜，周览水泉分合，条列事宜以上"。户部尚书毕锵大力赞襄，"因采贞明疏，议为六事：请郡县有司以垦田勤惰为殿最，听贞明举劾；地宜稻者以渐劝率，宜黍宜粟者如故，不遽责其成；召募南人，给衣食农具，俾以一教十；能垦田百亩以上，即为世业，子弟得寄籍入学，其卓有明效者，仿古孝弟力田科，量授乡遂都鄙之长；垦荒无力者，贷以谷，秋成还官，旱潦则免；郡县民壮，役止三月，使疏河芟草，而垦田则募专工"。神宗采纳其议，"其年九月，遂命贞明兼监察御史领垦田使，有司挠者劾治"[②]。风云际会，似乎马上就能大有作为。

徐贞明也的确锐意力行，"贞明先诣永平，募南人为倡。至明年二月，已垦至三万九千余亩。又遍历诸河，穷源竟委，将大行疏浚"。但是此后遭到既得利益集团和守旧势力的群起反对。其中王之栋反对尤力，"王之栋，畿辅人也，遂言水田必不可行，且陈开滹沱不便者十二。帝乃召见时行等，谕令停役。时行等请罢开河，专事垦田。已，工部议之栋疏，亦如阁臣言。帝卒罢之，而欲追罪建议者，用阁臣言而止"[③]。得申时行保护之力，徐贞明虽然没被追究，但畿辅水田事业中断，他本人也死于万历十八年。

御史王之栋为何如此起劲地反对徐贞明利国利民的建议呢？因为他害怕畿辅稻米生产成大气候，江南派漕之苦会加在畿辅人身上。"初议时，吴人伍袁萃谓贞明曰：'民可使由，不可使知。君所言，得无太尽耶？'贞明问故。袁萃曰：'北人惧东南漕储派于西北，烦言必起矣。'贞明默然。已而之栋竟劾奏如袁萃言。"[④] 徐贞明治国之至计不行于时，真乃明代一大悲剧。

---

① 《明神宗实录》卷159，第2册，线装书局2005年版，第177页上栏　万历十三年三月壬辰。

② 《明史》卷223，中华书局2000年版，第3925页。

③ 《明史》卷223，中华书局2000年版，第3925—3926页。

④ 《明史》卷223，中华书局2000年版，第3626页。

稍后于徐贞明大力发展畿辅农业的还有汪应蛟。万历二十年至二十五年，天津巡抚汪应蛟“见葛沽、白塘诸田尽为污莱，询之土人，咸言斥卤不可耕。应蛟念地无水则碱，得水则润，若营作水田，当必有利。乃募民垦田五千亩，为水田者十之四，亩收至四五石，田利大兴”①。垦田5000亩，亩收近千斤，总产近500万斤，这是汪应蛟不事张扬、埋头实干的好处。

后来汪应蛟移职保定巡抚，上疏神宗，奏请天津大行垦田：“天津屯兵四千，费饷六万，俱敛诸民间。留兵则民告病，恤民则军不给，计惟屯田可以足食。今荒土连封，蒿莱弥望，若开渠置堰，规以为田，可七千顷，顷得谷三百石。近镇年例，可以兼资，非独天津之饷足取给也。”因军之力以屯田养军，既留兵而不病民，只有清官循吏才能想得出。汪应蛟“因条画垦田丁夫及税额多寡以请，得旨允行”②。屯田实践渐有规模。不久，汪应蛟又上书言冀南大兴水利之事：

> 臣境内诸川，易水可以溉金台，滹水可以溉恒山，溏水可以溉中山，滏水可以溉襄国，漳水来自邺下，西门豹尝用之，瀛海当诸河下流，视江南泽国不异。其他山下之泉，地中之水，所在而有，咸得引以溉田。请通渠筑防，量发军夫，一准南方水田之法行之。所部六府，可得田数万顷，岁益谷千万石，畿民从此饶给，无旱潦之患。即不幸漕河有梗，亦可改折于南，取籴于北。③

在汪应蛟眼中，河北境内诸水，如易水、滹水、溏水、滏水、漳水兴修得当，皆可兴无穷之利；瀛海在九河下梢，水利条件近于江南，可推广江南水田植稻技术。若真像他说的那样，六府可得田数万顷，收稻谷千万石，京畿一带自成粮仓，还漕运江南粮干什么？但是，此时的统治者已经没了张居正改革期间那种务实兴邦精神，“杨一魁亟称其议，帝亦报许，后卒不能行”④。汪应蛟富国之计，竟成画饼。说明明神宗昏聩，不力挺正确国家意志，也不扶持清官循吏势力。既得利益集团异化为漕运改革的抵触者，却左右着明神宗朝的政治走向。

但是，北直隶农业生产的确有加强的必要，不以人们的意志为转移。

---

① 《明史》卷241，中华书局2000年版，第4187页。
② 《明史》卷241，中华书局2000年版，第4187页。
③ 《明史》卷241，中华书局2000年版，第4187页。
④ 《明史》卷241，中华书局2000年版，第4187页。

所以万历末年，屯田之议再起，也收到一定成效。稍晚于汪应蛟，左光斗为官主政屯田时上书："北人不知水利，一年而地荒，二年而民徙，三年而地与民尽矣。今欲使旱不为灾，涝不为害，惟有兴水利一法。"他具体地提出三因十四议，来推动畿辅屯田事业："因天之时，因地之利，因人之情；曰议浚川，议疏渠，议引流，议设坝，议建闸，议设陂，议相地，议筑塘，议招徕，议择人，议择将，议兵屯，议力田设科，议富民拜爵。其法犁然具备，诏悉允行。水利大兴，北人始知艺稻。"以致"三十年前，都人不知稻草何物，今所在皆稻，种水田利也"[①]。左光斗屯田种稻也只能小有成效，未能在畿辅蔚成大业。

## 第二节　清代漕运改革知与行

由于清代八旗人丁聚居畿辅，他们盘踞良田沃壤却坐食铁杆庄稼，多靠漕粮养活。所以无人敢议发展畿辅水稻生产、减少南漕话题。清人漕运改革知与行，主要集中在以海运代河运、以商业营运代行政运作上。此外，黄河北行说也有否定河漕意义。

清代以商办代官办、以海运代河运漕运改革呼声和实践值得借鉴。清代沿海省份之间海运非漕粮调剂有无丰歉，保持着相当规模的海运，其详尽情况见本书第四十八章清代非漕粮海运。此外，还有其他物资海运，乾隆四十八年六月雷雨，雷击西直门角楼并皇宫体仁阁，清高宗谕军机大臣有言："购买木植，一时亦未能凑手。现在海运木植十一万九千余件，于九月内到京，足敷应用。"[②] 将近 12 万根木料，九月里水运至京，当然是从海上运来，由天津入内河，由北运河转运京、通。当然，木材运输不一定用船。

嘉庆九年洪泽湖水低力弱，江南粮船出不得清口，"乃筹海运一法，招致商船约可得四百余艘，每艘可载米一千五百余石，装卸之程，脚价之费，俱议章程，以待不虞。后河道复通，遂不复用"[③]。可见当时海运条件之完备。

---

① 《明史》卷 241，中华书局 2000 年版，第 4230 页。

② 《清高宗实录》卷 1182，第 15 册，中华书局 1986 年版，第 836 页下栏　乾隆四十八年六月甲戌。

③ 《畿辅通志》卷 106，《续修四库全书》，史部，第 633 册，上海古籍出版社 2003 年版，第 310 页下栏。

道光五年九月初二日，两江总督琦善等《为苏松等府州漕粮全由海运并酌定章程事奏折》中反映江、浙两省沿海海运潜力，“兹据江苏藩司贺长龄、前任河北道邹锡淳，前赴上海会同苏松太道潘恭常督同府县查明，上海地方向有本省大、中两号沙船，每船装米自数百石至二千石不等，又有浙江省之蜑船及三不像等船，与沙船大小相似，向亦往来天津，熟悉北洋沙线，堪以备雇。已据陆续具到，承揽共有沙船一千余号、三不像等船数十号，由该司道等核议章程，详请具奏前来。臣等查，上海沙船既经雇有一千余号，来年海运一事，必可试行”①。今人考证，“十九世纪五十年代以前……我国东北、山东牛庄和登州的大豆向来都是用沙船运往上海，转销东南各省，这种‘豆石运输’是中国沿海的传统大宗转运贸易。承运豆石的沙船在道光年间约有3000只，在咸丰年间有2000余只，船工水手多达10余万人，是它事业发展的巅峰时期”②。也见道光五年前后航海船只数量之多，沿海海运规模盛大。

道光年间漕运改革，主张以商业操作来运营漕运、以海运代替河运的代表人物，是江苏巡抚陶澍。

道光五年，陶澍由安徽巡抚调任江苏巡抚。“先是洪泽湖决，漕运梗阻，协办大学士英和陈海运策，而中外纷议挠之。澍毅然以身任，奏请苏、松、常、镇、太五府州漕粮百六十余万石归海运，亲赴上海，筹雇商船，体恤商艰，群情踊跃。六年春，开兑，至夏全抵天津，无一漂损者，验米色率莹洁，过河运数倍。商船回空，载豆而南，两次得值船余耗米十余万石，发部帑收买，由漕项协济天津、通仓之用，及调剂旗丁，尚节省银米各十余万。事竣，优诏褒美，赐花翎。”③ 他之所以能成功，全在以新观念经营海运，诸如以商业操作代替行政管理，以利益驱动代替官府驱动。

通过利益驱动调动商人和船主海运积极性。商人和船主以追求利润为目的，要使他们乐于参与海运，必须让他们感到有利可图。陶澍给商人和船主发放安民告示：沙船“载米一石，即有一石之价”④。委员将水脚银两直接发放到船主手上。在海运中，允许沙船带一定土宜。规定每只沙船可

① 叶志如：《道光五年议行漕粮海运事宜史料（下）》，《历史档案》1988年第4期，第25页。

② 倪玉平：《漕粮海运与清代社会变迁》，《江淮论坛》2002年第4期，第51页。

③ 《清史稿》，第38册，中华书局1977年版，第11605—11606页。

④ （清）陶澍：《会同总督酌议新漕海运章程折子》，《陶澍集》，上册，岳麓书社1998年版，第115页。

以留二成装载客货，而且所载土宜行销北方予以免税。

保护商人和船主利益，让他们感到参与海运非常安全。商人和船主思想境界高的不多，不能奢望他们为国牺牲个人利益。只有感到海运安全合算，他们才会踊跃参加。官府声明保护商人不受吓诈、劫掠，《晓谕沙船告示》明确表示，“倘有各衙门吏役土棍人等，假公济私，吓诈尔等，本部院严查密访”，一旦发现，即以“阻挠军国计例处死、治罪，决不宽饶”[①]。为防止海运途中匪徒打劫，陶澍令沿海水师会哨巡防，派“武职大员二人，押坐商船，以资保护”[②]。先前，商人最怕官府禁海，而现在不仅鼓励出海，而且有官方保护。此举最能激发商人感恩图报之心。

给商人以进身之阶，让商人觉得参与海运脸上有光、前途光明。按运粮多少奖励运粮人员，运米 1 万石给予匾额，运米 1 万—5 万石“分别给予职衔、顶戴”[③]。给予海运有突出贡献的人一定政治荣誉和社会地位，能激发他们的海运热情。

明清漕额分配严重不均，有漕省份不过七八省，近半漕额集中于江南省的现状，桎梏了漕运改革手脚。因为整个社会，从皇帝到州县官吏，都把江南省看作再也找不到第二个的冤大头；除了江南省，谁都担心自己成为第二个冤大头。可以这样说，漕额严重不均是明清漕运无法通过改革进入社会公平。明清漕运向粮农无偿攫取漕粮，漕农变相承担漕粮运输和储存的全部费用，这在统治阶级看来是绝不能丢掉的抱在怀里的金砖。所以，统治者死活不愿改官办军运为官买商运、市场操作。即使晚清一些年份试行商运海运，但前提是以原有漕费办海运，羊毛出在羊身上，仍然让粮农负担一切，统治阶级做无本万利生意。所以，漕粮征收、运输、储存无偿由粮农承担的漕运体制，是明清漕运通过改革进入社会公平状态的绊脚石。

海运成功的次年，清宣宗决策恢复河运、停止海运，是统治阶级担心海运触动封建王朝的统治基础。

清朝学者被文字狱吓坏了，没人敢提和皇帝意见相反的主张。治河通漕领域清人也不敢像明人那样自由争鸣，从来不曾有非官员提请海运，一

---

① （清）陶澍：《筹办海运晓谕沙船告示》，《陶澍集》，下册，岳麓书社 1998 年版，第 279 页。

② （清）陶澍：《会同总督酌议新漕海运章程折子》，《陶澍集》，上册，岳麓书社 1998 年版，第 116 页。

③ （清）陶澍：《会同总督酌议新漕海运章程折子》，《陶澍集》，上册，岳麓书社 1998 年版，第 116 页。

般官员也只在皇帝让议海运时才陈述个人意见。清圣祖虽有两次提议局部海运之举，但最终决计坚持河运。之后，雍乾之世皇帝十分专注于河运，不仅很少想海运，而且也很少想运道双轨化。倒是黄河北归说，有漕运改革意蕴。

明人普遍认为黄河流经明祖陵所在的泗州附近，有利于王朝气数盛旺，所以他们的治河通漕，既让黄河南行，又不让蓄清敌黄危及明祖陵。而清人没有这一顾虑，他们不仅放手让洪泽湖水淹没泗州城以蓄清敌黄，而且很多人主张黄河北归。清代主张黄河北归从大清河入海的，康熙年间有胡渭，乾隆年间有陈法、嵇璜，乾隆、嘉庆间有孙星衍，道光年间有魏源、冯桂芬。

胡渭《禹贡锥指》"康熙乙酉恭逢圣祖仁皇帝南巡，曾进御览"①。黄河由大清河入海主张，见于该书卷13下：

> 封丘以东，地势南高而北下，河之北行其性也。徒以有害于运，故遏之使不得北而南入于淮。南行非河之本性，东冲西决，卒无宁岁，故吾谓元明之治运得汉之下策，而治河则无策。何也？以其随时补苴，意在运而不在河也。设会通有时而不用，则河可以北。先期戒民，凡田庐冢墓当水之冲者悉迁于他所，官给其费且振业之。两岸之堤增卑倍薄，更于低处创立遥堤，使暴水至得左右游波，宽缓而不迫。诸事已毕，然后纵河所之决金龙注张秋，而东北由大清河入于勃海，殊不烦人力也。……但得东北流入勃海，天文地理两不相悖，而河无注江之患，斯亦足矣。②

但是，胡渭没有论及改河以后漕运如何坚持，其中"设会通有时而不用"，大概是要取消漕运，或弃河运而就海运。所以，这样的议论统治阶级当然不会采纳。况且，胡渭身不在朝而在野，其书清圣祖不一定细加研读，所以在当时产生不了大的影响。

陈法著《河干问答》，其中《论河道宜变通》一篇，预言"河道终当

---

① （清）胡渭：《禹贡锥指》，《四库全书》，经部，第67册，上海古籍出版社1987年版，第211页。

② （清）胡渭：《禹贡锥指》，《四库全书》，经部，第67册，上海古籍出版社1987年版，第706页。

有改易之日，吾存其说以俟后世，不亦可乎？"[1] 所谓改易，即黄河由夺淮入海到夺济入海。黄河北行可行性：一是引明人刘大夏所言河南、山东地势西南高而东北低，万恭所言河南地势南高北下，指出黄河东南流向徐州、淮安是"强河使之南"。二是列举历史上黄河决口"多自金龙口其北""多由濮、范注张秋，由大清河入海"[2]，如弘治二年河决金龙口下曹县冲张秋，弘治五年复决金龙口溃黄陵冈再犯张秋由东阿盐河入海；万历十五年、三十年黄河两决金龙口，崇祯四年复决金龙口冲张秋；顺治五年河决封丘朱源寨，九年河决封丘大王庙口，朱源寨、大王庙口都在金龙口附近，决水都冲向张秋；康熙六十年、六十一年，黄河两次决于武陟，决水冲张秋入海，证明黄河南行是"拂其就下之性"。三是黄河自大清河入海，河道现成，且与清朝国号相符。"今自东明而东，皆有洪、黎等河故道；自张秋而下至于海，所谓大清河即济、漯之故渎，深至二丈余，宽至数十丈，每年惟有戴村坝减下之水行之，此亦天之所以待黄流也。而大清适符国号，岂非河至今日必行此道耶？"[3] 四是预示黄河改道大清河入海有二十二利，"夫有此无穷之利，而人不敢为，非尽为漕之计也，蹈常习故苟为自全之计，未有能不顾一身之利害而以国家之縻费为可惜、民生之昏垫为可悯者，是可叹也矣"[4]。根据陈法罗列改道之利二十二条，改道之后仍然坚持河运，但并未说明如何坚持河运。

嵇璜是乾隆朝的河道总督，《清高宗实录》载有其主张黄河改道的动议。其事发生在乾隆四十六年十二月，清高宗谕大臣：

> 又谕：本日据阿桂、李奉翰、韩鑅覆奏：嵇璜前奏令黄河北流仍归山东故道，其事必不可行各折，已批交该部知道矣。此事前据嵇璜面奏，朕揣度形势，早知其难行。无论黄河南徙，自北宋以来至今已阅数百年，即以现在青龙岗漫口情形而论，其泛溢之水由赵王河归大清河入海者，止有二分；其由南阳、昭阳等湖汇流南下归入正河者，仍有八分。岂能力挽全河之水使之北注，此事势之显而易见者。从前

---

① （清）陈法：《河干问答》，戴文年主编《西南稀见丛书文献》，第2辑第24卷，兰州大学出版社2002年版，第57页。

② （清）陈法：《河干问答》，戴文年主编《西南稀见丛书文献》，第2辑第24卷，兰州大学出版社2002年版，第58页。

③ （清）陈法：《河干问答》，戴文年主编《西南稀见丛书文献》，第2辑第24卷，兰州大学出版社2002年版，第60页。

④ （清）陈法：《河干问答》，戴文年主编《西南稀见丛书文献》，第2辑第24卷，兰州大学出版社2002年版，第64—65页。

孙嘉淦亦曾有此议，究以形势隔碍难行，其说遂寝。今嵇璜复有此奏，是以降旨询问阿桂等，令各就所见，据实覆奏。兹据阿桂等覆奏，俱称揣时度势断不能行。其词若合一辙。且称始而南流八分者，继则全归南注。地形北高南低，水性就下，惟应补救弊，以复其安流顺轨之常。山东地高于江南，若导河北注，揆之地形之高下、水性之顺逆，断无是理等语。谅阿桂等必揣合朕意，故为此奏。但嵇璜尚素为熟悉河务之人，其前奏使河流仍归山东故道之语，亦必中有所见。即使其事难行，而其言为要工起见，究属因公。[①]

可知：嵇璜提议改道，也并未设计出漕船渡过新黄河的工程技术，这是其说不行的首要原因。当时缺乏准确的地形测量，清高宗、阿桂君臣主观上认为大清河一线高于徐州、淮安黄河经行之地，根据是青龙岗黄河漫水二分入大清河，八分入会通河南下，后来又全水南下，颇能唬人。其实青龙岗在豫东杞县，河决必冲张秋的金龙口在豫北的封丘，河决青龙岗只二分水入大清河，其他八分决水皆南下入淮，并不能否定河决金龙口必将全入大清河，因为青龙岗在豫东离大清河远，而金龙口在豫北离大清河近。后来咸丰五年黄河夺济入海便是明证。

孙星衍为嘉庆朝河工能臣，“嘉庆元年七月，曹南水漫滩溃决单县地，星衍与按察使康基田鸠工集夫，五日夜，从上游筑堤遏御之，不果决。基田谓此役省国家数百万帑金也。寻权按察使，凡七阅月……及回本任，值曹工漫溢，星衍以无工处所得疏防咎，特旨予留任。曹工分治引河三道，星衍治中段。毕工，较济东道、登莱道上下段省三十余万”[②]。可见其治河内行。其《禹厮二渠考序》一文明确提出河行北道主张：“且夫浚齐桓已塞之河，复大禹二渠九河之迹，神功也；河名大清，百川之所朝宗，美瑞也；东北流，环拱神京，胜于屈南东注之势，地利也；省南河设官岁修亿千万之费，涸出东南亿千万顷之地，足资东方工用赈恤、量移民居而有余，致数十百年安澜之庆，转祸为福之大机也。”[③] 急言竭论，改河之志甚坚。

魏源《筹河篇》，上中下言黄河改道在咸丰初，离河决铜瓦厢夺大清

---

① 《清高宗实录》，《清实录》，第15册，中华书局1986年版，第366页上栏下栏　乾隆四十六年十二月己卯。

② 《清史稿》，第43册，中华书局1977年版，第13225页。

③ 《孙渊如先生全集》，《续修四库全书》，集部，第1477册，上海古籍出版社2003年版，第318页。

河入海不过数年。上篇论述改河必要性，清口一带黄河“中满倒灌，愈坚愈厚愈长，两堤中间，高于堤外四五丈，即使尽力海口，亦不掣通千里长河于期月之间，下游固守，则溃于上，上游固守，则溃于下。故曰：由今之河，无变今之道，虽神禹复生不能治，断非改道不为功”[①]。中篇论改河实际操作，“乘冬水归壑之月，筑堤束河，导之东北，计张秋以西，上自阳武，中有沙河、赵王河，经长垣、东明二县，上承延津，下归运河，即汉、唐旧河故道。但创遥堤以节制之，即天然河槽。张秋以东，下至利津，则就大清河两岸展宽，或开创遥堤……河即由地中行，无高仰，自无冲决”[②]。下篇论改河阻力所在，“仰食河工之人，惧河北徙，由地中行，则南河东河数十百冗员，数百万冗费，数百年巢窟，一朝扫荡，故簧鼓箕张，恐喝挟制，使人口讋而不敢议”[③]。魏源改道主张若在提出当年实施，可变河决铜瓦厢自然灾害之悲剧，为人定胜天、顺应规律驾驭黄河之华章。

从表面上看，清代黄河北归说，因为没有设计出北归后，江南漕船如何过新黄河北上京通，所以不受最高统治者重视，未被采纳付诸实践。实际上，黄河北归坚持河运，技术上唯一可行的办法是翻坝过黄河，由此可知黄河北归有恢复河、运不交的可持续意义。

从实质上看，黄河南行是明清坚持河运的根本基础，清代有识之士呼吁黄河北行，还有反对河运、主张海运意蕴。由此而论黄河北归说，漕运可持续的积极意义更大。

## 第三节　明清河漕持续潜在可能

可持续不仅是当今社会发展主旋律，而且是历史研究的新视角。持续发展理论是人类文明进步的结晶。20 世纪七八十年代国际社会开始关注全球范围持续发展问题。1987 年 4 月 27 日，世界环境与发展委员会发表《我们共同的未来》，提出可持续发展战略思想，并确立可持续发展的内涵和外延；要求各国经济和社会发展既满足当代人的需要，又不对后代人满足其需要的能力构成危害。1992 年 6 月联合国环境与发展大会通过《里约

① 《魏源集》，上册，中华书局 1976 年版，第 367—368 页。
② 《魏源集》，上册，中华书局 1976 年版，第 371—372 页。
③ 《魏源集》，上册，中华书局 1976 年版，第 378—379 页。

热内卢环境与发展宣言》和《二十一世纪议程》，提出可持续发展若干原则，标志国际社会形成持续发展共识。

联合国环境与发展大会后，1993 年中国政府就推出中国 21 世纪环境与发展白皮书，2003 年又推出《中国 21 世纪初可持续发展行动纲要》，要求全国“加大宣传力度，增强可持续发展意识，动员社会各方面的力量，推进可持续发展”①。同年，胡锦涛同志提出科学发展观后，可持续发展理论成为科学发展观的重要组成部分而日益深入国人之心，但是未能及时用于指导历史研究特别是漕运、运河和治河史研究。

可持续理论是研究中国古代漕粮河运很好的视角。明清建都北京，运河在淮安接入黄河干流，在黄、淮、运三河交汇情况下固守河运，背弃了汉唐在洛阳、郑州间河岸坚实之处接入黄河传统，背弃元代和明初海运为主、河运为辅，河运在淮安翻坝车盘进入黄淮的可持续做法，陷入不得不借黄行运、引黄济运而黄河害运甚烈、治黄通漕甚难的泥潭而不可自拔，较之先明河海兼运、在中游接入黄河和盘坝入黄淮是不可持续的。

明代正统十三年黄河第一次冲断会通河之后，能够一劳永逸地摆脱黄河害运的最佳途径，就是恢复海运，使通漕脱离对治河的依赖。至少以海运为主，力所能及地兼行河运。

固然，海运难免有人船粮之失，可受益也大。但明人于中断海运 30 多年之后的正统年间，缺乏恢复海运战略眼光和魄力气概。当时人们以为目前黄河害运仅仅是暂时的，河运体系修修补补可以长期维持，没有必要舍弃成本虽高但风险较小的河运，去尝试大家早已陌生的海运。到了明朝中期，黄河开始冲击会通河南段的时候，明人河运信心有所动摇，大家关心的问题不是想不想海运，而是能不能海运。人们苦于海运船舶和航海技术断档太久，只好先进行小批量海运尝试。尝试中难免有人、船、粮之失，且根据试运损失率推算每年 400 万石全行海运的人船之失，从而认定海运决不可行。后来黄河干流直接在清口入淮，黄河倒灌清口害运更大，又想打通元朝不曾打通的胶莱运河，以缩短海运距离、不经成山之险来海运，但同样小试轻开、遇难而止，终于没有最终迈进海运大门。于是，明人甘愿忍受治河通漕的巨额付出，以王朝有限的人力、物力、财力去填黄河越治灾害越多、灾害越大的无底洞。

清人崛起于白山黑水，以奴隶部落的刚勇入主中原。在满洲新贵看

---

① 全国推进可持续发展战略领导小组办公室：《中国 21 世纪初可持续发展行动纲要》，中国环境科学出版社 2004 年版，第 16 页。

来，除了崇祯皇帝，明朝的一切都是好的。中原的物质文明让他们惊叹不已，当然也包括河运。加上清朝统治者天生缺乏水上功夫，近陆海岛蛰伏的反清武装和海盗海匪加剧了他们对大海的畏惧。所以，清人毫不犹豫地选择河运，而无意征服大海、获得更大的生存自由。只在沿海发生大面积粮荒时，才一行局部海运，救灾结束旋即封海。

明清不曾漕粮大规模持久海运，到底是不能海运还是不想海运。其实，无论是明朝还是清朝，都曾在末期被迫海运。早在万历二十五年，明朝用兵朝鲜驱逐倭寇，其间由山东半岛海运粮饷至朝鲜；万历四十六年，努尔哈赤起兵反明。明朝连年用兵关外，后勤支援为长城一线群山阻隔，只得再次更大规模、更持久地海运饷辽。高潮时山东、天津、淮安三方联动，年运高达148万石，其中淮安截漕出海绕行成山之险，并不闻有人船之失。清朝道光六年，“洪泽湖决，漕运梗阻”，朝野议海运，江苏巡抚陶澍“毅然以身任，奏请苏、松、常、镇、太五府州漕粮百六十余万石归海运，亲赴上海，筹雇商船，体恤商艰，群情踊跃。六年春，开兑，至夏全抵天津，无一漂损者，验米色率莹洁，过河运数倍。商船回空，载豆而南，两次得值。船余耗米十余万石，发部帑收买，由漕项协济天津、通仓之用，及调剂旗丁，尚节省银米各十余万”①。海运如此成功，却在次年旋即放弃海运、重操河运。咸丰五年，河决豫东铜瓦厢，全河北徙夺济入海，河运体系被打乱。加上太平军、捻军不时进入运河流域，咸丰、同治年间才逐渐大行海运。说明明清两朝前中期不行海运，不是客观条件不允许，而是因循守旧。

封建社会末世统治者因循守旧成性，全无进取革新精神。换种说法言之，假如明清统治者海运决策态度再坚决些，追踪决策和海运相关实践再坚韧些，那么嘉靖年间王献开胶莱运河就不至半途而废，崇祯末黄允恩以车盘过胶莱运河岭脊而海运的建议就不至被清人忘记，康熙年间清圣祖局部海运设想就不会议而不举，海运就很可能在明朝中期、清朝前期推行开来。

黄河泥沙量之大，自然是不能接入运河的。如果实在必须接入黄河，最好接黄河于土岸坚实的中游，并且黄、运之间有缓冲水段。汉、唐以洛阳为漕运中心，北宋以汴梁为漕运中心，运道虽然接入黄河，但淮扬运河与黄河之间有汴渠缓冲，开口于黄河河道稳定、土质坚实的中游，过水泥沙可控。

---

① 《清史稿》，第38册，中华书局1977年版，第11605—11606页。

元人在大行海运之先，“运粮则自浙西涉江入淮，由黄河逆水至中滦旱站，陆运至淇门，入御河，以达于京。后又开济州泗河，自淮至新开河，由大清河至利津，河入海，因海口沙壅，又从东阿旱站运至临清，入御河”①。明人开会通河之前，漕船由淮河水系达阳武，过黄河后由山西、河南民夫，陆运170里入卫河北上京通。这种水陆交替、分段水运、陆运衔接、盘坝入淮的漕运模式，虽然盘坝和陆运过于烦琐、沉重，但也具有可持续性。

而永乐年间的运河体系，是在黄淮下游土质疏松之处接入运道，潜伏着黄河害运的巨大隐患。一旦黄河干流在清口直接入淮，在黄、淮、运三河交会情况下坚持河运，通漕有待于成功治河，治河处处需要兼顾通漕，就好像一只脚踩着三个鸡蛋求平衡，又好像自缚手脚参加角斗，无论如何施放浑身解数，都难免投鼠忌器、事倍功半。明人就曾说过，“古之治河者去民之害而止，故可疏、可瀹、可排、可决，随势利导，不与水争。今且资之以为利，一则环带陵寝，一则灌输漕饷，而民生又其次也。治之者去其害且虞并去其利，留其利又虞并留其害，利与害相倚，去与留相持”②。反过来言之，如果运河不在下游与黄河交汇，那么保证运河畅通就比较简单。

黄、淮、运三河在清口交汇情况下治河通漕投入巨大、产出很小，构成社会不堪之负。正统十三年以后进入黄河害运频发、靠巨额投资治河通漕时期。明人和清初治河费用尚低，从来不批准百万两以上河工，重大河工不过几十万两。万历六年、七年潘季驯治河“筑高家堰堤六十余里，归仁集堤四十余里，柳浦湾堤东西七十余里，塞崔镇等决口百三十，筑徐、睢、邳、宿、桃、清两岸遥堤五万六千余丈，砀、丰大坝各一道，徐、沛、丰、砀缕堤百四十余里，建崔镇、徐昇、季泰、三义减水石坝四座，迁通济闸于甘罗城南，淮、扬间堤坝无不修筑”，如此众多项目总共才“费帑金五十六万有奇”③。康熙十六年至二十七年靳辅治河十一年，“计前后各工共估银三百三十三万余两者，实该用银三百零三万余两，今臣工完核算实止用银二百七十六万余两”④。费银不过276万多两。

① 《元史》卷93，中华书局2000年版，第1569页。

② （明）张兆元：《两河指掌》，《行水金鉴》，《四库全书》，史部，第582册，上海古籍出版社1987年版，第474页。

③ 《明史》卷84，中华书局2000年版，第1369页。

④ （清）靳辅：《文襄奏疏》，《四库全书》，史部，第430册，上海古籍出版社1987年版，第575页。

到了清代中后期治河费用往往是明代或清初同等河工的数倍。雍正七年“十一月甲戌，发帑金百万两修高家堰石工”[①]。乾隆四十三年河决祥符，“四十五年二月塞。是役也，历时二载，费帑五百余万，堵筑五次始合，命于陶庄河神庙建碑记之”。[②] 嘉庆年间“南河岁修三百万两为率”[③]，大修则动辄数百万，加上东河、北河的岁修、大修费用，平均年费都千万两以上。

所以，宋礼、陈瑄开拓京杭河运，其后各朝坚守河运，违背水运规律，强逞人力对抗自然，严重违背自然规律和社会规律。矫正其弊，在不行海运的情况下，只能恢复唐宋接入黄河模式，至少恢复永乐十三年以前的黄运不交、盘坝入淮模式。

万历二十六年，意大利神甫利玛窦乘坐明朝政府的马快船，经大运河从南京到北京。在途中，他表述自己的迷惑不解道：维持这条运河通航的费用，每年达到100万两白银。其实完全可以采取一条既近而花费又少的从海上到北京的路线。这是最彻底的旁观者清。

明代，尤其是清代漕粮运到京通费用高得惊人。道光年间，州县漕粮加征多达每石8斗，有漕州县津贴旗丁运费每船高达千两，运达京通1石米价值在3两以上，在北方可买大米两石。加上河、漕两系数以万计官员的俸禄、数十万计的河道夫役的年银、每年河道岁修数百万两、堵塞黄河决口动辄数百上千万两、挑浚河道积淤每年数十万两，这样算来每石漕粮运到北方不会少于10两白银，在北方至少可买五六石大米。坚持河漕承受着得不偿失的治河折腾。

发展北方、尤其是畿辅粮食生产，减少对南漕的依赖，最为可行。畿辅、山东与江浙几乎在同一经度，东临大海，雨量充沛，海拔相当，唯气温低于江南，但仍可发展水稻生产。山西、河南、陕西虽然农田水利条件稍差，但其旱作农业有提高粮食产量的潜力。万历初，徐贞明上水利议，建议加强河南、陕西、山东、畿辅粮食生产。徐贞明、汪应蛟、左光斗先后在京畿积极实践，小有成功。但未得皇帝强有力的支持，却受到既得利益集团拼命反对，没有形成足够规模和持久制度。

清代东北粮食生产乾隆年间后来居上，直隶、山东粮食歉收，总要由东北海运粮食接济。海运通常有两种形式，一种是官府组织船队前去东北

① 《清史稿》，第3册，中华书局1977年版，第327页。
② 《清史稿》，第13册，中华书局1977年版，第3731页。
③ 《清史稿》，第37册，中华书局1977年版，第11379页。

购运，一种是由商人自发前往东北贩运。但清廷直到灭亡，都不曾着手把东北当作海运供应京畿粮食基地来建设，只每年运关内大豆以万石计，当然也没有发挥其取代江南漕粮的潜在能量。

有识之士认为，在北方推广稻田，就是恢复大禹沟洫治水之法，有助于减少河害："谓西北不可以稻，则三代之盛都于冀、雍，曷尝仰给东南？夫天人互胜，损益相生，利害旋转者也。垦田受一分之利，即治河减一分之患。使方千里之水各有所用，而不至助河为暴，此十全之利也；使方千里之民各因其利，而不烦官府之鸠，此执要之理也。"① 在北方垦种水田一分，就能减少一分河害。一家之言，有其道理。

## 第四节　明清治河通漕生态觉醒

永乐年间开通京杭运河时，治河通漕大臣没有黄河害运意识。所以，宋礼、金纯开会通河时，主动引黄河支流至山东接济运河；陈瑄开清江浦河时，对日后黄河干流在清口直接入淮隐患，没做任何防范。而且宋礼死后，陈瑄独掌漕运时，仍然延续会通河的引黄济运。宣德五年十月癸酉，总兵官平江伯陈瑄奏："临清至安山河道春夏水浅，舟难行，张秋西南旧有汊河通汴。朝廷尝遣官修治，遇水小时于金龙口堰水入河，下注临清，以便漕运。比年缺官，遂失水利，漕运实难，乞仍其旧。上命行在户部从其言。"② 可见那个时代满朝文武理论上都对黄河危害运道缺乏清醒的认识，漕运总兵官实践上都不以为非得大行引黄济运。

正统十三年以后，黄河决水多次冲击会通河，徐有贞、白昂大治张秋、沙湾河决，都继续保留对会通河的引黄济运，只是在河口对岸设坝闸泄洪而已。至弘治七年刘大夏治之，其初犹欲沿袭徐、白旧法，未开工而河水又决运河东堤，挟运河之水东入大海，才认识到引黄济运难以为继，筑堤将包括张秋黄河来水在内的北流全部南引入淮。

嘉靖以后，明人经过黄河害运的痛苦折磨，终于有人大声疾呼黄、运不兼容。嘉靖六年胡世宁指出："运道之塞，河流致之也。使运道不假于

① （清）傅泽洪：《行水金鉴》，《四库全书》，史部，第582册，上海古籍出版社1987年版，第462页。

② 《明宣宗实录》卷71，线装书局2005年版，第442页下栏　宣德五年十月癸酉。

河，则亦易防其塞矣。"① 嘉靖十九年，漕运参将万表指出徐、吕二洪原本以山东泗河来水为源，后来二洪以下"反用黄河之水而忘其故，及水不来，至疏浚以引之，此所谓以病为药也"②。万历三十一年总河李化龙在开泇河疏中直言："黄河者，运河之贼也。用之一里则有一里之害，避之一里则有一里之利。"呼吁"以二百六十里之泇河，避三百三十里之黄河"③。得到朝野上下赞同，才开成泇河，行漕于昭阳湖东黄水泛滥不及之地。标志明人进一步认请黄河害运的本质。

虽然认识到黄河害运的本质，但明人并不能停止河运、恢复海运，或走上在中游接入黄河的漕运可持续之路，这是他们的历史局限。

清人逐渐认识到过度农耕之害。满清本是游牧部落，入主中原后很快接受农耕文化。清朝靠与长城以北游牧部落结盟巩固边防，停止明朝屯边、烧荒等破坏生态的做法，但却鼓励民众开垦土地，把耕地面积扩大和人口增加当作盛世景象。清圣祖康熙五十一年二月壬午颁发盛世人丁永不加赋诏书，首先对山林开垦大加赞赏："前云南、贵州、广西、四川等省遭叛逆之变，地方残坏，田亩抛荒，不堪见闻。自平定以来，人民渐增，开垦无遗。或沙石堆积，难于耕种者，亦间有之。而山谷崎岖之地，已无弃土，尽皆耕种矣。"然后宣布"将直隶各省见今征收钱粮册内有名人丁，永为定数。嗣后所生人丁，免其加增钱粮"④。此外，清人还普遍地对新开荒地推迟数年征收最低赋税，如康熙五十二年，湖广"履勘湖南诸州县荒壤，得四万六千余顷。疏请听民开垦，六年后以下则起科"⑤。雍正十年，广东巡抚杨永斌奏请"臣思瘠田产谷虽少，若多垦数十万亩，年丰可得数十万石，即歉岁亦必稍有所获，事益於民。察通省粮额，新宁斥卤，轻则亩征银四釐有奇、米四合有奇。拟请凡承垦硗瘠之地，概准此例，十年起科"⑥。这一请求被下部议行，新垦田至 118 万余亩。农耕扩张加速森林、草原消失，生态每况愈下。

---

① （清）傅泽洪：《行水金鉴》，《四库全书》，史部，第 581 册，上海古籍出版社 1987 年版，第 699 页。

② （明）焦竑：《万公墓志铭》，《澹园集》，上册，中华书局 1999 年版，李剑雄点校，第 424 页。

③ （清）《御选明臣奏议》，《四库全书》，史部，第 445 册，上海古籍出版社 1987 年版，第 566 页。

④ 《清圣祖实录》卷 249，第 3 册，中华书局 1985 年版，第 469 页下栏　康熙五十一年二月壬午。

⑤ 《清史稿》，第 34 册，中华书局 1977 年版，第 10162—10163 页。

⑥ 《清史稿》，第 34 册，中华书局 1977 年版，第 10319 页。

在这种政策的引导下，加上红薯、土豆等适宜山地种植作物的传入，使山区人口、村落迅速发展。今人考证："河北省地名普查表明，位于太行山区的曲阳、阜平、鹿泉、井陉、涉县、武安等县（市），有9%—18%的村落形成于清代。山区村落数比明代增加14%左右。人口、耕地数量随之增加。如获鹿（今鹿泉），明嘉靖时户2158，口26091，到清光绪时户31846，口176021。耕地由万历时962.5顷增至道光时的1747.1顷。"[①]光绪户数是嘉靖增加近15倍，人口数是其近7倍，道光耕地比万历增加近80%，则山林草地减少难以确估。

道光年间才有人醒悟过度开荒之非，这个人便是户部郎中梅曾亮。"棚民能攻苦茹淡，于丛山峻岭人迹不可通之地，开种旱谷以佐稻粱。人无闲民，地无遗利。于策至便，不可禁止"。这是他最初坐在舒适的书房阅读卷宗时的感受，后来亲至山区调查才认识到："未开之山，土坚石固，草树茂密，腐叶积数年可二三寸。每天雨，从树至叶，从叶至土石，历石罅，滴沥成泉。其下水也缓，又水下而土石不随其下。水缓，故低田受之不为灾，而半月不雨，高田犹受其灌溉。今以斧斤童其山，而以锄犁疏其土，一雨未毕，沙石俱下，奔流注壑涧中，皆填污不可贮水，毕至洼田中乃止；及洼田竭而山田之水无继者。是为开不毛之土，而病有谷之田；利无税之佣，而瘠有税之户也。"[②] 此事虽针对南方的山地而言，也完全符合黄河中游地区的情况。假如不是几千年来的无计划开垦、放牧、乱砍滥伐，使绿色植被遭到严重破坏，黄河中游的自然环境当不会恶化至此，黄河下游的水患也不会这般严重了。

遗憾的是，清人认识至此很晚，有此认识者太少。

---

① 刘洪升：《明清滥伐森林对海河流域生态环境的影响》，《河北学刊》2005年第5期，第136页。

② （清）梅曾亮：《记棚民事》，《柏砚山房全集》卷10，《续修四库全书》，集部，第1514册，上海古籍出版社2003年版，第42页下栏。